高职高专教育“十三五”规划建设教材

高职高专畜牧兽医专业群“工学结合”系列教材建设

# 临床兽医

王治仓　主编



中国农业大学出版社
·北京·

## 内容简介

本教材以技术技能人才培养为目标，以畜牧专业动物疾病防制方面的岗位能力需求为导向，坚持适度、够用、实用及学生认知规律和同质化原则，以过程性知识为主、陈述性知识为辅，以实际应用知识和实践操作为主，依据教学内容的同质性和技术技能的相似性，将动物内科疾病、动物外科和产科疾病、动物传染病、动物寄生虫病等知识和技能列出，进行归类和教学设计。其内容体系分为模块、项目和任务三级结构，每一项目又设"学习目标"、"学习内容"、"案例分析"、"知识拓展"、"考核评价"等教学组织单元，并以任务的形式展开叙述，明确学生通过学习应达到的识记、理解和应用等方面的基本要求；有些项目的相关理论知识或实践技能，可通过扫描二维码、技能训练、知识拓展或知识链接等形式学习，为实现课程的教学目标和提高学生学习的效果奠定良好的基础。

本教材文字精练，图文并茂，通俗易懂，并运用了新媒体——扫描二维码技术，作为教材的补充与深化，既丰富了教材内容，又增加了直观性和可操作性，现代职教特色鲜明，既可作为教师和学生开展"校企合作、工学结合"人才培养模式的特色教材，又可作为企业技术人员的培训教材，还可作为广大畜牧兽医工作者短期培训、技术服务和继续学习的参考用书。

**图书在版编目(CIP)数据**

临床兽医/王治仓主编. —北京：中国农业大学出版社，2015.8
ISBN 978-7-5655-1357-2

Ⅰ.①临… Ⅱ.①王… Ⅲ.①兽医学—临床医学 Ⅳ.①S854

中国版本图书馆 CIP 数据核字(2015)第 181952 号

**书　　名** 临床兽医
**作　　者** 王治仓 主编

**策划编辑** 康昊婷 伍 斌　　**责任编辑** 冯雪梅
**封面设计** 郑 川
**出版发行** 中国农业大学出版社
**社　　址** 北京市海淀区圆明园西路 2 号　　**邮政编码** 100193
**电　　话** 发行部 010-62818525，8625　　读者服务部 010-62732336
编辑部 010-62732617，2618　　出 版 部 010-62733440
**网　　址** http://www.cau.edu.cn/caup　　**E-mail** cbsszs @ cau.edu.cn
**经　　销** 新华书店
**印　　刷** 涿州市星河印刷有限公司
**版　　次** 2015 年 8 月第 1 版　2015 年 8 月第 1 次印刷
**规　　格** 889×1 194　16 开本　29.75 印张　940 千字
**定　　价** 68.00 元

# 编审人员
# CONTRIBUTORS

主　编　王治仓（甘肃畜牧工程职业技术学院）

副主编　田启会（甘肃畜牧工程职业技术学院）
　　　　王　奔（吉林农业科技学院）
　　　　郭海山（南阳农业职业学院）

参　编　张　忠（甘肃畜牧工程职业技术学院）
　　　　聂福旭（甘肃畜牧工程职业技术学院）

审　稿　王登临（甘肃省动物卫生监督所）
　　　　高啟贤（甘肃畜牧工程职业技术学院）

# 前言 PREFACE

为了认真贯彻落实教职成[2011]11号《关于支持高等职业教育提升专业服务产业发展能力的通知》、教职成[2012]9号《关于“十二五”职业教育教材建设的若干意见》精神，切实做到专业设置与产业需求对接、课程内容与职业标准对接、教学过程与生产过程对接，自2011年以来，甘肃畜牧工程职业技术学院与甘肃荷斯坦奶牛繁育中心、宁夏晓鸣农牧股份有限公司、兰州正大饲料有限公司和大北农集团等企业联合，积极开展现代职业教育“产教融合、校企合作、工学结合、知行合一”的人才培养模式研究。课题组在大量理论和实践探索的基础上，制定了畜牧兽医专业群畜牧专业“产教融合、校企合作”人才培养方案和专业课程教学标准，开发了畜牧兽医专业群畜牧专业职业岗位培训教材和相关教学资源库。其中，《畜牧专业基于“校企合作、工学结合”的人才培养模式研究》于2013年12月由中国农业职业教育研究会结题验收，项目成果达到国内畜牧专业同类研究领先水平；《畜牧专业基于“工作过程和职业标准”教学资源库建设研究》于2014年12月获得甘肃省教育厅教学成果奖。这些成果，一是完善了高职院校畜牧兽医专业群畜牧专业“产教融合、校企合作、工学结合、知行合一”人才培养机制；二是推进了专业课程在现场工作情景、模拟场景或仿真环境中的“工学结合”教学；三是锤炼了学生的就业能力和职业发展能力。为了充分发挥该项目成果的示范带动作用，甘肃畜牧工程职业技术学院委托中国农业大学出版社，依据国家教育部《高等职业学校专业教学标准(试行)》，以项目研究成果《畜牧专业基于“工学结合、校企合作”的职业岗位培训教材》为基础，组织学校专业教师和企业技术专家，并联系相关兄弟院校教师参与，编写了畜牧兽医专业群畜牧专业“工学结合”系列教材，期望为技术技能人才培养提供支撑。

本套专业基础课教材以技术技能人才培养为目标，以畜牧兽医专业群畜牧专业的岗位能力需求为导向，坚持适度、够用、实用及学生认知规律和同质化原则，以模块→项目→任务为主线，设“学习目标”、“学习内容”、“案例分析”、“知识拓展”、“考核评价”等教学组织单元，并以任务的形式展开叙述，明确学生通过学习应达到的识记、理解和应用等方面的基本要求。其中，识记是指学习后应当记住的内容，包括概念、原则、方法等，这是最低层次的要求；理解是指在识记的基础上，全面把握基本概念、基本原则、基本方法，并能以自己的语言阐述，能够说明与相关问题的区别及联系，这是较高层次的要求；应用是指能够运用所学的知识分析、解决涉及动物生产中的一般问题，包括简单应用和综合应用。有些项目的相关理论知识或实践技能，可通过扫描、技能训练、知识拓展或知识链接等形式学习，为实现课程的教学目标和提高学生的学习效果奠定基础。

本套专业课教材以“职业岗位所遵循的行业标准和技术规范”为原则，以生产过程和岗位任务为主线，设计学习目标、学习内容、学习任务、案例分析、阅读材料、考核评价和知识链接等教学组织单元，尽可能开展“教、学、做”一体化教学，以体现“教学内容职业化、能力训练岗位化、教学环境企业化”特色。

本套教材建设由甘肃畜牧工程职业技术学院杨孝列教授和李和国教授主持，其中余彦国担任《动物解剖生理》主编；杨孝列、刘瑞玲担任《动物营养与饲料》主编；张玲清担任《畜禽环境控制》主编；张登辉担任《畜禽遗传育种》主编；李来平、贾万臣担任《动物繁殖技术》主编；康程周担任《基础兽医》主编；王治仓担任《临床兽医》主编；黄爱芳、王选慧担任《动物防疫与检疫》主编；张慧玲担任《养殖企业经营管理》主编；李克广、郭全奎担任《饲料分析与检测》主编；王璐菊、张延贵担任《养牛生产技术》主编；郭志明、杨孝列担任《养羊生产技术》主编；李和国、关红民担任《养猪生产技术》主编；郑万来、徐英担任《养禽生产技术》主编。本套教材内容渗透了畜牧、兽医、饲料等方面的行业标准和技术规范，文字精练，图文并茂，通俗易懂，并以扫描二维码的形式，提供了丰富的教学信息资源，编写形式新颖、职教特色明显，既可作为教师和学生开展“校企合作、工学结合”人才培养模式的特色教材，又可作为企业技术人员的培训教材，还可作为广大畜牧兽医工作者短期培训、技术服务和继续学习的参考用书。

《临床兽医》由甘肃畜牧工程职业技术学院王治仓任主编。其中绪论部分和模块一由王治仓编写，模块二由郭海山、张忠编写，模块三由田启会编写，模块四由王奔、聂福旭编写，全书由王治仓统稿。甘肃省动物卫生监督所王登临研究员、甘肃畜牧工程职业技术学院高敀贤教授审稿，对书稿提出了许多宝贵意见和建议，提高了本教材的质量，在此一并深表谢意！编写过程中得到编写人员所在学校的大力支持，在此一并表示感谢。作者参考的一些著作的有关资料，不再一一述及，谨对所有作者表示衷心的感谢！

由于编者初次尝试“专业群”系列教材开发，时间仓促，水平有限，书中错误和不妥之处在所难免，敬请同行专家批评指正。

**编写组**

2015 年 5 月 26 日

# 目录
# CONTENTS

# 绪论

## 一、课程简介

《临床兽医》是从事动物疾病诊治工作人员需要学习和掌握的基本知识和基本理论，是推动动物疾病防制不断发展的重要理论基础和技术指南，是畜牧兽医专业重要的专业课，它包括动物内科病、动物外产科病、动物传染病、动物寄生虫病四大部分。

《临床兽医》主要阐明动物内科病、动物外产科病、动物传染病、动物寄生虫病的引起原因、发生发展规律以及诊断、治疗和预防动物各类疾病方法，为动物疾病防制提供理论根据和防制指南。动物疾病防制在现代动物生产中起着重要的作用，是决定动物是否健康生长的关键因素。提高动物生产性能，除加强饲养管理外，在很大程度上取决于预防疾病。动物疾病预防控制工作不仅是经营养殖业成败的关键，而且与人类生活、健康关系密不可分。

学习《临床兽医》的最终目的是要了解动物疾病的引起原因、发生发展规律，以达到动物疾病预防控制、降低疾病的发生和充分提高动物生产性能的目的。

## 二、课程性质

《临床兽医》是畜牧兽医及其相关专业的专业课，具有较强的理论性和实践性。一方面，它介绍了动物疾病的引起原因、发生发展规律，基于畜牧兽医专业的职业活动、应职岗位需求，培养学生对动物疾病预防控制的专业能力，同时注重学生职业素质的培养。另一方面，作为专业课，它所阐述的基本理论与方法具有更多的疾病防制的指导意义，能为其他专业课程的学习和毕业后从事畜牧兽医工作奠定扎实的理论基础。

## 三、课程内容

本课程内容编写是以技术技能人才培养为目标，以畜牧兽医专业动物疾病防制方面的岗位能力需求为导向，坚持适度、够用、实用及学生认知规律和同质化原则，以过程性知识为主、陈述性知识为辅。

本课程内容排序尽量按照学习过程中学生认知心理顺序，与专业所对应的典型职业工作顺序，或对实际的动物疾病防制来分类序化知识，将陈述性知识与过程性知识整合、理论知识与实践知识整合，意味着适度、够用、实用的陈述性知识总量没有变化，而是这类知识在课程中的排序方式发生了变化，课程内容不再是静态的学科体系的显性理论知识的复制与再现，而是着眼于动态的行动体系的隐性知识生成与构建，更符合职业教育课程开发的全新理念。

本课程内容以实际应用知识和实践操作为主，删去了实践中应用性不强的理论知识，将疾病防制的相关知识和关键技能列出，依据教学内容的同质性和技术技能的相似性，进行归类和教学设计，划分为4大模块、22个项目，即：

模块一　动物内科疾病

　项目一　心血管系统疾病

　项目二　呼吸系统疾病

　项目三　消化系统疾病

　项目四　泌尿系统疾病

　项目五　神经系统疾病

　项目六　营养代谢病

　项目七　中毒病

模块二　动物外科和产科疾病

　项目一　动物外科基础操作技术及外科疾病

项目二　动物产科生理及产科疾病

模块三　动物传染病

项目一　动物传染病基础知识

项目二　多种动物共患的传染病

项目三　猪的传染病

项目四　家禽的传染病

项目五　牛、羊传染病

模块四　动物寄生虫病

项目一　动物寄生虫学基础知识

项目二　动物寄生虫病基础理论

项目三　吸虫病

项目四　绦虫病

项目五　线虫病

项目六　棘头虫病

项目七　蜱螨与昆虫病

项目八　原虫病

每一项目又设“学习目标”、“学习内容”、“案例分析”、“知识拓展”、“考核评价”等教学组织单元，并以任务的形式展开叙述，明确学生通过学习应达到的识记、理解和应用等方面的基本要求；有些项目的相关理论知识或实践技能，可通过扫描、技能训练、知识拓展或知识链接等形式学习。

## 四、课程目标

掌握动物疾病防制的基本知识，能够解决养殖生产中的实际问题。使读者达到以下目标：

(1)了解动物临床疾病的一般发病规律，熟悉常用诊疗方法及药物。

(2)学习动物疾病的概念、发生病因，掌握其症状、诊断及治疗。

(3)根据动物生产实际，为各类动物疾病防制提出预防措施。

(4)运用相应的动物疾病防制技术技能，充分发挥养殖者的智慧，提供高品质的动物产品。

(5)建立动物疾病发生档案，为提高养殖场经济效益、预防疾病传播提供一定的技术支撑。

# 模块一　动物内科疾病

项目一　心血管系统疾病
项目二　呼吸系统疾病
项目三　消化系统疾病
项目四　泌尿系统疾病
项目五　神经系统疾病
项目六　营养代谢病
项目七　中毒病

Project 1

# 心血管系统疾病

**学习目标**

1. 了解动物心血管系统疾病的一般发病规律，熟悉常用诊疗方法及药物。
2. 了解心力衰竭、心包炎、心肌炎、贫血、血斑病的概念、病因，掌握其症状、诊断及治疗。

## 【学习内容】

### 一、心力衰竭

心力衰竭又称心脏衰弱、心功能不全，是因心肌收缩力减弱或衰竭，引起外周静脉过度充盈，使心脏排血量减少，动脉压降低，静脉回流受阻等引起的呼吸困难、皮下水肿、发绀、甚至心搏骤停和突然死亡的一种全身血液循环障碍综合征。此病各种动物都可发生，但马和犬发病居多。

按病程可分为急性和慢性；按发病起因可分为原发性和继发性两种。

［病因］

急性原发性心力衰竭，主要是由于压力负荷过重或容量负荷过重而导致。压力负荷过重主要发生于使役不当或使役过重，尤其是饱食逸居而又突然进行重剧劳役，如长期舍饲的育肥牛在坡陡、崎岖道路上载重或挽车，猪长途驱赶等；容量负荷过重往往是在治疗过程中，静脉输液量超过心脏的最大负荷量，尤其是向静脉过快地注射对心肌有较强刺激性药液，如钙制剂或砷制剂等。此外，还有部分发生于麻醉意外，雷击、电击等。

急性继发性心力衰竭，多继发于急性传染病（犬细小病毒病、口蹄疫、猪瘟等），寄生虫病（弓形虫病、住肉孢子虫病），内科疾病（如肠便秘、胃肠炎、日射病等）以及各种中毒性疾病的经过中。这多由病原菌或毒素直接侵害心肌所致。

慢性心力衰竭（充血性心力衰竭），是心脏由于某些固有的缺损，在休息时不能维持循环平衡并出现静脉循环充血，伴以血管扩张，肺或末端水肿，心脏扩大和心率加快。除长期重剧使役外，本病常继发或并发于多种亚急性和慢性感染，心脏本身的疾病（心包炎、心肌炎、心肌变性、心脏扩张和肥大、心瓣膜病、先天性心脏缺陷等），中毒病（棉籽饼中毒、霉败饲料中毒、含强心苷的植物中毒、呋喃唑酮中毒等），甲状腺功能亢进，幼畜白肌病，慢性肺泡气肿，慢性肾炎等。

［症状］

急性心力衰竭的初期，病畜精神沉郁，食欲不振甚至废绝，易于疲劳、出汗，呼吸加快，肺泡呼吸音增强，可视黏膜轻度发绀，体表静脉怒张；心搏动亢进，第一心音增强，脉搏细数，有时出现心内杂音和节律不齐。进一步发展，各症状逐步加重，且发生肺水肿，胸部听诊有广泛的湿啰音；两侧鼻孔流出多量无色细小泡沫状鼻液。心搏动增强，甚至全身震动，第一心音高朗，第二心音微弱，伴发阵发性心动过速，脉细不感于手。有的步态不稳，易摔倒，常在症状出现后数秒钟到数分钟内死亡。

图 1-1-1　心衰导致颌下、胸前、腹下及包皮水肿

慢性心力衰竭，其病情发展缓慢，病程长达数周、数月或数年。除精神沉郁和食欲减退外，多不愿走动，不耐使役，易于疲劳、出汗。黏膜发绀，体表静脉怒张；垂皮、腹下和四肢末端水肿（图 1-1-1），触诊有捏粉样感觉。呼吸深、次数略增多。排尿常短少，尿液浓缩并含有少量白蛋白。初期粪便正常，后期腹泻。随着病程的发展，病畜体重减轻，心率加快，第一心音增强，第二心音减弱，有时出现相对闭锁不全性缩期杂音，心律失常。心区叩诊，浊音区扩大。由于组织器官瘀血缺氧，还可出现咳嗽，知觉障碍。心区 X 射线检查和 M 形超声心动图检查，可发现心脏增厚或心室腔扩大。病犬血浆醛固酮水平增高，血浆去甲肾上腺素浓度也增高，且心房尿钠肽含量也增高。荷斯坦乳牛的 ANP 也增高。病马血清 LDH 组分显著增高。故充血性心力衰竭时，几乎都在短暂的呼吸窘迫中死亡。

［诊断］

主要根据发病原因，静脉怒张，脉搏增数，呼吸困难，结膜发绀，垂皮和腹下水肿以及心率加快，第一心音增强，第二心音减弱等症状可做出诊断。心电图、X 线检查和 M 形超声心动图检查有助于判定心脏肥大和扩张，对本综合征的诊断有辅助意义。要注意急性或慢性，原发性或继发性的鉴别诊断。

[治疗]

治疗原则是加强护理，减轻心脏负担，缓解呼吸困难，增强心肌收缩力和排血量以及对症疗法等。

急性心力衰竭往往来不及救治，病程较长的可参照慢性心力衰竭使用强心苷药物。麻醉时发生的心室纤颤或心搏骤停，可采用心脏按摩或电刺激起搏，也可试用极小剂量肾上腺素心内注射。

慢性心力衰竭时，首先应将患畜置于安静厩舍休息，给予柔软易消化的饲料，以减少机体对心脏排血量的要求，减轻心脏负担。同时也可根据患畜体质、静脉瘀血程度以及心音、脉搏强弱，酌情放血 1 000～2 000 mL(贫血患畜切忌放血)，放血后呼吸困难迅即解除，此时缓慢静脉注射 25% 葡萄糖溶液 500～1 000 mL，增强心脏机能，改善心肌营养。

为消除水肿和钠、水滞留，最大限度地减轻心室容量负荷，应限制钠盐摄入，给予利尿剂。为缓解呼吸困难，可用樟脑兴奋心肌和呼吸中枢。为了增加心肌收缩力，增加心排血量，习惯上用洋地黄类强心苷制剂，但应注意洋地黄类药物长期应用易蓄积中毒；成年反刍动物不宜内服，由心肌发炎损害引起的心力衰竭禁用。临床上应用时，一般先在短期内给予足够剂量的洋地黄，以后每天给予一定的维持量。

此外，应针对出现的症状，给予健胃，缓泻，镇静等制剂，还可使用 ATP、辅酶 A、细胞色素 C、维生素 $B_6$ 和葡萄糖等营养合剂，作辅助治疗。

中兽医对心力衰竭，多用“参附汤”和“营养散”治疗。

参附汤：党参 60 g，熟附子 32 g，生姜 60 g，大枣 60 g，水煎两次，候温灌服(牛、马)。

营养散：当归 16 g，黄芪 32 g，党参 25 g，茯苓 20 g，白术 25 g，甘草 16 g，白芍 19 g，陈皮 16 g，五味子 25 g，远志 16 g，红花 16 g，共为末，开水冲服，1 剂/d，7 d 为一疗程。

[预防]

役畜应坚持经常锻炼与使役，提高适应能力，同时也应合理使役，防止过劳。在输液或静脉注射刺激性较强的药液时，应掌握注射速度和剂量。对于其他疾病而引起的继发性心力衰竭，应及时根治其原发病。

## 二、心包炎

心包炎是指心包壁层和脏层的炎症。按病因可分为创伤性和非创伤性两种；按渗出物的性质可分为浆液性、纤维素性、出血性、化脓性、腐败性等各种类型。创伤性心包炎常见于牛，在马、绵羊、山羊、犬、鸡、鸵鸟、金钱豹、兔等都可发生。

[病因]

创伤性心包炎多由机械损伤引起。牛主要是采食时将铁钉、铁丝、玻片等尖锐物体摄入胃内，刺破网胃和膈，直穿心包和心脏，微生物侵入而引起，是创伤性网胃炎的一种主要并发症。牛犄角顶撞胸壁创伤等亦可致发本病。马属动物多由火器弹片直接穿透心区胸壁，刺伤心包，或因胸骨、肋骨骨折，由骨断端损伤心包而引起。

非创伤性心包炎多由某些传染病、败血症、毒血症等继发引起。如马传染性胸膜肺炎、马鼻疽、马腺疫、上呼吸道感染、流感、脓毒败血症、腹膜炎、弓形虫，巴氏杆菌病、埃希氏大肠杆菌病、衣原体病和霉形体病，猪丹毒、猪肺疫、猪瘟、霉形体性肺炎、沙门氏菌病、链球菌感染、仔猪病毒性心包炎、猪浆膜丝虫病、弓形虫病，结核病、肿瘤，鸡白痢、禽出败、禽流感、马立克病、慢性呼吸道病、猪屎豆中毒和多种药物和化学物质中毒。

[症状]

按表现可分为两个阶段，第一阶段为网胃炎症状(见消化系统疾病)，第二阶段为心包炎症状。

心包炎症状：精神沉郁，呆立不动，头下垂，眼半闭。病初体温升高，多数呈稽留热，少数呈弛张热，后期降至常温，但脉率仍然增加，脉性初期充实，后期微弱不易感触。呼吸浅快，迫促，有时困难，呈腹式呼吸。心音变化较快，病初由于有纤维性渗出，故出现摩擦音，随着浆液渗出及气泡的产生，出现心包拍水音。叩诊浊音区增大，上界可达肩端水平线，后方可达第7—8肋间。可视黏膜发绀，有时呈现黄染。

当病程超过1～2周，血液循环明显障碍，颈静脉搏动明显，患畜下颌间隙和垂皮等处先后发生水肿。常因心力衰竭或脓毒败血症而死亡，极个别的突然死于心脏破裂。

血液检查：病初嗜中性白细胞增多，有的高达$25\times10^9$个/L，淋巴细胞和嗜酸性白细胞减少，红细胞低于正常。血清总蛋白和白蛋白减少，$\alpha$球蛋白和$\beta$球蛋白增加，血清谷草转氨酶、乳酸脱氢酶和肌酸磷酸激酶活性都增高。

心电图描记：窦性心动过速，各波电压明显降低，尤其是R波，T波低平或倒置。严重病例，P波、QRS综合波、T波与等电位线重合。心肌受严重损伤时，有室性期前收缩，S—T段移位。

X线检查：病初肺纹理正常，心膈角尖锐而清晰，心膈间隙模糊不清，有时可见刺入异物的致密阴影；中期肺纹理增粗，心界不清，搏动不明显，心膈角模糊不清，间隙消失；晚期纹理增粗模糊，心界消失，心包扩大，心膈角变钝或消失。心包呈弓形，心包壁增厚。

超声波检查：入心波前出现液平段，心包内渗出物增多，液平段距离增宽。渗出液内有纤维素时，液平段上可见较密的微小波。

二维心回声检查：很容易观察到心包内的积液和纤维素。在心脏壁层和心包脏层间出现大量纤维素沉着，这些纤维素就是剖检时观察到的“炒鸡蛋样”病变。

［诊断］

根据创伤性心包炎的一系列临床症状可做出诊断。由于心包摩擦音与拍水音是本病的示病症状，如果出现其中之一症状，或两种症状先后出现，便可建立诊断。但临床上，如未发现上述症状时，可借助其他临床特点，如心区压痛反应，心区浊音扩大，颈脉怒张，垂皮水肿等症状，以及特殊检查，如血液检查，X线检查，超声波检查，心电图描记，二维心回声检查等进行综合考虑，必要时可做心包穿刺进行确诊。

应与以下疾病鉴别：

淋巴肉瘤及心包积液：应用心包穿刺法，鉴别穿刺液的性质或细胞学检查即可区分。

纤维素性胸膜肺炎：随着呼吸动作出现胸膜摩擦音。

心内膜炎：根据炎症的部位和性质出现相应的心内器质性杂音。

［治疗］

视动物的经济价值，一般应尽早淘汰，对珍贵动物可采用心包穿刺法或手术疗法。手术进行越早越好，并配合应用抗生素，但严重腹侧水肿和明显心衰的动物不宜手术。

心包穿刺法：以10～20号的20 cm长针头，在左侧4—6肋间与肩关节水平线相交点做心包穿刺术，放出脓汁，并注入青霉素100万～200万IU，链霉素1～2 g和消化胃蛋白酶10万～20万IU的混合溶液。

［预防］

加强饲养管理，防止饲料中混杂金属异物。对已确诊为创伤性网胃炎的病畜，宜尽早实施瘤胃切开术，取出异物，避免病程延长使病情恶化，刺伤心包。

## 三、心肌炎

心肌炎是伴发心肌兴奋性增强和心肌收缩机能减弱为特征的心肌局灶性和弥漫性炎症。本病很少单独发生，多继发或并发于其他各种传染性疾病，脓毒败血症或中毒性疾病过程中。

按炎症病程，可分为急性和慢性两种；按病变范围可分为局灶性和弥漫性炎症；按病因可分为原发性和继发性两种；按炎症性质又可分为化脓性和非化脓性两种。临床上以急性非化脓性心肌炎为常见。

［病因］

急性心肌炎通常继发或并发于某些传染病、寄生虫病、脓毒败血症和中毒病。

马：多见于炭疽、传染性胸膜肺炎、急性传染性贫血、传染性支气管炎、大叶性肺炎、支气管性肺炎、马腺疫、脑脊髓炎、血孢子虫病、幼驹脐炎、败血症和脓毒败血症的经过中。也可发生于夹竹桃中毒和汞、砷、磷、锑、铜中毒等的经过中。

牛：并发于传染性胸膜肺炎、牛瘟、恶性口蹄疫、布氏杆菌病、结核病的经过中。局灶性化脓性心肌炎多继发于菌血症、败血症、瘤胃炎一肝脓肿综合征、乳腺炎、子宫内膜炎等伴有化脓灶的疾病以及网胃异物刺伤心肌。

猪：常见于脑心肌炎、伪狂犬病、猪瘟、猪丹毒、猪口蹄疫和猪肺疫等经过中。

犬：主要见于犬细小病毒、犬瘟热病毒、流感病毒、传染性肝炎病毒等感染，棒状杆菌、葡萄球菌、链球菌等细菌感染，锥形虫、弓形虫、犬恶心丝虫等寄生虫感染及曲霉菌等真菌感染。

另外，风湿病的经过中，往往并发心肌炎；某些药物，如磺胺类药物及青霉素等变态反应，也可诱发本病。

［症状］

由急性传染病引起的心肌炎，大多数表现发热，精神沉郁，食欲减退和废绝。有的呈现黏膜发绀，呼吸高度困难，体表静脉怒张，颌下、垂皮和四肢末端水肿等心脏代偿能力丧失后的症状。重症患畜，精神高度沉郁，全身虚弱无力，战栗，运步踉跄，甚至出现神志昏迷，眩晕，因心力衰竭而突然死亡。

听诊时，病初第一心音强盛伴有混浊或分裂，第二心音显著减弱，多伴有因心脏扩张，房室孔相对闭锁不全而引起的缩期性杂音。重症患畜，出现奔马律，或有频繁的期前收缩，濒死期心音减弱。

脉搏初期紧张、充实，随病程发展，脉性变化显著，心跳与脉搏非常不相称，心跳强盛而脉搏甚微。当病变严重时，出现明显的期前收缩，心律不齐，交替脉。

血液动力学：最大收缩压下降，心室压力上升延迟，舒张末期压力增高，心搏输出量降低，静脉充盈压增高，动脉压降低。

猪暴发性超急性心肌炎病毒感染的临床特征为：突然死亡或经短期兴奋和虚脱后死亡。急性型的主要症状是发热、食欲不振和进行性麻痹，2～3 周后发展至整个猪群。

心电图变化：因心肌的兴奋性增高，R 波增大，收缩及舒张的间隔缩短，T 波增高以及 P—Q 和 S—T 间期缩短。严重期，R 波降低，变钝，T 波增高以及缩期延长，舒张期缩短，使 P—Q 和 S—T 间期延长。致死期，R 波更变小，T 波更增高，S 波更变小。

非化脓性心肌炎：初期为局灶性充血、浆液和白细胞浸润。心肌脆弱，松弛，无光泽，心腔扩大。后期，心肌纤维变性，混浊肿胀，颗粒变性，心肌坏死，硬化，呈苍白色，灰红色或灰白色等。

局灶性心肌炎：心肌患病部分与健康部分相互交织，当沿着心冠横切心脏时，其切面为灰黄色斑纹，形成特异的虎斑心。

［诊断］

根据病史（是否同时伴有急性感染或中毒病）和临床表现进行诊断。临床表现应注意心率增速与体温升高不相适应，心动过速，心律异常、心脏增大、心力衰竭等。

心功能试验也是诊断本病的一项指标。因为心肌兴奋性增高，往往导致心脏收缩次数发生变化。首行测定患畜安静状态下的脉搏次数，后令其步行 5 min，再测其脉搏数。患畜突然停止运动，甚至 2～3 min 以后，其脉搏仍会增加，经过较长时间才能恢复原来的脉搏次数。

应注意急性心肌炎与下列疾病区别：

心包炎：多伴发心包拍水音和摩擦音。

心内膜炎：多呈现各种心内杂音。

缺血性心脏病：多发生于年龄较大的动物，多为慢性经过，多数伴有动脉硬化的表现，且无感染史和实验室证据。

心肌病：后者无感染病史和实验室证据。起病较慢，病程较长，超声心动图示室间隔非对称性肥厚或心腔明显扩张，心肌以肥大、变性、坏死为主要病变。

硒缺乏病：有疾病流行区，病变主要限于心肌，心脏增大明显且长期存在，多呈慢性经过，心肌以变性、坏死及疤痕等病变为主。

心肌营养不良：主要通过心功能试验加以区别。

[治疗]

减少心脏负担，增加心脏营养，提高心脏收缩机能和防治其原发病等。

应对病畜进行早期合理的安排休息，给予良好的护理和精密的管理，多次饮水，饲喂易消化、营养和维生素丰富的饲料，避免过度的兴奋和运动。

同时，注意原发病的治疗，可应用磺胺类药物，抗生素、血清和疫苗等特异性疗法。

病初，不宜用强心剂，以免心肌过度兴奋，导致心脏迅速衰弱，可在心区施行冷敷。

心力衰竭者，为维护心脏的活动，改善血液循环，可用20%安钠咖溶液10～20 mL，皮下注射，每6h重复1次。也可在用0.3%硝酸士的宁的注射液(马、牛10～20 mL皮下注射)的基础上，用0.1%肾上腺素注射液3～5 mL皮下注射或混于5%～20%葡萄糖溶液500～1 000 mL作缓慢静脉注射。切忌此时使用洋地黄强心药，因为本品可延缓传导性和增强心肌的兴奋性，使心脏舒张期延长，导致心力过早衰竭，使病畜死亡。

促使心肌代谢，可静脉滴注ATP 15～20 mg，辅酶A 35～50 IU，细胞色素C 15～30 mg。

当黏膜发绀和高度呼吸困难时，为改善氧化过程，可进行氧气吸入，剂量为80～120 L；吸入速度为4～5 L/min。对尿少而明显水肿的患畜，可内服利尿素进行利尿消肿，马、牛5～10 g，或10%汞撒利注射液10～20 mL，静脉注射。

[预防]

平时加强饲养管理，合理使役，给予足够的关心和注意，使家畜增强抵抗力，防止发病和根治其原发病。当患畜基本痊愈后，仍需加强护理，慎重逐渐地使役，以防复发，甚至突然死亡。

## 四、贫血

贫血是指单位容积外周血液中的血红蛋白含量或红细胞数和(或)红细胞压积低于正常值的综合征。在临床上是一种最常见的病理状态，主要表现是皮肤和可视黏膜苍白，心率加快，心搏增强，肌肉无力及各器官、组织缺氧。

贫血的分类方法繁多，按其原因可分为：失血性贫血、溶血性贫血、营养不良性贫血和再生障碍性贫血。

### (一)急性失血性贫血

急性失血性贫血是由于血管特别是动脉管被破坏，机体发生严重出血，血库及造血器官又不能及时完全代偿时发生。

[病因]

往往由于损伤或外科手术使血管壁受损，动脉管发生大出血所致。如鼻腔、喉及肺受到损伤而出血，牛的皱胃溃疡和猪的胃出血，母畜分娩时损伤产道，公畜去势止血不良所引起的血管断端出血及发生于某些部位的肿瘤等引起的长期大量出血。手术过程中因操作失误切断较大的动脉血管，也可导致急性失血性贫血。

内脏器官受到损伤引起的内出血，尤其是肝和脾破裂时的严重出血，也是引起急性失血性贫血的常见原因。曾见到乳牛放牧时，由于跌倒而造成脾破裂，引起大量内出血，在1 h内死亡。

[症状]

根据机体状态，出血量的多少及出血时间的长短，临床表现不尽相同。

出血量少时，病畜表现贫血的一般症状，如可视黏膜苍白、心跳加快、全身肌肉无力等。严重时则出现呼吸、循环及消化系统方面的综合症状。呼吸困难，心动过速，听诊有贫血性杂音，血压下降，四肢和耳鼻部发凉；食欲减退，腹部气胀，呕吐，便秘，甚至消化道出血；虚脱、不安、步态不稳、肌肉震颤；后期可见有嗜睡、昏迷、休克等状态。

[诊断]

根据临床症状及发病情况可做出诊断。对内出血所造成的贫血必须进行细致全面的检查才能做出诊断,最有价值的是进行腹腔穿刺,看是否有血液。当脾脏和肝脏破裂时,穿刺可见有血液。

[治疗]

治疗原则是针对失血原因立即进行止血,增加血容量和抢救休克状态,补充造血物质等。

(1)及时止血。出血性时应立即止血,避免血液大量丧失,方法如下:

局部止血:外部出血时,具有损伤且能找到出血的血管时,可应用外科止血方法进行结扎或压迫止血。较好的方法是电热烧烙止血。

全身止血:对内出血及加强局部止血时应用。选用5%的安络血注射液,马、牛5~20 mL;猪、羊2~4 mL,肌内注射,2~3次/d。止血敏,马、牛10~20 mL;猪、羊2~4 mL,肌内注射或静脉注射。4%维生素$K_3$注射液,马、牛0.1~0.3 g;猪、羊8~40 mg,肌内注射,2~3次/d。凝血质注射液,马、牛20~40 mL;猪、羊5~10 mL。10%氯化钙注射液,马、牛100~150 mL,静脉注射。

(2)增加血容量。

输血:小量输血能加强血液凝固,又能刺激血管运动中枢,反射性地引起血管的痉挛性收缩,加强了血液凝固的作用。大量输血不仅有止血作用,还可补充血液量和增加抗体。病畜输入异体血后,可兴奋网状内皮系统,促进造血机能,提高血压。输血量要根据出血量而定,马、牛小量输血一般为100 mL左右,大量可输2 000~3 000 mL。

补液:应用右旋糖酐和高渗葡萄糖溶液可补充血液量。右旋糖酐30 g,葡萄糖25 g,加水至500 mL,静脉注射,马、牛500~1 000 mL,猪、羊250~500 mL。

(3)补充造血物质。硫酸亚铁,马、牛2~10 g,猪、羊0.5~2 g,内服。枸橼酸铁铵,马、牛5~10 g,猪1~2 g,内服,每日2~3次;维生素$B_{12}$等肌内注射。

[预防]

防止动物机体各器官发生严重损伤,加强管理,防止动物突然跌倒或发生猛烈撞击,手术过程中操作一定要仔细,避免损伤大血管。

**(二)慢性失血性贫血**

慢性失血性贫血是由少量反复的出血、突然大量出血后长时间不能恢复所引起的低血红蛋白性及正成红细胞性贫血。

[病因]

由于鼻、肺、肾、膀胱、子宫内膜、胃肠等具有出血性素质长期反复地失血引起;寄生虫病,特别是反刍动物的血矛线虫病、肝片吸虫病和血吸虫病,犊牛的球虫病及蜱、刺蝇的重度侵袭亦可引起;有毒植物中毒如草木樨中毒、蕨中毒等也可引起。

[症状]

症状发展缓慢,初期症状不明显,但患畜呈渐进性消瘦及衰弱。严重时可视黏膜苍白,机体衰弱无力,精神不振,嗜睡。血压降低,脉搏快而弱,轻微运动后脉搏显著加快,呼吸快而浅表。心脏听诊时,心音低沉而弱,叩诊时心浊音区扩大。由于脑贫血及氧化不全的代谢产物中毒,引起各种症状,如晕厥、视力障碍、嗳气、呕吐和膈肌痉挛性收缩。贫血严重时,胸腹部、下颌间隙及四肢末端水肿。体腔积液,胃肠吸收和分泌机能降低,腹泻,最终因体力衰竭而死亡。

[诊断]

找出原发病及出血原因和部位,必要时进行全面检查,发现白细胞及血小板增多的低血素性贫血时说明有出血存在。胃肠出血时有便血,泌尿器官出血时有血尿。

[治疗]

治疗原则是止血,加强饲养管理,补充造血物质等。

止血及补充造血物质可参照急性失血性贫血。

补铁时,配合盐酸及抗坏血酸,促进铁的吸收,或配合铜、砷制剂刺激骨髓造血机能。

加强饲养管理:病畜日粮应给予高蛋白、多种维生素和含铁的饲料,给予良好的青草或干草,以及豆类和麦麸等。

［预防］

加强防疫，防止病原微生物侵入；切实做好寄生虫病防治工作；防止动物食入导致出血的有毒植物等。

**(三)溶血性贫血**

溶血性贫血是由于某种原因使红细胞平均寿命缩短，破坏增加，并超过骨髓造血代偿能力所引起的一组种贫血。主要临床特征为黄疸，肝脏及脾脏增大，血液学检查为血红蛋白过多的巨细胞性贫血。本病可发生于幼驹、犊牛、仔猪、仔犬或小猫。

［病因］

溶血性贫血不是独立的疾病，凡是有溶血症状的皆成为其发病原因，主要有内在缺陷和红细胞外因所致的两大类溶血性贫血。

红细胞内在缺陷是红细胞膜结构异常，磷酸戊糖旁路和谷胱甘肽代谢中酶的缺乏，红细胞糖酵解酶缺乏及球蛋白构造和合成的缺陷所致的溶血性贫血。

红细胞外因是由免疫性反应(不合血型的输血，新生幼畜溶血性贫血)及创伤、感染、物理、化学及生物性因素所致的溶血性贫血和脾功能亢进等。

新生幼畜溶血性贫血，是由于母畜与仔畜血型不同，仔畜在胚胎期间产生一种抗原，刺激母畜产生免疫性抗体。在胚胎期，抗体不能通过胎盘屏障进入胎儿体内，只存在于血液及初乳中。当初生幼畜吃了含有免疫性抗体的初乳后，抗体即通过肠黏膜进入血液，与带有抗原的仔畜红细胞凝集而发生溶血。

［症状］

引起溶血的原因不同，其发展过程的缓急及病情严重程度也不同，可分为急性和慢性两种：

(1)急性溶血或慢性溶血急性发作(溶血危象)。骤然起病，严重的背部疼痛，四肢酸痛，寒战，高热，患畜并发狂躁、恶心、呕吐、腹痛、腹泻等胃肠道症状。由于溶血迅速，血红蛋白大幅下降；出现血红蛋白尿，发病12 h后，出现黄疸。

(2)慢性溶血性贫血。起病缓慢，可有贫血、黄疸及脾肿大三大类型，主要表现为皮肤苍白，气短。若溶血未超过骨髓代偿能力时不出现贫血。由于肝脏消除胆红素功能很强，黄疸转为轻度。长期持续溶血，可并发胆石症和肝功能损害，血液中出现大量的胆固醇、类脂质和脂肪。

［诊断］

查明原发病，结合临床三大特征：贫血、黄疸、肝脾肿大，血清胆红质间接反应明显，尿胆素增加等进行综合分析，并通过血液学检查：红细胞减少，大小不等，尤其是网织红细胞增多，可以确诊。

鉴别诊断：

(1)急性黄疸性肝炎：有黄疸或肝脾肿大，但无明显贫血，血液学指标正常。

(2)先天性胆红素代谢功能缺陷：因先天性肝细胞酶的缺陷或肝细胞对胆红素的转运及排泄障碍所引起，具有先天性非溶血性黄疸，无明显贫血，网织红细胞不增高，脾不增大。

［治疗］

治疗原则是消除原发病，给予易消化的营养丰富的饲料，输血并补充造血物质。

肾上腺皮质激素疗法，如强泼尼松注射液，肌内注射或静脉注射，马、牛0.05～0.15 g；猪、羊0.01～0.02 g。其他治疗方法参照急性出血性贫血。

［预防］

禁止不合血型的输血，尽量减少创伤、感染、物理、化学及生物性等易导致溶血的因素对动物的刺激。母畜怀孕期避免子宫损伤，如已知子宫发生损伤，仔畜出生后最好交换哺乳或人工喂养。

**(四)营养不良性贫血**

由于长期采食缺乏蛋白质、维生素以及铁、铜、钴等微量元素的饲料，或因动物长期患消化不良症，对上述营养成分消化吸收障碍，而使造血原料不足所致。

［病因］

如铁、铜缺乏、钼过多(诱导铜缺乏)、维生素$B_6$、维生素$B_{12}$、叶酸、烟酸、钴缺乏症(影响维生素$B_{12}$合成)、铅中毒(抑制血红素合成过程中的许多酶),饥饿、各种消耗病。

仔猪营养性贫血多见于圈养猪,水泥或石板地面猪舍,仔猪出生后就不能与土壤接触,从而或多或少地丧失了对铁的摄取来源。

[症状]

本病发展缓慢,当缺铁到一定程度时出现贫血。仔猪出生 8~9 d 时出现贫血症状,皮肤及可视黏膜苍白,心搏增快,仔猪活力显著下降,吮乳能力下降。仔猪发生营养不良,机体衰弱,精神不振,被毛粗乱,影响生长发育。周期性下痢及便秘,腹壁蜷缩。个别仔猪不消瘦,外观上很肥胖,生长发育较快,经 3~4 周后在奔跑中突然死亡。其他动物均可见营养不良,衰弱,精神不振,被毛粗乱,生长发育迟缓。

血液学变化:生理性贫血时血红蛋白量降低,红细胞数正常。病理性贫血时,血红蛋白量、红细胞计数均降低。

[诊断]

根据环境条件及日龄、临床表现及血红蛋白量显著减少、红细胞数量下降等特征不难诊断。剖检可见:肝脏有脂肪变性且肿大,呈淡灰色,有时有出血症。肌肉呈淡红色,特别是臀肌和心肌。心脏及脾脏肿大,肾实质变性,肺水肿,血液稀薄呈水样。

[治疗]

右旋糖酐铁注射液 1~2 mL 肌内注射;硫酸亚铁 5 g,酵母粉(食母生)10 g,混匀后,分成 10 包,1 包/d,拌料内服;0.25%硫酸亚铁水溶液饮服;维生素 $B_{12}$ 注射液 2~4 mL,一次肌内注射,1 次/d,连用 3~5 d,硫酸亚铁 2.5 g、硫酸铜 1 g、氯化钴 2.5 g,加水 1 000 mL,纱布过滤,每只猪每次用半匙,混饲或混饮。

[预防]

针对病因进行。

**(五)再生障碍性贫血**

由于骨髓造血功能障碍所致的贫血,这型贫血往往致循环血中红细胞和白细胞同时减少。造血器官(主要是骨髓)受到射线、重金属、药物等的损伤。

[病因]

放射线,化学毒,植物毒,如蕨类中毒;真菌毒素,如穗状葡萄球菌毒素等均可使骨髓受细胞毒性损伤;亚急性型和慢性型马传染性贫血、猫白血病等病毒病、猫传染性泛白细胞减少症(猫瘟)、犬埃立克体病,牛羊毛圆线虫病等也可引起,慢性肾脏疾病和内分泌腺疾病,包括垂体功能低下、肾上腺功能低下、雄性腺功能低下以及雌性激素过多,可以使红细胞生成素减少造成,长期采食缺乏蛋白质、维生素以及铁、铜、钴等微量元素的饲料,或因动物长期患消化不良症,对营养成分消化吸收障碍,而使造血原料不足所致。

[症状]

一般为进行性贫血,出血,血小板生成减少,毛细血管脆性、通透性增加。皮肤、鼻、消化道、阴道及内脏器官出血。局部感染常反复发生,亦有周身感染和败血症。

血液学变化:红细胞数、血红蛋白量降低,再生型红细胞几乎完全消失。红细胞大小不均,白细胞数降低,血小板减少,血沉加快。

[诊断]

根据临床资料,结合外周血液学检查结果可初步诊断,最好进行骨髓穿刺。骨髓象观察可见,急性型骨髓穿刺液稀薄,油滴增多,涂片中有核细胞显著减少;慢性型骨髓增生降低,油滴较多。镜检可见红髓脂肪变性,急性再障时几乎全变成脂肪髓;慢性型脂肪组织中可见造血灶。

[治疗]

丙酸睾酮注射液,牛、羊剂量为 0.25~0.5 mg/kg,维生素 $B_{12}$ 注射液,牛 1~2 mg、羊 0.3~0.4 mg,分别一次肌内注射。

黄芪 60 g、党参 60 g、白术 30 g、当归 30 g、阿胶 30 g、熟地 30 g、甘草 15 g,共为末,开水冲调,一次灌服。

[预防]

针对病因进行。

## 五、血斑病

血斑病也叫出血性紫癜，是一种急性或亚急性非传染性疾病。本病是血管性出血性素质的疾病，毛细血管壁损伤而伴随血浆外渗和血液进入组织中是本病发生的基础。临床上以皮下组织广泛性水肿和出血性肿胀并伴发黏膜和内脏出血为特征。

本病多发生于马，牛、猪和犬极少发生。本病仅呈散发性，但在军马群中或航运期间（或之后），可有很高的发病率。近期发生上呼吸道传染者，发病率和死亡率较高。

[病因]

病因尚不完全清楚，一般认为是在感染性疾病过程中，机体对病原菌蛋白质发生变态性反应，导致血管壁通透性增大的结果。

马常发生于马腺疫链球菌感染后1～3周，以首次感染时的链球菌蛋白为抗原，持续地在循环血液中过剩存在，并与急性感染恢复后产生的抗体发生抗原一抗体反应，从而成为马急性非接触传染的一种变态反应性疾病，故视本病为马腺疫的一种后遗症或马传染性动脉炎或马传染性鼻炎的一种并发症。当广泛暴发马腺疫时，本病的发病率也最高。还可以发生于传染性胸膜肺炎、流感、咽炎额窦炎等病之后。牛多发生在乳腺炎、子宫内膜炎之后。猪常发生于接种猪瘟疫苗或应用抗猪瘟血清之后，也曾有长途运输后发病的报道。

[症状]

病初，鼻黏膜、眼结膜和其他部位出血，这种出血起初呈小点状，最后融合成瘀血斑，同时黏膜表面分泌淡黄色黏液状物质。浆液干燥时形成黄色、黄褐色或污秽色的干痂。病情严重时，出血的黏膜发生坏死并形成溃疡。

发生血斑的同时，在皮肤和皮下结缔组织，可以出现小的浆液性出血性肿胀，进一步发展而融成大片。肿胀一般多数在面部及鼻镜，且不一定呈对称性。它既可突然发生，也可经几天逐渐发生。肿胀无热无痛，压迫有凹痕，并且压迫到接近正常组织时，凹痕就逐渐不出现，因此在肿胀与健康组织之间没有明显的界限。皮肤可能是紧张、膨胀的，甚至有血清漏出，但皮肤并不裂开。由于肿胀的发展呈弥漫性，扩展范围很大，可使马体轮廓变得模糊，甚至完全变形，形成“河马头”。因肿胀压迫咽部，导致吞咽及呼吸困难。腕关节及附关节以上发生水肿。由于肠壁出血和水肿引起出血性胃肠炎和严重的致死性疝痛。

轻症时体温接近正常。皮肤或黏膜有坏死或溃疡，或发生并发症时，可发生高热。同时心率增加(90～100次/min)，可能由于血浆或血液丧失所致。病程通常1～2周，许多动物在血液丧失和继发细菌感染的末期死亡。在康复期可以复发。

猪发病时除了皮下组织广泛性水肿和出血性肿胀外，还表现为不食，不愿走动，高热，呼吸急促，粪便干燥，极度消瘦等症状。

血液学检查：重症者由于出血、红细胞和血红蛋白减少，有明显的嗜中性白细胞增多症，但血小板数量的抑制不明显（从而能与马的血小板减少性出血性紫癜相区别）。不严重的病例有白细胞增多症，核左移；白细胞减少表示预后不良。

[诊断]

根据病史和临床特征，不难确诊。但需与下列疾病进行鉴别诊断。

充血性心力衰竭：水肿发生于身体下垂部分，且无黏膜出血。

血管神经性水肿：伴发大的皮下肿胀，但没有出血和损伤，而且这种肿胀治疗后会很快消失。

马传染性贫血：呈现黏膜淤斑性出血和贫血，有地方性分布和慢性特征，且黄疸、水肿局限于下垂部分。

血友病：由于血凝障碍所致，是抗血友病球蛋白因子缺乏的后果。

牛出血性败血症、蕨中毒和草木樨中毒及其他一些败血症，更易发生出血性综合征。

[治疗]

治疗原则为加强护理、脱敏、制止漏出，防止并发症及对症治疗。

将病畜安置在宽敞、通风良好的厩舍内，并给予足量的清洁饮水和柔软易消化的全价饲料及青干草。

脱敏用盐酸苯海拉明，马 0.2～1.0 g；牛 0.6～1.2 g；猪、羊 0.08～0.12 g，1～2 次/d，内服。异丙嗪，马、牛 0.25～1.0 g；猪、羊 0.1～0.5 g，1～2 次/d，内服。

止血可用 10%氯化钙注射液或 10%葡萄糖酸钙注射液 100～200 mL，5%维生素 C 注射液 20～40 mL，葡萄糖生理盐水 500～1 000 mL，混合静脉注射，1～2 次/d，连续使用。或用维生素 K 0.3 g，混饮，2 次/d。

输血对本病有良好效果，马、牛每次 1 000～2 000 mL，每日或隔日 1 次，连续数日。或用抗链球菌血清治疗，一般用多价抗链球菌血清，马 80～100 mL，一次皮下注射，1 次/d，连用 2～3 d。

## 【案例分析】

分析以下案例，根据病史和临床检查，提出初步诊断，制定治疗措施(开出处方)。

案例 1　德国牧羊犬，雄性，体重 18 kg，半年前发病，发现轻度呼吸困难，现在呼吸困难加重，不耐运动，现腹部明显增大下垂，精神沉郁，食少。平时以犬粮为食。临床检查：犬精神不佳，张嘴呼吸，坐势呼吸，舌色发绀，腹部膨隆下垂，眼外凸，听诊有较强的心杂音，胸壁震颤、心律不齐。

案例 2　博美犬，雄性，9 岁，体重 8.5 g。患犬肥胖，1 个月前出现腹泻，呼吸困难，腹部增大。精神、食欲正常，未见明显变化，曾有过昏厥史，昏厥后几分钟之内又恢复正常。近 1 个月逐渐发现患犬不爱活动，精神沉郁，食欲下降。临床检查：患犬精神沉郁，体温 37.6℃，心跳疾速，呼吸困难。腹围增大，皮肤弹性下降，腹腔波动性增大，全身广泛性水肿。叩诊心浊音区增大，听诊第一心音增强，第二心音减弱，有心杂音，心律不齐。

案例 3　某牛场的一头 5 岁黑白花奶牛，体温升高至 40.2℃，脉搏 116 次/min，呼吸 42 次/min。食欲降低，反刍无力，反刍次数减少，有时不反刍，颌下及胸前水肿，颈下及两前肢之间，有排球大小的水肿区，呈生面团样硬度，指压留痕。按压心区敏感，心脏听诊心音弱、心音遥远，有心包拍水音。

案例 4　一患病马，体温 38.2℃，脉搏 83 次/min，呼吸数为 30 次/min。食欲减退，排粪较干，运动后易出汗。听诊心音弱，叩诊心浊区扩大。腹下剑状软骨部皮下有扁平的椭圆形肿胀，呈捏粉样硬度，无热无痛。

案例 5　某商品猪场，近日相继出现发病猪只，病猪体温升高，呈稽留热。食欲废绝，体表发红，可视黏膜黄染，尿液成酱油色。粪便少而干硬。呼吸急促，心跳加快。

案例 6　某种猪场，20 日龄的仔猪，相继出现精神沉郁，机体衰弱，被毛粗乱，生长迟缓，可视黏膜苍白，心跳增快。追赶时易出现呼吸急促。消化机能降低，采食量减少，交替性腹泻与便秘。

## 【知识拓展】

### 仔猪缺铁性贫血

仔猪缺铁性贫血特指 5～28 d 哺乳仔猪缺铁所导致的一种营养性贫血。多发于冻土寒区，冬春季节，舍饲期间，特别是猪舍以水泥地面而又不采取补铁措施的集约化养猪场。本病同仔猪下痢、仔猪肺炎一起，作为仔猪的三大疾病，在 20 世纪 50 年代给养猪业造成过严重损失。

[病因]

进行放牧饲养的母猪及仔猪，可从青草和土壤中获取一定量的铁。若圈养，猪舍地面用水泥，使仔猪出生后就不能与土壤接触，从而或多或少地丧失了对铁的摄取来源。

仔猪同各种幼畜一样，出生后 8～10 d，由胚胎期的肝脾造血转为骨髓造血，需要调整适应，有一个生理性贫血期。但仔猪生理性贫血的特点是出现时间早，表现程度重。同时仔猪生后几周内，生长发育和全血容量增长快，铁需要量大，母乳铁供应量有限，而体内贮存的铁逐渐消耗，当得不到足量的外源性铁时，影响血红蛋白的合成，发生病理性贫血。

生理性贫血的程度和持续时间，取决于饲养管理条件。夏季出生而放牧饲养的，贫血很轻，持续时间亦短，血红蛋白一般在生后7～10 d降到70～80 g/L，并于2～4周龄恢复正常；冬季舍饲的，贫血比较明显，持续时间也较长，通常在生后15～20 d降到50～60 g/L，于4～6周龄逐渐回到正常值。在冻土寒区、冬春季节、舍饲期间、水泥地面饲喂的仔猪，如果单纯依靠哺乳而不添土盘，不及早粒饲，不补给铁剂，则不能渡过生理性贫血期，就发生重剧的缺铁性贫血。有些资料报道，仔猪贫血不仅缺铁而且缺铜，应予重视。

［症状］

一般在2周龄起病，发病缓慢。表现精神沉郁，食欲减退，离群起卧，体温不高，机体衰弱，营养不良。最突出的症状是可视黏膜呈蔷薇色，轻度黄染，重症仔猪黏膜苍白，如同白瓷，光照耳壳呈灰白色，几乎看不到血管，针刺亦很少出血。呼吸增数，脉搏疾速，心区听诊出现贫血性杂音，稍微活动，即心搏亢进，大喘不止。

另一类型仔猪不消瘦，外观上很肥胖，生长发育较快，经3～4周在奔跑中突然死亡。

检验所见：血液色淡而稀薄，不易凝固。红细胞数减少，可至$3\times10^{12}$个/L、$2\times10^{12}$个/L乃至$1\times10^{12}$个/L以下，血红蛋白量降低，可至20～40 g/L。MCV、MCH等红细胞指数低于正常，显示小细胞低色素贫血类型。

［治疗］

治疗原则是补足外源铁质。通常采用铁剂口服，既经济又奏效。在集约化生产条件下，多采用铁注射剂。

口服铁制剂，如硫酸亚铁、焦磷酸铁、乳酸铁、还原铁等，其中硫酸亚铁为首选药物。常用的药物是硫酸亚铁2.5 g，硫酸铜1 g，常水1 L，剂量为0.25 mL，灌服，1次/d，连服7～14 d。焦磷酸铁每天灌服300 mg，连用1～2周。还原铁，对胃肠无刺激性，可一次灌服0.5～1 g，每周一次。

注射铁疗法适用于集约化猪场或口服铁剂反应剧烈以及铁吸收障碍的腹泻仔猪。供肌内注射的铁剂，国产的有葡聚糖铁（右旋糖酐铁）、山梨醇铁等。葡聚糖铁注射液2 mL（每毫升含铁50 mg），深部肌内注射，通常一次即可，必要时隔周再注射半量。

## 非创伤性心包炎

心包炎是心包常见的疾病，是指心包壁层和脏层的炎症。临床特征为心动过速，心音减弱，心浊音区扩大，出现心包摩擦音或心包拍水音。按病因分为创伤性心包炎和非创伤性心包炎两种；按病程分为急性和慢性两种；按渗出物性质可分为浆液性、纤维素性、浆液－纤维索性、出血性、化脓性和腐败性等多种类型。临床上以急性浆液性和浆液－纤维素性心包炎比较常见。本病最常见于牛和猪，马、羊、犬、鸡、兔等动物也可发生。

［病因］

通常由血源性感染或邻近器官炎症（如心肌炎）蔓延引起，常见于某些传染病、寄生虫病和各种脓毒败血症。受寒、感冒、过劳、饲养管理不当、维生素缺乏等会降低机体抵抗力，促进心包炎的发生。

牛的心包炎可见于牛肺疫、牛出败、牛结核病、脓毒性子宫炎、乳腺炎、脑脊髓炎、气肿疽、风湿病、弓形虫病等的经过中。

猪的心包炎主要见于猪瘟、猪丹毒、猪肺疫、支原体肺炎、沙门菌病、链球菌感染、仔猪病毒性心包炎、猪浆膜丝虫病、弓形虫病等的经过中。

马的心包炎伴发于马传染性胸膜肺炎、马鼻疽、马腺疫、上呼吸道感染，流感、脓毒败血症、腹膜炎、关节炎、风湿病、肿瘤、弓形虫病等的经过中。

绵羊的心包炎可发生于巴氏杆菌病、大肠杆菌病、衣原体病和支原体病的经过中。

犬的心包炎见于结核病、肿瘤等疾病。

慢性心包炎多数由急性心包炎转变而来，也可继发于慢性传染病的经过中。有的散发性病例常无确切的病原，是多种感染因素综合作用的结果。

［症状］

急性心包炎通常都有感冒、上呼吸道感染、肺炎、胸膜炎或发热的病史，可能伴有原发病的某些症状。

病初主要表现为发热，心率加快，心律失常，逐渐出现心包摩擦音。心区触诊有时可感到心区震颤。随着病情的发展，心包腔内积聚多量渗出物，心包摩擦音减弱或消失，心音遥远，第一心音和第二心音均减弱。如果心包腔内积液的同时还存在气体，则可听到心包拍水音。病的后期，颈静脉怒张，颈静脉阴性搏动明显，腹下水肿，脉搏微弱，脉率显著加快，黏膜发绀，呼吸困难。

马脓毒性心包炎多数有肺炎、胸膜炎或腹痛的病史，主要表现为发热，心音低沉或有心包摩擦音，颈静脉怒张，腹下水肿，常伴发轻度腹痛，胸部叩诊有水平浊音和严重的呼吸困难。血液检查，粒细胞总数增多，伴有中性粒细胞比例增高，血浆纤维蛋白原含量增高。心包穿刺液涂片镜检常可发现细菌。

结核性心包炎和猪浆膜丝虫心包炎多呈慢性经过，主要表现浅表静脉怒张、水肿、呼吸 困难和心律失常。

[病理变化]

急性心包炎，心包腔内积聚多量浆液性、纤维素、浆液一纤维素性或脓性渗出液。心外膜粗糙有大量黄白色纤维素沉着，因心搏动时的摩擦，其表面呈卷曲的绒毛状，故称绒毛心。慢性心包炎。心包增厚，心脏明显增大，心包壁层与心外膜粘连。

有的心包与胸膜粘连。发生结核性心包炎时，心外膜上布满珍珠状结节或被覆一层干酪样坏死物。

[诊断]

根据心率加快，心浊音区扩大，有心包摩擦音或拍水声、心音遥远、浅表静脉怒张、腹下水肿、结膜发绀等症状，可做出诊断。必要时可进行 X 线检查，超声检查，心包穿刺液检验和血液检验。

为确定病原，还应进行相应的特殊检查。

[治疗]

对于伴发予传染病的心包炎应采用抗生素治疗，常用青霉素和庆大霉素，有条件者可根据心包穿刺液分离培养出的细菌药敏试验结果，选用高敏的抗菌药物。

为了减轻心脏负担，可用心包穿刺疗法，穿刺后注入青霉素 100 万～200 万 IU，链霉素 1～2 g，有一定疗效。

对于出现严重心律失常的病畜，可选用硫酸奎尼丁、盐酸利多卡因、心得安等制剂。有充血性心力衰竭的病畜，可试用咖啡因、洋地黄等药物。

## 【考核评价】

### 仔猪缺铁性贫血的预防

**一、考核题目**

某农户饲养母猪 15 头，育肥仔猪 238 余头。2 月初 1 头母猪产仔猪 11 头，出生时健康。当仔猪 12 日龄时，个别仔猪出现精神不振，腹泻等情况。户主曾使用过氧氟沙星等药物治疗，但效果不明显。至 17 日龄时整群仔猪发病，并有 3 头仔猪死亡。据调查，该母猪体格健壮，营养状况良好，泌乳充足，饲养环境良好，并定期进行常规消毒。其他同时产仔的母猪及育肥猪均无发病现象。

临床症状：病猪精神沉郁，不愿走动，食欲减退或废绝，体温正常，营养不良，生长缓慢，体质衰弱，被毛粗乱无光泽，皮肤冰冷，下痢，粪便稀薄。黏膜苍白，光照耳壳呈灰白色，几乎见不到明显的血管，针刺也很少出血。呼吸加快，脉搏急速，轻微运动则喘息不止。其中有 2 头病猪发生腹泻或与便秘交替出现的症状，1 头仔猪头和体前躯发生水肿现象。采取病猪血液作常规检查，发现血液稀薄黏稠度降低，凝固性差，红细胞严重减少，降至 200 万～300 万/$mm^3$，血红蛋白也降至 50 mg/mL 以下。确诊为仔猪缺铁性贫血。请你为该农户制定出预防仔猪缺铁性贫血的措施。

**二、考核标准**

北方寒冷地区，要尽量避免隆冬季节产仔。冬春饲舍所产仔猪，应有户外活动时间，最好尽早随同母猪放牧。要及时粒饲，添置土壤，最好用红黏土(富含氧化铁)或使之自由掘食土壤。据报道，仔猪在 1 月龄之前，每天啃食湿黏土 20～25 g，即可获取其所需之铁质。

水泥地面舍饲的仔猪，生后 3～5 d 即应开始补铁。方法是硫酸亚铁 2.5 g，硫酸铜 1 g，常水 1 L，混合后用纱布过滤，涂在母猪乳头上，或混于饮水中或渗入代乳料中，让仔猪自饮、自食。或生后 3 d 一次肌内注射葡聚糖铁 100 mg，预防效果更加确实。

妊娠母猪分娩前 2 d 至产后 28 d 内，每天补饲硫酸亚铁 20 g，初乳和乳汁铁含量以及初生仔猪体内储存铁并不增加，但仔猪可通过采食母猪的富铁粪便而获取铁质，这种预防法既简单又经济。再者，苏氨酸铁等氨基酸螯合铁，如水解大豆蛋白螯合铁即肽铁可通过母猪的胎盘和乳房屏障，增加胎猪体内的铁储备和乳汁中的铁含量，防止仔猪缺铁和贫血的发生。方法是妊娠母猪从分娩前 4 周至分娩后 4 周，每天用水解大豆蛋白螯合铁 6～12 g(含铁 600～1 200 mg)，早晚各一次分服。

## 【知识链接】

1. DB11/T 790—2011，兽用药品贮存管理规范，北京市质量技术监督局，2011-08-01；

2. GB 18671—2009，一次性使用静脉输液针，国家质量监督检验检疫总局，2010-03-01；

3. GB/T 17494—2009，马传染性贫血病间接 ELISA 诊断技术，国家质量监督检验检疫总局，2009-09-01；

4. NY/T 1187—2006，鸡传染性贫血病毒聚合酶链反应试验方法，农业部，2006-10-01；

5. NY/T 569—2002，马传染性贫血病琼脂凝胶免疫扩散试验方法，农业部 2002-12-01；

6. NY/T 681—2003，鸡传染性贫血诊断技术，农业部，2003-10-01；

7. SN/T 1358.1—2004，马传染性贫血补体结合试验方法，国家质量监督检验检疫总局，2004-12-01；

8. SN/T 2717—2010，马传染性贫血检疫技术规范，国家质量监督检验检疫总局，2011-05-01；

9. SN/T 2734—2010，传染性鲑鱼贫血病检疫技术规范，国家质量监督检验检疫总局，2011-05-01。

Project 2

# 呼吸系统疾病

**学习目标**

1. 了解动物呼吸系统疾病的一般发病规律，熟悉常用诊疗方法及药物。
2. 了解感冒、喉炎、支气管炎、支气管肺炎、肺充血和肺水肿、肺泡气肿的概念、病因，掌握其症状、诊断及治疗。

【学习内容】

## 一、感冒

感冒是由于受寒冷刺激，机体抵抗力下降，引起以上呼吸道炎性变化为主的急性全身性疾病。临床上以恶寒、咳嗽、流鼻液、流泪、体温突然升高为特征。各种家畜均可发生。幼弱动物多发，一年四季均可见，但以早春和晚秋、气候多变季节多发。

［病因］

本病主要原因是寒冷因素的作用，如厩舍条件差，贼风侵袭；家畜突然在寒冷的条件下露宿；使役家畜出汗后被雨淋、风吹等；此外，营养不良、过劳等都可破坏呼吸道屏障作用，使机体抵抗力降低，病原微生物乘机发育繁殖，结果引起上呼吸道黏膜发炎，引起发病。

［症状］

患畜精神沉郁，头低耳耷，结膜充血、肿胀，眼多羞明流泪，食欲减少或废绝。风热感冒：体温升高，可达 40℃以上；呼吸加快，呼出气有热感，肺泡呼吸音粗厉；心跳加快；舌红；肠音不整或减弱，粪便干燥。风寒感冒：体温正常或稍有升高；呼吸不快有凉感；心跳不快；舌青黄或青白；被毛逆立，拱背怕冷，皮温不整；鼻端、耳尖及四肢末梢发凉；鼻黏膜充血、肿胀，有浆液性鼻液；时有喷嚏或擦鼻现象(羊最明显)。猪多出现便秘而少下痢，嗜睡，喜钻草卧圈，耳尖及四肢末梢发凉，体温可达 40℃以上。牛多患风热感冒，反刍停止，磨牙，鼻镜干燥，常继发前胃弛缓。如治疗不及时，数日体温不降，则可能继发支气管炎及肺炎等。

［诊断］

根据受寒病史，体温升高、皮温不均、流鼻液、流泪、咳嗽等主要症状，可以诊断。

鉴别诊断：流行性感冒时体温突然升高达 40～41℃，全身症状较重，传播迅速，有明显的流行性，往往群发，依此可与普通感冒相区别。

［治疗］

治疗原则为解热镇痛，祛风散寒，防止继发感染。

病初给予解热镇痛药，如安痛定、复方氨基比林或柴胡注射液等，马、牛 20～30 mL；猪、羊 3～10 mL，肌内注射。也可内服阿司匹林肠溶片(牛 10～30 g，猪和羊 1～3 g，犬 0.2～1 g)和氨基比林(牛 8～20 g，猪和羊 2～5 g，犬 0.2～2 g)等。高热不退者，应及时应用抗生素或磺胺类药物，以防继发感染。必要时，可配合祛痰止咳、健胃、缓泻等对症治疗措施。患畜应给予充分休息，避风保暖，并供给充足饮水，多喂易消化青绿饲料。祛风散寒宜使用中药，如可内服荆防败毒散：荆芥 30～45 g，防风 30～45 g，柴胡、前胡、枳壳、羌活、独活、茯苓、桔梗各 30 g，甘草 15 g，水煎服，马、牛 1 剂/d。

［预防］

本病主要是应做好御寒保暖工作，加强饲养管理，增强动物抵抗力。

## 二、喉炎

喉炎是喉头黏膜较为重剧的炎症，是以剧烈咳嗽和喉头敏感为特征的一种上呼吸道疾病。各种动物均可发生，主要见于马、牛、羊和猪。

［病因］

主要是受寒感冒，尘埃、烟雾或刺激性气体及异物等的刺激，圈舍卫生不良，过度疲劳等。插管麻醉或插入胃管时，因技术不熟练而损伤黏膜可引起喉头水肿，过度吼叫也可引起本病。短头且肥胖的犬或喉麻痹的犬在兴奋或高温环境下，因严重喘气或用力呼吸可导致喉头水肿和喉炎。喉部手术也可引起喉水肿。马、牛和羊还可发生喉软骨基质的化脓性炎症，多见于幼龄的雌性动物。

喉炎也可继发于一些疾病过程中，如鼻炎、气管和支气管炎、咽炎、犬瘟热、猫传染性鼻气管炎、牛传染性鼻气管炎、牛白喉、羊痘、羊坏死杆菌或化脓棒状杆菌感染、猪流感等。

[症状]

喉炎的主要表现为剧烈咳嗽，病初为干而痛的咳嗽，声音短促强大，以后则变为湿而长的咳嗽，病程较长时声音嘶哑。按压喉部、吸入寒冷或有灰尘的空气、吞咽粗糙食物或冷水以及投服药物等均可引起剧烈的咳嗽。犬随着咳嗽可发生呕吐。病畜可能流浆液性、黏液性或黏液脓性的鼻液，下颌淋巴结肿大。一般体温升高，严重者体温可达40℃以上。触诊喉部，病畜表现敏感、疼痛，肿胀，发热，可引起强烈的咳嗽。听诊喉部气管，有大水泡音或喉头狭窄音。

[诊断]

根据临床症状可做出初步诊断，确诊则需要进行喉镜检查。本病应与咽炎相鉴别，咽炎主要以吞咽障碍为主，吞咽时食物和饮水常从两侧鼻孔流出，咳嗽较轻。

[治疗]

治疗原则为消除致病因素，缓解疼痛。首先将病畜置于通风良好和温暖的畜舍，供给优质松软或流质的食物和清洁饮水。

缓解疼痛主要采用喉头周围封闭，牛可用0.25%普鲁卡因20～30 mL，青霉素40万～100万IU混合，2次/d。对出现全身反应的病畜，可内服或注射抗生素或磺胺类药物。还可在喉部皮肤涂鱼石脂软膏，必要时可经鼻腔向喉内注入碘甘油。频繁咳嗽时，应及时内服祛痰镇咳药，常用人工盐20～30 g，茴香粉50～100 g，牛一次内服；或碳酸氢钠15～30 g，远志酊30～40 mL，温水500 mL，一次内服；或氯化铵15 g，杏仁水35 mL，远志酊30 mL，温水500 mL，一次内服。小动物可内服复方甘草片、止咳糖浆等；也可内服羧甲基半胱氨酸片(化痰片)，犬0.1～0.2 g，猫0.05～0.1 g，3次/d。

中兽医疗法可用普济消毒饮：黄芩、玄参、柴胡、桔梗、连翘、马勃、薄荷各30 g，黄连15 g，橘红、牛蒡子各24 g，甘草、升麻各8 g，僵蚕9 g，板蓝根45 g，水煎服。也可用消黄散加味：知母、黄芩、牛蒡子、山豆根、桔梗、花粉、射干各18 g，黄药子、白药子、贝母、郁金各15 g，栀子、大黄、连翘各21 g，甘草、黄连各12 g，朴硝60 g，共研末，加鸡蛋清4个，蜂蜜120 g，开水冲服，或水煎服。另外，雄黄、栀子、大黄各30 g，冰片3 g，白芷6 g，共研末，用醋调成糊状，涂于咽喉外部，2～3次/d。

[预防]

加强平时的饲养管理，圈舍应经常保持清洁卫生，防止感冒，避免刺激性气体吸入，避免过度疲劳，注意通风透光以增强动物的抵抗力。

## 三、支气管炎

支气管炎是各种原因引起动物支气管黏膜表层或深层的炎症，临床上以咳嗽、流鼻液和不定热型为特征。各种动物均可发生，但幼龄和老龄动物比较常见。寒冷季节或气候突变时容易发病。一般根据疾病的性质和病程分为急性和慢性两种。

### (一)急性支气管炎

急性支气管炎是由感染、物理、化学刺激或过敏等因素引起支气管黏膜表层和深层的急性炎症。临床特征为咳嗽和流鼻液。

[病因]

(1)感染。主要是受寒感冒，导致机体抵抗力降低，一方面病毒、细菌直接感染，另一方面呼吸道寄生菌(如肺炎球菌、巴氏杆菌、链球菌、葡萄球菌、化脓杆菌、真菌孢子、副伤寒杆菌等)或外源性非特异性病原菌乘虚而入，呈现致病作用。

(2)物理、化学因素。吸入过冷的空气、粉尘、刺激性气体(如二氧化硫、氨气、氯气、烟雾等)均可直接刺激支气管黏膜而发病。投药或吞咽障碍时由于异物进入气管，可引起吸入性支气管炎。

(3)过敏反应。常见于吸入花粉、有机粉尘、真菌孢子等引起气管—支气管的过敏性炎症。主要见于犬，特征为按压气管容易引起短促的干而粗厉的咳嗽，支气管分泌物中有大量的嗜酸性细胞，无细菌。

(4)继发性因素。在马腺疫、流行性感冒、牛口蹄疫、恶性卡他热、家禽的慢性呼吸道病、羊痘、肺丝虫等疾病过程中，常表现支气管炎的症状。另外，喉炎、肺炎及胸膜炎等疾病时，由于炎症扩展，也可继发支气管炎。

(5)诱因。饲养管理粗放，如畜舍卫生条件差、通风不良、闷热潮湿以及饲料营养不平衡等，导致机体抵抗力下降，均可成为支气管炎发生的诱因。

[症状]

主要症状是咳嗽。在疾病初期，表现干、短和疼痛咳嗽，以后随着炎性渗出物的增多，变为湿而长的咳嗽。有时咳出较多的黏液或黏液脓性的痰液，呈灰白色或黄色。同时，鼻孔流出浆液性、黏液性或黏液脓性的鼻液。胸部听诊肺泡呼吸音增强，并可出现干啰音和湿啰音。通过气管人工诱咳，可出现声音高朗的持续性咳嗽。全身症状较轻，体温正常或轻度升高(0.5～1.0℃)。随着疾病的发展，炎症侵害细支气管，则全身症状加剧，体温升高1～2℃，呼吸加快，严重者出现吸气性呼吸困难，可视黏膜蓝紫色。胸部听诊肺泡呼吸音增强，可听到干啰音、捻发音及小水泡音。

吸入异物引起的支气管炎，后期可发展为腐败性炎症，出现呼吸困难，呼出气体有腐败性恶臭味，两侧鼻孔流出污秽不洁和有腐败臭味的鼻液。听诊肺部可能出现空瓮性呼吸音。病畜全身反应明显。血液检查，白细胞数增加，嗜中性粒细胞比例升高。

X线检查仅为肺纹理增粗，无其他明显异常。

[诊断]

根据病史，结合咳嗽、流鼻液和肺部出现干、湿啰音等呼吸道症状即可初步诊断。X线检查可为诊断提供依据。

[治疗]

治疗原则为消除病因，止咳祛痰，抑菌消炎，必要时用抗过敏药。

消除病因：畜舍内既要加强通风又要注意保暖，供给充足的清洁饮水和优质饲草。

止咳祛痰：对咳嗽频繁、支气管分泌物黏稠的病畜，可口服溶解性祛痰剂，如氯化铵，牛10～20 g，猪、羊0.2～2 g，犬、猫酌减；吐酒石，马、牛0.5～3 g，猪、羊0.2～0.5 g，1～2次/d。分泌物不多，但咳嗽频繁且疼痛，可选用镇痛止咳剂，如复方樟脑酊，马、牛30～50 mL，猪、羊5～10 mL，内服，1～2次/d；复方甘草合剂，马、牛100～150 mL，猪、羊10～20 mL，内服，1～2次/d；杏仁水，马、牛30～60 mL，猪、羊2～5 mL，内服，1～2次/d；磷酸可待因，马、牛0.2～2 g，猪、羊0.05～0.1 g，犬、猫酌减，内服，1～2次/d；犬、猫等动物痛咳不止，可用盐酸吗啡0.1 g、杏仁水10 mL、茴香水300 mL，混合后内服，每次一食匙，2～3次/d。

为了促进炎性渗出物的排除，可用克辽林、来苏儿、松节油、木馏油、薄荷脑、麝香草酚等蒸气反复吸入，也可用碳酸氢钠等无刺激性的药物进行雾化吸入。生理盐水气雾湿化吸入或加溴己新、异丙托溴铵，可稀释气管中的分泌物，有利排除。对严重呼吸困难的病畜，应采用吸入氧气。

抑菌消炎：可选用抗生素或磺胺类药物。如肌内注射青霉素，剂量为：马、牛4 000～8 000 IU/kg，驹、犊、羊、猪、犬10 000～15 000 IU/kg，2次/d，连用2～3 d。青霉素100万IU，链霉素100万IU，溶于1%普鲁卡因溶液15～20 mL，直接向气管内注射，1次/d，有良好的效果。病情严重者可用四环素，剂量为5～10 mg/kg，溶于5%葡萄糖溶液或生理盐水中静脉注射，2次/d。也可用10%磺胺嘧啶钠溶液，马、牛100～150 mL，猪、羊10～20 mL，肌内或静脉注射。另外，可选用大环内酯类(红霉素等)、喹诺酮类(氧氟沙星、环丙沙星等)及头孢菌素类(第一代头孢菌素、第二代头孢菌素等)。

抗过敏：在使用止咳祛痰药的同时，每日内服溴樟脑，马、牛3～5 g，猪、羊0.5～1 g，或盐酸异丙嗪，马、牛0.25～0.5 g，猪、羊25～50 mg，效果更好。也有人用一溴樟脑粉和普鲁卡因粉，有较好的抗过敏作用。第1天，一溴樟脑粉4 g，普鲁卡因粉2 g，甘草、远志粉各20 g，制成丸剂，1剂/d。第2天，一溴樟脑粉增加至6 g，普鲁卡因粉增加至3 g。第3～4天，分别增加至8 g和4 g。

中药疗法：外感风寒引起者，宜疏风散寒，宣肺止咳。可选用荆防散合止咳散加减：荆芥、紫苑、前胡各30 g，杏仁20 g，苏叶、防风、陈皮各24 g，远志、桔梗各15 g，甘草9 g，共研末，马、牛(猪、羊酌减)一次开水冲服。也可用紫苏散:紫苏、荆芥、防风、陈皮、茯苓、桔梗各 25 g,姜半夏 20 g,麻黄、甘草各 15 g,共研末,生姜 30 g、大枣 10 枚为引,马、牛(猪、羊酌减)一次开水冲服。

外感风热引起者,宜疏风清热,宣肺止咳。可选用款冬花散:款冬花、知母、浙贝母、桔梗、桑白皮、地骨皮、黄芩、金银花各 30 g,杏仁 20 g,马斗铃、枇杷叶、陈皮各 24 g,甘草 12 g,共研末,马、牛(猪、羊酌减)一次开水冲服。也可用桑菊银翘散:桑叶、杏仁、桔梗、薄荷各 25 g,菊花、银花、连翘各 30 g,生姜 20 g,甘草 15 g,共研末,马、牛(猪、羊酌减)一次开水冲服。

[预防]

本病的预防,主要是加强平时的饲养管理,圈舍应经常保持清洁卫生,注意通风透光以增强动物的抵抗力。动物运动或使役出汗后,应避免受寒冷和潮湿的刺激。

**(二)慢性支气管炎**

慢性支气管炎是指气管、支气管黏膜及其周围组织的慢性非特异性炎症。临床上以持续性咳嗽为特征。原发性慢性支气管炎通常由急性转变而来,常见于致病因素未能及时消除,长期反复作用,或未能及时治疗,饲养管理及使役不当,均可使急性转变为慢性。另外,本病可由心脏瓣膜病、慢性肺脏疾病(如鼻疽、结核、肺蠕虫病、肺气肿等)或肾炎等继发引起。持续性咳嗽是本病的特征,咳嗽可拖延数月甚至数年。X 线检查早期无明显异常。后期由于支气管壁增厚,细支气管或肺泡间质炎症细胞浸润或纤维化,可见肺纹理增粗、紊乱,呈网状或条索状、斑点状阴影。病程可持续数周、数月甚至数年,往往导致肺膨胀不全、肺泡气肿、支气管狭窄、支气管扩张等,预后不良。治疗基本同急性支气管炎。动物发生咳嗽应及时治疗,加强护理,以防急性支气管炎转为慢性。寒冷天气应保暖,供给营养丰富、容易消化的饲草料。改善环境卫生,避免烟雾、粉尘和刺激性气体对呼吸道的影响。

## 四、支气管肺炎

支气管肺炎,又称小叶性肺炎或卡他性肺炎,是病原微生物感染引起的以细支气管为中心的个别肺小叶或几个肺小叶的炎症。其病理学特征为肺泡内充满了由上皮细胞、血浆和白细胞组成的卡他性炎性渗出物,病变从支气管炎或细支气管炎开始,而后蔓延到邻近的肺泡。临床上以出现弛张热型、咳嗽、呼吸次数增多、叩诊有散在的局灶性浊音区、听诊有啰音和捻发音等为特征。各种动物均可发病,幼畜和老龄动物尤为多发。

[病因]

引起支气管肺炎的病因很多,主要有以下几方面:

(1)不良因素的刺激。受寒感冒,饲养管理不当,某些营养物质缺乏,长途运输,物理、化学因素,过度劳役等,使机体抵抗力降低,特别是呼吸道的防御机能减弱,导致呼吸道黏膜上的寄生菌大量繁殖及外源性病原微生物入侵,成为致病菌而引起炎症过程。

(2)血源感染。主要是病原微生物经血流至肺脏,先引起间质的炎症,而后波及支气管壁,进入支气管腔,即经由支气管周围炎、支气管炎,最后发展为支气管肺炎。常见于一些化脓性疾病,如子宫炎、乳腺炎等。

(3)继发或并发于许多传染病和寄生虫病的过程中。如仔猪流行性感冒、传染性支气管炎、结核病、犬瘟热、牛恶性卡他热、猪肺疫、副伤寒、肺线虫病等。

[症状]

病初呈急性支气管炎的症状,表现干而短的疼痛咳嗽,逐渐变为湿而长的咳嗽,疼痛减轻或消失,并有分泌物被咳出。体温升高 1.5~2.0℃,呈弛张热型。脉搏频率随体温升高而增加(60~100 次/min)。呼吸频率增加(40~100 次/min),严重者出现呼吸困难。流少量浆液性、黏液性或脓性鼻液。精神沉郁,食欲减退或废绝,可视黏膜潮红或发绀。胸部叩诊,当病灶位于肺的表面时,可发现一个或多个局灶性的小浊音区,融合性肺炎则出现大片浊音区;病灶较深,则浊音不明显。听诊病灶部,肺泡呼吸音减弱或消失,出现捻发音和支气管呼吸音,并常可听到干啰音或湿啰音;病灶周围的健康肺组织,肺泡呼吸音增强。

X 线检查，表现斑片状或斑点状的渗出性阴影，大小和形状不规则，密度不均匀，边缘模糊不清，可沿肺纹理分布。当病灶发生融合时，则形成较大片的云絮状阴影，但密度多不均匀。血液学检查白细胞总数增加。

［诊断］

根据咳嗽、弛张热型、叩诊浊音及听诊捻发音和啰音等典型症状，结合 X 线检查和血液学变化，即可诊断。本病与细支气管炎和大叶性肺炎有相似之处，应注意鉴别。

［治疗］

治疗原则为加强护理，抗菌消炎，祛痰止咳，制止渗出和促进渗出物吸收及对症疗法。

首先应将病畜置于光线充足、空气清新、通风良好且温暖的畜舍内，供给营养丰富、易消化的饲草料和清洁饮水。

抗菌消炎：临床上主要应用抗生素和磺胺类药物进行治疗，用药途径及剂量视病情轻重及有无并发症而定。常用的抗生素为青霉素、链霉素，对青霉素过敏者，可用红霉素、林可霉素。也可选用氯霉素、四环素等广谱抗生素。有条件的可在治疗前取鼻分泌物作细菌的药敏试验，以便对症用药。

止咳祛痰：咳嗽频繁，分泌物黏稠时，可选用溶解性祛痰剂。剧烈频繁的咳嗽，无痰干咳时，可选用镇痛止咳剂。

制止渗出：可静脉注射 10％氯化钙溶液，剂量为马、牛 100～150 mL，1 次/d。促进渗出物吸收和排出，可用利尿剂，也可用 10％安钠咖溶液 10～20 mL，10％水杨酸钠溶液 100～150 mL 和 40％乌洛托品溶液 60～100 mL，马、牛一次静脉注射。

对症疗法：体温过高时，可用解热药。常用复方氨基比林或安痛定注射液，剂量为马、牛 20～50 mL，猪、羊 5～10 mL，犬 1～5 mL，肌肉或皮下注射。呼吸困难严重者，有条件的可输入氧气。对体温过高、出汗过多引起脱水者，应适当补液，纠正水、电解质和酸碱平衡紊乱。输液量不宜过多，速度不宜过快，以免发生心力衰竭和肺水肿。对病情危重、全身毒血症严重的病畜，可短期(3～5 d)静脉注射氢化可的松或地塞米松等糖皮质激素。

中药疗法：可选用加味麻杏石甘汤：麻黄 15 g，杏仁 8 g，生石膏 90 g，二花 30 g，连翘 30 g，黄芩 24 g，知母 24 g，元参 24 g，生地 24 g，麦冬 24 g，花粉 24 g，桔梗 21 g，共为研末，蜂蜜 250 g 为引，马、牛一次开水冲服(猪、羊酌减)。

［预防］

加强饲养管理，避免淋雨受寒、过度劳役等诱发因素。供给全价日粮，健全完善的免疫接种制度，减少应激因素的刺激，增强机体的抗病能力。及时治疗原发病。

## 五、大叶性肺炎

大叶性肺炎是肺泡内以纤维蛋白渗出为主的急性炎症，又称纤维素性肺炎或格鲁布性肺炎。病变起始于局部肺泡，并迅速波及整个或多个大叶。临床上以稽留热型、铁锈色鼻液和肺部出现广泛性浊音区为特征。本病常发生于马，牛、猪、羔羊、犬、猫也可发生。

［病因］

本病主要由病原微生物引起，人和动物的大叶性肺炎主要由肺炎双球菌引起，并且常见于一些传染病过程中，如马和牛的传染性胸膜肺炎主要表现大叶性肺炎的病理过程，巴氏杆菌可引起牛、羊和猪发病。过度劳役，受寒感冒，饲养管理不当，长途运输，吸入刺激性气体，使用免疫抑制剂等均可导致呼吸道黏膜的防御机能降低，成为本病的诱因。

［症状］

发生持续性高热，体温迅速升高至 40～41℃以上，呈稽留热型，6～9 d 后渐退或骤退至常温。脉搏加快(60～100 次/min)，一般初期体温升高 1℃，脉搏增加 10～15 次/min，继续升高 2～3℃时，脉搏则不再增加，后期脉搏逐渐变小而弱。呼吸迫促，频率增加(60 次/min 以上)，严重时呈混合性呼吸困难，鼻孔开张，呼出气体温度较高；黏膜潮红或发绀；初期出现短而干的痛咳，溶解期则变为湿咳。疾病初期，有浆液性、黏液性或黏液脓性鼻液，在肝变期鼻孔中流出铁锈色或黄红色的鼻液，主要是渗出物中的红细胞被巨噬细胞吞噬，崩解后形成含铁血黄素混入鼻液。病畜精神沉郁，食欲减退或废绝，反刍停止，泌乳降低，病畜因呼吸困难而采取站立姿势，并发出呻吟或磨牙。

胸部叩诊，随着病程出现规律性的叩诊音：充血渗出期，叩诊呈过清音或鼓音；肝变期，细叩诊呈大片半浊音或浊音，可持续 3～5 d；溶解期，重新呈过清音或鼓音；随着疾病的痊愈，叩诊音恢复正常。牛的浊音区，常在肩前叩诊区。大叶性肺炎继发肺气肿时，叩诊边缘呈过清音，肺界向后下方扩大。

肺部听诊，因疾病发展过程中病变的不同而有一定差异。充血渗出期，肺泡呼吸音增强，并出现干啰音；以后随肺泡腔内浆液渗出，听诊可闻湿啰音或捻发音，肺泡呼吸音减弱；当肺泡内充满渗出物时，肺泡呼吸音消失。肝变期，肺组织实变，出现支气管呼吸音。溶解期，渗出物逐渐溶解，液化和排除，支气管呼吸音逐渐消失，出现湿啰音或捻发音。最后随疾病的痊愈，呼吸音恢复正常。

血液学检查，白细胞总数显著增加，中性粒细胞比例增加，呈核左移，淋巴细胞比例减少，嗜酸性粒细胞和单核细胞缺乏。严重的病例，白细胞减少。

X 线检查，充血期仅见肺纹理增重，肝变期发现肺脏有大片均匀的浓密阴影，溶解期表现散在不均匀的片状阴影。2～3 周后，阴影完全消散。

［**病理变化**］

大叶性肺炎一般只侵害单侧肺脏，有时可能是两侧性的，多见于左肺尖叶、心叶和膈叶。在未使用抗生素治疗的情况下，病变常表现典型的自然发病过程，一般分为以下四个时期：

(1)充血水肿期。炎症早期，发病 1～2 d。剖检变化为病变肺叶肿大，重量增加，呈暗红色，挤压时有淡红色泡沫状液体流出，切面平滑，有带血的液体流出。组织学变化为肺泡壁毛细血管显著扩张，充血，肺泡腔内有较多浆液性渗出物，并有少量红细胞，中性粒细胞和肺泡巨噬细胞。

(2)红色肝变期。发病后 3～4 d。剖检发现肺叶肿大，呈暗红色，病变肺叶质实，切面稍干燥，呈粗糙颗粒状，近似肝脏，故有“红色肝变”之称。胸膜常有纤维蛋白性渗出物覆盖。组织学变化为肺泡壁毛细血管扩张充血，肺泡腔内充满含大量纤维蛋白和中等量红细胞的渗出物，应有一定数量的中性粒细胞和少量肺泡巨噬细胞。相邻肺泡间的纤维蛋白通过肺泡间孔连接成网。这有利于吞噬细胞吞噬病原菌，防止细菌扩散(图 1-2-1)。

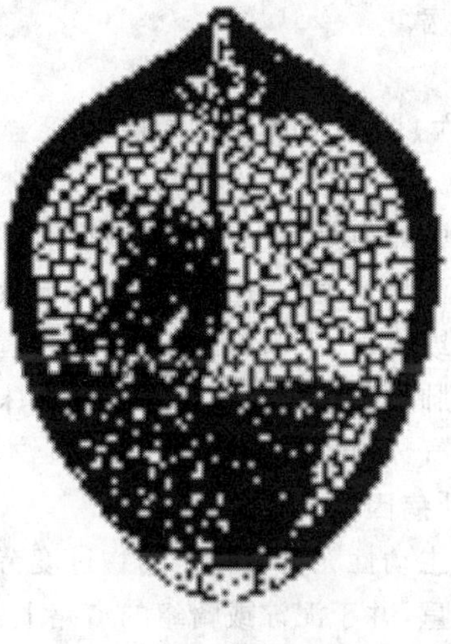

**图 1-2-1　大叶性肺炎模式图**

(3)灰色肝变期。发病后 5～6 d。剖检发现肺叶仍肿胀，质实，切面干燥，颗粒状，由于充血消退，红细胞大量溶解消失，实变区颜色由暗红色逐渐变为灰白色，投入水中可完全下沉。组织学变化为肺泡腔内纤维蛋白性渗出物增多，肺泡壁毛细血管受压，病变肺组织呈贫血状；肺泡腔内纤维蛋白网中有大量中性粒细胞，极少量红细胞；纤维蛋白经肺泡间孔相互连接的网状结构更为明显。

(4)溶解消散期。发病后 1 周左右，机体充分发挥抗菌机制，形成特异性抗体，白细胞、巨噬细胞的吞噬作用增强，导致病原菌被消灭。剖检发现肺叶体积复原，质地变软，病变肺部呈黄色，挤压有少量脓性混浊液体流出，胸膜渗出物被吸收或有轻度粘连。组织学变化为中性粒细胞大多变性、坏死、崩解，肺泡巨噬细胞数量明显增多，纤维蛋白网在白细胞释出的溶蛋白酶的作用下逐渐溶解，溶解物由呼吸道咳出或经淋巴管被吸收。病变肺组织逐渐恢复正常结构和功能。

由于临床上大量抗生素的应用，大叶性肺炎的上述典型经过已不多见，分期也不明显，病变的部位有局限性。另外，动物的大叶性肺炎在发病过程中，往往造成淋巴管受害，肺泡腔内的纤维蛋白等渗出物不能完全被吸收清除，则由肺泡间隔和细支气管壁新生的肉芽组织加以机化，使病变部分肺组织变成褐色肉样纤维组织，称为肺肉质变。

[诊断]

根据稽留热型，铁锈色鼻液，不同时期肺部叩诊和听诊的变化，即可诊断。X 线检查肺部有大片浓密阴影，有助于诊断。本病应与小叶性肺炎和胸膜炎相鉴别。

[治疗]

治疗原则为抗菌消炎，控制继发感染，制止渗出和促进炎性产物吸收。

首先应将病畜置于通风良好，清洁卫生的环境中，供给优质易消化的饲草料。

抗菌消炎：选用土霉素或四环素，剂量为 10～30 mg/(kg·d)，溶于 5%葡萄糖溶液 500～1 000 mL，分 2 次静脉注射，效果显著。也可静脉注射氢化可的松或地塞米松，降低机体对各种刺激的反应性，控制炎症发展。大叶性肺炎并发脓毒血症时，可用 10%磺胺嘧啶钠溶液 100～150 mL，40%乌洛托品溶液 60 mL，5%葡萄糖溶液 500 mL，混合后马、牛一次静脉注射(猪、羊、犬、猫酌减)，1 次/d。

制止渗出和促进吸收：可静脉注射 10%氯化钙或葡萄糖酸钙溶液。促进炎性渗出物吸收可用利尿剂。当渗出物消散太慢，为防止机化，可用碘制剂，如碘化钾，马、牛 5～10 g；或碘酊，马、牛 10～20 mL(猪、羊、犬、猫酌减)，加在流体饲料中或灌服，2 次/d。

对症治疗：体温过高可用解热镇痛药，如复方氨基比林、安痛定注射液等。剧烈咳嗽时，可选用祛痰止咳药。严重的呼吸困难可输入氧气。心力衰竭时用强心剂。

中药治疗，可用清瘟败毒散：石膏 120 g，犀角 6 g(或水牛角 30 g)，黄连 18 g，桔梗 24 g，淡竹叶 60 g，甘草 9 g，生地 30 g，山栀 30 g，丹皮 30 g，黄芩 30 g，赤芍 30 g，元参 30 g，知母 30 g，连翘 30 g，水煎，马、牛一次灌服。

[预防]

加强饲养管理，防止过度劳役，受寒感冒，长途运输，吸入刺激性气体等诱发因素。供给全价日粮，健全完善的免疫接种制度，做好日常消毒防疫工作，减少应激因素的刺激，增强机体的抗病能力。及时治疗原发病。

## 六、肺充血和肺水肿

肺充血是肺毛细血管内血液过度充满。一般分主动性充血和被动性充血。主动性充血是流入肺内的血流量增多，流出量亦增多，导致肺毛细血管过度充满。被动性充血是肺的血液流出量减少，而流入量正常或增加，引起肺的瘀血性充血。肺水肿是由于肺充血持续时间过长，血管内的液体成分渗漏到肺实质和肺泡。肺充血和肺水肿在临床上均以呼吸困难、黏膜发绀和泡沫状的鼻液为特征，严重程度与不能进行气体交换的肺泡数量有关。本病见于所有家畜，但常见于马，特别是炎热的季节可突然发病。

[病因]

主动性充血常见于动物过度劳累，如马匹在炎热的天气下过度使役或奔跑，或驮挽马驮载量及挽曳量过重，并于泥泞或崎岖的道路上运输而发生。长时间用火车或轮船运输家畜，因过度拥挤和闷热，容易发病。吸入热空气、烟雾或刺激性气体及发生过敏反应时，均可使血管迟缓，导致血液流入量增多，从而发生主动性充血和炎症性充血。另外，在肺炎的初期或热射病的过程中也可发生肺充血。长期躺卧的病畜，血液停滞于卧侧肺脏，容易发生沉积性肺充血。

被动性肺充血主要发生于代偿机能减退期的心脏疾病，如心肌炎、心脏扩张及传染病和各种中毒性疾病引起的心脏衰竭。有时也发生于左房室孔狭窄和二尖瓣关闭不全。此外，心包炎时，心包内大量的渗出液影响了心脏的舒张；胃肠臌气时，胸腔内负压减低和大静脉管受压迫，肺内血液流出发生困难，均能引起瘀血性肺充血。

肺水肿最常继发于急性过敏反应、再生草热或充血性心力衰竭。也发生于吸入烟尘和毒血症(如猪桑葚心病和有机磷中毒等)的经过中。此外，安妥中毒也能发生肺水肿。

[症状]

肺充血和肺水肿是同一病理过程的前后两个不同阶段。动物突然发病，惊恐不安，呈进行性呼吸困难。初期呼吸加快而迫促，很快出现明显的呼吸困难，头颈伸直，鼻孔高度开张，甚至张口呼吸，胸部和腹部表现明显的起伏动作。严重的病畜，两前肢叉开站立，肘突外展，头下垂。呼吸频率超过正常的4～5倍，听诊肺泡呼吸音粗厉。眼球突出，可视黏膜潮红或发绀，静脉怒张。脉搏加快(100次/min)，听诊第二心音增强，体温升高。病畜可因窒息而突然死亡。

肺水肿时，两侧鼻孔流出多量浅黄色或白色甚至粉红色的细小泡沫状鼻液。肺部听诊，肺泡呼吸音减弱，出现广泛性的捻发音、支气管呼吸音及湿啰音。因漏出液进入肺泡，肺部叩诊出现半浊音或浊音。

X线检查，肺野阴影普遍加重，肺门血管纹理显著。

急性肺充血时，肺脏体积增大，呈暗红色。主动性充血病畜切开肺脏，有大量血液流出。慢性被动性充血者，肺脏因结缔组织增生而变硬，表面布满小出血点。沉积性充血则因血浆渗入肺泡而引起肺脏的脾样变。组织学检查，肺毛细血管明显充盈，肺泡中有漏出液和出血。

肺水肿时肺脏肿胀，丧失弹性，按压形成凹陷，颜色比正常苍白，肺切面流出大量浆液。组织学变化为肺泡壁毛细血管高度扩张，充满红细胞，肺泡和实质中有液体聚集。

主动性肺充血和肺水肿，在心脏和肺脏状况良好时，若能及时治疗，短时间内即可痊愈，个别病例可拖延数天。严重病例，可因窒息或心力衰竭而死亡。被动性肺充血发展缓慢，病程取决于原发病。轻度肺水肿发展缓慢，临床症状不明显者，一般预后良好；重剧的肺水肿，发展迅速，终因窒息而死。

［诊断］

根据过度劳累、吸入烟尘或刺激性气体的病史，结合呼吸困难、鼻孔流泡沫状鼻液及X线检查，即可诊断。临床上应与下列疾病进行鉴别：

热射病：全身衰弱，体温极度升高，呼吸困难，并有中枢神经系统机能紊乱。

弥漫性支气管炎：缺乏泡沫状的鼻液。

肺出血：特征为两侧鼻孔流出含泡沫的鲜红色血液，同时黏膜呈进行性贫血。

［治疗］

治疗原则为保持病畜安静，减轻心脏负荷，制止液体渗出，缓解呼吸困难。

首先将病畜安置在清洁、干燥和凉爽的环境中，避免运动和外界因素的刺激。

对极度呼吸困难的病畜，颈静脉大量的放血有急救功效。能减轻心脏负担，降低肺中血压，使肺毛细血管充血减轻，增加进入肺脏的空气。一般放血量为马、牛2 000～3 000 mL，猪250～500 mL。被动性充血吸入氧气有良好效果，马、牛10～15 L/min，共吸入100～120 L。也可皮下注射8～10 L。

制止渗出，可静脉注射10%氯化钙溶液，马、牛100～200 mL，猪、羊20～50 mL，2次/d；或静脉注射20%葡萄糖酸钙溶液，马、牛500 mL，1次/d。因血管通透性增加引起的肺水肿，可适当应用大剂量的皮质激素，如强的松龙5～10 mg/kg，静脉注射。因弥漫性血管内凝血引起的肺水肿，可应用肝素或低分子右旋糖酐溶液。过敏反应引起的肺水肿，通常将抗组胺药与肾上腺素结合使用。有机磷中毒引起的肺水肿，应立即使用阿托品减少液体漏出。

对症治疗包括用强心剂加强心脏机能，对不安的病畜选用镇静剂。

［预防］

本病的预防，主要是加强饲养管理，保持环境清洁卫生，避免刺激性气体和其他不良因素的影响，在炎热的季节应减轻运动或使役强度。长途运输的动物，应避免过度拥挤，并注意通风，供给充足的清洁饮水。对卧地不起的动物，应多垫褥草，并注意每日多次翻身。患心脏病的动物，应及时治疗，以免心脏功能衰竭而发生肺充血。

## 七、肺泡气肿

肺泡气肿是肺泡腔在致病因素作用下，发生扩张并常伴有肺泡膈破裂，引起以呼吸困难为特征的疾病。根据其发生的过程和性质，分为急性和慢性肺泡气肿两种。

### （一）急性肺泡气肿

急性肺泡气肿是肺组织弹力一时性减退，肺泡极度扩张，充满气体，肺体积增大。本病主要的临床表现为呼吸困难，但肺泡结构无明显病理变化。常见于急剧过度劳役的动物，尤其多发生于老龄动物。

［病因］

急性弥漫性肺气肿主要发生于过度使役、剧烈运动，长期挣扎和鸣叫等紧张呼吸所致。特别是老龄动物，由于肺泡壁弹性降低，更容易发生。呼吸器官疾病引起持续剧烈的咳嗽也可发生急性肺泡气肿。慢性支气管炎使管腔狭窄，也可发病。另外，肺组织的局灶性炎症或一侧性气胸使病变部肺组织呼吸机能丧失，健康肺组织呼吸机能相应增强，可引起急性局限性或代偿性肺泡气肿。

［症状］

急性弥漫性肺泡气肿发病突然，主要表现呼吸困难，病畜用力呼吸，甚至张口伸颈，呼吸频率增加。可视黏膜发绀，有的病畜出现低而弱的咳嗽、呻吟、磨牙等。肺部叩诊呈广泛性过清音，叩诊界向后扩大。听诊，有肺泡呼吸音（病初增强后期减弱），可能伴有干啰音或湿啰音。X线检查，两肺透明度增高，膈后移及其运动减弱，肺的透明度不随呼吸而发生明显改变。

代偿性肺泡气肿发病缓慢，呼吸困难逐渐加剧。肺部叩诊时过清音仅局限在浊音区周围。X线检查可见局限性肺大泡或一侧性肺透明度增高。

病变部肺体积增大、膨胀，边缘钝圆。表面突起大小不等的膨胀物，颜色发白，触之柔软。切开肺脏，减缩缓慢，切面可压出泡沫状的气体。右心室扩张。

［诊断］

根据病史，结合呼吸困难及肺部的叩诊和听诊变化，结合X线检查，即可确诊。

［治疗］

治疗原则为加强护理，缓解呼吸困难，治疗原发病。病畜应置于通风良好和安静的畜舍，供给优质饲草料和清洁饮水。

缓解呼吸困难，可用1%硫酸阿托品、2%氨茶碱或0.5%异丙肾上腺素雾化吸入，每次2～4 mL。也可用皮下注射1%硫酸阿托品溶液，剂量为大动物1～3 mL，小动物0.2～0.3 mL。如出现窒息危险时，有条件的应及时输入氧气。

［预防］

加强饲养管理，避免过度劳役，注意畜舍通风换气和冬季保暖。对呼吸器官疾病应及时治疗。

**（二）慢性肺泡气肿**

慢性肺泡气肿是肺泡持续性扩张，肺泡壁弹性丧失，导致肺泡壁、肺间质及弹力纤维萎缩甚至崩解的一种慢性肺脏疾病。临床上以高度呼吸困难、肺泡呼吸音减弱及肺脏叩诊界后移为特征。本病主要常见于马、骡，役用牛、猎犬也可发生。

［病因］

原发性慢性肺泡气肿发生于长期过度劳役和迅速奔跑的家畜，由于深呼吸和胸廓扩张，肺泡异常膨大，弹性丧失，无法恢复而发生。

继发性慢性肺泡气肿多发生于慢性支气管炎和毛细支气管卡他，因呼气性呼吸困难和痉挛性咳嗽导致发病。肺硬化、肺扩张不全、胸膜局部粘连等均可引起代偿性慢性肺泡气肿。另外，老龄动物和营养不良者容易发病。

［症状］

主要表现呼气性呼吸困难，特征是呈现二重式呼气，即在正常呼气运动之后，腹肌又强烈的收缩，出现连续两次呼气动作。同时可沿肋骨弓出现较深的凹陷沟，又称“喘沟”或“喘线”，呼气用力，脊背拱曲，肷窝变平，腹围缩小，肛门突出。黏膜发绀，容易疲劳、出汗，体温正常。肺部叩诊呈过清音，正常叩诊界后移，可达最后1～2肋间，心脏绝对浊音区缩小。肺部听诊，肺泡呼吸音减弱甚至消失，常可听到干、湿啰音。因右心室肥大，第二心音高朗。

X线检查，整个肺区异常透明，支气管影像模糊，膈穹隆后移。

由于肺血液含量减少，空气含量增多，肺脏呈苍白色，体积增大，膨胀，有肋骨压痕，边缘钝圆，重量减轻。触压柔软，留有痕迹。右心室肥大或扩张。组织学变化为肺泡腔扩大，多数破裂融合成残缺不全的大囊腔，弹性纤维染色见肺泡壁弹性纤维断裂、变细或消失，有些肺泡壁胶原纤维增多。

［诊断］

根据病史，结合二重式呼气为特征的呼气性呼吸困难及 X 线检查，即可诊断。本病应与急性肺泡气肿和间质性肺气肿相鉴别。

急性肺泡气肿发病迅速，但病因消除后，症状随即消失，动物恢复健康。

间质性肺气肿一般突然发病，肺脏叩诊界不扩大，肺部听诊出现破裂性啰音，气喘明显，皮下发生气肿，常见于颈部和肩背部，严重时迅速扩散到全身皮下组织。

［治疗］

本病无根治疗法。主要原则为加强护理，控制病情进一步发展及对症治疗。

病畜应改善饲养管理，置于清洁、安静、通风良好、无灰尘和烟雾的畜舍，让其休息，饲喂优质青草或潮湿的干草。可口服亚砷酸钾溶液提高病畜的物质代谢，改善其营养和全身状况，以便恢复肺组织的机能，剂量为马、牛 10～15 mL，2 次/d。有人用砷制剂和碘制剂(碘化钾 3 g，碘化钠 2 g，混合分为 12 包，2 次/d，每次 1 包)相结合进行治疗，效果良好，方法为前 10～20 d 用砷制剂治疗，以后 10 d 用碘制剂治疗，直至病情好转。

缓解呼吸困难可用舒张支气管药物，如抗胆碱药、茶碱类等。如有过敏因素存在，可适当选用糖皮质激素。有条件的应每天输氧，改善呼吸状态。

对急性发作期的病畜，应选用有效地抗菌药，如青霉素、庆大霉素、环丙沙星、头孢菌素等。

［预防］

加强饲养管理，避免过度劳役，注意畜舍通风换气和冬季保暖。对呼吸器官疾病应及时治疗。

## 【案例分析】

分析以下案例，根据病史和临床检查，提出初步诊断，制定治疗措施(开出处方)。

案例 1　某养羊场，15 只羊精神沉郁，全身症状逐渐加重，主诉发病已有 4 d，患羊食欲很差，已有 1 只于发病第 3 天发生死亡。检查所见患羊咳嗽明显，呼吸困难结膜潮红，体温 41℃，呈弛张热型，脉搏 120 次/min，呼吸增数达 100 次/min。肺部叩诊敏感，有广泛浊音区，听诊肺泡呼吸音增强，可听到捻发音。血液学检查，白细胞总数增多，核左移。

案例 2　某养殖户养猪 50 头发病，主诉：由于天降大雨，猪舍常年未修缮，出现漏雨现象，次日猪群精神不振，食欲减低或废绝，自己注射头孢噻呋钠治疗，用药有效果，但停药又反弹，随诊。检查所见：精神沉郁，体格小的喜卧，头奔眼闭，畏寒战栗，症状严重，患猪体温 39.8℃，流鼻液 有时咳嗽。

案例 3　近日来由于气候变化，王某饲养的一体重约 3.5 kg 公犬患病，饮食欲明显减退，日渐消瘦，大便较干，尿黄而少，经常打喷嚏，精神沉郁，体温 39.7℃，鼻镜干燥，鼻孔有黏液性鼻液，两眼有脓性眼眵，呼吸较快而浅表，肺部听诊有湿啰音。

案例 4　某牛场的 10 头荷斯坦犊牛发病，精神沉郁，食欲减退或废绝，鼻镜干燥，常卧地，体温升高至 39.5～41.5℃，心跳加快(100～120 次/min)，呼吸急促(60～80 次/min)，咳嗽，流鼻液。听诊肺部，病初肺泡呼吸音增强，可听到啰音。

## 【知识拓展】

### 技能训练—胸腔穿刺术

［应用］

用于胸腔积液的诊断和治疗。

［准备］

套管针或 10～16 号长针头，胸腔洗涤剂，如生理盐水、0.1%雷佛奴尔溶液、0.1%高锰酸钾溶液等，还需用输液瓶。

[部位]

穿刺部位牛、羊在右侧第6肋间、左侧第7肋间、肘关节水平线上或胸外静脉上方2～3 cm处。

[方法]

取站立保定，穿刺部剪毛、消毒。左手将穿刺部皮肤稍向前移动，右手持连接胶管的10～16号长针头，沿肋骨前缘垂直刺入3～4 cm，然后连接注射器抽取胸腔积液。注意穿刺过程中应防止空气窜入胸腔。

[注意事项]

(1)刺入深度不宜过深，防止伤心、肺。

(2)穿刺位置应准确，保定要安全。

(3)排液和注入洗涤剂时应缓慢进行。

(4)如遇有出血，应充分止血。

## 【考核评价】

### 呼吸系统疾病的鉴别诊断

**一、考核题目**

呼吸系统疾病是临床多发病，其发病率仅次于消化系统疾病，请你列表制定出感冒、鼻炎、喉炎、支气管炎、支气管肺炎、大叶性肺炎的鉴别诊断要点。

**二、考核标准**

| 鉴别要点 | 病名 | | | | | |
|---|---|---|---|---|---|---|
| | 感冒 | 鼻炎 | 喉炎 | 支气管炎 | 支气管肺炎 | 大叶性肺炎 |
| 体温变化 | 微热或中等热 | 一般不发热 | 微热或中等热 | 微热 | 弛张热型 | 稽留热型 |
| 咳嗽 | 初为干短痛咳，后为湿咳 | 一般无咳嗽 | 剧烈咳嗽，初为干、痛性的、短而强的咳嗽，以后为湿而长的咳嗽 | 频发，初为短干、痛咳，后为湿咳，声音粗大 | 频咳、初为干短痛咳，后为湿咳 | 有时出现弱痛咳 |
| 鼻液 | 初期浆液性，后变黏液性或黏液脓性 | 初期浆液性，后变黏液性或黏液脓性 | 初期浆液性，后变黏液性或黏液脓性 | 初期浆液性，后变黏液性或黏液脓性 | 一般为黏液脓性 | 多为黏液脓性，初期可见少量铁锈色鼻液 |
| 呼吸 | 呼吸稍快 | 小动物呼吸时出现鼻塞音或鼾声 | 严重时，呼吸数减少，吸气性呼吸困难，喉头有喘鸣音 | 稍快 | 呼吸次数增加 | 呼吸困难、腹式呼吸 |
| 听诊 | 肺泡呼吸音增强 | 一般无变化 | 听诊喉部气管，有大水泡音或喉头狭窄音 | 干性或湿性啰音 | 病灶部肺泡音消失，周围代偿性亢进并有干湿啰音 | 充血期肺泡音粗厉及啰音，肝变期病灶区肺泡音消失，出现支气管呼吸音，溶解期则又可听到湿性啰音 |
| 叩诊 | 无变化 | 无变化 | 无变化 | 无变化 | 岛屿状浊音 | 初期为过清音，肝变期为大片性浊音 |

【知识链接】

1. GB/T18090—2008，猪繁殖与呼吸综合征诊断方法，国家质量监督检验检疫总局，2009-05-01；

2. DB37/T 1211—2009，猪繁殖与呼吸综合征快速诊断技术规范，山东省质量技术监督局，2009-04-01；

3. DB37/T1212—2009，猪繁殖与呼吸综合征消毒技术规范，山东省质量技术监督局，2009-04-01；

4. DB43/T 548—2010，高致病性猪繁殖与呼吸综合征病毒 RT-PCR 检测方法，湖南省质量技术监督局，2010-03-31。

Project 3

# 消化系统疾病

**学习目标**

1. 了解动物消化系统疾病的一般发病规律，熟悉常用诊疗方法及药物。
2. 了解口炎、咽炎、食管阻塞、嗉囊卡他、嗉囊阻塞、前胃弛缓、瘤胃积食、瘤胃臌气、瘤胃酸中毒、创伤性网胃炎、瓣胃阻塞、皱胃阻塞、皱胃变位、皱胃炎、急性胃扩张、肠阻塞、肠痉挛、肠臌气、肠变位、胃肠炎、幼畜消化不良的概念、病因，掌握其症状、诊断及诊疗。

【学习内容】

## 任务一　口、咽、食管疾病

### 一、口炎

口炎是指口腔黏膜及其深层组织的炎症总称，包括齿龈炎、腭炎和舌炎等，临床上以流涎，口腔黏膜潮红、肿胀，采食困难，咀嚼障碍为特征。以卡他性口炎、水疱性口炎、溃疡性口炎较为常见。本病各种家畜都可发生，多见于马、牛、犬、猫等。

[病因]

(1)原发性口炎。多是受到粗硬尖锐饲料、异物的损伤和饲养管理不当引起。

饲料粗硬、有芒刺、有锯齿，毛虫的刚毛；使用口衔、开口器时操作不当；尖锐的牙齿以及幼畜换齿期引起齿龈及周围组织发炎；饲料霉败、腐败；饲料过热以及冰冻；饲料中混有尖锐异物(如细小金属片金属丝、玻璃、碎骨头、鱼刺)；采食有毒植物(如毛茛、毒芹、白头翁、芥子、附子)；灌服过热的药液；口服刺激性强、腐蚀性大、浓度过高的药物(如水合氯醛、吐酒石、石炭酸、升汞、氨水、稀盐酸、石灰、烧碱、冰醋酸、砷和碘制剂等)；受寒、过劳或由于口腔不洁，感染细菌、真菌引起口腔黏膜发炎。

(2)继发性口炎。常继发于邻近组织炎症的蔓延，如咽炎、唾液腺炎、喉炎；前胃疾病、胃炎、肝炎血斑病、贫血等；某些传染病，如口蹄疫、传染性水疱性口炎、马疱疹病毒性口炎、猪水疱病、牛瘟、牛传染性鼻气管炎、牛恶性卡他热、牛流行热、黏膜病、放线菌病、蓝舌病、羊痘、猪瘟、犬瘟热、猫鼻气管炎、坏死杆菌病等；矿物质和维生素缺乏症等，如维生素 A、核黄素、抗坏血酸、烟酸缺乏；锌、钙、磷缺乏以及汞、铅、氟、铜中毒等。

[症状]

由于口黏膜受损，敏感性增高，导致动物采食谨慎，尤其采食粗硬饲料时更是小心。咀嚼缓慢甚至不敢咀嚼。

由于炎症刺激，唾液分泌增加，常有大量白色泡沫性唾液流出，附于口角和下唇周围。

如因植物芒刺引起，可在舌面、颊部、腭部发现刺入的数量不等的麦芒等。

(1)卡他性口炎。口黏膜潮红、肿胀、疼痛、口温增高。有散在的大小不等的丘疹和烂斑。重剧病例，唇、齿龈、颊部、腭部黏膜肿胀甚至发生糜烂，大量流涎(图 1-3-1)。舌苔为灰白色或草绿色。病程 7～10 d。

(2)水疱性口炎。体温稍有升高，在唇内、舌面及舌周、颊部、腭部、齿龈的黏膜上有散在或密集的粟粒大至蚕豆大的透明水疱，2～4 d 后水疱破溃，形成鲜红色浅表烂斑。口腔疼痛，食欲减退。病程 6～7 d。

(3)溃疡性口炎。口腔黏膜肿胀，色暗红，容易出血、坏死和化脓，逐渐形成污秽不堪的溃疡灶，溃疡面覆盖着暗褐色痂样物。口腔散发腐败恶臭，流涎并混有血丝，食欲通常废绝，消瘦，伴有体温升高，严重的可形成败血症。

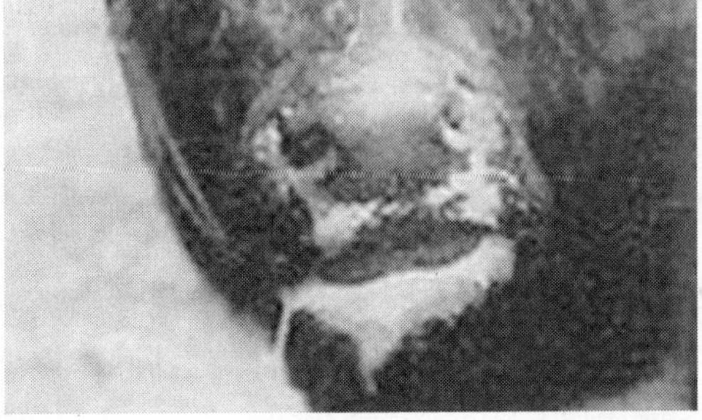

**图 1-3-1　卡他性口炎，流出泡沫样液体**

[诊断]

原发单纯性口炎，根据病史及口腔黏膜的炎症变化，容易做出诊断。但继发性口炎，临床上也有流涎、采食障碍等症状，如咽炎、唾液腺炎、食管炎、食管阻塞、有机磷农药中毒、亚硝酸盐中毒、口蹄疫、猪水疱病、牛传染性水疱性口炎、牛恶性卡他热等，应注意区别诊断原发病因。

临床上还应与下列一些疾病进行鉴别。

(1)咽炎。头颈伸展、吞咽障碍，食物和水从口腔和鼻腔逆流而出，触诊咽喉部，病畜敏感疼痛、咽部充血肿胀，咳嗽。

(2)口蹄疫。由口蹄疫病毒引起，有传染性且传播快，流行范围广。除口鼻黏膜、蹄部形成水疱外，伴有体温升高，跛行，严重时蹄壳脱落。

(3)牛恶性卡他热。高度发烧并稽留、除口黏膜外，眼有角膜一结膜炎、上呼吸道糜烂。全身水肿、淋巴结肿大，有严重胃肠炎，伴有神经症状。

(4)传染性水疱性口炎。由病毒引起，夏、秋季发病较多。除了口黏膜上形成水疱外，伴有体温升高，蹄部也有水疱形成，出现跛行。

(5)猪水疱病。有传染性，仅猪感染。体温高，蹄部先发生水疱，跛行，严重时蹄壳脱落等。随后口、鼻发生水疱。

[治疗]

治疗原则是清除病因，加强护理，净化口腔，收敛和消炎。

及时消除病因：如摘除口腔黏膜上尖锐的芒刺或异物，修整过长牙齿。停止饲喂过硬、过热或冰冻的饲料，停止灌服浓度过大的刺激性药物等。

加强护理：给予病畜柔软易消化的饲料，如营养丰富的青绿饲料，优质的青干草和麸皮粥；犬、猫可给予牛奶、鸡蛋、肉粥等。对于不能采食或咀嚼的动物，及时补液或经胃管给予流质食物。

净化口腔，消炎、收敛：清洗口腔用1%～2%盐水、0.1%高锰酸钾溶液、0.1%新洁而灭溶液、2%～3%硼酸溶液，每天洗3～4次。然后涂碘甘油或龙胆紫、金霉素鱼肝油等。

流涎较多时，可用1%明矾溶液、1%鞣酸溶液冲洗口腔。

口腔黏膜上的烂斑和溃疡，先用消毒液冲洗，必要时涂擦10%硝酸银溶液，再用生理盐水充分洗涤，再涂布碘酊甘油或1%磺胺甘油混悬液。重剧口炎还应同时使用抗生素或磺胺类药物进行全身抑菌消炎。

对传染性口炎，重点治疗原发病，及时隔离，严格检疫。

中药治疗：以清火消炎，消肿止痛为主。临床上一般常用青黛散：青黛15 g、黄连、黄柏、儿茶、桔梗各10 g，薄荷6 g研细末后装入布袋内，用水浸湿后，衔于病畜口内，饲喂时取下，1次/d，2～3 d痊愈。也可在蜂蜜内加冰片和复方新诺明各5 g，含于口内。

注意畜舍卫生，防止受寒感冒和继发感染，增进治疗效果。

[预防]

首先应加强饲养管理，注意饲料质量，对饲料进行合理调配，避免饲喂发霉变质的、冰冻的饲草饲料，防止尖锐异物和有毒植物混入饲料内，经口投服有腐蚀性或刺激性药物时，一定注意避免浓度过大，应定期检查口腔，及时修整牙齿，正确使用口衔和开口器等。

## 二、咽炎

咽炎是指咽黏膜、黏膜下组织、淋巴组织及其临近部位（软腭、扁桃体）的炎症。按病程可分为急性和慢性咽炎，按其炎症性质可分为卡他性咽炎，格鲁布性咽炎（纤维素性）、化脓性（蜂窝织炎性）咽炎。临床上一般以吞咽障碍，流涎，咽部充血肿胀，疼痛、厌食，咳嗽为特征。各种家畜都可发生，马、猪和犬多发。

[病因]

原发性咽炎的病因如下：

(1)机械性、化学性因素，如采食粗硬的、霉败的饲草饲料，采食过热或过冷的饲料，坚硬的异物如铁丝的损伤等；饮水不洁；使用刺激性及浓度过大的药物（如强酸、强碱、来苏儿、水合氯醛、吐酒石、甲醛、硝酸银液等）；吸入有剧烈刺激性的气体，如烟雾、芥子气等；使用胃导管时动作急躁粗暴。

(2)寒冷、过劳、长途运输，致使机体抵抗力降低，受到条件性致病菌如链球菌、巴氏杆菌、葡萄球菌、坏死杆菌等的侵害。

继发性咽炎：多继发于流行性感冒、马腺疫、巴氏杆菌病、炭疽、结核、口蹄疫、恶性卡他热、犬瘟热、猪瘟及口炎、鼻炎、食管炎、喉炎、唾液腺炎和维生素 A 缺乏等。

[症状]

(1)卡他性咽炎。病畜头颈伸直，拒绝采食粗硬饲料，吞咽困难，流涎，唾液分泌增加。猪、犬、猫出现呕吐。炎症波及喉部时，病畜咳嗽。食入的大部分水和食物以及炎性分泌物从口腔和鼻腔逆流而出。打开口腔检查见咽部黏膜和扁桃体充血、肿胀、有大量唾液蓄积在咽部。触诊咽喉部，病畜高度敏感，表现不安。病情严重时，体温升高，精神沉郁，呼吸困难并有痛性咳嗽等。

(2)纤维素性咽炎。病情较急，体温升高，采食量很快减少，颌下淋巴结及周围组织肿胀，扁桃体红肿。流浑浊鼻液。检查咽部黏膜，表面覆有灰白色伪膜，剥离伪膜后，见黏膜充血肿胀及溃疡。

(3)化脓性咽炎。病畜咽部高度敏感疼痛，拒绝采食和吞咽。精神沉郁，发热，鼻孔流出脓性鼻液。检查咽部黏膜及扁桃体，见肿胀充血，表面有黄白色化脓点。病畜脉搏增快，呼吸急促。咽部分泌物涂片检查，可见葡萄球菌、链球菌等化脓性细菌。

[诊断]

根据症状如头颈伸展、吞咽障碍。流涎，并有食物及水从口腔和鼻孔逆流，以及咽部充血、肿胀，触诊敏感疼痛，咳嗽特征性症状，可做出初步诊断。但须与咽腔内异物、咽腔肿瘤、喉炎、食管梗塞、腮腺炎、腺疫、流感、炭疽、巴氏杆菌病、猪瘟等疾病进行鉴别。

咽腔内异物：多见于牛和犬，多突然发病，吞咽困难，进行咽部检查和 X 线透视时可以见到异物。

咽腔肿瘤：咽部无炎症变化，触诊无疼痛现象，病程缓慢，经久不愈。

腮腺炎：咽部肿胀，头多歪向健侧，舌根无压痛，无鼻液，也无食糜逆流现象，触诊咽部无疼痛表现。

喉炎：病畜咳嗽，流鼻液，吞咽无异常，喉部敏感，但咽下正常。

食管阻塞：吞咽障碍，但咽部无疼痛，触诊颈部食管可摸到硬固的阻塞物。

[治疗]

治疗原则是除去病因，抗菌消炎，清利咽喉。

加强护理：停喂粗硬饲料，给予优质青草、青干草、多汁易消化饲料和麸皮粥，犬猫则可给予稀粥、肉汤、牛奶、鸡蛋等有营养易吞咽的食物，对于重症动物，可补糖输液。改善畜舍环境卫生，保持清洁、干燥。对疑似传染病畜，应隔离观察。

抗菌消炎：青霉素 800 万 IU，链霉素 500 万 IU，肌内注射，2 次/d，连用 5 d；或 10%的磺胺嘧啶钠 100 mL，静脉注射；也可使用土霉素、强力霉素、链霉素、庆大霉素等控制炎症。

局部处理：为了促进炎症的消散与吸收，早期进行咽部冷敷以制止渗出，后期热敷以促进炎症渗出物的吸收，2～3 次/d，每次 20～30 min。然后咽部皮肤涂抹樟脑酒精或鱼石脂软膏，或复方醋酸铅散膏剂(醋酸铅 10 g，明矾 5 g，薄荷脑 1 g，白陶土 80 g)外敷。

清利咽喉：可用冰硼散吹入咽部，或用青黛散或复方新诺明 10～15 g，碳酸氢钠 10 g，碘喉片 10～15 g 研磨混合后装于布袋，衔于病畜口内。

封闭疗法：用 0.25%普鲁卡因注射液(牛、马 50 mL，猪、羊 20 mL)，青霉素(牛、马 240 万～320 万 IU，猪、羊 40 万～80 万 IU)，咽喉部周围分点注射。

非特异性疗法：在应用抗生素和磺胺类药物的前提下，牛、猪咽炎，可用异种动物血清(牛 20～30 mL、猪 5～10 mL)皮下或肌内注射。

或用脱脂乳，皮下注射，刺激机体的非特异性抵抗能力。

[预防]

搞好平时的饲养和管理工作，注意饲料的品质。注意药物使用时刺激性不能过强。饲料应进行筛拣防止混入坚硬的异物。早春晚秋气候多变的季节，应加强防寒保暖，避免风寒侵袭。加强防卫机能，防止过劳，避免条件致病菌的侵害。应用胃管投药时应细心操作，防止损伤咽黏膜。及时治疗原发病，防止蔓延感染。

## 三、食管阻塞

食管阻塞，又称食管梗阻，俗称草噎，是由于食管被食物团块或异物阻塞的一种疾病。临床上以采食过程中突然发病，流涎，痛苦不安和咽下障碍为特征。各种动物均可发生，常见于牛、马、猪、犬，羊偶发。按阻塞程度，分完全阻塞和不完全阻塞；按阻塞的部位，分咽部、颈部、胸部阻塞。

［病因］

原发性食管阻塞主要由下列因素引起：

块根状饲料未切碎，马铃薯、甘薯、甘蓝、甜菜根、萝卜、胡萝卜、南瓜、冬瓜、嫩玉米棒、西瓜皮、苹果等，以及未切短切碎的干草、甘薯藤、高粱秆。

饲料调制不当，块根饼粕类饲料如大块豆饼、花生饼等，粉碎不细、浸泡不完全。

粉料类饲料，如谷物和糠麸，未充分拌湿，或未充分混合唾液，导致不能咽下而阻塞。

过度饥饿、抢食、采食时受到突然惊吓等因吞咽过急过猛造成咀嚼不全导致不能咽下而阻塞。

食入异物，如毛巾、破布、塑料薄膜、毛线球、木块、石子、瓶塞、肌腱、软骨、骨片、鱼刺、胎衣。

全身麻醉的复苏期，食管神经功能还未完全恢复即给予喂食，从而导致不能咽下而阻塞。

继发性阻塞，常见于食管狭窄、食管麻痹、食管痉挛、食管炎等疾病。

［症状］

在采食过程中发病，突然停止采食，神情紧张，痛苦不安。头颈伸展(图 1-3-2)，空口咀嚼和吞咽。

如果食管完全阻塞，由于唾液蓄积，刺激食管逆蠕动，或用手向口腔方向挤压，大量唾液和食糜从口鼻孔中逆出，唇边和鼻孔附着白色泡沫。有的病例呕吐。

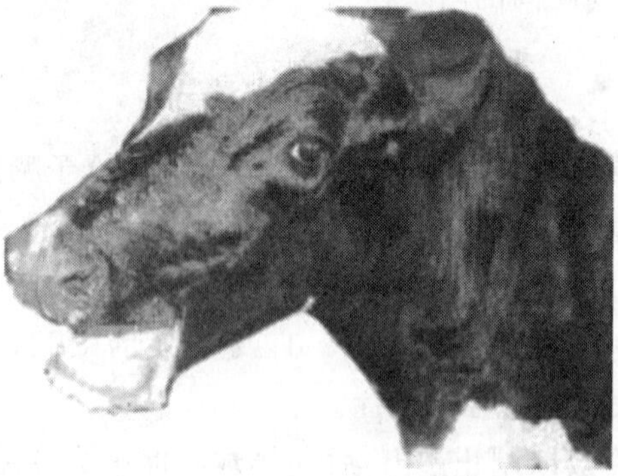

图 1-3-2　病牛头颈伸直，反复咳嗽

咽及颈部食管阻塞时，见局部膨起，外部触诊可能触及阻塞物。

胸部食管阻塞时，阻塞部位上方的颈部左侧食管沟呈圆索状突隆，在该处触诊，可感到波动并随之引起哽噎运动。用胃导管进行探诊到阻塞处时，感到阻力，不能继续推进。

咳嗽，呼吸急促。若反刍动物完全阻塞，则迅速发生瘤胃臌气。

犬的食管阻塞，由于阻塞物压迫颈静脉，使血液循环发生障碍引起头颈水肿。

但不完全阻塞的病畜，可部分通过液体和流质食物，则较少出现唾液、食糜、水大量逆出和瘤胃臌气的现象。

［诊断］

根据采食病史，饲料特点，发病时期，症状如流涎、不安、吞咽障碍，结合食管部触诊或胃导管探诊可做出诊断。

但应与下列疾病进行鉴别：

胃扩张：有持续、剧烈的腹痛，呼吸困难。胃导管探诊可顺利下送而不受阻碍，胃导管送入后，排出的是酸臭的胃内容物或气体。

食管狭窄：病情发展较缓，食物吞咽困难，固形食物不通，但饮水和液体饲料可通过。

食管麻痹：胃管插入时无阻力。

食管痉挛：与食管阻塞的症状相似，但呈阵发性(与食管阻塞的持续性咽下障碍不同)。本病发作时食管硬如索状，但舒缓期胃导管探诊可获通过。应用解痉剂后症状可很快解除是其特点。

食管炎：触诊或胃管经过炎灶时，动物剧烈骚动，疼痛不安。与食管阻塞不同的是，用消炎药物保守疗法可获疗效。

咽炎：本病特点是咽部触诊敏感，疼痛非常明显。咽炎侧重于吞咽障碍，而食管阻塞则侧重于咽下困难。

［治疗］

治疗原则是疏通食管，除去食管内的阻塞物，加强护理。

首先用液体石蜡或植物油 100 mL，1%～2%普鲁卡因溶液 10 mL 灌入食管，以润滑和松弛食管，易于排出阻塞物。

咽后食管阻塞时，大家畜装上开口器后，可徒手（或用绳圈、铁丝圈、长柄镊子等器具）取出。

颈部与胸部食管阻塞时，应根据阻塞物的性状及其阻塞的程度，采取相应的措施，常用的方法有挤压法、下送法、打气法等。

挤压法：采食块根、块茎饲料而阻塞于颈部食管时，首先将病畜横卧保定，用平板或砖垫与食管阻塞部位，然后以手掌抵于阻塞物下端，朝咽部方向挤压，将阻塞物挤压到口腔，即可排除。若为谷物与糠麸引起的颈部食管阻塞，则病畜站立保定，用双手手指从左右两侧挤压阻塞物，将之压碎后，使其自行咽下。

下送法：又称疏导法，主要用于胸部食管和腹部食管阻塞。用胃导管插入食管内抵住阻塞物，缓缓将阻塞物推入胃中。

打气法：应用挤压法、下送法等经 1～2 h 后仍不见效时，可先插入胃导管，装上胶皮球，吸出食管内的食糜和唾液，灌入少量液体石蜡或植物油或温水。将病畜保定好后，将打气管接在胃管上，颈部勒上绳子以防气体回流，然后适度打气，并趁势推动胃导管，将阻塞物推入胃内。打气时不能过多和过猛，胃导管推送也不要用力过猛，以免食管破裂。

打水法：当阻塞物是颗粒状或粉状饲料时宜选用此法，可插入胃导管，灌入温水，以便把阻塞物溶出，片刻后压低胃导管游离端，导出阻塞物。

通噎法：主要用于治疗马的食管阻塞。先灌入少量植物油，将病马缰绳拴在左前肢系凹部，尽量拴短，然后驱赶病马前进或上下坡，往返运动 20～30 min，借助颈部肌肉收缩，使阻塞物纳入胃内或被咳出。

药物疗法：先向食管内灌入植物油（或液体石蜡）100～200 mL，然后皮下注射 3%盐酸毛果芸香碱 3 mL，促进食管肌肉收缩和分泌，便于阻塞物排出，尤其适合于食管麻痹引起的阻塞的治疗。猪则可皮下注射藜芦碱（0.02～0.03 g）或盐酸阿朴吗啡（0.05 g），促使呕吐，使阻塞物呕出。

缓解疼痛及痉挛：牛、马可用水合氯醛 10～25 g，配成 2%溶液灌肠，或者静脉注射 5%水合氯醛酒精注射液 100～200 mL，（尤其是因食管痉挛引起的阻塞，此法效果良好）。也可皮下或肌内注射 30%安乃近 20～30 mL 以缓解疼痛。也可用阿托品、山莨菪碱、氯丙嗪等药物。

手术疗法：当上述疗法不见效时，应施行食管切开手术取出阻塞物。

犬、猫因骨、鱼刺等引起的颈部食管阻塞，应配合使用内窥镜和镊子将异物取出。

加强护理：停喂饲料和饮水以免误咽而引起异物性肺炎。牛、羊食管完全阻塞，易继发瘤胃臌气引起窒息，应及时施行瘤胃穿刺放气，并向瘤胃内注入防腐消毒剂。

对病程较长的病畜，还应强心、输糖补液或营养液灌肠，以维持机体的营养。排除阻塞物后 1～3 d 内，应使用抗菌药物消炎防止继发食管炎，并给予流质饲料或柔软易消化的饲料。

［预防］

加强饲养管理，饲喂定时定量，防止因动物饥饿吞咽过急。

对过于饥饿的动物，应少喂勤添，先喂草，后喂料。合理调制饲料，块根、块茎饲料适当切碎后再喂。饼粕类饲料应掰碎，以及干燥的粉状类饲料均应用水充分泡软后才能饲喂。在堆放有马铃薯、甘薯、胡萝卜、萝卜的地方，对家畜要细加看管，防止骤然采食。全身麻醉的动物，在食管机能未完全复苏前，注意护理，避免过早喂食。

## 任务二 家禽嗉囊疾病

家禽的嗉囊疾病主要包括嗉囊卡他、嗉囊阻塞等。

### 一、嗉囊卡他

嗉囊卡他，又称软嗉病，是嗉囊表层黏膜的炎性。临床上以嗉囊黏膜发炎、显著膨胀和柔软为特征。多发于雏禽。

[病因]

原发性病因包括：采食易腐败发酵的和霉变的饲料，如变质鱼粉、腐肉、酒糟等。采食了难以消化的食物，长期停滞在嗉囊中，刺激嗉囊并使嗉囊胀满，易发生本病。饮水不洁。误食过酸、过碱的腐蚀性物质，引发本病。

继发性嗉囊卡他，见于鸡新城疫，白色念珠菌感染，毛滴虫及捻转真毛细线虫重度侵袭，磷、砷、食盐中毒等疾病。

[症状]

病禽食欲降低，头颈伸直，精神委顿，羽毛蓬松，吞咽困难，频频张嘴，伴有嗳气或呕吐，将禽倒提或用手挤压时，从口腔中流出带黄色混有气泡的黏液，酸臭或恶臭。嗉囊胀大，触诊疼痛但柔软、富有弹性或有波动感，叩诊呈鼓音。有的病禽迅速消瘦衰弱，冠髯呈紫色，最后因窒息而亡。本病多呈急性经过.

[诊断]

根据本病特征性症状，如嗉囊胀大充满黏液性液体或气体，触诊嗉囊柔软但疼痛，结合病史即可做出诊断。

[治疗]

治疗原则，排出嗉囊内容物，消炎，健胃助消化，

排出嗉囊内容物：先高抬病禽后躯使头朝下，按压嗉囊，排出贮积的内容物。嗉囊冲洗，用 0.2% 的高锰酸钾溶液、2% 硼酸或 1.5% 的碳酸氢钠溶液，灌服或进行嗉囊注射，再倒提病禽排出药液。然后灌服 0.5% 鞣酸，或 3% 明矾进行收敛。

消炎：氨苄青霉素 5 000 IU/kg，或土霉素 0.05～0.07 g，喂服，2 次/d。亦可用大蒜 1 瓣饲喂。

健胃助消化：喂服大黄苏打片，成鸡每只 1/3 片，酵母片 0.5 g，2 次/d，以健胃助消化及中和胃中酸性物质。

[预防]

加强饲养管理，禁止饲喂霉烂、腐败变质的饲料、容易发酵的饲料和粗硬而不易消化的饲料。防止各种毒物中毒；注意禽舍保暖和防潮，保证饮水清洁。

### 二、嗉囊阻塞

嗉囊阻塞，又称硬嗉病，是由于嗉囊运动力减弱，使嗉囊内食物积滞不能向胃肠运送所引起的嗉囊疾病。临床上以嗉囊膨大、坚硬为特征。多发于雏鸡、雏鸭等。

[病因]

长期饲喂粗硬饲料，如干硬谷物、麦秸、糠麸等，均可使嗉囊阻塞扩张。过量啄食玉米、高粱、豌豆等干燥颗粒饲料，过食胡萝卜、马铃薯等块根茎饲料。维生素、矿物质元素或砾石缺乏，造成的异嗜，大量吞食骨片、皮革、毛发、绳索等坚韧的异物。突然增加饲料，饥饱不均等也可诱发本病。

[症状]

食欲废绝，精神沉郁，翅下垂，表现不安。喙频频开张，流恶臭黏液；嗉囊胀大，长时间不能排空，触之

黏硬或坚硬。

病禽食欲减退或不食，呆立不动，冠髯青紫色，病禽嗉囊高度膨胀而坚硬，若嗉囊蓄积气体，常张口并流出恶臭、淡黄色液体，具有酸败难闻的气味。

病程长的病例，生长发育迟缓，贫血和消瘦，蛋鸡产蛋量下降或停产。重者导致腺胃、肌胃和十二指肠全部发生阻塞，严重的嗉囊破裂或穿孔。后期死于自体中毒及窒息。

[诊断]

根据症状和嗉囊触诊容易做出诊断，如病禽不食，嗉囊高度膨胀，触诊坚硬等。

[治疗]

治疗原则是排除嗉囊内的阻塞物，加强护理。

药物疗法：轻症病例，喂给植物油 20～30 mL，也可直接嗉囊注入，促进阻塞物的排出。

排除阻塞物：将病禽头向下垂，尾部抬高，按摩嗉囊，压碎内容物，经口排除。然后用消毒和收敛液如0.1%的高锰酸钾溶液和2%硼酸液反复冲洗，直至将阻塞物排完为止。重症者，尤其异物性阻塞，可施行嗉囊切开术。

手术疗法：术部拔毛消毒后沿正中线切开嗉囊，取出嗉囊阻塞物。然后缝合嗉囊，再缝合皮肤，消毒切口。手术后禁食、禁水，12 h后喂少量易消化的饲料。

[预防]

加强饲养管理，定时、定量饲喂，经常清扫禽舍以清除各种异物，保证充足饮水和足够运动。饲料中的纤维含量应适当。不喂干硬的和难以消化的饲料。及时添加维生素及矿物质，预防异食癖的发生。

## 任务三　反刍动物前胃疾病

### 一、前胃弛缓

前胃弛缓，中兽医称为脾虚慢草，是由于前胃神经兴奋性降低，肌肉收缩力减弱，菌群失调，瘤胃内容物运转迟滞，产生大量腐败发酵的物质，引起消化机能紊乱的一种疾病。临床特征是食欲减退、反刍障碍，前胃平滑肌蠕动减弱乃至停止，严重时伴发全身机能紊乱。多发生在舍饲的牛和羊等反刍动物。

[病因]

原发性前胃弛缓，又称单纯性消化不良，主要是饲料品质不良、饲喂方式不科学、饲养管理不当引起。

(1)饲料品质不良。长期饲喂过于单一的饲料，一旦变换饲料，消化机能不能较快适应，引起消化不良。长期饲喂粗纤维多的质量低劣的饲料，如豆秆、豆秸、麦糠、秕壳、玉米秆等，这些内容物在胃内难以移动和消化，导致消化障碍。长期饲喂柔软或粉碎过细的饲料或饲草，不足以引起瘤胃的兴奋，蠕动减弱。

采食过量的适口性好的饲料或过食谷物精料。饲喂腐败、酸败、霉败的变质青草、青贮饲料、豆饼或酒糟，采食冰冻的草料等，极易引起消化障碍的发生。

(2)饲喂方式不科学。饲喂不定时不定量，饲料发生改变，谷物饲料突然改变成草料；突然更换饲养方式，由舍饲转入牧饲或由牧饲转入舍饲；草料比例不当，精料喂量过多，食入饲料过量；饲料缺乏，家畜被迫食入大量的秸秆、灌木或垫草；日粮配合不当，缺乏矿物质和维生素，特别是缺钙时，血钙水平低，引起神经—体液调节机能紊乱，成为前胃弛缓主要发病因素之一；饮水不足，易引起消化障碍的发生。

(3)饲养管理不当。劳役与休闲不均，使役过度或缺乏运动；经常更换饲养员和调换圈舍；误食塑料袋、胎衣等异物；处于严寒酷暑、饥饿、疲劳、断乳、创伤、剧痛等应激状态，以及厩舍阴暗潮湿，过于拥挤，通风不良，均能诱发消化不良。

继发性前胃弛缓：常继发于口炎、齿病、咽炎、瘤胃臌气、瘤胃积食、创伤性网胃腹膜炎、瓣胃秘结、皱胃阻塞、皱胃变位、肠便秘、腹膜炎、肝脓肿、骨软症、酮血病、生产瘫痪、乳腺炎、子宫内膜炎等普通病；以及牛流行热、结核、布氏杆菌病、肝片吸虫病、前后盘吸虫病、锥虫病等侵袭病；长期或大剂量口服磺胺类药物或抗生素，破坏了瘤胃内正常微生物区系，引起前胃弛缓。

［症状］

前胃弛缓按其病情发展过程，可分为急性和慢性两种类型。

急性：初期食欲减退，反刍缓慢，次数减少甚至停止，瘤胃收缩力减弱，蠕动音减弱，蠕动次数减少，或每次蠕动的持续时间缩短（正常牛瘤胃蠕动次数 3～4 次/2min）。嗳气有酸臭味，触诊瘤胃内容物充满、黏硬呈生面团样或稀软呈粥状。粪便初期无大变化，以后逐渐变为干硬，色暗，被覆黏液。体温、呼吸、脉搏一般无明显异常。大多数病例经 1～2 d 内自愈或经简单治疗后痊愈。

少数病例，后期病情急剧恶化，精神委顿，食欲废绝，磨牙，呻吟，反刍停止，嗳气停止，饮水停止。腹泻，排出恶臭糊状粪便，或者便秘与腹泻交替。脉数加快，呼吸加快，鼻镜干燥。泌乳量下降。重症病例脱水、衰竭。极易诱发瘤胃积食、瘤胃间歇性臌气、瘤胃酸中毒、瓣胃阻塞等病。

慢性型前胃弛缓：常由急性转变而来或继发性因素引起，食欲时好时坏，磨牙，虚嚼，有的病例出现异嗜现象，反刍无力或停止；嗳气减少、嗳出的气体带酸臭味。逐渐消瘦，被毛枯乱无光泽，精神沉郁，全身衰弱无力（图 1-3-3）。瘤胃蠕动音减弱或消失，常出现慢性瘤胃臌气，网胃与瓣胃蠕动音也减弱。便秘与腹泻交替发生。病程数周，最后伴贫血症，常衰竭死亡。

图 1-3-3　前胃弛缓导致营养不良

［诊断］

根据发病原因，如饲料改变、过度劳役、饲养管理不当。结合临床症状，如食欲减退、反刍障碍、前胃蠕动减弱，消化机能障碍，间歇性臌气，泌乳突然下降，体温、呼吸、脉搏通常无明显变化可做出诊断。必要时结合瘤胃内容物酸碱度测定和纤毛虫计数确诊。

瘤胃液实验室检查：

（1）瘤胃液酸碱度测定。用 pH 试纸测定，健康牛为 6～7；多数病例降到 5.5～6 以下，为酸性消化不良，少数升高 7.0 以上，为碱性消化不良。

（2）纤毛虫计数及活力测定。健康正常黄牛纤毛虫数为 13.9 万～114.6 万/mL，多数病例纤毛虫数降到 7 万/mL 左右，存活率大大降低。

但需与瘤胃积食、创伤性网胃腹膜炎、皱胃左方变位、奶牛酮病等疾病进行鉴别。

瘤胃积食：是由于采食大量易发酵膨胀的饲料引起，瘤胃内容物充满、坚硬，腹部膨大，腹痛明显。

创伤性网胃腹膜炎：病牛体温升高，取特征性的站立姿态（前高后低姿态），忌走下坡路，网胃区触诊高度敏感、疼痛。

皱胃左方变位：腹痛，在左侧腹部听诊，出现皱胃蠕动音和钢管音。

奶牛酮病：多发于高产奶牛，呼出气、尿液、乳液带有特殊酮味，有神经症状。

［治疗］

治疗原则是加强护理，消除病因，调理前胃正常机能，防腐止酵，改善瘤胃内环境。

（1）消除病因。立即停止饲喂发霉变质饲料。

加强护理：病初禁食 1～2 d，多饮清洁饮水，少量多次喂给优质青草、干草和易消化的饲料，适当运动。轻症病例可在 1～2 d 内自愈。

（2）清理胃肠，防腐制酵。促进胃肠内容物的运转与排除，可用硫酸钠（或硫酸镁）300～500 g，鱼石脂 10～20 g，酒精 50 mL，温水 6 000～10 000 mL，一次灌服；或用液体石蜡 1 000～3 000 mL、苦味酊 20～30 mL，一次灌服。对于重症的病畜，可用胃导管洗胃，排除瘤胃内容物。洗胃后应向瘤胃内接种健牛瘤胃液。

(3)增强前胃机能,促进反刍和蠕动。

①促进反刍。用10%氯化钠注射液200～300 mL,一次静脉注射。或用“促反刍液”(5%葡萄糖生理盐水注射液500～1 000 mL,10%氯化钠注射液100～200 mL,5%氯化钙注射液200～300 mL,20%苯甲酸钠咖啡因注射液10～20 mL),一次静脉注射。

②增强前胃蠕动。用新斯的明(牛10～20 mg,羊2～5 mg)皮下注射,或毛果芸香碱(牛30～100 mg,羊5～10 mg)皮下注射,但对病情重剧和妊娠母牛则禁用,以防虚脱和流产。也可用吐酒石,牛每次2～4 g,加水1 000～2 000 mL内服。番木鳖酊内服20～30 mL内服,每日1次,连用3 d。

(4)调节瘤胃的pH。当瘤胃pH降低时,用氢氧化镁(或氢氧化铝)200～300 g,碳酸氢钠50 g,常水适量,牛一次内服。也可应用碳酸盐缓冲剂(CBM):碳酸钠50 g,碳酸氢钠350～420 g,氯化钠100 g,氯化钾100～140 g,常水10 L,牛一次内服,1次/d,可连用数次。

当瘤胃内容物pH升高时,用稀醋酸(牛30～100 mL,羊5～10 mL)或食用醋(牛300～1 000 mL,羊50～100 mL),加常水适量,一次内服;也可应用醋酸盐缓冲剂(ABM):醋酸钠130 g,冰醋酸30 mL,常水10 L,牛一次内服,1次/d,可连用数次。

(5)改善瘤胃内环境。取健康牛的瘤胃液4～8L给病牛投服,以恢复正常微生物区系。

(6)强心补液,防止脱水和自体中毒。25%葡萄糖注射液500～1 000 mL,40%乌洛托品注射液20～50 mL,20%安钠咖注射液10～20 mL,静脉注射。或用樟脑酒精注射液(或撒乌安注射液)100～200 mL,静脉注射。

(7)对症治疗。继发臌胀的病牛,可灌服鱼石脂、松节油内服制止发酵;伴发瓣胃阻塞时,用液体石蜡300～500 mL或10%硫酸钠2 000～3 000 mL瓣胃内注射;食欲不振时恢复食欲,龙胆酊、陈皮酊、姜酊、大蒜酊、豆蔻酊各20 mL,水500 mL混合后内服,连用3～5 d;继发性前胃弛缓,着重治疗原发病,并配合前胃弛缓的相关治疗,促进病情好转。

(8)中兽医疗法。对脾胃虚弱的,着重健脾和胃,补中益气,宜用加味四君子汤:党参100 g,白术75 g,茯苓75 g,炙甘草25 g,陈皮40 g,黄芪50 g,当归50 g,大枣200 g,共为末,灌服,1剂/d,连服2～3 d。

对身体健壮,口津黏滑,粪干尿短的,应清泻胃火,宜用加味大承气汤:大黄、厚扑、枳实、苏梗、陈皮、炒神曲、焦山楂、炒麦芽各30～40 g,芒硝50～150 g,玉片15～20 g,车前子30～40 g,莱菔子60～80 g,共为末,灌服。

对久病虚弱,气血双亏,应补中益气,养气益血为主,宜用加味八珍散:党参、白术、当归、熟地、黄芪、山药、陈皮各50 g,茯苓、白芍、川芎各40 g,甘草、升麻、干姜各25 g,大枣200 g,共为末,灌服,1剂/d,连服数日。

针治:舌底、脾俞、百合、关元俞等穴。

[预防]

改善饲养管理,合理调配日粮,给予足够的清洁饮水。注意在饲料中添加矿物质、维生素。防止饲喂霉变、不洁、变质饲料和冰冻饲料。

防止突然改变饲料饲喂方式或环境条件。要做到定时定量,减少饲养过程中的随意性。适宜劳作与休闲,注意圈舍卫生和通风和保暖,防止各种应激因素。及时治疗容易诱发前胃弛缓的疾病。

## 二、瘤胃积食

瘤胃积食又称急性瘤胃扩张、瘤胃食滞,中兽医称宿草不转,是采食过量粗纤维饲料或容易臌胀的饲料引起瘤胃扩张,容积增大,内容物停滞和后送障碍,造成整个前胃消化机能障碍的一种严重疾病。

临床特征:瘤胃容积增大,充满黏硬内容物,蠕动停滞,腹围增大,腹痛,叩诊浊音。伴有脱水和自体中毒等全身症状。多发于早春和晚秋。分为原发性瘤胃积食、继发性瘤胃积食。

[病因]

原发性瘤胃积食常见于下列因素:

贪食大量适口性好的青草、苜蓿、紫云英等青绿饲料类，以及胡萝卜、马铃薯、甘薯等块茎类饲料，或长期舍饲的牲畜，突然由舍饲转变为放牧，采食过多青嫩草；采食大量难于消化的饲料，特别是饥饿时以及由放牧突然转变为舍饲，采食大量谷草、豆秸、花生秧、甘薯蔓、棉秆等，而饮水又不足；采食大量易于膨胀的饲料，又大量饮水，如玉米、大豆、豌豆，及糟粕类饲料，如豆饼、花生饼、棉籽饼、酒糟等，导致瘤胃过度充满；饲料保管不严，偷食过多精料；采食后立即使役，或使役后立即饲喂；运动不足、长途运输及产后失调，机体疲劳，神经反应性降低，均可发生本病。

继发性瘤胃积食：常继发于前胃弛缓、创伤性网胃腹膜炎、瓣胃阻塞以及皱胃阻塞等病。

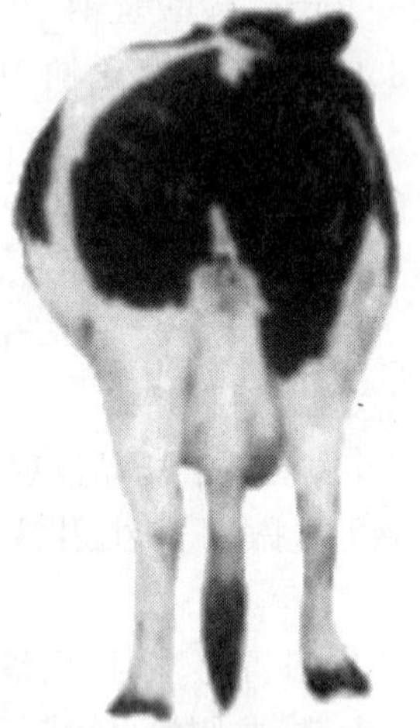

图 1-3-4　左腹部胀满

［症状］

常于饱食后数小时发病，病畜不安，食欲减退或废绝，虚嚼，磨牙，呻吟，反刍停止，有的病例呕吐。

病畜肚腹疼痛，拱背站立，回顾腹部或后肢踢腹，或不断起卧。腹部膨胀，特别是左侧腹部下部膨大突出明显(图 1-3-4)，肷窝膨满。排粪量减少，粪便干硬，色暗。

触诊瘤胃呈面团样，胃壁显著扩张，内容物坚实或黏硬。叩诊瘤胃，呈浊音。腹部听诊，瘤胃蠕动音减弱或消失，肠音微弱。

直肠检查，可发现瘤胃扩张，容积增大，充满坚实的内容物，有的病例内容物呈粥状。

重症病例，腹部胀满，瘤胃积液，呼吸迫促，心跳增快。泌乳牛、羊产奶量明显减少或停止。皮温不整，全身战栗，眼窝凹陷，黏膜发绀。病畜极度衰弱，卧地不起，脱水和自体中毒，昏迷。

病理变化：胃极度扩张，其内含有气体和大量腐败内容物，胃黏膜潮红，有散在出血斑点；瓣胃叶片坏死；各实质器官瘀血。

［诊断］

根据过量采食的病史，食欲废绝、反刍停止，腹部膨大明显，瘤胃内容物充满而黏硬，蠕动减弱或消失，腹痛症状，排粪量减少，叩诊呈浊音，可以做出诊断。

但应与前胃弛缓、急性瘤胃臌胀、创伤性网胃炎、皱胃变位等疾病鉴别。

前胃弛缓：病情较缓，腹围增大不明显，触诊瘤胃内容物柔软，腹痛症状不明显。

急性瘤胃臌胀：腹围显著膨大，尤以左肷窝部上部突出更为显著，瘤胃壁紧张而有弹性，叩诊呈鼓音。

创伤性网胃炎：腹围增大不明显，网胃区疼痛，特征性的站立姿态和运步谨慎，应用兴奋瘤胃的药物时，病情加重。

皱胃变位：左腹侧肷窝部增大不明显，而以左侧肋弓部突起明显，左肋部有皱胃蠕动音和金属音。

［治疗］

治疗原则：排出瘤胃内容物，增强瘤胃蠕动机能，制止发酵，防止脱水与自体中毒，恢复瘤胃正常微生态环境。

(1)停止喂料 1～2 d。进行瘤胃按摩以促进瘤胃蠕动，帮助瘤胃内容物排出。每次按摩 5～10 min，每隔 30 min 一次。也可内服酵母粉，促进食物消化。

(2)清肠消导，制止发酵。可选用硫酸镁或硫酸钠 300～500 g，液体石蜡或植物油 500～1 000 mL，鱼石脂 20～30 g、75%酒精 100 mL，常水 6～10 L，一次内服。

(3)对病程长或重症的病畜，应及早进行瘤胃切开，经胃导管用 1%温盐水 20～30 L 反复洗涤，取出瘤胃内容物，直到左肷窝部凹陷空虚为止。

(4)兴奋前胃神经，促进反刍，促进瘤胃内容物运转与排除。10%氯化钠溶液 200～300 mL，或用促反刍液，一次静脉注射。

(5)增强瘤胃收缩机能，可用新斯的明 0.01～0.02 g，或毛果芸香碱 0.05～0.2 g，或氨甲酰胆碱皮下注射；或番木鳖酊内服，以促进瘤胃平滑肌的收缩。

(6)防止脱水和自体中毒。用5%葡萄糖生理盐水注射液2 000～3 000 mL、20%安钠咖注射液10～20 mL,5%维生素C注射液10～20 mL,静脉注射,2次/d。

防止酸中毒,5%葡萄糖1 000～2 000 mL,5%碳酸氢钠溶液500～1 000 mL,或11.2%乳酸钠300 mL,静脉注射。

(7)接种健康牛瘤胃液,恢复病畜被破坏的瘤胃微生态环境。

(8)恢复食欲。用陈皮酊50 mL,龙胆酊50 mL,加水内服。

(9)中药疗法。以健脾开胃,消食化气为主,用三仙硝黄散:山楂、神曲、麦芽、莱菔子、木香、枳壳、陈皮各30 g,槟榔20 g,大黄、郁李仁各60 g,芒硝120 g,煎水,混合麻油250 mL后灌服。或用大承气汤治疗。

针治:食胀、脾俞、关元俞、顺气等穴。

[预防]

加强饲养管理,定时定量饲喂。饲料搭配适当,不能随意加大精料喂量。饲草饲料过于粗硬的要适当加工后再喂。变换饲料时,应逐步进行。防止贪食与暴食适口性好的青料。加强饲料保管,防止牛、羊偷食。耕牛不要劳役过度;避免采食后立即使役或使役后立即饲喂。加强运动,饮水应充足,治疗原发病。

## 三、瘤胃臌气

瘤胃臌气又称瘤胃臌胀,中兽医称为气胀,是因为采食多量易于发酵的饲料,在瘤胃内异常酵解,产生大量气体,引起瘤胃容积迅速增大,瘤胃急剧膨胀并呈现反刍障碍、嗳气障碍的一种疾病。临床上以反刍及嗳气障碍,腹痛,腹围急剧增大,叩诊是鼓音,呼吸困难为特征。本病多发生于春、夏牧草生长旺盛的季节,牛、羊多见。

按病因可分为原发性和继发性瘤胃臌气;按经过可分急性与慢性瘤胃臌气,按病性为可分泡沫性和非泡沫性瘤胃臌气。

[病因]

原发性瘤胃臌气常由下列因素引起:

采食了大量容易发酵的多汁青绿饲草或多汁块根饲料,如青嫩草,白菜,萝卜缨,甘薯蔓,块根饲料,青贮料、沼泽地区的水草等;采食豆科植物如苜蓿、三叶草、紫云英、紫豌豆等;采食堆积发热的青草。采食经雨淋、水浸、霜冻的牧草和饲料。饲喂腐败、霉烂变质的饲草和饲料;由舍饲转为放牧的畜群,在繁茂的草地上放牧,极易导致瘤胃臌气的发生;过食大量的豆饼。喂饲较多量的谷物性饲料,如玉米粉、小麦粉等;误食某些植物中毒,如毒芹、乌头、毛茛科,以及桃李杏叶和栎树嫩叶等富含皂甙类的植物,容易引发泡沫性瘤胃臌胀。

继发性瘤胃臌气,主要继发于前胃弛缓、创伤性网胃心包炎、瓣胃秘结等病,食管阻塞使气体排出障碍,可发生瘤胃臌气。

[症状]

原发性瘤胃臌气常在采食易发酵的饲草饲料后不久突然发病。

病畜疼痛不安,背腰拱起,不断回头顾腹,或后肢踢腹,严重时急起急卧。左侧腹部急剧臌胀,特别是左侧肷窝突起明显(图1-3-5),腹壁紧张而有弹性。头颈伸展,张口呼吸,不断呻吟。食欲废绝,反刍嗳气停止,常有泡沫状唾液从口腔逆出。

图1-3-5 左侧肷部隆起

瘤胃听诊,蠕动音初期增强,并伴发金属音,后期则减弱或消失；瘤胃叩诊，左腹部呈鼓音；瘤胃触诊，腹壁紧张而有弹性，压后不留痕迹。

病的后期，心力衰竭，静脉怒张。呼吸加快，60～80 次/min；心跳 80～100 次/min，但体温一般正常；呼吸困难，结膜发绀。出汗，不断排尿。患畜运动失调，行走摇摆，卧地不起。全身痉挛、抽搐，最后窒息和心脏麻痹而死。

继发性瘤胃臌气，多为慢性，症状与原发性瘤胃臌气相似，但时好时坏，常为间歇性反复发作，病程可达几周。经治疗能暂时消除臌胀，但极易复发。

**［诊断］**

根据临床表现，病情急剧，腹围显著增大，左肷窝突出。腹痛明显，呼吸困难。有采食大量易发酵性饲料的病史。按压有弹性，叩诊呈鼓音等可做出初步诊断。但应与瘤胃积食、前胃弛缓、创伤性网胃腹膜炎，皱胃左方变位等进行鉴别。

**［治疗］**

治疗原则是排气消胀，防腐制酵，清肠健胃，恢复瘤胃蠕动，强心补液。

(1)排气消胀消沫。病畜斜坡位站立，保持前高后低姿势；不断人为牵引舌头；在木棒上涂以煤油，或菜油、松节油、来苏儿等后，横衔于病畜口内；按摩瘤胃；柔软柳枝插入顺气穴等，促进瘤胃收缩和气体排出。

重症病例有窒息危险时，首先应立即实行胃管放气或用套管针穿刺放气(放气不能过急，气体应缓慢排出，以免引起脑贫血)，缓解病情防止窒息。

对泡沫性臌气应先灭沫消胀，宜用表面活性药物，如二甲基硅油牛 2～4 g，羊 0.5～1 g，消胀片(每片含二甲基硅油 25 mg，氢氧化铝 40 mg；牛 100～150 片/次，羊 25～50 片/次)。也可用松节油 30～40 mL(羊 3～10 mL)，或者用菜籽油(花生油、棉籽油、豆油)300～500 mL(羊 30～50 mL)，温水 500～1000 mL(羊 50～100 mL)制成油乳剂，一次内服或套管针注入瘤胃，消除泡沫。民间有采用机油脚、煤油或奶油来灭沫的，也有一定的效果。

(2)防腐制酵。用鱼石脂 15～25 g(羊 2～5 g)，酒精 100 mL(羊 20～30 mL)，生石灰水 500～1 000 mL(或福尔马林，高锰酸钾，来苏儿 15～20 mL)，内服或经胃导管或套管针注入瘤胃，以制止瘤胃内微生物继续产气。

(3)清肠健胃，恢复瘤胃蠕动。硫酸镁或硫酸钠 300～400 g(羊 30～80 g)，加水成 5%～6%的浓度，液体石蜡 500～1 000 mL(羊 30～100 mL)，芳香氨醑 40 mL(羊 5～10 mL)，龙胆酊 50 mL(羊 10 mL)，一次内服。或用新斯的明(或毛果芸香碱)皮下注射，促进瘤胃蠕动。

(4)补液、强心。5%葡萄糖生理盐水 2500～3 000 mL，安钠咖 60 mL，维生素 C 10 mL，维生素 $B_1$ 20 mL，混合后静脉注射。

(5)恢复瘤胃内环境。在排除瘤胃气体或瘤胃手术后，采取健康牛的瘤胃液 3～6L 接种给病牛，可尽早恢复。

(6)当药物治疗效果不显著时，应立即施行瘤胃切开术，取出其内容物。

对于慢性瘤胃臌胀，还应同时治疗原发病。

(7)中兽医以行气消胀，通便止痛为主，用消胀散·炒莱菔子 15 g，枳实、木香、青皮、小茴香各 35 g，玉片 17 g，二丑 27 g，共为末，加清油 300 mL，大蒜 60 g(捣碎)，水冲服。也可用木香顺气散：木香 30 g，厚朴、陈皮各 10 g，枳壳、藿香各 20 g，乌药、小茴香、青果(去皮)、丁香各 15 g，共为末，加清油 300 mL，水冲服。或用木香顺气散。

针治：脾俞、百会、苏气、山根、耳尖、舌阴、顺气等穴。

**［预防］**

加强饲养管理，管理好畜群，尽量避免在有幼嫩豆科植物的草地放牧以防暴食。春夏季控制在牧草地上放牧的时间和采食量。对易于发酵的青绿饲料要限制饲喂量，应先饲喂少量干草以减少青绿饲料摄入量。由舍饲转为放牧时，出牧前先喂一些干草后再放牧。不喂或少喂雨露浸湿的、堆积发酵的青草。避免饲喂磨细的谷物制作的饲料。

## 四、瘤胃酸中毒

瘤胃酸中毒，又称过食豆谷综合征、中毒性消化不良。是由于采食了过量富含碳水化合物的饲料，在瘤胃内急剧发酵产生大量乳酸而引起的以前胃机能障碍为主的一种疾病。临床以瘤胃积滞大量酸臭内容物，消化紊乱，高乳酸血症，重度脱水，神经症状，瘫痪和昏睡等急性消化性酸中毒为特征。病程短急，死亡率高。

［病因］

饲喂大量富含碳水化合物的谷物精料，如大麦、小麦、黑麦、玉米 、稻谷、黄豆、高粱、豆饼以及含糖量高的块根、块茎类饲料，如甜菜、萝卜、甘薯、甘薯干、马铃薯以及酒糟等。尤其是加工成粉状的饲料，如玉米粉、小麦粉、大麦粉、高粱粉，淀粉充分暴露出来，被反刍动物采食后，极易发酵产生大量的乳酸而引起本病。

饲料的突然改变，尤其是平时以饲喂牧草为主，而突然改喂含较多碳水化合物的谷类的饲料。

母牛生产前后，畜主会突然添加大量的谷类精料，饲喂酸度过高的青贮玉米或质量低劣的青贮饲料。

寒冷、气候骤变、分娩等应激因素都可促使本病的发生。

［症状］

反刍兽瘤胃酸中毒常有以下病型：

最急性型：发病急，精神高度沉郁，极度虚弱，步态不稳，不愿行走。双目失明，瞳孔散大，重度脱水。腹部显著膨胀，瘤胃 pH 降低于 5 以下，无纤毛虫存活。病畜张口吐舌，呼吸急促，气喘。口内流出泡沫状液体，高声哞叫。通常因瘤胃内毒素吸收中毒，病畜卧地不起，心跳增数，呈现循环衰竭状态。体温低下，常于发病后 3～5h 死亡。

急性型：食欲、反刍废绝，精神沉郁，目光呆滞、瞳孔轻度散大。磨牙虚嚼，反应迟钝，呆立，不愿走动，或行走时，步态蹒跚。瘤胃蠕动和反刍停止，瘤胃膨满，积滞大量酸臭稀软的内容物和多量的液体，触诊有弹性及震荡音，瘤胃 pH 降低，无存活的纤毛虫。下痢，粪便稀软酸臭，色呈黄褐色或黑色，内含血液。大量乳酸在瘤胃内存在，使得体液大量进入瘤胃，出现脱水和酸中毒症状，如眼窝凹陷，血液浓稠色暗，少尿或无尿，尿色深浓，尿液 pH 降低。血液碱储降低，奶牛泌乳量减少。体温多数正常，偶有升高，重病心跳增数。伴肺水肿的病例，呼吸加快，气喘。

随病情发展后期，出现视力障碍和神经症状。病畜神志不清，步态蹒跚，呻吟，磨牙，肌肉震颤。中枢神经兴奋性增高，狂躁不安、盲目冲撞、转圈或头抵墙壁；很快后肢麻痹，瘫痪卧地，眼球震颤。头颈侧曲，或后仰呈角弓反张样。后转入沉郁，或兴奋与抑制交替出现，陷入昏睡或昏迷状，若不及时救治，多在 24 h 左右死亡。

亚急性型：症状与急性型相似，食欲减退或废绝，精神委顿，轻度脱水，结膜潮红，脉搏加快，瘤胃中等充满，收缩无力，触诊瘤胃内容物呈生面团样或稀软，pH 下降，有少量活动的纤毛虫。由于瘤胃 pH 降低造成菌群失调，产生的内毒素被吸收入血后引起瘤胃炎和蹄叶炎，进一步增强了瘤胃的机能障碍，以及病畜长期的跛行和站立困难。

轻微型：表现为食欲减退，反刍无力或停止，瘤胃稍膨满，蠕动减弱，内容物呈捏粉样，瘤胃 pH 稍有降低，纤毛虫活力几乎正常，脱水体征不明显腹泻，粪便灰黄稀软，混有一定黏液，多可自愈，全身症状轻微。

病理学检查：急性死亡的病例，瘤胃及网胃内容物稀薄如粥样，并有酸臭味，瘤胃上皮脱落，或发生坏疽，呈现斑块状，坏疽区胃壁厚度增加，高于周围正常区域，表面呈黑色。

血液检查：血液浓稠，白细胞总数增加，血液二氧化碳结合力下降。

［诊断］

根据发病原因，结合特征症状可做出诊断。

有过食豆谷类饲料的病史，精神沉郁、食欲废绝，瘤胃蠕动停止，瘤胃内积滞大量酸臭、稀软的内容物和多量的液体，瘤胃 pH 降低，严重脱水。视觉障碍，严重的毒血症，神经症状。血液二氧化碳结合力降低，碱储下降。全身症状重剧，体温并不升高。卧地不起，瘫痪，蹄叶炎，死亡率高。

鉴别诊断：须与瘤胃积食、皱胃阻塞，生产瘫痪、酮病、奶牛妊娠毒血症等进行鉴别。

[治疗]

治疗原则是迅速排除瘤胃内容物，中和瘤胃内的有机酸并阻止继续产生，及时纠正酸中毒和脱水，强心解毒，恢复胃肠道机能，对症治疗。

(1)排除瘤胃内容物。根据采食谷物多少和病情酌情采用给予盐类泻剂或洗胃疗法。用粗胃导管先虹吸吸出胃内稀薄液体，灌入大量的温水(或 1%盐水、5%～10%碳酸氢钠液、1∶7 石灰上清液 10～15 L)，然后放低胃导管游离端同时按摩瘤胃，洗出瘤胃内积滞的酸臭内容物。如此反复冲洗，直至洗出的瘤胃内容物无酸味，或呈弱碱性为止。该法疗效显著。

(2)解除酸中毒、防止脱水、强心解毒。用 5%碳酸氢钠液 1 000～2 000 mL，一次静脉注射。按酸中毒程度，可反复多次注射。用复方生理盐水或 5%葡萄糖生理盐水 3 000～5 000 mL，加入 20%安钠咖注射液 10～20 mL，静脉注射，2～3 次/d。开始可超速输入，30 min 后再常速输入。

轻症病例，可服抗酸药或缓冲液，如氢氧化镁或氧化镁或碳酸氢钠 300～500 g，加水 4～8 L，一次灌服。灌服碳酸盐缓冲剂(干燥碳酸钠 50 g，碳酸氢钠 420 g，氯化钠 100 g，氯化钾 40 g 混合物)250～750 g，加水 5～10 L，一次灌服。

(3)对症治疗。对有蹄叶炎的病畜，可用盐酸苯海拉明或 5%氯化钙 100 mL，静脉注射。促进瘤胃蠕动可用新斯的明 5～20 mg，皮下注射。有精神亢奋等神经症状时，用水合氯醛硫酸镁溶液 200～300 mL 静脉注射，或用氯丙嗪 300～500 mg，肌内注射。

恢复胃肠道机能：用新斯的明皮下注射促进前胃运动，同时用助消化药和健胃药内服，尽早恢复胃肠道机能，促进康复。

(4)瘤胃切开术。严重病例，则进行瘤胃切开术取出内容物，然后用 5%碳酸氢钠液彻底冲洗，缝合前向瘤胃内填入少量干草或健康家畜的新鲜瘤胃内容物，术后抗菌消炎。

[预防]

加强饲养管理，日粮构成相对稳定，不能随意增加碳水化合物类饲料的用量。防止过食豆类、谷物等精料，与粗饲料搭配比例要适当。在饲喂高碳水化合物饲料时，适当添加一些干草，要有一个逐渐过渡适应的过程，防止牛偷吃精料。加强围产期饲养管理，严格控制精料喂量，精料量以每天 4kg 为宜。谷类饲料加工时压片或破碎即可，宜大不宜小。日粮中可添加碳酸氢钠和碳酸钙等缓冲剂，减少本病的发生。

## 五、创伤性网胃炎

创伤性网胃炎又称创伤性消化不良，是由于误食饲料内混杂的金属异物，被动物吞咽进入网胃并刺伤网胃壁及周围组织，导致网胃、膈肌、腹膜、心包甚至肝脾和胃肠等的损伤以及炎症的一种慢性炎症性疾病(图 1-3-6)。临床上以顽固性前胃弛缓，网胃区疼痛，姿势和运步异常，体温升高为特征。

本病主要发生于舍饲的奶牛和肉牛以及半舍饲半放牧的耕牛，羊也可发生。

[病因]

饲料加工粗放，混进尖锐金属异物。对饲料中的金属异物检查时粗心大意或处理不及时。饲养管理粗放，散落在房前屋后、道路边、工厂周围的地面、垃圾与草丛、畜舍地面等处的尖锐异物，被动物采食或舔食，造成本病的发生。

尖锐异物如碎铁丝、碎铁片，铁钉、钢笔尖、别针、回形针、大头钉、缝针、图钉、发卡、废弃的小剪刀、铅笔刀、指甲剪和注射针头及各种有关的尖锐金属异物，特别是饲料粉碎机与铡草机上的铁钉。此外还有玻璃，塑料，碎骨片，鱼刺，植物硬刺等。

误食尖锐异物后，当积食、臌气、妊娠分娩、奔跑、跳沟、滑倒、爬跨、手术保定、劳作过度用力等时，腹内压急剧增高，挤压网胃，促进本病发生和发展。

［症状］

突然发病，表现前胃弛缓症状，食欲急剧减退或废绝，有时异嗜。瘤胃收缩力减弱，不断嗳气，常常呈现间歇性瘤胃臌胀。反刍缓慢，肠蠕动音减弱，排粪减少，有时发生顽固性便秘或腹泻。体温升高，但部分病例几天后可降至常温。

腹部疼痛。站立时前高后低，头颈伸展，眼半闭，不愿移动。肘头外展，拱背站立(图 1-3-7)。起卧时不安而小心，卧下时顺序改变，或呈犬坐姿势。行走时动作缓慢，禁忌下坡、跨沟或急转弯，在水泥路面上行步时踌躇不前。

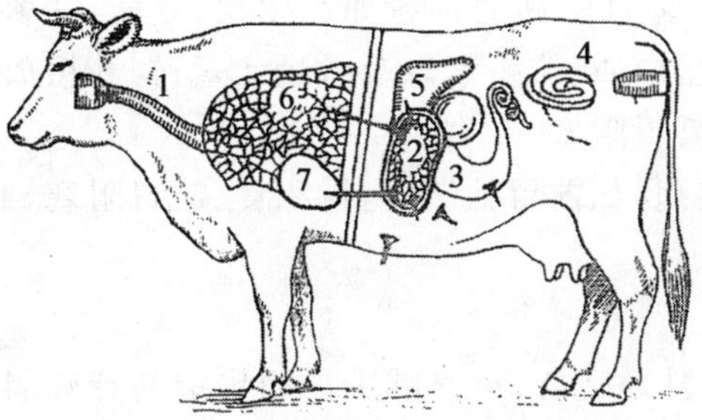


**图 1-3-6　网胃异物造成损伤模式图**

1. 食管；2. 网胃；3. 皱胃；4. 肠；5. 肝；6. 肺；7. 心包

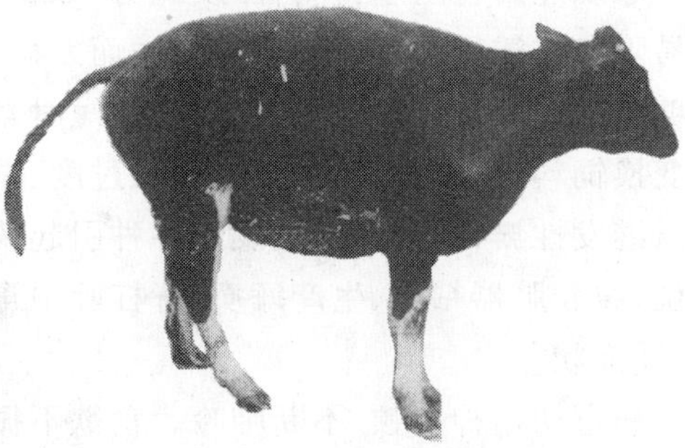

**图 1-3-7　拱背站立**

触诊检查：冲击触诊剑状软骨区和网胃区，或提捏鬐甲部以及抬杠剑状软骨区，背腰强拘或凹陷，高度疼痛不安。

全身状态：除体温升高外，呼吸脉搏增数，可达 100 次/min 以上。病畜呻吟、磨牙，鼻镜干燥，颈静怒张呈绳索状，颈下胸前水肿。波及心包时，心脏浊音区扩大，心区可能听到击水音和心包摩擦音。心包穿刺液浑浊有脓液。波及腹膜时，有腹膜炎症状，腹壁紧缩站立，触诊腹壁敏感，腹壁两侧下方对称性膨大，听诊有腹膜摩擦音，穿刺液浑浊、发红。泌乳量急剧下降。若脾脏或肝脏受到损伤，易形成脓肿，往往蔓延引起脓毒败血症。

［诊断］

根据姿势和行走异常，网胃区和心包区的触诊、叩诊，鬐甲部提捏试验、抬杠试验等检查，病畜表现出高度疼痛敏感；顽固性前胃弛缓，体温升高；药物保守疗法不能彻底根治，结合金属探测器检查可做出诊断。对症状不明显的病例则需进行 X 射线检查和实验室检查白细胞总数增加情况，才能确诊。

［治疗］

治疗原则是及时摘除异物，强度抗菌消炎，恢复胃肠功能。

保持前高后低体位，同时限制采食以降低腹腔脏器对网胃的压力，有利于异物从网胃壁上退出。

抗生素疗法，应用大剂量的抗生素，控制炎症，防止形成脓肿和继发腹膜炎、败血症。抗生素治疗必须持续 3～7 d 以上，以确保能控制炎症。

手术治疗：早期如无并发症，可施行瘤胃切开，进行网胃探察，寻找异物，将网胃内的异物取出，加强术后的护理。

加强管理，给予柔软而易消化饲料，补充营养。辅以输液强心，增强病畜的恢复能力。用健胃药物恢复胃肠功能，恢复食欲等。

对经济价值不大的病畜，应早期淘汰。

［预防］

首先应避免异物混入饲料，选择放牧地点，避免到尖锐异物多的工地等处行走和放牧。加强饲草饲料中金属异物的检查和筛选，可用手工拣选，磁棒吸取，饲料自动输送线上配置磁选装置等方法。投服磁笼，定期应用金属探测器检查牛群，并应用强磁吸铁器定期从瘤胃和网胃中摘除异物。

## 六、瓣胃阻塞

瓣胃阻塞又称瓣胃秘结，中兽医称为百叶干，是因前胃运动机能障碍，瓣胃收缩力减弱，使瓣胃内容物滞留、充满，不能顺利排入皱胃，水分被吸收而硬固，阻塞于瓣胃小叶间的一种疾病。常见于牛、羊。临床上以瓣胃蠕动消失，瓣胃区坚硬疼痛，消化障碍，粪便干硬，瓣胃小叶发炎为特征。

[病因]

原发性瓣胃阻塞：饲料品质低劣，如长期饲喂糠麸、粉渣、酒糟以及含有泥沙的饲料，同时饮水不足，极易阻滞在瓣胃小叶之间不能后送而发病；长期饲喂含粗纤维多且坚韧的饲料如花生秧、豆秸、甘薯蔓、粗糠、青干草、紫云英（特别是切铡过短时）等；营养不良，缺乏蛋白质、维生素以及微量元素；饲养粗放，突然变换饲料，或放牧转为舍饲，劳役过度、缺乏运动，均可诱发瓣胃阻塞。

继发性瓣胃阻塞：常继发于各种引起瓣胃收缩力减弱的疾病，如前胃弛缓、瘤胃积食、皱胃阻塞、皱胃变位、腹腔脏器粘连、生产瘫痪、青杠叶中毒、牛恶性卡他热等。

[症状]

病畜初精神委顿，不断呻吟。食欲不振，鼻镜干燥甚至龟裂。反刍、嗳气减少。瘤胃蠕动音减弱，有时继发瘤胃积食或臌胀。随后瓣胃蠕动音减弱或消失，全身症状逐渐加重，呼吸及心率加快，食欲废绝。病畜便秘，粪便干燥、色暗，呈算盘珠样，严重时排粪停止。

在右侧腹壁瓣胃区触诊，病畜躲避，表现疼痛不安；叩诊瓣胃区，浊音区扩大。

病情进一步发展，病畜空嚼、磨牙，结膜发绀，奶牛泌乳量下降。排粪停止或排出少量黑褐色藕粉样恶臭黏液。出现脱水和自体中毒现象，尿量减少、色黄，眼球下陷。瓣胃小叶发炎坏死，体温升高，呼吸急促，心律不齐，病畜卧地不起，极为虚弱。

瓣胃穿刺检查：进针时感到阻力增加。

直肠检查：直肠内空虚、有少量黏液。

[诊断]

根据病史、临床症状及结合瓣胃检查可做出初步诊断。

饲料品质差，饲养管理粗放。食欲废绝，瘤胃蠕动音和瓣胃蠕动音均减弱或消失。鼻镜龟裂，粪便干燥，呈算盘珠样。触诊瓣胃区坚硬和疼痛，瓣胃穿刺检查，进针有阻力。

[治疗]

治疗原则是加强饲养管理，促进瓣胃内容物的软化和排出，恢复前胃运动机能，防止自体中毒。

(1)促进瓣胃内容物的软化和排出。服用泻剂，如硫酸钠 400～500 g，加水 10 000 mL 灌服。液体石蜡 1 000～2 000 mL，或植物油 1 000 mL，一次灌服。

(2)增强前胃神经兴奋性。用 10%氯化钠溶液 200 mL，5%氯化钙溶液 100 mL，10%安钠咖注射液 10 mL，混合后静脉注射。

(3)增强前胃的收缩能力。可用氨甲酰胆碱或新斯的明或毛果芸香碱，皮下注射。

(4)瓣胃注射。重症病畜可局部用药，用 10%硫酸钠溶液 2 000～3 000 mL，液体石蜡（或甘油）300～500 mL，普鲁卡因 2 g，盐酸土霉素 3～5 g，混合后一次瓣胃内注入。

(5)及时补液、强心，纠正脱水和缓解自体中毒。同时应用抗生素防止继发感染。

(6)手术治疗，对于顽固性瓣胃阻塞，可进行瘤胃切开术。瘤胃切开，取出瘤胃内容物后，用胃管经网瓣孔，冲洗瓣胃。

(7)中兽医以滋阴养胃、清热通便为主，可用黎芦润肠汤：藜芦、常山、二丑、川芎各 60 g，当归 60～100 g，水煎后加滑石 90 g，液体石蜡 1 000 mL，蜂蜜 250 g，一次内服。

[预防]

加强饲养管理，日粮中增加青绿饲料和多汁饲料，适当减少坚韧粗硬不易消化的粗饲料。避免长期应用混有泥沙的糠麸、糟粕饲料喂养，同时注意饲草不宜铡得过短。保证充足饮水，增强运动时间。保证饲料蛋白质与矿物质饲料需要量。及时治疗前胃弛缓等病以免诱发瓣胃阻塞。

# 任务四　胃肠疾病

## 一、皱胃炎

皱胃炎是指皱胃黏膜及黏膜下层的炎症。以严重的消化障碍为特征。多见于犊牛、老年、体弱的牛。

[病因]

原发性皱胃炎，多见于饲料品质不良或饲养管理不当等因素。

饲喂过粗过硬，腐败、霉败，冰冻的饲料；长期饲喂糟粕、粉渣等。饲喂不定时，不定量，时饱时饥；突然变更饲料，或由放牧突然转为舍饲；劳役过度，过度紧张，长途运输等应激因素，影响消化机能导致皱胃炎发生。

继发性皱胃炎，常继发于前胃疾病、肠道疾病、肝脏疾病、营养代谢疾病、寄生于皱胃的寄生虫病（如血矛线虫病）和某些传染病（如黏膜病、沙门氏菌病等）。

[症状]

病畜精神沉郁，鼻镜干燥，被毛粗乱。结膜潮红、黄染。食欲减退或废绝，反刍减少或停止，空嚼、磨牙；口舌黏腻发黄，被覆浓稠唾液，口腔干臭，往往有糜烂。瘤胃收缩力微弱或停滞，瘤胃轻度臌气。触诊右腹部皱胃区，病畜疼痛不安躲闪。

便秘，粪干硬呈球状，表面覆盖多量黏液，有时腹泻，粪时干时稀。病畜不安，磨牙，呕吐，常伴发肠炎。全身衰弱，心跳加快，脉搏微弱，精神高度沉郁甚至昏迷。

慢性皱胃炎的病畜，其症状与急性相似。后期，沉郁衰竭，贫血，甚至昏迷。

[诊断]

根据发病史、结合临床，可做出初步诊断。

如消化障碍，呕吐，腹痛，触诊皱胃区敏感，眼结膜与口腔黏膜黄染，便秘等症状。

[治疗]

治疗原则是清理胃肠，抑菌消炎，强心补液。

(1)先绝食 1～2 d，只喂给温生理盐水。可喂给容易消化的优质干草和适量精料（犊牛可喂给少量牛奶）。

(2)清理胃肠，可给予硫酸钠或人工盐 300～400 g，或植物油 500～800 mL，温水 5 000 mL 内服。对病情严重、体质衰弱的病畜应及时用抗生素消炎和防止感染，如四环素 10～25 mg/kg，内服，1～2 次/d。或用磺胺脒 60 g，碳酸氢钠粉 60 g，加水 500 mL 内服。也可用链霉素 1 g，内服，1 次/d，连用 3～4 d。严重病例用 10%诺氟沙星 20～40 mL、氯霉素 5～8 g 或黄连素 2～4 g，蒸馏水 50 mL，瓣胃内注射。

(3)强心补液，用 5%葡萄糖生理盐水 2 000～3 000 mL，20%安钠咖注射液 10～20 mL，40%乌洛托品注射液 20～40 mL，静脉注射以促进新陈代谢，改善全身功能状态。恢复期可用复方龙胆酊 60～80 mL，陈皮酊 30～50 mL 健胃。必要时给予新鲜牛瘤胃液 0.5～1 L，更新瘤胃内微生物，增进其消化机能。

(4)中兽医以调胃和中，导滞化积为主，用加味保和丸：焦三仙 200 g，莱菔子 50 g，鸡内金 30 g，延胡索 30 g，川楝子 50 g，厚朴 40 g，焦槟榔 20 g，大黄 50 g，青皮 60 g，水煎去渣，内服。

[预防]

加强饲养管理，饲料合理搭配，不喂腐烂变质、霉败的饲料，冰冻的饲料及粗硬的饲料，饲喂定时定量。做好畜舍经常性的卫生管理，避免应激因素的影响。及时治疗原发病防止激发皱胃炎。

## 二、皱胃积食

皱胃积食又称皱胃阻塞，是由于迷走神经调节机能紊乱或受损，导致皱胃弛缓，大量内容物滞留于皱胃形成阻塞不能后送入肠，致使胃壁扩张和体积增大的一种疾病。本病常见于黄牛和水牛，奶牛与肉牛也有发生。临床上以消化机能障碍，右侧腹围增大，皱胃坚硬、扩张，严重脱水和自体中毒为特征。

[病因]

原发性皱胃阻塞主要因为饲养管理不当而引起。

(1)长期大量采食粗硬难以消化的粉碎饲草。如稻草、麦糠、甘薯蔓、花生蔓，麦秸、豆秸、玉米秸秆、高粱秸秆等是引起本病发生的主要原因。

(2)饲料中混杂了较多量的泥沙，极易引发皱胃阻塞。

(3)饮水不足、过度劳役也常引起皱胃阻塞。

(4)由于异嗜，舔食不能消化的异物，如破布、胎盘，麻线、被毛、塑料薄膜、木屑，砂石等，这些异物形成团块阻塞幽门或十二指肠，引起机械性皱胃阻塞。

继发性皱胃阻塞，常继发于前胃弛缓、创伤性网胃腹膜炎、皱胃炎、皱胃溃疡，小肠阻塞等疾病。

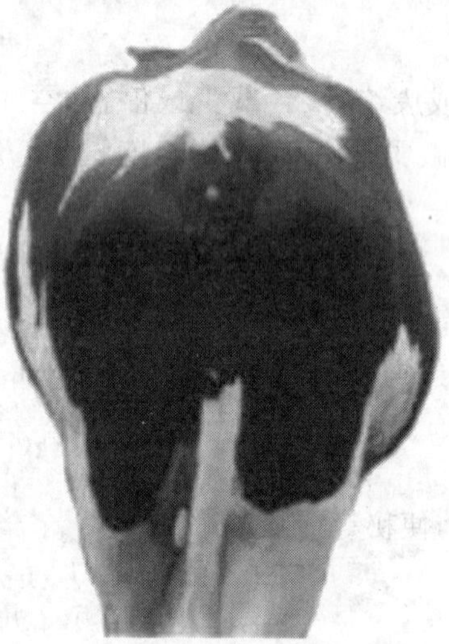

图 1-3-8　右腹部下垂

[症状]

病初，食欲降低、反刍减退；瘤胃蠕动音减弱，瓣胃音低沉，粪便干燥。随着病情发展，病畜精神沉郁，鼻镜干燥甚至龟裂，但体温通常不高；食欲废绝，反刍停止，瘤胃与瓣胃蠕动音消失，肠音微弱；瘤胃内充满多量液体，冲击式触诊呈现振水音。常呈现排粪姿势，但排粪迟滞，有时排出少量糊状、棕褐色的恶臭粪便，混有黏液或血丝、血凝块；尿量少而浓稠，色深黄，恶臭。右侧腹部肋弓后下方明显增大隆起(图 1-3-8)，冲击式触诊该部，病畜敏感而躲闪，疼痛，可触到皱胃体扩张且坚硬；在左肷部听诊，同时以手指叩击肋骨，可听到类似叩击钢管的铿锵音。

病畜精神沉郁，心跳增快；严重脱水，皮肤弹性减退，鼻镜干燥，眼球下陷，衰弱等。后期，病畜出现严重脱水和代谢性碱中毒症状。精神高度沉郁，虚弱，皮肤弹性减退，鼻镜干燥，眼窝凹陷；结膜发绀，舌面皱缩，血液黏稠，心率增加。

直肠检查：直肠内有成团的黏液及少量粪便，混有坏死黏膜组织。在骨盆腔前缘右前方，瘤胃的右侧，于中下腹区，能摸到向后伸展扩张呈捏粉样硬度的部分皱胃体。

实验室检查：皱胃液 pH1～4；瘤胃液 pH7～9，纤毛虫数减少，活力降低；血清氯化物降低，平均为 3.88 g/L(正常为 5.96 g/L)，血浆 $CO_2$ 结合力升高，平均为 682 mL/L(正常 514 mL/L)。

[诊断]

根据本病发病史、结合临床特征，可以诊断。如常取排粪姿势、但排粪迟滞或不见排粪，粪恶臭糊状，混有血丝。右侧中下腹部皱胃区显著膨隆，冲击触诊疼痛；叩击类似钢管的铿锵音。脱水、代谢性碱中毒。皱胃穿刺测定其内容物的 pH 1～4。

应与前胃疾病、创伤性网胃腹膜炎、皱胃炎，皱胃变位、迷走神经性消化不良，肠变位等疾病进行鉴别。

(1)前胃弛缓。没有右腹部皱胃区膨隆的现象，冲击触诊皱胃区病畜无敏感疼痛表现。

(2)创伤性网胃腹膜炎。病牛喜前高后低站立，起卧小心，忌下坡。网胃区触诊疼痛，提捏鬐甲部敏感。

(3)皱胃炎。右侧皱胃区不膨大，皱胃不坚硬。口腔甘臭，眼结膜与口腔黏膜明显发黄。

(4)皱胃变位。左侧听诊可听到皱胃音，而右侧皱胃区触诊空虚，皱胃音则消失。但左侧的瘤胃蠕动音低沉遥远。左侧腹部听叩诊结合检查，有明显钢管音。

继发性阻塞，肋弓部有“钢管音”，稀软、液状食糜和气体，冲击触诊有振水音。

［治疗］

治疗原则是促进皱胃内容物排除，防腐止酵，缓解幽门痉挛，促进皱胃兴奋，防止脱水和自体中毒。

促进皱胃内容物排除：用硫酸钠 300～400 g、液体石蜡或植物油 500～1 000 mL、鱼石脂 20 g、酒精 50 mL、常水 6 000 mL～10 000 mL 内服。

也可在右腹第 12～13 肋弓后下缘的皱胃区（或瓣胃亦可）注入 25%硫酸钠溶液 500～1 000 mL，液体石蜡 500～1 000 mL，乳酸 8～15 mL。

促进皱胃兴奋：10%氯化钠溶液 300～500 mL，静脉注射。

增强心脏活动：樟脑酒精注射液 200～300 mL，静脉注射。

防止脱水和自体中毒：5%葡萄糖生理盐水 5 000～8 000 mL；10%氯化钾 20～50 mL；20%安钠咖 10～20 mL，40%乌洛托品 30～40 mL，静脉注射。

此外，可应用抗生素或磺胺类药物防止继发感染。

重症病例要及时施行手术疗法，先瘤胃切开术，取出瘤胃内容物，再用胃管插入网瓣孔，经胃管灌注温生理盐水，反复冲洗皱胃，疏通积滞的皱胃内容物。

中兽医以宽中理气，消坚破满，通便下泻为主，用加味大承气汤：大黄、郁李仁各 120 g，牡丹皮、川楝子、桃仁、白芍、蒲公英、二花各 100 g，当归 160 g，一次煎服，连服 3～4 剂。

［预防］

加强饲养管理，合理调配日粮，注意粗饲料和精饲料的调配，保证饲料有充足的维生素和矿物质。饲草不能铡得过短，粗硬饲料占日粮比例不能过高，精料不要粉碎过细，饮水必须充分。

## 三、皱胃变位

皱胃的正常解剖学位置改变，称为皱胃变位，按变位的方向分为左方变位和右方变位两种类型。高产奶牛的发病率高，发病高峰在分娩后 6 周。公牛与犊牛也可发生。

1. 左方变位

皱胃通过瘤胃下方移到左侧腹腔，置于瘤胃和左腹壁之间，称为左方变位。是奶牛的一种常见病，以 4～6 岁的奶牛常发，在产后 1 个月发病最多。

［病因］

目前尚不清楚，可能与皱胃弛缓和机械性因素有关：

饲养不当，高精料低粗料的舍饲方式，引起皱胃弛缓，如饲喂含谷物玉米或玉米青贮等高精料的日粮，可减少皱胃蠕动性并可导致挥发性脂肪酸量增加，并引起气体产生增加。积气的皱胃容易受挤压而游走，移位到瘤胃左方并抬升而发病。

一些营养代谢性疾病或感染性疾病，如酮病、低钙血症、生产瘫痪、子宫内膜炎、乳腺炎、胎衣滞留、创伤性网胃炎和消化不良等，会引起胃肠弛缓。这些因素还可引起病畜食欲减退，导致瘤胃体积减小，促进皱胃变位的发生。

机械性因素，妊娠期增大的子宫（以及分娩期努责和其他引起腹内压增高的因素），导致瘤胃被向上抬高和向前推移，皱胃通过瘤胃底部的空隙而游走至左侧，分娩后瘤胃下沉阻止皱胃回复，促发本病。

［症状］

常于分娩后数日或 1～2 周之内出现症状，食欲减退，厌食谷物精料和青贮饲料，病畜精神沉郁，腹痛，产奶量下降，有的病牛呼出气和乳中带有酮味。排粪量减少，呈绿色糊状，轻度脱水。

视诊可发现左腹侧肋弓部突起，左侧肷窝内有半月状突起。右侧肷窝由于皱胃已移走而明显下陷。

在左侧肩关节和膝关节的连线，与第 11 肋间交点处听诊，能听到与瘤胃蠕动不一致的皱胃蠕动音

(为带金属音调的流水音或滴落音)。同时听诊瘤胃蠕动音减弱或消失。在左腹部听诊的同时进行叩诊,可听到高亢的鼓音(类似叩击钢管的音)。在左侧肋弓下进行冲击式触诊时听诊,可听到皱胃内液体的振荡音。

直肠检查:可发现瘤胃背囊明显右移,在瘤胃的左侧摸到皱胃(图 1-3-9)。

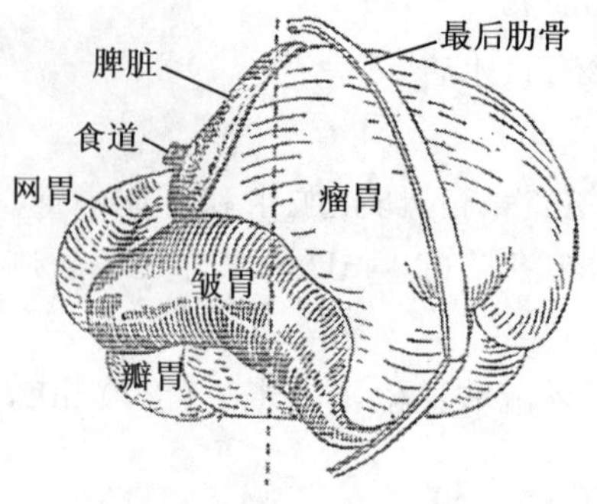


图 1-3-9 皱胃移位到瘤胃左侧

[诊断]

主要发生于高产奶牛和产后 1 个月左右。

皱胃弛缓,消化不良,厌食谷物精料,有酮味。

视诊:左腹侧肋弓部突起。听诊:左腹肋有皱胃蠕动音和金属音,而瘤胃蠕动音减弱或消失。直肠检查:瘤胃背囊右移,瘤胃的左侧摸到皱胃。

穿刺液检查:在左侧肋弓突起区域进行穿刺检查,穿刺液呈酸性反应(pH1～4),棕褐色,缺乏纤毛虫,说明穿出液是皱胃液,可做出明确诊断。

[治疗]

治疗原则是整复皱胃,促进皱胃的蠕动机能,治疗原发病。

治疗皱胃左方变位的方法有滚转疗法、药物疗法和手术疗法三种:

滚转疗法:是治疗本病的常用方法,有一定的治愈率。方法是:首先限制饲喂和饮水数日,使瘤胃空虚。使牛右侧横卧,然后转成仰卧,然后以背部为轴心,先向左滚转 45°,回到正中,再向右滚转 45°,再回到正中;如此来回地向左右两侧摆动若干次,每次回到正中位置时静止 2～3 min,此时皱胃可能通过腹中线回到正常位置。然后将牛转为左侧横卧,使瘤胃与腹壁接触,然后立即使牛站立,以防左方变位复发。如经触诊和听诊检查发现皱胃尚未复位,可重复进行直到复位为止。

药物疗法:对于皱胃弛缓引起的皱胃左方变位,可采取药物疗法,口服盐类泻剂、应用促反刍药物、浓盐水静注和拟胆碱药物新斯的明皮下注射以促进胃肠蠕动,加速胃肠排空。若有并发症如酮病、乳腺炎,子宫炎等的病畜,应同时治疗。

手术治疗法:滚转疗法和药物疗法无效的病畜,在左或右腹部做手术切开腹壁,寻找并牵拉整复皱胃。纠正皱胃位置后,将皱胃缝合一针固定于腹壁以防皱胃重新变位。

[预防]

加强饲养管理,合理调配日粮,防止出现皱胃弛缓。精料比例不能一味调高,注意谷物饲料,青贮饲料和优质干草的适当搭配。对原发疾病如消化不良,酮病、生产瘫痪、子宫内膜炎、乳腺炎等要及时治疗。在奶牛的育种选择方面,应注意选择既要后躯宽大,又要腹部较紧凑的奶牛作为种用。

2. 右方变位

皱胃右方变位又称皱胃扭转,皱胃从正常的解剖位置以逆时针方向向前方扭转,置于网胃和膈肌之间,称为皱胃前方变位;皱胃从正常的解剖位置以顺时针方向扭转到瓣胃的后上方,置于肝脏与腹壁之间,称为皱胃后方变位。常发于成年奶牛产犊后 3～6 周内,在公牛、犊牛、肉牛也可发生。

[病因]

日前尚不清楚,可能与皱胃弛缓、积气、积液、体位及腹内压的改变有关。

[症状]

食欲减退或废绝,泌乳量急剧下降。腹痛不安,背腰下沉,后肢踢腹。

瘤胃蠕动音消失,粪便呈黑色、糊状,混有血液,脱水。

视诊:可见右腹膨大或肋弓显著突起,在右肷窝可发现或触摸到半月状隆起。听诊:右腹部听诊的同时结合叩诊,可听到高亢的鼓音(钢管音),鼓音的区域从第 8 肋间可延伸至第 12 肋间或肷窝。触诊:在右腹冲击式触诊可出现振水音,有大量液体。

直肠检查:可在右腹部触摸到臌胀而紧张的皱胃(图 1-3-10)。

穿刺液检查:从右腹侧臌胀部位穿刺皱胃,可抽出大量带血色液体,pH1～4。

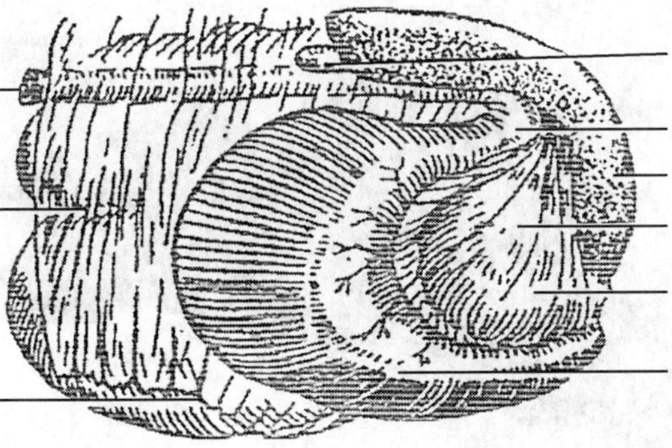


图 1-3-10　皱胃右方变位(顺时针扭转)

［诊断］

主要根据症状作诊断，如右腹肋弓出现显著膨大突起，钢管音，腹痛不安，穿刺液为血色液体等。

［治疗］

皱胃扭转主要是手术治疗法，应立即实行开腹整复手术。

在右腹部第 3 腰椎横突下方 10～15 cm 处，作垂直切口，导出皱胃内的气体和液体。

严重病例则应在术前进行静脉补液和补钾(复方氯化钠注射液 3 000～5 000 mL，25％葡萄糖注射液 500～1 000 mL，20％安钠咖注射液 10 mL，静脉注射)。

纠正整复皱胃的位置，并使十二指肠和幽门通畅。然后将皱胃在正常位置加以缝合固定，防止复发。

有低钙血症、酮病等并发症的病例，在术后应同时进行治疗。

［预防］

皱胃右方变位的预防与皱胃左方变位的预防措施相似。

## 四、急性胃扩张

急性胃扩张，中兽医称为大肚结，是马属动物由于采食过多及胃排空机能障碍，致使胃内积滞大量食物、气体、液体而急剧膨胀所引发的一种急性腹痛病。临床上以剧烈腹痛，呼吸迫促但腹围变化不大，从口鼻流出酸臭食糜，导胃极易导出胃中酸臭的气体或液体或少量稀糊状食糜为特征

按病因分为原发性胃扩张和继发性胃扩张；按内容物性状分为食滞性胃扩张、气胀性胃扩张和积液性胃扩张。前两者主要呈原发性胃扩张，而后者主要是继发性胃扩张。

［病因］

原发性：采食过量难消化和容易膨胀的饲料，如秸秆类，豆类，饼类等。采食了易于发酵的饲料，如嫩青草、堆沤发酵变黄的青草，发霉的草料引起发病。由于偷食大量精料或饱食后，大量喝冷水引起发病。在过度劳役后喂饮，饱食后立即使役，突然变换饲料和变换饲喂方式等情况下，使机体原有的消化规律被破坏而发病。

继发性：常继发于小肠阻塞、小肠变位等疾病，在这些病变阻塞部位的前部，往往分泌液会大量增多，从而导致以液体为主的扩张状态。小肠病变部位离胃愈近愈容易出现胃扩张。也见于结肠阻塞后期引发小肠阻塞，在进一步引起胃扩张。

［症状］

原发性急性胃扩张，常在采食后数小时内突然发病。有以下主要症状：

剧烈腹痛：病初为较轻的间歇性腹痛，很快就变成剧烈而持续的腹痛。病畜回顾腹部，快步急走或成犬坐姿势，急起急卧，倒地滚转或仰卧抱胸(图 1-3-11)。

消化系统症状：食欲废绝，口腔初湿润，随后发黏干燥，味奇臭，舌苔黄腻。在左侧 14～17 肋间，髋结

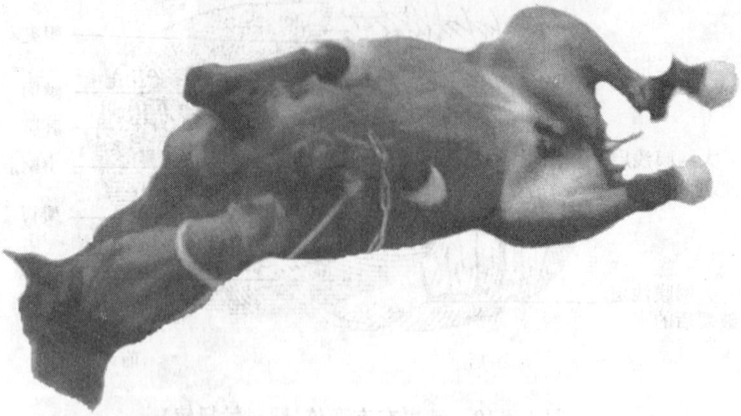

图 1-3-11　卧地滚转

节水平线上方，可听到短促的胃蠕动音(沙沙音或流水声)，每分钟 3～5 次或更多。肠音逐渐减弱后消失。后期排粪停止。不时嗳气，在左侧颈静脉沟处的食管出现逆蠕动波，有的病畜干呕或呕吐，从口鼻流出酸臭食糜。

全身症状：精神沉郁，可视黏膜潮红或发绀，脉搏加快，呼吸迫促但腹围变化不大。心音由强变弱，局部(颈侧、耳根、眼周围、胸前肘后和股内侧等)或全身出汗。重症病畜脱水，眼窝凹陷，皮肤弹性减退。但若病畜突然转为安静，肌肉震颤，呼吸困难，全身出冷汗，体温迅速下降，则说明胃已破裂，很快死亡。

胃导管检查：胃导管送入后，很容易从胃导管中排出酸臭的气体或液体或少量稀糊状食糜。若排出少量气后，不能再排出内容物，而腹痛无明显减轻，为食滞性胃扩张。当有多量气体从胃导管排出，病畜随之转为安静，为气胀性胃扩张。

直肠检查：在左肾前下方可摸到膨大后移的胃后壁以及后移的脾脏。触摸胃壁紧张而富有弹性，为气胀性胃扩张；触摸胃壁为黏硬感，留有压痕，则为食滞性胃扩张。

血液检查：血沉减慢，红细胞压积容量增高，血清氯化物含量减少，血液碱贮增多。

继发性胃扩张，多为液胀性胃扩张。在原发病的基础上出现较多量酸臭的胃内液体从口鼻流出。插入胃导管后，排出大量酸臭、淡黄色或暗黄绿色的液体，并混有少量食糜和黏液，其量可达 5～10 L 或更多。随着液体的排出，病畜逐渐安静，腹痛症状稍有缓解，但不久后症状又重新加重，可以再次经胃导管排出大量液体，而后病情又有所缓解。如此反复发作。

胃液胆色素检查：取胃液 4～6 滴加到试纸上，再滴加 0.5%美蓝一滴，出现淡绿色这为阳性反应。

**[诊断]**

主要根据病史，临床症状，胃导管探察，直肠检查可做出初步诊断。如常于采食后不久发病，口干臭，有持续而剧烈腹痛，腹围不大而呼吸迫促，粪水从口鼻倒流，很容易从胃导管中导出酸臭的气体或液体或少量食糜等特点。

**[治疗]**

治疗原则是降低胃内压，解除扩张状态，缓解幽门痉挛，镇痛止酵，强心补液，恢复胃功能。

(1)气胀性胃扩张。宜立即用胃导管排出胃内气体，然后经胃导管灌入止酵、镇痛剂，如水合氯醛 15～25 g，酒精 50 mL，福尔马林 10～20 mL，温水 500 mL。或灌服氯丙嗪 10 mL，鱼石脂 25～30 g，酒精 80～100 mL，芳香氨醑 80～100 mL，温水 1 000 mL。

(2)食滞性胃扩张。应用胃导管反复洗胃，促使胃排空以及早减轻对胃壁的压力，用温水 1～2L，反复灌吸，直到胃部空虚松软为止。然后使用镇痛、止酵、泻下、缓解幽门痉挛的药物。如水合氯醛 20～25 g，液体石蜡 500～1 000 mL，鱼石脂 15～20 g，醋酸 30 mL，水适量内服。或用普鲁卡因粉 3～4 g，液体石蜡 500～1 000 mL，稀盐酸或乳酸 5～20 mL，常水 500 mL，混合后一次灌服。

(3)液胀性胃扩张。先导胃减压后治疗原发病。用胃导管排出胃内的大量液体后，然后灌入乳酸

15～20 mL，酒精 100～200 mL，液体石蜡 500～1 000 mL，水适量。但当使用酸性药物治疗不能奏效，反而病情加重时，应改用碱性药物，口服碳酸氢钠 100～200 g、液体石蜡 500～1 000 mL。镇痛，轻症用 30%安乃近 20～40 mL，肌内注射。重症用 5%水合氯醛酒精注射液 100～200 mL 或安溴注射液 50～100 mL，静脉注射。

(4)后期强心补液，防止脱水，改善循环。加强护理，适当保定，防止胃破裂。

(5)中兽医以消积破气，化谷宽肠为主。用调气攻坚散：藿香、丁香、广木香、醋三棱、醋莪术、大腹皮、泽泻各 24 g，醋香附、醋青皮、炒枳壳各 30 g，炒神曲、焦山楂、炒麦芽各 45 g，半夏、焦大白各 21 g，水煎 2 次，再加入食醋 0.5 kg，香油 500 mL，导胃后内服。

[预防]

注意饲料的质量，避免采食难消化，容易膨胀和发酵的饲料，注意饲料调理，少喂勤添，防止偷食大量精料，避免过度劳役和饱食后立即使役。加强饲养管理，避免突然更换饲料和饲喂方式。

## 五、肠痉挛

肠痉挛又称痉挛疝、卡他性肠痉挛，中兽医叫冷痛、伤水起卧等。是由于肠壁平滑肌受到异常刺激发生痉挛性收缩所引起的一种腹痛病。临床上肠音高朗、连绵不断和间歇性腹痛为特征。多发生与马，牛也有发生。

[病因]

寒冷刺激是主要的发病因素，气温骤降、寒夜露宿、风雪侵袭、汗后淋雨、暴饮冷水、采食带霜的或冰冻的草料等而引起。发霉、腐败饲料、消化不良、胃肠道炎症、肠道寄生虫等因素，刺激肠壁神经丛反射性引起肠管痉挛性收缩而诱发本病。

[症状]

病畜口腔湿润，口色稍淡，重者，口色发白，口温偏低，耳鼻部发凉。除腹痛发作时呼吸急促外，间歇性腹痛是肠痉挛的特征，腹痛时，病畜起卧不安，前肢刨地，后肢踢腹，回顾腹部，甚至卧地滚转，全身出汗。持续 5～10 min 后，便进入间歇期。在间歇期，病畜安静站立，能采食和饮水，外观似健畜。但经过 10～30 min 后，腹痛重新发作，持续 5～10 min 后又进入腹痛间歇期。有的病畜，随着时间的推移，腹痛症状逐渐减轻，间歇期越来越长，后自愈。也有的病畜腹痛由轻转重。

肠音增强，大小肠音高朗，连绵不断，于数步之外都可听到，偶尔出现金属音。

排粪次数增多，排除少量松散带水或稀软的粪便，

若腹痛逐渐转重，全身症状恶化，肠音变弱，甚至消失，往往形成肠阻塞或肠变位。随肠音增强，排粪次数也相应增加，粪便很快由干变稀，但其量逐渐减少。

[诊断]

根据受寒冷刺激的典型病史，间歇性腹痛，肠音高朗连绵，稀软松散的粪便，体温、呼吸、脉搏无大的改变等症状，可做出诊断。

[治疗]

治疗原则是解痉镇痛，清肠制酵。

解痉镇痛：可用 30%安乃近注射液 20～40 mL 皮下注射，或安溴注射液 50～100 mL 静脉注射，或 5%水合氯醛酒精注射液 100～200 mL 静脉注射，或白酒 250～500 mL，温水 1 000 mL 内服。

清肠制酵：可用人工盐 300 g(或硫酸钠 200 g)，鱼石脂 15～20 g、酒精 50～100 mL，姜酊 50 mL，加温水 2 000 mL，内服。

中兽医以温中散寒、和血顺气为主。可用橘皮散：青皮、陈皮、官桂、小茴香，白芷、当归、台乌各 15 g，细辛 6 g，元胡 12 g，厚朴 20 g，共为末，加白酒 60 mL，开水冲，候温灌服。

针治三江、姜牙、耳尖等穴或电针关元俞。

[预防]

避免暴饮冷水、采食霜冻的草料、汗后淋雨、寒夜露宿。加强畜舍保暖措施，防止风雪侵袭。不喂发

霉腐败变质的饲料，定期驱虫，可减少本病的发生。

## 六、肠阻塞

肠阻塞又称肠便秘、便秘疝等，中兽医称为结症。是由于肠管运动机能和分泌机能紊乱，内容物滞留不能后移，致使动物的一段或几段肠管发生完全或不完全阻塞的一种急性腹痛病。按阻塞的部位，分为小肠阻塞和大肠阻塞。按阻塞的程度，分为完全性阻塞和不完全性阻塞。最常见于马、骡、牛、猪。

[病因]

引起肠阻塞的原因主要与下列因素有关：

饲喂过多的粗硬饲料，如花生蔓、甘薯蔓、麦秸、豆秸、过老的苜蓿、谷草、树木枝叶等，由于含粗纤维及木质素较多，不易嚼细，也不易消化；或因受潮、水浸而柔韧难以切断切碎；或吞食异物，如绳索、塑料膜、橡胶、被毛等，易引起内容物长时间停滞于肠道而发生阻塞。日粮突然改变，引起胃肠的神经调节控制失去平衡，肠蠕动减弱，致使肠内容物停滞而发生阻塞。

饮水不足，当供水不足、久渴失饮或大量出汗时，机体缺乏水分，引起消化液分泌不足，肠内容物在肠管内推进困难，同时肠黏膜吸收水分增加，内容物逐渐变干而形成肠道阻塞。食盐不足，如果饲喂食盐不足，或大量出汗。导致食盐和其他无机物缺乏，引起胃肠蠕动减弱和消化液分泌减少，肠内容物后移无力引发阻塞。

使役管理不当，饱食后立即使役，或使役后立即喂食，胃肠的血液供应量相对不足，消化液的分泌相应减少，引起肠弛缓。缺乏运动、长期休闲，也易造成本病。

一般认为气候突变，可使动物处于应激状态，导致植物神经功能紊乱，儿茶酚胺分泌亢进，使组织的血液通过量减少，血氧不足使胃肠平滑肌发生痉挛性收缩，引起发病。其他如抢食，采食后咀嚼不充分，牙齿磨灭不整，消化不良，肠结石，肠道寄生虫侵袭等因素，都可成为促使肠阻塞发生的因素。

[症状]

根据阻塞部位和阻塞程度不同，临床表现有差异。

(1)共有症状。

腹痛：结粪坚硬、完全阻塞、继发肠臌气或胃扩张、肠系膜被强烈牵引或并发肠变位腹痛剧烈；不完全阻塞时腹痛稍轻。如小肠及小结肠由于多是完全阻塞，腹痛比大结肠阻塞时剧烈。

口腔变化：初期无变化，随后口色暗红或红中带黄或发绀，口腔黏腻甚至干燥；舌苔黄厚有裂纹，口臭。病情越重病程越长，口腔变化越明显。

肠音：病初肠音频繁而偏强，病畜排粪次数增多，甚至排粪稀软，后则肠音减弱，间隔时间延长甚至消失。继发肠臌气时，能听到不同程度的金属音。

全身反应：眼结膜潮红，不完全阻塞食欲减少，完全阻塞食欲废绝。继发肠炎、蹄叶炎、腹膜炎时，体温升高。继发胃扩张和肠臌气时，呼吸急促。病后期脉快而弱。如机体脱水，可引起循环衰竭，休克。一旦出现结膜发绀，脉搏细弱，出汗，肌肉震颤和体温升高等症状，则可能出现肠破裂。

直肠检查：各种不同部位的阻塞，通常可摸到结粪块在大小、形状、硬度方面均有相应的改变，但空肠和小结肠肠系膜较长，游离性大，位置多不固定，阻塞部位不易被摸到。

血液学变化：血沉变慢，红细胞与血红蛋白含量增加，严重病例细胞增多，后期减少则预后不良。

(2)不同部位的阻塞有不同的症状。

①小肠阻塞。多为完全阻塞，包括十二指肠阻塞、空肠阻塞和回肠阻塞，多在采食后数小时内发病。

口腔干燥或黏滑，剧烈腹痛，食欲废绝，肠音很快消失，排粪停止，全身症状明显，常继发胃扩张，表现为鼻流粪水，颈部食管出现逆蠕动波，呼吸迫促。直肠检查，在前肠系膜根后下方、右肾前部有横行的手臂粗细的圆柱状或块状阻塞物，为十二指肠阻塞。

若摸到的阻塞部位游离性大，并在该阻塞部位前常有部分肠段发生膨胀，为空肠阻塞。但空肠由于游离性大，故不易摸到阻塞部。

在盲肠底部内侧，摸到左右走向的香肠样硬固体，其左端可被牵动，而右端由于与盲肠相连而相对固定，同时空肠普遍膨胀，为回肠阻塞。

发生阻塞的部位距离胃越近，发病愈快愈重，越容易继发胃扩张。

②大肠阻塞。大肠阻塞常发生的部位有小结肠、左上、左下大结肠、胃状膨大部、骨盆曲、盲肠、直肠。

小结肠阻塞：多为完全阻塞，从发病起就呈现剧烈腹痛，食欲废绝，口腔干燥，肠音减弱或消失，易继发肠臌气，腹围增大。直肠检查：通常于耻骨前缘的水平线上或体中线的左侧，可触到拳头大的粪块。由于小结肠系膜长，游离性较大，位置不固定，有时不易摸到结粪肠段。特别是继发肠臌气之后，腹压增加，宜先穿肠放气再行检查。以被拉紧的肠系膜为线索，适当牵引，寻找块状或棒状结粪肠段。

胃状膨大部阻塞：若为不完全阻塞，病情发展缓慢，病期较长，病程有 3～10 d；多为间歇性，腹痛症状较轻，可排少量稀粪或粪水。若为完全阻塞，症状发展快，腹痛严重，病程缩短。直肠检查：在腹腔右前方摸到随呼吸而前后移动的半球状阻塞物。

左侧大结肠阻塞：左腹下侧大结肠肠腔比左上大结肠腔粗，多发生不完全阻塞。左上大结肠易发生完全阻塞，常与骨盆曲和胃状膨大部阻塞同时发生。直肠检查：左腹下部可摸到左下、左上大结肠内的坚硬结粪，为该部位阻塞的特点。也应同时检查骨盆曲和胃状膨大部有无结粪存在，以便排除继发性肠阻塞。

全大结肠阻塞：病畜呈慢性腹痛，肠音明显减弱。直肠检查，凡能摸到的大结肠，肠内都充满坚硬粪块。

骨盆曲阻塞：多为完全阻塞，腹痛剧烈。直肠检查：在骨盆腔前缘下方摸到肘样弯曲的粗肠管，内有坚硬结粪块。

盲肠阻塞：多为不完全阻塞，发展较慢、病期 10～15 d、腹痛轻微。食欲明显减退，但饮欲增强，排恶臭稀粪或干稀粪交替，病畜逐渐消瘦。直肠检查：盲肠内充满粗硬粪便。

直肠阻塞：腹痛较轻微，举尾频频作排粪姿势但排不出粪便。全身无明显变化，后期可继发肠臌气。直肠检查：直肠黏膜水肿，有秘结的粪便。

肠阻塞除容易继发肠膨气外，还常常继发肠炎、胃扩张、蹄叶炎、腹膜炎、膈肌痉挛、肠变位、肠破裂等。应注意全面检查病情。

［诊断］

根据临床症状和直肠检查综合做出诊断。

根据食欲饮欲的变化，口腔干燥，肠音初增强后减弱消失，腹痛表现，易继发胃扩张、肠臌气等，可做初步判定。结合直肠检查肠管内的结粪块且触摸敏感，可确诊。同时还应确定是完全还是不完全阻塞，以及明确阻塞部位。必要时须作剖腹探查。

［治疗］

治疗原则是“静”、“通”、“补”、“减”、“护”。即镇痛解痉；疏通肠道；排气排液减轻肠内压；补液强心；加强护理。还应注意急则治标，缓则治本的原则。

(1)镇静镇痛。消除肠管痉挛，缓解腹痛，并阻断疼痛刺激传向中枢。常用的药物有 5%水合氯醛酒精注射液 100～200 mL，或安溴注射液 50～100 mL，或 20%硫酸镁注射液 80～120 mL，或 30%安乃近注射液 20 mL～40 mL，或 2.5%盐酸氯丙嗪注射液 8～16 mL，或 0.25%～0.5%普鲁卡因注射液，静脉注射。禁用阿托品、莨菪碱作镇痛解痉药。

(2)疏通肠道，消散结粪。常用药物泻下法，直肠破结法和手术破结法以及灌肠法。

药物泻下法，即使用油类、盐类或刺激性泻剂，但完全阻塞时严禁止使用盐类泻剂以免造成胃破裂。

直肠破结法，即经直肠壁将秘结的部位捏软或捏碎。根据阻塞部位不同，可使用按压法（适合于小结肠阻塞和骨盆曲阻塞）、握压法（适合于十二指肠阻塞和回肠阻塞）、切压法（适合于盲肠阻和塞胃状膨大部阻塞）、捶结法（适合于小结肠阻塞和骨盆曲阻塞）、直取法（适合于直肠阻塞）。

手术破结法，即手术切开阻塞部位周围腹壁，然后隔肠按压破结，若结粪坚硬，可向肠内的结粪块注入温盐水或 5%碳酸氢钠液，待其软化后再行按压。

灌肠法或深部灌肠法，即向直肠内灌入1%温盐水15 000～30 0000 mL，以软化积粪，还可补充水分和刺激肠蠕动。适合于大肠阻塞。也可先用0.25%盐酸普鲁卡因注射液30～50 mL、青霉素80万～160万IU，作后海穴封闭后，在进行深部灌肠法。

排气排液减轻肠内压：及时用胃管导出胃内积液或者穿肠放气，以解除胃肠臌胀状态，降低腹内压，改善血液循环机能。

(3)补液强心，维护心血管功能，纠正脱水与失盐，调整酸碱平衡，缓解自体中毒。用复方氯化钠注射液1 000～1 500 mL、5%葡萄糖注射液2 000～3 000 mL、5%碳酸氢钠注射液1 000 mL，静脉注射或灌肠。

(4)加强护理。对病畜适当进行牵遛运动，同时应防止急剧滚转和摔伤，避免肠破裂和诱发肠变位。

(5)对于不同部位的肠阻塞可用不同的治疗方法：

小肠阻塞易继发胃扩张，故应及时利用胃导管排除胃内酸臭液体，然后灌服液体石蜡1 000～2 000 mL、水合氯醛15～25 g，鱼石脂10～15 g，乳酸10～15 mL，水适量。严禁使用盐类泻剂。直肠破结时，可采用压、握等手法，使结粪破碎。如结粪较长或坚硬，应及早用手术破结法，已经坏死的应切除该段肠管，然后作肠端端吻合术。

大肠阻塞除了直肠破结法外，药物疗法常用液体石蜡或植物油500～2 000 mL，硫酸钠或硫酸镁300～1 000 g，稀释成6%的浓度，人工盐300～800 g，3%食盐溶液0.8 g/kg，甚至油类与盐类泻剂合并应用。同时，配合应用镇痛剂、止酵剂和酊剂(大黄酊、陈皮酊)。

常用配方：硫酸钠300～500 g，液体石蜡500～1 000 mL，水合氯醛15～25 g，陈皮酊50～80 mL，芳香氨酯30～60 mL，加水溶解，混合一次内服或胃管灌服；或用碳酸盐缓冲剂：碳酸钠150 g，碳酸氢钠250 g，氯化钠100 g，氯酸钾20 g，常水8～14L，内服。

也可用醋曲300～500 g研细(或酵母粉500 g)，水合氯醛15～25 g，加温水3～5 L，灌服，以发酵并软化结粪。

中兽医以通肠利便，消积理气为主，用大承气汤：大承气汤：大黄120 g，厚朴60 g，枳实60 g，芒硝120 g，将前三味药研成细末，再加芒硝，开水冲，候温灌服。

直肠便秘应用掏结法，结合灌肠法，效果较好。若用液体石蜡灌肠，更便于结粪的排出。若直肠黏膜发炎肿胀，则用0.1%高锰酸钾溶液和5%硫酸镁溶液分别灌肠，以消炎消肿。

(6)治疗后期出现肠音时，可皮下注射2%毛果芸香碱2～5 mL或0.1%氨甲酰胆碱1～2 mL，以恢复肠蠕动机能。

[预防]

加强饲养管理，饲养不能过度粗放，定时给料防止过于饥饿，注意粗硬的饲料应切碎，不要过多饲喂和长期饲喂不易消化的饲料，避免饮水不足、日粮突然改变、使役过重和误食异物等，饱食后适当休息后才投入使役。

## 七、肠臌气

肠臌气又称肠臌胀.气结，是由于采食了大量易发酵的饲料或肠消化机能紊乱，肠内容物产气旺盛，肠道排气过程不畅或完全受阻，导致气体积聚于肠管内，使肠管臌胀的一种腹痛病。临床特征是腹围膨大，腹痛剧烈，呼吸困难，病程短急。按病因可分为原发性和继发性肠臌气。

[病因]

原发性肠臌气主要是突然采食了大量容易发酵的饲料所致，如幼嫩苜蓿、三叶草、青燕麦、蔫青草、堆积发热的青草、发霉的草料以及玉米、大麦和豆类等饲料。

气象应激、过劳应激、运输应激等状态下，胃肠消化机能紊乱，发酵增强，易产生大量气体和脂肪酸而引起肠臌气。此外，也容易继发于肠阻塞和肠变位，以及弥漫性腹膜炎和慢性消化不良等病程中。

[症状]

原发性肠臌气发病较快，多在采食后2～4 h内发生。

主要症状表现为腹痛，病初呈间歇性腹痛，随着肠管膨胀的加剧，很快转为持续性的剧烈的腹痛。

初期肠音增强，高朗连绵，带金属性音调。以后则减弱甚至消失。排粪稀软，次数多而量少，并频频排气，以后排粪停止。

口黏膜由湿润，逐渐变为干燥。可视黏膜潮红。体表静脉怒张，呼吸加快，脉搏增速，严重时呼吸困难，甚至窒息，肌肉震颤，但体温正常或稍高。

视诊，腹围急剧膨大，肷窝平满或突起。触诊，腹壁紧张而有弹性。叩诊，呈腹部鼓音。直肠检查，腹压增高，入手困难。可先穿刺放气再行检查。

继发性肠臌气与原发性肠臌气症状相同，但应进一步查明继发肠臌气的原因。

［诊断］

依据症状不难做出诊断。腹痛，腹围膨大或突起，肠音高朗，叩诊呈鼓音，体温不高等特点，结合病史可进行确诊。

［治疗］

治疗原则是镇静解痉，排气减压，清肠制酵。

镇静解痉：常用30%安乃近注射液20～40 mL，肌内注射；或水合氯醛15～25 g，液体石蜡500～1 000 mL，鱼石脂15～20 g，加温水一次灌服；或安溴注射液50～100 mL，静脉注射；或0.25%普鲁卡因注射液200～300 mL，静脉注射。

排气减压：当严重肠臌气，病畜腹围显著胀大，呼吸急迫，心率增快时，应立即用套管针穿肠放气；然后通过套管针头注入止酵剂。放气后向腹腔中注入抗菌消炎药物预防腹膜炎，可用青霉素240万～360万IU，溶于温生理盐水注射液（37～40℃）500 mL，0.25%普鲁卡因注射液20～40 mL，腹腔注射。

清肠制酵：肠臌气不严重的病畜，可应用泻剂和止酵剂内服，清除肠内容物制止发酵产气。可用人工盐200～300 g（或硫酸钠、硫酸镁），鱼石脂15～20 g或芳香亚醑30～60 mL，常水5 000～6 000 mL，灌服或胃管投服。同时用10%氯化钠溶液200～500 mL静脉注射，以恢复和增强胃肠机能。

对衰弱的和后期的病畜：应强心补液，防止自体中毒和脱水。

继发性肠臌气，还应及时治疗原发性病。

中兽医以消胀破气，宽肠通便为主。可用丁香散：丁香30 g，木香20 g，藿香20 g，青皮22 g，陈皮22 g，玉片15 g，生二丑25 g，厚朴60 g，枳实15 g，共为末，开水冲，加植物油300 mL，灌服。腹痛剧烈者，加乌药、香附。

针治：后海、脾俞、关元俞、大肠俞等穴。

［预防］

加强饲养管理，避免采食过多容易发酵的饲料，不喂霉变的饲料，草料摊开不堆沤。及时治疗肠阻塞、肠变位等原发病。

## 八、肠变位

肠变位又称机械性肠阻塞和变位疝，是由于肠管自然位置发生改变，使肠道发生机械性闭塞，肠壁局部组织发生循环障碍而坏死的重剧性腹痛疾病。主要发生在空肠，其次为十二指肠和盲肠。主要包括肠扭转（图1-3-12）、肠缠结（图1-3-13），肠嵌闭和肠套叠（图1-3-14）四种类型。

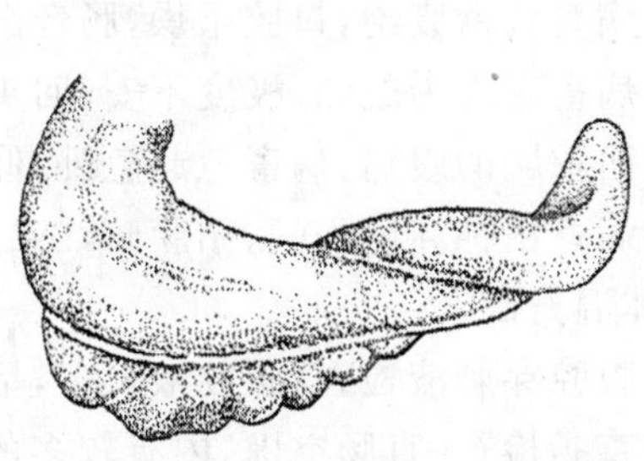
图1-3-12　马左侧大结肠扭转模式图

肠扭转：是肠管沿其纵轴或以肠系膜基部为轴发生程度不同的扭转。肠管也可沿横轴发生折转，称为折叠。如小肠扭转、小肠系膜根部扭转、盲肠扭转或折叠、左侧大结肠扭转或折叠、小结肠扭转等。

肠缠结：又称肠绞窄，是一段肠管与另一段肠管或与肠系膜、腹腔肿瘤的根蒂、韧带、结缔组织索条、精索等为轴心，相互缠绕在一起，引起肠腔闭塞不通。如空肠缠结、小结肠缠结。

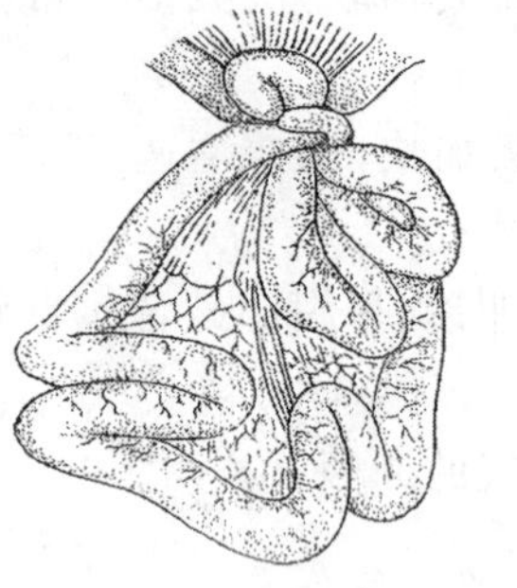

图 1-3-13　小肠缠结模式图

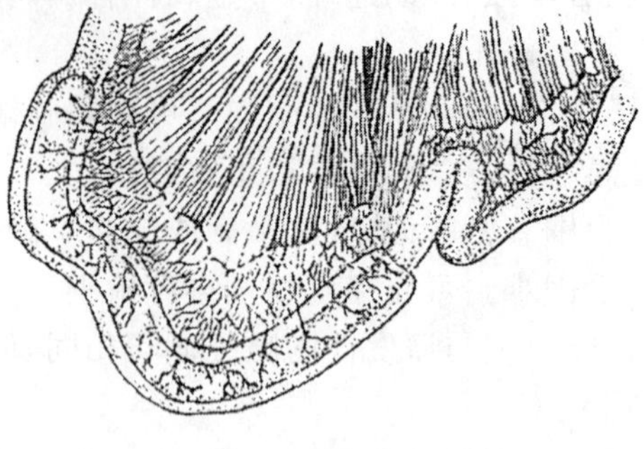

图 1-3-14　小肠套叠模式图

肠嵌闭：又称肠嵌顿，是一段肠管连同其肠系膜坠入与腹腔相通的先天性孔穴或病理性破裂孔内，使肠腔闭塞不通，引起血液循环障碍。如小肠或小结肠坠入腹股沟管、大网膜孔、肠系膜破裂孔和膈肌破裂孔内等。

肠套叠：是一段肠管套入与其相邻的肠管之中，致使相互套入的肠段发生血液循环障碍、渗出等过程，引起肠管粘连、肠腔闭塞不通。如空肠套入空肠、空肠套入回肠、回肠套入盲肠、盲肠尖部套入盲肠体部、十二指肠由于逆蠕动套入胃内、小结肠套入横结肠等。

此病伴有肠道严重的血液循环障碍，临床上以起病急、病程短，腹痛明显，为重剧性腹痛为特征。全身症状渐进增重，腹腔穿液呈红色混浊，直肠检查变位部分的肠段和肠系膜均发生特征性改变。

**[病因]**

通常由机械性和肠蠕动增强或弛缓等因素引起。

引起腹内压增大的情况，如动物强烈运动、剧烈地跳跃、奔跑、难产、交配、过分努责，便秘、里急后重和肠臌气等，偶尔将小肠或小结肠压入先天性孔穴或后天性病理孔隙而致病。

造成体位剧烈改变的因素，如突然摔倒、打滚、跳越障碍等，使肠管剧烈移动，游离性较大的肠段（如空肠、结肠）容易发生肠缠结和肠扭转。

引起肠蠕动增强或弛缓的情况，如饲喂腐败发霉和刺激性过强的饲料，冰冻的饮水和饲料，肠卡他、肠炎、肠道寄生虫等，使肠管异常蠕动。这些情况下，也容易发生肠缠结和肠扭转。

当肠管充盈，如肠段被液体、气体、粪便充满以及泥沙沉积时，此段肠管因受刺激而蠕动增强，肠道持续性收缩，使肠管相互挤压，容易发生肠扭转。

当某段肠管蠕动增强，而相邻的肠管处于正常或弛缓状态时，如饥饿后突然饲喂，前段肠管如果因进食受刺激而蠕动，而后段肠管仍处于空虚弛缓状态，容易发生肠套叠。

也可继发于肠痉挛、肠阻塞、肠炎等疾病。

**[症状]**

病畜食欲废绝，口腔干燥，肠音微弱或消失，排恶臭稀粪，并混有黏液和血液。后期停止排粪。

病畜表现为腹痛，极度不安，回头顾腹，后肢踢腹，卧地，驱赶不起。在疾病后期，由间歇性腹痛转为持续而重剧的腹痛，病畜急起急卧，仰卧滚转，即使用大剂量的镇痛药，腹痛症状也常无明显减轻。

病畜精神高度委顿，结膜暗红或发绀，全身出汗，肢端发凉，肌肉震颤。心跳加快，脉搏细弱，呼吸急促，体温升高。

腹腔穿刺液检查：腹腔液量多，呈粉红色或红色。血液学检查：血沉明显减慢。

直肠检查：直肠空虚，内有较多的黏液。直检时，注意判断肠管和肠系膜的位置和形状是否发生改变，以及肠系膜紧张性是否增高，触摸和牵引肠管肠系膜时，注意判断病畜的疼痛表现。当直肠检查仍不能确定肠变位的性质时，可进行剖腹探查。

**[诊断]**

根据特征性症状，结合直肠检查，可做出初步诊断。

症状要点是持续的、剧烈的腹痛，使用镇痛药，镇痛效果不明显。全身症状重剧。口腔干燥，肠音微弱，排便停止。直肠检查，可触及位置和形状发生改变的肠管和紧张的肠系膜，牵拉肠管和肠系膜时病畜剧痛不安。腹腔穿刺检查，穿刺液呈粉红色或红色血样。

[治疗]

治疗原则是镇痛，尽早施行手术，恢复肠管位置，搞好术后护理，强心、补液、防休克。

对病畜应及时应用镇痛剂以减轻疼痛刺激。及时减压，继发肠鼓气肠积液时，应先穿肠放气排液。还应采取补液、强心，服用新霉素或注射庆大霉素等抗菌药物，制止肠道菌群紊乱，减少内毒素生成，以维持血容量和血液循环功能，防止休克发生。严禁投服泻剂。

本病应尽早实施手术整复，这是治疗本病最根本和最有效的治疗方法。手术后，细心做好术后护理工作。

[预防]

加强饲养管理，禁止饲喂腐败的、霉烂的、冰冻的饲料和刺激性过强的饲料，以免刺激肠管使蠕动异常增强而引发本病。加强看管，防止因体位剧烈改变而引发肠管位置改变。也应避免过度饥饿，及时治疗肠痉挛、肠阻塞等病，避免继发肠变位。

## 九、胃肠炎

胃肠炎是胃肠黏膜及黏膜下层组织的重剧性炎症过程。按病程经过分为急性和慢性；按病因分为原发性和继发性；按炎症性质分为黏液性、出血性、化脓性、纤维素性。各种动物均常见，以马、牛、猪、犬的胃肠炎最为常见。

[病因]

原发性胃肠炎：饲料品质不良，如饲草粗硬而不易消化，受潮霉败，腐烂变质的饲料，霜冻的饲料，堆积发热的饲草，混有泥沙的饲草。饲养管理不当，突然更换饲料，饲喂不及时，不定时定量，饮水不洁。误食有毒、刺激性和腐蚀性强、浓度过高的的物质，如酸、碱、重金属，水合氯醛过浓等，刺激胃肠道。食入尖锐异物，损伤胃肠黏膜，后被链球菌、金色葡萄球菌等感染。畜舍卫生条件差，车船运输，过劳，过度紧张，气候骤变等，使动物机体处于应激状态，容易诱发。滥用抗生素，导致肠道的菌群失调而引起二重感染，引起胃肠炎。

继发性胃肠炎：常继发于内科病，如急性胃肠卡他、急性胃扩张、肠阻塞、肠变位、幼畜消化不良、瘤胃炎、创伤性网胃炎。传染病如炭疽，大肠菌病，黏膜病。牛瘟、牛结核、牛副结核、羔羊痢疾。猪瘟、猪副伤寒、猪传染性胃肠炎。禽伤寒，鸡新城疫、鸭瘟。寄生虫病如肠道线虫病，绦虫病，球虫病等疾病。也见于其他疾病，如牙齿磨灭不整、肝脏疾病等。

[症状]

急性胃肠炎，病畜精神沉郁，被毛逆乱无光泽，食欲减退或废绝，口腔干臭黏腻，舌苔厚重。

病初主要表现为肠音增强，腹泻，粪稀呈粥样、水样或喷射状，粪便中混有黏液，血丝或血凝块、脓液及脱落的黏膜组织碎片，粪便腥臭。病的后期，肠音减弱或消失，肛门松弛，排粪失禁，里急后重。有不同程度的腹痛，起卧不安，行走不稳，肚腹蜷缩，肌肉震颤。后期，病畜精神萎靡，消瘦，体温降至正常温度以下，四肢厥冷，出冷汗，脉弱且不感于手，昏睡或昏迷。

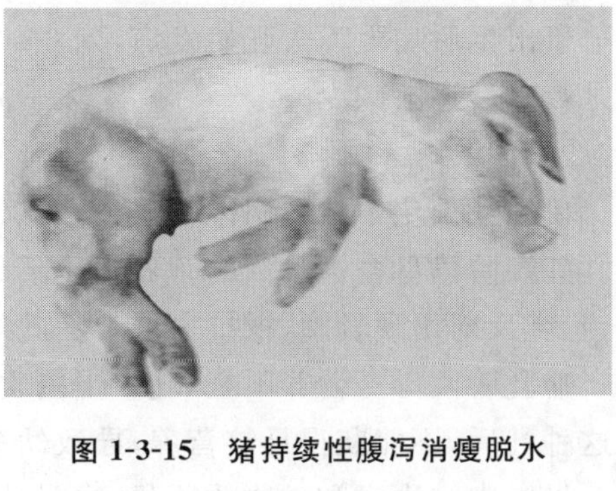

图 1-3-15 猪持续性腹泻消瘦脱水

慢性胃肠炎，病畜精神不振(图 1-3-15)，衰弱，食欲减少，或有异嗜现象，喜食泥土、石块、粪尿污染的垫草。轻微腹痛，便秘与腹泻交替，肠音不整。

[诊断]

根据临床症状，口腔干臭，严重腹泻、腹痛，里急后重，粪便含有黏脓液、血液及脱落的肠黏膜，消化障碍，很快消瘦等，可做初步诊断。

[治疗]

治疗原则是抗菌消炎，清理胃肠，补液防脱水、解毒和强心。

抗菌消炎：内服磺胺脒 30～40 g，或诺氟沙星(10 mg/kg)，或呋喃唑酮(8～12 mg/kg)；或肌内注射庆大霉素(1 500～3 000 IU/kg)，或氯霉素(10～30 mg/kg)，或环丙沙星(2.0～5 mg/kg)；或灌服 0.1% 高锰酸钾溶液 2 000～3 000 mL。

清理胃肠制止发酵：若病畜粪稀如水，腥臭气不大，无黏液无脓汁时，应止泻；若病畜粪中有大量黏液或脓汁，气味腥臭时，先缓泻后止泻，可用液体石蜡或植物油 500～800 mL，鱼石脂 10～30 g，酒精 50 mL，内服。也可以用硫酸钠 100～200 g 或人工盐 150～300 g，鱼石脂 10～30 g，酒精 50 mL，常水适量，内服。

对剧泻不止的非传染性腹泻时，应用药用炭 100～200 g，猪、羊 10～25 g，加水适量内服。或用鞣酸蛋白，大动物 20 g，猪、羊 2～5 g，碳酸氢钠 40 g，猪、羊 5～8 g，水适量，灌服以吸附和收敛。

纠正脱水：应用生理盐水或 5% 葡萄糖注射液 3 000～4 000 mL(中小动物 300～1 000 mL)静脉输入，前 1/3 剂量时，输入速度可适度加快，待脱水症状缓解后，采用正常输入速度。

纠正酸中毒：5% 碳酸氢钠注射液 1 000～2 000 mL(中小动物 200～500 mL)，静脉注射。

强心解毒：应用强心药，如西地兰或安钠咖、樟脑磺酸钠，静脉注射或肌内注射。

对症治疗：腹痛严重的病畜，可用 30% 安乃近 20～30 mL，肌内注射，出血性胃肠炎严重的病畜，可用 10% 氯化钙液 100 mL 静脉注射。

中兽医以清热解毒、消黄止痛、活血化瘀为主，用郁金散：郁金 36 g，大黄 50 g，栀子、诃子、黄连、白芍、黄柏各 18 g，黄芩 15 g，煎水去渣内服。

加强护理：搞好畜舍卫生，给予易消化的饲草饲料及清洁饮水。

[预防]

搞好饲养工作，注意饲料品质，不用粗硬、霉败腐败变质饲料喂家畜。加强饲料的检查，避免误食有毒、有刺激的物质，避免饲料和饲喂方式的突然变更。加强管理工作，注意饮水和圈舍卫生。定时定量饲喂。防止各种应激因素的刺激；搞好畜禽的传染病的预防接种和寄生虫的定期驱虫措施。



## 十、幼畜消化不良

幼畜消化不良是哺乳期幼畜胃肠消化机能障碍的统称。临床主要特征是消化机能障碍和不同程度的腹泻。本病多发于哺乳期的幼畜，以羔羊、犊牛、仔猪发病率最高，幼驹也可发病。

按病因可分为单纯性消化不良和中毒性消化不良两种，前者主要表现为消化与营养的急性障碍，以腹泻和轻微的全身症状为主，后者主要呈现严重的消化障碍、明显的自体中毒和重剧的全身症状。犊牛、羔羊于出生后哺乳不久开始发病，到 2～3 个月龄以后发病逐渐减少，而仔猪于 20 日龄期间最为多发，1 个月龄以后逐渐减少。

[病因]

单纯性消化不良的病因较复杂，有以下因素：

妊娠阶段母畜饲料中的营养物质不足，维生素、蛋白质、矿物质缺乏，导致胎儿不能正常发育，体质衰弱，吮乳反射出现较晚，抵抗力低下。此外还造成初乳品质差，免疫球蛋白含量低，易罹患胃肠道疾病。

哺乳阶段母畜营养不全，乳中蛋白质、脂肪和乳糖含量低，以及泌乳量不足，乳汁过于稀薄等，幼畜吮吸这种乳后，不能获得足够营养，导致幼畜体质下降，抗病力低，易引起消化不良。

母乳中维生素和矿物质不足，也易造成消化不良的发生。如母乳中维生素 A 不足，可导致消化道黏膜上皮角化；B 族维生素不足，可使幼畜胃肠蠕动机能障碍；维生素 C 不足，可引起幼畜胃肠分泌机能减弱；钙不足，影响神经体液调节机能，易引起消化障碍。

母畜患有乳腺炎以及其他慢性疾病时，各种病理产物和病原微生物会通过乳汁进入幼畜胃肠，极易发生消化不良。

当新生幼畜吃入的乳量不够，会因饥饿而舔食污物，或以因乳头或喂乳器不洁，致使腐败菌进入肠内，大量繁殖，导致正常菌群失调，从而影响正常的消化作用。

人工哺乳的不定时不定量，乳温过高或过低；使用配制不当的代乳品；由哺乳向喂料过渡不当，补饲过于突然等，均可妨碍消化腺的正常机能，抑制或兴奋胃肠分泌和蠕动机能，引起消化机能紊乱而导致发病。

畜舍潮湿、拥挤、通风不良、缺乏阳光、温度过低、卫生条件差等因素，也是引起幼畜消化不良的因素。

中毒性消化不良，多由单纯性消化不良治疗不及时，导致肠内容物发酵、腐败，所产生的有毒物质被吸收引起自体中毒。

［症状］

单纯性消化不良：病畜精神不振，食欲减退，体温一般正常。幼畜主要表现腹泻症状，粪便呈粥状、水样。仔猪的粪便稀薄，淡黄色，含有黏液和泡沫。羔羊的粪便呈灰绿色，混有气泡和白色小凝块。犊牛的粪便为粥样稀粪或呈水样，深黄色或暗绿色。幼驹的粪便稀薄有酸臭气味，混有小气泡及未消化的凝乳块或饲料碎片。

患畜腹泻严重时，出现脱水症状，眼球凹陷，被毛蓬乱无光泽，皮肤弹性降低。肠音增强，伴有腹痛症状。消瘦，心音增强，呼吸加快。后期自体中毒时，出现兴奋痉挛等神经症状，严重时站立不稳，全身战栗，嗜睡、昏迷(图 1-3-16)。

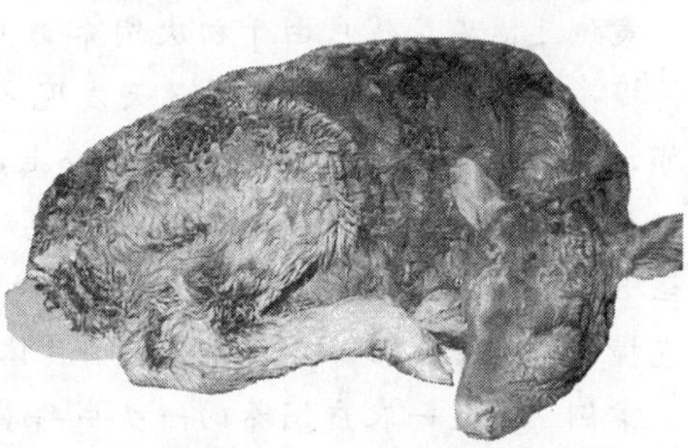
图 1-3-16　犊牛腹泻

中毒性消化不良：病畜精神沉郁，食欲废绝，衰弱无力，躺卧于地。体温升高，震颤或痉挛。排出的粪便中含有黏液或血液，腐臭。后期，肛门松弛，排粪失禁，严重脱水，眼球明显凹陷。呼吸浅表疾速，脉搏细弱，结膜发绀，体温升高，濒死期则体温下降，四肢及末梢厥冷，休克昏迷而死，死亡率较高。

［诊断］

根据发病日龄和症状，结合母畜的营养水平，比较容易做出初步诊断。

如主要发生于哺乳期的幼畜。腹泻症状明显，粪便呈粥状或水样，含有小气泡，黏液，未消化的凝乳块，酸臭或腐臭。消瘦，衰弱。但应注意与其他以腹泻为主要症状的疾病相鉴别，如犊牛应与轮状病毒病、冠状病毒病、细小病毒病、犊牛副伤寒、弯杆菌性腹泻、球虫病等相鉴别；羔羊应与羊副伤寒、羔羊痢疾等相鉴别。仔猪应与猪瘟、猪传染性胃肠炎、猪副伤寒、猪结肠小袋虫病等相鉴别；幼驹应与幼驹大肠杆菌病，马副伤寒等相鉴别。

［治疗］

应采取健胃助消化，止泻，防止脱水和酸中毒，维持电解质平衡，强心改善卫生条件等措施的综合疗法。

加强护理。将患病幼畜置于干燥、温暖、清洁的畜舍或畜栏内。加强母畜的饲养管理，给予全价日粮，保持乳房卫生。

促进消化。可用健康动物胃液犊牛、幼驹 30～50 mL/次，1～3 次/d，于喂饲前 20～40 min，或给予人工胃液：胃蛋白酶 10 g，稀盐酸 5 mL，常水 1 000 mL，加适量的复合维生素 B 和维生素 C，犊牛、幼驹 30～50 mL，羔羊、仔猪 10～30 mL，灌服。

防止肠道感染。可用链霉素(10 mg/kg)或卡那霉素(10～15 mg/kg)，头孢噻吩(10～20 mg/kg)，庆大霉素(1 500～3 000 IU/kg)，氯霉素(10～30 mg/kg)，痢菌净(2～5 mg/kg)，肌内注射。或用呋喃唑酮(10～12 mg/kg)，磺胺脒(0.12 g/kg)，磺胺-5-甲氧嘧啶(50 mg/kg)等内服。

止泻。可选用明矾、鞣酸蛋白、次硝酸铋、颠茄酊等药物内服。对中毒性消化不良，先用油类泻剂或盐类泻剂进行缓泻排除胃肠内容物，然后再止泻。

制止肠内发酵。可选用鱼石脂、克辽林、高锰酸钾等内服防腐止酵。

防止机体脱水，保持水盐代谢平衡。用5%葡萄糖生理盐水，犊牛、幼驹 200～500 mL，羔羊、仔猪 50～100 mL，5%碳酸氢钠注射液 20～60 mL，静脉或腹腔注射，每日 5～8 次。

中兽医可用参苓白术散：党参 15 g，白术 10 g，茯苓 10 g，甘草 9 g，山药 10 g，白扁豆 15 g，莲肉 9 g，薏苡仁 10 g，砂仁 10 g，桔梗 10 g。水煎服，每日 1 剂，连服 3～4 剂。

［预防］

改善饲养，加强护理。保证母畜日粮中有足够的营养物质，适时增喂富含蛋白质、脂肪、矿物质及维生素的优质饲料。改善母畜的卫生条件，经常刷拭皮肤，保持乳房的清洁。保证新生幼畜能尽早地吃到足够量的初乳。人工哺乳应定时、定量。

哺乳期幼畜要注意补饲的饲料的品质及逐渐过渡的方式。畜舍应保持温暖、干燥、清洁，及时更换垫草。幼畜的饲具，经常洗刷干净并定期消毒。

## 【案例分析】

分析以下案例，根据病史和临床检查，提出初步诊断，制定治疗措施(开出处方)。

案例 1　某养殖户由于初次饲养奶牛，缺乏经验，为追求高产，盲目调整全场奶牛的精料，每头每日精料提高到 7.5 kg，换料后第 3 天发现 8 头奶牛发病，再过 2 d 发展到 12 头发病。临床检查：病牛精神沉郁，食欲减退或废绝，反刍减少或停止，空嚼磨牙，流涎，口腔气味酸臭，瘤胃蠕动音微弱或消失，瘤胃胀满。粪便稀软或水样，色暗，恶臭。眼窝下陷，鼻镜干燥，肌肉震颤，步态不稳，体温多数正常，个别病例升高至 39.5～40℃，心跳次数增加，呼吸急促达 60 次/min。有的出现明显的神经症状，病牛兴奋不安，横冲直撞，姿势异常，视觉障碍。后期，肢体麻痹，卧地不起。

案例 2　某一农户饲养的一头成年黄牛，从坡上放牧回圈后，傍晚开始出现不安，背腰时常拱起，不久肚围变得很大，不嗳气，张嘴呼吸，哞叫和起卧。临床检查：该牛体温 38.5℃，呼吸 30 次/min，脉搏 72 次/min。视诊检查，腹部臌大，尤其左侧的肷窝部明显隆起；触诊检查，左侧肷部发紧，按压放手后没有凹痕；听诊检查，听不到瘤胃蠕动音；叩击检查左侧肷窝部，鼓音。

案例 3　某奶牛场的 1 头奶牛，产后 20 d 左右发病。病初期采食减少，厌食高能量的饲料，吃少量干草，粪便量少而呈糊状，病牛出现严重的脱水，但体温、呼吸、心跳基本正常，瘤胃蠕动减弱。产乳量伴随采食量的减少而减少。从尾侧观察，左侧腹壁最后 3 个肋间区明显膨大，但右侧腰旁窝下陷。在倒数 1～3 肋骨区域听诊，同时用手指叩诊，可听到高亢的钢管音。

案例 4　某黄牛发病，体重约 400 kg，5 岁，营养良好，雄性。病牛倒卧不起，精神沉郁，四肢麻痹，触痛无反应，结膜充血，饮欲、食欲废绝，反刍停止，流涎，瘤胃胀满、黏硬，蠕动音消失，粪便稀软酸臭，心跳 110 次/min，呼吸 60 次/mi，体温 37.5℃，皮肤干燥，燕窝下陷，排尿量减少，呈昏迷状态。

案例 5　主诉：近几天该牛采食减少，咀嚼缓慢，有时采食过程突然停止。经常吐草，流涎，饮水增加。临床检查：体温、脉搏、呼吸基本正常，流涎。口腔检查，口温增高，唇内面和两颊部以及舌缘有大米粒大小的透明水泡，也有的已经破溃形成红色的烂斑。

案例 6　一 4 岁公牛患病，主诉该牛一直食欲不佳，反刍时间特少，近日拒绝采食，排粪停止，磨牙严重，前天排出的粪便附有血丝，粪呈算盘珠状，临床检查，该牛精神很差，鼻镜干燥、龟裂，膨胀，不愿活动，体温 39.0℃，心率 98 次/min，呼吸 52 次/min，眼结膜潮红，瘤胃蠕动音减弱，瓣胃蠕动音也减弱，被毛无光。

案例 7　黑白花犊牛，36 日龄，体重 80 kg 左右，该犊牛出生后第 34 天开始发病，病因可能是犊牛过多吮食牛奶。病初排出粥状水样粪便，精神沉郁，食欲减少，后期食欲废绝，呼吸加快。临床检查：病牛精神沉郁，头低耳耷，眼球凹陷，被毛粗糙，皮肤弹性下降，鼻镜干燥。体温 39.8℃，心跳 110 次/min，呼吸 58 次/min。尾根部有粪便污染，腹部听诊肠音增强，有轻度腹痛表现。

案例 8　3 d 前发现此牛食欲废绝，反刍停止，排粪减少直至排粪停止。临床检查：体温 39℃，脉搏数 80 次/min，呼吸 25 次/min，鼻镜干燥，口腔臭，结膜充血，间或后肢顾腹。不停地努责，排出少量胶冻样物质。胃肠蠕动音减弱，腹围增大，于右腹壁用拳头冲击触诊，有振水音。

案例 9　一黄牛，在采食马铃薯过程中，突然停止采食，骚动不安，摇头缩颈。临床检查：频做吞咽动作，大量流涎，口流白沫，咳嗽，瘤胃极度臌胀，呼吸困难，肌肉震颤。触压颈部食管有波动感。食管探诊时，胃管插至胸部食管时受到阻碍不能继续插入。

## 【知识拓展】

### 导胃与洗胃术

［应用］

本技术用于牛的瘤胃积食或瘤胃酸中毒时排出胃内容物，以及排除胃内容物。也用于胃炎的治疗和吸取胃液供实验室检查。

［准备］

粗胃导管（内径应为 2 cm）、洗胃应用 39～40℃温水。

［方法］

(1)先用胃管测量到胃内的长度（牛从唇到倒数第 5 肋，羊从唇到倒数第 2 肋），并做好标记。

(2)装好开口器，固定好头部。

(3)从口腔徐徐插入胃管，到胸腔入口及贲门时阻力较大，应缓慢插入，以免损伤食管黏膜。必要时可灌入少量温水，待贲门弛缓后，再向前推送入胃。胃管前端经贲门到达胃内后，阻力突然消失，此时可有酸臭味气体或食糜排出。如不能顺利排出胃内容物时，可装上漏斗灌入温水，将头低下，利用虹吸作用抽出胃内容物。如此反复多次，逐渐排出胃内大部分内容物，直至病情好转为止。

(4)治疗胃炎时，导出胃内容物后，要灌入防腐消毒药。

(5)冲洗完后，缓慢抽出胃管，解除保定。

［注意事项］

(1)操作中要注意安全，胃管长度和粗细要适宜。

(2)瘤胃积食宜反复灌入大量温水，方能洗出胃内容物。

### 瘤胃穿刺技术

［应用］

用于瘤胃急性臌气时的急救排气和向瘤胃内注入药液。

［准备］

大套管针或盐水针头，羊可用一般静脉注射针头。外科刀、缝合线、缝合针等。

［部位］

在左侧肷窝部，由髋结节向最后肋骨中点所引连线的中点，也可选在瘤胃隆起最高点穿刺。

［方法］

站立保定，剪毛消毒，在术部做一小的皮肤切口（有时也可不切口。羊一般不切），用套管针垂直刺入皮肤，然后向对侧肘头方向迅速刺入 10～12 cm，左手固定套管，拔出内针，用手指间断堵住管口，间歇放气，使瘤胃内的气体间断排出。若套管堵塞，可插入内针疏通。气体排出后，为防止复发，可经套管向瘤胃内注入制酵剂、消沫剂，如鱼石脂、酒精、松节油、二甲基硅油等。

注射完药液插入内针，同时用力压住皮肤切口，拔出套管针，消毒创口，对皮肤切口行 1 针结节缝合。

在紧急情况下，无套管针或盐水针头时，可就地取材，如竹管、静脉注射针头等进行穿刺，以挽救病畜生命，然后再采取抗感染措施。

［注意事项］

(1)放气速度不宜过快，防止发生急性脑贫血，造成虚脱。

(2)根据病情,为了防止臌气继续发展,避免重复穿刺,可将套管针固定,留置一定时间后再拔出。

(3)穿刺和放气时,应注意防止针孔局部感染。因放气后期往往伴有泡沫样内容物流出,污染套管口周围并易流进腹腔而继发腹膜炎。为防止瘤胃内容物流入腹腔,可在拔针头时,先用手指压住针尾部针孔,再将针拔出,并消毒穿刺部位。

(4)经套管注入药液时,注药前一定要确切判定套管仍在瘤胃内后,方能注入。

## 瓣胃注射技术

**[应用]**

将药物直接注入瓣胃中,使其内容物软化通畅。主要用于治疗瓣胃阻塞。

**[准备]**

瓣胃穿刺针,注射器,注射用药品(液状石蜡、20%硫酸镁、生理盐水、植物油等)。

**[部位]**

瓣胃位于右侧第 7～10 肋间,其注射部位在右侧第 9 肋间与肩关节水平线相交点的上、下方 2 cm 处。

**[方法]**

(1)动物站立保定,瓣胃注射处剪毛、消毒。

(2)术者左手稍移动皮肤,右手持瓣胃穿刺针垂直刺入皮肤后,针头斜向对侧肘头方向(左前下方)刺入,刺入深度 8～10 cm,先有阻力感,当刺入瓣胃内则阻力减小,并有沙沙感。为判断针头是否刺入瓣胃内,可先连接吸入生理盐水的注射器,向瓣胃内注入少量(20～50 mL)生理盐水,再回抽,如混有食糜或瓣胃内容物时,即为正确。注入所需药物(如 10%～20%硫酸镁溶液 500～1 000 mL,生理盐水 2 000 mL,液体石蜡 500 mL),注射完毕,迅速拔出针头,术部进行消毒处理。

**[注意事项]**

(1)操作过程中宜将病畜确实保定,注意安全,以防意外。

(2)注射中病畜骚动时,要确实判定针头是否在瓣胃内,而后再行注入药物。

(3)在针头刺入瓣胃后,回抽注射器,如有血液或胆汁,是误刺入肝脏或胆囊,表明位置过高或针头偏向上方的结果。这时应拔出针头,另行移向下方刺入。

## 灌肠技术

**[应用]**

灌肠是向直肠内注入大量的药液、营养液、温水、肥皂水等,直接作用于肠黏膜,使药液、营养被吸收或排出宿粪,以及除去肠内分解产物与炎性渗出物,达到疾病治疗的目的。

**[准备]**

(1)大动物于柱栏内站立保定,用绳子吊起尾巴,中、小动物于手术台上侧卧保定。

(2)灌肠器、塞肠器(分木质塞肠器与球胆塞肠器)、投药唧筒及吊桶等。

木质塞肠器:呈圆锥形,长 15 cm,中间有直径 2 cm 的小孔,前端钝圆,直径 6～8 cm,后端呈平面,直径 10 cm,后端两边附着两个铁环,塞入直肠后,将两个铁环拴上绳子,系在笼头或颈部套包上。

球胆塞肠器:在球胆上剪两个相对的孔,中间插入 1 根直径 1～2 cm 的胶管,然后用胶密闭剪孔,胶管两端各露出 10～20 cm,塞入直肠后,向球胆内打气,胀大的球胆堵住直肠膨大部,即自行固定。

灌肠溶液:一般用微温水、微温肥皂水、1%温盐水、甘油或 2%小苏打溶液(小动物用)。消毒、收敛用溶液有:3%～5%单宁酸溶液、0.1%高锰酸钾溶液、2%硼酸溶液等。治疗用溶液根据病情而定,营养溶液可备葡萄糖溶液、淀粉浆等。

**[方法]**

(1)一般方法。将灌肠液盛于漏斗(吊桶)内,将漏斗举起或将吊桶挂在保定栏柱上。术者将灌肠器的胶管另一端，缓缓插入肛门直肠深部，溶液即可慢慢注入直肠内，边流边向漏斗(吊桶)内倾注溶液，直至灌完，并随时用手指刺激肛门周围，使肛门紧缩，防止注入的溶液流出。灌完后拉出胶管，放下尾巴。

(2)深部灌肠。主要应用于马的肠结石、毛球及其他异物性大肠阻塞等。灌肠之前，先用1%～2%盐酸普鲁卡因溶液10～20 mL进行后海穴封闭(用10～20 cm长的封闭针头，与脊柱平行地刺入该穴约10 cm深)，使肛门与直肠弛缓之后，将塞肠器插入肛门固定，然后将灌肠器的胶管插入木质塞肠器的小孔到直肠内(或与球胆塞肠器连接)，高举漏斗或吊桶，溶液即可注入深部直肠内，也可用压力唧筒注入溶液，一次平均可注入10～30 L溶液。灌完后，为防止注入溶液逆流，可将塞肠器保留15～20 min后再取出。

(3)中小动物灌肠。使用小动物灌肠器，将橡胶管一端插入直肠，另端连接漏斗，溶液倒入漏斗内，即可流入直肠。也可使用100 mL注射器连接胶管注入溶液。

[注意事项]

(1)直肠内存有宿粪时，应掏出宿粪，再进行灌肠。

(2)防止粗暴操作，以免损伤肠黏膜或造成肠穿孔。

(3)溶液注入后由于排泄反射，易被排出。为防止排出，用手压迫尾根肛门，或于注入溶液的同时，以手指刺激肛门周围，也可按摩腹部。较好的办法是用塞肠器压迫肛门。

### 腹腔穿刺术

[应用]

采取腹腔积液供实验室检验，以辅助诊断胃肠破裂、膀胱破裂、肠变位、内脏出血、腹膜炎等疾病；或用于排出腹腔的积液和洗涤腹腔及注入药液进行治疗疾病。

[准备]

套管针或16～20号长针头，腹腔洗涤剂，如生理盐水、0.1%雷佛奴尔溶液、0.1%高锰酸钾溶液等，还需用输液瓶。

[部位]

牛、羊在脐与膝关节连线的中点；马在剑状软骨突起后10～15 cm，白线两侧2～3 cm处为穿刺点；犬在脐至耻骨前缘的连线上中央，白线旁两侧。

[方法]

大动物站立保定，小动物平卧位或侧卧位，术部剪毛消毒。术者右手持套管针(或针头)垂直皮肤刺入3～4 cm，当阻力消失而有空虚时，表明已刺入腹腔内，左手把持套管，右手拔去内针，即可流出积液或血液。放液后拔出穿刺针，术部涂擦碘酊。

当洗涤腹腔时，马属动物在左侧肷窝中央，牛、鹿在右侧肷窝中央，小动物在肷窝或两侧后腹部。右手持针头垂直刺入腹腔，连接输液瓶胶管或注射器，注入药液，再由穿刺部排出，如此反复冲洗2～3次。

[注意事项]

(1)刺入深度不宜过深，以防刺伤肠管。

(2)穿刺位置应准确，保定要安全。

(3)放液时不宜过急，应用拇指间断堵住套管口，间断地放出积液，如针孔堵塞不流时，可用内针疏通，直至放完为止。

## 【考核评价】

### 瘤胃酸中毒的病因分析和预防措施

**一、考核题目**

瘤胃酸中毒是集约化养殖过程中危害奶牛的重要疾病之一，发病率很高，尤其是亚急性或慢性瘤胃酸中毒。瘤胃酸中毒使奶牛干物质的摄入量减少，瘤胃微生物区系紊乱和瘤胃消化率降低，产奶量下降，生产效率降低，当瘤胃 pH 长期处于较低水平时，还可引起瘤胃黏膜损伤、瘤胃炎、蹄叶炎、腹泻和肝脓肿等，所以危害很严重。因此，采取积极的预防措施具有重要的意义。

武威市凉州区某牛场给 85 头处于泌乳中后期的产奶牛大量饲喂甜玉米芯(带有较多玉米粒)，造成日粮中玉米采食比例过高，次日早上发现死亡 1 头，之后陆续有 6 头奶牛死亡，52 头奶牛出现腹泻、跛行、磨牙、瘤胃臌气、瘤胃积液等临床症状，其他牛症状不明显，造成很大的经济损失。兽医人员根据患牛临床表现、实验室检查、病理变化和日粮分析，确诊为瘤胃酸中毒，经治疗后痊愈。根据以上案例，请你分析养殖业过程当中引起牛瘤胃酸中毒的病因及制定出预防瘤胃酸中毒的措施。

**二、考核标准**

(一)病因

(1)饲养管理不当是引起瘤胃酸中毒的主要病因，常见于采食过量大麦、小麦、燕麦、玉米粒、稻谷、高粱、块根类饲料，甜菜、马铃薯以及甜菜渣等，特别是粉碎后的谷物，在瘤胃内高度发酵，产生大量的乳酸而引起瘤胃酸中毒。

(2)饲养管理失误、日粮突然改变(尤其是由多汁饲喂变换为粗、干饲料)或日粮中具有劣质饲料，不遵守饲养制度，饲喂含水量多的饲料以及长期饲喂营养价值低的饲料；或日粮中精料水平过高，过度饲喂；或在饲养过程中，突然的增加精饲料水平、活动不足等因素都可引起酸中毒。饲喂无规律，突然变更饲料或变更饲养行为、管理不细、动物未分群饲养或未及时转群。

(3)临产奶牛抵抗力低，体力不足，寒冷气候突变，分娩等应激因素，矿物质饲料比例失调以及植物或化学毒物中毒等都可促使瘤胃酸中毒的发生。

(二)预防措施

(1)加强饲养管理，合理供应精料。这是预防反刍动物瘤胃酸中毒的主要措施，严格控制精料喂量，日粮供应合理，精粗比例要平衡，不能随意加料或补料。在养牛生产中由高粗饲料向高精饲料转变要逐渐进行通常需要 2～4 周的过渡期，使瘤胃能逐渐适应饲料的变化。不同泌乳 时期的奶牛应采用分群管理的措施。应严格按照不同时期奶牛营养需要配制日粮。为了保证母牛在生产之后其瘤胃发酵有一个适应过程，还应留出 4～6 周的时间使瘤胃黏膜充分适应从干奶期转向泌乳期日粮的变化。

(2)中和瘤胃产生的部分有机酸。目前常用的措施是在日粮中直接添加碳酸盐等缓冲剂和增加日粮中有效中性洗涤纤维的含量。实践证明在肥育牛和泌乳初期奶牛的日粮中添加 0.8%～1.5%的碳酸氢钠(以精料干物质为基础)，泌乳牛日粮中性洗涤纤维含量不低于 15% (以干物质为基础)肉牛日粮中性洗涤纤维含量不低于 8%，都能有效控制瘤胃乳酸的产生。

(3)调控瘤胃有机酸的产生。离子载体类抗生素(莫能霉素等)可以通过降低挥发性脂肪酸和乳酸的生成来提高瘤胃 pH，能有效地防止瘤胃酸中毒。所以可在肥育牛的精料中添加莫能霉素，莫能霉素是离子类载体，能有效降低瘤胃甲烷\挥发性脂肪酸和乳酸的产生，防止瘤胃酸中毒的发生，剂量为 300 mg/体重；或添加苹果酸，每日加喂 40～80 g/头，可使瘤胃 pH 和乙酸含量提高，总的挥发性脂肪酸产生量下降，而丙酸、丁酸、*L*-乳酸及乙酸、丙酸比例均没有发生变化，对预防本病有一定效果；或在日粮中添加泰乐菌素，每日每头 90 mg。

【知识链接】

1. DB13/T 988—2008，犊牛腹泻防治技术规范，河北省质量技术监督局，2008-07-24；

2. NY/T 1170—2006，苜蓿干草捆质量，农业部，2006-10-01；

3. DB64/T 757—2012，肉牛全混合日粮规范(TMR)调制饲喂技术规范，宁夏回族自治区质量技术监督局，2012-03-07；

4. DB64/T 841—2013，奶牛全日混合日粮(TMR)调制饲喂技术规范，宁夏回族自治区质量技术监督局，2013-04-16 现行；

5. HG/T 2366—1992，二甲基硅油，化学工业部，1994-12-01；

6. NY/T 731—2003，兽用套管针，农业部，2004-03-01；
7. NY/T 548—2002，猪传染性胃肠炎诊断技术，农业部，2002-12-01；
8. SN/T 1446—2010，猪传染性胃肠炎检疫规范，国家质量监督检验检疫总局，2010-12-01；
9. DB37/T 2469—2014，仔猪培育技术规范，山东省质量技术监督局，2014-11-01；
10. DB43/T 892—2014，仔猪绿色饲料生产准则，湖南省质量技术监督局，2014-08-10；
11. GB/T 5915—2008，仔猪、生长肥育猪配合饲料，国家质量监督检验检疫总局，2009-02-01。

Project 4

# 泌尿系统疾病

**学习目标**

1. 了解动物泌尿系统疾病的一般发病规律，熟悉常用诊疗方法及药物。
2. 了解肾炎、膀胱炎、尿道炎、尿结石的概念、病因，掌握其症状、诊断及诊疗。

# 【学习内容】

## 一、肾炎

肾炎是指肾小球、肾小管或肾间质组织发生炎症的病理过程。临床上以水肿、肾区敏感与疼痛、尿量改变及尿液中含多量肾上皮细胞和各种管型为特征。

[病因]

肾炎的发病原因不十分清楚，但认为与感染、毒物刺激和变态反应有关。

(1)感染因素。多继发于某些传染病的经过之中，如口蹄疫、传染性胸膜肺炎、猪和羊的败血性链球菌、猪瘟、猪丹毒等。也可继发于其他泌尿器官疾病及心内膜炎、血管炎、红斑狼疮等。前驱可有胃肠道、呼吸道感染的表现，链球菌是引起肾炎的常见病原微生物。

(2)毒物刺激。主要是有毒植物、霉败饲料、农药、重金属、强烈刺激性的药物等；内源性毒物主要是重剧性胃肠炎症、代谢障碍性疾病、大面积烧伤等疾病中所产生的毒素与组织分解产物，经肾脏排出时而致病。

(3)诱发因素。过劳，创伤，营养不良和受寒感冒均为肾炎的诱发因素。此外，本病也可由肾盂炎、膀胱炎、子宫内膜炎、尿道炎等邻近器官炎症的蔓延和致病菌通过血液循环进入肾组织而引起。

(4)变态反应。经过大量的试验研究表明，大约有70%的临床肾炎病例属免疫复合物性肾炎。据报道，肾间质对某些药物呈现一种超敏反应，可引起药源性间质性肾炎，已知能反应的药物有：二甲氧青霉素、氨基苄青霉素、先锋霉素、噻嗪类及磺胺类药物。犬的急性间质性肾炎多数发生在钩端螺旋体感染之后。

慢性肾炎的病因，基本上与急性肾炎相同，只是作用时间较长，性质较为缓和。

[症状]

(1)急性肾炎。病畜食欲减退，精神沉郁，消化不良，体温微升。由于肾区敏感、疼痛，病畜不愿行动。站立时腰背拱起，后肢叉开或齐收腹下。强迫行走时腰背弯曲，发硬，后肢僵硬，步样强拘，小步前进，尤其向一侧转弯困难。病畜频频排尿，但每次尿量较少，严重者无尿。尿色浓暗，比重增高，甚至出现血尿。

肾区触诊，病畜有痛感，直肠触摸，肾脏肿大，压之感觉过敏，病畜站立不安，甚至躺下或抗拒检查。由于血管痉挛，眼结膜显淡白色，动脉血压可升高达29.26 kPa(正常时为15.96～18.62 kPa)。主动脉第二心音增高，脉搏强硬。

重症病例，见有眼睑、颌下、胸腹下、阴囊部及牛的垂皮处发生水肿。病的后期，病畜出现尿毒症，呼吸困难，嗜睡，昏迷。

尿液检查，蛋白质呈阳性，镜检尿沉渣，可见管型、白细胞、红细胞及多量的肾上皮细胞。血液检查，血液稀薄，血浆蛋白含量下降，血液非蛋白氮含量明显增高。有资料报道，马的肾炎，血液蛋白含量下降，血液非蛋白氮可达1.785 mmol/L以上(正常值为1.428～1.785 mmol/L)。

(2)慢性肾炎。病畜逐渐消瘦，血压升高，脉搏增数，硬脉，第二心音增强。疾病后期，眼睑、颌下、胸前、腹下或四肢末端出现水肿，重症者出现体腔积水。尿量不定，尿中有少量蛋白质，尿沉渣中有大量肾上皮细胞和各种管型。血中非蛋白氮含量增高，尿蓝母增多，最终导致慢性氮质血症性尿毒症，病畜倦怠，消瘦，贫血，抽搐及出血倾向，直至死亡。典型病例主要是水肿，血压升高和尿液异常。

[诊断]

根据病史(多发生于某些传染病或链球菌感染之后，或有中毒的病史)，临床特征(少尿或无尿，肾区敏感，主动脉第二心音增强，水肿)和尿液化验(尿蛋白、血尿、尿沉渣中有多量肾上皮细胞和各种管型)进行综合诊断。

[治疗]

本病的治疗原则是，消除病因，加强护理，消炎利尿，抑制免疫反应。

消除炎症、控制感染，一般选用青霉素，按每千克体重，肌内注射一次量为：牛、马1万～2万IU，猪、羊、犬、马驹、犊牛 2 万～3 万 IU，3～4 次/d，连用 7 d。其次可用红霉素、强力霉素、利福平，诺氟沙星，环丙沙星等。

免疫抑制疗法：鉴于免疫反应在肾炎的发病学上起重要作用，而肾上腺皮质激素在药理剂量时具有很强的抗炎和抗过敏作用。所以，对于肾炎病例多采用激素治疗，一般选用氢化可的松注射液，肌内注射或静脉注射，一次量：牛、马 200～500 mg，猪、羊 20～80 mg，犬 5～10 mg，猫 1～5 mg，1 次/d；亦可选用地塞米松，肌内注射或静脉注射，一次量：牛、马 10～20 mg，猪、羊 5～10 mg，犬 0.25～1 mg，猫 0.125～0.5 mg，1 次/d。有条件时可配合使用超氧化物歧化酶(SOD)、别嘌呤醇及去铁敏等抗氧化剂，在清除氧自由基，防止肾小球组织损伤中起重要作用。

为促进排尿，减轻或消除水肿，可选用利尿剂，双氢克尿噻，牛、马 0.5～2 g，猪、羊 0.05～0.2 g，加水适量内服，1 次/d，连用 3～5 d。

中兽医称急性肾炎为湿热蕴结证，治法为清热利湿，凉血止血，代表方剂“秦艽散”加减。慢性肾炎属水湿困脾证，治法为燥湿利水，方用“平胃散”合“五皮饮”加减：苍术、厚朴、陈皮各 60 g，泽泻 45 g，大腹皮、茯苓皮、生姜皮各 30 g，水煎服。

[预防]

防止过劳，创伤，营养不良和受寒感冒。加强管理，尽量减少有毒物质、病原微生物及药物对肾脏的刺激。

## 二、膀胱炎

膀胱炎是膀胱黏膜及其黏膜下层的炎症。临床上以疼痛性频尿和尿中出现较多的膀胱上皮细胞、炎性细胞、血液和磷酸铵镁结晶为特征。多发于母畜，以卡他性膀胱炎多见。在犬，常见化脓性、坏死性膀胱炎。

[病因]

膀胱炎的发生与创伤，尿潴留，难产，导尿，膀胱结石等有关。常见病因有：细菌感染(化脓杆菌、大肠杆菌、葡萄球菌、链球菌、绿脓杆菌、变形杆菌等)、机械性刺激或损伤(导尿管、膀胱镜、膀胱结石、膀胱内赘生物、尿潴留时的分解产物等)、邻近器官炎症(肾炎、输尿管炎、尿道炎，尤其是母畜的阴道炎、子宫内膜炎等)、毒物(牛蕨中毒、马采食苏丹草)或某种矿物质元素(碘)缺乏。

[症状]

急性膀胱炎，典型的临床表现是频频排尿，或屡作排尿姿势，但无尿液排出，病畜尾巴翘起，阴户区不断抽动，有时出现持续性尿淋漓、痛苦不安等症状。直肠检查，病畜抗拒，表现疼痛不安，触诊膀胱，手感空虚。若膀胱括约肌受炎性产物刺激，长时间痉挛性收缩时可引起尿闭，严重者可导致膀胱自发性穿孔破裂。

尿液检查，终末尿为血尿。尿液混浊，尿中混有黏液、脓汁、坏死组织碎片和血凝块，并有强烈的氨臭味。尿沉渣镜检，可见到多量膀胱上皮细胞、白细胞、红细胞、脓细胞和磷酸铵镁结晶等。

慢性膀胱炎，由于病程长，病畜营养不良，消瘦，被毛粗乱，无光泽，其排尿姿势和尿液成分与急性者略同。若伴有尿路梗塞，则出现排尿困难，但排尿疼痛不明显。

[诊断]

急性膀胱炎可根据疼痛性频尿，排尿姿势变化等临床特征以及尿液检查有大量的膀胱上皮细胞和磷酸铵镁结晶，进行综合判断。

[治疗]

本病的治疗原则是，加强护理，抑菌消炎，防腐消毒及对症治疗。

抑菌消炎与肾炎的治疗基本相同。对重症病例，可先用 0.1%高锰酸钾或 1%～3%硼酸，或 0.1%的雷佛奴尔液，或 0.02%呋喃西林，或 0.01%新吉尔灭液，或 1%亚甲蓝作膀胱冲洗，在反复冲洗后，膀胱内注射青霉素 80 万～120 万 IU，1～2 次/d，效果较好。同时，肌内注射抗生素配合治疗。

尿路消毒口服呋喃旦啶，或40%乌洛托品，马、牛 50～100 mL，静脉注射。

中兽医称膀胱炎为气淋，主证为排尿艰涩，不断努责，尿少淋漓。治宜行气通淋，治方可用沉香，石苇，滑石（布包），当归，陈皮，白芍，冬葵子，知母，黄柏，枸杞子，甘草，王不留行，水煎服。对于出血性膀胱炎，可服用秦艽散：秦艽 50 g，瞿麦 40 g，车前子 40 g，当归、赤芍各 35 g，炒蒲黄、焦山渣各 40 g，阿胶 25 g，研末，水调灌服。

肌内注射安钠咖，配合"八正散"煎水灌服，治疗猪膀胱炎效果好。

单胃动物膀胱炎或尿路感染时，用鲜鱼腥草打浆灌服，效果好。

[预防]

导尿管、膀胱镜要彻底消毒，操作时要严格按操作规程进行，防止膀胱及尿道黏膜的损伤感染。要及时治疗泌尿和生殖系统疾病，以防炎症蔓延至膀胱。加强饲养管理，防止尿结石的形成，防止病原及有毒物质侵入机体。

## 三、尿道炎

尿道炎是指尿道黏膜及其下层发生的炎症。临床上以疼痛性频尿和尿中出现较多的黏液、血液或脓液为特征。多发于母畜，常见化脓性、坏死性膀胱炎。

[病因]

通常由病原微生物（化脓杆菌、大肠杆菌、葡萄球菌、链球菌、绿脓杆菌、变形杆菌等）从血液、肾脏或体外进入尿道引起。某些传染病或肾炎、输尿管炎、膀胱炎、阴道炎、子宫内膜炎包皮炎等也可蔓延至尿道而发病。其他方面的因素常见于：导尿时导尿管消毒不彻底；导尿时操作粗暴或因交配损伤尿道黏膜；尿结石及肿瘤对尿道黏膜的刺激；毒物及刺激性药物随尿排出时刺激尿道黏膜等。犬猫在发情交配时相互舔咬也会引起发病。

[症状]

发病突然，病畜排尿频繁，但尿量减少，排尿时拱腰努责，痛苦呻吟，尿少、尿频、尿急。病牛由于炎症的刺激，常反射地引起公牛阴茎频频勃起，母牛阴唇不断开张。尿液浑浊，常含有黏液、血液或脓液，有时混有坏死、脱落的尿道黏膜。在犬猫常排出带血的尿。触诊患畜疼痛不安，尿道探查时阻力较大，送入困难。若时间较长，则可因尿道黏膜发生坏死、增生而导致尿道狭窄甚至阻塞。

[诊断]

根据排尿动作异常，尿液中含有大量病理产物，导尿管探查困难等，可以基本确诊。

[治疗]

参见膀胱炎的治疗。同时还可采用下列方法：

每天采集鲜车前草 1 000～1 500 g，洗净、切碎，拌于饲料中喂服，连服 4 d。此方用于公猪尿道发炎，简而易行，效果明显。

取新鲜柳枝 200 g，牛、马自食，猪可用 50 g 左右，水煎取汁 300 mL，灌服。

[预防]

为了防止尿道感染，导尿时导尿管要彻底消毒，操作时要严格按操作规程进行，防止尿道黏膜的损伤感染。要及时治疗泌尿和生殖系统疾病，以防炎症蔓延至尿道。

## 四、尿结石

尿结石又称尿石症，是指尿路中盐类结晶凝结成大小不一、数量不等的凝结物，刺激尿路黏膜而引起的出血性炎症和尿路阻塞性疾病。临床上以腹痛，排尿障碍和血尿为特征。本病各种动物均可发生，主要发生于公畜。

[病因]

尿石的成因不十分清楚，但普遍认为是伴有泌尿器官病理状态下的全身性矿物质代谢紊乱的结果，并与下列因素有关。

(1)长期饲喂高钙、低磷和富硅、富磷的饲料，可引起体内盐类代谢紊乱，尿内盐类浓度增高，易结晶析出，促进尿石形成。

(2)饮水缺乏。人工致病试验已证实，尿石的形成与机体脱水有关。机体出现不同程度的脱水，使尿中盐类浓度增高，促使尿石的形成。

(3)维生素 A 缺乏，可导致尿路上皮组织角化，促进尿石形成。

(4)感染因素。肾和尿路感染发炎时，炎性产物，脱落的上皮细胞及细菌积聚，可成为尿石形成的核心物质。

(5)其他因素。甲状旁腺机能亢进，长期周期性尿液潴留，大量应用磺胺类药物等均可促进尿石的形成。

［症状］

尿结石病畜主要表现为：

刺激症状：病畜排尿困难，频频作排尿姿势，叉腿，拱背，缩腹，举尾，阴户抽动，努责，嘶鸣，线状或点滴状排出混有脓汁和血凝块的红色尿液。

阻塞症状：当结石阻塞尿路时，病畜排出的尿流变细或无尿排出而发生尿潴留。因阻塞部位和阻塞程度不同，其临床症状也有一定差异。

结石位于肾盂时，多呈肾盂炎症状，有血尿。阻塞严重时，有肾盂积水，病畜肾区疼痛，运步强拘，步态紧张。

当结石移行至输尿管并发生阻塞时，病畜腹痛剧烈。直肠内触诊，可触摸到其阻塞部的近肾端的输尿管显著紧张而且膨胀。

膀胱结石时，可出现疼痛性尿频，排尿时病畜呻吟，腹壁抽缩。

尿道结石，公牛多发生于乙状弯曲或会阴部，公马多阻塞于尿道的骨盆中部。当尿道不完全阻塞时，病畜排尿痛苦且排尿时间延长，尿液呈滴状或线状流出，有时有血尿。当尿道完全被阻塞时，则出现尿闭或肾性腹痛现象，病畜频频举尾，屡作排尿动作但无尿排出。尿路探诊可触及尿石所在部位，尿道外部触诊，病畜有疼痛感。直肠内触诊时，膀胱内尿液充满，体积增大。若长期尿闭，可引起尿毒症或发生膀胱破裂。

在结石未引起刺激和阻塞作用时，常不显现任何临床症状。

［诊断］

非完全阻塞性尿结石可能与肾盂炎或膀胱炎相混淆，只有通过直肠触诊进行鉴别。犬、猫等小动物可借助 X 线影像显示相区别，尿道探诊不仅可以确定是否有结石，还可判明尿石部位。还应注重饲料构成成分的调查，综合判断做出确诊。

［治疗］

治疗原则是消除结石，控制感染，对症治疗。常用下列方法和药物。

(1)水冲洗。导尿管消毒，涂擦润滑剂，缓慢插入尿道或膀胱，注入消毒液体，反复冲洗。适用于粉末状或沙粒状尿石。

(2)使用尿道肌肉松弛剂。当尿结石严重时可使用 2.5%的氯丙嗪溶液肌内注射，牛、马 10～20 mL，猪、羊 2～4 mL，猫、犬 1～2 mL。

(3)手术治疗。尿石阻塞在膀胱或尿道的病例，可实施手术切开，将尿石取出。

中兽医称此病为“砂石淋”，治疗以清热利湿，通淋排石为主，一般多用排石汤(石苇汤)加减：海金沙 50～80 g、鸡内金 20～30 g、石苇 50 g、滑石 50 g、瞿麦 30 g、萹蓄 30 g、车前子 60 g、泽泻 25 g。

据报道，对草酸盐尿石的病畜，应用硫酸阿托品或硫酸镁内服。对有磷酸盐尿结石的病畜，应用稀盐酸进行冲洗治疗获得良好的治疗效果。

［预防］

平时应适当增喂多汁饲料或增加饮水，以稀释尿液，减少对泌尿器官的刺激，并保持尿中胶体与晶体的平衡。在肥育犊牛和羔羊的日粮中加入4%的氯化钠对尿石的发病有一定的预防作用,同样,在饲料中补充氯化铵,对预防磷酸盐结石有令人满意的效果。应查清动物的饲料、饮水和尿石成分,找出尿石形成的原因,合理调配饲料,使饲料中的钙磷比例保持在1.2∶1或者1.5∶1。并注意饲喂维生素A丰富的饲料。对家畜泌尿器官炎症性疾病应及时治疗,以免出现尿潴留。有条件的可将家畜饮水磁化后再放入水槽中,经过1 h,让病畜自由饮水。家畜饮水通过磁化后,pH升高,溶解能力增强,不仅能预防尿石的形成,而且能使尿石疏松破碎而排出。

## 【案例分析】

分析以下案例,根据病史和临床检查,提出初步诊断,制定治疗措施(开出处方)。

案例1　2013年4月1日某养殖户一只巴哥犬就诊。主诉:该犬尿道口经常不由自主地往外滴尿,排尿不畅已有2月有余。初期,饮食欲基本正常,随后饮食欲明显下降,精神沉郁。近几日,排尿严重不畅,最后出现血尿排尿的时候可能是因为疼痛总是叫唤不停病犬食欲废绝常常躲在角落里不出来精神状态极差。

案例2　某饲养户饲养的9头犊牛中有5头犊牛(在2~6月龄之间)出现频尿现象,其中1头尿液呈深浅不一的红色,不断做排尿姿势。经检查发现有4头犊牛尿道口周围的被毛上有大小不一的灰白色微细颗粒串珠样附着;另一犊牛尿液浓稠,直肠检查发现其输尿管及膀胱有不同程度硬化现象。经调查发现,犊牛只单一地饲喂精饲料和玉米秸秆,缺乏青绿多汁饲料。

案例3　某牛场的一头奶牛,体温39.5℃,脉搏75次/min,呼吸数为24次/min。食欲减退,反刍减少,排尿减少呈暗红色。拱背垂头站立,不愿走动,驱赶行走两后肢举步不高。触诊肾区敏感,直肠检查,肾脏肿大,触之敏感。听诊第二心音增强,尿液检查,尿中含有大量的红细胞、白细胞和肾上皮细胞。

案例4　一奶牛,体温40℃,脉搏67次/min,呼吸数为20次/min。精神沉郁,食欲减退,排尿次数增多,排尿时尾巴翘起,阴户区不断抽动,痛苦不安。直肠检查,膀胱空虚,触压膀胱,患畜抗拒不安。尿液检查,尿中含有大量的红细胞、白细胞的膀胱上皮细胞。

案例5　一奶牛,体温40.5℃,脉搏67次/min,呼吸数为20次/min。精神沉郁,食欲减退,排尿次数增多,排尿时尾巴翘起,阴户区不断抽搐,疼痛不安。直肠检查,膀胱空虚,触压膀胱,患牛抗拒不安。尿液检查,尿中含有大量的红细胞、白细胞、膀胱上皮细胞。

## 【知识拓展】

### 导尿及膀胱冲洗技术

[应用]

马牛尿道炎及膀胱的治疗,或采取尿液供化验诊断。

[准备]

(1)根据动物种类备用不同类型的导尿管和注射器与洗涤器。用前将导尿管放在0.1%高锰酸钾溶液中浸泡5~15 min,涂润滑剂。

(2)冲洗药液宜选择刺激或腐蚀性小的消毒、收敛剂。常用的有生理盐水、2%硼酸溶液、0.1%~0.5%高锰酸钾溶液、1%~2%石炭酸溶液、0.1%~0.2%雷佛奴尔溶液等。此外,也常用抗生素及磺胺制剂的溶液。

[方法]

(1)母畜导尿及膀胱的冲洗。助手将尾巴拉向一侧或吊起。术者将导尿管握于掌心,前端与食指同长,呈圆锥形伸入阴道15~20 cm(大动物),先用手指触摸尿道口,轻轻刺激或扩张尿道口,插入导尿管,徐徐推进,当进入膀胱后,则无阻力尿液自然流出。排完尿后,导尿管外端连接洗涤器或注射器,注入冲洗药液,反复冲洗,直至排出药液透明为止。

(2)公马冲洗膀胱或导尿。先于柱栏内固定好两后肢,术者蹲于马的一侧,将阴茎拉出,左手握住阴茎前部,右手持导尿管插入尿道,徐徐推进,当到达坐骨弓附近时,则感有阻力推进困难,此时助手在肛门下方可摸到导尿管的前端，轻轻按摩辅助向上转弯，术者同时继续推送导尿管，即可进入膀胱导出尿液。冲洗方法与母畜相同。导尿或冲洗完之后，还可注入治疗药液。而后除去导尿管。

[注意事项]

(1)识别母畜尿道口有困难时，可用开膣器开张阴道，即可看到尿道口。插入导尿管时，防止粗暴操作，以免损伤尿道黏膜或造成膀胱壁穿孔。导尿管先用0.1%～0.5%高锰酸钾溶液浸泡3～5 min。

(2)公马的导尿或冲洗膀胱时，要注意人畜安全。冲洗药液的温度要与体温相等。术者手及公畜阴茎、尿道口要清洗消毒。

## 【考核评价】

### 红尿鉴别诊断

**一、考核题目**

泌尿器官疾病的主要临床症状有排尿困难、疼痛、频尿、血尿、水肿以及尿液成分的改变等。其中红尿在兽医临床上较为常见，红尿指尿液变红色，又叫红尿综合征。红尿并非独立的疾病，而是某些疾病的一种症状。表现为红尿的疾病主要有肾炎、膀胱炎、尿道炎、肾结石、膀胱结石、输尿管结石、尿道结石、产后血蛋白尿病、菜子饼粕中毒、铜中毒、水中毒、钩端螺旋体病、梨形虫病、慢性磺胺药中毒、细菌性血红蛋白尿、牛蕨中毒等。请对以上疾病做出鉴别诊断。

**二、考核标准**

肾炎：全程血尿，伴有肾区疼痛症状，肾肿敏感。少尿或无尿，尿中大量红细胞、白细胞、蛋白质、管型和肾上皮。第二心音增强。

膀胱炎：排尿末期带血明显，尿液混浊有氨臭味，频尿，排尿疼痛不安，膀胱多空虚，触诊敏感，尿沉渣中有大量膀胱上皮。

尿道炎：排尿初期带血明显，排尿不畅，尿道黏膜潮红、肿胀、触诊敏感，尿沉渣中有大量尿道上皮。

肾结石：排尿全程带血，拱背，运步小心，肾区敏感，排尿障碍，X线或B超检查可确诊。

膀胱结石：排尿末期带血明显，尿频尿痛，膀胱敏感，有硬物，X线或B超检查可确诊。

输尿管结石：全程血尿，剧烈疼痛不安，直肠内触诊，可见阻塞部的近肾端的输尿管显著紧张且膨胀，而远端呈正常柔软的感觉。X线检查可确诊。

尿道结石：公牛多发生于乙状曲或龟头的上方，排尿初期带血，排尿不畅或停止，尿道探诊时，可触及尿石所在部位，导尿管不能插入膀胱中，尿道外部触诊有疼痛感。膀胱积尿，X线检查可见尿道中有结石。

产后血蛋白尿病：发生的主要原因是饲喂低磷日粮，主要发生于分娩后2～4周的3～6胎的高产母牛，血红蛋白尿，贫血，低磷酸盐血症，磷制剂治疗有特效。

菜籽饼粕中毒：有采食菜籽饼粕的病史，咳嗽，黏膜苍白、黄染，临床上以胃肠炎、呼吸困难、血红蛋白尿及甲状腺肿大为特征。

慢性铜中毒：本病往往有接触或误服硫酸铜及其铜盐的病史。主要表现为贫血，血红蛋白尿，可视黏膜苍白、黄染。

水中毒：暴饮而发病，多发生在幼龄犊牛，腹痛，排浅红色、红色、咖啡色或酱油色血红蛋白尿。

钩端螺旋体病：由钩端螺旋体引起，以贫血、黄疸、血红蛋白尿、黏膜和皮肤坏死及短期发热为特征。本病的发生有明显的季节性，多发于夏秋季节鼠类大量繁殖活动时期，多呈地方流行性或散发。犊牛较成年牛易发病而且症状严重。体温升高，全身症状明显，可视黏膜苍白、黄染，鼻唇部黏膜坏死，表现不同程度的血红蛋白尿。通过微生物和血清学检查可确诊。

梨形虫病：通过蜱吸血而传播。主要在夏秋季节流行，高热稽留，可视黏膜苍白、黄染，血红蛋白尿，淋巴结肿大。发病与年龄、性别、分娩无关。采血镜检在红细胞中可检出虫体。

慢性磺胺药中毒：有使用磺胺药的病史，血红蛋白尿，过敏反应，表现为哮喘和荨麻疹。

细菌性血红蛋白尿：由溶血性梭菌感染引起，发病急，有高热及肠出血，病程短，常在24～36 h内死亡。病初用广谱抗生素有一定效果。

牛蕨中毒：因采食蕨而引起中毒，渐进性消瘦，步态蹒跚，可视黏膜苍白、黄染，排稀软的红色粪便，慢性典型症状是血尿。内在及体表各部位极易发生出血，且不易停止。

## 【知识链接】

1. DB31/T 823—2014，猪尿中赛庚啶残留量的测定酶联免疫吸附法与液相色谱-串联质谱法，上海市质量技术监督局，2014-10-01；

2. NY/T 763—2004，猪肉、猪肝、猪尿抽样方法，农业部，2004-03-01；

3. 农业部 1031 公告-3—2008，猪肝和猪尿中 β-受体激动剂残留检测 气相色谱-质谱法，农业部，2008-05-09；

4. DB22/T 1619—2012，牛尿中盐酸克伦特罗残留量的测定 液相色谱-质谱/质谱法，吉林省质量技术监督局，2013-01-01；

5. DB37/T 2038—2012，牛尿苷酸合酶缺乏症(DUMPS)分子，山东省质量技术监督局，2012-03-01；

6. GB/T 20749—2006，牛尿中 β-雌二醇残留量的测定 气相色谱-负化学电离质谱法，国家质量监督检验检疫总局，2007-03-01；

7. GB/T 20761—2006，牛尿中 α-群勃龙、β-群勃龙、19-乙烯去甲睾酮和 epi-19-乙烯去甲睾酮残留的测定 液相色谱-串联质谱法，国家质量监督检验检疫总局，2007-03-01；

8. GB/T 20767—2006，牛尿中玉米赤霉醇、己烯雌酚、己烷雌酚、双烯雌酚残留量的测定 液相色谱-串联质谱法，国家质量监督检验检疫总局，2007-03-01。

Project 5

# 神经系统疾病

**学习目标**

1. 了解动物神经系统疾病的一般发病规律，熟悉常用诊疗方法及药物。
2. 了解脑膜脑炎、日射病及热射病、脊髓挫伤及震荡的概念、病因，掌握其症状、诊断及诊疗。

## 【学习内容】

### 一、脑膜脑炎

脑膜脑炎是软脑膜和脑实质的炎症。炎症一般先从脑膜开始，而后波及脑实质。传按照炎症的性质，有化脓性和非化脓性之分，各种家畜皆易发生，且多为继发性。

[**病因**]

原发性脑膜脑炎多由微生物感染和毒物中毒所致。常见因素主要是由于外界侵入机体的和平常寄生于体内的微生物的作用，尤其是在感冒、过劳、气候闷热、长途车船运输等使畜体抵抗力降低时容易发病；继发性脑膜脑炎多在霉败饲料中毒、精料过多的情况下发生。此外，本病也常继发于传染性脑脊髓炎、伪狂犬病、乙型脑炎、马腺疫、流感、牛结核等传染病和脑包虫等寄生虫病，也可继发于邻近部位感染：如角坏死、圆锯术、中耳炎、眼球炎、副鼻窦炎、大叶性肺炎等化脓性疾病和热性病的过程中。

[**症状**]

初期精神沉郁，意识障碍，姿势步伐都有改变，有时头置槽上或有跌倒姿势。沉郁过后，兴奋发作，表现狂躁不安，或前冲不易控制，或斜走，或前肢攀登饲槽，或越障而跌倒，或头部顶于墙壁安静站立，公马阴茎长勃起。兴奋症状常维持 10～15 min，又转入沉郁状态，如此兴奋和沉郁交替出现。兴奋时，病畜呼吸、心跳加快，反射机能亢进，全身出汗；沉郁时，呼吸慢而深长，心跳变慢，反射减退。体温不定。食欲减退，采食动作异常，有时忘记咀嚼，胃肠蠕动减弱，排粪迟缓。排尿次数减少或一次排出大量尿液。结膜发红或暗红或带黄。颅骨部发热。

脑实质损害时，除有上述一般脑症状以外，还有局部肌肉痉挛和麻痹的灶症状。

牛患本病症状与马相似，兴奋时眼神凶恶、摇头、哞叫，有时以角顶物，狂暴不安，并有耳聋、失明、共济失调、牙关紧闭、流涎、颈部强直、局部肌肉阵发性痉挛等症状；绵羊兴奋时呈无目的地前进、后退或转圈；诸患本病后常尖叫，先前乱冲，挖掘垫草，口吐白沫，有时呕吐。

[**诊断**]

根据突然发病且病情发展急剧，以神经症状为主；实验室检查脑脊液中含有大量白细胞和蛋白质，可基本确诊。但要注意与奶牛铬中毒、李氏杆菌病、乙型脑炎、牛海绵状脑病、流行性脑脊髓炎、犬肝性脑病等相区别。

[**治疗**]

治疗原则是消除炎症、恢复中枢机能和加强护理。

病初冷敷头部。兴奋时可静脉放血 500～1 000 mL。

20%甘露醇注射液 750 mL，10%葡萄糖注射液 1 000 mL，10%磺胺嘧啶钠注射液 200 mL，1%地塞米松注射液 4 mL，一次静脉注射，1 次/d。说明：也可用青霉素代替磺胺嘧啶，并加入 25%～40%乌洛托品液 100 mL。

兴奋时，用 2.5%氯丙嗪注射液 15 mL，一次肌内注射；或 10%溴化钠或安溴注射液，大动物 50～100 mL，静注；也可用 25%硫酸镁静脉注射。麻痹时可用藜芦素、士的宁等。

中兽医疗法：

[**处方 1**]

朱砂散加减　朱砂 10 g、茯神 45 g、黄连 30 g、栀子 45 g、远志 35 g、郁金 40 g、黄芩 45 g，水煎去渣，冷后加蛋清 100 mL、蜂蜜 120 mL，混合，一次灌服。用于兴奋型。

[**处方 2**]

天麻散加减　天麻 45 g、夏枯草 40 g、防风 45 g、川芎 30 g、钩藤 40 g、天竺黄 30 g、蝉蜕 30 g、僵蚕 45 g、白芍 45 g、黄芩 40 g、石膏 100 g、甘草 30 g，水煎候温，一次灌服。

[**处方 3**]

针灸　穴位：太阳、鹊脉、蹄头、耳尖、山根、尾尖。针法：血针。

[预防]

加强饲养管理，合理使役，畜舍要保持清洁卫生，防止过热及蚊蝇侵袭，防止中毒。如有传染病可疑时，应立即隔离，采取防治传染病的措施。

## 二、日射病及热射病

日射病是家畜在炎热的季节中，头部持续受到强烈的日光照射而引起的中枢神经系统机能严重障碍性疾病。热射病是动物所处的外界环境气温高，湿度大，产热多，散热少，体内积热而引起的严重中枢神经系统机能紊乱的疾病。临床上日射病和热射病统称为中暑。本病在炎热的夏季多见，病情发展急剧，甚至迅速死亡。各种动物均可发病，牛、马、犬及家禽多发。

[病因]

在高温天气和强烈阳光下使役、驱赶和奔跑等常常可发病。厩舍拥挤，通风不良或在闷热(温度高、湿度大)的环境中使役繁重，用密闭而闷热的车、船运输等也都是引起本病的常见原因。皮肤卫生不良，出汗过多，饮水不足，缺乏食盐，适应性差、耐热能力低，都易促使本病的发生。

[症状]

在临床实践中，日射病和热射病常同时存在，因而很难精确区分。

日射病常突然发生，病初精神沉郁，四肢无力，步态不稳，共济失调，突然倒地，四肢作游泳样运动。随着病情进一步发展，体温略有升高，呈现呼吸中枢、血管运动中枢机能紊乱、甚至麻痹症状。心力衰竭，静脉怒张，脉微弱，呼吸急促而节律失调，结膜发绀，瞳孔散大，皮肤干燥。皮肤、角膜、肛门反射减退或消失，腱反射亢进，常发生剧烈的痉挛或抽搐而迅速死亡，或因呼吸麻痹而死亡。

热射病突然发病，体温急剧上升，高达41℃以上，皮温增高，甚至皮温烫手，白毛动物全身通红，马出现大汗。病畜站立不动或倒地张口喘气，两鼻孔流出粉红色、带小泡沫的鼻液。心悸，脉搏疾速，每分钟可达百次以上。眼结膜充血，瞳孔扩大或缩小。后期病畜呈昏迷状态，意识丧失，四肢划动，呼吸浅而疾速，节律不齐，脉不感手，第一心音微弱，第二心音消失，血压下降(收缩血压10.66～13.33 kPa，舒张压为8.0～10.66 kPa)。濒死前，多有体温下降，常因呼吸中枢麻痹而死亡。

检查病畜血液，见有红细胞压积升高，高达60%；血清$K^+$，$Na^+$，$Cl^-$含量降低。

[诊断]

根据发病季节，病史资料和体温急剧升高，心肺机能障碍和倒地昏迷等临床特征，容易确诊。但应与肺水肿和充血、心力衰竭和脑充血等疾病相区别。

[治疗]

治疗原则是消除病因，加强护理，促进机体散热和缓解心肺机能障碍。

消除病因和加强护理：应立即停止使役，将病畜移至阴凉通风处，若病畜卧地不起，可就地搭起荫棚，保持安静。

降温疗法：不断用冷水浇洒全身，或用冷水灌肠，口服1%冷盐水，可于头部放置冰袋，亦可用酒精擦拭体表。体质较好者可泻血1 000～2 000 mL(大动物)，同时静脉注射等量牛理盐水，以促进机体散热。

缓解心肺机能障碍：对心功能不全者，可皮下注射20%安钠咖等强心剂10～20 mL。为防止肺水肿，静脉注射地塞米松1～2 mg/kg。当病畜烦躁不安和出现痉挛时，可口服或直肠灌注水合氯醛黏浆剂或肌内注射2.5%氯丙嗪10～20 mL。若确诊病畜已出现酸中毒，可静脉注射5%碳酸氢钠500～1 000 mL。

中兽医称牛中暑为“发痧”，并与马的“黑汗风”相当。中兽医辩证中暑有轻重之分，轻者为伤暑，以清热解暑为治则，方用“清暑香薷汤”加减：香薷25 g，藿香、青蒿、佩兰叶、炙杏仁、知母、陈皮各30 g，滑石(布包先煎)90 g，石膏(先煎)150 g，水煎服。重者为中暑，病初治宜清热解暑，开窍、镇静，方用“白虎汤”合“清蒿汤”加减：生石膏(先煎)300 g，知母、青蒿、生地、玄参、竹叶、金银花、黄芩各30～45 g，生甘草25～30 g，西瓜皮1kg，水煎服。当气阴双脱时，宜益气养阴，敛汗固涩。方用“生脉散”加减：党参、五味子、麦冬各 100 g,煅龙骨、煅牡蛎各 150 g,水煎服。

若能配合针治鹘脉、耳尖、尾尖、舌底、太阳等穴效果更佳。鲜芦根 1.5 kg,鲜荷叶 5 张,水煎,冷后灌服。

[预防]

应在夏季做好圈舍的防暑降温工作,防止拥挤,加强通风,不在中午放牧及使役,保证充足的饮水等。

## 三、脊髓挫伤及震荡

脊髓挫伤及震荡是因脊柱骨折,或脊髓组织受到外伤所引起的脊髓损伤。临床上以呈现损伤脊髓节段支配运动的相应部位及感觉障碍和排粪排尿障碍为特征。一般把脊髓具有肉眼及病理组织变化的损伤称为脊髓挫伤,缺乏形态学改变的损伤称为脊髓震荡。临床上多见的是腰脊髓损伤,使后躯瘫痪,所以称为截瘫。本病多发于役用家畜和幼畜。

[病因]

机械性作用是本病的主要原因。临床上常见下列情况:

(1)外部因素。多为滑跌、跳跃闪伤,用绳索套马使力过猛,折伤颈部。山区及丘陵区,家畜放牧时突然滑跌,或鞭赶跨越沟渠时跳跃闪伤,或因役用畜在超出其力所能及的负荷时、因急转弯使腰部扭伤,或因直接暴力作用,如配种时公牛个体过大或笨重物体击伤,或被车撞,家畜之间相互踢蹴椎骨引起脱臼、碎裂或骨折等。

(2)内在因素。家畜软骨病、骨质疏松症和氟骨病时易发生椎骨骨折,因而在正常情况也可导致脊髓损伤。

[症状]

本病的临床症状取决于脊髓受损害的部位与严重程度。

脊髓全横径损伤时,其损伤节段后侧的中枢性瘫痪,双侧深、浅感觉障碍及植物神经机能异常。脊髓半横径损伤时,损伤部同侧深感觉障碍和运动障碍,对侧浅感觉障碍。脊髓灰质腹角损伤时,仅表现损伤部所支配区域的反射消失,运动麻痹和肌肉萎缩。

颈部脊髓节段受到损伤时,头、颈不能抬举而卧地,四肢麻痹而呈现瘫痪,膈神经与呼吸中枢联系中断而致呼吸停止,可立即死亡。如果部分损伤,前肢反射机能消失,全身肌肉抽搐或痉挛,粪尿失禁或便秘和尿闭,有时可引起延脑麻痹而致咽下障碍,脉搏徐缓,呼吸困难以及体温升高。

胸部脊髓节段受到损伤时,则损伤部位的后方麻痹或感觉消失,腱反射亢进,有时后肢发生痉挛性收缩。

腰部脊髓节段受到损伤时,若损伤发生在前部,则致臀部、后肢、尾的感觉和运动麻痹;损伤在中部,则股神经运动核受到损害,故膝与腱反射消失,后肢麻痹不能站立;若损伤在后部,则坐骨神经所支配的区域、尾和后肢感觉及运动麻痹,肛门哆开,刺激其括约肌时不见收缩,粪尿失禁。

此外,在机械作用力损伤脊髓膜时,受损部位的后方发生一时性的肌肉痉挛,如果脊髓膜发生广泛性出血,其损害部位附近呈现持续或阵发性肌肉收缩,感觉过敏。若脊髓径受到损害,则躯干大部分和四肢的肌肉发生痉挛。椎骨骨折时,被动性运动增高,还可听到哔啪音,直肠检查可触摸到骨折部位。

一般病例,大家畜在 1～2 d 内死亡,小家畜病程可延续数天,常因继发褥疮、败血症、肺炎或膀胱炎导致死亡。如果颈部脊髓受到损害,往往一瞬间呼吸停止而立即死亡。轻症病例,经适宜治疗,可望痊愈。

[诊断]

根据病畜感觉机能和运动机能障碍以及排粪排尿异常,结合病史分析,可做出诊断,但须与下列疾病进行鉴别:

麻痹性肌红蛋白尿:多发生于休闲的马在剧烈使役中突然发病。其特征是后躯运动障碍,尿中含有褐红色肌红蛋白。

骨盆骨折：病畜皮肤感觉机能无变化，直肠与膀胱括约肌机能也无异常，通过直肠检查或X射线透视可诊断受损害部位。

肌肉风湿：病畜皮肤感觉机能无变化，运动之后症状有所缓和。

[治疗]

治疗原则是加强护理，防止椎骨及其碎片脱位或移位，防止褥疮，消炎止痛，兴奋脊髓。

病畜疼痛明显时可应用镇静剂和止痛药，如水合氯醛、溴剂等。

对脊柱损伤部位，初期可冷敷，或用松节油、樟脑酒精等涂擦。麻痹部位可施行按摩，直流电或感应电针疗法，碘离子透入疗法，或皮下注射硝酸士的宁，牛、马 15～30 mg，猪、羊 2～4mg，犬、猫 0.5～0.8 mg(一次量)。及时应用抗生素或磺胺类药物，以防止感染。

中兽医称脊髓挫伤为"腰伤"，瘀血阻络，治宜活血去淤、强筋骨、补肝肾，可用"疗伤散"加减。

可电针百会、肾俞、腰中、大胯、小胯、黄金等穴。

实践表明，10%戊四氮，按 0.3 mL/kg，配合安乃近、青霉素治疗脊髓挫伤，效果好。

[预防]

加强饲养管理，使役时严防暴力打击和跌、扑、闪伤，及时补充矿物质元素和维生素以防骨软症等。

## 【案例分析】

分析以下案例，根据病史和临床检查，提出初步诊断，制定治疗措施(开出处方)。

案例1　张某饲养的一头6月龄犊牛发病，精神沉郁，食欲下降，牵引也不愿走动，步态不稳。有时狂躁不安，不时哞叫，肌肉震颤，有时转圈，口吐白沫，受惊后到处乱窜。

案例2　某种猪场的30日龄仔猪，精神沉郁，食欲降低甚至废绝。体温39.8℃，高度兴奋、惊恐，发病严重时站立不稳，躺卧四肢呈游泳状，后期，卧地不起。

案例3　某户饲养一宠物犬，不慎从高处摔落地面，意识丧失，呼吸变慢变浅，脉搏细数。一段时间过后患犬又恢复正常状态。

案例4　某肉鸡饲养场，7月份的一天，上午鸡群精神、食欲正常，下午3点后，鸡群出现精神沉郁，食欲降低，饮水增加，患鸡出现张口呼吸，排水样稀粪，以后出现死亡，下午7～9点这段时间达到死亡高峰，以后鸡群逐渐开始好转，到深夜12点，鸡群又恢复正常。

案例5　某猪场，7月份的一天，到外地购仔猪，途中发现某些仔猪精神沉郁，站立不稳，呼吸、心跳加快，结膜发绀，呕吐，严重的意识丧失，昏迷死亡。

案例6　某良种马，近一段时间，时常出现采食过程中突然终止，神情痴呆，站立不动，放出运动时经常作圆圈运动。体温、呼吸、脉搏基本正常。

## 【知识拓展】

### 颈椎及腰椎穿刺术

[应用]

临床应用于测定颅内压或排除脑脊髓腔内积液来降低颅内压，采取脑脊髓液做理化检验和病理检查，或向脊髓腔内注入药液，进行特殊的治疗。

[部位]

(1)腰椎穿刺部位。在最后腰椎和荐椎之间凹陷处，即腰十字部的"百会穴"位置。

(2)颈椎穿刺部位。在后头骨与第一颈椎或第一、二颈椎之间的脊上孔。

[方法]

大动物站立保定，确实保定后躯，防止跳动；小动物横卧保定，并使其腰部稍向腹侧弯曲。颈椎穿刺时，应尽量使其头部向前下方屈曲，以充分暴露术部。术部剪毛、消毒后，用拇指和中指握定针头，食指压定在针尾上，对准术部，按垂直方向缓缓刺入，待针穿透棘间韧带及硬膜进入脊髓腔时，手感阻力突然消失(如同刺透牛皮纸样的感觉)，拔出针芯，脑脊液流出。穿刺深度，马、牛 6～8 cm。穿刺完毕，插入针芯并用酒精棉压住穿刺孔周围的皮肤，然后拔出穿刺针，术部涂以碘酊。

［注意事项］

(1)确实保定动物，穿刺过程中，如遇动物骚动不安时，应暂缓进针。

(2)操作中所用器械均要经过严格消毒，以免感染。

(3)穿刺不宜过深，并切忌捻转穿刺针，以免损伤脊髓组织。

(4)对颅内压增高的病畜，排液速度否宜过快，排液量不宜过多，以免因推管内压力骤减而发生脑疝。

## 【考核评价】

### 牛脑膜脑炎的治疗

**一、考核题目**

某牛场一头6月龄犊牛发病，精神沉郁，食欲下降，牵引也不愿走动，步态不稳。半天后出现阵发性狂躁不安，不时哞叫。时而前冲，时而倒退，有时转圈。肌肉震颤，口吐白沫。根据以上发病情况及临床症状，请做出初步诊断，写出治疗原则及处方。

**二、考核标准**

初步诊断：脑膜脑炎。

治疗原则：抗菌消炎，降低颅内压，镇静安神。

处方：

(1)2.5%氯丙嗪注射液10 mL，肌内注射。

(2)10%磺胺嘧啶钠60 mL，20%甘露醇注射液200 mL，静脉注射，2次/d。

(3)朱砂散加减：朱砂10 g，茯神45 g，黄连30 g，栀子45 g，远志35 g，郁金40 g，黄芩45 g，水煎去渣，加蛋清100 mL，蜂蜜120 mL，混合，分2次灌服。

## 【知识链接】

1. 农业部1163号公告8—2009，猪肝中氯丙嗪残留检测 气相色谱-质谱法，农业部，2009-03-01；

2. GB/T 20763—2006，猪肾和肌肉组织中乙酰丙嗪、氯丙嗪、氟哌啶醇、丙酰二甲氨基丙吩噻嗪、甲苯噻嗪、阿扎哌醇、咔唑心安残留量的测定 液相色谱-串联质谱法，国家质量监督检验检疫总局，2007-03-01；

3. NY/T 1458—2007，饲料中盐酸异丙嗪、盐酸氯丙嗪、地西泮、盐酸硫利达嗪和奋乃静的同步测定 高效液相色谱法和液相色谱质谱联用法，农业部，2008-03-01。

Project 6

# 营养代谢病

**学习目标**

1. 了解动物营养代谢性疾病的一般发病规律，熟悉常用诊疗方法及药物。
2. 了解仔猪低血糖症、奶牛酮病、黄脂病、家禽痛风、禽脂肪肝综合征、营养性衰竭症、佝偻病、骨软症、自咬症、硒缺乏症、牛血红蛋白尿症、维生素A缺乏症、维生素B缺乏症、维生素E缺乏症、维生素K缺乏症、维生素D缺乏症、维生素C缺乏症、肉鸡腹水综合征、禽啄肛癖的概念、病因，掌握其症状、诊断及诊疗。

【学习内容】

## 任务一　概述

动物在生长发育过程中，需要从饲料中摄取适当数量和质量的营养。任何营养物质的缺乏或过量和代谢失常，均可造成机体内某些营养物质代谢过程的障碍，由此而引起的疾病，称为营养代谢病。动物营养代谢性疾病包括糖、脂肪和蛋白质代谢障碍，矿物质代谢障碍，维生素缺乏症缺乏症或过多症等三大类。

随着畜牧业发展和结构的调整，畜禽的工厂化饲养和产业化经营正在取代传统的农村庭院式的饲养方式；大批优质、高产、高周转速率、高饲料报酬的畜禽新品种的引进和饲养，逐步取代了我国传统的地方品种；动物营养代谢病日趋严重，发生率和死亡率大大提高，常发性和群发性的特点更加突出，特别是亚临床型所致的生长发育缓慢和生产性能降低是造成经济损失的主要原因。因此，了解动物营养代谢病发生的基本规律，研究并解决动物营养代谢性疾病的早期诊断、预防和治疗等问题，是时代赋予现代兽医工作者的一项重要使命。

1.动物营养代谢病的病因

动物营养代谢病可因一种或多种营养物质不足、过多、比例不当或中间代谢中某一环节出现障碍而引起。

(1)营养物质摄入不足或日粮供给不足。主要见于日粮不足、品种单一、品质不良、营养不平衡及饲养不当等使机体缺乏某种营养物质。

(2)营养物质摄入过剩。以提高动物生产性能为目的，供给高营养的饲料，导致营养过剩而发生代谢性疾病。如奶牛干乳期日粮中蛋白质含量过多，碳水化合物不足是酮病发生的主要原因；集约化养鸡场饲喂动物性饲料过多以及日粮高钙，容易发生鸡痛风病。

(3)营养物质消化吸收障碍。动物患某些影响消化吸收的慢性疾病，如慢性胃肠炎、肝脏疾病及胰腺疾病等，影响机体对一些营养物质的消化吸收。另外，日粮中某些物质过多或比例不当影响机体对另一些营养物质的吸收，如日粮中植酸过多与许多金属元素形成植酸盐，降低机体对这些元素的吸收；日粮中钙磷比例不当可发生骨营养不良。

(4)营养物质需要量增加。动物在妊娠、泌乳、产蛋和生长发育阶段对各种营养物质的需要量明显增加，此时若不补充，即不能满足机体的需要而发生代谢紊乱。

(5)饲料中存在抗营养物质。饲料中存在一些能使其营养价值降低的物质称为抗营养物质或抗营养因子。如豆科植物中的胰蛋白酶抑制因子，与小肠中的胰蛋白酶结合，生成无活性的复合物，导致肠道对蛋白质的消化、吸收及利用能力下降，同时可使胰腺肥大和增生，影响消化和吸收功能；游离棉酚与蛋白质结合成复合物，降低蛋白质的消化率；植物中的单宁与蛋白质、碳水化合物和消化酶类形成复合物，干扰消化过程，影响能量、蛋白质和其他营养物质的消化利用率，降低单胃动物的生产性能；植酸能与多种金属离子螯合，形成稳定的、不易分解的螯合物，降低这些矿物元素的生物利用率；草酸在消化道与钙结合形成不溶性草酸钙，影响机体对钙的吸收利用；硫甙能干扰甲状腺利用碘；硝酸盐和亚硝酸盐可氧化、破坏胡萝卜素；某些鱼、虾、蛤类体内含有硫胺素酶能分解维生素 $B_1$。

2.动物营养代谢病的发病特点

营养代谢病种类繁多，发病机理复杂，与其他疾病相比，具有以下显著的特点。

(1)多为群发，发病率高，经济损失严重。虽然营养代谢病在一个养殖场或某一地区大群发生，不同动物品种均有发病，症状基本相同或相似，但没有传染性。在养殖场常见于日粮配合不当，过量使用饲料添加剂，饲养管理粗放，导致机体吸收的营养物质不能满足动物生长发育和生产性能的需要，或引发体内某些代谢紊乱而可造成大批发病，严重者造成大批死亡，经济损失严重。

(2)发病缓慢，病程较长，体温正常或偏低。营养代谢病的发生从病因作用到表现临床症状，往往需要数周、数月甚至更长的时间。一般要经过体内组织器官机能和结构的改变，才出现临床症状，除继发感染外，体温一般在正常范围内或偏低，这是营养代谢病早期群发时与传染性疾病的一个显著区别。

(3)缺乏特征症状，早期诊断困难。许多营养代谢病缺乏特征性的临床症状，主要表现精神沉郁、食欲不振、消化障碍、生长发育停滞、贫血、异嗜、生产性能下降、生殖机能紊乱等，容易与一般的营养不良、寄生虫病或一般中毒病相混淆；缺乏特征性的临床症状，早期诊断困难。

(4)发病与生理阶段和生产性能有关。某些营养代谢病发生在不同的生理阶段，如缺铁性贫血主要发生于仔猪，白肌病主要发生在犊牛和羔羊，高产奶牛在产后容易发生低血钙性瘫痪、酮病等。

(5)对于缺乏症和过多症来说，补充或减少某一特定营养物质的供给，对本病有明显的预防和治疗作用。

(6)某些代谢疾病与遗传因素有关。动物代谢疾病的易感性在品种、个体之间有一定的差异，如犬和猫可发生先天性代谢病，更赛牛容易发生酮病，而娟姗牛生产瘫痪的发病率明显高于其他品种。

(7)具有特征性器官和系统病理变化。例如仔猪低血糖症，呈现阵发性神经症状；痛风发生尿酸血症，内脏器官中尿酸盐沉积；鸡锰缺乏发生骨粗短症；维生素 A 缺乏发生眼部病变；维生素 D 缺乏发生佝偻病；维生素 $B_1$ 缺乏发生多发性神经炎，呈现特殊的“观星”姿势；维生素 $B_2$ 缺乏呈现足趾向内蜷曲以跗关节着地等。

3.动物营养代谢病的诊断

营养代谢病缺乏特征性的临床症状，给临床早期确诊带来许多困难。因此，营养代谢病的诊断不能停留在临床症状和病理变化上，必须依靠详细的流行病学调查、饲料分析、临床检查、病理学变化、实验室相关指标的测定及预防和治疗试验等进行综合诊断。

(1)首先要排除传染病、寄生虫病和中毒性疾病。由于许多营养代谢疾病呈群发、人兽共患和地方流行等特点。诊断时应利用一切现有手段排除病原微生物、寄生虫感染，亦测不出可疑毒物。抗菌药物，驱虫药物治疗，收效甚微，或仅对某些并发症有效。而使用针对性营养缺乏物质有良效时，可提示诊断。

(2)流行病学调查。调查与疾病有关的一些情况，如发病季节，发病率，死亡率，发病的年龄，生产性能，疫苗免疫，主要的临床表现，日粮来源，组成、加工和贮藏，饲养管理状况，环境卫生，发病后采取的措施及效果等。

(3)临床检查。通过详细的临床检查，了解疾病的主要损害部位和程度，确定疾病的性质。有些营养代谢病有比较典型的临床症状，可初步诊断。如钙磷代谢障碍主要表现跛行和骨骼变形，锌缺乏常发生皮肤角化不全和鳞屑，维生素 A 缺乏的早期表现是夜盲，新生仔猪铁缺乏发生贫血等。

(4)病理学检查。有些营养代谢病表现特征的病理变化，根据尸体剖检和组织学检查可初步确诊。如犊牛和羔羊硒缺乏主要表现骨骼肌颜色变淡；鸡痛风关节腔内有尿酸盐结晶沉积，内脏器官、输尿管等尿酸盐沉积；皮肤角化不全和母畜所产幼畜脑室积水、先天性失明可能为维生素 A 缺乏所致；骨骼变软、骨质疏松主要是钙磷代谢障碍。

(5)饲料分析。对于怀疑与某些矿物质、维生素缺乏有关的疾病，分析日粮中相关的营养成分，并与动物营养标准比较，可为诊断提供依据。分析测定结果时要注意与该物质有颉颃作用的其他物质的含量，以便做出准确的判断。

(6)实验室检查。根据病因分析和病理变化，采集有关样品(如血液、尿液、乳汁、被毛、组织等)进行相关生理生化指标及代谢产物的测定，为诊断提供辅助手段。如维生素、矿物质缺乏可测定体内生物样品中这些营养物质的含量，硒缺乏时血液和组织中谷胱甘肽过氧化物酶的活性明显降低，铜缺乏可测定血浆铜蓝蛋白含量和超氧化物歧化酶活性。

(7)治疗性诊断。为验证初步诊断，可进行治疗性诊断，即补充某一种或几种可能缺乏的营养物质，观察其对疾病的治疗作用和预防效果。治疗性诊断可作为营养代谢病的主要临床诊断手段和依据。

(8)动物回归试验及治疗。人工复制出与自然发生的疾病相同，用补充可疑营养成分可获得满意的效果，是诊断疾病的决定性依据。选择来自非病区健康动物，用可疑饲料或饮水喂养，并接受病区同样的管理，经一定时间饲喂试验，受试验动物产生的临床症状、血清成分、剖检及组织学变化与自然发生的病例完全一样，补充针对性营养成分，病情迅速好转，从而为建立诊断提供了可靠证据。

4. 动物营养代谢病的防治

动物营养代谢病的防治要点在于加强饲养管理，合理调配日粮，保证全价饲养，根据动物生长发育不同阶段和生产性能等要求，科学搭配营养物质；开展营养代谢病的监测，定期对畜禽进行抽样调查，了解各种营养物质代谢的变动，正确估价或预测畜禽的营养需要，早期发现病畜禽；实施综合防治措施，如地区性矿物元素缺乏，可采用改良植被、土壤施肥、植物喷洒、饲料调换等方法，提高饲料中相关元素的含量。

## 任务二　糖、蛋白质、脂肪代谢障碍疾病

### 一、仔猪低血糖病

仔猪低糖血症是仔猪在出生后最初几天内因饥饿致体内贮备的糖原耗竭而引起的一种营养代谢病。其特征是血糖显著降低，血液非蛋白氮含量明显增多，临床上呈现迟钝、虚弱、惊厥、昏迷等症状，最后死亡。本病是一周龄内小猪死亡的主要原因之一，有的猪群死亡率高达25%。

[病因]

仔猪低血糖的病因比较复杂，尚未完全弄清。

(1)仔猪出生后吮乳不足是发病的主要原因。仔猪不能吮乳，如吃奶小猪患有严重的外翻腿、肌痉挛、脑积水、衰弱或母猪子宫内感染引起仔猪先天性疾病；母猪泌乳不足或不能泌乳，例如母猪乳腺炎、无乳症综合征使母猪根本不能泌乳；窝猪头数比母猪乳头数多，在小猪固定乳头后，就有其他小猪始终吃不到奶；管理因素，如产仔栏的下横档位置不适当，使小猪不能接近母猪乳房。

(2)仔猪患有先天性糖原不足，同种免疫性溶血性贫血，消化不良等是发病的次要原因。环境寒冷或空气湿度过高使机体受寒是发病的诱因。

[症状]

本病大多于生后1～3 d内发生，开始有一头或数头不吃乳，四肢软弱无力，卧地不起，感觉迟钝或消失。有些猪虽能行走，但步态蹒跚，有的甚至呈犬坐姿势，呼吸加快，心跳次数减少至80次/min，可视黏膜苍白或变暗，体温下降至36℃以下。卧地仔猪不时发出微弱的叫声，眼球移动缓慢，四肢伸直划动，肌肉震颤，抽搐，角弓反张。最后昏迷、瞳孔散大，数小时内迅速死亡。本病的死亡率很高，甚至高达100%。一窝里有一只发病，其余仔猪则相继发病，可于半天内全部发病死亡。血清钙、磷和酮体含量正常，血糖浓度极度下降，血中非蛋白氮、尿素氮浓度升高。

[诊断]

根据仔猪突然发生衰弱、昏迷、血糖降低的临床症状以及仔猪注射葡萄糖疗效显著等即做出诊断。但应与新生仔猪其他疾病如细菌性败血症、病毒性脑炎、伪狂犬病、李氏杆菌病、链球菌感染等相区别。其中血糖浓度降低、体温下降两项，与上述疾病完全不同。

[防治]

临床多用10%～20%葡萄糖液20 mL腹腔注射，3～4次/d，连用2～3 d，效果很好。对轻症的可灌服(饮)葡萄糖水，10～25 g/d。同时，还应注意进行保温，特别是冬春气温低时更应如此，否则疗效不佳。消化不良时，可内服胃蛋白酶、胰酶、淀粉酶各等份，剂量为1.5 g/d。

[预防]

加强对妊娠母猪的饲养管理，注意供给全价饲料，以保证母体在妊娠期供给胎儿足够的营养，且生后能分泌量多、质优的乳汁。新生仔猪喂奶要早，间隔时间不能过长，这对预防本病的发生关系重大，对出生后体弱及母乳少的仔猪应及时进行人工哺乳。已发现有低血糖症表现的同窝或同群仔猪，应给予内服

葡萄糖水或白糖水。冬天要注意保温，有条件者可用红外线灯照射，使圈舍温度维持在 35℃左右。

## 二、奶牛酮病

奶牛酮病是由于奶牛体内碳水化合物及挥发性脂肪酸代谢紊乱所引起的一种全身性功能失调的代谢性疾病。其特征是血液、尿、乳中的酮体含量增高，血糖浓度下降，消化机能紊乱，体重减轻，产奶量下降，间有神经症状。本病多发生于产后 3 周内，各胎龄母牛均可发病，但以 3～6 胎产乳量高的母牛发病最多，无明显的季节性，冬春发病较多。

［病因］

奶牛酮病涉及的病因复杂，主要与下列因素有关。

(1)原发性营养性酮病。即饲料供应过少，饲料品质低劣、饲料单纯，日粮处于低蛋白、低能量的水平下，致使母畜不能摄取必需的营养物质。也称为消耗性酮病。

(2)自发性酮病。指按正常饲养方式饲喂，日粮处于高能量、高蛋白的条件下，这种在饲料充足而又高产的奶牛发生的酮病，在生产中常发生于分娩后 1～8 周内的高产母牛，开始呈亚临床酮病，或随后痊愈，或发展为临床型酮病。其发生可能与机体消化代谢机能障碍有关，即不能使摄入的充足的碳水化合物转变为葡萄糖所致。

(3)继发性酮病。奶牛由于患前胃弛缓、创伤性网胃炎、真胃移位、胃肠卡他、子宫炎、乳腺炎及其他产后疾病，往往引起母牛食欲减退或废绝，不能摄取足够的食物，机体得不到必需的营养所致。

(4)食物性或生酮性酮病。饲料性质能引起酮病的发生。当供给含丁酸多的饲料，所含丁酸经瘤胃壁或瓣胃壁吸收后引起发病。青贮饲料比干草含生酮物质要多，而由多汁饲料制成的青贮料含生酮物质高于其他青贮料。

［症状］

临床型酮病常在产后几天至几周内出现，以消化紊乱和神经症状为主。患畜突然不愿吃精料，喜舔食垫草和污物，粪便干燥，表面被覆黏液，迅速消瘦，体况下降。精神沉郁、凝视，步样不稳并伴有轻瘫症状，大型乳牛场常呈群发。乳山羊酮病神经症状明显，常与脑炎或脊髓挫伤相混淆。产乳量迅速下降，乳脂含量升高，乳汁易形成泡沫，类似初乳状。尽管病牛不吃，但产乳仍持续进行，机体失水现象明显。临床综合征的严重程度与血中酮体含量成正比。病牛呼出气中也有明显的酮臭味，乳经加热酮臭更加明显。有些病牛嗜睡，常处于半昏睡状态。但也有少数病牛狂躁或激动，表现转圈、摇摆、感觉过敏，视力减弱，强迫运动，常无目的地吼叫，这些症状间断发生，每次持续 1～2 h，间隔 8～12 h 重又出现。尿色浅黄，易形成泡沫。呼吸减慢，心跳徐缓。乳产量急剧降低，常伴有子宫内膜炎，使休情期延长，繁殖机能减退。

各种年龄牛均可发生，但有随胎次而增加的趋势。3 胎以上的牛隐性酮病发生率较高。产后一个月内最易发生。隐性酮病牛开始血糖浓度下降不明显，随之尿酮浓度升高，然后才有血酮浓度升高。

［诊断］

临床型酮病主要根据本病发生于围产期，低血糖、高血酮并伴有食欲骤减，乳产量急剧下降和神经症状等不难作出诊断。亚临床酮病诊断主要根据血、乳中酮体浓度升高，乳产量逐渐下降，多于产后 6 周内发生，并可持续 3 周，伴有体重下降现象而作出诊断。继发性酮病虽有血，尿中酮体浓度升高现象，但这些病多有其自身的特点，用高糖治疗仅有部分效果，只要原发病未根除，仍可反复出现血、尿、乳酮体浓度升高。

原发性酮病除因脂肪肝生成恢复较慢外，一般预后良好，而继发性酮病在根治原发性疾病过程中，“酮症”可随之消失。

［治疗］

在临床上采用药物治疗和减少挤乳次数相结合的方法可取得良好的效果。大多数病例，通过合理的治疗可以痊愈。本病治疗的原则是补充体内糖的不足，提高酮体利用率，但对严重病例效果较差。

(1)补糖疗法。静脉注射 50%葡萄糖 500～100 mL，对大多数病畜有效。因一次注射造成的高血糖是暂时性的，其浓度维持仅 2 h 左右，所以应反复注射，如加 5%氯化钙 200～300 mL 可加速治愈。

(2)激素疗法。应用促肾上腺皮质激素 ACTH 200～600 IU，一次肌内注射。肾上腺糖皮质激素类可的松 1 000 mg 肌内注射对本病效果较好，注射后 40 确 h 内，患牛食欲恢复，2～3 d 后泌乳量显著增加，血糖浓度增高，血酮浓度减少。

(3)其他疗法。对神经性酮病可用水合氯醛内服，首次剂量为 30 g，随后用 7 g，2 次/d，连服数日。提高碱贮，解除酸中毒，可用 5%碳酸氢钠液 500～1 000 mL，一次静脉注射。为了促进皮质激素的分泌，可以使用维生素 A，每千克体重 500 IU，内服；维生素 C 2～3 g，内服。防止不饱和脂肪酸生成过氧物，以增加肝糖量，可用维生素 E 1～2 g，一次肌内注射，或 7 g，口服，连服 2～3 d。为加强前胃消化机能，促进食欲，可灌服人工盐 200～250 g 和酵母粉 500 g；维生素 $B_1$ 20 mL，一次肌内注射。酮病病牛可疑与辅酶 A 缺乏有关，可使用辅酶 A 的前体——半胱氨酸 750 mg，静脉注射，每隔 1～3 d 静脉注射 1 次，连续注射 3 次。中药处方，当归、川芎、砂仁、赤芍、熟地、神曲、麦芽、益母草、广木香各 35 g，研末，开水冲调灌服，每日或隔日一次，连服 3～5 次，对增进食欲，加速病愈效果较好。

[预防]

对高度集约化饲养的牛群，要严格防止在泌乳结束前牛体过肥，全泌乳期应科学地控制牛的营养投入。在为催乳而补料之前这一阶段，能量供给以能满足其需要即可。在产前 4～5 周应逐步增加能量供给，直至产犊和泌乳高峰期，都应逐渐增加。在增加饲料摄入过程中，不要轻易更换配方，即使微小的变化也会影响其适口性和食欲。随着乳产量增加，用于促使产乳的日粮也应增加。浓缩饲料应保持粗料和精料的合理比例。其中精料中粗蛋白含量不超过 16%～18%为宜，碳水化合物应以磨碎玉米为好，因它可避开瘤胃发酵作用而被消化，并可直接提供葡萄糖。在达产乳高峰期时，要避免一切干扰其采食量的因素，要定时饲喂精料，同时应适当增加乳牛运动。不要轻易改变日粮品种，尽管粗略分析如粗蛋白、能量含量一样，但因配方组成或饲料来源不一样，可促进酮病发生。在泌乳高峰期后，饲料中碳水化合物可用大麦等替代玉米。应供给质量优良的干草或青贮饲料。质量差的青贮饲料因丁酸含量高，不仅口味差，而且缺乏生糖先质，还可直接导致酮体生成，应予以避免。此外，在酮病的高发期喂服丙酸钠(每次 120 g，2 次/d，连用 10 d)，也有较好的预防效果。

## 三、黄脂病

黄脂病是一种以脂肪组织严重炎症和脂肪细胞内沉积蜡样质色素为特征的营养性疾病。多发于猪、水貂、猫等，各种年龄都可发生，但只有在屠宰或剥皮时才被发现。

[病因]

饲料中不饱和脂肪酸含量过高，同时维生素 E 或其他抗氧化剂缺乏所致。猪用变质的鱼粉、鱼肝油等下脚料或鱼类加工时废弃物、蚕蛹等饲喂，易发生黄脂病。饲喂比鲑鱼、鲱鱼等副产品最危险，因为这些鱼体内脂肪中 80%是不饱和脂肪酸。饲喂含天然黄色素的饲料，如胡萝卜、黄玉米、南瓜等，有时也发生黄脂病。本病的发生也可能与遗传因子有关，过度肥胖的幼猫容易发病。

[症状]

猪生前难判断，常见被毛粗乱，倦怠，衰弱，黏膜苍白，食欲减退，增重缓慢。严重病例呈现低色素性贫血。剖腹后皮下可闻到一股腥臭味，加热时或炼油时异味更明显，体内脂肪呈黄色或淡黄褐色。小水貂断乳后不久即可发病，精神委顿，目光呆滞，食欲下降，有时便秘或下痢，粪便逐渐由白色变成黄色以至黄褐色，被毛蓬松，不爱活动。有的表现特征性不稳定的单足跳，随后完全不能运动，严重时后肢瘫痪。如在产仔期常伴有流产、死胎，胎儿吸收和新生仔孱弱，易死亡。在生皮时期，幸存的病貂黄色脂肪沉积，并出现血红蛋白尿。

[诊断]

根据尸体剖检、皮下和腹腔脂肪呈典型的黄色、黄褐色，肝脏呈土黄色，有的还有脂肪坏死者不难作出诊断。但临诊需与黄脂炎和黄疸相区别。

黄脂仅皮下、网膜、肠系膜、腹部脂肪呈黄色。遇冷后褪色，水煮后又可恢复为淡黄色，一般无异味，或有点如煮玉米揭锅时的气味。黄脂病与黄脂炎相似，一般都有鱼腥臭味，尤其是因吃鲜鱼或蚕蛹的猪肉，加热后更明显，镜检可见脂肪组织间有类蜡质黄色颗粒。黄疸因受病原微生物侵袭或毒物中毒，大量出血或因胆汁排泄受阻所致，不仅脂肪显黄色，而且可视黏膜、多种组织、关节液等均呈黄色，加热后颜色减退，由橙色变为淡黄色，接触空气氧化以后颜色变深，如取脂肪少许用50%酒精震荡抽提后，在滤液中加 10～20 滴浓硫酸，显绿色者为黄疸，继续加酸和加热，可显蓝色。

[防治]

调整日粮成分，日粮中富含不饱和脂肪酸的饲料应除去或限制在10%以内，并至少在宰前1个月停喂。日粮中添加维生素 E，猪每头 500～700 mg/d，水貂 0.25 mg/d，或加入 6%的干燥小麦芽、30%米糠，也有预防效果。

## 四、家禽痛风

家禽痛风是由于蛋白质代谢障碍或肾脏受损导致尿酸盐在体内蓄积的营养代谢障碍性疾病。临床上以病禽行动迟缓，腿、翅关节肿大，厌食，跛行，衰弱和腹泻为特征。其病理特征是血液中尿酸盐水平增高，家禽痛风可分为内脏型和关节型。内脏型痛风是指尿酸盐沉积在内脏器官表面(图 1-6-1)；关节型痛风是指尿酸盐沉积在关节腔及其周围。本病多发于鸡、火鸡、水禽、鸽子等也可发生。

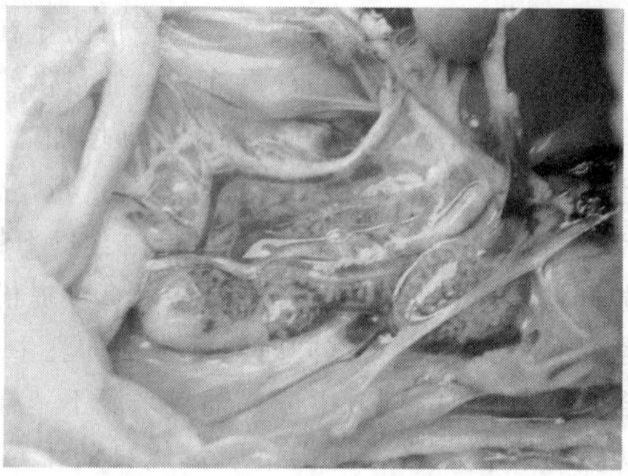

图 1-6-1　鸡肾脏尿酸盐沉积

[病因]

家禽痛风的致病因素很多，能使尿酸生成过多或排泄障碍的因素均可导致本病的发生。

(1)尿酸盐生成过多：大量饲喂富含核蛋白和嘌呤碱的蛋白质饲料，可产生过多尿酸盐这类饲料有动物内脏（肝、肠、脑、肾、胸腺、胰腺）、肉屑、鱼粉、大豆、豌豆等，饲料中粗蛋白含量超过 28%导致本病的发生。

(2)肾脏损伤导致尿酸排泄障碍：传染性支气管炎病毒、传染性法氏囊病毒等病原微生物可引起肾脏损伤，磺胺类药物中毒可引起结晶尿和肾损伤；饲料中某些重金属如铬、镉、铊等蓄积在肾脏可引起肾脏结构和功能的损伤；霉菌毒素如黄曲霉毒素等可直接损伤肾脏，维生素 A 缺乏时致肾小管和输尿管上皮细胞代谢障碍，导致尿酸排泄受阻，而引起高尿酸血症和内脏型痛风。

(3)与遗传因素有关：在某些品系的鸡中，存在着痛风的遗传易感性。有些研究者还从关节型痛风的高发鸡群中选育出了一些遗传性高尿酸血症系鸡。

(4)诱因：年老，纯品系，运动不足，受凉，孵化时湿度太大，都可促进痛风的发生。

[症状]

临床上以内脏型痛风为主，而关节型痛风较少发生。

内脏型痛风：主要是营养障碍，病禽的胃肠道紊乱症状明显，腹泻，粪便白色，厌食，衰弱，贫血，有的突然死亡。血液中尿酸水平增高。

关节型痛风：一般呈慢性经过，病鸡食欲降低，羽毛松乱，多在趾前关节、趾关节发病，也可侵害腕前、腕及肘关节，关节肿胀，初期软而痛，界限多不明显，中期肿胀部逐渐变硬，微痛，形成不能移动或稍能移动的结节，结节有豌豆大或蚕豆大小。病后期，结节软化或破裂，排出灰黄色干酪样物，局部形成出血性溃疡。病禽往往呈蹲坐或独肢站立姿势，行动困难，跛行。

[诊断]

根据病因、病史和临床特征及病理变化可作出诊断。必要时采集病禽血液检测尿酸含量，或采集腿、肢肿胀处的内容物作显微镜观察，见到尿酸盐结晶，可进一步确诊。确诊。但应与关节型结核、传染性滑膜炎相区别，如关节液中有针状和禾束状晶体或放射形晶柱者则为痛风。

［治疗］

尚无特效疗法，主要是防止高尿酸血症和促进尿酸盐排出，可试用阿托方 0.2～0.5 g/kg，2 次/d，口服；但伴有肝、肾疾病者禁用。也可试用嘌呤醇 10～30 mg/kg，2 次/d，口服。

［预防］

根据家禽生长发育和生产需要，合理调配饲料，不宜过多饲喂动物性蛋白饲料，控制鸡饲料中粗蛋白的含量在 20%左右，减少动物性下脚料供给，禁止用动物腺体组织饲喂，调整日粮中钙磷比例，添加维生素 A，均有一定的预防作用。种鸡饲料中掺入沙丁鱼或牛粪（含维生素 $B_{12}$）饲喂，可防止痛风发生。笼养鸡增加运动可降低本病的发病率。

## 五、禽脂肪肝综合征

家禽脂肪肝综合征是由于高能低蛋白日粮引起的以肝脏发生脂肪变性为特征的家禽营养代谢性疾病。临床上以病禽肥胖，产蛋减少，功能障碍或肝破裂、出血（图 1-6-2）而死亡为特征。该病主要发生于蛋鸡的产蛋高峰期。

1953 年在美国发生，我国浙江、甘肃、青海、陕西、江苏等省陆续有鸡鸭发病的报道，发病鸡群产蛋率比正常低 20%～30%，死亡率仅为 2%左右。

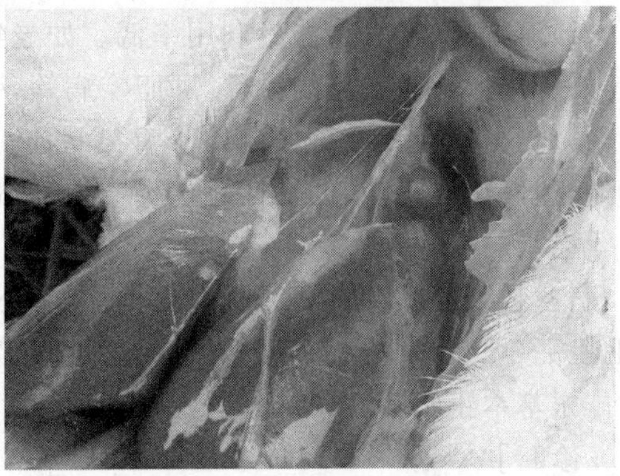

图 1-6-2　鸡脂肪肝出血

［病因］

与饲养管理、遗传、环境因素以及有毒物质损害等因素有关。

(1)饲料是导致发病的主要因素，包括高能低蛋白日粮及其采食量过大，高蛋白低能饲料造成脂肪的蓄积，胆碱、含硫氨基酸、维生素 B 和维生素 E 缺乏，使肝内脂蛋白的合成和运输就发生障碍，饲料发霉变质及其毒素易使肝受损而致肝功能障碍和脂蛋白的合成减少，从而导致肝代谢障碍和脂肪的沉积甚至引起肝出血。

(2)遗传因素对该病的发生有重要作用。

(3)脂肪肝的发生与肝细胞脂质过度氧化有关。

(4)某些药物和化学毒物均可引肝损伤而导致起脂肪肝。

(5)运动不足可促进脂肪的沉积而发生此病。

(6)各种应激刺激如高温、突然停电、惊吓等可促进本病的发生。

［症状］

病初无特征性症状，只表现过度肥胖，其体重比正常高出 20%，尤其是体况良好的鸡、鸭更易发病，常突然暴发死亡。发病鸡、鸭全群产蛋率减少，有的停止产蛋。喜卧、腹下软绵下垂，冠和肉髯褪色、甚至苍白。严重者嗜睡，瘫痪，体温 41.5～42.8℃，进而肉髯、冠及爪变冷，一般从发病到死亡 1～2 d。严重脂肪肝综合征治愈率低，预后不良。

［诊断］

根据病因，发病特点以及特征性病理变化，一般可作出诊断。但应与脂肪肝和肾综合征相鉴别，后者主要发生于肉仔鸡，肝和肾均有肿胀，多死于突然嗜睡和麻痹。

［治疗］

本病无特效疗法，一般在饲料中加入氯化胆碱，剂量为 22～110 mg/kg，连用 7 d，有一定效果。也可在每吨日粮中添加氯化胆碱 1 000 g，维生素 E 10 000 IU，维生素 $B_{12}$ 12 mg，肌醇 900 g，连续喂 10～15 d。

［预防］

调整饲料结构，降低日粮中的能量，增加蛋白质含量，特别是含硫氨基酸，或通过限制饲养来控制家禽对能量的摄入量，以减少脂肪肝综合征的发生；在饲料中添加胆碱、肌醇、甜菜碱、蛋氨酸、维生素 E、维生素 $B_{12}$、锰和亚硒酸钠等；加强饲养管理，不喂发霉变质的饲料；适当控制光照时间，保持舍内环境安静，温度适宜，尽量减少噪音、捕捉等应激因素，对防止脂肪肝综合征亦有较好的效果。

## 六、营养性衰竭症

营养性衰竭症是因营养物质摄入不足或能量消耗过多所致的一种慢性进行性消瘦疾病。临床特征是消瘦、体温下降、各器官功能低下，如反射迟钝，胃肠蠕动减弱，脉搏少而无力等。各种家畜均可发生，多见于老龄、过役和利用过度的高产奶牛和奶羊。

［病因］

引起本病的原因：

(1)营养物质供给不足。如饲料粗、老、干、硬，甚至霉烂变质，缺乏青绿饲料，地区性缺钴或缺锌，引起动物体内微生物区系发育紊乱和食欲下降，维生素 $B_{12}$合成不足，营养成分不足，是产生本病的主因。

(2)消化吸收障碍，能量利用率低。如老年动物因牙齿功能不好，咀嚼障碍或长期前胃弛缓，慢性腹泻。如肝片形吸虫引起的拉稀，肝胆疾病等，引起营养物质吸收障碍。

(3)能量损耗太大。长期处于重役状态，补饲不足，慢性消耗性疾病如锥虫病、肝片吸虫病、猪肺丝虫、猪瘟、仔猪白痢病、创伤性心包炎等，对能量消耗过多，补充不足就可致本病。

［症状］

病畜骨架显露，肋骨可数，眼球内陷，步态蹒跚，起立艰难以至卧地不起。牛体温大多在 37℃以下，被毛粗乱、无光泽，皮肤干燥多屑，弹性下降，黏膜呈淡白红色以至苍白、淡黄或发绀不等。食欲、反刍、排粪、排尿基本正常，饮水减少。

［诊断］

依据极度消瘦，久卧不起、体温下降、各器官功能低下等特征性症状，不难作出诊断。但应注意对原发性病因进行诊断，如慢性传染病、寄生虫病等。

［治疗］

本病治疗原则是维护水和电解质平衡，增加血容量，改善血浆内胶体渗透压，补充能量，促进机体同化作用，加强营养，改善管理。但本病治疗拖延时间较长，疗效不甚明显，死亡和淘汰率均比较高。

轻型病例经补糖、补钙和强心后，体况大多改善。中型病例首先用 0.9％氯化钠注射液、5％葡萄糖注射液，纠正水与电解质不平衡。随后用 10％～25％葡萄糖、维生素 C、配合氯化钙 5～10 g，慢速静脉滴注，可肌内注射三磷酸腺苷 150～200 mg，以促进糖的利用。为纠正低蛋白血症，给予右旋糖苷 2 000～3 000 mL，复方氨基酸 1 000 mL 静脉注射。体质稳定后，可考虑用苯丙酸诺龙或丙酸睾丸酮，小量多次肌内注射，促进同化作用，前者 80～120 mg，后者 150～250 mg，3～5 d 1 次。甘油磷酸钙，6～10 g/d，灌服。对脾胃虚弱、转归困难的牛，可加喂中药。

［预防］

加强护理，减少散热，体表盖以棉絮，注意厩舍保温，给予青绿、多汁、易消化的饲草料，如胡萝卜、大白菜叶等，病牛不能起立时，应勤翻身，并垫以厚干草，或用吊器辅助站立，如能站立，则需人工辅助步行，活动筋骨，促进肢端以至全身血液循环。对继发引起的衰竭症，则应针对原发性病因治疗，如驱虫、抗炎治疗等。

加强饲养管理，喂给足量的营养丰富的草料，给予合理劳役，秋冬季节注意复膘和保膘。外地购进动物，应了解当地饲养、使役习惯，逐步过渡，同时应注意补给牛易缺少的微量元素钴、铜、锌等，定期驱虫，及时治疗原发病是预防本病的关键。

## 任务三　矿物质代谢障碍疾病

### 一、佝偻病

佝偻病是生长期的幼畜或幼禽由于维生素D缺乏或钙、磷代谢障碍所致的骨营养不良，临床上以消化紊乱、异嗜癖、跛行及骨骼变形等为特征。本病常见于犊牛、羔羊、仔猪、幼犬和幼禽。

[病因]

饲喂缺乏维生素D的饲料；钙磷不足，或两者都缺乏，或比例失调；长期腹泻，慢性肝、胆疾病，使维生素D的吸收、转化受阻；饲料中锶、铍含量较高，可抑制肝、肾内羟化酶活性，从而导致维生素D活性化受阻；日光照射不足等，都可导致维生素D缺乏。此时，机体对钙、磷的吸收减少，随粪尿排出的钙、磷增加，导致血清钙、磷的水平降低，焦磷酸酶、成骨细胞及破骨细胞的活性降低，故使磷酸钙难以在骨间质中沉积而不能将骨基质转化为骨质，发生佝偻病。

[症状]

早期呈现食欲减退，消化不良，精神沉郁，然后出现异嗜癖。病畜经常卧地，不愿起立和运动。发育停滞，消瘦，下颌骨增厚和变软，出牙期延长，齿形不规则，齿质钙化不足，常排列不整齐，齿面易磨损，不平整。严重的犊牛和羔羊，口腔不能闭合，舌突出，流涎，吃食困难。最后在面骨、下颌骨以及躯干、四肢骨骼出现变形，间或伴有咳嗽、腹泻、呼吸困难和贫血。犊牛低头，拱背，站立时前肢腕关节屈曲，向前方外侧凸出，呈内弧形，后肢附关节内收，呈“八”字形叉开站立，步态僵硬。腕关节、跗关节和肋骨软骨联合部串珠状肿胀。严重时躺卧不起。仔猪常跪地，发抖，后期由于硬腭肿胀，口腔闭合困难。幼雏和青年小鸡胸骨由于长期躺卧而被压薄，呈“S”状弯曲，大腿和胸肌萎缩，鸡喙变软和弯曲变形。幼犬表现为前肢变形（图1-6-3），四肢萎软无力。X线检查表现普遍性骨质疏松，骨质密度降低，骨皮质变薄，骨小梁稀疏粗糙，甚至消失，负重骨骼弯曲变形，骨干骺端膨大，呈杯口状凹陷，早期钙化带模糊不清，甚至消失。

图1-6-3　小狗前肢O形腿

[诊断]

根据发病动物的年龄、饲养管理条件和骨骼变形、异嗜、生长发育障碍等特征性临床症状，再结合血清钙磷含量和碱性磷酸酶活性的测定及X线检查等综合分析，基本上可作出诊断。但临床上应与风湿性关节炎、慢性氟中毒、铜缺乏症、衣原体病和丹毒性关节炎等进行鉴别。

[防治]

补充维生素D和应用钙磷制剂。常用鱼肝油、浓缩维生素D油、鱼粉等。犊牛、羔羊、仔猪、幼犬猫、驹等可肌内注射，禽类通过饲料饲喂。同时每天应保证有充足的阳光或紫外线的照射。补充钙磷可选用维丁胶性钙、葡萄糖酸钙、磷酸二氢钠等，或在饲料中添加乳酸钙、磷酸钙、氧化钙、磷酸钠、骨粉、鱼粉等。

预防本病的关键是供给全价营养，注意适宜的钙磷比例，补充充足的维生素D和增加光照。

### 二、骨软病

骨软病是由于钙磷代谢紊乱而发生的以骨质脱钙、骨质疏松和骨骼变形为特征的一种骨营养不良。临床特征是消化紊乱，异嗜癖，跛行，骨质软化及骨变形。本病主要发生于成年牛和绵羊，猪等动物。

［病因］

饲料和饮水中的钙、磷或维生素D缺乏、或钙磷比例不当是引起本病的主要原因；动物患有慢性肝脏疾病和肾脏疾病，可影响维生素D的活化，从而使钙磷的吸收和成骨作用障碍发生钙化不全；日粮中锌、铜、锰等不足也影响骨的形成和代谢；饲料和饮水中含有钙的颉颃因子可影响钙的吸收和骨骼的代谢；此外草酸、锶等对钙的吸收也有颉颃作用。

［症状］

骨软病在临床上呈慢性经过，各种动物骨软病的症状基本相似，首先表现为消化机能紊乱，异嗜，以后出现运动障碍和骨骼变形、牙齿磨损较快等。

图 1-6-4　病羊脊柱明显弯曲

反刍动物表现消瘦，异嗜，被毛粗乱，站立姿势异常，四肢交替负重，跛行，步态僵硬，严重者不能站立，椎骨、盆骨和肋骨等容易骨折变形(图 1-6-4)。奶牛骨骼变形后呈现特殊的“拉弓射箭”姿势；后蹄壁龟裂，胸廓扁平，有的弓背、凹腰、斜尻。病牛发情延迟或持久性发情，受胎率降低，发生流产、难产和胎衣不下。随着病情的加重，四肢长骨出现变形，容易骨折，且骨折后不易愈合。

肥育猪生长发育受阻，易骨折。怀孕后期和泌乳期可引起后肢麻痹。

产蛋高峰期和高产的鸡，最初表现为产薄壳蛋、软蛋、蛋壳质量下降，破损率增高，产蛋量急剧下降和停产，种蛋的孵化率降低。病鸡精神沉郁、食少，鸡冠色淡，喜食蛋壳，腿软无力，重症病例有时不能站立，行走时像企鹅样，群养时可能会被其他鸡踩死。

本病一般发生缓慢，病程较长，数周、数月不等，有的历时1年以上，如能早期发现并进行适当的治疗，多数可以痊愈。如果已发生骨骼变形，则可控制病情，但很难完全康复。

［诊断］

本病可根据饲料分析，乏困无力，四肢负重能力降低，无外科原因的跛行，骨骼变形，牙齿磨损，X线检查，血液碱性磷酸酶活性测定等可作出诊断。但应与风湿症、关节炎、慢性氟中毒、蹄部疾病等进行鉴别诊断。血清中的游离羟脯氨酸浓度在动物未出现临床症状和骨骼变形前就明显升高，因此可作为早期诊断和检测指标。

［防治］

治疗原则为改善饲养管理，在供给全价饲料的基础上，要补充钙磷和维生素D，无论是高钙低磷还是高磷低钙，或是两者都缺乏，用骨粉和脱氟磷酸氢钙等治疗都是非常有效的。根据病因可灵活选用适当的治疗方法，如是高钙低磷饲料引起，则可给予磷酸二氢钠，如是低钙高磷饲料引起，则在补给骨粉的同时适当静脉注射氯化钙或葡萄糖酸钙。为促进钙磷的吸收和成骨作用，可肌内注射维生素D，或维生素A、维生素D，特别是在我国北方大部分地区的冬季更为重要，也可内服鱼肝油。

根据动物不同生理阶段对矿物质营养的需要，及时调整饲料中钙磷比例及维生素D含量是预防本病的关键。有条件的可实行户外晒太阳和适当运动。

## 三、异食癖

异食癖是由于多种营养物质缺乏及其代谢障碍所致的味觉异常综合征。其临床特征为舐嚼、啃食无营养价值的东西，其中包括沙土、粪尿、煤渣、毛发、塑料、铁片等等。多发生在饲料单纯、营养不全的冬、春季节。

［病因］

本病发生的原因多样，具有畜(禽)种类差异性。

(1)矿物质、微量元素缺乏：特别是钠、铜、钴、锰、钙、硫、锌等的缺乏。

(2)维生素的缺乏：如维生素 A 和 B 族维生素缺乏尤为明显。

(3)某些蛋白质或氨基酸的缺乏：由于蛋白质缺乏，动物对蛋白质类物质需求增加，临床常出现如猪吃胎衣或胎儿，鸡啄肛癖和食毛癖等。

(4)环境因素：如断乳，更换环境等。

［症状］

一般先出现消化不良症状，随后出现味觉异常和异嗜现象。患畜多以消化不良，食欲不振及反刍家畜反刍减少开始，接着出现味觉异常和异食症状，舐食、啃嚼被粪便污染的饲草和垫草，啃食饲槽、墙壁、砖瓦块、煤渣、破布、塑料、毛发等。异食开始时易受惊，对外界敏感，以后迟钝，皮肤干燥，被毛蓬乱无光泽，弓腰，磨牙，畏寒颤抖，口腔干燥，便秘或拉稀，贫血，渐进性消瘦，终因衰竭而死亡。

［诊断］

根据病史调查（日粮组合）和临床症状（消化紊乱、异嗜、）可作出初步诊断。

［防治］

调整日粮配方，多喂青绿饲料。饲料中添加多维矿物质。预防本病首先要加强饲养管理，给予全价饲料，尤其应注意蛋白质、维生素和矿物质的含量和比例；同时，供给充足饮水，保持舍内通风、采光合理，搞好环境卫生，定期驱除体内外寄生虫，减少应激反应发生。

治疗应对症用药。如钴缺乏时可内服氯化钴，牛、马每次 20～40 mg，羊 3～5 mg，1 次/d。钙缺乏时内服氯化钙，羊 5～10 g/d。另外，在春季多喂青草、青干草，补充谷芽、麦芽、酵母等含维生素高的饲料，并保证日粮中色氨酸的有效供给，对防止本病均有好的效果。

## 四、自咬症

自咬症是发生于成年动物的以嗜食被毛成癖为特征的营养缺乏性疾病，我国许多地方均有该病的发生，多散发或呈地方性流行。近年来，獭兔、绵羊、山羊、狐狸、水貂、猫。

［病因］

其病因目前尚未完全明了，一般认为，微量元素缺乏（如 Se、Mn、Zn、Cu、Fe、S 等元素缺乏）、体表寄生虫（如螨病、蚤等）、环境因素（例如通风性差，光照不足，外界噪声的干扰）、其他疾病（如肛囊腺炎、脑炎、肠炎、便秘等）及饲养人员的应激反应有关。

［症状］

发病前主要表现精神紧张，采食异常，易惊恐。发病时病兽或于原地不断转圈，或频频往返奔走于小室之间，狂暴地啃咬自己的尾巴、后肢、臀部等部位，并发出刺耳尖叫声。轻者咬掉被毛、咬破皮肤，重者咬掉尾巴、咬透腹壁、流出内脏。可反复发作，常因外伤感染而死亡。

［诊断］

根据流行病学、主要症状和病变，可做出初步诊断。流行病区土、草、水和病畜被毛矿物元素检测后，如硫元素含量低于正常氾围，并以含硫化合物补饲病羊疗效显著，即可确诊。

［治疗］

本病目前尚无有效的治疗方法，通过查找病因，可进行对因治疗，如补充所缺乏的营养成分（如补饲微量元素、多种维生素添加剂）、驱除体表寄生虫、治疗原发病等；同时针对不同情况进行对症治疗，过度兴奋时可应用盐酸氯丙嗪镇静解痉，对咬伤的要隔离治疗，局部用高锰酸钾、碘酊、消炎粉等作外科处理；保持环境安静，减少刺激；也可早期锯断部分犬齿或用夹板固定头部，使其不能回头自咬，坚持及时处理。药物治疗：复合维生素 B 1 mL、倍福 10～20 mg、烟酰胺 0.5 mL，混合后肌肉或皮下注射。

［预防］

本病的关键在于加强饲养管理，合理调配日粮，保证全价饲养；圈舍笼具经常消毒，定期防疫和驱虫。对毛皮动物自咬症，喂全价饲料，并保证维生素 $B_1$、$B_2$、亚硒酸钠 E 粉、多种维生素和微量元素的供给量，动物性饲料占 45%，玉米面占 45%，豆饼占 6%，酵母占 3%，维生素和微量元素占 1%的日粮，有较好的预防作用。

## 五、硒缺乏症

硒缺乏症是因硒、维生素E缺乏而使机体的抗氧化机能障碍，从而导致骨骼肌、心肌、肝脏、血液、脑、胰腺的病变和生长发育、繁殖等功能障碍的综合征。临床上以白肌病、鸡脑软化症、黄脂病、仔猪肝营养不良、桑葚心和小鸡渗出性素质为特征。各种动物均以幼龄动物发病最多，成年动物通常缺乏明显的临床症状，但在妊娠、分娩、泌乳等应激因素刺激下可诱发临床硒缺乏症。

[病因]

饲料、饮水中硒供给不足是主要原因：一为土壤缺硒，如阴雨过多，使土壤硒大量流失而致饲料的含硒量少；二是条件性缺硒，即土壤中不缺硒，但由于长期饲喂低硒饲料。其次为营养成分不全，蛋白质或某些必需氨基酸、矿物质（钴、锰、碘等）、维生素（A、B、C等）的缺乏或营养物质比例失调等都可诱发硒缺乏症；此外，环境污染，由于大量的工业硫散落在土壤中，从而引起硫、硒比例的失调（硫为硒的拮抗物），使硒缺乏。

[症状]

(1)共同症状。运动机能障碍，背腰拱起，四肢僵硬，运步强拘，共济失调，重者瘫痪；心功不全及休克发作，主要表现为心动过速，心力微弱、心律不齐，休克时呈痉挛、昏迷等神经症状，甚至发生急性心猝死。整体状态的改变及消化紊乱精神不振，食欲下降消瘦，发育受阻，呼吸增数体温正常或降低，黏膜苍白或黄染，有时皮下浮肿常见腹泻或下痢。

(2)不同畜禽的特定表现。

猪：发生于3～5周龄的仔猪。急性病例多为体况良好、生长迅速的仔猪，并常无早期症状而突然抽搐和尖叫数声后死亡。病程长者体温不高（36～39℃），精神沉郁，皮肤、黏膜苍白。食欲废绝，步样强拘，站立困难，常是前腿跪下或犬坐姿势，后期四肢麻痹。心跳和呼吸增数，肺部出现湿啰音及排出红棕色尿液。

犊牛：精神不振，消化不良，共济失调，肌肉发抖。心率高达140次/min，呼吸数多达80～90次/min。部分病例发生结膜炎。排尿次数增多，尿呈酸性反应。最后食欲废绝，卧地不起，角弓反张，心力衰竭和肺水肿而死亡。

羔羊：肌肉乏力，不愿行走，共济失调。心动疾速，高达200次/min以上。呼吸浅而快，可达80～100次/min，腹式呼吸明显。肠音弱，多有腹泻。可视黏膜苍白，有的发生结膜炎，角膜浑浊，甚至失明。少数羔羊出生后即呈现全身衰竭，不能自行起立。

雏鸡：全身软弱无力，贫血，鸡冠苍白。站立不稳，共济失调。两翅下垂甚至发生腿麻痹而卧地不起。头、颈、胸常成片脱毛。胸、腹部皮下结缔组织呈现淡蓝绿色水肿样变化，穿刺即可流出水肿液，这是血液外渗，溶血引起的，即所谓渗出性素质。病雏可于3～4 d死亡，病程最长者可达1～2周。

[诊断]

根据地方缺硒病史、饲料分析、临床特征、病理剖检及应用硒制剂防治取得良好效果做出诊断。

病理剖检：骨骼肌、心肌、肝脏、肾和脑部位均可见色淡似煮肉样，质软易脆，横断面呈灰白色斑纹。心脏扩张（猪），两心室容积增大，横径变宽呈球形。由于沿心肌走向发生出血而呈红紫色，外观似桑葚，故称“桑葚心”。肝的红褐色正常小叶和红色出血性坏死小叶及白色或淡黄色缺血性凝固坏死的小叶混杂在一起。形成彩色多斑的外观（称花肝）。（鸡）小脑发生软化、肿胀、出血、坏死，胸、腹水肿部皮下聚积有淡蓝绿色胶冻样渗出物或纤维蛋白凝结物。腹及股内侧可见不同程度的瘀血斑。

[防治]

常用0.1%亚硒酸钠溶液，仔猪、羔羊1～4 mL，犊、驹5～10 mL，肌内注射，隔15 d注射1次。鸡用1%mg的亚硒酸钠溶液饮水即可。同时配合用维生素E治疗，犊、驹300～500 mg，仔猪、羔羊100～150 mg，肌内注射。鸡在饲料中添加适量维生素E即可。

## 六、牛血红蛋白尿症

血红蛋白尿症是缺磷等非传染性因素所致的以血管内溶血和血红蛋白尿为特征的一种代谢性疾病。临床上血红蛋白尿、贫血、低磷血症和黄疸等。多发生于奶牛和水牛，本病发病率低、但如果抢救不及时，死亡率可达 50％，病愈的牛下次产犊后也可复发。

［病因］

目前认为主要与以下因素有关。

饲料中磷缺乏是重要原因，不论产前发病或产后发病的乳牛，都伴有低磷酸盐血症，但并非所有低磷酸盐血症的母牛都会发生本病，由于妊娠、泌乳等使体内磷的消耗量增加，若此时磷的供给不足就可导致本病的发生。饲喂甜菜及十字花科等植物，破坏红细胞引起血管内溶血性贫血。此外，本病的发生也可能与土壤缺铜有关，铜铁产生巨红细胞低色素性贫血。另外，应激、分娩、泌乳和高产等也是重要的诱因。

［症状］

奶牛：轻症的多在分娩后 2～4 周内突然排出赤褐色或咖啡色的泡沫状血红蛋白尿，同时食欲减少，产乳量降低。随着病情的发展，出现心脏机能不全，如脉搏增数，呼吸迫促等。可视黏膜发绀。反刍、嗳气机能紊乱，瘤胃蠕动减弱。全身性消瘦、虚弱，体温无明显变化。重症病例，可视黏膜明显苍白并黄染，脉搏细弱、次数增加，可超过 100 次/min，浅表静脉怒张，心搏动亢进，心音增强伴发贫血性的缩期杂音。乳房和四肢末端、耳尖等部位冰凉，呼吸浅表、快速，步态不稳，泌乳明显减少，多数病牛体温降低，粪便干燥、量少。肝区叩诊界扩大并呈现疼痛反应，如不及时治疗病牛迅速虚脱、卧地、衰竭，在 3～5 d 内死亡。

水牛：多为哺乳母牛、妊娠母牛。病初无特征性的先兆症状，只是突然出现红尿，尿的颜色呈红色、暗红色，甚至棕红色，当病情好转时，尿的颜色逐渐变淡。由于血红蛋白尿对肾脏和膀胱有刺激作用，因而发生频尿和排尿疼痛，但每次的排尿量减少。同时发生贫血，黏膜、皮肤等颜色变淡。随着贫血的加重，心跳、呼吸相应的加快、变弱，心脏可听到贫血的缩期杂音。

［诊断］

根据采食低磷饲料或十字花科植物的病史，多数发生在产后，及血红蛋白尿、急性衰弱、贫血、低血磷等临床症状及补磷后病情好转等即可作出诊断。但应与血尿及其他溶血性疾病如巴贝斯虫病、钩端螺旋体病等进行鉴别诊断。

［治疗］

在除去致病因素（如低磷饲料、十字花科植物等）的前提下，主要是采用相应的措施提高血磷浓度。应用磷制剂有良好的效果，常用的磷制剂主要是 20％磷酸二氢钠溶液，300～500 mL，静脉注射，每隔 12 h 注射一次，连续使用 2～3 次。也可补充含磷丰富的饲料，如骨粉、豆饼、麸皮、花生饼、米糠等。还应及时补充维生素 A 和复合维生素 B，特别是与造血有关的叶酸、维生素 $B_{12}$ 等。对于重症病例，采用输血疗法是挽救重型病牛的最有效措施，重度贫血的病牛要迅速输血，有条件的可采用少量多次输血。为了补充血容量及保证能量供应，应用复方生理盐水、5％葡萄糖、葡萄糖生理盐水等静脉注射，剂量为 5 000～8 000 mL，同时口服造血物质铁、铜、钴等。

［预防］

限制过多饲喂十字花科植物如甜菜、油菜、甘蓝等含磷少饲料。有条件的可将这些饲料青贮以减少其中皂甙的含量，同时补给含磷高的饲料，如麸皮、米糠、骨粉等，特别是在泌乳和产犊前后。

# 任务四　维生素缺乏症

## 一、维生素 A 缺乏症

维生素 A 缺乏症是由于动物体内维生素 A 及胡萝卜素不足或缺乏所引起的一种营养代谢疾病。临床上以生长缓慢、上皮角化、夜盲症、繁殖机能障碍以及机体免疫力低下等为特征。各种动物均可发生，主要见于犊牛、幼禽。

［病因］

长期饲喂缺乏维生素A和胡萝卜素的饲料，饲料中维生素A和胡萝卜素被破坏，肝脏疾患和慢性消化道疾病致维生素A的吸收障碍，妊娠和哺乳期母畜以及生长发育快速的幼畜，对维生素A的需要量增加，可引起维生素A相对缺乏，日粮中蛋白质、中性脂肪、维生素E缺乏及胃肠道酸度过大能影响体内胡萝卜素的转化和维生素A的储存，动物饲养管理条件不良，寒冷、潮湿、通风不良，过度拥挤，缺乏运动以及阳光照射不足等因素都可诱导发病。

［症状］

夜盲症。除猪以外，其他家畜均有夜盲症，在月光或微光下看不见障碍物，而猪即使血浆内维生素A水平非常低，也无夜盲症状。夜盲症对维生素A缺乏症，是一个具有重要诊断意义的症状。

干眼病。具有角膜变厚和混浊的干眼，仅见于犬和犊牛。其他动物，眼流稀薄浆液黏液性分泌物，进而角膜角化、混浊，有时有角膜溃疡，羞明。

皮肤变化。皮肤干燥，被毛蓬乱。在猪可见脂溢性皮炎，但非特异性的变化。

神经症状。由于神经的损伤，主要表现为骨骼肌麻痹，运动机能障碍，失明。在猪和犊牛还可见到颜面麻痹，头颈扭转以及脊柱变曲。

生殖机能变化。公畜的精子数目少，活动力差，母畜则由于胎盘变性，妊娠后易发流产，产出的幼畜多软弱，或产死胎，并常有胎盘停滞现象。

体重变化。多数病畜食欲不振，呼吸增数，营养不良，体重减轻。

由于种属、年龄和受损器官不同，患病动物除上述症状外尚有各自的症状。

犊牛：病初呈夜盲症，后继发干眼病，甚至失明。同时并发唾液腺炎、副眼腺炎、角膜炎、脑脊液压力升高，共济失调，出现阵挛或强直性痉挛发作，或阵发性惊厥。视神经萎缩，亦有呈先天性脑病症状的犊牛。

羔羊：体质孱弱，视力障碍，易患支气管炎和肺炎；死亡率高，有时出现阵发性痉挛和共济失调，后躯瘫痪。

仔猪：视力减弱，皮肤呈湿疹样炎症，呈现共济失调，后肢麻痹和惊厥。外周神经根损伤，致骨骼肌麻痹，有的仔猪出生后呈小眼畸形、腭裂、兔唇或后肢畸形，脑室积水等，很快死亡。存活仔猪生活力弱，腹泻，头偏向一侧，易继发肺炎、胃肠炎、佝偻病。

禽：消瘦，鼻流水样或黏液状鼻液，眼睑黏着，有时被干酪样分泌物积聚。羞明流泪，严重时角膜软化，甚至穿孔失明。特征性变化是口、咽、硬腭、喉有白色伪膜状物附着，但易剥离。母鸡维生素A缺乏所产蛋，孵出的雏鸡经5～7 d开始发病，多出现神经病状，知觉过敏，头颈扭转或呈向后退动作，共济失调，干眼或眼炎。

［诊断］

初生仔畜突然出现神经症状、夜盲，母畜出现流产、死胎、胎儿畸形增多，可怀疑为维生素A缺乏。视神经乳头水肿，眼黏膜涂片检查，角化上皮细胞数量增多。实验室测定血浆肝脏维生素A及胡萝卜素含量明显减少者，可提示诊断。剖检可见唾液腺、喉头、气管内有伪膜生成，可进一步肯定。鉴别诊断应与低镁血症、脑灰质软化症、魏氏梭菌毒素D中毒、伪狂犬病、散发性脑、脊髓炎等相区别。在猪，后肢麻痹现象更常见，但应与伪狂犬病、病毒性脑脊髓炎、食盐中毒、有机砷、有机汞中毒所引起的神经症状相区别。

［防治］

应用维生素A制剂治疗治疗效果明显，剂量是133 μg/kg(440 IU/kg)，皮下注射。对猪、牛效果明显。鸡维生素A用量几乎是猪、牛的3倍，约364 μg/kg(1 200 IU/kg)，注射后脑脊髓液压力于48 h内恢复，眼疾恢复需时较长。

在动物日粮中应添加维生素A，各种动物对维生素A的需要量的规律是妊娠、泌乳、催肥的动物是通常需要量的1倍。按需要量($\mu g/kg$)计,牛 12～24;羊 9～24;猪 12～24;鸡 364～727;鸭、珍珠鸡、火鸡需要量比鸡另增加20%左右。

## 二、维生素B缺乏症

维生素B是一族水溶性维生素,包括 $B_1$(硫胺素)、$B_2$(核黄素)、$B_6$(吡哆醇、吡哆醛、吡哆胺)、烟酸、泛酸、生物素(维生素H)、叶酸(维生素M)、胆碱等,B族维生素在体内主要作为细胞酶的辅酶,催化物质代谢中各种反应,其分布和水溶性都大体相同,但它们之间的化学结构和生理功能是互不相同的。除玉米缺乏烟酸外,B族维生素广泛存在于青绿饲料、酵母、麸皮、米糠及发芽的种子中。B族维生素易从水中丧失,很少或几乎不能在体内贮存,因此,短期缺乏或不足就足以降低体内相应酶的活性,从而影响机体的代谢过程,危害动物健康。反刍动物瘤胃微生物可合成B族维生素,但对年轻的犊牛、羔羊、马驹、非食草动物,当瘤胃或盲肠消化尚未健全时,容易引起B族维生素缺乏,必须经常由日粮供给。

### (一)维生素 $B_1$ 缺乏症

维生素 $B_1$ 缺乏症是由于体内硫胺素缺乏或不足所引起的一种以神经机能障碍为主要特征的营养代谢病。禽、犊牛以及羔羊等幼畜多见,人医则称"脚气病"。

[病因]

长期饲喂缺乏维生素 $B_1$ 的饲料,体内硫胺素合成障碍或某些因素影响其吸收和利用。动物患慢性胃肠病,维生素 $B_1$ 吸收减少可继发硫胺素缺乏。动物的应激、母畜泌乳和妊娠及幼畜生长发育阶段,机体对硫胺素的需要量增加,也容易发生相对性供给不足或缺乏。幼龄动物母乳以及代乳品中维生素 $B_1$ 含量不足或缺乏。另外,饲料中添加吡啶硫胺素可阻断硫胺素向脑的转运,抑制硫胺素的焦磷酸化,使之很快从尿中排出而引起硫胺素缺乏。

[症状]

维生素 $B_1$ 缺乏的主要症状为食欲降低,生长受阻,多发性神经炎等,但因动物品种不同而有一定差异。

反刍动物:食欲下降,运动失调,不能站立,严重腹泻,脱水。因脑灰质软化表现神经症状,如易兴奋,痉挛,四肢抽搐呈惊厥状,倒地后牙关紧闭,眼球震颤,角弓反张。严重者呈强直性痉挛,在12～72 h昏迷死亡。

禽:厌食,消瘦,消化障碍,角弓反张,头向后仰呈"观星状"(图1-6-5);双腿挛缩于腹下,不能站立,鸡冠呈蓝紫色,后期出现强直性痉挛,一般1～2周后衰竭死亡。

图1-6-5 病鸭观星姿势

猪:表现严重的消化不良(呕吐、腹泻),体重降低,心脏衰弱,呼吸困难,黏膜发绀。步态不稳或跛行,严重时肌肉萎缩引起瘫痪。

马:表现衰弱乏力,食欲降低,体重下降,采食、吞咽困难,知觉过敏,心脏衰弱,脉搏疾速且节律不齐,共济失调,不能站立。严重时发生阵发性惊厥,后期昏迷死亡。

犬、猫及貂:病初食欲不振,呕吐,发生胃肠炎和胃肠弛缓时,病情很快恶化而消瘦;体温正常或稍低;贫血,心脏肥大并有缩期杂音,动脉压降低以及水肿等心血管系统功能不全的症状;然后出现中枢神经和外周神经的炎症,导致运动机能障碍,肌纤维震颤,个别肌群麻痹,最后全身麻痹,躺卧,头向后仰,直至死亡。

家兔:肌肉松弛,共济失调,麻痹,抽搐,昏迷而死亡。

[诊断]

根据病史,临床症状(多发性神经炎,角弓反张等),结合病理解剖变化(心肌弛缓、肌肉萎缩、大脑典型坏死病灶等)可初步诊断。血浆和尿液中丙酮酸、乳酸含量增高,硫胺素和辅酶含量降低等可作为辅助诊断的依据。

[防治]

改善饲养管理,调整日粮组成,提供富含维生素 $B_1$ 的全价饲料。

药物治疗:用盐酸硫胺素注射液,按 0.25～0.5 mg/kg 的剂量,肌内注射或静脉注射,但因维生素 $B_1$ 代谢较快,应每 3 h 一次,连用 3～4 d,可有显效。口服维生素 $B_1$,连用 10 d 效果明显。

预防本病主要是加强饲养管理,饲喂富含硫胺素的日粮,根据动物的生理需要及时在日粮中添加或补充硫胺素。

**(二)维生素 $B_2$ 缺乏症**

维生素 $B_2$ 缺乏症是由于动物体内维生素 $B_2$ 不足或缺乏所致的以生长缓慢、皮炎、肢麻痹(禽)、胃肠道及眼损伤为主要特征的营养代谢性疾病。多发于猪和禽类。

[病因]

长期饲喂维生素 $B_2$ 贫乏的日粮,或过度煮熟的饲料,母乳中核黄素含量不足;动物患胃肠、肝、胰等疾病,维生素 $B_2$ 的吸收、转化、利用障碍;长期、大量地使用抗生素或其他抑菌药物,也会造成维生素 $B_2$ 内源性生物合成受阻;应激、妊娠或哺乳母畜,体内代谢旺盛;幼龄动物生长发育过于快速,维生素 $B_2$ 的消耗增多,均会增加核黄素的需要量。若不补充,容易造成缺乏。

[症状]

初期一般呈现精神不振,食欲减退,生长发育缓慢,体重降低。皮肤增厚、脱屑、皮炎,被皮粗糙,局部脱毛。眼流泪,结膜和角膜发炎。动物出现共济失调,痉挛,麻痹,瘫痪等神经症状。同时由于胃肠黏膜受损,表现消化不良,呕吐,腹泻,脱水。

犊牛:表现口角、唇、颊、舌黏膜充血发炎,流涎,流泪,脱毛,腹泻,食欲降低,生长发育缓慢,有时呈现全身性痉挛等神经症状。

猪:妊娠母猪流产、早产或不孕,所产仔猪孱弱,皮炎,腹泻,步态不稳,多卧地不起。幼猪生长缓慢,皮肤粗糙呈鳞状脱屑或脂溢性皮炎,被毛脱落,白内障,步态僵硬,严重者四肢轻瘫

雏鸡:生长迟滞,消化不良,呆立不动。驱赶时共济失调,多以跗关节着地而行,爪内曲,呈"曲爪麻痹症";产蛋鸡种蛋孵化率降低,胚胎发育不全,水肿,羽毛发育受损,出现"结节状绒毛"。

马:结膜炎,羞明,流泪,视网膜和晶状体浑浊,视力障碍。

犬:后肢、腹部发生鳞屑性皮炎,贫血,肌肉无力,眼有脓性分泌物,有的突发虚脱。妊娠母犬胎儿发育异常,出现先天性畸形,如并指(趾)、短肢、腭裂等。

猫:食欲降低,体重减轻,头部被毛脱落,有时出现白内障。

[诊断]

根据病史、临床症状和病理解剖变化即可初步诊断。血液和尿液维生素 $B_2$ 含量降低,红细胞维生素 $B_2$ 水平低于 0.039 9 μmol/L,有助于本病的诊断。本病应与狂犬病、马立克氏病、维生素 A、$B_3$、$B_5$ 缺乏症相鉴别。

[防治]

首先应调整日粮组成,增加富含核黄素的饲料。

药物治疗,应用维生素 $B_2$ 混于饲料中,雏禽饲料中应含 4 mg/kg,产蛋禽给予 5～6 mg/kg,鹅、鸭、大鸡给予 6 mg/kg。仔猪 5～6 mg/头,犊牛 30～50 mg/头,大猪 50～70 mg/头,连用 8～15 d。亦可补充饲用酵母,仔猪 10～20 g/头,育成猪 30～60 g/头,每日 2 次,连用 7～15 d。犬 5 mg/kg,猫 8 mg/kg。

预防本病的关键是保证日粮含有能满足机体生理需要的富含维生素 $B_2$ 饲料。如青绿饲料,谷类籽实,酵母以及乳制品等。动物对核黄素的需要量一般在 1～4mg/kg 之间,必要时可补给复合维生素 B 饲料添加剂。饲料宜生喂,不宜过度煮熟,以免维生素 $B_2$ 被破坏。

**(三)维生素 $B_6$ 缺乏症**

维生素 $B_6$ 缺乏症是由于动物体内维生素 $B_6$ 缺乏或不足所致的以生长受阻、皮炎、癫痫样抽搐、贫血

为特征的一种营养代谢疾病。临床上见于幼龄反刍动物、猪和幼禽。

［病因］

饲料加工、精炼、蒸煮及低温贮藏等破坏维生素 $B_6$，日粮中含有维生素 $B_6$ 颉颃剂和抗代谢产物，如巯基化合物、氨基脲、羟胺、亚麻饼中的亚麻素等。另外，动物对维生素 $B_6$ 的需要量随日粮蛋白质水平的增加而增加，日粮中氨基酸不平衡（如色氨酸、蛋氨酸过高）也会增加维生素 $B_6$ 的需要量。

［症状］

猪食欲降低，癫痫样抽搐，共济失调，呕吐，腹泻，被毛粗乱，皮肤结痂，眼睛周围有黄色分泌物，视力减弱，胸、腹下及眼周发炎。雏鸡食欲下降，生长缓慢，痉挛等。产蛋鸡产蛋率和孵化率均下降，羽毛发育受阻，痉挛，跛行。幼龄反刍动物出现食欲降低，腹泻，抽搐。家兔表现耳部皮肤鳞片化，口鼻周围发炎，脱毛，痉挛，四肢疼痛，最后瘫痪。

［防治］

肌内注射维生素 $B_6$ 或复合维生素 B 均有良好的效果。也可在日粮中添加维生素 $B_6$，各种动物的需要量为：雏鸡 6.2～8.2 mg/kg，蛋鸡和肉鸡 4.5 mg/kg，猪 3 mg/kg。

**（四）维生素 $B_{12}$ 缺乏症**

维生素 $B_{12}$ 缺乏症是由于体内维生素 $B_{12}$（或钴）缺乏或不足所引起的以物质代谢紊乱、生长发育受阻、造血机能及繁殖机能障碍等为特征的疾病。动物中以猪、禽和犊牛较多发。

［病因］

长期使用植物性饲料和维生素 $B_{12}$ 含量低的代用乳；饲料中钴、蛋氨酸或可消化蛋白缺乏，或长期大量使用广谱抗生素，使胃肠道微生物区系受到抑制或破坏，体内维生素 $B_{12}$ 生物合成明显下降；患慢性胃肠疾病，影响维生素 $B_{12}$ 的吸收和利用；幼龄动物体内合成的维生素 $B_{12}$ 尚不能满足需要，有赖于从母乳中摄取，母乳不足或维生素 $B_{12}$ 含量低下，极易引起缺乏症。

［症状］

猪厌食、生长缓慢，皮肤粗糙，有湿疹样皮炎。逐渐出现消瘦、黏膜苍白等贫血症状，消化不良，异嗜，腹泻，对应激敏感。运动障碍，后躯麻痹，卧地不起，多有肺炎等继发性感染。母猪缺乏时，产仔数明显减少，仔猪活力减弱，易发生流产、死胎、胎儿发育不全、畸形。

牛表现异嗜，营养不良，衰弱乏力，可视黏膜苍白，产乳量明显下降。犊牛食欲降低，生长缓慢，黏膜苍白，皮肤、被毛粗糙，肌肉弛缓无力，共济失调。

禽一般以笼养鸡发病较多，雏鸡表现食欲降低，生长发育缓慢，贫血，脂肪肝，死亡率增加。成年鸡产蛋量下降，孵化率降低，胚胎发育不良，往往在孵化 17 d 左右因畸形而死亡，孵出的雏鸡弱小且多呈畸形。

犬、猫：引起贫血，厌食，幼仔脑水肿发生较多。

［诊断］

根据病史、临床症状、病理解剖变化以及实验室检测可作出诊断。应与泛酸、叶酸和钴缺乏症以及幼畜营养不良相鉴别。

［防治］

调整日粮组成，给予富含维生素 $B_{12}$ 的饲料，如全乳，鱼粉，肉粉，大豆副产品，反刍动物亦可补充氯化钴等钴化物。维生素 $B_{12}$（氰钴胺）注射液对病畜有良好的治疗效果，剂量为马 1～2 mg，猪、羊 0.3～0.4 mg，犬 100 μg，鸡 2～4 μg，仔猪 20～3 μg，肌内注射，1 次/1～2 d。对贫血严重的病畜，可应用葡聚糖铁钴注射液，叶酸或维生素 C 制剂。

**（五）泛酸缺乏症**

泛酸缺乏症是由于动物体内泛酸缺乏或不足所致的以生长缓慢、皮肤损伤、神经功能紊乱、消化机能障碍和肾上腺功能减退为特征的疾病。各种动物均可发生，主要见于猪和家禽。

［病因］

饲料加工不当，如加热可使泛酸大量损失；有些猪和家禽日粮泛酸含量较低，如玉米—豆饼型日粮容易缺乏泛酸；某些维生素可影响动物对泛酸的需要，如母鸡维生素 $B_{12}$ 缺乏时，其后代雏鸡对泛酸的需要量比普通雏鸡高；泛酸参与体内抗坏血酸的合成，一定量的抗坏血酸可降低机体对泛酸的需要量；饲料中的泛酸以结合型（主要以辅酶 A）和游离型两种状态存在，只有游离型泛酸能被人和动物吸收。

[症状]

猪表现食欲降低，生长缓慢，眼周围有黄色分泌物，咳嗽，流鼻液，被毛粗乱，脱毛，皮肤干燥有鳞屑，呈暗红色的皮炎。运动失调，后肢僵直，痉挛，站立时后躯发抖，严重时后腿紧贴腹部行走，出现所谓的"鹅步"。腹泻，直肠出血，有的发生溃疡性结肠炎。母猪卵巢萎缩，子宫发育不良，妊娠后胎儿发育异常。

家禽表现生长缓慢，羽毛粗糙卷曲，易脱落。喙角及喙下部发生皮炎，爪皮层变厚、角化，在爪的肉垫部出现疣状突出物。蛋孵化率降低，鸡胚胎在孵化第 12～14 d 死亡，雏鸡死亡率增加。

幼龄反刍动物表现食欲降低，生长缓慢，皮毛粗糙，皮炎，腹泻。成年牛典型的症状为眼睛和口鼻周围发生鳞状皮炎。

[防治]

调整日粮结构，供给泛酸含量丰富的饲料。病畜用泛酸注射液进行治疗，剂量为鸡 20 mg，其他动物 0.1 mg/kg，肌内注射，1 次/d。

预防本病的关键是日粮中保证足够的泛酸，以满足动物不同生理阶段的需要，需要量为：1～6 日龄雏鸡 6～10 mg/kg，产蛋鸡 15 mg/kg，生长猪 11～13.2 mg/kg，繁殖及泌乳阶段 13.2～16.5 mg/kg。

**（六）烟酸缺乏症**

烟酸缺乏症是由于动物体内烟酸缺乏或不足所致的以皮肤和黏膜代谢障碍、消化功能紊乱、被毛粗糙、皮屑增多和神经系统受损为特征的疾病。主要发生于猪和家禽。

[病因]

生产中烟酸缺乏常见于长期饲喂玉米的动物，因玉米中色氨酸及烟酸含量低，并且含有乙酰嘧啶，具有抗烟酰胺的作用。另外，低蛋白日粮可促使发病。

[症状]

仔猪表现食欲降低，生长缓慢，表皮脱落性皮炎，脱毛，腹泻，呕吐，后肢肌肉痉挛，唇、舌溃烂。正色素性贫血，结肠和盲肠有坏死性病变。

鸡表现生长缓慢，羽毛发育不全，舌和口腔炎症。幼龄鸡出现骨短粗样症状。犬发生糙皮病，条件反射异常，食欲降低，体重下降，持续腹泻，口黏膜发红。

[防治]

病畜口服烟酸，剂量为猪 0.6～1.0 mg/kg，犬 25 mg。鸡和猪日粮中烟酸含量分别为 25～70 mg/kg 和 10～15 mg/kg，即可满足需要。

**（七）胆碱缺乏症**

胆碱缺乏症是由于体内胆碱缺乏或不足而引起的以生长缓慢、运动障碍、骨骼发育异常和脂肪肝为主要特征的疾病。主要见于家禽和生长猪。

[病因]

饲料中缺乏蛋氨酸、丝氨酸等合成胆碱的原料时，即可造成胆碱合成缺乏；日粮蛋白质过量可增加生长鸡对胆碱的需要量，叶酸和或维生素 $B_{12}$ 缺乏时，胆碱的需要量明显增加，幼龄动物体内合成胆碱的速度不能满足机体的需要，必须在日粮中添加胆碱，否则容易发生缺乏症。

[症状]

仔猪表现生长缓慢，腿短，腹部下垂，被毛粗乱，虚弱，共济失调。母猪缺乏时，采食量减少，受胎率和产仔率降低，所生仔猪生长发育不良。雏禽表现生长受阻，胫骨短粗，膝关节点状出血，胫跗关节肿胀，跗骨扭曲、弯曲，关节软骨移位，行走困难。犊牛表现食欲降低，衰弱无力，呼吸急促，不能站立，消化不良。家兔表现生长受阻，食欲下降，被毛粗糙无光泽，中度贫血，四肢无力。饲喂低胆碱日粮 20 d 后可发生肌肉营养不良。

[防治]

供给胆碱丰富的全价日粮，以满足动物体内胆碱合成的需要，如鸡和猪饲料中胆碱含量分别为

500～1 000 mg/kg 和 300 mg/kg 即可预防本病的发生。另外，饲料中添加维生素 E、硒、酵母等添加剂，也有一定的预防作用。

**（八）叶酸缺乏症**

叶酸缺乏症是由于动物体内叶酸缺乏或不足而引起的以生长缓慢、造血机能障碍和繁殖性能降低为主要症状的疾病。主要发生于猪和家禽，幼龄反刍动物有时也可发病。

［病因］

长期服用磺胺类药物或抗生素，使肠道微生物合成叶酸的能力降低，容易发生缺乏。日粮中蛋白质和脂肪水平提高及生长快速的动物，对叶酸的需要量增加，补充不及时可发病。另外，长期饲喂叶酸含量较低的谷物性饲料，或鱼粉和肉粉为主时，可发生叶酸缺乏症。叶酸缺乏时，嘌呤、嘧啶合成减少，DNA 合成受阻，影响细胞的分裂和增殖，而发生一系列症状。

［症状］

食欲降低，消化不良，腹泻，生长缓慢，皮肤粗糙，脱毛，雏鸡羽毛形成受阻，有色羽毛褪色。幼龄火鸡后期出现特征性颈部瘫痪，头颈伸直，低头凝视。母猪繁殖障碍，出现受胎率和泌乳量降低。母鸡产蛋减少，孵化率低，胚胎畸形。

［防治］

患病雏禽可在饮水中加入叶酸，40～50 mg/L。成年家禽可皮下或肌内注射 150 mg 叶酸。动物饲喂以鱼粉和肉粉为主要蛋白质原料的日粮，或饲料颗粒化后，应在日粮中添加叶酸或补充叶酸含量较高的其他饲料。雏鸡叶酸添加 0.5～1.0 g/t 即可满足需要。

**（九）生物素缺乏症**

生物素缺乏症是由于动物体内生物素缺乏或不足而引起的以皮炎、脱毛和蹄壳开裂等为特征的疾病。临床上主要发生于家禽、猪、犊牛、羔羊、犬和猫。

［病因］

生物素广泛存在于动、植物组织中，鱼粉、油饼粕、豆粉、玉米等饲料中的生物素利用率较高，但有些饲料如大麦、麸皮、燕麦等中的生物素可利用率很低，仅 10%～30%，有的甚至完全不能利用。另外，饲料中的某些物质可抑制机体对生物素的利用，如生蛋清中含有卵白素，是一种抗生物素蛋白，与生物素结合而抑制其活性。链球菌中也含有抑制生物素利用的抗生物素蛋白。本病的发生主要是饲料中生物素利用率低及饲料中存在生物素颉颃物。长期饲喂磺胺或抗生素类药物，可引起生物素缺乏。机体内生物素通过生物素酶在蛋白质、脂肪和碳水化合物代谢过程中发挥重要作用。缺乏时某些代谢紊乱，出现一系列临床症状。

［症状］

家禽主要表现生长缓慢，食欲降低，羽毛干燥、容易折断，趾、嘴和眼睛周围皮肤发炎。骨和软骨缺损，跖骨歪斜，长骨短而粗，易发生滑腱症。种鸡蛋孵化率降低，出现胚胎畸形，包括“鹦鹉嘴”、软骨营养障碍，短肢畸形及并趾。肉用仔鸡可发生脂肪肝和肾综合征。仔猪表现脱毛，口腔黏膜炎症、溃烂。皮肤干燥、粗糙，有褐色分泌物和溃疡。蹄底和蹄面皲裂。反刍动物发生脂溢性皮炎，皮肤出血，脱毛，后肢麻痹。家兔等啮齿动物出现皮炎，脱毛，共济失调，被毛褪色。犬主要表现鳞屑样皮炎。猫以贫血为主。

［防治］

病畜可口服或肌内注射生物素，剂量为鸡 3～5 mg，犬 0.5～1.0 mg/kg。猪和鸡日粮中生物素含量分别为 350～500 μg/kg 和 100～150 μg/kg 可满足机体的需要。

## 三、维生素 E 缺乏症

维生素 E 缺乏症是动物体内生育酚缺乏或不足引起的一种营养代谢病。临床上以幼龄动物表现为肌营养不良，成年动物则为繁殖障碍。本病各动物都可发生，尤以幼龄动物多发，且与硒缺乏并发，称为硒-维生素 E 缺乏症。

[病因]

饲料中维生素 E 含量不足，如秸秆、块根饲料中维生素 E 含量极少，饲料加工、贮存不当，其中的维生素 E 遭到破坏，谷物经丙酸或氢氧化钠处理后维生素 E 含量明显减少。饲料中含过量不饱和脂肪酸，如鱼肝油、猪油、亚麻油、豆油等发生酸败时可产生过氧化物，促进维生素 E 的氧化。维生素 E 需要量增加，而未及时补充。如生长动物、妊娠母畜、饲喂高脂肪饲料及日粮中含硫氨基酸或硒缺乏等均可增加对维生素 E 的需要量。炎热、寒冷、拥挤、噪声、运输等应激因素也可增加对维生素 E 的需要量。

[症状]

幼龄畜禽主要表现为食欲不振，生长发育缓慢，消化不良，腹泻。运动障碍，跛行，肢腿麻痹，瘫痪。心脏衰弱，皮下水肿。

仔猪急性病例病程短，常突然死亡；亚急性病例精神不振，全身皮下水肿，心音节律不齐，步态蹒跚，尿液呈淡红或棕红色；慢性病例表现为食欲减退，腹泻，喜卧，步态强拘或跛行，后躯肌肉萎缩而轻瘫，耳后、背部、会阴部出现瘀血斑，腹下水肿，有的表现呼吸困难，尿呈茶褐色，结膜苍白或黄染。病程延长者，生长发育缓慢，消瘦贫血，皮肤黄染。公猪精子生成障碍，母猪受胎率降低，发生流产甚至不孕。

犊牛和羔羊可因急性心肌损害而突然死亡。慢性病例表现食欲减退，被毛粗乱，腹泻，肌肉软弱无力，起立困难，运动障碍，跛行，甚至后躯麻痹，卧地不起。成年牛羊可见营养不良，腹泻，繁殖功能障碍，生产性能下降。

幼驹，急性病例表现为喜卧嗜睡，呼吸困难，心率快而节律不齐，常突然死亡。慢性病例，精神不振，饮食欲减退，腹泻，消瘦，呼吸困难，心音节律不齐。肌肉震颤，行走摇晃，步态拘谨。蹄部龟裂，有的背、腹、臀、颈、肩胛及肢端水肿。

雏鸡，表现为白肌病、渗出性素质和脑软化症。

白肌病主要表现为运动障碍，腿软无力，翅膀下垂，站立困难，蹲伏不动。严重时两腿完全麻痹，呈躺卧姿势。

[诊断]

根据本病发生特点(幼龄多发，群发性)，临床症状(运动障碍、心脏衰弱、渗出性素质、神经机能紊乱)及病理学变化(骨骼肌、心肌、肝脏、胃肠道、生殖道有典型营养不良病变、雏禽脑膜水肿，小脑软化等)，饲料分析(维生素 E 缺乏)进行综合分析。血液和肝脏中维生素 E 含量的测定，有助于确诊。

[防治]

调整日粮组成，供给富含维生素 E 的饲料，也可补充含维生素 E 和微量元素硒的饲料添加剂。病畜用维生素 E 制剂治疗，效果显著。剂量为犊牛和马驹 0.5～1.5 g，羔羊和仔猪 0.3～0.5 g，禽 0.1～0.3 g，皮下或肌内注射。也可内服维生素 E 胶丸。同时配合亚硒酸钠肌内注射，或饲料中添加亚硒酸钠，疗效更好。

本病的预防是加强饲养管理，饲喂全价日粮。妊娠母畜可在分娩前 1～2 个月，幼畜出生后，用维生素 E 或亚硒酸钠进行预防性注射。

## 四、维生素 K 缺乏症

维生素 K 缺乏症是由于动物体内维生素 K 缺乏或不足而引起的一种出血性疾病。临床上以血液中凝血酶原和凝血因子减少，血液凝固过程发生障碍，血凝时间显著延长及体躯和内脏的广泛性出血为特征。各种畜禽都可发病，但禽类和猪多见。

[病因]

(1)饲料中维生素 K 缺乏或饲料存在维生素 K 颉颃物(如草木樨等豆科牧草发霉时产生的双香豆素)，降低了维生素 K 的活性。

(2)日粮中过量添加磺胺、广谱抗生素，破坏了肠道微生物正常区系，抑制了维生素 K 的合成。

(3)患胃肠和肝病疾病时，脂肪类物质消化吸收障碍使维生素 K 吸收减少。

(4)维生素 K 不易通过胎盘输送给胎儿，幼龄动物肠道内共生菌也较少，自身合成维生素 K 的能力较差，易发生维生素 K 缺乏。

[症状]

缺乏维生素 K 的雏鸡，血凝时间显著延长，1 周后全身各部位经常出血，皮下组织(特别是胸脯、腿部和腹部)发生血肿。腹腔、胃肠道也发生出血，出血较多时造成严重贫血和全身代谢紊乱，冠、肉髯皮肤苍白干燥。幼鸽比成年鸽易发病且病情较重。皮下出血并形成血肿，羽毛被染红，皮肤呈紫色肿胀，但以胸、腹、背、颈部为多见。血凝时间长达 8～10 min，个别的达 18min。肺和食管出血时则咯血和吐血，内脏出血时体腔积血。精神不振，虚弱，采食量少，口渴，呼吸增快，少数突然发病咯血而死。

[诊断]

根据维生素 K 缺乏的饲料分析，出血及凝血时间延长的主要临床症状及用维生素 K 疗效好的治疗试验作出诊断。

[防治]

病畜用维生素 $K_3$ 治疗，猪 10～30 mg，鸡 0.5～2 mg，肌内注射，连续 3～5 d。或按 3～8 mg/kg 在日粮中添加。有吸收障碍的病例，口服维生素 K 制剂时需同时服用胆盐。最好同时给予钙制剂可增强疗效。对急性出血病例，应立即输血以增强凝血酶原，同时补给维生素 K。

本病的预防是给予充足的青绿饲料，及时治疗胃肠道和肝脏疾病，磺胺和抗生素不宜大量使用，饲料中按 2 mg/kg 添加维生素 K，能满足动物的需要。

## 五、维生素 D 缺乏症

维生素 D 缺乏症是由于体内维生素 D 缺乏或不足而引起的以钙、磷代谢障碍为主的一种营养代谢性疾病。临床上以幼龄动物发生佝偻病，成年动物发生骨软病等为特征。本病常见于舍饲的各种动物和生长迅速的动物。

[病因]

皮肤中的 7-脱氢胆固醇在紫外线和日光照射下，可转变为维生素 $D_3$，动物长期舍饲，阳光照射不足可引起维生素 D 缺乏；干草和其他植物及酵母含有麦角固醇，经阳光或紫外线照射后可转变为维生素 $D_2$，母畜长期采食未经太阳晒的干草，可引起乳汁中维生素 D 缺乏，是导致幼畜佝偻病发生的主要病因。

在断乳阶段和性成熟早期，幼畜生长发育快，钙、磷沉积显著增加；高产奶牛的泌乳期，高产蛋鸡的产蛋期，妊娠后期都易失去大量钙、磷，均增加对维生素 D 需要量，若补给不足，容易导致缺乏。胃肠道疾病影响维生素 D 的吸收，肝脏疾病影响维生素 D 在肝中转化和贮存，肾脏疾病可影响维生素 D 的羟化作用。另外，日粮中锶和铍干扰机体对维生素 D 的利用率，维生素 A 含量过多也可阻碍机体对维生素 D 的利用，造成相对缺乏。

[症状]

幼龄动物表现为佝偻病症状。病初异嗜，消化紊乱，喜卧，跛行，生长发育缓慢。软骨肥大，肋骨与肋软骨结合部呈串珠状肿胀，四肢关节肿胀，站立时四肢弯曲，严重者站立时呈“X”或“O”状姿势(图 1-6-6 和图 1-6-7)，脊柱弯曲，鸡胸，头骨肿大等。骨骼硬度显著降低，脆性增加，易骨折。禽胸骨脊呈“S”状弯曲，喙软，有橡皮喙之称；胫跗骨可微微弯曲，易骨折。

成年动物表现为骨软病。病初异嗜，随后出现运动障碍，腰腿僵硬，拱背站立，运动强拘，一肢或数肢跛行，或各肢交替出现跛行，经常卧地不愿起立。病情进一步发展，出现骨骼肿胀变形，四肢肿大疼痛，尾椎移位变软，肋骨与肋软骨结合部肿胀，发生骨折，肌腱附着部撕脱，额骨穿刺阳性。成年鸡产薄壳蛋或软壳蛋，继而产蛋量减少，蛋孵化率降低。

[诊断]

根据动物年龄、饲养管理条件及异嗜、生长缓慢、运动障碍、骨骼变形等临床症状，可初步诊断。结合骨的 X 线检查结果和骨组织学检查，即可确诊。

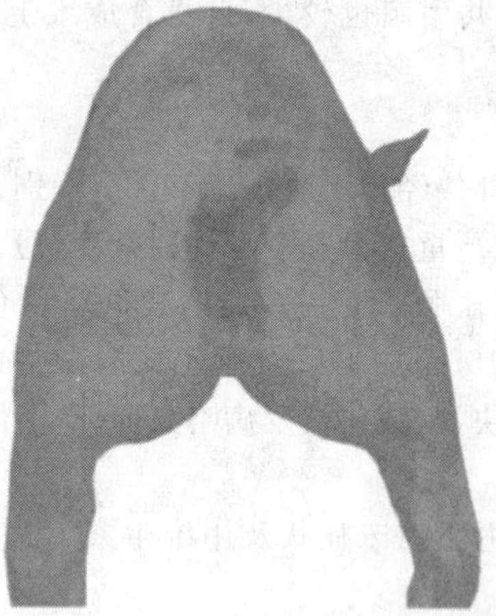

图 1-6-6　猪后肢弯曲

图 1-6-7　前肢弯曲

［治疗］

调整日粮组成，供给富含维生素 D 的饲料，增加舍外运动及阳光照射时间等。

治疗一般用维生素 D 制剂。浓鱼肝油按 0.4～0.6 mL/kg，内服。维生素 $D_2$ 胶性钙注射液，马、牛 2.5 万～10 万 IU，猪、羊 0.52 万 IU，犬 0.25D 万～0.5 万 IU，肌肉或皮下注射。维生素 $D_3$ 注射液，按每千克体重 0.15 万～0.3 万 IU，肌内注射。维生素 A、D 复合注射液，猪、驹、犊牛 2～4 mL，仔猪、羔羊 0.5～1.0 mL，肌内注射；或 275 μg/kg，一次性肌内注射，可保持动物在 3～6 个月内不至于引起维生素 D 缺乏症。

［预防］

维生素 D 主要来自动物性食物，以肝脏、鱼、蛋黄、牛奶等含量最高，一般谷类粮食中不含维生素 D，单靠从食物中获得足够的维生素 D 是不容易的，平时需注意维生素 D 的补充。动物应有足够的阳光照射，并饲喂经太阳晒制的青干草。对患有胃肠、肝脏、肾脏疾病影响维生素 D 吸收和代谢的动物应及时治疗。

## 六、维生素 C 缺乏症



维生素 C 缺乏症是由于体内维生素 C 缺乏或不足后使毛细血管壁通透性增大而引起的一种出血性疾病，其特征是皮肤、内脏器官出血，贫血，齿龈溃烂、坏死和关节肿胀。多发生于猪、犊牛、犬、狗和毛皮兽等。

［病因］

长期用维生素 C 缺乏的饲料且不增补维生素 C 或添加量不足；缺乏青绿饲料、饲料中金属离子过多及喂猪用草蒸煮过度使维生素 C 被破坏；胃酸过少的消化道病使维生素 C 的吸收减少；在气温过高、热性病等情况下使维生素 C 消耗量增加，可发生相对性缺乏。

［症状］

在疾病初期表现精神不振，食欲降低，幼畜生长发育缓慢。随病情发展，出现特征性出血性素质症状。皮肤出血多发生于背部和颈部，毛囊周围呈点状出血，继而融汇成斑片状。出血部位被毛脱落，表现皮炎或结痂，时间长久则形成溃疡。齿龈黏膜肿胀，疼痛，出血，进而形成溃疡，严重时颊部和舌也发生溃疡或坏死。齿龈坏死或齿槽萎缩而牙齿松动，甚至脱落，大量流涎，口臭。关节肿胀、疼痛，活动困难，喜躺卧。胃肠、肾、膀胱、鼻黏膜出血。毛皮动物妊娠时维生素 C 缺乏，其所生仔畜四肢关节、爪垫肿胀，皮肤发红，故称“红爪病”，严重病例，爪垫可形成溃疡和裂纹，多于生后第二天就发生于跗关节，仔畜多于生后 2～3 d 死亡。血液检查红细胞数和血红蛋白含量逐渐下降，出现正色素性贫血，并伴发白细胞减少症。

［诊断］

根据病史，临床症状（出血性素质），病理解剖变化（皮肤黏膜、肌肉和内脏出血，齿龈肿胀、溃疡、坏死），实验室检测血、尿、乳中维生素 C 含量下降及贫血等进行综合分析。

［防治］

改善饲养管理，给予富含维生素 C 的新鲜青饲料。对犬和毛皮兽供给新鲜肉、肝脏和牛奶。轻症病例，用维生素 C 内服或拌料饲喂，猪 0.2～0.5 g/d，犬 0.1 g/d，分 3 次口服，连用 7 d。有感染时，可加大剂量。反刍动物因维生素 C 在瘤胃内可被破坏，不宜内服。严重者静脉或肌内注射 10％维生素 C 注射液，马、牛 20～50 mL，猪、羊 5～15 mL，犬 3～5 mL，1～2 次/d，连用 3～5 d。维生素 C 与 10％～20％葡萄糖溶液混合注射，可增强效果。

本病的预防主要在于加强饲养管理，杂食动物要多饲喂新鲜青绿饲料，冬季喂一定量胡萝卜、青贮饲料和优质干草。饲料加工、调制不可煮或用碱处理，青饲料贮存不宜太久。仔猪断乳要适时，不宜过早。为防止新生仔猪脐管出血，可于产前 1 周给妊娠母猪补饲维生素 C。

## 任务五 其他营养代谢疾病

### 一、肉鸡腹水综合征

肉鸡腹水综合征又称肉鸡肺动脉高压综合征，是家禽发生的一种以不愿活动、呼吸困难、发绀和腹部膨大为临床特征的疾病。常以生长快速的禽类品系多发，主要危害肉鸡、肉鸭，火鸡、蛋鸡、雉鸡、鸵鸟和观赏禽类等。最早发生于 3 日龄肉鸡，多见于 4～6 周龄肉鸡，寒冷季节、高海拔地区多发。

［病因］

肉鸡腹水综合征的发病原因错综复杂，涉及营养、遗传、环境、管理等多种因素。

环境因素。该病的发生与环境因素密切相关，如高海拔、通风不良、寒冷刺激等均可导致该病的发生。

遗传因素。本病发生生长迅速现代肉鸡品种所致。

营养因素。采食高能量、高蛋白日粮可增加本病的发病率。日粮中维生素 E、硒、维生素 D 缺乏或钴含量过高等均可诱发本病。

呼吸障碍。早期呼吸道的损伤将引起本病发生。

［症状］

主要表现生长缓慢，食欲下降或废绝，体重下降，精神倦怠，羽毛蓬乱，鸡冠发紫，腹部下垂、膨大、有波动感，腹部皮肤暗紫色，呼吸困难，步态蹒跚，不愿活动，捕捉时常突然死亡。血液学检查表明，红细胞压积容量、血容量、红细胞数增加，红细胞变形性下降，血液黏度增加。

［诊断］

本病根据腹部膨大、呼吸困难和发绀等特征性的临床症状，结合大量黄色腹水和右心室肥大等病理变化即可确诊。

［防治］

本病无特效疗法，目前使用中草药、利尿药、助消化药、抗菌药及饲料中添加维生素 C、维生素 E、硒等对症治疗，可减轻症状和较少死亡，但不能完全康复。因此，本病一旦发生应尽早淘汰。本病关键在于预防，应从管理、饲料、遗传等方面入手，采取管理与药物结合的综合性措施。

### 二、禽啄癖

禽啄癖是在人工饲养下由于禽对人为不完善的群体环境不适或营养物质的缺乏所致的一种用喙啄

食肛门、冠、肉垂、脚趾、羽毛、肌肉、蛋等而造成这些部位组织损伤或蛋破损的特殊异嗜或恶癖。

[病因]

禽啄食癖的病因复杂，目前认为常由饲养密度过大，舍内温度过高、湿度过大、通风不良，光照过强、光色不适，饲养设备结构不合理或质量不良，不合理的混养，受伤，环境改变，日粮不平衡，疾病感染等多种因素。此外，未能适时断喙是发生啄食癖后造成啄伤程度加重的主要原因。

[症状]

根据家禽的啄食嗜好不同，将啄食癖分为啄羽癖、啄头癖、啄趾癖、啄肛癖、啄肉癖、啄蛋癖等类型。其临床表现各有特点。

啄羽癖：开始时，往往从尾部，翅膀等部位啄取，然后扩展到啄食全身羽毛，以致羽毛不整齐或全身无毛。被啄食的家禽，常常发生皮肤出血、感染。严重时，啄食癖可进一步发展为啄趾、啄肛、啄肉，甚至出现死亡。

啄头癖：啄头癖多见于笼养的断喙鸡群，当鸡笼网眼较大时，鸡只仍然将头伸过铁丝笼相互啄食对方的头部。

啄趾癖：啄趾癖见于圈养的雏鸡和幼龄斗鸡。因吃不到食物造成饥饿而诱发。被啄的脚趾出血、肿胀，鸡行走时出现跛行，严重者不能站立而蹲伏。

啄肛癖：啄肛癖在雏鸡患鸡白痢、球虫病时，肛门附有白色或血色粪便，而引起其他鸡的啄食。产蛋鸡因产蛋体积过大，造成泄殖腔或输卵管外翻、肛门撕裂出血、引起其他鸡追逐啄肛。被啄肛的鸡，肛门受伤、出血，常常造成贫血。严重时则啄穿腹腔，将肠管等内脏拉出，在肛门附近形成一个空洞，并造成死亡。

啄肉癖：被啄的鸡遍体鳞伤，甚至最后只剩下骨架，而皮肤和肌肉全部被啄食掉。

啄蛋癖：啄蛋癖的鸡经常啄食产蛋箱内或地面上的蛋，有的母鸡每次都在产蛋后又将自己产出的蛋啄食掉。

[防治]

首先将被啄伤的鸡及时隔离，并进行相应的治疗，如在啄伤流血部位涂擦颜色较暗、带有气味的药物(如龙胆紫液、碘酊、克辽林等)。对于其他凡是符合断喙者，应及时断喙，若不能施行断喙者，应配戴眼罩或头罩，这样可以减少啄食癖的继续蔓延。若无眼罩或头罩时，可将啄食癖严重的鸡隔离，单独圈养。然后应及时分析啄食癖发生的原因，采取必要的措施。

啄食癖是一个不可忽视的疾病，可发生于不同种类、品种、性别和年龄的家禽，这一恶癖在鸡群中一旦开始出现，若稍为疏忽，则很快在整个鸡群中蔓延。因此，啄食癖的预防十分重要。一般采取综合性预防措施。鸡舍应保持卫生，地面干燥，通风良好。饲养密度应适当。光照不能太强或长时间的连续照射，可适当配置红色灯泡或绿色灯泡。所使用的饲养设备应质量良好，配置的饲槽和饮水器的数量合理、应满足鸡群的需要。不同种类、品种、年龄、羽色和特征的家禽应分开饲养。供给合理的全价日粮。搞好禽病的防治工作，当鸡群中发现跛脚鸡、受伤鸡或病死鸡时，应及时隔离和取出处理。

适时断喙是减少啄食癖发生和减轻啄食癖所造成损伤的有效预防措施。一般1～6周龄进行断喙比较好，最晚不宜超过14周。如果早于1周龄断喙，由于喙的生长，很可能需要作第二次断喙。在6周后断喙，又会影响鸡的生长，并且有时还会影响性成熟和产蛋量。一般断去双喙的1/3～1/2，上下喙对齐(直切)或上喙比下喙略短(上喙斜切，下喙直切)。

## 【案例分析】

分析以下案例，根据病史和临床检查，提出初步诊断，制定治疗措施(开出处方)。

案例1　一犊牛，精神沉郁，消瘦，结膜苍白，喜舔食泥土、墙壁。喜卧，运步时，步样强拘，跛行，面部肿胀，关节粗大，腿骨变形，两前肢呈“O”形，后肢呈“X”形。

案例2　某蛋鸡场近期出现产蛋量下降，精神沉郁，有些呈现神经症状，腹部皮下水肿，呈淡蓝色，可视黏膜苍白。

案例 3　某猪场仔猪 40 日龄，近期仔猪食欲降低，精神沉郁，生长缓慢，消瘦，有异嗜现象，前肢屈曲呈跪地姿势，腿发抖，不能迈步，重则可见硬腭肿胀而致口腔不能闭合。体温正常。

案例 4　某肉鸡场饲养的肉鸡，40 日龄，近期食欲减退，精神委顿，饮水增加，羽毛松乱，鸡冠苍白，呆立，排石灰水样粪便。剖检肾脏肿大、色苍白，表面有白色花纹（花斑肾）。其内充满石灰样沉淀物。

案例 5　某奶牛场，近一段时间，牛群中出现少数患病奶牛，精神沉郁，食欲降低，个别的狂躁不安，产奶量降低，但奶的外观无明显的变化，加热后有烂苹果味，影响了牛奶的销售。

案例 6　某肉鸡场新进了一批肉鸡，为了节省饲料成本，自己配料，20 日龄后出现个别生长快的鸡精神沉郁，不愿走动，行走时飞节着地，病鸡脚趾向内卷曲或两侧均为内偏，严重两趾出现完全卷曲，似拳头样，行走时似踩高跷。消瘦，贫血，体温正常。

案例 7　某养殖户饲养的 5 只羊发现有舔食、吞咽被粪便污染的垫草，舔食墙壁，啃咬木头等现象，羊群普遍消瘦，被毛蓬乱，无光泽，并有 1 只成年羊死亡。

## 【知识拓展】

### 马麻痹性肌红蛋白尿病

马麻痹性肌红蛋白尿病又称氮尿症、劳累性横纹肌溶解病，主要是由于糖代谢紊乱、肌乳酸大量蓄积而引起的以肌肉变性、后躯运动障碍和肌红蛋白尿为特征的一种营养代谢性疾病。患马通常有 2 d 或 2 d 以上的时间被完全闲置，而在此期间日粮中谷物成分不减，当突然恢复运动时则发生本病。以壮年营养良好的马多发，母马多发于公马。

[病因]

马休闲期间，饲喂过多的富含碳水化合物的饲料，使得大量肌糖原在骨骼肌中。

储备且得不到利用；马休闲后，突然进行剧烈运动，心肺机能适应不良，氧供应不足，肌糖原大量酵解，产生大量乳酸，一旦乳酸的产量超过了血液的清除能力则发生乳酸堆积，导致肌肉变性、凝固、坏死，肌红蛋白从坏死肌肉组织中释放出来，随尿排出，使尿液呈现红褐色。

另外，寒冷刺激、日粮中硒与维生素 E 缺乏也可能与本病发生有关。

[症状]

通常在突然剧烈运动开始后 15～60 min 出现症状，患马表现出汗，步态强拘，

不愿走动。发病初期食欲和饮欲正常，如此时能给予充分的休息，症状可在几小时内消失。但继续发展下去则卧地不起，最初呈犬坐姿势，随后侧卧。患马神情痛苦，有的病马不停挣扎着企图站立。严重病例在后期出现呼吸急促，脉搏细而硬，体温升高达 40.5℃。股四头肌和臀肌强直，硬如木板。

亚急性病例症状轻微，不出现肌红蛋白尿，严重的在病初的 2～4 d 内出现肌红蛋白尿，尿液皇深棕褐色，尿中的肌红蛋白可在 5～7 d 内消失，尿液恢复正常颜色，但尿仍呈酸性。有时出现排尿困难，尿液中有红细胞、白细胞及肾小管上皮细胞，甚至会出现管型。

出现跛行后立即停止运动，患马可在 2～4 d 内自然康复，仍能站立的马预后良好，也可在 2～4 d 内恢复，卧地不起的马则预后不良，随后往往发生尿毒症和褥疮性败血症。

[诊断]

典型病例，根据病史、排红褐色肌红蛋白尿、后躯麻痹呈犬坐姿势等临床表现可做出诊断。但应注意与蹄叶炎、血红蛋白尿相鉴别。

[防治]

在休闲期间应将日粮中谷物成分减半。对有可能发病的马要避免让其剧烈运动，可在恢复运动的初始阶段保持非常轻微的运动强度，随后逐渐增加运动量。

发病后立即停止运动，就地治疗。尽量让病马保持站立，必要时可辅助以吊立。多饮水，给予柔软容易消化的饲料。对不断挣扎和有剧痛的马可立即用水合氯醛镇静（30 g 溶于 500 mL 消毒蒸馏水中，静脉注射，或 45 g 溶于 500 mL 水中，口服），同时静脉注射糖皮质激素。为促进乳酸代谢，可肌内注射维生

素 $B_1$ 和维生素 C，连用数日。为纠正酸中毒，可静脉注射 5%碳酸氢钠 1 000～3 000 mL，也可同时口服碳酸氢钠 150～300 g。在疾病早期可注射抗组胺药和维生素 E。为防止感染和败血症的发生，可选用抗菌类药。

## 肉鸡猝死综合征

肉鸡猝死综合征又称肉鸡急性死亡综合征。因死前在地上翻转，两脚朝天，故又称翻仰症。临床上以生长快速、肌肉丰满、外观健康鸡突然死亡为特征。以生长快速的肉鸡多发，肉种鸡、产蛋鸡和火鸡也有发生。

本病一年四季均有发生，但以夏、秋发病较多。营养状况好、生长发育快的鸡多发生，在 2 周龄至出栏时多发，发病高峰在 3 周龄左右，死亡率一般在 0.5%～5%，有时病死率可达 10%左右，公鸡发病率高于母鸡。

[病因]

本病的病因尚不清楚，但大多认为与饲料、营养、环境、酸碱平衡、遗传、个体发育以及所用药物等因素有关。

1. 遗传及个体发育因素　包括品种、日龄、性别、生长速度、体重等。品种不同发病率也不一样，肉鸡比其他家禽易发病，生长速度快、肌肉丰满、外观健康的鸡易发病，1～2 周龄直线上升，3～4 同龄达发病高峰，以后又逐渐下降。

2. 饲料因素　与饲料的营养水平及饲料的类型有关。

(1)与饲料蛋白质水平有关：饲料中粗蛋白质含量为 24%的鸡群，发病率明显低于粗蛋白为 19%的鸡群；用含 17%粗蛋白、能量为 12 373kJ/kg 的饲料，发病率较高；因而认为低蛋白、高能量造成脂肪在肝内沉着有关。

(2)与饲料中脂肪含量及类型有关：饲喂含高脂肪特别是饱和脂肪酸水平高的高能饲料，容易引起猝死。当饲料中脂肪含量达 1.8%时，发病率明显增高。用动物脂肪代替植物油，发病率更高。用向日葵油代替豆油或菜油，发病率降低。

(3)与矿物质、维生素含量有关：肉鸡饲料中添加生物素、吡哆醇、硫胺素，或添加维生素 A、维生素 D、维生素 E，或添加胆碱并配合高锰酸钾饮水，或添加地塞米松，可降低发病率。

(4)其他饲料因素：有人认为与饲料类型及加工等有关。日粮中以小麦为主要谷物原料的日粮发病率较高；饲喂颗粒饲料比用相同成分粉料发病率高。

3. 与心肺功能急性衰竭有关　死亡病鸡剖检发现其心脏扩大，心房呈舒张状态。有的死鸡心脏是健康鸡的 2～3 倍，右心扩张，肺瘀血、肿大。死前呼吸困难，病死鸡群中血钾浓度、血磷浓度降低，碱储减少，乳酸含量升高。遇到某些应激因素如喂料、惊吓、光照等因素影响，可导致发病并死亡。

4. 环境因素饲养密度大、持续强光照射、通风不好、噪音等都可诱发本病。

此外，酸碱平衡失调是健康鸡发病的原因之一。

[症状]

大多数鸡生前看不出明显异常，发病前采食、活动、饮水、呼吸等均正常。有的猝死鸡只在发病前比正常鸡只表现安静，饲料采食量略低。发病前不表现明显的征兆，病鸡突然发病，失去平衡，翅膀扑动，肌肉痉挛，从出现症状到死亡仅 30～70s。有的狂叫或尖叫，前跌或后仰，跌倒在地翻转，死后大多背部着地，

两脚朝天，少数鸡呈腹卧姿势，颈部扭曲。病程稍长者，呈间歇性抽搐，间歇期内闭目、侧卧伸腿，发作时排稀粪，在地上翻转，数小时后死亡。大多为个体大、肌肉丰满的雄雏鸡。

病鸡死前血清总脂含量升高，血钾、无机磷浓度下降，碱储减少，鸡肝中甘油三酯和心肌中花生四烯酸含量升高。

[诊断]

根据生长发育良好的肉鸡突然死亡、背脊着地、两脚朝天等症状和剖检时心脏。

临床兽医

与肺病变，排除传染病与急性中毒可能性而做出诊断。

[防治]

因本病病因不明，目前尚无较好的防治措施，但可试用以下措施。

(1)加强管理，减少应激因素防止鸡群密度过大，避免转群或受惊吓时的互相挤压等刺激。

(2)合理调整日粮及饲养方式。肉仔鸡生长前期一定要给予充足的生物素(每千克体重 300 mg)、硫胺素等B族维生素以及维生素A、维生素D、维生素E等。对3～20日龄仔鸡进行限制饲养，适当控制肉仔鸡前期的生长速度，不用能量太高的饲料。1月龄前不主张加油脂，若要添加油脂畤，要用植物油代替动物脂肪。

(3)注意饲料酸碱平衡雏鸡在10～21日龄时，可用碳酸氢钾，按0.5～0.6 g/只混饮，或按3～4 kg/t混饲，预防效果较好。

(4)注意控制光照，3周龄后，每日光照时间逐渐延长。夜间零点前后鸡只较安静时，切忌随意开灯、关灯，以防挤压或炸群，产生应激或造成猝死。

## 【考核评价】

### 酮病实验室诊断技术

**一、考核题目**

凉州区一奶牛养殖户一头经产第3胎母牛，日产奶量25 kg左右，产后18 d发病。临床检查：病牛精神沉郁，食欲减退，体温37.9℃，脉搏90次以上/min，呼吸为24次/min，采食少量的干草，拒食精料，反刍无力，瘤胃运动机能降低，皮肤失去弹性，被毛粗乱，体重下降，产乳量降低，乳汁易形成泡沫。兽医工作人员初步怀疑为奶牛酮病，请用所学到的实验室诊断技术予以检测分析。

**二、考核标准**

(一)材料、设备与方法

1. 郎氏法

(1)原理。丙酮或乙酰乙酸与亚硝基铁氰化钠作用后，再与氨液接触可产生紫红色化合物。冰醋酸可抑制肌酐产生类似的反应。

(2)试剂。亚硝基铁氰化钠、冰醋酸、浓氨水(28%)。

(3)方法。取被检尿约2 mL于小试管内，加入亚硝基铁氰化钠结晶数小粒，振荡使其溶解，再加冰醋酸0.2 mL(3～4滴)，混匀后，将试管倾斜，沿管壁缓缓加入浓氨水0.5～1 mL，在两液交界处呈现紫红色环即为阳性。根据颜色产生的时间，可作粗定量判断：立即出现深紫红色环(+++)、逐渐出现紫红色环(++)、10 min内出现淡紫色环(+)、10 min后不显色(－)。

2. 改良罗特拉氏法

(1)原理。丙酮和乙酰乙酸在一定的pH环境中；与亚硝基铁氰化钠及硫酸铵作用，形成紫色化合物。

(2)试剂。亚硝基铁氰化钠0.5 g、无水碳酸钠10 g、硫酸铵20 g。

将上述3种药物研磨均匀(不宜太细)，贮于棕色瓶中备用。若放置过久变黄，说明失效。

(3)方法。取粉剂约0.1 g于载玻片上或反应盘内，加新鲜尿2～3滴使粉剂完全被尿液浸透。

(4)结果判定。粉剂呈紫红色为阳性反应，5 min后仍不显色者为阴性。根据显色快慢与色泽深浅亦可用(+ → +++)号表示。

(二)注意事项

尿液采集后立即送检或冷藏，否则，在室温中放置过久，其中的丙酮会自行挥发，影响检验结果。

## 【知识链接】

1. DB23/T 1434—2011，奶牛主要营养代谢病防治技术规程，黑龙江省质量技术监督局，2011-02-18；

2. DB23/T 1344—2009，奶牛酮病防治技术规范，黑龙江省质量技术监督局，2009-09-10；

3. DB61/T 507.4—2011,无公害生猪饲料使用技术规程,陕西省质量技术监督局,2011-02-01;

4. DB63/T 809—2009,无公害奶牛饲料使用技术规范,青海省质量技术监督局,2009-07-20;

5. DB65/T 3268—2011,新疆褐牛饲料与营养,新疆维吾尔自治区质量技术监督局,2011-06-25;

6. DB21/T 2048—2012,饲料中粗蛋白质、粗脂肪、粗纤维、水分、钙、总磷、粗灰分、水溶性氯化物、氨基酸的测定 近红外光谱法,辽宁省质量技术监督局,2013-01-19;

7. GB/T 6436—2002,饲料中钙的测定,国家质量监督检验检疫总局,2002-07-01;

8. GB/T 7299—2006,饲料添加剂 D-泛酸钙,国家质量监督检验检疫总局,2007-03-01;

9. HG/T 2418—2011,饲料级 碘酸钙,工业和信息化部,2012-07-01;

10. HG/T 2861—2006,饲料级 磷酸二氢钙,国家发展和改革委员会,2007-03-01;

11. HG/T 2931—1987,饲料级丙酸钙,1988-05-01;

12. HG 2940—2000,饲料级 轻质碳酸钙,2001-03-01;

13. NY/T 1246—2006,饲料添加剂 维生素 $D_3$(胆钙化醇)油,2007-02-01;

14. NY/T 1944—2010,饲料中钙的测定 原子吸收分光光谱法,农业部,2010-12-01。

Project 7

# 中毒病

**学习目标**

1. 了解中毒病的发病特点、发病病因、一般症状，掌握中毒病的一般治疗方法。
2. 了解亚硝酸盐中毒、氢氰酸中毒、菜籽饼粕中毒、棉籽饼粕中毒、黄曲霉毒素中毒、食盐中毒、霉玉米中毒、霉稻草中毒、黑斑病甘薯中毒、有机磷中毒、有机氟中毒、砷及化合物类中毒、尿素中毒、灭鼠药中毒、阿维菌素中毒、马拉霉素中毒、磺胺药中毒、呋喃唑酮中毒、抗生素类药中毒、喹乙醇中毒、消毒药中毒、喹诺酮类中毒病因，掌握其症状、诊断及诊疗。

【学习内容】

## 任务一　概述

某种毒物与动物体表接触或通过呼吸道、消化道进入机体后，在一定条件下，干扰和破坏机体的正常生理功能，引起一系列代谢紊乱，甚至危及生命，这一过程称为中毒。一般地说，凡是能引起中毒的物质，统称为毒物。由毒物引起的疾病，称为中毒病。

### 一、中毒病发生的一般原因

1.饲料中毒

(1)饲料品质不良，饲喂霉败变质饲料。如长期或一次多量地用发霉的玉米、小麦、豆类、糟渣、饼粕等饲喂动物；饲喂腐烂或患黑斑病甘薯、腐败的厨房残羹，烂肉、臭鱼等均可引起中毒。

(2)饲喂加工调制方法不当或饲喂方法不合理。对部分含毒物质的饲料，如棉籽饼粕、菜籽饼粕、马铃薯、木薯等，未作脱毒处理；对青绿多汁饲料如甜菜、小白菜等堆积过久或用慢火焖煮，或带霜冻雨露后饲喂等所引起。

2.有毒植物中毒

有毒植物种繁多，分布广泛。在饲草乏的季节，或因饲牧不及时，或由于割草时将夹在嫩草中间的有毒植物一起割回，动物误食有毒植物引起中毒。此外，某些动物对一些有毒植物具有异嗜性，如牛喜食青冈叶、山羊喜食闹羊花等，也可引起中毒。

3.药物性中毒

由于对一些化学药品、农药、鼠药、化肥等保管使用不当，动物因误食而中毒；在防治动物疾病中用药不合理或剂量过大常会起中毒。

4.其他中毒

包括人为投毒、毒蛇咬伤、有毒昆虫刺伤及有害气体等引起的中毒。



### 二、动物急性中毒的一般症状

一般多为突然发病，同时或先后群发。动物急性中毒消化机能紊乱，如食欲减退或废绝，口吐白沫、呕吐、腹痛、腹泻、便血、频频排粪、反刍停止、臌气等。黏膜发绀，呼吸急促或呼吸困难。有的表现为神经症状，如异常的兴奋不安、惊恐、狂叫、痉挛或抽搐、嗜眠、眩晕、麻痹。瞳孔散大或缩小，视觉障碍以及虚脱出汗。心跳加快，心律不齐、脉搏细弱，少尿或尿淋漓、或无尿、血尿或有异味。孕畜阴户流黏液或浮肿，甚至流产。体温不高，甚至低于常温等。慢性中毒者多表现消瘦、消化不良、黄疸、贫血、死胎、流产等。

### 三、动物急性中毒的一般诊断方法

畜禽中毒的诊断，主要是根据病史、现场调查、临床症状、病理变化和实验室检查结果等进行综合分析，做出临床诊断。

1.病史调查

应详细向畜主或饲养管理人员了解动物发病情况，包括发病时间、地点、数量、死亡头数、病程经过、症状变化；发病后是否经过急救，效果如何；饲料、种类、来源、调剂方法及更换情况；近期是否用过驱虫、消毒、预防药物。在排除某些急性传染病的情况下，若没有特殊原因，动物饲喂后突然多数发病，且食欲旺盛、体质强壮的发病严重，可考虑为急性中毒。

2.现场调查

应查清疾病的发生与周围环境和事物的联系，深入到畜舍内、运动场、饲料的加工与调制现场进行观察，了解饲料品质、饲养管理情况等；应特别注意饲料加工厂附近是否存放过农药或化学药品；同时还应了解空气中是否混有害气体，以及交通、水源、作物的保管和利用情况等。

3.症状检查

由于有毒物质种类繁多，中毒的原因不同，导致中毒的症状多种多样。观察症状一定要仔细，在有些情况下，轻微的临床表现，可能就是中毒的特征，应特别注意某些毒物中毒时，在某些器官或系统中可能出现特有的症状。如牛的黑斑病甘薯中毒，多呈现典型的肺泡气肿和间质性肺水肿；阿托品类中毒时，出现口干渴，皮肤无汗等。一般情况下，轻微的病畜可作系统检查，危重病畜重点检查消化系统、心血管系统的变化、神经症状及全身机能状态。

4.动物剖检

尸体剖检常为中毒提供有价值的理论根据。主要表现皮肤和可视黏膜发绀或黄疸，实质器官的肿胀、出血、血液凝固不良等。剖检时，要注意呕吐物及胃肠内容物的气味、性状，如有机磷农药中毒有蒜臭味。

5.实验室检查

该项检查要结合临床症状有目的进行，可采取动物的胃内容物、血液、实质器官、排泄物（尿液、粪便等）、分泌物（如唾液等）或有关饲料及饮水等，送检进行毒物分析。

## 四、动物中毒的急救措施

引起畜禽中毒的毒物种类繁多，病情发展急剧，故对中毒病例应当及早进行必要的治疗和处理。一般分为以下三个步骤进行急救：

1.防止毒物继续吸收

(1)迅速脱离有毒环境。严格控制可疑的毒源，立即脱离有毒的环境，中断毒物的继续侵入。因化学药剂污染空气而引起的中毒，应迅速离开有毒场所。

(2)除去毒物

①清除体表毒物。因被毒物污染体表皮肤的病畜，不论其是否已被吸收，都应尽快处理表面毒物。一般可先用大量清水彻底冲洗，然后据毒物的性质分别处理，如强酸可先用碳酸氢钠溶液冲洗，再用水冲洗，后外涂氧化镁、甘油糊剂；强碱可先用醋酸、硼酸溶液冲洗，再用水冲洗，后外涂硼酸软膏。

②排除消化道毒物。因采食而发生的中毒，可在中毒不久而毒物尚未被吸收的情况下，采用催吐、洗胃、泻下等方法来排除毒物。催吐可皮下注射阿扑吗啡或内服吐根沫、吐酒石、硫酸铜等。洗胃一般在毒物进入胃后6h内效较好，洗胃液体最常用的为普通清水，亦可根据毒物的种类和性质，选用不同的洗胃剂。洗胃时，先抽出胃内容物，继而反复冲洗，最后经胃管灌入解毒剂、泻剂或胃肠保护剂。

③促进毒物的排泄。兽医临床上常静注高渗葡萄糖、甘露醇、山梨醇等脱水剂或肌内注射快速利尿剂如速尿、双氢克尿噻等，以迅速增加尿量，促进毒物随尿排出。但应注意不能反复使用，以防电解质紊乱。

2.应用解毒剂

(1)一般解毒剂。通过与胃内存留的毒物起中和、氧化、沉淀等化学作用，来改变毒物的理化性质，使其失去毒性；或通过吸附作用，以阻止毒物吸收。

①中和解毒。利用酸碱中和作用。强酸中毒时，可采用弱碱性物质如肥皂水、氢氧化铝凝胶、镁乳等；强碱中毒时，可用弱酸中和，如稀醋酸、稀盐酸、酸菜水、果汁等。

②氧化解毒。氧化剂能将毒物氧化而破坏，对许多毒物如生物碱、亚硝酸盐等中毒有解毒作用。常用的氧化剂有0.01%～0.05%高锰酸钾溶液、1%～2%的过氧化氢溶液、1%美蓝等。

③沉淀解毒。大多数金属毒物(如铅、铜、砷、汞等)或生物碱中毒时，可用牛奶、蛋清、绿豆浆、鞣酸及浓茶内服，使毒物沉淀。

④吸附解毒。对重金属盐和生物碱中毒，可用活性炭作吸附剂，以吸附毒物。然后，给予盐类泻剂如硫酸钠、硫酸镁等，以排出被吸附的毒物。

⑤保护性解毒。为了保护黏膜，减少刺激，延缓吸收，可内服如牛奶、蛋清、面糊、米汤、豆浆等胃肠保护剂。

(2)特效解毒剂。是针对中毒发病机理，有解毒作用的特效药物或拮抗毒物的治疗药物。如有机磷农药中毒可用阿托品、氯磷定、碘磷定等解毒；氟乙酸钠、氟乙酰胺等氟化物中毒，可用甘油乙酸酯及乙酰胺解毒；氰化物中毒，可用亚硝酸钠、硫代硫酸钠解毒；亚硝酸盐中毒，可用美蓝或高渗葡萄糖解毒等。此外，一些金属及化合物中毒，可有金属络合剂如二巯基丙醇等解毒。

3.对症疗法和支持疗法

在临床上，很多动物中毒病都无特效解毒剂，因而必须针对中毒症状采取相应措施如强心、镇静、保肝、对抗酸中毒、补充体液、降低颅内压、缓解呼吸困难等，以纠正各种代谢紊乱，保护重要器官的生理功能，增强动物机体的排毒和解毒能力。

(1)强心补液。选用安钠咖、樟脑磺酸钠或强尔心、右旋糖酐、10%～25%葡萄糖或葡萄糖氯化钠液静脉注射。补液量应视动物脱水的程度确定，一般以动物开始排尿作为补液足够的标准。

(2)保持呼吸道通畅，维持呼吸。抢救中毒病畜，注意保持呼吸道的通畅维持正常的呼吸机能，是一个十分重要的环节。如迅速清除口、鼻腔内的痰液、胃内容物，同时注射尼可刹米等兴奋呼吸。

(3)保护肝脏。吸收的毒物在体内大多是通过肝脏代谢的，为增强肝脏的解毒功能，减少毒物对肝脏的毒害，在强心补液、兴奋呼吸的同时，还应配合使用保肝药物，常用的药物是葡萄糖和维生素C。

(4)纠正酸中毒。可选用5%碳酸氢钠溶液静脉注射静脉注射，轻度的往往一次即愈，中度的8～12 h再静脉注射一次，重度的经6～8 h后重复静脉注射1～2次。

(5)降低颅内压。可静脉注射甘露醇、山梨醇、高渗葡萄糖溶液，以降低颅内压、缓解脑水肿。

(6)其他措施。流涎时，肌内注射阿托品；惊厥时，肌内注射氯丙嗪、水合氯醛、硫酸镁等镇静剂；消化障碍时，可使用盐类泻药清理胃肠道；同时，保持病畜安静，注意畜舍保温防寒，充分供给富含维生素、糖及蛋白质的饲料及清洁饮水。

## 五、动物中毒病的预防

中毒性疾病是一种危害面广，病种繁多，病情复杂，症状严重而又不易治疗，能直接降低动物的生产效益。因此，要做好中毒病的预防工作。实践表明：只要坚持贯彻“预防为主”的方针，掌握各种中毒发生的规律，提前做好预防，中毒是完全可以避免的。

1.科学选用饲料

禁用发霉、变质腐烂的饲草、谷实类籽实及各种农副产品等饲喂畜禽。对一些含毒的农副产品如菜籽饼粕、棉籽饼粕等用作饲料时，必须先作去毒处理。早春开始放牧前，应先用青、干草混饲一段时间后，再进行放牧，避免采食有毒植物。

2.严格遵守防护保管制度

对有关毒物、农药、鼠药、化肥等要妥善保管。喷洒过药剂的作物、牧草及经过药剂处理的谷物种子等，应严防动物采食。

3.妥善处理“三废”

工矿企业的废水、废气、废渣，应做妥善处理，以避免污染环境，减少公害。

# 任务二　饲料中毒

## 一、亚硝酸盐中毒

动物由于过量食入或饮入含有亚硝酸盐的植物和水后所引起的中毒性疾病。

亚硝酸盐是一种氧化剂，其主要毒害作用是血液中的正常血红蛋白氧化成变性血红蛋白(即高铁血红蛋白)，导致机体缺氧而引起中毒。临床上特征性表现为皮肤、黏膜呈蓝紫色及其他缺氧症状。本病可发生各种动物，临床上以猪多见，俗称“饱潲病”或“饱食瘟”。牛、羊、马及家禽也可发本病。

[病因]

(1)青绿饲料贮存或调制不当。幼嫩青绿饲料尤其是各种蔬菜类如小白菜、甜菜、芥菜、菠菜、韭菜及胡萝卜叶等，均含有硝酸盐或少量的亚硝酸盐，特别是施氮肥充足时，含量更高。在生产实践中，如将此类饲料堆积放置过久，或经雨水淋湿后烈日曝晒，或用文为焖煮，或因霜冻、霉烂变质、枯萎及其他一些条件，硝酸盐均可因混杂于饲料中的硝化菌的作用而还原为毒性较强的亚硝酸盐，动物食后发生中毒。

(2)动物误饮施用硝酸盐化肥耕地排出的水或将青饲料浸泡在含有大量硝酸盐、亚硝酸盐的水中，或割草沤肥的坑水，均可引起中毒。

(3)亚硝酸盐也可在动物体内形成。对于猪，在一般情况下，硝酸盐在胃肠道中转化为亚硝酸盐的能力很弱，但当胃肠道机能紊乱时，如患肠道寄生虫或胃酸浓度降低时，可使胃肠道内的硝酸盐还原菌大量繁殖，此时若大量饲喂含硝酸盐的饲料，在肠道内会产生大量的亚硝酸盐而导致中毒；对于反刍动物，硝酸盐在瘤胃内经微生物的作用被还原为亚硝酸盐，故牛、羊如果采食大量的含硝酸盐的饲料后也可引起中毒。

[症状]

潜伏期的长短，因摄入量的多少而异。猪中毒多在饲喂后 15 min 至数小时内突然发病，一般为 1～3 h。最急性型可能仅稍显不安，站立不稳，即倒地而死。同群同饲的猪，相继或同时发生，好抢食的猪病情较重，发病前都是精神良好，食欲旺盛，故民间有“饱食瘟”之称。急性型多呈现严重的呼吸困难，呼吸次数增加，心跳加快，脉搏变快而弱，流涎，呕吐，口吐白沫，出汗。可视黏膜苍白或发绀，黑猪的鼻镜乌青，白猪的鼻镜和皮肤灰白，耳、鼻端、四肢发凉并很快呈紫色，体温正常或稍低。狂躁不安，走路摇摆，鸣叫，肌肉震颤。严重时，角弓反张，瞳孔散大，倒地昏迷，四肢做游泳状或抽搐，最后全身衰竭，常因窒息而死。

牛中毒常在采食后 1～5 h 发病，发病延迟可能于采食含硝酸盐饲料在瘤胃中转化成亚硝酸盐而导致中毒造成的。临床主要表现为精神沉郁，食欲废绝，呼吸困难，肌肉震颤，步态摇晃，口吐白沫，流涎，腹痛、疝痛、腹泻，甚至呕吐等症状。后期四肢麻痹、站立不稳，倒地而全身痉挛，最后窒息死亡。

病理症状：中毒病畜的尸体腹部多膨胀，口鼻呈青紫色，可视黏膜呈蓝紫色，鼻腔流出淡红色或白色泡沫状液体。血液呈紫黑色、酱油状、不易凝固，各脏器的血管瘀血。胃底、幽门部和十二指肠黏膜充血、出血，病程长者胃肠黏膜易脱落或溃疡。气管和支气管黏膜充血、出血、管腔内充满带红色的泡沫状液体，肺有出血或气肿。心外膜有点状出血。肝、肾呈乌紫色。

[诊断]

本病的发生具有突然性、群体性，根据动物的病史，结合饲料的贮存、调制情况，以及黏膜发绀、血液呈酱油色、高度呼吸困难、体温不高等临床症状，可作为诊断的重要依据。为确立诊断，亦可在现场作亚硝酸盐和变性血红蛋白简易检验。

[治疗]

发现动物亚硝酸盐中毒，应迅速抢救，临床特效解毒药为美蓝和甲苯胺蓝。治疗应据病情，采取以下措施。

(1)症状较严重的病畜,应尽快剪耳、断尾放血;及时静脉注射或肌内注射1%美蓝溶液,1～3 mg/kg,或注射甲苯胺蓝,5 mg/kg,用时配成5%溶液。也可用25%～50%的高渗葡萄糖液,1～2 mL/kg,同时加入维生素C,10～20 mg/kg,静脉注射。

值得一提的是重度中毒时,美蓝可加倍使用。如用药后紫绀不褪或再度出现时,隔1～2 h后可重复静脉注射1次。但应注意,美蓝用量不宜过大,因为其在低浓度时是还原剂,能促进高铁血红蛋白的还原,在高浓度却有氧化作用反而导致血红蛋白变性。

(2)症状较轻的病畜,仅需安静休息,投服适量的糖水或牛奶、蛋清水等即可。

(3)对症治疗:对呼吸困难,喘息不止的患畜,可注射樟脑磺酸钠、尼可刹米、山梗菜碱等呼吸兴奋剂;对心脏衰弱的病畜可注射安钠咖、强尔心或樟脑磺酸钠等;对严重溶血病畜,可适当放血后输液,并应用肾上腺糖皮质激素如地塞米松、氢化可的松作肌内注射或静注,同时,口服或静注碳酸氢钠等药物,使尿液碱化。

[预防]

(1)青绿饲料应鲜喂,熟喂者,应把火添足,使之迅速煮开,不要焖在锅中或将熟料趁热焖在缸里;一经发霉、腐烂、霜冻、枯萎后,就应废弃不用。

(2)不要单纯喂给硝酸盐较多的饲料,接近收割的青饲料不要施用含硝酸盐的化肥。同时,化肥要妥善保管。

(3)对可疑的饲料、饮水,实行临用前的简易化验是个行之有效的办法,特别是规模养猪场应列为防病保健措施之一。

## 二、氢氰酸中毒

动物氢氰酸中毒是由于家畜采食富含有氰苷的植物及籽实,在胃内由于酶和水解的胃液盐酸的作用,产生游离的氢氰酸而引起的。其中毒的临床特征为呼吸困难、震颤、痉挛、惊厥和突发死亡等为特征的中毒性缺氧综合征。本病各种动物均可发生,但以牛羊多发,死亡率较高。

[病因]

主要由于采食含氰苷的植物或误食氰化钠、氰化钾等氰化物所致。氢氰酸以糖苷的形式常与一种酶共存在于某些植物中。如南瓜藤、蔷薇科植物(桃、李、梅、杏、枇杷、樱 桃等)茎叶、特别是核仁中;海南刀豆、狗爪豆、木薯及其嫩叶;亚麻叶、亚麻籽及其饼等。尤其是与家畜饲养关系密切的苏丹草、红三叶草和高粱苗、玉米苗及其再生苗等。氰苷配糖体本身是无毒的,但当家畜采食上述植物或用作饲料处理不当时,在一定条件下(如胃酸、温水等),可使氰苷水解为氢氰酸而发生中毒。

[症状]

氢氰酸中毒,发病很快,通常在采食过程中或采食后半小时左右出现症状,最快的3～5 min即可造成死亡。由饲料引起的,潜伏期稍长,最长可达3～5 h。主要表现为呼吸困难,呼吸浅表增数,抬头伸颈,张口喘息,呼出气有苦杏仁味,可视黏膜鲜红。口角流有大量带白色泡沫状涎水,呻吟,磨牙,反刍动物出现瘤胃程度不同的臌气。肌肉痉挛,全身或局部出汗,体温正常或低下。严重者知觉丧失,后肢麻痹,站立不稳,抽搐倒地,心脏机能衰竭,脉快而弱,瞳孔初缩小后散大,反射减少或消失,眼球突出、直视,牙关紧闭,最后呼吸麻痹而死。猪常超急性经过,病畜突然倒地、狂叫,数分钟内死亡。马有腹痛不安或疝痛现象。

病理症状:急性死亡病例的血液呈鲜红色,尸体不易腐败,血凝时间延长。内脏器官呈现窒息现象,如瘀血、肺水肿、充血,气管和支气管内蓄有大量泡沫状液体和血液。肺充血、出血。胃肠器官的黏膜和浆膜有出血、肿胀,胃内容物有苦杏仁味。心内、外膜出血,体腔和心包内有浆液性渗出液。反刍动物瘤胃内充满气体和内容物。

[诊断]

根据采食或饲喂含有氰苷的植物或青饲料的病史,结合可视黏膜呈鲜红色,呼吸困难,神经紊乱,剖检有特殊的苦杏仁味等临床病症，可初步判断为本病。确诊本病，需对所饲喂的饲料、病畜血液、胃内容物等病料进行化学检验，如应用苦味酸试纸法，检测胃内容物时，由黄色变为红色或红砖色为阳性。还可作定量检验，如胃内容物(液)中氢氰酸含量超过 10 μg/g 时，即可确诊本病。

临床要注意与亚硝酸盐中毒进行区别诊断。急性亚硝酸盐中毒静脉血呈酱油色，因其为变性血红蛋白，经试管震荡酱色不退，而氢氰酸中毒血液呈鲜红色，晚期虽也表现暗红，但经试管震荡可恢复成氧合血红蛋白而变鲜红。

[治疗]

本病发病急，病程短，临床抢救必须及时进行，治疗本病的特效解毒药，常用的有亚硝酸钠和硫代硫酸钠、美蓝等。目前治疗，多用亚硝酸钠和硫代硫酸钠联合疗法。具体方法如下：

(1)及时应用特效解毒剂

①亚硝酸钠和硫代硫酸钠解毒。发现中毒后及时静脉缓慢注射 3%～10%的亚硝酸钠溶液(5～10 mL/min)。一次剂量：马、牛 0.5～1.0 g，猪、羊 0.1～0.2 g；或以 0.1%亚硝酸钠按 1 mL/kg，加入 10%～25%的葡萄糖注射液(猪、羊 50～100 mL，牛、马 200～500 mL)静注。随后再用 5%～10%的硫代硫酸钠溶液按 1～2 mL/kg，加入到 10%～25%的葡萄糖注射液中，以上述同样的速度作静脉注射。也可用亚硫酸钠、硫代硫酸钠及蒸馏水混合一次静注。

注意：在注射时，应密切注意血压，血压下降时应立即注射肾上腺素或暂停注射亚硝酸钠；由于葡萄糖能与氢氰酸结合成无毒的腈类，故临床可以和亚硝酸钠及硫代硫酸钠同时应用；如果用药后症状没有缓解，必要时可在 1 h 内重复注射其半量或全量。

②美蓝解毒。大剂量的美蓝具有氧化作用，使血红蛋白转变为高铁血红蛋白，能与氰化物结合成氰化高铁血红蛋白，使氰化物失去毒性。故临床常用 1%～2%的美蓝液代替亚硝酸钠、硫代硫酸钠疗法。剂量 0.5～1 mL/kg。注射美蓝时，应注意观察可视黏膜，当出现暗紫发绀现象时要立即中断用药。

(2)洗胃、催吐。经上述紧急处理后，必要时可用 0.1%的高锰酸钾溶液或 3%双氧水溶液稀释 3～4 倍后洗胃，以促进毒物的氧化。猪可内服催吐剂，如 1%硫酸铜溶液 50 mL。

(3)对症治疗。可根据病情进行。如应用尼可刹米兴奋呼吸，安钠咖或强尔心治疗心脏衰弱，盐酸氯丙嗪镇静解痉等解除危重症状。必要时可做人工呼吸及静脉输液。

[预防]

动物饲养中，禁止饲喂高粱幼苗和玉米幼苗(特别是再生幼苗)等富含氰苷类植物。如用含氰苷的植物饲喂动物必须经过减毒处理，如用亚麻籽饼作饲料时，必须彻底煮沸或切碎浸泡，且喂量不宜过多，同时搭配其他饲料。霉败或用温水浸泡的亚麻子饼绝不饲喂。对氰化物类药物，妥善保管，严防动物误食。

## 三、菜籽饼粕中毒

菜籽饼粕中含有多种毒素，若不经处理，动物采饲过多引起肝、肾、肺、甲状腺等多器官损害而出现中毒症状。临床以急性胃肠炎、肺气肿、肺水肿和肾炎为特征。本病以猪、禽多见，其次为牛、羊，马属动物较少发病。

[病因]

动物长期或大量饲喂未经处理的菜籽饼粕所致。

菜籽饼粕是动物的重要蛋白质饲料，但其含有多种有毒物质。菜籽饼粕的毒性与油菜品种有关。因为各种油菜种子中都含有程度不等的芥子苷、芥子酶、芥子酸和芥子碱等成分，这些成分也将残存在榨油后的菜籽饼粕中。尤其是其中的芥子苷在芥子酶的作用下，可水解形成异硫氰酸丙烯酯或丙烯基芥子油，从而对动物产生毒性。动物食入大量菜籽饼粕会引起中毒。

此外，菜籽饼粕处理不当也会引起中毒。特别当菜籽饼粕发热、变质及日粮中缺碘时，就会加重毒性反应，病情更重。

[症状]

各种动物临床症状有所不同。

肥育畜易发本病，中毒时多呈急性经过，且死亡较快。病畜精神萎靡，食欲减退或废绝，口吐白沫，有时出现呕吐现象，腹痛、腹胀、腹泻，粪便带血，排尿次数增多，有时尿中带血。呼吸困难、呼吸次数增加、咳嗽，两鼻孔流出粉红色泡沫样液体。心脏衰弱，心率加快，体温变化不大或稍偏低，耳尖和四肢末端发凉，口鼻等可视黏膜发紫。怀孕母猪可发生流产。严重中毒时，精神极度沉郁，四肢无力，站立不稳，瞳孔散大，最后因心力衰竭而死。

中毒病牛，前胃弛缓，瘤胃臌胀，腹痛、腹泻或便秘。耳尖发凉，体温较低，有的病牛狂躁不安，视力模糊。有的排出血红蛋白尿，有的发生肺气肿，易引起肺水肿，呼吸困难，两侧鼻孔流出泡沫状鼻液。严重者全身出汗，导致死亡。

鸡的菜籽饼粕中毒大多为慢性经过。主要表现缩头，厌食，粪便出现干硬、稀薄、带血，生长受阻，产蛋减少，蛋变小，产软壳蛋，种蛋孵化率降低。急性重剧中毒，两腿突然麻痹，肌肉痉挛，双翅扑击，口鼻流出混有血液的黏液及泡沫，腹泻，冠及肉髯青紫，最终痉挛、衰竭死亡。

病理症状：病畜死亡剖检后，可见胃肠黏膜充血和点状出血，肾出血，心内膜和外膜有点状出血。肝混浊肿胀，肺水肿和气肿，血液如漆样，凝固不良，胃内有少量血块。家禽可见甲状腺肿大，色紫质硬，胃肠黏膜充血或呈出血性炎症，尤以腺胃、肌胃出血明显。肾肿大。肺肿大、充血，肝脏沉积较多的脂肪并有出血，胆囊肿大，并充满胆汁。

［诊断］

临床以饲喂过未处理的菜籽饼粕发病史，胃肠炎、肺气肿及血尿等特征性症状为根据，结合病理变化，可做出初步诊断。确诊需要进一步做实验室毒物检查。同时，要与其他中毒病进行区别诊断，如急性肺水肿和肺气肿的病畜要与肺丝虫病、甘薯黑斑病中毒相区别；神经型病例要与食盐中毒及其他具有神经症状的疾病相区别等。

［治疗］

本病目前尚无特效解毒药物。临床应及时排除毒物，采取对症处理和支持疗法。

(1)中断毒源，排除毒物。发现中毒后，立即停喂菜籽饼粕。用0.5%～1%鞣酸洗胃或0.05%的高锰酸钾让病畜自由饮服。必要时可灌服0.1%的高锰酸钾液，或蛋清、牛奶、豆浆等。粪干者可以油类泻剂进行导泻；为保护胃肠黏膜，促进毒物排出，也可用滑石粉600 g、苏打200 g、甘草末250 g，加水一次灌服。1次/d，连用3 d。

(2)对症和支持疗法

①强心利尿，改善血液循环，稀释毒素，提高肝脏解毒机能，可用10%葡萄糖(猪5～10 g，牛50～250 g)、40%乌洛托品(猪5～12 mL，牛20～50 mL)、10%安钠咖(猪0.25～1 g，牛2.5～5 g)、维生素C(猪0.2～0.5 g，牛2～4 g)、地塞米松(猪2～5 mg，牛10～20 mg)，混合，一次静脉注射。

②体温偏低，末梢厥冷，脉不易触及时，可及时输入右旋糖酐氯化钠液，剂量为猪200～500 mL，牛500～1 000 mL。

③呼吸困难时，可用樟脑磺酸钠(猪0.2～1 g，牛1～2 g)、尼可刹米(猪0.25～1 g，牛2.5～5 g)混合静脉注射；心力衰竭引起的呼吸困难，可注射氨茶碱(猪0.25～0.5 g，牛1～2 g)。

此外，维护血浆胶体渗透压，改善末梢循环，输入液内加入肾上腺素，以升高血压，同时皮下注射阿托品；出血可注射维生素K或酚磺乙胺等。

家禽发生中毒时，应立即停喂含有菜籽饼粕的饲料，采用对症疗法并饮用10%葡萄糖水。更换富含蛋白质、维生素、矿物质且易消化的日粮，大多病例都可逐渐好转。

［预防］

本病预防的关键是将菜籽饼粕做必要的去毒处理，且要限制用量，一般只占日粮5%以内。在饲喂时，要搭配青饲料，补充维生素A和碘，发霉变质的菜籽饼粕不可用作饲料。对新购的菜籽饼粕或含有菜籽的配合料，饲喂后应注意观察是否有不良反应，以便早发现，早治疗。菜籽饼粕不能长期连续饲给，一般喂60 d后暂停20 d，以免蓄积中毒。高产奶牛、孕畜、幼畜及弱病畜，应严加限用或不用为妥。

为了安全地饲用菜籽饼粕，目前国内推广试用下列的去毒法。

(1)坑埋法。目前多用此法。选择向阳、干燥、地温较高的地方据饼的数量挖一长方形土坑，然后将菜籽饼粕按饼水 1∶1 的比例浸透泡软后埋入坑中，顶部和底部盖一薄层麦草，并覆土 20 cm，放置 2 个月平均脱毒率为 84%。

(2)发酵中和法。在发酵池和大缸中放入清洁的 40℃温水，然后将碎菜饼投入进行发酵处理，以中和其有毒成分。本法去毒可达 90%以上，苦涩味也基本消除。

(3)浸泡法。一般小规模少量饲喂者，可以将粉碎的菜籽饼用热水浸泡 12～24 h，把水倒掉，再加水煮沸 1～2 h，边煮边搅，使毒素蒸发掉，而达到安全饲用的目的。

## 四、棉籽饼粕中毒

棉籽饼粕中含有丰富的蛋白质，在畜牧业生产中常作为一种精料补饲，是动物全价日粮蛋白质的重要来源。然而，其中含有多种有毒物质，若饲喂不当会引起动物中毒。其临床特征是消化紊乱、肝炎、胃肠炎和酸中毒。本病畜、鸡、犬、兔、犊牛最多发，成年牛只是在单一饲喂而又在低蛋白日粮的情况下，才可发生中毒。

[病因]

动物长期或一次大量饲喂未经脱毒处理的棉籽饼粕或棉叶、棉籽所致。

棉籽饼粕、棉籽、棉叶中主要含有对动物有害的棉酚。棉酚存在有两种形式：一种是其与蛋白质、氨基酸、磷脂结合后成为结合棉酚，无毒；另一种是未与这些物质结合的棉酚称为游离棉酚，是有毒的，是此类饲料中主要有毒成分。将未经处理的棉籽饼粕做饲料，长期喂给或短期大量饲喂动物均会导致急性或慢性中毒。此外，棉籽中尚存在一类具有环丙烯结构的脂肪酸，可使母鸡的产蛋率降低，且影响蛋的质量。日粮中蛋白质、维生素和矿物质(尤其是维生素 A 及铁和钙)缺乏及其他过度刺激均可促使中毒发生或使病情加重。

[症状]

临床主要症状常因动物种类不同而各异。

牛急性棉籽饼中毒主要表现为瘤胃急性消化不良症状。病牛食欲废绝，反刍停止，瘤胃内容充盈，蠕动弛缓，排粪量少而干，后期拉稀粪，排尿带血，有的瘤胃臌气，腹下或四肢呈现水肿，故有“橡皮脚”之称；慢性中毒多表现为维生素 A 和钙缺乏所呈现的症状。消瘦，尿频，尿淋漓或尿闭，尿石症，有的继发呼吸道炎及慢性增生性肝炎，妊娠母牛流产；犊牛中毒时食欲异常、呼吸困难，呈佝偻病症状，视力障碍，尿石症和黄疸等。

马属动物对棉酚的耐受性相对较强。其中毒时，除与反刍动物类似症状外，常表现间歇性腹痛，粪便覆有黏液或血液，尿呈红色，含有血液。

猪中毒时，减食或停食，呕吐，拱背，低头呆立，后肢软弱无力，走路摇晃，发抖。粪便黑褐色，先便秘后腹泻，混有黏液和血液。皮肤颜色发绀，尤以耳尖、尾部明显，心跳、呼吸加快。后期体温升高至 41℃以上，结膜暗红，鼻有黏脓性分泌物流出，尿少带血，有的发生眼炎、夜盲症或双目失明，妊娠母猪发生流产。

中毒鸡主要表现腿无力，有的出现出血性胃肠炎症状，排黑褐色稀粪并常混有黏液、血液。严重的病鸡，冠和肉髯暗紫色，抽搐，终因呼吸、循环衰竭而死亡。母鸡产蛋减少，蛋个体变小，蛋黄变色(茶青色)，种蛋的受精率、孵化率显著降低。煮熟的蛋黄较坚韧并稍有弹性，称为“橡皮蛋”。

病理症状：急性中毒死亡的畜体，可见出血性胃肠炎，肾炎，肝充血、肿大，肺水肿，心内外膜有出血点，胸、腹有红色渗出液，全身淋巴结肿大；禽胆囊和胰增大，肝脏变色，肝、脾和肠黏膜上有蜡质样色素沉积。

[诊断]

根据饲喂棉籽饼或棉叶的病史，临床有胃肠炎、视力障碍、排红褐色尿液等症状，结合相应的病理变化，可做出诊断。

[治疗]

目前,无特效解毒剂,主要采用消除致病因素、加速毒物的排除及对症疗法。

(1)立即停喂棉籽饼或棉叶。给动物内服稀盐酸。剂量:牛 10～20 mL;猪 1～5 mL,3 次/d,加小量水投服。

(2)破坏毒物,加速其排除。可选用 0.05%高锰酸钾溶液、2%～3%碳酸氢钠溶液或 3%过氧化氢溶液反复洗胃。若胃肠内容物过多,胃肠炎不严重时,可内服如硫酸钠或硫酸镁等盐类泻剂进行导泻。同时可用 3%～5%的碳酸氢钠溶液灌肠。

(3)对症治疗。当并发胃肠炎时,可用抗菌消炎,收敛止泻剂,如诺氟沙星、鞣酸蛋白等内服;为了阻止渗出,增强心脏功能,补充营养和解毒,可用 25%的葡萄糖、10%安钠咖、10%氯化钙溶液混合后一次静注,同时注射维生素 A、维生素 D 等制剂都有一定疗效;对肺水肿引起的缺氧,可用支气管解痉药物如氨茶碱、地塞米松等静滴;中毒性肝炎可用维生素 C、肌苷、辅酶 A 等静脉注射;肾衰竭可用低分子右旋糖酐静脉注射,同时应用碳酸氢钠来碱化尿液。

(4)当病畜尚有食欲时,尽量能多喂些青绿饲料或青菜、胡萝卜等,对病畜恢复效果很好。同时注意增加饲料里的矿物质,特别是钙的含量。

(5)民间疗法。大蒜籽 80 g、生甘草 40 g、酒曲 40 g,捣烂,加麻油 150 mL,给病牛一次内服。

[预防]

(1)棉籽饼粕应经减毒或去毒处理再喂。

①加热减毒处理。榨油时最好能经过炒、蒸,使游离的棉酚转变为结合棉酚;生棉籽皮炒了再喂,棉渣必须加热蒸煮 1 h 后再喂;棉叶必须晒干去土压碎,发酵过的棉叶用清水洗净,再用 5%的石灰水浸泡 10 h 软化解毒后再喂。

②加铁去毒。最常用的是用硫酸亚铁对饼粕直接处理。具体方法是:将 1.25 kg 硫酸亚铁溶解于 12 kg 水中,加入 50 kg 经粉碎的棉子饼,浸泡 24 h 或水煮 30 min 即可使用,脱毒率可达 81%。

(2)限量饲喂。牛的喂量每天不超过 1～1.5 kg,猪不超过 0.5 kg,怀孕母畜和幼畜最好不要喂。此外,要注意喂半月停半月,以免蓄积收起中毒。

(3)在长期饲喂棉籽饼时,要注意日粮配合。饲料要多样化,可与青绿饲料、胡萝卜搭配,特别要注意维生素 A、钙及硫酸亚铁的供给。

(4)腐烂发霉的棉叶及棉籽饼不可作饲料。

## 五、黄曲霉毒素中毒

黄曲霉毒素中毒是由于采食被黄曲霉等特定真菌所产生的代谢产物即黄曲霉毒素污染的饲料而引起的一种危害极大的中毒病。主要破坏肝脏、血管和中枢神经,病畜表现全身出血、消化障碍和神经症状等。本病许多国家都有发生。各种动物均可发生,但中毒常见于猪和雏鸭,此外雏鸡、火鸡、牛及雪貂等动物也常受害,人也可发病,是一种严重的人畜共患病。

[病因]

黄曲霉毒素是由黄曲霉和寄生曲霉等所产生的真菌毒素。本病中毒原因主要是由于畜禽采食或饲喂了被上述产生毒素的真菌污染的玉米、花生及花生饼、豆类、麦类及其加工副产品,如酒糟、油粕、酱油渣等所致。除马外,通常所说的"霉玉米中毒",就是指的是黄曲霉毒素中毒。

黄曲霉毒素中毒由于性别、年龄及营养状态等情况,其敏感性是有差异的。其敏感顺序是:雏鸭＞雏火鸡＞雏鸡＞日本鹌鹑;仔猪＞犊牛＞肥育猪＞成年牛＞绵羊。家禽是最为敏感的,尤其是幼禽。其发病率与当年的气候有关,阴雨连绵的收获季节,常爆发本病。此外,该种毒素还是一种强烈的致癌物质,属于肝脏毒,连续饲喂霉玉米约一年,平均每天每只鸭子食入 15 μg 左右,即可诱发鸭子出现肝癌。

[症状]

病猪常在食毒素后 5～15 d 出现中毒症状。急性病例可在运动中突然死亡,或发病后 2～3 d 内死亡。病猪表现精神委顿，走路蹒跚，黏膜苍白，体温正常，粪便干燥，带血，不吃食，头低垂或站立不动。慢性病例，走路僵硬，出现异嗜癖，啃食泥土、瓦砾，拱背卷腹，常离群独处，粪便干燥。也有表现狂躁不安、冲跳的。体温正常，黏膜黄染，有的病猪眼、鼻周围皮肤发红，逐渐变蓝。

成年牛、奶牛发生黄曲霉毒素中毒的较少，偶有发生的也多取慢性经过。表现厌食，消瘦，精神委顿，一侧或两侧角膜浑浊，尤其是犊牛。病牛腹水，间歇性腹泻。成年牛的症状远较犊牛为轻。乳牛除泌乳性能降低或停止外，妊娠母牛间或发生早产或流产，个别病牛还出现神经症状，如惊恐、转圈运动等。

雏鸭对黄曲霉毒素最为敏感。一般呈急性中毒。病初食欲减退，生长停滞，脱毛，鸣叫，拱背、尾下垂，步态不稳，严重跛行(图 1-7-1)。一周内陷入昏睡状态，重者很快死亡。死亡时头颈角弓反张，死亡率极高。成鸭的耐受性比雏鸭高，急性中毒时症状与雏鸭类似；慢性中毒时症状不明显，主要表现为食欲减少，消瘦，衰弱，贫血等。中毒时间长者可发生肝癌。

幼鸡多发生于 2～6 周龄，主要表现为食欲不振，生长不良，衰弱，贫血，冠苍白排出血色稀粪，蛋鸡产蛋下降，最后衰竭死亡。

病理症状：病猪急性主要病变为贫血和出血。全身黏膜、浆膜、皮下和肌肉有出血点和出血斑。肾、胃弥漫性出血，肠黏膜出血、水肿，脾脏出血。肝脏肿大，呈黄褐色，脆弱，表面有出血点，胆囊扩张，心外膜和心内膜明显出血。慢性病变主要表现肝硬化变形，胸腹腔积液，肾脏常呈苍白、肿胀，淋巴结充血、水肿。

病牛最主要的是肝脏质地变硬、纤维化及肝细胞瘤。肝脏苍白、坚硬，有灰白色坏死区，胆囊扩大 10～20 倍不等，胆汁浓稠。大多数病牛腹腔积液。

家禽在肝脏有特征性损害。急性中毒时肝脏肿大、硬化，色淡苍白，脆弱，黄疸，斑点出血或灰白色斑点状坏死灶，呈格子状(图 1-7-2)。胰脏萎缩。心、肝有出血，心包积液。肾肿大，肠黏膜出血。病程在一年以上者，可发现肝癌结节。

**图 1-7-1　中毒鸭拱背、尾下垂**

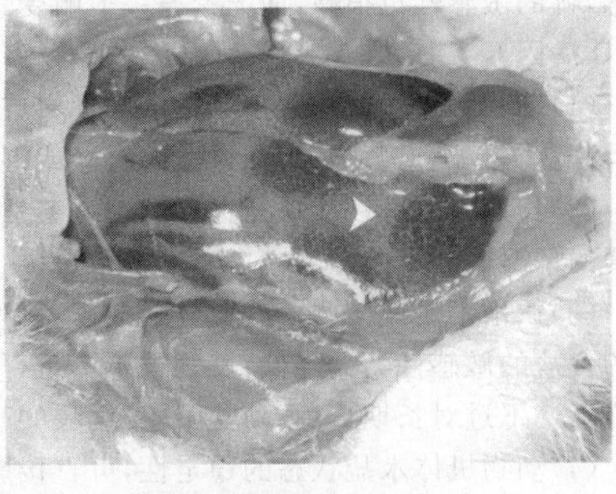

**图 1-7-2　中毒鸡肝脏呈格子状**

[诊断]

若发现可疑症状，必须了解病史，并对现场饲料样品进行检查，发现霉饲料，结合临床症状和特征性病理变化，可做出初步诊断。确诊必须参考黄曲霉毒素测定结果，还可进行霉菌病原的分离培养。

[治疗]

目前尚无特效药物治疗黄曲霉毒素中毒。确诊为该病后立即停止饲喂发霉变质的饲料，改用新鲜、含维生素丰富的饲料，并采取相应的支持疗法和对症处理。

(1)排除毒物。对急性中毒的病例，可根据动物的类别和可能，用 0.1%高锰酸钾溶液、清水或碳酸氢钠溶液进行洗肠、洗胃，然后投服健胃剂(如复合维生素 B)、缓泻剂(硫酸镁、硫酸钠、石蜡油等)，同时停喂精料，只喂给青绿饲料，待症状好转后再逐渐增添精料。

(2)对症和支持疗法。在整个治疗过程中，采用解毒、保肝、止血、强心、镇静，控制感染，调节体液平衡等治疗原则，以维护中枢、循环、呼吸及泌尿等系统的功能。解毒保肝、止血、强心可采用葡萄糖、维生素C、肌苷、辅酶A、酚磺乙胺、樟脑磺酸钠等混合静脉射；对骚动不安，有神经症状的病畜可用盐酸氯丙嗪或溴化物来解痉镇静；控制继发感染，可用抗生素如氨苄西林钠、头孢噻呋钠或喹诺酮类药物等，但禁用磺胺类药物；同时在整个疗程中应注意水和电解质平衡，可用复方氯化钠溶液等补充。

(3)民间疗法。用绿豆、盐、水，煮成绿豆汤后让中毒畜禽自饮或用防风、甘草，煎汁后加绿豆汤、白糖，灌服病畜。

[预防]

(1)防霉是搞好预防的关键。加强饲料保管，防止饲料发霉，尤其是多雨季节，要严格控制好水分和温度，积极采取措施对饲料谷物尽快进行干燥，并置于干燥、低温处储存。对质量较差的饲料可添加0.1%的苯甲酸钠或丙酸钠等防霉剂。饲料仓库如被黄曲霉毒素污染，应用福尔马林熏蒸或用过氧乙酸喷雾消灭霉菌孢子。对污染的用具、禽舍、地面可用20%石灰水消毒或2%的次氯酸钠溶液消毒。

(2)去除黄曲霉毒素。如果畜禽已经发病，应立即停喂发霉饲料或将霉变饲料用脱霉剂处理后再利用；对严重霉变的饲料应全部废弃，轻度发霉饲料可先磨成粉，再按1∶3的比例加入清水浸泡，反复换水，直至浸泡的水呈现无色为止，最好添加脱霉剂，如霉可脱等，同时须与其他精料配合使用。

## 六、食盐中毒

食盐为动物饲粮配方的重要成分，是动物生理上不可缺少的物质，适当的食入还可以增加饲料的适口性，促进食欲。但采食过多或饲喂不当，则可引起中毒，甚至死亡。本病以消化道炎症和脑组织水肿、变性乃至坏死等一系列病变为特征，临床主要表现为神经症状和消化机能紊乱。猪常发生脑膜和脑实质的嗜酸性白细胞浸润性脑膜脑炎。

食盐中毒各种动物均可发生，但不同种动物对其耐受量不同，猪，鸡，尤其是仔猪和雏鸡对食盐极为敏感，鸭的敏感性也很高，而大家畜一般耐受量较大，中毒多发生于猪和鸡，其次是牛、羊、和马。

[病因]

(1)动物食入过量的含盐分较多的饲料或饮水，如腌肉、咸鱼、泡菜、泔水、腌菜水、乳酪加工废水、残羹及酱渣等，配合饲料时误加过量的食盐或混合不均匀等均易引起中毒。

(2)长期“盐饥饿”或缺盐饲养的动物突然加喂食盐，特别是喂含盐饮水，又未加限制时常易发生大量采食的情况而导致中毒。

(3)饮水不足或某些营养成分的缺乏，可增加其中毒的敏感性。充足的饮水、全价营养可使动物对过量的食盐的敏感性大大降低；反之饮水不足，缺乏维生素E、含硫氨基酸、钙、镁等营养成分，其敏感性显著增高。不过对长期采用“高盐限水”饲喂的畜禽，也可由突然地大量给水而促使中毒死亡。

(4)动物机体水盐状态的稳定性，可直接影响机体对食盐的耐受性。如环境温度较高，使机体大量散失水分时，致使动物不能耐受低温下所用的食盐量。又如泌乳期的高产奶牛比肉用牛或干乳期的奶牛对食盐的敏感性要高。

[症状]

动物中毒后表现不很一致。

猪，病初表现为拒食，极度口渴，黏膜潮红，呕吐，呼吸困难。继而出现神经症状，兴奋不安，视觉和听觉机能障碍，无目的地徘徊，转圈，前冲或后退，肌肉发抖、

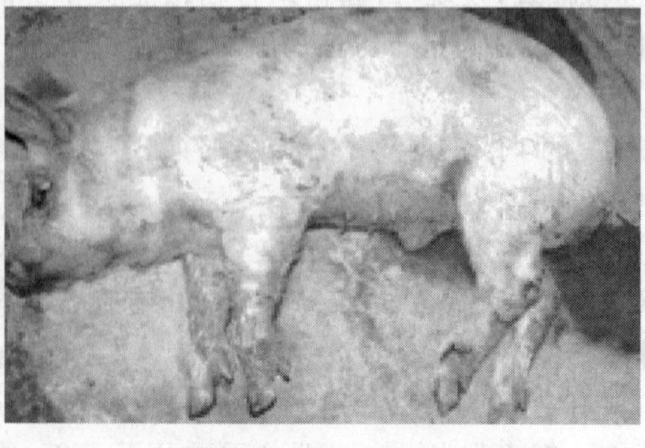

图1-7-3　猪食盐中毒抽搐而死

口吐白沫、磨牙，抽搐(图1-7-3)，出现癫痫样发作，突然倒地，四肢作游泳样运动，持续数分钟，间隔10 min左右又发作，一天内常反复发作无数次。体温正常或稍高。末期后躯麻痹，卧地不起，常昏迷而死。严重中毒，死亡率较高，病程一般只有1～2 d；耐过者

常要数天或1～2周方能康复。

牛，主要表现为流涎，腹痛和腹泻，粪便带有黏液及血液，不食，反刍停止，有极大的口渴感和脱水现象。瞳孔散大，严重时两眼失眠。鼻流清涕，多尿。有还伴有神经症状，乱跑乱跳，做圆圈运动。孕牛发生流产，分娩后易发生子宫脱垂。严重者后肢麻痹。可在1～2 d内死亡。

马，除有牛的症状外，常伴有严重的胃肠炎。

禽，表现为极度兴奋，强烈口渴，嘴不断张合。雏鸭可见鸣叫，站立不稳，头向后仰或躯体后翻，头颈弯曲，胸腹朝天，仰卧挣扎，最后衰竭死亡。病鸡则运动失调，两脚无力，甚至麻痹，嗉囊扩张，口、鼻流黏性分泌物。后期下痢，呼吸困难，终因呼吸衰竭而死。

病理症状：猪有胃肠炎的变化，胃黏膜可见溃疡，肠系膜淋巴结充血、出血，心内膜有小出血点。实质器官充血或出血，尤以嗜酸性白细胞性脑炎及灰质软化为特征。牛急性中毒可见瓣胃和真胃黏膜潮红、肿胀及显著出血，有的脑膜充血或水肿。禽嗉囊充满黏液，黏膜脱落。胃肠道黏膜发炎出血，以小肠前段充血、出血更加严重。皮下水肿，腹腔及心包积水。肺瘀血、水肿(图1-7-4)。肝脏及心肌出血。脑膜充血，有时见出血。肾及输尿管中有尿酸盐沉着。

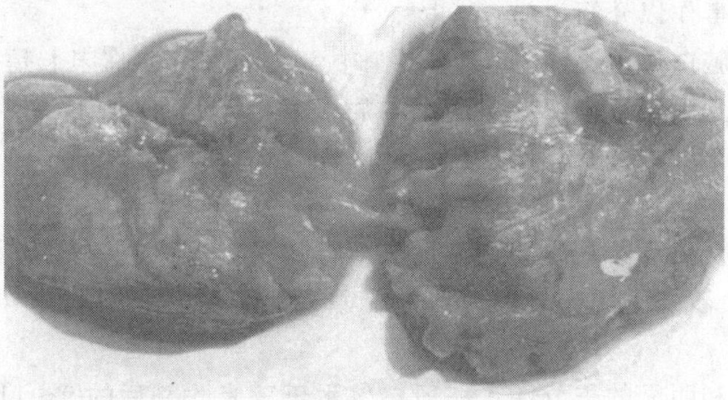

**图 1-7-4　鸭食盐中毒肺瘀血、水肿**

［诊断］

主要根据有采食过量的食盐和饮水不足的病史，结合无体温反应而有突出的神经症状等特点，以及猪脑组织呈嗜酸白细胞浸润性脑膜脑炎的病理变化等可做出初步诊断。对于猪尚须与伪狂犬病、李氏杆菌病、传染性脑脊髓炎等传染病进行区别诊断。必要时，可结合实验室血钠和组织(肝、脑)中钠含量的检测，即可确诊。

［治疗］

本病无特效解毒药。轻度中毒者，可供给充分饮水或灌服大量温水或糖水，但在急性中毒的开始阶段，则应严格控制给水，以免促进食盐的吸收和扩散，而使症状加剧；如为鸭群中毒，轻症者，可放入池塘或小河中，任其饮水浮游，但要注意其动态。重度中毒的必须采取措施进行急救，治疗原则主要是促进食盐排出，恢复阳离子平衡，并对症治疗。

(1)促进食盐的排出。立即停喂含盐分过多的饲料或饮水。为了促使毒物的排除，一般情况下先给硫酸铜等催吐药催吐，然后用高锰酸钾溶液等洗胃剂洗胃。洗胃后用植物油等油类泻剂进行导泻，同时呋喃苯氨酸等利尿药进行利尿。

(2)恢复血液中阳离子平衡。可静注10%葡萄糖酸钙或5%葡萄糖酸钙溶液，严重高血钠时，可用5%～7%的葡萄糖溶液按每千克体重30～40 mL，作间歇地分次注入腹腔，1 h后将注入液引出。开始时用7%葡萄糖液，以后血浆钠的水平下降，可改5%葡萄糖液。

(3)补液。临床以电解质少的液体为宜，可用1 000 mL 5%葡萄糖液中含200～300 mL生理盐水，并有适量的钾和钙。在补液中如肺部出现啰音，表示可能发生心脏衰弱和肺水肿，补液应减速或停止，并可用洋地黄，强尔心，氨茶碱等药物行治疗。

(4)缓解脑水肿。可静注甘露醇，病牛出现神经症状时，可肌内注射盐酸氯丙嗪、安定或静脉注射25%硫酸镁、葡萄糖酸钙溶液等，以镇静、解痉。

此外，禽中毒后，应增设饮水槽，给予清洁、新鲜、不含食盐的饮水或5%糖水，饮水中可适量加入多维，并使鸡自由充足的饮用；另外可试用中草药疗法，组方(100羽病鸡)：生葛根100 g、甘草10 g、茶叶20 g，加水1 500 mL，煮沸30 min，过滤去渣，待冷却后让病鸡自由饮用。2次/d，直至病愈。

[预防]

配合饲料时，食盐要严格按量供给，充分搅拌均匀。用含盐的残渣、废水时，应注意其食盐的含量，且适当限制用量，并与其他饲料搭配饲喂，同时经常供给充分的清洁用水。此外，在动物饲喂中，一定要管好食盐，不让家畜接近，不要同其他物品混杂，以免被动物误用。

## 七、霉玉米中毒

玉米因感染霉菌的种类不同，霉变后可产生黄曲霉毒素、赤霉菌毒素、镰刀菌毒素等多种有毒物质，动物食入大量的霉玉米后会引起中毒。从临床发病情况来看，除马属动物是由镰刀菌毒素所致外，通常动物所谓的霉玉米中毒主要是指黄曲霉毒素中毒。至于黄曲霉毒素中毒已在第五课题单独作过阐述，本课题主要针对马霉玉米中毒作以介绍。

马霉玉米中毒又称马脑白质软化症，属于镰刀菌中毒中的一种。临床上是以神经症状如狂暴(兴奋)或沉郁(抑制)等为特征的真菌毒素中毒性疾病。本病多发生于马属动物，其中以驴发病率最高，尤以壮龄和老龄的发病为多，而幼龄的发病相对较少。

[病因]

本病发生的主要原因是由于给马属动物大量喂给霉败的玉米引起。对于马属动物，霉玉米中的致病性真菌是镰刀菌属，其三个较强的菌株分别为马特组镰刀菌、茄病镰刀菌、串株镰刀菌，其代谢产物均可导致中毒的发生。

本病发生具有地区性和明显的季节性。一般多发生于玉米收割后的9～11月份，其他月份至来年的3～4月份，多呈零星病例发生。此与玉米在收割时阴雨、潮湿，甚至遭受雨淋，或贮藏期间发霉变质有密切关系。其病程长短与所饲喂玉米的霉变程度、数量及采食时间成正比，少数病例能够康复，但易于复发，如恶化的病例结局多是死亡。

[症状]

临床主要表现神经症状，可分为兴奋型、抑制型、混合型三种类型。

(1)兴奋型(狂暴型)。此类型多属于急性。病畜突发性神经兴奋症状。表现狂暴不安，两眼视力相继减弱、失明，用头和肩不断猛撞饲槽或墙壁，时常挣断缰绳。盲目地乱走乱跑，行走时步态踉跄、转圈，或擦墙行走，或照直行走遇障碍而止，有的以头抵住障碍物不动或猛撞致使皮破血流，眶破唇肿。常因猛撞或摔倒而有多处外伤，以鼻唇、眼眶、肩部伤势明显。患畜食欲废绝，休温无明显地变化或稍高，全身肌肉颤动，角弓反张，大小便失禁，公畜阴茎勃起。多数病例经过短暂时间或数天发生心力衰竭而死。如耐过后的病畜将会转为慢性。

(2)抑制型(沉郁型)。多属慢性的病畜。精神高度委顿，饮食欲减退或废绝，头低耳耷、两眼无神，口唇松弛，舌麻痹下垂，流涎。视力减退或失明。吞咽障碍，不能咀嚼，腹围紧缩。呆立或昏迷，摇头，运动失调，步履蹒跚，当遇障碍物时不知躲避，直至跌倒。肠音低沉、减弱乃至消失。粪便停滞，尿量减少。有的病畜体温往往偏低。数日内死亡或逐渐好转而恢复正常。

(3)混合型。为兴奋和抑制交替型，多呈亚急性经过，此类病畜临床较少发生。主要表现为病畜时而呈现兴奋症状，时而又出现沉郁症状，即交替出现神经症状。

病理症状：主要病变集中于中枢神经系统，如大脑充血、出血、水肿，颅腔内脑脊液增多。其特征性病变为大脑半球一侧或两侧形成液化性坏死灶，其形状有圆形或不定形，大小有小米粒、黄豆粒及鸡蛋大不等，坏死组织类似豆渣样物，大脑白质中最常见，且往往也最大，少见于灰质中，故有马脑白质软化症之称。

[诊断]

根据有饲喂霉玉米的病史，有神经系统症状和病变的临床特征，结合发病的特点，进行综合分析，建立初步诊断。必要时进行真菌分离、鉴定以及真菌代射产物的毒性试验，可做出确诊。临床要注意与马病毒性脑脊髓炎(病毒所致，体温偏高，多出现黄疸症状)进行区别诊断。

[治疗]

本病无特效解毒药。临床治疗主要针对中毒较轻的病例，如及早发现并排除病因，采取合理的治疗措施，有一定的治疗效果。但对中毒程度严重，脑组织病变程度较大的病例，治疗率极低。临床治疗的原则为中断毒物继续侵入、清理胃肠、排除毒物、保护大脑皮层、增强与恢复神经机能及对症治疗。

(1)改善饲养管理条件，立即停喂霉玉米，改喂优质草料。同时加强护理，使病畜保持安静，避免声音和光线等过强刺激。

(2)清理胃肠，排除毒物。早期用盐类泻剂硫酸钠或硫酸镁 200～300 g，加入量清洁水中溶解后，病马一次灌服，或在饲料中每日加入食盐 20～40 g 喂服；同时，用 10%的氯化钠 100～150 mL，40%的乌洛托品液 50 mL，静脉注射，1 次/d，连用 2～3 d 为 1 个疗程；用 10%的葡萄糖溶液 500～1 000 mL，静脉注射，1 次/d。直至病情有所好转为止。

(3)调节神经机能。对兴奋不安的病例，可用 10%的安溴注射液 50～150 mL，静脉注射；或内服水合氯醛 10～20 g，剂量 4～8 g/100 kg 灌肠。值得注意的是无论水合氯醛是内服还是灌肠，都要加淀粉或其他黏浆剂，以保护胃肠黏膜。

(4)其他对症处理。对心脏衰弱的病例，可用 10%的安钠咖 10～20 mL，肌肉或静脉注射；对恢复期中的病例，可投服健胃剂，如龙胆酊 20～40 mL 或陈皮酊 30～80 mL；重症的病畜，必要时可用生理盐水和 5%葡萄糖各 500～1 000 mL，静脉注射。

[预防]

本病的预防，关键是要注意玉米的保管，防止霉败变质。在保存时，可使用一些防霉剂，如丙酸制剂等。同时，玉米储存库要干燥，并且通风要好，储存过程中要定期检查料库的温度、湿度和玉米的品质。一旦玉米发霉，要严禁饲喂。必要时可对霉玉米进行脱毒处理，其方法可参考去除黄曲霉毒素中毒的脱毒方法。

## 八、霉稻草中毒

发霉稻草中毒又称“烂蹄病”、“蹄腿肿烂病”，是一种以耳尖枯焦、尾端干性坏死、跛行、腿肿蹄烂及蹄匣脱落为特征的牛中毒性疾病。该病在多发生于水牛，且病情重，病程长；黄牛也发病，但病情轻微，病程短，发病率很低。目前山羊发病已有报道，但中毒的病例较少。

[病因]

用发霉的稻草饲喂动物是发生本病的主要原因。由于冬春季节青绿饲料缺乏，农户多以干稻草饲喂牛羊，若收获季节多雨潮湿，稻草易发霉变质，牛羊长期饲喂霉稻草易引起中毒。霉稻草中的主要毒物是由其中的镰刀菌属中的三线镰刀菌等所产生的毒素引起水牛及黄牛等外周循环发生障碍而发病。

本病多发生于舍饲，具有明显的地区性和季节性。中国南方产稻省份如四川、湖南、湖北、浙江、云南和贵州等地区一般从 10 月份开始散发，11～12 月份达高峰期，次年初春病势渐减，4 月份以后，病势逐渐缓和而趋于终止发病。此外，根据临床观察，营养差的牛因机体耐受性和抵抗力差，公牛、青年牛因采食量大，从而导致发病率增高的现象。本病能复发，只要饲喂霉稻草，年年都有可能发生。

[症状]

多突然发病，常在早上发现，精神沉郁，饮食欲减退，拱背，被毛粗乱，皮肤干燥无光，可视黏膜微红，鼻黏膜有蚕豆大的烂斑，一侧鼻孔流出鲜红色血液，有的公牛阴囊皮肤干硬皱缩。反刍、瘤胃蠕动及排便情况类似前胃弛缓。体温多无变化，少数病牛初期体温有所升高。中毒病牛特征性症状为初期可见步态僵硬，间歇提举患肢，行动困难，特别是在硬地行走时跛行加重，蹄部微肿，发热，触摸有痛感。数日后，肿胀蔓延至腕关节或跗关节，跛行明显，患部皮肤变凉，有淡黄色透明液体渗出。病程继续发展，被毛脱落，肿胀部皮肤破烂(图 1-7-5)，出血化脓，坏死。严重者，蹄匣或指(趾)关节部脱落。少数病例肿胀可蔓延至前肢肩胛部和后肢臀股部，肿胀消退后，皮肤干硬，似如龟板。大部分病牛常伴发程度不等的耳尖和尾端坏死，甚至脱落。

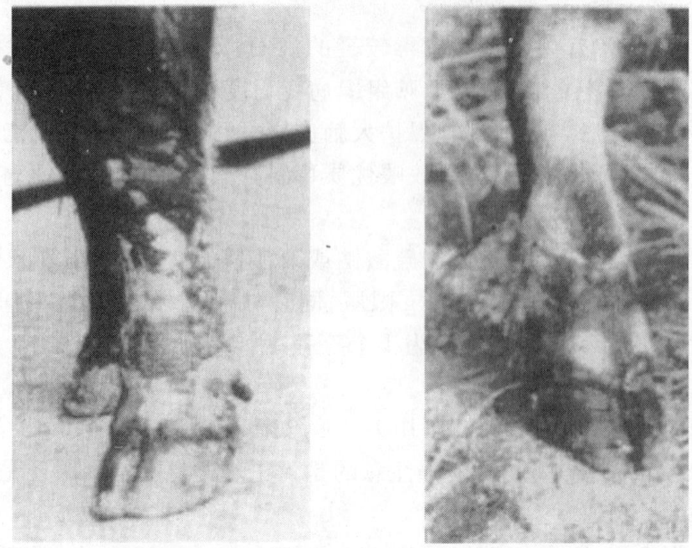

图 1-7-5　牛霉稻草中毒，蹄腿肿烂

黄牛患病后症状较轻，患部病变不如水牛明显，病程短，约 1 周，治愈率较高。水牛则病情重，病程长达月余，甚至数月，卧地不起，继发褥疮，终因极度衰竭而死亡或被迫淘汰。

病理症状：病死畜剖检可见，大部分尸体消瘦，皮毛干燥，体表多处有褥疮。主要病变在四肢。患肢肿胀部切面流出多量淡黄色透明液体，蹄冠与系部血管明显扩张、充血，甚至有血栓形成。病部肌肉呈灰红和苍白色，皮肤破溃后创面附着脓血，肌肉呈污红色。部分牛局部肉芽组织增生，突出于表面。有些病牛尾梢和耳尖肿胀或干枯，呈干性坏死。肺瘀血、气肿。肝肿大，红黄色相间。真胃黏膜增厚，有烂斑，小肠黏膜充血、出血、坏死脱落。

[诊断]

本病的发生有明显的季节性、地区性，根据有无采食霉变稻草的病史，结合耳尖、尾尖坏死，蹄腿肿烂及蹄匣脱落等特征性的症状，可初步诊断。确诊需要进行饲草真菌分离、鉴定及动物实验。

临床要与扭伤脚肿及伊氏锥虫病等区别诊断。一般情况下，扭伤引起的蹄腿肿多发生于一肢，四季均见，全身症状不明显，并有损伤史；伊氏锥虫病与水牛霉稻草中毒都有精神委顿、行走无力甚至卧地不起、四肢肿胀症状，但伊氏锥虫病主要发生在夏、秋两季，体温升到 40℃以上，呈不定型的间歇热，后期出现神经症状或后肢麻痹等。

[治疗]

立即停喂霉稻草，饲喂新鲜青饲料，加强病牛营养，并对症治疗。

(1)促进病畜局部血液循环。病初对患肢进行热敷、按摩或灌服白胡椒酒(牛，每次灌服白酒 200～300 mL、白胡椒 20～30 g)，1 次/d，连用 2～3 d 即愈。

(2)抗菌消炎。当肿胀部位发生感染时，可用抗生素或磺胺类药物进行治疗。使用头孢噻呋钠 1～2 mg/kg，或阿莫西林钠 6～10 mg/kg，一次肌内注射；磺胺嘧啶 30～50 mg/kg，一次静脉注射；亦可选用红霉素、硫酸新霉素、卡那霉素及喹诺酮类药物或鱼腥草注射液等。以上用药 1～2 次/d，连续治疗 3～5 d。

(3)对症处理。对于患部尚未破溃病牛，用消毒液冲洗患部后，涂布刺激性药物如松节油擦剂、樟脑擦剂等；当患部破溃时，用 0.1%高锰酸钾液、1%～2%来苏儿、4%硫酸铜液冲洗患蹄，可在疮内撒布磺胺粉、松馏油或用红霉素软膏涂敷并打蹄绷带。或者采取中药法治疗：陈石灰 50～100 g、土一枝蒿 30～50 g、通泉草 500～1 000 g。将土一枝蒿、通泉草(均为生药)捣烂与陈石灰调匀，用此药包敷病牛患部，1～2 d 换药 1 次。

(4)病情严重牛，可用 5%葡萄糖生理盐水 1 000～1 500 mL，10%～25%葡萄糖、安钠咖 2 g、维生素

C 5 g 等混合后，一次静脉注射。

(5)加强护理，投喂青绿饲料及一定量的精饲料，站立困难的患牛多垫清洁褥草。

[预防]

加强稻草收贮管理和饲喂管理是预防本病的关键。秋季收稻的季节，一定要收好、晒好和贮好稻草，防止稻草发霉。未经晒干的稻草，一定不要堆贮，已晒干的稻草要堆垛贮存，并要定期检查，严防雨水渗入。饲喂稻草时，要仔细检查，凡已霉烂稻草，严禁饲喂动物。必要时，将稻草可用 10%纯石灰水浸泡 3 d，再用清水冲洗、晒干，饲喂较为安全。

## 九、黑斑病甘薯中毒

黑斑病甘薯中毒是由动物食入一定量的患黑斑病的病甘薯引起的中毒病。其临床上以呼吸困难，急性肺水肿和间质性肺泡气肿，以及皮下气肿等为特征。本病多生于牛，羊次之。猪也有发生，但发病以小猪为严重，大猪中毒症状轻微，仅个别的表现有腹痛症状。此外，本病发生具有明显的季节性，以每年的 10 月至翌年的 5 月间，即春耕前后是本病的多发期。发病率高，死亡率也高。

[病因]

本病发生主要是由于给动物饲喂病变的或霉烂的薯块、苗床腐烂的残薯及其加工后的残渣等所致。

甘薯又称红薯，有的地方称白薯、山芋、地瓜。甘薯收获后贮藏保存时期，条件不好，方法不当，常会发生霉烂，能引起甘薯霉烂的病原菌主要是黑斑病菌。甘薯黑斑病菌是一种霉菌，它可寄生于甘薯、薯藤或出窖的甘薯幼苗上，当薯块表皮轻度受损就可被感染。这种细菌和它所产生的毒素，耐高温，一般水煮、蒸、烤都不能破坏其毒性。因此，当动物采食此类物质后，均可引起中毒。

[症状]

动物一般在采食后第二天发病，其病情严重程度因动物的种类，个体的大小和采食量多少等，差异很大。

牛，通常多在采食后 24 h 发病。一般表现精神沉郁，肌肉震颤，眼结膜潮红，食欲、反刍减少或停止，体温无显著变化。本病特征性症状是呼吸困难，气喘，俗称"牛喘病"或"喷气病"。病初呼吸浅表疾速，流涎，流鼻液。随后，头颈前伸，张口喘息，呈腹式呼吸，严重者呼吸次数可达 80～100 次/min，病畜张口伸舌呼吸，并随呼吸发出"吭吭"声，且口鼻流出带泡沫的液体，故本病又称"吭喘病"。胸部听诊可听到强烈的支气管呼吸音及破裂性啰音。后期病畜呼吸极度困难，神情痛苦不安，眼球突出，张口伸舌，常突然倒地，四肢伸直，窒息死亡。部分病例尚有皮下气肿，触诊有捻发音，一般从肩胛部开始，逐渐扩张到颈部、肘部、背部。急性病例 1～3 d 死亡。

羊，发生中毒时，精神沉郁，黏膜充血，食欲不振或废绝，反刍减少或停止。心脏功能减弱，心律不齐，脉搏增数至 90～150 次/min。呼吸促迫而困难，眼球突出，最后窒息而死。死后口鼻流出白色泡沫。

猪，主要表现为精神委顿，食欲废绝，呼吸困难，呼吸次数增加，发生喘气，口流泡沫。心悸，脉搏节律不整，腹胀，便秘或下痢，阵发性痉挛，运动障碍，共济失调，病程一周左右。严重的病例，具有明显的神经症状，头抵墙，或乱冲乱撞，最后倒地抽搐而死。

本病的特征性病理变化在肺脏，肺显著肿胀，比正常肺大 1～3 倍，呈典型的肺泡气肿及间质性气肿，同时伴有程度不等的肺水肿，肺边缘增厚、质脆、大小肺叶呈斑块状出血，切开后流出较多的血色体液和泡沫。严重病例可见肺表面有大小不等的气囊，其胸膜脏层发亮，呈类似白色塑料薄膜在浸水后的外观。支气管常因黏膜出血、水肿而堵塞。心、肝、脾、肾均有有同程度的出血、变性。消化道呈出血性炎症，尤以胃为显著。

[诊断]

主要根据病史、发病季节多在每年的 10 月至翌年的 5 月间，并查明有甘薯的及自动饲喂或吞食过的情况，同时结合多突然发病，以高度呼吸困难为主，呈现如同拉风箱音响的呼吸音，皮下气肿、肺气肿、水肿等临床症状和病理特征，可初步诊断为黑斑病病甘薯中毒。如果必要时可应用黑斑病病甘薯或其酒精、乙醚浸出液进行人工复制发病试验或利用实验室进行诊断。

本病多群发，临床上容易误诊为牛出血性败血病、牛肺疫等传染病，但本病总体上体温不高，如果剖检时在胃内发现薯残渣时，则可进行鉴别诊断。

[治疗]

目前尚无特效解毒剂，其临床的基本治疗原则为迅速排出毒物、采用一般解毒、缓解呼吸困难及对症处理。

(1)排出毒物及解毒

①洗胃及导泻。对于牛应灌服大量的清洁温水于瘤胃内，以反复进行洗胃，直至瘤胃内容物的酸味消失。洗胃后，内服盐类泻剂，对成年牛可用硫酸镁(钠)500～700 g、人工盐 100～200 g，常水 6 000～7 000 mL 混合溶解后，用胃管一次投服。值得注意的是在灌药前应先服 1%硫酸铜溶液 30～50 mL，以促使食管沟闭合，使泻药直达瓣胃，同时供给充足饮水。

②内服氧化剂。0.1%高锰酸钾溶液，牛 1 500～2 000 mL，猪 300～500 mL；或 1%过氧化氢溶液，牛 500～1 000 mL，猪 100～200 mL，一次灌服。

(2)缓解呼吸困难。用 5%～10%的硫代硫酸钠液，牛、马 100～200 mL，猪、羊 20～50 mL 静脉注射；或静注双氧水进行补氧，方法是以新鲜未污染的双氧水，用高渗葡萄糖液稀释成 0.5～1%浓度，并适当加入维生素 C，牛每次静脉缓慢推注 60～100 mL，1～2 次/d，连用 2～3 d。据病牛缺氧和呼吸困难程度亦可选用鼻投氧气 15～20 L。

(3)对症治疗。放血、输液和保肝解毒，当病牛体壮、心脏功能尚好时，可静脉放血 500～1 000 mL，然后输注复方生理盐水 3 000～4 000 mL，配合 20%～25%葡萄糖注射液 1 000～2 000 mL，维生素 C 1～3 g，缓慢静脉注射；加强心脏机能，应及时肌内注射或静脉注射 10%樟脑磺酸钠注射液或 20%安钠咖注射液；当肺水肿时，为减少液体的渗出作用，可应用 10%氯化钙注射液或 20%葡萄糖酸钙注射液，静脉注射；解除酸中毒，可静注 5%碳酸氢钠液或配合皮下注射胰岛素。

(4)中草药疗法。可用白矾、贝母、白芷、郁金、黄芩、葶苈、甘草、石苇、黄连、龙胆各 50 g，冬蜜 200 g，煎水调蜜后一次给病牛灌服。

[预防]

(1)严禁饲喂患黑斑病的病甘薯及其加工副产品。对病甘薯不要乱丢，应集中深埋、沤肥或火烧，以防动物误食或偷吃中毒。

(2)防止甘薯黑斑病的传染，可用 50℃温水浸渍 10 min 及温床育苗或在甘薯育苗前，对种用甘薯用 20℃的 10%硼酸水浸泡 10 min。

(3)收获和运输甘薯时，尽量不要伤及甘薯表皮，贮藏和保管甘薯时，注意做好：入窖散热关、越冬保温关和立春回暖关；地窖应干燥密封，温度控制在 11～15℃。



## 任务三 农药及化学物质中毒

### 一、有机磷农药中毒

有机磷农药是磷和有机化合物合成的一类农用杀虫剂，目前在农作物病虫害防治中被广泛使用。农村常用的各种有机磷制剂对温血动物的毒性差异较大，按其毒性的大小将其分为三类即：剧毒类包括对硫磷(1605)、甲拌磷(3911)、内吸磷(1059)等；高毒类包括敌敌畏、乐果等；低毒类：敌百虫、皮蝇磷等。动物往往是由于误食、误饮、吸入以及皮肤沾染农药而发生中毒，临床常以抽搐、流涎、瞳孔缩小等神经生理机能紊乱为特征。

[病因]

(1)动物采食或饮用了被有机磷农药污染的农作物、饲草、蔬菜及饮水或误食了浸拌过有机磷农药的种子等，均可引起中毒。

(2)违反保管和使用农药的安全操作规程。如在保管、购销或运输中对包装破损未加安全处理，或农药和饲料未加严格分隔贮存，致使毒物散落或通过运输工具和农具间接污染环境和饲料而发生中毒。

(3)用有机磷农药防治吸血昆虫和驱除体表及胃肠道寄生虫时，用量过大或使用方法不当，也可导致中毒的发生。

此外，人为的投毒破坏活动，还常常会发生，这也是值得注意的。

［症状］

中毒症状的轻、重、缓、急，因进入量的多少，进入途径及农药的种类不同而有差异。有机磷农药进入动物体后，一般在半小时至数小时内出现中毒症状，短的仅有 5 min，长的可达 2～3 d 后才发生。

轻度中毒，动物主要表现平滑肌、腺体等兴奋症状。精神沉郁或烦躁不安，全身无力、轻微出汗、食欲不振或废绝，反刍动物反刍停止，流涎、呕吐、腹泻，呼吸困难，肌肉震颤；中度中毒除上述病症加重外，特征性地呈现骨骼肌兴奋反应。动物饮食废绝、大量流涎、出汗，肌肉痉挛、麻痹，呈惊恐状，兴奋时前冲，腹痛不安，拉稀粪中带血，脉搏、呼吸增数，体温升高，瞳孔缩小，视力减弱；重度中毒，往往为中枢神经中毒。病畜全身战栗，狂暴不安，短时兴奋后，抽搐、倒地、昏迷，大小便失禁，腹痛，有时粪中有黏液、血液等，心跳急速，脉搏细弱，呼吸极度困难，瞳孔缩小，呈线状，对光的反射消失，如不及时抢救，常因呼吸麻痹或心脏衰弱而死亡。

各种动物中毒后，上述中毒症状的表现各有侧重或不同。一般情况下，中毒牛有前胃弛缓，瘤胃臌气，腹痛、呻吟、磨牙，不时排软稀便、水样便；羊的症状类似于牛，但呈现较明显的兴奋不安，甚至冲撞蹦跳，最后麻痹状态下窒息死亡；马的瞳孔变化不明显著，但眼球突出，腹痛、出汗、惊恐症状较明显；猪、犬多表现流涎、流泪、流鼻涕，嗜睡、躺卧等(图 1-7-6)；鸡兴奋不安，呼吸困难，肌肉颤动无力。

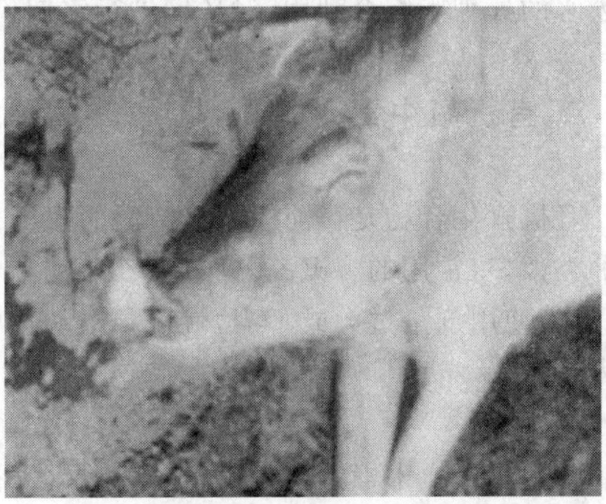
图 1-7-6　中毒猪口鼻流白泡沫

病理症状：以肝、肾、肺、脑的变化较明显。肝脏肿大、充血，胆囊肿大充满胆汁。肾肿大，质脆，呈土黄色。肺水肿，气管及支气管内有大量泡沫样液体。脑可出现水肿、充血。心内、外膜有小点出血。胃肠黏膜呈弥漫性出血，胃黏膜易脱落，胃内容物似大蒜气味。

［诊断］

根据动物接触有机磷农药的病史，结合流涎、腹痛、腹泻、瞳孔缩小、肌肉震颤、呼吸困难等临床症状，胃内容物有蒜臭味、消化道黏膜充血、出血、脱落和溃疡等病理变化，可初步诊断。胃内容物、可疑饲料和饮水等样品有机磷化合物的定性或定量分析，可为诊断提供依据。

此外，通过阿托品和解磷定进行的治疗试验，可验证诊断。静脉注射一般治疗量的硫酸阿托品，10 min 后观察，如病畜发生口干，瞳孔散大，心率加快等“阿托品化”现象时，即可否定有机磷中毒。反之，如出现心跳由快变缓，中毒症状亦有所减轻时，则为有机磷中毒；静脉注射治疗量的解磷定后，病情出现明显好转，症状减轻时，可确定为有机磷中毒。

［治疗］

本病的治疗原则是尽快排除毒物，实施特效解毒，并进行对症治疗。

(1)迅速排除尚未吸收的毒物，阻止毒物继续侵入。若经皮肤吸收引起中毒的，可立即用大量清水或 5% 的石灰水或 2% 碳酸氢钠溶液或肥皂水洗刷皮肤；如经口进入体内的，可用 2% 的碳酸氢钠、食盐水、大量清水洗胃，直至冲洗无磷臭味为止；猪可用 1% 硫酸铜溶液等催吐剂催吐。值得注意的是当敌百虫中毒时不能用碱性溶液如碳酸氢钠溶液等冲洗皮肤或洗胃，以免转化成毒性更强的敌敌畏。

(2)应用特效解毒剂。

①胆碱酯酶复活剂。常用的为碘解磷定，按 15～30 mg/kg，以生理盐水或 5% 葡萄糖液配成

2.5%～5%溶液缓慢静脉注射。严重者，每间隔 2～3 h 重复一次。还可用氯解磷定、双复磷及双解磷等。用时药要注意，此类制剂用得越早，效果越好，对中毒 3 d 以上的基本无治疗效果。

②生理拮抗剂。硫酸阿托品为胆碱对抗剂，在临床上，使用原则是早用，且用量要充足，但用量过大也会发生中毒。临床用药时，常以“阿托品化”为标准（即口干舌燥、黏膜潮红、瞳孔散大、心率加快、呼吸平稳）。一般情况下，轻度中毒者，皮下或肌内注射量为马、牛 15～30 mg，猪、羊 1～5 mg，犬 0.3～1 mg，鸡 0.1～0.25 mg，鸭鹅 0.5 mg；中度中毒，特别是经呼吸或消化道吸收者，阿托品用量可加大 2～4 倍，肌内或静脉注射；重度中毒，若经呼吸或消化道吸收的，可为轻度中毒的 5～10 倍或 0.5～1 mg/kg 给药。以上用药每 1～2 h 重复一次，待出现阿托品化后，一次/3～4 h，直至痊愈。

(3)对症治疗。心脏衰弱时可用 10%～20%安钠咖或 10%樟脑磺酸钠；补液常用生理盐水、复方氯化钠、5%葡萄糖液；护肝解毒可静脉注射高渗葡萄糖液、维生素 C、肌苷、辅酶 A 等；此外，可据病情选用兴奋呼吸、镇静、解痉及控制感染等药物。

[预防]

农药要妥善保管，以免污染用具或误入饲料及饮水。喷洒过有机磷农药的作物或牧草，应根据农药的不同性质确定禁用的期限，并设立明显的标志，防止动物采食。应用有机磷杀虫剂驱除动物体内外寄生虫时，不得滥用或过量使用。动物经口服用有机磷杀虫剂之前，要先供给充足的清洁饮水。加强农药厂废水的处理和综合利用，对环境进行定期检测，以便有效地控制有机磷化合物对环境的污染。

## 二、有机氟中毒

有机氟化合物是目前应用最广泛的农药之一，也是一类药效高，残效期较长，使用方便的剧毒农药，其种类很多，常用的有氟乙酰胺、氟乙酸钠和甘氟等。此类药物主要用来防治农林蚜螨，也可作杀鼠药使用，但若使用剂量过大或不当，就可导致动物中毒。临床以发生兴奋不安、循环障碍、呼吸困难、口吐白沫等为特征。

[病因]

畜禽有机氟中毒主要是由于动物采食了被有机氟农药处理或污染了植物、种子、饲料或饮水，或误食灭鼠毒饵及死鼠等所致。有机氟化合物只有在动植物组织中活化为氟乙酸时才具有活性，动物中毒的主要途径是经消化道、呼吸道和皮肤吸收进入机体。各种动物对有机氟制剂的敏感性有所差异，其一般顺序为：犬、猫、犊牛、其他牛、绵羊和山羊、猪、马、鸡等。

此外，要注意有机氟化合物进入动物机体后，因其代谢、分解、和排泄较慢，可引起蓄积中毒，对中毒而死的动物组织，在相当长的时间内，还可以对另外的动物发生毒害作用。曾发现数十只犬，因食氟乙酰胺中毒死亡的尸体短期内全部死亡。

[症状]

牛、羊有机氟中毒为分两型。突然发病型：无明显前驱症状，动物突然倒地，四肢划动呈游泳状，剧烈抽搐，惊厥、角弓反张，迅速死亡。少数可短期恢复，但心率加快，节律不齐，卧地颤动，不久复发死亡。潜伏发病型：中毒 5～7 d 后，仅表现食欲降低，反刍停止，单独依墙而立或卧地，有的可逐渐康复，有的却在静卧中死去。还有些病例，中毒次日即表现沉郁，食欲、反刍减少，经 3～5 d 后突然发作惊恐，尖叫，狂奔，呼吸迫促，终因呼吸抑制和心力衰竭而死。

马食入毒物后常 0.5～2 h 发病，中毒初期，精神沉郁，口干红，苔黄、黏膜发绀。随后肩和肘部肌肉震颤，心跳加快，呼吸促迫，四肢末端发凉，有的腹痛不安，出汗，共济失调。死前惊恐，鸣叫，全身震颤，四肢划动，终因心力衰竭死亡。

猪食入毒物后数小时发作。主要表现为中枢神经系统和循环系统机能障碍。初期狂奔乱冲，不避障碍，或跳高转圈，继而卧地痉挛、抽搐，角弓反张(图 1-7-7 和图 1-7-8)，尖声吼叫，流涎，呕吐，呼吸急促，心动过速，瞳孔散大，很快死亡。

犬、猫中毒通常在误食毒物后 1～2 h 出现症状，多在数小时内死亡。多表现为神经系统和消化系统

图 1-7-7 猪氟乙酰胺中毒角弓反张

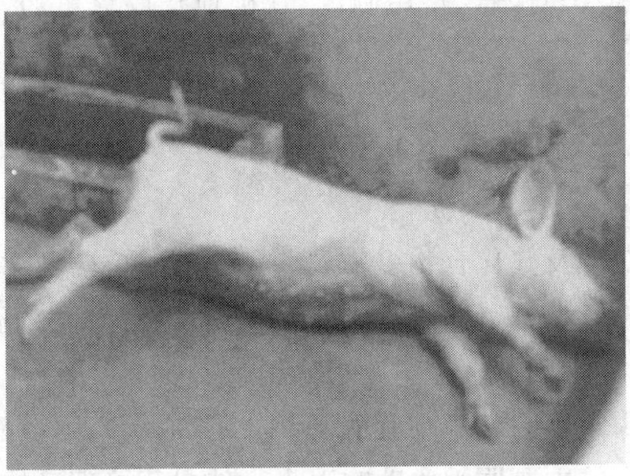

图 1-7-8 猪氟乙酰胺中毒倒地抽搐

症状。主要表现为食欲废绝、呕吐、腹痛、腹泻、频频排尿、呼吸困难、心律失常。短暂的精神沉郁后便兴奋不安，对外界刺激敏感性增高，盲目运动，吠叫，肌肉痉挛，震颤，四肢抽搐等。严重病例瞳孔散大，角弓反张，排粪、排尿失禁，昏迷以至死亡。

本病常无特征性病理变化。主要病变为各种黏膜、组织发绀，心肌变性，心内、外膜有出血斑点。胃肠黏膜出血，胃黏膜脱落。肝、肾充血，肿大血液凝固不全。脑软化，可见脑软膜充血、出血、水肿等。

[诊断]

依据有饲喂过被有机氟污染的饲料和饮水及误食死鼠或鼠饵的病史、有明显的神经症状、循环障碍及呼吸困难等临床特征，结合发病特点和剖检变化，可做出初步诊断；确诊需做毒物分析，取可疑饲料、饮水、呕吐物或胃内容物进行有机氟化合物的定性和定量分析。临床要注意与有机磷农药中毒鉴别诊断。一般情况下，有机磷农药中毒，潜伏期短，发病快，中毒症状出现早，肌肉纤维性颤动，瞳孔缩小；而有机氟中毒，症状出现较慢，但临床发病却很突然，肌肉群震颤，阵发性强直痉挛，瞳孔无明显规律性改变。

[治疗]

(1)除去毒物。立即脱离现场，改善环境，更换食物及饮水，避免毒物继续进入机体。对中毒轻微或初期的病例进行清洗皮肤或洗胃。一般情况下，经皮肤中毒者，可先用 2%碳酸氢钠或清水冲洗；经口服中毒的病例，可先用 0.02%高锰酸钾液反复洗胃，然后灌服蛋清或氢氧化铝胶，以保护胃黏膜，最后用硫酸钠(硫酸镁)导泻。

(2)及时应用解毒剂。一经确诊后，应立即使用特效解毒药——解氟灵(乙酰胺)，剂量可按 0.1 g/(kg・d)计算，肌内注射，首次用量要达到每日用药量的 1/2，一般注射 3～4 次，直至颤搐现象消失为止。再出现颤搐可重复用药。

(3)民间疗法。在没有解氟灵的情况下，可试用市售白酒解毒，5～15 kg 体重的猪用 50 mL，15～25 kg 体重的用 100 mL，25 kg 以上的用 150 mL，大家畜 200～300 mL，一次口服；亦可用乙二醇乙酸酯(醋精)100 mL 溶于 500 mL 水中，一次口服；或用醋精，0.125 mL/kg，一次肌内注射；95%酒精 100～200 mL，加水适量，1 次/d，口服，或 95%酒精和 5%醋酸各 2 mL/kg，一次内服。

(4)对症治疗。有机氟中毒时，血钙水平下降，静脉注射葡萄糖酸钙或氯化钙液解除肌肉痉挛；镇静可用氯丙嗪或水合氯醛；控制脑水肿可静注 20%甘露醇溶液或 25%山梨醇溶液；强心大家畜可用 25%～50%葡萄糖液 100～200 mL、10%安钠咖 20～40 mL、维生素 C 5 g，一次静脉注射；缓解呼吸困难可用尼可刹米等。有条件的，可使用辅助解毒剂，如辅酶 A、三磷酸腺苷、细胞色素 C 以及维生素 B 类制剂，效果会更好。但必须注意有机氟化物中毒的病畜心脏常受到损害，静脉注射时一定要缓慢进行，若大量、快速输入，常加速病畜的死亡。

[预防]

禁止饲喂用有机氟化物喷洒的植物叶茎、瓜果以及被污染的饲料、饲草或饮水。施用过有机氟农药的农作物，从施药到收割期必须经 60 d 以上的残毒排出时间，才能作饲料用，否则容易发生中毒。严格执行农药保管、使用制度，正确地投放灭鼠药，对毒死的鼠类尸体要深埋，以防被犬、猪等动物吞食发生中毒。

## 三、砷及化合物中毒

砷及其化合物多作农药、灭鼠药、兽药及添加剂之用。砷本身的毒性不大，但其化合物、盐类都有毒性，尤以三氧化二砷（砒霜、信石），毒性最强。临床用药不当，便可引起中毒。

［病因］

常用的砷制剂有甲基砷酸钙（农药）、阿散酸和洛克沙生（饲料添加剂）、新砷凡纳明（药物）等。本病发生的主要原因为动物误食含砷农药处理过的谷类种子及喷洒过农药的农作物或饮用了被砷化物污染的饮水而引起中毒；用含砷制剂治疗动物疾病或作为饲料添加剂用量过大或用法不当，或者动物误食毒鼠时的含砷毒饵，也可引起中毒。

［症状］

急性中毒，多为口服后数分钟至数小时出现中毒症状。病畜初口渴，精神沉郁，流涎，眼结膜呈特殊的淡红色，重症例黏膜出血、脱落、溃烂，瞳孔散大，齿龈呈黑褐色。继而出现胃肠炎症状，猪及犬有呕吐，马有疝痛，腹泻，呈水样黏液性，大便中含多量的脱落黏膜，并常混有血液。牛、羊反刍减少或停止，前胃弛缓或瘤胃臌气。个别有血尿。严重病畜可出现中枢神经系统症状如兴奋、抽搐、惊厥等，最后可因呼吸中枢麻痹而死。慢性中毒，主要表现为消化机能扰乱和神经功能障碍等症状。

家禽中毒时，食欲不振，双翅下垂，羽毛蓬乱，颈部肌肉震颤，头偏向一侧，口流黏液，冠髯发绀，体温下降，排带血稀粪。

病理症状：中毒死亡的尸体，一般不易腐败。剖开后胸腹腔有蒜臭味，可见口腔、咽喉黏膜出血溃疡，淋巴结水肿，呈紫红色。胃肠黏膜充血、出血、水肿、黏膜脱落，严重者胃壁糜烂穿孔。心、肝、肾等实质器官变性，脾肿大、出血。脑充血、出血和水肿。

［诊断］

根据病史、典型的胃肠炎或循环衰竭等临诊症状及剖检变化可做出初步诊断。确诊可采集胃内容物、尿、被毛、肝、脾和可疑饲草等进行砷含量分析检验。注意与急性汞中毒相鉴别。汞中毒是以急性腐蚀性胃肠炎和坏死性肾病为主要症状。

［治疗］

治疗原则为清除毒物，及时应用解毒剂，并采取对症处理。

(1)阻止毒物吸收。对经消化道侵入的，应及早用温水、生理盐水或1%～2%碳酸钠液洗胃，洗胃后投服活性炭及氧化镁。待胃、肠症状缓解后，再给予硫酸镁导泻。猪、犬等洗胃较困难，可皮下注射阿扑吗啡进行催吐。

(2)应用解毒剂。如砷化物已被吸收，可及时应用二巯基丙醇。剂量：每次2.5～5 mg/kg，分点作肌内注射，病初2～3 d，1次/4 h，以后视病情可2～3次/d，连续7 d左右；亦可用二巯基丙磺酸钠或二巯基丁二酸钠，或5%～10%硫代硫酸钠液。

(3)对症治疗。据病情可适当地选用对症疗法，如强心、补液、保护胃肠黏膜、缓解腹痛及肌肉痉挛等，必要时可使用抗生素以防止感染。

值得注意的是砷化物中毒时，禁忌应用碱性药剂，以避免形成易溶性亚砷酸盐，而有利于砷的吸收，导致中毒的加剧。慢性中毒时，除可应用上述解毒剂外，还应给予利尿剂以促进毒物的排除。

［预防］

妥善保管含砷的农药；喷洒过含砷的农药的农作物或牧草，在一定时期内禁止饲用；应用砷制剂治疗或作添加剂使用要严格控制用量，外用时注意防止病畜舔食。

## 四、尿素中毒

尿素是一种非蛋白含氮化合物，现已被广泛地应用于畜牧业，它可代替反刍动物日粮中的部分蛋白质饲料，解决了畜牧业发展中蛋白质饲料的匮乏问题。但是大量误食或饲喂不当，会引起动物中毒。

［病因］

本病发生原因主要有以下几方面：

(1)尿素添加剂量过大。尿素在饲料中的含量不宜超过饲料总干物质量的1%或精饲料的3%，临床动物中毒多见于在饲料中添加尿素剂量过大所致。

(2)对尿素保管不善或放牧不当。将尿素堆放在饲料的近旁，误认为食盐而发生误用或被动物偷吃；或将动物放牧在刚喷洒过尿素的草场等，亦可能引起中毒。

(3)使用尿素饲料不当。把尿素作为蛋白质饲料使用，未经过适应阶段就突然大量饲喂；添加尿素后拌料不均匀或直接将尿素溶解于水中，均可导致中毒。

此外，家禽对尿素非常敏感，饲喂被污染的饲料，即可造成中毒。

［症状］

尿素中毒多为急性，常在采食过量尿素 30～60 min 发病。病初表现不安，发抖，呻吟，流涎，心搏动亢进，脉搏数增至100次/min以上。不久则步态不稳，卧地，精神沉郁，肌肉震颤，共济失调，腹围增大，偶有前肢麻痹。严重者发生抽搐或惊厥，眼球颤动白眼上翻，呼吸困难，出汗，瞳孔散大，肛门松弛。常在几个小时内死亡。

家禽中毒主要症状为精神沉郁，翼及颈部肌肉抽搐，足肢软弱不能站立，呼吸极度困难，呼吸数急剧增加，张口喘息，腹泻，最后昏迷而死。

病理症状：小肠有出血性炎症，胃充血、出血及溃疡，胃内容物呈白色、褐红色，有氨味，胃黏膜脱落。肝脏松软、肿大、呈黄褐色。输尿管及肾脏内充有尿酸盐物质。心外膜出血。

［诊断］

根据具有采食尿素的病史、中毒的临床症状并在很短时间内死亡以及病理剖检变化，可做出初步诊断。确诊本病要测定其血氨氮值。

［治疗］

停喂含尿素饲料，灌服液体石蜡、牛奶或蛋清保护胃肠黏膜，但不宜洗胃或催吐；中和尿素分解的氨，对牛可用食醋1kg，白糖0.5 kg，加水适量灌服；静脉注射10%硫代硫酸钠作为解毒剂，牛500～1 000 mL，羊100～300 mL；对症治疗：可用静脉注射高渗葡萄糖、维生素C促进代谢；心脏衰弱时，用安钠咖强心；呼吸困难时用尼可刹米兴奋呼吸；镇静、解痉可用水合氯醛等。

［预防］

用尿素作为反刍动物蛋白质替代品时，必须经过一段适应过程后，才能达到正常用量，要求其用量不能超过干物质的1%，应同时给予碳水化合物饲料，家禽及他动物应禁饲尿素。尿素不可水化饮饲，一般饲喂尿素后1 h内不可饮水。此外，做好尿素保管工作，防止偷食，拌入饲料中要均匀，制作尿素青贮时，先将尿素溶于水中，再均匀喷洒。

# 任务四　灭鼠药及驱虫药中毒

## 一、灭鼠药中毒

灭鼠药种类繁多，来源、成分不一，毒理作用也不一样，大致分为抗凝血类（如敌鼠、华法令等），无机磷类(如磷化锌、黄磷等),有机磷类(如毒鼠磷等),有机氟类(如氟乙酰胺、甘氟等),氰熔体类及其他(如安妥、溴甲烷等)等六类,此类药对人、畜、禽的毒性较大,动物食入后会引起中毒。常见的灭鼠药中毒有:氟乙酰胺、磷化锌、安妥等中毒。氟乙酰胺中毒已在有机氟中毒中叙述,这里只重点介绍磷化锌和安妥中毒。

[病因]

磷化锌是久经使用的灭鼠药,常按 2.5%~5%的比例,同食物配制成毒饵使用。磷化锌露置于空气中或在胃酸溶液的作用下,将散发出有剧毒的磷化氢,不仅可毒杀鼠类,而且对动物毒性强,鸡对此药最敏感,牛、羊、猪、犬等食入较多毒饵也会死亡;安妥也称甲萘硫脲,通常按 2%的比例加于食品内配毒饵,用以毒杀鼠类,家禽对安妥耐受性相对较家畜为高。此类药中毒主要是含磷化锌或安妥的灭鼠毒饵放置不当或保管不善,污染了饲料和饮水,而被动物误食后所致。犬、猫及猪有时可因吞食被灭鼠药毒死的老鼠或家禽尸体而发生的二次中毒。

[症状]

(1)磷化锌中毒。食入中毒量的磷化锌后,常在 15 min 至 4 h 内现中毒症状。

牛、羊,主要表现瘤胃臌气,食欲废绝,兴奋,痉挛,呼吸困难,卧地不起,有的口吐白沫,偶见感觉敏感或惊厥,最后因窒息而死;猪,早期表现精神沉郁,食欲不振或消失,昏睡,寒战,不久发生呕吐,腹痛、腹泻,呕吐物和粪便有蒜臭味,在暗处可发磷光。较重者可见呼吸促迫,气喘,黏膜发绀,心律不齐,意识障碍,抽搐。严重者可呈现昏迷,惊厥,肺水肿,黄疸,血尿,呼吸衰竭及明显心肌损伤等症状。

犬、猫,腹痛,不食,昏迷嗜睡,呕吐,呕吐物含黑血,大蒜样味,呼吸困难,腹泻、便血。运动失调,狂吠,体温升高和酸中毒,最后四肢挣扎,感觉过敏,直至肌肉痉挛,由于窒息而导致死亡。

此外,禽中毒后,呈现流涎,腹泻,口腔有大蒜臭味,粪便于黑暗处出现荧光。病禽极度委顿,呼吸困难,常有痉挛现象,冠及肉髯呈暗蓝色。

全病程在家畜为 2~3 d,家禽通常为 1 d,如能耐过,其恢复期需要一周左右。

(2)安妥中毒。动物食入后常数分钟至数小时出现中毒症状。

猪中毒后,最初特征症状是呕吐和流涎,随后表现兴奋不安,呼吸困难,咳嗽,两鼻孔流出带血色的泡沫。心音浑浊,脉搏增数。体温低下,尸体发绀,有时发出怪声嚎叫。发病后期,运动失调,犬坐姿势,常发生强直痉挛,短时间内窒息死亡。

犬、猫食入后几分钟到几十分钟出现呕吐、流涎和腹泻等中毒症状,随后表现呼吸困难,心率加快;胸部听诊有水泡音和明显的湿啰音,叩诊肺部有浊音。病犬黏膜发绀,张口呼吸,由于呼吸困难犬多采取坐姿,脉速弱,低温,最后常因窒息而死亡。一般摄入后 10~12 h 出现昏迷嗜睡,少数在摄入后 2~4 h 内死亡。

鸡中毒后常在 1 h 内死亡。死前仅表现呼吸困难,鼻流带白色泡沫样液体,咳嗽。运动失调,昏迷而死。

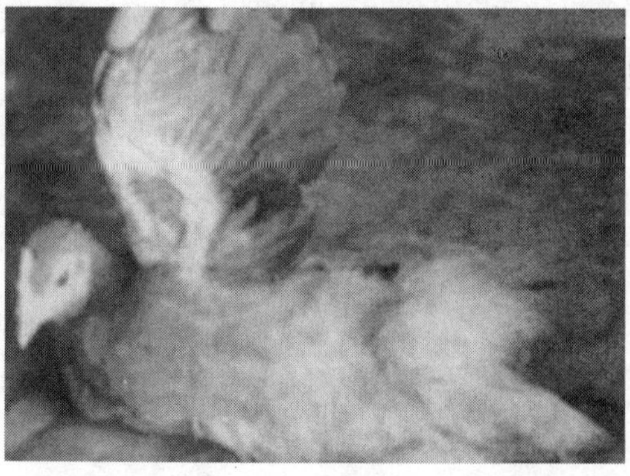

图 1-7-9 鸡安妥中毒,皮下出血

病理症状:

(1)磷化锌中毒。剖检可见全身各组织充血、水肿和出血。肺、肝、肾明显充血,肺小叶有的水肿,胸膜有渗出,胸膜下出血,胃肠道黏膜充血、出血和脱落。剖开胃或家禽嗉囊时,常散发一种带蒜臭味,在暗处可见磷光。死体静脉扩张,微血管损害。

(2)安妥中毒。剖检可见全身组织器官瘀血和出血(图 1-7-9),特征性病变为肺水肿,整个肺呈暗红色,极度肿大,散在或密布出血斑。气管内有带血的液体及泡沫。胸腔积有多量透明液体。肝呈暗红色,稍肿大。脾、肾肿大,可见溢血斑。胃中有时能找到安妥颗粒或团块。

[诊断]

灭鼠药中毒的诊断有一定的困难，主要依据是否接触灭鼠药如安妥、磷化锌、氟乙酰胺等病史，结合各类灭鼠药中毒后的临床特征和病理特征，参考特效解毒药的治疗效果进行综合分析，做出初诊。确诊要测定饲料、胃肠内容物、血液及脏器内灭鼠药的有毒成分。

[治疗]

临床根据不同的灭鼠药中毒，采用不同的治疗措施。

磷化锌中毒时，无特效的解毒剂，只能采取一般的急救措施。如尽快进行、催吐、洗胃、缓泻，并配合补液、强心、利尿等疗法。

(1)催吐、洗胃、下泻。猪可立即内服1%～2%硫酸铜溶液20～50 mL催吐。硫酸铜既可作催吐剂，又可使毒物变成无毒的磷化铜而沉淀，或用0.1%高锰酸钾溶液洗胃，使磷化锌转变为磷酸盐；然后再灌服液体石蜡100～500 mL，以溶解胃肠道内的磷化物。亦可用硫酸钠灌服以作导泻，但禁用硫酸镁，因其与氯化锌作用后，可生成卤碱而引起中毒。

(2)补液，增强体质。可用5%～10%葡萄糖液静脉注射，亦可酌情加入少量10%葡萄糖酸钙，或适当地补充电解质，也可给予维生素C、B族维生素等，但必须禁用脂类食物如牛奶、鸡蛋、脂肪及油类，因磷能溶于脂肪中，促进吸收而加重病情。

(3)其他对症治疗。强心可用10%安钠咖、樟脑磺酸钠；利尿可用速尿、双氢克尿噻；镇静、解痉可用氯丙嗪及水合氯醛等。

安妥中毒时，也无特效解毒剂，除采用上述治疗措施外，还要采取消除肺水肿、排除胸腔积液和注射维生素K制剂等方法。

[预防]

加强对灭鼠药的保管和使用制度，妥善使用磷化锌和安妥，防止污染饲料和饮水。灭鼠时，投入毒饵后应及时清理未被鼠吃的残剩毒饵及中毒死亡的死鼠，以防止被猪、禽等动物误食。或在毒饵中掺入吐酒石，万一被猪食后可发生呕吐，而鼠食后不呕吐。

## 二、阿维菌素类药中毒

阿维菌素类药物是一种高效、广谱的新型驱虫药。临床对动物体内线虫及疥螨、蜱、血虱等几乎所有体外寄生虫都有很强的驱杀效果，但如果使用过量或不当，会引起动物中毒。临床以呼吸抑制及中枢神经抑制症状，孕畜流产等为特征。各种动物均可发生，常见于犬、猪、牛、羊。

[病因]

阿维菌素类药物其包括阿维菌素及其人工合成衍生物伊维菌素和多拉菌素等三种。此类药推荐剂量使用完全可以收到满意的驱虫效果，而且毒副作用低，临床中毒现象的发生主要由于用药剂量过大或间隔用药时间过短等而所致。

[症状]

患畜表现精神沉郁，食欲减退或废绝，呼吸急促，瞳孔散大，肌肉无力，步态不稳，共济失调。中毒严重的昏迷不醒，全身反射减弱或消失，最后在昏迷中死亡。病牛、羊，反刍停止，瘤胃臌气，躺卧，四肢伸直，有的四肢叉开，倒地后四肢划动，强直性痉挛，昏迷死亡。猪，舌肌麻痹，舌尖露出口外，眼睑水肿，眼结膜发绀，口腔流出大量白沫，前肢跪地，腹胀，头部出现不自主的颤抖。犬，舌从口腔伸出，呼吸困难，震颤，卧地不起，腹胀，四肢呈游泳状划动，心音减弱。家禽，缩头呆立，翅膀下垂，流涎，站立不稳，后期呼吸困难，卧地不起。

病理症状：可见胃肠臌气，膀胱麻痹、积尿，肺脏出血，心包积液，心脏水肿，脾脏肿大。胃黏膜弥漫性出血，盲肠内积满大量黑色粪便，黏膜有点状出血。硬脑膜出血，软脑膜及脑回出血。家禽可见腺胃和十二指肠黏膜增厚，有点状或弥漫性出血，肝脏、脾脏轻度肿大，小脑脑膜充血、出血，小脑实质水肿和点状出血。

［诊断］

根据使用阿维菌素类药物的病史，结合肌肉无力、共济失调、呼吸急促等临床症状和病理变化，可初步诊断。必要时检测胃内容物和相关组织阿维菌素类药物的含量，可做出确诊。

［治疗］

本病尚无特效解毒药。本病的治疗主要采取对症和支持治疗，如果用药不久可以催吐、泻下、吸附或利尿，以减少药物的吸收和加速药物的排泄；对中毒较深的动物可静脉滴注葡萄糖、维生素 C、维生素 $B_1$、三磷酸腺苷（ATP）、肌苷及多种电解质等，以增加营养和防止脱水；如心动徐缓可注射阿托品或静注 10％安钠咖；兴奋呼吸可用尼可刹米及樟脑；对有神经性症状的可用苯巴比妥钠或水合氯醛；为防止继发感染，可适当配合使用一些抗生素。

［预防］

阿维菌素类虽较安全，但临床应用除内服外，仅限于皮下注射，肌肉、静脉注射易引起中毒反应。临床上应严格控制用药剂量和用药间隔期。因其从乳汁排出，泌乳动物及母牛产前 1 个月禁用。未断乳的仔猪和 4 月龄以下的犊牛禁用。

## 三、马杜霉素中毒

马杜霉素是近年来使用的聚醚类新型抗球虫药物，其商品名称较多，如加福、抗球王、杜球、球杀死等。由于其抗球虫广谱高效，耐药性小，应用十分广泛。但该药毒性较大，安全范围窄，使用剂量非常接近鸡的中毒量，超量使用易引起动物中毒。家禽对马杜霉素较敏感，临床多发生于肉鸡，其次是兔，其他家畜偶发。

［病因］

临床上马杜霉素中毒的原因主要是由以下三种情况造成。

(1)用药量过大所致。家禽马杜霉素推荐使用剂量是 5 mg/kg 饲料，在此使用范围内安全可靠，超过 6 mg/kg 就对鸡的生长有明显的抑制作用，饲料利用率下降，超过 7 mg/kg 的浓度混饲，即可引起禽不同程度的中毒。

(2)饲料混合不均导致中毒。由于马杜霉素用量小而难以确保其在饲料中混合均匀，故极易使局部浓度过高而引起中毒。另外，向饲料中加入马杜霉素时，由于二者的颗粒直径相差很大，人工搅拌很难混匀，从而造成药物在饲料中分布不均匀。

(3)重复用药和联合用药所致。在联合用药治疗球虫病时将多种马杜霉素制剂同时使用或在配料时重复添加；或与某些抗生素联合使用加大了毒性，如饲喂含马杜霉素饲料的禽，在发生霉形体感染时，使用泰乐菌素治疗而增加了马杜霉素的毒性。

［症状］

病禽食入过量的马杜霉素很快出现中毒症状，起初采食或饮水减少，精神不安，随后病情迅速加重。鸡群先后出现口流黏液，站立不稳，排除绿色稀粪，有的侧卧或 蹲伏，头部尾部震颤。严重者歪头斜颈，角弓反张，腿脚麻痹或瘫痪，后期倒地不起，呼吸喘促，体温降低，数小时内死亡。少数痊愈者可遗留后遗症，如站立不稳，头尾震颤呈间歇发作。产蛋鸡中毒表现为产蛋下降。火鸡对马杜霉素更敏感，主要表现为呼吸困难等症状。鹅、鸭和鹧鸪中毒可见脚爪痉挛内收，睑冠发紫等。

兔中毒后，少数的病兔未见任何症状，突然兴奋乱窜，随即尖叫几声后死亡。大多表现为精神不振，食欲废绝，感觉迟钝，嗜睡，体温正常或偏低，排尿困难，粪球变小。后期共济失调或四肢瘫痪，嘴着地，似翻跟头动作，有的口角流涎，有的流出血液。一般青年兔、泌乳母兔先发病，数小时后死亡

病死禽剖检后，可见腺胃、十二指肠黏膜出血。肝肿大，呈鲜红色，有出血斑，切面多汁。心肌出血，胸肌及腿肌有条状、点状出血。

病死兔，可见肠道广泛性出血，肠黏膜有不同程度的脱落。心包腔与腹腔积液，胃黏膜脱落，肝瘀血肿大，肺水肿、有出血斑点，肾脏肿大，出血点或坏死灶，质地较脆。

［诊断］

据发病情况，结合临床症状及病理变化可初步做出诊断。要确诊为马杜霉素中毒，必须进一步做实验室诊断。

［治疗］

目前，对聚醚类中毒无特效解毒药。治疗的主要措施是保肝、排毒、补液和调节机体离子平衡。立即停喂混有马杜霉素的饲料，在饲料中添加 0.1%的维生素 C 原粉。

病禽，可在饮水中加入 0.1%肾肿解毒药及 5%葡萄糖粉，或口服补液盐及水溶性多维，连用 2～3 d；也可用中药绿豆、甘草、车前草等煎水，供中毒家禽自由饮用；对病重禽挑出，肌内注射维生素 E 或亚硒酸钠溶液，同时注射维生素 C，剂量 2 mg/kg，2 次/d，能有效降低马杜霉素的毒性作用。

对中毒症状较轻病兔，可全群用多维素、5%葡萄糖溶液、肾脏解毒药、0.15%碳酸氢钠溶液交替饮水或灌服。重症可用 10%～25%葡萄糖 10 mL，维生素 C5 mL 混合静注，并用阿托品 0.5 mL 皮注，1 次/30 min，连用 2～3 次；如患兔昏迷用 20%安钠咖 2 mL 肌内注射。

［预防］

预防马杜霉素中毒的有效办法是严格按照说明书用量使用，切不可擅自加大用量，并充分拌匀。如怀疑预混品中有效成分含量，应先经小群治疗试验，然后再回到大群中推广。

# 任务五　常用药物中毒

## 一、磺胺药中毒

磺胺类药物是一类化学合成的抗菌药物，有着较广的抗菌谱，是治疗畜禽细菌性疾病和血液原虫病常用药物。但是，此类药物的副反应比常用抗生素大，如果使用不当，则会引起中毒。畜禽对磺胺类药物敏感性差异较大，幼畜禽较成年畜禽敏感。本病多见于家禽，临床以肾脏受损、黄疸、过敏反应及免疫抑制等为特征。

［病因］

常用的磺胺药可分为两类。一类是肠道内容易吸收的如磺胺嘧啶、磺胺二甲基嘧啶、磺胺间甲氧嘧啶、新诺明等，主要用来治疗全身感染，比较容易引起急性中毒；另一类是肠内不易吸收的如磺胺脒、酞磺胺噻唑等，多用来治疗肠道感染，临床中毒现象较少见。

本病发生的主要原因是滥用磺胺类药物，用量过大或连续用药时间过长蓄积中毒；用磺胺药物进行群防时，拌料不均匀，可能使部分畜禽食入过量引起中毒；给家畜静注磺胺类药物钠盐剂量过大或速度过快，导致急性中毒。

［症状］

家畜急性中毒时，表现为洪济失调，肌肉无力，惊厥、颤抖，瞳孔散大。幼畜，疝痛，腹泻，粪中带血，重者短期内快速死亡。慢性可见精神沉郁，食欲不振，反刍停止，呕吐，下痢，间歇性疝痛。心音增强，心律不齐，呼吸、心跳增速，结晶尿、血尿、蛋白尿或尿闭。

家禽急性中毒时精神沉郁，全身虚弱，食欲锐减或废绝，呼吸急促，冠、髯苍白或青紫色，可视黏膜黄疸，贫血，翅下有皮疹，皮下广泛出血，粪便呈酱油色，有时呈灰白色，蛋鸡产蛋量急剧下降，出现软壳蛋，雏禽常大批死亡。慢性中毒时表现为厌食和拒食，禽冠苍白，羽毛松乱，渴欲增加，增重缓慢，产蛋禽产蛋下降，有的产薄壳蛋，软壳蛋，蛋壳粗糙，色泽变淡，有的出现多发性神经炎和全身出血性变化。

病理症状：最常见的病变是皮肤、肌肉和内脏器官出血，尤其是皮下、胸肌及大腿内侧可见点状或斑状出血(图 1-7-10)。肝脏肿大，呈紫红色或黄褐色，有出血斑点和坏死灶。肾脏肿大呈土黄色，有

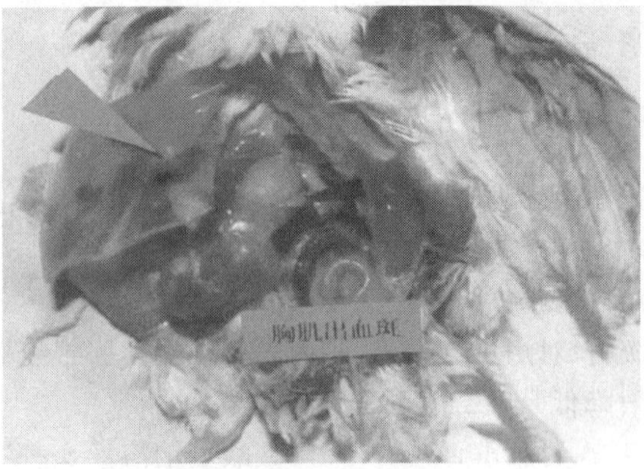


图 1-7-10　鸡磺胺类药物中毒,胸肌出血

出血斑点,输尿管变粗,充满白色尿酸盐。腺胃和肌胃交界处有陈旧性出血,腺胃黏膜和肌胃角质膜下有出血点,肌胃角质层亦剥离。血凝缓慢,小肠黏膜出血,大肠内有血液。脾肿大,有出血点和灰白色的坏死区。禽的胸腺、和法氏囊等体积减小和重量降低。

[诊断]

主要根据病史调查,如是否应用过磺胺类药物,用药的种类、剂量、添加方式、供水情况、发病的时间和经过等,结合临床症状及全身泛出血的病理变化,进行综合分析即可得出初步诊断。若需要确诊,应对可疑饲料和病禽组织或血液及尿液进行磺胺药物检测分析。

[治疗]

本病的治疗原则为去除病因,排出毒物,护肾保肝及对症治疗。

畜禽中毒后,应立即停喂添加磺胺类药物的饲料,加服碳酸氢钠,供应充促饮水。对家畜,先用0.5% 的碳酸氢钠溶液洗胃,然后用硫酸钠或硫酸镁进行导泻,同时注射复方甘草酸钠试治(大家畜 20～30 mL,中小家畜 6～10 mL)或用中草药甘草 200 g、绿豆 250 g,煎汁灌服。此外,还应采取强心、补液、护肾、保肝等对症治疗措施。对家禽,可在饮水中加入 1%～2%的小苏打或 5%葡萄糖水,每千克饲料加维生素 C 0.2 g,维生 K35 mg 及复合维生素 B,连续数日,至症状基本消失为止。或让病禽饮服车前草水,加适量小苏打,同时服用甘草糖水进行一般解毒,早期有一定效果。中毒严重的病禽可同时肌内注射维生素 $B_{12}$ 1～2 μg 或叶酸 50～100 μg。

[预防]

本病要以预防为主,为了防止用磺胺药引起畜禽中毒,应严格选择好适宜的毒性小的磺胺类药物,控制好剂量、确定适宜给药途径和疗程,并在给药期间增加并保证足量的清洁饮水。对一月龄以下的的雏禽、产蛋禽及肾脏有疾病的家禽尽量不用磺胺类药物。

## 二、呋喃唑酮中毒

呋喃唑酮(痢特灵)为广谱抗菌药,对常见的革兰氏阴性菌和阳性菌有抑制作用,是治疗畜禽肠道感染及禽盲肠肝炎、球虫等常用药物。近年来,由于它的毒性强,易残留,已被国家农业部限制使用,但许多养殖户不了解,对其毒副作用缺乏科学认识,盲目使用,以致在动物生产中呋喃唑酮中毒仍时有发生。本病家禽和幼畜最为敏感,尤其以雏鸡和雏鸭病死率为高。

[病因]

本病发生主要原因为临床用药剂量过大。一般情况下,猪的治疗量 0.01 g/kg,分 2～3 次内服;禽呋喃唑酮拌料浓度,预防量为 0.01%～0.02%,治疗量为 0.04%,根据临床观察,其治疗量与中毒量很接近,超过治疗量就可能引起中毒。另外,用药拌料不均匀,会导致部分畜禽服用量过大而引起中毒;或者连续用药时间过长,超过 1 周以上也能引起蓄积中毒。呋喃唑酮已被列为禁用药品,今后不能再用。

[症状]

雏禽急性中毒多在用药后数小时或数天内出现症状,有些病例未出现症状即死亡。中毒病雏往往出现神经症状,精神沉郁,闭眼缩颈,呆立或兴奋,鸣叫。有的头颈反转,扇动翅膀,作转圈运,有的运动失调,倒地后两腿伸直作游泳姿势,或痉挛,抽搐而死亡。成年家禽精神呆滞,羽毛蓬松,两翅下垂,闭眼,采食量减少或废食,呼吸缓慢,站立不稳,有时头颈伸直,以喙尖触地,部分鸡不时地摇头,也有的转圈、惊厥,最后昏迷死亡。中毒轻的可缓慢康复。

仔猪严重中毒时，轻则肌肉震颤，但尚能吃食。中度中毒，表现为后肢无力站起，呈犬坐姿势。严重中毒者出现角弓反张，四肢呈游泳状，长期内服呋喃唑酮还可抑制造血功能。犊牛中毒时，初期兴奋不安，眼神凶猛，如同斗牛般狂跳，步态不稳，惊厥倒地，挣扎划动，接着精神沉郁，兴奋与抑制交替发生，瞳孔散大，窒息死亡。

病禽剖检可见黏膜明显黄染，腺胃、肌胃中有黄色黏液，肌胃内容物呈深黄色，角质膜脱落，肠黏膜充血、出血，肠管浆膜呈黄褐色，心肌发硬，肝脏瘀血、稍肿胀，胆囊胀大，充满胆汁。仔猪食管黏膜充血，胃内容物积有黄色内容物，从幽门经胃底到贲门有一条炎症区，区内有散在出血点，肠内充满气体，肝肿呈土黄色，肾脏有出血点。犊牛可见真胃和小肠黏膜出血，膀胱充满棕色尿液，底部出血。肝脾肿大，胆囊充满浓稠且色深的胆汁。

[诊断]

根据有呋喃唑酮治疗的病史，用药过量或连续用药在 1 周以上或在饲料与饮水中搅拌不均匀，并有特征性中枢神经系统紊乱症状和尸体剖检的病理变化，可做出诊断。

[治疗]

本病的治疗因动物的品种和畜禽的大小而异。治疗原则为停喂含药物的饲料或饮水，去除体内药物，缓解临床症状。

对于家禽，发现中毒应时立即停用呋喃唑酮，饮用 5%葡萄糖水或 0.01%～0.05%高锰酸钾饮水或用 0.5%～1%百毒解(主要成分：碱解磷定)饮水，连用 3～5 d，同时饮服硫酸镁促进毒物的排出；必要时，将严重病禽挑出注射维生素 C 和维生素 $B_1$ 混合液，剂量为维生素 C 1.0～2.0 mg/kg，维生素 $B_1$ 0.1～0.2 mg/kg，2 次/d；有神经症状的可用氯丙嗪镇静。也可采用中药(1 000 羽雏鸡)：黄芪 300 g、党参 300 g、甘草 300 g、绿豆 500 g，水煎两次液，按药液数量加入 5%食糖，饮服，1 次/d，连用 2～3 d。

对于急性中毒猪，可使用硫酸铜催吐，0.25～0.5 g 加水适量，一次内服。或用硫酸钠导泻，1 g/kg，然后肌内注射百毒解。对于慢性中毒，使用催吐和导泻的意义不大。为缓解临床症状，可使用 50%葡萄糖，维生素 $B_1$，维生素 C 混合后作静脉或腹腔注射。同时灌服豆浆作对症治疗。

犊牛中毒时，可用 10%葡萄糖液，配合维生素 C、维生素 $B_1$ 作静脉注射，并用氯丙嗪作镇静处理，并配合对症治疗效果较好。

[预防]

使用呋喃唑酮来防治畜禽疾病时，剂量不要过大。大动物可采取人工投饲，既可保证剂量，又可保证防止食入过多而引起中毒。对家禽，要严格掌握混饲量及药物浓度，一般连用 7 d 停用 3 d，再减半饲喂。由于呋喃唑酮几乎不溶于水，故不应将药混在水中使用。另外，呋喃唑酮不溶于水，拌饲料时要充分拌匀，饲料中适当加些食用植物油，可将药黏附在饲料表面，以免最后药粉过多地沉在饲槽内，被体弱禽食后中毒。

## 三、抗生素类药中毒

抗生素是微生物在生长繁殖过程中所产生的代谢产物，此类药能够杀灭病原体，从而能有效地治疗畜禽各种疾病。但是使用不当或用药剂量过大，可能会引起中毒。临床常见的有链霉素、土霉素及氯霉素中毒等，其中氯霉素因毒副作用大及残留问题，现已禁用，故这里对链霉素和土霉素中毒做一介绍。

[病因]

链霉素是氨基糖苷类抗生素，常用来治疗畜禽结核病和巴氏杆菌病及霉形体肺炎等；土霉素属广谱抗菌药，也是兽医临床常用药物之一。本病发生的主要原因是临床使用链霉素或土霉素等抗生素不当所致，特别是超量服药或用药时间过长，均可引起中毒，甚至造成畜禽死亡。临床链霉素中毒以家禽多发，尤其是雏鸭最为敏感，猪、牛、犬也可发生；土霉素中毒，以猪、禽多发。

[症状]

(1)链霉素中毒：临床症状因畜禽种类不同而各异。急性中毒后，病禽卧地不起，口流黄色液体，肌肉抽搐，角弓反张（图 1-7-11 和图 1-7-12），呼吸困难，禽冠发绀，反射降低，严重的转入深度昏迷，全身软绵，手握其身，头颈自然垂下，眼睑闭合，心搏动十分微弱，很快迅速死亡；仔猪易产生惊厥，呼吸衰竭，四肢瘫痪，肌肉无力，甚至死亡；牛呕吐，体温升高，呼吸困难，运动失调，抽搐，眼睑、面部、乳房、阴唇等部位水肿，结膜发绀，最后瘫痪，呼吸抑制，终因心力衰竭而死；病犬重度中毒意识不清，昏迷，四肢瘫痪，肌肉松弛，瞳孔散大，眼球停滞，反射消失，呼吸、心跳微弱。慢性毒性中毒的病畜，步态不稳，共济失调，丧失听觉，唇及颜面麻痹、四肢麻木。

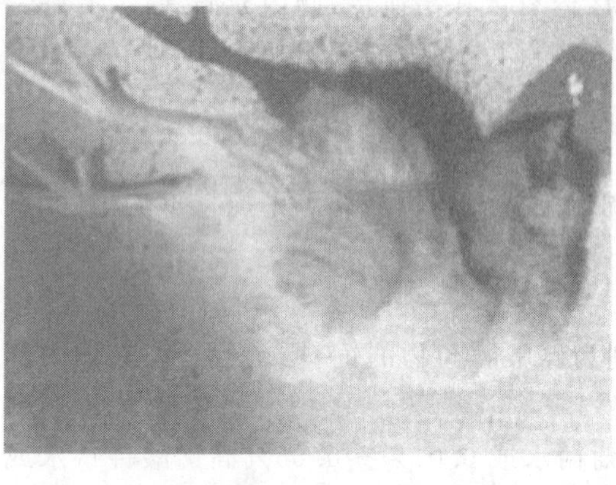

图 1-7-11　鸡链霉素中毒，角弓反张

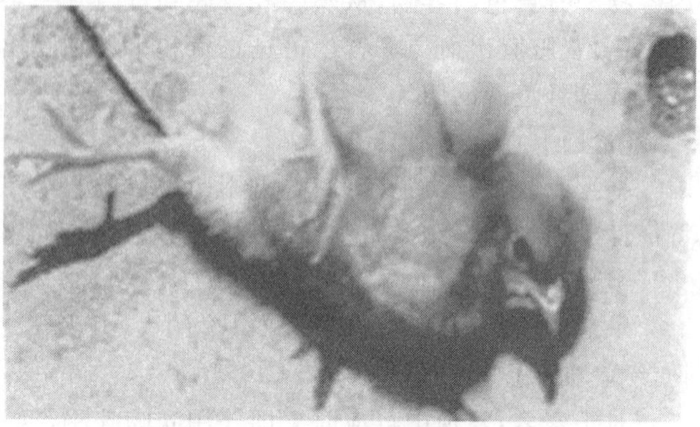

图 1-7-12　鸡链霉素中毒，共济失调

（2）土霉素中毒：猪中毒后，主要症状为狂躁不安，全身痉挛，肌肉震颤，以后四肢站立如木马状，张口呼吸，呈腹式呼吸，口吐大量泡沫，结膜潮红，瞳孔散大，反射消失，呼吸、心跳次数增多（120～140 次/min）。鸡，表现采食下降，产蛋量明显下降。大部分鸡拉稀、

腿瘫软、鸡冠萎缩且发白，皮肤呈紫色，羽毛蓬乱无光泽。雏鸡生长缓慢，精神沉郁不安。

病理症状：

（1）链霉素中毒时，剖检病死禽可见皮下弥漫性出血，心、肝肾等实质器官瘀血，个别的皮下水肿，肺严重充血、出血，其他脏器不明显。

（2）土霉素中毒时，病死禽腺胃壁、十二指肠壁水肿，黏膜脱落，黏膜下层有弥漫性大小不等的出血点，肌胃黏膜角质化，龟裂或溃疡，肝呈土黄色且浑浊、肿胀、脆弱，肾肿大充血，输尿管扩张。有的禽心脏、肝脏、肺脏、气囊表面呈石灰样。猪胃、肠出血，肝脏损害。

［诊断］

根据大剂量或长期应用链霉素或土霉素病史，结合临床特征，如链霉素中毒后畜禽肌肉无力，呼吸及心脏衰竭；土霉素过量时，有狂躁不安，全身痉挛，呼吸增数等症状，可以作出诊断。值得注意：土霉素中毒要与食盐中毒鉴别诊断。两者症状有相似之处，但食盐中毒出现痉挛时体温高（可升至 41℃），体温时温高，口渴喜饮，尿少或无尿，兴奋时奔跑，倒卧昏迷，呈癫痫发作，口腔黏膜肿胀，皮肤发绀。

［治疗］

（1）链霉素中毒：对已发生中毒的禽群，应迅速加强保温，保持安静，减少刺激，并投饮适量的维生素 C 与 5%葡萄糖溶液。病重的挑出，肌内注射 10%安钠咖 1 mL，维生素 C 0.05 mg，同时皮下注射 0.1%肾上腺素 1 mL。对于家畜，可用高渗葡萄糖注射液和维生素 C 及氢化可的松静脉注射，皮下注射 0.1%甲基硫酸新斯的明注射液，同时肌内注射安钠咖。

（2）土霉素中毒：中毒猪，若因内服中毒，可用 1%～2%碳酸氢钠液 200～400 mL、硫酸钠 20～50 g 灌服，并用含糖盐水 200～500 mL、5%碳酸氢钠 20～50 mL 静注，以减轻其毒副作用并促进其排泄；若因注射中毒，可用 5%碳酸氢钠 50～300 mL、含糖盐水 500～1 000 mL、樟脑磺酸钠 5～10 mL 静注；若有过敏反应，用盐酸苯海拉明 0.02～0.05 g 皮注，或用 0.1%肾上腺素 1～3 mL，皮注。

发现中毒禽，立即停用土霉素和含土霉素的饲料；饮 5%葡萄糖水或绿豆汤或甘草水，同时日粮中维生素的用量加倍；有条件的，可再加喂维生素 $B_1$ 或维生素 C，每次 10～20 mg。

［预防］

临床用链霉素或土霉素等抗生素时，治疗畜禽疾病不要剂量过大或连续用药时间不宜太长。对雏禽，链霉素最好通过饮水或拌料给药，避免注射，且要注意供应清洁充足的饮水。在应用土霉素时，如需内服时应与饲料混合，同时配合复合维生素 B 服用。

## 四、喹乙醇中毒

喹乙醇又名喹酰胺醇，是一种具有抑菌促生长作用的喹恶啉类抗生素，现已在畜禽生产上广泛使用，但如果使用不当易发生中毒。本病多发生于禽，猪也有发生。

［病因］

在畜禽生产上导致本病发生有以下几种情况：使用喹乙醇时盲目加大剂量或长时间连续投药，导致中毒或蓄积中毒；配制饲料时混合不均匀，部分畜禽摄取过量而中毒；投药方法不当也是造成中毒的原因之一。喹乙醇几乎不溶于冷水，若通过饮水给药常能引起中毒。

［症状］

急性病禽突然死亡。慢性病禽精神沉郁，缩头呆立，食欲不振，饮水增加，鸡冠、肉髯发紫，排绿色稀便，羽翅下垂，腿肌神经麻痹，脚软，早期以飞节着地行走，后期则完全瘫痪，常可见飞节红肿。多数病禽后期有角弓反张等神经症状，很快死亡。

产蛋鸡发生中毒后，产蛋率急剧下降。

病畜精神沉郁，饮水、采食减少或废绝，体温正常或稍高，眼结膜潮红，被毛粗乱无光泽。口流黏液，腹泻，排深褐色稀粪，粪中带血。低头，全身无力，站立不稳，抽搐，走路摇晃或蹒跚，严重者瘫痪，全身疼痛惊叫，尤以四肢关节疼痛明显，最后衰竭死亡。

病理症状：病死畜禽剖检可见口腔内有多量黏液。血液凝固不良。气管和支气管内有少量黏液。胃肠黏膜脱落、糜烂。禽腺胃充血、出血，肌胃角质膜下有出血点或出血斑(图 1-7-13 和图 1-7-14)。肠黏膜有针尖大小的出血点，十二指肠黏膜呈弥漫性出血，盲肠扁桃体肿胀、出血。肝脏肿大呈暗红色，有出血斑点，质脆易碎。胆囊肿大，充满胆汁。脾、肾肿大，有多量出血点。心肌充血或出血，心外膜严重充血、出血，心包液增多。肺有少量出血点。

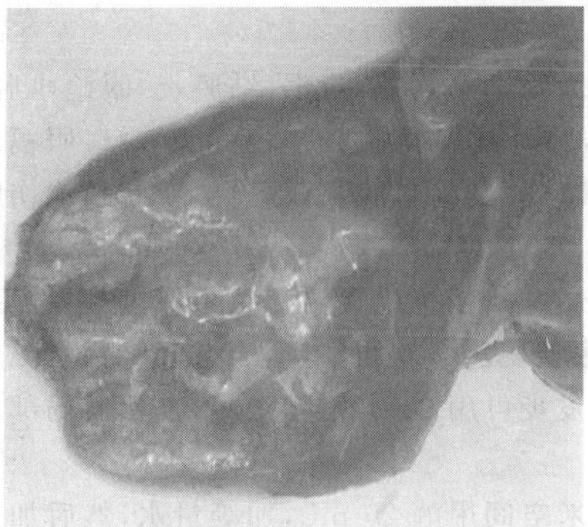

图 1-7-13　中毒时腺胃黏膜暗红、呈糨糊状

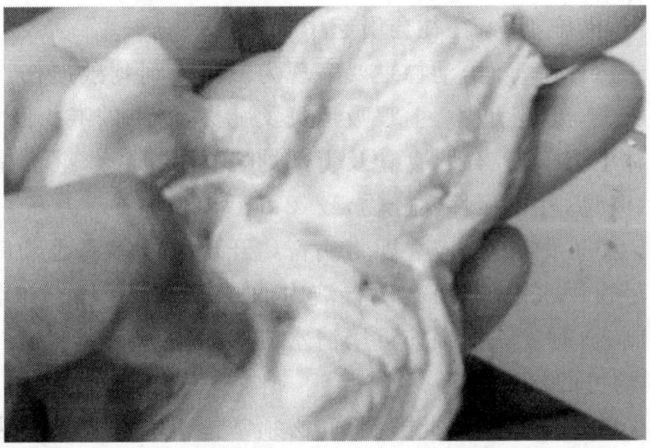

图 1-7-14　鸡喹乙醇中毒，腺肌胃交界处溃疡

［诊断］

根据发病经过，有超正常量喂喹乙醇史或正常量喂用时间过长的病史，结合临诊症状、病理剖检变化等特点，即可诊断。

［治疗］

喹乙醇中毒尚无特效解毒方法。治疗原则为保肝解毒，促进毒物的排泄，并采取对症和支持疗法。

中毒发生后，应立即停止使用喹乙醇，对病禽大量饮水并补充葡萄糖、维生素C，并应用清热解毒、利尿消肿的中草药。

对病畜强心、补液、保肝、利尿，可静注5%葡萄糖、樟脑磺酸钠、维生素C，同时肌内注射速尿；纠正酸中毒，可静注5%碳酸氢钠；镇痛、抗风可静注水杨酸钠溶液等。

［预防］

用喹乙醇作饲料添加剂或防治疾病时，应正确地按剂量投药，作饲料添加剂的用量是25～35 mg/kg。用喹乙醇预防某些细菌性疾病时，每饲料中拌入50～80 mg/kg，连用3～4 d为一个疗程；用于抗菌治疗的剂量为20～30 mg/kg，个体投服或拌料喂服，1次/d，连用2～3 d，必要时隔几天重复一个疗程。喹乙醇混料喂服时搅拌必须均匀。

## 五、消毒药中毒

动物常用的消毒有高锰酸钾、福尔马林、酚类消毒药等。临床使用不当，会导致中毒。

1. 高锰酸钾中毒

高锰酸钾又称灰锰氧或PP粉，是畜禽生产中常用的消毒剂，引起中毒的原因主要是使用浓度过高。不洁饮用水可用0.01%～0.02%高锰酸钾消毒，但当其浓度达到0.03%以上时，对消化道黏膜就有一定的刺激性和腐蚀性，浓度达0.1%以上就可能引起中毒。

主要症状是剧烈的腐蚀作用，使口腔、舌、咽黏膜变为紫红色，并出现水肿。食欲降低，呼吸困难，有时发生腹泻。成年鸡产蛋减少或停止。严重中毒的鸡常在1 d内死亡。剖检可见消化道腐蚀性病变，特别是家禽嗉囊黏膜受损严重，出现大部分黏膜脱落和出血。

本病发生后，要立即停止饮服含有高锰酸钾的水，对中毒的畜禽供给新鲜饮水，一般经3～5 d能逐渐康复。中毒较重者可于饮水中添加2%～3%鲜牛奶或奶粉，对消化道黏膜有一定的保护作用，也可内服硫酸镁、鸡蛋清、麻油等。

预防本病，在平时应用高锰酸钾时，用量要按规定计量，配制溶液浓度要准确，严格掌握浓度，不可过高。在用高锰酸钾作饮水消毒时，应把浓度控制在0.01%～0.03%。

2. 福尔马林中毒

福尔马林即36%～40%的甲醛溶液，其在养殖业上主要用作消毒和熏蒸剂。但如果用量太大，方法不当，措施不力，往往会引起中毒。

急性中毒时，动物主要表现为黏膜受到刺激损伤，首先表现为眼部烧灼感，流泪，结膜炎，眼睑水肿，角膜炎，流涕，咳嗽，上呼吸道炎及肺炎，严重的喉头及气管痉挛，肺瘀血及水肿甚至昏迷死亡。口服福尔马林中毒，口腔，咽，食管及胃部灼烧感，腹痛感，继而呈现剧烈腹痛。剖检口腔黏膜糜烂，胃黏膜灼伤糜烂、溃疡，吐出血性呕吐物，1～2 d后出现血便。

急性中毒时，应立即将病畜离开现场转移到通风良好的地方，并给予抗生素防止感染，口服中毒后，要尽快用水洗胃，可在洗胃液内加尿素(60～70 g)和活性炭或牛奶、豆浆、鸡蛋清等，以减轻毒物对黏膜的刺激，对皮肤的损伤可用清水或2%碳酸氢钠溶液清洗。急性皮炎可用3%硼酸溶液温敷，然后局部涂1%的可的松软膏等。

临床安全使用此类制剂，必须掌握正确的消毒方法：每立方米空间甲醛20 mL，加等量水，然后加热使甲醛变为气体。此法必须有较高的室温和相对湿度，一般室温不低于15℃，相对湿度为60%～80%。

3. 酚类消毒药中毒

酚类消毒剂如石炭酸、煤酚、克辽林等，是一种常用的环境消毒药，但在使用时，误将高浓度的稀释液喷在动物的皮肤和黏膜上，可引起中毒。

临床经皮肤接触酚类消毒剂时，轻者皮肤黏膜苍白，重者因腐蚀而出现破溃，进而出现食欲不振，精神沉郁，虚弱，贫血，黄疸。因消化道吸收，可表现呕吐、腹疼、腹泻，呼吸困难，黏膜发绀，心律失常，肌肉痉挛，甚至中毒麻痹而死亡。剖检可见血液呈黑色，凝固不良，有的皮肤、皮下组织和黏膜黄染。淋巴结肿大、多汁；肺水肿、充血；肝、肺肿大，被膜下有点状出血。胃肠黏膜有出血性炎症变化。

对于因体表接触中毒者，应立即用清水在体表进行反复洗刷，再涂以稀酒精溶液进行中和，消化道中毒者，可用 3%活性炭混悬液进行洗胃，用盐类泻剂进行泻下，用牛乳，鸡蛋清等灌服，以保护胃肠黏膜。全身疗法可用 5%葡萄糖生理盐水加适量安钠咖静脉或用 10%硫代硫酸钠静脉注射，并配合使用利尿药，以促进吸收的毒物排出。

## 六、喹诺酮类药中毒

喹诺酮类药物是一类新型的抗菌药，现已被广泛地用于畜禽的细菌、霉形体病防治，在兽医临床已投入使用的药物有 10 多种，主要有两类，一类从人医用移植转化而来，如诺氟沙星、环丙沙星、氧氟沙星、培氟沙星、洛美沙星等。另一类是动物专用品种，恩诺沙星、沙拉沙星、单诺沙星、二氟沙星等。但使用不当，会引起中毒。临床以中枢神经机能紊乱、肾脏损伤为特征。常见于雏禽、仔猪及幼兔。

［病因］

本病发生的主要原因是由于应用不当、用药剂量过大或持续使用时间过长等，均会破坏畜禽消化道内的正常菌群结构，杀死有益菌群，导致消化机能紊乱，并进一步导致中枢神经机能紊，引起畜禽中毒死亡。

［症状］

雏禽表现精神沉郁，很快发展为全身震颤，站立不稳，行动迟缓，抽搐，松尾垂翅，蹲伏，头颈伸直或弯曲，排灰黄、绿色稀便，脚软无力，卧地不起，终因衰竭而死亡。

病猪尖叫，空嚼，口流泡沫，两前肢离地，角弓反张，步态不稳，严重者卧地不起，四肢划动、肌肉震颤，两耳充血，体温下降，最后昏迷而死。

病兔精神沉郁，坐卧笼内一角，被毛逆立而无光，饮食欲废绝，两眼闭合呈昏睡状，无目的跑跳撞笼，倒地，四肢抽搐，强直痉挛而死亡幼龄动物还可发生关节疼痛，跛行。

病死动物剖检可见肝脏肿大、色暗红，出血、质脆。心包积液，心外膜水肿，胆囊肿大充盈，胃肠黏膜充血、出血，禽可见肌胃角质膜易被剥落。肾脏肿大，输尿管内有白色的尿酸盐。脑膜充血、出血。

［诊断］

根据发病情况，临床症状，剖检变化及大剂量使用喹诺酮类药物的治疗病史，可做出初步诊断。必要时检测饲料、饮水及组织中喹诺酮类药物的含量，常用高效液相色谱法。

［治疗］

本病的治疗原则为促进药物排泄，解毒保肝，对症处理。

立即停喂含有喹诺酮类药物的日粮和饮水；供给充足新鲜的饮用水，并在水中加入 1%的碳酸氢钠。病情较重禽则可人工灌服，在日粮中添加葡萄糖和电解多维饲喂。

对家畜，可先进行洗胃、导泻，然后静脉注射高渗葡萄糖液和维生素 C 及糖皮质激素，同时采取解毒、保肝、强心、镇静、解痉等措施进行对症治疗。

［预防］

严格控制用药剂量和用药时间，对幼龄动物、怀孕动物、哺乳期动物及产蛋家禽禁止应用。肉食动物及肾功能不全动物应慎用。为避免细菌耐药性的产生，不宜长期用药，同时也不应与其他抗生素联合应用。

## 【案例分析】

分析以下案例，根据病史和临床检查，提出初步诊断，制定治疗措施（开出处方）。

案例 1　某养牛户，放牧归来后，牛出现了异常情况，精神沉郁，不安，反刍停止，流涎，肠音亢进，粪便稀薄。个别的牛症状严重，表现瞳孔明显缩小，腹痛明显，腹泻，骨骼肌纤维震颤，全身抽搐，痉挛。

案例 2　某农科所饲养仔猪 62 头，年龄均在 3 月龄，体重 30 kg 左右，因用煮熟焖在锅内过夜的白菜叶，掺少量麦麸饲喂，半小时后几头猪首先发病，约 1 h 后，全群发病，最急的 12 头很快死亡，其余病猪呼吸困难，口吐白沫，肌肉震颤，站立不稳，耳尖和鼻端呈蓝紫色。

案例 3　某农户养小猪 2 头，体重 10 kg 左右，用大量腌制的咸菜和酱汁饲喂，喂后猪表现为呼吸促迫，心跳加快，口吐白沫，强行驱赶，站立不稳，行走步态蹒跚，口渴贪饮，尿少且黄，眼结膜发红，轻度水肿。

案例 4　某养鸭户饲养 2 000 只雏鸭，在三周龄后开始批量发病，并陆续死亡。其临床主要表现为食欲减少，腹泻，步态不稳，死前有抽搐，角弓反张等症状。剖检死亡的雏鸭胸部皮下和肌肉有出血斑点，肝脏肿大、有出血斑点和坏死灶。据了解该群鸭一周前饲喂的玉米有结块变质现象。

案例 5　某农户用喷洒过乐果的菜叶饲喂耕牛，30 min 后发现耕牛全身震颤，大量流涎，瞳孔缩小，频频排粪，呼吸困难，心跳加快。

案例 6　某养猪户将玉米、白菜、豆饼、米糠等混合，文火焖煮后饲喂猪群。饲喂后，猪群突然发病，呈现流涎，呕吐，可视黏膜发绀，血液呈酱油色，耳、鼻、四肢末梢发凉，呼吸困难，其中 2 头死亡。

## 【知识拓展】

### 亚硝酸盐中毒检验

**一、目的要求**

掌握亚硝酸盐中毒的简易检验方法。

**二、材料设备**

动物：猪亚硝酸盐中毒病例，或用试验动物（猪或）做人工病例复制。

器材：注射器、针头、白磁反应盘、微量滴管、小试管、定性滤纸、玻璃容器、茶色玻瓶、血液分光镜等。

试剂：冰醋酸、对氨基苯磺酸、酒石酸、甲一萘胺、联苯胺、氰化钾、亚硝酸钠等。

**三、亚硝酸盐检验**

1. 检品的采取及处理　采取可疑的剩余饲料、呕吐物、胃肠内容物及血液等检品约 10 g，加蒸馏水及 10%醋酸液数毫升使其呈酸性后，搅拌成粥状，放置约 15 min，然后用定性滤纸过滤，所得滤液，用作亚硝酸盐定性试验。

2. 亚硝酸盐检验法

(1)偶氮色素反应（格利斯反应）。

原理：亚硝酸盐在酸性条件下，与氨基苯磺酸作用生成重氮化合物，再与甲一萘胺偶合生成一种紫红色偶氮染料。

试剂制备：取氨基苯磺酸 0.5 g，注于 30%醋酸 150 mL 中为甲液；取甲一萘胺 0.1 g，注于 20 mL 蒸馏水中过滤，滤液再加 30%醋酸 150 mL 混合乙液；甲、乙液分别保存于棕色瓶中备用，应用前将甲、乙液等量混合为格利斯试剂。

方法：取检材 5～10 g 加水搅拌振荡数分钟，如有颜色时，加入少量活性炭脱色，取滤液 1～2 mL 置于小试管中，然后加格利斯试剂数滴，振摇试管，观察颜色变化。若有亚硝酸盐存在，即显玫瑰色，色之深浅表示亚硝酸盐含量的多少（表 1-7-1）。

本法灵敏度高，出现阴性反应，可做否定结论；出现阳性反应，需在红色以上，即含量在 0.1 以上才有诊断价值。

**表 1-7-1　亚硝酸盐概略定量表**　mL/L

| 显色程度 | $NO_2^-$ 的含量 |
|---|---|
| 微玫瑰色 | 小于 0.01 |
| 淡玫瑰色 | 0.01～0.1 |
| 玫瑰色 | 0.1～0.2 |
| 鲜玫瑰色 | 0.2～0.5 |
| 深紫红色 | 大于 0.5 |

本反应也可在白磁盘上进行。即取格利斯试剂少许于磁盘上，加3～5滴检液，用小玻棒搅匀，如显深玫瑰色或紫红色，即为阳性。

(2)联苯胺冰醋酸反应，灵敏度1∶400 000。

原理：亚硝酸盐在酸性溶液中，将联苯胺重氮化生成黄色或红棕色醌式化合物。

试剂制备：取联苯胺10 mg，溶于冰醋酸10 mL中，加水稀释至100 mL，过滤即成联苯胺冰醋酸溶液，置于棕色玻瓶中保存备用。

方法：取检液数滴置于小试管中，加联苯胺冰醋酸溶液数滴（与检液的滴数相等）。如有亚硝酸盐存在，即呈红棕色反应；若亚硝酸盐含量不多，则呈黄色反应。

本反应也可在白磁盘上进行。即取检液滴于白磁盘上，加联苯胺冰醋酸溶液1滴，用小玻棒搅匀，如有亚硝酸盐存在，即呈红棕色反应；若亚硝酸盐含量不足，则呈黄色反应。

(3)亚硝酸盐试粉法快速检验。

原理：同偶氮色素反应。

试剂制备：取酒石酸8.9 g，对氨基苯磺酸10 g，甲一萘胺0.1 g，置乳钵中研成细末，混匀后即为格利斯固体试剂，应密封保存于棕色玻瓶中备用。

方法：取检液2 mL于试管中，加格利斯固体试剂15～25 mL，振荡，如有亚硝酸盐存在，即呈紫红色。但试剂须密封避光保存，若变为红色者，即为失效，不能使用。

**四、高铁血红蛋白检验**

原理：亚硝酸盐（钾）离子，在血液中使红细胞内正常的低铁血红蛋白（氧合）氧化为异常的高铁血红蛋白（正铁），从而失去携氧作用。

方法：取血5 mL于试管中，在空气中用力振荡15 min。在有高铁血红蛋白的情况下，血液仍保持棕色，健畜则由于血红蛋白与氧结合而变为鲜红色。

取血5 mL于试管中，滴加1%氰化钾（钠）溶液数滴，在有高铁血红蛋白的情况下，血液立即变为鲜红色。

血液分光镜检查：取血用水稀释10～20倍后置于分光镜上检查，可在红色区640～650 nm波长发现高铁血红蛋白的吸收光谱带。当加入5%氰化钾（钠）溶液数滴后，由于氰血红蛋白形成，此吸收光带立即消失。但经急救治疗过的家畜，高铁血红蛋白大部分已被还原，故用此法检查宜早进行。

## 有机磷中毒检验

**一、目的和要求**

掌握有机磷中毒的简易检验方法。

**二、材料设备**

动物：有机磷中毒病例，或用试验动物（猪或兔）做人工病例复制。

器材：测瞳尺、瓷反应板、瓷蒸发皿、乳钵、分液漏斗、分液漏斗架、离心机、培养皿、玻璃容器、量筒、棕色玻瓶、玻棒、微量吸管、25 mL滴管、注射器、针头、定性滤纸、新华滤纸、试纸、纱布、脱脂棉、剪刀、解剖器械、载玻片、皮筋等。

药物试剂：氯仿、氯化乙酰胆碱、溴麝香草酚蓝、无水乙醇、干燥马血清、饱和溴水、0.4 mol/L氢氧化钠液、二氯甲烷、酒石酸、苯、三氯醋酸、无水硫酸钠、弗罗里矽土、丙酮、石油醚、蒸馏水等。

**三、有机磷检验**

1.检品的采取和处理　将可疑有机磷中毒的剩余的饲料、胃肠内容物（活体采取胃肠内容物时如采不出来，可用普通水洗胃，但不能用碱性液体洗胃，以防有机磷水解）、血液、尿液及内脏等被检病料迅速检验，如不能立即检验时，可按100～150 mL/kg酒精或苯加入被检病料后，置于冰箱内保存，以防有机磷挥发。血液、尿液及内脏中的有机磷能迅速异化，常难以检出，故一般不作血液、尿液和内脏的保存。

2.有机磷检验法

(1)酶化学纸片法。

原理：胆碱酯酶能分解乙酰胆碱为胆碱和乙酸，因而pH变低。当有机磷中毒时，抑制了乙酰胆碱酯酶的活性，水解乙酰胆碱产生胆碱和乙酸的能力降低，所以 pH 升高。根据 pH 的变化，以溴麝香草酚蓝(BTB)为指示剂，以推断有机磷的中毒情况。

试剂制备：

①乙酰胆碱试纸片。称取氯化乙酰胆碱 1 g，溴麝香草酚蓝 0.084 g，溶于 95% 乙醇中使成 28.6 mL。取新华滤纸，剪成 5 cm×11cm，在上述溶液中浸透后取出凉干，然后剪成 2 cm×2 cm 的试纸块密封于茶色瓶中，置于干燥器内(或瓶中放一小包原色硅胶)避光保存备用。

②马血清。如为市售干燥马血清，临用时打开安瓿瓶，按量用水稀释备用。

③溴水。取 1 mL 饱和溴水加水 4 mL 稀释。

方法：用滴管取提检液 1 滴(约 0.05 mL)于白磁板上，另加马血清 1 滴(约 0.05 mL)混合，即加盖乙酰胆碱试纸片，10～20 min 后观察试纸片颜色。若呈绿色或蓝色，为有机磷中毒；若为黄色，则为阴性。同时应做空白对照试验。

注意事项：本法以 pH 判定结果，应避免酸碱的干扰，故所用白磁板要在临用前洗净吹干。

(2)B. T. B 全血试纸片法。

原理：有机磷能抑制血中胆碱酯酶分解乙酰胆碱的活性，故胆碱酯酶与乙酰胆碱作用所产生的乙酸亦相应降低，其降低程度，可用 B. T. B 试纸的颜色变化表示(表 1-7-2)，并能粗略判定有机磷中毒的严重程度。

试纸片制备：称取溴麝香草酚蓝 0.14 g，用无水乙醇 20 mL 溶解，加溴化乙酰胆碱 0.23 g(或氯化乙酰胆碱 0.185 g)，以 0.4 mol/L(约 1.6%)氢氧化钠溶液调至黄绿色(约 pH6.8)。然后将定性滤纸浸入溶液中，待浸透以后取出挂在室温中自然阴干(为橘黄色)，进而剪成 2 cm×2 cm 的试纸块，密封于茶色瓶中，置于干燥器内(或瓶中放一小包原色硅胶)避光保存备用。

方法：取制备好的试纸片两块，分别放在清洁干燥的载玻片两端，用毛细滴管加病畜被检末梢血一滴于一端试纸片中央，另一端试纸片加健畜末梢血一滴并行标记。待血滴扩散成小圆斑点后，即速加盖加一清洁干燥玻片，用橡皮筋扎紧，在 37℃保温箱中(或体温)保持 15～20 min 后，观察血滴中心部的色调变化。

**表 1-7-2　B. T. B 全血试纸片法结果判定**

| 项目 | 色调 | | | |
|---|---|---|---|---|
| | 红色 | 紫色 | 深紫 | 蓝黑(黑灰) |
| 胆碱酯酶活性 | 80%～100% | 60% | 40% | 20% |
| 程度 | 正常 | 轻度抑制 | 中度抑制 | 重度抑制 |

注意事项：

①血液应滴于试纸片中央，血清不可过大或过小，以斑点直径为 0.6～0.8 cm 为宜。

②每头可疑病畜，应做两个标本，以免误差。

③血斑要看反面，看时不要直射接对住光线，应与光成一斜角。

④玻片及滴管要清洁干燥，防止酸碱干扰。

⑤每次测定前，先用健康血检查试纸片，如试纸片加健康血不变蓝，经 30 min 后又不变红，表明试纸失效。

## 【考核评价】

### 有机磷中毒治疗剂量的计算

#### 一、考核题目

某农户饲养的一头重 500 kg 的头牛，经诊断为 3911 中毒，决定用 5% 碘解磷定治疗，其用量是 15～30 mg/kg 体重，现有 5% 碘解磷定 20 mL/支，你认为用多少支合适，并给出你用药的理由。

**二、考核标准**

该牛所用碘解磷定的剂量是7.5～15 g，假定用5%碘解磷定 $X$（mL），则最低剂量为100∶5＝$X$∶7.5，最高剂量为100∶1＝$X$∶15，所用5%碘解磷定的剂量范围为150～300 mL，所以5%碘解磷定最少用8支。

## 【知识链接】

1. DB13/T 1384.10—2011，饲料中20种磺胺类药物的测定，河北省质量技术监督局，2011-05-20；

2. DB33/T 701—2008，配合饲料中磺胺类药物的测定 高效液相色谱法，浙江省质量技术监督局，2008-08-07；

3. DB33/T 746—2009，动物源性食品中20种磺胺类药物残留量的测定，液相色谱-串联质谱法，浙江省质量技术监督局，2009-06-13；

4. DB13/T 1384.2—2011，饲料中土霉素、四环素、金霉素的测定，河北省质量技术监督局，2011-05-20；

5. DB13/T 1384.7—2011，饲料中恩诺沙星、环丙沙星、诺氟沙星的测定，河北省质量技术监督局，2011-05-20；

6. DB13/T 1384.9—2011，饲料中伊维菌素的测定，河北省质量技术监督局，2011-05-20；

7. GB/T 23744—2009，饲料中36种农药多残留测定，气相色谱-质谱法，国家质量监督检验检疫总局，2009-09-01；

8. DB22/T 1613—2012，饲料中三聚氰胺含量的测定，液相色谱-质谱/质谱法，吉林省质量技术监督局，2013-01-01；

9. DB22/T 1618—2012，饲料中玉米赤霉烯酮的测定，液相色谱-质谱/质谱法，吉林省质量技术监督局，2013-01-01；

10. DB22/T 1666—2012，饲料中钙、铜、铁、镁、锰、钾、钠、锌和磷的测定，电感耦合等离子体发射光谱法，吉林省质量技术监督局，2013-01-01；

11. DB23/T 1382—2010，饲料中尿素含量测定，分光光度法，黑龙江省质量技术监督局，2010-05-26；

12. DB51/T 1077—2010，饲料中黄曲霉毒素B1、B2、G1、G2的测定，高效液相色谱法，四川省质量技术监督局，2010-07-01；

13. DB51/T 1081—2010，饲料中赭曲霉毒素A的测定，高效液相色谱法，四川省质量技术监督局，2010-07-01；

14. GB/T 13084—2006，饲料中氰化物的测定，国家质量监督检验检疫总局，2007-03-01；

15. GB/T 13085—2005，饲料中亚硝酸盐的测定比色法，国家质量监督检验检疫总局，2006-02-01；

16. GB/T 13090—2006，饲料中六六六、滴滴涕的测定，国家质量监督检验检疫总局，2007-03-01。

# 模块二　动物外科和产科疾病

项目一　动物外科基础操作技术及外科疾病

项目二　动物产科生理及产科疾病

Project 1

# 动物外科基础操作技术及外科疾病

**学习目标**

1. 掌握常用的外科灭菌与消毒技术、麻醉方法、各组织分离方法、外科止血方法、缝合技术及绷带包扎技术，并能够将外科手术基础操作技术应用于实际操作。
2. 掌握动物外科疾病的概念、病因、类型、症状及诊疗方法。

【学习内容】

# 任务一　动物外科基础操作技术

## 一、灭菌与消毒

灭菌:通常是指用物理学的方法(尤其是高压、高热方法)彻底杀灭微生物的外科操作技术,例如常用于手术器械的高压蒸气灭菌、煮沸灭菌等。

消毒:通常是指应用适当的化学消毒剂消灭细菌或抑制其繁殖活动的外科操作技术,例如常用于手术场地的消毒液喷洒消毒、术者手臂的消毒液浸泡消毒等。

[基本技术]

1. 灭菌技术

(1)高压蒸汽灭菌法。高压蒸汽灭菌法是指用高压蒸汽灭菌器进行灭菌的方法,高压蒸气灭菌器的样式很多,有手提式、立式、卧式等,都是利用蒸汽产生压力,随着压力增高,温度也随之增高。通常用蒸气压为 $1\sim1.37\times10^5$ Pa,温度可达 121.3～126.6℃。

操作方法是先向高压灭菌器的外层锅内加入适量的水,使水面稍低于支架,将预先准备好的器械等物品(必须是耐高温且大小适宜)用纱布按种类和大小分别包好,放入高压灭菌器内桶的物品架上,一般手术衣帽包好放在最上方,接下来放橡皮手套、橡胶布等,最下面放金属器械。各包之间应留有一定空隙,盖好锅盖并对称地拧紧螺栓,检查安全阀、排气阀关闭是否完好,并使安全阀呈关闭状态。插上电源开始加热,当水蒸气从排气阀均匀冒出时,表示锅内冷空气已经排尽,将排气阀关好,随着时间的推移,压力逐渐增大,当压力增大到所需压力并持续一定时间后,断开电源冷却,待压力降至零后,对称地松开螺旋,开盖取出消毒物品并摆在消毒过的搪瓷盘中,用纱布覆盖备用。

高压灭菌器使用注意事项如下:

①使用高压灭菌时要有专人负责,灭菌前要检查并保证灭菌器性能完好,确保安全。

②高压灭菌器内加水要适宜,过多或过少,都会影响灭菌效果。

③放气阀门下连的金属软管必须保留,否则放气不充分,冷空气滞留在桶内会影响温度的上升,有碍灭菌效果。

④灭菌物品的包裹不宜过大、过紧,放入灭菌器时不要排得过密,以利于蒸汽的透入。灭菌后应立即间断缓慢地放气,但也不宜过快(尤其内装有玻璃制品或其他易碎物品时),以免造成物品破损。待气压表指针指至 0 处,旋开盖子及时取出容物,这样可保持物品干燥。

⑤耐湿、耐高温物品适用本法灭菌,易燃、易爆物品不得运用本法灭菌。

(2)干热灭菌法。干热灭菌法是指使用干热空气杀灭微生物的方法。一般是把待灭菌的物品包装就绪后,放入干热灭菌器(干燥箱)中烘烤,即加热至 160～170℃维持 1～2 h。干热灭菌法常用于空玻璃器皿、金属器具的灭菌。凡带有胶皮的物品,液体及固体培养基等都不用此法灭菌。

操作时,玻璃器皿必须包裹和加塞,以保证玻璃器皿于灭菌后不被外界杂菌所污染。平皿用纸包扎或装在金属平皿筒内;三角瓶在棉塞与瓶口外再包以厚纸,用棉绳以活结扎紧,以防灭菌后瓶口被外部杂菌所污染;吸管以拉直的曲别针一端放在棉花的中心,轻轻捅入管口,松紧必须适中,管口外露的棉花纤维统一通过火焰烧去,灭菌时将吸管装入金属管筒内进行灭菌,也可用纸条斜着从吸管尖端包起,逐步向上卷,头端的纸卷捏扁并拧几下,再将包好的吸管集中灭菌。

干热灭菌法注意事项如下:

①干燥箱中摆放灭菌物品包裹不宜过密,以防空气流通。

②不得使物品与干燥箱底板直接接触。

③加热温度要适宜，温度过高会烧焦包裹纸张、棉花，温度过低会影响灭菌效果。

④包裹物品不可用油纸或蜡纸等易燃材料。

⑤要将温度降至 60～70℃时才可以取出物品，否则玻璃器皿会因骤冷而爆裂。

(3)煮沸灭菌法。煮沸灭菌法是比较简单、方便的灭菌方法，简便易行，可广泛应用于多种物品的灭菌，如金属器械、玻璃器皿、缝合材料等。煮沸灭菌不一定用特别的灭菌器，用一般铝锅、铁锅、脸盆等也可代替。

操作方法是先在煮沸灭菌器的托盘内铺上纱布，纱布的大小要大于放置器械的搪瓷盘，以备消毒后用来遮盖消毒过的器械。将预消毒的器械摆放于消毒锅的纱布上，然后用纱布将其盖好，此纱布的大小也应大于放器械的搪瓷盘，以备消毒完毕后铺在搪瓷盘内放置器械用。并在覆盖的纱布上面放置镊子或器械钳。向消毒锅内加蒸馏水或滤过的开水，加到完全浸没被消毒物品为止，盖好锅盖，加热至水沸 3～5 min 后，放入预消毒物品，二次水沸时计算时间，煮沸 15 min 可以杀灭除细菌芽孢外的一般细菌，加热 1 h 以上可以杀灭细菌芽孢。灭菌完毕后，停止加热，待冷却后，打开灭菌器，用灭菌器的手柄钩住托盘两端，取出后斜放在消毒器上，再用镊子或器械钳将覆盖器械的纱布取下，夹住纱布两端挤去水分，铺在消毒过的搪瓷盘内。用器械钳将消毒过的器械按种类顺序摆在搪瓷盘内，最后将铺在锅底纱布取出，挤去水分，盖在器械盘上以免灰尘落入，保证灭菌效果。

煮沸灭菌法的注意事项：

①消毒物品必须完全浸没水中，方可达到灭菌效果。

②玻璃类物品要用纱布包好，应先放入冷水中逐渐加热，以防因骤热而破裂；若为注射器则应拔出其内芯，分别用纱布包好针筒、内芯。

③消毒锅必须盖严，以保持沸水的温度。

(4)火焰灭菌法。本法适用于急用器械、器械盘等金属器械的消毒。将急用的器械置于火焰外焰，并不断翻转器械，待温度降为常温后方可使用。搪瓷盘消毒应先清洗，然后倒入酒精点燃，轻微转动使其各部都能烧到为止。

(5)人工紫外线灭菌法。指用紫外线照射杀灭微生物的方法，紫外线不仅能使核酸蛋白变性，而且能使空气中氧气产生微量臭氧，从而达到共同杀菌作用。用于紫外线灭菌的波长一般为 200～300 nm，最强为 254 nm。该法适于照射物体表面灭菌、无菌室空气及蒸馏水的灭菌；不适用于药液的灭菌及固体物料的深部灭菌。由于紫外线是以直线传播，可被不同的表面反射或吸收，穿透力微弱，普通玻璃可吸收紫外线，因此装于容器中的药物不能用紫外线来灭菌。

目前，市售的紫外灯常见的有 15 W 和 30 W，使用时可以悬吊也可壁挂，一般以 1.5～2.0 m 合理布局灯距。手术室内开灯 2 h 即可，但灭菌效果与照射距离有关，试验证明，照射距离以 1 m 之内最好，超过 1 m 则效果减弱。活动支架的消毒灯有很大的优越性。照射距离以 1 m 之内最好，超过 1 m 则效果减弱，所以活动支架的紫外灯有很大的优越性。

紫外线灭菌法操作时应注意下列事项：

①开通电源之后 20～30 min 发出的紫外光最多，但灯管的使用寿命一段为 2500 h。

②紫外灯要求直接照射，因为紫外光的穿透力很差，只能杀灭物体表面的微生物。

③可以用紫外线强度仪来测定杀菌效果。

④尽量减少频繁开关紫外灯，以免影响灯管使用寿命。

⑤人员不可长时间处于紫外光的照射下，否则可以损害眼睛和皮肤。

2. 消毒技术

此法可用于不适合物理灭菌的物品，但不能杀死带芽孢的细菌。操作时按要求准备好化学消毒药液，根据预消毒物品的多少及大小选择容器，将消毒药液放入容器中(如有盖的搪瓷盘、广口玻璃瓶、缸等)，再将预消毒的物品分别浸入容器的药液中记录消毒时间，到时间后取出已消毒的物品，由于有些化学消毒药液对活体组织有害，在使用前应将器械表面粘有的消毒药液用灭菌的生理盐水充分清洗。

常用的化学消毒剂如下：

(1)新洁尔灭。新洁尔灭是应用最多最普遍的一种。其毒性较低，刺激性小，且消毒能力较强，略带芳香气味。使用时多配制成0.1%的溶液，常用来浸泡器械(30 min)，消毒手臂或其他可以浸湿的用品等。新洁尔灭属于阳离子表面活性剂，此类药物目前还有灭菌王、洗必泰、杜米芬和消毒净等。

(2)酒精。最常用的消毒剂。一般采用75%的酒精。可用于浸泡器械，特别适于有刃的器械。浸泡时间30～60 min，可达理想的消毒效果。亦可作为手臂的消毒液，其他可浸湿物品的消毒也可使用75%酒精。

(3)煤酚皂溶液。多用于环境的消毒，或器物消毒。在没有较好消毒药的情况下，亦可选用本药。5%溶液浸泡器械30 min(纯液浸泡5m而)，因其有刺激性，故在使用前应将沾附于器械表面的药液清洗干净后方可应用于手术区内。在手术方面，它并不是理想的消毒药物。

(4)甲醛溶液。10%的甲醛溶液做金属器械、橡胶制品及各种导管的消毒，一没浸泡30 min。40%的甲醛溶液(福尔马林)可用于熏蒸消毒，但本品对眼睛和呼吸道有刺激作用，应用时应做好防护。采用甲醛溶液浸泡或熏蒸消毒的物品在使用前需用灭菌生理盐水充分清洗，以去除其刺激性。

(5)聚乙烯酮碘。化学名是聚烯吡酮碘，聚乙烯吡咯烷酮碘，是聚乙烯吡咯酮和碘的有机复合物。0.75% 溶液用于消毒皮肤，多用于皮肤黏膜防腐。0.1%可用口腔消毒，0.5%的溶液以喷雾方式用于腔洞黏膜防腐(鼻腔、咽、阴道等)。刺激性小、费性也低，比碘酊和碘溶液的作用要弱，是一种新型的外科消毒药。

**[基本应用]**

1.手术场所及其灭菌与消毒

(1)手术室的基本要求。手术室的条件对预防手术创的感染关系极为密切。建立一个良好的手术室，也是预防手术创外科感染的重要内容之一。手术室的一般要求如下：

①手术室应有一定的面积和空间。一般大动物不小于40～50 $m^2$，小动物不小于25 $m^2$，房间高度在2.8～3.0 m较为合适，天花板和墙壁应平整光滑，地面应防滑，并有利于排水，墙壁最好砌有釉面砖，室内要有足够的照明设备(不含专用手术灯)，固定的顶灯应设在天花板以里，外表应平整。

②手术室应有良好的给排水系统(尤其是排水系统)。

③手术室应有较好的通风系统，在建筑时可考虑设计自然通风或安装强制设备。

④手术室内温度应以20～25℃为宜，有条件可安装空调机(冷暖两用机)。

⑤在条件允许时，最好分别设置无菌手术室和染菌手术室。如果没有条件设置两种手术室，则一般化脓感染手术最好安排在其他的地方进行，以防交叉感染。

⑥手术室内应仅放置与手术有关的器具。

⑦有条件时还可设立必要的附属室，如消毒室、准备室、洗刷室、器械室、更衣室等。

⑧制定并严格执行手术室规章制度，尤其要制定严格的清洁、消毒等制废。

(2)手术室的灭菌与消毒。手术室的灭菌与消毒之前，应先对手术室进行清洁。常规的灭菌与消毒方法包括以下几种：

①紫外灯照射灭菌。通过紫外灯的照射，可以明显减少空气中细菌的数量，同时可以杀灭物体表面附着的微生物。一般在非手术时间开灯照射2 h，有明显杀菌作用，但光线照射不到之处则无杀菌作用。

②化学药品熏蒸消毒。首先应对手术室进行打扫、清洁，然后再以消毒药的蒸气熏蒸，要求门窗关闭，维持20～30 min。

③福尔马林加氧化剂法。按计算量准备好所需的40%的甲醛溶液，放置于耐腐蚀容器中，按其毫升数值的一半称取高锰酸钾粉(每立方米2 mL+1 g)。使用时，将高锰酸钾粉直接小心地加入甲醛溶液中，产生大量烟雾状的甲醛蒸气。消毒持续4 h。

此外，还有乳酸熏蒸法、过氧化物熏蒸法等。

(3)临时性手术场所的选择及其消毒。由于客观条件的限制，也鉴于兽医工作的特殊性，手术人员往往不得不在没有手术室的情况下来施行外科手术。为此，兽医工作者必须积极创造条件，选择一个临时性的手术场地。实践证明，只要事先做好充分准备，努力创造可能的条件，施术时严格遵守无菌操作规程，即使在临时的一般房舍里，甚至在室外场地上，同样可以成功地施行较大的手术。（避风雨、烈日、尘埃、场地清洁消毒等）。

2.手术器械、敷料等的准备及灭菌与消毒

手术时所使用的手术器械（主要指常规金属器械）、敷料以及其他物品，都可能对

手术创造成直接或间接的接触感染。手术中所使用的器械和其他物品的种类繁多，性质各异，应根据各自的特点选择不同的准备和消毒方法。

（1）金属器械。所有手术用器械都应清洁，不得沾有污物或灰尘等；应有足够的数量，以保证整个手术过程的需要；不常用的器械或是新启用的器械，要用温热的清洁剂除去表面的保护性油类或其他保护剂，然后再用清水冲干净备用；结构比较复杂的器械最好拆开或半拆开，以利充分灭菌。保护手术刀片及有刃器械的刃部（用小纱布包好），避免长时间高压灭菌；对有弹性锁扣的止血钳和持针器械等，要将锁扣松开，以免影响弹性；注射针头或缝针等小物品，最好放在一小容器内，或是插在纱布块上；手术器械可以包裹在一个较大棉质包单内，便于灭菌和使用。手术器械可采用高压蒸气灭菌法、煮沸灭菌法、干热灭菌法、化学药物浸泡灭菌法等进行灭菌与消毒。

（2）玻璃 、瓷和搪瓷类器皿。这类器皿若体积较小时，可以采用高压蒸气灭菌法、煮沸法或是化学消毒药物浸泡法。大件的器物如大方盘、搪瓷盆等，可以使用酒精火焰灭菌法。如果需要消毒玻璃注射器，事先应将注射器洗刷干净，把内栓和外管按标码挑选后用纱布包好，再将针头别在纱布外。临床上多用干热灭菌法、高压蒸气灭菌法，也可采用煮沸法或流动蒸气灭菌法。

（3）橡胶、尼龙和塑料类用品。包括临床常用的各种插管和导管、手套、橡胶布、围裙及各种塑料制品。有些物品多不耐高热、高压，（高热会使其熔化变形而损坏）。橡胶制品可以选用高压灭菌或煮沸灭菌，也可采用化学消毒药液浸泡法来消毒，但很易老化发黏失弹性，故要掌握好时间。目前这类用品很多都是一次性用品。

（4）敷料、手术创巾、手术衣帽和口罩等物品。一次性使用的止血纱布、手术创巾、手术衣帽及口罩等均已广泛使用。多次重复使用的这类用品都系用纯棉材料制成，临床使用之后可以回收再经灭菌后应用。止血纱布通常用医用脱脂纱布剪成大小不同的纱布块，然后折叠而成，为了避免纱布线头污染创腔，剪时常采用抽线剪法，折叠时要将毛边折在里面。这些用品一般均采用干热灭菌法，操作时先将各类物品分类，然后用包好，小而零散的则可装入贮槽，贮槽系用金属材料制成的特殊容器。灭菌前，将贮槽的底窗和侧窗（数组很多的小孔眼）完全打开。在灭菌后从干燥箱取出时，立刻将底窗和侧窗关闭。贮槽在封闭的情况下，可以保证一周内的时间是无菌的。施行灭菌的物品包裹不宜大，包扎不宜过紧，排列不宜过密，以免影响高压蒸气的进入，从而影响灭菌的效果

3.手术人员的准备、清洁与消毒

手术人员本身，尤其是手臂的准备与消毒对防止手术创的感染具有很重要的意义。虽然兽医工作者的工作性质、环境都受到一些限制，但在任何情况下都应遵循无菌术的基本原则，努力创造条件去完成手术任务。

（1）更衣。手术人员在术前应穿着清洁的衣服和套鞋，上衣最好是超短袖衫以充分裸露手臂，并戴好手术帽和口罩。手术帽应把头发全部遮住，要求帽的下缘应达到眉毛直上和耳根顶端，手术口罩应完全遮住口和鼻。

（2）手、臂的清洁与消毒。手术人员的手、臂皮肤因为有许多皮脂腺、汗腺和毛囊等构造，平时藏有大量微生物。手又有许多皱纹、缝隙、甲缘和逆刺等，易于藏匿微生物。手、臂的消毒是无菌技术中的一个薄弱环节。因此，我们对手和臂的消毒必须给予足够的重视。只要手术人员严格执行手、臂的清洁与消毒，是完全可以达到无菌手术的要求。

在处理手、臂之前，先剪短指甲，磨平甲缘，剪去逆刺。手部有创口，尤其有化脓感染创的不能参加手术。手部有小的新鲜伤口如果必须参加手术时，应先消毒，暂时用胶布封闭，再进行手的消毒。手术时戴上手套。

手、臂消毒的方法很多，较简便而有效的常用方法是："肥皂刷洗，消毒液洗手、浸泡法"。具体操作是先用肥皂仔细清洗双手，尤其关节部位要用指刷严格刷洗，整个过程要维持5～10 min，然后用流水肥皂泡沫充分洗去，冲洗时手应朝上，使水自手部向肘部方向流去，用灭菌巾擦干；然后将双手置于70%～75%的酒精浸泡桶中浸泡或以纱布擦洗5～10 min。如果情况紧急，可缩短手、臂消毒时间，以肥皂水清洗手臂后，用3%～5%碘酊充分涂布手、臂，尤其关节部位，待干后，用酒精脱碘，即可施行手术。已经消毒好的手臂，绝对不可与任何未经消毒的物品接触、在进行手术之前，为了保护已消毒过的手臂不被污染，可弯曲两臂将两手放在胸前，或用无菌纱布掩盖。

(3)穿着无菌手术衣。手术衣以身后系带的长罩衫为好，长袖紧口，用纯棉材料制成。手术衣应是干净而又经过高压灭菌的(也有一次性使用的成品)。手术人员在洗手并消毒手臂之后，取出高压灭菌的手术衣自己穿好，这时应小心手臂不可接触未经消毒的其他部位。由助手协助在其背后，将衣带或腰带系好。应避免其他任何部分(主要指衣服的外表面)触及未经灭菌的物件，尤其要注意保护手术衣前面的前胸部分、严格防止受到污染、应保持无菌状态。

(4)戴手套。有干戴(经高压灭菌，或一次性包装好的灭菌手套)和湿戴(用化学药液浸泡消毒)两种方法。前者在清洗消毒处理手臂后，用灭菌的干纱布擦干(或涂布少量灭菌的滑石粉)后穿戴。后者则需在手套内灌注一些无菌的药液(0.1%新洁尔灭溶液)，在溶液的滑润下容易穿戴。现在多选用一次性手套，打开包装即可使用。

4.术部的准备与消毒

(1)术部除毛。进行术部剪毛(逆毛剪)、剃净(涂肥皂、顺毛剃)。剃毛时避免造成微细创伤。术部除毛的范围要超出切口周围20～25 cm，小动物可在10～15 cm。在兽医临床上使用脱毛剂也很方便。脱毛剂的配方：硫化钠6.0～8.0 g，甘油10 g，蒸馏水100 mL，制成溶液。脱毛剂使用方便，缺点是有臭味，有时有个体敏感，因此脱毛剂最好在手术前一天使用。

(2)术部消毒。术部消毒最常用的药物是2%～5%碘酊和75%酒精。在涂擦碘酊或酒精时要注意：如系无菌手术，应由手术区的中心向四周涂擦；如是已感染的伤口，应由较清洁的周围涂向中心患处。涂擦所及的范围要相当于剃毛区。碘酊涂擦后，必须稍待片刻，等其完全干后(此时碘已浸入皮肤较深，灭菌作用较大)，再以75%酒精将碘酊脱去。

口腔、鼻腔、阴道、肛门等处黏膜消毒不可使用碘酊，以免灼伤。一般先以水去黏液及污物后，可用1∶1 000的新洁尔灭、高锰酸钾等溶液洗涤消毒。眼结膜用2%～4%硼酸溶液消毒。蹄部手术应在手术前用2%煤酚皂溶液脚浴。

(3)术部隔离。一般采用大块有孔手术巾覆盖于术区，仅在中央露出切口部位，使术部与周围完全隔离，然后用创巾钳固定，也可用缝合代替巾钳。手术巾的敷设要有足够的大小遮蔽非手术区。棉布手术巾或纱布在潮湿或吸收创液后即降低其隔离作用，最好在下面再加一层非吸湿性的手术巾(例如塑料薄膜或胶布)。手术巾铺设应准确，一次完成。手术巾一经铺下后，原则上只许自手术区向四外移动，不宜向手术区内移动。

大动物需要在站立保定下施术时，隔离难度大，建议使用特制的大幅有孔洞巾，它们多系塑料、尼龙类或橡胶制品(有的一次性使用)。

## 二、麻醉

兽医外科麻醉方法种类繁多，分类方法亦有多种。目前在外科临床上较常用的麻醉方法可分为两种类型。

1.局部麻醉

利用局部麻醉药物有选择性地暂时阻断神经末梢、神经纤维以及神经干的冲动传导，从而使其分布或支配的相应局部组织暂时丧失痛觉的一种麻醉方法。

2.全身麻醉

利用全身麻醉药物对中枢神经系统产生广泛的抑制作用，从而暂时地使机体的意识、感觉、反射和肌肉张力部分或全部丧失的一种麻醉方法。

全身麻醉时，如果仅单纯采用一种全身麻醉剂施行麻醉的，称为单纯麻醉；为了增强麻醉效果，降低其毒副作用，扩大麻醉剂的应用范围而选用几种麻醉药联合使用的则称为复合麻醉。

根据麻醉强度，又可将全身麻醉分为浅麻醉、深麻醉。

根据麻醉剂引入体内的方法不同，可将全身麻醉分为吸入麻醉和非吸入麻醉两大类。

[局部麻醉]

目前，牛、马等大动物在进行许多腹腔手术等大手术时可在局部麻醉下进行，在局部麻醉下，因家畜仍保持神志清醒状态，手术时应特别注意保定，或配合应用镇静剂、肌松剂。

**(一)局部麻醉药**

使用局部麻醉药时应该了解其药理性能，如该药的组织渗透性、显效时间、作用维持时间及毒性等。一般说来，同一局部麻醉药，其浓度愈高渗透性愈强，显效愈快，作用时间愈长，但毒性也愈高。局部麻醉药品种很多，常用的有盐酸普鲁卡因、盐酸利多卡因和盐酸丁卡因三种。

1. 盐酸普鲁卡因

本品穿透黏膜能力很弱，不宜用于表面麻醉，临床上多用于浸润麻醉和传导麻醉，使用药液浓度为0.5%～3%。普鲁卡因毒性较小，在外科临床很少见到中毒反应，但用量过大也能产生中毒(大家畜总剂量最好不要超过2 g)。

2. 盐酸利多卡因

本品的毒性较普鲁卡因稍大。用作表面麻醉时，溶液浓度须提高至2%～5%；传导麻醉为2%溶液；浸润麻醉为0.25%～0.5%溶液；硬膜外麻醉为2%溶液。

3. 盐酸丁卡因

本品的局部麻醉作用强，具有较强的穿透力，故最常用于表面麻醉。常用浓度为0.5%～1%，作为鼻、喉、口腔等黏膜表面麻醉。

**(二)局部麻醉方法**

1. 表面麻醉

利用麻醉药的渗透作用，使其透过黏膜而阻滞浅在的神经末梢，称表面麻醉。麻醉结膜和角膜时可用0.5%丁卡因溶液或2%利多卡因溶液；麻醉鼻、口、直肠黏膜，可用1%～2%丁卡因溶液或2%～4%利多卡因溶液。

2. 局部浸润麻醉

沿手术切口线皮下注射或深部分层注射麻醉药物，阻滞神经末梢，称局部浸润麻醉。常用麻醉剂为0.25～1%盐酸普鲁卡因溶液。一般是先将针头刺至所需深度，然后边退针边注入药液。有时在一个刺入点可向相反方向注射两次药液。局部浸润麻醉方式有多种，如直线浸润(图2-1-1)、菱形浸润、扇形浸润、(图2-1-2)基部浸润(图2-1-3)和分层浸润(图2-1-4)等。

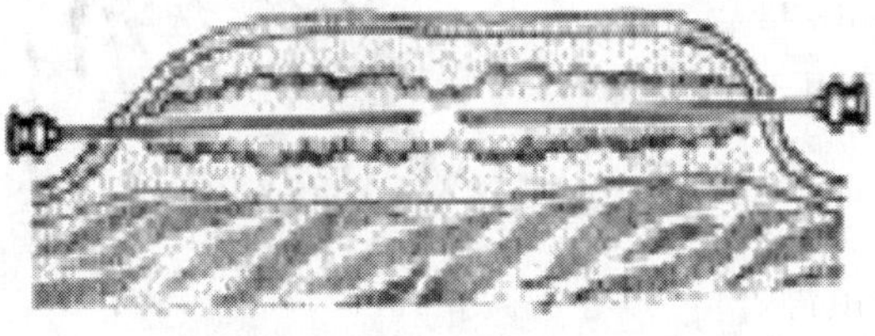

图2-1-1　直线型浸润麻醉

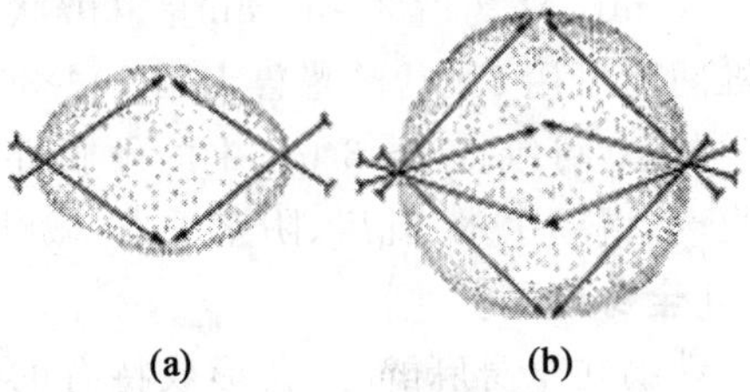


图2-1-2　浸润麻醉

(a)菱形；(b)扇形

3. 传导麻醉

指在神经干周围注射麻醉药物，使其所支配的区域失去痛觉，以便手术顺利进行的麻醉方法。其优点是应用少量麻醉药产生大区域的麻醉。所用药物为2%盐酸利多卡因或2%～5%盐酸普鲁卡因。临

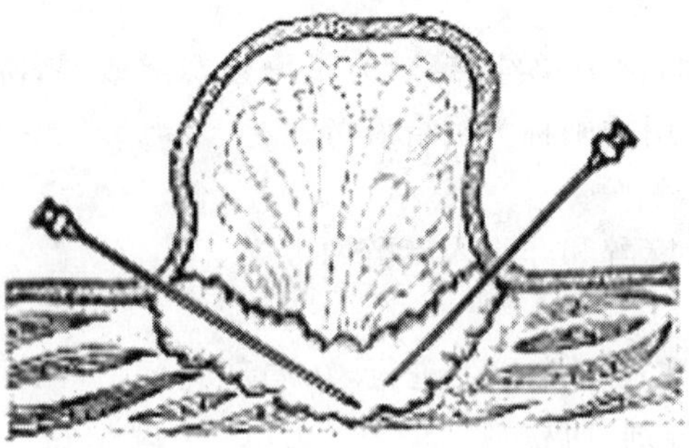

图 2-1-3　基部浸润麻醉

图 2-1-4　分层浸润麻醉

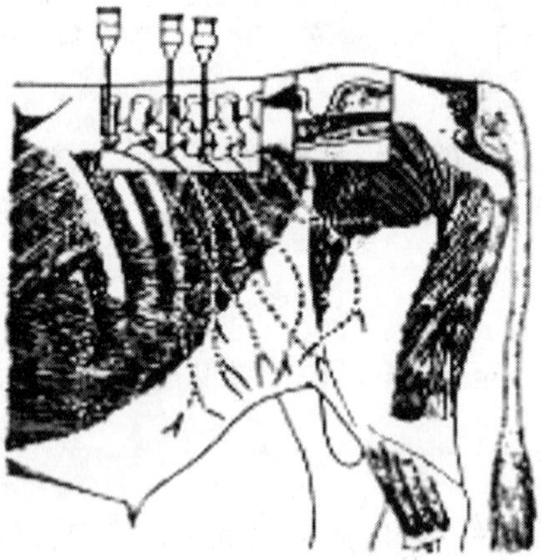

图 2-1-5　牛腰旁神经干麻醉

床上常用的是腰旁神经干麻醉(图 2-1-5),麻醉的神经为欲施手术体侧的最后肋间神经、髂腹下神经、髂腹股沟神经,操作时分三点注射,牛第一点在第一腰椎横突游离端前角下方,第二点在第二腰椎横突游离端后角下方,第三点在第四腰椎横突游离端前角下方,进针口诀为"1、2、4,前、后、前",每点刺入 0.5～1 cm,深部注射 10 mL,退针至皮下注射 10 mL,三点共 60 mL,其浓度及用量常与所麻醉神经的大小成正比。传导麻醉的种类很多,要掌握各神经干的位置、外部投影等局部解剖知识和熟悉操作技术,才能正确作好传导麻醉。

4. 脊髓麻醉

将局部麻醉药注射到椎管内,阻滞脊神经的传导,使其所支配的区域无痛,称脊髓麻醉(图 2-1-6)。根据药液注入椎管内的部位不同,可分为硬膜外腔麻醉和蛛网膜下腔麻醉两种。兽医临床上,目前多采用硬膜外腔麻醉。

注射部位:硬膜外腔麻醉的注射部位有三处,即腰、荐椎间隙、荐骨与第一尾椎间隙、第一、二尾椎间隙。

注射方法:最好在保定栏内进行。注射部位常规剪毛、消毒。将针头垂直刺入皮肤,然后向椎管内刺入硬膜外腔,针头刺入时可感到刺穿弓间韧带的感觉,如刺破窗户纸样,此时可接上注射器,如回抽无血即可注入药液。如果位置正确,药液注入应无过大阻力。

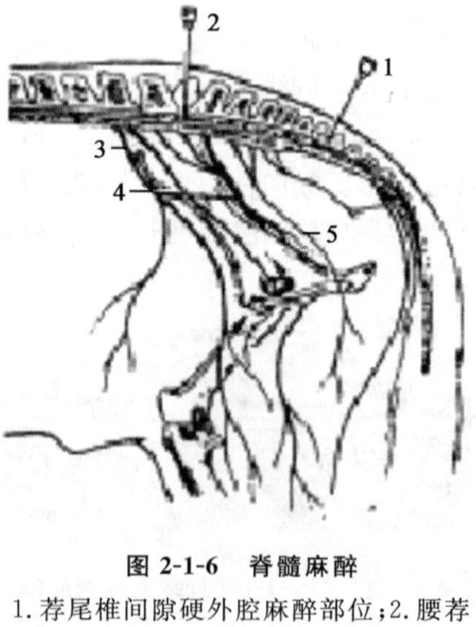


图 2-1-6　脊髓麻醉

1. 荐尾椎间隙硬外腔麻醉部位;2. 腰荐间隙硬外腔麻醉;3. 股神经;4. 坐骨神经;5. 阴部神经

注射剂量:第一、二尾椎间隙操作可用 2%盐酸普鲁卡因 15～20 mL,注药后 3～5 min 呈麻醉状态,可维持 1～1.5 h;腰、荐椎间隙可用 3%盐酸普鲁卡因 20～30 mL,注药后 3～5 min 呈麻醉状态,可维持 1～3 h。牛的硬膜外腔麻醉应用较广,可用于剖腹产、胃肠手术、乳房、阴茎手术、截趾手术等。

**[全身麻醉]**

动物在全身麻醉时,会形成特有的麻醉状态。表现为镇静、无痛、肌肉松弛、意识消失等。在全身麻醉条件下,可以施行比较复杂和难度较大的手术。依据给药途径不同,全身麻醉有两类,一类是吸入麻醉,另一类是非吸入麻醉。

**(一)吸入性麻醉**

指采用气态或挥发性液态的麻醉药物,使药物经过呼吸由肺泡毛细血管进入血液循环,使中枢神经系统产生麻醉效果的麻醉方式。

常用的吸入性麻醉药物：乙醚、氟烷、甲氧氟烷、氧化亚氮等。

**（二）非吸入性全身麻醉**

这是目前兽临床最常用的全身麻醉方式。非吸入麻醉剂的输入途径有多种，如静脉内注射、皮下注射、肌内注射、腹腔内注射、口服以及直肠灌注等。应针对动物的种类选择适宜的药物。用药的剂量要准确，一旦药物进入体内，则很难消除其持续的效应作用，故应慎重。

1. 常用的非吸入性麻醉药物

动物所用的非吸入性全身麻醉药物有巴比妥类（硫喷妥钠、戊巴比妥钠、异戊巴比妥钠等）和非巴比妥类（水合氯醛 、隆朋、静松灵、氯胺酮等）。神经安定镇痛麻醉法是目前应用非常广泛的方法，这种方法是将神经安定药和镇痛药合并应用，这种技术优势明显，如用药剂量小，镇痛、镇静效果好，意识和反射抑制较轻。现就目前我国应用的非吸入麻醉药物介绍如下：

(1)保定宁。保定宁是乙二胺四乙酸(EDTA)与静松灵(二甲苯胺噻唑)的复合剂，虽然 EDTA 本身没有麻醉作用，但却能显著增强静松灵的镇痛、镇静、安定和肌松作用。

(2)新保灵。新保灵是我国研制的全合成的新药。优于半合成品(半合成者多需以吗啡为基础)，其性质与保定灵基本相同。新保灵是一个强力镇痛药，效果可靠，可以用于各种动物。

(3)速眠新注射液(846 合剂)。速眠新注射液属于神经安定镇痛剂。它的主要成分是双氢埃托啡复合保定宁和氟派定醇，本药对小动物应用的效果较好，已广泛应用于犬、猫。也可应用于马、牛、羊、熊、猴、兔及鼠等。特效的解救药物为苏醒灵，以 1∶(0.5～1)(容量比)由静脉注射，可以很快逆转 846 合剂的作用。注意本品在某些个体会造成长时间持续的麻醉状态，苏醒期过长，最好能在术后及时给予苏醒灵 4 号使动物快速复苏。

2. 非吸入性麻醉的临床应用

(1)牛的全身麻醉。牛需要全身深麻醉的情况并不多。对牛施行全麻绝不可麻醉过深，最好采用配合麻醉，麻醉前停食、停水。静松灵是牛理想的全身麻醉药物，在较小剂量下，引起较深度的镇静与镇痛。牛肌内注射 0.2～0.5 mg/kg 剂量时，一般可于 20 min 内呈现明显的麻醉效果，并迅速达到高峰。一般可维持 2 h 以上。在整个过程中动物意识一直没有完全消失。手术时仍应加以适当保定。

另外，隆朋、846 合剂、水合氯醛、硫喷妥钠等亦可应用。

(2)羊的全身麻醉。羊的解剖生理特点与牛相似，常用隆朋，肌内注射，一次量 1～2 mg/kg，隆朋与氯胺酮复合应用有较好的效果。戊巴比妥钠静脉内注射一次量 20～25 mg/kg。可麻醉持续 30～40 min。硫喷妥钠静脉注射一次量 15～20 mg/kg，麻醉持续时间 10～20 min。另外，846 复合麻醉剂亦可用。

(3)猪的全身麻醉。猪对全身麻醉的耐受性较差。常用方法：戊巴比妥钠静脉注射，10～25 mg/kg，麻醉时间为 30～60 min；硫喷妥钠静脉注射，10～25 mg/kg 麻醉时间 10～20 min，苏醒时间 0.5～2 h。水合氯醛静脉注射 0.09～0.13 g/kg，若事先给予氯丙嗪，则使麻醉效果更好、更安全。

(4)犬、猫的全身麻醉。目前最理想的药物是 846 合剂(速眠新)，0.1～0.15 mL/kg，肌内注射或静脉注射，可持续 60～90 min，术后配合使用苏醒灵 3、4 号可快速苏醒。临床上常将氯胺酮与其他神经安定药混合应用以改善麻醉状况。另外，戊巴比妥钠静脉给药，25～30 mg/kg，麻醉时间为 40 min。

(5)马属动物的全身麻醉。马属动物最常用的麻醉药是水合氯醛。常用 5%水合氯醛溶液静脉注射，0.6～1.6 mL/kg，但因其安全性差，一般不做深麻醉，仅在浅麻醉或中麻醉下配合其他麻醉方法进行手术。静脉内注射时要严防药液漏出血管外造成静脉炎。另外，硫喷妥钠、戊巴比妥钠、隆朋等亦可应用。

## 三、组织分离

根据组织解剖结构特点，利用物理方法将原来完整的组织切开与分离，以造成手术通路，顺利完成手术的外科基本操作技术。选择适宜的组织分离方法，良好地显露术野，可以清楚观察手术区域各组织、器官的解剖关系，不但易于操作，而且保证了患畜安全。

［常用组织分离的器械及其使用］

常用的基本手术器械有手术刀、手术剪、手术镊、肠钳、牵开器、探针等。

1. 手术刀

主要用于切开和分离组织，有固定刀柄和活动刀柄两种。活动刀柄手术刀装刀方法是用止血钳或持针钳夹持刀片、装置于刀柄前端的槽缝内(图 2-1-7)。为了适应不同部位和性质的手术，刀片有不同大小和外形，刀柄也有不同的规格，4、6、8 号刀柄安装 19、20、21、22、23、24 号刀片，3、5、7 号刀柄安装 10、11、12、15 号刀片。

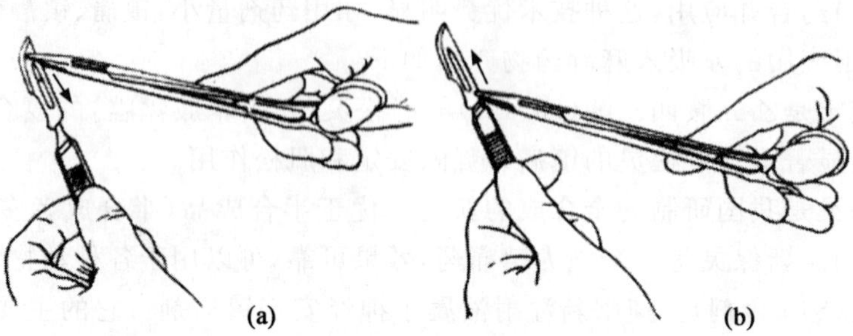


图 2-1-7　持针钳夹持刀片装置(a)和拆卸刀片(b)方法

执刀的姿势和动作的力量根据需要有下列几种：

(1)指压式(餐刀式)。为常用的一种执刀法(图 2-1-8)。以手指按刀背后 1/3 处，用腕与手指力量切割，适用于切开皮肤、腹膜及切断钳夹组织。

(2)执笔式。如同执钢笔(图 2-1-9)。动作涉及腕部，力量主要在手指，小力量短距离精细操作，用于切割短小切口、分离血管、神经等。

(3)全握式(抓持式)。力量在手腕(图 2-1-10)。用于切割范围广、用力较大的组织切开，如切开较长的皮肤切口、筋膜、慢性增生组织等。

(4)反挑式(挑起式)。操作手法同执笔式，但刀刃向上(图 2-1-11)，依组织由内向外挑开，以免损伤深部组织，如腹膜切开。

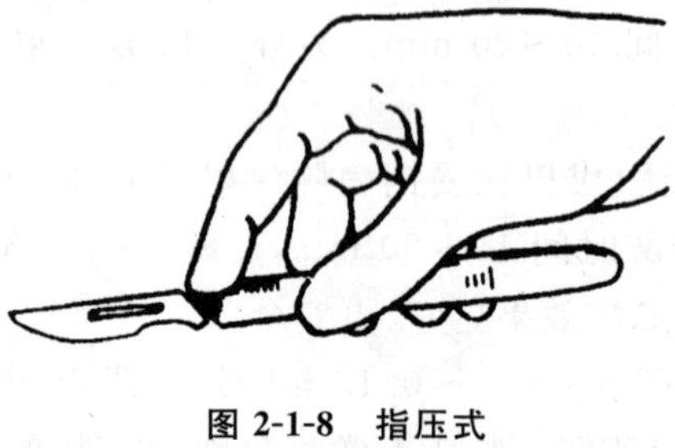

图 2-1-8　指压式

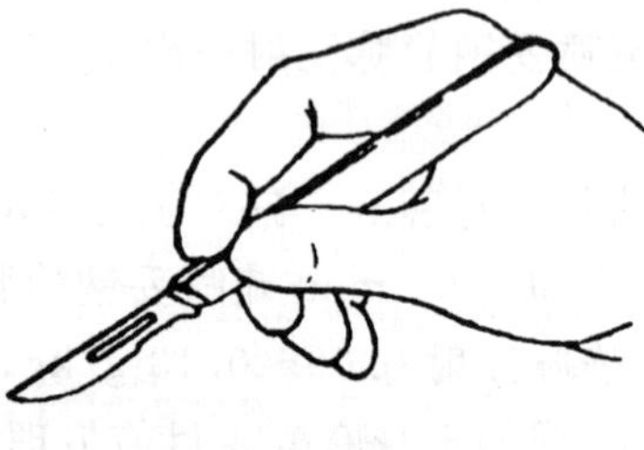

图 2-1-9　执笔式

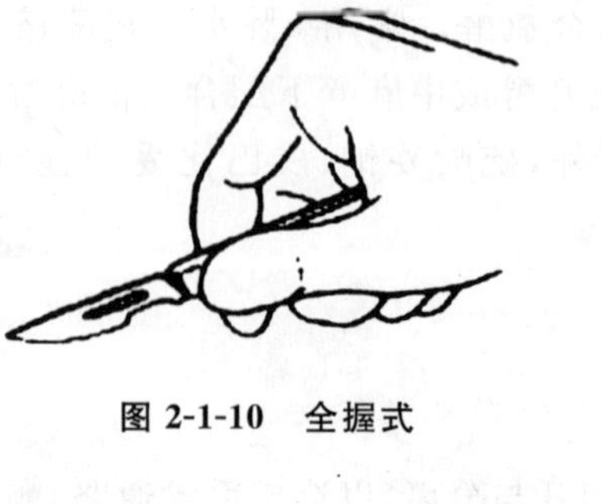

图 2-1-10　全握式

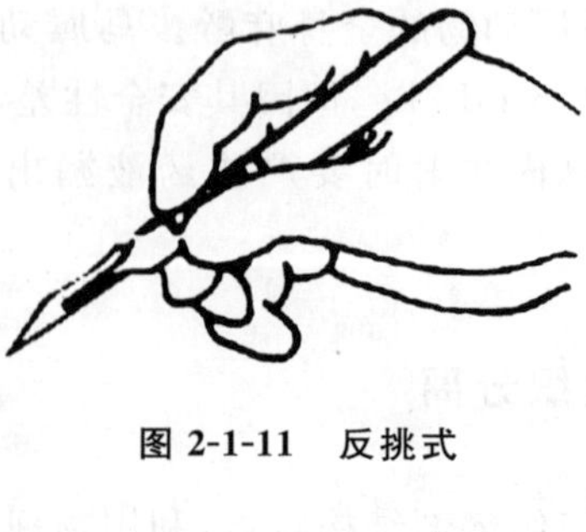

图 2-1-11　反挑式

不论采取任何执刀方式，拇指均应放在刀柄的横纹或纵槽处，食指稍在其他指的近刀片端，以稳住刀柄并控制刀片的方向和力度，握刀柄的位置高低要适当。避免用刀尖插入深层看不见的组织而误伤重要的组织和器官。

手术刀除了切割组织外，还可以用刀柄作组织的钝性分离，或代替骨膜分离器剥离骨膜。在手术器械数量不足的情况下，可代替手术剪作切开腹膜、切断缝线等。

2. 手术剪

有组织剪和剪线剪两种，结构和要求标准也有所不同。组织剪的尖端较薄，剪刃要求锐利而精细(图 2-1-12)。为了适应不同性质和部位的手术，组织剪分大、小，长、短和弯、直几种。剪线剪头钝而直，刃较厚(图 2-1-13)，在质量和形式上的要求不如组织剪严格，但也应足够锋利。正确的执剪法是以拇指和第四指(无名指)伸入剪柄的两环内，但不宜插入过深，食指轻压在剪柄和剪刀交界的关节处，中指附在剪柄旁侧，准确地控制剪的方向和开张程度。

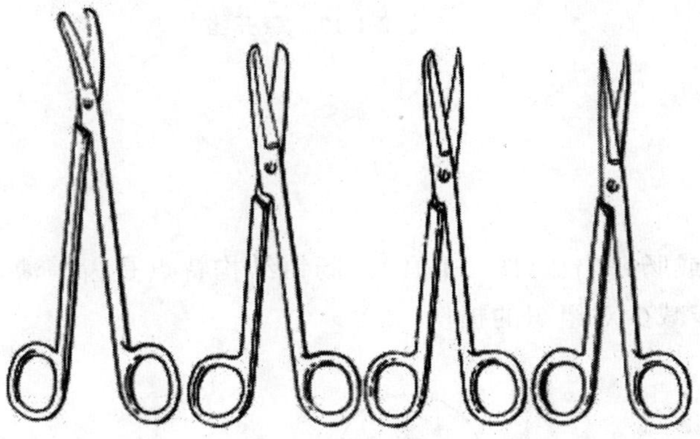

图 2-1-12　组织剪

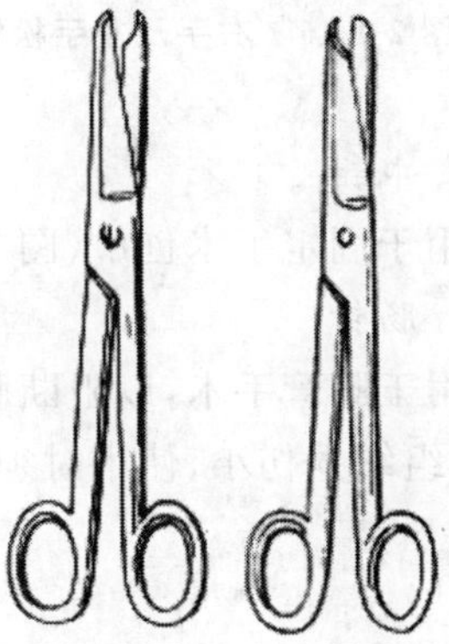

图 2-1-13　剪线剪

3. 手术镊

用于夹持、稳定或提起组织以利于切开及缝合(图 2-1-14)。手术镊根据需要可分为有齿镊、无齿镊(平镊)，短镊、长镊，尖头镊与钝头镊。

4. 止血钳

用于夹持出血血管断端或组织，以达到止血的目的(图 2-1-15)。执止血钳的方法与执剪法相同(图 2-1-16)。

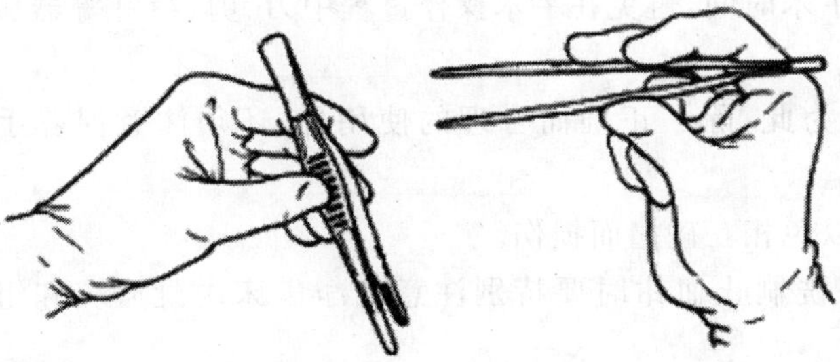

图 2-1-14　执镊法

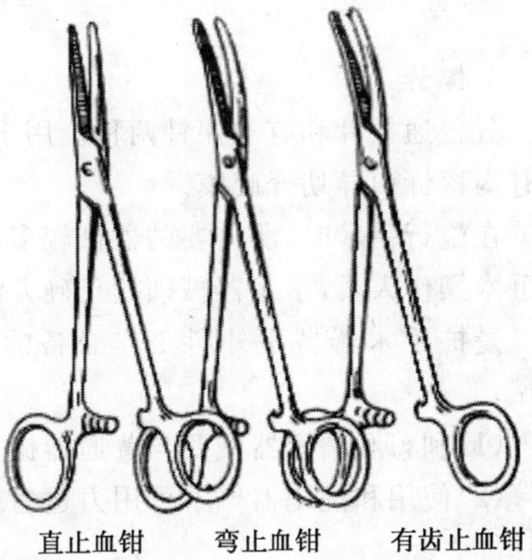


图 2-1-15　止血钳

5. 牵开器

也称为扩创钩，用于牵开术部表面组织，显露深部组织，以利于手术操作。分为手持牵开器和固定牵开器两种(图 2-1-17)。

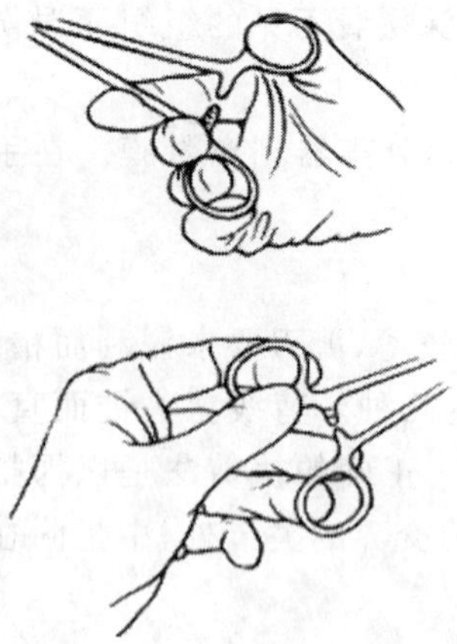

图 2-1-16　右手及左手松钳法

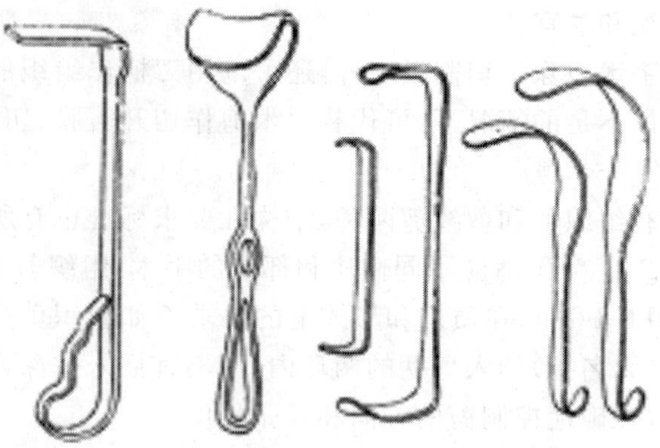

图 2-1-17　牵开器

6. 巾钳

用于固定手术创巾(图 2-1-18)。

7. 肠钳

用于肠管手术,以阻断肠内容物的移动、溢出或肠壁出血(图 2-1-19)。肠钳结构特点是齿槽薄,弹性好,对组织损伤小,使用时须外套乳胶管,以进一步减少对组织的损伤。

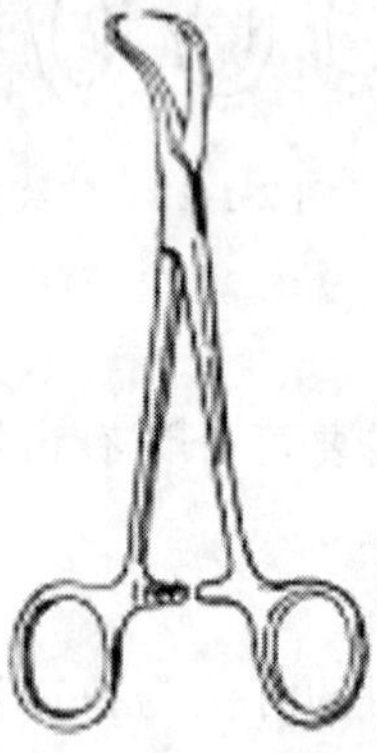

图 2-1-18　巾钳

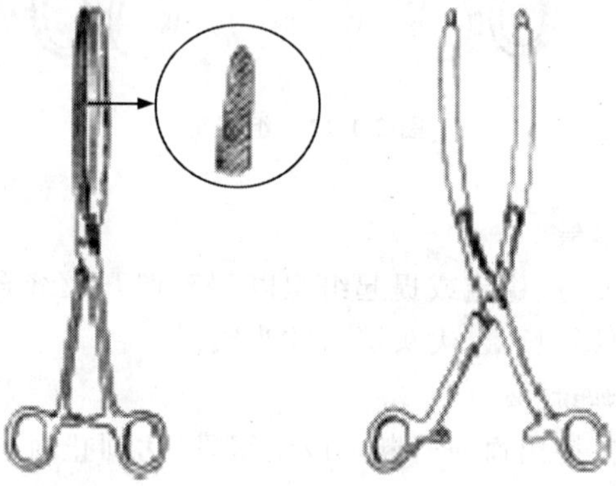

图 2-1-19　肠钳

8. 探针

分普通探针和有沟探针两种。用于探查深部组织器官,借以引导进行组织分离。在腹腔手术中,常用有沟探针引导切开腹膜。

在施行手术时,所需要的器械较多,为了争取手术时间,避免在手术操作过程中刀、剪、缝针等器械误伤手术操作人员,手术器械须按正确方法传递。

爱护手术器械是外科工作必备的素养之一,为此,除了正确而合理的使用外,还须注意保养手术器械。

(1)利刃和精密器械要与普通器械分开存放,以免相互碰撞而损伤。

(2)使用和洗刷器械不可用力过猛或投掷。在洗刷止血钳时要特别注意洗净齿床内凝血块和组织碎片。

(3)手术后要及时将所用器械用清水洗净,擦干、保存,不常用或库存器械要放在干燥处并放置干燥剂。

(4)金属器械,在非紧急情况下,禁止用火焰灭菌。

[组织分离原则]

组织切开是显露术野的重要步骤。根据手术局部解剖特点,既要有利于显露术野,又不能造成过多的组织损伤。组织分离应该遵循下列原则：

(1)切口须接近病变部位，最好能直接到达手术区，并能根据手术需要，便于延长扩大。

(2)切口在体侧、颈侧以垂直于地面或斜行的切口为好，体背、颈背和腹下沿体正中线或靠近正中线的矢状面的纵行切口比较合理。

(3)切口避免损伤大血管、神经和腺体的输出管，以免影响术部组织或器官的机能。

(4)切口应该有利于创液的排出，特别是脓汁的排出。

(5)二次手术时，应该避免在瘢痕上切开，因为瘢痕组织再生力弱，易发生弥漫性出血。

［组织分离方法］

**(一)根据操作方法不同，分为两种**

1.锐性分离

用刀或剪刀进行分离，也可称为组织切开。用刀分离时，以刀刃沿组织间隙作垂直的、轻巧的、短距离的切开。用剪刀时以剪刀尖端伸入组织间隙内分离组织。锐性分离对组织损伤较小，愈合较快。但必须熟悉解剖结构，应尽量在直视条件下进行。

2.钝性分离

用刀柄、止血钳、剥离器或手指等进行。将这些器械或手指插入组织间隙内，用适当的力量离周围组织。这种方法适用于肌肉、筋膜和良性肿瘤分离。钝性分离时，组织损伤较重，往往残留许多失去活性的组织细胞，因此，组织反应较重，愈合较慢，在瘢痕较大、粘连过多或血管、神经丰富的部位不宜采取。

**(二)根据组织性质不同，分为软组织(皮肤、筋膜、肌肉、腱)和硬组织的(软骨、骨等)分离。**

1.皮肤切开方法

(1)紧张切开。切口部位由术者与助手用手在切口两侧或上、下将皮肤展开固定，或用拇指及食指在切口两旁将皮肤撑紧、固定，刀刃与皮肤垂直，用力均匀地一刀切开所需长度和深度，要避免重复运刀，多次切割、影响创缘对合和愈合。

(2)皱壁切开。切开部位有大血管、神经、分泌管和重要器官，而皮下组织较为疏松，为了使皮肤切口定位正确，且不误伤深部组织，术者或助手应在预定切口两侧用手指或镊子提拉皮肤形成皱壁，再垂直切开(图 2-1-20 和图 2-1-21)。

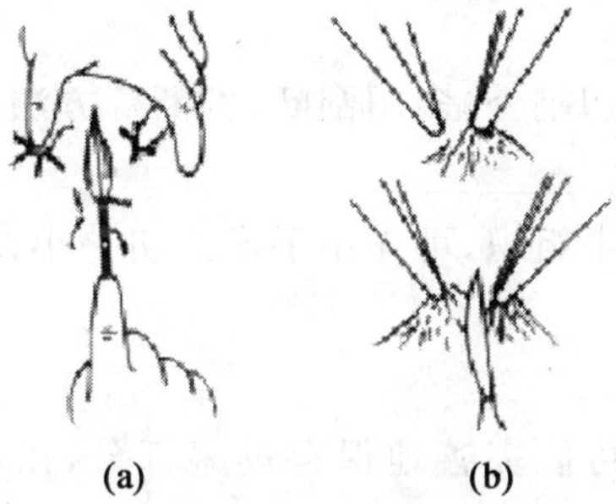


图 2-1-20　皮肤紧张切开法(a)和皱襞切开法(b)

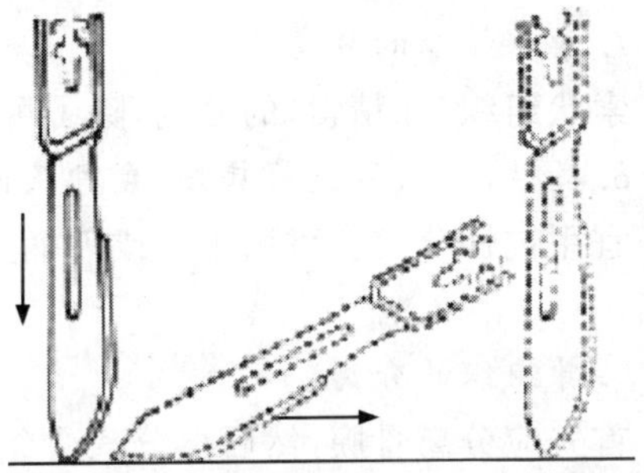

图 2-1-21　皮肤切开运刀方法

2.皮下疏松结缔组织分离方法

皮下疏松结缔组织内分布有许多小血管，多用钝性分离。

3.筋膜和腱膜分离方法

用刀在其中央作一小切口，然后用弯止血钳在此切口上、下将筋膜下组织与筋膜分开，沿分开线剪开筋膜。筋膜的切口应与皮肤切口等长。若筋膜下有神经、血管，则用手术镊将筋膜提起，用反挑式执刀法作一小孔，插入有沟探针，沿针沟外向切开。

4.肌肉分离方法

一般是沿肌纤维方向作钝性分离(图 2-1-22)。在紧急情况下，或肌肉较厚并含大量腱质时，为了显露术野和方便排液也可横断切开。

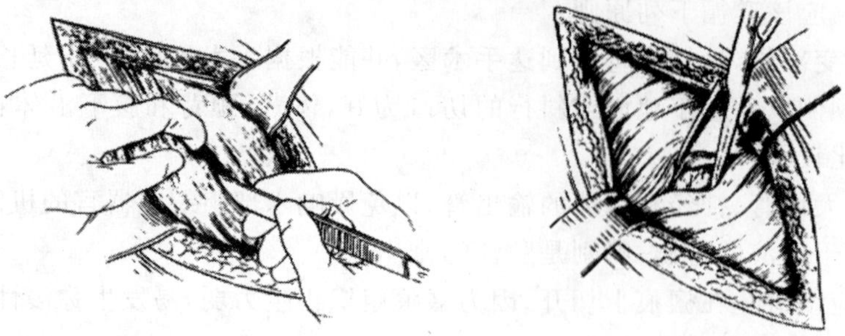

图 2-1-22 肌肉钝性分离

5. 腹膜分离方法

腹膜切开时，为了避免伤及内脏，可用组织钳或止血钳提起腹膜作一小切口，利用食指和中指或有沟探针引导，再用手术刀或剪切开(图 2-1-23)。

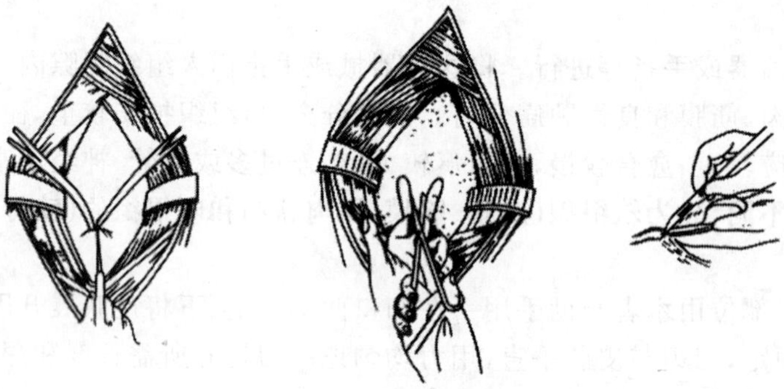

图 2-1-23 腹膜切开法

6. 肠管切开方法

肠管侧壁切开时，一般于肠管纵带上纵行切开。

7. 索状组织的分离

索状组织(如精索)的分割，除了可应用手术刀(剪)作锐性切割外，多用刮断、拧断等方法，减少出血。

8. 良性肿瘤、放线菌病灶、囊肿及内脏粘连分离方法

宜用钝性分离。可用手指或刀柄直接剥离，对已机化的致密组织，可先用手术刀切一小口，再行钝性分离。

9. 骨组织的分离

首先应分离骨膜，然后再分离骨组织。分离骨膜时，应尽可能完善地保存健康部分，以利骨组织愈合。分离骨膜时，先用手术刀切开骨膜(切成"十"字形或"工"字形)，然后用骨膜分离分离骨膜。骨组织的分离一般是用骨剪剪断或骨锯锯断，分离骨组织常用的器械有圆锯、线锯、骨钻、骨凿、骨钳、骨剪及骨膜剥离器等。

[组织分离注意事项]

(1)切口大小必须适当。

(2)切开时，须按解剖层次分层进行，并注意保持切口从外到内的大小相同。

(3)切开组织必须整齐，力求一次切开。手术刀与皮肤、肌肉垂直，防止斜切或多次同一平面上切割，造成不必要的组织损伤。

(4)切开深部筋膜时，为了预防深层血管和神经损伤，可先切一小口，用止血钳撑开，然后再分离。

(5)切开肌肉时，要沿肌纤维方向用刀柄或手指分离，少作切断，以减少损伤。

(6)切开腹膜、胸膜时，要防止内脏损伤。

(7)切割骨组织时，先要切割分离骨膜，尽可能地保存其健康部分，以利于骨组织愈合。

## 四、止血

止血是为防止手术过程中因大量失血而发生的意外情况，应用物理或止血药物进行的紧急外科处理技术。手术中及时的止血，可以保证良好显露术部，有利于争取手术时间，避免误伤重要器官，直接关系到施术动物的健康。

［出血的种类］

1. 动脉出血

动脉出血的特征为血液鲜红，呈喷射状流出，喷射线出现规律性起伏并与心脏搏动一致。出血一般自血管断端的近心端流出。具有吻合支的小动脉破裂时，近心端及远心端均能出血。

2. 静脉出血

血液较缓地从血管中均匀不断地泉涌状流出，颜色为暗红或紫红。一般血管远心端的出血较近心端多。小静脉出血经压迫、填塞后而会很快止血，但大静脉如腔静脉，股静脉出血，常由于快速大量失血引起动物死亡。

3. 毛细血管出血

色泽介于动、静脉血液之间，多呈渗出性点状出血。

4. 实质出血

实质器官、骨松质及海绵组织的损伤，为混合性出血。血液自小动脉、小静脉内流出，血液颜色和静脉血相似。不易形成断端的血栓。

［止血方法］

**(一)全身预防性止血方法**

于手术前给动物输入同类型血液或注射增强凝血功能药物，以提高机体抗出血的能力，减少手术过程中的出血。

1. 输血

目的在于补充原血，增强施术动物血液的凝血功能，刺激血管运动中枢反射性地引起血管收缩，以减少手术中的出血。在术前 30～60 min，输入同种同型血液，牛、马 500～1 000 mL，猪、羊 200～300 mL。

2. 注射增强凝血功能和血管收缩药物

于手术前注射凝血质注射液、维生素 K、安络血注射液、止血敏、对羧基苄胺等。

**(二)局部预防性止血法**

1. 肾上腺素止血

常配合局部麻醉进行。一般是在每 1 000 mL 普鲁卡因溶液中加入 0.1%肾上腺素溶液 2 mL，利用肾上腺素收缩血管的作用，达到手术局部止血之目的。其作用可维持 20 min 至 2 h。如血栓形成不牢固，可能发生二次出血。

2. 止血带止血

适用于四肢、阴茎和尾部手术。可暂时阻断血流，减少手术中的失血。用橡皮管止血带或绳索、绷带于手术部位近心端 1/3 处缠绕数周并固定，其保留时间夏季不超过 2～3 h，冬季不超过 40～60 min，如手术尚未完成，可将止血带临时松开 10～30s，然后重新缠扎。松开止血带时，用“松、紧、松、紧”的办法，严禁一次松开。

**(三)手术过程中止血方法**

1. 压迫止血

用纱布或泡沫塑料压迫出血部位，以达到止血目的。在毛细血管出血和小血管出血时，如凝血机能正常，压迫片刻，出血即可自行停止。为了提高压迫止血的效果，可蘸取适量温生理盐水、1%～2%麻黄素、0.1%肾上腺素、2%氯化钙溶液。在止血时，必须按压，不可擦拭。

2. 填塞止血

深部大血管出血，一时找不到血管断端，可用灭菌纱布紧塞于出血的创腔或解剖腔内、压迫血管断端以达到止血目的。填塞止血留置的敷料通常在12～48 h后取出。

3.钳夹止血

利用止血钳夹住血管断端，钳夹方向应尽量与血管垂直，钳夹的组织要少，切不可作大面积钳夹。有时可以钳夹扭转止血，即用止血钳夹住血管断端，扭转止血钳1～2周，轻轻去钳，则断端闭合止血。

4.结扎止血

是常用而可靠的止血方法，多用于明显而较大血管出血的止血。操作方法有两种：

(1)单纯结扎止血。用丝线绕过止血钳所夹住的血管及少量组织而结扎(图2-1-24)。

(2)贯穿结扎止血。将结扎线用逢针穿过所夹持组织(勿穿透血管)后进行结扎(图2-1-25和图2-1-26)。常用的方法有"8"字形缝合结扎和单纯贯穿结扎两种。

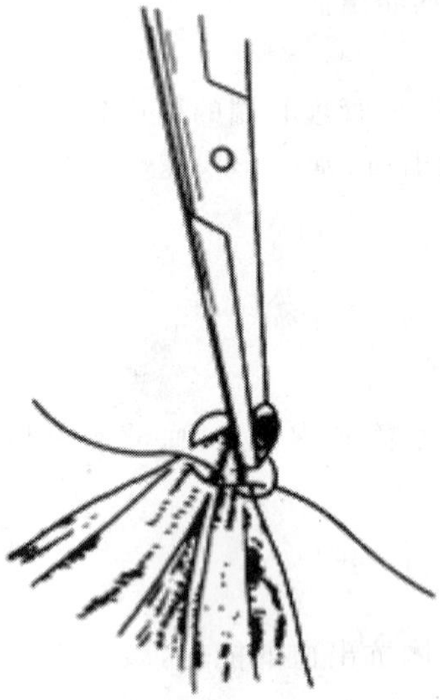

图2-1-24 结扎止血

图2-1-25 双结扎止血

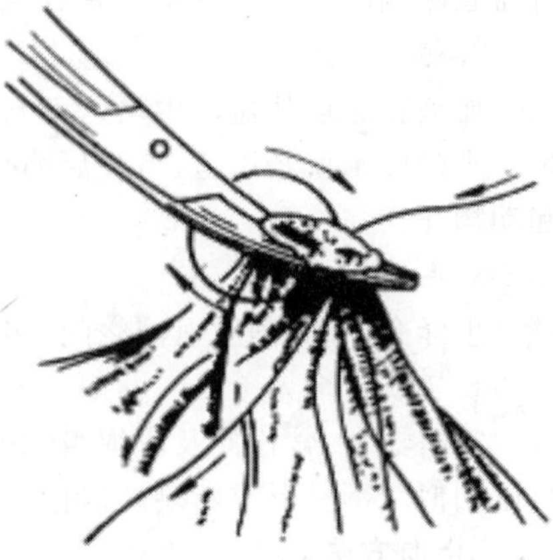

图2-1-26 穿线扎止血

5.创内留钳止血

用止血钳夹住创伤深部血管断端，并将止血钳滞留创腔内24～48 h。多用于大动物去势后继发精索内动脉大出血。

6.电凝止血

利用高频电流凝固组织的作用达到止血目的。使用方法是用止血钳夹住断端，向上轻轻提起，擦干血液，将电凝器与止血钳接触，待局部发烟即可。电凝止血的优点是止血迅速，不留线结于组织内，但止血效果不完全可靠，凝固的组织易于脱落而再次出血。

7.烧烙止血

是用电烧烙器或烙铁烧烙作用血管断端，使其收缩闭合而止血。其缺点损伤组织较多，兽医临诊上多用于弥漫性出血、羔羊断尾术和器官摘除手术后的止血。

8.止血明胶海绵止血

止血明胶海绵多用于一般方法难以止血的创面出血、实质器官、骨松质出血。使用时将止血海绵铺在出血面上或填塞在出血创口内，即能达到止血的目的。止血明胶海绵种类很多，如纤维蛋白海绵、氧化纤维素、白明胶海绵及淀粉海绵等。

9.骨蜡止血

常用于制止骨质渗血，用于骨的手术和断角术。

## 五、缝合与打结

缝合是将已分离的组织、器官进行对合，重建其完整性，保证良好愈合的基本操作技术。缝合的目的在于：为手术或外伤性损伤而分离的组织或器官予以安静环境，给组织的再生和愈合创造良好条件；保护无菌创免受感染；加速肉芽创的愈合；促进止血和创面对合以防哆开。

**［缝合的基本原则］**

在愈合能力正常的情况下，愈合是否完善与缝合的方法及操作技术有一定的关系。为了确保愈合，缝合时要遵守以下原则：

(1)严格遵守无菌操作。

(2)缝合前必须彻底止血，清除凝血块、异物及坏死组织。

(3)为了防止缝线拉破组织，进出针位置要与创缘保持一定距离且相等。

(4)缝针刺入和穿出部位应彼此相对，针距相等，否则创口易形成皱壁和裂隙。

(5)凡无菌手术创或非污染的新鲜创经外科常规处理后，可作对合密闭缝合。具有化脓腐败过程以及具有探创囊的创伤可不缝合，必要时作部分缝合。

(6)各种组织要分层缝合，缝合时不宜过紧，否则将造成组织缺血。

(7)创缘、创壁应互相均匀对合，皮肤创缘不得内翻，创伤深部不应留有死腔、积血和积液。

(8)缝合的创伤，若在手术后出现感染，应迅速拆除部分缝线，以便排出创液。

**［缝合的器械及材料］**

缝合的器械及材料主要指缝合针和缝合线，有时辅助使用持针钳。

**(一)缝合针**

主要用于闭合组织或贯穿结扎。缝针分为两种类型，一是带线缝合针，称无眼缝针、(线已包在针尾部，针尾较细，仅单股缝线穿过组织，使缝合孔道最小，因此对组织损伤小)，又称为"无损伤缝针"。有眼缝合针以针孔不同分为穿线孔缝合针和弹机孔缝合针。

缝合针尖端分为圆锥形和三棱形。三棱针有锐利的刃缘，能穿过较厚的致密组织。适用于皮肤、腱、筋膜及瘢痕组织的缝合。圆针用于胃肠、子宫、膀胱等的缝合。

**(二)缝合线**

缝合线主要有丝线和肠线两种。

1. 丝线

由蚕茧的连续性蛋白质纤维制成，是传统的、广泛使用的非吸收性缝线。丝线有型号编制，使用时应根据不同的型号，用于缝合不同的组织。粗线为 7～10 号，适用于皮肤，大血管结扎，筋膜或张力较大的组织缝合；中等线为 3～4 号，适用于肌肉、肌腱等组织缝合；细线为 0～1 号，用于皮下、胃肠道组织的缝合；最细线为 000～0000 号，适用于血管、神经缝合。

丝线优点：价廉，广泛应用；容易消毒；编织丝线张力强度高，操作使用方便，打结确实。

丝线缺点：缝合空腔性器官时，如果丝线露出腔内，易产生溃疡。缝合膀胱、胆囊时，易造成结石。为此，丝线不能用于空腔器官的黏膜层缝合。不能缝合被污染或感染的创伤。

2. 肠线

由羊肠黏膜下层组织或牛的小肠浆膜组织制成。主要为结缔组织和少量弹力纤维。肠线经过铬盐处理，张力强度增加，变性速度减慢。肠线的种类分为 4 种类型。常用的是 C 型，为中度铬盐处理型，植入体内 20 d 被吸收，是临床常用的肠线。肠线适用于胃肠、泌尿生殖道的缝合，不能用于胰脏手术，因肠线易被胰液消化吸收。

3. 持针钳

也叫持针器，用于夹持缝针缝合组织。有两种形式，即握式持针钳和钳式持针钳。使用持针钳夹持缝针时，缝针应夹在靠近持针钳的尖端，或在齿槽床中间，否则易将针夹断，一般应夹持缝针尾 1/3 处。

**［缝合技术］**

兽医外科手术中的基本缝合技术有以下三种。

1. 间断缝合

缝合过程中每缝一针打一次结，剪断结扎，防止个别缝线断裂造成整个创口裂开。多用于张力较大组织的缝合,或需要定期排液的受感染创口。

(1)结节缝合。这是最古老、最常用的缝合方式。缝合时,将缝针于创缘一侧垂直刺入,于对侧相应的部位穿出打结。每缝一针,打一次结,创缘要密切对合。用于皮肤、皮下组织、肌肉等缝合。

(2)减张缝合。适用于张力过大组织的缝合,以防止缝线扯裂创缘组织。操作时,常与结节缝合配合应用,先在距创缘较远处作几针等距离的结节缝合(减张),缝线两端可系缚纱布卷或橡胶管(圆枕缝合),然后在其间再作适当的结节缝合即可(图 2-1-27)。

(3)"8"字形缝合。多用于腱或深层创伤的缝合(图 2-1-28)。

(4)钮孔状缝合。主要用于张力较大的组织缝合,如皮肤、肌肉、腱等的缝合,亦可用于子宫、阴道脱出进行整复后的固定及疝孔的闭锁(图 2-1-29)。

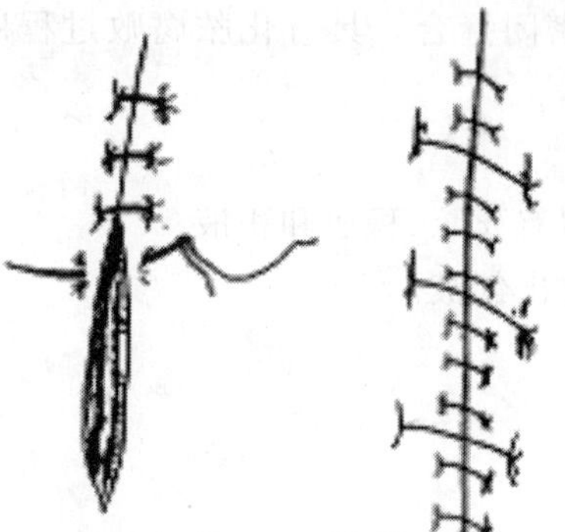

图 2-1-27 结节缝合、减张缝合

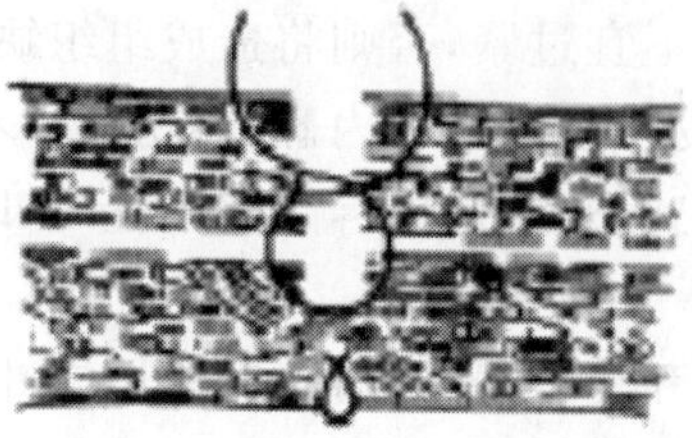

图 2-1-28 "8"字形缝合

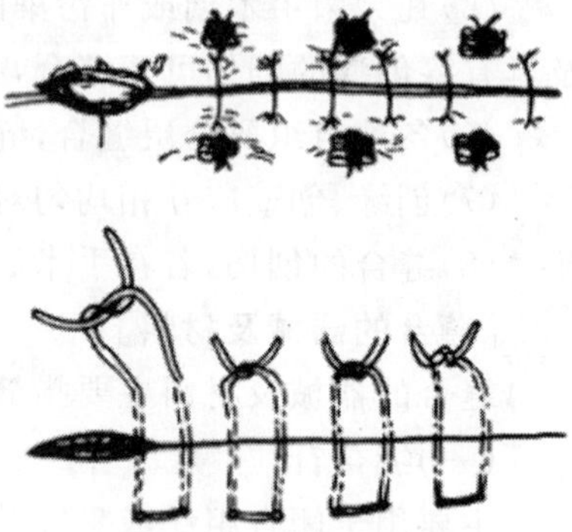

图 2-1-29 纽扣状缝合

2.连续缝合

缝合过程中不剪线、不中断,仅在开始和结束时打结,用一根线将创口一次性全部闭合的缝合方式。用于张力较小的组织。优点是创口闭合严密、节省缝线、缝合速度快,缺点是缝线一处断裂,全部缝合即会松脱。

(1)螺旋缝合。用一条长的缝线自始至终连续地缝合一个切口,最后打结。常用于具有弹性、无太大张力的较长创口,用于张力小的皮肤、血管、子宫、胃肠道缝合(图 2-1-30)。

(2)锁边缝合。该缝合方法与单纯连续缝合基本相似。在缝合时每次将缝线交锁,多用于皮肤直线形切口及薄而活动性较大的部位缝合(图 2-1-31)。

(3)袋口缝合。主要用于肛门、阴门、疝孔的缝合,以防止其内容物的脱出。缝合时,距缝合孔 3～4 cm,沿其周围依次进针,最后适当拉紧缝线打结,也称为荷包缝合或环形连续缝合(图 2-1-32)。

(4)褥缝合。即连续水平钮孔状缝合。用于皮肤、筋膜、腱及阴门等的缝合,但创缘不易密闭。

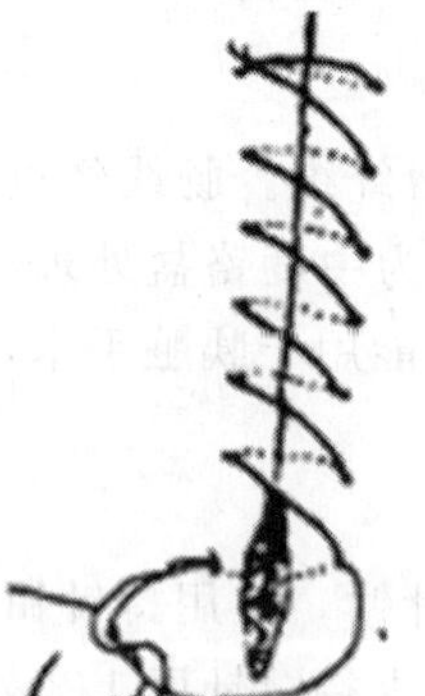

图 2-1-30 螺旋缝合

图 2-1-31 锁边缝合

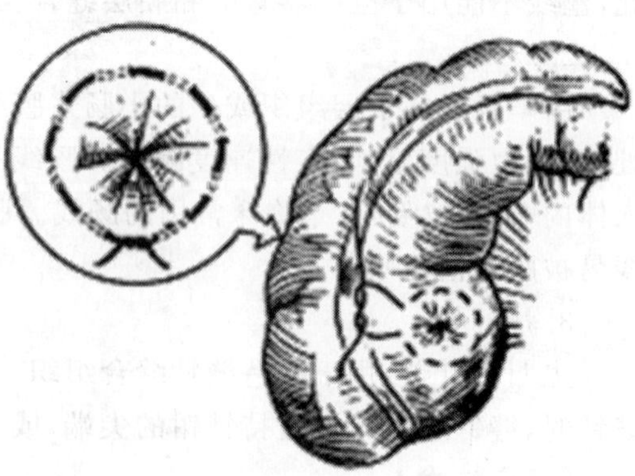

图 2-1-32 袋口缝合

3. 特殊缝合

(1)定位缝合。缝合较长的直线型或形状复杂的创口时，为了防止创缘错位、闭合不良或发生皱褶，应用此法。操作时，先在直线型创口的中间或不规则创口的折转位置进行结节缝合，使创口基本对合，然后在取其中间位置进行结节缝合，直到将整个创口完全闭合即可。

(2)内翻缝合。可分为水平内翻缝合和垂直内翻缝合两种。缝合时，均先在创缘一侧进针、出针，然后跨过创口，在另一侧进针、出针，可连续操作也可间断操作，即为连续内翻缝合和间断内翻缝合。若同侧进针、出针的方向与创口平行即为水平内翻缝合(图 2-1-33)，若同侧进针、出针的方向与创口垂直即为垂直内翻缝合(图 2-1-34 和图 2-1-35)。主要用于胃肠、子宫等腔体性器官的闭合，缝合严密，可有效防止漏液。

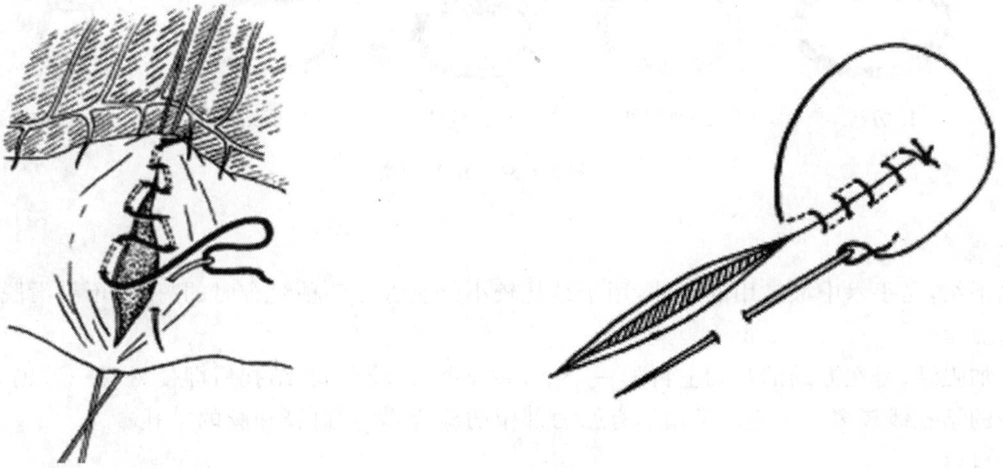

图 2-1-33　水平内翻缝合

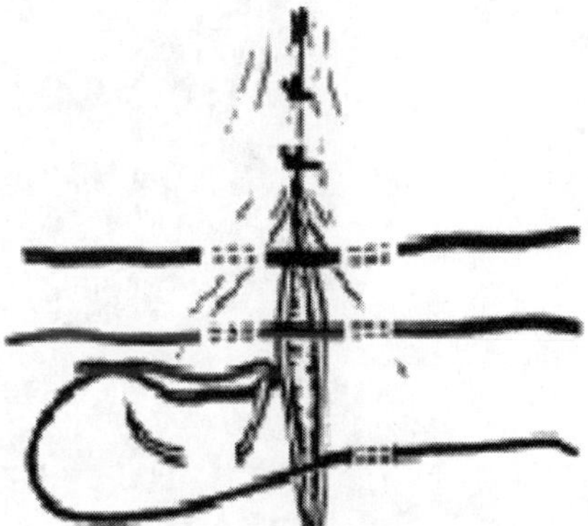

图 2-1-34　间断垂直内翻缝合

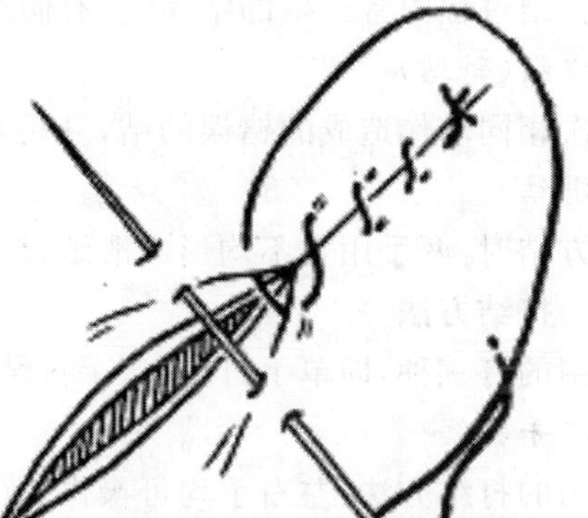

图 2-1-35　连续垂直内翻缝合

［缝合的注意事项］

(1)目前外科临床中所用的缝线（可吸收或不吸收的）对机体来讲均为异物，因此在缝合过程中要尽可能地减少缝线的用量。

(2)缝线在缝合后的张力与缝合的密度(即针数)成正比，但为了减少伤口内的异物，缝合的针数不宜过多，一般间隔为 1～1.5 cm，使每针所加于组织的张力相近似，以便均匀分担组织张力。缝合时不可过紧或过松。皮肤缝合后应将积存的液体排出，以免造成皮下感染和线结脓肿。

(3)连续缝合具有力量分布均匀、抗张力强、缝合速度快的优点，但一处断裂则全部缝线松脱，伤口裂开。

(4)组织应按层次进行缝合，较大的创伤要由深而浅逐层缝合，以免影响愈合或裂开。浅而小的伤口，一般只作单层缝合，但缝线必须通过各层组织。

(5)腔性器官缝合要求闭合性好，不漏气不透水，更不能让内容物溢入腹腔，保持原有的收缩功能。

［打结］

打结是外科手术最基本的操作之一，正确而牢固地打结是结扎止血和缝合的重要环节。

**(一)结的种类**

常用的结有方结、三叠结和外科结(图 2-1-36)。假结和滑结是错误的结，操作时要避免。

1. 方结　　2. 外科结　　3. 三叠结　　4. 假结　　5. 滑结

**图 2-1-36　结的种类**

1. 方结

又称平结，是手术中最常用的一种，用于结扎较小的血管和各种缝合时的打结，不易滑脱。

2. 三叠结

又称加强结，是在方结的基础上再加一个结，共 3 个结，较牢固，结扎后即使松脱一道也无妨，但遗留于组织中的结扎线较多。三叠结常用于有张力部位的缝合，如大血管和肠的结扎。

3. 外科结

打第一个结时绕两次，使摩擦面增大，打第二个结时不易滑脱和松动。此结牢固可靠，多用于大血管、张力较大的组织和皮肤的缝合。

在打结过程中常产生的错误结，有假结和滑结两种。

4. 假结(斜结)

两次相同动作造成的错误的结，易松脱。

5. 滑结

打方结时，两手用力不均形成滑结，易滑脱。

**(二)打结方法**

常用的有三种，即单手打结、双手打结和器械打结。

1. 单手打结

常用的打结方法，左右手均可操作。(视频 2-1-1)

方结　左手操作方法

方结　右手操作方法

三叠结　操作方法

外科结　操作方法

**视频 2-1-1　单手打结法**

2. 双手打结

除了用于一般结扎外，对深部或张力大的组织缝合，结扎较为方便可靠。(视频 2-1-2)

3. 器械打结

用止血钳、手术镊或持针钳打结。适用于结扎线过短、狭窄的术部、常用于某些精细手术的打结。(视频 2-1-3)

双手打结法

**视频 2-1-2　双手打结法**

器械打结法

**视频 2-1-3　器械打结法**

**(三)打结注意事项**

(1)打结收紧时要求三点呈一直线,即左、右手的用力点与结扎点呈一直线,不可呈角度提起,否则容易使结扎点拉脱或结松脱。

(2)无论用何种方法打结,第一结和第二结的方向不能相同,即两手交叉,否则即成假结。如果两手用力不均,可成滑结。

(3)用力均匀,两手的距离不宜离线太远,特别是深部打结时,最好用两手食指伸到结旁指尖顶住双线,两手握住线端,徐徐拉紧,否则易松脱。埋在组织内的结头,丝线、棉线一般留 3～5 mm,较大血管的结扎应略长,以防滑脱,肠线留 4～6 mm。

(4)正确的剪线方法是术者结扎完毕后,将双线尾提起略偏术者的左侧,助手用稍张开的剪刀尖沿着拉紧的结扎线滑至结扣处,再将剪刀稍向上倾斜,然后剪断,倾斜的角度取决于留线头的长短 。

［拆线］

拆线是指拆除缝线。缝线拆除的时间一般是在手术后 8～10 d 进行,但创伤已化脓或创缘已被缝线撕断不起缝合作用时,可根据创伤治疗需要随时拆除全部或部分缝线。拆线方法如下(图 2-1-37):

(1)用碘酊消毒创口、缝线及创口周围皮肤后,将线结用镊子轻轻提起,剪线剪插入线结下,紧贴针眼将线剪断。

(2)拉出缝线,扯线万向应向拆线的一侧,动作要轻巧,如强行向对侧硬拉,则可能将伤口拉开。

(3)再次用碘酊消毒创口及周围皮肤。

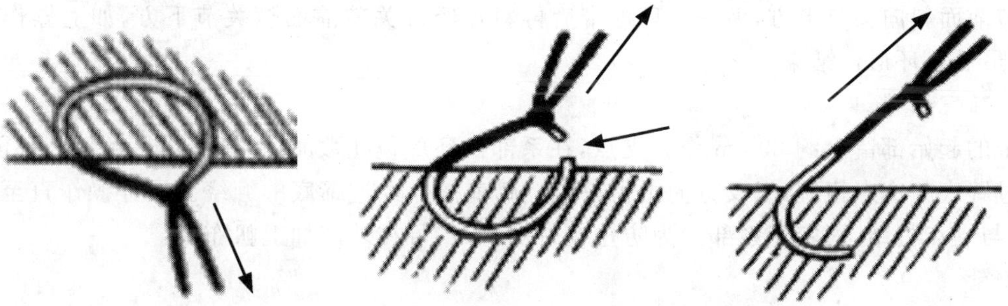

**图 2-1-37　拆线方法**

## 六、绷带包扎

绷带包扎指利用敷料、卷轴绷带、复绷带、夹板绷带及石膏绷带等材料包扎止血,保护创面,防止自我损伤,吸收创液,限制其活动,使创伤保持安静,促进受伤组织的愈合的外科操作技术。

［包扎材料及其应用］

**(一) 绷带**

由纱布、棉布等制作成圆筒状,故称卷轴绷带,用途最广。根据绷带的临床用途及其制作材料的不同,还有复绷带、夹板绷带、支架绷带、石膏绷带等。

(二)敷料

常用的敷料有纱布、海绵纱布及棉垫等。

1. 纱布

纱布要求质软、吸水性强。多选用医用的脱脂纱布。根据需要剪叠成不同大小的纱布块，纱布块四边要光滑、没有脱落棉纱，并用双层纱布包好，灭菌后备用。用以覆盖创口、止血、填充创腔和吸收创液等。

2. 海绵纱布

是一种多孔皱褶的棉制纺织品，质柔软，吸水性比纱布好，其用法同纱布。

3. 棉垫

选用脱脂棉、棉布缝制而成，即两层纱布间铺一层脱脂棉，再将纱布四周毛边向脱脂棉折转，使其成方形或长方形棉垫。其大小按需要制作。单纯用脱脂棉也常作为四肢骨折外固定的重要敷料。

[绷带类型及操作技术]

**(一)卷轴绷带**

卷轴绷带通常称为绷带或卷轴带，是将纱布剪成狭长带条，用卷绷带机或手卷成(图 2-1-38)。

1. 环形带

在患部把卷轴带呈环形缠数周，每周盖住前一周，最后将绷带末端剪开打结或以胶布加以固定。用于系部、掌部、趾部等小创口的包扎。常作为其他包扎形式的起始和结尾。

2. 螺旋带

以螺旋形由下向上缠绕，后一圈覆盖前一圈 1/3～1/2。用于掌部、趾部及尾部等的包扎。

3. 折转带

又称螺旋回反包扎，用于粗细不一致的部位，如前臂和小腿部。方法是由下向上作螺旋形包扎，每一圈均应向下回折，逐圈遮盖上圈的 1/3～1/2。

4. 蛇形带

或称蔓延包扎。斜行向上延伸，各圈互不遮盖。用于固定绷带的衬垫材料。

5. 交叉带

又称“8”字形包扎，用于腕、附、球关节等部位，方便关节屈曲。包扎方法是在关节下方作一环形带，然后在关节前面斜向关节上方，做一周环形带后再斜行经过关节前面至关节下方，如上操作至患部完全被包扎住，最后以环形带结束。

6. 蹄及蹄冠绷带

将绷带的起始部留出约 20 cm 作为支点，在系部作环形包扎数圈后，绷带由一侧斜经蹄前壁向下，绕过蹄尖经过蹄底与支点扭缠，以反方向由另一侧经蹄前壁作经过蹄底的缠绕。同样操作直至整个蹄底被包扎，最后与支点打结，固定于系部。为防止绷带被污染，可在外部加上帆布套。

7. 角绷带

用于角壳脱落和角折，包扎时先用一块纱布盖在断角上，用环形包扎固定纱布，再用另一角作支点，以“8”字形缠绕，最后在健康角根处环形包扎打结。

8. 尾绷带

用于尾部创伤或后躯、肛门、会阴部施术前、后固定尾部。先在尾根作环形包扎，然后将部分尾毛折转向上作尾的环形包扎后，将折转的尾毛放下，作环衫包扎，目的是防止包扎滑脱，如此反复多次，用绷带作螺旋形缠绕至尾尖时，将尾毛全部折转作数周环形包扎后绷带末端通过尾毛折转所形成的圈内。

9. 耳绷带

用于耳外伤及手术

①垂耳包扎法。先在患耳背侧安置棉垫，将患耳及棉垫反折使其贴在头顶部，并在患耳耳郭内侧填塞纱布，然后绷带从耳内侧基部向上延伸到健耳后方，并向下绕过颈上方到患耳，再绕到健耳前方，如此缠绕 3～4 圈将患耳包扎。

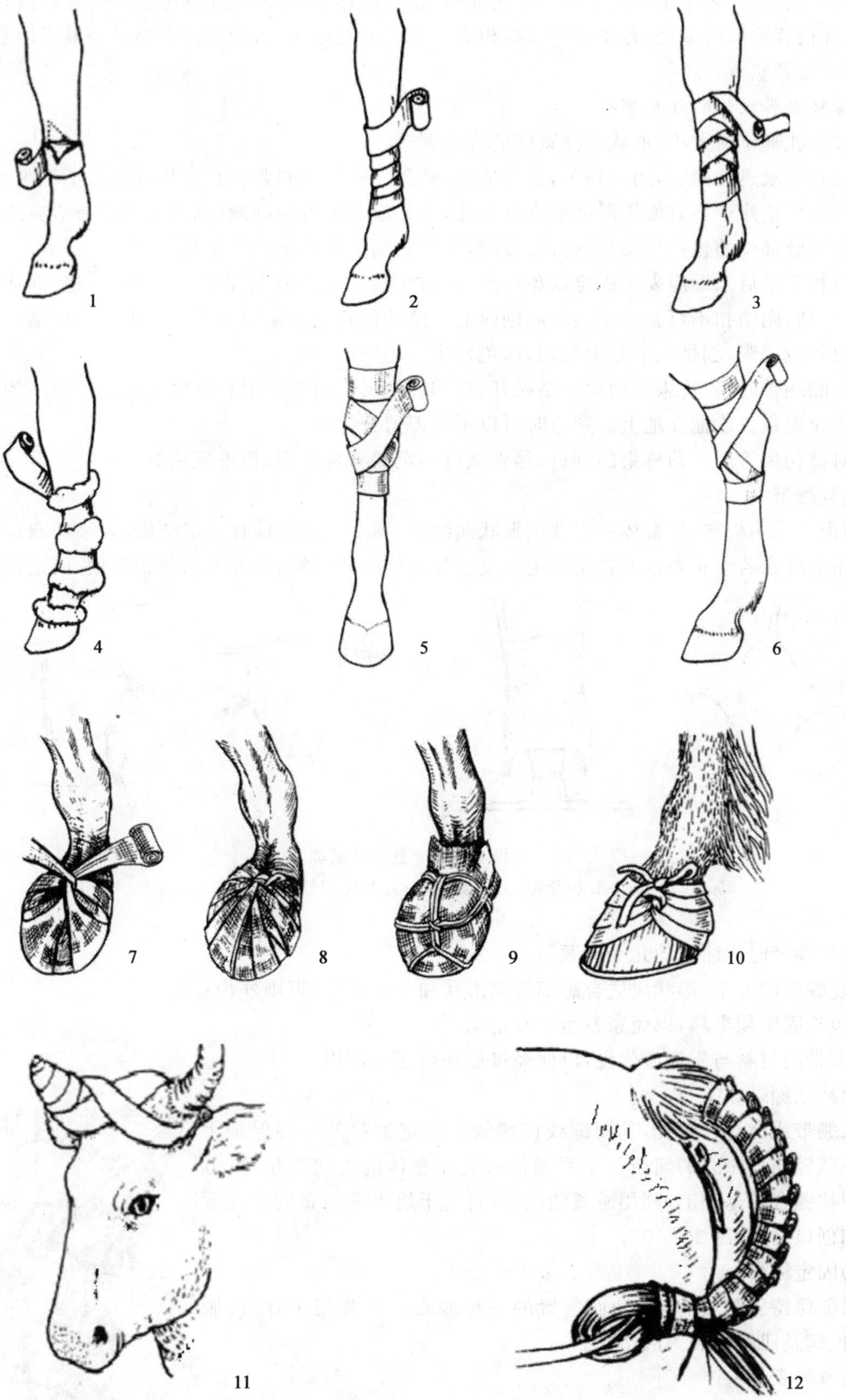


**图 2-1-38　卷轴绷带操作技术**

1. 环形带；2. 螺旋带；3. 折转带；4. 蛇形带；5、6. 交叉带；7、8、9、10 蹄及蹄冠绷带；11. 角绷带；12. 尾绷带

②竖耳包扎法。多用于耳成型术。先用纱布或材料做成圆柱形支撑物填塞于两耳廓内，再分别用短胶布条从耳根背侧向内缠绕，每条胶布断端相交于耳内侧支撑物上，依次向上贴紧。最后用胶带“8”字形包扎将两耳拉紧竖直。

10. 卷轴绷带操作的注意事项

(1)按包扎部位的大小、形状选择宽度适宜的绷带。

(2)包扎要求迅速确实，用力均匀，松紧适宜，避免一圈松一圈紧。在操作时绷带不得脱落污染。

(3)在临床治疗中不宜使用湿绷带进行包扎，因为湿布不仅会刺激皮肤，而且容易造成感染。

(4)对四肢部位的包扎须按静脉血流方向，从四肢的下部开始向上包扎。

(5)包扎至最后末端应妥善固定以免松脱，一般用胶布贴住比打结更为光滑、平整、舒适。如果采用末端撕开系结，则结扣不可置于隆突处或创面上。结的位置也应避免动物回头啃咬而松结。

(6)包扎应美观，绷带应平整无皱褶，以免发生不均匀的压迫。

(7)解除绷带时，先将末端的固定结松开，再朝缠绕反方向以双手相互传递松解。解下的部分应握在手中，不要拉得很长或拖在地上。紧急时可以用剪刀剪开。

(8)对破伤风等厌气菌感染的创口，尽管做过一定的外科处理，也不宜用绷带包扎。

**(二)复绷带**

复绷带多采用棉布，按畜体一定部位形状而缝制(图 2-1-39)，具有一定结构、大小的双层(或多层)盖布，在盖布上缝合若干布条以便打结固定。复绷带虽然形式多样，但都要求装置简便、固定确实。

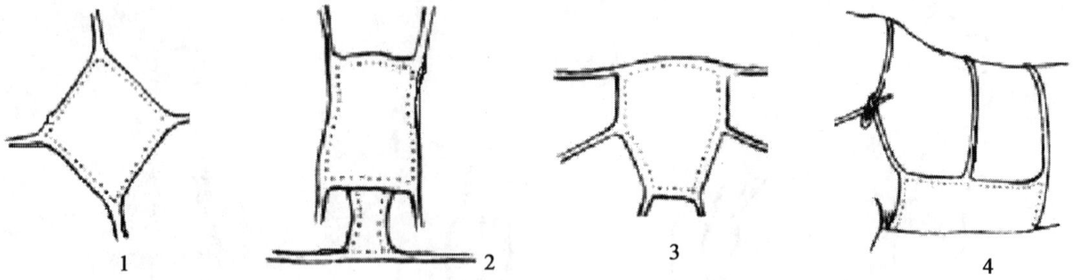


**图 2-1-39 复绷带类型**

1. 眼绷带；2. 前胸绷带；3. 背腰绷带 4. 腹绷带

装置复绷带时应注意的几个问题：

(1)复绷带的大小、形状应适合患部解剖形状和大小需要，否则外物易进入患部。

(2)包扎固定须牢靠，以免家畜运动时松动。

(3)绷带的材料与质地应优良，以便经过处理后反复使用。

**(三)结系绷带**

结系绷带或称缝合包扎，是用缝线代替绷带固定敷料的一种保护手术创口或减轻伤口张力的纽带。结系绷带可装在畜体的任何部位，其方法是在圆枕缝合的基础上，利用游离的线尾，将若干层灭菌纱布固定在圆枕之间和创口之上(图 2 1 40)。

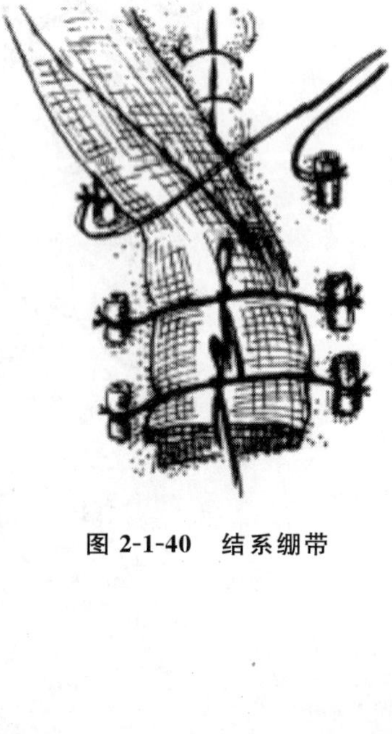

**图 2-1-40 结系绷带**

**(四)固定绷带**

使患部保持安静、固定不动而装置的一种绷带。主要用于骨折、脱臼、关节疾病及肌腱断裂等的治疗。

1. 夹板绷带

夹板绷带是借助于夹板保持患部安静，避免加重损伤、移位和使受伤部位进一步复杂化而装置的制动绷带。可分为临时夹板绷带和预制夹板绷带两种。前者通常用于骨折、关节脱位时的紧急救治，后者可作为较长时期的制动。临时夹板绷带可用胶合板、普通薄木板、竹板、树枝等作为夹板材料。小动物亦选用压舌板、硬纸壳、竹筷子作为夹板材料。预制夹板绷带常用金属丝、薄铁板、木料、塑料板等制成适合四肢解剖形状的各种夹板。另外，在小动物，厚层棉花和绷带的包扎也起到夹板作用。无论临时夹板绷带或预制夹板绷带，皆由衬垫的内层、夹板和各种固定材料构成。

夹板绷带的包扎方法是，先将患部皮肤刷净，包上较厚的棉垫或毡片等衬垫，并用蛇形带或螺旋带包扎固定，然后装置夹板。夹板的宽度视需要而定，长度应既包括骨折部上下两个关节，使上下两个关节同时得到固定，又要短于衬垫材料，以免夹板两端损伤皮肤。最后用绷带螺旋包扎或结实的细绳加以捆绑固定。铁制夹板可用皮带固定。

2.石膏绷带

石膏绷带是在淀粉液浆制过的大网眼纱布上加上煅制石膏粉制成，这种绷带用水浸泡后质地柔软，可塑制成任何形状敷于伤部，一般十几分钟后开始硬化，干燥后成为坚固的石膏夹。石膏绷带常用于整复后的骨折、脱位的外固定或矫正肢蹄等。

(1)石膏绷带的制备。医用石膏是将自然界中的生石膏，即含水硫酸钙（$CaSO_4 \cdot 2H_2O$），加热烘焙，使失去一半水分而制成煅石膏（$CaSO_4 \cdot H_2O$）。自制煅石膏和石膏绷带，是将生石膏研碎、加热（100～120℃），煅成洁白细腻的石膏粉，用手扰粉时略带黏性发涩，或手握粉能从指缝漏出，为锻制成功的标志。将干燥的上过浆的纱布卷轴带，放在堆有石膏粉的搪瓷盘中，打开卷轴带的一端，从石膏堆轻轻拉过，再用木板刮匀，使石膏粉进入纱布网孔，然后轻轻卷起，根据动物大小，制成长 2～4 m，宽 5～10 cm 或 15 cm 的石膏绷带卷备用。

(2)石膏绷带的装置方法。受伤部位进行外科处理后，清除污物，涂布滑石粉，然后于肢体上、下端各绕一圈棉垫，其范围应超出装置石膏绷带卷的预定范围。根据操作时的速度逐个地将石膏绷带卷轻轻地横放到盛有 40℃的温水桶中，便整个绷带卷被淹没。待气泡冒完后，两手握住石膏绷带圈的两端取出，用两手掌轻轻挤去多余水分。从病肢的下端先作环形包扎，然后螺旋包扎向上缠绕，直至预定的部位。每缠一圈都必须均匀地涂抹石膏泥，使绷带紧密结合。骨的突起部，应放置棉花垫加以保护，石膏绷带上下端不能超过衬垫物，并且松紧要适宜。根据伤肢重力和肌肉牵引力的不同，可缠绕 6～8 层（大动物）或 2～4 层（小动物）。在包扎最后一层时，必须将上下衬垫向外翻转，包住石膏绷带的边缘，表面涂抹石膏泥使其平整光滑，数分钟后即可成型。见图 2-1-41。

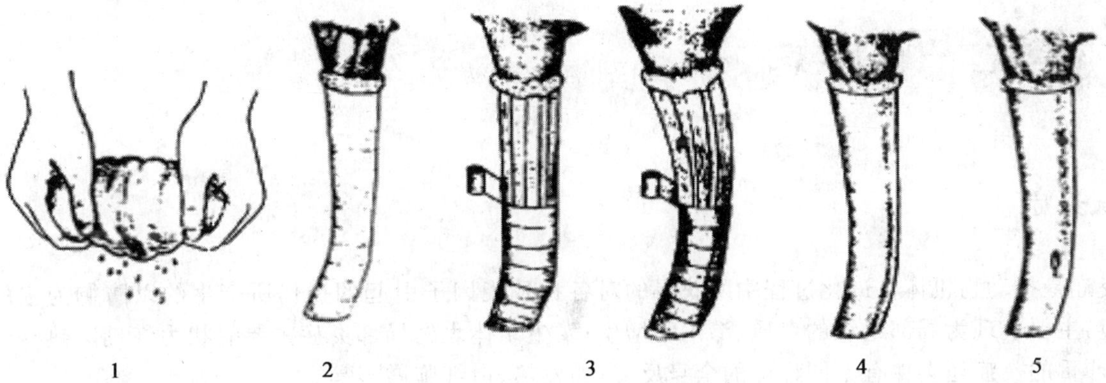


**图 2-1-41　石膏绷带装置方法**

1.挤压浸泡后的石膏绷带；2.缠石膏绷带；3.装夹板度用石膏绷带固定；4.外涂石膏糊；5.做石膏窗

(3)石膏绷带的拆除。石膏绷带拆除的时间，应根据不同的病畜和病理过程而定。一般大家畜为 6～8 周，小家畜 3～4 周。如果石膏夹内有大出血或严重感染，病畜出现原因不明的高热，包扎过紧，肢体受压，影响血流循环，肢体萎缩，石膏夹过大或严重损坏失去作用等情况下应提前拆除或拆开另行处理。

拆除的方法是：先用热醋、双氧水或饱和食盐水在石膏夹表面画好拆除线，使之软化，然后沿拆除线用石膏刀切开、石膏锯锯开或石膏剪逐层剪开。临床上也常直接用长柄石膏剪沿石膏绷带近端外侧缘进行剪开，然后用石膏分开器将其分开。石膏绷带拆除器械见图 2-1-42。

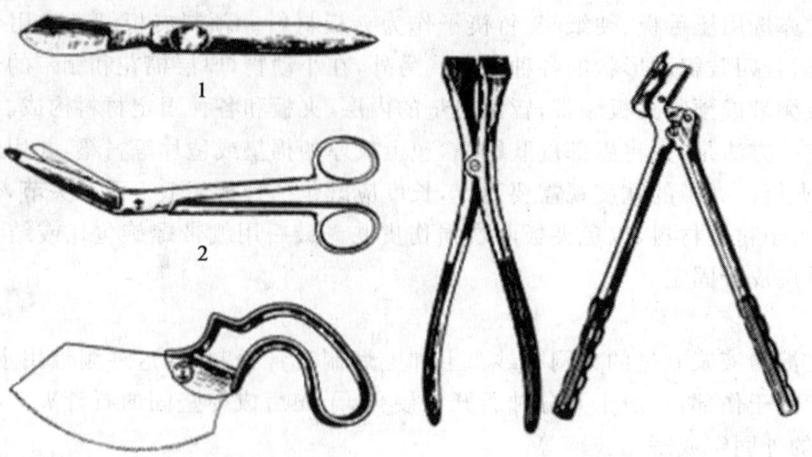


**图 2-1-42 石膏绷带拆除器械**

1.石膏刀;2.石膏剪;3.石膏锯;4.石膏剥离器;5.长柄石膏剪

(4)石膏绷带操作的注意事项

①将一切物品备齐,然后开始操作,以免临时出现问题延误时间。

②病畜必须保定确实,必要时可作全身或局部麻醉。

③装置前必须整复到解剖位置,便病肢的主要力线和肢轴尽量一致。

④长骨骨折时,一般应固定上下两个关节,才能达到制动目的。

⑤骨折发生后,使用石膏绷带作外固定时,必须尽早进行。

⑥要求松紧适宜,缠绕的基本方法是把石膏绷带"贴上去",而不是拉紧了"缠上去",每层力求平整。

⑦未硬化的石膏绷带不要指压,以免向下凹陷压迫组织,影响血液循环或发生溃疡、坏死。

⑧石膏绷绷带装置完毕后,用少许石膏粉加水调成糊,涂在表面,便之光滑整齐。

⑨用铅笔或毛笔在硬化的石膏夹表面写明装置和拆除石膏绷带的日期,并尽可能标记出骨折线。

## 任务二 外科疾病

### 一、炎症

炎症是指动物机体在进化过程中所获得的对各种致炎因子引起的损伤所产生的以防御为主的应答性反应,主要表现为局部组织的变质、渗出和增生;发生于体表的局部炎症主要症状为红、肿、热、痛、机能障碍;严重的炎症还会伴有不同程度的全身反应,如发热、白细胞增多等。

[病因]

一般而言,凡是能够造成机体组织、器官损伤的因素,都可以引发炎症,成为致炎因子。

(1)生物性因素。是最为常见的致炎因子,主要有细菌、病毒、立克次氏体、支原体、真菌、螺旋体、寄生虫等都可以引发机体炎症。

(2)物理性因素。如高温引起灼伤、低温引起的冻伤、机械力引起的损伤、放射线和紫外线所造成的电离辐射性损伤等均可引发机体炎症。

(3)化学性因素。如强酸、强碱、刺激性药物、机体内代谢产物、组织坏死产物等均可引起炎症。

(4)免疫反应。各种免疫反应均可造成组织细胞损伤而导致炎症。如变态反应性甲状腺炎。

[分类]

(1)变质性炎症。是指发炎组织变性、坏死明显,渗出和增生变化轻微的一类炎症。由于此类炎症多见于心脏、肝脏、肾脏等实质脏器，故又称之为实质性炎症。

(2)渗出性炎症。以渗出性变化为主，变质和增生轻微的一类炎症。根据渗出物的性质及病变特征将渗出性炎分为浆液性炎、卡他性炎、化脓性炎、纤维素性炎、出血性炎、坏疽性炎(腐败性炎)。

①浆液性炎症。是以大量浆液渗出为主的炎症。这种炎症常发生于皮下疏松结缔组织、黏膜、浆膜、肺脏等处。

②卡他性炎症。是发生在黏膜表面的渗出性炎症。根据渗出物的性质又将其分为浆液卡他性、黏液卡他性、脓性卡他等多种类型。

③化脓性炎症。是指以大量中性粒细胞渗出并伴有组织坏死和脓液为特征的炎症。根据化脓性炎症发生的部位不同，可分为以下四种形式：

a.脓性卡他。是发生于黏膜的化脓性炎症。

b.积脓。是指发生在浆膜腔内的化脓性炎症。此时脓性渗出物大量蓄积于体腔内。

c.脓肿。是发生在组织内的局限性化脓性炎症，表现为组织中心坏死液化，形成充满脓汁的囊腔，其周围组织充血、水肿及中性粒细胞浸润，以后逐渐形成结缔组织包膜；深部脓肿可以向皮肤、体腔或黏膜表面穿破，其穿破的管道称为瘘管。

d.蜂窝织炎。在疏松结缔组织发生的弥漫性化脓性炎症。

④纤维素性炎症。是指以渗出物中含有大量纤维素为特征的渗出性炎症。纤维素性炎常发于浆膜、黏膜及肺脏等部位。根据发炎组织受损伤的程度不同将纤维素性炎又分为浮膜性炎和固膜性炎。

a.浮膜性炎。是指在发炎部位形成一种易于剥离的纤维素性假膜，组织损伤轻微，常见于黏膜、浆膜或肺脏。

b.固膜性炎。是指伴有比较严重的组织坏死的纤维素性炎症，又称纤维素性坏死性炎症。其特征是发炎部位深处的纤维素与深层坏死组织牢固地结合在一起，不易剥离(强行剥离则形成溃疡)，组织损伤严重。

⑤出血性炎症。是指渗出物中含有大量红细胞的炎症，出血性炎多与其他类型的炎症混合发生，如纤维素性出血性炎症、化脓性出血性炎症、出血性坏死性炎症等。

⑥坏疽性炎症。也叫腐败性炎，是指发炎组织感染腐败菌后，引起炎灶组织和炎性渗出物腐败分解为特征的炎症。坏疽性炎可能一开始即由腐败菌感染引起，也可能并发于卡他性炎症、纤维素性炎症和化脓性炎症。

上述各种类型的渗出性炎症既有区别又有联系，并且多数是同一炎症过程的不同阶段。例如浆液性炎症往往是卡他性炎症、纤维素性炎症、化脓性炎症的初期变化；另外在疾病发展的过程中也可能出现两种或两种以上的炎症同时存在的现象，如纤维素性化脓性炎症。

(3)增生性炎症。是指以细胞或结缔组织大量增生为主而变质和渗出变化轻微的一种炎症。一般将其分为一般增生性炎症和肉芽肿性炎症。

①一般增生性炎症。指无特异性病原微生物而引起的同一组织增生，不形成特殊病理组织结构的炎症。根据组织增生的成分可将其分为两类：

a.急性增生性炎症。是以组织增生为主的一类急性炎症。多见于脑、淋巴结和肾脏等。

b.慢性增生性炎症。是指在慢性炎症过程中，器官的实质成分显著减少，间质结缔组织大量增生，并有不等的淋巴细胞、浆细胞和巨噬细胞浸润的慢性炎症。因为炎症起始于间质，故又称之为慢性间质性炎症。

②肉芽肿性炎症。又称炎性肉芽肿或特异性增生性炎症，为一种慢性炎症，以巨噬细胞增生为主，并形成肉芽肿。根据致炎因子的不同可将肉芽肿性炎症分为感染性肉芽肿和异物性肉芽肿两类。

a.感染性肉芽肿。是由某些特异性病原微生物(如细菌或真菌等)引起的特异性肉芽组织增生。例如结核杆菌、鼻疽杆菌、放线菌等引起的结核结节、鼻疽结节、放线菌性肉芽肿等。

b.异物性肉芽肿。是指组织中的异物周围有数量不等的巨噬细胞、异物巨细胞和结缔组织包围的肉芽肿。其中的异物包括寄生虫、虫卵、缝线、灰尘、坏死组织崩解后形成的类脂质等。

［症状］

1.炎症的局部症状

炎症的局部临床症状表现为红、肿、热、痛和机能障碍。

(1)红。是由于炎症病灶内充血所致。炎症初期因发生动脉充血，使炎症局部呈鲜红色；后期转为静脉充血而变为暗红色或紫红色。如动物皮肤颜色较深或毛皮较厚的则不明显。

(2)肿。初期由于充血、毛细血管通透性增强、血浆渗出增多导致炎性水肿及组织细胞性水肿所致；后期或慢性炎症，则是由于组织增生所致。

(3)热。主要发生于动脉性充血时，由于局部血流量增多，血流加快，分解代谢增强，产热增加，从而导致炎症病灶的温度升高。

(4)痛。引起疼痛的原因是由于感觉神经末梢受到致病因素和组织分解产物的刺激，另外炎症区的肿胀压迫或牵拉感觉神经末梢也可引起疼痛。

(5)机能障碍。是由于红、肿、热、痛综合作用的结果。局部组织肿胀、疼痛、渗出物压迫阻塞、物质代谢障碍、组织损伤等均可影响组织器官的正常功能。

上述局部症状是炎症的共同特点，但并不是每一种炎症都能全部表现出这些症状，如慢性炎症红与热表现就不明显。

2.炎症的全身反应

(1)发热。

(2)白细胞增多。

(3)单核-巨噬细胞系统增生与机能亢进。

(4)实质器官变化：较严重的感染所引起的炎症，心、肝、肾等器官的实质细胞常发生细胞肿胀、脂肪变性，严重时可出现局灶性坏死。

［结局］

在致炎因子引起的炎症过程中，损伤和抗损伤双方力量的对比决定着炎症发展的方向和结局。如果抗损伤反应占优势，则炎症会逐渐趋向痊愈；反之如果损伤性变化占优势，则炎症逐渐加重，并向全身扩散，甚至可以导致动物机体死亡；如果损伤性变化与抗损伤反应处于一种相持状态，则炎症可转为慢性而迁延不愈。

(1)痊愈。

完全痊愈：炎症病因被消除，病理性产物被清除或吸收，渗出物也被吸收，损伤的组织通过再生而修复，炎症区的组织结构和机能完全恢复正常。

不完全痊愈：如炎症病灶较大，组织损伤较严重，病理性产物过多而不能被完全吸收时，由肉芽组织修复发生机化或包囊形成。正常的结构和机能未能完全恢复。

(2)迁延不愈。如果炎症治疗不及时、不彻底或机体抵抗力低下，致炎因子持续作用，可造成炎症过程迁延不愈，时好时坏，反复发作，最后转为慢性炎症。

(3)蔓延扩散。由病原微生物引起的炎症，当机体抵抗力下降或病原微生物大量繁殖时，炎症可向周围扩散，病原微生物可经血管、淋巴管向全身扩散。主要方式有局部蔓延.淋巴管扩散、血管扩散。血管扩散可引起菌血症、毒血症、脓血症和脓毒败血症。

## 二、损伤

损伤是由各种外界因素作用于机体，引起机体组织器官产生解剖结构上的破坏或生理功能上的紊乱，并伴有不同程度的局部或全身反应的病理现象。根据皮肤及黏膜的完整性是否受到破坏可将损伤分为开放性损伤和非开放性损伤(闭合性损伤)，皮肤或黏膜的完整性受到破坏的损伤称为开放性损伤，反之则成为非开放性损伤；根据损伤的组织器官的性质可分为软组织损伤和硬组织损伤。

引起损伤的原因有机械性因素、物理性因素、化学性因素和生物性因素等，临床上常见的有机械外力的作用、烧伤、冻伤、强酸强碱刺激及各种细菌、病毒的损害等。

**(一)创伤**

由锐性外力或强烈的钝性外力作用于机体组织或器官,使受伤部位的皮肤或黏膜出现伤口及深在组织与外界相通的机械性损伤成为创伤。

创伤的组成:一般由创围、创缘、创壁、创口、创底、创腔所组成(图 2-1-43)。

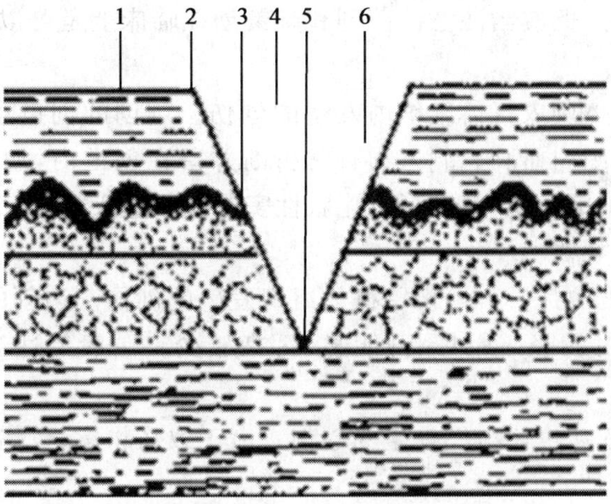


**图 2-1-43 创伤组成模式图**

1. 创围;2. 创缘;3. 创壁;4. 创口;5. 创底 6. 创腔

创围是指围绕创口周围的皮肤或黏膜;创缘是指创口边缘的皮肤或黏膜及其疏松结缔组织;创壁是由受伤的肌肉、筋膜及位于其间的疏松结缔组织构成;创口是指创缘之间的间隙,创底是创伤的最深部位,创腔是指创壁之间的间隙。并非所有的创伤都具有上述六个组成部分,如浅表的损伤则无创腔。

[**一般症状**]

(1)出血。出血量的多少取决于受伤的部位、损伤的程度、损伤血管的种类及血液的凝固性等,出血可分为原发性出血和继发性出血,内出血和外出血、动脉性出血、静脉性出血、毛细血管性出血及实质性出血。毛细血管及小血管出血能较快的自行停止;动脉、较大的静脉及内脏血管受损时多呈持续性出血,应及时采取止血措施。少量出血对患畜影响不大,但血凝块为微生物的生长提供了良好的环境,不利于伤口的愈合,必须及时清除。急性大出血常常能够导致急性贫血,甚至出现出血性休克而引发死亡。

(2)创口裂开。创口裂开是由于受伤组织断裂和收缩而引起的,创口裂开的程度取决于受伤的部位,创口的方向、长度、深度及组织的弹性等活动性较大的部位,长而深的创口裂开比较明显,肌腱的横创比纵创裂开宽。

(3)疼痛及机能障碍。疼痛是因为感觉神经受损伤或炎性刺激而引起的,疼痛的程度与受伤的部位、组织损伤的形状、动物的种属及个体差异有关。富有感觉神经的部位如蹄冠、外生殖器、肛门和骨膜等处发生创伤则疼痛明显。由于疼痛的刺激及创伤部位的解剖组织学结构被破坏,常常出现局部和全身的机能障碍。

[**分类、临床特征**]

(1)按伤后经过的时间分。

①新鲜创。伤后的时间较短,一般指受伤以后 24 h 之内的创伤,创内尚有血液流出或存有血凝块,且创内各部组织的轮廓仍能识别,有的虽被严重污染但未出现创伤感染症状。

②陈旧创。伤后经过的时间较长,一般指受伤 24 h 以上,创内各组织的轮廓不易识别,出现明显的创伤感染症状,有的排出脓汁,有的出现肉芽组织。

(2)按创伤有无感染分。

①无菌创。指没有被病原微生物污染的创伤。如在无菌条件下所做的手术创等。

②污染创。创伤被病原微生物和异物所污染,受伤时间较短,进入创内的病原微生物仅与损伤组织

发生机械性接触，局部无感染症状的创伤。污染严重的污染创如未得到及时而彻底的外科处理，常常可发展成为感染创。

③感染创。进入创内的病原微生物大量生长繁殖，对机体呈现致病作用，使受伤部位的组织出现明显的创伤感染症状，严重的可引发机体的全身反应。

④保菌创。创伤感染后，经过一定的时间，由于健康肉芽组织的增生，使病原微生物仅仅停留于创内，无向健康组织蔓延的趋势。但应当注意保菌创和感染创在临床上是可以相互转化的。

(3)按致伤物的性状分。

刺创：由尖锐而细长的物体刺入机体组织内发生的创伤。刺创的创口小创道狭而长，深部组织常被损伤，并发生内出血或形成组织内血肿。刺入物有时折断并留在创道内，加之刺入物带入创道的病原微生物、污物等，因此刺创极易感染化脓，甚至形成化脓性窦道或引起厌氧菌感染。带锈的铁钉或铁丝引起的刺创常可引发破伤风。

切创：因锐利的物体（如玻璃片、刀等）切割机体组织发生的创伤。切创的创缘和创壁比较平整，组织受挫轻微，出血量多，疼痛相对较轻，创口裂开明显，污染较少。一般经适当的外科处理和缝合能较快愈合。

砍创：指由柴刀、马刀等砍切机体组织发生的创伤。由于致伤物重，致伤力量大，故创口裂开大，组织损伤严重，出血量多，疼痛剧烈。

挫创：由钝性外力（如打击、冲撞等）的作用或动物跌倒在硬地上所致的损伤。挫伤的创形不整，常常可见被血液浸润的挫灭破碎组织，出血量少，创内常常见有创囊和血凝块，创面多被污染，极易感染化脓。

裂创：由钉、钩等钝性致伤物的牵引作用，使组织发生机械性牵张而断裂的损伤，裂创的创形不规则，组织发生撕裂或剥离，创缘呈不规则的锯齿状，创内深浅不一，创壁及创面凸凹不平，并存有创囊和破损的组织碎片。出血较少，创口裂开大，疼痛剧烈，撕裂组织容易发生坏死或感染。

压创：是由于车轮碾压或重物挤压所导致的机体组织损伤。压创的创形不整，存有大量的挫灭组织、压碎的肌腱碎片或皮肤缺损，严重的伴发粉碎性骨折和关节脱位。压创一般出血较少，疼痛不剧烈，创伤污染严重，极易发生化脓感染。

搔创：由动物搔抓致伤。皮肤常常被损伤，呈线状，一般比较浅表。

缚创：常因细绳缚捆所致，创伤常呈环形。

咬创：由于动物的啃咬所致的组织损伤。轻度的咬伤出现成对的齿痕，严重的被咬伤处呈管状创或似裂创或呈组织缺损创，创内常见有挫灭组织，出血少由于动物口腔内含有的病原微生物较多，被咬处常常继发蜂窝织炎。被猫、犬等动物咬伤时要注意预防狂犬病。

毒创：是指被毒蛇咬伤或被毒蜂刺蛰等所致的组织损伤。被咬刺部位呈点状损伤，常常不易被发现，但毒素进入组织后，引起患部剧烈疼痛，迅速肿胀，以后出现坏死和分解，毒素引起的全身反应迅速而严重，可因呼吸中枢和心血管系统的麻痹而死亡。

火器创：是由枪弹或弹片致伤所造成的开放性损伤。

复合创：同时具备上述两种以上创伤的特征。

［**愈合过程**］

创伤的愈合过程分为第一期愈合、第二期愈合和痂皮下愈合。

(1)第一期愈合。这是一种较为理想的愈合形式。其特点是创缘、创壁整齐，创口吻合，无肉眼可见的组织间隙，没有感染且炎症反应轻微。创腔内无异物、无坏死组织及血肿，组织仍有活性，方可实现第一期愈合。愈合以后不留瘢痕，没有器官的功能障碍。无菌手术绝大多数可以达到第一期愈合。

当创伤出血停止后，就开始了第一期愈合。创腔内的血液、血浆纤维蛋白、淋巴液、白细胞、少量的挫灭组织等将伤口创壁黏合。这些黏合物质刺激创壁组织，毛细血管扩张充血，渗出浆液、白细胞、巨噬细胞，创伤内的纤维素、血凝块及微生物等均被白细胞吞噬，然后又被细胞溶解组织酶溶解并吸收，使创腔得到净化，为组织再生创造了良好的环境条件。

创伤发生 1～2 d 后，创壁的毛细血管内皮细胞及结缔组织细胞增殖，形成新生的肉芽组织，使创壁之间连接起来。此时创缘的上皮细胞由病灶的四周向中央生长，覆盖创口而痊愈。这种愈合呈线状，淡红色，较脆弱。经过 7 d 后创伤便形成一条平滑、暗红色的线状疤痕，所以无菌手术可在术后 7 d 左右拆线。

(2)第二期愈合。化脓感染创取第二期愈合。其愈合过程为创腔内的组织坏死、分解、形成大量脓汁；随后创伤组织增生肉芽，逐渐长满创腔；最后创伤以覆盖肉芽愈合或瘢痕愈合。根据本病愈合过程中生物形态、物理学及胶体化学变化特点，把二期愈合分为两个时期，即化脓期(炎性净化期)和肉芽生长期(组织修复期)。这两个时期不能截然分开，是由一个时期过渡到另一个时期，而在表现形式上各有其侧重特点。

①化脓期(炎性净化期)。此期是通过炎症反应来达到创伤的自身净化。临床上主要表现为创伤部发炎、肿胀、增温、疼痛，随后创内组织坏死，组织液化，形成脓汁，从伤口流出。

创伤净化过程的特点，各种动物不尽相同。犬和马以浆液性渗出为主。液化过程完全，清除坏死组织迅速，但易引起吸收中毒；牛、羊则以浆液—纤维素性渗出为主。液化过程较弱，是通过形成化脓性分离界面使坏死组织脱离的，净化过程慢，但不易引起吸收中毒。

②肉芽生长期(组织修复期)。肉芽组织由新生的成纤维细胞和毛细血管构成的，其中成纤维细胞是由伤口周围的原始结缔组织细胞分裂增生而来的，这种细胞在受伤后的初期增生快，由伤口边缘和底部逐渐向中心生长。与此同时，有大量的毛细血管混杂在成纤维细胞之间，自伤口周围向中心靠拢而产生伤口收缩，是创面缩小，有利于伤口愈合。

肉芽组织除了有成纤维细胞和毛细血管外，还有中性粒细胞、巨噬细胞和其他炎性细胞，但无神经纤维，故肉芽组织无感觉，触之不痛。健康的肉芽组织呈红色，较坚实，表面湿润呈颗粒状，并附有很少的一层黏稠、灰白色的脓性物，对肉芽组织有保护作用。肉芽组织是坚强的创伤防卫面，防止感染蔓延，所以在诊疗创伤时要保护肉芽面不受损伤。合理选用促进肉芽正常生长的药物和措施十分重要。

肉芽组织成熟过程在伤后 5～6 d，增生的成纤维细胞开始产生胶原纤维，到 2 周左右，胶原纤维形成最为旺盛，以后逐渐减慢，到 3 周左右胶原纤维的产生就很少了。此时成纤维细胞转化为纤维细胞。与此同时，肉芽组织中的大量毛细血管闭合、退化、消失，只留下部分毛细血管和细小的动脉和静脉营养该处。至此肉芽组织逐渐成熟为疤痕组织，呈灰白色，硬韧。

在肉芽组织开始生长的同时，创缘的上皮组织增殖，新生的上皮由周围向中心生长，当肉芽组织增生高达皮肤面时，新生的上皮再生结束。覆盖创面而愈合。如果创面较大，由创缘生长的上皮不足以覆盖整个创面时，则以上述疤痕形成而告终。由此可能引起伤部的功能障碍，疤痕组织中无毛囊、无汗腺和皮脂腺。

(3)痂皮下愈合。发生于皮肤表面的损伤，创伤面浅，一般损伤仅伤及表皮，在没有发生感染的情况下，受伤后局部表面渗出血液和淋巴液逐渐凝固干燥后，形成暗褐色的痂皮，覆盖在创伤的表面，痂皮脱落后露出新生的上皮，即痂皮下愈合。若在痂皮下发生感染而化脓时，则痂皮分离而脱落，创伤取第二期愈合。

[检查]

创伤检查的目的在于了解创伤的性质、观察愈合的情况，以决定治疗的措施。

(1)一般检查。先询问病史，了解创伤发生的原因、创伤发生的时间、致伤物的性状，发病情况及伤后病畜的表现等。然后检查患畜的体温、脉搏、呼吸，观察可视黏膜颜色和病畜的精神状态。必要时可对全身各系统进行检查。

(2)创伤外部检查。按由外向内的顺序，先视诊创伤部位、大小、性形、方向、性质、创口的裂开程度、有无出血，创围组织状态和被毛情况，有无感染。然后观察创缘、创壁是否整齐、平滑，有无肿胀及血液浸润，有无挫灭组织及异物。再对创围进行柔和细致的触诊，以确定局部温度高低、疼痛情况、组织硬度、皮肤弹性及移动性等。

(3)创伤内部检查。应遵循无菌规则。首先对创围剪毛、消毒。检查创壁时，应注意组织受伤情况、肿胀情况、出血及污染情况。检查创底时，应注意深部组织受伤状态，有无异物、血凝块及创囊的存在。

必要时可用消毒的探针、硬质胶管或用戴消毒乳胶手套的手指进行创底检查。

对于有分泌物的创伤,应注意分泌物的颜色、气味、黏稠度、数量和排出情况等。必要时可进行分泌物的酸碱度测定、采取脓汁进行涂片镜检。

对于出现肉芽组织的创伤,要注意肉芽组织的数量、颜色、生长情况等。

(4)辅助检查。X线检查是小动物创伤的重要辅助诊断方法,通过X线检查可以观察其腹腔脏器及骨骼等有无损伤。血常规检查可提示贫血、血浓缩或感染等。尿常规检查可提示泌尿系统的损伤。创面可做按压标本的细胞学检查,根据检查结果可以了解组织修复情况。

**[治疗]**

治疗原则:不同创伤的处理方法不同,但基本原则是一致的。主要是及时制止出血,防止休克,纠正水、电解质和酸碱平衡紊乱,尽早作创伤处理,防止感染,促进伤口愈合。

治疗方法

(1)新鲜创的急救。要先止血,然后对创围剪毛、消毒,清洁及消毒创面,撒布磺胺粉,绷带包扎创伤。如果四肢骨折或腱断裂时,患部应装制动绷带。对于创腔较深或污染严重者,可给患畜注射破伤风抗毒素,以防止感染破伤风。

(2)治疗程序。

①清洁创围。用数层纱布覆盖创面或创腔,以防止异物落入创内。然后由外围向创缘剪除被毛,除毛面积以距创缘周围10 cm为宜,如果被毛粘有血污或分泌物时,可用3%过氧化氢溶液消毒浸湿、洗净后再剪毛,然后用3%煤酚皂溶液洗净创围,但要注意防止药液流入创腔,用5%碘酊消毒创围,用75%酒精脱碘。

②清洁创腔。揭去覆盖创口的纱布,用生理盐水冲洗创腔后持消毒的镊子除去创内异物、血凝块或脓痂,再用生理盐水或0.1%~0.2%高锰酸钾等反复冲洗创腔,直至清洁为止。创腔较浅且无明显污物时,可用浸有药液的棉球轻轻地清洗创面;创腔较深或存有污物时,可用洗涤器吸取防腐液冲洗创腔,并随时除去附于创面的污物,但要防止过度加压形成的急流冲刷创腔,以免损伤创内组织和扩大感染。清洗创腔后,再用灭菌纱布块轻轻地擦拭创面,以便除去创内残留的液体和污物。

对于损伤大,污染严重的新鲜创,可用消毒液冲洗后,在局部麻醉下实行扩创或切除术。

③清创手术。先进行彻底的消毒和麻醉,修整创缘,用外科剪除去破碎的创缘皮肤和皮下组织,造成平整的创缘以便于缝合,扩创时要沿着创口的上角或下角切开组织,以达到扩大创口的目的,消除创囊、凹壁,充分暴露创底,除去异物和血凝块等,以利于排液和引流。对于创腔深、创底大和创道弯曲不利于从创口排液的创伤,可在创底最低处且靠近体表的健康部位,尽量在肌间结缔组织处做适当长度的辅助切口一个至数个,以利于排液。创伤部分切除时,除了修整创缘和扩大创口外,还要切除创内所有失活破碎的组织。失活组织一般呈暗紫色,刺激不收缩,切割时不出血,无明显疼痛反应。为了彻底切除失活组织,在开张创口后,除去离断的筋膜,分离切除失活组织,直至有鲜血流出的组织为止。清创手术时,对暴露的神经和健康的血管应加以保护。清创手术完毕后,用防腐液清洗创腔,按需要用药、引流、缝合和包扎。

④创伤用药。创伤用药是为了防止创伤感染,加速炎性净化,促进肉芽组织和上皮新生。常用的抗感染的药物有广谱抗生素、碘仿磺胺等,促进创伤净化的药物有8%~10%氯化钠溶液、50%葡萄糖溶液等,促进肉芽组织生长的药物有青霉素鱼肝油、青霉素软膏、10%磺胺鱼肝油、魏氏流膏等,促进上皮生长的药物有水杨酸磺胺软膏等。

⑤缝合与包扎。根据创伤的具体情况,缝合可分为初期缝合、延期缝合及肉芽创缝合。初期缝合是指对受伤数小时后的清洁创或经过彻底外科处理的新鲜污染创的缝合。延期缝合是指用药物治疗后消除了感染的创伤的缝合。肉芽创缝合是指对生长良好的肉芽创进行的缝合。

经过外科处理的四肢下部创伤、新鲜创均要进行包扎,以保持创伤部位安静、保温、保护创伤和促进创伤愈合。包扎的绷带应有三层,自内向外分别为吸收层(灭菌纱布)、接受层(灭菌脱脂棉)、固定层(绷带)。

⑥引流。引流主要用于创道长且有弯曲、创腔内有坏死组织及潴留多量脓汁的化脓创。其作用一方面是借助于引流物(纱布条、胶管、塑料管等)将药物导入创腔内，使药物与创面均匀接触，较长时间发挥作用；另一方面是使创腔内炎性产物及脓汁沿着引流物排到体外。初期每日更换引流物。如果创伤肿胀、渗出物增加、患畜体温升高脉搏增数时，可能是引流受阻，要及时处理创道，更换引流物。当创伤脓汁减少，肉芽组织生长良好时，应停止引流。

⑦全身疗法。对于局部化脓症状剧烈，为了减少炎性渗出、防止酸中毒，可静脉注射10%氯化钙注射液100～150 mL，5%碳酸氢钠注射液300～500 mL。对于局部化脓症状严重并伴有全身症状者，除静脉注射5%碳酸氢钠外，还要连续应用抗生素及磺胺类药物。另外还可根据病情的变化，采取强心、利尿、补液等措施。

[影响创伤愈合的因素及处理]

(1)创伤感染。创伤感染化脓是创伤愈合延迟的主要因素。因此一方面必须彻底清除创内异物、坏死组织等，另一方面在对创伤处理的过程中，必须遵循无菌操作，这样才能提高治疗效果。

(2)创伤部位不安静。创伤发生的最初几天，伤口肉芽组织幼嫩，创面结合不牢固。如果此时创伤部位活动过强，不但可以引起出血及疼痛，还可以损伤幼嫩的肉芽，使细菌侵入创腔，造成感染。另外创伤止血不充分、清创不彻底，频繁的作外科处理等都可破坏创伤的安静，影响愈合。因此在动物受伤后应保证创伤部位的相对安静。

(3)患部血液循环不良。创伤局部若有较强的炎性反应，就会造成局部血液循环不良；缝合、包扎过紧等也可以影响局部的血液循环，因此要让患畜适当及早运动，在对患部进行包扎时，要避免包扎过紧。

(4)营养不良。蛋白质或维生素等缺乏都会妨碍创伤的愈合。如蛋白质缺乏，可使机体衰弱，抵抗力下降，创伤易发生感染；维生素A缺乏，可导致上皮细胞再生迟缓；B族维生素缺乏，可影响神经纤维的再生；维生素C缺乏，可使肉芽组织水肿，容易出血，维生素K缺乏，可导致血液凝固迟缓，创伤愈合慢。因此，在创伤的治疗过程中，应给患畜补充富含蛋白质、维生素的饲料。

**(二)挫伤**

挫伤是机体在钝性外力的作用下，引起组织的非开放性损伤。

[病因]

家畜受到棍棒打击、车辆冲撞、牛角抵伤、跌倒在硬地上等钝性外力的作用都可能引发挫伤。机体各种组织对外力作用具有不同程度的抵抗力，皮肤具有很大的弹性和韧性，抵抗力最强；肌肉、筋膜、腱及神经次之；皮下疏松结缔组织、小血管和淋巴管抵抗力最弱。因此在外力的作用下，有时虽然皮肤保持其完整性，但皮下组织却发生了损伤。

[分类及症状]

一般可见挫伤部位出现被毛逆乱、脱落、皮肤有轻重不同的擦伤，表现为局部溢血、肿胀、疼痛及机能障碍。各类型挫伤的症状表现如下：

(1)皮下组织挫伤。皮下软组织的小血管破裂，常常可以见到局限性的小出血斑，较大血管出血时，出现溢血斑。皮下出血后小部分血液成分被机体吸收，大部分发生凝固，红细胞破裂后被吞噬细胞吞噬，挫伤部位皮肤初期呈黑红色，逐渐变成紫色、黄色，然后恢复正常。

(2)皮下裂伤。受挫皮肤完整，但皮肤与皮下组织发生分离，常见有血液及渗出液等积聚皮下；当肋骨骨断端伤及肺部时，在发生裂创的皮下疏松结缔组织间可形成皮下气肿。

(3)深部组织挫伤。常见的有以下几种：

①肌肉挫伤。轻度的肌肉挫伤，常见到瘀血或出血，严重的肌肉挫伤常发生坏死，挫伤部肌肉软化呈泥样，治愈后形成瘢痕，同时可见局部组织机能障碍。

②神经挫伤。神经的挫伤多为末梢性的，损伤神经所支配的区域发生感觉和运动麻痹，肌肉呈渐进性萎缩。当中枢神经系统脊髓发生挫伤时，因受挫伤部位不同可发生呼吸麻痹、后躯麻痹、尿失禁等症状。

③腱挫伤。腱纤维发生断裂或分离。

④滑液囊挫伤。滑液囊挫伤后常发生滑液囊炎，滑液大量渗出，局部显著肿胀，初期热痛明显，形成慢性炎症后，呈无痛水样潴留。

⑤关节挫伤。轻度挫伤时可见局部脱毛、皮下出血、肿胀和轻度跛行，重度挫伤则热痛及肿胀明显，并伴有中度或重度跛行。

有时挫伤可引起内脏器官的破裂，内脏器官破裂后造成严重的内出血，发病动物颤栗、出汗、可视黏膜苍白、甚至休克；若挫伤组织发生感染，则可形成脓肿或蜂窝织炎；若组织发生反复挫伤，则可形成淋巴外渗、黏液囊炎、患部皮肤肥厚及皮下结缔组织硬化。

[治疗]

治疗原则是制止溢血和渗出，促进炎性产物的吸收，镇痛消炎，防止感染，促进组织的修复。

(1)冷疗和热疗。挫伤初期热痛明显时宜采用冷却疗法，可使动物安静，消除急性炎症，缓解疼痛，制止渗出。急性炎症后期(2～3 d后)改用温热疗法、中波超短波疗法、红外线疗法等。

(2)刺激疗法。当炎症慢性化时可采用刺激疗法，涂擦樟脑酒精或5%鱼石脂软膏、复方醋酸铅散，可引起一过性充血以促进炎性产物吸收，加速肿胀的消退。或用中药山栀子粉加淀粉或面粉，以黄酒调成粥状外敷。

(3)预防感染。视病情需要，应用抗生素或磺胺类药物防止感染的发生。

此外，还应保持患病动物安静，在治疗过程中应注意加强功能锻炼，并及时治疗并发症和继发性疾病。

**(三)坏死**

坏死是指在致病因素的作用下，活体内局部组织细胞的死亡。坏死属于损伤并发症之一，损伤并发症包括早期并发症(如休克)和晚期并发症(溃疡、瘘、坏死等)。

[病因]

(1)机械性损伤。如严重的组织挫灭、局部动脉损伤等。

(2)持续性的压迫。如绷带的压迫、嵌顿性疝、肠扭转等。

(3)物理、化学因素。高温、低温(烧伤、烫伤、冻伤)；强酸、强碱；超声波等引起的损伤。

(4)微生物、寄生虫及其毒素。如坏死杆菌感染、毒蛇咬伤等。

(5)其他因素。如神经机能障碍、中毒、血管病变引起的栓塞等。

[分类及症状]

根据坏死的原因和形态变化，可将坏死分为以下几种类型。

(1)凝固性坏死。即组织坏死后在蛋白凝固酶的作用下，坏死组织发生凝固，可见坏死部组织表面一层灰白或灰黄色的蛋白凝固物，无光泽，质地干燥坚实，坏死区界限明显，周围有暗红色的充血和出血带。

(2)液化性坏死。坏死组织在蛋白分解酶的作用下，迅速溶解呈液体状，可见坏死部组织肿胀、软化，然后发生溶解。如化脓灶等。

(3)坏疽。坏疽是指组织坏死后受到外界环境的影响或继发感染腐败菌而引起的一种特殊坏死。坏疽在临床上分为干性坏疽和湿性坏疽。干性坏疽多见于机械压迫、药品腐蚀等。坏疽部组织初期表现苍白，以后水分逐渐丧失，颜色变成褐色至暗黑色，表面干燥、变硬、皱缩。湿性坏疽多见于坏死组织继发感染腐败菌，导致腐败分解所致，初期坏死部组织脱毛、浮肿、暗紫色或暗黑色，表面湿润，盖有恶臭的分泌物。

[治疗]

(1)除去病因。如由伤引发的坏死应立即除去鞍具。

(2)局部疗法。局部剪毛、清洗、消毒，防止湿性坏疽进一步恶化。使用蛋白分解酶除去坏死组织，等待生出健康的肉芽组织。也可以用硝酸银或烧烙阻止坏死恶化。

(3)外科手术法。可用外科手术法摘除坏死组织。严重的湿性坏疽应切除患部(如切除尾部、四肢末端等)。

**(四)溃疡**

溃疡是指发生在皮肤或黏膜上的经久不愈的病理性肉芽创。

[病因]

(1)血液循环、淋巴循环障碍和物质代谢紊乱。

(2)神经营养障碍。

(3)机体缺乏维生素及内分泌紊乱。

(4)机体抵抗力降低和组织再生能力降低。

(5)异物、机械性损伤、分泌物、排泄物的刺激。

(6)某些传染病、外科感染和炎症的刺激(如鼻疽、淋巴管炎)。

(7)急慢性中毒及某些肿瘤。

(8)防腐消毒药的选择使用不当。

[分类、症状及治疗]

(1)单纯性溃疡。溃疡表面被覆少量浓稠、灰白色脓性分泌物,干后形成痂皮,痂皮易脱落,脱落后露出蔷薇红色的肉芽,肉芽表面平整,呈细颗粒状。溃疡周围皮肤及皮下组织肿胀,缺乏疼痛感,溃疡周围的上皮生长缓慢,新形成的幼嫩上皮呈淡红或紫红色。上皮有时在溃疡面的不同部位上增殖形成上皮突起,然后与边缘上皮带汇合。同时肉芽组织逐渐成熟并形成瘢痕而痊愈。

治疗原则是保护和促进肉芽组织生长和上皮形成。

防止粗暴处置,禁止应用破坏细胞的防腐剂。可应用鱼肝油软膏等进行治疗。

(2)炎症性溃疡。多由于长期受到机械性、理化性物质的刺激及生理性分泌物和排泄物的作用;可也见于脓汁及腐败性液体潴留的结果。临床上可见溃疡表面有大量的脓性分泌物,肉芽呈鲜红色或微黄色,周围肿胀,局部温度增高,触诊疼痛。

治疗原则是除去病因,局部禁止使用刺激性药物。

在溃疡周围用青霉素盐酸普鲁卡因溶液封闭,清除创面上的脓汁,溃疡面涂以磺胺乳剂或20%硫酸镁溶液浸纱布敷在创面上,以防止毒素被吸收。如有脓汁潴留,应切开创囊排净脓汁。

(3)蕈状溃疡。多见于四肢末端有活动肌腱通过部位的创伤。可见局部出现高于皮肤表面、大小不同、凸凹不平的蕈状突起,其外形恰似散在的真菌,所以称之为蕈状溃疡。肉芽颜色发绀,被覆少量脓性分泌物,易出血。上皮生长缓慢,病灶周围肿胀。

治疗时可用硝酸银棒、苛性钾、苛性钠烧灼腐蚀除去赘生的肉芽组织,如赘生的蕈状肉芽组织高于皮肤表面很多,可切除或剪除。近年来有人用二氧化碳激光聚焦烧灼和气化赘生物的肉芽取得了较好疗效。

(4)褥疮性溃疡。褥疮是局部组织长时间受到压迫,导致该部血液循环障碍而发生的皮肤坏疽,形成褥疮。多发生于机体的突出部位。坏死部皮肤被毛脱落、质地较硬、干燥,呈棕黑色,坏死皮肤的周围及皮下组织坏死分解,使坏死的皮肤剥、脱落、露出不易愈合的肉芽创,肉芽表面被覆有少量的脓汁,形成褥疮性溃疡。

平时要预防褥疮的发生,如已形成褥疮时,可每天在患部涂擦3%煌绿酒精溶液,2~3次/d。应用紫外线和红外线照射患部可缩短治疗时间。

**(五)瘘管**

深部组织、器官或解剖腔与体表相通的不易愈合的病理性管道称为瘘管。

[病因]

(1)创内存有金属丝、弹片、沙石、被毛、被污染的缝合线、纱布、棉球等异物,长期刺激并化脓而形成瘘道。

(2)因对脓肿、蜂窝织炎、开放性骨折、腱及韧带坏死等治疗不及时、不合理所致。

[症状]

从瘘管口不断排出脓汁,如发病时间较久则有恶臭味,如瘘管口位置较高时,瘘管内潴留的脓汁较多,当患畜活动或挤压患部时可见有脓汁流出。若瘘管与器官相通,则排出该器官的分泌物或内容物(如唾液、乳汁、尿液、食糜等)。

[治疗]

治疗原则是彻底清除瘘管内异物、坏死组织及病理性管壁，畅通引流。

(1)清洁创围。3%过氧化氢液冲洗管腔锐匙彻底刮除管壁，取出异物。然后向管腔内灌注 10%碘仿醚；或者采用腐蚀疗法，用硝酸银、硫酸铜、高锰酸钾、碘粉制成药捻，导入管腔，经 1～2 d，可将病理性管壁腐蚀掉，然后按化脓创处理。

(2)手术疗法。术前 1 日向管腔内注入 5%美蓝液，使管壁组织着色，以便于手术时辨认. 术者在探针的指引下，切开管壁，切除或刮除瘘管壁，用消毒药液冲洗管腔，再向创腔内灌注碘仿醚或魏氏流膏，定期换药。

当瘘管与体腔相通时，可先用纱布填塞管口，然后以梭形切口切开瘘管周围组织，分离瘘管，在瘘管内口处切断管壁并取出，缝合器官切口。用生理盐水彻底创腔，再用纱布拭净创腔内药液。撒布青霉素粉，缝合肌肉及其他组织，结节缝合皮肤。术后全身应用抗生素 1 周。

## 三、外科感染

### (一)概述

[概念]

感染：是指病原微生物在一定条件下经过一定的途径侵入动物机体，并在其中生长、繁殖、分泌毒素，导致机体产生病理性反应的过程。

外科感染：需要用外科手段治疗的感染性疾病(含在创伤、手术后、烧伤、检查等并发的感染)称为外科感染。

[分类]

(1)按病原微生物种类和病变性质分为非特异性感染和特异性感染两类。

非特异性感染：也叫化脓性感染或一般感染，指非特异性病原微生物侵入机体后引发的机体的炎症反应，引起非化脓性感染的常见病原微生物有金黄色葡萄球菌、溶血性链球菌、绿脓杆菌、大肠杆菌、肺炎球菌等。

特异性感染：一种病原微生物只能引起一种特定的感染。特异性感染可引起不同于化脓感染的特殊的病理变化，并且不同的特异性感染需用不同的防治方法。

(2)按感染的来源分为外源性感染和内源性感染。

外源性感染：指病原微生物通过皮肤或黏膜的伤口侵入机体，从而引起的感染。如接触感染、飞沫感染等等。

内源性感染：也叫条件性感染或隐形感染，指病原微生物侵入机体时未被消灭而隐藏存活下来，当机体的抵抗力降低时引起这些病原微生物的繁殖、扩散和感染。

(3)按病原微生物的种类分为单一感染、混合感染、原发感染、继发感染和再感染。

单一感染　指由一种病原微生物所引起的感染。

混合感染　由两种及两种以上病原微生物同时引起的感染。

原发感染　动物机体最初感染的原发性病原微生物所引起的感染。

继发感染　在原发感染的基础上，又由新侵入机体或原来隐藏于机体的另一种病原微生物引发的新的感染。

再感染　被原发性病原微生物反复感染。

(4)按感染的病程长短分为最急性感染、急性感染、亚急性感染和慢性感染。

[引起外科感染的病原微生物]

常见的有金黄色葡萄球菌、溶血性链球菌、绿脓杆菌、大肠杆菌、肺炎球菌、化脓棒状杆菌、变形杆菌等。

外科感染与其他感染的不同点：绝大部分外科感染是由外伤引起的；外科感染一般都具有明显的局

部症状；多为混合感染；损伤的组织或器官常发生化脓和坏死过程；治愈后局部常形成瘢痕组织。

外科感染是动物机体与病原微生物之间相互斗争的病理过程，根据侵入机体的病原微生物的种类、数量多少、毒力大小、侵入门户、动物机体的防御能力的不同，外科感染可表现出不同的结果，相对于动物机体，当侵入门户适当，病原微生物种类适宜时，如果动物机体的防御能力在全局上处于优势而在局部处于劣势时，则出现局部感染的临床症状，如脓肿、蜂窝织炎等，当动物机体的防御能力在全局上和局部上都处于劣势时，则局部感染可引发败血症等全身感染；当机体抵抗力增强时，全身感染经过合理的治疗可很快治愈。因此当机体发生局部感染时，在及时处理局部病变时还要注意全身的变化，提高动物机体的抵抗力，采取局部治疗和全身治疗相结合的方法。

［症状］

1. 局部症状

化脓性感染局部表现为五个典型症状，即红、肿、热、痛、机能障碍，但这五个症状不一定全部出现，而是因病程长短、病变范围及位置深浅而异。病变范围小或位置深的或两者兼而有之的，局部症状不明显。深部感染可仅有疼痛、压痛和表面组织水肿等。

2. 全身症状

感染轻微的可能无全身症状，感染较重的可见有发热、心跳和呼吸加快、精神沉郁、食欲减退等，感染严重的或病程较长的可继发感染性休克、器官衰竭等，甚至会出现败血症。

［诊断］

一般情况下可根据局部症状或全身症状或两者兼而有之做出正确诊断。

特殊情况可借助一些辅助检查来帮助确诊，如诊断性穿刺、实验室检查、X 射线检查、超声波、CT 检查等，一般均有白细胞总数增加、核左移，但某些感染，尤其是革兰氏阴性杆菌感染时，白细胞总数不增加，甚至减少；免疫功能低下的患病动物也可能表现出类似现象。超声波检查、X 射线检查、CT 检查等有助于诊断深部脓肿或体腔内脓肿，如肝脓肿、脑脓肿等，为了正确选用抗生素，可以对感染部位的脓液做细菌培养和药敏试验。当怀疑全身感染时，可进行血液细菌培养，包括需氧培养和厌氧培养，以确定诊断。

［治疗］

治疗原则是局部治疗和全身治疗相结合，既要消除感染病因、切断感染源、去除有毒物质，又要及早预防和注意营养支持，提高患病动物的免疫力，充分调动动物机体的防疫功能，对控制和预防外科感染具有积极的临床意义。

1. 局部治疗

局部治疗的目的是使病灶的化脓感染局限化，减少坏死，减少毒素的吸收，使脓液、创液顺利排出，减轻疼痛，促进再生修复过程。

(1)物理疗法及外部用药。应用温热疗法，红外线、超声波、频谱、特定电磁波等理疗方法，以便改善局部血液循环、消肿、加速感染灶局限化和促进肉芽组织生长。对于某些病例的感染初期，当软组织疼痛肿胀剧烈时，可以使用冷敷，但冷敷时间不能过长，否则容易引起局部贫血甚至造成坏死。对于浅在的急性病变可局部涂擦刺激剂，当脓肿形成后禁止应用热疗。感染的伤口则需要用药物处理。

(2)手术疗法。包括病灶冲洗法、病灶切开术法和病灶摘除法。如果局部化脓灶波动明显，则应立即采取手术切开，排出脓汁，冲洗脓腔，引流；当局部红肿热痛剧烈及全身症状均已出现时，不论是否形成脓肿都要尽早局部切开减压、引流，以减轻局部和全身症状，阻止感染蔓延扩散。如果病灶已破溃，应立即进行扩创、清洗、引流，促进病灶早日愈合。

(3)休息及患部制动。局部化脓感染时，首先要使动物安静，充分休息，以减少疼痛刺激和恢复体力，同时还要局部固定限制活动，在进行细致的外科处理后根据情况决定是否包扎，包扎时应注意不能影响局部的血液循环，冬季还要注意局部保暖。

2. 全身治疗

全身治疗的目的在于保护器官和组织，避免其被病菌、毒素和分解产物所毒害；提高机体的防卫机能，改善中枢神经系统的营养状态，调节机体代谢平衡；改善造血器官和排泄器官的机能，改变血氧不足和组织缺氧的状态，抑制病原微生物的生长繁殖等。

(1)抗生素疗法。合理、恰当、准确地应用抗菌药物是治疗外科感染的重要措施。

①用药原则。尽早分离、鉴定病原微生物并做药敏试验；预防用药的剂量应适当，以防产生耐药性和继发感染，无论是预防性用药还是治疗性用药，都必须有明确的适应症，对于严重外科感染除了采用抗生素疗法外，还必须采用综合性治疗方法。

②药物的选择。如前所述，要根据病原微生物的鉴定结果和药敏试验结果来选择药物，在获得这两项结果之前，可先根据感染的部位、临床症状、脓液涂片革兰氏染色结果，大致判断病原微生物的种类并有针对性的选用抗生素，以后可根据病原微生物的鉴定结果和药敏试验结果来选择药物。

轻度葡萄球菌感染可选用青霉素、红霉素、麦迪霉素等大环内酯类抗生素；重症感染可选用头孢唑啉钠与氨基糖苷类抗生素合用，如果仍然不能控制感染则可选用万古霉素；溶血性链球菌感染，首选青霉素，其他可以选用红霉素、头孢唑啉钠等；大肠杆菌及其他肠道革兰氏阴性菌感染可选用氨基糖苷类抗生素、喹诺酮类或头孢唑啉钠等；绿脓杆菌感染时首选药物为哌拉西林，此外可选用环丙沙星、头孢他啶等，上述药物也可与丁胺卡那霉素或妥布霉素合用；类杆菌或其他梭状芽孢杆菌感染首选药物为甲硝唑，此外还可以选用大剂量青霉素或林可霉素等。

③给药方法。对轻症和比较局限的感染，一般可采用肌内注射；但对于严重感染应采取静脉给药的方法，除个别抗生素外，分次注射法效果更好。

④联合用药。严重的外科感染常常是由多种细菌所引起的混合感染，在运用抗生素治疗时应选择对需氧菌和厌氧菌有效的药物联合应用。一般来说，多数情况下应选择杀菌类抗生素(如青霉素＋氨基糖苷类抗生素)，严重的绿脓杆菌感染时，联合应用羧苄青霉素和氨基糖苷类抗生素，可收到比较满意的效果；肠道手术或腹内感染等，可联合应用哌拉西林和甲硝唑(也可应用氨基糖苷类＋甲硝唑或克林霉素)。

⑤停药时间。一般来说在全身情况和局部感染灶好转后 3～4 d，可以停药。但严重的全身感染则不能停药过早，否则容易使感染复发。

(2)对症治疗。根据患病动物的具体情况进行必要的对症治疗，如强心、利尿、解毒、降温、镇痛剂改善胃肠功能等。

**(二)脓肿**

在组织或器官内形成外有脓肿膜包裹、内有脓汁潴留的局限性脓腔时成为脓肿。它是病原微生物感染后所引起的局限性炎症过程，以局限性感染并在腔内形成脓液为特征。

若在解剖腔内(胸膜腔、关节腔、鼻窦、子宫等)有脓汁潴留时称之为蓄脓，如胸膜腔蓄脓、关节蓄脓、子宫蓄脓等。

[病因]

1.病原微生物引起

大多数脓肿是由病原微生物所引起的，易引起脓肿的病原微生物主要有葡萄球菌、化脓性链球菌、大肠杆菌、绿脓杆菌、腐败性细菌等。

犬和猪的脓肿绝大部分是由金黄色葡萄球菌引起的；牛有时可见由结核杆菌、放线菌感染所形成的冷性脓肿。

有的脓肿是由于血液和淋巴将病原微生物由原发病灶转移到新的组织或器官内所形成的转移性或多发性脓肿。

在给家畜注射时不遵守无菌操作规程而引起注射部位脓肿。

2.无菌性外科感染

在静脉注射水合氯醛、氯化钙、高渗盐水及砷制剂等强刺激性的化学药品时，如果误注或漏注到静脉外则可能发生脓肿。

[病理变化]

在病原微生物等致病因素的作用下，动物机体局部出现急性进行性炎症，初期患部小血管短时间痉挛，随后小动脉、毛细血管扩张，局部血流速度加快，导致患部充血、潮红、温度升高，代谢增强。以后血流速度减慢、静脉瘀血，局部呈暗红色。这是组织供血不足，发生营养障碍、有毒分解产物增多、发炎组织释放出组织胺、白细胞诱导素、病原微生物等有毒物质，这些有毒物质作用于毛细血管，使其通透性增强，渗出明显。同时在组织代谢产物及白细胞诱导素的作用下，最先是嗜中性白细胞游出，随后游出的是单核细胞、巨噬细胞（晚期转化为成纤维细胞）。此时嗜中性白细胞消失。这些细胞具有吞噬功能，起到控制感染的作用。由于血管通透性增强，组织内压增高，酸性产物增加，加之病原微生物的作用，使组织细胞、嗜中性白细胞坏死并释放出蛋白分解酶，病原微生物释放出杀白细胞素、溶纤维酶、组织分解酶等，溶解坏死的细胞、细菌，从而形成脓汁。坏死的嗜中性白细胞、组织细胞成为脓球。在病灶中央由于坏死组织溶解而形成脓腔，充满了脓汁。在化脓灶周围形成脓肿膜，随着脓肿膜的形成，脓肿即告成熟。

［分类］

(1)根据脓肿发生的部位分为浅在性脓肿和深在性脓肿。

①浅在性脓肿又分为浅在性热脓肿和浅在性冷性脓肿，浅在性热脓肿经常发生于皮下结缔组织、筋膜下及表层肌肉组织。

②深在性脓肿常常发生于肌肉、肌间、骨膜下及内脏器官。

(2)根据脓肿的病程经过可分为急性脓肿和慢性脓肿，急性脓肿发展比较快，经过短急，一般 3～5 d 即可形成，局部红、肿、热、痛等明显；慢性脓肿发生发展缓慢，局部缺乏明显的红、肿、热、痛等症状或仅见有轻微的炎症反应。

［症状］

1.浅在性热脓肿

初期触诊时肿胀部位温度增高、质地坚硬、皮肤发红、疼痛感明显，但与周围组织无明显的界限，以后肿胀界限逐渐清晰明显并在肿胀的中央部开始软化出现波动，皮肤变薄，被毛脱落，皮肤破溃后排出脓汁，但有的因为皮肤破溃口较小而排不净脓汁；由于牛的皮肤较厚，所以牛的脓肿常常不易破溃。

2.浅在性冷性脓肿

一般发生缓慢，肿胀局部缺乏热、痛等症状，或仅见有肿胀、波动但缺乏热、痛反应。

3.深在性脓肿

因脓肿部位深在，局部肿胀增温不明显，肿胀部位皮肤及皮下结缔组织见有轻微的水肿，触诊剧痛、指压留痕，如果在压痛或水肿处穿刺，可抽出脓汁。

如果较大的深在脓肿未及时得到治疗，其脓肿膜在脓汁的作用下可能发生变性坏死，最后在脓汁的压力下自行破溃，也可能向深部发展，压迫或侵入邻近的组织器官，引起感染扩散而出现明显的全身症状，甚至出现败血症。

内脏器官的脓肿多数是转移性脓肿或败血症的结果，患病动物慢性消瘦，体温升高，食欲减退和精神不振，血常规检查时白细胞数明显增加。牛在创伤性心包炎时，心包、膈肌、网胃和膈连接处常常见到多发性脓肿。

［诊断］

浅表性脓肿一般根据临床症状可以确诊，深在性脓肿一般可根据穿刺和超声波检查确诊，当脓腔内脓汁稀薄时可以从针孔直接排出脓汁，当脓汁过于黏稠时常常不能排出脓汁时，常可以见到针孔内有黏稠的脓汁或脓块附着。

根据脓液的性状并结合细菌学检查，可以进一步确定引起脓肿的病原微生物。一般情况下由葡萄球菌感染产生的脓液呈微黄色或黄白色、黏稠、臭味小；链球菌，尤其是溶血性链球菌感染产生的脓液稀薄微带红色；大肠杆菌感染产生的脓液呈暗褐色，稀薄带有臭味；绿脓杆菌感染产生的脓液呈苍白绿色或灰绿色，黏稠，而坏死组织呈浅灰绿色；牛结核杆菌感染产生的脓液稀薄有絮状物及乳汁样块；鸡的脓液常呈灰白色，黏稠有干酪样块；腐败性病原微生物感染时脓液呈污秽绿色或巧克力糖色，稀薄而恶臭。

诊断脓肿时，必须与血肿、淋巴外渗、挫伤和某些疝相区别。

［治疗］

治疗的原则是消除病因，消炎，增强机体的抵抗力。

1. 消炎、止痛及促进炎性产物的消散吸收

当局部肿胀处于急性炎性细胞浸润阶段时可以局部涂擦樟脑软膏，或用冷疗法（如复方醋酸铅冷敷、鱼石脂酒精冷敷），以抑制炎性渗出，同时具有止痛作用。病灶周围用0.25%～0.5%普鲁卡因青霉素溶液封闭；当炎性渗出停止后，可以用温热疗法（热敷、红外线等）或局部敷雄黄散和金黄散，必要时配合全身应用抗生素或磺胺类药物。

2. 促进脓肿的成熟

当肿胀局部炎症没有消散吸收的可能时，用温热疗法超短波疗法或鱼石脂软膏等促进脓肿的成熟，待局部出现明显的波动、脓肿成熟时可进行手术治疗。

3. 手术疗法

此法适用于治疗成熟的脓肿。

(1)脓汁抽出法。此法适用于脓肿部位不宜进行切开、脓肿膜形成良好的小脓肿，如关节部脓肿，其方法是先对脓肿局部进行剪毛消毒，然后利用灭菌注射器将脓腔内的脓汁抽出，再用生理盐水反复冲洗脓腔，抽净腔内的脓液，最后灌注混有敏感抗生素的溶液。

(2)脓肿切开法。脓肿成熟后要及时进行手术切开。手术切口应选择在波动最为明显且容易排脓部位，按手术常规对局部进行剪毛消毒，再根据情况对动物做局部或全身麻醉。为了防止切开时由于脓肿内压力过大而向外喷射脓液，可先用粗针头将脓液排出一部分；深在性脓肿切开时，可于浸润麻醉下逐层切开，注意不要损伤大的血管和神经，并要彻底止血，以防止引起脓肿的病原性微生物进入血液循环，而被带到其他组织或器官发生转移性脓肿。

脓肿切开后，要防止外科刀损伤对侧的脓肿膜，切忌用力压挤脓肿壁或用力擦拭脓肿膜里面的肉芽组织，这样可能损伤脓肿腔内的肉芽性防卫组织而使感染扩散，如果一个切口不能彻底排空脓汁时可根据情况作必要的辅助切口，用0.1%高锰酸钾、3%双氧水、0.1%新洁尔灭等反复清洗脓腔，最后用灭菌脱脂纱布轻轻吸出残留在脓腔内的液体。切开后的创口可按化脓创进行用药和引流。

(3)脓肿摘除法。此法常常用于治疗脓肿膜完整的浅在性小脓肿。在小脓肿周围的健康组织上完整切除脓肿，注意不要切破脓肿膜，留下的手术创腔用生理盐水冲洗干净后撒布敏感抗生素，再进行密闭缝合。

**（三）蜂窝织炎**

疏松结缔组织发生的急性弥漫性化脓性炎症称为蜂窝织炎。它多发生于皮下、筋膜下肌肉间及深部结缔组织内，病变不易局限，扩散迅速，与正常组织界限不明显。以在病灶内形成浆液性、化脓性和腐败性渗出液并伴有明显的全身症状为特征。

**[病因]**

(1)溶血性链球菌、金黄色葡萄球菌是引起蜂窝织炎的主要病原微生物，偶尔也可见到由腐败菌所引起的蜂窝织炎。一般多由皮肤或黏膜的微小创口的原发病灶感染引起。

(2)由邻近组织的化脓感染扩散或通过血液循环、淋巴循环的转移而引起。

(3)刺激性的药物误注或漏入皮下或注入结缔组织所引起。

**[病理变化]**

初期，在感染的疏松结缔组织内首先发生急性浆液性渗出，由于渗出液大量积聚而出现水肿。渗出液最初透明或微黄色，以后因白细胞特别是分叶核白细胞渗出的增加而逐渐变为浑浊。白细胞游走至发炎组织后不断死亡、崩解，释放出蛋白溶解酶，另外，致病菌和局部坏死组织崩解时，也释放出组织蛋白溶解酶，它们共同溶解坏死的发炎组织而形成化脓性浸润，化脓性浸润大约经两昼夜即可转变成为化脓灶，感染部位的疏松结缔组织呈弥漫性化脓性溶解或形成蜂窝织炎性水肿。此时，脓肿膜上的肉芽性防卫面发育不良，极易破溃。

**[分类]**

(1)按蜂窝织炎发生部位的深浅。可分为浅在性蜂窝织炎（皮下、黏膜下蜂窝织炎）和深在性蜂窝织炎（筋膜下、肌间、软骨周围、腹膜下蜂窝织炎）。

(2)按蜂窝织炎渗出液的性状和组织的病理变化。可分为浆液性、化脓性、厌氧性和腐败性蜂窝织炎,如化脓性蜂窝织炎伴发皮肤、筋膜和腱的坏死时则称为化脓坏死性蜂窝织炎,在临床上也常常见到化脓菌和腐败菌混合感染而引起的化脓腐败性蜂窝织炎。

(3)按蜂窝织炎发生的部位。可分为关节周围蜂窝织炎、食管周围蜂窝织炎、淋巴结周围蜂窝织炎、股部蜂窝织炎和直肠蜂窝织炎等。

(4)按蜂窝织炎扩散的范围。可分为局限性蜂窝织炎和弥漫性蜂窝织炎。

[症状]

蜂窝织炎多呈急性经过,病势发展较快,具体表现如下:

(1)局部症状。大面积肿胀,浅在病灶呈弥漫性肿胀,初期按压有压痕,后期肿胀部位有波动感;深在病灶呈坚实的肿胀,界限不清,局部增温剧烈疼痛,机能障碍,有的浅在病灶可发生多处组织坏死、溶解、皮肤破溃,排出脓汁。

(2)全身症状。患病动物精神沉郁,食欲不振或废绝,体温升高,呼吸、脉搏增数。循环、呼吸、消化系统都有明显的症状,病情严重的可继发败血症。

由于发病的部位不同其具体症状也有所差异。

皮下蜂窝织炎症状:常发于四肢,尤其是后肢。多由外伤感染引起,发病初期局部出现弥漫性渐进性肿胀,触诊时热痛反应非常明显,呈捏粉状,指压留痕,后肿胀变为有坚实感,局部皮肤紧张。随着炎症的发展,局部的渗出液由浆液性转变为化脓性浸润,此时患部肿胀更加明显,热痛反应剧烈,患病动物体温明显升高,当局部坏死组织的化脓性溶解形成化脓灶时,触诊肿胀部位柔软且有波动感。病情良好者化脓过程局限化或形成蜂窝织炎性水肿,脓液排出后患病动物局部和全身症状减轻;病情恶化者化脓灶继续向周围和深部蔓延,使病情加重。

筋膜下蜂窝织炎:常常见于前肢的筋膜下、鬐甲部的深筋膜和棘横筋膜下、后肢的小腿筋膜下和阔筋膜下的疏松结缔组织中。患部热痛反应剧烈,机能障碍明显,患部组织呈坚实性炎性浸润。随着疾病的发展,感染沿着筋膜向周围组织蔓延,全身症状严重恶化,甚至引发全身化脓感染而导致患病动物死亡。

肌间蜂窝织炎:常常继发于开放性骨折、化脓性骨髓炎、关节炎及腱鞘炎之后。有些是由于皮下或筋膜下蜂窝织炎蔓延的结果。感染可沿着肌间和肌群间的大动脉和大神经干径路蔓延。首先是肌外膜,然后是肌间组织,最后是肌纤维。先发生炎性水肿,继而形成脓性浸润并逐渐发展为化脓性溶解物。患部肌肉肿胀、肥厚、坚实、界限不清,机能障碍明显,触诊和他动运动时疼痛剧烈。表层筋膜因组织内压增高而高度紧张,皮肤可动性受到很大限制。肌间蜂窝织炎时全身症状明显;局部已形成脓肿时,切开后可流出灰色、常带血样的脓液。有时化脓性溶解可引起关节周围炎、血栓性血管炎和神经炎。

[预防]

蜂窝织炎的治疗原则是局部治疗与全身治疗相结合、减少渗出、抑制感染扩散、减轻组织内压、改善全身症状、增强机体抗病能力。

(1)局部疗法。

①控制炎症发展,促进炎性产物消散吸收。发病 2 d 内当炎症继续扩散,组织尚未出现化脓性溶解时,为了减少炎性渗出可用冷敷,(如用 10%鱼石脂酒精、90%酒精、50%硫酸镁溶液等),涂以醋调制的醋酸铅散。病灶周围用 0.5%盐酸普鲁卡因青霉素溶液进行封闭。发病 3～4 d 以后改用温敷法,将上述溶液改为温敷。

②手术疗法。如果炎性渗出不能停止,如见到组织出现增进性肿胀,患病动物体温升高等有明显恶化的趋势时,不需等待脓肿成熟,应立即进行手术切开,以减轻组织内压并排除炎性渗出液;如果局限性蜂窝织炎已经形成脓肿时,可待其出现波动后进行手术切开。

手术切开时应首先进行局部或全身麻醉,切口位置应选在炎症最明显处,切口数量应依据肿胀范围大小而定,可以做多处切口,切口要有足够的长度和深度,必要时可造反对孔。组织切开时应避免损伤大血管、神经、关节囊和腱鞘等。创内用 10%～20%硫酸镁溶液冲洗,做好纱布引流。当炎性渗出停止时,局部创口按创伤治疗用药直至愈合。

(2)全身疗法。早期应用青霉素、氨苄青霉素、头孢菌素、喹诺酮类抗生素或磺胺制剂，必要时可以联合用药，局部可应用盐酸普鲁卡因封闭疗法；还应注意补液纠正水、电解质及酸碱平衡的紊乱，另外还要注意加强饲养管理，患病动物停止使役或剧烈活动，尽量休息。

## 四、头颈部疾病

### (一)结膜炎

是指眼结膜受到外界非感染性和感染性因素的刺激而引起的结膜表层或深层的炎症。是最常见的一种眼病，各种动物均可发生，但临床上以马、牛、犬最为常见。

[病因]

(1)非感染性因素。主要有以下几个方面：

①机械性因素。结膜外伤、各种异物(如灰尘、风沙、花粉、被毛、谷物、昆虫等)刺激。

②化学性因素。如厩舍内氨浓度过大时以及各种化学药品或农药误入眼内。

③免疫介导因素。如过敏、嗜酸粒细胞性结膜炎等。

④其他因素。如热伤、强光刺激等。

(2)感染因素。一方面眼内可能有多种微生物的潜伏，当结膜的完整性遭到破坏时，易引起感染发病。另一方面在动物患某些传染病(如犬瘟热、牛传染性鼻气管炎、牛恶性可他热、羊衣原体感染、猫疱疹病毒感染等)时可继发结膜炎。

[症状]

结膜炎的共同症状是羞明、流泪、结膜充血、结膜浮肿、眼睑痉挛、渗出及白细胞浸润、疼痛等。

(1)卡他性结膜炎。是临床上最为常见的类型，是多种结膜炎的早期症状，可分为急性和慢型两种类型。

①急性型。轻时结膜轻度潮红、肿胀，呈鲜红色，分泌物较少，初期似水，继则变为黏液性；严重时眼睑肿胀、热痛、羞明、充血明显，甚至可见出血斑。炎症有时还可波及球结膜，有时角膜面也见轻微的浑浊。如炎症侵及结膜下时，则结膜高度肿胀，疼痛剧烈。

②慢性型。常由急性转化而来，症状不明显，可见羞明、轻微充血、肿胀，分泌物较少，疼痛不明显，经久不愈可引起结膜增厚。

(2)化脓性结膜炎。常因感染化脓菌或在某些传染病(如犬瘟热)经过中继发，也可是卡他性结膜炎的并发症。一般症状较重，可见眼内流出多量脓性分泌物，上下眼睑常被粘在一起，化脓性结膜炎常波及角膜而形成溃疡。

(3)滤泡性结膜炎。病因是衣原体感染或长期受到刺激而引起的慢性结膜炎。初期球结膜充血、水肿并有浆液黏性分泌物，后转为黏液脓性分泌物。常常在第三眼睑内面形成鲜红或暗红色颗粒。

[治疗]

主要是消除病因，防止光线刺激，消炎镇痛，清洗患眼，对症治疗。

(1)消除病因。要找出致病主要原因并设法消除，若为环境不良所致，则应改善环境；若为某些传染病的继发感染，则应治疗原发病。

(2)遮断光线。将患畜放在暗处或包扎眼绷带。

(3)清洗患眼。使用无刺激的药液冲洗患眼，可用3%硼酸溶液、生理盐水等进行冲洗并清除结膜囊内异物、眼分泌物。

(4)对症治疗。急性卡他性结膜炎：炎症初期充血显著时，可用冷敷法；当分泌物变为黏液时，则改为温敷法，再用0.5%～1%硝酸银溶液点眼，1～2次/d。用药后经30 min，就可以将结膜表面的细菌杀死，同时还能在结膜表面形成一层很薄的膜，从而对结膜面起保护作用。但用过本品后10 min，要用生理盐水冲洗，避免过剩的硝酸银的分解刺激，而且可以预防银沉着。若分泌物已见减少或趋于吸收过程时，可用收敛药，首选0.5%～2%硫酸锌溶液，2～3次/d。还可应用2%～5%蛋白银溶液、0.5%～1%明矾溶液、2%黄降汞眼膏。

球结膜下或眼睑皮下注射药物也有较好的疗效。

球结膜下注射的方法是：用0.5%盐酸普鲁卡因2～3 mL溶解青霉素5万～10万IU，再加入氢化可的松2 mL(10 mg)，作球结膜下注射。

眼睑皮下注射的方法是：用0.5%盐酸普鲁卡因2～4 mL溶解氨苄青霉素10万IU，再加入地塞米松磷酸钠注射1 mL(5 mg)，作眼睑皮下注射，上下眼睑分别注射0.5～1 mL。

慢性结膜炎的治疗可采用刺激温敷疗法。局部可用较浓的硫酸锌或硝酸银溶液，或用硫酸铜棒轻擦上、下眼睑，擦后立即用硼酸水冲洗，然后再进行温敷。也可用2%黄降汞眼膏涂于结膜囊内。中药川连1.5 g、枯矾6 g、防风9 g，煎后过滤，洗眼效果较好。

病毒性结膜炎时，可用病毒唑、阿昔洛韦、干扰素等眼药水或5%磺醋酰胺钠点眼，同时使用抗生素眼药水，以防继发和混合感染。

**(二)角膜炎**

角膜炎是指角膜因受到微生物、外伤、理化因素的影响而发生的炎症。临床上常见的浅表性、深层性、外伤性、溃疡性角膜炎。

**[病因]**

(1)外伤或异物误入眼内。如鞭打、笼头的压迫、尖锐物体刺伤、眼睑内翻；谷壳、碎玻璃等误入眼内。

(2)化学物质或药物进入眼内可发生角膜烧伤而发炎。

(3)上皮受伤时由微生物(如细菌、病毒、真菌等)引发角膜炎。

(4)在动物患有某些传染病(牛恶性卡他热、牛肺疫、犬瘟热、犬传染性肝炎、猫疱疹病毒感染)和混睛虫病时，常继发或并发角膜炎。

**[症状]**

(1)浅表性角膜炎。角膜表层损伤，侧面可见角膜表层上皮脱落及伤痕。有时可见角膜表面粗糙不平。侧面观之无镜状光泽，变为灰白色浑浊。角膜表层炎症可迅速向深层发展，也可转为慢性。慢性角膜炎可在角膜上皮下形成许多新生血管，呈树枝状，血管来自结膜，向角膜中央发出。病程长时可见角膜内有黑色素沉着。

(2)深层性角膜炎。一般症状与浅表性角膜炎基本相同，但角膜表面不粗糙，仍有镜面光泽，其浑浊的部位在角膜深层，呈点状、棒状或云雾状，其颜色为蓝色、灰白色、乳白色、淡黄色等，角膜周围及边缘血管充血，血管增生明显。

(3)外伤性角膜炎。常可以找到伤痕，透明的表面变为淡蓝色或蓝褐色；由于致伤物体的种类和力量不同，角膜表面可出现浅创、深创或贯通创。

(4)溃疡性角膜炎。主要是由于角膜外伤后又感染致病性微生物；或由于各种因素导致角膜上皮抵抗力降低时发生内源性感染，导致发生浅表性角膜溃疡；角膜小脓肿及深层性角膜炎也可导致发生深层角膜溃疡。患畜表现为羞明、流泪，疼痛剧烈，眼睑痉挛，结膜充血，角膜水肿且有新生血管形成，严重时可导致角膜穿孔，视力丧失。

**[治疗]**

治疗原则是除去病因，控制感染，增强机体抵抗力，促进炎症吸收，加强组织修复，减少瘢痕形成。

急性期的冲洗用药与结膜炎的治疗基本相同，若角膜炎症较重时，应配合全身用药。

为了促进角膜浑浊的吸收，可向患眼内吹入等份的甘汞和乳糖(白糖也可)；40%葡萄糖溶液或自家血点眼，或自家血眼睑皮下注射；1%～2%黄降汞眼膏涂于患眼内。大动物还可以静脉注射5%碘化钾溶液，20～40 mL/d，连用1周；疼痛剧烈时，可用10%颠茄软膏涂于患眼内。

如角膜已经穿孔，应严密消毒防止感染。可用保守疗法，若保守疗法不佳时，可采用结膜瓣或瞬膜瓣遮盖术提高该病的疗效。对新发的虹膜脱出病例，可将虹膜还纳展平；脱出时间较长的病例，可用灭菌的虹膜剪剪去脱出部，涂黄降汞眼膏，并装眼绷带。对病情严重且不能控制感染者，可进行眼球摘除手术。

为了促进角膜溃疡和角膜穿孔后的愈合，同时还可使角膜混浊减退，可用1%三七液煮沸灭菌，冷却后点眼。

为了促进角膜和结膜水肿的消退，可用5%氯化钠溶液点眼，3～5次/d。

中成药拨云散、决明散、明目散等对慢性角膜炎有一定的疗效。

**（三）面神经麻痹**

是指面神经所控制的面部肌肉发生机能障碍的一种疾病。本病多见于马属动物。在临床上面神经麻痹以单侧性多见。根据损伤程度分为全麻痹和不全麻痹；根据损伤部位分为中枢性麻痹和末梢性麻痹。

**［病因］**

（1）中枢性面神经麻痹。

①脑部神经受压。如脑肿瘤、血肿、挫伤、脓肿指形丝状线虫的幼虫-微丝蚴进入脑内的迷路感染等。

②某些疾病也可导致本病的发生。某些传染病如犬瘟热、流行性感冒、乙型脑炎、马腺疫、传染性脑炎、李氏杆菌病等；某些中毒如矿物质中毒等。

（2）末梢性面神经麻痹。主要见于神经干及其分支受到创伤、挫伤、压迫、长期侧卧于地、摔跌猛撞于硬物等。此外面神经管内的肿瘤、中耳疾病或腮腺的肿瘤、脓肿等可引起单侧面神经麻痹。

**［症状］**

（1）单侧性面神经麻痹。可见一侧性耳不能自主运动，耳下垂、歪斜或呈水平状，上下眼睑下垂，触诊眼睑反射消失；面部不对称，口眼歪斜（上下唇向健侧歪斜），鼻孔下塌，通气不畅，采食和饮水困难（图2-1-44）。马用牙齿摄取饲料，咀嚼不灵活，患侧臼齿与颊部之间积有残余饲料。牛由于鼻镜及鼻唇较厚，故歪嘴症状不明显，但采食和反刍时常有饲料和唾液自患侧口角流出。猪可见吻突歪斜，唇的自主活动消失，两侧鼻孔大小不一。犬可见患侧上唇下垂，鼻歪向健侧，耳自主活动消失。

图2-1-44　马一侧面神经麻痹

（2）两侧性面神经麻痹。多属于中枢性神经麻痹，即多数是中枢神经病变的结果，呈现两侧性上述症状，可见呼吸困难，动物将嘴伸入到饲料中采食，饮水时将口角深深埋入水面下，吸吮水的能力差，流涎，两侧颊部有多量残留饲料，并有咽下困难等。

**［治疗］**

治疗原则是除去致病因素，恢复神经机能，预防肌肉萎缩。

（1）中枢性面神经麻痹或由全身性疾病引起的面神经麻痹，应积极治疗原发病。

（2）末梢性面神经麻痹。

①在神经通路上进行按摩，温热疗法。

②在神经通路附近或相应穴位交替注射硝酸士的宁和樟脑油，隔日1次，3～5次为一个疗程。

③维生素$B_1$、维生素$B_{12}$肌内注射，地塞米松肌内注射或静脉注射，以控制神经组织水肿和炎症。

④针灸治疗，针灸开关、锁口上关和下关等穴位。也可以采用电针疗法。

⑤红外线疗法、感应电疗法。

⑥对于双侧性面神经麻痹而导致鼻翼塌陷和呼吸困难的马，可用鼻翼开张器或手术扩大鼻孔，以解除呼吸困难。

鼻翼开张法有两种：一种是皱襞开张法，即先将鼻翼背部的皮肤作成若干纵褶，横穿粗缝线，收紧打结，由于皮肤向中央紧缩而导致鼻孔开张；另一种是皮瓣切除法，即在两鼻孔之间的鼻背上切除一片卵圆形的皮肤，然后将两创缘缝合，使鼻孔张开。

## 五、腹部疾病

**(一)疝概述**

疝是指腹腔内的组织器官从异常扩大的自然孔道或病理性破裂孔脱出于皮下或其他解剖腔的一种常见疾病。疝又称赫尔尼亚。各种动物均有发生,家畜以猪、马、牛、羊常发,小动物以犬发病率较高,猫也时有发生。野生动物的疝也有报道。

［组成］

疝由疝孔(也叫疝轮、疝环、疝口)、疝囊和疝内容物组成(图 2-1-45)。

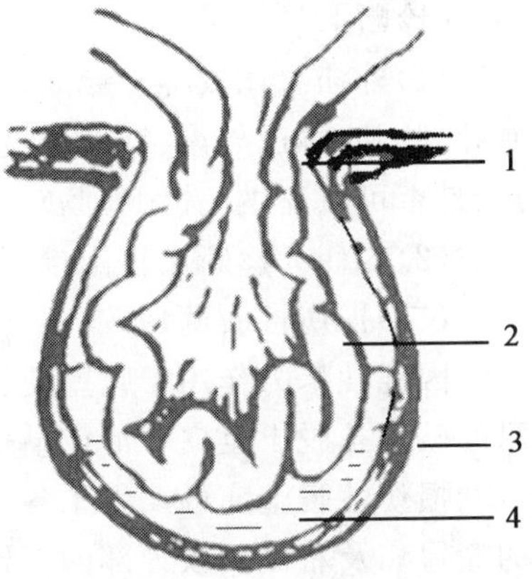


图 2-1-45　疝的组成

1.疝孔;2.疝内容物;3.疝囊;4.疝液

(1)疝孔。是自然孔的异常扩大或腹壁上的病理性破裂孔,内脏可由此脱出。疝孔可呈圆形、卵圆形或不规则的狭窄通道。由于解剖部位的不同和病理过程的时间长短不一,疝孔的结构也不一样,初发的新疝孔,多因断裂的肌纤维收缩,使疝孔变薄,且常被血液浸润;陈旧的疝多由因局部结缔组织增生,使疝孔增厚,边缘变钝。

(2)疝囊。指包围疝内容物的外囊袋,由腹膜、腹壁的筋膜皮肤等构成。典型的疝囊包括囊口、囊颈、囊体和囊底。疝囊的大小及形状取决于发生部位的局部解剖结构,小的疝囊可呈鸡蛋形、扁平形或圆球形,大的疝囊可达排球大小甚至更大。

(3)疝内容物。是指通过疝孔脱出到疝囊内的组织器官及少量疝液。几乎所有的疝内容物中都含有的数量不等的液体。即疝液。疝液常在腹腔与疝囊之间互相流通。一般正常山液为透明、微黄色的浆液性液体。当发生嵌闭性疝时,初期由于血液循环受阻,血管渗透性增强,疝液增多并逐渐变浑浊,呈淡紫红色,严重时有恶臭腐败气味。

在正常情况下,腹腔液中仅含有少量的中性粒细胞和浆细胞,当血管和肠壁的渗透性发生改变时,在疝液中可以见到大量崩解阶段的中性粒细胞,而几乎看不到浆细胞,据此可以作为判断是否有嵌闭现象的参考指征。

［分类］

(1)按疝是否突出于体表分为内疝和外疝,凡疝囊突出于体表者称为外疝,如脐疝;凡疝囊不突出于体表者称为内疝,如膈疝。

(2)按疝发生的解剖部位分为脐疝、腹股沟阴囊疝、腹壁疝、会阴疝、膈疝等。

(3)按发病原因分为先天性疝和遗传性疝。

(4)按疝内容物的可复性分为可复性疝和不可复性疝。前者是指当改变动物体位或压挤疝囊时,疝内容物可以通过疝孔还纳腹腔;后者是指无论是改变体位还是压挤疝囊,疝内容物都不能回到腹腔。根据病理变化将不可复性疝又分为粘连性疝和嵌闭性疝。粘连性疝是指疝内容物与疝囊壁发生粘连、肠管与肠管之间发生粘连、肠管与网膜之间发生粘连等;嵌闭性疝又可分为粪性嵌闭疝、弹力性嵌闭疝和逆行性嵌闭疝等数种。粪性嵌闭疝是由于脱出的肠管内充满大量的粪块而引起,使增大的肠管不能回入腹腔。弹力性嵌闭疝是由于腹内压增高而发生,腹膜与肠系膜被高度牵张,引起疝孔周围肌肉反射性痉挛,孔口显著缩小。逆行性嵌闭疝是由于游离于疝囊内的肠管,其中的一部分又通过疝孔钻回到腹腔中,两者都受到疝孔的弹力压迫,造成血液循环障碍。

以上三种嵌闭疝均可使肠壁血管受到压迫而引起血液循环障碍、瘀血、甚至引起肠管坏死。

［症状］

先天性外疝如脐疝、腹股沟阴囊疝、会阴疝等的发病都有固定的解剖部位。可复性疝一般不引起动物任何全身性障碍,只是在局部突然出现一处或多处隆起,隆起物球状或半球状,触诊柔软,当改变动物体位或用力挤压时隆起部可能缩小或消失，可以触摸到疝孔。当患病动物强烈努责、腹腔内压增高或吼叫挣扎时，隆起会变得更大，表明疝内容物可随时增减。外伤性腹壁疝随着腹壁组织受伤的程度而异，在破裂口的四周往往有不同程度的炎性渗出和肿胀，严重的逐渐向下、向前后蔓延，压之有指痕，很容易发展成粘连疝。嵌闭性疝则突然出现剧烈的疼痛，局部肿胀增大、变硬、紧张，排粪、排尿受到影响，严重的大小便不通或继发胃肠鼓气。

［诊断］

(1)外疝。比较容易诊断，可以从发病史、全身症状、局部症状等方面加以分析，同时应注意与腹壁的血肿、脓肿、淋巴外渗、蜂窝织炎、精索静脉肿、阴囊积水及肿瘤等进行鉴别诊断，主要从发病部位，有无疝孔、是否可以还纳、有无胃肠蠕动音和穿刺液的性质进行区别诊断。

(2)内疝。诊断比较困难，除一般临床诊断外，必要时需做实验室诊断或剖腹探查。

**(二)损伤性腹壁疝**

因钝性暴力作用于腹壁使腹壁肌、腱膜甚至腹膜发生破裂，而皮肤仍保持完整性，腹腔内的脏器经腹肌的破裂孔脱出至皮下形成损伤性腹壁疝。

损伤性腹壁疝可发生于各种动物，腹壁疝在牛、马、骡多发生于膝褶前方下腹壁；牛常见于左侧腹壁的瘤胃疝及右侧剑软骨部的真胃疝；猪多发生于腹侧阉割部位；犬、山羊多见于肋弓后方的下腹壁。

［病因］

一般由于强大钝性暴力作用于腹壁而引发本病。在强大钝性外力的作用下，皮肤仍能保持其完整性(由于皮肤的韧性及弹性较大)，但皮下的腹肌及腹膜很容易被钝性暴力造成损伤而破裂。如牛角顶撞、马踢，木桩和车辕杆冲撞等。犬则多见于相互斗咬或车祸。

［症状］

主要症状是腹壁受伤后局部出现一个局限性扁平、柔软的肿胀(图2-1-46)，触诊时有痛感、温热感，多有可复性，多数可摸到疝孔。伤后两天，由于炎性反应逐渐发展，形成越来越大的扁平肿胀并逐渐向下、向前后蔓延。损伤性腹壁疝可伴发淋巴管断裂，导致淋巴液流出。另外受伤后腹膜发炎产生大量腹水，也可经破裂的腹膜流至肌间或皮下疏松结缔组织中而形成腹下水肿，此时原发部位变得稍硬。发病两周内常因大面积炎症反应而不易摸清疝轮。一般情况下，疝囊的大小与疝轮的大小有密切关系，即疝轮越大则脱出的内容物也越多，疝囊也越大，但也有疝轮很小，但脱出的小肠很多，此种情况多因腹内压力过大所致。

**图 2-1-46 牛腹壁疝**

损伤性腹壁疝很容易发生粘连和嵌闭，一旦发生粪性嵌闭则可见到程度不同的腹痛。患畜表现为不安、前肢刨地、时起时卧、急剧翻滚，有的可因未得到及时的抢救而继发肠坏死、剧烈疼痛、休克死亡。

［诊断］

一般根据发病史、临床症状可以初步确诊，如受到钝性暴力后突然出现柔性可复性肿胀，触诊能摸到疝轮，能听到肠蠕动音，疝囊体积时大时小，有的甚至随着肠蠕动而忽高忽低等。可以初步诊断为损伤性腹壁疝。

腹壁损伤性炎性肿胀有其发生规律，马属动物最为明显，一般在3～5 d达到最高峰，由于炎性肿胀常常妨碍触摸出疝的范围，更不容易确定疝轮的方向与大小，因此为了进一步确诊损伤性腹壁疝，还应与淋巴外渗、腹壁脓肿进行鉴别，一般淋巴外渗发生比较缓慢，病程长，既无疝痛症状，也无疝轮，穿刺流出透明淡黄色的液体。腹壁脓肿穿刺时可流出脓汁。有时还应注意与蜂窝织炎、肿瘤、血肿等进行鉴别。

［治疗］

1. 保守疗法

此法只用于初发病例，凡疝孔位置高于腹侧壁的1/2以上，疝孔小，有可复性，尚不存在粘连的病例，可以采用保守疗法。大家畜在疝孔位置安放特制的软垫，用特制压迫绷带在患病动物身体上绷紧后起到固定填塞疝孔的作用。一般随着炎症及水肿的消退，疝轮可自行修复愈合。缺点是压迫绷带有时会移动而影响疗效。小动物如犬等可采用弹力胶带或绷带压迫疝孔。

大家畜压迫绷带的制备：用橡胶轮胎或 0.5 cm 厚的胶皮带切成长 25～30 cm，宽 20 cm 的长方块，根据具体情况在橡胶块的边缘处打上数个小孔。每个孔都接上条状固定带，以便绕腹部固定。

2. 固定法

先整复疝内容物，在疝轮部位压上适量的脱脂棉，随即将压迫绷带对正患部，紧紧压实，同时系牢固定带，经过 15 d 左右即可解除压迫绷带。

3. 手术疗法

此法为本病的根治疗法。术前应充分禁食，以防腹内压升高，便于修补破口，手术越早越好，一般应在发病后立即进行。

(1)保定与麻醉。马、犬侧卧保定，患侧在上，进行全身麻醉。牛可站立保定或侧卧保定，做局部浸润或腰旁神经传导麻醉，同时配合使用静松灵或 846 合剂等药物进行全身麻醉。

(2)手术径路。在病初尚未发生粘连时，可在疝轮附近做切口；如已发生粘连则必须在疝囊处做一皮肤梭形切口，钝性分离皮下组织，将内容物还纳入腹腔，缝合疝轮，闭合切口。

(3)疝修补术。

①新腹壁疝。当疝轮小，腹壁张力不大，如腹膜已经破裂时，可用肠线缝合腹膜，用丝线结节或内翻缝合法闭合疝轮；当疝轮较大、腹壁张力大，缝合过程患畜挣扎可能发生扯裂时，可采用双纽孔状缝合法缝合。见图 2-1-47。

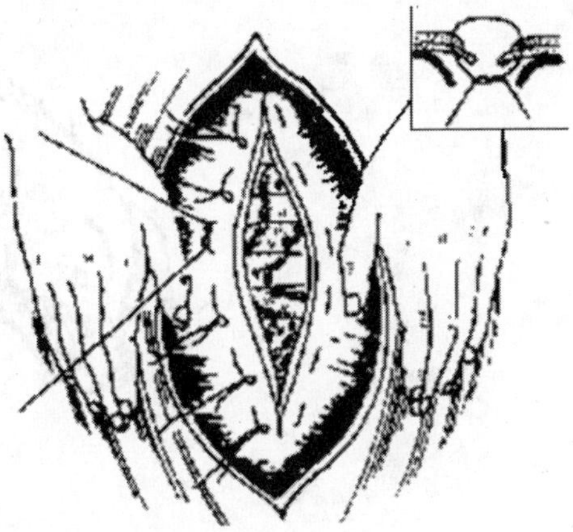

图 2-1-47　疝孔缝合法

②陈旧性腹壁疝。陈旧性腹壁疝是指因腹壁疝急性期错过手术治疗的机会，或因其他原因造成大部分已经瘢痕化，肥厚而硬固的疝。对陈旧性腹壁疝必须做修正手术，将瘢痕化的结缔组织用手术刀切成新鲜创面，如果疝轮过大还需要将邻近的纤维组织或筋膜做成修补瓣以填补疝孔。在切开皮肤后用手术刀先将疝囊的皮下纤维组织与皮肤囊分离，然后切开疝，将一侧的纤维组织瓣用纽孔缝合法缝合在对侧的疝轮组织上，根据疝轮的大小作若干个纽孔缝合；再将另一侧的组织瓣用纽孔缝合法覆盖在其上面，最后用减张缝合法闭合皮肤创口。

(4)术后护理。

①保持患部清洁、干燥，防止患畜卧地、摔倒。

②每日检测体温、脉搏，喂给青饲料及富含蛋白质的饲料。

③患畜有否发生疝痛和不安，尤其是马属动物的腹壁疝，如疝内容物整复不确实、手术粗糙过度刺激内脏或术后粘连等均可引起疝痛。

④腹壁疝手术易伤及膝褶前的淋巴管，常在术后 1～3 d 出现高度水肿。应与局部感染所引起的炎症相区别，并采取相应措施。

⑤嵌闭性疝的术后护理：防止摔倒，每日检查患畜体温、脉搏、呼吸、局部及全身症状，对已出现水、电解质代谢紊乱和代谢性酸中毒时，应静脉补水和电解质溶液并静脉注射 5%碳酸氢钠溶液；术后应早期牵溜，以帮助恢复胃肠机能；密切观察术后有无再度闭结的发生；术后禁食 2～3 d，当患畜排粪、排尿、肠音恢复且有明显食欲时，方可少量饲喂优质易消化的饲料，以后逐渐恢复到正常的饮食量；术后一周内每天要使用足量的抗生素，以预防切口感染及腹膜炎的发生。

⑥为了防止感染，术后 3～5 d 需抗菌消炎。

**(三)脐疝**

腹腔脏器经由扩大的脐孔脱至皮下成为脐疝。各种动物均可发生，但以幼畜多发；分为先天性和后天性两种，以先天性多见。

［病因］

(1)先天性脐疝病因。脐孔闭锁不全或没有发育，脐孔异常扩大，同时因腹压增加以及内脏本身的重力等因素导致发病。

(2)后天性脐疝病因。出生后脐孔闭锁不全，断脐时过度牵引，脐部化脓，以及因腹内压增大，如便秘时的努责，肠臌气或用力过猛的跳跃等均可导致发生本病。

［症状］

脐部呈现局限性球形肿胀(图 2-1-48)，质地柔软，有的紧张，缺乏红、肿、热、痛等炎性反应，病初多数能在挤压疝囊或改变体位时将疝内容物还纳到腹腔，并可摸到疝轮，仔猪和幼犬在饱食或挣扎时脐疝可增大。可听到肠蠕动音，犊牛脐疝一般可由拳头大小发展到排球大甚至更大。后期由于结缔组织增生和腹压大，往往摸不到疝轮。猪的脐疝如果疝囊膨大，可因皮肤被摩擦而伤及粘连的肠管，形成肠瘘。嵌闭性脐疝较少见，若发生则可见到明显的全身症状，患病动物极度不安，马、牛均可出现不同程度的疝痛，食欲废绝，在犬和猪还可见到呕吐，呕吐物常有粪臭味。可很快发生腹膜炎，体温升高，脉搏加快。如不及时进行手术治疗常可引起死亡。

图 2-1-48　猪的脐疝



［诊断］

较容易诊断，但应注意与脐部脓肿和肿瘤相区别，必要时可做诊断性穿刺。

［预后］

可复性疝预后良好，幼畜一般经保守治疗常能治愈。嵌闭性疝预后可疑，如能及时治疗预后良好。

［预防］

(1)保守治疗。此法适用于疝孔较小的脐疝。可用疝气磁疗带(纱布绷带或复绷带)、局部涂擦强刺激剂(如碘化汞软膏或重铬酸甲软膏)等以促进局部炎性增生闭合疝口。但强刺激剂有可能使炎症扩散至疝囊壁及其中的肠管，导致发生粘连性腹膜炎。用 95％的酒精在疝轮周围分点注射，每点 3～5 mL，有一定疗效。

皮下包埋锁口缝合法疗效好，简便易行。方法是缝针带缝线绕疝孔皮下一周，还纳内容物，然后拉紧缝线闭合疝孔打结。

(2)手术疗法

①可复性脐疝。行仰卧保定，局部常规处理。局麻后，在疝囊基部靠近脐孔处纵向切开皮肤，最好不要切开腹膜，稍加分离，还纳疝内容物，在靠近脐孔处结扎腹膜，将多余部分剪除。对疝轮纽孔状或袋口缝合，切除多余皮肤并结节缝合。涂碘酊，装保护绷带。哺乳仔猪可行皮外疝轮缝合法。即将疝内容物还纳腹腔，提起疝轮两侧肌肉及皮肤，用纽孔状缝合法闭锁脐孔。对病程稍长，疝轮较厚、光滑而大的脐疝，在闭锁疝轮时，应先用手术刀轻轻划破脐孔边缘肌膜，造成新创面再缝合。

②嵌闭性脐疝。先在患部皮肤上切一小口(勿伤及疝内容物)，手指探查内容物种类及粘连、坏死等

病变。用手术剪按所需长度剪开疝轮，暴露疝内容物，剥离黏性物。若有肠管坏死则需切除坏死段肠管并行吻合术。然后将肠管送回腹腔并注入适量抗生素。用袋口或纽孔状缝合法缝合疝轮，结节缝合皮肤，装压迫绷带。

现在已经有人应用以塑料、不锈钢、尼龙及碳纤维等为材料制成的人造脐疝修补网成功修补马、牛脐疝。其方法有两种，一种是放置在腹腔疝环的内面，另一种是放在疝轮的外侧面。用脐疝修补网缝合在疝环内或疝轮外进行修补手术。

［护理］

同损伤性腹壁疝。

**(四)腹股沟阴囊疝**

根据腹股沟阴囊疝发生的解剖部位的不同将腹股沟阴囊疝分为腹股沟疝和腹股沟阴囊疝两种，而腹股沟阴囊疝又分为鞘膜内疝(图 2-1-49)和鞘膜外疝(图 2-1-50)。

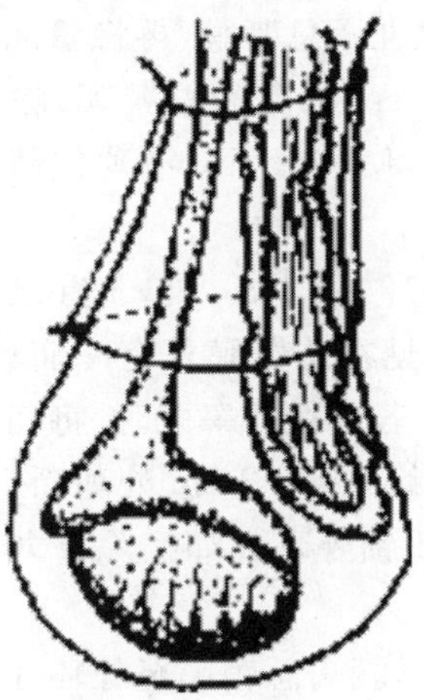

图 2-1-49　鞘膜内疝

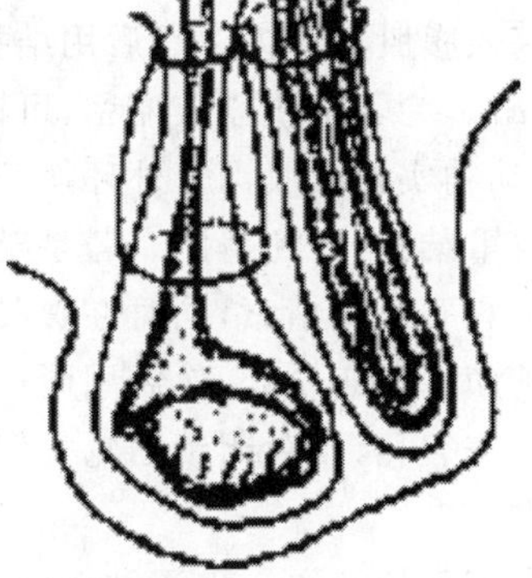

图 2-1-50　鞘膜外疝

当脏器通过腹股沟管口脱入鞘膜管内时称为腹股沟疝；当脏器脱入鞘膜腔内时称为鞘膜内疝(阴囊疝)；当脏器经过腹股沟稍前方腹壁破裂孔脱入阴囊肉膜与总鞘膜之间时称为鞘膜外疝(真性阴囊疝)。

腹股沟疝常见于母猪、母犬。腹股沟阴囊疝常见于公猪、公马(主要见于幼驹)，其他雄性动物比较少见。

［病因］

(1)先天性病因。腹股沟管口过大。

(2)后天性病因。能使腹压增高而导致腹股沟管口扩大的各种因素均可成为本病的原因，如爬跨、跳跃、后肢滑走、过度开张或努责等。

［症状］

(1)腹股沟疝。有单侧性和双侧性两种。疝内容物直接脱至腹股沟外侧的皮下、耻骨前腱膜腹白线两侧，局部膨胀突起，肿胀物大小随疝内容物的性质和多少而定。触之柔软，无热、无痛，无全身症状，常可还纳于腹腔内。若脱出的时间过长则可能发生粘连和嵌闭，此时触诊有热痛，疝囊紧张，患病动物有腹痛或因粪便不通而导致腹胀，肠管瘀血、坏死，食欲下降等全身症状。

(2)阴囊疝。一侧性或双侧性阴囊增大，阴囊皮肤紧张发亮，触诊时柔软有弹性，无热、无痛；有的呈现发硬、紧张、敏感。听诊有时能听到肠蠕动音。若为先天性及可复性疝，则直检时可触知腹股沟内环扩大，落入阴囊的肠管随腹内压的大小而有轻度的变化；嵌闭性疝的全身症状明显，若不能及时发现和采取有效措施，则可能因耽误治疗而引起死亡。患畜表现为剧烈腹痛，一侧或两侧阴囊皮肤紧张，浮肿、皮肤发凉(少数发热)，阴囊皮肤因汗液而变湿润。患畜不愿走动，并在运步时后肢开张，步态紧张，脉搏和呼吸数增加。随着炎症的发展，全身症状加重，体温升高。当嵌闭的肠管发生坏死时，表现嵌闭综合征，必须采取急救手术切除坏死肠段，方可挽救动物生命。

猪的腹股沟阴囊疝症状明显，可见一侧或两侧阴囊增大，触诊阴囊硬度不一，可摸到疝的内容物（多为小肠），如提举两后肢，常可使疝内容物回至腹腔而使阴囊缩小，但放下后或腹压增大时又恢复原状。少数也可成为嵌闭性疝，肠管与阴囊壁发生部分或广泛的粘连。

［诊断］

根据临床症状比较容易做出诊断。大动物可通过直肠检查触摸内环的大小，大动物的内环的大小在三个手指并列通过或更大，并摸到进入腹股沟管内的脏器即可确诊。

腹股沟阴囊疝应与睾丸炎、附睾炎、阴囊积水等相鉴别。阴囊积水触诊柔软，有液体感，直肠检查时触摸不到疝内容物。睾丸炎和附睾炎在炎症阶段局部有热、有痛，触诊较硬。

［治疗］

手术疗法是本病的根治方法。

(1)腹股沟管外环切开法。局部剪毛消毒并麻醉。先在患部表面将疝内容物送回腹腔，然后在患侧外环处与体轴平行切开皮肤，露出总鞘膜，将其剥离至阴囊底提起睾丸及总鞘膜，再将睾丸向同一方向捻转数圈，在靠近外环处贯穿结扎总鞘膜及精索，在结扎线下方 1～2 cm 处剪断总鞘膜，除去睾丸及总鞘膜，将断端塞入腹股沟管内。然后用结扎剩余的两个线头缝合外环，使其密闭。清理创部，撒消炎粉，缝合皮肤涂碘酊。为了防止创液潴留，可以在阴囊底部切一小口。

在对大动物实施腹股沟管外环切开时，切口长 10～14 cm，在外环 3～4 cm 处，贯穿结扎总鞘膜及精索，最好作双重结扎，以免滑脱。若是鞘膜外疝时，切开阴囊皮肤可见在总鞘膜外有一疝囊，其中只有肠管或网膜，没有睾丸和精索，同时在腹股沟管外环附近可发现疝轮。若要保留睾丸时，将疝内容物还纳回腹腔后，捻转疝囊至疝轮处，然后用同样方法结扎疝囊基部，在结扎线下 1～2 cm 处剪断，将游离断端送入腹腔，填塞破裂孔，然后闭锁疝轮。但一定注意不要伤及精索或闭锁外环。如摘除睾丸时用前述方法即可。

(2)阴囊底部切开法。先还纳疝内容物，纵行切开阴囊底部皮肤，剥离总鞘膜至外环处，提起睾丸，送回内容物，捻转睾丸数圈，闭锁外环，用上述方法摘除睾丸和闭锁腹股沟外环。当疝内容物发生嵌闭时，可切开疝囊或总鞘膜，按外伤性腹壁疝的嵌闭或粘连的治疗方法进行处理，然后再用上述方法闭锁腹股沟外环。见视频 2-1-4。

仔猪阴囊疝手术

**视频 2-1-4　仔猪阴囊疝手术**

## 六、四肢疾病

### (一)跛行诊断

跛行也叫瘸腿，是指家畜的肢蹄或其临近部位因病态而表现于四肢的运动机能障碍。跛行不是一种独立的疾病，它是由多种疾病尤其是四肢疾病引起的四肢机能障碍的临床综合征。

［原因］

1.损伤

动物机体遭受机械性损伤，如重物打击、碰撞、迭创等造成肢、蹄损伤，引起跛行。

2.过度使役和骑赛

长时间过度的使役或在崎岖道路上长距离骑赛，都能够造成四肢肌腱损伤，导致跛行。

3.先天性疾病

某些遗传性因素导致的先天性疾病如先天性四肢骨、关节发育不良、畸形、屈腱挛缩等，均可导致跛行。

4.营养不良

饲料中矿物质不足、比例失调、维生素缺乏，造成骨、关节代谢紊乱，而导致跛行。

5.削蹄失宜

削蹄不平或装蹄不当均可造成跛行。

6.某些疾病

某些疾病过程常可引起四肢机能障碍，如睾丸炎、风湿病、佝偻病、骨软症、口蹄疫、流行性乙型脑炎、犬瘟热；脑脊髓丝虫病、伊氏锥虫病等引起的脑脊髓炎或外周神经损伤、麻痹等均可导致跛行。

［分类及临床症状］

1.按机能障碍和步幅变化分类

(1)悬跛(运跛)。患肢提举和伸扬出现机能障碍，其特征是抬不高、迈不远、运步缓慢、侧望呈前方短步。悬跛多表明病变在肢的上部，即中兽医所说的“敢踏不敢抬，病痛在胸怀”。见图2-1-51和图2-1-52)。

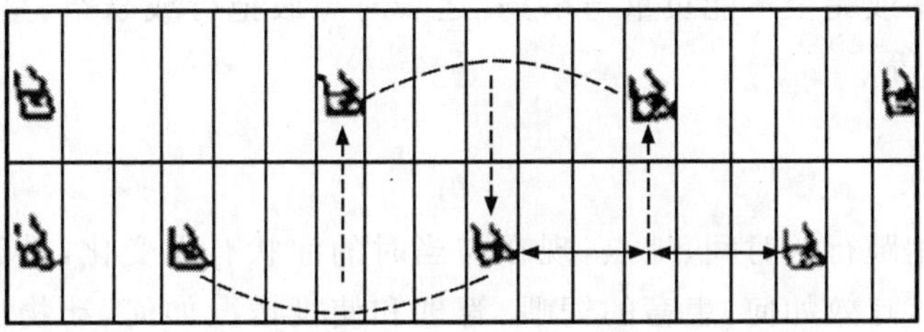

图 2-1-51　健康动物的步幅

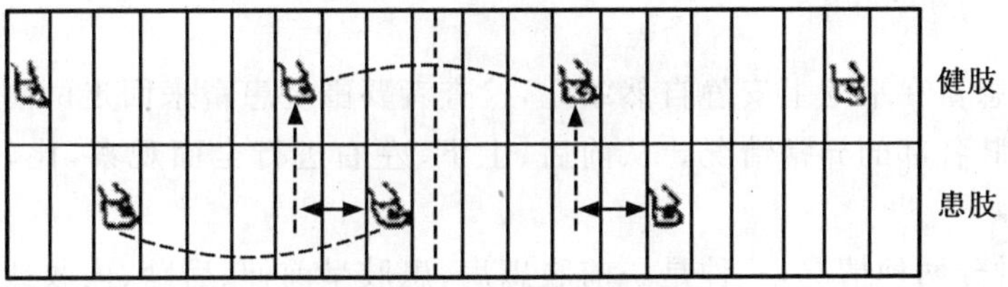


图 2-1-52　患悬跛动物的步幅

(2)支跛(踏跛)。患肢在落地负重的瞬间出现机能障碍，支跛的病畜，因在患肢落地时感到疼痛，故健肢提前落地，以缓解患肢的疼痛。其特点是患肢负重时间缩短(减负体重或免负体重)蹄音低和后方短步，支跛多表明病变在肢的下部(蹄、下部关节、腱及韧带等)。即中兽医所说的“敢抬不敢踏，病痛在腕下”。

支跛时因患肢负重时感到疼痛，所以在驻立时比健肢负重时间短或两肢频频交替负重；在运步时，健侧肢提前落地，尽可能缩短患肢支撑时间，这样患肢所走的一步中后半部变短。即后方短步。这些均为减负体重的表现。病情严重时，患肢呈悬空状态，即为免负体重。由于患肢落地时感到疼痛，为了减负体重，所以缓慢落地，蹄音低。见图2-1-53。

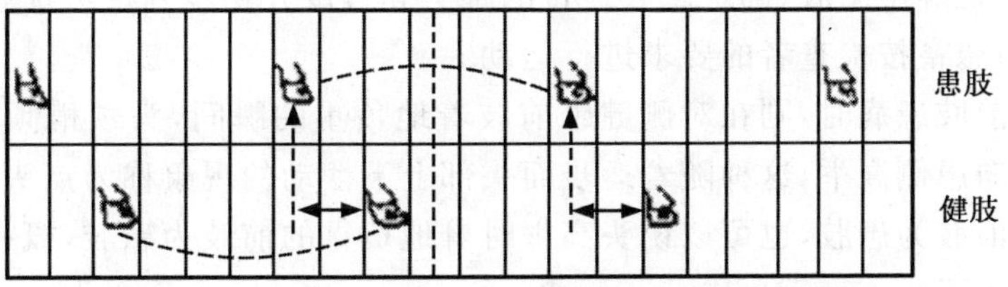


图 2-1-53　患支跛动物的步幅

(3)混合跛(混跛)。患肢的提举伸扬和落地负重均出现机能障碍，支跛与悬跛的特征共同存在。混合跛常见于上部关节疾病或上、下部同时患病。

(4)特殊跛行。

①紧张步样。呈现急促短步，如蹄叶炎。

②黏着步样。呈现缓慢短步，步态强拘，如风湿病，破伤风。

③鸡步。患肢运步时呈现高度举扬，膝关节和跗关节高度屈曲，肢在空中停留片刻后，又突然着地。如鸡行走的样子。

[程度]

(1)轻度跛行。患肢全蹄面着地，但负重时间短或实际未负重，运步时稍有异常或只在负重时才有跛行。见于慢性骨膜炎、关节滑膜炎等

(2)中度跛行。患肢站立时以蹄尖着地，负重时间短或患肢有明显举扬障碍。见于风湿病、关节炎、外周神经不全麻痹等。

(3)重度跛行。患肢几乎或完全不能负重与举扬，运步时患肢拖行或悬空、呈三肢跳(但牛很少呈三肢跳)。见于骨折、关节脱位等。

[诊断]

1.判定患肢

(1)问诊。询问患畜发生跛行的时间、地点，现在与当时的症状有无变化，是否治疗，治疗的时间、地点，如何治疗，用了什么药物，疗效如何，患畜的饲喂、管理和使役情况如何，动物群体内其他动物有无类似现象，患畜是否跌倒、受伤，什么时候钉的掌，钉掌时和钉掌后有无异常表现。

(2)视诊。包括驻立视诊和运动视诊。

①驻立视诊。通过驻立视诊来观察患畜负重情况，站立时的异常姿势和四肢的局部变化，发现和确定患肢和可疑患部。

驻立视诊时，应使患畜在平地上安静自然站立，检查者要围绕患畜来回走两圈，在留意患畜全身状况的基础上，仔细观察四肢各部的异常情况。从前后、上下、左右进行全面观察，比较两前肢或两后肢对称部位是否一致。

当患畜一肢患病时分两种情况，一种是一前肢患病，患肢呈前伸、后踏、内收或外展肢势；也可能腕关节屈曲，以蹄尖着地，系部直立，并立于健蹄的稍前方；或虽以全蹄负重，但负重不确实。另一种情况是一后肢患病，患肢呈前踏、后踏或外展肢势，但多半呈各关节屈曲，以蹄尖着地或负重，系部直立，严重的患肢常常提举不愿负重。

当患畜两肢患病时分四种情况，第一种是两前肢同时患病时，两后肢尽可能伸向腹下，头高抬，弓腰卷腹，以使身体重心向后肢转移，以减轻前肢的负重。第二种情况是两后肢同时患病时，患畜常常两前肢稍后伸，颈直伸，头向下低，以减轻后肢负重。但当两后肢患蹄叶炎时，则常常出现两后肢前伸，以蹄踵负重。第三种情况是同侧一前肢和一后肢同时患病时，患畜的头颈、躯干都偏向健侧，患肢交替负重。第四种情况是一前肢和对侧的后肢同时患病时，患畜的两健肢伸到腹下支撑体重，病肢交替提起，向前或向外伸出。

当患畜三肢或四肢同时患病时，站立姿势因病情而异，多以卧地为主。

②运步视诊。目的是确定患肢、确定患肢跛行的种类和程度并初步判定可疑患部。

方法是让畜主牵引患畜按检查者的要求进行运动。

点头运动：当一侧前肢患病时，则在对侧健康前肢着地负重的瞬间，头颈稍倾向于健侧并将头低下；患病前肢着地时，则头向患侧高举，这种随着运步而头部上下摆动的现象称为点头运动，即头低下时着地负重的是健肢，对侧的前肢为患肢，也可以说头高举时着地负重的前肢为患肢，概括为“点头行，前肢痛”，“低在健，抬在患”。

臀部升降运动：当一侧后肢患病时，为了使后驱重心移向对侧健肢，在健肢负重时，臀部显著下降，而患肢负重时臀部显著高举，这种随运动臀部不断升提和下沉的运动叫臀部升降运动。臀部升提时落地的肢是患肢，臀部下沉时落地的肢为健肢，即“升在患，降在健”。

③举扬和负重状态。观察各个关节屈曲、伸展是否充分，同名肢提举高度是否相等，系部倾斜是否一

致，膝关节下沉是否充分，蹄负面是否完全着地等，从中判断患畜运步时是前方短步还是后方短部，以便确定跛行的种类，找出患肢。

当跛行较轻，用上述方法不能确定患肢时，可采用下列特殊方法，能够进一步确定患肢和患部。

圆周运动：患支跛时患肢在内侧时做圆圈运动跛行明显。

上下坡运动：前肢支跛时下坡时明显，后肢支跛时上坡明显。前、后肢悬跛时上坡明显。

急速回转运动：在快速运动过程中，使患畜突然向内急转，则支跛病肢在回转内侧时跛行明显。悬跛病肢在回转外侧时跛行明显。

软、硬地运动：支跛患肢在硬地运动时跛行明显，悬跛患肢在软地运动时跛行明显。

2. 寻找患部

确定患肢后，还必须根据问诊、站立检查、运动检查收集到的症状，对患肢进行全面而有重点地检查，以便找出患部。

(1)蹄部的检查。

蹄外部检查：主要检查蹄形有无变化，蹄铁形状、磨灭情况及钉节的位置；蹄壁有无裂隙、缺损与赘生；蹄底有无刺伤物、刺伤孔。

蹄温检查：用手掌触摸蹄壁，感知蹄温，要作对比检查。如果蹄温升高，则表明蹄内有急性炎症。

痛觉检查：用检蹄钳蹄壁、钉节、和钉头进行短而断续的敲打，再用检蹄钳对蹄匣进行钳压，若家畜拒绝敲打、钳压或肢体上部肌肉呈现收缩反应或抽动患肢，则表明蹄内有带痛性炎症存在。

(2)肢体各部检查。令患畜自然站立从冠关节开始逐渐向上触摸压迫各关节、关节韧带、黏液囊、屈腱、腱鞘、骨骼及肌肉，注意有无肿胀、疼痛、增温、变形、萎缩及骨赘等。

(3)被动运动检查。是指人为的使动物关节、腱、肌肉等作屈曲、伸展、内收、外展及旋转运动，观察活动范围、疼痛反应有无异常声音等，据此发现患病部位。

(4)直肠检查。直肠检查适用于大动物如马、牛等骨盆骨折、腰椎骨折、荐髂关节脱位的诊断。

(5)X线检查。X线检查是诊断四肢骨和关节疾病或确诊患部的重要手段。尤其是在小动物四肢骨和关节疾病的诊断上使用更为普遍。通过X射线进行透视或照相检查，可获得正确诊断，从而找到患处。

(6)关节内窥镜检查。关节内窥镜是专门用于观察关节软骨、滑膜、十字韧带等关节内组织形态的仪器。检查前须对动物进行全身麻醉，向关节腔内注射适量的生理盐水或林格氏液，以使关节扩张，然后导入关节内窥镜进行观察，或通过选配的摄影、录像系统将观察结果记录下来。但要注意操作时必须严格执行无菌原则。

3. 建立诊断

根据以上检查，综合分析，得出结论。

**(二)骨折**

在外力的作用下，骨的完整性遭到破坏，出现裂、断、碎现象，统称为骨折。

**[病因]**

(1)外伤性骨折。

①直接暴力。骨折发生于外来暴力直接作用的部位，如打击、挤压、火器伤、车辆冲撞、重物压轧、踢蹴、角顶等，多数伴有周围软组织损伤。小动物常因从高处摔下或外力打击而发生四肢骨折。

②间接暴力。指外力通过杠杆、传导或扭转作用而使远处发生骨折。如奔跑中扭闪或急停、跨沟滑倒等；肢蹄夹于洞穴或木栅缝隙时，常因急旋转而发生骨折。

③肌肉过度牵拉。在损伤中肌肉强烈收缩可引起肌肉附着处骨折。

(2)病理性骨折。常见于佝偻病、骨软症、骨疽、骨髓炎、衰老、高产奶牛、慢性氟中毒、某些遗传性疾病(如牛、猪卟啉症)等，这些处于病理状态下的骨骼，疏松脆弱，即使遭受较小的外力的作用，也可导致骨折的发生。

**[分类]**

骨折的分类方法比较多，下面介绍几种常见的分类方法。

(1)按骨折的发病原因分为外伤性骨折和病理性骨折。

(2)按骨折部是否与外界相通分为如下两种。

①开放性骨折。骨折处皮肤或黏膜破裂,骨折端与外界相通。此种骨折容易发生感染。

②闭合性骨折。骨折处皮肤或黏膜未破裂,骨折端与外界不相通。

(3)按骨折有无合并损伤分为如下两种。

①单纯性骨折。骨折部不伴有重要血管、神经或脏器的损伤。

②复杂性骨折。骨折时并发重要血管、神经或脏器的损伤。

(4)按骨折线的形态分为横断骨折、斜行骨折、螺旋骨折、粉碎性骨折(骨碎裂成三块以上)、嵌入骨折等。

[症状]

(1)骨折的局部症状。

①疼痛。剧烈疼痛,触诊患部患畜明显不安、避让。肌肉震抖,出汗,骨裂时,用手指压迫骨折部,呈线状压痛,依此可以判断骨折部位。

②出血与肿胀。骨折时骨膜、骨髓及周围软组织的血管破裂出血,可经创口流出或在骨折部位发生血肿,由于渗出,软组织也水肿,骨折部明显肿胀。

③异常活动和骨摩擦音。在正常情况下,肢体完整而不活动的部位,在骨折后负重或作被动运动时,出现屈曲、旋转等异常活动。但肋骨、椎骨、蹄骨、干骺端等部位的骨折,异常活动不明显或缺乏。完全骨折两断端互相触碰,可听到骨摩擦音或有骨摩擦感。

④肢体变形。骨折两断端因受伤时的外力、肌肉牵拉和肢体重力的影响等,造成骨折断端移位,使局部形态改变。如骨折后的患肢弯曲、缩短、延长等。

⑤机能障碍。因骨折后肌肉失去固定的支架,加之剧烈疼痛而引起不同程度的功能障碍。如四肢骨骨折时突发重度跛行,但发生不全骨折、肋骨骨折时功能障碍不明显。

开放性骨折时,除见上述症状外,可见皮肤及软组织的创伤,骨折断端外露,常并发感染。

(2)骨折的全身症状。轻度骨折全身症状不明显。严重的骨折伴有内出血、肢体肿胀或内脏损伤时,可并发急性大失血和休克等一系列综合症状;闭合性骨折于2~3 d后,因组织破坏后分解产物和血肿的吸收,可引起轻度体温升高。骨折部若继发细菌感染时,体温升高、局部疼痛加剧、食欲减退。

[诊断]

根据外伤史和局部症状,一般不难诊断。根据需要可用下列方法作辅助检查。

(1)X线检查。常用X线透视或摄片,可以清楚地了解骨折的形状、移位情况、骨折后的愈合情况等。

(2)直肠检查。常用于大动物髋骨或腰椎骨折的辅助诊断。

(3)骨摩擦音的检查。可将听诊器置于大动物骨折任何一端隆起的部位作为收音区,以叩诊锤在另一端的骨隆起处轻轻叩打,病肢与健肢对比。根据骨传导音的音质与音量的改变来判断有无骨折。正常骨的传导音有清脆实质感,骨折后音变钝而浊,有时甚至听不清。此法不适合于小动物。

[治疗]

在对骨折动物进行治疗之前,首先应该考虑治疗后动物能否恢复生产力,当然有价值的种畜、贵重动物、伴侣动物除外,对于一般动物来说,若治疗后不能恢复生产性能或治疗费用超过该动物的经济价值,则应该进行淘汰。

(1)闭合性骨折的治疗。

闭合性复位与外固定:适用于四肢骨折。根据情况对患畜进行保定、麻醉。轻度移位的骨折整复时,助手将患肢远端适当牵引后,术者对骨折部进行托压、挤按,使断端对齐、对正;大家畜骨折部肌肉强大,断端重叠而整复困难时,可在骨折段远、近两端稍远离处各系上一绳进行牵引。按欲"合先离,离而复合"的原则,先轻后重,沿着肢体纵轴做对抗牵引,以求达到骨折前的原位。

骨折复位后要进行固定,临床上常用的外固定方法有以下几种:

①夹板绷带固定法。采用竹板、木板、铝合金板、铁板等材料,制成长、宽、厚与患部相适应,强度能固

定住骨折部的夹板数条。包扎时，将患部清洁后，包上衬垫，在患部的前、后、左、右放置夹板，用绷带缠绕固定。包扎的松紧度要以不使夹板滑脱和不过度压迫组织为宜。为了防止夹板两端损伤患肢皮肤，里面衬垫的长度应超过夹板的长度或将夹板两端用棉纱包裹。

②石膏绷带固定法。此法对大小动物的四肢骨折均有较好的固定作用，但用于大动物的石膏管型最好夹入金属板、竹板等加固。对大动物骨折，无论用何种方法固定，都要使用悬吊装置。

除闭合性复位与外固定外，还可采取切开复位与内固定。即用手术的方法暴露骨折段进行复位，复位后选用对患病动物组织无不良反应的金属内固定物或自体、同种异体骨组织，将骨断端固定，以达到治疗目的。

凡是实行骨折开放性复位的，原则上均应使用内固定。特殊的也可以使用内固定结合外固定的方法以增强支持。常见的内固定方法有以下几种：

①髓内针固定法。是将特制的金属针插入骨髓腔内固定骨折段的方法。此法术式简单，组织损伤小，比较经济，适用于小动物的长骨、髋骨等骨折，对驹、犊也适用。但需要加工制作髓内针。

髓内针固定法对于开放性骨折和非开放性骨折均适用。髓内针有两种方式植入骨髓腔内，一种是从骨的一端造孔，将髓内针插入；另一种是从骨的断端插入，即先做逆行性插入，再做顺行性插入。对于长骨骨折，由于骨骼的管腔粗细不均或骨骼弯曲，后一种髓内针的植入较为准确和方便。

②接骨板固定法。是用不锈钢接骨板和螺丝钉固定骨折段的内固定法。此法损伤软组织较多，需剥离骨膜再放置接骨板，对骨折端的血液供应损害较大，但与髓内针相比，可以保护骨痂内发育的血管，有利于形成内骨痂。适用于长骨骨体中部的斜骨折、螺旋骨折、严重的粉碎性骨折以及老年动物骨折等。

接骨板一般需要装着较长的时间（成年动物为 4～12 个月），而在接骨板的直下方，由于长期的压迫而脱钙，导致骨的强度显著较低。取出接骨板后，其钉孔被骨组织包埋需 6 个月以上，在此期间，应加强护理，防止二次骨折的发生。

③骨螺丝固定法。适用于骨折线长于骨直径 2 倍以上的斜骨折、螺旋骨折、纵骨折和干骺端的部分骨折。根据骨折的性质和部位，必要时可并用内固定或外固定法，以加大固定的牢固性。骨螺丝有用于骨密质和骨松质的两种，前者在螺钉的全长上均有螺纹，主要用于骨干骨折；后者的螺纹只占螺钉全长的 1/2～1/3，螺纹较深，螺距较大，多用于干骺端的部分骨折。

(2)功能锻炼。功能性锻炼可以改变局部血液循环，增强骨质代谢，加速骨质修复和病肢的功能恢复，防止产生广泛的病理性骨痂、肌肉萎缩、关节僵硬、关节囊挛缩等后遗症。是治疗骨质的重要组成部分。

骨质的功能性锻炼包括早期按摩（伤后 1～2 周）、对未固定关节作被动的伸展活动、牵行运动及定量使役等。

(2)开放性骨折的治疗。

①新鲜而单纯的开放性骨折。应在良好的麻醉条件下，及时而彻底地做好清创术，对骨折端正确复位，创内撒布抗菌药物。创伤经过彻底处理后，根据不同情况，可对皮肤进行缝合或部分缝合，尽可能使开放性骨折转化为闭合性骨折，装着夹板绷带或有窗石膏绷带暂时固定。以后逐日对患畜的全身和局部作详细观察。按病情需要更换外固定物或做其他处理。

②软组织损伤严重的开放性骨折或粉碎性骨折。可按扩创术和创伤部分切除的要求进行外科处理。若创内已经发生感染，必要时可做反对孔引流。局部彻底清洗后，撒布大量抗菌药物，如青霉素鱼肝油等。按照骨折具体情况，做暂时外固定，或加用内固定，要露出窗孔，以便于换药处理。

在开放性骨折的治疗中，控制感染化脓非常重要。必须全身运用足量敏感的抗生素两周以上。

(3)骨折的药物疗法和物理疗法。骨折的初期局部肿胀明显，可选用有关的中草药外敷，同时结合内服有关中药方剂（如接骨散）。

为了加速骨痂的形成，还应增加钙质和维生素的供给。如在饲料中加喂骨粉、碳酸钙及增加青绿饲料等，幼畜骨折时可补充维生素 A、维生素 D 或鱼肝油。必要时可静脉补充钙剂。骨折愈合的后期在局部按摩增加功能锻炼外，配合物理疗法如温热疗法、中波透热疗法及紫外线治疗等，以促进早日恢复功能。

### (三)关节扭伤

关节扭伤是指在突然受到间接的机械外力的作用,关节发生瞬间的过度伸展、屈曲或扭转而引发关节韧带和关节囊的损伤,称为关节损伤。关节扭伤常见于马、骡、犬等动物,最常发生于系关节及冠关节,其次是发生于跗关节和膝关节。牛也可发生,常见于系关节、肩关节及髋关节。

[病因]

由于跳跃、急转、跌倒、一侧肢体陷入洞穴而急速拔出等,导致关节的伸、屈或扭转超过了生理活动范围,引起关节周围韧带和关节囊的纤维发生剧烈拉伸,发生部分断裂或全断裂而引起关节扭伤。

[症状]

(1)致病的机械外力直接作用于关节,可引起皮肤脱毛,擦伤。

(2)扭伤后立即出现跛行,站立时患肢屈曲,以蹄尖着地或提举悬垂;运动时呈不同程度的跛行。

(3)患部肿胀,但四肢上部关节扭伤时,因肌肉丰满而肿胀不明显。

(4)患部热痛,触诊被损伤的关节韧带有明显的压痛点。如果关节韧带断裂,则关节活动范围变大,严重的可以听到骨端撞击声音。

(5)当扭伤转为慢性经过时,可继发骨化性骨膜炎,常在韧带、关节囊与骨的结合部受损时形成骨赘。

[诊断]

一般根据患畜在使疫或运动中突然出现跛行,患病关节肿胀,触诊有明显的热痛等症状可以确诊。

[治疗]

治疗原则是制止溢血和渗出,镇痛消炎,促进吸收,防止结缔组织增生,恢复关节机能。

(1)制止溢血和渗出。急性炎症 1～2 d 内,可包扎压迫绷带配合冷疗。冷疗可用冷水浴,可以将患畜系在小溪、小河或水沟里,或用冷水浇;也可冷敷或以等量栀子与大黄粉,用蛋清加白酒调成糊状外敷。必要时可静脉注射 10%氯化钙溶液或肌内注射维生素 $K_3$ 等。

(2)促进吸收。当急性炎症渗出减轻或停止后,应及时改用温热疗法,如温水浴(可用 25～40℃温水浴,连续使用 2 h 后,间隔 2 h 再用)、干热疗法(热水袋、热盐袋)等方法促进吸收。如果关节内出血过多不能吸收时,在严密消毒无菌的条件下,可做关节腔穿刺排出,同时通过穿刺向关节腔内注入 0.25%普鲁卡因青霉素溶液;或使用超短波疗法、石蜡疗法、酒精鱼石脂绷带等。

(3)镇痛消炎。局部疗法同时配合封闭疗法,用 0.25%～0.5%盐酸普鲁卡因溶液 30～40 mL 加入青霉素 40 万～80 万 IU,在患肢上方穴位(前肢抢风穴、后肢巴山穴和汗沟穴等)注射;还可注射或通过口服给予镇痛药物。必要时,可用抗生素和磺胺疗法。

(4)韧带、软骨损伤严重或怀疑有软骨、骨损伤时可装着固定绷带。

局部炎症转为慢性时除使用上述疗法外,可局部涂擦碘樟脑醚合剂(处方:碘 20 g、95%酒精 100 mL、乙醚 60 mL、精制樟脑 20 g、薄荷脑 3 mL、蓖麻油 25 mL),每天涂擦 5～15 min,同时进行按摩,连用 3～5 d。

### (四)蹄部疾病

#### 1.蹄叶炎

蹄壁真皮的局限性或弥漫性的无菌性炎症称为蹄叶炎,此病多发生于马、骡的两前蹄,有时也可能四蹄同发。牛则多发生于两后蹄。

[病因]

到目前为止本病病因尚不十分清楚。但与下列因素有关:

(1)饲养不当。长期饲喂过量精料、饲料突然改变而缺乏运动时,可引起消化障碍,肠道吸收有毒物质后造成血液循环紊乱,蹄真皮瘀血发炎。

(2)使役不当。例如在坚硬的地面上或不平道路上重度使役或持续性使役、长期休闲突然服重役等,均可导致机体组织中产生大量的乳酸和二氧化碳,吸收后使末梢血管瘀血,引起蹄真皮发炎。

(3)蹄形不正或削蹄不均。蹄形不正,构造上的缺欠,如高蹄或低蹄等;削蹄不均、延迟改装期、蹄叉过削等均可使蹄部机能发生障碍,影响其血液循环而引发蹄叶炎。

(4)继发于某些疾病。如胃肠炎或便秘后、中毒、感冒、难产、胎衣不下、传染性胸膜肺炎、子宫内膜炎、酮病等。

在上述因素的作用下，蹄壁真皮毛细血管扩张、充血，血液循环停滞，血管通透性增强，炎性渗出物积聚于真皮小叶与角质小叶之间压迫真皮而引起剧痛。随着炎症的发展，渗出液大量积聚压迫蹄骨，破坏真皮小叶与角质小叶的结合，造成蹄骨变位下沉乃至蹄底穿孔，蹄前壁凹陷致蹄轮密集，蹄尖翘起，蹄匣变形而成芜蹄。

[症状]

(1)急性蹄叶炎。突然发病，精神沉郁，食欲减退，不愿站立和运动，站立时，若两前蹄患病，则两前肢前伸，蹄踵负重，蹄尖翘起，头高抬，两后肢伸入腹下，呈蹲坐姿势，站立过久时常常想卧地；若两后蹄患病时，则可见患畜头颈低下，两前肢后踏，两后肢诸关节屈曲稍前伸，以蹄踵负重，腹部卷缩；若四蹄同时患病时，则初期四肢前伸，随后四肢频频交替负重，肢势常不一定，终因战立困难而卧倒。强迫运动时，均呈急速短促的紧张步样。

蹄部检查可见病蹄指(趾)动脉搏动明显增强，蹄温增高，敲打或钳压蹄壁，有明显疼痛反应，尤其以蹄尖壁的疼痛更为明显。

严重病例可见剧烈疼痛，肌肉颤抖、出汗、体温升高、脉搏增数、呼吸急促反刍动物反刍停止等症状。

(2)慢性蹄叶炎。可见病蹄呈轻度跛行，热痛症状减轻，常有蹄形的改变。病程长者呈芜蹄，患畜消瘦，生产性能下降。

[诊断]

急性蹄叶炎时患蹄增温、疼痛，站立时蹄踵负重，蹄尖翘起，不愿运动，强迫运动时呈紧张步样。

慢性蹄叶炎时病蹄热痛不明显，轻度跛行，病久呈芜蹄。X线检查有时可见蹄骨变位及骨质疏松。

[治疗]

治疗原则是除去病因、消炎镇痛、改善循环，促进吸收，防止蹄骨变位。

(1)放血疗法。为了改善血液循环，一种方法是蹄头放血 50～100 mL，以减轻蹄部充血状态并排出毒物，缓解症状；另一种方法是在病后 36～48 h，静脉放血 1 000～2 000 mL(体弱者禁用)，然后静脉注入等量糖盐水，内加 0.1%盐酸肾上腺素溶液 1～2 mL 或 10%氯化钙注射液 100～150 mL。

(2)冷敷及温敷疗法。为了制止渗出和促进吸收，在发病初期(3 d 内)可进行冷敷、冷蹄浴或浇注冷水，2～3 次/d，30～60 min/次，以后改用温敷或温蹄浴。

(3)封闭疗法。用 0.5%盐酸普鲁卡因溶液 30～60 mL 分别注射于系部皮下指(趾)深屈肌腱内外侧，隔日 1 次，连用 3～4 d。也可进行患肢上方穴位封闭。

(4)镇痛及脱敏疗法。急性炎症期应用乙酰丙嗪有一定疗效，它可以降低血压并缓解疼痛。为了长期止痛可以选用促泰松。内服盐酸苯海拉明 0.5～1 g，1～2 次/d；或皮下注射 0.1%盐酸肾上腺素溶液 3～5 mL，1 次/d。

(5)补充氨基酸。角化不足，大部分是由于氨基酸(甲硫氨酸和胱氨酸等)的缺乏，是血液循环障碍的结果。蹄叶炎病马可用甲硫氨酸 10 g/d，连用 4 d，然后 5 g/d，再连用 10 d。

此外，静脉注射高渗氯化钠、高渗葡萄糖溶液 300～500 mL，或皮下注射盐酸毛果芸香碱等均有较好作用。为了清理肠道和排除毒物，可应用缓泻剂。静脉注射乳酸钠、碳酸钠，也可获得满意效果。体温过高或为了防止感染，可用抗生素疗法。

慢性蹄叶炎的治疗：应注意修整蹄形，防止芜蹄，已形成芜蹄者，配合矫正蹄铁。

[预防]

合理使疫和饲喂，对于长期休闲的家畜要减料饲喂；长途运输或长时间使疫时，要适当休息，并进行脚浴，平时要注意护蹄等。

2. 腐蹄病

腐蹄病是指反刍动物的指(趾)间皮肤及皮下组织的炎症。又称指(趾)间腐烂。本病多发生于牛和羊。

［病因］

饲养管理不良，蹄部经常浸泡于粪尿或污水中、蹄间质或趾间皮肤外伤，护蹄不当，长期舍饲，患畜缺乏运动，饲料中钙磷缺乏或比例不当、蛋白质饲料或维生素饲料不足等均可导致家畜抵抗力下降，从而被腐败菌感染所致。

［症状］

发病初期，患畜精神沉郁，食欲不振，患肢出现跛行，蹄间潮红，发热、肿大、疼痛明显。叩诊患肢敏感，随着疾病的发展，炎症逐渐蔓延至蹄冠、蹄后部和系部，有的还可侵害腱、韧带、关节等，严重的化脓并形成溃疡、腐烂，伴有恶臭脓性液体，体温升高。有时蹄底溃烂，形成小孔或大洞，洞内充满污灰色或黑褐色的坏死组织及恶臭的脓汁，甚至蹄壳脱落。

［诊断］

患肢出现跛行，蹄腱皮肤出现红、肿、热、痛。严重时发生化脓、溃疡、腐烂，有恶臭脓性液体等可初步确诊。

［治疗］

(1)局部疗法。仅发生于皮肤的轻度腐蹄病，可用3%～5%高锰酸钾羊毛脂软膏。

当蹄底出现小洞并有脓汁和坏死组织时，先用消毒液将患蹄洗净擦干，用5%碘酊消毒，再用小刀由外向内将坏死组织和脓汁彻底清除，然后灌注5%碘酊消毒，撒入土霉素粉、磺胺粉或四环素粉，外用福尔马林松馏油棉塞填塞，包扎蹄绷带。最后用棕片包住整个患蹄，在系部用细绳绑紧，隔2～3 d换药1次。

(2)全身疗法。当患畜出现全身症状时，可使用抗生素、磺胺类药物进行治疗。

## 七、直肠疾病

### (一)直肠脱出

是直肠末端的黏膜层或直肠后部全部肠壁脱出肛门之外而不能自行缩回的一种疾病。严重的病例在发生直肠脱的同时并发肠套叠或直肠疝。本病多见于猪和犬，其他动物也可发生，以仔猪和幼驹多发，体弱多病的架子猪和经产母猪也容易发生本病。

［病因］

(1)主要原因。直肠韧带松弛，直肠黏膜下层组织和肛门括约肌松弛和机能不全；另外直肠发育不全、萎缩或神经营养不良松弛无力，不能保证直肠正常位置所致。

(2)诱因。长时间腹泻、便秘、病理性分娩、使用刺激性药物灌肠后引起强烈努责、慢性咳嗽、阴道脱、病畜瘦弱、使役过重等均可诱发直肠脱出。

［症状］

病初直肠末端黏膜脱出时，可见在肛门外形成一个鲜红色至暗红色的半球形突出物，表面有许多横纹皱褶，中央有一小孔，在排粪后或卧地时突出明显。轻者能自行缩回，重者常不能缩回。经1～2 d后，脱出部分黏膜瘀血、水肿、体积增大。继之粘有泥土、粪便、垫草等污物，黏膜溃疡、出血或干裂，甚至发生坏死。严重病例脱出部分较多，呈圆筒状，向上或下弯曲，此时常见黏膜损伤，坏死或破裂。有的伴有体温升高、食欲减退、精神沉郁、频频努责等全身症状。

［诊断］

根据临床症状一般可以确诊。但应注意判断是否并发肠套叠和直肠疝。单纯性直肠脱，脱出部分呈圆筒状肿胀向下弯曲下垂，手指不能沿脱出的直肠和肛门之间向盆腔的方向插入，如果伴有肠套叠的脱出，手指可插入探明。

［治疗］

(1)整复。整复的目的是使脱出的肠管恢复到原位，适用于发病初期或黏膜脱垂的病例。整复前最好先停饲(主要指饲料)半天，以温水或盐水灌肠，以清除积粪。取前低后高体位保定。小动物可倒提保定。用1%盐酸普鲁卡因溶液做后海穴麻醉，用温热的0.25%高锰酸钾溶液、1%明矾溶液或高渗盐水清洗脱出部。以除去脱出部污物或坏死黏膜。趁患畜不努责时用手指谨慎地将脱出的肠管送回原位。

如果脱出时间较长，表面污染严重，黏膜干裂或坏死者，可以采取剪黏膜法，其操作方法是按"洗、剪、揉、送、温"五个步骤进行。即先用温水清洗患部，用无菌纱布兜住肠管，再用手术刀剪或用手指剥离坏死组织、黏膜等，黏膜水肿严重者，可用消毒针刺破水肿部位，放出水肿液，撒上适量明矾，并轻轻揉擦，挤出水肿液，用温生理盐水冲洗后，涂上润滑剂或抗生素，送回肛门内。

(2)固定。在距离肛门边缘1～2 cm处，分上下左右四点，每点皮下注射10%氯化钠溶液15～30 mL或1%普鲁卡因酒精液10～30 mL，使局部发生炎症而起到固定作用。

为了防止发生再脱，可在肛门周围施行袋口缝合。马牛等大动物要留出两指宽的排粪口，猪留一指宽的排粪口。7～10 d拆线。

(3)手术切除。主要用于脱出过多，整复有困难，脱出部分发生坏死、深部组织感染或穿孔的病例。

先用2%普鲁卡因溶液，大家畜30～50 mL，施行腰荐部或尾荐部硬膜外腔麻醉。患部清洗消毒后进行切除。切除方法是：在靠近肛门外，用消毒过的两根针灸针或细编织针交叉穿过脱出的肠管将其固定，在固定处的外侧约2 cm处，切除坏死直肠。止血后，肠管断端的两层浆膜层和肌肉层分别作结节缝合。再用螺旋形缝合法缝合内外两层。用0.1%高锰酸钾溶液冲洗，取下固定针涂以碘甘油或抗生素还纳于肛门内。

**(二)肛囊炎**

肛囊炎是指肛门囊内的腺体分泌物蓄积于囊内，刺激黏膜而引起的炎症。此病以犬多发，猫时有发生。

**[病因]**

肛门囊是位于肛门两侧稍下方成对存在，在肛门内、外括约肌之间偏腹侧两个球形囊状结构，储存黑灰色黏液状的含有小颗粒的恶臭皮脂样物，当肛门外括约肌收缩时经囊管排出，能够润滑肛门皮肤。当某些原因引起肛门腺体分泌旺盛或囊管阻塞时，囊内分泌物蓄积导致肛门腺肿大，容易引起感染和炎症反应，严重时形成脓肿或蜂窝织炎。前述的原因包括长期饲喂高脂肪性食物，粪便稀软阻塞囊管或开口；肛门外括约肌张力减退，造成肛门囊皮脂样物蓄积等。

**[症状]**

患病动物常擦肛或试图啃咬肛门，排便困难，里急后重，甩尾，烦躁不安。接近患畜可闻到腥臭味，严重者肛门一侧或两侧下方肿胀，有的可见从肛门流出稀薄脓性血样分泌物，触诊肿胀部敏感、疼痛。有时因肛门囊阻塞严重，脓肿形成后自行破溃，在肛门囊附近形成一个或多个窦道。有的可因为脓汁沿肌肉和筋膜扩散而发展为蜂窝织炎。

**[诊断]**

根据临床症状、直肠探诊可以确诊。

**[治疗]**

(1)非手术疗法。轻者用手反复挤压肛门腺开口处，以排除蓄积物。如果效果不佳，可以戴上乳胶手套。在食指上涂润滑油，插入肛门，拇指在外配合挤压，以排除肛门腺内容物。如果内容物太浓稠可用盐水进行冲洗。一般隔1～2周应再挤压一次。对于肛门腺管闭合的患犬需要在镇静或麻醉的情况下进行套管插入术。

(2)手术疗法。对于严重的肛门腺炎、肛门溃烂、已形成瘘管或经保守治疗又复发者，应手术切除肛门囊。

术前禁食24 h，用生理盐水灌肠，清除直肠内蓄粪，肛门周围剪毛消毒，患病动物全身麻醉，胸卧保定，后驱抬高、尾根向前折转固定。挤空囊内脓液，用消毒纱布清洗干净。直肠内塞一块纱布，防止粪便排出污染手术区。用探针从肛门囊开口处插入囊底，探明其深度和范围。沿着探针方向从肛门口切开肛门外括约肌和肛门囊开口，并向下切开皮肤、肛门腺导管及肛门囊直至肛门囊底部，暴露肛门腺黏膜。分离肛门腺与周围的纤维组织，切断排泄管。分离时注意不要损伤肛门内括约肌，以免造成术后大便失禁。

从创腔底部开始缝合，不得留有死腔。肛门外括约肌对齐做结节缝合，皮肤做结节缝合。术后连续用抗生素 7 d，以防感染。患部每天涂抹抗生素软膏两次。为了防止动物舔咬术部，应给其套上颈枷。术后 10 d 拆除皮肤缝线。

## 八、睾丸及阴囊疾病

### （一）睾丸炎

是睾丸实质的炎症。由于睾丸与附睾紧密相连，所以睾丸与附睾常常同时发病或相互继发。根据病程和病性，在临床上可分为化脓性与非化脓性、急性与慢性炎症。

［病因］

(1)损伤。如挤压、打击、踢蹴、动物咬伤、尖锐硬物的刺创、撕裂等。

(2)化脓感染。附近组织的化脓性炎症如泌尿生殖器官化脓性炎症，如膀胱、尿道、前列腺的感染经输精管逆行至睾丸。

(3)继发于某些传染病。如布氏杆菌病、结核、马媾疫、马腺疫等。

［症状］

急性睾丸炎初期，触诊睾丸及附睾肿胀、增温、疼痛、运步时患肢外展，若两侧同时患病时，两后肢交叉，患畜站立时弓背，腰部僵硬，出现明显的机能障碍。随着病情的进一步发展，鞘膜腔内蓄积浆液性纤维性渗出物，精索变粗，阴囊皮肤紧张发亮。

病情较重时，除局部症状外，患畜表现出明显的全身症状，如体温升高，精神沉郁，食欲减退等。发生化脓时，脓汁积于总鞘膜内，或向外破溃形成瘘管，或沿着鞘膜管蔓延上行进入腹腔，继发严重的弥漫性化脓性腹膜炎。

转为慢性睾丸炎时，睾丸发生纤维变性，萎缩、坚实而缺乏弹性，热痛不明显。常常引起总鞘膜与睾丸粘连，运步时，有时后肢呈现不同程度的机能障碍。

由结核病引起的睾丸炎，可见睾丸硬固隆起，通常以附睾患病最为常见，进一步发展到睾丸冷性脓肿。布氏杆菌和沙门氏菌引起的睾丸炎，睾丸和附睾明显肿大，触诊硬固，鞘膜腔内有大量炎性渗出物，以后部分或全部睾丸实质坏死、化脓，破溃形成瘘管或变为慢性。

［治疗］

(1)急性睾丸炎。如果患畜不做配种用，首选的方法是去势。去势后应用广谱抗生素 7～10 d。

对于有价值的患畜，发病 24 h 以内者可以局部应用醋酸铅、明矾溶液冷敷，以后改为温敷、红外线照射等温热疗法。局部疼痛、肿胀明显者可用盐酸普鲁卡因加青霉素进行精索内封闭。

(2)由创伤引起的急性睾丸炎，还要做清创处理和创伤治疗。

(3)化脓性睾丸炎，要手术切开排脓，并按创伤常规处理。

(4)全身使用抗生素疗法或磺胺疗法有助于控制感染，消除睾丸的炎症。

(5)慢性睾丸炎可涂樟脑软膏或鱼石脂软膏。最好查找病因，有针对性地进行治疗。

### （二）隐睾

隐睾也叫睾丸下降不全，是指患畜的一侧或两侧睾丸不能按正常发育过程从腹膜后下降到阴囊底部，而是滞留于腹腔、腹股沟管、阴囊入口处的一种疾病。本病可发生于马、牛、羊、猪、犬等各种动物，如果种用动物发生隐睾则可影响繁殖，肉用动物发生隐睾则可影响生产。

临床上根据发生隐睾的睾丸个数分为单侧隐睾和双侧隐睾；根据发生隐睾的睾丸的位置分为腹内型隐睾（也叫高位隐睾）、腹股沟内型隐睾和阴囊上型隐睾。

［病因］

隐睾的发病原因目前尚不十分清楚。一般认为与遗传因素、激素因素、性腺发育早期促性腺激素刺激不足，可能影响睾丸的下降等有关。

［症状］

单侧隐睾时可见无睾丸侧的阴囊皮肤松软且不充实，触摸阴囊时只能摸到一个睾丸，双侧隐睾时可见阴囊缩小,触摸阴囊时摸不到睾丸。如果睾丸在皮下,可摸到比正常睾丸体积小但形状正常的移位睾丸。猪隐睾时还可表现出性欲增强、生长缓慢、肉质不良等特点。

[治疗]

一般动物可以不治疗,但肉用家畜则需治疗,另外隐睾易引发肿瘤,因此需实施手术摘除。

(1)猪腹内型隐睾摘除术

①保定。侧卧保定,单侧隐睾时,隐睾侧向上;双侧隐睾时,应采取仰卧保定或半仰卧保定。

②麻醉。局部浸润麻醉,如果是 15 kg 以上的猪则宜进行全身麻醉。

③术式。腹中线旁切口、腹侧壁侧切口是最常用的手术切口。

单侧隐睾患畜的手术切口可选在隐睾侧肷部,切口在髋关节向腹中线引的垂线上,在此线上距髋关节 4~5 指处为术部。做 3~4 cm 长的弧形皮肤切口,术者食指深入切口中,将肌层和腹膜戳透,在肾脏后方按腰区、腹股沟区、耻骨区和髋区的顺序探摸睾丸。摸到睾丸后用手勾住睾丸,将精索移至切口处,另一只手将挑刀刀柄深入切口内,用钩端勾住精索,拉出睾丸,结扎精索,摘除睾丸。清洁伤口,然后间断缝合腹膜、肌肉和皮肤。再用 5%碘酊消毒。

双侧隐睾患畜的手术切口可选在腹中线,在倒数第二或第三对乳头之间的腹白线上切开腹壁 5~6 cm。术者食指和中指伸入腹腔内,按前述顺序寻找一侧睾丸,并牵引至切口外结扎摘除。然后再按同样方法寻找摘除另一侧睾丸。腹壁切口全层间断缝合,皮肤结节缝合。

④预防感染。注射广谱抗生素 3 d。破伤风流行地区术后应注射破伤风抗毒素。

⑤护理。加强饲养管理,保持圈舍清洁干燥,饲喂易消化的饲料,少食多餐。

(2)马腹内型隐睾摘除术。

手术通路有两个:一个是腹中线旁切口,另一个是肷部切口。腹中线切口适用于双侧隐睾的摘除,手术时宜采用仰卧保定,全身麻醉,配合局部浸润麻醉。肷部切口适用于单侧隐睾的摘除,手术时宜采用站立保定,可镇静并配合局部浸润麻醉。

打开腹腔后,术者将手伸进腹腔内探摸骨盆腔、膀胱背侧和尿生殖道褶和腹股沟管内环附近。发现睾丸后将其牵引至腹壁切口外,结扎精索,摘除睾丸。如果精索短不能拉出时,可以扩大创口,然后摘除睾丸,最后逐层缝合,整理皮缘使之外翻。

(3)牛腹股沟管型隐睾摘除术。病牛侧卧保定,腰旁神经麻醉或局部麻醉。术部按常规方法剪毛、消毒一般在阴囊颈部腹股沟管外环处做切口,切口长 6~10 cm,切开皮肤,注意不要切伤外阴静脉的皮下分支,分离腹股沟筋膜并切开,术者或助手用右手伸入直肠先找到腹股沟内环,用食指和中指捏住附睾或输精管向外牵拉,也可借助器械钳住引带、附睾或输精管向外拉,再用左手拇指和食指隔着总鞘膜抓紧隐睾,右手持刀切开总鞘膜暴露隐睾并固定,最后结扎精索摘除隐睾。依次连续缝合腹股沟管和外环,间断缝合腹股沟筋膜,最后结节缝合皮肤。如果是双侧隐睾,可用同样的方法摘除另一侧睾丸。

## 【案例分析】

案例 1　某养猪场由于临床疾病诊疗的需要,需修建 60 $m^2$ 外科手术室,需配套购置一批常用手术器械。请结合任务一动物外科基础操作技术知识设计一个适合该养牛场需要的外科手术室,列出需购置的常用手术器械清单,并分类进行灭菌与消毒。

案例 2　某养牛场一母牛产后 35 d,饮食欲废绝,日产奶从 30 kg 降至 5 kg,随检查。症见:腹围显著增大,伴腹痛,眼窝下陷,站立不稳,排少量稀便,体温正常,呼吸急促,瘤胃蠕动消失。常规补液,抗菌消炎,治疗效果不佳。根据病情,决定进行瘤胃切开术治疗,请结合任务一动物外科基础操作技术及相关知识写出瘤胃切开术的操作步骤及注意事项。

案例 3　某藏獒养殖场一名叫"格格"的雪獒不小心被锈裂的钢筋刮伤臀部,雪白的被毛被出血染红,由于疼痛,该藏獒不时回头啃咬受伤部位,请根据任务 2 动物外科病知识对该受伤藏獒进行外科处理。

案例 4　某养殖户一周龄仔猪由于分娩时断脐过度牵引,导致脐部发炎,逐渐呈现局限性球形肿胀,有明显红、肿、热、痛表现，经检查肿胀部质地柔软，强力挤压可将其内容物还纳回腹腔，患猪疼痛加剧。请结合任务2动物外科病知识做出初步诊断，写出病名，并根据病情制定治疗方案及处方用药。

## 【知识拓展】

### 去势术

去势术指去除动物生殖系统或使其丧失功能的外科操作。雄性动物去势术又称睾丸摘除术，也可以用药物去势，以及睾丸的无血去势术；雌性动物去势术又称卵巢摘除术，中国民间称为“挑花术”。

**(一)适应症**

主要适于需要消除动物的性欲和繁殖能力，以使动物性情温顺耐劳，便于管理；肉用动物肉质得以改善、产量提高；控制畜群中的交配行为，从而利于良种的繁殖和选育等。

**(二)大公猪去势术**

(1)保定。采用在平坦地面上倒卧保定，用木杠压住猪的颈部，四肢用绳捆缚。

(2)消毒。用来0.1%新洁尔灭溶液擦洗阴囊并拭干后涂擦5%的碘酊，再用75%酒精脱碘。

(3)切开阴囊摘除睾丸。握住阴囊颈部或用纱布条捆住阴囊颈部固定睾丸，在阴囊底部总缝旁1～2 cm处切开阴囊皮肤及总鞘膜露出睾丸，剪断鞘膜韧带并分离之，露出精索，在睾丸上方2～3 cm处结扎精索后，切断精索除去睾丸；通过阴囊纵隔膜以同样方法摘除另一侧睾丸。精索断端涂碘，阴囊内注入抗生素防止感染。

**(三)小公猪去势术**

(1)保定。倒卧保定，术者右手提右后肢跖部，左手捏住右侧膝襞部将猪左侧卧于地面，随即用左脚踏住猪颈部，右脚踏住猪的尾根

(2)消毒。阴囊涂擦5%的碘酊，再用75%酒精脱碘。

(3)固定睾丸。左手掌外缘将猪的右后肢压向前方，中指屈曲压在阴囊颈前部，同时用拇指及食指将睾丸固定在阴囊内，使睾丸纵轴与阴囊纵缝平行。

(4) 摘除睾丸。切开阴囊及总鞘膜露出睾丸，切断鞘膜韧带露出，左手固定精索，右手将睾丸精索牵断将睾丸除去，创口涂碘酊消毒。见视频2-1-5。

小公猪去势术 阴囊底部切开　　小公猪去势术 摘除睾丸、附睾　　小公猪去势术 消毒

**视频 2-1-5　小公猪去势术**

**(四)公牛去势术**

1. 适应症　通常在生后6个月左右施行，对肉用牛，可提前施术，以加快肥育、提高肉质。对役用牛，可于生后1年左右施术，以保证其充分发育。对于淘汰的种公牛及以治疗为目的时，则不受年龄限制。

2. 保定　以右侧卧保定较为安全，操作也较便利。站立保定也可，但要确实固定其两后肢及尾。

3. 麻醉与消毒　3%普鲁卡因溶液精索内神经传导麻醉，阴囊涂擦5%的碘酊，再用75%酒精脱碘。

4. 手术方法　包括有血去势法和无血去势法。

(1)有血去势法。可采用纵切法或横切方法切开阴囊：

纵切法：适用于成年公牛，术者左手紧握阴囊颈部，将睾丸挤向阴囊底，右手持手术刀在阴囊后面或前面中缝两侧，距中缝2 cm由上而下与中缝平行切开两侧阴囊皮肤及总鞘膜，切口的下端应切至阴囊最底部。

横切法：适用于幼年公牛，术者握紧阴囊颈部，将睾丸挤向阴囊底部，在阴囊底部由左至右侧作与中缝垂直相交的切口，一次切开阴囊的左右二室(腔)，切口即在阴囊最底部。

切开阴囊壁后，挤出睾丸，剪断鞘膜韧带后，离断精索除去睾丸。离断精索的方法，常用结扎法或挫切法。挫切法用于幼牛，效果很确实。阴囊内注入抗生素防止感染并缝合。

(2)无血去势法。助手于阴囊颈部将一侧精索挤到阴囊的一侧固定，术者用无血去势钳在阴囊颈部夹住精索并迅速用力关闭钳柄，听到类似腱被切断的声音，继续钳压 1 min，再缓慢张开钳嘴。为确保精索被彻底挫断，可于第一次钳夹处下方 2 cm 处再钳夹一次，按同法钳夹另一侧精索。最后术部皮肤涂布碘酊消毒。

**(五)母狗的去势术**

1.适应症　为发挥狗的更多作用，使狗不能发情产仔，不让公狗在外寻找发情母狗，尽量减少狂犬病和寄生虫病感染人类的危险，让狗终年为畜主服务。实行对狗的去势术

2.母狗去势的年龄和季节　一般生后 6 个月到 1 岁时去势为好。春、秋季节，气候凉爽，切口易愈合，要尽量避免发情期间进行手术，以防止术后出血，发生意外。

3.局部解剖　母狗的卵巢有一对，左、右侧各一个，位于盆腔的入口处，悬挂在第三、四腰椎处(大约在最后肋骨与髋结节水平连线的中央处)。卵巢小，呈长而稍扁平的卵圆形，平均长度约为 2 cm，内含有卵泡，表面凸凹不平，好像小核桃一样，包在输卵管伞内，输卵管伞开口很小，伞内四周有很多脂肪，其卵巢和输卵管伞，都被脂肪包住，所以，不容易将卵巢自输卵管伞挤出。两侧卵巢系膜和输卵管短，子宫角长而直，呈“V”字形，子宫角壁较肠壁厚，子宫阔韧带和肠系膜相似，但血管很少，可以与肠系膜区别开来。

4.术前检查和准备　要详细查体况是否良好，是否发情，术前要禁食 0.5～1 d，并选择天气晴朗、凉爽、无风的早晨。

5. 狗的保定　主要有右侧横卧、仰卧和凳脚间横木保定法等几种。

(1)右侧横卧保定法。保定人员用铁叉卡住狗的颈部，使其右侧横卧于地，腹部朝上，术者的左脚踩住狗后肢小腿部，或由保定人员用手拉直后肢的小腿部。

(2)仰卧保定法。保定人员用铁叉卡住颈部，使狗呈仰卧姿势，术者坐在放置狗尾后的小凳子上，并用左右脚踩住狗两后肢大腿的内部。

(3)麻醉保定法。常规麻醉狗后进行手术。术后为防止狗舔咬自身创面，可用无底铁桶套在狗的颈部，使嘴咬不到患处。

(4)术部确定。狗的手术部位在脐后1～2 cm 的腹正中线上。也可以在牖部作切口法。

(5)操作顺序及方法。术部按常规剪毛、消毒，根据切口的部位，可作半月形或纵形切口，其切口长度为 1.5 cm 左右，术者左手食指伸入切口内，钝性分离腹肌层，捣破腹膜，扩大切口，在骨盆腔入口处寻摸卵巢或子宫角，由于狗的子宫角周围脂肪多，要将脂肪拉出切口，方可找到卵巢，然后用消毒过的丝线结扎。

结扎方法：首先用圆利针穿两根线，然后避开血管，通过子宫阔韧带，一个根结扎卵巢动脉和卵巢系膜，另一根结扎子宫动脉和子宫阔韧带及输卵管，切不要结扎子宫角，以免引起出血，此时，用剪刀剪破卵巢囊，用纱布擦拭两结扎线之间贮留的血液，然后用镊子持着卵巢，剪去卵巢囊组织，确认不再出血后，将抗生素撒布卵巢囊内，剪断接结扎线。用同法摘除另一侧卵巢。然后，将子宫角连同周围的脂肪，一齐送入骨盆腔，并在切口内整理好子宫，连续缝合腹膜及肌肉层，撒布消炎粉，用结节缝合法，缝合皮肤切口，并消毒抗感染。

(6)注意事项。术前 12 h 绝食，使消化道内容物排空，易于探查卵巢；避免开腹时损伤膀胱，术前排尿，或切口腹膜后压迫排尿。术中找到卵巢后不要强行牵拉，以免损伤卵巢动脉。

(7)术后护理。术后要将狗单独饲养，卧舍保持清洁干燥，同时限制活动，避免乱跑。3～4 d 内限制饮食，一般只给吃半饱，但应饲喂营养丰富的食物，以促进康复。

6.公狗去势术　去势年龄一般生后 0.5～1岁。

(1)术前检查和准备等。

(2)保定与手术方法与母狗术前检查和准备相同。

(3)手术步骤。按常规将手术部剪毛，用5%碘酊消毒，术者用左手的拇、食指，从前方握住阴囊颈部，使睾丸不能自由活动，并使阴囊底壁皮肤绷紧，右手持刀，在睾丸最突出的阴囊壁处，作与阴囊中缝相平行的一个或两个切口，分别挤出睾丸，剪开或用手指撕开阴囊韧带，左手抓住睾丸，右手沿精索将阴囊皮肤向腹部推靠，使其充分显露精索，用消毒过的缝合线作双重单结结扎精索，手拉尾线，在结后约0.3 cm处剪断精索，同时，用碘酊消毒断端，确无出血，则剪断尾线，让精索端自由缩回，按同样的方法，摘除另一侧睾丸。也可以用左手拇、食指尖端，在精索最细部分，不断来回推刮，直至精索刮断为止，睾丸被摘除。此法一般用于年幼的狗，但术后要仔细观察是否出血，发现出血时，要及时处理。对另一侧睾丸，作同样处理。切口不必缝合，可在切口内撒布消炎粉，用碘酊涂擦阴囊四周，并消毒切口。

(4)术后护理等同于母狗去势后的术后护理。

(5)隐睾狗去势术。当腹腔内的睾丸发病时，导致隐睾，如睾丸囊肿或其他肿瘤之类。患狗性欲特别强烈，畜主难以管理，即可进行手术。狗的隐睾大多位于腰区，肾脏后方。施术时，应将狗作仰卧保定，并适当作镇静和局部用普鲁卡因注射液浸润麻醉。手术切口在腹下壁，腹中线的侧方，约2 cm的平行线上，按猪的隐睾摘除睾丸，并以常规方法缝合切口，再予以消毒。

7.猫的去势术　猫的去势就是摘除公猫睾丸或母猫的卵巢。经去势后，猫虽失去了生育能力，但丝毫不影响捉老鼠的功能，不影响猫的生长发育和健康，也不影响猫对主人的亲善，相反，猫变得更加温顺，易于管理。性成熟的公猫，有到处撒尿的习性，它以此来划分自己的势力范围，但其尿的臊味较大，将会使住房等处长期一种令人不愉快的气味，去势了公猫，可避免发生这种情况。家庭养猫如不想让母猫生育，最理想的办法是去势。母猫去势后，可以终止发情，不再闹猫。经去势的猫，运动量减少，容易长肥，畜主要适当给予运动，防止长得过肥。

(1)公猫去势术。年龄和季节 一般在6月龄左右，即性成熟 前去势。除炎热的夏季外，其他任何季节都可以进行去势。

(2)术前准备。测试体温、呼吸、心跳三大生理指标。观察外阴部等有无异常。如体况不佳，或有疾病时，暂不宜手术，等康复后再进行去势术前绝食半天，并要作破伤风抗毒素100～2 000 IU预防注射。手术刀或钩花刃、剪毛剪、直头剪、小镊子各一把，止血钳2把，粗细适当缝线适量，术前应用0.1%新洁尔灭溶液浸泡24 h，或煮沸半小时备用，灭菌纱布3～4块。术者、助手各一人，手术前，擦肥皂洗手，并用消毒药水浸泡手和手臂。

(3)保定方法。猫有锐利的爪租牙齿，保定时，务必小心谨慎，确保人和动物的安全。

保定方法主要有两种：

第一种木凳保定法：术者右手抓住猫的颈、背部皮肤，左手抓紧猫的两后肢大腿部，将其置于木凳面上部，让前肢置于凳的，端，保定人员沿凳脚两侧，抓住猫的两前肢，头颈置于凳腿上_的一侧，并固定牢靠，术者站在猫的左侧，用右脚掌踏住猫后肢小腿部，显露术部。

第二种圆坛保定法：术者两手抓住猫的颈部，并固定两前肢，使前肢向后拉直，靠紧胸腹壁，将猫的头颈部向后拉直，紧贴胸腹前肢，插入口径的直径15～20 cm的直立长圆坛内，背腰部也要入内，保定人员握住猫的两后肢，牢靠固定住第三种药物麻醉保定：为减少猫的疼痛和反抗，可选用氯胺酮进行麻醉，剂量为每公斤体重5～15 mg，肌内注射后，3～5 min可发生作用。

(4)术部消毒和准备。用绷带包扎尾根的被毛，并固定，尾巴，进行局部剪毛后，以0.1%新洁尔灭溶液消毒，擦干。用2%碘酊消毒后，再用70%酒精药棉球涂擦(减轻碘酊的刺激作用)，然后用一块灭菌纱布，从当中剪开3～5 cm，作为创巾盖住会阴部，使阴囊充分显露。如果是麻醉保定，则麻醉后，应将猫横卧保定。

(5)操作方法。以左手拇指和食指固定一侧睾丸，使阴囊的皮肤绷紧，右手持刀，沿睾丸的纵轴方向，并与阴囊中缝平行，一次切开阴囊和总鞘膜1～2 cm，将睾丸挤出，剪开阴囊韧带(或用手撕开)，再分离睾丸系膜，将阴囊和总鞘膜推向腹壁方向，使精索暴露，然后用丝线进行双重草结结扎，手拉尾线，在结后约0.3 cm处，剪断或割断精索，用2%碘酊消毒断端，确无出血时，剪断尾线，精索断端缩回，用同样的方法摘除另一侧睾丸。然后用备好的消炎粉，搬人阴囊切口内，除去创巾，局部消毒。

除上述方法外，还可以用两，但止血必须确实可靠。

(6)术后注意事项。解除保定，或待猫完全清醒后，可给予新鲜干净饮水，再经 2～3 h 后，给予食物，但喂量不宜太多，此后逐步恢复正常的饲喂。应保持阴囊切口部干燥，清洁卫生，防止阴囊切口感染。6～7 d 后，阴囊萎缩，创口愈合。隔 3～5 d 后，可以让其下水洗澡。

术后 2～3 d 如发现局部硬肿，有分泌液流出，触之敏感，体温升高者，应及时请兽医诊治。当局部感染时，可以肌内注射抗生素，每天两次，每次注射青霉素 10 万～20 万 IU，连续 3～4 d，并要对症治疗。

(7)母猫去势术。

①母猫保定及术部消毒。将麻醉话的猫背腰固定，使其腹部朝上，在后数第一对乳头到第二、第三对乳头间，以腹中线为中心，在约 10 cm×5 cm 大小的范围内，剃毛，用 0.1%新洁尔灭彻底清洗，并擦干，用 2%碘酊消毒，再用 70%酒精棉球涂擦(图 6～95)

②腹巾的准备。术前准备腹巾一块，大小为 50×30 cm 左右(以和猫躯干等长为准)，在其两蜡处各挖两个孔，能使前后肢捧火孔内；便于固定。另外，在腹巾的纵向，将两端剪成细条，以便固定时两边打结之用。

③手术方式。术部放上创巾并固定，右手持刀，沿腹中线从后数第一至第二对乳头之间(稍偏向第二对乳头)，一次切开皮肤 3～4 cm(切口不宜太大，以减少污染机会)，要注意止血。再切开皮下脂肪和腹直肌，剪开腹膜，然后，伸入食指，沿腹壁向左或向右，寻找卵巢(卵巢皮肤投影在倒数第二对乳头的后下约 2 cm 处)，其卵巢似豌豆大小，成年猫的卵巢呈椭圆形，质硬而有弹性。当触摸到卵巢后，要紧贴住腹壁用钩刀柄，钩住卵巢柄基部，在食指配合下，把卵巢挑出切口，用食、拇指捏住卵巢，为防止卵巢滑脱，可用 4 号线穿过卵巢基部，进行双重单结结扎(注意穿针时，要避开血管，以防止出血)，在离结 0.3 cm 处割断，卵巢被摘除，确无出血时，剪断尾线，送回腹腔，用同样方法，寻找并摘除对侧卵巢，再次复查，确无出血者，可将腹直肌和腹膜一起连续缝合后，撒布青霉素粉剂 20 万 IU，再采取结节缝合皮肤，用 2%碘酊消毒切口。

在创口处，放一块无菌纱布，再用备好的腹巾，将创口包扎好，注意勿使创巾会阴部挡住，影响尿液排出。

除上述摘除卵巢的方法外，可将子宫、卵巢一齐摘除干净。只摘除两侧卵巢者，要确实止血，以防止子宫发生蓄脓。术中要将腹部切口切得稍大些，以求手术顺利方便。

④术后护理。基本和公猫去势后的护理相同。母猫去势后多数要 7 d 左右愈合，故要及时拆线。如发现有感染时，要请兽医人员及时诊治，立即按时肌内注射抗生素，同时要对症治疗。

## 食管切开术

1. 适应症　食管切开术，主要是因为食管被团块食物堵塞或异物阻塞等疾病，团块食物或其他阻塞异物既不能从口腔取出，也不能用胃管插入胃内时；或经打气法和食管探子等治疗无效者可用食管切开术进行治疗。此外食管内的肿瘤、瘜室和外伤时，也可用食管切开术进行治疗。

在动物上，食管切开术常用于颈部食管段，胸部食管手术一般不治疗。

2. 保定　可以采用站立保定或右侧卧保定，确实固定头部，充分伸展颈部。

3. 麻醉　手术部位施行菱形浸润麻醉，在皮下组织和肌肉下的深部肌内注射 2%盐酸普鲁卡因 30～40 mL，必要时可配合注射镇静、肌肉松弛的药物。

4. 手术部位　食管位于在颈部左侧的颈静脉沟处，周围有颈静脉、颈动脉、迷走神经等，手术过程应注意避免伤及这些重要的血管神经。先用手指在颈静脉沟触诊，以确定阻塞部位，一般也就是手术伤口的位置。按照食管堵塞的病情和手术的要求。手术部位有上下两个切口：上切口是在颈静脉之上，臂头肌的下缘，此处距食管最近，主要用于食管受损伤程度不严重的单纯性食管堵塞疾病。下切口在颈静脉沟下方，尽量靠胸腔入口处，主要用于食管堵塞时间较长，且有炎症化脓坏死，手术后需要排液引流的病例。

5. 手术方法　术部剃毛消毒等常规处理，确定手术切口部位时，先用手指压迫术部下面的颈静脉，使它暴露出来。为了避免误伤颈静脉沟的血管神经，要确实摸准切口位置是在臂头肌(上切口)或胸头肌(下切口)的皮肤是，判断的方法是如果是肌肉，有原厚实感；如果在颈静脉上，有波动感。这点很重要，若误伤颈静脉等，后果不堪设想。然后按照确定的切口部位切开皮肤，切口于颈静脉平行，长 10～15 cm，切口的大下依阻塞物的大小而定。切开皮肤后，这时就能看到皮下的血管，注意回避，免于伤及。接着继续切开皮下筋膜和皮肌，用扩创钩扩大切口，然后彻底止血。再继续切开臂头肌的腱膜，此处离颈静脉最近，切勿伤及。

创口继续深入，则要切开肩胛舌骨肌，并钝性分离肩胛舌骨肌的腱膜和颈深筋膜。彻底止血，清洁创面。用扩创钩扩大创口，充分显露术野。此时，手术通路以告完成。下一步可根据食管阻塞物或食管病变寻找到食管。然后手指或止血钳分分离其周围的结缔组织，将食管纵行的切口，切口的大小要根据阻塞物的大小形状来定。阻塞软质而长时，切口可小一点；阻塞物硬质而大时，切口较大。食管切开时，一般用剪子或手术刀一次剪透或切开食管壁各层，以免黏膜与肌肉层分离。食管切开后，用镊子、钳子或手指将阻塞物取出，取完后用灭菌生理盐水冲洗干净，同时用纱布吸净食管分泌物和残留冲洗液，以免流入皮肤切口内。然后用“0”号肠线或“1”号丝线螺旋形缝合食管黏膜切口，缝合要紧密，然后再用结节缝合法缝合肌肉层及外膜的切口缝合时要均匀，以免引起食管狭窄。缝合完毕后，在伤口上涂油剂青霉素，取出衬垫的纱布及器械，将食管送回原位。用灭菌生理盐水冲洗肌肉切口，同时散布消炎粉，用 1～2 号肠线或丝线结节缝合法闭合创口。再用 7～8 号丝线结节缝合皮肤切口。必要时，在缝合肌肉及皮肤时可放置纱布条引流。

6.术后护理　术后护理得好坏直接影响到手术的成败，一有差错，就会导致食管瘘，应特别注意。

(1)保持局部安静，防止在饲槽上摩擦或啃咬，以免影响愈合。

(2)禁食 1 周，每日补给一定量的葡萄糖及复方盐水，喂流食，再由流食到喂给少量青饲草，半月后逐渐向自由采食过渡。

(3)如发现创口有感染，应拆除皮肤缝合线，处理伤口，开放治疗。

(4)发现创内有唾液或食物时，说明食管缝合不严密或缝线松脱，应立即绝食进行二次缝合。

**附:犬猫食管切开术**

1.适应症　犬猫常因采食过急、嬉耍、捕捉等而引起食管完全或不完全食管阻塞。如果误食鱼刺、缝针、鱼钩等异物一般不会引起食管阻塞，但易发生食管穿孔。经保守疗法不成功或食管已穿孔者，既需施手术疗法。

2.手术方法　根据阻塞部位，可采用颈部、胸部食管切开手术。

(1)颈部食管切开手术。动物全身麻醉，仰卧保定。从下颌后方至胸骨前部剃毛、消毒。颈腹侧纵行切开皮肤 4～5 cm，分离皮下组织和胸骨舌骨肌，暴露气管。气管向左牵引，显露阻塞部，吸除聚积的唾液，以减少术野的污染。靠近或位于异物处纵行切开食管。用器械小心地将异物去除后，用生理盐水清洗食管，除去坏死组织。食管壁作两层缝合。先结节缝合黏膜和黏膜下，再结节缝合肌层。如食管阻塞部缺血性坏死或穿孔，应将其切除，作食管补丁修补术，即用邻近邻组织覆盖在缺陷的食管上。在颈部常用胸骨舌骨肌或胸骨甲状肌作为补丁移植物。

(2)胸部食管切开术。根据胸部 X 线检查食管阻塞部位，选择适宜的肋间开胸术径路。食管异物位于胸腔前段或后段时，左侧或右侧胸壁切开均可，但中段食管因被主动脉弓移向右侧，故该段食管异物需经右侧胸壁手术径路。胸部食管切开、异物去除及食管缝合与颈部相同，但其手术难度较大。为防止术后食管感染和创口裂开，可经胃切开插管或空肠插管提供食物和水分。

3.术后护理　根据食管损伤程度，采用不同的护理方法。损伤轻微，可近食管炎治疗。停止饮食 24～48 h。2～3 d 后，无临床症状表现，可饲喂流质食物。应静脉补充电解质溶液，直到动物能饮食、维持其水化作用为止。如食管广泛性损伤或施食管手术，更应加强术后护理。上述治疗方法可持续 3～7 d，如禁食超过 72 h，可采用另一种饮食法，即经胃切开插管或空肠插管供饮食。

## 瘤胃切开术

1.适应症　瘤胃切开术适应于瘤胃积食，创伤性网胃炎，以及吞食塑料袋等不易消化的异物；也可用于瓣胃堵塞治疗时的经瘤胃按摩等。

2.保定　可采用柱栏站立保定。

3.麻醉　盐酸氯丙嗪 25～350 mg 肌内注射用于镇静，配合腰旁麻醉和局部浸润麻醉。

4.手术部位　手术切口的确定方法是在左侧肷部的髋结节与最后肋骨连线的中间点，自腰椎横突尖端向下 4～5 cm 处，作 15～20 cm 长的切口。如果手术牛体型较大，切口部位可以稍向前下方移动，达最后肋骨后缘 3～4 cm，腰椎横突下 5～10 cm，切口由前上方向后下方倾斜，与最后肋骨方向一致。这样切口目的是使术者的手臂能触摸到网胃底部。

5.手术方法

(1)切开腹壁。术部剃毛、消毒、放置创巾等，按常规处理。在手术部位上作 15～20 cm 切口切开皮肤，及时止血。然后切开皮肌和皮下结缔组织，及时止血。随后，按肌纤维的方向钝性分离腹外斜肌，腹内斜肌、腹横肌，接着切开腹膜，并用灭菌生理盐水浸湿的纱布覆盖创缘。

(2)诊断创伤性网胃炎时的腹腔探查。当患畜被怀疑可能患有创伤性网胃炎时，可在切开瘤胃之前，可用手经腹壁合瘤胃之间的空隙往前伸到网胃合膈之间进行触摸探查，钉子和铁丝等尖锐异物经常经此刺透网胃、膈肌，甚至损伤心包，造成创伤性网胃炎，并被结缔组织增生并包埋形成网膜和膈肌之间的粘连，可用此方法检查发现异物和结缔组织增生粘连物，确诊疾病并直接分离取出异物并治疗。

(3)切开瘤胃。先将腹壁切口用扩创钩撑开、把切口下的瘤胃壁的背囊一部分拉出到腹壁切口的外面，并在瘤胃壁与腹壁切口之间衬垫用生理盐水浸湿的纱布。以防止瘤胃切开后的瘤胃内容物流入腹腔。然后在下面两种方法中选择一种方法固定瘤胃壁和切开瘤胃壁。①一种方法是在拉出的瘤胃壁准备作切口处距离 3～5 cm 的四角，用 10 号丝线分别穿上 4 条牵引线，张开牵引固定瘤胃壁。在牵引线中央切开瘤胃，切口长 15～20 cm，随即将揭开的瘤胃壁外翻，由助手牵拉固定，直到瘤胃壁缝合为。②另一种方法是在拉出的瘤胃壁从左下角开始往上将其缝在左侧的腹壁切口皮肤创缘上，到左上角后转弯，经右上角继续将瘤胃壁缝合在右侧腹壁切口的皮肤创缘上，直至右下角，缝合围绕腹壁切口创缘周围一圈。缝合时用 10 号丝线，作螺旋式缝合，每一针都应抽紧缝线，使瘤胃壁与腹壁切口皮肤创缘紧密贴合和固定牢固。然后在预定切口部位切开瘤胃，由助手用套有胶皮管的胃钳夹着牵拉切开的瘤胃壁边缘张开，同时在切口瘤胃壁周围垫上灭菌生理盐水浸湿纱布，防止瘤胃内容物流入和污染腹腔。

(4)取出瘤胃内容物和异物。瘤胃壁切开和固定好以后，术者尽快取出瘤胃内容物，取出量的多少，主要决定于治疗患牛误食塑料袋，胎衣等引起的堵塞。则要寻找到堵塞物为止，有时甚至要取出全部瘤胃内容物。才能找到；如果想经过瘤网口取造成创伤性网胃炎的铁钉铁丝时，也必须取出大部分的瘤胃内容物，才能摸到和取出。当取时扎刺透瘤胃壁的铁钉铁丝时，要谨慎小心，以免不知不觉地把瘤胃钩破穿孔，造成腹膜炎。进行完上述的治疗操作后，由于术者的手已经被瘤胃内容物严重污染，所以必须洗手、消毒和重新更换手套，然后才可以进行下一步的工作。

(5)缝合瘤胃壁。首先用灭菌生理盐水把瘤胃壁的切口端缘冲洗干净、并注意冲洗时不要让冲洗液流进腹腔。然后拉紧瘤胃壁的端缘，使切口对齐，用 1～2 号肠线缝合瘤胃切口。缝合方法可采用螺旋形缝合法或者锁口式缝合法缝合瘤胃壁全层。缝完后用灭菌生理盐水冲洗干净，再用 1～2 号肠线采用库兴氏缝合法进行第二次缝合瘤胃壁的浆膜肌层，再用含有青霉素的灭菌生理盐水冲洗干净，并用灭菌纱布拭干，在缝合部涂上油剂青霉素消炎剂。拆除手术时固定瘤胃壁的牵引线或螺旋缝合在皮肤上的缝合线，将瘤胃送回腹腔。接着进行分层缝合，用 1～2 号肠线或丝线采用螺旋缝合法把腹膜和腹横肌缝合，闭合前向腹腔内注入青霉素溶液 100 mL(含青霉素 1 万 IU/mL)，以防止术后并发腹膜炎。腹膜缝合完后，用含青霉素的灭菌生理盐水冲洗腹壁切口，用 2～4 号肠线或丝线采用结节缝合法分别缝合腹内斜肌和腹外斜肌。用含青霉素灭菌生理盐水冲洗干净。再用 10 号线采用减张缝合法缝合皮肤切口，缝完后用镊子整理缝线和创缘，使两侧皮肤创缘对齐和紧密接触，利于愈合。最后在缝合的切口上涂碘酊消毒、装上绷带。

6.术后护理

(1)术后禁食 36～48 h，待瘤胃蠕动恢复，出现反刍后开始给予少量优质饲草。

(2)术后 12 h 即可进行缓慢的牵遛运动，以促进胃肠机能的恢复。当有脱水表现时应给以补液。

(3)术后 4～5 d 内，每天二次使用抗生素，如青霉素、链霉素。注意观察原发病是否消退，有无手术并发症，并根据情况进行必要的处理与治疗。

## 开腹术

1.适应症　开腹术常用于肠堵塞、肠套叠修整、肠切开术、肠吻合术及腹腔肝、肾、剖腹产等手术的通路或腹部疾病探查。

2.保定　根据不同疾病的不同手术目的和手术的操作难易等，一般采用站立、侧卧或仰卧保定。

3.麻醉　小动物可采用全身麻醉，大动物可采腰旁传导麻醉，必要时可配合盐酸氯丙嗪肌内注射。

4.手术部位　开腹术切口部位的选择，是根据手术的目的和要求而定。也与动物的种类有关。常用部位有侧腹壁切开法和下腹壁切开法。

下面以单胃动物的腹壁切开法：

(1)侧腹壁切开法(主要用于肠堵塞、肠扭转、肠变位、肠套叠等治疗)。有下面几种切口部位。

①要进行小肠、小结肠手术时，切口部位在左髂区，定位方法是由髂结节到最后肋骨水平线的中央点，向下作一条 20～25 cm 的切口。依据手术目的不同，如小肠、小结肠等，切口稍靠前、靠后、靠下方，以利于进一步的手术。

②要进行右侧的盲肠手术使，切口在右髂区(与左侧上述切口位置相对)有髂结节到最后肋骨的水平线的中央点，向下作一条 20～25 cm 的切口。同样是根据手术目的不同，切口位置稍有变化，但总的原则要求是使切口尽可能接近患病或疑似患病器官和利于充分显露手术器官及操作方便。

(2)下腹壁切开法(多用于小动物的开腹术)。依据手术目的的不同，可有正中线切开法和中线旁切开法两种。

①正中线切开法。切口部位在正中白线上，脐的前部或后部，雄性动物应在脐的前部。

②中线旁切开法。切口部位在白线的一侧 2 cm 处，作一与正中线平行的切口，此切口部位可不受性别的限制。

(3)手术方法。术部剃毛、消毒、放置创巾、麻醉等按常规处理。然后按下列方法进行手术。

①侧腹壁切口法。在手术部位上作 20～25 cm 的切口，并及时止血和清洁创面。然后切开皮肌、皮下结缔组织及肌膜，彻底止血，用扩创钩扩大创口，充分显露术野。按肌纤维方向在腹外斜肌或其腱膜上作一小切口，并用钝性分离肌肉切口，再以同样方法按肌纤维方向切开腹内斜肌及其腱膜，彻底止血、清洁创面。如有横过切开切口。上述肌肉切开后，用创钩扩大创口，显露术野。接着再往深部，也按肌纤维方向切开并钝性分离腹横肌及其腱膜。腹壁肌肉切开后，充分止血，用创钩拉开腹壁肌肉。充分显露腹膜。上述各层肌肉及其腱膜切口的大小应与皮肤切口一致。避免越来越小，对以后的手术操作不利。然后切开腹膜时，保护腹腔器官，外向式用刀切开或用剪刀剪开腹膜。然后用灭菌生理盐水浸湿的纱布，衬垫整个腹壁切口，勿使肠管脱出。准备进行下一步手术。

②下腹壁切开法。正中线切开:按上述方法切开皮肤和皮下结缔组织，充分止血、用扩创钩扩大创口充分显露术野。然后切开白线，显露腹膜。切开腹膜，同样以皱襞切开法切开即先提起腹膜切个小口，插入有钩探针或镊子保护腹腔器官，外向式挑开或用剪子剪开腹膜。

③中线旁切开法。按上述方法切开皮肤和皮下结缔组织，继而借口腹直肌鞘的外板，然后按肌纤维的方向用钝性分离法分离腹直肌，再切开腹直肌鞘的内板和按前述方法切开腹膜。

当腹腔切开后，可分别进行目的手术的操作。

## 肠管手术

**(一)适应症**

因各种原因如肠变位、肠扭转、肠套叠、肠阻塞、肠肿瘤等引起肠局部坏死需要根治手术。

**(二)手术过程**

动物保定、麻醉、手术部位的选择如开腹术。

1. 切开腹腔　用手伸入腹腔探查患病肠段，将病变的肠管小心拉倒腹壁切口之外，并在拉出的肠管下面；衬垫用灭菌生理盐水浸湿的纱布，防止肠切开后肠内容物流入和污染腹腔。接着沿着与肠管纵轴方向切开肠壁，但切口要避开肠的纵肌带，切口的长度依肠堵塞物的大小形状而定，一般比肠堵塞物大一点，以使肠堵塞物易于取出。如果肠管内有液状内容物，应先切小口，小心排出肠内液体内容物，并要严防肠内粪水流入腹腔；排净肠内液体后，再扩大切口，取出肠内硬质堵塞物，然后用温生理盐水冲洗肠壁切口及周围肠段区域；接着用肠壁缝合法进行双层缝合肠壁，后用温生理盐水冲洗干净，涂以油剂青霉素后送入腹腔。最后闭合腹腔。

2. 小肠套叠整复术后肠堵塞粪结压碎术　腹腔切开后，用手伸入腹腔探查患病肠段，如果是肠套叠，触到的套叠肠管质地较硬，油索状肿块感、有痛感；如果使肠堵塞，触到的堵塞肠管质地坚硬如石，痛感更剧烈。找到患病肠段，将其拉出腹腔切口之外，在套叠肠管或堵塞肠管下面衬垫生理盐水浸湿的纱布。然后进行肠病的治疗：如果肠套叠、用双手的手指自套叠端进行推挤，使其逐渐复位，不可用手使劲硬拉，否则因肠壁较薄或套叠较紧，易于拉断肠管或造成肠破裂。如果整复有困难，可在套叠鞘内滴加少量液体石蜡润滑后继续整复，如多方整复似无效果，最后可剪开套叠的外层肠管，然后按肠切开的肠壁缝合法进行双层缝合肠壁。最后，详细检查肠管合肠系膜、如无出血、水肿、坏死等病理变化合异常。可送回腹腔；如有上述这些变化而使肠管失去正常生理机能时，则应进行肠切除和肠吻合术。

3. 肠管断端吻合术　腹腔切开后，用手将要进行手术的患病肠段拉到腹壁切口之外，病在拉出的肠管下面，衬垫用灭菌生理盐水浸湿的纱布，以防止切开的肠管内容物流入腹腔造成污染。在预定要切除的肠段两端距切断部 1～2 cm 处用肠钳或纱布固定。首先结扎要切除的肠段的肠系膜血管。以防手术时出血。然后用手术剪将病变的肠段剪断。接着将其相应的肠系膜作三角形剪除，用含有青霉素的生理盐水清洗肠管断端。缝合肠管时，先将带有肠钳的两肠管断端并拢在一起固定号或由助手帮助固定，按照肠断端吻合法进行双层缝合。把肠系膜并拢整齐，用螺旋缝合法进行缝合。最后用温生理盐水冲洗手术部肠段合肠系膜，涂以油剂青霉素后送入腹腔。

肠管吻合方式有端端吻合、侧侧吻合、和端侧吻合数种，一般情况下多应采用端端吻合。

(1)端端吻合。将两把肠钳靠拢，检查备吻合的肠管有否扭转。用细丝线先从肠管的系膜侧将上、下两段肠管断端作一针浆肌层间断缝合以作牵引。缝时注意关闭肠系膜缘部无腹膜覆盖的三角形区域。在其对侧缘也缝一针，用止血钳夹住这两针作为牵引，暂勿结扎。再用 0 号肠线间断全层缝合吻合口后壁，针距一般为 0.3～0.5 cm。然后，将肠管两侧的牵引线结扎。再缝合吻合口前壁，缝针从一端的黏膜入针，穿出浆膜后，再自对侧浆膜入针穿出黏膜，使线结打在肠腔内，将肠壁内翻，完成内层缝合。

取下肠钳，再进行外层(第二层)缝合。

用细丝线作浆肌层间断缝合，针距 0.3～0.5 cm，进针处距第一层缝线以外 0.3 cm 左右，以免内翻过多，形成瓣膜，影响通过。在前壁浆肌层缝毕后，翻转肠管，缝合后壁浆肌层。注意系膜侧和系膜对侧缘肠管应对齐闭合，必要时可在该处加固 1～2 针，全部完成对端吻合。用手轻轻挤压两端肠管，观察吻合口有无渗漏，必要时追补数针。用拇、食指指尖对合检查吻合口有无狭窄。

取下周围的消毒巾，更换盐水纱布垫，拿走肠切除吻合用过的污染器械。手术人员洗手套或更换手套。再用细丝线缝合肠系膜切缘，消灭粗糙面。缝合时注意避开血管，以免造成出血、血肿或影响肠管的血运。

将缝合完毕的肠管放回腹腔(注意勿使扭转)，逐层缝合腹壁切口。

(2)侧侧吻合。目前，除在胃肠吻合术后输出段梗阻，或食管空肠吻合术后作侧侧吻合外，仅在梗阻原因无法去除或病人情况不允许行肠切除时，才作侧侧吻合。因为侧侧吻合不符合正常肠管的蠕动功能，吻合口在肠管内无内容物的情况下基本上处于关闭状态。由于两端均将环行肌切断，故吻合口段的肠管蠕动功能大为下降，排空功能不全。肠管内容物下行时往往先冲击残端，受阻后引起强烈蠕动，再自残端反流，才经过吻合口向下运行。时间长久后，往往在肠管两端形成囊状扩张，进一步发展，可形成粪团(块)性梗阻或引起肠穿孔、肠瘘等，即所谓盲袢综合征。病人手术后常发生贫血、营养不良，经常有腹痛、腹泻等症状，远期效果不良。

如做肠切除，应先将远、近断端分别用全层连续缝合加浆肌层间断缝合闭合断端，然后进行侧侧吻合。

吻合方法为先用肠钳夹住选定作吻合的两段肠管，以免切开肠壁对肠内容物外溢。将两钳并排安置后，在系膜对侧中线偏一侧约 0.5 cm 处，将两段肠壁作一排细丝线浆肌层连续缝合，长约 6 cm。用纱布垫保护后，在缝线两侧（即两段肠壁的系膜对侧中线）各切开约 5 cm 长。吸尽切开部分的肠内容物，钳夹并结扎出血点。用 1～0 号肠线从切口一端开始作吻合口后壁全层锁边缝合（线结打在肠腔内），再转至吻合口前壁作全层连续内翻褥式缝合，两个线头互相打结，完成吻合口内层缝合。撤除肠钳后在吻合口前壁加作一排浆肌层间断缝合。检查如有漏洞，应加针修补，吻合口两端可多加数针。完成吻合后，用手指检查吻合口大小是否符合要求。

（3）端侧吻合。端侧吻合一般用于吻合肠管上、下段口径相差十分悬殊时，或当肠梗阻原因不能去除，需作捷径手术者，以及各种 Y 形吻合术中。吻合口需和肠道远段闭锁端靠近，否则也可能引起盲袢综合征。但现在这种吻合方式，临床上已较少应用。

以回肠-横结肠端侧吻合术为例：在回肠末端拟定切断处，向肠系膜根部分肠系膜，结扎、止血。在近端夹肠钳，远切端夹直止血钳，用纱布垫保护后切断肠管。切除右半结肠后，结肠切除端用全层连续缝合后加浆肌层连续内翻褥式缝合闭锁。回肠近侧断端消毒后，于横结肠前面的结肠带上作双层缝合的端侧吻合，缝合方法同“端端吻合”。最后闭合肠系膜裂孔。

4. 术中注意事项

（1）正确判断肠管的生活力。尤其在疑有大段肠管坏死时，由于留下肠管不多，必须争取保留尽可能多的肠管，因而，严格确定肠管是否坏死就更显得重要。

判定肠管是否坏死，主要根据肠管的色泽、弹性、蠕动、肠系膜血管搏动等征象。如：①肠管呈紫褐色、黑红色、黑色或灰白色；②肠壁菲薄、变软和无弹性；③肠管浆膜失去光泽；④肠系膜血管搏动消失；⑤肠管失去蠕动能力。具备以上 5 点中的 3 点，经较长时间热敷、或放入腹腔内、或用 0.25%普鲁卡因 15～30 mL 行肠系膜封闭，而血运无明显改善时，即属肠坏死，应予以切除。

（2）注意无菌操作。肠切除后目前多用开放式吻合，应注意勿使肠管内容物流入腹腔，污染切口，引起感染。吻合完毕后，应更换所用器械和手套后再行关腹操作。

（3）决定切除范围。在准备切除前，先行全肠检查，决定切除范围，以免遗漏重要病变。

（4）注意肠管的血液供应。肠系膜切除范围应成扇形，使与切除的肠管血液供应范围一致，吻合口部位肠管的血运必须良好，以保证吻合口的愈合。

（5）肠钳不宜夹得太紧。夹肠钳以刚好阻止肠内容物通过为度，以免造成肠壁损伤，继发血栓形成，影响吻合口的愈合。以往常在肠钳上套一软胶管，以图减少对肠壁的损伤，但常因此而钳夹太紧，阻断了肠管血运，反而增加损伤。肠钳位置应放置在距吻合口 3～5 cm 为宜。如肠内容物不多，进行吻合时，可不用肠钳。

（6）吻合时宜注意避免肠管的扭曲。由于连续全层缝合后肠管内径日后不易扩大，可导致狭窄和通过不良，故应该用间断缝合。吻合时肠壁的内翻不宜太多，避免形成肠腔内的瓣膜。全层缝合的线头最好打 3 个结，不使过早松脱。前壁缝合应使肠壁内翻，浆肌层缝合必须使浆膜面对合。不要缝得太深或太浅。吻合完毕后必须仔细检查吻合口一遍，看有无漏针，尤应注意系膜附着处两面及系膜对侧是否妥善对齐。

（7）两端肠腔大小悬殊时的吻合。可将口径小的断端的切线斜度加大，以扩大其口径。另一种方法是适当调整两个切缘上缝线间距离，口径大的一边针距应宽一些，口径小的一边应窄一些。若差距悬殊过大，可缝闭远端，另作端侧吻合术。

（8）开放肠端吻合时注意。应先止血，以防止术后吻合口出血。

（9）缝合系膜时注意不要扎住血管，同时也应注意勿漏缝，以免形成漏洞，产生内疝。

5. 术后处理

（1）肠切除术后继续禁食、胃肠减压 1～2 d，至肠功能恢复正常为止。小肠手术后 6 h 内即可恢复蠕动,故无肠梗阻的动物,术后第一日开始服少量不胀气流质,逐渐加至半流质。对小肠切除多者,或对保留肠管生机仍有疑问者,饮食应延缓,需待排气、排便、腹胀消失后开始。

(2) 在禁食期间,每日需输液,以补足生理需要和损失量。脱水和电解质平衡失调较重者,开始进食后,仍应适当补充液体。

(3) 一般用青、链霉素控制感染,必要时可选用广谱抗生素。

(4) 术后应早期活动,以预防肠粘及肺部并发症。

## 【考核评价】

### 规模化猪场外科手术设备的购置及准备

**一、考核题目**

某规模化养猪场为了提高疾病治疗的专业化水平,需要购置一批适合该场常见猪病诊疗的外科手术器械,表 2-1-1 是该场常见猪病及采取的治疗措施。

**表 2-1-1 猪常见疾病的治疗措施**

| 类别 | 常见疾病 | 外科处理方案 | 使用器械、敷料、药品 | 消毒方法 |
|---|---|---|---|---|
| 仔猪 | 过早发情,影响育肥 | 去势术 | | |
| 育肥猪 | 损伤 | 清创术、绷带包扎 | | |
| 种公猪 | 腹股沟阴囊疝 | 阴囊疝手术 | | |
| 种母猪 | 阴道、子宫脱 | 阴道、子宫复位术 | | |

**二、评价标准**

根据该猪场常发疾病以及相应的外科处理方案,购置适合的手术器械、敷料、药品,并选择合宜的消毒方法(表 2-1-2)。

**表 2-1-2 猪疾病的处理、设备购置及准备**

| 类别 | 常见疾病 | 外科处理方案 | 使用器械、敷料、药品 | 消毒方法 |
|---|---|---|---|---|
| 仔猪 | 过早发情,影响育肥 | 去势术 | 手术刀、手术剪、止血纱布、5%碘酊、75%酒精、消炎粉 | 高压蒸汽灭菌法、干热灭菌法、新洁尔灭浸泡法 |
| 育肥猪 | 损伤 | 清创术、引流术、绷带包扎 | 手术刀、手术剪、缝合针、手术镊、止血钳、缝合线、冲洗器、引流条、止血纱布、5%碘酊、75%酒精、0.9%氯化钠、青霉素、0.1%高锰酸钾、新洁尔灭 | 高压蒸汽灭菌法、干热灭菌法、新洁尔灭浸泡法 |
| 种公猪 | 腹股沟阴囊疝 | 阴囊疝手术 | 手术刀、手术剪、缝合针、手术镊、止血钳、缝合线、止血纱布、5%碘酊、75%酒精、0.9%氯化钠、5%葡萄糖、青霉素、新洁尔灭 | 高压蒸汽灭菌法、干热灭菌法、新洁尔灭浸泡法 |
| 种母猪 | 阴道、子宫脱 | 阴道、子宫复位术 | 手术刀、手术剪、缝合针、手术镊、止血钳、缝合线、注射器、注射针、固定器、冲洗器、止血纱布、5%碘酊、75%酒精、0.9%氯化钠、青霉素、新洁尔灭、益母草冲洗液 | 高压蒸汽灭菌法、干热灭菌法、新洁尔灭浸泡法 |

## 【知识链接】

1. DB63/T 978—2011,村级动物防疫员防疫消毒技术规范,青海省质量技术监督局,2011-05-01;
2. DB13/T 990—2008,鸡场消毒技术规范,河北省质量技术监督局,2008-07-24;
3. DB13/T 991—2008,猪场消毒技术规范,河北省质量技术监督局,2008-07-24;
4. DB13/T 1212—2010,兔场消毒技术规范,河北省质量技术监督局,2010-05-04;

5. DB13/T 1418—2011，高温闷棚土壤消毒技术规程，河北省质量技术监督局，2011-06-30；

6. DB12/T 451—2012，畜禽运载工具消毒技术规范，天津市质量技术监督局，2012-06-01；

7. DB13/T 1004.5—2008，动物卫生监督管理综合标准 第5部分：动物防疫消毒操作规程，河北省质量技术监督局，008-12-31；

8. DB31/T 432—2009，畜禽养殖场消毒技术规范，上海市质量技术监督局，2009-06-01；

9. DB33/T 721—2008，水产养殖消毒剂使用技术规范，浙江省质量技术监督局，2009-02-01；

10. DB37/T 2384—2013，种猪场消毒技术规范，山东省质量技术监督局，2013-10-25；

11. DB42/T 801—2012，化学消毒剂中有效成分含量测定 自动电位滴定法，湖北省质量技术监督局，2012-06-01；

12. DB51/T 1286—2011，规模化（蛋鸡、种鸡、商品肉鸡）鸡场消毒技术规范，四川省质量技术监督局，2011-07-01；

13. DB51/T 848—2008，养蚕消毒技术规程，四川省质量技术监督局，2008-09-01；

14. GB/T 24688—2009，动物防疫消毒机试验方法，国家质量监督检验检疫，2010-04-01；

15. GB/T 25886—2010，养鸡场带鸡消毒技术要求，国家质量监督检验检疫总局，2011-06-01；

16. SB/T 10660—2012，屠宰企业消毒规范，商务部，2012-06-01；

17. SB/T 10661—2012，屠宰企业消毒人员技能要求，商务部，2012-06-01；

18. DB63/T 794—2009，犬剖腹产手术操作技术规范，青海省质量技术监督局，2009-07-01；

19. NY/T 1184—2006，兽医手术刀，农业部，2006-10-01；

20. NY 817—2004，猪用手术隔离器，农业部，2004-09-01；

21. DB11/T 707—2010，动物诊疗机构消毒操作技术规范，北京市质量技术监督局，2010-08-01；

22. YY/T 1117—2001，石膏绷带　粉状型，国家药品监督管理局，2002-03-01；

23. YY/T 1118—2001，石膏绷带　黏胶型，国家药品监督管理局，2002-03-01。

Project 2

# 动物产科生理及产科疾病

**学习目标**

1. 了解动物产科疾病的类型、发病特点；
2. 掌握动物妊娠期疾病、分娩期疾病、分娩后疾病、乳房疾病及仔畜疾病的病因、症状及诊疗方法。

【学习内容】

## 任务一　产科生理

### 一、分娩

妊娠期满，胎儿发育成熟，母体将胎儿及其附属物从子宫内排出体外，这一生理过程称为分娩。

1.决定分娩过程的要素

分娩的过程是否正常，主要取决于产力、产道和胎儿三个因素。如果这三个因素是正常的，能够相互适应，分娩就顺利，否则就可能发生难产。

(1)产力。母畜从子宫内排出胎儿的力量称为产力。它是由阵缩、努责和阴道收缩力共同构成的。子宫肌有节律的收缩称为阵缩，是分娩过程中的主要动力。腹壁肌和膈肌的收缩称为努责，它在分娩的产出期与子宫肌收缩协同，对胎儿的产出也起着十分重要的作用。

子宫肌的收缩由子宫角开始，向子宫方向进行，收缩是一阵一阵的，具有间歇性。起初，收缩持续时间短，力量不强，间歇不规律，以后逐渐变得收缩持续时间较长、规律、有力。每次收缩也是由弱到强，持续一段时间又减弱消失。母畜血液中乙酰胆碱和催产素均有促进子宫肌收缩的作用。这种阵缩对胎儿的安全是非常重要的。如果收缩没有间歇性，那么由于胎盘上的血管受到持续性压迫，血液循环中断，胎儿缺少氧气供应，在胎儿排出过程中，就可能发生窒息。在每次收缩间歇时，子宫肌的收缩虽然暂停，但它并不完全弛缓，子宫角也不恢复到收缩以前的大小，因为子宫肌除了缩短以外，还发生皱缩，使子宫壁逐渐变厚，子宫腔渐次变小。

(2)产道。产道是分娩时胎儿产出的必经之道，分为软产道和硬产道。

①软产道。由子宫颈、阴道、前庭和阴门构成。在正常情况下软产道于分娩前数天开始变软，松弛，到分娩时能够扩张。

②硬产道。又称骨盆，主要由荐骨与前三个尾椎、髋骨(耻骨、坐骨、髂骨)及荐坐韧带构成。可分为四个部分。

入口：是腹腔通往骨盆的孔道，斜向前下方。是由上方的荐骨基部，两侧的髂骨及下方的耻骨前缘所围成。骨盆入口的大小是荐耻径、横径及倾斜度所决定。

荐耻径(上下径)：是岬部到骨盆联合前端的连线长度。岬部是第一荐椎体前端向下突出的地方。

横径：有上、中、下三条。上横径是荐骨基部两端之间的距离；中横径是指骨盆入口最宽部分的宽度，即两髂骨干上的腰肌结节之间连线的长度；下横径是耻骨梳两端之间连线的长度。倾斜度是髂骨与骨盆底所构成的夹角。

荐耻径、中横径的长度决定骨盆入口的大小，两者长度的差距决定入口的形状，差距越小，越接近圆形。骨盆入口要求大而圆，越大越圆，胎头越容易进入骨盆腔。倾斜度要求大，倾斜度越大，髂骨干越向前方倾斜，骨盆顶后端的活动部分就越向前移，当胎儿通过骨盆狭窄部即两侧坐骨上棘之间时，骨盆顶就容易向上扩大，便于胎儿通过。

出口：出口是上由第三尾椎，两侧由荐坐韧带的后缘以及下方的坐骨弓形成。出口的上下径是第三尾椎体和坐骨联合后端连线的长度。由于尾椎活动性大，上下径在分娩时容易扩大。出口的横径是两侧坐骨结节之间的连线，坐骨结节构成出口侧壁的一部分，因此结节越高，出口的骨质部分越多，越妨碍胎儿通过。

骨盆腔：骨盆入口与出口之间的腔体，称为骨盆腔。骨盆腔的大小决定于骨盆腔的垂直径及横径。垂直径是由骨盆联合前端向骨盆顶所作的垂线。横径是两侧坐骨上棘之间的距离。坐骨上棘越低，则荐坐韧带越宽，胎儿通过时骨盆腔就越能扩大。

骨盆轴：骨盆轴是一条假想线。它通过入口荐耻径、骨盆垂直径及出口上下径三条线的中点，线上的任何一点距骨盆壁内面各对称点的距离都是相等的。它代表胎儿通过骨盆腔时所走的线路。骨盆轴越短、越直，胎儿的通过就越容易。

(3)各种母畜的骨盆特点。

牛(奶牛、黄牛)：骨盆入口横径比荐耻径小，因此呈竖的椭圆形，倾斜度也较小，骨盆底下凹，荐骨突出于骨盆腔内，骨盆侧壁的坐骨上棘很高而且斜向骨盆腔，因此横径小、荐坐韧带窄，出口处坐骨结节高，妨碍胎儿通过。骨盆轴是先向上再水平，然后又向上，形成一曲折的弧线，因此胎儿通过较其他家畜稍难。

水牛：水牛骨盆入口中横径比荐耻径稍小，近乎圆形，倾斜度比牛大，而且出口较大，骨盆底较平坦，骨盆轴较直。

猪：猪的骨盆入口和牛的相似，但倾斜度很大且坐骨发达，坐骨后部较宽。骨盆轴向后下倾斜，近于直线，胎儿通过较容易。

羊：绵羊和山羊的骨盆构造和牛的很相似。髂骨较为向前倾斜，与骨盆底呈 35°～40°。骨盆入口的倾斜度比牛的大，荐骨不向骨盆腔突出，荐骨后方的数枚椎骨具有活动性，骨盆腔的垂直径在第 4 或第 5 荐骨上。坐骨结节较小，骨盆底也较平坦，骨盆轴为稍向下弯的弧形，胎儿通过较易。

现将几种母畜的骨盆特点归纳于表 2-2-1。

**表 2-2-1　部分母畜骨盆结构特点**

| 骨盆结构 | 牛 | 水牛 | 猪 | 羊 |
|---|---|---|---|---|
| 骨盆入口 | 竖长圆形 | 近圆形 | 近乎圆形 | 椭圆形 |
| 骨盆出口 | 较小 | 较大 | 大 | 大 |
| 倾斜度 | 较小 | 较大 | 大 | 大 |
| 骨盆轴 | 曲折形 | 较直 | 较直 | 弧形 |
| 胎儿通过 | 较难 | 较易 | 易 | 易 |

(4)分娩时胎儿与母体产道的关系。

①胎向。即胎儿的方向。它表示胎儿身体纵轴与母体纵轴的关系。胎向有 3 种。

纵向：胎儿的纵轴与母体的纵轴互相平行时叫纵向。习惯上又将纵向分为两种，一种是胎儿的方向和母体的方向相反，即头和前腿先进入产道，叫正生；二是胎儿的方向和母体的方向相同，即后腿或臀部先进入产道，叫倒生。

横向：胎儿横卧于子宫内，胎儿的纵轴与母体的纵轴呈水平垂直时叫横向。胎儿背部向着产道的，称为背部前置的横向(背横向)；腹壁向着产道(四肢伸入产道)，称为腹部前置的横向(腹横向)。

竖向：胎儿的纵轴向上与母体的纵轴垂直时叫竖向。有的背部向着产道，称为背竖向；有的腹部向着产道，称为腹竖向。

纵向是正常的胎向，横向及竖向是异常的。严格的横向及竖向通常是没有的，只是程度不同地倾向于横向、竖向。

②胎位。即胎儿的位置。表示胎儿的背部和母体的背部或腹部的关系。胎位有 3 种。

上位(背荐位)：胎儿伏卧在子宫内，背部在上，靠近母体的背部及荐部。

下位(背耻位)：胎儿仰卧在子宫内，背部在下，向着母体的腹部及耻骨。

侧位(背髂位)：胎儿侧卧在子宫内，背部位于一侧，靠近母体左或右侧腹壁及髂骨。

上位是正常的，下位和侧位是异常的。侧位如果倾斜不大，称为轻度侧位，仍可视为正常。

③胎势。即胎儿的姿势。表示胎儿的头、颈、四肢的弯曲与伸张状态。

④前置。又叫先露，它是指胎儿最先进入产道的部分。哪一部分向着产道，就叫哪一部分前置，在胎儿性难产，常用“前置”这一术语来说明胎儿的异常情况。例如，前肢的腕部是屈曲的，没有伸直，腕部向

着产道，称为腕部前置；后肢的髂关节是屈曲的，后肢位于胎儿自身之下，坐骨向着产道，称为坐骨前置。

2. 分娩预兆

(1)一般预兆。母畜分娩前，在生理和形态上发生一系列变化，称为分娩预兆。根据这些变化的全面观察，往往可以大致预测分娩时间，以便做好助产的准备。

①乳房。乳房在分娩前迅速发育，腺体充实。有的在乳房底部出现浮肿。临近分娩时，可从乳头中挤出少量清亮胶状液体或初乳，有的出现漏乳现象。乳头的变化对估计分娩时间也比较可靠，分娩前数天，乳头增大变粗。但在营养状况不良的母畜，乳头变化不很明显。

②外阴部。临近分娩前数天，阴唇逐渐柔软、肿胀、增大，阴唇皮肤上的皱襞展平，皮肤稍变红。阴道黏膜潮红，黏液由浓厚黏稠变为稀薄滑润。某些畜种由于封闭子宫颈管的黏液塞软化，流入阴道而排出阴门外，呈透明、能够拉长的条状黏液。子宫颈在分娩前数天开始松软肿胀。

③骨盆韧带。骨盆部韧带在临近分娩的数天内，变得柔软松弛，特别明显的是位于尾根两侧的荐坐韧带后缘由硬变得松软，因此荐骨的活动性增大，当用手握住尾根上下活动时，能够明显感觉到荐骨后端容易上下移动。由于骨盆部韧带的松弛，臀部肌肉出现明显的塌陷现象。

④行为。行为方面也有明显改变，如猪在分娩前 6～12 h 有衔草做窝现象，家兔则扯咬自己的腹部被毛做窝。分娩前数天，多数家畜出现食欲下降，行动谨慎小心，喜好僻静地方，群牧时有离群现象。

(2)各种动物分娩预兆的特点

①牛。牛的乳房在分娩前变化较明显。特别是初产牛的乳房在妊娠后 4 个月开始增大，到妊娠后期胀大更快。乳头表面呈蜡状的光泽，分娩前数天可从乳头中挤出少量清亮胶样的液体，至产前 2 d 乳头中充满初乳。乳牛的体温变化也可以作为判断分娩时间的依据。母牛妊娠 7 个月开始，体温逐渐上升，可达 39℃。至产前 12 h 左右，体温下降 0.4～0.8℃。

②猪。猪在临产前腹部大而下垂，卧下时能看到胎儿在腹内蠕动。猪的阴唇肿胀松弛开始于分娩前 3～5 d，中部两对乳头中可以挤出少量清亮液体；至产前 1 d，有的发生漏乳，也有的可以挤出数滴初乳。但营养较差的母猪，乳房的变化不十分明显，要依靠综合征候才能做出准确的判断。

③羊。羊临近分娩时，骨盆韧带和子宫颈松弛，同时子宫的敏感性和胎儿的活动性都有所增加。大约在分娩前 12 h 子宫内压开始增高，压力波随接近分娩而增强。子宫颈最先是缓慢地扩张到分娩前 1 h 迅速扩张。羊在分娩前数小时，出现精神不安，用蹄刨地，频频转动或起卧，并喜接近其他母羊的羔羊。

④犬。在分娩前 2 周内乳房开始膨大，分娩前数天乳房分泌乳汁，骨盆和腹肌持续松弛，同时可看到阴门水肿从阴道内流出黏液。通常在分娩的前夜，母犬不愿离开它的住处，往往拒绝吃食。临产前母犬不安、喘息，寻找僻静之处筑窝。一旦分娩的确定征状出现后，母犬就很少改变它所选好的分娩场所。

⑤猫。在分娩前 1 周，活动量减少，常寻找僻静温暖而黑暗的场所。产前 1～2 d，会阴部肌肉松弛，乳房肿胀，乳头突出并变为深粉红色，母猫出现营窝行为，对陌生人的敌对情绪增强。

⑥马。母马在怀孕末期腹部下垂，两侧肷部下陷。接近分娩时，腹部下垂现象减轻，腹围向两侧膨隆。乳房膨满、充实。乳头变得粗大，而近圆形，由于乳汁充盈，两乳头向外开张而呈八字形，有的在产前自行流乳。阴唇浆液浸润、皮肤展平、松软、阴门裂拉长。临产前有的从阴门流出少量黏稠黏液。群牧马中临产母马则喜欢落群和遛边。

⑦兔。多数母兔在临产前数天，乳房肿胀，并可挤出乳汁，肷部凹陷。外阴部肿胀、充血，黏膜潮红湿润。食欲减退，甚至绝食。在临产前数小时或 2～3 d 内，开始衔草营巢，并将自己胸前、肋下及乳房周围的毛撕下来，衔入巢箱内做窝。

3. 分娩过程

分娩期是从子宫开始阵缩到胎儿及其附属物完全排出为止。为叙述方便将其划分为 3 个阶段，即开口期、产出期和胎衣排出期。

(1)开口期。开口期是从子宫开始阵缩，到子宫颈口充分开张，与阴道之间的界限消失为止。但牛、羊的子宫颈与阴道间的界限不能完全消失。这一期的特点是只有阵缩而不出现努责。初产畜表现不安，时起时卧，徘徊运动，尾根抬起，常作排尿姿势，食欲减退。但经产畜一般表现安静，有时看不出什么明显的表现。

由于子宫颈的扩张和子宫肌的收缩，迫使胎水和胎膜推向已松弛的子宫颈，促使子宫颈扩张。开始每 15 min 左右子宫肌收缩一次，每次持续约 20 s。但随着时间的进展，收缩频率、强度和持续时间增加，到最后每隔几分钟便出现一次收缩。

(2)胎儿产出期。从子宫颈充分开张至产出胎儿为止。这一阶段的特点是阵缩和努责共同作用，而且都很强烈，每次阵缩和努责的持续时间长，间歇期短。产畜表现烦躁不安，时常起卧，前肢刨地，后肢踢腹部，呼吸和脉搏加快。产畜通常侧卧，四肢伸直，强烈努责直至产出胎儿。

(3)胎衣排出期。胎衣是胎儿附属膜的总称，其中也包括部分断离脐带。这一阶段是从胎儿产出后到胎衣完全排出为止。其特点是当胎儿产出后，母畜即安静下来，经过几分钟后，子宫主动收缩有时还配合轻度努责而使胎衣排出。

4.各种动物分娩期的特点

(1)牛。努责开始后常卧下，羊膜绒毛膜形成囊状突出阴门外，该膜为淡白或微黄色，半透明，膜上有少数细而直的血管，内有羊水和胎儿。羊膜绒毛膜囊破裂后排出羊水和胎儿。羊水浓稠，颜色淡白或微带黄色。胎儿产出后，在胎衣排出期，尿膜绒毛膜囊开始破裂流出黄褐色尿水。因此牛的第一胎水一般是羊水。但有时尿膜绒毛也可先破裂，然后尿膜羊膜囊才突出阴门破裂。牛的胎衣排出期时间较长，一般为 2～8 h，最长的可达 12 h。这与牛胎盘属上皮结缔绒毛膜型胎盘，构造较为复杂，胎儿胎盘和母体胎盘结构紧密相关。

(2)猪。猪分娩时都是侧卧。子宫除了纵的收缩外，还有分节收缩。子宫收缩由距子宫颈最近的胎儿前方开始，子宫的其余部分则不收缩，然后两个子宫角轮流收缩，逐渐达到子宫角尖端。猪的胎膜不露在阴门之外，胎水也少，当猪努责 1～4 次即可产出一仔，娩出两个胎儿的间隔时间，通常为 5～20 min 或更短，猪产出期所需时间依胎儿多少而有不同，一般为 2～6 h，产后 10～60 min，先后从两个子宫角排出两堆胎衣，每个胎儿的胎衣彼此套叠，粘连在一起。

(3)羊。基本和牛相似。羊在一昼夜任何时间都能产羔，但在上午 9～12 时和下午 3～6 时产羔稍多。胎衣通常在分娩后 2～4 h 内排出。

(4)犬。犬胎儿的数目因品种不同而异，一般每胎产 2～8 只。分娩时，母犬以腹部和子宫的节律性收缩将胎儿排出。产仔间隔为 5 min～1 h，母犬产仔时往往沿着它的窝周围走动，舔净仔犬身上的黏液，自行咬断脐带和撕破仔犬身上的囊膜。多数母犬吞食掉胎衣。母犬从分娩开始到产仔结束，一般 3～6 h。

(5)猫。猫在分娩前表现不安、鸣叫。从胎膜破裂到产出第一个胎儿需 30～60 min，产出胎儿时常发出尖叫声。每产一个胎儿，母猫就快速舔胎儿，咬断脐带，有的母猫先清洁自身，然后才舔仔猫。产仔间隔时间为 5 min 至 1 h，整个产仔过程 2～6 h。胎衣一般随各仔一同排出。母猫有吃胎衣的习性。

(6)马。母马的开口期短者仅有数小时，长时可达 1～2 d。母马进入产出期时，首先是鲜红色的尿膜绒毛膜在产道内或阴门外破裂，流出浅黄色的尿水。继而是淡白色半透明的尿膜羊膜破裂，流出黄色黏稠的羊水。在胎水排出的同时，胎儿前置部的两前蹄及鼻唇部随即露出。在强烈努责下产出胎儿。马的产出期，一般为 15～30 min，长者可达 1 h。胎儿排出后约 30 min 左右，胎衣即排出。

(7)兔。母兔在临产前表现精神不安，四爪刨地，顿足，腹痛，弓背努责，排出胎水不久仔兔便顺次连同胎衣等一并产出。母兔边产边将仔兔脐带咬断，并将胎衣吃掉，同时舔干仔兔身上的血迹和黏液，分娩即告结束，最后跳出巢箱或穴洞，觅水。母兔的分娩时间比较短，一般整个分娩过程经 30 min 左右。但也有个别母兔产下一批仔兔后，间隔数小时，甚至数十小时再产第二批仔兔。所以分娩结束后，应认真触摸腹部，以确定有无残留胎儿尚未排出。

现将各种动物分娩各期所需的时间列于表 2-2-2，以供参考。

表 2-2-2　动物分娩各期时间表

| 畜别 | 开口期 | 产出期 | 双胎间隔时间 | 胎衣排出期 |
|---|---|---|---|---|
| 牛 | 2～8 h(0.5～24 h) | 3～4 h(0.5～6 h) | 20～120 min | 4～6 h(≤12 h) |
| 水牛 | 1 h(0.5～2 h) | 19 min | | 4～5 h |
| 绵羊 | 4～5 h | 1.5 h(15 min 至 25 h) | 15 min(5～60 min) | 0.5～2 h |
| 山羊 | 6～7 h(4～8 h) | 3 h(0.5～4 h) | 5～15 min | 0.5～2 h |
| 猪 | 2～12 h | 2～6 h | 2～3 min(中国猪种)<br>10～30 min(引进猪种) | 30 min(10～60 min) |
| 兔 | | 20～30 min | | |
| 犬 | 4 h(6～12 h) | 3～6 h | 10～30 min | 5～15 min/仔 |
| 猫 | | 2～6 h | 5 min～1 h | |
| 马 | 10～30 min | 10～20 min | 20～60 min | 5～90 min |
| 骆驼 | | 8～15 min | | 21～77 min |

## 二、接产

接产的目的在于对母畜和胎儿进行观察，并在必要时加以帮助，避免胎儿和母体受到损失，达到母子安全。但应特别指出，接产工作一定要根据分娩的生理特点进行，不要过早过多地进行干预。

1. 接产前的准备

(1)产房。接产前准备专用的产房或分娩栏。产房除要求清洁、干燥、阳光充足、通风良好无贼风外，还应宽敞，以免因为狭窄使母畜踏伤仔畜，或妨碍助产。墙壁及饲槽须便于消毒。猪的产房内还应设仔猪栏，以避免母猪压死仔猪。天冷的时候，产房须温暖，特别是猪，温度应不低于 15～18℃，否则分娩时间延长，且仔猪死亡率增高。根据预产期，应在产前 7～15 d 将待产母畜送入产房，以便让它熟悉环境。

(2)用具及药品。在产房里，接产用具及药品(70%酒精，2%～5%碘酊，煤酚皂溶液，催产药物等)，应放在一定的地方，以免临时缺此少彼，造成不便。条件许可时，最好备有一套常用的手术助产器械。

(3)接产人员。接产人员应当受过接产训练，熟悉各种母畜分娩的规律，严格遵守接产的操作规程及必要的值班制度。

2. 正常分娩的接产

(1)接产步骤和方法。为保证胎儿顺利产出和母仔的安全，接产工作应在严格消毒的原则下进行。现以牛为例介绍其步骤和方法。

①清洗母畜的外阴部及其周围，并用消毒药水擦洗。用绷带缠好尾根，拉向一侧系于颈部。在产出期开始时，接产人员穿好工作服及胶围裙、胶靴，消毒手臂准备作必要的检查。

②为了防止难产，当胎儿前置部分进入产道时，可将手臂消毒后伸入产道，进行临产检查，以确定胎向、胎位及胎势是否正常，以便对胎儿的异常作早期诊断。及早发现、及早矫正，不但容易克服难产，甚至还能救活胎儿。

③当胎儿唇部或头部露出阴门外时，如果上面盖有羊膜，可把它撕破，并把胎儿鼻孔内的黏液擦净，以利呼吸。但也不要过早撕破，以免胎水过早流失。

④注意观察努责及产出过程是否正常，如果母畜努责阵缩微弱，无力排出胎儿；产道狭窄，或胎儿过大，产仔滞缓；正生时胎头通过阴门困难，迟迟没有进展；倒生时，因为脐带可能被挤压于胎儿和骨盆底之间，妨碍血液流通，均须迅速拉出。以免胎儿因氧的供应受阻，反射性地发生呼吸，吸入羊水，引起窒息。

(2)新生仔畜的护理。

①预防吸入羊水的窒息。胎儿产出后，应立即将其鼻、口内及其周围的羊水擦干并观察呼吸是否正常。如无呼吸或呼吸不正常须立即抢救。犬在出生时身上包有一层囊膜，如母犬未撕破应立即撕破。

②处理脐带。胎儿产出时，有的脐带随母畜站立或仔畜移动而被扯断，对于大家畜最好将其剪断。但在剪断之前应将脐带内血液挤入仔畜体内。这对增进幼畜健康很有好处。并且脐带断端不宜留过长。断脐后，可将脐带断端在碘酊内浸泡片刻或在其外面涂以碘酊，并将少量碘酊倒入羊膜鞘内。断脐后如有持续出血，须加以结扎。

③擦干仔畜身体。猪、犬等小动物的胎儿产出后应将其身上的羊水擦干，天冷时尤须注意，以免受到冻害；牛犊和羊羔，应让母畜舔干，这样母畜可以吃入羊水，增强子宫收缩，加速胎衣的脱落；并且还可以使母畜识仔，这在群牧的羊群中建立母子之间的牢固联系具有特别的重要意义。擦干或由母畜舔干仔畜，还可以促进仔畜的血液循环。

④扶助仔畜站立。大家畜的新生仔畜产出不久即试图站起，但是最初一般是站不起来的，宜加以扶助，以免摔伤或骨折。

⑤辅助哺乳。仔畜出生后一般都能自行寻找乳头吮乳。但对于体弱者或母性不强而拒绝哺乳的母畜，应辅助仔畜找到乳头或强迫母畜哺乳，让仔畜及时吮上初乳。对于猪等多胎动物，在分娩结束前，就应让已出生的仔畜吮乳，以免仔畜的叫声干扰母畜继续分娩。在辅助仔猪哺乳时，可按强弱相对固定乳头。

⑥预防注射。对新生仔畜和母畜最好注射破伤风抗毒素，以防感染破伤风。

⑦寄养或人工喂养。寄养就是给那些母畜无乳或死亡，或因仔过多而得不到哺乳的新生仔畜找产期相近的保姆畜代哺乳。但母畜一般对非亲生仔畜排他性很强，寄养前应将仔畜身上涂以保姆畜的乳汁或尿液，使仔畜身上带有保姆畜的气味，然后才将仔畜放在保姆畜身边。尽管如此，有些保姆畜仍然怀疑而咬仔畜，故在寄养的头几天应注意监护。如果一时找不到合适的保姆，也可用牛奶或代乳品进行人工喂养。

## 任务二　怀孕期疾病

### 一、流产

流产也称妊娠中断，是指由于胎儿或母体异常，导致妊娠生理过程紊乱，或它们之间的正常关系受到破坏而导致的妊娠中断。它可以发生在妊娠的各个阶段，但以妊娠早期较为多见。母体可以排出死亡的孕体，也可以排出存活但不能正常生存的胎儿。如果母体在怀孕期满前排出成活的未成熟胎儿，可称为早产；如果在分娩时排出死亡的胎儿，则称为死产。流产不是一种病，而是由各种原因引起胎儿与母体间的正常生理过程受到破坏，不能按期产出正常胎儿的临床病理症状。各种家畜均能发生流产，乳牛流产的发病率在10%左右，即使在无布鲁氏杆菌病流行的地区，发病率也常达2%～5%，因此流产造成的经济损失是严重的，它不仅能使胎儿夭折或发育受到影响，而且还能危害母畜的健康，使奶畜的乳产量减少，役畜的使用能力降低，家畜繁殖效率也常因并发生殖器官疾病造成不孕而受到严重影响，使畜群的繁殖计划不能完成，因此必须特别重视对流产的防治。

［病因］

流产的原因很多，大致可归纳为三类，即普通性流产、传染性流产和寄生虫性流产。每一类流产又可分为自发性流产和症状性流产。前者是胎儿及胎盘发生反常或直接受到影响而发生的流产；后者是怀孕动物某些疾病的一种症状，或者是饲养管理不当导致的结果。

(1)普通性流产。根据发生原因不同分为自发性流产和症状性流产。

自发性流产常见于以下因素：

①胎膜及胎盘异常。胎膜发生反常，母子间的物质交换不能进行，最后导致胎儿死亡；或者母体子宫黏膜发生变性，不能形成正常的母体胎盘，从而导致流产；如果胎膜血液循环发生扰乱，往往导致胎膜变

性、水肿，胎水过多，严重时则发生流产。

②胚胎过多。孕畜所怀胚胎过多时，发育慢的胚胎，其胎膜不能和子宫内膜形成足够的联系，血液供应受到限制时即不能发育下去。

③胚胎发育停滞。胚胎发育停滞是怀孕早期流产的一个重要原因。如果内分泌及各种细胞因子失调，或者精子、卵子有缺陷，则胚胎的附植及发育就会受到影响，甚至流产。

症状性流产常见于以下因素：

①生殖器官疾病。如局限性慢性子宫内膜炎、子宫颈炎、阴道炎、先天性子宫发育不全、子宫粘连等。

②生殖激素失调。如果孕酮分泌不足或雌激素过多，则可能引起流产的发生。

③非传染性全身疾病。如能引起体温升高，呼吸困难，高度贫血的疾病，严重的肺、心、肾病都可能引起流产。

④饲养性原因。饲料严重不足，矿物质缺乏，饲料品质差，维生素E、维生素A及硒等不足，饲喂霉变、腐败的饲料等均可能引起流产。

⑤损伤及管理失当。由于管理不当，使子宫或胎儿受到直接或间接的损伤或孕畜遭受剧烈的逆境危害，则可引起子宫反射性收缩而流产。

⑥医疗错误。临床上，给孕畜全身麻醉、大量放血、服用大量泻剂、驱虫药、利尿药、注射某些能引起子宫收缩的胆碱类、麦角类、肾上腺皮质激素类药物，误用大量的雌激素、前列腺素及忌服的乌头、附子、红花、麝香等中药，均有可能引起流产。

(2)传染性流产。很多病原微生物都能引起临床流产，如病毒、细菌、真菌、衣原体等所致的传染病均可导致流产，这些将在传染病中详细介绍。

(3)寄生虫性流产。由寄生虫寄生引起的流产，奶牛也有发生。这些将在寄生虫病中介绍。

[**症状**]

根据流产胎儿的日龄、形态和外部变化的不同，可将其分为隐性流产、小产、早产、胎儿干尸化、胎儿腐败和胎儿浸溶6种类型。

(1)隐性流产。又叫胚胎消失或吸收。胚胎形成1～1.5个月后死亡，组织液化被母体吸收，临床未见排出胎儿或排出后未被发现，多在母牛重新发情时发现；其后果是屡配不孕、返情推迟，妊娠率降低，产仔数减少。

(2)小产。即排出死胎。胎儿已成形，多数母牛无临床症状，只有当流产儿较大，或排出受阻时，或已经停乳时，乳牛表现出乳房增大，站立不安，检查阴道见子宫颈口稍开张，子宫内混有褐色不洁的黏液。

(3)早产。即排出不足月的活胎。流产前2～3 d，母牛乳房胀大，阴门稍为肿胀，并向外排出清亮或淡红色黏液，流产儿体小、软弱，有的会吸吮，有的无吸吮能力，会吸吮、能吃奶者并精心护理，仍有成活的可能。

(4)胎儿干尸化。又叫干胎、木乃伊。胎儿死亡停留于子宫内，因子宫颈口闭锁，未经细菌、微生物感染，死胎组织水分及胎水被吸收，体积缩小，呈干尸化。发生干尸化的母牛，随着妊娠期的延长，黄体作用的消失而再发情时，才将胎儿向外排出被发现；有的母牛腹部不随妊期延长而增大；怀孕现象逐渐消退，也不发情；有的妊期已满，到分娩期而不见产犊，经检查才被发现。直肠检查见子宫膨大，内容物坚硬，似为圆球，无弹性，无胎动、胎水、子叶和波动。卵巢有黄体，子宫中动脉无怀孕脉搏；猪较多见，部分胎儿干尸化因不影响其他胎儿发育，则无须处理(图2-2-1)。

(5)胎儿腐败。胎儿死亡，腐败菌经子宫侵入胎儿，引起胎儿组织发生腐败分解，异常分解产物硫化氢、二氧化碳、氨等气体，潴留于胎儿皮下、肌间、胸腔、腹腔和肠管内，使体积迅速增大，阴道检查见内积有污褐色不洁液体，具腐臭味，子宫颈开张，胎儿嵌入产道内，触摸胎儿，被毛极易脱落，有捻发音。有些母牛精神沉郁，食欲减退，体温升高等症状。

(6)胎儿浸溶。胎儿死亡经非腐败性细菌感染，胎儿软组织分解变为液体流出，骨骼留于子宫内(图2-2-2)。病牛精神沉郁，体温升高，食欲减退或废绝，消瘦，腹泻，努责，从阴门流出乌褐色黏稠液体，具腐臭味，内含碎小骨片，最后仅排出浓液，黏附于尾根及坐骨结节上。阴道检查见子宫颈开张，阴道黏膜暗红色，内积有褐红色黏液、骨碎片或脓液。直肠检查：子宫颈粗大，子宫壁厚，可触摸到潴留在子宫内的骨片，捏挤可感觉到骨片摩擦音；猪发生胎儿浸溶时，体温升高，不食，喜卧，心跳、呼吸加快，阴门中流出棕黄色黏性液体。

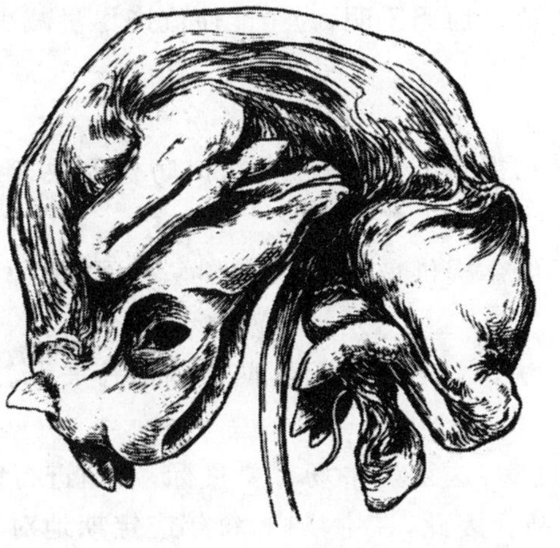

图 2-2-1　牛胎儿干尸化

图 2-2-2　浸溶胎儿的骨片

[诊断]

临床流产通过妊检记录、临床观察(排出流产儿)即可诊断。对于胎儿干尸、胎儿腐败和胎儿浸溶可以通过阴道检查、直肠检查也可诊断。

确诊则需要进行细致检查，包括饲料分析化验、微生物学、病理组织学、血清学等诊断手段，才能最后做出确切诊断。

[治疗]

(1)已有临床流产先兆的治疗。

①隐性流产因其妊娠日龄较小，多于再次发情时发现，故不须治疗。

②未到分娩而母牛表现轻微腹痛，站立不稳，有流产症状者，阴道检查子宫颈紧闭，黏液塞尚未液化；直肠检查胎儿尚活着的牛只，可使用抑制子宫收缩药，予以保胎。肌内注射孕酮，牛 50～100 mg，羊 10～30 g 每日或隔日一次，连用数次。1%硫酸阿托品 2～5 mL，皮下注射。盐酸氯丙嗪注射液，1～2 mg/d，肌内注射，或水合氯醛 15～20 g，内服。

(2)已发生流产、早产的母牛，要观察胎衣脱落情况，为防止子宫内膜炎的发生，可用土霉素 2～3 g 或金霉素粉 1.5～2 g，溶于灭菌水 250～300 mL 中，注入子宫，隔日一次，直到阴道分泌干净、清亮为止。如有全身症状如体温升高，食欲不振者，应采取消炎、补液、补碱治疗。

(3)对胎儿干尸的治疗。

①扩张子宫颈，增强子宫张力。可使用雌二醇 20～30 mg，肌肉或皮下注射，同时皮下注射催产素 40～50 IU。

②子宫内灌注滑润剂，减少产道干燥。将温肥皂水或液体石蜡 1 000～2 000 mL 灌入子宫内，手伸入子宫内将干尸拉出，或取出骨片。当取骨片困难时，可用阴道开张器扩张阴道、子宫颈口，用长柄钳夹出骨骼。

③子宫内抗菌、消炎。彻底取出干尸或骨骼后，用土霉素粉 2.5～3 g 或金霉素粉 1.5～2 g，溶解后灌入子宫内，每日或隔日一次。

(4)对胎儿腐败的治疗。

①消毒，防腐。用 0.2%高锰酸钾液灌入产道内，并灌入温肥皂水或液体石蜡。

②牵引胎儿。用绳拴于胎儿前置部位。向外牵引，如胎儿因气肿抽出困难，可以采用切开皮肤放气，或施胸、腹腔缩小术，再牵引。必要时可采取碎胎术。

③消除子宫炎症，增强子宫收缩机能。胎儿牵出后，用 0.2%高锰酸钾液反复冲洗子宫，催产素 15～

20 IU,肌内注射;金霉素粉 2 g,溶解后灌入子宫。

[预防]

由于引起流产的因素较多,流产后又无典型的病理特征,特别是散发性,这就给诊断、防制带来了困难;加上生产单位条件所限,化验检测手段的欠缺,致使真正流产原因不明,为了能使流产尽量减少,应采取如下预防措施:

(1)加强饲养管理,增强奶牛体质。

①日粮供应要合理,要充分注意饲料中矿物质、维生素和微量元素的供应量,以防营养缺乏症的发生。饲料品质要好,严禁饲喂发霉、变质饲料。

②加强责任心,提高管理技术水平。不哄赶牛,不打牛,给牛提供良好的生存环境;兽医、配种员要严格遵守操作规程,防止技术事故的发生。

③对临床病牛要做出正确诊断,并及时采取有效治疗方法,尽早促进康复,防止因治疗失误、拖延病程而引起继发感染。

(2)加强防疫,定期进行疫病普查。保证牛群健康、无疫病,这是奶牛场首要目标;定期进行疫病普查,这是保证牛群健康的必要手段,也是防止流产的主要措施。因此,在牛场内,每年应定期地对布氏杆菌病、牛传染性鼻气管炎、牛病毒性腹泻-黏膜病等这些目前牛场内易流行的疫病作血清学检查,以了解其在牛群中的感染状况,也为判定流产提供了依据;对于感染严重的牛场,应按传染病控制方法处理,必要时予以接种疫苗。

上述疫病也可通过精液传播,因此应对公牛健康状况有所了解,对于患有能引起流产疫病的公牛予以淘汰,或不使用其精液。

凡欲引进牛只时,要进行疫病检查,不要把病牛引入牛场,以防其扩散而带来临床流产的发生。

(3)加强对流产牛及胎儿的检查。流产后,对流产母牛应单独隔离,全身检查,胎衣及产道分泌物应严格处理,确系无疫病时,再回群混养。

(4)对流产胎儿及胎膜,应注意有无出血、坏死、水肿和畸形等,详细观察、记录。为了确切病因与病性,可采取流产母牛的血液(血清)。阴道分泌物及胎儿的真胃,肝、脾、肾、肺等器官,进行微生物学和血清学检查,从而真正了解流产原因,并采取有效方法,予以防制。

## 二、产前截瘫

产前截瘫主要是妊娠后期母畜不能站立的一种疾病。一般无其他临床症状。多发生在产前 1 个月左右。

[病因]

钙、磷与维生素不足是主要原因。此外孕畜缺乏运动,妊娠后期后躯负重增加,母畜过度瘦弱,年老等也是本病的诱因。

[症状]

瘫痪主要发生在后肢,站立时后肢无力,时常交替负重,行走时谨慎,而且后躯摇摆,步态不稳,因而长期卧地,病后期则不能站立。

[诊断]

后肢瘫痪的局部不表现任何病理变化。痛觉检查反射正常。

[治疗]

怀孕后期加强饲养管理,给予富含钙、磷及维生素的饲料,并加强运动。对于不能起立的病畜,应多铺垫草,经常翻身,以防发生褥疮。

应用钙制剂。静脉注射 10%葡萄糖酸钙溶液,牛 250~500 mL,猪 50~100 mL,或静脉注射 10%氯化钙注射液,牛 100~200 mL,猪 20~30 mL。病的最初几天,两侧臀部肌内注射 5%绿藜芦素酒精溶液每侧分 2~3 点,每点注射 0.5~1 mL,1 次/1~2 d,连用 2~3 次,同时配合局部按摩可获得较好效果。

为了兴奋肌肉增强功能，还可配合针灸、电针等现代理疗方法。

## 三、阴道脱出

阴道的一部分或全部脱出于阴门之外，称为阴道脱出。有阴道上壁脱出和下壁脱出，以下壁脱出为多见。本病多发生于妊娠中后期，年老体弱的母畜发病率较高。

[病因]

主要原因是日粮中缺乏常量元素及微量元素，运动不足，过度劳役，阴道损伤及年老体弱等，使固定阴道的结缔组织松弛。诱因是饱食后使役，瘤胃臌气，便秘，腹泻，阴道炎，长期处于向后倾斜过大的床栏，以及分娩及难产时努责等，致使腹内压增加。

[症状]

一般无全身症状，多见病畜不安、拱背、顾腹和作排尿姿势。当继发感染时，则出现全身症状。

(1)部分脱出常在卧下时，在阴门开张处，见到形如鹅卵到拳头大的红色或暗红色的半球状突出物，站立时缓慢缩回。但当反复脱出后，则难以自行缩回。

(2)完全脱出多由部分脱出发展而成，可见形似排球到篮球大的球状物突出于阴门外，其末端有子宫颈外口，尿道外口常被压在脱出阴道部分的底部，故虽能排尿但不流畅。脱出的阴道，初呈粉红色，后因空气刺激和摩擦而瘀血水肿，渐成紫红色肉冻状，表面常有污染的粪，进而出血、干裂、结痂、糜烂等。个别伴有膀胱脱出。

[防治]

因脱出的程度不同而异。

(1)部分脱出站立时能自行缩回的，一般不需整复和固定。在加强运动、增强营养、减少卧地，并使其保持前低后高的基础上，灌服具有"补虚益气"的中药方剂，多能治愈。当站立时不能自行缩回者，则应进行整复固定，并配以药物治疗。

(2)完全脱出的治疗应行整复固定，并配以药物治。整复时，将病畜保定在前低后高的地方，裹扎尾巴并拉向体侧，选用2%明矾水、1%食盐水、0.1%高锰酸钾溶液、0.1%雷佛奴尔溶液，清洗局部及其周围。水肿严重时，热敷挤揉或划刺以使水肿液流出。然后用消毒的湿纱布或涂有抗菌药物的油纱布把脱出的阴道包盖，趁家畜不甚努责的时候用手掌将脱出的阴道托送还纳后，取出纱布，或在两侧阴唇黏膜下蜂窝织内注入70%酒精30～40 mL，或以栅状阴门托或绳网给予固定，亦可用消毒的粗缝线将阴门上2/3作减张缝合或纽孔状缝合。当病畜剧烈努责而影响整复时，可作硬膜外腔麻醉或尾骶封闭。脱出的阴道有严重感染和坏死时应施以全身疗法。必要时可行阴道部分切除术。

(3)预防措施。加强饲养管理，给以营养全面而足够的日粮，加强运动，防止过度劳役和损伤阴道，预防和及时治疗增加腹压的各种疾病。

## 四、孕畜浮肿

孕畜浮肿又称妊娠浮肿，是妊娠末期母畜腹下、四肢和会阴等处发生的非炎性水肿。如果浮肿面积小、症状轻，一般可视为正常现象；本病多发生于分娩前1个月内，分娩前10多天最为明显，分娩后两周左右自行消散，常见于奶牛和马。

[病因]

(1)怀孕末期腹内压增高，乳房胀大，孕畜运动量减少，因而使腹下、乳房、后肢的静脉血流滞缓，引起瘀血及毛细血管壁的渗透压增高而发病。

(2)饲料中的蛋白质供应不足，孕畜血浆蛋白浓度降低而发病。

[症状]

浮肿常从腹下及乳房开始，有时可蔓延到前胸、后肢及阴门。肿胀呈扁平，左右对称，触诊无痛，皮温低，指压留痕。被毛稀少的部位皮肤紧张而有光泽。

[治疗]

以改善饲养管理为主，给予蛋白质丰富的饲料，限制饮水，减少多汁饲料及食盐，轻者不必治疗。严重者可应用强心、利尿剂（15%葡萄糖溶液 100 mL，20%安钠咖注射液 10 mL，5%氯化钙注射液 200 mL，10%水杨酸钠注射液 100 mL），一次静脉注射，1 次/d，连用 2～3 次。重症者可用 50%葡萄糖 500 mL、10%葡萄糖 1 500 mL、10%葡萄糖酸钙 500 mL、水解蛋白 500 mL、10%安钠咖注射液 10 mL，一次静脉注射。1 次/d，连用数次。

## 任务三　分娩期疾病

### 难产

难产是指在分娩过程中，由于各种原因，而使分娩的第一阶段（开口期）尤其是第二阶段（胎儿排出期）明显延长，胎儿不能被顺利地娩出，如不进行人工助产，则母体难于或不能排出胎儿的产科疾病。与难产相对应的顺产则指安全顺利的自然或生理性分娩。难产如果处理不当，不仅会危及母体及胎儿的生命，而且往往能引起母畜生殖道疾病，影响以后的繁殖力。因此，积极防止及正确处理难产，是兽医产科工作者的一项极为重要的任务。

[原因]

难产的发病原因比较复杂，可以分为普通病因和直接病因两大类。普通病因是指通过影响母体或胎儿而使正常的分娩过程受阻。直接病因则是指直接影响分娩过程的因素，由于分娩的正常与否主要取决于产力、产道及胎儿三个方面，因此难产按其直接原因可以分为产力性难产、产道性难产及胎儿性难产三类，其中前两类又可合称为母体性难产。

(1)产力异常。由于母体营养不良、疾病、疲劳及分娩时外界因素的干扰等，使孕畜产力减弱或不足。此外，不适时地给予子宫收缩剂，也可引起产力异常。

(2)产道异常。如骨盆畸形，骨折，子宫颈、阴道及阴门的瘢痕、粘连和肿瘤，以及发育不良，都可造成产道的狭窄和变形。

(3)胎儿异常。胎儿活力不足，畸形，过大，胎位（胎儿背部与母体背部或腹部的关系）的下位和侧位，胎势（胎儿各部分间的关系）的胎头弯曲、关节屈曲等，以及胎向（胎儿身体纵轴与母体纵轴的关系）的横向或竖向，都可导致胎儿难以通过产道。

[症状]

母体性难产的发病率约为胎儿性难产的 2 倍，其中子宫弛缓引起的难产约占 40%，其次为产道狭窄等引起的难产。胎儿性难产中坐生、双胎同时进入骨盆腔、胎头下弯及胎儿过大等引起的难产最为常见。胎儿畸形引起的难产时有发生，其中较为常见的有重复畸形、裂腹畸形、缺体畸形及胎头水肿。难产时产程明显延长，母猪表现阵缩与努责无力。

[诊断]

难产检查包括产期，年龄及胎次，年龄较小的母畜，常因骨盆发育不全，胎儿不易排出；初产母畜的分娩过程较缓慢，发生难产的可能性较大。如妊娠母畜尚未到预产期，则可能是早产或流产。从分娩过程的长短，努责的强弱，胎膜是否已经露出及胎水是否已经排出等进行综合分析，就可判断是否发生了难产。有时由于努责无力，子宫颈开张不全，胎儿通过产道时比较缓慢。如果产期超过了正常时限，努责强烈，已见胎膜露出，胎水流失，而胎儿久难排出，则可能已经发生了难产。既往繁殖史，以前是否患过产科疾病或其他繁殖疾病。既往病史，过去发生过的疾病，如阴道脓肿、阴门创伤、骨盆骨折及腹部的外伤等均对胎儿的排出有阻碍作用。胎儿产出情况，应了解是否已经有胎儿产出及已产出的胎儿数量，如果分娩过程突然停止，则可能发生了难产。是否进行过助产、采用的方法、经过及结果如何。同时还应确定乳房是否涨满，乳头中是否能挤出初乳，以确定妊娠是否足月。阴道检查，应注意检查阴道的松软及润滑程度，子宫颈的松软及开张程度，骨盆腔的大小及软产道有无异常等。检查胎儿，主要检查胎向、胎位及胎势、胎儿死活、胎儿体格大小和进入产道的深浅等。胎儿死活对手术方法的选择起着决定性作用。

鉴别胎儿死活时，如果正生，可将手指塞入胎儿口内，注意有无吸吮动作；牵拉舌头，注意有无活动；牵拉前肢，感觉有无回缩反应；压迫眼球，注意眼球有无转动。如果头部姿势异常，摸不到时，可以触诊胸部及锁动脉，感觉有无搏动。如果胎儿为倒生，可将手指伸入肛门，感觉是否有收缩，也可触诊脐动脉是否有搏动。

如产后母畜仍有明显努责，可将一只手伸入子宫，另一只手从腹壁外面协助触诊。单独从外面隔着腹壁检查，在肥猪常有困难，这时可静注 5 IU 催产素，有胎儿的猪发生努责，没有的则促进放乳。

**［难产助产的准备］**

1. 术前检查

(1)询问病史。查清妊娠的时间及胎次，分娩开始前及分娩时产畜的表现，胎膜是否破裂，羊水是否排出，作过何种处理，处理后的效果如何等。

(2)临床检查。

产畜全身状况的检查，尤应注意体温、脉搏、呼吸、精神状况、眼结合膜、努责程度及能否站立等。产畜外阴部的检查，应检查阴门、尾根两旁及荐坐韧带后缘是否松弛，能否从乳头中挤出初乳等，以推断妊娠是否足月，骨盆及阴门是否扩张。

产道及胎儿的检查，先以消毒手臂伸入产道，检查阴道黏膜的松软润滑程度、子宫颈的扩张程度和骨盆的大小等，进而判定胎儿的生死、胎位、胎向及胎势，以便决定助产的方法。

胎位、胎向及胎势的判定：胎头向着产遭为正生，胎儿臀尾向着产道为倒生。难产时的胎位，有正生下位、倒生下位、正生侧位、倒生侧位；胎向有腹部前置横向、背部前置横向、腹部前置竖向、背部前置竖向；胎势有正生时的头颈侧弯、头颈下弯、腕关节屈曲及肩关节屈曲，倒生时的髋关节屈曲和跗关节屈曲等。见图 2-2-3 至图 2-2-5。

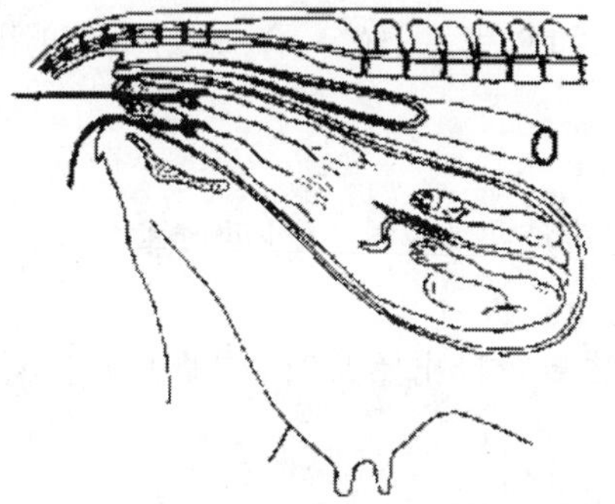
**图 2-2-3　正生侧胎位**

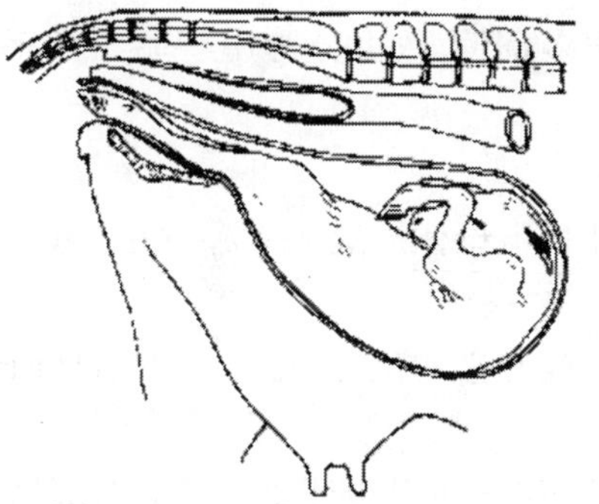
**图 2-2-4　倒生下胎位**

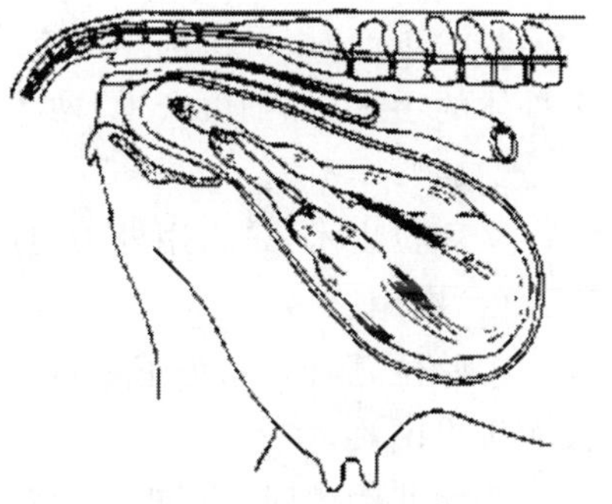
**图 2-2-5　横腹向**

2. 术前准备

(1)场地的选择和消毒。助产最好在宽敞而平坦、明亮和温暖的室内进行，亦可在避风、清洁的室外进行。助产场地要用消毒溶液喷洒消毒，以防尘埃污染，为避免术者手臂与地面接触，应在产畜后躯下面铺垫清洁的褥草，并在褥草上加盖宽大的消毒布单(油布或塑料布)。

(2)产畜的保定。最好使产畜取前低后高的站立姿势。当产畜不能站立时，可取前低后高的侧卧姿势(牛左侧卧)，并予以适当保定。若产畜努责剧烈而不利于助产时，可行硬膜外腔麻醉。

(3)术部及术者手臂的消毒。将产畜尾巴以绷带缠结并拉向一侧后，用肥皂水或消毒药液清洗外阴部及后躯，再以酒精棉球擦拭阴唇。术者手臂按常规消毒后，涂布消毒过的凡士林或石蜡用于推退胎儿返回母体子宫，以便矫正胎儿的异常部分，常用的产科梃(图 2-2-6)有均特氏梃、别氏梃和琼氏梃三种。产钳用作钳夹小动物胎头，以利于抽出胎儿。产科刀用于肢解胎儿。产科线锯用于锯割胎儿，由线锯条、线锯管、线锯芯和线锯柄组成。胎儿绞断器(图 2-2-7)比产科线锯更为省力实用。

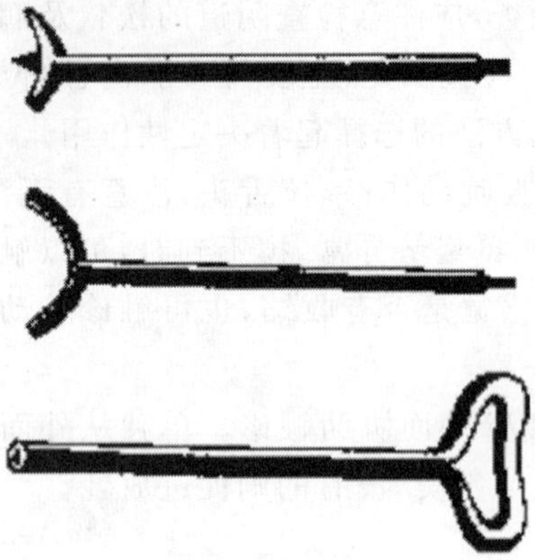

图 2-2-6　产科梃

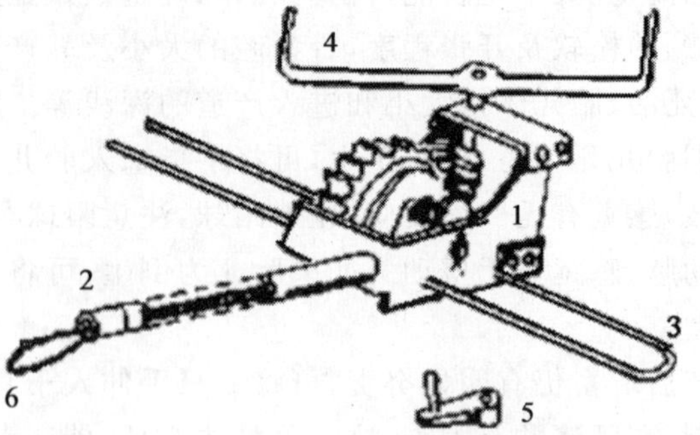


图 2-2-7　胎儿绞断器

1.绞盘;2.钢管;3.抬杠;4.大摇把;5.小摇把;6.钢制绞绳

[难产助产的原则]

难产助产的目的是保全母于生命和避免产畜生殖器官与胎儿的损伤和感染。当有困难时,要根据情况保全二者之一(多保全母畜)。难产助产应遵守以下原则。

难产助产要严格遵守操作规程。矫正胎儿的异常部分,应尽可能把胎儿推回子宫内进行。拉出胎儿时,为使胎儿易于通过母体骨盆,除顺骨盆轴向外,应使胎儿肩部(正生)成斜位或臀部(倒生)成侧位,并要随产畜努责徐徐持续地进行。

助产手术一般先用手进行,必要时配合产科器械。使用产科器械时,要注意保护锐部以防损伤产道和感染。

产道干燥时,用灭菌的石蜡油或植物油灌注于产道内。

产畜的外阴部及术者手臂和所用器械,均须严格消毒。

[难产助产术]

救治难产时,可供选用的方法很多,但大致可分为用于胎儿的手术(如牵引术、矫正术、截胎术)和用于母体的手术(如剖腹产术)两大类。

1.胎儿牵引术

又称拉出术,是指用外力将胎儿拉出母体产道的一种方法。是救治难产最常用的一种助产术。

(1)应用。

①胎位、胎向、胎势正常,产道松弛开张,就是因母畜产力不足而无法自行排出胎儿时,或胎儿相应过大而排出困难。

②胎儿倒生时,为防止脐带受压而引起胎儿死亡时,用牵引术加速胎儿排出。

(2)方法。

①正生时,在胎儿两前肢球节之上拴上绳子,由助手拉腿,术者拇指伸入口腔握住下颌,在羊和马还可将中食指弯起来夹住下颌骨体后用力拉头,拉腿时先拉一腿,再拉另一腿,轮流进行,或拉成斜的之后,再同时拉两腿,这样即可缩小肩宽而容易通过骨盆腔。当胎头通过阴门时,拉的方向应略向下,并由一人用双手保护母畜阴唇上部和两侧壁,以免撑破,另一人用手将阴唇从胎头前面向后推挤,帮助通过。

②倒生时,也可在两后肢球节之上拴上绳子,轮流拉两后腿,以便两髋结节稍斜着通过骨盆。如果胎儿臀部通过母体骨盆入口受到侧壁的阻碍(入口的横径较窄)时,可利用母体骨盆入口的垂直径比胎儿臀部的最宽部分(两髋结节之间)大的特点,扭转胎儿的后腿,使其臀部成为侧位,以便胎儿通过。

(3)注意事项。牵引术必须在母畜生殖道完全开张,胎位、胎向、胎势正常或已矫正为正常难产的情况下实施。

拉出时,应配合母畜的努责,并沿着骨盆轴的方向缓慢牵引,严禁粗暴、强行直拉,以免引起胎儿、产道的损伤。

施行牵引术时，必须向产道内灌注大量润滑剂。

2.胎儿矫正术

是指通过推、拉、翻转、矫正或拉直胎儿四肢的方法，将异常的胎位、胎向、胎势矫正为正常的手术。

(1)应用。胎势、胎位、胎向异常。

(2)方法。

①胎头不正。主要有胎头侧弯、胎头下弯等。轻度侧弯时，可用手握住嘴部或眼眶稍抬胎头即可拉正胎儿头部。重度侧弯时，尽量推送胎儿至腹内，腾出空间，术者将绳套套在胎儿下颌骨并收紧，然后用拇指和中指掐住两眼眶或握住嘴部向对侧压迫胎头(图 2-2-8)。助手拉绳即可将胎头拉正。头颈下弯时，用手握住下颌部，拇指按压鼻梁，将头边向上抬，边向前推压，即可拉正胎头。

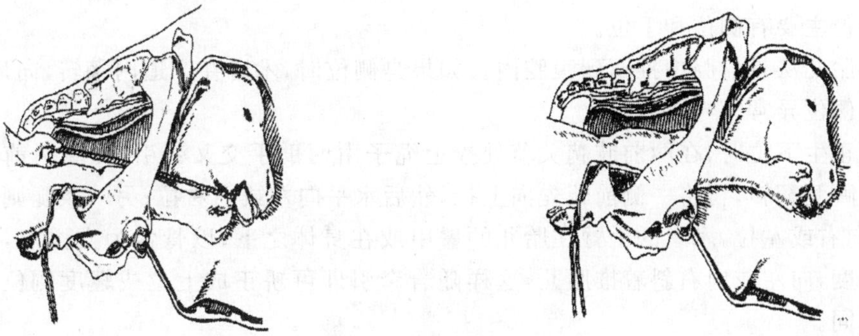

图 2-2-8　头颈侧弯的矫正

②胎儿四肢不正。主要有正生时的前肢腕关节弯曲(图 2-2-9)、肩关节弯曲(图 2-2-10)；倒生时的跗关节弯曲、髋关节弯曲。

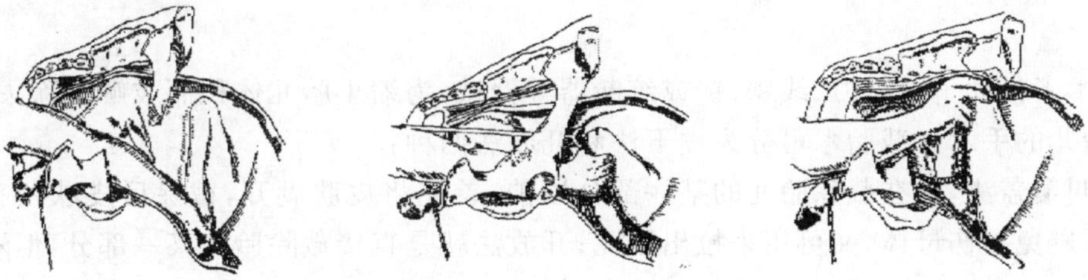

图 2-2-9　前肢腕关节弯曲的矫正

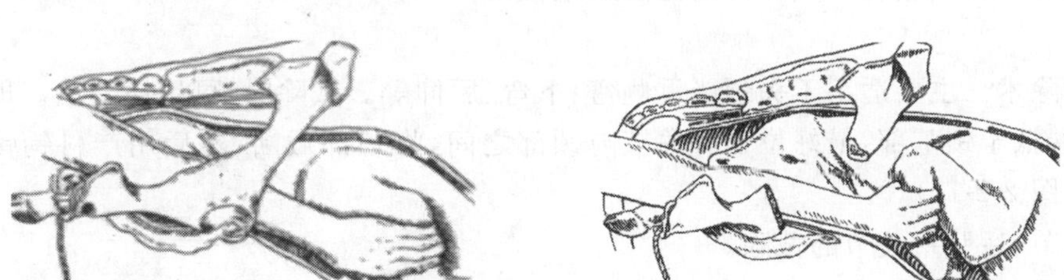

图 2-2-10　肩关节弯曲的矫正

腕关节弯曲时，矫正时将胎儿推回子宫，再用手握住弯曲肢的掌部，一边尽力往里推，一边往上抬，趁势将手下滑握住蹄部，同时边尽力向上抬边向外拉，即可拉直。

肩关节弯曲时，将胎儿推回子宫的同时，用手握住腕部边向上抬并向外拉，使其成为腕关节屈曲，然后按照腕关节屈曲整复的方法整复。

跗关节弯曲(图 2-2-11)、髋关节弯曲的矫正基本同前肢腕关节弯曲、肩关节弯曲个矫正。

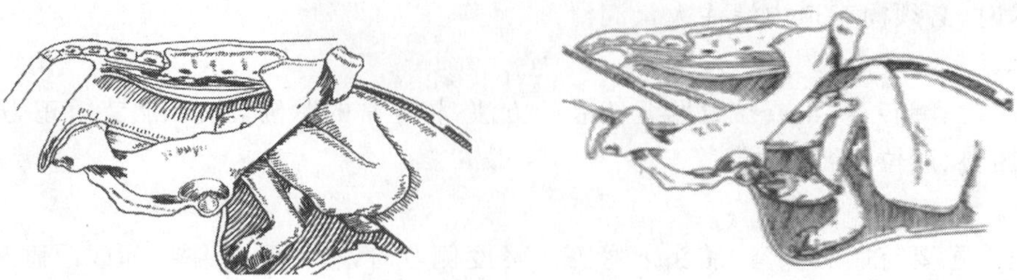

图 2-2-11　跗关节弯曲矫正

③胎儿位置异常的矫正。胎儿正常的位置为上位，即胎儿的背部朝向母体的背部，胎儿伏卧于子宫内的。异常的胎位主要有侧位和下位。

矫正时先将胎儿从骨盆腔中推回到腹腔内。如果是侧位时，术者在产道内翻转，向后向下牵引胎儿，即可矫正轻度的侧位异常。

如果胎儿是正生下位时，在两前肢腕关节处拴上绳子由两助手交叉牵引，在牵引前先依胎儿所处下位的程度决定向哪侧翻转，再将一侧前腿先向上拉，然后水平向左或向右拉；另一条腿则先拉到前一条腿的下方，然后斜向右或左拉，术者的手臂在胎儿的鬐甲或在身体之下，以骨盆为支撑点，将胎儿抬高到接近耻骨前缘的高度，向左或向右斜着推胎儿，这样随着牵引即可矫正成上位或轻度侧位。倒生时的翻转方法与此基本相同。

(3)注意事项。

①矫正术必须在子宫内进行，在子宫松弛的情况下操作较容易。为此为了抑制母畜的努责，便于矫正，可肌内注射静松灵，使子宫松弛，以免它紧裹胎儿防止操作。

②矫正时也同样向子宫内灌注大量润滑剂，使胎儿体表润滑，以便进行推、拉或转动，同时还能减少对产道的刺激。

3. 截胎术

截胎术是术者借助于隐刃刀、线锯、铲或绞断器等器械，为缩小胎儿体积而肢解或除去胎儿身体某部分，便于取出胎儿的手术。截胎术可分为皮下法和开放法两种：

皮下法也叫覆盖法，是在截除胎儿的某一部分以前，首先将皮肤剥开，截除后皮肤留在躯体上，盖住断端，这样既可避免损伤母体，又可用来拉出胎儿；开放法就是直接截除胎儿某一部分，但不留皮肤。

(1)应用。

①胎儿已死亡且过大(包括畸形怪胎)而无法拉出。

②胎儿的胎势、胎向、胎位严重异常而无法矫正拉出。

(2)方法。

①头颈部截除术。主要适用于头颈严重侧弯、下弯、后仰等。截除时，可用饶上法。即把线锯套在头颈部，锯管的前端抵于颈基部，最好位于肩关节与颈部之间，将颈部截断，然后用产科钩钩住断端拉出头部，再拉出胎体(图 2-2-12)。

②前肢腕关节、后肢跗关节的截除。

截除时，用绳导将锯条饶过腕关节，锯管前端抵在腕部之上，将线锯装好后从蹄尖套到腕部，锯管前端再其屈曲面上，尽可能使线锯饶过腕关节或上下将腕关节锯断(图 2-2-13)。

跗关节的截除基本同前(图 2-2-14)。

(3)注意事项。截胎术是重要的助产手术，常见的胎儿反常都可用截胎术顺利解决。为了使手术获得良好的效果，应注意以下几点：

①如果矫正术遇到胎儿很大而且胎儿已经死亡，必须及早考虑截胎，以免刺激阴道水肿，并加重子宫及阴道的炎症，妨碍以后的操作。坚持矫正还会使术者消耗体力，不能完成比较复杂的截胎手术。

②截胎术应尽可能在母畜站立的情况下进行，以便操作，如母畜不能站立，应尽可能使后躯垫高而便于操作。

③操作时须随时防止损伤子宫及阴道，并注意严格消毒。

④截除胎儿时，靠近躯体部分的骨质断端应尽可能短一些，而且在拉出胎儿时，对骨骼断端须用其皮肤、大块纱布或手护住。

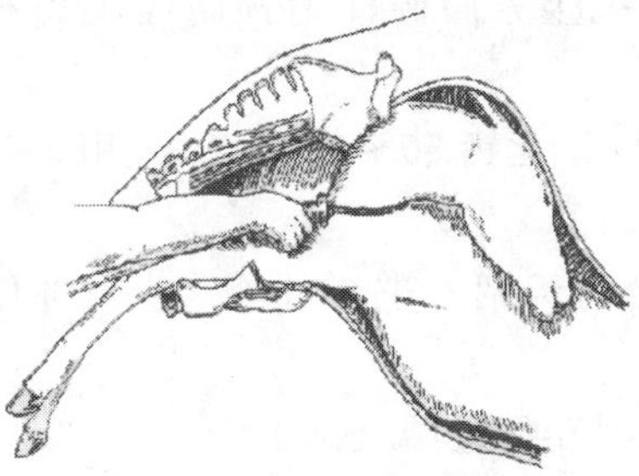

图 2-2-12　头颈截除术

图 2-2-13　前肢腕关节截除术

图 2-2-14　后肢跗关节截除术

4.剖腹产术

也称为剖宫产术、剖腹取胎术，是指通过切开母体腹壁及子宫取出胎儿的手术。

(1)应用。

①骨盆发育不全(交配过早)、骨折、畸形、肿瘤等使骨盆狭窄。

②子宫颈狭窄无继续扩张的迹象或闭锁。

③胎儿过大无法拉出，胎儿畸形而难于施行截胎术；胎势、胎位、胎向严重异常而无法矫正等均可采用剖腹产术。

④母畜妊娠期满，因患其他疾病生命垂危，须剖腹抢救仔畜时。

(2)准备。

①确定术部。牛羊在左侧瘤胃正常穿刺点向下作垂线 17～40 cm，由此开始按肋骨弓方向向前下方作 25～30 cm 长的切口，终点一般在 10～11 肋软骨下 8～9 cm 处，羊猪约 10 cm。

②保定。右侧卧保定。

③消毒。术部剪毛、剃毛，2%来苏儿水清洗，涂以碘酒，用酒精脱碘即可；一切器械等均用煮沸消毒；术者手与手臂常规消毒。

④麻醉。肌内注射静松灵或 846 合剂进行全麻，配合局部浸润麻醉。

(3)术式。

①常规切开腹壁后用灭菌温生理盐水浸湿的大块纱布堵住切口，以防肠管、网膜脱出。

②拉出子宫。一手先伸入腹腔，向前推移盖在子宫大弯上的网膜(牛必要时切开之)，两手伸于子宫之下，隔着子宫壁握住胎儿的一部分，小心地将子宫大弯拉出腹壁切口。然后用大块纱布隔离腹壁切口，以防切开子宫后胎水流入腹腔。

③切开子宫。在拉出孕角子宫大弯上，牛羊避开胎盘纵切子宫壁，切口长度以拉出胎儿为度。猪须在子宫角基部切开，以利拉出两角内的胎儿。

④拉出胎儿。先撕破胎膜，然后握住两后肢或前肢，慢慢拉出胎儿(如切口长度不够，可用剪刀剪开)。

⑤剥离胎衣。马、猪在取出胎儿之后，胎衣会自行脱离，取出并不困难。牛、羊剥离胎衣费时间，可剥离其大部，其余部分可等其自行从产道排出。

⑥子宫内放入抗生素。如土霉素 3 g 或四环素片 2～3 g，以防感染。

⑦缝合子宫。用纱布彻底清拭子宫壁后，第一层用肠线或丝线进行全层连续缝合，第二层行内翻缝合。

⑧用生理盐水清洗子宫壁后还纳于腹腔，再用灭菌纱布拭去腹腔内的凝血块及血水后腹腔内倒入油剂青霉素 300 万 IU。

⑨用连续缝合法缝合腹膜，撒布呋喃西林粉，结节缝合肌肉和皮肤。

⑩术中根据情况采取强心、输液。

(4)术后治疗。术后如病畜体温下降，脉搏微弱时，应采取升温升压措施。牛可用25%葡萄糖500～1 000 mL、低分子和中分子右旋糖酐各500 mL、10%氯化钙100 mL、加入维生素B1100～400 mg、维生素C 0.5～4 g混合静脉滴注。对虚脱和休克有良好疗效(静注药液须稍加温)。

肌内注射青霉素300万IU、链霉素400万IU，3次/d，连用3 d。抗生素腹腔注射预防腹膜炎有良效。

每天静注10%水杨酸钠50～150 mL，40%乌洛托品20～60 mL，10%氯化钙50～150 mL，连用3 d，以预防术后败血症。

用复方盐水1 000 mL，糖盐水1 000 mL，10%维生素C 20 mL，混合每天两次进行补液。也可补低分子右旋糖酐500～1 000 mL。

肌内注射缩宫素50～100 IU或麦角新碱10～20 mg，以促进子宫收缩和促进胎衣排出。

[常见难产及助产方法]

1.子宫颈狭窄

产畜经较强和较长时间的阵缩而未见胎膜或胎儿露出阴门之外，阴道检查时，子宫颈硬结而缺乏弹性，颈口仅能伸进2～3个手指，或勉强可以伸进一手但紧箍手腕，或子宫颈紧箍胎儿的前肢和前额(正生)，或子宫颈紧箍胎儿的后肢和臀部(倒生)。对此，可用产科绳系住胎儿的前肢或后肢，随产畜努责，一面逐渐加力牵拉，一面检查子宫颈管，待宫颈管和胎儿大小不太悬殊时将胎儿拉出；亦可灌注溶有土霉素5～10 g的温水5 000 mL于宫腔，或用颠茄浸膏涂子宫颈，或5%～10%可卡因溶液宫颈注射，或用手扩张宫颈后强行拉出。当上述方法无效时，可考虑施行子宫颈切开术或剖腹产术。

2.胎儿过大

多采用产道灌注润滑剂后强行拉出胎儿的办法，如无效，可行剖腹产术或截胎术。

3.头颈侧弯

胎儿前肢一长一短地伸出产道，触诊可摸到屈转的胎儿头颈(图2-2-15)。助产时，先在胎儿的前肢系上绳子，一手擒拉胎儿眼眶或下颌(或用产科绳套住胎头或下颌，或用产科钩钩住胎儿眼眶)，再以手或用产科梃顶住胎儿胸部，在回推胎儿的同时，牵拉胎头，即可得以矫正(图2-2-16至图2-2-18)。无效时，行截胎术或剖腹产术。

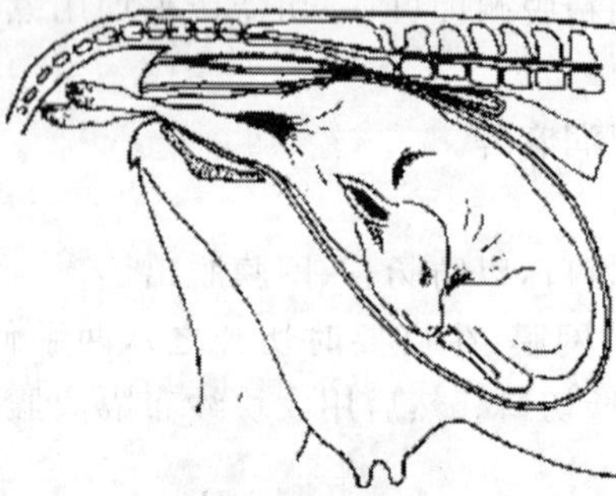

图2-2-15 头颈侧弯

图2-2-16 徒手整复头颈侧弯之一

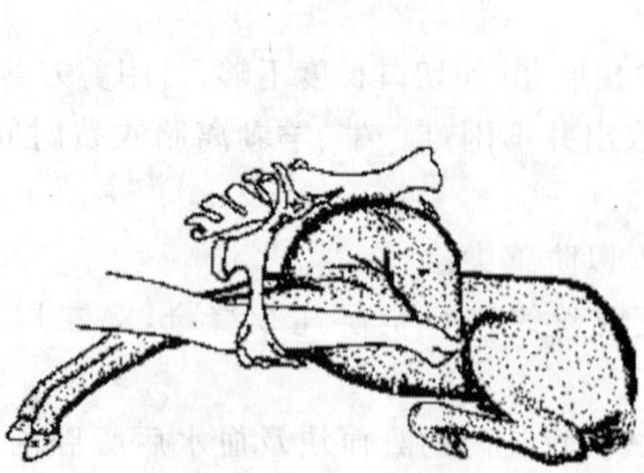

图2-2-17 徒手整复头颈侧弯之二

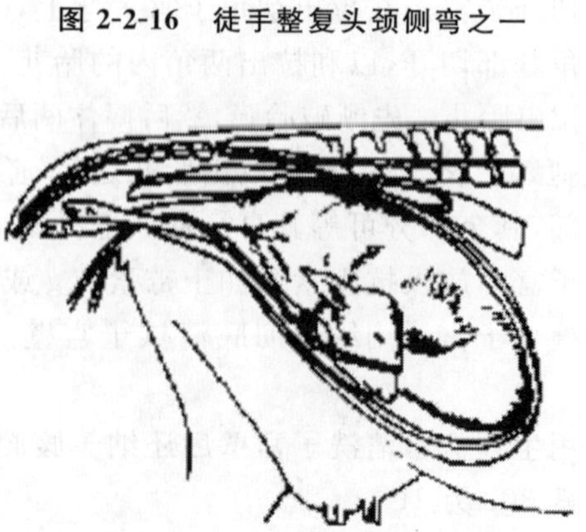

图2-2-18 头颈侧弯用绳调整

4. 头颈下弯

从阴门外看不见胎儿蹄子，或仅见蹄尖，从产道可摸到前置的胎儿额部或颈部(图 2-2-19)。额部前置时，只要将手伸向胎儿下颌的下面上抬，就能将胎头拉入骨盆而得到矫正，颈部前置时，可用产科梃顶住胎儿颈基部与前肢之间，一手擒住胎儿眼眶、下颌或耳朵(或用产科绳系住胎儿下颌)，在前推胎儿的同时牵拉胎头即能矫正，亦可用琼氏梃进行矫正。无效时，行截胎术或剖腹产术。

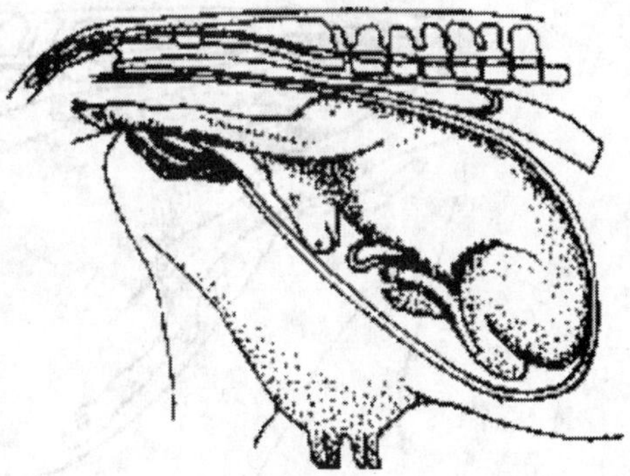

图 2-2-19　头颈下弯

5. 腕部前置(腕关节屈曲)

阴门外仅见一前肢伸出，或一无所见(两侧腕关节屈曲)。从产道可摸到一前肢或两前肢腕关节屈曲及正常的胎头。助产时，先用产科绳系在正常的胎头或前肢上，一手沿前肢伸入并握住蹄子(或用产科绳系在蹄子上)，以产科梃置于两前肢间，在推还胎儿的同时，抬拉屈曲的前肢，即能矫正(图 2-2-20 和图 2-2-21)。两侧腕关节屈曲时，同法矫正另一侧。当矫正无效时，可行截胎术或剖腹产术。

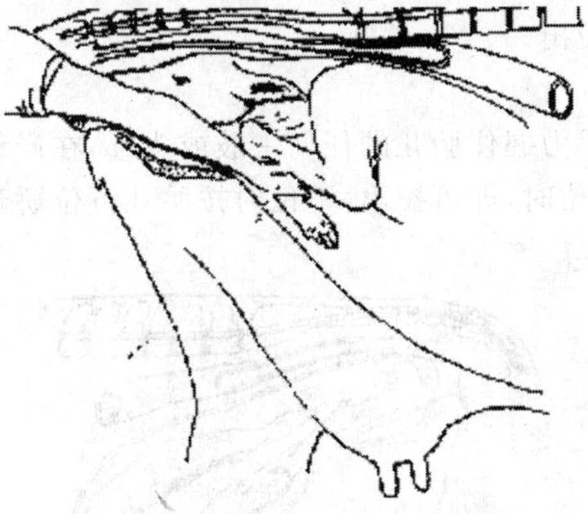

图 2-2-20　腕关节屈曲及整复法之一

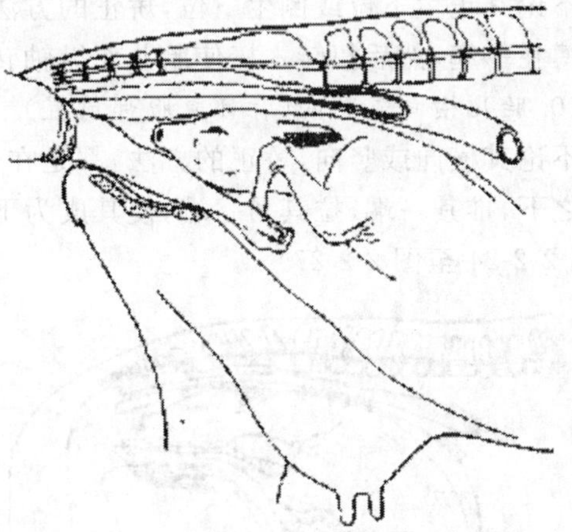

图 2-2-21　腕关节屈曲及整复法之二

6. 肩部前置(肩关节屈曲)

阴门外见有一前蹄及胎儿的唇部(一侧肩关节屈曲)，或不见前蹄(两侧肩关节屈曲)，并随产畜努责可见胎儿鼻部露出，从产道能摸到屈曲的肩关节和正常的胎头。当胎儿楔入骨盆不深时，一手沿屈曲前肢前伸并握住膊部牵拉，使之成为腕关节屈曲后再按腕关节屈曲矫正，若胎儿楔入骨盆较深时，于胎儿屈曲肢膊部系上产科绳，并用产科梃顶住胎儿肩部，在推送胎儿的同时，牵拉产科绳，待变成腕关节屈曲后，再以腕关节屈曲矫正(图 2-2-22)。也可用琼氏梃进行矫正。如仅一侧肩部前置。用上法又不能整复时，可强行拉出。两前肢肩部前置面矫正无效时，可在截除异常前肢后拉出，或行剖腹产术。

7. 跗部前置(跗关节屈曲)

见有胎儿一后肢伸出阴门(一侧跗关节屈曲)或不见(两侧跗关节屈曲)，从产道能摸到胎儿后躯和屈曲的附关节。当胎儿跗部未伸入骨盆时，一手沿屈曲后肢前伸并握住胎儿跖部或蹄子，用产科梃顶于胎儿的尾根或坐骨弓之凹陷处，在回推胎儿的同时，抬举并后拉屈曲肢的跖部或蹄子：或将跗部前推，使之成为髋关节屈曲后强行拉出(图 2-2-23)。但应防止骨盆骨折和子宫破裂。用上述各法未能矫正时，可行剖腹产术或截除跗关节以下部分后拉出。

8. 坐骨前置(髋关节屈曲)

见有一后蹄露出阴门(一侧髋关节屈曲)或一无所见(两侧髋关节屈曲)。从产道可摸到胎儿的后躯和屈曲的髋关节。助产时，将产科梃顶在胎儿坐骨弓处，于胎儿屈曲肢的胫部系上产科绳，在推还胎儿的同时牵拉产科绳，使之成为跗关节屈曲后再按跗关节屈曲矫正，也可用琼氏梃矫正；若难以矫正时，可强行拉出。无效时，可行截胎术或剖腹产术。

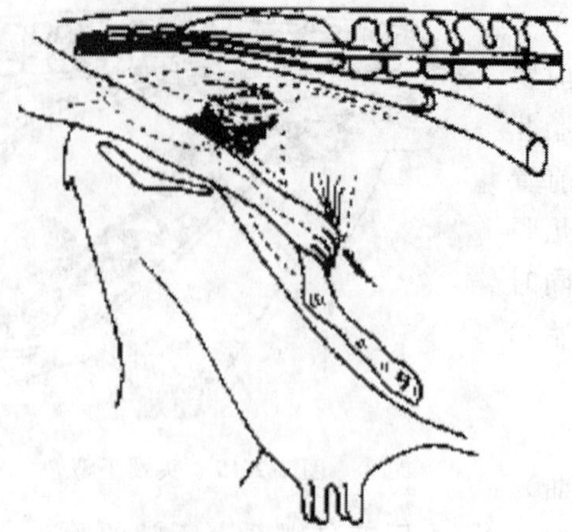

图 2-2-22　肩关节屈曲及整复法

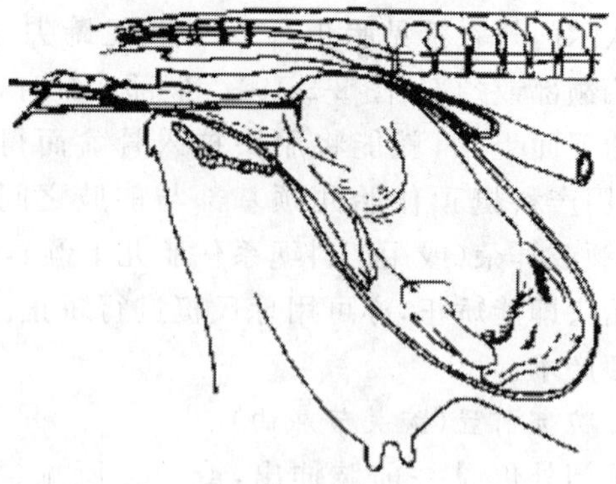

图 2-2-23　跗关节屈曲及整复法

9. 胎儿下位(腹部向上)

不论其正生下位或倒生下位,矫正的方法,都是在胎儿两肢之间横夹一短木棒并用绳将木棒与胎儿肢体缚在一起,然后扭转木棒使胎儿作纵轴转动,待矫正后拉出。

10. 胎儿横向或竖向(背部或腹部前置)

不论其横向或竖向,矫正的方法,都是在子宫颈口附近尽力握住胎儿的任何一肢或头部,在产科梃的辅助之下,推其一端,拉其另一端,使其成为下位或上位。上位时,即可拉出,下位时按胎儿下位矫正后拉出(图 2-2-24 至图 2-2-27)。

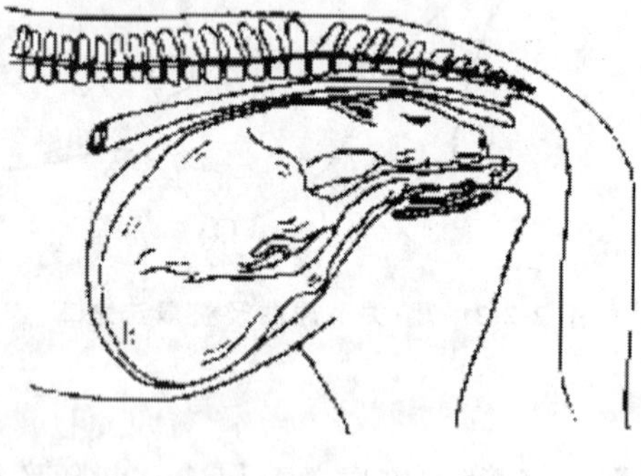

图 2-2-24　纵腹向

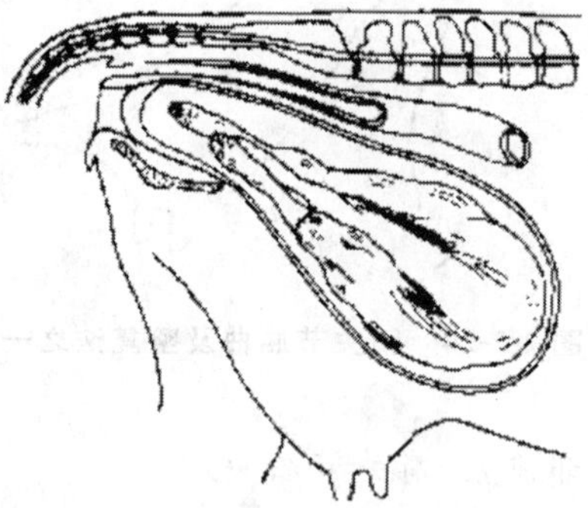

图 2-2-25　横腹向

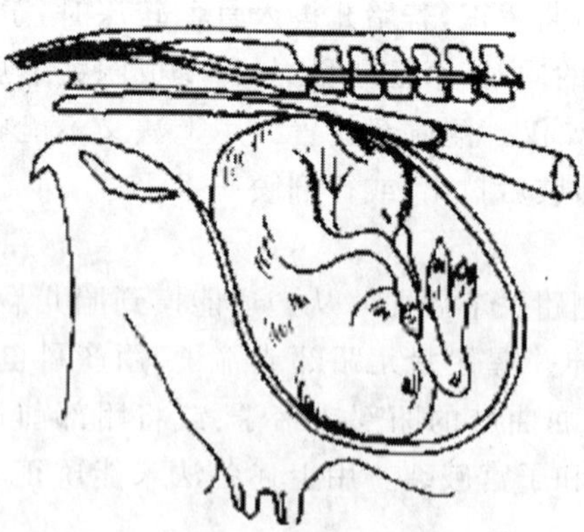

图 2-2-26　纵背向

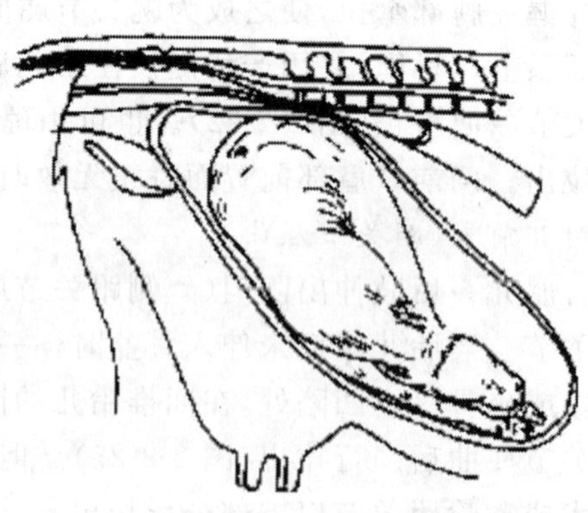

图 2-2-27　横背向

母畜难产后应及早进行助产。对单纯性子宫收缩无力引起的难产,可肌内注射催产素 20 万～50 万 IU,间隔 15～30 min 后可重复注射一次,在使用催产素前配合使用雌二醇 15 mg 效果更佳。或手入产道牵引拉出胎儿。上述方法无效时应及早进行剖腹产术。

[难产的预防]

难产不仅易于引起仔畜死亡，且常因手术助产不当而使母畜子宫和产道受损及感染，轻则影响母畜的生产性能(泌乳及使役)。甚或造成母畜不孕，严重时尚可危及母畜生命。因此，对难产采取积极的预防措施，有着重大章义。

1.改善母畜的饲养管理

营养不良的母畜，即使妊娠，胎儿也不能正常发育，其活力常不足，分娩时母畜的产力微弱；营养过于丰富和公畜体格过大，可使胎儿过大，运动不足也可降低母畜的产力。故应根据母畜的特点，给予合理的日粮，特别注意维生素、常量元素和微量元素的补给，要适当运动，正确选配，防止早配和偷配。此外，分娩时要保持安静，防止对产畜的干扰。

2.及时治疗母畜疾病

对母畜的任何疾病，都应及时治疗，以促进早日恢复健康，保持分娩时有充足的产力。尤应注意对阴道和子宫疾病的治疗，以防引起产道狭窄。

3.适时进行临产检查

临产检查应在产畜开始努责到胎膜露出或排出胎水这一期间进行，检查过早难以确定胎位、胎势及胎向正常与否，检查过迟可能已成难产。当知胎儿并无异常时，应让其自然娩出；若有异常，应立即矫正。

## 任务四　产后期疾病

### 一、产道损伤

动物分娩时，由于排出相对过大的胎儿，使软产道剧烈扩张或受到压迫、摩擦，很多母畜，特别是初产母畜的软产道会受到一定的损伤；发生难产时胎儿通过产道困难，助产动作不细致和子宫强烈收缩，则更易引起产道及子宫损伤。

**(一)阴道及阴门损伤**

分娩和难产时，产道的任何部位都可能发生损伤，但阴道及阴门损伤更易发生。如果不及时处理，容易被细菌感染。

[病因]

初产母牛分娩时，阴门未充分松软，开张不够大，或者胎儿通过时助产人员未采取保护措施，容易发生阴门撕裂；胎儿过大，强行拉出胎儿时，也能造成阴门撕裂。

难产过程中，如胎儿过大，胎位、胎势不正且产道干燥时，未经完全矫正并灌入润滑剂即强行拉出胎儿；初产肉牛阴道壁脂肪蓄积过多，分娩时胎儿通过困难；助产时使用产科器械不慎；截胎之后未将胎儿骨骼断端保护好即拉出等，都能造成阴道损伤。胎儿的蹄及鼻端姿势异常，抵于阴道上壁，努责强烈或强行拉出胎儿时可能穿破阴道，甚至使直肠、肛门及会阴亦发生破裂。

难产救助时，助产医生的手臂、助产器械及绳索等对阴门及阴道反复刺激，极易造成阴道水肿及黏膜损伤，甚至造成阴门血肿。

胎衣不下时，在外露的胎衣部分坠以重物，成为索状的胎衣能勒伤阴道底壁。

除上述分娩时造成的损伤外，有时个体大的纯种公马、公牛与瘦弱的小型母马、母牛本交时，能发生阴道壁穿透创。

[症状]

阴道及阴门损伤的病畜表现出极度疼痛的症状，尾根高举，骚动不安，拱背并频频努责。

阴门损伤时症状明显，可见撕裂口边缘不整齐，创口出血，创口周围组织肿胀。对阴道及阴门的过度刺激时，可使其发生剧烈肿胀，阴门内黏膜外翻，阴道腔变狭小，阴门内黏膜变成紫红色并有血肿。阴门血肿有时在几周内由于液体的吸收而自愈。少数情况下，可能发生细菌感染、化脓，炎症治愈后可能出现组织纤维化，使阴门扭曲，出现吸气现象。

阴道创伤时从阴道内流出血水及血凝块，阴道黏膜充血、肿胀、有新鲜创口。如为陈旧性溃疡，溃疡面上常附有污黄色坏死组织及脓性分泌物。阴道壁发生穿透创时，其症状随破口位置不同而异。透创发生在阴道后部时，阴道壁周围的脂肪组织或膀胱可能经破口突入阴道腔内或阴门外。马的尿道口较宽，分娩努责强烈时可发生膀胱外翻。膀胱脱出时，随尿液增加而增大。透创发生在阴道前端时，病畜很快就出现腹膜炎症状，如不及时治疗，马和驴常很快死亡，牛也预后不良。如果破口发生在阴道前端下壁上，肠管及网膜还可能突入阴道腔内，甚至脱出于阴门之外。

[治疗]

阴门及会阴的损伤应按一般外科方法处理。新鲜撕裂创口可用组织黏合剂将创缘粘接起来，也可用尼龙线按褥式缝合法缝合。在缝合前应清除坏死及损伤严重的组织和脂肪。如不缝合，不但延长愈合时间，容易造成感染，而且即使愈合后，形成的瘢痕也将妨碍阴门的正常屏障功能，结果由于不断吸入空气而易造成阴道炎和子宫内膜炎。阴门血肿较大时，可在产后 3～4 d 切开血肿，清除血凝块；形成脓肿时，应切开脓肿并做引流。

对阴道黏膜肿胀并有创伤的患畜，可向阴道内注入乳剂消炎药，或在阴门两侧注射抗生素。若创口生蛆，可滴入 2%敌百虫，将蛆杀死后取出，再按外科处理。

对阴道壁发生透创的病例，应迅速将突入阴道内的肠管、网膜用消毒溶液冲洗净，涂以抗菌药液，推回原位。膀胱脱出时，应将膀胱表面洗净，用皮下注射针头穿刺膀胱，排出尿液，撒上抗生素粉后，轻推复位。阴道周围脂肪脱出可将其剪掉。硬膜下麻醉有利于送回脱出的器官。将脱出器官及组织复位处理后，立即缝合创口。缝合的方法是，左手在阴道内固定创口，并尽可能向外拉。右手拿长柄持针器，夹上穿有长线的缝针带入阴道内缝合，并将缝线拉紧，使创口边缘吻合。创口大时，需做几道结节缝合。缝合前不要冲洗阴道，以防药液流入腹腔。缝合后，除按外科方法处理外，还要连续肌内注射大剂量抗生素 4～5 d，防止发生腹膜炎而死亡。

**(二)子宫颈损伤**

子宫颈损伤主要是撕裂，多发生在胎儿排出期。牛、羊(有时包括马、驴)初次分娩时，常发生子宫颈黏膜轻度损伤，但均能愈合。如裂口较深，则称为子宫颈撕裂。

[病因]

子宫颈开张不全时强行拉出胎儿；胎儿过大、胎位及胎势不正且未经充分矫正即拉出胎儿；截胎时胎儿骨骼断端未充分保护；强烈努责和排出胎儿过速等，均能使子宫颈发生撕裂。此外，人工输精及冲洗子宫时操作粗鲁，也能损伤子宫颈。

[症状]

产后有少量鲜血从阴道内流出，如撕裂不深，见不到血液外流，仅在阴道检查时才能发现阴道内有少量鲜血。如子宫颈肌层发生严重撕裂创时，能引起大出血，甚至危及生命，有时一部分血液可以流入盆腔的疏松组织中或子宫内。

阴道检查时可发现裂伤的部位及出血情况。以后因创伤周围组织发炎肿胀，创口出现黏液性脓性分泌物。子宫颈环状肌发生严重撕裂时，会使子宫颈管闭锁不全，并可能影响下一次分娩。

[治疗]

用双爪钳将子宫颈向后拉并靠近阴门，然后进行缝合。如操作有困难，且伤口出血不止，可将浸有防腐消毒液或涂有乳剂消炎药的大块纱布塞在子宫颈管内，压迫止血。纱布块必须用细绳拴好，并将绳的一端拴在尾根上，便于以后取出，或者在其松脱排出时易于发现。肌内注射止血剂(牛、马可注 20%止血敏 10～25 mL，安特诺新 25～60 mg，或催产素 50～100 IU)，静脉注射含有 10 mL 甲醛的生理盐水 500 mL，或 10%的葡萄糖酸钙 500 mL。止血后创面涂 2%龙胆紫、碘甘油或抗生素软膏。

**(三)子宫破裂**

子宫破裂一般发生在妊娠后期或分娩时，初产母牛多发，按破裂的程度可分为不完全破裂与完全破裂(子宫穿透创)两种。不完全破裂是子宫壁黏膜层或黏膜层和肌层发生破裂,而浆膜层未破裂;完全破裂是子宫壁三层组织都发生破裂,子宫腔与腹腔相通,甚至胎儿坠入腹腔。子宫壁穿透创的破口很小时,则叫子宫穿孔。

[病因]

难产时,如子宫颈开张不全,胎儿和骨盆腔大小不适,胎儿过大并伴有异常强烈的子宫收缩,或胎儿异常未解除时即使用子宫收缩药,特别是胎儿臀部前置时,因胎儿的臀部填塞母体骨盆入口,当母畜努责时,胎水不能进入子宫颈而使子宫内压增高,均容易造成子宫破裂。

难产助产时动作粗鲁、操作失误,例如推拉产科器械时失手滑脱,截胎器械触及子宫,截胎后骨骼断端未保护好等,都可使子宫受到损伤。

子宫捻转严重时,捻转处有时会破裂;妊娠时胎儿过大、胎水过多或双胎在同一子宫角内妊娠等,致使子宫壁过度伸张而易引起子宫破裂。

冲洗子宫使用导管不当,插入过深,可造成子宫穿孔;剥离胎衣技术错误也能导致子宫破裂。此外,子宫破裂也可能发生在妊娠后期的母畜突然滑跌、腹壁受踢或意外的抵伤时。

[症状]

根据创口的深浅、大小、部位、动物种类不同以及裂口是否感染等,患畜表现出的症状不完全一样。

子宫不完全破裂时可见产后有少量血水从阴门流出,但很难确定其来源,只有仔细进行子宫内触诊,才有可能触摸到破口而确诊。

子宫完全破裂,若发生在产前,有些病例不表现出任何症状,或症状轻微,不易被发现,只是以后发现子宫粘连或在腹腔中发现脱水的胎儿;若子宫破裂发生在分娩时,则努责及阵缩突然停止,子宫无力,母畜变安静,有时阴道内流出血液;若破口很大,胎儿可能坠入腹腔;也可能出现母畜的小肠进入子宫,甚至从阴门脱出。子宫破裂后引起大出血时,迅速出现急性贫血及休克症状,全身情况恶化。患畜精神极度沉郁,全身震颤出汗,可视黏膜苍白;心音快而弱,呼吸浅而快;因受子宫内容物污染,患畜很快继发弥散性脓性腹膜炎。病畜常于短时间(马)或 2～3 d 内(牛)死亡。如果子宫破口很小(子宫穿孔),且位于上部,胎儿亦已排出,且感染不严重,在牛不出现明显的临床症状。产后因子宫体积迅速缩小,使裂口边缘吻合,能够很快自行愈合,但易引起子宫粘连;马则易出现腹膜炎症状,全身症状明显。

[治疗]

检查难产时应注意检查生殖道是否有损伤,如果发现子宫破裂,或者在助产过程中发现子宫破裂,应立即根据破裂的位置与程度,决定是经产道取出胎儿还是经剖腹取出胎儿,最后缝合破口。但应注意的是,除破口不大且在背位,不需要过多干预即可产出胎儿的情况外,多数子宫破裂都需要行剖腹产术。

对子宫不全破裂的病例,取出胎儿后不要冲洗子宫,仅将抗生素或其他抑菌防腐药放入子宫内即可,每日或隔日一次,连用数次,同时注射子宫收缩剂。

子宫完全破裂,如裂口不大,取出胎儿后可将穿有长线的缝针由阴道带入子宫内,进行缝合。如破口很大,应迅速施行剖腹产术,但应根据易接近裂口的位置及易取出胎儿的原则,综合考虑选择手术通路,从破裂位置切开子宫壁,取出胎儿和胎衣,再缝合破口。在闭合手术切口前,应向子宫内放入抗生素。因腹腔有严重污染,缝合子宫后,要用灭菌生理盐水反复冲洗,并用吸干器或消毒纱布将存留的冲洗液吸干,再将 200 万～300 万 IU 青霉素注入腹腔内,最后缝合腹壁。

子宫破裂,无论是不全破裂还是完全破裂,除局部治疗外,均要行肌内注射或腹腔内注射抗生素,连用 3～4 d,防止发生腹膜炎及全身感染。如失血过多,应输血或输液,注射止血剂。

## 二、胎衣不下

母畜产出胎儿后,胎衣在正常的时间范围内未能自行排出就叫胎衣不下(也叫胎衣滞留)。各种动物产后排出胎衣的正常时间为,牛 12 h、羊 4 h、猪 1 h、马 1～1.5 h。各种动物均可发生胎衣不下,但牛发病率为最高,高达 20%～50%,马的发病率一般为 4%,猪和狗很少发生单一的胎衣不下。

胎衣不下易引起子宫内膜炎，导致产后子宫复旧不全、发情延迟及不孕，给养牛业造成的经济损失尤为突出。

[病因]

(1)产后子宫收缩无力。日粮中钙、镁、磷比例不当，运动不足，消瘦或肥胖，使母畜虚弱和子宫弛缓。胎水过多，双胎及胎儿过大，使子宫过度扩张而继发产后子宫收缩微弱。难产后的子宫肌过度疲劳，以及雌激素不足等，都可导致产后子宫收缩无力。

(2)胎儿胎盘与母体胎盘愈着。子宫或胎膜的炎症，都可引起胎儿胎盘与母体胎盘难以分离而造成胎衣滞留。其中最常见的是感染某些微生物，如布氏杆菌、胎儿弧菌等。维生素 A 缺乏，能降低胎盘上皮的抵抗力而易于感染。

(3)与胎盘结构有关。牛的胎盘是结缔组织绒毛膜胎盘，胎儿胎盘与母体胎盘结合紧密，故易发生。

(4)环境应激。分娩时，外界环境的干扰而引起应激反应，抑制了子宫肌的正常收缩。有时胎衣虽已脱落，但因子宫颈管过早闭锁，或子宫角套叠，致使胎衣不能排出。

[症状]

有全部不下和部分不下两种。

发生胎衣不下时，初期一般表现拱背、努责，从阴道中排出污红色恶臭液体，卧下时排出数量增加，其中含有胎衣碎片。随着胎衣不下时间延长，病畜可发生急性子宫内膜炎，胎衣腐败产物被机体吸收后会出现全身症状。各种动物对胎衣不下的耐受性各有差异，牛和山羊对胎衣不下不很敏感，全身反应出现的较晚或较轻。马和犬则很敏感，一般产后超过半天则会出现全身症状，而且病程发展很快、临床症状表现严重。猪的胎衣不下多为部分不下，发生胎衣不下时表现不安，体温升高，食欲降低，喜欢喝水，恶露增多。

(1)全部胎衣不下。停滞的胎衣悬垂于阴门之外，呈红色→灰红色→灰褐色的绳索状，且常被粪污染。如悬垂于阴门外的是尿-羊膜部分，则呈灰白色膜状，其上无血管。但当子宫高度弛缓及脐带断裂过短时，也可见到胎衣全部存留于子宫或阴道内。牛全部胎衣不下时，悬垂于阴门外的胎膜表面有大小不等的稍突起的赭红色的胎儿胎盘，随胎衣腐败分解(1～2 d)发出特殊的腐败臭味，并有红褐色的恶臭黏液和胎衣碎块从子宫排出，子宫颈口不完全闭锁。

(2)部分胎衣不下。残存在母体胎盘上的胎儿胎盘仍存留于子宫内。部分胎衣不下时，其腐败分解较迟(4～5 d)，牛耐受性较强，故常无严重的全身症状，初仅见拱背、举尾及努责；当腐败产物被吸收后，可见体温升高，脉搏增数，反刍及食欲减退或停止，前胃弛缓，腹泻，泌乳减少或停止等。胎衣不下能伴发子宫炎和子宫颈延迟封闭，且其腐败分解产物可被机体吸收而引起全身性反应。

[治疗]

治疗原则是抑菌、消炎、促进胎衣排出。

(1)药物疗法。

①子宫内投药。为了防止胎衣腐败、延缓腐败物溶解吸收，可向子宫内直接投注抗生素。对于牛或马可取土霉素 2 g 或金霉素 1 g，溶于 250 g 生理盐水中，一次灌注，隔日一次；羊和猪药量减半；犬、猫一次可注入相应药物 30 mL。也可用其他抗生素或选用市售的治疗子宫内膜炎的专用药物进行子宫内投药治疗。

为了促进胎盘绒毛脱水收缩、促进母体胎盘和胎儿胎盘分离，还可向子宫中灌注 10%氯化钠溶液，牛一次用量为 1 000～1 500 mL，猪、羊等小动物酌减。

②注射促进子宫收缩药物。为了加强子宫收缩能力，促进母体胎盘和胎儿胎盘分离、促进胎衣排出，可在产后的早期注射促进子宫收缩的药物进行治疗。垂体后叶注射液或催产素注射液，牛 50～100 IU，羊 10～50 IU，皮下或肌内注射。马来酸麦角新碱注射液，牛 5～15 mg，羊 5～10 mg，马 40～50 IU，犬、猫 5～30 IU，肌内注射，2 h 后重复一次。己烯雌酚注射液，牛 50～200 mg，羊 1～3 mg，肌内注射，每日或隔日一次。10%氯化钠溶液，牛 300～500 mL，静脉注射，或 3 000～5 000 mL 子宫灌注。胃蛋白酶 20 g，稀盐酸 15 mL，水 300 mL，混合后子宫灌注，以促进胎衣的自溶分离。

③注射抗生素。肌内注射抗生素类药物也是胎衣不下时防止子宫感染的一种常用措施。当出现全身症状时，也可将肌内注射改为静脉注射，并配合相应的支持疗法，对于马和小动物来说，这种治疗方法有其重要意义。

(2)手术剥离。是用手指将胎儿胎盘与母体胎盘分离的一种方法，适用于牛。术前确实保定患畜，阴门及其周围，手臂和长臂手套等均应消毒。采用手术剥离的原则是：易剥离者则剥，不易剥离者不要硬剥；剥离过程中严禁损伤子宫黏膜；对患急性子宫内膜炎和体温升高的病畜，不要进行剥离；剥离完胎衣后要向子宫内灌注抗生素。

①剥离前的准备。保定动物，固定尾巴，对后躯及外露胎衣进行清洗消毒。术者要戴上长臂手套做好自身保护。为了便于剥离可向子宫中灌注适量浓盐水，牛为10%浓盐水1 000～1 500 mL。

②剥离方法。

牛：手术剥离宜在产后10～36 h内进行。过早，由于母子胎盘结合紧密，剥离时不仅因疼痛而母畜强烈努责，而且易于损伤子宫造成较多出血，过迟，由于胎衣分解，胎儿胎盘的绒毛断离在母体胎盘小窦中，不仅造成残留，而且易于继发子宫内膜炎，同时可因子宫颈口紧缩而无法进行剥离。剥离时，一手握住悬垂的胎衣并稍牵拉，一手伸入子宫内，沿子宫壁或胎膜找到子叶基部，向胎盘滑动，以无名指、小指和掌心挟住胎儿胎盘周围的绒毛膜成束状，并以拇指辅助固定子叶；然后以食指及中指剥离开母、子胎盘相结合的周缘，待剥离半周以上后，食、中两指缠绕该胎盘周围的绒毛膜，以扭转的形式将绒毛从小窦中拔出。若母子胎盘结合不牢或胎盘很小时，可不经剥离，以扭转的方式使其脱离。子宫角尖端的胎盘，手难以达到，可握住胎衣，随患畜努责的节律轻轻牵拉，借子宫角的反射性收缩而上升后，再行剥离。见图2-2-28。

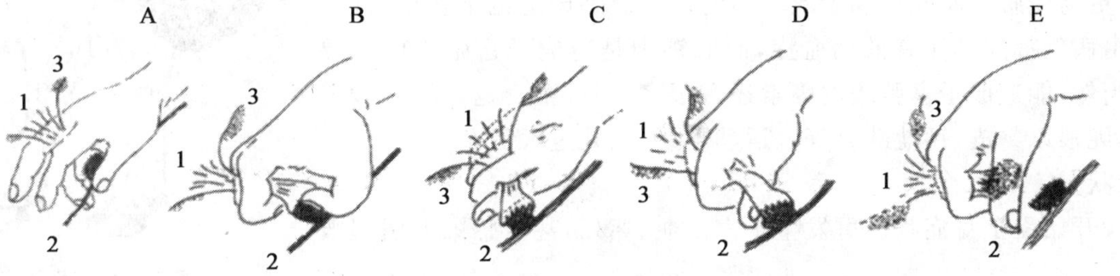


**图 2-2-28　牛胎衣剥离术式图**

1. 绒毛膜；2. 子宫壁；3. 已剥离的胎儿胎盘；A～E. 示胎衣剥离术式的顺序

马：在子宫颈内口，找到尿膜绒毛膜的破口边缘，把手伸入子宫黏膜与绒毛膜之间，轻轻用力向前移行，即可将胎衣从子宫黏膜上分离下来。也可拧紧外露的胎衣，然后另一只手伸入子宫，找到脐带根部，握住后轻轻扭动、拉动，就可使绒毛膜脱离腺窝。

犬：当怀疑犬发生胎衣不下时，可将一手指伸入阴道中进行探查，找到脐带后轻轻向外牵拉；也可用纱布包住镊子在阴道中旋转，将胎衣缠住拉出。

小型犬可用正立提起(抱起)，按摩腹壁的方法促进胎衣排出，重复几次仍无法排出者，可进行剖腹手术进行治疗。

为了防止子宫感染和胎衣腐败而引起子宫炎及败血症，在手术剥离之后，应放置或灌注抗均防腐药剂，如金霉素、四环素，亦可用青霉素、雷佛奴尔、呋喃西林等。或用下列合剂：如尿素1 g、磺胺增效剂1 g、磺胺噻唑10 g、呋喃西林1 g混合后装入胶囊放入；磺胺噻唑10 g、磺胺增效剂1 g、呋喃西林1 g，混合后装入胶囊放入。

**[预防]**

加强饲养管理，增加母畜的运动，注意日粮中钙、磷和维生素A及维生素D的补充，做好布氏杆菌病、沙门氏菌病和结核病等的防治工作，分娩时保持环境的卫生和安静，以防止和减少胎衣不下的发生。产后灌服所收集的羊水，按摩乳房；让仔畜吸吮乳汁，均有助于子宫收缩而促进胎衣排出。

## 三、子宫脱出

子宫脱出分为子宫部分脱出（即子宫内翻）和子宫完全脱出。子宫角前端翻入子宫腔或阴道内，称子宫部分脱出，即子宫内翻；子宫全部翻出于阴门之外，称为子宫完全脱出。二者为程度不同的同一个病理过程。子宫脱出多见于产程的第三期，有时则在产后数小时之内发生；产后超过 1 d 发病的患畜极为少见。

［**病因**］

子宫脱出的病因不完全清楚，但现在已经知道主要和产后强烈努责、外力牵引以及子宫弛缓有关。

（1）产后强烈努责。子宫脱出主要发生在胎儿排出后不久、部分胎儿胎盘已从母体胎盘分离。此时只有腹肌收缩的力量能使沉重的子宫进入骨盆腔，进而脱出。因此，母畜在分娩第三期由于存在某些能刺激母畜发生强烈努责的因素，如产道及阴门的损伤、胎衣不下等，使母畜继续强烈努责，腹压增高，导致子宫内翻及脱出（图 2-2-29）。

（2）外力牵引。在分娩第三期，部分胎儿胎盘与母体胎盘分离后，脱落的部分悬垂于阴门之外，会牵引子宫使之内翻，特别是当脱出的胎衣内存有胎水或尿液时，会增加胎衣对子宫的拉力。此外，难产时，产道干燥，子宫紧包胎儿，如果未经很好处理（如注入润滑剂）即强力拉出胎儿，子宫常随胎儿翻出阴门之外。

（3）子宫弛缓。子宫弛缓可延迟子宫颈闭合时间和子宫角体积缩小速度，更易受腹壁肌收缩和胎衣牵引的影响。临床上也常发现，许多子宫脱出病例都同时伴有低钙血症，而低钙则是造成子宫弛缓的主要因素。当然，能造成子宫弛缓的因素还有很多，如母畜衰老、经产、营养不良（单纯喂以麸皮，钙盐缺乏等）、运动不足，胎儿过大等。

**图 2-2-29　牛子宫脱**

［**症状**］

一般开始无全身症状。可发生子宫出血、坏死，甚至感染而引起败血症。

（1）子宫内翻即子宫部分脱出。病畜表现不安、努责、举尾等类似疝痛的症状，阴道检查，则见翻入阴道的子宫角尖端。

（2）完全脱出。见有呈不规则的长圆形物体垂突于阴门之外，有时可达跗关节，脱出的子宫黏膜表面常附着尚未脱落的胎膜，剥去胎膜或自行脱落后呈粉红色或红色，后因瘀血而变为紫红色或深灰色，随着水肿呈肉冻状，且多被粪土污染和摩擦而出血，进而结痂、干裂、糜烂等。有的伴有阴道脱出。脱出的子宫，表面布满圆形或半圆形的海绵状母体胎盘（子宫阜），且分为大小两堆（大者为孕角，小者为非孕角），二者之间有一光滑的子宫体，胎盘极易出血，羊脱出的子宫，近似于牛，但其胎盘呈圆形，且中央有一凹陷。

［**治疗**］

对子宫脱出的病例，必须及早实施手术整复。子宫脱出的时间愈长，整复愈困难，所受外界刺激愈严重，康复后不孕率也愈高。

（1）整复法。整复脱出的子宫之前必须检查子宫腔中有无肠管和膀胱，如有，应将肠管先压回腹腔并将膀胱中尿液导出，再行整复。整复时助手要密切配合，掌握住子宫，并注意防止已送入的部分再脱出。现以牛为例，将子宫脱出的整复方法阐述于下。

①保定。发生子宫脱出的病畜，常不愿或不能站立，这时可将后躯尽可能垫高；如站立进行整复，必须使其后肢站于高处。在保定前，应先排空直肠内的粪便，防止整复时排便，污染子宫。

②清洗。如胎衣尚未脱落，可试行剥离，如剥离困难又易引起母体组织损伤时，可不剥离，整复子宫后按胎衣不下处理。清洗时首先将子宫放在用消毒液浸洗过的塑料布上。用温消毒液将子宫及外阴和

尾根区域充分清洗干净，除去其上黏附的污物及坏死组织。黏膜上的小创伤，可涂以抑菌防腐药，大的创伤则要进行缝合。

③麻醉。防止母畜努责，可施荐尾间硬膜外麻醉。但麻醉不宜过深，以免使患畜卧下，妨碍整复。

④整复。病牛侧卧保定时，可先静脉注射葡萄糖酸钙，以减少瘤胃臌气。由两助手用布将子宫兜起提高，使它与阴门等高，并将子宫摆正，然后整复。

整复时应先从靠近阴门的部分开始。操作方法是将手指并拢，用手掌或者用拳头压迫靠近阴门的子宫壁（切忌用手抓子宫壁），将它向阴道内推送。推进去一部分以后，由助手在阴门外紧紧顶压固定，术者将手抽出来，再以同法将剩余部分逐步向阴门内推送，直至脱出的子宫全部送入阴道内。整复也可以从下部开始，即将拳头伸入子宫角尖端的凹陷中，将它顶住，慢慢推回阴门之内。上述两种方法，都必须趁患畜不努责时进行。而且在努责时要把送回的部分紧紧顶压住，防止再脱出来。

脱出的子宫全部被推入阴门之后，为保证子宫全部复位，可向子宫内灌注 9～10L 热水，然后导出。在查证子宫角确已恢复正常位置，并无套叠后，向子宫内放入抗生素或其他防腐抑菌药物，并注射促进子宫收缩药物，以免再次脱出。

(2)预防复发及护理。整复后为防止复发，应皮下或肌内注射 50～100 IU 催产素。如用静脉注射，子宫壁在注后 30～60s 即开始收缩。整复后，为防止患畜努责，也可进行荐尾间硬膜外麻醉，但不宜缝合阴门，以免刺激患畜持续努责，而且缝合后虽能防止子宫脱出，但不能阻止子宫内翻。

术后护理按一般常规进行。如有内出血，必须给予止血剂并输液。对病畜要有专人负责观察，如发现母畜努责强烈，须检查是否有内翻，有则应立即加以整复。

(3)脱出子宫切除术。如确定子宫脱出时间已久，无法送回，或者有严重的损伤及坏死，整复后有引起全身感染、导致死亡的危险，可将脱出的子宫切除，以挽救母畜的生命。

## 四、生产瘫痪

生产瘫痪亦称乳热症或低钙血症，是母畜分娩后突然发生的一种严重的代谢性疾病，此病多发生于奶牛及狗、猫，猪和奶山羊也可发生。生产瘫痪又称产后瘫痪、乳热症、产后低血钙症和产后癫痫。本病的特征是低血钙，四肢瘫痪，舌、咽、肠道麻痹及知觉丧失或抑制。生产瘫痪对奶牛的危害最为突出，个别牧场此病的发病率高达 25%～30%。奶牛生产瘫痪的发病率与其产奶量直接相关，高产奶牛多发，3～7 胎的奶牛多发，治愈的母牛下次分娩后可再次发病，且多发生于产后 3 d 以内。

［病因］

引起本病的主要原因是产后血钙浓度急剧下降，大脑皮质缺氧所致。

(1)低血钙。母畜产后，其血钙浓度会出现不同程度的下降，但患病动物的血钙下降更为严重，常降到正常水平的一半或更低的水平，产后正常牛的血钙浓度为 0.08～0.12 mg/mL，而发病牛的血钙浓度则为 0.03～0.07 mg/mL，导致产后血钙浓度急剧下降的主要原因如下：

①产后大量血钙进入初乳是引起产后低血钙的一个主要原因。

②分娩前后从肠道吸收的钙量减少，也是引起血钙降低的一个原因。

③分娩前后机体动用骨钙的能力下降，进一步加剧了血钙浓度的下降。

④维生素 D 不足或合成障碍也可导致血钙降低。

由此可见，产后低血钙的发生可能是某种因素单独作用的结果，也可能是几种因素综合作用的结果。

(2)脑皮质缺氧。有人认为，生产瘫痪是由于大脑皮质一时性充血、缺氧所致的一种神经性疾病，其低血钙是大脑皮质缺氧的一个并发症。

分娩后腹压突然降低，腹腔器官被动性充血，从而导致大脑皮质贫血、缺氧。娩后血液大量进入乳腺是引起脑贫血、缺氧的又一重要原因。脑贫血时，一般都有短暂的兴奋、肌肉震颤、搐搦、敏感性增高，随后出现肌肉无力、知觉丧失、瘫痪等，这些症状和生产瘫痪的症状有类似之处。对于补钙无法治愈的病例，用乳房送风法却能治愈，这一点也有力地支持了脑贫血、缺氧机理。利用皮质激素升高患畜血压，缓解脑贫血的治疗方法，可提高产后瘫痪的治疗率，这一点也对脑贫血引发产后瘫痪的机理给予了支持。

在分娩过程中，大脑皮层过度兴奋，其后即转为抑制状态；分娩后腹压突然下降、腹腔的器官被动性充血，同时血液大量进入乳房，引起暂时性的脑部贫血，因此使大脑皮质抑制程度加深，从而影响甲状旁腺，使其分泌激素的功能减退，以致不能维持体内钙的平衡。另外，妊娠后半期由于胎儿发育的消耗和骨骼吸收能力的增强，母体骨骼中贮存的钙量大为减少。因此，即使甲状旁腺的功能受到的影响不大，而骨骼中能被动用的钙已不多，不能补偿产后的大量丧失。

分娩前后从肠道吸收的钙量减少，也是引起血钙降低的原因之一。妊娠末期胎儿迅速增大，挤压胃肠器官，影响其活动，降低消化机能，致使从肠道吸收的钙量显著减少。

有些产后瘫痪病例与血钙降低无关，可能是分娩过程损伤及骨盆和神经，导致瘫痪的症状。

［症状］

牛发生生产瘫痪时的症状可分为两类，即典型性生产瘫痪和非典型性(轻型)生产瘫痪。

(1)典型性生产瘫痪。发病迅速，从开始发病到出现典型症状，一般不超过 12 h，其临床症状可分为 3 个阶段。

①前驱期。表现短暂的兴奋和搐搦。病牛敏感性增高，摇头、磨牙、伸舌、哞叫、惊慌，四肢肌肉震颤。后肢交替踩地，后躯无力、左右摇摆，食欲下降或废绝，排粪、排尿停止，行走时共济失调、易摔倒。

②瘫痪期。几经挣扎后，病牛站立不起便安然卧地。卧地有伏卧和躺卧两种姿势。伏卧的牛，四肢缩于腹下，颈部常弯向外侧，呈“伏卧状”(图 2-2-30)，有的常把头转向后方，置于一侧肋部，或置于地上，人将其头部拉向前方后，松手又恢复原状。躺卧病牛，四肢直伸，侧卧于地。鼻镜干燥，耳、鼻、皮肤和四肢发凉，瞳孔散大，对光反射减弱，对感觉反应减弱至消失，肛门松弛，肛门反射消失。尾软弱无力，对刺激无反应，系部呈佝偻样。体温可低于正常，为 37.5～37.8℃。心音微弱，心率加快可达 90～100 次/min。瘤胃蠕动停止，粪便干、便秘。

③昏迷期。随着病情的进一步加重，则精神高度抑制，意识和感觉完全丧失，心音和呼吸极度微弱，而进入昏迷状态，体温可降至 35～36℃，多数病例在昏迷中死亡，个别病例死亡前有痉挛和挣扎。

(2)非典型性生产瘫痪。非典型性生产瘫痪，有类似于典型性生产瘫痪的基本症状，后期反射及知觉下降、但不消失。产前及产后较长时间发生的多为非典型性生产瘫痪，病牛精神沉郁，卧地不起，个别可挣扎着站起，体温一般正常，卧地时头颈呈倒“S”状弯曲(图 2-2-31)，非典型性生产瘫痪在现代奶牛生产中变得越来越常见。

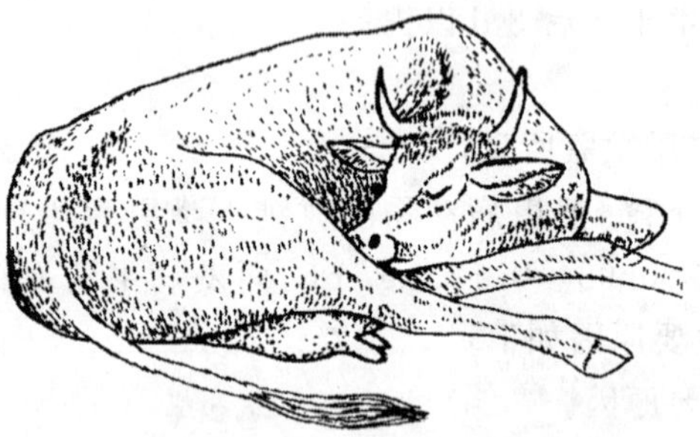

图 2-2-30　牛生产瘫痪时“犬卧状”

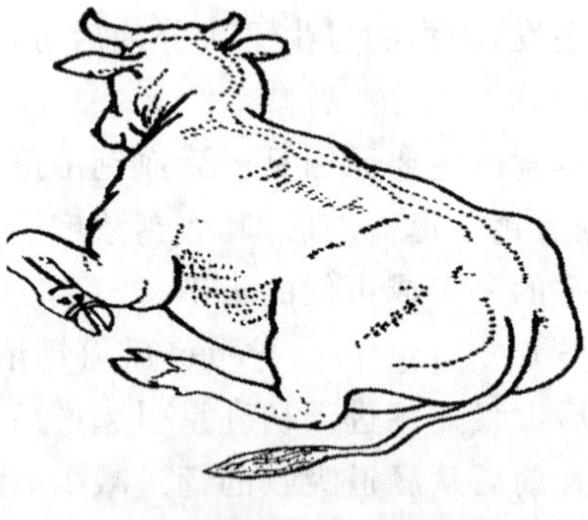

图 2-2-31　牛生产瘫痪时头颈“S”状弯曲姿势

羊和猪的生产瘫痪多发生于产后一周，其症状与牛相似。

犬产后低血钙症也叫泌乳期惊厥、产后子痫或产后癫痫，多发生于分娩后 1～4 周且产仔多的小型母犬。和牛相比，犬发生本病后前驱期症状明显，而且持续时间较长，有些可长达 2 d 之久。病犬初期站立不稳、运动失调，兴奋、对外界刺激敏感，眼球震颤，结膜潮红。很快全身痉挛，体温升高达 40℃以上，呼吸急促，心悸亢进，瞳孔散大，口吐白沫。如不及时治疗，患犬会反复抽搐乃至死亡。

本病的发生不分年龄和胎次。多由产后数小时开始，但产后 2～5 d 也是本病的多发期。病初可能出现轻度不安；不久精神即变为极度沉郁，食欲废绝，躺卧昏睡，全身反射减弱，便秘，体温正常或稍高。

轻型者站立困难，行走时后躯摇摆；奶量减少甚至完全无奶，有时病畜伏卧，拒绝哺乳仔畜。精神萎靡或昏睡时间过久，逐渐消瘦，最终死亡。

［诊断］

通过临床症状可做出初步诊断。结合临床症状，通过血钙测定可对本病做出诊断。动物发生本病后，其血钙明显低于正常。治疗诊断。用钙剂或乳房送风法进行治疗，如果治疗有效，则可对此病做出间接诊断。

［治疗］

奶牛的典型性生产瘫痪病例，由于发病迅速，如不及时治疗50%～60%者多于发病后12～48 h内死亡，个别在发病后几小时内可死亡。若及时治疗则90%可痊愈或好转，但有些可复发。奶牛的非典型性病例，大部分经治疗后预后良好，少数严重者或继发其他病时预后不良，或发展为产后爬卧综合征。犬发生本病后，如能及时正确治疗，大部分预后良好。

(1)钙剂疗法。静脉注射钙制剂，是治疗本病的基本方法，一次静脉注射后半数病例会在治疗后不久症状得到明显改善，但有些病例愈后会反复。常用的钙制剂为10%的葡萄糖酸钙注射液和5%氯化钙注射液。另外，发生本病时常会伴发低血糖，所以注射钙制剂时也要注射一定的葡萄糖。

牛患生产瘫痪时，将5%氯化钙500～1 000 mL，5%葡萄糖生理盐水注射液1 500～2 000 mL混合后一次静脉注射，为防止复发，可在第一次治疗6 h后，用半剂量的钙剂再静脉注射一次。

治疗羊(猪)生产瘫痪时的可静脉注射10%葡萄糖酸钙50～100 mL。

犬患本病时可静脉注射10%葡萄糖酸钙10～30 mL；还可配合注射维丁胶性钙进行治疗。

(2)乳房送风法。其目的是使乳房膨胀，内压增高，限制泌乳，减少钙、磷从乳中排出。乳房送风法适用奶牛和奶山羊的生产瘫痪治疗。其治疗操作步骤如下，乳头消毒→送入少量抗生素→连接乳房送风器(图2-2-32)→打气→用绷带系住乳头 。

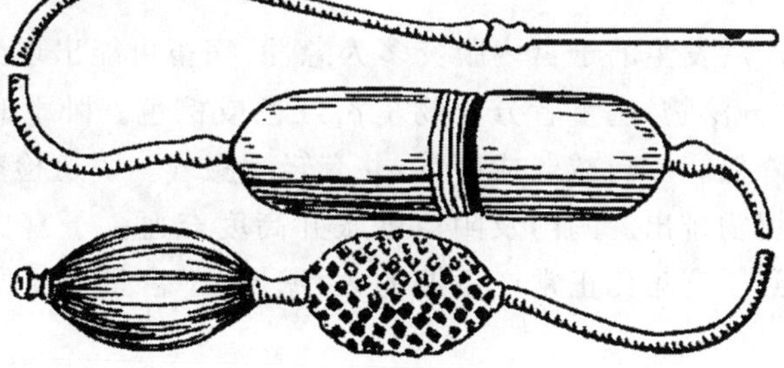

图 2-2-32　乳房送风器

向乳房中打气时，逐一进行，打入的气体量不足，影响疗效，打入的气体过多，易引起乳腺腺泡损伤。打入的气体量以乳房皮肤紧张、乳区界限明显为准，系乳头的绷带应该在1 h左右解除。

(3)牛奶疗法。对产后瘫痪不久的母牛，可用新鲜的、健康母牛的乳汁3 000～4 000 mL，分别通过乳头管注入于病牛的四个乳区内，可起到治疗作用。因注射的鲜乳很快被吸收，机体得到了生物学上的全价物质，促使被破坏了中枢神经系统的机能得到迅速恢复。

(4)其他疗法。用钙、镁、磷无效病例，如病牛有食欲，赶之欲起，后躯呈伏卧状姿势的病牛，可能是因低血钾肌肉无力所致，可用10%氯化钾40～100 mL、10%葡萄糖1 000 mL混合缓慢静滴，同时，后海穴注射氯化钾20 mL、颈部注射30 mL。此外，0.2%盐酸或硝酸士的宁20 mL脾俞或百会穴注射，也可进行自家血疗法。

(5)对症治疗。加强护理，多铺垫草，勤翻畜体，注意保温；臌气者，穿刺瘤胃放气；直肠宿粪可灌肠；注意不要经口投药，因咽喉麻痹，易引起异物性肺炎。

［预防］

(1)干乳后给牛用低钙高磷日粮。每头每天的钙量限制在60 g以下，钙磷比例为(1～1.5)∶1，这样可充分激活甲状旁腺功能，提高机体动用骨钙的能力。分娩后立即将日粮钙量提高到125 g以上。

(2)还可在分娩后或产前 1～2 d 静脉输钙，也可达到预防目的，产后口服钙剂也有一定预防作用。

(3)分娩前 7 d 还可肌内注射维生素 D，临产时重复 1 次，也有一定预防作用。

(4)产后 3 d 内，不要将乳完全挤净。

## 五、子宫内膜炎

子宫内膜炎即子宫黏膜的浆液性、黏液性或化脓性炎症，有急性和慢性之分，是引起不育的重要原因之一。本病多见于乳用家畜，尤以乳牛常见。

[病因]

(1)分娩时或产后期中，微生物可以通过各种感染途径侵入而引起。产后的早期多为混合感染，主要病原是葡萄球菌、链球菌、大肠杆菌、变形菌、假单胞菌、化脓性棒状杆菌、支原体等。引起生育力下降的细菌一般是非特异性的，微球菌、链球菌、化脓性棒状杆菌、假单胞菌等都可引起子宫内膜炎，并可能与生育力的降低有直接关系。

(2)子宫黏膜的损伤及母畜抵抗力下降，可促进本病的发生。

(3)常继发于其他疾病如分娩异常，如流产、胎衣不下、早产、双胎、难产以及子宫的其他疾病如子宫脱出、子宫弛缓、子宫炎、子宫积脓、产道损伤等。

(4)患布鲁氏杆菌病、沙门氏菌病以及其他许多侵害生殖道的传染病或寄生虫病的母畜也可发生子宫内膜炎。

(5)配种、人工授精及阴道检查时消毒不严、难产、胎衣不下、子宫脱出及产道损伤之后，细菌(双球菌、葡萄球菌、链球菌、大肠杆菌等)侵入而引起。阴道内存在的某些条件性病原菌，在机体抗病力降低时，亦可发生本病。此外，布氏杆菌病、副伤寒等传染病时，也常并发子宫内膜炎。

[症状]

(1)急性子宫内膜炎。产后发生的子宫内膜炎多为急性，病畜可能出现全身症状，常拱背、努责，从阴门中排出黏液性或黏液脓性分泌物，病重者分泌物呈污红色或棕色。卧下时排出量较多。体温升高，精神沉郁，食欲及产乳量明显降低。反刍减弱或停止，并有轻度臌气。阴道检查所见变化不明显，子宫颈稍开张，有时可见胎衣或有分泌物排出。阴门及阴道肿胀并高度充血。子宫探查时，引起患牛高度不安和持续性努责。直肠检查，感到子宫角比正常产后期的大，壁厚，子宫呈面团样感觉，如果渗出物多则有波动感，子宫收缩反应减弱。

(2)慢性子宫内膜炎。患慢性子宫内膜炎时，一般病畜的临床症状不十分明显，但发情时可见到排出的黏液中有絮状脓液，黏液呈云雾状或乳白色，而且有大量的白细胞。有时同时存在着子宫颈炎。轻度的子宫内膜炎直肠检查一般难于发现异常变化，在较严重的病例，除上述临床症状外，阴道检查可以发现子宫内排出异常分泌物，尤其是在发情时，排出的黏液中含有的脓液则说明患有子宫内膜炎。直肠检查时，可发现子宫略为增大，较重，壁厚。有时这些变化只限于一侧子宫角，而且多数是上次妊娠的子宫角。患子宫内膜炎时，发情周期及发情期的长短一般均正常，但由于子宫内膜发生病变而释放前列腺素，阻止正常黄体发育，因而可能使发情周期缩短。如果病畜受孕，发生早期胚胎死亡，则发情周期延长，但延长的时间长短不定。子宫内膜炎病畜多数屡配不孕。

慢性子宫内膜炎按症状可分为以下 4 种类型：

①隐性子宫内膜炎。不表现临床症状，子宫无肉眼可见的变化，直肠检查及阴道检查也查不出任何异常变化，发情期正常，但屡配不孕。发情时子宫排出的分泌物较多，有时分泌物不清亮透明，略微浑浊。

②慢性卡他性子宫内膜炎。从子宫及阴道中常排出一些黏稠浑浊的黏液，子宫黏膜松软肥厚，有时甚至发生溃疡和结缔组织增生，而且个别的子宫腺可形成小的囊肿。患这种子宫内膜炎的家畜一般不表现全身症状，有时体温稍微升高，食欲及产乳量略微降低，病畜的发情周期正常，有时也可受到破坏。有时发情周期虽然正常，但屡配不孕，或者发生早期胚胎死亡。

③慢性卡他性脓性子宫内膜炎。病畜往往有精神不振，食欲减少，逐渐消瘦，体温略高等轻微的全身

症状。发情周期不正常，阴门中经常排出灰白色或黄褐色的稀薄脓液或黏稠脓性分泌物。

④慢性脓性子宫内膜炎。阴门中经常排出脓性分泌物，在卧下时排出较多。排出物污染尾根及后躯，形成干痂。病畜可能消瘦和贫血。

［诊断］

产后子宫内膜炎，根据临床症状及阴门中排出的分泌物即可做出诊断。慢性子宫内膜炎可以根据临床症状、发情时分泌物的性状、阴道检查、直肠检查和实验室检查的结果进行诊断。

(1)发情分泌物性状的检查。正常发情时分泌物量较多，清亮透明，可拉成丝状。子宫内膜炎病畜的分泌物量多但较稀薄，不能拉成丝状，或者量少且黏稠，浑浊，呈灰白色或灰黄色。

(2)阴道检查。子宫颈口不同程度肿胀和充血。在子宫颈口封闭不全时，可见有不同性状的炎性分泌物经子宫颈口排出。如子宫颈封闭，则无分泌物排出。

(3)实验室诊断

①子宫回流液检查。冲洗子宫，镜检回流液，可见脱落的子宫内膜上皮细胞、白细胞或脓球。检查子宫回流液对隐性子宫内膜炎有决定性的诊断意义。为此可将首次观察未出现异常的回流液静置后检查，未发现有沉淀，或偶尔见到有蛋白样或絮状物，即可做出诊断。

②发情时阴道分泌物的化学检查。4%氢氧化钠 2 mL，加等量分泌物，煮沸冷却后无色者为正常，呈微黄色或柠檬黄色的为阳性。

③阴道分泌物生物学检查。在加温的载玻片上，分别加两滴精液，一滴中加被检分泌物，另一滴作为对照，镜检精子的活动情况，精子很快死亡或被凝集者为阳性。

④细菌学检查。无菌操作采取子宫分泌物，分离培养细菌，鉴定病原微生物。

［治疗］

子宫内膜炎治疗总的原则是，抗菌消炎，促进炎性产物的排除和子宫机能的恢复。如有胎衣没排出，可先行排出胎衣。

(1)子宫冲洗疗法。可应用温热(49℃)的消毒液如1%盐水冲洗子宫，利用虹吸作用将子宫内冲洗液排出。反复冲洗几次，尽可能将子宫腔内容物冲洗干净。在子宫内有较多分泌物时，盐水浓度可提高到5%。冲洗子宫后，全身症状即很快得到改善，但应禁止用刺激性药物冲洗子宫。选用0.1%～0.3%高锰酸钾溶液，0.1%～0.2%雷佛奴尔溶液，0.1%复方碘溶液，1%～2%等量碳酸氢钠氧化钠溶液，1%明矾溶液，每日或隔日冲洗子宫，至排出的液体透明为止。为了促进子宫收缩，减少和阻止渗出物的吸收，可用5%～10%氯化钠溶液500～2 000 mL，每日或隔日冲洗子宫一次。随渗出物的逐渐减少和子宫收缩力的提高，氯化钠溶液的浓度应渐降至1%，其用量亦随之渐减。隐性子宫内膜炎时，可用糖-碳酸氢钠-盐溶液(葡萄糖 90 g，碳酸氢钠 32 g，氯化钠 18 g，蒸馏水 1 000 mL)500 mL 冲洗子宫。

(2)子宫内给药。由于子宫内膜炎的病原非常复杂，且多为混合感染，宜选用抗菌范围广的药物，如四环素、庆大霉素、卡那霉素、红霉素、金霉素、呋喃类药物、氟哌酸等。抗生素及消毒药液冲洗排液后，选用以下药液灌注于子宫内。①0.5%金霉素或青霉素、链霉素溶液 50～100 mL，或青霉素、链霉素各 50万～100万 IU，溶于 50～200 mL 鱼肝油中，再加入垂体后叶素或催产素 10～15 IU，1次/d，4～6 d后隔日一次。②复方呋喃西林合剂(呋喃西林 1 g，尿素 1.5 g，甘油 200 mL，蒸馏水加至 1 000 mL)，每隔 2～3 d一次，每次 30～50 mL。③碘仿醚(1∶10)30～50 mL，隔日一次。④慢性子宫内膜炎，如其渗出物不多时，可选用1∶2～4 碘酊石蜡油、碘甘油、等量石蜡油复方碘溶液 20～40 mL 子宫灌注。⑤隐性子宫内膜炎，在配种前 1～2 h，先用生理盐水或1%碳酸氢钠溶液 500 mL 冲洗子宫后，待配种前 1 h，注入青霉素 40万～100万 IU，或再加入链霉素 100万 IU，青霉素的高渗葡萄糖溶液 30 mL，或青霉素、红霉素、垂体后叶素的混悬液 50 mL 于子宫内，亦可在配种后 24 h 再灌注一次青、链霉素或四环素溶液，都可提高受胎率。为增强子宫收缩力，促进渗出物的排出，可给予己烯雌酚、垂体后叶素、氨甲酰胆碱、麦角制剂等。

(3)激素疗法。在患慢性子宫内膜炎时，使用 $PGF_{2\alpha}$ 及其类似物，可促进炎症产物的排出和子宫功能的恢复。在子宫内有积液时，还可用雌激素、催产素等。对小型动物患慢性子宫内膜炎时，很难将药液注入子宫，可注射雌二醇 2～4 mg，4～6 h 后注射催产素 10～20 IU，可促进炎症产物排出，配合应用抗生素治疗可收到较好的疗效。

(4)硬膜外腔封闭疗法。主要用于治疗牛的子宫内膜炎、子宫复旧不全，对胎衣不下及卵巢疾病也有一定疗效。方法是在倒数第一、二肋间、背最长肌之下的凹陷处，用长 20 cm 的针头与地面呈 30°～35°进针，当针头抵达锥体后时，稍微退针，使进针角度加大 5°～10°向锥体下方刺入少许。刺入正确时，回抽无血液或气泡，针头可随呼吸而摆动；注入少量液体后取下注射器，药液不吸入并可能从针头内涌出。确定进针无误后，剂量 0.5 mL/kg 用 0.5%普鲁卡因等分注入两侧。在第 1、3、5 天，分别在 1、2 尾椎间，用 2%普鲁卡因溶液 10 mL，行硬膜外腔封闭后，以 0.5%金霉素溶液 200 mL 灌注子宫，2、4、6 d，分别肌内注射己烯雌酚注射液 50 mg，间隔 5 d 后，再重复一次，对牛子宫内膜炎有较好疗效。对子宫内膜炎的治疗，要根据疾病的情况、病畜个体的特点和全身状态，正确选用上述方法。

(5)其他疗法。

①将乳酸杆菌或人的阴道杆菌接种于 1%的葡萄糖肝汁肉汤培养基，在 37～38℃培养 72 h，使每毫升培养物中含菌 40 亿～50 亿。每头病牛子宫注入 4～5 mL，经 10～14 d 可见临床症状消失，20 d 后恢复正常发情和配种。

②对患子宫内膜炎而不泌乳的奶牛，人工诱导泌乳可使子宫颈口开张，子宫收缩增强，促进子宫炎症产物的清除和子宫机能的恢复。病程在一年以上的慢性子宫内膜炎，在人工诱导泌乳后 2.5～6 个月内，绝大部分可恢复配种受胎能力。

③采自体血浆 100 mL 注入子宫，1 次/d。连续 4 次，发情后配种，可使巴的受胎率提高 60%以上。

**[预防]**

在临产和产后，应对阴门及其周围消毒，保持产房和厩舍的清洁卫生。配种、人工授精及阴道检查时，应注意器械、术者手臂和外生殖器的消毒。正常分娩和难产时的助产以及胎衣不下的治疗，要及时、正确，以防损伤和感染。加强饲养管理，作好传染病的防治措施。

## 任务五　卵巢疾病

### 一、卵巢囊肿

卵巢囊肿包括卵泡囊肿和黄体囊肿两种。卵泡囊肿为卵泡上皮细胞变性，卵泡壁增生，卵细胞死亡，使卵泡发育中断，而卵泡液未被吸收或增生所形成。呈单个或多个存在于一侧或两侧卵巢上，壁较薄。

黄体囊肿为未排卵的卵泡壁上皮胞黄体化后，黄体细胞退化和分解而形成。一般多为单个，存在于一侧卵巢上，壁较厚。

奶牛的卵巢囊肿多发生于第 4～6 胎产奶量最高期间，而且以卵泡囊肿居多，黄体化囊肿只占 25%左右。肉牛发生率很低。

**[病因]**

引起卵巢囊肿的原因，目前尚未完全研究清楚。涉及的因素包括：

(1)饲料中缺乏维生素 A 或含有多量的雌激素。饲喂精料过多而又缺乏运动，也容易发生卵泡囊肿，因此舍饲的高产奶牛多发，而且多见于泌乳盛期。

(2)垂体或其他激素腺体机能失调以及使用的激素制剂不当，例如注射雌激素过多，可以造成囊肿。

(3)子宫内膜炎、胎衣不下及其他卵巢疾病可以引起卵巢炎，使排卵受到扰乱，因而也与囊肿的发生有关。

(4)在卵泡发育过程中，气温突然变化。乳牛在冬季比天暖时多发。

(5)在黑白花牛，本病与遗传有关。

**[症状]**

牛卵巢囊肿常发生于产后 60 d 以内，15～40 d 为多，也有在产后 120 d 发生的。卵泡囊肿的主要特征是无规律的频繁发情和持续发情，甚至出现慕雄狂(临床上不常见)；黄体化囊肿则长期不表现发情。

患卵泡囊肿母牛，发情表现反常，如发周期变短，发情期延长，以至发展到严重阶段，持续表现强烈的发情行为，而成为慕雄狂，性欲亢进并长期持续或不定期的频繁发情，喜爬跨或被爬跨。严重时，性情粗野好斗，经常发出犹如公牛的吼叫。对外界刺激敏感，一有动静便两耳竖起。荐坐韧带松弛下陷，致使尾椎隆起。外阴部充血、肿胀，触诊呈面团感。卧地时阴门开张，经常伴有"噗噗"的排气声。阴道经常流出大量透明黏稠分泌物，但无牵缕状(正常发情母畜的分泌物呈牵缕状)。少数病畜阴门外翻，且由于阴门开张易于感染，故多并发阴道炎和子宫内膜炎。

直肠检查时，发现单侧或双侧卵巢体积增大，囊肿部分呈圆形突出于卵巢表面，表面光滑，无排卵突起或痕迹。单个囊肿体积大于正常排卵卵泡，直径通常在 2.5 cm 左右，5.0 cm 以上的少见。囊肿壁薄厚不均，压无痛感，触有弹性，坚韧，不易破裂。有多个囊肿泡时，卵巢表面有许多富有弹性的大小不均的小结节。卵泡囊肿与黄体囊肿没必要区分开。子宫肥厚，松弛并下垂，收缩迟缓。如伴发子宫积液，触之有波动感。

[诊断]

诊断卵巢囊肿一般是首先调查了解母畜的繁育史，然后进行临床检查。如果发现有慕雄狂的病史、发情周期短或者不规则及乏情时，即可怀疑患有本病。

临床上主要通过观察发情表现诊断不孕症。但具体属于何种疾病，应仔细鉴别。未经产猪不发情多为初情期延迟或安静发情；经产猪不发情称为乏情，可能是卵巢机能静止或持久黄体，也可能为黄体囊肿。结合实验室激素测定检查有助确诊。

为与正常卵泡区别，可间隔 5～10 d(牛)再进行直肠检查，正常卵泡届时已消失。

[防治]

在改善饲养管理的同时，选用以下疗法。

(1)激素疗法。

①绒毛膜促性腺激素(HCG)。具有促黄体素的效能，对本病有较好的疗效。牛静脉注射为 2 500～5 000 IU，肌内注射 1 万～2 万 IU。一般在用药后 1～3 d，外表症状逐渐消失，9 d 后进行直肠检查，可见卵巢上的囊肿卵泡破裂或被吸收，且无黄体生长。只要有效，即应观察一个时期，不可急于用药，以防产生持久黄体。如不见效，可再注射。亦可用孕马血液，效果虽差，但在无 HCG 的情况下，仍是可取的办法。

②经绒毛膜促性腺激素治疗 3 d 无效，可选用下列药物：

黄体酮：50～100 mg，肌内注射，1 次/d，连用 5～7 d，总量为 250～700 mg。

肾上腺皮激素地塞米松或氟美松：10～20 mg，肌肉或静脉注射，隔日 1 次，连用 3 次。

促性腺激素释放激素(GnRH)：牛 0.25～1.5 mg，肌内注射，效果显著。

(2)碘化钾疗法。碘化钾 3～9 g 的粉末或 1% 水溶液，内服或拌入料中饲喂，每天一次，7 d 为一疗程，间隔 5 d，连用 2～3 个疗程。

(3)假妊娠疗法。将特制的橡皮气球或子宫环。从阴道送入子宫，造成人为的假妊娠，促使卵巢产生黄体，一般经 10 d 左右直肠检查，若囊肿变小或已形成黄体，则证明有效，此后再存放 10 d，以巩固疗效。

(4)手术疗法。在上述疗法无效时，可考虑采用下述手术疗法。

①囊肿穿刺。一手经直肠握住卵巢，并将卵巢拉到阴道前端的上方固定后，另一手将消毒过并接有细胶管的 12 号或 14 号针头从阴道穹窿部穿过阴道壁刺入囊肿，或一手在直肠内固定卵巢，另一手(或助手)用长针头从体表肷部刺入囊肿，抽出囊肿液后再注入 HCG 2 000～5 000 IU 于囊肿腔内。

②挤破囊肿。从直肠内用中指及食指夹住卵巢系膜并固定卵巢，拇指逐渐向食指方向挤压，挤破后持续压迫 5 min 以达到止血的目的。

③卵巢摘除。通过腹壁切口进行，适用于容易复发的一侧囊肿，这是在应用其他疗法确实无效时所采用的最后办法。为防止复发，手术后肌内注射 HCG。

[预防]

给以全价日粮，并富含维生素 A 及维生素 E，防止精料过多，适当运动，合理使役，防止过劳和运动不足，对正常发情的母畜，要适时配种或授精。对其他生殖器官疾病，应及早合理地治疗。

## 二、卵巢机能减退、卵巢萎缩

卵巢机能暂时性紊乱、机能减退，性欲下降，或卵巢发育停滞，称卵巢机能减退；如卵巢机能长时期衰退，引起卵巢组织萎缩，则称卵巢萎缩。

[病因]

猪的初情期通常在 6～8 月龄，跟品种有关，另外与公猪刺激、环境、管理和营养有关。子宫疾病、全身性的严重疾病以及饲养管理和利用不当(长期饥饿、哺乳过度)，使家畜身体乏弱也可导致乏情。卵巢炎及母畜年老时，卵巢机能也会发生生理性的减退。卵泡交替发育的主要因素是气候与温度的影响，早春配种季节天气冷热变化无常时，多发此病，饲料中营养成分不全，特别是维生素 A 不足可能与此病有关。

[症状]

超过性成熟年龄不见发情和不接受公猪交配称为初情期延迟。母畜正常排卵，适时配种能够受孕，但无发情的外表症状，即表现安静发情，是卵巢机能不全的一种表现。

[治疗]

对不孕母猪，必须了解其身体状况及生活条件，进行全面分析，找出主要原因，然后按照母畜的具体情况，采取适当的措施，才能达到治疗效果。

常用刺激家畜生殖机能的方法有以下几种。

(1)利用公畜催情。即将公猪放于母猪中刺激母猪发情。

(2)激素疗法

①HCG，肌内注射，500～1 000 IU/头，必要时间隔 1～2 d 重复 1 次。

②孕马血清(PMSG)或全血，肌内注射 200～1 000 IU/头。

③雌激素，目前常用的雌激素制剂及其使用方法和剂量如下：

苯甲酸雌二醇(或丙酸雌二醇)，肌内注射，2～8 mg/头。己烯雌酚，肌内注射，4～10 mg/头。己烷雌酚，剂量照己烯雌酚加倍。甲己烯雌酚，作用较己烷雌酚及己烯雌酚弱，但维持时间可达 1 周以上，剂量按照己烯雌酚增加 1～1.5 倍。

(3)维生素 A。维生素 A 对卵巢机能减退的疗效有时较激素更优，特别是对于缺乏青绿饲料引起的卵巢机能减退。一般每次给予 100 万 IU，每 10 d 注射 1 次，注射 3 次后的 10 d 内卵巢上即有卵泡发育，且可成熟排卵和受胎。

(4)隔离仔猪。如果需要母猪在产后 10 d 仔猪断奶之前提早发情配种，可将仔猪隔离，隔离后 3～5 d，母猪即可发情。

(5)$PGF_{2\alpha}$ 及其合成类似物是疗效确实的黄体溶解剂。

氯前列烯醇：2 mL 安瓿含主药 175 μg，一次肌内注射。一般注射 1 次即可奏效，如有必要可隔 7～10 d 再注射 1 次。

胎盘组织液：对持久黄体也有疗效，皮下注射剂量为每次 5 mL，每隔 1～2 d 注射 1 次，直至出现发情为止。

(6)促卵泡素、孕马血清(全血)及雌激素也可用于治疗持久黄体。

(7)使用 GnRH 和 $PGF_{2\alpha}$ 经 GnRH 治疗后，囊肿通常发生黄体化，后与正常黄体一样发生退化。因此同时可用 $PGF_{2\alpha}$ 或其类似物进行治疗，促进黄体尽快萎缩消退。

(8)使用孕酮。用孕酮治疗可以恢复发情周期。

## 三、持久黄体

黄体超过正常时限而仍然存在且保持正常功能者，称为持久黄体。持久黄体也称永久黄体或黄体滞留。是指母畜在分娩后或性周期排卵后，妊娠黄体或发情性周期黄体及其机能长期存在而不消失。持久黄体的主要临床特征是病畜的发情周期停止循环，不发情。

从组织构造和对机体的生理作用，性周期黄体、妊娠黄体无何区别。由于黄体滞留，黄体分泌助孕素的作用持续，抑制了卵泡的发育，因此，其临床特征是性周期停止，母畜常不发情。

继发于早期胚胎死亡的持久黄体，可能在怀孕期结束后消失，母猪表现怀孕期满，并不会分娩但重新发情，形成假妊娠。

［病因］

(1)饲养管理不当。饲料单纯，品质低劣，母牛营养不足；日粮配合不平衡，特别是矿物质、维生素 A、维生素 E 不足或缺乏。

(2)子宫及全身疾病。子宫慢性炎症、胎衣不下、子宫复旧不全等，子宫内存有异物如胎儿木乃伊、子宫蓄脓、子宫积水、子宫肿瘤及胎儿浸溶等，都会使黄体吸收受阻，而成为持久黄体。结核病、布氏杆菌病等也可能促使本病的发生。

(3)过度加料催奶产量。母畜在分娩后，由于大量饲喂精料，致使乳产量高而持续，营养消耗严重，血中促乳素水平增高；不仅表现出发情延滞，而且也易导致本病的发生。

从临床观察，持久黄体发生的原因较为复杂，它不仅与机体状况如营养过肥或过瘦，泌乳量的过高等有密切关系；而且也与子宫、卵巢的状况和机能有关，因此，在了解其病因时，不能纯认为只是黄体滞留；而应视本病是机体全身状况和卵巢机能不全的综合临床表现。

［症状］

持久黄体的症状特征是母牛性周期停滞，长期不发情。

直肠检查，一侧或两侧卵巢体积增大，卵巢内有持久黄体存在，并突出于卵巢表面。由于黄体所处阶段不同，有的呈捏粉感，有的质度较硬，其大小不一，数日有一个，也可有两个以上。子宫收缩反应微弱，如子宫内有异物，可以触摸到，子宫沉于腹腔内。

［诊断］

本病因与妊娠黄体表现相同，故应鉴别。对母畜在发情时间不发情，需间隔 5～7 d 进行一次直肠检查，连续 2 或 3 次。如黄体的大小、位置，形态及质度均无变化，子宫内不见妊娠，即可确诊为持久黄体。

［防治］

持久黄体不伴有子宫疾患时，治疗后黄体消退，性周期恢复，预后良好，如伴有子宫疾患并发胎儿干尸，以及患全身疾病，奶牛体弱，预后可疑。

药物治疗的目的是引起前列腺素 $F_{2\alpha}$ 的合成与分泌，促使黄体溶解。为提高疗效，应加强管理，改善饲养条件，调整饲料比例。减少挤乳量等。常用的方法有以下几种：

(1)药物治疗。

①前列腺素 $F_{2\alpha}$ 30 mg，一次肌内注射。

②13-去氢-$\omega$-乙基-前列腺素 $F_{2\alpha}$ 2～4 mg，一次肌内注射。

③甲基前列腺素 $F_{2\alpha}$ 5～6 mg，一次肌内注射。间隔 11 d 可再注 1 次。

④氯前列烯醇 500 μg，一次肌内注射。

⑤垂体促性腺激素 200～400 IU。一次肌内注射，隔 2 日 1 次，连续 3 次。

⑥孕马血清第 1 次量 20～30 mg，一次皮下或肌内注射，7 d 后再注射 1 次，量为 30 mg。

⑦雌二醇 4～10 mg，一次肌内注射。

⑧催产素 50 IU，一次肌内注射，隔日 1 次，共注 2 或 3 次。

(2)卵巢按摩法。即手隔直肠按摩卵巢，使之充血，每日 1 次，每次 5 min，连续 2 或 3 次。

(3)黄体穿刺或挤破法。手伸入直肠内，握住卵巢，使卵巢固定于大拇指与其余四指之间，轻轻挤破黄体。

(4)氦氖激光照射交巢穴。距离 50～60 cm，1 次/d，每次照射 8 min，7 d 为 1 疗程，对治疗持久黄体收到较好疗效。

(5)子宫治疗。伴发子宫炎时，应肌内注射雌二醇 4～10 mg，促使子宫颈开张，再用土霉素 2 g 或金霉素 1～1.5 g，溶于蒸馏水 150 mL 内，一次注入于宫内，每日或隔日 1 次，直到阴道分泌物清亮为止。

[预防]

(1)加强产后母畜饲养，尽快消除能量负平衡的过程。

产后母畜，一般都处于能量负平衡，泌乳早期的能量负平衡可能降低黄体功能，使黄体酮水平降低；严重的能量负平衡将引起奶牛出现持久黄体，因此对产后母畜要加强饲养，饲料品质要好，并供应充足的优质干草，促进食欲，提高机体采食量；母牛严禁追奶产量而过度增加精料。

(2)加强对产后母畜健康检查，发现疾病应及时治疗。

①产后母畜易患营养代谢病，如酮病、缺钙症等而影响繁殖，生产中应建立监控制度，定期对血、尿、乳进行酮体检查，对食欲、泌乳要逐日观察，异常者应及时处治。

②对母畜繁殖应进行监控，对产后母畜性周期停止、乏情期延长者，要仔细检查。对异常者采取针对性措施，予以处治，防止病情加重。

## 任务六　新生仔畜疾病

### 一、新生仔畜窒息

动物出生后即表现呼吸微弱或呼吸停止，但仍保持微弱心跳，称为新生幼畜窒息。本病各种动物均可发生，尤其以马、羊、猪、牛较为多见，如抢救治疗不及时，常常会导致新生幼畜死亡。

[病因]

母体在怀孕期间营养不良或患某些全身性疾病，胎儿产出后未及时撕破胎膜，脐带因挤压或缠绕而发生血液循环障碍，胎儿胎盘和母体胎盘过早分离，但胎儿未及时产出或产出过慢。

[症状及诊断]

根据其发生窒息的程度不同可分为绀色窒息和苍白窒息。

绀色窒息是一种轻度窒息，由于血液中 $CO_2$ 浓度过高，可视黏膜发绀，口和鼻腔内充满黏液及羊水，舌垂于口外。呼吸微弱而急促，有时张口呼吸，喉及气管有明显的湿罗音。四肢活动能力差，心跳快而弱，各种反射降低，后躯常粘有胎粪。

苍白窒息又称重度窒息，幼畜呈假死状态，缺氧程度严重，黏膜苍白，休克，全身松软，反射消失，呼吸停止，心脏跳动微弱，脉不易摸到，生命力非常微弱。

[治疗]

(1)清除口鼻黏液，促使吸入的黏液或羊水排出。

(2)诱发呼吸反射。用浸有氨水的棉花或纱布，放在鼻孔让其吸入，以此刺激诱发呼吸反射；还可用针等物扎刺鼻腔黏膜，以此来诱发呼吸反射。

(3)人工呼吸，输氧，保温。人工呼吸时将倒吊的动物(牛或马)两前肢用手握住，有节奏的做“扩胸运动”；也可有节奏地按压动物胸壁。有条件的可给犊牛输氧；同时，作好保温工作对提高治疗愈率有十分重要的作用。

(4)药物急救。可注射尼可刹米、安钠咖等药物进行抢救，还可用补液、补糖、输注碳酸氢钠及双氧水的方法进行抢救治疗，但要注意输液温度。

## 二、胎粪停滞

新生仔畜出生后，超过 24 h 仍不排出胎粪，称为新生仔畜胎粪停滞、便秘或胎粪秘结。本病多发生于羔羊。

［病因］

仔畜出生后未及时哺喂初乳，初乳质量不高。母畜缺乳及无乳，仔畜体弱，都可使仔畜哺获初乳不足而引起新生犊牛肠道弛缓，胎粪不能及时排出而秘结于肠道。

［症状］

仔畜出生后，1～2 d 不见排出胎粪(注意肛门及直肠闭锁)，逐渐表现不安，常拱背努责，回头顾腹，举尾作排粪状，或食欲不振，精神委顿，脉搏快而弱，肠音微弱或消失。以手指直肠检查，肛门端有浓稠蜡状黄褐色胎粪或粪块。

［防治］

一般选用以下方法多可治愈，顽固性胎粪秘结应考虑手术治疗。

(1)直肠灌注。可选用温肥皂水(羊 500 mL，牛 1 000 mL)、食用植物油或石蜡油(羊 50～100 mL，牛 200～300 mL)，作直肠灌注，有良好效果。

(2)内服轻泻药。选用食用植物油或石蜡油(羊 50～100 mL，牛 200 mL)、蓖麻油(羊 25～50 mL，牛 50～100 mL)灌服。亦有良好疗效。

(3)辅助疗法。腹部按摩，热敷、包扎保暖，都可减轻腹痛，促进胃肠蠕动，以利病愈。

［预防］

犊牛出生后，及时哺喂初乳；母畜缺乳或无乳时，尽早治疗并寄养犊牛，加强母畜饲养，以提高初乳的品质和数量。注意犊牛的护理，扶助体弱瘦小犊牛哺乳。必要时补液补糖。

## 三、脐炎

脐炎是指脐血管及周围组织的炎症反应，在临床上以化脓性、坏疽性炎症较为多见。此病各种哺乳动物均可发生，但在临床上以大家畜较为多见。

［病因］

断脐处理时消毒不严格，或断脐处理不当，幼畜生活环境卫生状况差，脐带断端被粪尿或泥水污染，动物之间互相吮吸脐带。

［症状及诊断］

脐部潮红，触摸疼痛，肿胀，肿大的脐管触摸时呈硬索状，用手捏挤可流出血水、脓汁或带有臭味的液体，当病情进一步恶化，微生物沿脐血管、脐尿管向上蔓延时，可引起肝脓肿、膀胱炎、腹膜炎及败血症，动物表现体温升高，呼吸加快，心率加快等症状。

［治疗］

(1)局部处理。对脐部进行认真清洗，然后涂抹 5%碘酊或魏氏流膏，2 次/d，还可在脐孔周围分点注射青霉素普鲁卡因溶液进行治疗。对脐部形成脓肿者，应该手术切开排脓，用消毒液认真冲洗，然后涂抹碘制剂等。

(2)全身治疗。抗菌、补液、解毒及对症治疗是脐炎全身治疗的基本原则。可全身注射抗生素，也可静脉注射葡萄糖生理盐水，还可选用安钠咖及解热镇痛药等进行治疗。

# 任务七　乳房疾病

## 乳房炎

乳房炎是由各种病因引起的乳房组织的炎症，其主要特点是乳汁发生理化性质及细菌学变化，乳腺组织发生病理学变化。乳汁最重要的变化是颜色发生改变，乳汁中有凝块及大量白细胞。乳房在许多病例乳腺出现肿大及疼痛，但大多数病例，用手触诊乳房难于发现异常。乳房炎是奶牛最常见的疾病之一。猪以拒绝仔猪吃乳为特征。按其症状和乳汁的变化，可分为临床型与非临床型两种。

[病因]

(1)病原微生物的感染。如链球菌、葡萄球菌、大肠杆菌、化脓性棒状杆菌、结核杆菌等，通过乳头管侵入乳房，而发生感染。

(2)饲养管理不当。如挤乳技术不够熟练，挤乳前未清洗乳房或挤乳员手不干净以及其他污物污染乳头等。另外，当乳房受到摩擦、挤压、碰撞、刺划等机械因素，尤以幼畜吮乳时用力碰撞和徒手挤乳方法不当，使乳房损伤，并通过厩舍、运动场、挤乳手指和用具而引起感染。

(3)继发于某些疾病。子宫内膜炎及生殖器官的炎症等可继发本病，某些传染病(布氏杆菌病、结核病等)也常并发乳房炎。另外，体内某些脏器疾病产生的毒素，病原微生物产生的毒素，以及饲料、饮水或药物中的毒素也可影响到乳房而引起炎症。还有一些材料证明乳房炎与遗传有关。

[分类和症状]

(1)以乳汁可否检出病原菌和乳房、乳汁有无肉眼可见变化划分。

①感染性临床型乳房炎。乳汁可检出病原菌，乳房和乳汁有肉眼可见变化。

②感染性亚临床型乳房炎。乳汁可检出病原菌，但乳房或乳汁无肉眼可见变化。

③非特异性临床型乳房炎。乳房或乳汁有肉眼可见的变化，但乳汁检不出病原菌。

④非特异性亚临床型乳房炎。乳房和乳汁无肉眼可见变化，乳汁无病原菌检出，仅乳汁化验阳性。

(2)以乳房和乳汁有无肉眼可见变化划分。

①亚临床型乳房炎。乳房和乳汁都无肉眼可见变化，要用特殊的试验才能检出乳汁的变化，通常称为隐性乳房炎。

②临床型乳房炎。乳房和乳汁均有肉眼可见的异常。轻度临床型乳房炎乳汁中有絮片、凝块，有时呈水样。乳房轻度发热和疼痛或不热不痛，可能肿胀。重度临床型乳房炎患乳区急性肿胀，热、硬、疼痛。乳汁异常，分泌减少。如出现体温升高，脉搏增速，患畜抑郁、衰弱、食欲丧失等全身症状，称为急性全身性乳房炎。

③慢性乳房炎。由乳房持续感染所致，通常没有临床症状，偶尔可发展成临床型。突然发作以后，通常转成非临床型。

乳头的垂直剖面见图 2-2-33。

(3)临床型乳房炎还可根据炎症性质进行分类。

①浆液性炎。浆液及大量白细胞渗到间质组织中，乳房红、肿、热、痛，往往乳上淋巴结肿胀。乳汁稀薄，含絮片。

②卡他性炎。脱落的腺上皮细胞及白细胞沉积于上皮表面。

乳管及乳池卡他：先挤出的乳含絮片，后挤出的乳不见异常。

腺泡卡他：如果全乳区腺泡发炎，则患区红肿热痛，乳量减产，乳汁水样，含絮片。可能出现全身症状。

③纤维蛋白性炎。纤维蛋白沉积于上皮表面或(及)组织内，为重剧急性炎症。乳上淋巴结肿胀。挤

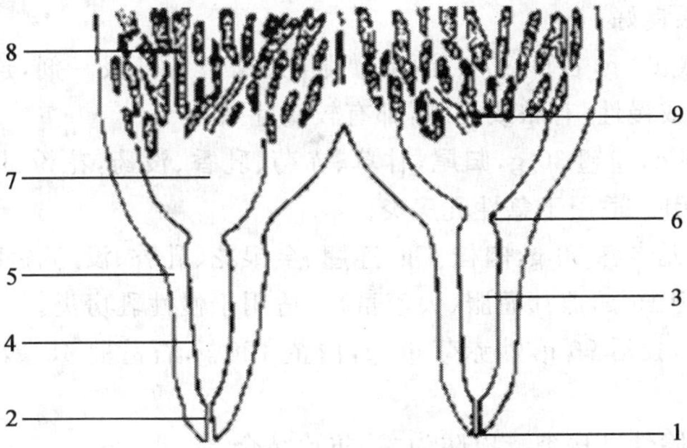


**图 2-2-33　乳头的垂直剖面模式图**

1.乳头管口；2.乳头管；3.乳头乳池；4.黏膜；5.结缔组织层；
6.乳池隔-环状黏膜；7.乳腺乳池；8.乳腺；9.大乳管

不出乳或只挤出几滴清水。本型多由卡他性炎发展而来，往往与脓性子宫炎并发。

④化脓性炎。

急性脓性卡他性炎：由卡他性炎转来。除患区炎性反应外，乳量剧减或完全无乳，乳汁水样含絮片。有较重的全身症状。数日后转为慢性，而后乳区萎缩硬化，乳汁稀薄或黏液样，乳量渐减直至无乳。

乳房脓肿：乳房中有多个小米大至黄豆大脓肿。个别的大脓肿充满乳区，有时向皮肤外破溃。乳上淋巴结肿胀。乳汁呈黏性脓样，含絮片。蜂窝织炎：为皮下或（及）腺间结缔组织化脓，一般是与乳房外伤、浆性炎、乳房脓肿并发。产后生殖器官炎症易继发本症。乳上淋巴结肿胀。乳量剧减，以后乳汁含絮片。

⑤出血性炎。深部组织及腺管出血。皮肤有红色斑点。乳上淋巴结肿胀。泌乳量剧减，乳汁水样含絮片及血液。可能是溶血性大肠杆菌等所引起。

［诊断］

（1）临床型乳房炎症状明显，根据乳汁和乳房的变化，就可做出诊断。

（2）隐性乳房炎乳房无临床症状，乳汁也无肉眼可见的变化，但乳汁的 pH、导电率和乳汁中的体细胞（主要是白细胞）数，氧化物的含量等，都较正常为高，需要通过乳汁化验，才能做出诊断。必要时可进行乳汁细菌学检查，为药物治疗提供依据。

①细胞计数法。是计算每毫升乳汁中的体细胞数，这是诊断隐性乳房炎的基准，也是与其他诊断方法作对照的基准。每毫升乳中细胞数超过 50 万，定为乳房炎。

②化验检验法。间接测定乳汁细胞数和乳汁 pH 的方法，种类较多，现在常用的 CMT 法。

③物理检验法。乳房发炎时，乳中氯化物含量增加，电导率值上升，因此用物理学方法检验乳汁电导率值的变化，可以诊断隐性乳房炎。此法迅速、准确。

［治疗］

（1）临床型乳房炎。以治为主，杀灭侵入的病原菌和消除炎性症状。

①抗生素疗法。主要采用抗生素，也有用磺胺类和呋喃类药物。病情严重者还配合进行全身治疗。常用的抗菌药物有青霉素、链霉素、四环素、环丙沙星和磺胺类药等。常规的方法是将药液稀释成一定的浓度，通过乳头管直接注入乳池，可以在局部保持较高浓度，达到治疗目的。

②乳房基底封闭。即将 0.25%或 0.5%盐酸普鲁卡因溶液注入乳房基底结缔组织中，用 2%普鲁卡因进行会阴神经注射，对浆液性乳房炎有一定疗效，溶液中加入适量抗生素更可提高疗效。

③物理疗法。认真热敷，按摩乳房，增加挤乳次数，对乳房炎的治疗大多是有益的。对出血性乳房炎时，则是有害的，其时，在挤乳后，每患叶选用 0.25%普鲁卡因溶液 60～100 mL，或 2%碳酸氢钠生理盐水溶液 30～50 mL，经乳导管注入。浅表脓肿，可行切开排脓、冲洗、撒布消炎药等一般外科处理。深部脓肿，可穿刺排脓并配合以抑菌药治疗。当其破溃，应待炎症被抑制后，待其二期愈合。

④中药疗法。配用效果良好。

降痛饮：当归 90 g，生芪 60 g，甘草 30 g，酒煎灌服（大家畜），日服一剂，连服 2～8 剂。对一切肿毒（包括乳房炎），不论其急性或慢性，有脓或无脓，都有较高疗效。

肿癌消散饮：金银花 60 g，连翘 30 g，归尾，甘草、赤芍、乳香、没药，花粉、贝母各 15 g，防风、白芷、陈皮各 12 g，酒精 100 mL 为引。适用于急性乳房炎。

黄芪散；生芪、全当归、元参各 30 g，肉桂 6 g，连翘、金银花、乳香、没药各 15 g，生香附、青皮各 12 g，有硬结者加穿山甲 9 g，皂刺 15 g，煎汁灌服（大家畜）。适用于慢性乳房炎。

冲和膏：炒紫荆皮 15 g，独活 90 g，炒赤芍 60 g，白芷 120 g，石菖蒲 45 g，共末葱汁酒调，敷于患部。适用于慢性乳房炎。

（2）亚临床型乳房炎或隐性乳房炎。以防为主，防治结合。

①乳头药浴。是防治隐性乳房炎行之有效的方法。常用的有洗必泰、次氯酸钠、新洁尔灭等。0.3%～0.5%的洗必泰效果最好。

②乳头保护膜。乳房炎的主要感染途径是乳头管，挤乳后将乳头管口封闭，防止痛原菌侵入，也是预防乳房炎的一个途径。

③盐酸左旋咪唑（LMS）。简称左咪唑，是一种免疫机能调节剂，7.5 mg/kg 拌精料中任牛自行采食，1 次/d，连用 2 d，效果较好。

**［预防］**

（1）干乳期预防。主要是向乳房内注入长效抗菌药物，杀灭已侵入和以后侵入的病原体，有的有效期可达 4～8 周。

（2）保持厩舍、运动场、挤乳人员手指和挤乳用具的清洁，以创造良好的卫生条件，作好传染病的防检工作，正确进行挤乳，挤乳前先用温水将乳房洗净并认真按摩，挤乳时用力均匀并尽量挤尽乳汁，先挤健畜后挤病畜，逐渐停乳，停乳后注意乳房的充盈度和收缩情况，发现异常及时检查处理，分娩前，乳房明显膨胀时，适当减少多汁饲料精料的饲喂量；分娩后，控制饮水适当增加运动和挤乳次数。有乳房炎征兆时，除采取医疗措施外，并根据情况隔离患畜。

## 【案例分析】

案例 1　某养牛场一头黄色母牛，妊娠期已满，体格较大，精神沉郁，被毛逆乱、无光泽，阴门红肿，频频努责，但排不出胎儿，病牛体温 38. 6℃，脉搏 60 次/min，呼吸 33 次/min。经检查，产道内壁水肿严重，子宫颈口有破损。产道检查可触摸到胎儿的一前肢。胎位为正生上位，胎势不正，头向后仰，抵至骨盆壁，严重影响胎儿排出。检查发现无吸吮动作，无眼反射，确定胎儿已死亡。已经过当地兽医诊疗，注射过催产素，采取过胎儿矫正术、牵引术等助产方法，未获成功。

案例 2　某养殖户一体格健壮黑白花母牛 2013 年 5 月 22 日产一体质优良犊牛，主诉：该牛 5 岁，此胎为第四胎，产后产奶量大，哺乳量大，2013 年 5 月 23 日下午突然卧地不起，起初病牛挣扎，勉强能够站立，逐渐精神沉郁，食欲废绝，反刍停止。检查发现：体温 38.7℃，心跳 53 次/min，呼吸 20 次/min，四肢及身体末梢冰凉，反射减弱，肛门松弛，四肢屈于腹下，头颈不自然弯曲至胸腹部，强行拉直颈部，但松手立刻又会弯曲。

案例 3　某养牛场一奶牛产后 3 月泌乳逐渐减少，主诉：产奶量由 70 kg/d 下降到 30 kg/d，该 5 岁，已产三胎，初期乳房肿胀，疼痛，用青霉素和链霉素肌内注射，同时乳房内注入恩诺沙星治疗，3 d 后乳房红肿症状消失，继续用药 2 d 后停药，1 周后复发，再次采用相同疗法，症状消失，但所产奶中出现絮状物，奶色发暗，产奶量持续不见好转。检查所见：患牛无明显全身症状，体温、食欲、精神基本正常，触诊乳房无热痛感，但可触之大小不等肿块，乳汁中有轻微絮状物。实验室检测：体细胞计数法检测乳汁，每毫升乳汁体细胞数达到 190 万；细菌分离培养没有检出可疑细菌。

案例 4　某养殖户，1 头体重 200 kg 的经产母猪产后当天发病，主诉：该母猪产后不吃，呼吸困难，体温升高，从阴道流出大量的脓性恶臭分泌物。检查所见：精神沉郁，体温 40.5℃，呼吸加快，被毛粗乱，喜卧，拱背努责，作排尿姿势，外阴流出淡黄色、脓性分泌物，腥臭。经阴道检查，子宫颈微张开，内有大量渗出物随之排出。

## 【知识拓展】

### 子宫冲洗术

**一、目的要求**

子宫冲洗术主要用于子宫内膜炎的治疗，目的是排出子宫内的炎性分泌物，促进黏膜修复，尽快恢复生殖机能。

**二、材料、设备与方法**

1. 用具及药液　子宫冲洗用的输液瓶(或连接长胶管的盐水瓶，长胶管与漏斗也可)或小动物灌肠器(末端接以带漏斗的长胶管)，洗净消毒。冲洗溶液为微温生理盐水、0.1%雷弗奴尔溶液及0.1%～0.5%高锰酸钾溶液等。还可用抗生素及磺胺类药物。

2. 方法　从分洗净外阴部，术者手及手臂常规消毒。而后术者手握输液瓶或漏斗所连接的长胶管，徐徐插入子宫颈口，再缓慢导入子宫内，提高输液瓶或漏斗，药液可通过导管流入子宫内，待输液瓶或漏斗中的冲洗液快流完时，迅速把输液瓶或漏斗放低，借虹吸作用使子宫内液体自行排出。如此反复冲洗2～3次，直至流出的液体与注入的液体颜色基本一致为止。冲洗后可放入抗生素或其他抗菌消炎药物。

**三、注意事项**

(1)操作认真，防止粗暴，特别是插入导管时更须谨慎，防止子宫壁穿孔。同时严格遵守消毒规则。

(2)子宫积脓或子宫积水的病例，应先将子宫内积液排出后，再进行冲洗。

(3)不得应用强刺激性或腐蚀性的药液冲洗。

(4)注入子宫内的冲洗药液，尽量充分排出，必要时可通过直肠按摩子宫促使排出。

### 隐性乳房炎检测技术

**一、目的要求**

隐性乳房炎无临床症状，乳汁亦无肉眼所见异常。但通过实验室检验可以检测出乳汁理化特性发生改变，为临床上诊断和治疗提供依据。

**二、材料、设备与方法**

1. 过氧化氢($H_2O_2$)玻片法(过氧化氢酶试验法)　大多数活细胞包括白细胞都含有过氧化氢酶，能分解过氧化氢而产生氧。但正常乳中的白细胞少，过氧化氢酶很少；乳房炎时，白细胞增多，故过氧化氢酶也增多，放出的氧也多。

(1)试剂。取双氧水(30% $H_2O_2$)，按1∶(2.33～4)的比例加入中性蒸馏水，配成6%～9%过氧化氢试剂待用。

(2)方法。将载玻片置于白色衬垫物上，滴被检乳3滴，再加过氧化氢试剂1滴，混合均匀，静置2 min后观察。

(3)判定标准。见表2-2-3。

**表2-2-3　过氧化氢玻片法判定标准**

| 被检乳 | 反应 | 判定符号 |
|---|---|---|
| 阴性乳 | 液面中心无气泡，或有小如针尖的气泡聚积 | － |
| 可疑乳 | 液面中心有少量大如粟粒的气泡聚积 | ± |
| 感染乳 | 液面中心布满或有大量大如粟粒的气泡聚积 | ＋ |

2. 氢氧化钠凝乳检验法　正常乳加药后无变化，有乳房炎的乳汁，混合后变为黏稠或絮片。但不适用于初乳及末期乳的检验。

(1)试剂。4%苛性钠溶液。

(2)方法。将载玻片置于黑色衬垫物上,先加被检乳5滴,再加试剂2滴。用细玻棒或火柴杆迅速将其扩展成直径2.5 cm的圆形,并继续搅20 s,观察。如乳样事先经冷藏保存,则只加试剂1滴。

(3)判定标准。见表2-2-4。

**表2-2-4 氢氧化钠凝乳检验法判定标准**

| 被检乳 | 乳汁反应 | 判定符号 | 推算细胞总数 |
|---|---|---|---|
| 阴性 | 无变化、无凝乳 | — | 50以下 |
| 可疑 | 出现细小凝乳块 | ± | 50~100 |
| 弱阳性 | 有较大凝乳块、乳汁略微透明 | + | 100~200 |
| 阳性 | 乳凝块大、搅拌混合时有丝状凝结物形成 | ++ | 200以上 |
| 强阳性 | 全乳略呈水样透明大凝块、有时全部形成凝块、完全透明 | +++ | 500~600 |

3.溴麝香草酚蓝(B.T.B)检验法　这是一种较简单常用的方法,测定乳汁的pH变化。健康牛乳呈弱酸性,pH6.0~6.5;乳房炎乳为碱性,其增高的程度依炎症的轻重而不同。

(1)试剂。47.4%酒精500 mL加B.T.B 1 g,再加5%苛性钠溶液1.3~1.5 mL,三者混合均匀,试剂呈微绿色。如偏酸时,滴碳酸氢钠液;如偏碱时,滴加盐酸,校正成中性。

(2)方法。

试管法:首先在10 mL试管中加入B.T.B试剂1 mL,再加入被检乳5 mL,混合均匀后静置1 min观察。或者首先在10 mL试管中加入被检乳5 mL,然后用2 mL吸管吸取B.T.B试剂1 mL,沿试管壁缓慢滴入被检乳中,观察被拉乳与试剂接触的变化。

玻片法:将载玻片置于白色衬垫物上,滴被检乳1滴,再加B.T.B试剂一滴,混合观察。

(3)判定标准。见表2-2-5。

**表2-2-5 B.T.B检验法判定标准**

| 被检乳 | 颜色反应 | pH | 判定符号 |
|---|---|---|---|
| 阴性乳 | 黄绿色 | 6~6.5 | — |
| 可疑乳 | 绿色 | 6.6 | ± |
| 感染乳 | 蓝绿或青绿色 | 6.6以上 | + |

4.C.M.T试验法(烷基硫酸盐检验法)　是通过测定DNA的量来估测乳中白细胞数的方法,试剂是一种阳离子表面活性剂(烷基丙烯硫酸钠)和一种指示剂(溴甲酚紫),但对初乳期和末期的牛乳不适用。

**表2-2-6 C.M.T试验法判定标准**

| 被检乳 | 乳汁反应 | 判定符号 |
|---|---|---|
| 阴性 | 液状无变化 | — |
| 可疑 | 有微量沉淀物,但不久即消失 | ± |
| 弱阳性 | 部分形成凝胶状沉淀物 | + |
| 阳性 | 全部形成凝胶物,回转搅动向心集中,停止搅动则呈凸凹覆着皿底 | ++ |
| 强阳性 | 全部形成凝胶物,回转搅动向心集中,停止搅动则恢复原状,覆着皿底 | +++ |
| 酸性乳 | 由于乳酸分解,液体呈黄色 | 酸性乳 |
| 碱性乳 | 呈深黄色,为接近干乳期,感染乳房炎,泌乳量降低的现象。 | 碱性乳 |

(1)试剂。苛性钠15 g,烷基硫酸钠30~50 g(烷基硫酸钾、烷基烯丙基硫酸钠、烷基烯丙硫酸钾亦可代用),溴甲酚紫(B.C.P) 0.1 g,蒸馏水1 000 mL,混合为溶液。

(2)方法。先将被检乳 2 mL 置于深 1.5 cm、直径 5 cm 的乳白色塑料皿中，再加入试剂 2 mL，缓慢作同心圆搅拌 15s，观察结果。

(3)判定标准。见表 2-2-6。

**三、注意事项**

(1)乳样应保持新鲜，如采集时间已久，即使冷藏保存也可能变质而影响检验结果特别是 B. T. B 检验法，对乳样的要求更加严格，乳汁 pH 发生变化，判断的结果则不准确。最好现场操作。

(2)配制试剂的各药品均应为化学纯的，所用的各种器皿(试管、吸管、塑料皿等用前均须用中性蒸馏水冲洗干净，否则会影响准确性。

## 【考核评价】

### 规模化牛场产科疾病防治方案设计

**一、考核题目**

对某规模化养牛场进行了产科疾病发病情况调查，请运用所学动物产科疾病防治知识对常见产科疾病制定科学的防治方案。调查结果见表 2-2-7。

**表 2-2-7 牛场调查结果**

| 产科疾病 | 发病率/% | 特征 | 防治方案 |
|---|---|---|---|
| 流产 | 8 | 多为子宫感染性流产，小产较多 | |
| 阴道、子宫脱出 | 5 | 多为分娩时过度努责或牵拉所致，阴道脱出可自行缩回，子宫脱出较严重 | |
| 难产 | 22 | 胎儿过大、胎势异常等胎儿型难产是主要原因，及时助产多可解决 | |
| 胎衣不下 | 21 | 多为部分胎衣不下，初期拱背、举尾及努责，后期腐败，继发子宫内膜炎 | |
| 生产瘫痪 | 17 | 高产，3～7 胎奶牛多发，病初轻度不安，逐渐沉郁，食欲废绝，轻者勉强站立，重者躺卧昏睡，全身反射减弱，便秘，体温正常或稍高。 | |
| 子宫内膜炎 | 13 | 病畜常拱背、努责，从阴门中排出脓性分泌物，卧下时排出量较多。体温升高，精神沉郁，食欲及产乳量明显降低，迁延不愈会转为慢性 | |
| 新生犊牛窒息 | 3 | 多为难产时助产不及时或胎儿虚弱时发生 | |
| 犊牛脐炎 | 27 | 断脐时消毒不严格或断脐不当所致，脐部红肿，疼痛 | |
| 乳房炎 | 24 | 亚临床型乳房炎较多见，乳房和乳汁无肉眼可见变化，但泌乳明显降低，乳汁 CMT 法检测体细胞显著增加 | |

**二、评价标准**

制定防治方案要结合患病动物情况，所患疾病特征，运用动物产科疾病知识，把握动物产科疾病防治原则，简明扼要地写出防治思路、方法及用药。参考标准见表 2-2-8。

**表 2-2-8 参考标准**

| 产科疾病 | 发病率/% | 特征 | 防治方案 |
|---|---|---|---|
| 流产 | 8 | 多为子宫感染性流产，小产较多 | 防治思路：保胎安胎或促进排出，防止感染。<br>方法及用药：1. 注射孕酮或催产素。2.子宫灌注抗生素 |
| 阴道、子宫脱出 | 5 | 多为妊娠期或分娩时过度努责或牵拉所致，阴道脱出可自行缩回，子宫脱出较严重 | 防治思路：手术整复。<br>方法及用药：整复、固定、子宫冲洗、灌注抗生素，如青霉素 |
| 难产 | 22 | 胎儿过大、胎势异常等胎儿型难产是主要原因，及时助产多可解决 | 防治思路：助产手术。<br>方法：1. 胎儿牵引术；2. 胎儿矫正术；3. 截胎术；4. 剖腹产术 |

续表 2-2-8

| 产科疾病 | 发病率/% | 特征 | 防治方案 |
| --- | --- | --- | --- |
| 胎衣不下 | 21 | 多为部分胎衣不下，初期拱背、举尾及努责，后期腐败，继发子宫内膜炎 | 防治思路：抑菌消炎、促进胎衣排出。<br>方法及用药：1. 药物疗法：(1)子宫内投药：土霉素、金霉素等；(2)注射促进子宫收缩药物：催产素、垂体后叶素等。2.手术剥离方法：两手配合操作，一手在内，分离母子体胎盘，一手在外，捻转悬垂的胎衣并稍牵拉 |
| 生产瘫痪 | 17 | 高产，3～7 胎奶牛多发，病初轻度不安，逐渐沉郁，食欲废绝，轻者勉强站立，重者躺卧昏睡，全身反射减弱，便秘，体温正常或稍高 | 防治思路：钙剂疗法、乳房送风疗法<br>方法及用药：1. 静脉注射钙制剂，如 10%的葡萄糖酸钙。2.乳房送风法，乳头消毒→送入少量抗生素→连接乳房送风器→打气→用绷带系住乳头 |
| 子宫内膜炎 | 13 | 病畜常拱背、努责，从阴门中排出脓性分泌物，卧下时排出量较多。体温升高，精神沉郁，食欲及产乳量明显降低，迁延不愈会转为慢性 | 防治思路：抗菌消炎，促进炎性产物的排除和子宫机能的恢复。<br>方法及用药：(1)子宫冲洗疗法，1%盐水、0.1%～0.3%高锰酸钾溶液等。(2)子宫内给药，四环素、庆大霉素等 |
| 新生犊牛窒息 | 3 | 多为难产时助产不及时或胎儿虚弱时发生 | 防治思路：保障呼吸，药物急救。<br>方法及用药：(1)清除口鼻黏液。(2)以浸有氨水的棉花或纱布，刺激鼻孔，诱发呼吸反射。(3)人工呼吸，输氧，保温。(4)注射尼可刹米、安钠咖等药物进行抢救 |
| 犊牛脐炎 | 27 | 断脐时消毒不严格或断脐不当所致，脐部红肿，疼痛 | 防治思路：局部处理，全身治疗。<br>方法及用药：对脐部进行认真清洗，涂抹 5%碘酊；全身注射抗生素，静脉注射葡萄糖生理盐水等 |
| 乳房炎 | 24 | 亚临床型乳房炎较多见，乳房和乳汁无肉眼可见变化，但泌乳明显降低，乳汁 CMT 法检测体细胞显著增加 | 防治思路：抗菌消炎，清洁消毒。<br>方法及用药：静脉或乳房内注入抗生素，如青霉素、环丙沙星等。保持厩舍、运动场、挤乳人员和挤乳用具的清洁、消毒，做好干乳期预防 |

## 【知识链接】

1. DB23/T 1286—2008，奶牛乳房炎诊断与防治技术规程，黑龙江省质量技术监督局，2008-08-07；

2. DB32/T 2391—2013，奶牛隐性乳房炎预防管理技术规程，江苏省质量技术监督局，2014-01-20；

3. DB51/T 1116—2010，奶牛乳房炎防治技术规范，四川省质量技术监督局，2010-07-01；

4. NY/T 2692—2015，奶牛隐性乳房炎快速诊断技术，农业部，2015-05-01；

5. NY/T 570—2002，马流产沙门氏菌病诊断技术，农业部，2002-12-01；

6. SN/T 1382—2011，马流产沙门氏菌凝集试验方法，国家质量监督检验检疫总局，2011-12-01；

7. SN/T 2700—2010，母羊地方流行性流产补体结合试验操作规程，国家质量监督检验检疫总局，2011-05-01；

8. DB32/T 1535—2009，种猪精液质量检验方法，江苏省质量技术监督局，2009-12-16；

9. DB42/T 826—2012，奶牛隐性子宫内膜炎髓过氧化物酶检测法，湖北省质量技术监督局，2012-05-01；

10. DB37/T 1814—2011，猪人工授精技术规程，山东省质量技术监督局，2011-04-01；

11. DB43/ 623—2011，种公猪站建设规范，湖南省质量技术监督局，2011-05-15；

12. DB23/T 1469—2012 奶牛生殖保健技术规范黑龙江省质量技术监督. 2012-04-30；

13. NY/T 1347—2007，牛马子宫洗涤器，2007-07-01；

14. DB63/T 794—2009，犬剖腹产手术操作技术规范，青海省质量技术监督局，2009-07-01。

# 模块三　动物传染病

项目一　动物传染病基础知识
项目二　多种动物共患的传染病
项目三　猪的传染病
项目四　家禽的传染病
项目五　牛、羊传染病

Project 1

# 动物传染病基础知识

**学习目标**

了解畜禽传染病的发展阶段、类型、检疫的对象、范围；掌握畜禽传染病学流行过程、研究内容、禽传染病综合防制相关的名词概念；学会畜禽传染病综合防制的技术措施。

【学习内容】

## 任务一　动物传染病的发生与流行

### 一、感染

**(一)感染的类型**

1. 感染的概念

病原微生物侵入动物机体，并在一定的部位定居、生长繁殖，从而引起机体一系列的病理反应，这个过程称为感染。也可称为传染。

病原微生物进入动物体后不一定引起感染过程。在多数情况下，动物的身体条件不适合侵入的病原微生物生长繁殖，或动物体能迅速动员防御力量将该侵入者消灭，从而不出现可见的病理变化和临床症状，这种状态称为抗感染免疫。动物对某一病原微生物没有免疫力称为有易感性。病原微生物只有侵入有易感性的机体才能引起感染过程。

2. 感染的类型

病原微生物的感染与动物机体抵抗感染受到多方面因素影响的，根据感染过程表现出各种形式或类型，可归纳如下：

(1)按感染来源分外源性感染和内源性感染。病原微生物从动物体外侵入机体引起的感染过程，称为外源性感染，大多数传染病属于这一类。如果病原体是寄生在动物机体内的条件性病原微生物，在机体正常的情况下，它并不表现其病原性。但当机体受不良因素的影响，致使动物机体的抵抗力减弱时，可引起病原微生物活化，毒力增强，大量繁殖，最后引起发病，这就是内源性感染。如猪肺疫。

(2)按病原种类分单纯感染和混合感染，原发感染和继发感染。由一种病原微生物所引起的感染，称为单纯感染，或单一感染，大多数感染过程属这种感染。由两种以上的病原微生物同时引起的感染称混合感染。如牛可同时患结核病和布鲁氏菌病等。动物感染了一种病原微生物之后，在机体抵抗力减弱的情况下，又由新侵入的或原来存在于体内的另一种病原微生物引起的感染，称为继发感染。最初的感染称为原发感染。

(3)按临床表现分显性感染和隐性感染，一过型和顿挫型感染。表现出该病所特有的明显的临诊症状的感染过程称为显性感染。在感染后不呈现任何临诊症状而呈隐蔽经过的称为隐性感染。隐性感染的动物或称为亚临诊型，有些动物虽然外表看不到症状，但体内可呈现一定的病理变化；有些隐性感染动物则既不表现症状，又无肉眼可见的病理变化。但它们能排出病原微生物而散播传染，一般只能用微生物学和血清学方法才能检查出来。这些隐性感染的动物在机体抵抗力降低时也能转化为显性感染。

(4)按感染的部位分局部感染和全身感染。由于动物机体的抵抗力较强，而侵入的病原微生物毒力较弱或数量较少，病原微生物局限在一定部位生长繁殖，并引起一定病变的称局部感染。如果动物机体抵抗力较弱，病原微生物冲破了机体的各种防御屏障侵入血液向全身扩散，则发生全身感染。

(5)按症状是否典型分典型感染和非典型感染。在感染过程中表现出该病的特征性临诊症状者，称为典型感染。而非典型感染则表现或轻或重，与典型症状不同。

(6)按发病的严重性分良性感染和恶性感染。一般常以患病动物的死亡率作为判定传染病严重性的主要指标。如果该病没有引起动物大批死亡可称为良性感染。相反，如能引起大批死亡的，则可称为恶性感染。

(7)按病程长短分最急性型、急性型、亚急性型和慢性型感染。病程短促，常在数小时或一天内，症状和病变不显著而突然死亡称最急性型感染。常见于传染病的流行初期。病程较短，自几天至2～3周不等，并伴有明显的典型症状称为急性型感染。病程稍长，达 3～4 周，症状不如急性型显著而比较缓和称为亚急性型感染。病程发展缓慢，常在一个月以上，临诊症状常不明显或不表现出来则称为慢性型感染。

**(二)传染病的特征**

1. 传染病的概念

凡是由病原微生物引起，具有一定的潜伏期和临诊表现，并具有传染性的疾病，称为传染病。

2. 传染病的特征

传染病的表现虽然多种多样，但亦具有一些共同特征，以此可与其他非传染病相区别。其主要特征是：

(1)传染病是由病原微生物与动物机体相互作用所引起的。每一种传染病都有其特异的致病性微生物存在，如猪瘟是由猪瘟病毒引起的，没有猪瘟病毒就不会发生猪瘟。

(2)传染病具有传染性和流行性。传染性是指从患传染病的动物体内排出的病原微生物，侵入另一个有易感性的健康动物体内，并能引起同样症状的特性。这样使疾病从患病动物传染给健康动物的现象，就是传染病与非传染病相区别的一个重要特征。流行性是指在一定适宜条件下，在一定时间内，某一地区易感动物群中可能有许多动物被感染，致使传染病蔓延散播而形成流行的特性。

(3)被感染的动物发生特异性反应。在感染发展过程中由于病原微生物的抗原刺激作用，机体发生免疫生物学的改变，产生特异性抗体和变态反应等。这种改变可以用血清学方法等特异性反应检查出来。

(4)耐过动物能获得特异性免疫。动物耐过某种传染病后，在大多数情况下均能产生特异性免疫，使动物机体在一定时期内或终生不再感染该种传染病。

(5)具有特征性的临床表现。大多数传染病都具有该种病特征性的综合症状以及一定的潜伏期和病程经过。

**(三)传染病发生的条件**

传染病的发生必须具备下列三个条件：

(1)具备一定数量和足够毒力的病原微生物以及适宜的侵入门户。没有病原微生物，传染病就不可能发生。病原微生物的毒力弱或数量少，一般也不引起传染病。病原微生物侵入动物机体的部位(感染门户)不适宜，也不能引起传染病。

(2)具有对该传染病有易感性的动物。病原微生物只有侵入有易感性的动物机体才能引起传染病。同一毒力和数量的病原微生物，侵入抵抗力不同的同一种动物，可产生不同的结果，有的临诊症状严重，有的轻微，有的不发病。

(3)具有可促使病原微生物侵入易感动物机体的外界环境。外界环境条件能影响病原微生物的生命力和毒力，能影响动物机体的易感性，能影响病原微生物接触和侵入易感动物的可能和程度。没有一定的外界环境条件，传染病也不能发生。

**(四)传染病的病程经过**

动物传染病的病程经过，在大多数情况下具有一定的规律性，一般分为四个阶段：

1. 潜伏期

从病原微生物侵入动物机体到疾病的临诊症状开始出现为止，这段时间称为潜伏期。

2. 前驱期

潜伏期后到该病特征性临诊症状表现出来前，这段时期称前驱期。

3. 明显期

前驱期后到该病的特征性症状逐渐明显地表现出来，这段时期称为明显期。是疾病发展到高峰的阶段，比较容易识别，在诊断上有重要意义。

4. 转归期

为传染病发展到最后结局的时期。表现为痊愈(康复或免疫)或死亡两种情况。

## 二、传染病的流行

### (一)传染病的流行过程

1.流行过程的概念

动物传染病的流行过程,就是从动物个体感染发病发展到动物群体发病的过程,也就是传染病在动物群中发生、发展和终止的过程。动物传染病能够在动物之间直接接触感染或间接地通过媒介物(生物或非生物)互相感染,构成流行。

2.流行过程的三个基本环节

传染病在动物群中蔓延流行,必须具备传染源、传播途径和易感动物群三个基本环节。

(1)传染源(亦称传染来源)。是指某种传染病的病原体在其中寄居、生长、繁殖,并能排出体外的动物机体。具体说传染源就是受感染的动物,包括患病动物和病原携带者。

①患病动物。患病动物是主要的传染源。

②病原携带者。是指外表无症状但携带并排出病原微生物的动物,因而是更危险的传染源。

(2)传播途径。病原体由传染源排出后,通过一定的方式再侵入其他易感动物所经的途径称为传播途径。传播途径可分为水平传播和垂直传播两大类。

①水平传播。是指传染病在群体或个体之间以水平形式横向传播。在传播方式上可分为直接接触传播和间接接触传播。

直接接触传播是指病原体通过被感染的动物(传染源)与易感动物直接接触而引起的传播方式。如交配、舔咬、触嗅等。接接触传播是指病原体通过传播媒介使易感动物发生传染的方式。大多数传染病都是通过这种方式传播的。

②垂直传播。从广义上讲属于间接接触传播,它包括以下几种方式:

经胎盘传播。已经被感染的妊娠动物经胎盘血流将病原体传播给胎儿,使其受到感染称为胎盘传播。

经卵传播。卵细胞携带有病原体,在发育时使胚胎受到感染称为经卵传播。

经产道传播。病原体经妊娠动物阴道通过子宫颈口到达绒毛膜或胎盘引起胎儿感染;或胎儿从无菌的羊膜腔穿出,暴露于严重污染的产道时,胎儿经皮肤、呼吸道、消化道感染母体的病原体。

(3)易感动物群。是指动物群体对某种传染病病原体感受性的大小。动物易感性的高低虽然与病原体的种类和毒力强弱有关,但主要还是由动物的遗传特征、特异免疫状态等因素决定的。外界环境条件也可以直接影响到动物群体的易感性和病原体的传播。该地区动物群体中易感个体所占的比例,直接影响到传染病能否造成流行以及流行的严重程度。

### (二)传染病的流行特征

1.流行过程的表现形式

在动物传染病的流行过程中,根据在一定时间内发病率的高低和传播范围的大小(即流行强度),可分为下列四种表现形式:

(1)散发性。发病动物数量不多,并且在一个较长的时间内只有零星地散在发生的病例出现,疾病的发生无规律性,并且发病时间和地点没有明显的关系时,称为散发。

(2)地方流行性。在一定的地区和动物群中,发病动物数量较多,但传播范围常局限于一定地区并且是较小规模的流行,可称为地方流行性。

(3)流行性。是指在一定时间内一定动物群发病率超过寻常,传播范围广的一种流行。

"暴发"大致可作为流行性的同义词。一般认为,某种传染病在一个动物群或一定地区范围内,在短期内(该病的最长潜伏期内)突然出现很多病例时,可称为暴发。

(4)大流行。是一种大规模的流行,流行范围可扩大至全国,甚至几个国家或整个大陆。在历史上口蹄疫、牛瘟和流感等都曾出现过大流行。

## 任务二　传染病的预防措施

### 一、加强饲养管理，搞好环境卫生

加强饲养管理工作，建立健全合乎动物卫生的饲养管理制度，搞好环境卫生，增强机体的抵抗力，贯彻自繁自养的原则，防止传染源传入。建立健全动物卫生防疫制度，定期为健康动物群进行系统检查。

### 二、消毒及消灭传播媒介

消毒是指杀灭或清除外界环境中活的病原微生物。消毒是贯彻"预防为主"方针和执行综合性防制措施中的重要环节。消毒的目的就是消灭被传染源散播。

在外界环境中的病原体，以切断传播途径，阻止传染病继续蔓延。

1. 消毒的种类

根据消毒的目的及进行的时机分为：

(1)预防消毒。结合平时的饲养管理对动物圈舍、场地、用具和饮水等进行定期消毒，以达到预防一般传染病发生的目的。

(2)随时消毒。在发生传染病时，为了及时消灭刚从患病动物体内排出的病原体而进行的不定期消毒。

(3)终末消毒。在患病动物解除隔离、转移、痊愈或死亡后，或者在疫区解除封锁之前，为了消灭疫区内可能残留的病原体所进行的全面彻底的大消毒。

2. 消毒的方法

常用机械、物理、化学和生物等消毒方法。

(1)机械清除法。是指用清扫、洗刷、通风、过滤等机械方法清除病原微生物的方法。在清除之前，可根据需要先用清水或某些化学消毒剂喷洒，以免打扫时尘土飞扬，造成病原体散播。机械清除不能达到彻底消毒的目的，必须配合其他消毒方法进行。

(2)物理消毒法。是指用阳光、紫外线、干燥、高温等物理方法杀灭病原微生物。

(3)化学消毒法。是指用化学药物杀灭病原微生物。在选择消毒剂时应考虑对该病原体的消毒力强、对人和动物的毒性小、不损害被消毒的物体、易溶于水、在消毒的环境中比较稳定、消毒持续时间长、使用方便和价格低廉等特点。

(4)生物热消毒法。主要用于粪便、污水和其他废物的生物发酵处理等，也是简便易行、普遍推广的方法。在粪便等堆沤过程中，利用粪便中的微生物发酵产热，可使温度高达70℃以上，经过一段时间后，就可以杀死病毒、细菌(芽孢除外)、寄生虫卵等病原体而达到消毒的目的，同时又保持了粪便的良好肥效。但这种方法不适用于产芽孢的病菌所致疫病的动物粪便消毒。

### 三、消灭传播媒介

主要是指利用物理、药物和生物方法消灭虻、蝇、蚊、蜱等节肢动物和鼠类。

**(一)杀虫方法**

1. 物理杀虫法

机械拍打捕捉，喷灯火焰烧杀，沸水或蒸汽热杀灭。

2. 药物杀虫法

主要是应用化学杀虫剂来杀灭。根据杀虫剂对节肢动物的毒杀作用可分为胃毒药剂、接触毒药剂、熏蒸毒药剂、内吸毒药剂等。

3. 生物杀虫法

是用昆虫的天敌或病菌及雄虫绝育技术等方法杀灭昆虫。如养柳条鱼灭蚊；用辐射使雄性昆虫绝育；或使用过量激素，抑制昆虫的变态和蜕皮；或利用病原微生物感染昆虫使其死亡；消灭昆虫滋生繁殖的环境等，都是有效的杀灭昆虫的方法。

**(二)灭鼠**

鼠类是许多人畜共患病的传播媒介和传染源。一方面根据鼠类的生态学特点，从动物栏舍建筑和卫生措施方面着手，防止鼠类的滋生和活动，使鼠类在各种场所生存的可能性达到最低限度，使它们难以得到食物和藏身之处；另一方面采取各种器械药物的方法直接杀灭鼠类。

## 四、加强检疫工作

**(一)检疫的概念和意义**

检疫就是用各种兽医科学的诊断方法，对动物及其产品进行某些规定传染病的检查，并采取相应的措施防止传染病的发生和传播。检疫是一项重要的防疫措施，不仅发生传染病时在疫区要进行检疫，在没有发生传染病时也要进行经常性的检疫。检疫的目的是加强兽医监督工作，防止动物传染病传入或传出，直接保护畜牧业生产的发展，保障人民身体健康和维护对外贸易的信誉。

**(二)检疫的范围及对象**

1. 检疫的范围

(1)按照检疫的性质、类别划分

①生产性的检疫。包括大型农牧场、集体或个人饲养的动物。

②观赏性的检疫。包括动物园的观赏动物、艺术团体的演艺动物等。

③贸易性的检疫。包括进出口动物、市场交易的动物及其产品。

④过境检疫。包括列车、船、飞机运载的动物及其产品。

(2)按照被检疫的实体划分

①动物。包括家畜、家禽、皮毛兽、实验动物、野生动物、蜜蜂、鱼苗、鱼种等。

②动物产品。包括生皮张、生毛类、生肉、脏器、血液、种蛋、鱼粉、兽骨、蹄角等。

③运载工具。包括运输动物及其产品的车船、飞机、包装、铺垫材料、饲养工具和饲料等。

2. 检疫的对象

检疫对象主要是我国尚未发生而国外常发生的动物疫病、烈性传染病、危害较大或目前防制有困难的疫病，人畜共患的动物疫病和国家规定及公布的检疫对象。除此，两国签订的有关协定和贸易合同中规定的某些疫病，以及各地根据实际情况补充规定的某些疫病均可列入检疫对象。

**(三)检疫的分类**

根据动物及其产品的动态和运转形式，动物检疫可分为以下几种类型：

1. 产地检疫

产地检疫是指在动物生产地区的检疫。

(1)集市检疫。主要是在集市上对农民饲养出售的动物进行检疫。到集市出售动物，必须持有由当地检疫部门发放的检疫合格证。禁止患病动物及危害人和动物健康的肉食品上市，发现患病动物则进行隔离、消毒、治疗或捕杀处理，对未预防注射的动物进行预防接种。

(2)收购检疫。是指任何个人或集体出售动物时，由收购部门与当地检疫部门配合进行的检疫。收购检疫直接影响中转、运输和屠宰前的发病率和病死率。

(3)屠宰场检疫。是指动物屠宰前后所进行的检疫。

2. 运输检疫

是指对通过铁路、公路、水路、航空运输的动物及其产品的检疫。

(1)铁路检疫。主要是铁路动物检疫部门对托运的动物及其产品进行检验，并查验产地(或市场)签发的检疫证明，证明动物健康才能托运。如发现患病动物时，要根据有关规定进行处理。

(2)交通要道检疫。是对水路、陆路或空中运输各种动物及其产品，在起运前必须经过兽医检疫，认为合格并签发检疫证明，方可允许委托装运。一般在动物运输频繁的车站、码头等交通要道上设立检疫站，负责动物检疫工作。

3. 国境口岸检疫

为了维护国家主权和国际信誉，保障我国农牧业生产安全，为此，我国在国境各重要口岸设立动物检疫机构，执行检疫任务。必须根据《中华人民共和国进出境动植物检疫法》的规定实施检疫。国境口岸检疫按性质不同又可分为：

(1)进出境检疫。这是对贸易性的动物及其产品在进出国境口岸时进行的检疫。

(2)旅客携带动物检疫。这是对进入国境的旅客、交通员工携带或托运的动物及其产品的现场检疫。

(3)国际邮包检疫。邮寄入境的动物产品经检疫如发现检疫对象时，进行消毒处理或销毁，并分别通知邮局和收寄人。

(4)过境检疫。载有动物及其产品的列车等通过我国国境时，对其进行检疫和处理。

## 五、免疫接种和药物预防

有组织有计划地进行免疫接种，是预防和控制动物传染病的重要措施之一。根据免疫接种进行的时机不同，可分为预防接种和紧急接种两类。药物预防是为了预防某些疫病，在动物的饲料或饮水中加入某种安全的药物进行集体的化学预防，在一定时间内可以使受威胁的易感动物不受疫病的危害，这也是预防和控制动物传染病的有效措施之一。

**(一)预防接种**

在经常发生某些传染病的地区，或有某些传染病潜在的地区，或受到邻近地区某些传染病经常威胁的地区，为了防患于未然，在平时有计划地给健康动物群进行的免疫接种，称为预防接种。预防接种通常使用疫苗、菌苗、类毒素等生物制剂作抗原激发免疫。根据所用生物制剂的品种不同，采用皮下、皮内、肌内注射或皮肤刺种、点眼、滴鼻、喷雾、口服等不同的接种方法进行免疫。接种后经一定时间后，可获得数月至一年以上的免疫力。

目前还没有一个可供统一使用的疫(菌)苗免疫程序，在实际工作中要根据各自的具体情况合理制定和实施，并且应不断改进。

**(二)药物预防**

群体化学药物预防是动物传染病防制的一个较新途径，某些疫病在具有一定条件时采用此种方法可以收到显著的效果。动物可能发生的传染病种类很多，其中有些传染病目前已研制出有效的疫(菌)苗来预防，但还有不少传染病尚无疫(菌)苗可利用，有些病虽有疫(菌)苗但实际应用还有问题，应用药物防制是一项重要措施。应使用安全而廉价的化学药物，加入饲料或饮水中进行群体化学药物预防，即所谓的保健添加剂。常用的化学药物有磺胺类药物、抗生素和硝基呋喃类药物，此外还有氟哌酸、吡哌酸和喹乙醇等。在饲料中添加上述药物对预防仔猪腹泻、雏鸡白痢、猪气喘病、鸡慢性呼吸道病等有较好效果，但反刍动物及马口服土霉素等抗生素时常能引起肠炎等中毒反应，必须注意。

长期使用化学药物预防，容易产生耐药性菌株，影响防制效果，因此需要经常进行药物敏感实验，选择有高度敏感性的药物用于防制。而且一旦形成耐药菌株会对人类健康带来严重危害。

## 【知识拓展】

### 一、二、三类动物疫病病种名录

中华人民共和国农业部公告第1125号

2008年12月

一类动物疫病(17种)：

口蹄疫、猪水泡病、猪瘟、非洲猪瘟、高致病性猪蓝耳病、非洲马瘟、牛瘟、牛传染性胸膜肺炎、牛海绵状脑病、痒病、蓝舌病、小反刍兽疫、绵羊痘和山羊痘、高致病性禽流感、新城疫、鲤春病毒血症、白斑综合征。

二类动物疫病(77种):

多种动物共患病(9种):狂犬病、布鲁氏菌病、炭疽、伪狂犬病、魏氏梭菌病、副结核病、弓形虫病、棘球蚴病、钩端螺旋体病。

牛病(8种):牛结核病、牛传染性鼻气管炎、牛恶性卡他热、牛白血病、牛出血性败血病、牛梨形虫病(牛焦虫病)、牛锥虫病、日本血吸虫病。

绵羊和山羊病(2种):山羊关节炎脑炎、梅迪-维斯纳病。

猪病(12种):猪繁殖与呼吸综合征(经典猪蓝耳病)、猪乙型脑炎、猪细小病毒病、猪丹毒、猪肺疫、猪链球菌病、猪传染性萎缩性鼻炎、猪支原体肺炎、旋毛虫病、猪囊尾蚴病、猪圆环病毒病、副猪嗜血杆菌病。

马病(5种):马传染性贫血、马流行性淋巴管炎、马鼻疽、马巴贝斯虫病、伊氏锥虫病。

禽病(18种):鸡传染性喉气管炎、鸡传染性支气管炎、传染性法氏囊病、马立克氏病、产蛋下降综合征、禽白血病、禽痘、鸭瘟、鸭病毒性肝炎、鸭浆膜炎、小鹅瘟、禽霍乱、鸡白痢、禽伤寒、鸡败血支原体感染、鸡球虫病、低致病性禽流感、禽网状内皮组织增殖症。

兔病(4种):兔病毒性出血病、兔黏液瘤病、野兔热、兔球虫病。

蜜蜂病(2种):美洲幼虫腐臭病、欧洲幼虫腐臭病。

鱼类病(11种):草鱼出血病、传染性脾肾坏死病、锦鲤疱疹病毒病、刺激隐核虫病、淡水鱼细菌性败血症、病毒性神经坏死病、流行性造血器官坏死病、斑点叉尾鮰病毒病、传染性造血器官坏死病、病毒性出血性败血症、流行性溃疡综合征。

甲壳类病(6种):桃拉综合征、黄头病、罗氏沼虾白尾病、对虾杆状病毒病、传染性皮下和造血器官坏死病、传染性肌肉坏死病。

三类动物疫病(63种):

多种动物共患病(8种):大肠杆菌病、李氏杆菌病、类鼻疽、放线菌病、肝片吸虫病、丝虫病、附红细胞体病、Q热。

牛病(5种):牛流行热、牛病毒性腹泻/黏膜病、牛生殖器弯曲杆菌病、毛滴虫病、牛皮蝇蛆病。

绵羊和山羊病(6种):肺腺瘤病、传染性脓疱、羊肠毒血症、干酪性淋巴结炎、绵羊疥癣,绵羊地方性流产。

马病(5种):马流行性感冒、马腺疫、马鼻腔肺炎、溃疡性淋巴管炎、马媾疫。

猪病(4种):猪传染性胃肠炎、猪流行性感冒、猪副伤寒、猪密螺旋体痢疾。

禽病(4种):鸡病毒性关节炎、禽传染性脑脊髓炎、传染性鼻炎、禽结核病。

蚕、蜂病(7种):蚕型多角体病、蚕白僵病、蜂螨病、瓦螨病、亮热厉螨病、蜜蜂孢子虫病、白垩病。

犬猫等动物病(7种):水貂阿留申病、水貂病毒性肠炎、犬瘟热、犬细小病毒病、犬传染性肝炎、猫泛白细胞减少症、利什曼病。

鱼类病(7种):鮰类肠败血症、迟缓爱德华氏菌病、小瓜虫病、黏孢子虫病、三代虫病、指环虫病、链球菌病。

甲壳类病(2种):河蟹颤抖病、斑节对虾杆状病毒病。

贝类病(6种):鲍脓疱病、鲍立克次体病、鲍病毒性死亡病、包纳米虫病、折光马尔太虫病、奥尔森派琴虫病。

两栖与爬行类病(2种):鳖腮腺炎病、蛙脑膜炎败血金黄杆菌病。

## 【知识链接】

1. DB12/T 451—2012　畜禽运载工具消毒技术规范;

2. DB13/T 1004.5—2008　动物防疫消毒操作规程;

3. DB11/T 707—2010　动物诊疗机构消毒操作技术规范;

4. NY/T 1952—2010　动物免疫接种技术规范;

5. GB/T 18635—2002　动物防疫 基本术语；
6. SN/T 1755—2006　出入境口岸人感染口蹄疫监洲规程；
7. SN/T 1756—2006　出入境口岸灭蝇规程；
8. SN/T 1691—2006　进出境种牛检验检疫操作规程；
9. SN/T 1696—2006　进出境种猪检验检疫操作规程；
10. SN/T 1670—2005　进境大中家畜隔离检疫及监管规程；
11. SN/T 1255—2007　出入境动物检验检疫技术标准编写的基本规定；
12. GB/T 22468—2008　家禽及禽肉兽医卫生监控技术规范；
13. GB/T 17823—2009　集约化猪场防疫基本要求。

Project 2

# 多种动物共患的传染病

**学习目标**

了解常见动物共患的传染病的病原的生物学特性；掌握大肠杆菌病、沙门氏菌病、巴氏杆菌病、布鲁氏菌病、破伤风、口蹄疫、痘病临床症状和诊断要点；学会常见动物共患传染病的防治措施。

【学习内容】

## 任务一　大肠杆菌病

大肠杆菌病是由致病性大肠杆菌引起的主要侵害幼畜禽及人的一种传染病。大肠杆菌是 Escherich 在 1885 年发现的，当时被认为是肠道的一种正常菌群。直到 20 世纪中叶，才发现有一些血清型的大肠杆菌对人和动物具有致病性。

[病原]

大肠杆菌是中等大小的杆菌，有鞭毛，有荚膜或微荚膜，无芽孢，革兰氏染色阴性。多数菌株在普通培养基上生长形成光滑、湿润、凸起的乳白色菌落。在血液琼脂平板上，某些致病性菌株形成β溶血。在麦康凯培养基和远藤氏琼脂培养基上形成红色菌落。对碳水化合物发酵能力强。常用的化学消毒剂都可将其杀死。

致病性和非致病性大肠杆菌在形态、染色、培养特性和生化反应方面没有区别，但其抗原构造不同。大肠杆菌的抗原构造由已知菌体抗原(O)171 种、表面抗原(K)103 种和鞭毛抗原(H)64 种构成，它们之间可组合成几千个血清型，如 $O_8:K_{25}:H_9$、$O_8:K_{88}$、$O_{166}:H_{27}$ 等。按其对人和动物的致病性分为肠毒素性大肠杆菌(ETEC)、肠致病性大肠杆菌(EPEC)、肠侵袭性大肠杆菌(EIEC)、肠出血性大肠杆菌(EHEC)。EHEC 主型为 $O_{157}:H_7$，如 1996 年在日本暴发流行的大肠杆菌病，主要是由 $O_{157}:H_7$ 引起的，造成上万人发病，死亡 20 余人，引起了全人类的恐慌。

### 一、猪大肠杆菌病

猪大肠杆菌病按发病日龄分为仔猪黄痢、仔猪白痢、仔猪水肿病。

**(一)仔猪黄痢**

仔猪黄痢又称早发性大肠杆菌病，是初生仔猪的一种急性、高度致死性传染病。其特征是排黄色浆状粪便。

[流行特点]

本病无明显季节性，主要发生于 1 周龄以内的仔猪，以 1～3 日龄多见，随日龄的增长而逐渐减少，7 日龄以上很少发生。同窝仔猪发病率常在 90%以上，病死率几乎 100%。传染源主要是带菌母猪，由粪便排出大量病原性大肠杆菌，污染母猪乳头和体表皮肤，仔猪吮乳或舔舐母猪皮肤时被感染，感染仔猪和母猪的粪便污染猪床、饲料、用具和饮水。本病主要通过消化道感染。猪群一旦发病，如不采取适当的措施，将造成严重经济损失。

[临床症状]

潜伏期最短 12 h，长达 1～3 d。同一窝仔猪中突然有 1～2 头仔猪表现全身衰弱死亡，其他仔猪相继发生腹泻，排出黄色浆状粪便，内含凝乳片。病猪迅速消瘦、脱水、昏迷而死亡。

[病理变化]

尸体脱水严重，常见颈、腹部皮下水肿，肠管膨胀，肠道内有大量黄色液状内容物，肠黏膜急性卡他性炎症，尤以十二指肠最为严重。肠系膜淋巴结有弥漫性小出血点，肝、肾有小的坏死灶。

[诊断要点]

根据本病发病日龄，排黄色稀便，发病率和病死率很高等特点可做出初步诊断。确诊需采取病死猪新鲜粪便，接种于麦康凯或远藤氏琼脂平板上进行溶血试验和生化试验，或用大肠杆菌因子血清进行鉴定。

[防制要领]

平时要加强母猪饲养管理，给予优质的饲料。圈舍要经常消毒，母猪产仔前应对产房进行彻底清扫、消毒，对母猪乳头及体表皮肤用0.1%高锰酸钾擦洗。母猪产仔前15～30 d应用大肠杆菌$K_{88ac}$-LTB双价基因工程菌苗、大肠杆菌$K_{88}$-$K_{99}$双价基因工程菌苗或$k_{88}$-$k_{99}$-987P三价灭活苗进行免疫接种，仔猪通过初乳获得被动免疫力。此外，也可用微生态制剂如促菌生、乳康生、调利生等，均有较好预防效果。仔猪发病时应全窝给药，内服盐酸土霉素、合霉素、磺胺脒等药物，也可肌内注射多粘菌素B硫酸盐。最好分离出病原菌株做药敏试验，选抑菌作用最强的药物，提高治疗效果。

**(二)仔猪白痢**

仔猪白痢又称迟发性大肠杆菌病，主要危害2～3周龄仔猪。临床特征是排出灰白色的糨糊样稀便。其血清型以$O_8$:$K_{88}$、$K_{99}$较多见。

**[流行特点]**

本病发生于10～30日龄仔猪，以2～3周龄仔猪较多发，1月龄以上仔猪很少发病。本病发病率约50%，而病死率较低。本病主要由内源性感染引起的，其诱发因素主要有猪舍卫生条件差、阴冷潮湿、气候骤变、母猪的乳汁不足或过浓等，均可促进本病的发生。

**[临床症状]**

病猪突然发生腹泻，排出乳白色或灰白色糨糊样粪便，黏腻腥臭，排便次数不等。病猪消瘦、拱背，行动缓慢，被毛粗乱无光泽，发育迟缓。体温、食欲无明显变化。病程2～3 d，长达1周，绝大多数病猪能够康复。

**[病理变化]**

尸体外表苍白、消瘦。肠内容物灰白色油膏状，肠黏膜卡他性炎症，肠系膜淋巴结轻度肿胀。

**[诊断要点]**

根据本病主要危害2～3周龄仔猪，排出灰白色糨糊状粪便，死亡率低等特点可以做出初步诊断，必要时进行细菌学诊断和血清学鉴定。

**[防制要领]**

参照仔猪黄痢。此外，仔猪应及早开食，为促进仔猪胃肠消化机能的发育，可在仔猪运动场撒少许炒熟的玉米粒或烧糊的玉米棒供仔猪嚼食。给母猪抗贫血药不仅可防止仔猪贫血，还可显著减少本病的发生。仔猪发病后要早期给药，可在饲料内添加适宜的抗生素，如盐酸土霉素、强力霉素、硫酸新霉素等，也可口服促菌生、痢菌净、磺胺脒、次硝酸铋等药物，一般连用2～3 d，同时给予矽炭银、鞣酸蛋白、活性炭等收剑止泻药，可提高疗效。

**(三)仔猪水肿病**

仔猪水肿病是由溶血性大肠杆菌引起的仔猪的一种肠毒血症。特征是发病突然，头部水肿，共济失调，惊厥和麻痹，剖检可见胃壁和肠系膜显著水肿。

**[流行特点]**

本病常散发，有时呈地方流行性。主要发生于断奶后的仔猪，尤以体况健壮、生长快的仔猪最为多见，育肥猪和10日龄以下仔猪很少见。多发于春、秋两季。本病的发生与饲喂方法的改变、饲料单一、气候骤变等因素有关。一般发病率10%～35%，病死率90%以上。

**[临床症状]**

突然发病，精神沉郁，食欲减少或废绝，口流泡沫，呼吸、心跳加快。初期轻度腹泻后期便秘。病猪静卧时肌肉震颤，有时倒地抽搐、四肢划动如游泳状，触之敏感，发出呻吟声和嘶哑鸣叫声；站立时背拱起，全身发抖，站立不稳，；行走时四肢无力，共济失调，盲目前进或作圆圈运动。其特征症状是眼睑、面部发生水肿，有的蔓延至颈部和腹部皮下。有些病猪水肿不明显。病程一般1～2 d，少数达7 d，多数以死亡转归。

**[病理变化]**

主要病变为水肿，以胃壁和肠系膜水肿最常见。胃大弯部和贲门部的黏膜层和肌层之间的厚度达2～3 cm，切开有淡黄色的水肿液流出。肠系膜淋巴结、肺水肿也较常见。有些病例胆囊、喉头、肾包膜、直肠也发生水肿。有的病例无水肿变化，但内脏器官出血明显，常见出血性胃肠炎。

［诊断要点］

根据本病主要危害断奶后的仔猪，病猪发生水肿及运动障碍，病死率高等特点可做出诊断。必要时可采取前段小肠内容物进行细菌学检查和血清学诊断。

临床上应注意与猪贫血性水肿，缺硒性水肿鉴别，二者均无明显的神经症状，用牲血素和亚硒酸钠治疗效果明显。

［防制要领］

应加强断奶仔猪的饲养管理。不要突然更换饲料和改变饲养方法，饲料配比要合理，适当增加饲料中维生素的含量。发现病猪时，可肌内注射亚硒酸钠、盐酸土霉素、硫酸新霉素等，也可用仙鹤草、龙胆草、车前子等中草药煎服。

## 二、犊牛大肠杆菌病

犊牛大肠杆菌病是初生犊牛的一种急性传染病。

［流行特点］

本病多发于冬春舍饲期间，呈地方流行性或散发。主要见于生后 10 日龄以内的犊牛，年龄较大者少见。犊牛主要通过消化道感染，也可通过子宫内感染和脐带感染发病。凡能降低犊牛机体抵抗力的因素都可以促进本病的发生，如母牛体质瘦弱，饲料中蛋白质供应不足或维生素缺乏，厩舍阴冷潮湿，犊牛未吮食初乳或哺乳不及时等。

［临床症状］

潜伏期很短，仅数小时。在临床上常见有三种类型。

败血型：呈急性败血症经过。病犊发热，精神沉郁，间有腹泻，常于出现症状后数小时至一天内死亡，有的未出现明显症状即死亡。可在血液和脏器分离到病原性大肠杆菌。

肠毒血型：较少见，常突然死亡。病程稍长的病例，可见到神经症状，先兴奋不安，以后沉郁、昏迷而死亡，死前多发生腹泻。

白痢型(肠型)：病初体温升高，食欲减退，出现下痢后体温降至正常。初期排出黄色粥样粪便，后期排灰白色水样粪便，混有未消化的凝乳块、血块和泡沫，酸臭。病犊腹痛，肛门失禁。病程长的还有肺炎和关节炎症状。如及时治疗，一般可治愈，但发育缓慢。

［病理变化］

急性败血型、肠毒血症死亡的犊牛，病变不明显。有下痢症状的病犊真胃黏膜水肿、充血、出血，肠内容物混有血液和泡沫，小肠黏膜充血、出血，上皮组织脱落，肠系膜淋巴结肿大。病程长的有肺炎和关节炎病变。

［诊断要点］

根据本病主要危害 10 日龄以内的犊牛，病牛发热、腹泻，有的出现神经症状，病程短，死亡率高可怀疑为本病，确诊需进行细菌学检查，必要时进行因子血清鉴定。

［防制要领］

母牛分娩前后，对圈舍要彻底清扫消毒，犊牛出生后要尽早哺乳，注意保温，给母牛补充营养，可防止本病的发生。犊牛发病后要及时治疗，常用痢菌净、硫酸新霉素、强力霉素、盐酸四环素、杆菌肽、恩诺沙星等。另外要注意调整胃肠机能，防止酸中毒。

## 三、羔羊大肠杆菌病

羔羊大肠杆菌病是危害 6 周龄以内羔羊的一种急性传染病。特征是呈败血症或剧烈腹泻。

［流行特点］

本病常发于冬春舍饲期间，呈地方流行性或散发。主要危害 6 周龄以内的羔羊，有的地方 3～8 月龄的羊也有发病的。本病的发生与羔羊营养不良，圈舍潮湿，气候骤变等因素有关。

[临床症状]

潜伏期数小时至1～2 d。根据临床表现可分为败血型和肠型。

败血型：主要发生于2～6周龄羔羊。病初体温升高达41.5～42℃，病羔羊精神委顿，呼吸浅表，脉搏微弱。眼结膜潮红、充血，视力减弱。四肢僵硬，运动失调，头向后仰，磨牙，做游泳样运动。多于发病后4～12 h死亡。有的地区3～8月龄的绵羊羔也发生败血型大肠杆菌病，发病急，死亡快，病原主要是$O_{78}$。

肠型：主要发生于1周龄以内的羔羊。病初体温升高，精神委顿，腹痛腹泻，排出黄色、灰色混有血液或带有泡沫的液状粪便。病羔体质十分虚弱，如不及时治疗，可经24～36 h死亡，病死率15%～75%。

[病理变化]

败血型：胸腹腔和心包内有大量积液，内有纤维蛋白。某些关节，尤其是肘和腕关节肿大，关节腔内液体混浊，内含纤维素性絮片或脓样渗出物。脑膜显著充血，有弥漫性小出血点，大脑沟回常见多量脓性渗出物。

肠型：尸体严重脱水，真胃、小肠和大肠内容物呈黄灰色半液状，黏膜充血，肠系膜淋巴结肿胀发红。

[诊断要点]

根据本病主要发生于6周龄以内的羔羊，以败血症、腹泻、神经症状为特征，再结合实验室细菌学检查(败血型采取血液或内脏组织、肠型取肠内容物分离病原菌并鉴定其血清型)可做出诊断。

[防制要领]

本病防制措施参见犊牛大肠杆菌病。预防败血型羔羊大肠杆菌病有两种菌苗，一是用$O_{78}$制成的羊大肠杆菌甲醛菌苗，3个月以上的绵羊或山羊皮下注射2 mL，3个月以下的羔羊，皮下注射0.5～1 mL，免疫期6个月。肠型大肠杆菌病由于致病性血清型较多，国内曾用多价灭活苗免疫，但效果不理想。

## 四、禽大肠杆菌病

禽大肠杆菌病是多种家禽共患的传染病。特征是败血症、纤维素性浆膜炎或肉芽肿。近年来，本病的发病率和病死率均较高，在一些鸡场和鸭场造成了较大的经济损失。

[流行特点]

大肠杆菌在自然界分布广泛，饲料、饮水、器具以及禽舍的空气、尘埃常被其污染，家禽通过呼吸、消化道感染。大肠杆菌也可通过污染的蛋壳侵入卵黄囊而引起鸡胚、鸭胚感染死亡。各年龄的禽都可感染，但幼龄禽最易感。当环境卫生和饲养管理不良、气候变化或鸡群存在传染性法氏囊病、包涵体肝炎时，容易引起本病的大群暴发，并常与鸡新城疫、败血霉形体病、传染性支气管炎、鸡球虫病、鸭霍乱混合感染。

[临床症状及病理变化]

潜伏期数小时至3 d。根据症状及病变分为：大肠杆菌性败血症、坠卵性腹膜炎及输卵管炎、关节炎及滑膜炎、出血性肠炎、全眼球炎、大肠杆菌性肉芽肿、死胚及初生雏卵黄囊炎及脐带炎等。

大肠杆菌性败血症：鸡、鸭中最常见，多见于雏鸡和6～10周龄幼龄鸡发病。病死率5%～10%。最急性病例无任何症状突然死亡。病程较长的主要表现呼吸道症状和腹泻，病鸡鼻腔分泌物增多，张口呼吸，常发出咕咕的声音。鸡冠和肉髯暗紫色。病鸡排出黄色或黄绿色的稀便。剖检可闻到特殊臭味，可见纤维素性心包炎。肝肿大呈铜绿色，表面有大量灰白色针尖大小的坏死灶，肠黏膜充血，有出血点，少数病例腹腔有积液和血凝块。

鸭的败血症主要发生于2～8周龄的幼鸭，冬末春初散发。剖检可见纤维素性心包炎、肝周炎、气囊炎，腹膜炎及输卵管炎、出血性肠炎和肺炎。

坠卵性腹膜炎及输卵管炎：产蛋鸡腹气囊受大肠杆菌侵袭后，多发生腹膜炎，进一步发展为输卵管炎。另外，大肠杆菌也可由泄殖腔上行侵入引起输卵管炎。输卵管膨胀，管壁变薄，内有蛋白样凝固物或石灰渣样物质堵塞管腔，排出的卵落入腹腔形成坠卵性腹膜炎。蛋鸡产蛋减少甚至停止，外观腹围增大，俗称“垂腹症”。

出血性肠炎：主要病变为肠黏膜出血、溃疡，严重的肠浆膜可见密集的小出血点。病鸡消瘦，排出带血的粪便。

死胚及雏鸡卵黄囊炎及脐带炎：污染的种蛋在孵化过程中由于大肠杆菌大量增殖，多数鸡胚在孵化的后期或雏鸡出壳前死亡。勉强出壳的在出壳后几天内即死亡。有的感染雏卵黄吸收不良，易发生脐带炎，雏鸡腹部膨胀，排出白色泥土样粪便，多在出壳后 2～3 d 死亡。死亡鸡胚或出壳后死亡的雏，一般卵黄膜变薄，呈黄色泥土状或有干酪样颗粒状物混合，即卵黄囊炎。

全眼球炎：鸡群在败血症的后期，常见一侧眼失明。病初眼睑肿胀，流泪，后期瞳孔及角膜混浊，视网膜脱落，眼球萎缩失明。

关节炎及滑膜炎：多发生于幼雏及中雏，跗关节周围呈竹节状肿胀，病雏跛行。有的发生腱鞘炎，步行困难。剖检关节液混浊，腔内有脓汁或干酪样物。

大肠杆菌性肉芽肿：多发于产蛋期将近结束的母禽，主要在小肠及盲肠浆膜、肠系膜、肝脏、心肌等部位形成灰白色或黄白色的、大小不一的隆起样结节，即大肠杆菌性肉芽肿。

[诊断要点]

根据病禽发生败血症、关节炎、脐炎、全眼球炎、垂腹，剖检见纤维素性心包炎、肝周炎、气囊炎、出血性肠炎或大肠杆菌性肉芽肿等可做出初步诊断，确诊需进行病原菌的分离鉴定。

由于本病常于其他传染病混合感染，使其症状、病理变化复杂化，诊断中应特别注意区别。

[防制要领]

主要应注意孵化卫生和环境卫生。种蛋和孵化用具应彻底消毒，防止种蛋的污染和初生雏的感染是防制本病的重要环节。搞好饲养管理，消除发病诱因，保持育雏室的温度要适宜，鸡舍定期带鸡消毒，防止空气、饲料、饮水的污染。育雏期间在饲料中添加抗生素有利于控制本病的暴发。

长期应用抗生素，大肠杆菌对其易产生耐药性。在给药前对分离的病原性大肠杆菌最好做药敏试验，选择敏感性药物。大多数病原性大肠杆菌对庆大霉素和禽菌灵高度敏感，而对链霉素、四环素、氨苄青霉素、甲基苄氨嘧啶和新诺明具有抗药性。有的国家用常发生的 $O_1$、$O_2$ 及 $O_{78}$ 三个血清型的大肠杆菌制成三价灭活苗预防本病，收到了良好的效果。

## 任务二　沙门氏菌病

沙门氏菌病又名副伤寒，是由沙门氏菌属细菌引起的人兽共患传染病。临诊多表现败血症和肠炎，也可使孕畜发生流产。对家畜的繁殖和幼畜的健康带来严重的威胁，许多血清型的沙门氏菌还可引起人的食物中毒。

[病原]

沙门氏菌为两端钝圆的中等大杆菌，无荚膜，无芽孢，除鸡蛋白痢和鸡伤寒沙门氏菌外，都有周身鞭毛，革兰氏阴性。在普通培养基上生长形成半透明、表面光滑、圆形、中等大小的菌落。鸡白痢、鸡伤寒、猪伤寒、羊流产和甲型副伤寒等沙门氏菌生长贫瘠，只长成较小的菌落。

沙门氏菌能够产生毒力很强的内毒素，引起动物发热、黏膜出血、白细胞增多和中毒性休克。其中肠炎沙门氏菌、鼠伤寒沙门氏菌和猪霍乱沙门氏菌，可使人发生食物中毒。

本菌对干燥、腐败和日光具有一定的抵抗力，在外界环境中可存活数周或数月，熏腌处理不能使其杀死。对化学消毒剂敏感，常用的化学消毒剂都可以达到消毒的目的。

[流行特点]

本病在畜禽中散发或呈地方流行性。各种年龄畜禽均可感染，但以幼龄畜禽易感性高。猪多发于多雨潮湿季节，以 1～4 月龄发病的较多；成年牛多发于夏季放牧时期，犊牛以 30～40 日龄以上的最易易感；育成期羔羊常于夏季和早春发病；孕羊主要在晚冬或早春季节发生流产。

患病动物和带菌动物是主要的传染源，病菌通过其粪、尿、乳及流产胎儿、胎衣和羊水等排出，污染饲料和饮水，经消化道引起感染，也可经交配或人工授精感染。鼠类也可传播本病。

禽沙门氏菌病在鸡群中很难净化。本病不仅可以通过污染空气、饲料、饮水、孵化器、育雏器等经呼吸道、消化道或眼结膜而感染，还可通过污染的种蛋和带菌的精液传播。带菌种蛋来自于康复或带菌母鸡，或蛋壳被污染引起的，孵化时，形成鸡胚死亡或病雏。本病在雏鸡群中传播，耐过的可长期带菌，成年后产蛋带菌，如此周而复始，代代相传，造成严重的危害。

## 一、猪沙门氏菌病

猪沙门氏菌病又称仔猪副伤寒。主要由猪霍乱沙门氏菌及其变种、猪伤寒沙门氏菌及其变种、鼠伤寒沙门氏菌和肠炎沙门氏菌引起的。急性呈败血症变化，慢性病猪大肠发生弥漫性纤维素性坏死性肠炎。

**［临床症状］**

潜伏期 2 d 至数周。根据病程长短分急性和慢性两种类型。

急性型(败血型)：多见于断奶前后的仔猪。病猪呈败血症症状，体温突然升高至 41～42℃，精神不振，食欲废绝，呼吸困难，后期下痢。耳根、胸腹部皮肤出现紫红色斑点。病程一般 2～4 d，病死率很高。

亚急性和慢性型：病猪体温升高至 40.5～41.5℃，精神不振，食欲减退，寒战，眼有黏液性或脓性分泌物。初期便秘后期下痢，粪便淡黄色或灰绿色，混有血液、坏死组织和纤维絮片，恶臭。有些病猪于中、后期皮肤出现痂样湿疹，有些病猪还发生咳嗽。病程 2～3 周或更长，最后衰竭死亡。病死率 25%～50%。耐过猪生长发育不良。

**［病理变化］**

急性病例主要呈败血症变化。脾脏肿大，呈暗紫红色或暗蓝色。全身淋巴结，尤其是咽及肠系膜淋巴结充血、肿胀。肝表面和实质内有大小不等灰白色坏死灶。全身黏膜、浆膜均有不同程度的出血斑点，胃肠黏膜有急性卡他性炎症。

亚急性和慢性型的特征性病变为纤维素性坏死性肠炎。主要发生在盲肠、结肠和回肠。肠壁淋巴小结先肿胀隆起，以后发生坏死和溃疡，溃疡周边隆起，中央稍凹陷，表面被覆有灰黄色或淡绿色麸皮样物质，以后许多小病灶融合在一起，形成弥漫性坏死。肠壁增厚，肝、脾及肠系膜淋巴结有针尖大的灰黄色坏死灶或灰白色增生性结节。肺常见有卡他性肺炎或灰黄色干酪样渗出物。

**［诊断要点］**

根据本病主要危害 1～4 月龄的仔猪，急性死亡率高，下痢，生长发育不良。剖检脾肿大，呈暗紫红色或暗蓝色，肝脏有坏死灶；慢性病例发生纤维素性坏死性肠炎可做出初步诊断，必要时需进行实验室检查才能确诊。可采取肝脏、脾等病料作病原菌分离培养、鉴定，也可做免疫荧光试验。

**［防制要领］**

加强饲养管理，执行严格的卫生防疫制度。对常发地区应定期做好预防免疫接种工作。目前普遍使用的是仔猪副伤寒弱毒冻干苗，断奶后的健康仔猪应空腹口服免疫，如断奶前免疫，断奶后再免疫 1 次。

猪群发病后，病猪应隔离治疗或淘汰。治疗可用抗生素如盐酸土霉素、盐酸强力霉素、硫酸新霉素、合霉素等，也可用磺胺类药物，如口服磺胺嘧啶加三甲氧苄氨嘧啶或肌内注射磺胺嘧啶。被污染的猪舍、场地、用具应用 10%～20%的石灰乳彻底消毒。耐过猪多数带菌，应隔离育肥。病死猪尸体应销毁处理，病猪禁止宰杀食用，以防食物中毒。

## 二、牛沙门氏菌病

牛沙门氏菌病主要由鼠伤寒沙门氏菌和都柏林沙门氏菌引起的，特征表现为下痢，母牛发生流产。多发于1月龄以内的犊牛，死亡率较高。成年牛多为良性经过。

［临床症状］

犊牛出生后48 h即可发病，拒食，卧地不起，迅速衰竭，常于3～5 d内死亡。多数犊牛于出生后10～14 d后发病，体温升高达40～41℃，24 h后排灰黄色液状粪便，混有黏液和血液，恶臭。病程5～7 d，病死率一般为5%～10%。多数犊牛可以康复。病程长者，腕关节和跗关节肿大，或有支气管炎和肺炎症状。

成年牛体温升高，精神沉郁，食欲废绝，呼吸困难。下痢，粪便恶臭，混有血液和纤维素絮片及坏死组织。病牛迅速脱水、消瘦，多于1～5 d内死亡。症状轻者可自行康复，怀孕母牛多发生流产。

［病理变化］

犊牛在腹膜、小肠后段及结肠黏膜有出血斑点，肠系膜淋巴结水肿，有时出血。脾充血、肿胀，肝、脾、肾有坏死灶。肝脏色泽变淡，胆汁稠厚而混浊。关节损害时，腱鞘和关节腔内有胶样液体。

成年牛有急性出血性肠炎病变。肠黏膜潮红出血，大肠黏膜脱落，有局限性坏死区。肠系膜淋巴结水肿、出血。肝发生脂肪变性和小坏死灶，胆囊壁增厚，胆汁混浊呈黄褐色。脾充血肿大，病程长的肺可见肺炎病变。

［诊断要点］

根据本病病牛出现体温升高、下痢、死亡率较高、母牛发生流产可做出初步诊断，确诊需进行细菌学检查。发热期采取血或乳、下痢者采取粪便、急性病例采取脾或淋巴结等进行沙门氏菌的分离培养和鉴定。

诊断时应注意与犊牛大肠杆菌病区别。

［防制要领］

牛群发病后，对病牛要及时隔离治疗或淘汰。治疗可参照猪沙门氏菌病。严重下痢的要补糖补液，防止脱水。犊牛发病可喂服发酵初乳，4～5 d即可痊愈。尸体要深埋或烧毁，对污染的圈舍和用具要彻底消毒。

## 三、羊沙门氏菌病

羊沙门氏菌病主要由鼠伤寒沙门氏菌、羊流产沙门氏菌和都柏林沙门氏菌引起。多发生于育成期的羔羊。临诊特征主要表现下痢，孕羊流产。

［临床症状］

根据临诊表现分为下痢型和流产型。

下痢型：病羊体温升高达40～41℃，精神沉郁，食欲减退。腹泻，排出黏液性带血恶臭稀粪。病羊委顿、虚弱卧地不起，经1～5 d死亡，病死率达25%。

流产型：怀孕绵羊在怀孕后期发生流产或死产。流产前病羊体温升高，精神沉郁，厌食，有的腹痛，阴道分泌物增多。产下活羔表现衰弱，不能站立，腹泻，常于生后1～7 d内死亡。母羊可在流产后死亡。羊群暴发1次，一般持续10～15 d，流产率和病死率可达60%。

［病理变化］

下痢型可见卡他性出血性胃肠炎病变，真胃和肠道空虚，黏膜充血、水肿，附有多量黏液。肠内容物呈半液状，混有小血块。肠系膜淋巴结充血肿大。胆囊黏膜水肿，心内外膜有小出血点。流产型可见流产或死产胎儿呈败血症变化，胎儿组织充血、水肿，肝、脾肿大，胎盘水肿、出血。病死母羊有急性子宫内膜炎，子宫内有坏死组织，浆液性渗出物和滞留的胎盘。

[诊断要点]

根据病羊出现下痢、流产、死亡率高等特点可做出初步诊断，确诊需进行细菌学诊断。采取肠系膜淋巴结、脾、胆囊、心血、母羊阴道分泌物和流产胎儿组织等进行沙门氏菌的分离培养和鉴定。

[防制要领]

参照牛沙门氏菌病。

## 四、禽沙门氏菌病

禽沙门氏菌病是由沙门氏菌属中的一种或多种沙门氏菌所引起的禽类的急性或慢性疾病的总称。根据病原体的不同可分为三种：鸡白痢、禽伤寒和禽副伤寒。

1. 鸡白痢

鸡白痢是由鸡白痢沙门氏菌引起的，主要侵害2～3周龄雏鸡和雏火鸡，以排白色糊状粪便为特征。雏鸡的发病率和死亡率很高，成年鸡呈慢性或隐性感染。近年来，在一些应激因素的影响下，50～80日龄的中雏发病的也较多。

[临床症状]

雏鸡多于出壳后4～5 d开始发病，7～10日龄发病率和死亡率逐渐升高，2～3周龄达到高峰。最急性者，无明显症状突然死亡。病程稍长者表现精神委顿，绒毛松乱，翅膀下垂，集堆，不愿走动，缩颈闭眼。腹泻，排灰白色糨糊状粪便，肛门周围羽毛被粪便污染，病鸡糊肛，排便困难，常发出尖叫声。最后因呼吸困难，心力衰竭死亡。有些病鸡出现眼盲，或肢关节肿胀，跛行。病程一般4～7 d，短的1 d，病死率40%～70%。耐过鸡生长发育不良，转为慢性或带菌鸡。

中雏与幼雏症状相似，但腹泻明显，粪色不一，鸡冠苍白。病程较长，病死率在10%～20%。

成年鸡多为隐性感染，种蛋受精率和孵化率降低。母鸡产蛋减少或停止。少数病鸡表现精神委顿，鸡冠苍白，食欲减少，排灰白色石灰渣样稀便。有些病鸡因卵黄性腹膜炎而使腹膜增生，腹围增大，呈现"垂腹"现象。

[病理变化]

急性死亡的雏鸡一般无明显病变，仅见内脏器官充血。病程稍长者，在肝、心肌、脾、肺、肾、肌胃等器官形成黄白色坏死灶或大小不等的灰白色结节。肝、脾肿大，胆囊充盈。输尿管扩张，充满白色尿酸盐。盲肠有白色干酪样物质，阻塞肠腔，即"盲肠芯"。中雏除上述病变外，还常见心包炎，肝脏有灰黄色结节或灰色肝变区，心肌表面结节增大而使心脏变形，肠道多呈卡他性炎症。

成年鸡病变主要见于生殖系统。母鸡卵泡变形、变色、变质、无光泽、呈淡青色或铅黑色，内容物呈油脂状或干酪样。有的卵泡从卵巢游离于腹腔或黏附于腹膜上，外包结缔组织，卵泡破裂引起卵黄性腹膜炎，肠管和脏器粘连。公鸡睾丸肿大或萎缩，睾丸组织内有小坏死灶，输精管扩张，内有渗出物。病鸡常发生心包炎，心包液增多、混浊，心包膜与心外膜发生粘连。

[诊断要点]

雏鸡发病，根据流行病学、症状及剖检变化可做出初步诊断，确诊需从脏器分离沙门氏菌。成年鸡没有明显的临床症状，仅根据临床观察是难以做出诊断的，除可以进行细菌学诊断外，还可用血清学的诊断方法检出阳性病鸡。

鉴别诊断：在诊断时，成年鸡的心包炎、腹膜炎和卵巢病变与鸡大肠杆菌病一致，因此必须进行细菌的分离和鉴定才能确诊。

[防制要领]

预防本病的原则是杜绝病原传入，清除鸡群内带菌鸡与慢性感染鸡，执行严格的卫生防疫制度，建立健康的种鸡群。

2. 禽伤寒

禽伤寒是由鸡伤寒沙门氏菌引起的禽的传染病。主要特征是腹泻，肝、脾肿大。主要感染鸡和火鸡，特别是生长期和产蛋期的母鸡。珠鸡、孔雀、雉鸡和鹌鹑也有发病的报道，一般散发。

［临床症状］

潜伏期4～5 d，雏鸡和雏火鸡的症状与鸡白痢相似。中雏和成年鸡急性暴发时，精神委顿，食欲减少，羽毛松乱，鸡冠和肉髯暗紫色或苍白皱缩，排黄绿色稀便。体温上升1～3℃，一般经5～10 d死亡，病死率5%～30%。亚急性或慢性病例，腹泻，生长不良，病死率低，耐过者长期带菌。

［病理变化］

雏鸡病变与鸡白痢相似。肺、心肌和肌胃有灰白色小坏死灶。成年鸡最急性病例眼观变化不明显。病程长的可见肝、脾、肾脏肿大，肝脏呈淡绿色或青铜色，俗称“青铜肝”，表面有粟粒大小灰白色坏死灶。胆囊充盈。卵泡出血、变形。常见有卵黄性腹膜炎和卡他性肠炎。公鸡睾丸有大小不等的坏死灶。

［诊断要点］

根据本病临诊症状和剖检变化，结合流行病学可做出初步诊断，确诊需进行细菌的分离和鉴定或用血清学的诊断方法。血清学诊断同鸡白痢。

［防制要领］

参照鸡白痢。

3. 禽副伤寒

沙门氏菌属中，除鸡白痢和鸡伤寒沙门氏菌外，凡是对禽有致病性的沙门氏菌所引起的传染病称为禽副伤寒。特征是下痢和内脏器官的灶性坏死。其中以鼠伤寒沙门氏菌最为常见。各种禽类均可感染，以鸡、火鸡和鸭最多见，常于出壳后2周之内发病，6～10日龄达高峰，呈地方流行性，病死率可达10%～20%。1月龄以上的家禽很少死亡，成年鸡呈隐性或慢性经过。

［临床症状］

潜伏期12～18 h或稍长，2周龄以内的幼禽多呈急性败血症，日龄较大的禽呈亚急性、慢性或隐性经过。

经带菌卵感染或孵化器内感染的雏禽，多在出壳后1周内发病死亡，症状不明显。多数病例表现嗜睡、垂头闭眼、翅下垂、绒毛松乱、怕冷集堆、食欲减少、饮水增加、呈现白色水样下痢，肛门周围污染严重。病程约1～4 d。

雏鸭可见颤抖、喘息、眼睑肿胀，常猝然倒地死亡。故称“猝倒病”。

成年禽症状不明显，有时出现厌食、倦怠、水样下痢，大多数能自行康复，但长期带菌。

［病理变化］

急性死亡的病雏，一般无明显病变。病程稍长者可见消瘦、脱水，卵黄凝固。肝、脾充血，有条纹状出血和针尖大小坏死灶。肾脏充血。心包炎并伴发心包粘连。十二指肠呈出血性炎症，盲肠内有干酪样物。

雏鸭感染莫斯科沙门氏菌时，肝呈青铜色，有灰白色坏死灶，气囊混浊并有纤维素样斑点。北京鸭感染鼠伤寒沙门氏菌时，肝、脾肿大，有坏死灶，盲肠内有干酪样物质。

成年鸡可见肝、脾、肾充血肿胀，有出血性或坏死性肠炎、心包炎、腹膜炎。产蛋鸡的输卵管发生坏死、增生，卵巢化脓、坏死。

［诊断要点］

根据临诊观察、尸体剖检可做出初步诊断，确诊必须进行实验室诊断。急性病例采取内脏器官，慢性病例取盲肠或泄殖腔内容物进行病原菌的分离和鉴定。

［防制要领］

防制本病必须对孵化场和养鸡场实施严格的卫生防疫措施，方法参照鸡白痢。发病后，可采用抗生素、磺胺类和呋喃类药物进行治疗，减少死亡，但治愈后的家禽长期带菌，不宜留做种用。

# 任务三　巴氏杆菌病

巴氏杆菌病是由多杀性巴氏杆菌引起的畜、禽、野生动物和人共患的一种传染病。特征是急性呈败血症变化，故又称出血性败血症。慢性表现为皮下组织、关节、各器官的局灶性坏死性炎症，多与其他传染病混合感染或继发感染。

［病原］

多杀性巴氏杆菌为卵圆形小球杆菌，无芽孢，无鞭毛。在组织、血液和新分离培养物中呈两极染色，有荚膜，革兰氏阴性，在血液琼脂平板上培养 24 h，形成灰白色半透明露滴样小菌落，不溶血。

本菌抵抗力较弱，常用的消毒剂数分钟内可将其杀死。如 3%石炭酸 1 min、0.5%～1%氢氧化钠经 2～3 min 均可将其杀死。55℃经 15 min、60℃经 10 min 也可使其失去活力。

［流行特点］

本病的发生多无明显的季节性，但以冷热交替、气候骤变、闷热、潮湿、多雨的时期多发。多杀性巴氏杆菌对各种畜禽和野生动物都有致病性，其中猪、家禽和家兔最易感；其次是黄牛、牦牛、水牛和绵羊，鹿、骆驼和马也可发病，但较少见。健康动物的呼吸道内带菌，当饲养管理不良、气候不适、圈舍潮湿、拥挤、营养缺乏、长途运输、过度劳疫、寄生虫病等使动物机体抵抗力降低时，病原菌可经淋巴循环进入血液，发生内源性传染。患病动物通过排泄物、分泌物向体外排出大量病原菌，污染圈舍、用具、饲料和饮水，健康动物经消化道感染；或由咳嗽、喷嚏排出病原，通过呼吸道感染。也可经损伤的皮肤、黏膜及吸血昆虫的传播发生传染。一般散发，水牛、牦牛、猪有时呈地方流行性。家禽，特别是鸭群发病时，可呈流行性。

## 一、猪巴氏杆菌病(猪肺疫)

猪肺疫多杀性巴氏杆菌症状特征为最急性呈败血症变化，咽喉部急性肿胀，呼吸极度困难；急性型呈纤维素性胸膜肺炎；慢性型主要表现慢性肺炎或慢性胃肠炎。

［临床症状］

潜伏期 1～3 d，有时 5～12 d。

最急性型：呈败血症症状，常突然死亡。病程稍长的，体温升高至 41～42℃，食欲废绝，全身衰弱，卧地不起。咽喉部发热，红肿，坚硬，严重的蔓延至颈部和耳根，俗称大红颈、锁喉风、肿脖瘟。病猪呼吸极度困难，脖颈前伸，犬坐喘鸣。口鼻流出泡沫样液体，可视黏膜发绀。临死前，耳根、颈部、下腹部等处皮肤出现紫红色或蓝紫色斑点。病程 1～2 d，病死率 100%。

急性型：最常见，主要表现纤维素性胸膜肺炎。病初体温升高，一般在 40～41℃，病初发生痉挛性干咳，后转为痛性湿咳。有脓性结膜炎。病猪呼吸困难，流出黏稠的鼻液，有时混有血液。触诊胸部敏感，听诊胸部有啰音或摩擦音。初期便秘后期腹泻。后期皮肤出现紫斑或小出血点，病程 5～8 d，耐过的转为慢性。

慢性型：多见于流行后期，主要表现慢性肺炎和慢性胃肠炎症状。病猪持续性咳嗽，呼吸困难，鼻流少量黏液性或脓性分泌物。精神沉郁，食欲减退，逐渐消瘦，有时关节肿胀，皮肤发生痂样湿疹，常发生腹泻。如治疗不及时，衰竭死亡。病程约 2 周，病死率 60%～70%。

［病理变化］

最急性呈败血症变化。皮肤、浆膜、黏膜和皮下组织有大量出血点，尤以咽喉部及其周围组织的出血性浆液浸润最为特征。切开颈部皮肤及其周围组织，可见有大量淡黄色或灰青色胶胨样的液体流出。全身淋巴结出血。心外膜和心包膜有小出血点。肺急性水肿、充血。

急性型除上述变化外，特征病变是纤维素性胸膜肺炎。肺有紫红色或灰黄色的肝变，并伴有水肿和气肿。病程长的肺肝变区内常见大小不等坏死灶，肺小叶间浆液浸润，切面呈大理石样花纹。胸膜有纤维素样附着物，严重的胸膜与肺发生粘连。心包及胸腔积液。气管及支气管内有大量红色泡沫样的液体，气管黏膜发炎。

慢性型肺肝变区进一步扩大，并有黄色或灰色坏死灶，外有结缔组织包囊，内含干酪样物质，有的形成空洞，与支气管相通。心包及胸腔积液，胸腔内有纤维素沉着。胸膜肥厚，常与病肺粘连。有时在扁桃体、关节、皮下组织、支气管周围淋巴结及纵隔淋巴结见有坏死灶。

［诊断要点］

根据本病表现高热、咽喉部肿胀、呼吸困难、咳嗽，剖检呈败血症变化或纤维素性胸膜肺炎变化可诊断为猪肺疫。实验室诊断无菌采取病变部组织或胸腔液，涂片、染色后镜检，如见到两极浓染的卵圆形小球杆菌，结合临诊症状可以确诊。

［防制要领］

平时加强饲养管理，消除发病诱因。定期进行预防免疫接种。猪肺疫氢氧化铝甲醛菌苗，断奶后无论大小猪一律皮下注射 5 mL，免疫期 6 个月；口服猪肺疫弱毒菌苗，免疫期 3 个月。发病后，应将病猪和可疑感染猪隔离治疗，早期应用磺胺类药物、盐酸强力霉素、杆菌肽、氟哌酸粉、盐酸土霉素、新绅凡纳明等都有一定疗效。如同时注射免疫血清，效果更佳。对假定健康猪进行紧急免疫接种或药物预防，病死猪尸体无害化处理，圈舍应彻底消毒。

## 二、牛巴氏杆菌病

牛巴氏杆菌病又称牛出血性败血症，简称牛出败。特征是高热、肺炎、间或呈急性胃肠炎及内脏器官的广泛出血。

［临床症状］

潜伏期 2～5 d，根据临床表现可分为败血型、浮肿型和肺炎型。

败血型：多见于水牛。最急性的无任何症状突然倒地死亡。急性的病初高热，体温可达 40～41℃，精神沉郁，食欲废绝，鼻镜干燥，结膜潮红，脉搏加快，泌乳、反刍停止。继而腹痛、下痢，粪便中含有黏液及血液，恶臭。体温随之下降，迅速死亡。病程 12～24 h。

浮肿型：多见于牦牛。除上述症状外，咽喉部、颈部及胸前皮下组织出现炎性水肿。初有热痛，逐渐变凉，疼痛减轻。口腔黏膜潮红，舌肿胀伸出口外，流涎。急性结膜炎，流泪。病牛呼吸高度困难，皮肤、黏膜发绀，最后窒息死亡。病程 12～36 h。

肺炎型：主要呈纤维素性胸膜肺炎症状。病牛干咳，流泡沫样或脓性鼻液。呼吸困难，胸部听诊有支气管呼吸音和水泡音，严重时有胸膜摩擦音，叩诊有浊音区。病牛便秘或下痢。病程 3～7 d 死亡。

［病理变化］

败血型可见内脏器官出血，黏膜、浆膜、舌、皮下组织和肌肉有出血点。脾脏无变化或仅有小出血点。肝和肾实质变性，淋巴结显著水肿，胸腹腔有大量渗出液。

浮肿型可见咽喉部及其周围组织和颈部皮下组织有黄色胶样浸润，头颈部淋巴结肿大，上呼吸道黏膜有卡他性炎症。

肺炎型有纤维素性肺炎和胸膜炎变化，胸腔中有大量浆液性纤维素性渗出物。有时可见纤维素性心包炎和腹膜炎病变。肠道呈急性卡他性炎症，支气管淋巴结和纵隔淋巴结显著肿大、出血。

［诊断要点］

根据流行病学、症状和剖检变化，可做出初步诊断，确诊需进行细菌学检查。

［防制要领］

平时加强饲养管理，长途运输时避免过度拥挤和劳累，必要时可注射免疫血清进行预防。发生本病时，立即隔离病牛和可疑病牛并及时进行治疗，对假定健康牛可首先用高免血清紧急接种，隔离观察 1 周后再注射疫苗。也可用疫苗进行紧急免疫接种。病牛治疗可用高免血清、长效抗生素或磺胺类药物。对病牛污染的圈舍、用具、场地彻底消毒。

## 三、绵羊巴氏杆菌病

绵羊巴氏杆菌病多发生于幼龄绵羊和羔羊，特征是败血症、腹泻和水肿。

[临床症状]

根据病程长短可分为最急性、急性和慢性型。

最急性型：多见于哺乳羔羊。病羊突然发病，表现寒战、虚弱、呼吸困难等症状。常于数分钟至数小时内死亡。

急性型：体温升高至 41～42℃，精神沉郁，食欲废绝，呼吸急促，咳嗽，鼻孔流出黏液性带血的分泌物，眼结膜潮红，眼有黏性分泌物。初期便秘，后期腹泻，有时粪便全部为血水。颈部、胸下部发生水肿。病羊常在严重腹泻后虚脱而死，病程 2～5 d。

慢性型：病羊消瘦，流黏液性脓性鼻液，角膜炎，咳嗽，呼吸困难。有时颈部和胸下部发生水肿。腹泻，粪便恶臭。最后体温下降，极度衰弱死亡。病程 3 周左右。

[病理变化]

皮下有浆液性浸润和点状出血。胸腔内有黄色渗出物。肺瘀血，有点状出血和肝变，偶尔可见黄豆大至核桃大化脓灶。胃肠道黏膜出血。脾不肿大，其他脏器水肿和瘀血，间有小出血点。病程较长的可见纤维素性胸膜肺炎和心包炎，肝有坏死灶。

[诊断要点]

根据流行病学、症状及剖检变化可做出初步诊断，确诊需进行细菌学检查。

应注意羔羊巴氏杆菌病与败血型肺炎链球菌病相区别。肺炎链球菌病剖检可见脾脏肿大，内脏器官表面附着一层纤维蛋白渗出物，病料涂片镜检可见成短链排列的肺炎链球菌。

[防制要领]

参照牛巴氏杆菌病。

## 四、兔巴氏杆菌病

兔巴氏杆菌病临床特征以鼻炎、地方流行性肺炎、全身性败血症、中耳炎、结膜炎、子宫积脓、睾丸炎等不同病型。此病是引起 9 周龄至 6 月龄兔死亡的一种最主要的传染病。

[临床症状]

潜伏期一般数小时至 5 d 或更长。在临床常见有以下几个类型。

鼻炎型：是常见的一种类型。其特征为浆液性、黏液性或脓性鼻漏。病兔常用前爪擦揉外鼻孔，使该处被毛潮湿缠结。病兔打喷嚏、咳嗽，并有鼻塞音。

地方流行性肺炎型：自然病例虽肺实质发生病变，肺炎症状不明显。常表现为食欲不振，精神沉郁外，多因败血症死亡。

败血型：病兔死亡迅速，无明显临床症状。常与鼻炎型、肺炎型混合感染。

中耳炎型（又称斜颈病）：当细菌感染扩散到内耳或脑部时则引起斜颈，不是单纯中耳炎的症状。严重的病例，病兔头颈向一侧倾斜或扭转，滚动。吃食、饮水困难，体重减轻。如感染扩散到脑膜和脑，则出现运动障碍或其他神经症状。

除上述病型外，病兔还可能表现为生殖器官感染、结膜炎或全身各部位脓肿。

[病理变化]

鼻炎型常见鼻腔及鼻窦黏膜潮红肿胀，分泌物增多，鼻孔周围皮肤发炎。肺炎型有急性纤维素性肺炎和胸膜炎病变，有时肺出现脓肿。败血型各器官、浆膜及皮下组织充血、出血。中耳炎型可见鼓室内有白色奶油状的渗出物，鼓膜及鼓室内壁发红，有时鼓膜破裂，脓性渗出物流入外耳道。此外还可见子宫炎、子宫脓肿、睾丸炎和附睾炎、皮下组织及全身各处的脓肿等病变。

［诊断要点］

鼻炎型和中耳炎型症状明显，可做出诊断。其他各型症状不明显，常同时或相继发生，临床诊断较困难。必须采取血液、肝、脾、渗出液或脓汁进行病原检查才能确诊。此外可用0.2%～0.5%的煌绿溶液2～3滴，滴入病兔鼻孔内。18～24 h后检查，如鼻孔有化脓性白色黏液为阳性或隐性带菌，无变化者为阴性。

［防制要领］

平时加强饲养管理，改善环境卫生，注意保暖防寒，防治寄生虫病等。定期进行检疫，淘汰病兔。兔舍、用具要严格消毒。兔场可用兔巴氏杆菌氢氧化铝甲醛灭活苗或兔巴氏杆菌-魏氏梭菌二联苗免疫接种，对预防本病有一定效果。病兔可用链霉素、诺氟沙星、增效磺胺及头孢菌素等治疗。

## 五、禽巴氏杆菌病（禽霍乱）

禽巴氏杆菌病又名禽霍乱。特征是急性呈败血症和剧烈下痢，慢性发生肉髯水肿和关节炎。各种家禽和野禽都可感染发病，对养禽业的危害很大。

［临床症状］

潜伏期2～9 d或更长。根据病程长短可分为三种类型。

最急性型：常见于流行初期，以产蛋率高的鸡最常见。病鸡发病突然，无明显症状，仅见倒地挣扎，拍翅抽搐，经数分钟或数小时死亡。

急性型：病鸡体温高达43℃以上，精神委顿，羽毛松乱，缩颈闭眼，呆立不动，呼吸困难，鸡冠、肉髯呈蓝紫色。口鼻流出淡黄色带泡沫的黏液。剧烈腹泻，排出铜绿色或灰黄色稀便。食欲减退，渴欲增加，衰竭昏迷死亡。病程1～3 d。

慢性型：多见于流行后期，表现为慢性呼吸道炎症和慢性胃肠炎。病鸡消瘦，精神委顿，鼻孔流黏液性分泌物，鼻窦肿大。鸡冠、肉髯苍白、肿胀，切开可见脓性或干酪样渗出物。有的病鸡关节、腱鞘肿胀，疼痛、跛行，常有腹泻。病程1个月以上，病死率不高。

鸭霍乱多为急性型，鸭两脚麻痹或瘫痪，表现不愿下水，行动缓慢无力或不能行走。张口呼吸，口、鼻流黏液，频频摇头，故称"摇头瘟"。剧烈腹泻，排出灰白色或铜绿色混有血液的粪便。1～3 d死亡。病程稍长者可见关节肿胀，跛行。雏鸭有多发性关节炎，多见于跗、腕及肩关节。雏鸭消瘦，发育迟缓。

成年鹅与病鸭症状相似，仔鹅发病以急性为主，食欲废绝，喙角及蹼呈紫色，眼结膜有出血斑点，喉头有黏液性分泌物，腹泻，常于发病后1～2 d死亡。

［病理变化］

最急性型病变不明显，仅见心外膜有少量出血点。

急性型病例全身皮下组织、腹膜及腹部脂肪有出血点。心包膜增厚，心包内有大量淡黄色纤维素性渗出物。心外膜、心冠脂肪出血。肺充血和点状出血。肝脏病变具有特征性，肝脏稍肿，呈棕色或黄棕色，质地脆弱，表面有弥漫性灰白色针尖大小坏死灶。脾脏无明显变化或稍肿大，肌胃出血。肠道，尤其是十二指肠有卡他出血性炎症。

慢性型：缺乏典型病变，仅见局限性病灶，如鼻窦炎、肺炎、气囊炎、化脓性关节炎、肠炎，鸡冠和肉髯内有脓性或干酪样渗出物。

鸭、鹅的病变与鸡基本相似。多发性关节炎的雏鸭，其关节面粗糙，附有淡黄色的干酪样物或鲜红的肉芽组织。关节囊增厚，内有灰黄色黏稠或淡红色浆状渗出物。肝脏脂肪变性和局灶性坏死。

［诊断要点］

根据本病不仅危害鸡，鸭、鹅也可感染，有剧烈的铜绿色下痢，剖检体内各器官广泛性出血，肝脏肿大，有弥漫性灰白色针尖大小的坏死灶，抗菌药物治疗有效，据此可以基本确诊。进一步诊断需要做细菌学诊断和动物试验。

［防制要领］

平时加强饲养管理，严格执行卫生防疫制度，定期进行预防免疫接种。发病时，及时封锁病禽舍，对病禽进行治疗或淘汰。病死禽尸体深埋或焚烧，圈舍和用具应彻底消毒。早期治疗可应用禽霍乱高免血清。硫酸链霉素、盐酸土霉素、复方新诺明及磺胺嘧啶等药物都有较好疗效。喹乙醇对禽霍乱疗效显著，用药时应慎重，避免发生中毒。没有发病的应立即进行紧急免疫接种。用自家脏器灭活苗紧急免疫接种，免疫2周后，一般不再出现新病例。

## 任务四　布鲁氏菌病

布鲁氏菌病简称布病，是由布鲁氏菌引起的急性或慢性的人兽共患传染病。本病主要侵害生殖器官，引起胎膜发炎，流产，不育，睾丸炎及各种组织的局部病灶。本病广泛分布于世界各地，目前在我国人畜中仍有存在，给畜牧业生产和人类健康带来严重危害。

[病原]

布鲁氏菌为细小的球杆菌，无芽孢，无鞭毛，散在。一般不形成荚膜，革兰氏染色阴性。

布鲁氏菌属共有6个生物种，18个生物型。6个生物种是马尔他布鲁氏菌(3个生物型)、流产布鲁氏菌(8个生物型)、猪布鲁氏菌(4个生物型)、犬布鲁氏菌、沙林鼠布鲁氏菌和绵羊布鲁氏菌。马尔他布鲁氏菌主要感染绵羊、山羊，也能感染牛、猪、鹿、骆驼等；猪布鲁氏菌主要感染猪，也能感染鹿、牛和羊；流产布鲁氏菌主要感染牛、马、犬，也能感染水牛、羊和鹿；其他三种布鲁氏菌除感染本属动物外，对其他动物致病力很弱或基本无致病力。

本菌对自然因素的抵抗力较强。在污染的土壤中能存活20～40 d，粪尿中可存活45 d，羊毛上可存活75～120 d，在冷暗处的胎儿体内能存活6个月左右。对热较敏感，巴氏灭菌法10～15 min杀死，煮沸立即死亡。常用的消毒剂3%来苏儿、2%氢氧化钠可在1 h内将其杀死；5%石灰乳需2 h、2%福尔马林需3 h将其灭活。对盐酸四环素、利福平、卡那霉素、硫酸链霉素、复方新诺明等敏感。

[流行特点]

本病多发于牧区和农牧区，以产仔季节多发。母畜感染后一般第一胎流产的多，以后多不再流产(带菌免疫)，新疫区流产率高。

本病的易感动物种类很多，羊、牛、猪最易感，其次是水牛、牦牛、羚羊、鹿、骆驼、野猪、犬、猫、狐、狼、野兔、猴等，鸡、鸭及一些啮齿类动物也有感染的报道。一般性成熟动物较幼龄动物易感。实验动物中以豚鼠、小鼠最易感，家兔次之。

传染源主要是患病动物和带菌动物。其流产的胎儿、胎衣、羊水和阴道分泌物中含有大量的布鲁氏菌，有时也可随粪便排菌，乳汁、感染公畜的精液中也含有病原菌。易感动物主要通过摄食被污染的饲料和饮水经消化道感染，其次是通过损伤的皮肤、黏膜和交配感染，也可通过吸血昆虫的叮咬而感染。人类布病主要是由于接触带有病原菌的各种污染物及食品，如患病动物的流产物、乳、肉和毛皮等，通过损伤的皮肤、黏膜、眼结膜引起感染，也可经消化道、呼吸道感染。

[临床症状]

牛：潜伏期2周至6个月。母牛最明显的症状是流产，流产可发生于妊娠后的任何时期，通常于妊娠后的第6～8个月。流产前表现出分娩的征兆，如阴道黏膜潮红肿胀，有粟粒大结节，阴道流出灰白色或灰色黏性分泌物。阴唇及乳房肿胀，不久即发生流产。流产胎儿多为死胎、弱胎，弱胎于生后不久死亡。多数母牛流产后胎衣滞留(尤其是在妊娠后期流产)和子宫内膜炎。从阴道流出污秽不洁的红褐色恶臭分泌物，分泌物延至1～2周后消失。有的病例长期不愈，致不孕。未发生胎衣滞留者，病牛可迅速康复，再次受孕，但可能再次流产。公牛感染后主要发生睾丸炎和附睾炎。除以上明显症状外，还常见关节炎(多见于膝关节和腕关节)、滑液囊炎(多见膝滑液囊炎)，偶见腱鞘炎和乳房炎。

羊：流产多发生于妊娠后3～4个月。流产前症状一般不明显。有的病羊在流产前表现精神沉郁、食欲减退、胃肠迟缓，喜伏卧，阴道流出黏液性或带血样分泌物。此外还可能有乳房炎、关节炎、滑膜炎及支气管炎。公羊感染后常发生睾丸炎、附睾炎及多发性关节炎。

猪:流产多发生于妊娠后的4～12周。流产前病猪体温升高,食欲减退,阴唇和乳房肿胀,阴道流出黏液性或黏液脓性分泌物。流产后很少发生胎衣滞留,少数病例因胎衣滞留造成子宫内膜炎,引起不育。公猪常见睾丸炎和附睾炎。有的病猪发生皮下脓肿、关节炎、腱鞘炎,个别病例出现后肢麻痹。

犬:由犬布鲁氏菌、流产布鲁氏菌、马尔他布鲁氏菌、猪布鲁氏菌引起的较多见,大多数为隐性感染。少数出现发热,有的可发生流产。流产常发生于妊娠后40～50 d,流产后阴道长期排出分泌物。公犬无症状或发生附睾炎、前列腺炎、睾丸萎缩,可能导致不育。病犬淋巴结肿大,长期的菌血症。

鹿:由流产布鲁氏菌、马尔他布鲁氏菌、猪布鲁氏菌引起,主要症状为母鹿流产,胎衣滞留。公鹿发生睾丸炎和附睾炎。此外还有关节炎、滑液囊炎、淋巴结和乳腺肿大等症状。

人感染后主要表现为长期低热(过去的波浪热已不多见),多汗,关节痛,肝、脾肿大,睾丸炎(多为一侧性),滑液囊炎和腱鞘炎。病人头痛、失眠、坐骨神经痛和多发性神经炎等症状,躯干及四肢有皮疹。此外还可见淋巴结肿大、恶心、呕吐、腹泻等症状。急性病例有的可迅速康复,但易复发。慢性感染可持续多年。

**[病理变化]**

牛、羊的病变大致相同。胎衣水肿增厚,并有出血点,呈黄色胶样浸润,表面覆以纤维蛋白絮片和脓液。绒毛叶贫血,覆有纤维素性、脓性渗出物或黄色脂样渗出物。胎儿皮下及肌间结缔组织出血性浆液性浸润,胸腹腔有淡红色液体。真胃内有淡黄色或白色黏液絮状物,胃肠黏膜出血。淋巴结、肝和脾肿大,有散在坏死灶。脐带呈浆液性浸润,肥厚。流产牛的子宫黏膜或绒毛膜的间隙中有污灰色的渗出物或脓块,绒毛膜可见化脓灶和坏死灶。公畜的睾丸和附睾有炎性坏死灶和化脓灶。

猪的病变与牛羊基本相似,但流产猪的子宫可见多发性黄白色高粱米大小的结节病变,病变位于黏膜深层,并向黏膜面凸起,称为子宫粟粒性病变。

**[诊断要点]**

根据流行病学调查,临床症状可怀疑为本病,确诊需进行实验室诊断。

**[防制要领]**

防制本病应坚持预防为主的方针,坚持自繁自养,定期检疫、淘汰病畜,培养健康畜群,定期免疫接种,加强消毒为主导环节的综合性措施,最终达到控制和消灭布病的目的。

对于长期从事兽医、实验室工作人员、饲养人员、挤奶工人、屠宰人员等,经常受布鲁氏菌的威胁,除做好必要的防护工作外,还应疫苗预防接种。

## 任务五 破伤风

破伤风又名强直症、锁口风,是由破伤风梭菌引起的一种人畜共患的急性创伤性中毒性传染病。

**[病原]**

破伤风梭菌又称强直梭菌,是一种严格厌氧的革兰氏阳性杆菌。多单在,周鞭毛,在动物体内外均可形成芽孢。芽孢位于菌体一端,呈鼓槌状。

本菌的繁殖体抵抗力不强,煮沸5 min可将其杀死。芽孢抵抗力很强,在土壤中可存活几十年,100℃蒸汽、干热150℃经1 h,煮沸3 h才能灭活,0.5%石炭酸10～15 h、3%福尔马林需24 h才可将其杀死。对青霉素和磺胺类药物敏感。

**[流行特点]**

本病多为散发,无明显季节性。破伤风梭菌广泛存在于自然界,各种家畜均有易感性,其中单蹄兽最易感,其次是猪,牛、羊和犬发病较少见。幼龄动物较老龄动物更为易感。实验动物以小鼠、豚鼠最易感。人的易感性也很高。感染主要是由于创伤引起的,特别是钉伤、断脐、、阉割、鞍伤、带鼻环及大手术等。有些病例见不到伤口,这可能因为患病动物在潜伏期创伤已经愈合,或经损伤的胃肠道黏膜、子宫内感染而发病。

[临床症状]

潜伏期一般为1～2周，短者1 d，长者达40 d。

单蹄兽：多因蹄系部损伤、鞍伤、脐带伤引起的。主要表现为骨骼肌强直性痉挛及反射兴奋性增高。病初咀嚼缓慢，运步强拘，不易发现。随病程发展，病畜开口困难，采食、吞咽障碍。重症的则牙关紧闭，不能采食和饮水，流涎。两耳竖立，眼睑半闭、瞬膜外露，鼻孔开张如喇叭状。头颈伸直，凹背弓腰，腹围卷缩，尾根高举，四肢开张如木马状。关节屈曲困难，易跌倒。反射兴奋性增高，遇到音响或光线等刺激时，表现惊恐，肌肉痉挛加重，全身战栗，大汗淋漓，往往不能站立。病畜体温正常，意识清醒。濒死前体温升高，病程一般8～10 d，病死率45%～90%。

牛：多由断角、去势、带鼻环引起的，临床病例不多见。常见反刍停止，伴有瘤胃臌气，其他症状与单蹄兽相似。但反射兴奋性增高不明显，病死率较低。

羊：多由剪毛引起的。病羊全身肌肉强直，角弓反张，伴有轻度瘤胃臌气及腹泻。母羊多发生于产死胎或胎衣停滞之后，羔羊多因脐带感染引起的。其病死率极高，几乎可达100%。

猪：常因阉割感染引起的。病猪牙关紧闭，瞬膜外露，四肢僵硬，全身痉挛及角弓反张。多在1～3 d内死亡。

[诊断要点]

根据病畜特殊的症状，如骨骼肌持续性痉挛，反对兴奋性增高，体温正常，神志清醒，并有创伤病史，可以确诊。

[防制要领]

在本病的常发地区每年定期用破伤风类毒素对易感动物进行免疫接种。动物发生严重创伤及大手术后可早期注射破伤风抗毒素血清，进行被动免疫。发病后应采取消除病原、中和毒素、解痉镇静、维护心脏机能及加强护理等综合性治疗措施。

## 任务六 口蹄疫

口蹄疫俗称口疮、蹄癀，是由口蹄疫病毒引起的一种急性热性高度接触性传染病。主要侵害偶蹄兽，偶见于人和其他动物。特征是在口腔黏膜、蹄部和乳房皮肤发生水疱和烂斑。本病广泛存在于世界各地，传染性极强，流行面广，不易控制和消灭，经济损失严重，被国际兽疫局(OIE)列为A类疫病之首。

[病原]

口蹄疫病毒属于微核糖核酸病毒科、口疮病毒属，是一种RNA病毒。口蹄疫病毒具有多型性和易变异性的特点。已知的病毒有7个血清型，各主型之间无交叉免疫性，同一主型的各亚型之间有一定的交叉免疫性。我国口蹄疫病毒的血清型为O、A型和Asia Ⅰ型。

本病毒对外界环境的抵抗力很强。被病毒污染的饲料、土壤和毛皮传染性可保持数周至数月。水疱液中的病毒60℃经5～15 min可灭活，80～100℃很快死亡。鲜奶中的病毒37℃可生存12 h，高温和紫外线对病毒具有很好的杀灭作用。对酸和碱敏感，1%～2%氢氧化钠、5%氨水、3%～5%福尔马林、0.2%～0.5%过氧乙酸、0.1%灭菌净、1%强力消毒灵（主要成分为二氯异氰脲酸钠）等都是很好的消毒剂。

[流行特点]

本病传播迅速、流行猛烈、发病率高、死亡率低。一年四季均可发生，但在牧区一般从秋末开始，冬季加剧，春季减少，夏季平息，在农区这种季节性则不明显。该病常呈流行性或大流行性，并有一定的周期性。易感动物主要是偶蹄动物，其中奶牛、黄牛最易感；牦牛、水牛和猪次之；绵羊、山羊、骆驼再次之。本病通过直接接触和间接接触传播，以间接接触传播为主。经呼吸道、消化道、损伤的皮肤黏膜而感染。通过污染的空气经呼吸道传染更为重要。动物产品、饲料、垫草、用具、饲养管理人员以及犬、猫、鼠类、家禽等都可成为本病的传播媒介。

[临床症状]

牛：潜伏期平均2～4 d，最长1周左右。病牛体温升高达40～41℃，精神沉郁，食欲减退，闭口，流涎，开口时有吸吮声。1～2 d后，在唇内面、齿龈、舌面和颊部黏膜发生蚕豆至核桃大水疱。口温高，显著流涎，泡沫状挂满嘴边。采食、反刍完全停止。水疱约经一昼夜破裂形成浅表的边缘整齐红色糜烂。随后体温降至正常，糜烂逐渐愈合，全身状况好转。如继发细菌感染，则糜烂加深，愈合后形成瘢痕。有时继发纤维素性坏死性口膜炎、咽炎和胃肠炎，引起呼吸困难、咳嗽、腹泻。在口腔发生水疱的同时或稍后，趾间、蹄部的柔软皮肤发生红肿、疼痛，迅速发生水疱，并很快破溃，形成浅表糜烂，以后干燥结痂而愈合。如继发感染则发生化脓、坏死、病畜跛行，重者蹄匣脱落。有时乳房部皮肤也出现水疱和烂斑。如波及乳腺可引起乳房炎，泌乳量显著减少，甚至泌乳停止。

本病多取良性经过，一般经1～3周可痊愈。恶性口蹄疫病情趋于恢复时突然恶化，因心肌麻痹而死亡，病死率达20%～50%。哺乳犊牛患病时多呈恶性，水疱不明显，主要表现出血性肠炎和心肌炎，病死率很高。

绵羊和山羊：潜伏期1周左右。症状与牛相似。绵羊蹄部症状明显，山羊口腔多见弥漫性口膜炎，水疱发生于硬腭和舌面，蹄部症状较轻。羔羊常因出血性胃肠炎和心肌炎而死亡。

猪：潜伏期1～2 d。以蹄部水疱为主。病初体温升高达40～41℃，精神不振，食欲减少或废绝。蹄冠、蹄叉、蹄踵等部出现局部发红、微热、敏感等症状，不久形成米粒大、蚕豆大水疱，水疱破裂后形成出血性糜烂面，1周左右痊愈。如继发感染，严重者可侵害蹄叶，使蹄壳脱落，患肢不能着地，常卧地不起。病猪的口腔、鼻盘、乳房也可见到水疱和烂斑。哺乳仔猪多呈急性胃肠炎和心肌炎而突然死亡，病死率达60%～80%。

骆驼：与牛的症状相似，以老、弱、幼骆驼多发。水疱发生于口腔和蹄部，首先舌面和齿龈发生水疱和烂斑，流涎，不食。接着蹄冠部皮肤发生大小不一的水疱，水疱破裂后易感染、化脓、使蹄壳脱落，不能行走。

鹿：与牛的症状相同，体温升高，在口腔有散在的水疱或烂斑，流涎。四肢患病则跛行，严重者蹄壳脱落。

人：潜伏期一般为3～8 d。主要由于生饮带毒乳、挤奶、接触患病动物等引起感染。突然发病，病人发热、头晕、头痛、恶心呕吐。2～3 d后，唇、齿龈、颊部皮肤及指尖、指甲基部等处发生水疱，水疱破裂后形成薄痂或糜烂，很快愈合。病程1周左右，愈后良好。病情较重的可发生胃肠炎、神经炎、心肌炎等。

[病理变化]

除口腔和蹄部的水疱和烂斑外，在咽喉、气管、支气管和反刍动物前胃黏膜可见圆形烂斑和溃疡，真胃和肠黏膜有出血性炎症。心包膜有弥散性或点状出血，心肌松软似煮肉样，心肌切面有灰白色或淡黄色斑点或条纹，好似老虎身上的斑纹，俗称"虎斑心"。

[诊断要点]

口蹄疫多侵害偶蹄动物，传播迅速，呈流行性或大流行性发生，多为良性经过。患病动物的口腔和蹄部有水疱和烂斑，死后剖检可见虎斑心病变，根据以上特点，一般可做出诊断。

病毒分离鉴定：采取患病动物的水疱皮或水疱液，用PBS缓冲液浸泡，或取恢复期血液，分离血清。以补体结合试验进行毒型鉴定，也可用反向间接血凝试验、琼脂扩散试验。ELISA试验可代替补体结合试验，其反应灵敏，特异性强，操作快捷，目前已广泛用于动物口蹄疫的监测。核酸探针技术用于FMDV的试验研究，单克隆抗体技术可用于实验室抗原分析。

[防制要领]

平时加强检疫，禁止从疫区购入动物、动物产品、饲料、生物制品等；购入动物必须隔离观察，确认健康方可混群；常发地区定期应用相应毒型的口蹄疫疫苗进行预防接种。

发生口蹄疫时，应立即上报疫情，及时采取病料，迅速送检确诊定型，划定并封锁疫点、疫区，捕杀患病动物及同群动物，尸体焚烧或化制。口蹄疫的一般病畜，多能自愈。但为了促进病畜早愈，缩短病程，防止继发感染，应在隔离的条件下，及时对病畜进行治疗。

## 任务七　痘病

痘病是由痘病毒引起的各种家畜、家禽和人的一种急性热性接触性传染病。特征是在皮肤和黏膜上发生丘疹和痘疹。

**[病原]**

痘病毒于痘病毒科，脊椎动物痘病毒亚科，病毒呈砖形或卵圆形，有囊膜，双股DNA型病毒。

病毒对低温和干燥的抵抗力较强，在干燥的痂皮内可存活6～8个月。对温度敏感，55℃经20 min、37℃经24 h均可使病毒灭活。常用消毒剂如0.5%福尔马林、0.01%碘溶液数分钟内可将其杀死。

### 一、绵羊痘

绵羊痘是由绵羊痘病毒引起的。特征是皮肤和黏膜上发生特异性的痘疹，可见斑疹、丘疹、水疱、脓疱和结痂的病理过程。

**[流行特点]**

多发生于冬末春初。气候恶劣、饲养管理不良等条件都可促进本病的发生。不同品种、性别、年龄的绵羊均易感，但细毛羊最易感，羔羊比成羊易感，病死率也较高。本病主要经呼吸道感染，也可通过损伤的皮肤、黏膜感染。饲养管理人员、护理用具、毛皮、饲料、垫草和外寄生虫都可成为本病的传播媒介。

**[临床症状]**

潜伏期平均6～8 d，病初体温升高达41～42℃，精神沉郁，食欲减少，结膜潮红，流浆液、黏液或脓性鼻液。呼吸和脉搏增数，经1～4 d发痘。痘疹多发生于皮肤少毛或无毛部位，如唇、鼻、眼周围、四肢、尾内面、阴唇、阴囊、包皮和乳房等处出现红斑，1～2 d后形成淡红色或灰白色突出于皮肤表面的丘疹，呈结节状。丘疹在几天之内变为浆液性水疱，继而发展为脓疱。如无继发感染，脓疱干涸形成棕色痂块，痂块脱落遗留红斑并逐渐痊愈。病程3～4周。

非典型病例有的呈良性经过，仅出现体温升高和黏膜卡他性炎症，或仅出现丘疹，并在几天之内干燥脱落，不形成水疱和脓疱，称为“石痘”。有的呈恶性经过，痘疱内出血，呈黑色，称为“黑痘”；有的痘疱发生化脓和坏疽，形成深的溃疡，发出臭味，称为“臭痘”和“坏疽痘”，病死率达25%～50%。

**[病理变化]**

死亡病例，在前胃和真胃黏膜，有大小不等圆形或半球形坚实的结节、糜烂或溃疡，咽和支气管黏膜也有痘疹，肺可见干酪样结节或卡他性肺炎病变。

**[诊断要点]**

典型病例可根据皮肤、黏膜发生特异性痘疹，结合流行病学做出诊断，非典型病例可进行包涵体检查。取痘疱组织涂片，经镀银染色、姬姆萨染色或苏木紫-伊红染色，镜检发现胞浆内包涵体，即可确诊。

**[防制要领]**

平时加强饲养管理，抓好秋膘，冬季注意补饲、防寒。常发地区每年定期用羊痘鸡胚化弱毒苗在尾内侧进行皮内接种。发病后应立即隔离病羊，封锁疫点。对疫区内未发病的羊及受威胁区的羊群进行紧急免疫接种。尸体化制或深埋。圈舍及用具可用1%福尔马林、2%漂白粉、2%氢氧化钠进行彻底消毒。

本病尚无特效药。对病羊可注射免疫血清。痘疹可用0.1%高锰酸钾冲洗，擦干后涂碘甘油、1%龙胆紫、硼酸软膏或磺胺软膏等，防止继发感染。

## 二、山羊痘

山羊痘是由山羊痘病毒引起的，其特征是在皮肤和黏膜上形成痘疹，其症状和病变与绵羊痘相似。我国西北、东北和华北地区呈流行性，少数地区疫情较重。中国兽药监察所研制的山羊痘细胞弱毒疫苗对山羊安全，免疫效果好，现已推广应用。山羊痘病毒对羊传染性脓疱具有免疫性，但羊传染性脓疱病毒对山羊痘却无免疫性。山羊痘应与羊传染性脓疱鉴别，后者可发生于绵羊和山羊，主要在口唇和鼻周围皮肤上形成水疱和脓疱，以后结成厚而硬的痂，一般无全身反应。

## 三、猪痘

猪痘由猪痘病毒和痘苗病毒引起的，病毒主要由猪血虱传播，也可经蚊、蝇等昆虫传播。由猪痘病毒引起的猪痘，感染 4～6 周龄的仔猪及断奶小猪。病毒在猪源组织细胞内增殖，形成核内包涵体；由痘苗病毒引起的猪痘，各种年龄的猪都可感染，呈地方流行性。痘苗病毒除感染猪外，还可感染其他多种动物，并能在鸡胚绒毛尿囊膜，牛、绵羊及人的胚胎细胞内增殖，在感染细胞的胞浆内形成包涵体。

［临床症状］

潜伏期 4～7 d。病猪体温升高，精神沉郁，食欲减退，眼结膜和鼻黏膜潮红、肿胀，并有分泌物。痘疹主要发生于腹下、股内侧、背部或体侧部皮肤。开始为深红色突出于皮肤表面的硬实结节，以后见不到水疱即转为脓疱，并很快结痂，脱落后遗留白色斑块而痊愈。病程 10～15 d，多取良性经过。如饲养管理不良或继发感染，则使病死率增高。

［诊断要点］

根据病猪典型痘疹结合流行病学可以做出诊断。将病料接种于家兔，如为痘苗病毒则在接种部位引起痘疹，而猪痘病毒不感染家兔。

［防制要领］

平时加强饲养管理，消灭猪血虱、蚊子和苍蝇。新购入猪隔离观察 1～2 周，确认无病方可混群。发现病猪应立即隔离治疗，剥去痘痂，用 0.1%高锰酸钾溶液洗净患处，再涂龙胆紫或碘甘油，还可注射康复猪血清。病猪康复后可获得坚强免疫力。

## 四、禽痘

禽痘是由禽痘病毒引起禽类的一种急性热性高度接触性传染病。特征是皮肤型以皮肤（尤以头部皮肤明显）的痘疹、结痂、脱落为特征；黏膜型常引起口腔和咽喉黏膜的纤维素性坏死性炎症，并可形成假膜，又名禽白喉。有的病禽，两者可同时发生。本病广泛分布于世界各国。

［流行特点］

本病多发于春、秋两季，大中型鸡场流行较为严重。家禽中鸡易感性高，以雏鸡和中雏鸡最易感，常引起大批死亡。其次是火鸡。鸭、鹅也可发病，但症状轻微。主要通过接触传播，也可经损伤的皮肤、黏膜传染。吸血昆虫如蚊、刺蝇、蚤等也可传播本病。饲养密度过大，通风不良，体表寄生虫，饲养管理条件差，可使病情加重。如有葡萄球菌病、传染性鼻炎、慢性呼吸道病混合感染，可造成大批死亡。

［临床症状］

鸡痘潜伏期 4～8 d。根据发病部位不同，可分为皮肤型、黏膜型及混合型。

皮肤型：在鸡冠、眼皮、喙角、肉髯、耳球、腿、脚、泄殖腔以及翅内侧形成特异的痘疹。起初为细薄的灰色麸皮样覆盖物，迅速形成结节，结节增大相互融合，形成粗糙、坚硬、凸凹不平的褐色痂块，致使鸡眼难睁。幼龄鸡精神委顿，食欲减退，体重减轻。蛋鸡产蛋减少或停止。

黏膜型（白喉型）：多发于幼龄鸡。病初呈鼻炎症状，流黏液性鼻液，后转为脓性。眼睑肿胀，结膜蓄脓或有纤维素性分泌物，严重导致失明。2～3 d后，在口腔、咽喉等处黏膜发生痘疹，初为圆形黄色斑点，逐渐扩大融合成一层黄白色的假膜(故称白喉型)。假膜不易剥落，强行撕脱则引起出血。如痘疹蔓延至喉部，病鸡出现呼吸、吞咽困难，严重时窒息死亡；如痘疹发生在眼及眶下窦，则眼睑肿胀，结膜上有多量脓性或纤维素渗出物，甚至引起角膜炎而失明。

混合型：皮肤、黏膜均受侵害，发生痘疹。

败血型：极少见。全身症状严重，可发生肠炎迅速死亡。

火鸡痘与鸡痘的症状相似，产蛋量减少，蛋的受精率低。病程2～3周。

鸽痘一般发生在腿、脚、眼睑或喙的基部，个别还发生黏膜型。

[诊断要点]

皮肤型鸡痘，根据临诊症状可以确诊。黏膜型鸡痘，可采取痘痂或假膜制成1：(5～10)的悬液，擦入划破的鸡冠、肉髯的皮肤内，接种鸡5～7 d内出现典型的皮肤痘疹。也可进行包涵体检查或用血清学诊断方法。

[防制要领]

平时加强饲养管理，做好卫生和定期预防接种工作。我国普遍使用鸡痘鹌鹑化弱毒苗，100倍稀释后，在翅膀内侧无血管三角区内皮下刺种接种。引进家禽应隔离观察，确认健康方可合群。发病时，应立即隔离病鸡，轻者治疗，重者淘汰。对其他鸡进行紧急免疫接种。尸体深埋或焚烧。

## 任务八　狂犬病

俗称疯狗病，是由狂犬病病毒引起的一种人兽共患的急性直接接触性传染病。特征是神经兴奋和意识障碍，继而局部或全身麻痹而死亡。人主要通过咬伤引起，常有恐水表现，故又称恐水症。

[病原]

狂犬病病毒弹状病毒科，狂犬病病毒属。病毒一端钝圆，另端平凹，呈子弹形或试管状外观。有囊膜和纤突，其核酸为单股RNA型。病毒主要存在于动物体的中枢神经组织、唾液腺和唾液内，在唾液腺和中枢神经细胞(尤其在海马角、大脑皮层、小脑)的胞浆内形成圆形或卵圆形的包涵体。

病毒能抵抗自溶和腐败，在自溶脑组织中可存活10 d左右。易被紫外线、70%酒精、0.01%碘液、1%～2%肥皂水等灭活；对酸、碱、福尔马林等消毒剂敏感；70℃经15 min，100℃经2 min可使其灭活；冷冻或冻干可长期保存。在50%甘油缓冲溶液中的脑组织病料，其病毒可存活1个月以上。

[流行特点]

本病常散发，致死率高达100%。在自然界中主要的易感动物是犬科、猫科动物以及某些啮齿类动物和蝙蝠。野生动物(狼、狐、貉、臭鼬和蝙蝠等)是狂犬病病毒主要的自然储存宿主。野生啮齿类动物如野鼠、松鼠、鼬鼠等感染本病，当被肉食兽吞食后则可能传播本病。病犬是人和家畜主要的传染源，其次是猫。易感动物主要通过患病动物或带毒动物咬伤或经带毒的唾液污染损伤的皮肤、黏膜感染，此外还可通过呼吸道、消化道和胎盘感染。

[临床症状]

潜伏期因感染病毒的数量、毒力、伤口距中枢的距离及动物的易感性不同而长短不一。咬伤头面部及伤口重者潜伏期较短，咬伤下肢及伤口轻者潜伏期较长。一般为2～8周，最短的8 d，长的可达数月或1年以上。

犬：常见狂暴型和麻痹型。狂暴型根据临床症状分为前驱期、兴奋期和麻痹期。

前驱期1～2 d，病犬精神沉郁，常躲在暗处，不愿与人接近，不听主人呼唤。瞳孔散大，对刺激的反射兴奋性增高。性欲亢进。异嗜，常食泥土、干草、碎布、羽毛等异物。不久喉头出现轻度麻痹，吞咽困难，唾液增多，后躯软弱。

兴奋期2～4 d，病犬狂暴不安，攻击人畜。疲惫时卧地不起，兴奋与沉郁交替出现。病犬四处游荡，无目的奔走，常跑到十几里以外咬伤人畜。有时还自咬四肢、尾及阴部，咬伤处发痒。随病情发展，病犬反射机能紊乱，出现意识障碍。病犬狂吠，吠声嘶哑，下颌下垂，唾液增多，斜视、夹尾。眼球凹陷，散瞳或缩瞳。

麻痹期为 1～2 d，病犬下颌下垂，舌脱出口外，流涎显著，不久后躯及四肢麻痹，卧地不起。最后因呼吸麻痹、全身衰竭而死亡。病程 6～8 d，有时可延至 10 d。

麻痹型以麻痹症状为主，兴奋期很短。开始咬肌、咽肌麻痹，吞咽困难。随后发生四肢麻痹，行走困难，进而全身麻痹而死亡。病程一般为 5～6 d。

牛：牛多为狂暴型。病初精神沉郁，反刍及食欲减少，不久出现兴奋症状。表现起卧不安，前肢搔地，挣脱绳索，冲撞墙壁，跃踏饲槽，磨牙，性欲亢进。但无攻击人畜现象。随病程的发展，逐渐出现麻痹症状，如采食困难，轻度臌气，反刍停止，里急后重等。最后卧地不起，经 3～4 d 死亡。

羊：较少见，症状与牛相似。多无兴奋期或兴奋期很短，伤口处发痒，常舐咬伤口，并攻击其他动物，后期发生麻痹。绵羊经 3～6 d、山羊 8 d 内死亡。

猪：病猪兴奋不安，横冲直撞，攻击人畜。叫声嘶哑，大量流涎。在发作间歇期常钻入草堆，稍有声响立即跃起，无目的奔跑，最后麻痹死亡，病程 2～4 d。

猫：多为狂暴型，症状与犬相似，多于出现症状后 2～4 d 内死亡。发作时具有攻击性。因猫常与人接近且动作敏捷，其危险性更大。

人：病初表现头痛、乏力、恶心、呕吐，焦躁不安。被咬伤部位发热、发痒。随后出现兴奋症状，对声音、光线敏感，瞳孔散大，流涎。见水表现异常恐惧，俗称恐水症。通常于发病后 3～4 d 麻痹死亡。

**[病理变化]**

尸体消瘦，皮肤有咬伤或裂伤。胃内空虚有异物。口腔黏膜、喉部黏膜及胃肠黏膜肿胀、充血或出血。脑膜水肿、充血、出血。病理组织学检查可见非化脓性脑炎病变，在神经细胞的胞浆内可见包涵体。

**[诊断要点]**

典型病例根据临床出现神经症状，胃内有异物，脑膜水肿、充血、出血，结合被咬伤病史可做出初步诊断，确诊还需结合实验室检查。

**[防制要领]**

控制和消灭传染源是预防动物及人类的狂犬病的一种有效的措施。平时应加强对犬和猫的管理，在发病地区对家犬和猫应进行大规模免疫接种，并挂牌登记。消灭病犬、无主野犬，扑杀狼、狐等野生动物。对患狂犬病扑杀和死亡的动物尸体应焚烧或深埋。对受狂犬病威胁的人员，如兽医、饲养员、实验室检验人员及野外工作人员等应定期做好预防免疫接种工作。

动物及人被咬伤后，应采取紧急措施。对伤口用力挤压伤口直到有血液流出为止，然后用大量肥皂水或 0.1%新洁尔灭或清水充分冲洗，再用 75%酒精或 2%～3%碘酊消毒，同时注射狂犬病疫苗。如咬伤严重，头、颈和手指等多处被咬伤，在接种疫苗的同时应注射免疫血清或人源抗狂犬病免疫球蛋白(RIGH)。

## 【案例分析】

分析以下案例，根据病史和临床检查，提出初步诊断，制定治疗措施(开出处方)。

案例 1　某养殖户，饲养 60 多头母猪，现有 300 多头 20 日龄左右仔猪，主诉仔猪有 10 余头在 10 日龄左右就陆续出现拉黄、白色稀便，已死亡 10 多只。

临床检查：仔猪排黄色、白色稀粪，内含凝乳小片和小气泡。有的稍带黑色，小猪怕冷，常缩在保温箱的一角，皮毛无光泽。

案例 2　某个体鸡场新购进一批父母代罗曼蛋种鸡共 2 000 只，饲养至 4 日龄时，突然发生以闭目尖叫、拉白色稀便和急性死亡。

主要特征的疾病临床检查：病鸡群精神委顿，鸡冠开始萎缩，肉垂卷缩，眼黏膜苍白，个别出现垂腹现象，并出现零星的死亡现象。

临床检查：雏鸡鼻孔上部黏膜发红，精神沉郁，低头缩颈，闭目尖叫，羽毛蓬乱，双翅下垂、扎堆、食欲下降，泻白色稀便。个别有失明或扭颈和身体侧向一侧等神经症状。少数鸡跗关节肿大，甚者跛行。病死鸡眼部及脚趾部有明显的充血、出血。

案例3　主诉：今年新购仔兔49只，到家后未曾注过疫苗，发生一种以鼻塞、流涕、个别兔歪颈或突然死亡。

临床检查：精神萎靡不振，食欲减退但没有废绝，体温升高，鼻腔流出浆液性、黏液性或脓性鼻液，有时腹泻。临死前体温下降，四肢抽搐。

案例4　主诉：自己家饲养的绵羊发生类似湿疹样疾病，曾用醋酸铅液和氧化锌软膏对患处涂抹，对病重的羊用抗生素进行治疗，效果不明显，发病羊只大量死亡。

临床检查：病羊体温41～42℃，食欲减少，精神不振，结膜潮红，有浆液或脓性分泌物从鼻孔流出，呼吸和脉搏增速。腿周围、唇、鼻、颊、四肢和尾内侧、阴唇、乳房、阴囊和包皮上少毛部分有痘疹、丘疹病变。

案例5　主诉：家中饲养的一匹4岁母驴近期出现采食减少，咀嚼缓慢，行动四肢僵硬，不愿走动，有饮欲，口到水中无法咽下，只作吸吮动作，盆里水量并无减少的症状。

临床检查：全身骨骼肌强直性痉挛，开口困难，咀嚼缓慢，流涎，两耳竖立不能摆动，瞳孔散大，鼻孔开张，头颈伸直，背腰强拘，肚腹卷缩，尾根抬举，活动不灵，对声、光、机械等外界刺激反应敏感，稍有刺激就惊恐不安、出汗。听诊心搏亢进，节律不齐。而此时神志清醒，有食欲但不能吃喝，体温正常。

## 【知识拓展】

### 鸡伤寒和鸡白痢诊断技术行业标准

**一、范围**

本标准规定了鸡伤寒和鸡白痢病原分离和鉴定及全血平板凝集试验技术。

本标准所规定的病原分离鉴定适用于各种日龄鸡的鸡伤寒和鸡白痢的诊断，全血平板凝集试验适用于成年鸡的鸡伤寒和鸡白痢的诊断，可用于诊断、流行病学调查和无本病健康鸡群监测。

**二、病原分离和鉴定**

（一）材料准备

1.培养基

鉴别培养基：SS琼脂培养基、麦康凯琼脂培养基。

增菌培养基：亚硒酸盐煌绿增菌培养基、四硫黄酸钠煌绿增菌培养基、三糖铁琼脂培养基和赖氨酸铁培养基。

2.沙门氏菌属诊断血清

A～F多价O血清，$O_9$因子血清，$O_{12}$因子血清、H-a因子血清、H-d因子血清，H-g.m因子血清和H-g.p因子血清。

（二）采集病料

可采集被检鸡的肝、脾、卵巢、输卵管等脏器，无菌取每种组织适量，研碎后进行培养。

（三）分离培养

将研碎的病料分别接种亚硒酸盐煌绿增菌培养基或四硫黄酸钠煌绿增菌培养基和SS琼脂平板或麦康凯琼脂平板培养基，37℃培养24～48 h，在麦康凯或SS琼脂平板培养基上若出现细小无色透明、圆形的光滑菌落，判为可疑菌落。若在鉴别培养基上无可疑菌落出现时，应从增菌培养基中取菌液在鉴别培养基上划线分离，37℃培养24～48 h，若有可疑菌落出现，则进一步做鉴定。

（四）病原鉴定

1.生化试验和运动性检查：将可疑菌落穿刺接种三糖铁琼脂斜面和赖氨酸铁琼脂斜面培养基，并在斜面上划线，同时接种半固体培养基，37℃培养24 h后观察，若无运动性，并且在三糖铁琼脂培养基或在赖氨酸铁琼脂培养基上出现阳性反应时，则进一步作血清学鉴定。

2.血清学鉴定：对初步判为沙门氏菌的培养物作血清型鉴定，取可疑培养物接种三糖铁琼脂斜面，

37℃培养 18～24 h，先用 A～F 多价 O 血清与培养物作平板凝集反应，若呈阳性反应，再分别用 $O_9$，$O_{12}$，H-a，H-d，H-g.m 和 H-g.p 单价因子血清作平板凝集反应，如果培养物与 $O_9$，$O_{12}$ 因子血清呈阳性反应，而与 H-a，H-d，H-g.m 和 H-g.p 因子血清呈阴性反应时，则鉴定为鸡白痢沙门氏菌或鸡沙门氏菌。

3. 用接种环取两环因子血清于洁净玻璃板上，然后用接种环取少量被检菌苔与血清混匀，轻轻摇动玻板，于 1 min 内呈明显凝集反应者为阳性，不出现凝集反应者为阴性，试验时设生理盐水作对照应无凝集反应出现。

**三、全血平板凝集试验**

（一）材料准备

1. 鸡伤寒和鸡白痢多价染色平板抗原、强阳性血清（500 IU/mL）、弱阳性血清（10 IU/mL）、阴性血清。

2. 玻璃板、吸管、金属丝环（内径 7.5～8.0 mm）、反应盒、酒精灯、针头、消毒盘和酒精棉等。

（二）操作

在 20～25℃环境条件下，用定量滴管或吸管吸取抗原，垂直滴于玻璃板上 1 滴（相当于 0.05 mL），然后用针头刺破鸡的翅静脉或冠尖取血 0.05 mL（相当于内径 7.5～8.0 mm 金属丝环的两满环血液），与抗原充分混合均匀，并使其散开至直径为 2 cm，不断摇动玻璃板，计时判定结果，同时设强阳性血清、弱阳性血清、阴性血清对照。

（三）结果判定

1. 凝集反应判定标准如下：

(1)100%凝集（#）：紫色凝集块大而明显，混合液稍浑浊；

(2)75%凝集（+++）：紫色凝集块较明显，但混合液有轻度浑浊；

(3)50%凝集（++）：出现明显的紫色凝集颗粒，但混合液较为浑浊；

(4)25%凝集（+）：仅出现少量的细小颗粒，而混合液浑浊；

(5)0%凝集（-）：无凝集颗粒出现，混合液浑浊。

2. 在 2 min 内，抗原与强阳性血清应呈 100%凝集（#），弱阳性血清应呈 50%凝集（++），阴性血清不凝集（-），判试验有效。

3. 在 2 min 内，被检全血与抗原出现 50%（++）以上凝集者为阳性，不发生凝集则为阴性，介于两者之间为可疑反应，将可疑鸡隔离饲养 1 个月后，再作检疫，若仍为可疑反应，按阳性反应判定。

## 【考核评价】

### 奶牛的布鲁氏菌病检测

**一、考核题目**

某奶牛场饲养 300 头奶牛发生疑似布鲁氏菌病疫情，怀孕母牛常于妊娠 6～8 个月发生流产、产死胎或弱胎，流产后常排出污秽的灰色或棕色恶露。有的发生胎衣滞留，出现子宫内膜炎，阴道注出不洁棕红色渗出物。泌乳量下降，少数乳汁变质，乳房硬化。饲养管理人员中全身不适，疲乏无力，食纳减少，头痛肌痛、寒战高热，多汗、游走性关节痛症状者，经当地人民医院确诊为布鲁氏菌病。要求对牛群制定实验进行布鲁氏菌病检测。

（一）材料准备

1. 用具　灭菌清洁小试管（试管口径为 1 cm）、试管架、0.5 mL 吸管、10 mL 吸管。

2. 试剂　布鲁氏菌试管凝集抗原和平板凝集抗原，被检血清、标准阳性血清和阴性血。

（二）方法步骤

方法一：试管凝集反应

(1)采集血液，分离血清。牛群分别颈静脉无菌操作采取血液 5～8 mL，盛于灭菌试管中，试管编号自然凝固析出血清。

(2)操作方法。被检血清稀释成 1∶50、1∶100、1∶200 和 1∶400 4 个稀释度，大规模奶牛布鲁氏菌病检疫时也可用1∶50和1∶100两个稀释度。

稀释血清和加入抗原的方法：每份被检血清用5支小试管（8～10 mL），第1管加入稀释液2.4 mL，第2管至第4管各加入0.5 mL稀释液，用1 mL吸管取被检血清0.1 mL，加入第1管中，混匀（一般吸吹3～4次），吸取混合液加入第2管0.5 mL（第1管弃去1.5 mL），将第2管混匀，吸0.5 mL加入第3管，第3管混匀吸取0.5 mL加入第4管，第4管混匀后弃去0.5 mL。如此稀释后从第1管起血清稀释度分别为1∶25、1∶50、1∶100和1∶200。然后将1∶20稀释的抗原由第1管起，每管加入0.5 mL加抗原后从第2管到第5管血清稀释度依次为1∶50、1∶100、1∶200和1∶400。每次试验需作3种对照，每批凝集试验应有阳性血清（1∶800）、阴性血清（1∶25）和抗原对照。

方法二：平板凝集反应

(1)取一洁净玻片，用蜡笔画成方格。

(2)各方格分别加阳性、阴性和被检血清。

(3)将凝集抗原摇匀，垂直滴一滴于各格血清上。

(4)用牙签混匀，摊开直径1.5 cm左右。

方法三：全乳环状试验　全乳环状试验抗原用苏木紫染成蓝色或用四氮唑染成红色。

操作方法：取新鲜全脂乳1 mL于小试管内，加入抗原1滴约0.05 mL，倒转试管数次，混合均匀，放于37℃温箱中1 h，取出判定结果。

**二、评价标准**

1. 方法一评价标准　被测奶牛血清凝集价为1∶100以上判为阳性。血清凝集价为1∶50者判为可疑。可疑反应的奶牛经3～4周重检，重检时仍为可疑，判为阳性。

2. 方法二评价标准　静置3～4 min后判定结果。出现凝集团块的判为阳性，无凝集团块的判为阴性。

3. 方法三评价标准

(1)阳性反应（+）。上层乳脂环着色明显（蓝或红）；乳脂层下的乳柱为白色或着色轻微。

(2)阴性反应（-）。乳脂层白色或轻微着色，乳柱显著着色。

(3)疑似反应（±）。乳脂环与乳柱的颜色相似。

## 【知识链接】

1. NY/T 1952—2010　动物免疫接种技术规范；
2. DB11/T 901—2012　动物防疫员免疫操作技术规范；
3. DB13/T 1340—2010　动物疫病流行病学调查技术规范；
4. DB62/T 1755—2008　畜禽养殖小区　动物防疫技术规范；
5. GB/T 18646—2002　布鲁氏菌病检测国家标准。

Project 3

# 猪的传染病

**学习目标**

了解常见猪传染病病原的生物学特性。掌握猪丹毒、猪链球菌病、猪痢疾、猪支原体肺炎、猪萎缩性鼻炎、猪瘟、猪繁殖与呼吸综合征、猪细小病毒病临床症状和诊断要点，学会常见猪传染病的防治措施。

【学习内容】

## 任务一　细菌性疾病

### 一、猪丹毒

猪丹毒是由猪丹毒杆菌引起的一种急性、热性传染病，主要侵害架子猪。其特征为急性病例表现败血症；亚急性病例表现皮肤疹块；慢性病例主要表现为心内膜炎、关节炎和皮肤坏死。

**[病原]**

猪丹毒杆菌是一种纤细的小杆菌，在感染动物组织触片或血片中，呈单个、成对或小丛状。从心脏瓣膜疣状物中分离的常呈不分枝的长丝状或短链状。无荚膜，革兰氏染色阳性。

本菌对不良环境的抵抗力较强，动物组织内可存活数月，但对热的抵抗力弱，55℃ 15 min 杀死，70℃ 5～10 min 能杀死。消毒药如 3%来苏儿溶液、2%氢氧化钠溶液、2%甲醛溶液、5%石灰乳、1%漂白粉溶液等 5～15 min 能杀死。本菌对青霉素、四环素等敏感。

**[流行特点]**

本病主要发生于架子猪，其他动物、野生动物和禽类也有发病的报道，人经伤口感染呈良性经过，称类丹毒。

病猪和带菌猪是本病的传染源，35%～50%健康猪的扁桃体和淋巴组织中存在此菌。通过分泌物、排泄物等污染饲料、饮水、土壤、用具和猪舍，经消化道传染给易感猪。本病也可经损伤的皮肤以及蚊、蝇、虱、蜱等吸血昆虫传播。屠宰场、肉食品加工厂的废料、废水、食堂泔水、动物性蛋白饲料等喂猪常引起本病。

本病一年四季均可发病，但以夏秋季多发，呈为散发或地方性流行。

**[临床症状]**

潜伏期一般为 3～5 d，最短的为 1 d，最长的为 8 d。根据病程长短和临床表现的不同可分为急性败血型、亚急性疹块型、慢性型。

急性败血型：本型多见于流行的初期，有一头或几头猪不表现任何症状而突然死亡，其他的猪相继发病。病猪表现为体温升高，高达 40～42℃，稽留不退。病猪不愿走动，虚弱、卧地不食，有时有呕吐。粪便干硬呈栗状，附有黏液。严重的呼吸加快，黏膜发绀。部分病猪皮肤潮红，继而发紫。病程 3～4 d，死亡率 80%左右。急性的不死转入亚急性或慢性。

亚急性疹块型：本型临床上多见，其特征是皮肤表面出现疹块。病猪表现为食欲减退，精神不振，体温略有升高。发病后 2～3 d 在病猪的背、胸、腹、颈、耳、四肢等处皮肤出现方形、菱形大小不同的疹块，并稍突起于皮肤表面。初期疹块充血，指压褪色；后期瘀血，指压不褪色。疹块形成后体温随之下降，病势也减轻，病猪经数天后能自行恢复健康。

慢性型：本型多由急性或亚急性转变而来。心内膜炎病猪表现为消瘦，贫血，体质虚弱，喜卧不愿走动，听诊心脏有杂音，心跳加快，心律不齐，呼吸急促，有时由于心脏麻痹而突然死亡。关节炎病猪表现为四肢关节（腕、跗关节）的炎性肿胀，疼痛，病程长者关节变形，出现跛行，病猪生长缓慢，消瘦，病程数周到数月。皮肤坏死病猪表现为背、肩、耳、蹄和尾等部的皮肤出现肿胀、隆起、坏死、干硬似皮革，经 2～3 个月坏死皮肤脱落，形成瘢痕组织而痊愈。如有继发感染则病情复杂且病程延长。

**[病理变化]**

急性败血型猪丹毒剖检的主要变化是全身性败血症，在各个组织器官可见到弥漫性的出血。胃肠道为卡他性出血性炎症变化，尤其是胃底部黏膜有点状和弥漫性出血，十二指肠和回肠有轻重不等的充血和出血。全身淋巴结充血、肿胀、切面多汁，呈浆液性出血性炎症。脾脏充血、肿胀，呈樱桃红色，切面可见“白髓周围红晕”现象。肾脏瘀血、肿大，呈暗红色，皮质部有出血点，有大红肾之称。肺脏充血、水肿。肝脏充血、肿大。

亚急性疹块型猪丹毒以皮肤疹块为特征性变化。

慢性心内膜炎型猪丹毒多见二尖瓣膜上有溃疡或菜花状赘生物。

慢性关节炎型猪丹毒为慢性、增生性、非化脓性关节炎。

**[诊断要点]**

根据该病的流行病学、临床症状、病理变化等可做出初步诊断，但急性败血型猪丹毒应注意与猪瘟、猪肺疫和猪链球菌病等的区别。必要时可作病原学或血清学诊断。

**[防制要领]**

每年有计划地进行免疫接种是预防本病最有效的方法。发病时的扑灭措施：对全群猪进行检查，发现病猪立即隔离治疗。治疗用青霉素和猪丹毒免疫血清同时注射效果最好，单独使用也有效。人可感染猪丹毒，称类丹毒。多为皮肤损伤而引起感染，工作中要注意自我防护。发现感染后应及时用抗生素治疗。

## 二、猪链球菌病

猪链球菌病是由不同血清群链球菌引起猪的不同临诊类型传染病的总称。以急性型表现为出血性败血症和脑炎，慢性型表现为关节炎、心内膜炎及组织化脓以及E群链球菌引起的淋巴脓肿为特征。

**[病原]**

病原为致病性链球菌(C群的马链球菌兽疫亚种、类马链球菌和D群的猪链球菌，以及E、L、S、R等群)，是一些呈球形或卵圆形，一般无鞭毛，不能运动，不形成芽孢，有的菌株在体内或含血清的培养基内形成荚膜，革兰氏染色阳性，可单个、成对或以长短不一的链状存在的细菌。

本菌在自然界中分布很广，对外界环境抵抗力较强，但对干燥、高温都很敏感，60℃经30 min可将其杀死。常用消毒药如2%石炭酸溶液、0.1%新洁尔灭溶液、1%来苏儿溶液3～5 min可将其杀死。本菌对青霉素类和磺胺类药物敏感。

**[流行特点]**

主要感染猪。仔猪、育成猪和怀孕母猪的发病率较高，其中仔猪最敏感，育成猪发病急、死亡快。病猪和带菌猪是主要的传染源，通过分泌物、排泄物排出病原，主要经呼吸道、消化道和伤口感染。本病一年四季均可发生，但炎热多雨季节发病较多，常呈地方流行性。

**[临床症状]**

潜伏期一般为7 d，急性病例潜伏期短、慢性病例潜伏期长。根据临诊表现和病程长短可分为急性败血型、脑膜脑炎型、亚急性型和慢性型。

急性败血型：多见于成年猪，表现为突然发病，体温升高到40～43℃，呈稽留热。呼吸迫促，鼻镜干燥，食欲废绝，喜卧，便秘，流浆液性或黏液性鼻液，眼结膜潮红，有分泌物，耳、颈、腹下皮肤出现紫斑。有的猪出现多发性关节炎，表现为跛行，爬行或不能站立；有的猪出现共济失调、磨牙、空嚼或昏睡等神经症状。病程后期出现呼吸困难、衰弱、麻痹，多数1～3 d死亡，死前天然孔流出暗红色或淡黄色液体，死亡率80%～90%。

脑膜脑炎型：多见于仔猪，表现为体温升高到40.5～42.5℃，精神沉郁，不食，便秘，流浆液性或黏液性鼻液，很快出现特征性的脑膜脑炎神经症状，如共济失调、转圈、磨牙、空嚼，继而出现后肢麻痹，前肢爬行，倒地、四肢划动似游泳状，最后昏迷死亡。病程短者几小时，长者1～5 d，死亡率极高。淋巴结脓肿型：以颌下、咽部、颈部等处淋巴结化脓和形成脓肿为特征。

亚急性型和慢性型：多见于流行后期的病例或急性型转变而来的病例。主要表现为关节炎、心内膜炎、组织化脓等。特征是流行缓慢，病情缓和，病程长久(有时可达1个月以上)，病猪发育迟缓。链球菌病也是人畜共患病。

[病理变化]

可分为以下四种类型。

急性败血型:以败血症为主,表现为血液凝固不良,皮下、黏膜、浆膜出血,鼻腔、喉头及气管黏膜充血,腔内有大量气泡,肺充血肿胀,全身淋巴结不同程度的肿大、充血和出血,心包有淡黄色积液,心内膜有出血点,多数病例脾脏肿大1~3倍,出血,呈暗红色,边缘有黑红色出血性梗死区,肾脏轻度肿大、出血,颜色暗红,脑膜充血、出血,胃及小肠黏膜充血、出血,浆膜腔、关节腔积液,有纤维素性渗出物。

脑膜脑炎型:脑膜充血、出血,重者溢血。少数脑膜下积液,脑实质有点状出血,脊髓也有类似变化,其他病变与急性败血型相同。

淋巴结脓肿型:颌下、咽部、颈部等处淋巴结化脓和形成脓肿。

亚急性型和慢性型:多发性关节炎时,可见关节肿大,关节囊内有黄色胶冻样液体或纤维素性脓性渗出物。心内膜炎时,可见心瓣膜增厚,表面粗糙,有菜花样赘生物。

[诊断要点]

根据该病的流行病学、临床症状、病理变化等可做出初步诊断,常用的实验室诊断方法有触片染色镜检、细菌分离培养和动物接种试验。必要时用PCR方法进行菌型鉴定。

[防制要领]

加强饲养管理和卫生消毒,改善饲养环境、降低饲养密度、加强通风、保持干燥,提高动物机体的免疫抗病力。初步疑似诊断后,应及时报告防疫监督机构,尽快采集病料送检,进行确诊。疫情得到确诊后,按照农业部《猪链球菌病应急防治技术规范》实施严格封锁,限制生猪移动,对患病猪实施无血扑杀,对同群猪立即进行强制免疫接种或选用高敏药物进行预防性治疗5~7 d,并隔离观察14 d,必要时可对同群猪进行扑杀处理。对被扑杀的猪、病死猪及排泄物、可能被污染饲料、污水等进行无害化处理,对可能被污染的物品、交通工具、用具、畜舍进行严格彻底消毒。并做好人员防护工作,做好用具、场地和自身的消毒工作。加强检疫工作,不得销售、食用病死猪肉和未经动物防疫检疫机构检疫或检疫不合格的动物产品。

## 三、猪痢疾



猪痢疾又称血痢、黑痢,是由猪痢疾短螺旋体引起猪的一种肠道传染病。以腹泻、以黏液性或黏液性出血性下痢,大肠黏膜卡他性出血性炎症,有的发展为纤维素性坏死性炎症为特征。

[病原]

猪痢疾短螺旋体呈螺旋状,有4~6个弯曲,两端尖锐,能运动,革兰氏染色阴性。猪痢疾短螺旋体厌氧,对培养基要求较高。对外界环境有较强的抵抗力,在粪便中5℃时存活61 d,25℃时存活7 d,但37℃时很快死亡。常用消毒药如2%氢氧化钠溶液、0.1%高锰酸钾溶液、3%来苏儿溶液均能将其杀死。

[流行特点]

各个年龄、性别和品种的猪均易感,但7~12周龄的小猪易感性最高。病猪和带菌猪是主要的传染源,经粪便排出病原,污染环境、饲料、饮水和用具等,经消化道感染。此外鼠类、鸟类、人和其他动物也是不可忽视的传染源。本病一年四季均可发生,流行经过比较缓慢,持续时间较长。饲养管理不当、气候异常、长途运输、拥挤、饥饿均可促进本病的发生和流行。本病一旦侵入猪场,则很难根除,用药可暂时好转,但停药后易复发。小猪的发病率可达75%,死亡率5%~25%。

[临床症状]

潜伏期2 d至2个月以上,一般为10~14 d。根据临诊表现和病程可分为最急性型、急性型和慢性型。

最急性型:多见于流行初期,往往不表现临诊症状,突然死亡。

急性型:本型较多见,病猪体温升高到40~40.5℃,精神沉郁,食欲不振,持续腹泻,弓背,消瘦脱水。初期粪便为黄色或灰色软便,后期粪便恶臭,呈棕色或黑红色,混有黏液、血液、纤维素性物质和坏死组织碎片，多数衰竭死亡，有的转为慢性型。病程 7～10 d。

慢性型：本型病情较轻。病猪精神、食欲不振，消瘦，贫血，下痢，粪便中黏液和坏死组织碎片增多、血液较少。病程 1 个月以上，多数成为僵猪。

[病理变化]

病变局限于大肠，病变区域与回肠界限分明。急性病例大肠壁和肠系膜充血、肿胀、附有黏液、血块和纤维素性渗出物，肠内容物稀薄，混有血液。慢性病例肠壁水肿减轻，但炎症加重，黏膜出血性纤维素性炎症。黏膜表层坏死，形成灰色纤维素性伪膜，呈麸皮样或豆腐渣样外观，剥去伪膜可见浅表性溃疡面。

[诊断要点]

根据该病的流行病学、临床症状、病理变化等可做出初步诊断。确诊需要进一步做实验室病原学诊断和血清学诊断，血清学诊断主要有琼脂扩散试验、酶联免疫吸附试验和凝集试验。

[防制要领]

本病尚无疫苗预防，在猪群中又很难根除，药物只能降低发病率和死亡率，停药后极易复发。无病的猪场要坚持自繁自养原则，不从有疫情的地区或猪场引进种猪；加强饲养管理，实行全进全出制度，做好消毒工作。猪群一旦发病应迅速隔离，严格处理粪便，用 2%氢氧化钠溶液或 20%新鲜石灰乳进行环境消毒。最好全群淘汰，若不能做到全群淘汰，可用凝集试验或其他方法进行检疫，对病猪实行屠宰淘汰，感染猪群实行药物治疗，无病猪群实行药物预防。

## 四、猪支原体肺炎

猪支原体肺炎又称猪地方性肺炎、猪霉形体肺炎、猪气喘病，是由猪肺炎支原体引起的猪的一种慢性呼吸道传染病。主要临床症状为咳嗽和气喘，病理变化在肺脏的心叶、尖叶、中间叶及膈叶前下缘出现“肉变”或“胰变”。

[病原]

猪肺炎支原体因无细胞壁，故具有多形性，有球状、环状、点状、杆状、两极状，不易着色，可用姬姆萨或瑞特氏染色。对外界环境抵抗力不强，最多只能存活 36 h，常用消毒药能杀死。本菌对青霉素和磺胺类药物不敏感，但对壮观霉素、卡那霉素、土霉素敏感。

[流行特点]

本病仅见于猪，无年龄、性别和品种的差异，但乳猪和断乳仔猪易感染，发病率和死亡率高；其次是怀孕后期和哺乳期的母猪；育肥猪发病率低，症状也较轻；成年猪多呈慢性或隐性经过。病猪和带菌猪是本病的传染源，通过咳嗽、气喘和喷嚏等将病原体排出，形成飞沫，经呼吸道而感染。一年四季均可发病，但在寒冷、多雨、潮湿或气候骤变时发病率较高。本病一旦传入猪场，如不采取严格措施，很难彻底扑灭。

[临床症状]

潜伏期一般为 11～16 d、短的 3～5 d、最长的可达一个月以上。根据病程可分为急性、慢性和隐性三种类型，但以慢性和隐性多见。

急性型：多见于新疫区和新发病的猪群，病初精神不振，头下垂，站立一隅或趴伏在地，呼吸加快可达 60～120 次/min。病猪表现呼吸困难，严重者张口喘气，发出喘鸣声，呈腹式呼吸。咳嗽次数少而低沉，有时出现痉挛性阵咳。体温一般正常，如发生继发感染，则体温升高。病程 1～2 周，死亡率较高。

慢性型：多是由急性型转变而来，也有原发慢性型。常见于老疫区的架子猪、育肥猪和后备猪。病猪表现咳嗽和气喘，咳嗽多见于早晚、驱赶、运动或吃食之后，咳嗽时表现为呆立、拱背、伸颈、垂头。病初多为单咳，随病程发展则出现痉挛性阵咳，有不同程度的呼吸困难，呼吸加快，呈腹式呼吸。以上症状时而明显，时而缓和。病猪通常生长发育不良，甚至停滞，病程数月，长者达到半年以上。

隐性型：通常由以上两型转变而来，病猪在饲养状况良好时，不表现任何症状，生长也正常，但 X 线检查或剖检可见肺部有不同程度的病变。在老疫区的猪中占相当多的比例。如饲养管理不当，则会出现急性或慢性病例，甚至引起死亡。本型病猪仍带毒排毒，也是造成本病流行的一个不可忽视的因素。

［病理变化］

主要见于肺、肺门淋巴结和纵隔淋巴结。肺脏表现为融合性支气管肺炎，初期多见于心叶、尖叶和隔叶的前下缘呈淡红色或灰红色半透明，病变部界限明显，似鲜肌肉样，俗称“肉变”，病变区切面湿润，小支气管内有灰白色泡沫状液体。随着病程延长，病变部位转变为浅红色、灰白色或灰红色，半透明状程度减轻，形似胰脏，俗称“胰变”或“虾肉样变”。肺门和纵隔淋巴结肿大、切面多汁外翻，边缘轻度充血，呈灰白色。

［诊断要点］

对急性型和慢性型病例，可根据流行特点、临床症状和病理变化的特征可做出诊断，但注意与猪肺疫和猪肺丝虫病的区别。对隐性型病例则需要实验室诊断或使用X线透视才能确诊。

［防制要领］

未污染地区和猪场，坚持自繁自养，杜绝本病的侵入。污染地区和猪场，商品猪集中育肥出售，彻底消毒，空舍半个月以上。种猪进行临床和X线胸透检查，分出健康和病猪群，严格隔离，病猪中种用价值不大的直接淘汰，培养健康猪群。药物治疗同时交替使用土霉素（肌内注射，每千克体重 50 mg，首次加倍）和卡那霉素（肌内注射，每千克体重 2 万～4 万 IU），每日 2 次，收效良好。

## 任务二　病毒性疾病

### 一、猪瘟

猪瘟是由猪瘟病毒引起的猪的一种急性、热性，高度接性的传染病。其特征是发病急，高热稽留和细小血管变性，引起全身广泛性点状出血和脾脏的梗死。

［病原］

猪瘟病毒属于黄病毒科瘟病毒属，有囊膜的 RNA 病毒。猪瘟病毒对外界环境的抵抗力不强，在粪便中 20℃能存活 2 周，72～76℃ 1 h 能杀死，日光直射时，1～4 周能杀死。常用的消毒药有 2%氢氧化钠溶液、5%漂白粉溶液、5%～10%石灰水和 3%～5%来苏儿溶液等。2%氢氧化钠溶液是最合适的消毒剂。

［流行特点］

猪是本病唯一的易感动物，无年龄、性别、品种的差别。病猪和带毒猪是主要的传染源，传播的主要方式是病猪与健康猪的直接接触。感染猪在发病前即可从口、鼻及泪腺分泌物，尿和粪中排毒，直到死亡。侵入门户是口腔、鼻腔、眼结膜、生殖道和损伤的皮肤黏膜。一年四季均可发病，一般以春、秋多发。

［临床症状］

潜伏期为 5～7 d，最短的 2 d，最长的 21 d。根据临床症状和病程可分为最急性型，急性型，慢性型，温和型猪瘟（非典型猪瘟）。

最急性型：多见于流行初期和首次发生猪瘟的猪场，表现为突然发病，高热稽留，体温达 42℃以上，四肢末梢、耳尖和黏膜发绀，全身多处有出血点或出血斑，全身痉挛，四肢抽搐，卧地不起而死亡。病程 5 d 以内，死亡率为 90%～100%。

急性型：最常见，体温升高 2℃左右，呈稽留热。病猪精神高度沉郁，食欲废绝，喜饮，怕冷挤卧，好钻草窝，先便秘，后腹泻，粪便中带有血液。结膜发炎，初期为黏性分泌物，后期为脓性分泌物，有时第二天早晨发现病猪的上下眼睑粘着在一起。初期可见皮肤潮红充血，后期呈点状出血，一般多见于耳、四肢、腹下等部位。公猪包皮积尿，挤压时流出浑浊、恶臭的尿液。呼吸急促，心跳加快。病程 1～2 周，死亡率 50%～60%。

慢性型：多见于有本病流行的猪场或防疫卫生条件不好的猪场。病猪表现被毛粗乱，消瘦，精神沉郁，食欲减少，全身衰弱，行走摇摆不稳，常拱背呆立。便秘和腹泻交替出现。有的猪皮肤出现紫斑或坏死痂。病程 1 个月以上，死亡率 10%～30%。

温和型猪瘟：母猪感染低毒力猪瘟病毒后，不表现典型的猪瘟症状，可导致流产、木乃伊胎、畸形胎、死胎，产出有颤抖症状的弱仔猪或外表健康的先天性感染仔猪。产出的弱仔猪一般数天后死亡，不死者可终生带毒和排毒。

［病理变化］

最急性型：多无特征性病变，仅见浆膜、黏膜、淋巴结和肾脏等处有少量的出血斑点。

急性型：以皮肤和内脏器官的出血变化为主。皮肤上有大小不等的出血点。全身淋巴结肿大、出血，表面呈暗红色或黑红色，切面边缘呈黑红色，中间有红白相间的大理石样花纹，这种病变有诊断意义，多见于颌下淋巴结和腹腔淋巴结。肾脏表面有出血点，严重时有出血斑。膀胱黏膜有出血点。脾脏不肿大，但边缘上出现特征性的、大小不一、数量不等、呈紫黑色，突出于脾表面的出血性梗死灶。

慢性型：出血和梗死不明显，主要是在回盲瓣周围、盲肠和结肠黏膜上发生坏死性肠炎，形成轮层状纽扣状溃疡，突出于黏膜表面，呈褐色或黑色，中央凹陷。

温和型猪瘟：母猪感染后表现为繁殖障碍，主要发生木乃伊胎、畸形胎、死胎。或产出先天性感染仔猪。死胎呈现皮下水肿，腹水和胸水增多，皮肤有点状出血。畸形胎儿表现头和四肢变形，小脑、肺和肌肉发育不良。

［诊断要点］

典型的急性猪瘟根据流行特点、临床症状和病理变化可做出准确的诊断。慢性和温和型猪瘟与急性猪瘟不同，因临床症状和病变不典型，做出临床诊断比较困难，必须进行实验室诊断，才能确诊。实验室诊断的主要方法是兔体交互免疫试验、荧光抗体技术或酶标抗体技术。

［防制要领］

平时加强饲养管理，搞好猪舍及环境卫生，定期消毒。坚持自繁自养的原则，制定合理的免疫程序进行免疫接种。发病时立即隔离，封锁疫区，对所有猪进行测温和临床检查，病健隔离。对急宰病猪的死尸，宰后的血液、内脏及污物，污染的场地、用具和工作人员等都应严格消毒，对猪舍、垫草、粪便、吃剩的饲料也应消毒，以防病毒扩散。对受威胁区的猪用猪瘟兔化弱毒冻干疫苗，2～4 倍剂量进行紧急预防接种。

## 二、猪繁殖与呼吸综合征

猪繁殖与呼吸综合征是由猪繁殖与呼吸综合征病毒引起猪的一种繁殖障碍和呼吸道症状的传染病。因为部分病猪的耳部发紫，又称“猪蓝耳病”。

［病原］

猪繁殖与呼吸综合征病毒归属于动脉炎病毒科，动脉炎病毒属。病毒呈球形，二十面体对称，有囊膜的 RNA 病毒。该病毒对热敏感，37℃ 48 h、56℃ 45 min 即活性丧失；对低温不敏感，对乙醚和氯仿敏感。

［流行特点］

本病主要侵害种公猪、繁殖母猪及仔猪，而育肥猪发病比较温和。病猪及带毒猪是本病的主要传染源，可通过鼻、眼的分泌物、粪便和尿液等排出病毒，感染健康猪。本病主要通过呼吸道或通过公猪的精液经生殖道在同群猪中进行水平传播，也可以在母子间进行垂直传播。猪场的饲养管理不当，卫生条件差，可促进本病的流行。

［临床症状］

潜伏期 4～7 d，自然感染一般为 14 d。根据病的严重程度和病程不同，临床表现不尽相同。

母猪感染本病表现精神倦怠、厌食、发热，体温升高达 40～41℃，食欲废绝，精神沉郁。部分猪的腹部、耳部、四肢末端、口鼻皮肤呈青紫色，以耳尖发绀最常见，故称“蓝耳病”。妊娠后期发生早产、流产、死胎、木乃伊胎及弱仔。母猪流产后2～3周开始康复，但再次交配时受胎率明显降低，发情期也常推迟。这种现象往往持续6周，而后出现重新发情的现象，但常造成母猪不育或产奶量下降，少数猪耳部发紫，皮下出现一过性血斑。有的母猪出现肢体麻痹性神经症状。

仔猪感染表现严重呼吸困难，食欲不振，发热，肌肉震颤、后肢麻痹、共济失调、打喷嚏、嗜睡，有的仔猪耳尖发紫和肢体末端皮肤发绀，死亡率高达80%。早产仔猪在出生后当时或几天内死亡。公猪感染后表现食欲不振，精神沉郁，呼吸困难和运动障碍，性欲减弱，精液数量和活力下降。育肥猪感染后表现为食欲不振，轻度的呼吸困难和耳尖皮肤发绀，但发育迟缓。

［病理变化］

主要见于肺弥漫性间质性肺炎，并伴有细胞浸润和卡他性肺炎。仔猪头部水肿，胸腹腔积液。

［诊断要点］

根据妊娠母猪发生流产，仔猪呼吸困难和高死亡率，以及病理变化可做出初步诊断，确诊必须进行实验室检查。

［防制要领］

本病目前尚无特效药物疗法，主要采取综合防制措施及对症疗法。最根本的办法是消除病猪、带毒猪和彻底消毒，切断传播途径。严禁从发生本病的地区或猪场引进种猪，严格执行引种隔离检疫制度。在疫区可用灭活苗或弱毒苗进行免疫接种。对死亡的仔猪和所产死胎、木乃伊胎，应挖坑深埋，以防病原扩散。

## 三、猪细小病毒感染

猪细小病毒感染是由猪细小病毒引起的繁殖障碍病，以受感染母猪，尤其是初产母猪出现死胎、畸形胎、木乃伊胎或产出病弱仔猪，偶有流产，母猪本身无症状为特征。

［病原］

猪细小病毒是一种无囊膜、正二十面体对称的DNA病毒。病毒在感染细胞中可形成核内包涵体，能凝集人、豚鼠、小鼠、鸡的红细胞。本病毒对热和消毒药的抵抗力很强，56℃能耐受48 h、70℃能耐受2 h，但80℃经5 min能使其丧失感染性和血凝活性。对酸碱有较强的抵抗力，在pH3.0～9.0稳定。能抵抗乙醚、氯仿等脂溶剂，但0.5%漂白粉溶液、1%～1.5%氢氧化钠溶液、0.3%次氯酸钠溶液5 min内能将其杀灭。

［流行特点］

猪是唯一的易感动物，无年龄、性别、品种差别。病猪和带毒猪是主要传染源。感染母猪的仔猪、死胎和子宫分泌物中含有大量病毒，通过污染猪舍环境、饲料、饮水、器具，经呼吸道和消化道感染。感染公猪的精液中也含有病毒，可通过配种感染母猪。本病多发于4～10月份，具有很高的感染性，常见于初产母猪，一旦传入易感猪群，3个月内可致全群感染。多呈地方流行性或散发，可造成发病猪场连续多年母猪繁殖失败。母猪在怀孕期的前30～40 d最易感染。

［临床症状］

不同孕期的母猪感染症状有所不同，怀孕30 d内感染，胚胎死亡率达80%～100%，多见死亡胚胎被母体吸收，导致母猪不孕或不规则地反复发情；怀孕30～50 d内感染，主要是产木乃伊胎；怀孕50～60 d内感染，多出现死胎；怀孕60～70 d内感染，母猪则表现流产症状；怀孕70 d后感染，大多数能正常生产，但仔猪可长期带毒。母猪除上述表现外和怀孕中后期母猪腹围缩小外，大部分无其他明显症状，个别病例可见体温升高、后躯运动不灵活或瘫痪，关节肿大、体表有圆形肿胀。本病还可引起经产母猪产弱仔、异常仔、产仔数少和久配不孕。

［病理变化］

母猪子宫内膜有轻微炎症，胎盘有部分钙化。胚胎在子宫内被溶解、吸收。感染胎儿可见充血、水肿、出血、体腔积液、木乃伊化及坏死等病变。

［诊断要点］

根据该病的流行病学、临床症状、病理变化等可做出初步诊断。实验室诊断有血清学诊断，可用荧光抗体试验、中和试验、血凝抑制试验、酶联免疫吸附试验、琼脂扩散试验和补体结合试验。

［防制要领］

本病尚无有效的治疗方法，平时加强饲养管理，搞好定期消毒，尽量做到自繁自养、不从有疫情的地区或猪场引进种猪，从外地购入的种猪，严格执行引种隔离检疫制度。用灭活疫苗对初产母猪、后备母猪、断奶公猪进行免疫接种，培育出阴性猪群。

## 四、猪传染性胃肠炎

猪传染性胃肠炎是由猪传染性胃肠炎病毒引起猪的一种急性、高度接触性肠道传染病。以呕吐、严重下痢、脱水为特征。

［病原］

猪传染性胃肠炎病毒是一种呈球形、椭圆形和多边形，表面有纤突的 RNA 病毒。本病毒对外界环境抵抗力较强，能耐低温，但不耐热，对阳光直射、紫外线敏感。56℃经 45 min，65℃经 10 min 能将其杀死，阳光曝晒 6 h 即被灭活，紫外线能使其迅速死亡。病毒 pH4～8 稳定，但 pH2.5 时则被灭活。常用消毒药如 2%氢氧化钠溶液、0.5%石炭酸溶液、1%～2%甲醛溶液能将其杀死。

［流行特点］

各种年龄的猪均易感，随日龄增加发病率和死亡率降低。病猪和带毒猪是主要的传染源，通过粪便、分泌物、乳汁、呕吐物排出病毒，污染饲料、饮水和用具，经消化道或呼吸道感染易感猪。

本病传播速度快，2～3 d 可蔓延至全群。冬、春季节发病最多，夏季发病最少。新疫区呈流行性发生，几乎所有的猪都发病，10 日龄以内仔猪的发病率和死亡率很高，可达 100%，断乳猪、育肥猪、成年猪症状较轻，大多能自然康复并获得免疫，有 50%的康复猪带毒、排毒达 2～8 周，最长可达 104 d。老疫区呈地方性流行或间歇性流行，因成年猪群普遍带毒并形成抗体，仔猪哺乳期间能从母乳中获得母源抗体，因此很少发病，但断乳后又重新成为易感动物，使本病得以延续。

［临床症状］

潜伏期短，一般 15～18 h，最长 2～3 d。仔猪突然发病，先是呕吐，接着呈喷射状水样腹泻，粪便淡黄色、绿色或灰白色，恶臭，常含有未消化的凝乳块和泡沫。病初体温升高，腹泻后下降。病猪精神沉郁、被毛粗乱、极度口渴，严重脱水。日龄越小，病程越短，死亡率越高，10 日龄以内的仔猪一般 2～7 d 后死亡，死亡率可达 100%，耐过仔猪生长发育不良，成为僵猪。断乳猪、育肥猪和成年猪发病较轻，稍有精神沉郁，食欲不振，个别猪呕吐、水样腹泻，粪便灰色或褐色，一般 3～7 d 后康复，极少死亡。泌乳母猪可出现停乳现象。

［病理变化］

主要是严重脱水和卡他性胃肠炎。胃和小肠内充满乳白色凝乳块，胃底黏膜潮红充血，有的可见出血和溃疡。小肠壁充血，肠管膨胀、变薄、呈半透明状，肠内充满灰白色或黄绿色泡沫状液体。回肠、空肠绒毛变短、萎缩，甚至脱落变平。

［诊断要点］

根据该病的流行病学、临床症状、病理变化等可做出初步诊断。病原学诊断取腹泻早期病猪空肠和回肠的刮取物做涂片，或空肠、回肠的冰冻切片，用直接免疫荧光法检查病毒抗原。血清学诊断取发病猪急性期和康复期血清，用中和试验、双抗体夹心 ELISA 法、间接 ELISA 法检查病毒抗体。

［防制要领］

本病尚无有效的治疗方法。应加强饲养管理，严格防疫制度，杜绝本病的传入。未发病猪场可选用灭活疫苗或弱毒疫苗对母猪进行免疫接种，仔猪出生后可通过乳汁获得被动免疫，保护率可达95%以上。发病时对发病猪隔离治疗，对假定健康猪群进行紧急免疫接种，用2%氢氧化钠溶液对猪舍、环境、用具等进行彻底消毒。发病后采取对症疗法，以减轻脱水、防止酸中毒和继发感染。

## 五、猪伪狂犬病

猪伪狂犬病是由伪狂犬病病毒引起猪的一种急性、高度接触性传染病，以仔猪出现非化脓性脑炎等中枢神经症状，断奶猪和育肥猪出现呼吸道症状，妊娠母猪出现流产、死胎、木乃伊胎等繁殖障碍为特征。

[病原]

伪狂犬病病毒是一种有囊膜、呈正二十面体对称，表面有放射状纤突的DNA病毒。本病毒对外界环境的抵抗力较强。在物体表面和水中可存活7 d，对pH 4～9稳定，在腐败病料中可存活11 d，但对热敏感，56℃经45 min，80℃经3 min可将其灭活，对紫外线、乙醚、氯仿、甲醛敏感，常用消毒药能将其杀死。

[流行特点]

本病多发于秋、冬寒冷季节。多种动物均可自然感染，其中猪最易感。病猪和带毒猪是主要的传染源，隐性感染猪和康复猪可以长期带毒。经消化道、呼吸道、破损的皮肤或黏膜、配种感染，也可经胎盘垂直传播。除猪以外的其他动物感染发病后，均以死亡告终。

[临床症状]

潜伏期3～6 d，最长可达10 d。临诊表现随年龄不同而有较大差异。3周龄以内的仔猪表现为突然发病，体温升高到41℃以上，病猪精神委顿、厌食、呕吐、腹泻，随后出现兴奋不安，运动失调、前冲、后退、转圈、前肢呈八字形叉开呆立，全身肌肉痉挛、倒地抽搐、头向后仰、四肢划水状运动，病程1～2 d，死亡率可达100%。断奶猪和育肥猪表现为轻度发热、咳嗽、呼吸困难，病程1～2 d。有的病例还可出现腹泻症状，几天后恢复。病死率很低，但出现日增重迟缓现象。妊娠母猪表现为流产，产死胎、木乃伊胎、弱仔等症状，所产弱胎出生后不久出现典型的神经症状，多在2～3 d后死亡。后备母猪和空怀母猪常出现不发情、屡配不孕或返情现象。公猪常出现睾丸肿胀、萎缩、精液品质下降，失去种用能力。

[病理变化]

病理变化主要是呼吸系统病变和明显的非化脓性脑炎。流产母猪有轻度子宫内膜炎。流产、死产胎儿大小一致，有不同程度的软化现象，胸腹腔、心包腔有棕褐色积液，肾脏、心肌有点状出血，肝脏、脾脏上有灰白色坏死灶。公猪可见阴囊水肿和渗出性鞘膜炎。

[诊断要点]

根据该病的流行病学、临床症状、病理变化等可做出初步诊断，实验室诊断有动物接种和血清学诊断。

[防制要领]

主要采取加强饲养管理，检疫、隔离淘汰，免疫接种，猪群净化等综合性防治措施。平时加强饲养管理，搞好定期消毒，坚持自繁自养、不从有疫情的地区或猪场引进种猪。对可疑病猪进行隔离，同时进行实验室诊断，确诊后对发病猪场进行封锁，淘汰、扑杀病猪和阳性猪，对假定健康猪群和阴性猪用灭活疫苗进行紧急接种。

## 【案例分析】

分析以下案例，根据病史和临床检查，提出初步诊断，制定防治措施。

案例1　某农户饲养15头70 d龄猪中有6头猪精神沉郁、被毛粗乱、弓背、喜卧、呆滞，被驱赶时站立一旁，运步无力，食欲几乎废绝，饮欲增加，呼吸急促，没有接种任何疫苗。

临床检查：体温高达41℃，有浆液性的鼻液，偶呈犬坐姿势，轻度的腹泻或便秘，猪体表发红在腹下、鼻端、耳根和四肢等部位可见红色斑点，指压不褪色，触动时尖叫，极度虚弱。

案例2　某猪场发生母猪流产和育肥猪呼吸困难疫情，猪场负责人介绍，最近气温回升，猪舍温棚内温度高，气味大，拆开一角通气，猪只受冷空气刺激呼吸困难，咳嗽，部分怀孕母猪发生流产、早产、死胎。

临床检查：育肥猪少数病例可表现出咳嗽及双耳背面、边缘、腹部及尾部皮肤出现深紫色，犬坐式呼吸。母猪主要表现为精神沉郁、食欲减少或废绝、发热，出现不同程度的呼吸困难，妊娠后期(105～107 d)易发生流产，少数母猪为产后无乳、胎衣停滞及阴道分泌物增多。

案例3　某养殖基地一农户(存栏母猪100头)，突然出现母猪群采食量下降，部分高烧不退、呼吸困难；陆续表现出急性败血症，心肺衰竭死亡；发病急，死亡快；曾肌内注射磺胺六甲和柴胡，效果不佳。据农户反映，2～3 d内已发生母猪急性死亡5头，猪群采食量整体下降至正常的2/3，不吃料的母猪近20头。

临床检查：发病母猪高烧41.5℃左右，部分背部，下颌部及面部皮肤出现典型不规则的红色疹块。

案例4　某个体饲养的母猪产下木乃伊胎四个、死胎两个、弱胎三个(7 d全部死亡)。以后在该猪场相继有大批母猪产死胎、木乃伊胎、弱胎、母猪久配不孕、流产等现象出现。

临床检查：处女猪发病率达92%，死胎率39.5%，经产母猪死胎率29.3%，临床表现为胎儿感染致死、木乃伊胎、畸形胎及正常胎儿为特征。

## 【知识拓展】

### 猪流行性腹泻

猪流行性腹泻是由猪流行性腹泻病毒引起住的一种接触性肠道传染病，其特征为呕吐、腹泻、脱水。临床变化和症状与猪传染性胃肠极为相似。1971年首发于英国，20世纪80年代初我国陆续发生本病。本病与传染性胃肠炎很相似，在我国多发生在每年12月份至翌年1～2月份，夏季也有发病的报道。近年来，西南和华北地区发病严重。可发生于任何年龄的猪，年龄越小，症状越重，死亡率高。

**[病原]**

猪流行腹泻病毒属于冠状病毒科冠状病毒属。到目前为止，还没有发现本病毒有不同的血清型。本病毒对乙醚、氯仿敏感。病毒粒子呈现多形性，倾向圆形，外有囊膜。从患病仔猪的肠灌液中浓缩和纯化的病毒不能凝集家兔、小鼠、猪、豚鼠、绵羊、牛、马、雏鸡、和人的红细胞。

**[流行病学]**

本病只发生于猪，各种年龄的猪都能感染发病。哺乳猪、架子猪或肥育猪的发病率很高，尤以哺乳猪受害最为严重，母猪发病率变动很大，为15～90%。病猪是主要传染源。病毒存在于肠绒毛上皮细胞和肠系膜淋巴结，随粪便排出后，污染环境、饲料、饮水、交通工具及用具等而传染。主要感染途径是消化道。

**[临床症状]**

潜伏期一般为5～8 d，人工感染潜伏期为8～24 h。主要的临床症状为水样腹泻，或者在腹泻之间有呕吐。呕吐多发生于吃食或吃奶后。症状的轻重随年龄的大小而有差异，年龄越小，症状越重。一周龄内新生仔猪发生腹泻后3～4 d，呈现严重脱水而死亡，死亡率可达50%，最高的死亡率达100%。病猪体温正常或稍高，精神沉郁，食欲减退或废绝。断奶猪、母猪常呈精神委顿、厌食和持续性腹泻大约一周，并逐渐恢复正常。少数猪恢复后生长发育不良。肥育猪在同圈饲养感染后都发生腹泻，一周后康复，死亡率1%～3%。成年猪症状较轻，有的仅表现呕吐，重者水样腹泻3～4 d可自愈。

**[病理变化]**

眼观变化仅限于小肠，小肠扩张，内充满黄色液体，肠系膜充血，肠系膜淋巴结水肿，小肠绒毛缩短。组织学变化，见空肠段上皮细胞的空泡形成和表皮脱落，肠绒毛显著萎缩。绒毛长度与肠腺隐窝深度的比值有正常的7∶1降到3∶1。上皮细胞脱落最早发生于腹泻后2 h。

［诊断要点］

本病在流行病学和临床症状方面与猪传染性胃肠炎无显著差别，病死率比猪传染性胃肠炎稍低，在猪群中传播的速度也较缓慢些。猪流行性腹泻发生于寒冷季节，各种年龄都可感染，年龄越小，发病率和病死率越高，并逐呕吐，水样腹泻和严重脱水，可用猪流行性腹泻胶体金试纸和核苷酸测序等检测方法进行检确诊。

［防治要领］

本病无特效药治疗，通常应用对症疗法，可以减少仔猪死亡率，促进康复。发病后要及时补水和补盐，给大量的口服补液盐，防止脱水，用肠道抗生素防止继发感染可减少死亡率。可试用康复母猪抗凝血或高免血清，对新生仔猪有一定治疗和预防作用。平时注意消毒和饲养管理，搞好猪舍卫生，注意防寒保暖，但要防止猪舍潮湿闷热，保持舍内空气新鲜，提高猪群健康水平，增强抗病力。实行全进全出的管理，可有效地预防此病的发生。

## 【考核评价】

### 猪链球菌病的实验室诊断

**一、考核题目**

某猪场病猪突然发病，体温升高至41～43℃，精神沉郁、嗜睡、食欲废绝，流鼻涕，咳嗽，眼结膜潮红、流泪，呼吸加快。多数病猪往往头晚未见任何症状，次日凌晨已死亡。少数病猪在病的后期，于耳尖、四肢下端、背部和腹下皮肤出现广泛性充血、潮红。猪场兽医工作人员初步怀疑为猪链球菌，请用所学到的微生物实验室诊断技术予以检测分析。

**二、考核标准**

无菌采集发病猪的唾液、气管分泌物、血液、肝、脾、肾、肺、肌肉、脓肿的关节；发病或病死猪肿胀的淋巴结，颈部淋巴结等。有三种方法可供选择，结合临床症状即可确诊。

1. 涂片染色镜检　将新鲜病料制成涂片或触片，用碱性美蓝法或革兰氏法染色后镜检。应发现有革兰氏染色阳性，直径0.5～1.0 μm，呈球形或卵圆形，成对或以长短不一的链状排列，不成丛、不成堆，无芽孢、偶见荚膜、在营养缺乏的老龄培养基上可染成革兰氏阴性的细菌。

2. 细菌分离培养　选取上述病料，接种于事先置37℃温箱预热2～6 h的血液琼脂的培养基上，37℃培养24 h或更长，应长出灰白色、半透明、湿润黏稠、露珠状菌落，菌落周围出现β型溶血环，镜检可见长短不一链状排列的细菌。猪链球菌还可在血清肉汤和厌氧肉汤中均匀浑浊生长，继而肉汤上部澄清无菌膜，管底形成沉淀。

3. 动物接种实验　选取上述病料，接种于肉汤培养基，37℃培养24 h，取培养物，接种家兔和小鼠，家兔皮下或腹腔注射1～2 mL，小鼠皮下注射0.2～0.3 mL。家兔应于12～26 h、小鼠应于18～24 h死于败血症，死后无菌采心血、腹水、肝、脾抹片镜检，均可见大量单个、成对或3～5个菌体相连的链球菌，相同方法接种豚鼠、鸡，则无易感性。

## 【知识链接】

1. DB11/T 574—2008，种猪场建设规范；
2. DB12/T 528—2014，种猪场猪瘟净化技术规范；
3. DB12/T 529—2014，种猪场猪伪狂犬病净化技术规范；
4. DB13/T 1089—2009，规模猪场口蹄疫综合防控技术规范；
5. DB13/T 1373—2011，规模化猪场寄生虫病防治技术规范；
6. DB13/T 1392—2011，规模猪场猪蓝耳病综合防控技术规范；
7. DB21/T 1756—2009，规模化养猪场寄生虫病防治技术规范；
8. DB22/T 1652—2012，规模化猪场卫生防疫规程；
9. DB23/T 1421—2011，发酵床式猪场建设标准；

10. DB34/T 1577—2011，规模化猪场猪圆环病毒病防控技术规程；
11. DB34/T 1651—2012，规模猪场伪狂犬病净化技术规程；
12. DB34/T 1893—2013，规模猪场副猪嗜血杆菌病防控技术规程；
13. DB34/T 1894—2013，规模猪场猪支原体肺炎防控技术规程；
14. DB43/T 777—2013，规模猪场主要疫病检测技术规程；
15. DB43/T 902—2014，猪场引种疫病控制技术规程；
16. DB45/T 747—2011，猪场生物安全技术规范。

Project 4

# 家禽的传染病

**学习目标**

了解常见鸡传染病病原的生物学特性。掌握传染性鼻炎、鸡葡萄球菌病、新城疫、马立克氏病、传染性法氏囊病、传染性喉气管炎、传染性支气管炎、产蛋下降综合征临床症状和诊断要点，学会常见鸡传染病的防治措施。

【学习内容】

## 任务一　细菌性疾病

### 一、传染性鼻炎

本病是由副禽嗜血杆菌所引起鸡的急性呼吸系统疾病。主要症状为鼻腔和窦腔的炎症，表现流涕、面部水肿和结膜炎。此病分布于全世界，由于感染的产蛋鸡产蛋减少 10%～40%，生长鸡增重停滞及淘汰鸡数增加并且伴有继发感染，常造成严重经济损失。

［病原］

副禽嗜血杆菌属巴氏杆菌科，嗜血杆菌属，呈多形性。幼龄时为一种革兰氏阴性的小球杆菌，两极染色，不形成芽孢，无荚膜，无鞭毛。对热及消毒药也很敏感，在 45℃存活不过 6 min，在冻干条件下可以保存 10 年。

［流行特点］

本病发生于各种年龄的鸡，随着年龄的增加易感性增高，以育成鸡和产蛋鸡最易感，尤以产蛋鸡最易感。

病鸡及隐性带菌鸡是传染源，而慢性病鸡及隐性带菌鸡是鸡群中发生本病的重要原因。其传播途径可由飞沫及尘埃经呼吸道传染，但多数通过污染的饲料和饮水经消化道感染。不能垂直传播。麻雀也能成为传播媒介。

本病的发生与诱因有关。如鸡群拥挤、不同年龄的鸡混群饲养、通风不良、鸡舍内闷热、氨气浓度高或鸡舍寒冷潮湿、缺乏维生素 A，受寄生虫侵袭等都能促使鸡群严重发病。鸡群接种禽痘疫苗引起的全身反应，也常常是传染性鼻炎的诱因。本病多发生于冬、秋两季，这可能与气候和饲养管理条件有关。

［临床症状］

潜伏期短，用培养物或鼻腔分泌物人工鼻内或窦内接种易感鸡，24～48 h 内发病，自然接触感染，常在 1～3 d 内出现症状。最明显的症状是鼻腔和窦内炎症，常仅表现鼻腔流稀薄清液，后转为浆液黏性分泌物，有时打喷嚏；眼周及睑水肿，眼结膜炎、红眼和肿胀。食欲及饮水减少，或有下痢，体重减轻。仔鸡生长不良；成年母鸡在发病一周左右产卵减少；公鸡肉髯常见肿大。如炎症蔓延至下呼吸道，则呼吸困难并有啰音；如转为慢性和并发其他疾病，则鸡群中发出一种污浊的恶臭。病鸡常摇头欲将呼吸道内的黏液排出，最后常窒息而死，一般情况下单纯本病很少造成鸡只死亡(雏鸡感染本病死亡率较高)。

病程一般为 4～8 d，本病在夏季常较缓和，病程亦较短。

无并发感染的发病率高而病死率低。若饲养管理不善，缺乏营养及感染其他疾病时，则病期延长，病情更为严重，病死率也增高。

［病理变化］

主要病变为鼻腔和窦黏膜呈急性卡他性炎，黏膜充血肿胀，表面覆有大量黏液，窦内有渗出物凝块，后成为干酪样坏死物。常见卡他性结膜炎，结膜充血肿胀。脸部及肉髯皮下水肿。严重时可见气管黏膜炎症，偶有肺炎及气囊炎。卵泡变性、坏死和萎缩。

［诊断要点］

根据流行病学特点、症状和病理变化可以怀疑本病。要进一步确诊须进行病原的分离鉴定、血清学试验、动物接种试验和鉴别诊断

［防制要领］

康复带菌鸡是主要的传染源，应该与健康鸡隔离饲养或淘汰；不同日龄的鸡只不能混养；不能从疾病情况不明的鸡场购进种公鸡或生长鸡。鸡舍和设备经清洗和消毒后要闲置 2～3 周方可进场。改善鸡舍

通风，避免过密饲养，带鸡消毒等措施可减轻发病。用多价灭活油剂菌苗对3～5周龄和开产前分两次接种和发病群紧急接种，并配合敏感药物进行治疗。

## 二、鸡葡萄球菌病

由葡萄球菌引起的鸡的急性败血性或慢性传染病。临诊表现为急性败血症、关节炎、脐炎等。雏鸡感染后多为急性败血症的症状和病变，中雏为急性或慢性，成年鸡多为慢性经过，雏鸡和中雏死亡率较高。

［病原］

葡萄球菌为革兰氏阳性球菌，无鞭毛，不形成芽孢和荚膜，常呈葡萄串状排列，在脓汁或液体培养基中常呈双球或短链状排列。葡萄球菌对外界环境的抵抗力较强。在尘埃、干燥的脓血中能存活几个月，加热80℃30min才能杀死。对龙胆紫、青霉素、红霉素、庆大霉素、林可霉素、喹诺酮类药物等敏感，但易产生耐药菌株。

［流行特点］

通过各种途径均可感染，对家禽来说，破裂和损伤的皮肤黏膜是主要的入侵门户。常见于以下几种情况：脐带感染、鸡痘、啄伤、刺种、断喙、笼养鸡擦伤，蚊蝇等吸血昆虫的叮咬。也可通过直接接触和空气传播，多见于鸡群过大、拥挤、通风不良、有害气体浓度过高、维生素缺乏等。

［临床症状］

鸡葡萄球菌病常见于鸡和火鸡，鸭和鹅也可感染发病。其临床表现与病原菌的种类及毒力、鸡只日龄、感染部位及机体状态有关，主要表现为急性败血症、脐炎和关节炎三大类型。败血症型和脐炎型起病急，病程短，而关节炎型多呈慢性经过。

急性败血型：这是本病最常见的病型，多发生于40～60日龄的中雏。病鸡表现全身症状，精神不振或沉郁，不愿走动，常呆立一处或蹲伏，两翅下垂，缩颈，眼半闭呈嗜睡状。羽毛松乱无光泽。饮、食欲减退或废绝。部分病鸡下痢，排出灰白色或黄绿色稀便。特征的症状胸腹部皮下水肿，积聚数量不等的血样渗出液，外观呈紫色或紫褐色，有明显的波动感，局部羽毛脱落，或用手一摸即可脱掉，有的可自行破溃，流出茶色或紫红色液体，与周围羽毛粘连，局部污秽，有的病鸡在翅膀背侧及腹侧、翅尖、背部及腿部等处的皮肤出现大小不等的出血、皮下浸润，溶血糜烂，后期则表现为炎性坏死，局部干燥结痂，暗紫色，无毛。多数病鸡在2～5 d死亡，严重的1～2 d死亡。

脐炎型：脐炎多发生在刚孵出不久的幼雏，俗称"大肚脐"，病雏腹部膨胀，脐孔发炎肿大，有时脐部有暗红色或黄色液体。病程稍长则变成干涸的坏死物。脐炎病鸡一般在出壳后2～5日龄死亡。

关节炎型：表现多个关节肿胀，特别是趾、跖关节较为多见。呈紫红或紫黑色，有波动感，有的见破溃，并结成污黑色痂。病鸡表现跛行，不愿站立和走动，多伏卧，一般仍有食欲，多因采食困难，最后衰竭死亡，尤其在大群饲养时更为明显。

火鸡多见胫骨部关节肿胀，有热感、硬化、脱皮，常波及腱鞘。食欲废绝，死亡。剖检败血症病禽，可见胸部皮下充血，胶样浸润。肝、脾肿大，有白色坏死点。

鸭和鹅一般是因蹼或趾被划破而感染。急性病例常表现为跗、胫和趾关节发生炎性肿胀，有热痛。也常见结膜炎和腹泻。有时发生龙骨上浆液性滑膜炎。病程6～7d，预后死亡。慢性病例主要表现为关节炎。肿胀、跛行、不愿走动，常在2～3周后死亡。

［病理变化］

急性败血型：特征病变是胸、腹部皮下出血和炎性水肿。切开皮肤可见整个胸、腹部皮下出血、溶血，呈弥漫性紫红色或黑红色，积有大量胶冻样粉红色水肿液，水肿可延至两腿内侧、后腹部，向前可达嗉囊周围。肝脏肿大，淡紫红色，有花纹或斑驳样变化，小叶明显。在病程较长的病例，肝脏表面可见数量不等的白色坏死点。脾脏偶见肿大，紫红色，病程稍长者也有白色坏死点。有的病禽在体表发生大小不一的出血灶和炎性坏死，形成黑紫色结痂。

关节炎型：可见关节滑膜炎症，表现关节肿胀，滑膜增厚，关节腔内有浆液性或纤维素性渗出物。病程较长的病例，渗出物变为干酪样物，甚至关节周围结缔增生及关节变形。

脐炎型：可见脐部肿大，呈紫红色或紫黑色，有暗红色或黄红色液体，时间稍久则为脓样干固坏死物。肝有出血点，卵黄吸收不良，呈黄红或黑灰色。

［诊断要点］

根据流行病学特点，各型的临床症状及病理变化，可作出本病的初步诊断。但最后确诊还需进行实验室检查。实验室诊断主要有病原体检查、动物接种试验、血清学检查等方法。

［防制要领］

减少敏感宿主对具有毒力和耐抗生素菌株的接触，严格控制有传播病菌危险的病人和病畜。其次，要注意消毒，加强饲养管理。治疗时对分离的菌株进行药敏试验，找出敏感药物进行治疗。

## 任务二　病毒性疾病

### 一、新城疫

新城疫（ND）也称亚洲鸡瘟或伪鸡瘟，是由新城疫病毒（NDV）引起的鸡和火鸡急性高度接触性传染病，常呈败血症经过。

［病原］

新城疫病毒属于副黏病毒科腮腺炎病毒属，NDV 有血凝特性，可用 HA 和 HI 来鉴定病毒和进行流行病学调查。

对乙醚、氯仿敏感。病毒在 60℃ 30 min 失去活力，真空冻干病毒在 30℃，可保存 30d，在直射阳光下，病毒经 30 min 死亡。病毒在冷冻的尸体可存活 6 个月以上。常用的消毒药如 2%氢氧化钠、5%漂白粉、70%酒精在 20 min 即可将 NDV 杀死。它对 pH 稳定，pH3～10 不被破坏。

［流行特点］

鸡、火鸡、珠鸡及野鸭对本病都有易感性，以鸡最易感。各种年龄的鸡，易感性也有差异，幼雏和中雏易感性最高，两年以上鸡较低。水禽（鸭、鹅）对本病有抵抗力，但可从鸭、鹅中分离 NDV。近年来在我国一些地区出现对鹅也有致病力的 NDV，并且造成很大的经济损失。

本病的传播途径主要是呼吸道和消化道，鸡蛋也可带毒而传播本病。ND 一年四季均可发生，但以春秋两季较多，这取决于不同季节中新鸡的数量，鸡只流行情况和适于病毒存活及传播的外界条件。

［临床症状］

自然感染的潜伏期一般为 3～5 d，人工感染 2～5 d，根据临诊表现和病程的长短分为最急性、急性、慢性三种类型。

最急性型：突然发病，常无特征症状而迅速死亡，多见于流行初期和雏鸡。

急性型：病初体温升高达 43～44℃，食欲减退或废绝，有渴感，精神萎靡，不愿走动，垂头缩颈或翅膀下垂，眼半开或全闭，状似昏睡，鸡冠及肉髯渐变暗红色或暗紫色。产蛋鸡产蛋率下降，并且出现蛋壳颜色变淡、软壳蛋、无壳蛋。随着病程的发展，出现比较典型的症状，病鸡咳嗽，呼吸困难，有黏液性鼻漏，常伸头，张口呼吸，并发出“咯咯”的喘鸣声或尖锐的叫声。嗉囊内充满液体内容物，倒提时常有大量酸臭液体从口内流出。粪便稀薄，呈黄白色、黄绿色甚至绿色。有的病鸡还出现神经症状，如翅、腿麻痹，头颈震颤（即所谓的点头）等，最后体温下降，不久在昏迷中死亡。病程 2～5 d。1 月龄内的小鸡病程较短，症状不明显，但病死率很高。

慢性型：初期症状与急性型相似，不久后渐见减轻，但同时出现神经症状，患鸡翅腿麻痹，站立不稳，头颈向后或向一侧扭转，常伏地旋转，反复发作，最后瘫痪，一般经 10～20 d 死亡。此型多发生于流行后期的成年鸡，病死率较低。

个别患鸡可以康复，部分不死的病鸡可表现有特殊的神经症状，表现腿翅麻痹或头颈扭转或歪斜。有的鸡状似健康，但若受到惊扰刺激或抢食时，突然后仰倒地，全身抽搐就地旋转，数分钟后又复正常。

［病理变化］

本病的主要病变是全身黏膜和浆膜出血，淋巴系统肿胀、出血和坏死，尤其以消化道和呼吸道为明显。嗉囊充满酸臭味的稀薄液体和气体；由小肠到盲肠和直肠黏膜有大小不等的出血点或出血斑，肠黏膜上有纤维素性坏死性病变，有的形成假膜，假膜脱落后即成溃疡，这种病变多见于十二指肠及小肠前、中、后段，这是比较特征的病变，具有诊断意义；喉头、气管出血，肺有时可见瘀血或水肿；腺胃乳头、腺胃与肌胃交界处、肌胃角质层下出血（这种变化不是所有病例都能见到的）；心冠脂肪有时可见细小如针尖大的出血点；盲肠扁桃体常见肿大、出血和坏死；产蛋母鸡的卵泡和输卵管显著充血，卵泡膜极易破裂以致卵黄流入腹腔引起卵黄性腹膜炎；脑膜充血或出血，而脑实质无眼观变化，仅于组织学检查时见明显的非化脓性脑炎病变；脾、肝、肾一般无特殊的病变。

免疫鸡群发生新城疫时，其病变不典型，仅见黏膜卡他性炎症、喉头和气管黏膜充血，腺胃乳头出血少见，但多剖检数只，可见有的病鸡腺胃乳头有少数出血点，直肠黏膜和盲肠扁桃体多见出血。

［诊断要点］

典型 ND 根据流行病学、症状和特征性的病理变化，可作出初步诊断。但是对于缺乏典型症状和病变的病例，须进行实验室的诊断。病毒分离和鉴定是诊断 ND 最可靠的方法，常用的是鸡胚接种、HA 和 HI 试验、中和试验及荧光抗体技术。但应注意，从鸡分离出的 NDV 不一定是强毒，还不能证明该鸡群流行 ND。因为有的鸡群存在强毒和中等毒力的 NDV，所以分离出 NDV 还得结合流行病学、症状和病变进行综合分析，必须针对分离的毒株作毒力测定后，才能作出确诊。还可以应用免疫组化和 ELISA 来诊断本病。

［防制要领］

加强饲养管理和兽医卫生，注意饲料营养，减少应激，提高鸡群的整体健康水平；特别要强调全进全出和封闭式饲养制，提倡育雏、育成、成年鸡分场饲养方式。严格防疫消毒制度，杜绝强毒污染和入侵。建立科学的适合于本场实际的免疫程序，坚持定期的免疫监测，随时调整免疫计划，使鸡群始终保持有效的抗体水平。

## 二、鸡马立克氏病

鸡马立克氏病是由疱疹病毒引起的一种淋巴细胞增生性、高度接触性传染病。

［病原］

马立克氏病病毒为疱疹病毒科 $\alpha$-疱疹病毒，线状双股 DNA，是一种细胞结合性病毒。常用化学消毒剂可使病毒失活，5%福尔马林或熏蒸的甲醛蒸气、2%氢氧化钠、3%来苏儿、0.2%过氧乙酸等常用消毒剂可在 10 min 内杀灭病毒。

［流行特点］

鸡最易感，年龄越小越易感，通常多出现在 2～5 月龄的鸡群；雌鸡比雄鸡易感。不同品种的鸡对本病的抵抗力及感染后发病率有一定差异。一些应激因素、饲养管理不良、维生素 A 缺乏、鸡球虫的存在等均可增加发病。病鸡和带毒鸡是本病的传染源，鸡群不论直接或间接接触都能传播病毒。病毒可通过空气、病鸡的分泌物、排泄物传播，吸血昆虫也可能是本病的传播媒介。

［临床症状］

根据症状和病变发生的部位，可分为神经型、内脏型、眼型和皮肤型四类。有时可以混合发生。

神经型：是最常见的一型，主要发生在 3～4 月龄的鸡。因受损的神经不同表现的症状有所不同。当坐骨神经受损时，病鸡一条腿或双腿发生麻痹，表现为一肢向前一肢向后的特征性劈叉姿势，也可表现为卧地不起；此外还有厌食、失水、贫血、昏迷和体重减轻等症状。当臂神经受害时，病鸡一侧或两侧翅膀下垂。支配颈部肌肉的神经受损时，引起扭头、仰头现象。颈部迷走神经受损时，嗉囊麻痹、扩张，呼吸困难。腹部神经受损时，常表现腹泻。

内脏型：多发于幼鸡，主要表现精神委顿、渐进性消瘦，最终衰竭死亡。也有的不表现症状，突然死亡。发病率高，死亡率可达 60%以上。

眼型：单眼或双眼发病，虹膜色素消失，呈灰色，俗称"灰眼病"或"鸡白眼"；瞳孔边缘不齐，呈锯齿状，瞳孔逐渐缩小，视力减退或消失。

皮肤型：一般无临床症状，肿瘤多发生于翅膀、颈、背、大腿等处皮肤，使毛囊形成小结节或瘤状物，病程长。

［病理变化］

神经型：病变神经粗肿，有时比正常肿大好几倍，呈灰白色或黄白色，水肿，纹理消失。神经表面偶然可见大小不等的结节，使病变粗细不匀。病变神经多为一侧性。易与对侧变化轻微的神经相比较。

内脏型：内脏器官的变化表现为多个淋巴性肿瘤病灶，其中以性腺最常受害，也可见于肝、肾、心、肺、胰腺、腺胃、脾、肠壁、骨骼肌及皮肤等处，特别是急性病例（内脏型）容易发生。

皮肤型：由淋巴细胞形成的小结节，即所谓瘤皮症，有时可见到较大肿瘤结节或硬结。

眼型：病变同症状。

［诊断要点］

可根据流行病学、特征性的麻痹症状、全身进行性消瘦及肉眼可见病变等，进行综合诊断。确诊必须采取病鸡的周围神经作组织切片检查，或用琼脂扩散沉淀反应试验、荧光抗体试验和间接血细胞凝集试验等血清学方法诊断。鸡马立克氏病常与淋巴白血病或网状内皮增生症混淆，应注意鉴别诊断。

［防治要领］

目前尚无有效疗法，疫苗接种是防制本病的关键。有条件的种鸡场，应培育对本病有抗病力的品种。加强饲养管理和卫生管理、坚持自繁自养，执行全进全出饲养，避免不同日龄鸡混养；实行网上饲养和笼养，减少鸡只与羽毛粪便接触；严格卫生消毒制度；加强检疫，及时淘汰病鸡和阳性鸡。

## 三、传染性法氏囊病

传染性法氏囊病是由传染性法氏囊病病毒引起幼鸡的一种急性、高度接触性传染病。本病所造成巨大的经济损失，一方面是因为死亡率、淘汰率增加等；另一方面是本病可造成免疫抑制。

［病原］

传染性法氏囊病病毒授予 RNA 病毒属。病毒在外界环境极为稳定，能够在鸡舍内长期存在。60℃ 90 min 病毒不被灭活，70℃ 30 min 可灭活病毒。对氯仿、乙醚等有机溶剂有耐受性。0.2%过氧乙酸、2%的次氯酸钠、3%的福尔马林可在 30 min 灭活病毒。耐阳光及紫外线。

［流行特点］

自然感染仅发生于鸡，各种品种的鸡都能感染，主要发生于 2～15 周龄的鸡，3～6 周龄的鸡最易感。病鸡是主要传染源。本病往往突然发生，传播迅速，当鸡舍发现有被感染鸡时，在短时间内该鸡舍所有鸡都可被感染，通常在感染后第 3 d 开始死亡，5～7 d 达到高峰，以后很快停息，表现为峰式死亡和迅速康复的曲线。死亡率差异很大，有的仅为 3%～5%，一般为 15%～20%，严重发病群死亡率可达 60%以上。蛋鸡比肉鸡死亡率高。

［临床症状］

本病潜伏期为 2～3 d。最初发现有些鸡啄自己的泄殖腔。病鸡精神委顿，羽毛蓬松，采食减少，畏寒，常聚堆，随后病鸡出现腹泻，排出白色黏稠或水样稀粪，泄殖腔周围的羽毛被粪便污染。严重者病鸡头垂地，闭眼呈昏睡状态。后期体温低于正常，严重脱水，极度虚弱，最后死亡。近几年来，发现由 IBDV 的亚型毒株或变异株感染的鸡，表现为亚临诊症状，炎症反应弱，法氏囊萎缩，死亡率较低，但由于产生严重的免疫抑制，造成的危害更大。

[病理变化]

病死鸡表现脱水，腿部和胸部肌肉出血。法氏囊内黏液增多，法氏囊浆膜、黏膜水肿和出血，体积增大，重量增加，比正常值重2倍以上。5 d后法氏囊开始萎缩，切开后黏膜皱褶多混浊不清，黏膜表面有点状出血或弥漫出血。严重者法氏囊内有干酪样渗出物。肾脏有不同程度的肿胀。腺胃和肌胃交界处见有条状出血点。

[诊断要点]

根据本病的流行病学、临床症状和病变特征可以作出初步诊断。病毒的分离鉴定、血清学试验和易感鸡接种是确诊本病的主要方法。

[防制要领]

防治注意加强平时卫生管理，受威胁地区定期进行免疫接种，一旦发病可紧急肌注抗传染性法氏囊病高免血清或卵黄抗体，并立即隔离病鸡，做好消毒处理。

## 四、鸭瘟

鸭瘟(DP)是由鸭瘟病毒引起的鸭和鹅的一种急性、热性、败血性传染病。本病传播迅速，发病率和病死率都很高，是严重威胁养鸭业发展的重要传染病之一。

[病原]

鸭瘟病毒(DPV)称为鸭疱疹病毒Ⅰ型，有囊膜。病毒对外界的抵抗力不强，加热80℃经5 min即可死亡；夏季在直接阳光照射下，9 h毒力消失；在秋季(25～28℃)直射阳光下9h毒力仍存活。病毒在4～20℃污染禽舍内存活5 d。但对低温抵抗力较强，在－7～－5℃经3个月毒力不减弱；－20～－10℃下经一年对鸭仍有致病力。病毒对乙醚和氯仿敏感。常用消毒剂对鸭瘟病毒均具有杀灭作用。

[流行特点]

不同年龄和品种的鸭均可感染，以番鸭、麻鸭、绵鸭易感性最高，北京鸭次之。鸭瘟的传染源主要是病鸭和病鹅，潜伏期及病愈不久的带毒鸭(至少带毒3个月)也可成为传染源。传播途径主要是消化道，也可以通过交配、眼结膜和呼吸道而传染，吸血昆虫也可能成为本病的传播媒介。本病一年四季均可发生，但一般以春、夏之际和秋季流行最为严重。

[临床症状]

潜伏期一般为2～5 d。潜伏期的长短与病毒的毒力和鸭的品种有关。病初病鸭体温升高，呈稽留热，精神委顿，食欲减少，渴欲增加，发病的第二三天，体温继续上升，多在42.5～43.5℃，甚至达44℃，此时病鸭离群呆立，羽毛松乱，食欲停止，两翅下垂，两脚麻痹无力，行动迟缓。严重的见病鸭静卧地上，不愿走动。流泪和眼睑水肿是鸭瘟的一个特征性症状。自然病例和人工感染时，都可见部分病鸭的头颈部肿胀，俗称大头瘟。病鸭从鼻腔流出稀薄和黏稠的分泌物，呼吸困难，呼吸时发出鼻塞音，叫声嘶哑，个别病鸭出现频频咳嗽。病鸭发生下痢，排出绿色或灰白色稀粪，肛门周围的羽毛被污染并结块。

[病理变化]

鸭瘟的病变主要表现为血管破损，组织出血，消化道黏膜疹性病变、淋巴器官损伤和实质器官变性。眼睑常粘连在一起，下眼睑结膜出血或有少许干酪样物覆盖；部分头颈部肿胀的病例，皮下有黄色胶冻样浸润；食管黏膜有纵行排列的灰黄色伪膜覆盖或小出血斑点，伪膜易剥离，剥离后食管黏膜留有溃疡，这种病变具有特征性；肝脏不肿大，肝表面有大小不等的出血点和灰黄色或灰白色坏死点，少数坏死点中间有小出血点或其周围有环形出血带；气管出血，肺脏瘀血、水肿、出血。

[诊断要点]

根据本病的流行病学、临床症状和病变特征可以作出初步诊断。实验室诊断可用病毒的分离鉴定、易感雏鸭接种试验和血清学诊断。

[防制要领]

强检疫工作，引进种鸭或鸭苗时必须严格检疫，运回后隔离饲养，至少观察2周，不从疫区引进鸭，加强卫生消毒措施。对鸭舍、运动场和饲养用具等经常消毒，定期接种鸭瘟疫苗。发生鸭瘟时，立即采取隔离和消毒措施，并对可疑感染和受威胁区的鸭群进行紧急疫苗接种。

## 五、小鹅瘟

小鹅瘟又称鹅细小病毒感染、雏鹅病毒性肠炎，是由小鹅瘟病毒引起的主要侵害雏鹅的一种急性或亚急性败血性传染病。

[病原]

鹅细小病毒为细小病毒科细小病毒属。病毒对外界环境因素具有很强的抵抗力，在－20～－15℃下能存活 4 年，56℃3 h 不会被完全灭活，但病毒对 2%～5%氢氧化钠、10%～20%的石灰乳敏感。

[流行特点]

自然病例仅发生于鹅和番鸭的幼雏，不同品种的雏鹅易感性相似。主要侵害 20 日龄以内的小鹅，雏鹅的易感性随年龄的增长而减弱。带毒的种鹅和发病的雏鹅是主要的传染源。发病的雏鹅通过粪便大量排毒，污染饲料、饮水，经消化道感染同舍的其他易感雏鹅，从而引起群内的流行。

[临床症状]

本病的潜伏期依感染时的年龄而定，出壳即感染者为 2～3 d，2～3 周龄感染者为 4～7 d。根据病程可分为最急性、急性和亚急性等病型，病程的长短视雏鹅日龄大小而定。

最急性型：多见于 1 周龄内的雏鹅或雏番鸭，突然发病，病程急，传播快，发病率可达 100%，死亡率高达 95%以上。常见雏鹅精神沉郁后数小时内表现极度衰弱，倒地后两腿乱划，迅速死亡，死亡的雏鹅喙及爪尖发绀。

急性型：多见 1～2 周内的雏鹅，表现为精神委顿，食欲减退或废绝，但渴欲增加；不愿走动，严重下痢，拉出灰白或淡黄绿色稀粪；呼吸困难，鼻流出浆液性分泌物，喙端色泽变暗；临死前出现两腿麻痹或抽搐，病程 1～2 d。

亚急性型：多见于 2 周龄以上的雏鹅，常见于流行后期或母源抗体少的雏鹅。以精神委顿、腹泻、消瘦为主要症状。

[病理变化]

特征病变在消化道，尤其是小肠急性浆液性纤维素性炎症。剖检可见肠黏膜发炎、坏死，呈片状或带状脱落，与大量纤维素性渗出物凝固，形成栓子，质地坚实似香肠样。最急性型仅见小肠黏膜肿胀充血，上覆有大量淡黄色黏液。亚急性病例还可见肝、脾、胰肿大充血。

[诊断要点]

根据临床症状和病理变化可做出初步诊断，确诊需进一步做实验室诊断。实验室诊断用病原分离与鉴定和血清学检查，血清学检查可用中和试验、荧光抗体试验、反向间接血凝试验等。

[防治要领]

种蛋、种鹅苗及种鹅均应购自无病地区。种蛋入孵前必须经过严格的消毒，以防病毒污染。母鹅群在产蛋前一个月应进行一次预防注射。发现本病，应采取严格控制，扑灭措施，防止扩散。扑杀病鹅和同群鹅，并深埋或焚烧。受威胁区的雏鹅可注射抗血清预防。污染的场地，用具等应彻底消毒。发病地区的雏鹅，禁止外调或出售。

## 六、传染性喉气管炎

传染性喉气管炎是由传染性喉气管炎病毒引起鸡的一种急性呼吸道传染病，主要特征为呼吸困难，咳嗽，咳出含有血液的渗出物，产蛋鸡产蛋率下降。

[病原]

鸡传染性喉气管炎的病原属疱疹病毒Ⅰ型，病毒核酸为双股 DNA。

病毒的抵抗力很弱,55℃只能存活 10～15 min,37℃存活 22～24 h,但在 13～23℃中能存活 10 d。对一般消毒剂都敏感,如 3%来苏儿或 1%苛性钠溶液,1 min 即可杀死。

[流行特点]

在自然条件下,主要侵害鸡,不同年龄的鸡均易感,以成年鸡的症状最为特征,但近几年来,雏鸡和育成鸡也有发生。野鸡、孔雀、幼火鸡也可感染,而其他禽类和实验动物有抵抗力。病鸡和康复后的带毒鸡是主要传染源。易感鸡与接种活苗的鸡长时间接触,也可感染本病。污染的垫料、饲料和饮水,可成为传播媒介。本病一年四季均可发生,秋冬寒冷季节多发。鸡群拥挤,通风不良,维生素 A 缺乏,都可促进本病的发生。

[临床症状]

自然感染的潜伏期 6～12 d,人工气管内接种 2～4 d。潜伏期的长短与毒株的毒力有关。发病初期常有少数鸡只突然死亡。急性病例初期鼻孔有分泌物、流泪、并伴有结膜炎的症状。其后表现为特征性的呼吸道症状,呼吸时发出湿性啰音,继而咳嗽和气喘并有喘鸣音。严重病例,呈现明显的呼吸困难,咳出带血的黏液,有时死于窒息。口腔检查时,可见喉头黏膜上有淡黄色凝固物(假膜)附着,不易擦去。病鸡迅速消瘦,鸡冠发紫,有时排绿色稀粪。产蛋鸡产蛋下降。病程 5～7 d 或更长。

[病理变化]

本病主要典型病变在气管和喉部组织,病初黏膜充血、肿胀,高度潮红,有黏液,进而黏膜发生变性、出血和坏死,气管中有含血黏液或血凝块,气管管腔变窄,病程 2～3 d 后有黄白色纤维素性干酪样假膜。

[诊断要点]

根据流行病学,特征性症状和典型的病变,即可作出诊断。在症状不典型时,须进行实验室诊断。实验室诊断常用鸡胚接种、包涵体检查、用已知抗血清与病毒分离物作中和试验。

[防制要领]

坚持严格隔离、消毒等措施是防止本病流行的有效方法,封锁疫点,禁止可能污染的人员、饲料、设备和鸡只的移动是成功控制的关键。全进全出是净化本病的根本方法。发病时如能早期诊断,紧急接种疫苗是控制本病的最佳方法。药物仅是对症疗法,可使呼吸困难的症状缓解。可用喉症丸、六神丸、黄连上清丸等。另外,为预防继发感染,可用抗生素或化学药物。



## 七、传染性支气管炎

鸡传染性支气管炎是由鸡传染性支气管炎病毒引起的鸡的一种急性、高度接触传染性的呼吸道疾病。

[病原]

鸡传染性支气管炎病毒属于冠状病毒科冠状病毒属中的一个代表种。大部分病毒在 56℃条件下 15 min 即可死亡,20～30℃经 2 月死亡,4℃下可存活 142 d。对气管中的病毒,对普通消毒药敏感用 1%的石炭酸、1%来苏儿、0.1%高锰酸钾、70%酒精等,在 3 min 内即可将其杀死。

[流行特点]

本病仅发生于鸡,其他家禽均不感染。各种年龄的鸡都可发病,但雏鸡最为严重。本病的主要传播途径是呼吸道,病鸡从呼吸道排出病毒,经飞沫或尘埃传染给易感鸡。此外,也可通过污染饲料、饮水等经消化道传染。病鸡和带毒鸡是传染源,病鸡康复后可带毒 49 d,在 35 d 内具有传染性。本病无季节性,传播迅速,几乎在同一时间内有接触史的易感鸡都发病,这是本病很重要特征。过热、严寒、拥挤、通风不良以及维生素、矿物质和其他营养缺乏以及疫苗接种等均可促进本病的发生。

[临床症状]

潜伏期 36 h 或更长一些,人工感染为 18～36 h。

病鸡看不到前驱症状,突然出现呼吸症状,并且全群鸡几乎同时发病,这是本病的特征。4 周龄以下鸡常表现伸颈、张口呼吸、咳嗽、打喷嚏、有特殊的啰音,病鸡全身衰弱,精神不振,食欲减少,羽毛松乱,昏睡、翅下垂。常挤在一起，借以保暖。个别鸡鼻窦肿胀，流黏性鼻液，流泪。5～6 周龄以上鸡，症状较轻突出症状是啰音、气喘和微咳，同时伴有减食、精神沉郁或下痢症状。成年鸡感染本病一般出现轻微的呼吸道症状，主要表现是产蛋鸡产蛋量下降，并产软壳蛋、畸形蛋或粗壳蛋。蛋的质量变差，如蛋白稀薄呈水样，蛋黄和蛋白分离以及蛋白黏着于壳膜表面等。病程一般为 1～2 周，有的拖延至 3 周。雏鸡的死亡率可达 25%～90%，6 周龄以上的鸡死亡率很低。康复后的鸡具有免疫力，血清中的相应抗体至少有一年可被测出，但其高峰期是在感染后 3 周前后。

雏鸡如早期感染，可造成输卵管永久性损害，有相当多的雌雏输卵管发育受阻，成为外观正常但不产蛋的假母鸡。

肾型毒株感染鸡，呼吸道症状轻微或不出现，主要引起肾炎，多发生于 10～50 日龄，以 20～30 日龄雏鸡最常见。病鸡沉郁、持续排白色或水样下痢、迅速脱水消瘦、干爪、饮水量增加。

**[病理变化]**

主要病变是气管下段、支气管、鼻腔和窦内有浆液性、卡他性和干酪样渗出物。气囊可能混浊或含有黄色干酪样渗出物。在死亡鸡的气管后段或支气管中可能有一种纤维素性干酪样栓子。在大的支气管周围可见到小灶性肺炎。产蛋母鸡的腹腔内可以发现液状的卵黄物质，卵泡充血、出血、变形。18 日龄以内感染传染性支气管炎的、失去产蛋能力的成年母鸡，可见输卵管发育异常，呈稚型或萎缩。肾病变形，可见肾肿大、苍白，呈斑驳状的“花斑肾”，肾小管和输尿管因尿酸盐沉积而扩张。在严重病例，白色尿酸盐可沉积于其他组织器官表面。

**[诊断要点]**

诊断可根据流行病学、临诊症状、病变以及应用抗菌药物无效，可以作出初步诊断。确诊必须进行病毒的分离和鉴定、血清学诊断等

**[防制要领]**

严格执行隔离、检疫等卫生防疫措施。鸡舍要注意通风换气，防止过挤，注意保温，加强饲养管理，补充维生素和矿物质饲料，增强鸡体抗病力。同时配合疫苗进行人工免疫。本病尚无特效疗法。发病鸡群注意保暖、通风换气和鸡舍带鸡消毒，增加多维素 A 饲用量。为了补充钠、钾损失和消除肾脏炎症，可以给予复方口服补液盐或含有柠檬酸盐或碳酸氢盐的复配制剂。有继发感染可使用抗生素等。

## 八、产蛋下降综合征

产蛋下降综合征是由病毒引起鸡以产蛋下降为特征的一种传染病。

**[病原]**

产蛋下降综合征病原属于Ⅲ群腺病毒，能凝集禽类红细胞。60℃ 30 min 灭活，但 56℃ 3 h 仍可存活。经 0.5%甲醛或 0.5%戊二醛处理可灭活病毒。

**[流行特点]**

本病只发生于产蛋鸡，病毒的自然宿主为鸭、鹅和野鸭。不同品种的鸡对产蛋下降综合征病毒易感性有差异，产褐色蛋母鸡最易感。本病主要侵害 26～32 周龄鸡，35 周龄以上较少发病。本病的传播方式主要是垂直传播，水平传播也是很重要的传播方式。产蛋下降综合征病毒侵入鸡体后，在性成熟前对鸡不表现致病性，在产蛋初期由于应激反应，致使病毒活化而使产蛋鸡发病。

**[临床症状]**

感染鸡无明显症状，主要表现为突然性群体产蛋下降，比正常下降 20%～38%，甚至达 50%。病初蛋壳的色泽变淡，紧接着产畸形蛋，蛋壳粗糙像砂粒样，蛋壳变薄易破损，软壳蛋增多，占 15%以上。对受精率和孵化率没有影响，病程一般可持续 4～10 周。

**[病理变化]**

发病鸡群很少死亡，无特异的病变。重症死亡者，多因腹膜炎或输卵管炎造成。剖检时可发现肝脏肿大，胆囊明显增大，充满淡绿色胆汁。病程稍长死亡者，肝脏发黄、萎缩，胆囊也萎缩；卵泡充血、变形或

掉落或发育不全，卵巢萎缩或出血；卡他性肠炎，泄殖腔脱垂的病例增多；子宫和输卵管管壁明显增厚、水肿，其表面有大量白色渗出物或干酪样分泌物。

[诊断要点]

根据流行特点和临床症状（产蛋率突然下降，异常蛋增多，尤其是褐壳蛋品种鸡在产蛋下降前1～2 d泛起蛋壳褪色、变薄、变脆等）可作出初步诊断，尚需进一步作病毒分散和血清学检查才可确诊。

[防制要领]

主要采取综合性防制措施，从非疫区鸡群中引种。严格执行兽医卫生措施，加强鸡场和孵化室消毒工作。在日粮配合中，必须注意氨基酸、维生素的平衡，对110～130日龄进行产蛋下降综合征油佐剂灭活疫苗免疫接种。

## 【案例分析】

分析以下案例，根据病史和临床检查，提出初步诊断，制定防治措施。

案例1　某农户家中养的鸡群体精神沉郁，呆立，不愿活动，两翅下垂，缩颈，眼半闭呈嗜睡状态，采食量急剧下降，拉稀呈灰白色或黄绿色。

临床检查：胸腹部、大腿内侧皮下水肿，有数量不等的血样渗出液，外呈紫色或紫黑色，触摸有波动感，局部羽毛脱落或用手一摸即脱掉。有部分鸡在翅膀背侧及腹面、翅尖、尾部、头、脸、肉垂、背及腿部等部位，出现大小不等的出血斑，局部发炎、坏死或干燥结痂（呈暗紫色）。

案例2　主诉：购进60日龄鸡50只，3天后发现有些鸡精神不好，羽毛松动，不愿走动，采食下降，饮水增多，有轻度呼吸道症状，个别甩头，有些鸡排绿色稀便，有些鸡发出“咯咯”声。第6天，症状加重，鸡冠和肉垂呈深红色，少数鸡呈紫黑色，口角流出大量的黏液、嗉囊积液。倒提病鸡，从口中流出大量酸臭液体，开始出现第一只死鸡。

临床检查：全身广泛性出血症状，以消化道为最严重和广泛。其中，腺胃黏膜水肿，腺胃黏膜乳头上严重出血，肠道间断性肿胀、出血，十二指肠黏膜充血和出血，并有明显的纤维素性坏死形成的芙膜，盲肠及盲肠扁桃体也出现肿胀、出血。法氏囊肿大。

案例3　某养殖户进了一批50日龄雏鸭，主诉：饲养4 d后发现有的鸭只精神沉郁，头颈缩起，离群独处，喜饮水，羽毛松乱，两翅下垂，两脚发软，走动困难，若强行驱赶则见两翅拍地而走，走几步就倒地不起。

临床检查：体温高达43～44℃，病鸭眼周围湿润、流泪，眼睑肿胀，有的流出黏性或脓性分泌物使眼睑粘连不能张开。鼻孔流出浆液性或黏液性分泌物，呼吸困难，叫声嘶哑无力。部分病鸭头颈部肿胀。病鸭下痢，排出绿色或灰白色稀粪，肛门周围的羽毛被污染并结块。

案例4　主诉：健康鸡群在产蛋高峰时出现群体性减蛋或不能达到预定水平，同时发现鸡群采食量下降，并伴有褐色蛋、薄壳蛋、沙皮蛋，全群鸡产蛋率下降30%～50%。

临床检查：发病鸡卵巢发育不良，输卵管萎缩，卵泡液化，子宫和输卵管黏膜水肿、苍白、肥厚，输卵管腔内滞留干酪样物质或白色渗出物。

## 【知识拓展】

### 禽流感

禽流感（AI）是禽流行性感冒的简称，又称真性鸡瘟或欧洲鸡瘟，它是一种由A型流感病毒的一种亚型（也称禽流感病毒）引起的传染病，高致病性禽流感被国际兽疫局定为A类传染病，我国也将其列入一类动物疫病。家禽发生高致病性禽流感具有疫病传播快、发病致死率高、生产危害大的特点。20世纪全世界共发生了17次较大规模的禽流感，不仅对家禽业构成了极大威胁，而且属于A型流感病毒的禽流感的某些强致病毒株，也跨物种引起人的流感，并造成人的死亡病例，因此这一疾病引起了国内外的高度重视。

［病原］

禽流感病毒(AIV)是正黏病毒科流感病毒属A型,为有囊膜的RNA病毒。病毒表面有血凝素(HA)和神经氨酸酶(NA)。该病毒易发生变异,至今A型流感病毒的HA已有16种,NA已有10种,在自然界它们组合成众多的亚型毒株。

该病毒对紫外线敏感,对热的抵抗力较低,加热60℃经10 min或70℃经2 min可被灭活,对大多数防腐消毒药和去污剂敏感。在干燥尘埃中可存活2周,在4℃条件下可保存数周,在冷冻的禽肉和骨髓中可存活10个月之久。在冻干情况下或甘油中保存可使病毒存活数年。

［流行特点］

禽流感病毒可感染多种家禽和野禽,在家禽中鸡和火鸡的易感性最高。禽流感病毒不仅感染家禽和野禽,也感染猪、马和人以及鲸鱼、血貂等多种动物,迁徙鸟也是传播本病的传染源之一。

病禽是主要的传染源,病毒可通过病禽的分泌物、排泄物和尸体等污染饲料、饮水及其他物体,通过直接接触和间接接触发生感染,经消化道、呼吸道、伤口和眼结膜等引起传染,呼吸道和消化道是主要的感染途径。一年四季均可发生,但多暴发于冬、春季节,由A型流感病毒的变异株或新亚型引起的流感时,呈流行性或大流行性,发病率很高。

［临床症状］

急性禽流感:多见于高致病性禽流感(如$H_5$、$H_7$,亚型引起),该型特点是潜伏期短(潜伏期几小时到数天,最长可达21 d),发病急剧,发病率和死亡率均高,传播范围往往不大。禽群突然暴发,常无明显症状而突然死亡。病程稍长时,病禽体温升高(达43℃以上),精神高度沉郁,食欲废绝,羽毛松乱;有咳嗽、啰音和呼吸困难,甚至可闻尖叫声;鸡冠、肉髯水肿、发绀,或呈紫黑色,或见有坏死,眼睑水肿;眼结膜发炎,眼、鼻腔有较多浆液性或黏液性或黏脓性分泌物;病禽腿部鳞片有红色或紫黑色出血;病禽有下痢,排出黄绿色稀便;产蛋鸡产蛋量明显下降,产蛋率可由80%或90%下降到20%或以下,甚至停产;产蛋下降的同时,可见软皮蛋、薄壳蛋和畸形蛋增多;有的病鸡可见神经症状,共济失调,不能走动和站立。

亚急性或低毒力型禽流感:多见于致病力较低的$H_9N_2$等血清亚型引起的禽流感。该型的特点是潜伏期长,发病比较缓和,病程稍长,发病率和死亡率较低,差异大,疫情范围逐渐扩大,疫情持续期稍长,主要引起产蛋鸡发病,青年鸡和雏鸡发病较少(肉鸡也可发病),一旦发病,疫情难控制,疫区难根除。

病鸡采食量明显减少,饮水量增加。病鸡精神、沉郁,羽毛蓬松、散乱,缩颈,呆立。从鼻腔流出分泌物,鼻窦肿胀。眼结膜发红,流泪,流出分泌物。头部肿胀、变大,鸡冠、肉髯瘀血,重者呈紫黑色,肉髯可变厚、变硬,触之有热感。腿部毛少处可见出血斑。

呼吸道症状一般较轻,严重程度不一。有的病鸡表现为咳嗽、有呼吸音,有的呼吸困难、伸颈张嘴、有明显的呼吸音。有的呼吸道症状较轻,3 d左右消失。病鸡腹泻,排出水样稀粪,带有未完全消化的饲料,有的排出黄色、绿色或浅绿色稀粪。

患病鸡群产蛋量下降,有的鸡群出现呼吸道症状后不久即可造成产蛋量下降,有的鸡群先出现产蛋量下降,后出现呼吸道和消化道症状。产蛋量下降的幅度与持续时间各个鸡群不完全相同,一般来说,产蛋量下降20%～35%,甚至60%,同时可见软壳蛋、褪色蛋、沙皮蛋、畸形蛋等明显增多。一般7～10 d后下降到最低点,在此水平停留2周左右才缓慢回升。产蛋量下降幅度与回升快慢等与当地鸡群感染毒株的毒力、是否用过疫苗、饲养管理好坏、是否及时进行对症治疗等有密切关系。总的情况是,鸡群感染的毒株为低毒力的、曾经用过禽流感疫苗、饲养管理条件较好、及时进行了对症治疗等,其产蛋量下降幅度较小,产蛋量恢复也较快,有的鸡群甚至可恢复到发病时的产蛋水平。

青年鸡的症状不十分明显,较少出现死亡。如小鸡发病,呼吸道症状较明显,发病率高,死亡率与并发感染密切相关,可达5%～60%。鼻流黏液,少数头部肿胀。病情发展,患鸡咳嗽、打喷嚏,呼吸有啰音。呼吸困难明显、张口呼吸,有叫声,甩头等。患鸡下痢,排出呈黄色或黄绿色稀粪。羽毛松乱、无光。

在亚急性禽流感发生时,如果鸡群有并发和继发感染时,其症状更为严重,病情更为复杂,还会有并发和继发病的症状,要密切观察、分析,以求较正确的判断。

慢性型禽流感:禽流感发生后,病势缓和,病情逐步发展、蔓延,先发病的鸡群已经恢复,而未发病的鸡群才开始发病，一般症状不明显，仅表现轻微的呼吸道症状，采食稍见减少，消化道症状也不明显，产蛋鸡的产蛋率下降10%以内，软皮蛋、畸形蛋也不多，褪色蛋、沙壳蛋相对多一些。这些临床表现与慢性呼吸道疾病症状相似，采用慢性呼吸道疾病的防制办法不能收到效果，建议重视是否有慢性禽流感的可能。

［病理变化］

禽流感的病理变化因感染病毒株毒力的强弱、病程长短和禽种的不同而变化不一。高致病性AIV的主要特征是暴发时的突然死亡和高死亡率，可能见不到明显的病变。急性死亡的鸡，营养状况良好，亚急性或慢性病死的鸡，瘦弱、脱水，皮肤及皮下干燥，眼、鼻有分泌物，鸡冠及肉髯发紫或见水肿，有的可见颜面、头部肿大。鼻窦内充满黏液，或见眶下窦内积有黏液或干酪样物质，喉头、气管黏膜充血、出血，十二指肠及小肠黏膜红肿，有程度不等的出血点或出血斑，盲肠扁桃体肿大、出血，直肠黏膜及泄殖腔出血。火鸡还能见到卡他性或纤维素性肠炎和盲肠炎。生殖道病变也较明显，卵泡充血、出血，呈紫红、紫黑色，有的卵泡变形、破裂，卵黄液流入腹腔，形成卵黄性腹膜炎；卵巢和输卵管充血、出血，管腔内有黄白色黏性或脓性分泌物，间或见纤维素性及干酪样物、米粒大小橘粒样结节。公鸡睾丸肿大、出血。

肝脏肿大，有出血点，可见灰黄色坏死点、血肿（毛细血管破裂）。心包膜增厚，冠状沟及心外膜出血，心肌条状或点状坏死。皮下、内脏浆膜、腹部脂肪及心冠状沟脂肪可见出血点。胰腺出血和淡黄色斑点状坏死点。肾脏肿大，肾小管中含有尿酸盐沉积。

青年鸡、仔鸡和肉鸡因流感死亡的病理变化与蛋鸡病变基本相似。仔鸡的变化主要集中在呼吸道和消化道。眼结膜充血，喉头、气管黏膜充血、出血，严重时水肿，并伴有黄色纤维素渗出物或干酪样物。支气管中也可见到渗出物。肾脏常见肿大及尿酸盐沉积。心外膜、冠状沟脂肪、腺胃乳头和腺胃黏膜出血。肠道黏膜有出血点、出血斑或有溃疡。泄殖腔黏膜出血。盲肠扁桃体出血。肝脏肿大瘀血。

［诊断要点］

根据流行特点、临诊症状和剖检变化可做出初步诊断，确诊需进行实验室诊断。病原学诊断用血凝试验和血凝抑制试验。亚型和毒力鉴定需送国家级参考实验室。

［防制要领］

当前预防禽流感仍采取严格的生物安全措施。严格检疫，彻底消毒，杜绝病原传入。候鸟可传播本病，当发现有鸟死亡时，应就地烧毁。疫苗的研究虽然取得了很大进展，但由于禽流感病毒抗原复杂且易变异，亚型多且各亚型之间缺乏明显的交叉免疫，这给疫苗的应用带来了很大的困难。目前已有不同类型的禽流感疫苗研制成功和应用，如我国研制成功的$H_5N_1$亚型重组禽流感病毒灭活疫苗、$H_5$亚型禽流感重组鸡痘病毒载体活疫苗、禽流感灭活疫苗（$H_5$亚型，$N_{28}$株），能彻底切断高致病性禽流感的传播。

发生高致病性禽流感时，应按国家有关规定采取相应措施。

## 【考核评价】

### 规模化养鸡场法氏囊病检测技术

**一、考核题目**

某个体户饲养罗曼蛋鸡3 500只，25日龄突然发病，死亡167只，死亡率达4.8%。病鸡精神不振，肛门周围沾满污粪，从开始到高峰都以排泄米汤样、水样白色粪便为特征。恢复期则出现带绿色粪便。剖检死鸡22只，病理变化为腺胃与肌胃接合部有出血点或出血斑，肾脏苍白肿大并有尿酸盐沉着，肝脏肿大，呈土黄色，法氏囊肿大，是原来的2～3倍，颜色由原来的白色变成奶酪样黄色。

要求对鸡群进行法氏囊病检测。

（一）材料准备

1%琼脂板、打孔器（大的直径为6 mm、小的直径为4 mm）、毛细吸管、传染性法氏囊病琼脂扩散抗原、阳性血清、阴性血清、被检发病罗曼蛋鸡血清等。

(二)方法步骤

1. 打孔　事先在纸上制好打孔的梅花形图案如图,中央1个孔和外周6个孔(图3-4-1);用于传染性法氏囊病的诊断时中央孔径为4 mm,周围孔径为6 mm,孔间距为3 mm;将图案放在琼脂板下面,用打孔器打孔,并剔去孔内琼脂;用酒精灯轻烤平皿底部至琼脂板底部,封闭孔底部,以防加样时侧漏。

2. 加样　中央孔加传染性法氏囊病琼脂扩散抗原,1、4孔分别加入阳性、阴性血清,2、3、5、6孔加入被检血清,以加满而不溢出为度,等孔内液体被吸附下沉后,将平皿倒置放在湿盒内,置37℃温箱内经24～48 h观察结果。见图3-4-2。

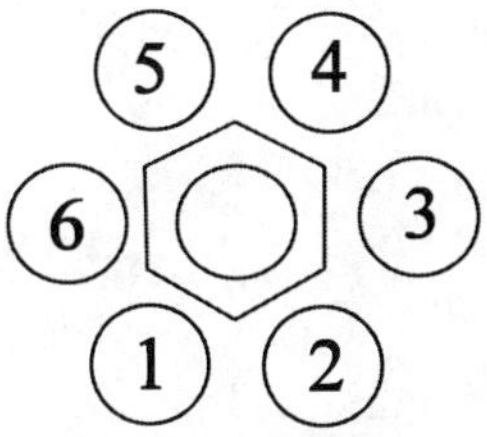


图3-4-1　孔示意图

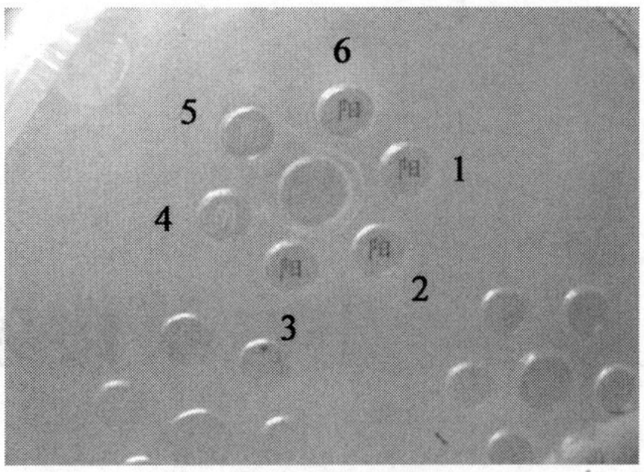


图3-4-2　结果判定

## 二、结果判定

在抗原孔与被检的血清孔之间,有明显沉淀线者判为阳性,相反,如果不出现沉淀者判为阴性。标准阳性血清和已知抗原孔之间一定要出现明显沉淀线者,本试验方可确认。

## 【知识链接】

1. DB12/T 451—2012,畜禽运载工具消毒技术规范;
2. DB13/T 1387—2011,规模鸡场禽流感综合防控技术规范;
3. DB21/T 1757—2009,种禽调离种禽场检疫技术规范;
4. DB21/T 1760—2009,种禽场引入种禽检疫技术规范;
5. DB21/T 1889—2011,禽白血病诊断技术规程;
6. DB21/T 1890—2011,禽马立克氏病诊断技术规程;
7. DB21/T 2312—2014,畜禽养殖场用药技术规范;
8. DB31/T 302—2014,种禽场生产技术规范;
9. DB31/T 304—2014,蛋禽场生产技术规范;
10. DB31/T 432—2009,畜禽养殖场消毒技术规范;
11. DB32/T 1973—2012,家禽选育与生产记录规范;
12. DB32/T 2146—2012,畜禽粪便处理机质量评价技术规范。

Project 5

# 牛、羊传染病

**学习目标**

了解常见牛羊传染病病原的生物学特性；掌握传羊梭菌性疾病、牛流行热、牛病毒性腹泻、山羊的病毒性关节炎的临床症状和诊断要点；学会常见牛羊传染病的防治措施。

【学习内容】

## 任务一 羊梭菌性疾病

羊梭菌性疾病是由多种梭状芽孢杆菌引起羊的一类传染病。本病包括羊快疫、羊肠毒血症、羊猝狙、羊黑疫和羔羊痢疾。其特点是发病快、病程短、死亡率高。临床症状有相似之处,容易混淆,对养羊业危害较大。

### 一、羊快疫

羊快疫是由腐败梭菌引起羊的一种急性传染病,其特点是发病快、病程短,真胃黏膜呈出血性坏死性炎症。

[病原]

腐败梭菌为两端钝圆的专性厌氧菌。用病料涂片镜检时,能发现单个及两三个相连,部分形成卵圆形的芽孢,位于菌体中央或近端。革兰氏染色为阳性,但陈旧的培养物中可能为阴性。常用的消毒药能杀死腐败梭菌的繁殖体,但芽孢体抵抗力很强,3%福尔马林溶液能在10 min内杀死。消毒常用20%漂白粉、3%~5%氢氧化钠溶液。

[流行特点]

本病主要发生于绵羊,多见于6~18月龄的;山羊也能感染,但发病率少。腐败梭菌主要存在于低洼潮湿草地、熟耕地,污水及人畜的粪便中。经消化道感染。许多羊的消化道平时就有这种细菌存在,但不发病;当外界环境不良引起羊的机体抵抗力降低时,可发生本病。

[临床症状]

潜伏期12~72 h,突然发病,病羊往往未出现临床症状而突然死亡,常见于放牧时死于牧场或早晨羊圈中。病程长者有的表现为虚弱,运动失调;腹痛,膨气;排黑色软粪或稀粪,内混有黏液或脱落的黏膜。体温一般不高,但也有高达41.5℃,呼吸困难,多数在1 d内死亡。

[病理变化]

尸体迅速腐败膨胀,皮下有出血性胶样浸润。真胃和十二指肠黏膜有明显的充血、出血,黏膜下组织水肿甚至形成溃疡,肠腔内充满气体。胸腔、腹腔和心包大量积液,暴露于空气中易凝固。心内外膜有出血点。胆囊肿大,充满胆汁。

[诊断要点]

本病生前诊断比较困难,根据流行特点、临床症状和病理变化可做出初步诊断,但要确诊需进行微生物学检查。必要时还可进行细菌的分离培养和动物实验。

[防制要领]

因本病发病快、病程短,往往来不及治疗而死亡。因此,必须加强饲养管理和防疫措施。发生本病后应及时隔离病羊,对病程长者用青霉素、磺胺类药物进行治疗。在本病常发地区,每年可定期注射"羊快疫-猝狙-肠毒血症三联苗"或"羊快疫-猝狙-肠毒血症-羔羊痢疾-黑疫五联苗"。

### 二、羊肠毒血症

羊肠毒血症又称软肾病、类快疫,是由D型魏氏梭菌在羊肠内大量繁殖产生毒素所引起的一种急性传染病。特点是腹泻、惊厥、麻痹和突然死亡,死后肾脏多软化如泥。

[病原]

魏氏梭菌又称产气荚膜杆菌,为两端钝圆,呈单个或成双排列,无鞭毛的杆菌。在动物体内能形成荚膜，芽孢位于菌体的中央或近端。革兰氏染色为阳性，但陈旧的培养物中可能为阴性。常用的消毒药能杀死魏氏梭菌的繁殖体，但芽孢体抵抗力较强，消毒时常用20%漂白粉、3%～5%氢氧化钠溶液等。

根据产生毒素的不同，可将本菌分为A、B、C、D、E 5个型，C型能产生α和β毒素。

［流行特点］

绵羊多发，山羊较少，通常以2～12月龄、膘情好的羊多发。本菌主要存在于土壤和污水中，羊采食被病原体芽孢污染的饲料或饮水而感染。本病具有明显的季节性和条件性，农区多发生于收采和收粮季节，牧区多发生于牧草返青和牧草结籽后。

［临床症状］

潜伏期0.5～1 d，突然发病，很快死亡，很少能见到临床症状。临床上可分为两种类型：一类以抽搐为特征，表现为四肢强烈的划动，肌肉震颤，眼球转动，磨牙，口水过多，随后头颈显著抽缩，往往在2～4 h内死亡；另一类型以及昏迷和静静死亡为特征，表现为步态不稳，感觉过敏，流涎，上下颌"咯咯"作响，继而昏迷，角膜反射消失。有的发生腹泻，多数在3～4 h内静静的死亡。

［病理变化］

尸体膨胀，胃肠内充满气体和液状内容物。真胃内充满未消化的饲料，肠道（主要是小肠）黏膜充血、出血，重者肠壁呈血红色，有时出现溃疡。胸腔、腹腔和心包积液，易凝固。心内外膜有出血点。肾脏肿大，实质变软，重者软化如泥，胆囊肿大1～3倍。

［诊断要点］

根据流行特点、临床症状和病理变化等特征可做出初步诊断，但确诊本病需进行实验室检查。可根据在肠道内、肾脏和其他实质脏器内发现大量D型魏氏梭菌等可确诊。

［防制要领］

加强饲养管理，农区、牧区春秋避免抢青、抢茬，秋天避免吃过量结籽饲草，同时注意饲料的合理搭配。在常发地区，应定期注射"羊快疫-猝狙-肠毒血症三联苗"或"羊快疫-猝狙-肠毒血症-羔羊痢疾-黑疫五联苗"。发病时应立即将羊群转移到高燥地区放牧，同时对未发病的羊进行紧急预防接种，病羊隔离，病程长者可用抗生素药物治疗。

## 三、羊猝狙



羊猝狙是由C型魏氏梭菌引起的一种毒血症，以急性死亡、腹膜炎和溃疡性肠炎为特征。

［病原］

同羊肠毒血症。

［流行特点］

本病发生于成年绵羊，以1～2岁的绵羊多发。常发生于低洼、沼泽地区。多发生于冬、春季节，主要经消化道感染，呈地方流行性。

［临床症状］

潜伏期0.5～1 d，病程短促（3～6 h），看不到临床症状而突然死亡。有时发现病羊离群、卧下，表现出不安、腹泻和痉挛，在数小时内死亡。

［病理变化］

主要见于消化道和循环系统。十二指肠和空肠黏膜严重充血、糜烂，有的肠段可见大小不等的溃疡。胸腔、腹腔和心包积液，暴露于空气中易凝固。浆膜上有出血点，死亡后骨骼肌出现气肿和出血。

［诊断要点］

根据流行特点、临床症状和病理变化可做出初步诊断。确诊需从体腔渗出液、脾脏等取病料作细菌的分离和鉴定，以及从小肠内容物里检查有无β毒素。

［防制要领］

可参照羊快疫和羊肠毒血症的防制措施进行。

## 四、羊黑疫

羊黑疫又名传染性坏死性肝炎，是B型诺维氏梭菌引起羊的一种急性高度致死性毒血症。特征是肝实质坏死。

［病原］

诺维氏梭菌又称水肿梭菌，为革兰氏阳性大杆菌，呈单个或短链状排列。厌氧、有鞭毛、无荚膜、易形成芽孢。抵抗力与羊快疫和羊肠毒血症的病原体相似。本菌分为4个菌型，B型菌可产生4种外毒素。

［流行特点］

绵羊比山羊易感，多发生于2～4岁膘情好的羊。诺维氏梭菌主要存在于土壤中，羊采食被污染的饲料，经消化道而感染。本病主要发生于春夏肝片吸虫流行的低洼潮湿地区。

［临床症状］

本病临床症状与羊快疫、羊肠毒血症等极其相似。病程急促，绝大多数病例未见临床症状而突然发生死亡。少数病例病程稍长，可拖延1～2 d，但不超过3 d。病畜表现为离群，不食，呼吸困难，体温升高为41.5℃左右，呈昏睡俯卧状态而死亡。

［病理变化］

病羊尸体皮下静脉显著充血，皮肤呈暗黑色外观（黑疫之名由此而来）。胸部皮下组织常见水肿，胸腔、腹腔和心包积液，暴露于空气中易凝固。肝脏充血肿大，表面有一个到多个灰黄色、不规则形的凝固坏死灶，其周围常为一鲜红色的充血带围绕，坏死灶直径可达2～3 cm。羊黑疫肝脏的这种变化具有诊断意义。这种病变和未成熟肝片吸虫通过肝脏所造成的病变不同，后者为黄绿色，弯曲似虫样的带状病痕。

［诊断要点］

在肝片吸虫流行的地区发现急死或昏睡状态下死亡的病羊，剖检见肝脏的特殊坏死变化，可做出初步诊断。必要时可作细菌学检查和毒素检查。

［防制要领］

本病的预防应首先控制肝片吸虫的感染，用“羊快疫-猝狙-肠毒血症-羔羊痢疾-黑疫五联苗”进行免疫接种。发病时应将羊群转移到高燥地区进行放牧，病羊用抗诺维氏梭菌血清治疗。

## 五、羔羊痢疾

羔羊痢疾是由B型魏氏梭菌引起初生羔羊的一种急性毒血症，其特征为剧烈腹泻和小肠发生溃疡。本病常引起羔羊大批死亡，给养羊业造成重大的经济损失。

［病原］

同羊肠毒血症。

［流行特点］

本病主要发生于7日龄以内的羔羊，以2～3日龄的羔羊发病最多，7日龄以上的羔羊很少发病。主要经消化道感染，也可经脐带或伤口感染。当母羊怀孕期营养不良，羔羊体质衰弱，气候异常、哺乳不当、卫生不良等均可促进本病的发生。

［临床症状］

潜伏期1～2 d。病初精神沉郁，低头拱背，不吃奶。很快发生腹泻，粪便恶臭，呈黄绿色、黄白色或灰白色糊状或水样。后期粪便中含有血液、黏液和气泡，病羔羊逐渐衰弱，卧地不起。如不及时治疗，一般在1～2 d内死亡，只有少数病轻者可能自愈。

有的羔羊腹胀而不下痢，或只排少量稀粪，但主要表现神经症状，四肢瘫痪，卧地不起，呼吸急促，口流白沫，最后昏迷，头向后仰，体温下降至常温以下。重者如不及时治疗，一般在数小时到十几小时内死亡。

［病理变化］

尸体严重脱水，主要病变在消化道，真胃内有未消化的凝乳块，小肠（尤其是回肠）黏膜充血发红，多见直径为 1～2 mm 的溃疡面，其周围有一出血带环绕，肠内容物呈血色。肠系膜淋巴结肿大，充血或出血。心包积液，心内膜有出血点，肺有充血区或瘀血斑。

［诊断要点］

根据流行特点、临床症状和病理变化可做出初步诊断，但注意与沙门氏菌、大肠杆菌等引起初生羔羊下痢的区别。确诊需进行实验室检查以鉴定病原体及毒素。

［防制要领］

应加强饲养管理，增强怀孕母羊的体质。同时注意羔羊的保暖，合理哺乳，消毒、隔离、免疫接种和药物治疗等综合措施才能有效地防制本病。每年秋季注射羔羊痢疾菌苗或"羊快疫-猝狙-肠毒血症-羔羊痢疾-黑疫五联苗"，于产前 14～21 d 再接种 1 次。羔羊出生后 12 h 内可灌服土霉素 0.15～0.2 g，每天 1 次，连用 3 d，有一定的预防效果。

治疗可用土霉素、磺胺类药、痢特灵等药物，同时注意对症治疗。

## 六、牛流行热

牛流行热又称三日热或暂时热，是由病毒引起牛的一种急性热性传染病，其临床特征为突发高热、流泪、有泡沫样流涎，鼻漏，呼吸促迫，后躯僵硬，跛行，一般取良性经过，发病率高，病死率低。

［病原］

牛流行热病毒又名牛暂时热病毒，属弹状病毒科暂时热病毒属，含单股 RNA，有囊膜。本病毒各分离株间的同源性很高，差异极小。

［流行病学］

本病主要侵害奶牛和黄牛，水牛较少感染。以 3～5 岁牛多发，1～2 岁牛及 6～8 岁牛次之，犊牛及 9 岁以上牛少发。6 月龄以下的犊牛不显有临床症状，肥胖的牛病情较严重。母牛尤以怀孕牛发病率略高于公牛。产奶量高的母牛发病率高。绵羊可人工感染并产生病毒血症，继则产生中和抗体。

病牛是本病的主要传染源，吸血昆虫是重要的传播媒介。

本病的发生具有明显的季节性，一般在夏末到秋初、高温炎热、多雨潮湿、蚊蠓多生的季节流行。

本病的传染力强，传播迅速，短期内可使很多牛发病，呈流行性或大流行性。有时疫区与非疫区交错相嵌，呈跳跃式流行。

［临床症状］

潜伏期 3～7 d 发病突然，体温升高达 39.5～42.5℃，维持 2～3 d 后，降至正常。在体温升高的同时，病牛流泪、畏光、眼结膜充血、眼睑水肿。呼吸促迫，患牛发出哼哼声，食欲废绝，咽喉区疼痛，反刍停止。多数病牛鼻炎性分泌物成线状，随后变为黏性鼻涕。口腔发炎、流涎，口角有泡沫。有的患牛四肢关节浮肿、僵硬、疼痛，病牛站立不动并出现跛行，最后因站立困难而倒卧。皮温不整，特别是角根、耳、肢端有冷感。有的便秘或腹泻。发热期尿量减少，尿液呈暗褐色，混浊，妊娠母牛可发生流产、死胎、泌乳量下降或停止。多数病例为良性经过。病程 3～4 d，很快恢复。少数严重者可于 1～3 d 内死亡，但病死率一般不超过 1%。有的病例常因跛行或瘫痪而淘汰。

［病理变化］

急性死亡的自然病例，可见有明显的肺间质气肿，还有一些牛可有肺充血与肺水肿。肺气肿的肺高度膨隆，间质增宽，内有气泡，压迫肺呈捻发音。肺水肿病例胸腔积有多量暗紫红色液，两侧肺肿胀，间质增宽，内有胶冻样浸润，肺切面流出大量暗紫红色液体，气管内积有多量的泡沫状黏液。淋巴结充血、肿胀和出血，实质器官浑浊肿胀。真胃、小肠和盲肠呈卡他性炎症和渗出性出血。

［诊断要点］

本病的特点是大群发生，传播快速，有明显的季节性，发病率高、病死率低，结合病畜临床上表现的特点，不难作出诊断。但确诊本病还要作病原分离鉴定，或用中和试验、补体结合试验、琼脂扩散试验、免疫荧光法、酶联免疫吸附试验等进行检验。必要时采取病牛全血，用易感牛作交叉保护试验。

［防制要领］

本病可选用$\beta$-丙内酯灭活苗、亚单位疫苗及病毒裂解疫苗接种牛只。病初可根据具体情况酌用退热药及强心药，停食时间长可适当补充生理盐水及葡萄糖溶液。用抗生素等抗菌药物防止并发症和继发感染。治疗时，切忌灌药，因病牛咽肌麻痹，药物易流人气管和肺里，引起异物性肺炎。

在本病的常发区，除做好人工免疫接种外，还必须加强消毒，扑灭蚊、蠓等吸血昆虫，切断本病的传播途径。发生本病时，要对病牛及时隔离，及时治疗，对假定健康牛群及受威胁牛群可采用高免血清进行紧急预防接种。

## 七、牛病毒性腹泻

牛病毒性腹泻－黏膜病又称牛病毒性腹泻、牛黏膜病是由牛病毒性腹泻－黏膜病病毒引起牛的一种急性热性传染病。其特征为黏膜发炎、糜烂、坏死和腹泻。

［病原］

牛病毒性腹泻－黏膜病病毒属于黄病毒科、瘟病毒属有囊膜，核酸类型为 RNA。对外界环境的抵抗力很弱，56℃很快被灭活，常用消毒药能迅速杀死，但在冻干状态下可存活多年。

［流行特点］

本病可感染多种动物，特别是牛、羊、鹿等易感，牛多见于 6～18 月龄的犊牛。在新疫区急性病例多，一般不超过 5%，但死亡率可达 90%～100%；老疫区急性病例很少，发病率和死亡率很低。病畜是主要的传染源，病畜可从鼻液、泪液和粪便等排出病毒，污染饲料、饮水和用具等，经消化道和呼吸道感染，也可经胎盘感染。本病无季节性，可常年发病，但多发生于冬春季节。

［临床症状］

潜伏期为 7～14 d。根据临床症状和病程可分急性型和慢性型。

急性型：多见于犊牛，表现为突然发病，体温升高达 40～42℃，持续 4～7 d，有的出现第二次体温升高，精神沉郁，食欲减退，呼吸加快，鼻腔流黏液性鼻液，流涎，鼻镜和口腔黏膜表面糜烂，呼气恶臭。一般在口内发生损伤之后常发生严重的腹泻，粪便呈水样、恶臭、混有黏液、血液和小气泡。急性病例很少有恢复，通常在发病后 1～2 周内死亡。

慢性型：病牛很少出现体温升高，主要是鼻镜发生糜烂，眼有浆液性分泌物。间歇性腹泻。蹄叶炎及趾间皮肤糜烂、坏死，跛行。母牛在妊娠期感染本病，常发生流产或产出有先天性缺陷的犊牛，最常见的是小脑发育不全。

［病理变化］

主要病变在消化道和淋巴结。鼻镜、鼻腔、口腔黏膜有糜烂和溃疡，特征性病变是食管黏膜发生糜烂，大小和形状不一，呈直线形排列。肠淋巴结水肿。

［诊断要点］

根据流行特点、临床症状和病理变化可做出初步诊断。但注意与传染性牛鼻气管炎、口蹄疫、恶性卡他热、水泡性口炎、牛蓝舌病的区别，确诊本病必须进行血清学检查主要是血清中和试验和免疫扩散试验。

［防制要领］

本病目前无有效治疗方法。主要应用弱毒疫苗和灭活苗进行免疫接种来预防本病，犊牛在断乳前后进行 1 次免疫接种，配种前 3 周再进行 1 次免疫接种，多数牛可获得终生免疫。对受威胁较大的成牛一般每隔 3～5 年免疫接种 1 次。发病时应进行对症治疗和加强护理，增强机体抵抗力。应用收敛剂、抗菌剂和补液疗法等，可缩短恢复期。

## 八、牛传染性胸膜肺炎

牛传染性胸膜肺炎又称牛肺疫，是由支原体引起牛的一种高度接触性的传染病，特征为纤维素肺炎和胸膜炎。

［病原］

病原体为支原体，属于支原体科支原体属，具有多形性，一般呈球形、环形、杆形、星形、弧形，但以球形为主，没有细胞壁，革兰氏染色阴性。对外界环境的抵抗力不强，在阳光直射下几小时失去毒力，60℃ 30 min能杀死，但对低温有抵抗力，在结冻的肺脏和淋巴结内可存活1年以上。常用消毒药能在几分钟内将其杀死。

［流行特点］

易感动物主要是牛，其中乳牛最易感，死亡率最高。发病率为60%～70%，死亡率30%～50%。病牛和带菌牛是主要的传染源，病原体主要从呼吸道排出，通过飞沫由呼吸道感染。带菌牛进入易感牛群时常引起急性暴发，以后转为地方性流行。本病一旦流行，常拖延很长时间。饲养管理不当和畜舍过度拥挤等可促进本病的发生。

［临床症状］

潜伏期一般为2～4周，短的8 d，长的可达4个月。根据病程长短可分为急性型和慢性型两种。

急性型：多发生于本病流行的初期，表现为急性纤维素性胸膜肺炎的症状。病牛体温升高达40～42℃，呈稽留热，精神沉郁，食欲不振，干咳。而后出现呼吸困难，鼻孔扩张，呈腹式呼吸，可视黏膜发绀，呻吟，呼吸、脉搏加快。咳嗽逐渐增数，并有痛感，咳声低沉无力。触诊胸壁有痛感，叩诊有浊音或实音区，听诊有湿性啰音，肺泡音减弱或消失，胸膜发炎时能听到摩擦音。眼结膜潮红并有脓性分泌物，鼻孔流出浆液性或脓性分泌物。后期可见胸前、腹下和肉垂水肿，呼吸困难加剧，常因窒息而死亡，病程为15～30 d。

慢性型：多数由急性转来，也有开始就是慢性经过的。病牛消瘦，咳嗽，食欲不振，消化机能紊乱，胸前、腹下和肉垂水肿，肺部叩诊有浊音区，触诊胸壁敏感。这种病牛在正确饲养管理及治疗下，可逐渐恢复，但常成为带菌者。如饲养管理及治疗不当，愈后不良。

［病理变化］

特征病变是肺脏呈大理石样病变和浆液性纤维素性胸膜肺炎。初期以小叶性支气管炎为特征，病灶充血、水肿，呈鲜红色或紫红色。中期呈浆液性纤维素性胸膜肺炎，病肺肿大、增重，呈灰白色，多为一侧性，以右侧较多，肺脏切面呈大理石样外观。肺脏间质水肿增厚，呈灰白色，淋巴管高度扩张。胸膜增厚，表面有纤维素性附着物。多数病例胸腔积有数量不等淡黄色透明或混浊液体，内含有纤维素凝块或凝片。胸膜出血、增厚，与肺脏粘连，肺脏表面有纤维素性附着物，心包内也有相同的变化。后期，肺脏有坏死病灶、液化，并形成脓腔、空洞或瘢痕化。本病还可见肺门淋巴结和纵隔淋巴结肿大、出血，腹膜炎和浆液性纤维素性关节炎。

［诊断要点］

根据流行特点、临床症状和病理变化可做出初步诊断，但注意与牛巴氏杆菌病和牛肺结核病等的区别。确诊须进行细菌学检查和血清学试验。

［防制要领］

目前我国已在全国范围内基本消灭本病，为防止本病的发生应加强国境检疫。如在生产中发现本病，应及时采取扑杀、销毁和彻底消毒等措施，防止本病的扩散。疫区和受威胁区的牛用牛传染性胸膜肺炎弱毒菌苗进行免疫接种。治疗本病可选用土霉素、链霉素、红霉素、卡那霉素等。

## 九、山羊病毒性关节炎-脑炎

山羊病毒性关节炎-脑炎是一种病毒性传染病。临床特征是成年羊为慢性多发性关节炎，间或伴发间质性肺炎或间质性乳房炎。羔羊常呈现脑脊髓炎症状。

本病分布于世界很多国家。1985 年以来，我国先后在甘肃、贵州、四川、陕西和山东等省发现本病。

[病原]

山羊关节炎-脑炎病毒属于反录病毒科慢病毒属。病毒的形态结构和生物学特性与梅迪-维斯纳病毒相似，含有单股 RNA，有囊膜。可用梅迪-维斯纳病毒抗原来诊断山羊病毒性关节炎-脑炎。

[流行病学]

患病山羊，包括潜伏期隐性患羊，是本病的主要传染源。感染途径以消化道为主。在自然条件下，绵羊不感染。无年龄、性别、品系间的差异，但以成年羊感染居多。水平传播至少同群放牧 12 个月以上，带毒公羊和健康母羊接触 1～5 d 不引起感染。感染本病的羊只，在良好的饲养管理条件下，常不出现症状或症状不明显。只有通过血清学检查，才能发现。一旦改变饲养管理条件、环境或长途运输等应激因素的刺激，则会出现临床症状。

[临床症状]

依据临床表现分为三型：脑脊髓炎型、关节型和间质性肺炎型。多为独立发生，少数有所交叉。但在剖检时，多数病例具有其中两型或三型的病理变化。

脑脊髓炎型：潜伏期 53～131 d。主要发生于 2～4 月龄羔羊。有明显的季节性，80%以上的病例发生于 3～8 月份，显然与晚冬和春季产羔有关。病初病羊精神沉郁、跛行，进而四肢强直或共济失调。一肢或数肢麻痹、横卧不起、四肢划动，有的病例眼球震颤、惊恐、角弓反张。少数病例兼有肺炎或关节炎症状。

关节炎型：发生于 1 岁以上的成年山羊。典型症状是腕关节肿大和跛行。膝关节和跗关节也有罹患。病情逐渐加重或突然发生。透视检查，轻型病例关节周围软组织水肿；重症病例软组织坏死，纤维化或钙化，关节液呈黄色或粉红色。

肺炎型：较少见。无年龄限制，病程 3～6 个月。患羊进行性消瘦，咳嗽，呼吸困难，胸部叩诊有浊音，听诊有湿啰音。

除上述三种病型外，哺乳母羊有时发生间质性乳房炎。

[病理变化]

主要病变见于中枢神经系统，四肢关节及肺脏，其次是乳腺。

中枢神经：主要发生于小脑和脊髓的灰质，在前庭核部位将小脑与延脑横断，可见一侧脑白质有一棕色区。镜检见血管周围有淋巴样细胞、单核细胞和网状纤维增生，形成套管，套管周围有胶质细胞增生包围，神经纤维有不同程度的脱髓鞘变化。

肺脏：轻度肿大，质地硬，呈灰色，表面散在灰白色小点，切面有大叶性或斑块状实变区。支气管淋巴结和纵隔淋巴结肿大，支气管空虚或充满浆液及黏液，镜检见细支气管和血管周围淋巴细胞、单核细胞或巨噬细胞浸润，甚至形成淋巴小结，肺泡上皮增生，肺泡隔肥厚，小叶间结缔组织增生，临近细胞萎缩或纤维化。

关节：关节周围软组织肿胀波动，皮下浆液渗出。关节囊肥厚，滑膜常与关节软骨粘连。关节腔扩张，充满黄色粉红色液体，其中悬浮纤维蛋白条索或血瘀块。滑膜表面光滑，或有结节状增生物。透过滑膜可见到组织中钙化斑。

乳腺：发生乳腺炎的病例，镜检见血管、乳导管周围及腺叶间有大量淋巴细胞，单核细胞和巨细胞渗出，继而出现大量浆细胞，间质常发生灶状坏死。

肾脏：少数病例肾表面有 1～2 mm 的灰白小点。镜检见广泛性的肾小球肾炎。

[诊断要点]

依据病史、病状和病理变化可对临床病例做出初步诊断，确诊需进行病原分离鉴定和血清学试验。

目前广泛使用的血清学试验是琼脂扩散试验、酶联免疫吸附试验和免疫印迹试验。

[防制要领]

本病目前尚无疫苗和有效治疗方法。防制本病主要以加强饲养管理和采取综合性防疫卫生措施为主,加强进口检疫。禁止从疫区(疫场)引进种羊;采取检疫、扑杀、隔离、消毒和培育健康羔羊群的方法对感染羊群实行净化。羊群严格分圈饲养,一般不予调群;羊圈除每天清扫外,每周还要消毒1次(包括饲管用具),羊奶一律消毒处理;怀孕母羊加强饲养管理,使胎儿发育良好,羔羊产后立刻与母羊分离,用消毒过的喂奶用具喂以消毒羊奶或消毒牛奶,至2月龄时开始进行血清学检查,阳性者一律淘汰。在全部羊只至少连续2次(间隔半年)呈血清学阴性时,方可认为该羊群已经净化。

## 【案例分析】

分析以下案例,根据病史和临床检查,提出初步诊断,制定防治措施。

案例1　某羊场从山东调进190只小尾寒羊,均为周岁左右,在隔离观察的第3天下午,突然有4只死亡,第5天早晨死亡达到19只。主诉:病羊多数病程急剧,很快死亡。有6～7只羊精神不振,有的卧地不起,有的低头站立于墙角处,个别羊还出现神经症状。

临床检查:体有腐败臌胀现象,可视黏膜呈暗紫色,心包积液,心外膜有出血点。肝脏颜色变浅,呈浅土黄色。胃底部及十二指肠黏膜有针尖大小的出血点,肠道内充满气体,体腔积液。脾脏长度缩小。

案例2　主诉:家中母羊产的小羊羔精神不好,孤立站在羊舍一边,低头弓背,不吃奶,有拉肚子。

临床检查:下痢,精神萎靡,粪便呈糊状,颜色由浅黄变为灰白色,进而排粪如水、恶臭,严重的混有血液。有的病羔关节肿胀疼痛,出现神经症状有死亡病例。

案例3　主诉:自己家的牛最近干咳,呼吸加快而有呻吟声,鼻孔扩张,呼吸极度困难,流鼻涕,早晨和劳动时尤为明显。

临床检查:该牛不愿行动和下卧,呈腹式呼吸,咳声弱而无力,低沉而潮湿。有时流出浆液性或脓性鼻液,可视黏膜发绀。呼吸困难加重后,叩诊胸部,患侧肩胛骨后有浊音或实音区,上界为一水平线或微凸曲线。听诊患部,可听到湿性啰音。

## 【知识拓展】

### 小反刍兽疫

小反刍兽疫俗称羊瘟,又名小反刍兽假性牛瘟、肺肠炎、口炎肺肠炎复合症,是由小反刍兽疫病毒引起的一种急性病毒性传染病,主要感染小反刍动物,以发热、口炎、腹泻、肺炎为特征。

[病原]

小反刍兽疫病毒属副黏病毒科麻疹病毒属。与牛瘟病毒有相似的物理化学及免疫学特性。病毒呈多形性,通常为粗糙的球形。病毒颗粒较牛瘟病毒大,核衣壳为螺旋中空杆状并有特征性的亚单位,有囊膜。

[流行特点]

山羊和绵羊是该病的自然宿主,山羊比绵羊更易感,临床症状更严重。岩羊、野山羊、盘羊、鬣羊、瞪羚羊、长角大羚羊、亚洲水牛、骆驼等可感染发病。在疫区,本病为零星发生,当易感动物增加时,即可发生流行。本病主要通过直接接触传染,病畜的分泌物和排泄物是传染源,处于亚临诊型的病羊尤为危险。本病近年来在我国贵州、广西、甘肃发生疫情,对养羊业造成巨大损失。

[临床症状]

小反刍兽疫潜伏期为4～5 d,最长21 d。自然发病仅见于山羊和绵羊。山羊发病严重,绵羊也偶有严重病例发生。一些康复山羊的唇部形成口疮样病变。感染动物临诊症状与牛瘟病牛相似。急性型体温可上升至41℃,并持续3～5 d。感染动物烦躁不安,背毛无光,口鼻干燥,食欲减退。流黏液脓性鼻漏，呼出恶臭气体。在发热的前4 d，口腔黏膜充血，颊黏膜进行性广泛性损害、导致多涎，随后出现坏死性病灶，开始口腔黏膜出现小的粗糙的红色浅表坏死病灶，以后变成粉红色，感染部位包括下唇、下齿龈等处。严重病例可见坏死病灶波及齿垫、腭、颊部及其乳头、舌头等处。后期出现带血水样腹泻，严重脱水，消瘦，随之体温下降。出现咳嗽、呼吸异常。发病率高达100%，在严重暴发时，死亡率为100%，在轻度发生时，死亡率不超过50%。幼年动物发病严重发病率和死亡都很高，为我国划定的一类疾病。

[病理变化]

尸体剖检病变与牛瘟病牛相似。病变从口腔直到瘤-网胃口。患畜可见结膜炎、坏死性口炎等肉眼病变，严重病例可蔓延到硬腭及咽喉部。皱胃常出现病变，而瘤胃、网胃、瓣胃很少出现病变，病变部常出现有规则、有轮廓的糜烂，创面红色，出血。肠可见糜烂或出血，特征性出血或斑马条纹常见于大肠，特别在结肠直肠结合处。淋巴结肿大，脾有坏死性病变。在鼻甲、喉、气管等处有出血斑，还可见支气管肺炎的典型病变。

[诊断要点]

根据临床症状和病理变化可做出初步诊断，确诊需在省级动物疫病预防控制机构实验室、国家外来动物疫病研究中心或农业部指定实验室进行。抗体检测可采用病毒中和试验、竞争酶联免疫吸附试验(ELISA)等。病毒检测可采用琼脂凝胶免疫扩散、抗原捕获酶联免疫吸附试验(ELISA)、实时荧光反转录聚合酶链式反应(RT-PCR)等进行确诊。

[防治要领]

对本病尚无有效的治疗方法，发病初使用抗生素和磺胺类药物可对症治疗和预防继发感染。在本病的洁净国家和地区发现病例，应严密封锁，扑杀患羊，隔离消毒。对本病的防控主要用牛瘟组织培养苗进行免疫接种。

## 【考核评价】

### 规模化羊场免疫程序的制定

**一、考核题目**

山东某养羊场肉羊养殖基地规模化羊场，是集养殖、育种、科研一体的大型牧业集团公司，是农业部、山东省畜牧局指定的牛羊供种总场、全国养羊协会的理事单位、济宁市唯一一家“国家级重点繁育场”。公司总占地面积806亩，养殖区占地面积768亩，养殖规模达万只，是目前济宁地区存栏量最大，品种最全、实力最强的畜牧养殖企业之一。该公司实行封闭式和半封闭式养殖场，运用各种先进养羊技术，对羔羊、肉羊、种公羊、怀孕羊分开饲养和管理。主要品种有：小尾寒羊、波尔山羊、杜泊羊、白山羊、青山羊、特克赛尔、无角陶赛特、萨福克等各阶段的优良品种，请用所学的知识，制定一个合理的免疫程序。

**二、考核标准**

见表3-5-1。

**表3-5-1 规模化羊场免疫程序**

| 阶段 | 疫苗名称 | 免疫期 | 用法及剂量 |
|---|---|---|---|
| 哺乳期羔羊 | 羊口疮弱毒冻干苗 | 5个月 | 羔羊15日龄后肢内侧注射0.5 mL |
| | 传染性胸膜肺炎灭活疫苗 | 12个月 | 30日龄皮下或肌内注射3 mL |
| | 山羊痘活疫苗 | 12个月 | 60日龄尾根下内注射0.5 mL |
| | 羊大肠杆菌灭活苗 | 6个月 | 3月龄以下羔羊皮下注射1 mL |
| | 口蹄疫 | 12个月 | 90日龄肌内注射2 mL |

续表 3-5-1

| 阶段 | 疫苗名称 | 免疫期 | 用法及剂量 |
|---|---|---|---|
| 空怀期母羊 | 三联四防 | 6个月 | 肌内注射5 mL |
| | 口蹄疫 | 6个月 | 肌内注射2 mL |
| | 传染性胸膜肺炎灭活疫苗 | 12个月 | 皮下或肌内注射5 mL |
| | 山羊痘活疫苗 | 12个月 | 25 mL生理盐水稀释,尾根皮内注射0.5 mL |
| 妊娠期母羊 | 羔羊痢疾 | 5个月 | 分娩前30 d皮下注射2 mL |
| | 三联四防 | 6个月 | 分娩前15 d肌内注射5 mL |
| | 羔羊痢疾 | 5个月 | 分娩前15 d肌内注射3 mL |
| 育成期 | 三联四防 | 6个月 | 肌内注射5 mL |
| | 口蹄疫 | 6个月 | 肌内注射2 mL |
| | 羊大肠杆菌灭活苗 | 6个月 | 6月龄以下皮下 |
| | 传染性胸膜肺炎灭活疫苗 | 12个月 | 6月龄以下皮下或肌内注射3 mL<br>6月龄以上皮下或肌内注射5 mL |
| | 山羊痘活疫苗 | 12个月 | 25 mL生理盐水稀释,尾根皮内注射0.5 mL |
| 种公羊及育肥羊 | 三联四防 | 6个月 | 肌内注射5 mL |
| | 口蹄疫 | 6个月 | 肌内注射2 mL |
| | 传染性胸膜肺炎灭活疫苗 | 12个月 | 6月龄以下皮下或肌内注射3 mL<br>6月龄以上皮下或肌内注射5 mL |
| | 山羊痘活疫苗 | 12个月 | 25 mL生理盐水稀释,尾根皮内注射0.5 mL |

## 【知识链接】

1. GB/T 18637—2002,牛病毒性腹泻/黏膜病诊断技术;
2. GB/T 18649—2002,牛传染性胸膜肺炎(牛肺疫)诊断技术;
3. GB/T 18651—2002,牛无浆体病快速凝集检测方法;
4. NY/T 565—2002,梅迪—维斯纳病琼脂凝胶免疫扩散试验方法;
5. NY/T 543—2002,牛流行热微量中和试验方法;
6. NY/T 577—2002,山羊关节炎/脑炎琼脂凝胶免疫扩散试验方法;
7. NY/T 575—2002,牛传染性鼻气管炎诊断技术;
8. SN/T 1376.1—2004,牛传染性胸膜肺炎病原分离鉴定;
9. SN/T 1376.2—2004,牛传染性胸膜肺炎补体结合试验方法;
10. SN/T 1693—2006,牛流行性热微量血清中和试验操作规程;
11. SN/T 1129—2007,牛病毒性腹泻/黏膜病检疫规范;
12. SN/T 1905—2007,牛病毒性腹泻/黏膜病反转录聚合酶链反应操作规程;
13. GB/T 27530—2011,牛出血性败血病诊断技术;
14. GB/T 27982—2011,小反刍兽疫诊断技术。

# 模块四　动物寄生虫病

项目一　动物寄生虫学基础知识
项目二　动物寄生虫病基础理论
项目三　吸虫病
项目四　绦虫病
项目五　线虫病
项目六　棘头虫病
项目七　蜱螨与昆虫病
项目八　原虫病

Project 1

# 动物寄生虫学基础知识

**学习目标**

通过学习，深刻理解和熟练掌握寄生生活的概念及类型，寄生虫与宿主的概念及类型，动物寄生虫生活史的概念、完成条件及影响因素，动物寄生虫的分类与命名。

【学习内容】

## 任务一 寄生虫与宿主

### 一、寄生生活

在自然界中，两种生物生活在一起的现象是较为常见的。它是生物在长期进化过程中形成的，我们将其称为共生生活。根据共生双方之间的相互关系不同，可将其分为以下三种类型：

1. 互利共生

共生生活的双方相互利用，彼此受益。如寄生于反刍兽瘤胃中的纤毛虫，帮助其分解植物纤维，有利于反刍兽的消化；而瘤胃则为其提供了生存、繁殖所需的环境条件及营养。

2. 偏利共生

共生生活的双方一方受益，而另一方既不受益，也不受害。如人与其口腔内生活的阿米巴原虫。人在吃食物过程中，残留在口腔中的食物残渣为阿米巴原虫提供了营养来源；齿龈内的阿米巴原虫吞食食物颗粒等，但并不侵入人的口腔组织。对人来说，其存在与否都没有关系。

3. 寄生

共生生活的双方一方受益，而另一方受害。营寄生生活的动物称为寄生虫，而被寄生虫寄生的动物称为宿主。

### 二、寄生虫的类型

从不同角度可将寄生虫分为不同的类型：

1. 内寄生虫与外寄生虫

是从寄生虫的寄生部位来分。凡是寄生在宿主体内的寄生虫称为内寄生虫，如吸虫、绦虫、线虫等；凡是寄生在宿主体表或与体表相通的窦腔内的寄生虫称为外寄生虫，如蜱、螨、虱子等。

2. 暂时性寄生虫与固定性寄生虫

是从寄生生活的时间长短来分。在整个生存期中，只短期侵袭宿主，以获得营养，解除饥饿的寄生虫称为暂时性寄生虫，如侵袭人畜的雌蚊。必须在宿主体内或体表经过一定发育期的寄生虫称为固定性寄生虫，它又分为永久性和周期性寄生虫，前者是指在宿主体表或体内度过一生的寄生虫，如螨类；后者是指一生中只有部分发育阶段在宿主体内或体表完成的寄生虫，如肝片形吸虫。

3. 单宿主寄生虫与多宿主寄生虫

是从寄生虫的发育过程来分。凡是发育过程中仅需要一个宿主的寄生虫称为单宿主寄生虫，也称为土源性寄生虫，如蛔虫、钩虫等；发育过程中需要多个宿主的寄生虫称为多宿主寄生虫，也称为生物源性寄生虫，如吸虫、绦虫等。

4. 专性寄生虫与兼性寄生虫

是从寄生虫对宿主的依赖性来分。寄生虫在生活史中必须有寄生生活阶段，否则，生活史就不能完成，这种寄生虫称为专性寄生虫，如吸虫、绦虫等；既可营寄生生活，也能营自由生活的寄生虫称为兼性寄生虫，如丝虫、血吸虫等。

### 三、宿主的类型

1. 终末宿主

指寄生虫成虫(性成熟阶段)或有性生殖阶段寄生的宿主。如人是猪肉带绦虫的终末宿主。某些种类的寄生虫有性生殖阶段表现不明显，例如，阿米巴原虫、锥虫，在这种情况下，我们主观认为对人最重要的宿主是终末宿主。

2. 中间宿主

指寄生虫的幼虫期或无性生殖阶段寄生的宿主。如猪是猪带绦虫的中间宿主。

3. 补充宿主(第二中间宿主)

某些种类的寄生虫在发育过程中需要两个中间宿主，后一个中间宿主有时就称作补充宿主。如双腔吸虫的补充宿主是蚂蚁。

4. 贮藏宿主(转续宿主)

或称转运宿主，有时某些寄生虫的虫卵或幼虫可进入某些动物体内，在其体内保持生命力和感染力，但不能继续发育，该动物被称为贮藏宿主。它在流行病学研究上有着重要意义，如蚯蚓是鸡蛔虫的贮藏宿主。

5. 保虫宿主

某些经常寄生于某种宿主的寄生虫，有时也可寄生于其他一些宿主，但寄生不明显，无明显危害，通常把这种不经常被寄生的宿主称为保虫宿主，如耕牛是日本分体吸虫的保虫宿主。这种宿主在流行病学上起一定作用。

6. 传播媒介

通常是指在脊椎动物之间传播寄生虫病的一种动物，多指吸血的节肢动物。如蚊子在人之间传播疟原虫，蜱在牛之间传播梨形虫等。

需要注意的是上述寄生虫与宿主类型的划分具有人为的和主观的成分，其不同的类型之间有交叉和重叠，实质上无绝对严格界限。

# 任务二 寄生虫生活史

## 一、寄生虫生活史

寄生虫的生活史，又称发育史，是指寄生虫的生长、发育和繁殖的全过程。寄生虫的种类繁多，生活史也极其复杂，依据是否需要中间宿主，可大致分为以下两种类型：

1. 直接发育型

寄生虫完成生活史不需要中间宿主，虫卵或幼虫在外界发育到感染期后直接感染动物或人，此类寄生虫称为土源性寄生虫，如蛔虫、牛羊消化道线虫等。

2. 间接发育型

寄生虫完成生活史需要中间宿主，幼虫在中间宿主体内发育到感染期后再感染动物或人，此类寄生虫称为生物源性寄生虫，如旋毛虫、猪带绦虫等。

## 二、寄生虫完成生活史的条件

寄生虫生活史的完成必须具备一系列条件，这些条件受到生态平衡机制的制约和调节。即寄生虫必须有其适宜的宿主，甚至是特异性的宿主，这是生活史建立的前提；虫体必须发育到感染性阶段，才具有感染宿主的能力；寄生虫必须有与宿主接触的机会；寄生虫必须有适宜的感染途径；寄生虫进入宿主体后，往往有一定的移行路径，才能最终到达其寄生部位；寄生虫必须战胜宿主的抵抗力，最终感染宿主完成生活史。

## 三、宿主对寄生虫生活史的影响

宿主对寄生虫生活史的影响是多方面的，目的是力图阻止寄生虫的寄生，这种影响往往与宿主的年龄、性别、体质及饲养管理等因素有关。

1.遗传因素

某些动物对某些寄生虫具有先天不易感性，如马不感染多头蚴。

2.年龄因素

不同年龄的个体对寄生虫的易感性有差异。一般来说，幼龄动物对寄生虫易感，可能是免疫功能低下，对外界环境抵抗力弱的结果。

3.机体组织屏障

宿主机体的皮肤黏膜、血脑屏障以及胎盘等，可有效阻止一些寄生虫的侵入。

4.宿主体质及饲养管理情况

宿主体质健壮，营养合理，饲养管理条件优良，对寄生虫的抵抗力就强，抗病能力就高。

5.宿主免疫作用

在寄生虫侵入、移行和寄生部位，发生局部组织抗损伤作用，免疫活性细胞浸润，释放酶类活性物质，杀灭侵入、寄生的虫体，最后组织增生或钙化；其次，寄生虫可刺激宿主机体网状内皮系统发生全身性免疫反应，抑制虫体的生长、发育和繁殖。

## 四、寄生虫对寄生生活的适应

寄生虫为适应宿主体内外的生活环境，其形态构造和生理机能都发生了相应变化。

1.形态构造的适应

如跳蚤具有两侧扁平的身体和发达善于跳跃的腿，这种身体形态使其适合于在宿主体表毛发间活动；蚊子有适于吸血的刺吸式口器；线虫、绦虫的线状或带状体形，使其适于肠道的寄生环境。有一种棘头虫，其虫卵具有丝状体，使其易缠结于中间宿主采食的藻类上，而造成对中间宿主的感染。

寄生虫为了能保留在宿主体内或体表，逐渐进化产生了一些特殊的附着器官。如吸虫和绦虫的吸盘、小沟；线虫的牙齿、叶冠；蝇蛆的口沟、小刺等。

2.生理功能的适应

消化器官的简单化，甚至完全消失。如吸虫仅有一根食管连接两根盲肠管，通常无肛门。而绦虫和棘头虫完全无消化器官，仅靠体表直接从宿主体吸取营养。

由于寄生生活的不确定性，使得大多数寄生虫都有发达的生殖器官和强大的繁殖能力。如雌雄同体使寄生虫解决了寻找配偶的问题。

蠕虫体表一般都有一层较厚的角质膜，具有抗宿主消化液消化的作用；线虫的感染性幼虫有一层外鞘膜，绝大多数蠕虫的虫卵和原虫的卵囊都具有特质的壁，能抵抗不良的外界环境。

# 任务三　分类与命名

## 一、寄生虫分类的基本原则

在同一群体中，其基本特征，特别是形态特征是相似的，这是目前寄生虫分类的重要依据。

寄生虫分类的最基本单位是种。种是指具有一定形态学特征和遗传学特性的生物类群。近缘的种归结到一起称为属；近缘的属归结到一起称为科；依此类推，有目、纲、门、界。进一步细分时，还可有亚门、亚纲、亚目、超科、亚科、亚属、亚种等。

与动物医学有关的寄生虫主要隶属于扁形动物门吸虫、绦虫纲；线虫动物门线虫纲；棘头动物门的棘头虫纲；节肢动物门的蛛形纲、昆虫纲；环节动物门的蛭纲；还有原生动物亚界的原生动物门等。为了表述方便，习惯上将吸虫纲、绦虫纲、线虫纲的寄生虫统称为蠕虫；昆虫纲的寄生虫统称为昆虫；原生动物门的寄生虫称为原虫。由其所致的寄生虫病则分别称为动物蠕虫病、动物昆虫病、动物原虫病。蛛形纲的寄生虫主要为蜱、螨。

## 二、寄生虫与寄生虫病的命名

1. 寄生虫的命名

国际公认的生物命名规则是双名制法。用这种方法给寄生虫规定的名称叫做寄生虫的学名，即科学名。学名是由两个不同的拉丁文或拉丁化文字单词组成。属名在前，种名在后。如日本分体吸虫的学名是"*Schistosoma japonicum*"。其中，"*Schistosoma*"表示分体属，第一个字母要大写。"*japonicum*"表示日本种，全部字母小写。

2. 寄生虫病的命名

原则上以引起疾病的寄生虫属名定病名，如岐腔属吸虫引起的岐腔吸虫病。在某属寄生虫只引起一种动物发病时，常在病名前冠以动物种名，如鸭鸟龙线虫病。但在习惯上，也有突破这一原则的情况，如牛羊消化道线虫病就是许多属线虫引起疾病的统称。

Project 2

# 动物寄生虫病基础理论

**学习目标**

通过学习，要求掌握动物寄生虫病发生必备的三个条件、构成寄生虫病流行的因素、寄生虫病的诊断及综合性防制措施。

【学习内容】

## 任务一　动物寄生虫病的发生

寄生虫病的发生必须具备三个条件，即有致病力的寄生虫、易感性的宿主及外界环境条件的影响。

### 一、寄生虫及其致病力

寄生虫的致病作用是多种多样的，主要有以下几种：

1. 机械作用

包括由寄生虫的固着、移行和在寄生部位上造成的各种机械性损伤。

(1)固着。寄生虫用自己的固着器官，如吸虫的吸盘，绦虫头节上的吸盘、顶突和小钩，线虫的叶冠和齿，棘头虫带棘钩的吻突等，固着于所寄生宿主的器官组织上，给这些器官组织造成损伤，甚至出血、发炎。

(2)移行。各种寄生虫都有固定的寄生部位，有些寄生虫侵入宿主机体后，经过一定途径的移行才能到达寄生部位，在其移行过程中破坏了宿主器官的完整性，造成组织损伤。如肝片形吸虫的囊蚴侵入羊消化道后，脱囊的幼虫经门静脉或穿过肠壁从肝表面进入肝脏，再穿过肝实质到达肝脏胆管，引起肝实质的损伤和出血。

(3)压迫。某些寄生虫体积较大，压迫所寄生宿主的器官，发生组织萎缩。如棘球蚴压迫肝、肺引起的疾病。有些寄生虫虽然体积不大，但由于寄生于宿主的重要生命器官，同样可因压迫引起严重疾病，如寄生于脑的多头蚴、囊尾蚴等。

(4)阻塞。许多寄生虫寄生于消化道、呼吸道及其附属腺体等具有管道的器官中，常由于大量寄生而引起这些器官阻塞，发生严重的疾病，如猪蛔虫引起的肠阻塞、胆道阻塞等。

(5)破坏。细胞内寄生的原虫，在繁殖过程中大量破坏宿主机体活的组织细胞，引起疾病。如寄生于红细胞内的梨形虫引起红细胞的大量破坏；寄生于肠上皮细胞的球虫造成肠上皮细胞的大量破坏等。

2. 夺取营养

寄生虫生存所需要的全部营养物质，都来源于宿主机体，引起宿主机体的大量营养消耗。

寄生虫吸取营养的方式，通常有两种类型。一种是有消化器官的寄生虫(吸虫、线虫、蜘蛛昆虫)，用口摄取宿主的血液、体液、组织和食糜，经消化器官进行消化和吸收；另一种是无消化器官的寄生虫(绦虫、棘头虫)，通过体表摄取营养物质。电镜下的研究表明，不同种寄生虫用表皮摄取营养的方式也是不同的。如绦虫依靠体表上突出的微毛吸取营养，经胞质管道输送到皮层细胞体；寄生原虫通过渗透和内吞摄取营养，内吞是依靠胞口或其他器官进行吞噬滋养的方式。

寄生虫所需要的营养物质非常全面，除蛋白质、碳水化合物和脂肪类物质外，还需要大量的维生素、矿物质及微量元素。如羊感染肝片形吸虫和鸡感染蛔虫后，肝脏维生素 A 的含量急剧下降；羊感染莫尼茨绦虫后，体内维生素 B1 含量减少，以致引起神经症状。

3. 毒素影响

寄生虫在宿主机体生活过程中，虽然不如病原微生物那样产生致病力很强的毒素，但其分泌物、代谢产物及死亡虫体的分解产物，对宿主机体都有毒害作用。

吸血的寄生虫分泌溶血物质和乙酰胆碱类物质，使宿主血液凝固缓慢，血液流出量增加；以宿主组织为营养的寄生虫和发育中需要移行的寄生虫，分泌蛋白酶、蛋白水解酶和透明质酸酶，溶解组织，甚至可以破坏腱和软骨等坚实组织的完整性；有些消化道寄生虫，分泌对宿主消化酶有抑制作用的拮抗酶，使宿主消化酶的活性降低，影响消化机能。寄生原虫分泌的毒素毒力强，如锥虫毒素可引起动物发热，损伤血管壁，溶解红细胞，抑制造血机能和引起神经机能紊乱。

寄生虫的代谢产物和死亡虫体的分解产物，对宿主机体同样有毒害作用。如用艾美尔球虫浸出物给兔肌肉或腹腔注射，引起发病，甚至死亡。

4.接种和激活病原微生物

寄生虫与病原微生物关系密切，主要表现为：

(1)接种。某些蜘蛛昆虫叮咬动物时，接种病原微生物，如蜱传递脑炎病毒、布氏杆菌和炭疽杆菌；吸血昆虫传递马传贫病毒、脑炎病毒和鸡痘病毒等。

(2)带入。某些蠕虫可从外界环境带入病原微生物，如马副蛔虫带入腺疫链球菌，猪毛首蛔虫带入副伤寒杆菌等。

(3)打开门户。移行期幼虫钻过肠壁时，给微生物进入肠壁、甚至到达各个器官打开了门户。如移行期猪蛔虫幼虫为猪肺霉形体进入猪的肺脏创造了条件，发生喘气病。

(4)激活。激活宿主体内处于潜伏状态的微生物和条件菌。如仔猪感染食管口线虫病后，可激活副伤寒杆菌，引起急性副伤寒。

(5)降低机体抵抗力。寄生虫可降低宿主抵抗力，促进传染病的发生，或使传染病病情加重。如感染蛔虫、钩虫和绦虫的犬，比未感染蛔虫的犬更易发生犬瘟热。

(6)协同作用。寄生虫和病原微生物混合感染，因协同作用而发病，如犊牛感染隐孢子虫与冠状病毒引起腹泻，鸡球虫与马立克病毒共同感染引起球虫病并发马立克病。

## 二、宿主及其易感性

宿主被某种寄生虫感染，并对其具有易感性是寄生虫病发生的基本条件。

通常，寄生虫只能在一种或几种动物体内生存、发育和繁殖，而不能在所有动物体内生存、发育和繁殖，这是寄生虫对宿主的专一性，就是机体抵抗力的一种表现形式。

在易感动物中，不同年龄的宿主对寄生虫的易感性也不同。如鸡柔嫩艾美耳球虫最易使雏鸡感染发病，不易使成鸡感染。

在同一个畜群中，同年龄的不同个体，对寄生虫的易感性也不一致。影响宿主个体易感性的诸多因素中，最重要的是机体的营养状况。一般说来，个体营养状况差的动物易遭寄生虫感染，感染后容易发病，病情严重。影响宿主营养状况的主要因素是饲养管理水平，特别是日粮的营养成分。因此，在防治寄生虫病时，必须强调畜禽的全价饲养。

## 三、外界环境的影响

在寄生虫病的发生中，外界条件起着重要的影响作用，主要表现如下。

1.对寄生虫的影响

在寄生虫中，只有少数永久性寄生虫不离开动物体，在宿主体内或体表完成其全部发育阶段。多数寄生虫必须在外界环境中完成一定的发育阶段。因此，外界环境条件直接影响这些阶段的发育，甚至决定其生存与死亡。

外界条件中，起决定作用的因素是温度和水。只有在适宜温度下，寄生虫的体外发育阶段才能完成，高于或低于这个温度，发育停止，甚至死亡。如猪蛔虫卵的适宜发育温度为22～33℃，高于35℃发育失常，37℃引起死亡；低于12℃发育停止，低于－27℃可保存生命力，但在－30℃时引起死亡。

多数寄生虫的虫卵或幼虫需要潮湿的环境，甚至有些还必须在水中才能发育到感染期。因此，地势的高低、降水量的大小、河流湖波的有无，都影响着寄生虫的发育。

上述条件不但影响寄生虫的生存和发育，还在完成发育后，影响其侵入宿主的能力和毒性。

2.对中间宿主和生物传播媒介的影响

有些寄生虫的发育必须有中间宿主参与，有些寄生虫的传递必须靠生物媒介完成，因此，在一定区域某些寄生虫的中间宿主和生物媒介存在与否，是该种寄生虫病能否发生的重要原因。

中间宿主和生物媒介都有自己固有的生物学特性，外界条件（温度、水、空气、阳关及地势等）直接影响其生存、发育和繁殖，间接影响疾病的发生。如肝片形吸虫的中间宿主一椎实螺需在水中生存，在干旱的沙漠地区很难生存，那里也很难发生肝片形吸虫病。

3. 对宿主机体的影响

外界条件（气温、降雨量、放牧条件及饲料质量等）直接影响机体抵抗力。如牧区在冬春季节青黄不接，牧草不足，使绵羊营养状况和抵抗力下降，寄生虫乘机发育，成为大批发病的主要原因之一。

## 任务二　动物寄生虫病的流行病学

寄生虫病的流行病学，是研究宿主种群中寄生虫病发生和发展规律的科学，包括寄生虫病的感染来源和感染途径、病程和流行形式、地理分布、季节动态及自然疫源地等。

### 一、感染来源

包括患某种寄生虫病的动物和带虫动物。带虫动物指患寄生虫病康复或处于隐性感染的动物，它们虽然不表现临床症状，但保留一定量的寄生虫。病畜或带虫动物通过分泌物和排泄物把病原排出体外，污染外界环境，造成其他动物的感染。

此外，还应注意外界环境中被寄生虫病病原体感染的贮藏者，即某些寄生虫的中间宿主、补充宿主、贮藏宿主和传播者。在寄生虫病的发生和流行中，它们也是感染来源之一。

### 二、感染途径

1. 经口感染

寄生虫病的病原体在外界环境中发育到感染期后，随被污染的饲料、牧草、饮水或连同寄生虫的中间宿主一起，在动物采食或饮水时被吃入而发生感染。

2. 经皮肤感染

感染期的幼虫从健康皮肤钻入感染。

3. 接触感染

病畜和带虫动物与健康动物直接或间接接触时发生的感染。

4. 经生物媒介感染

生物媒介主要是一些节肢动物，有的是某些寄生虫的中间宿主，有的是某些寄生虫的机械传递者，通过它们侵袭动物，把感染期寄生虫注入宿主体内而发生感染。

5. 胎盘感染

在妊娠动物体内，寄生虫通过胎盘进入胎儿体内发生感染。已经证实通过胎盘感染的寄生虫，有弓形虫和移行期的牛新蛔虫幼虫，日本分体吸虫幼虫和牛肉带绦虫六钩蚴也偶有可能。

此外，有些寄生虫病还可使宿主发生自身感染，如猪肉带绦虫患畜由于肠道逆蠕动，使孕卵节片进入胃中，在胃内虫卵脱壳，六钩蚴逸出后回到肠道感染，引起囊尾蚴病。也有些寄生虫可主动侵入宿主天然孔进行感染，如绵羊狂蝇的雌蝇飞入绵羊鼻腔，直接产幼虫感染。

### 三、病程和流行形式

动物感染寄生虫病后，只有原虫和少数其他寄生虫能通过繁殖直接增加数量，多数寄生虫只是在感染后继续完成其个体发育，不再增加数量。因此，多数寄生虫病呈慢性经过，甚至不呈现临床症状，只是引起动物生产性能下降，只有少数寄生虫病呈急性或亚急性经过。

寄生虫病的发生和流行受很多因素制约，如寄生虫的生物学特性、寄生虫中间宿主和传播者的生物学特性及外界因素对寄生虫、中间宿主和传播者的影响等。这诸多因素制约的结果，使寄生虫病的传播受到一定限制。因此，在流行形式上，只有极少数寄生虫病呈流行性，绝大多数寄生虫病呈地方流行性，部分寄生虫病只有散发病例。

### 四、地理分布和季节动态

不同地理区域的温度、降水量和植被类型有明显的差异，直接影响动物种群分布，这些动物种群包括寄生虫的终末宿主、中间宿主和传播者。随着各地寄生虫的终末宿主、中间宿主和传播者的不同，影响着与其相关的寄生虫分布。同时，各种寄生虫对自然条件的适应性也不一样，有的寄生虫适应于高湿度条件，有的寄生虫恰恰相反；有的寄生虫适应于较温暖的条件，有的适应于较寒冷的条件。这也是不同区域的自然条件影响寄生虫分布的原因。

一般规律是，直接发育史的寄生虫其地理分布较广，间接发育史的寄生虫其地理分布受到严格的限制。直接发育史的寄生虫又称为土源性寄生虫，是指发育过程中不需要中间宿主或感染过程中不需要传播者的寄生虫；间接发育史的寄生虫又称为生物源性寄生虫，指发育中需要中间宿主或感染时需要传播者的寄生虫。

寄生虫的发育史比较复杂，各种寄生虫都有自己固有的发育过程，其中多数寄生虫都有一个或几个发育阶段必须在外界环境中完成，因此，外界条件，特别是温度和湿度，直接影响着体外发育阶段的完成，间接影响着动物感染的时间和发病的季节。

同样，外界条件还直接影响着寄生虫的中间宿主和传播者的发育，所以，由生物源性寄生虫引起的疾病具有更明显的季节性。

总之，各种寄生虫病都有自己的流行病学特点，同一种寄生虫病在不同地区的流行病学特性也各不相同。我国幅员辽阔，自然条件差异很大，各地区寄生虫病的种类及其流行病学都有所不同，只有掌握当地寄生虫病的流行病学资料，才能为制定正确的防制措施方案提供科学依据。



## 任务三　动物寄生虫病的诊断

寄生虫病的正确诊断，是有效地防制寄生虫病的前提。要建立正确的诊断，应是在流行病学资料调查研究的基础上，结合临床症状、病理剖检变化及实验室诊断的方法，进行综合性分析。

### 一、流行病学调查

流行病学调查可为寄生虫病的诊断提供重要依据。在流行病学调查中，应调查和掌握当地的自然条件，畜禽的饲养管理情况，畜禽的生产性能、发病和死亡率、中间宿主及传播媒介的存在和分布等，从中获得规律性的资料。人畜共患寄生虫病，还应了解居民的卫生习惯及饮食习惯，居民的健康状况及发病情况等。

### 二、临床诊断

临床检查主要是检查动物的营养状况、临床表现和疾病的危害程度，为寄生虫病的诊断奠定基础。对于具有典型症状的疾病基本可以确诊，如球虫病、某些梨形虫病、螨病、多头蚴病、马副丝虫病和媾疫等；对于某些外寄生虫病可发现病原体而建立诊断，如皮蝇蛆病、各类虱病等；对于非典型病例可获得有关资料，为进一步采取其他诊断方法提供依据。

寄生虫病的临床检查，应以群体为单位进行大批动物的逐头检查，动物数量过多时可部分抽查。群体检查时，注意从中发现异常和病态动物。检查中发现可疑症状或怀疑为某种寄生虫病时，应随时采取相关病料进行实验室检查。

## 三、实验室诊断

实验室诊断是寄生虫病诊断中必不可少的手段，可为确诊提供重要依据。一般在流行病学调查和临床检查的基础上进行，通过发现病原，达到确诊的目的。包括病原学诊断、免疫学诊断、分子生物学诊断和其他常规检查。

*1. 病原学诊断*

它是寄生虫病诊断的重要方法。根据寄生虫生活史的特点，从动物的血液、组织液、排泄物、分泌物或活体组织中检查寄生虫的某一发育虫期，如虫体、虫卵、幼虫、卵囊、包囊等。

不同的寄生虫病，采取的检验方法不同。包括粪便检查（虫体检查法、虫卵检查法、毛蚴孵化法、幼虫检查法）、皮肤及刮下物检查、血液检查、尿液检查、生殖器官分泌物检查、肛门周围刮取物检查、痰及鼻液检查和淋巴穿刺物检查等。必要时可进行实验动物接种，再进行病原体检查。

*2. 免疫学诊断*

利用抗原—抗体反应或其他免疫反应诊断寄生虫病，如酶联免疫吸附试验（ELISA）、沉淀实验、凝集试验、补体结合试验等。

*3. 分子生物学诊断*

分子生物学技术具有高度的灵敏性和特异性，如DNA聚合酶链反应（PCR）、DNA探针技术、核酸序列分析等。

## 四、寄生虫学剖检诊断

这是确诊寄生虫感染最可靠确实的方法。它是在病理解剖的基础上进行的，既要检查各器官的病理变化，又要检查各器官的寄生虫，并确定寄生虫的种类、感染强度及寄生虫对宿主危害的严重程度，以便最后综合判断。

寄生虫病学剖检除用于诊断寄生虫病外，还用于寄生虫的区系检查和动物驱虫效果的评定。一般多采用全身各器官组织的全面系统检查，有时也可根据需要，检查一个或若干个器官。

## 五、药物诊断

药物调查是对寄生虫病的可疑病畜，用对该寄生虫病特效药物进行驱虫或治疗而确定诊断的方法。此法适用于生前不能用实验室诊断方法进行诊断的疾病，以及无条件进行实验室检查的单位和地区的寄生虫病诊断。包括驱虫诊断和治疗诊断。

# 任务四　动物寄生虫病的预防和控制

动物寄生虫的种类繁多，每种寄生虫都有其自身的特点，同时寄生虫病的传播和流行又与自然环境条件和社会因素有着密切的联系，这就大大增加了防治工作的难度。因此，对寄生虫病的防治，必须贯彻“预防为主”的方针，采取综合性防制措施，以达到预防和控制寄生虫病发生于流行的目的。

## 一、控制和消除感染源

1. 驱虫

驱虫是动物寄生虫病综合性防制措施的重要环节。其目的是在宿主体内或体表杀灭或驱除寄生虫，从而使宿主康复；通过杀灭寄生虫，从而减少了病原体向自然界的散布，并对健康动物产生预防作用。按目的不同，可分为治疗性驱虫和预防性驱虫。

(1)治疗性驱虫。它是对患寄生虫病动物采取的紧急措施，通过驱虫使病畜恢复健康，它不受时间和季节的限制，只要发现病畜立即进行。

(2)预防性驱虫。为防止寄生虫病的发生而进行的有计划性驱虫。驱虫计划的拟定要依据当地寄生虫病的流行病学规律。如北方省区为防治绵羊蠕虫病，多采取一年 2 次驱虫的措施。春季驱虫在放牧前进行，目的在于防止草地被污染。秋季驱虫在转入舍饲后进行，目的在于将动物体内已感染的寄生虫驱除体外，防止发生寄生虫病。

根据寄生虫在宿主体内的发育程度，可分为成虫期驱虫和成虫期前驱虫。前者是针对已发育到成虫期的寄生虫，后者针对尚未达到成虫期的寄生虫。在预防寄生虫病上，后者比前者具有更大意义，因为此时寄生虫尚未产生虫卵或幼虫，可以最大限度地防止外界环境的污染。

2. 药物预防

药物预防是在寄生虫的感染季节，经常地或定期地应用抗寄生虫药物，抑制已感染的寄生虫的发育或将其杀死，达到预防寄生虫病的目的。该措施对于那些危害大、不易控制的寄生虫病尤为重要。如鸡、兔球虫病，马梨形虫病、牛皮蝇幼虫病、羊狂蝇幼虫病等。

## 二、切断传播途径

1. 粪便生物热除虫

寄生在消化道及其附属腺体、呼吸道及肠系膜血管中的寄生虫，在繁殖过程中随粪便一起把大量虫卵、幼虫或卵囊等排到外界环境，在外界发育到感染期。因此，杀灭粪便中的虫卵、幼虫或卵囊，可以防止动物的再感染。而虫卵、幼虫和卵囊对化学药物有很强的抵抗力，常用的消毒药对它们无杀灭作用，但对热敏感，在 50～60℃温度下足以被杀死。粪便发酵后，经 10～20 d 粪便内温度升高到 60～70℃，几乎可以完全杀死粪中的病原。但牛粪不易发酵，发酵时应掺入马粪或杂草。

2. 轮牧

轮牧是牧区草地除虫的最好措施。放牧中，动物粪便污染草地，其中的寄生虫卵和幼虫在适宜的温度和湿度下开始发育，如果在它们还未发育到感染期时，把动物转移到新的草地，可避免动物感染。在原草地上的虫卵和幼虫，经过一定时期未能感染动物，则自行死亡，草地净化。不同的寄生虫，在外界发育到感染期的时间也不同，草地轮换的时间也应不同；不同地区、不同季节对寄生虫发育到感染期的时间也有很大影响，在制定轮牧计划时也应考虑。

3. 消灭中间宿主和传播媒介

有些寄生虫必须在中间宿主体内进行一定阶段的发育，还有些必须通过传播者才能感染动物，消灭中间宿主和传播媒介，可阻断寄生虫的发育，切断感染途径，起到外界环境除虫和预防动物感染的目的。

4. 患病酮体和器官的处理

某些寄生虫病可通过动物的患病酮体和器官进行传播。如猪和牛囊虫病的酮体传播人绦虫病；通过旋毛虫病、弓形虫病和肉孢子虫病的酮体传播人及其他动物相应疾病；通过棘球蚴、多头蚴和细颈囊尾蚴的患病脏器，使犬感染绦虫病。因此，应加强对酮体和脏器的兽医卫生检验，对患病酮体和器官进行销毁或无害化处理，杜绝病原体的散播。

## 三、增强动物抵抗力

1. 改善动物的饲养条件

在防治寄生虫病中，必须使动物的饲养达到标准化和科学化，不但要保证饲料日粮的总能量符合机体的需要，而且要保证全价的营养成分，只有这样才能保障机体充分发挥防御机构的防卫能力，抵御寄生虫的感染及其致病作用，保持高度、稳定的抵抗力。

2. 健全饲养管理卫生制度

(1)饮水卫生。被寄生虫污染的水源，常是动物感染的重要因素。特别是不流动的和较浅的水池、湖泊、水塘、沼泽地、稻田、溪流和水渠等，最适于寄生虫虫卵、幼虫及某些中间宿主的生存和发育，这里的水不能作为动物的饮水。最好的饮水是井水和自来水，其次是江河水、有砂底或石底的较深湖泊水。

用作饮水的水源应加以保护，防止污染。禁止将粪便、垃圾或动物尸体抛于水中；禁止将尸坑、垃圾点设在水源附近；在农田基本建设时，应疏通水沟、沼泽地和池塘，使其干涸。

(2)饲料卫生。通过被污染的饲料感染动物是重要感染途径之一。因此，必须保管好饲料，防止被污染，禁止从低洼地、水池旁、潮湿牧场处割饲草，必须利用这些牧草时，应预先存放 3～6 个月。

(3)圈舍卫生。圈舍应建在离水塘、池沼和坑洼地较远的地方；圈舍要保持干燥，光线充足和通风良好；舍内饲养动物的密度要适宜；圈舍和运动场应保持清洁，经常清除粪便和垃圾，粪便和垃圾发酵处理。

3. 保护幼畜

一般成年动物对寄生虫感染的抵抗力强，不易感染，感染后发病较轻或不发病，但往往是主要的感染来源。幼龄动物抵抗力弱，易感染，感染后发病严重，死亡率较高。因此，应保护幼畜，将幼畜与成年畜分群隔离饲养，减少幼畜被感染的机会。

为此，对新生畜应及早训练补饲，早期断奶，断奶后立即分群。幼畜安置在新建的或经过除虫处理的圈舍饲养。放牧的动物，分群后的幼畜优先安排在优质清洁的牧草放牧；在天然草场放牧时，应先放牧幼畜，幼畜转移后再放牧成年畜。家禽分成幼雏群、中雏群及成年群，各群严格隔离饲养，幼雏及中雏群应在新建禽舍或进行过除虫处理的禽舍饲养。

4. 人工免疫

用虫苗对动物进行接种，使宿主产生特异性的免疫，是预防寄生虫病的措施之一。目前国内外比较成功地研究了牛羊肺线虫、血矛线虫、毛圆线虫、泰勒虫及钩虫的虫苗，并在生产中应用。此外，还研制了猪蛔虫、牛巴贝斯虫、牛囊虫、猪旋毛虫、牛锥虫和鸡球虫等虫苗。

### 【知识链接】

1. DB13/T 1373—2011，规模化猪场寄生虫病防治技术规范；
2. DB21/T 1759—2009，规模化养鸡场寄生虫病防治技术规范；
3. DB22/T 2011—2014，猪寄生虫病防治技术规范；
4. DB43/T 545—2010，规模猪场寄生虫检验技术规范；
5. DB51/T 1115—2010，奶牛主要寄生虫病防治技术规程；
6. DB51/T 1297—2011，山羊寄生虫病防治技术规范；
7. DB63/T 1167—2012，绵羊健康养殖寄生虫病防治技术规范；
8. DB63/T 1168—2012，藏区犬寄生虫病防治技术规范；
9. DB63/T 1169—2012，牦牛健康养殖寄生虫病防治技术规范；
10. DB63/T 796—2009，猪寄生虫病防治技术规范；
11. GB/T 18448.6—2001，实验动物蠕虫检测方法；
12. DB21/T 1761—2009，牛寄生虫病综合防控技术规范。

Project 3

# 吸虫病

**学习目标**

1. 深刻理解和掌握吸虫的形态结构和生活史。
2. 熟练掌握蠕虫学粪便虫卵检查方法。
3. 掌握华支睾吸虫病、日本分体吸虫病、片形吸虫病、双腔吸虫病、阔盘吸虫病、同盘吸虫病、东毕吸虫病的生活史、流行病学、症状、病理变化、诊断、治疗及预防措施。
4. 熟悉吸虫的分类。
5. 了解猪姜片吸虫病、鸡前殖吸虫病、棘口吸虫病、禽后睾吸虫病的生活史、流行病学、症状、病理变化、诊断及防治措施。

【学习内容】

# 任务一 吸虫纲通性

## 一、形态结构

1. 外部形态

虫体多呈背腹扁平的叶状(图 4-3-1),少数呈圆柱状或线状(分体吸虫)。虫体大小不一,长度范围在 0.1～75 mm。颜色为淡红色或棕红色,固定后为灰白色。体表光滑或有小刺、小棘等。虫体前部有口吸盘,腹面有腹吸盘,有的腹吸盘在后端,称为后吸盘,有的无腹吸盘。

2. 体壁

由皮层和肌层构成,又称皮肌囊,无体腔,囊内为大量网状实质,内部各器官系统均包埋在柔软的实质内。

3. 消化系统

由前咽(有的失缺)、咽、食管和肠管组成。肠管两条,位于虫体两侧,延伸至虫体后部,有的末端连成环状(嗜气管吸虫);有的又合成一条(日本分体吸虫);有的肠管分支(肝片吸虫)。吸虫以上皮细胞、黏液、分泌物等为食,食物残渣经口孔排出。

4. 排泄系统

由焰细胞、毛细管、前后集合管、排泄总管、排泄囊及排泄孔等组成。

5. 神经系统

位于咽部的两个神经节向前后各发出 3 条神经干,分别位于虫体的背、腹及两侧,神经干发出末梢分布于口、腹吸盘、咽等感觉器官。

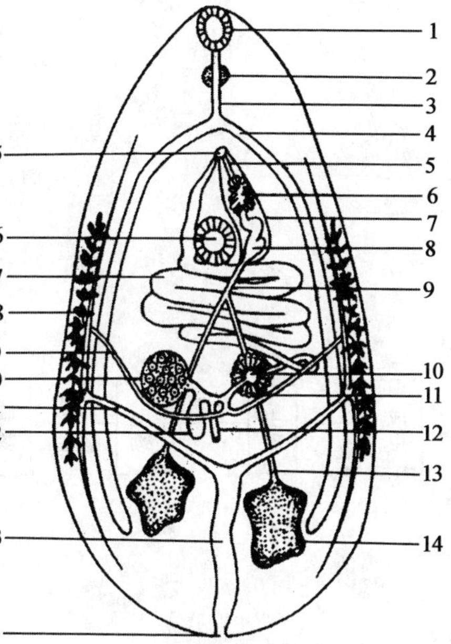


**图 4-3-1 吸虫构造模式图**

1. 口吸盘;2. 咽;3. 食管;4. 肠;5. 雄茎;6. 前列腺;7. 雄茎囊;8. 贮精囊;9. 输精管;10. 卵模;11. 梅氏腺;12. 劳氏管;13. 输出管;14. 睾丸;15. 生殖孔;16. 腹吸盘;17. 子宫;18. 卵黄腺;19. 卵黄管;20. 卵巢;21. 排泄管;22. 受精囊;23. 排泄囊;24. 排泄孔

6. 生殖系统

较发达,除分体吸虫外,均为雌雄同体。

雄性生殖器官由睾丸、输出管、输精管、贮精囊、射精管、雄茎、雄茎囊和前列腺等组成。有两个睾丸,各有一条输出管汇合成输精管,其远端膨大成贮精囊,贮精囊末端为雄茎。贮精囊与雄茎之间有前列腺,雄茎囊包围着贮精囊、前列腺和雄茎,交配时雄茎伸出体外,与雌性生殖器官相交接。

雌性生殖器官由卵巢、输卵管、受精囊、卵膜、梅氏腺、卵黄腺和子宫等组成。卵巢发出的输卵管与受精囊、卵黄管相接,汇合伸向卵模,卵模周围有梅氏腺。虫体两侧有许多的卵黄滤泡组成的卵黄腺,左右两条卵黄管汇合为卵黄总管。卵由卵巢产出,与受精囊中的精子相遇受精,并向前移入卵膜。卵黄腺分泌的卵黄颗粒与梅氏腺的分泌物进入卵膜形成卵壳。虫卵由卵膜进入与此相连的子宫,成熟后经生殖孔排出。

## 二、发育史

吸虫在发育过程中均需要中间宿主,有的还需要补充宿主。中间宿主为淡水螺或陆地螺;补充宿主为鱼类、蛙、螺或昆虫等。其发育过程有虫卵、毛蚴、胞蚴、雷蚴、尾蚴、囊蚴及成虫各期。见图 4-3-2 和图 4-3-3。

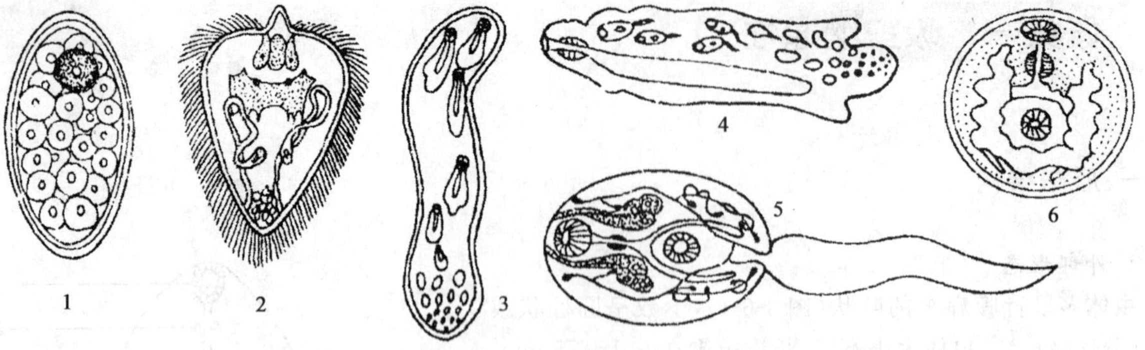


**图 4-3-2　吸虫各期幼虫形态模式图**

1. 虫卵；2. 毛蚴；3. 胞蚴；4. 雷蚴；5. 尾蚴；6. 囊蚴

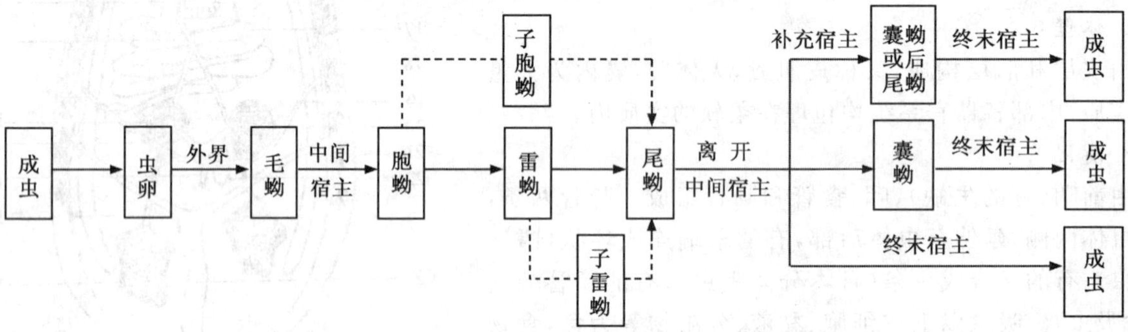


**图 4-3-3　吸虫发育模式图**

1. 虫卵

多呈椭圆形或卵圆形，除分体吸虫外都有卵盖，为灰白、淡黄至棕色。有的虫卵在产出时，仅含胚细胞和卵黄细胞，有的已含毛蚴。

2. 毛蚴

外形似等边三角形，外被有纤毛，运动活泼。消化道、神经及排泄系统开始分化。排泄孔多为 1 对。卵在水中完成发育，成熟的毛蚴即破盖而出，游于水中，经 1～2 d 遇到适宜的中间宿主，即利用其头腺钻入螺体内，脱去纤毛，发育为胞蚴。

3. 胞蚴

呈包囊状，营无性繁殖，在体内生成雷蚴。

4. 雷蚴

呈包囊状，营无性繁殖。有的吸虫仅有 代雷蚴，有的则存在母雷蚴和子雷蚴两期。雷蚴发育为尾蚴经产孔排出，在螺体内停留一定时间，成熟后即逸出螺体，游于水中。

5. 尾蚴

由体部和尾部构成。体表具 1～2 个吸盘，且有消化系统、排泄器、神经元、分泌腺和未分化的生殖器官。尾蚴离开中间宿主在水中游动，在某些物体上形成囊蚴而感染终末宿主；或直接经皮肤钻入终末宿主体内，移行到寄生部位发育为成虫；有的需进入补充宿主体内发育为囊蚴，才能感染终末宿主。

6. 囊蚴

由尾蚴脱去尾部，形成包囊后发育而成，呈圆形或卵圆形。囊蚴是通过其附着物或补充宿主进入终末宿主的消化道内，囊壁被胃肠的消化液溶解，幼虫破囊而出，移行至寄生部位发育为成虫。

## 三、分类

寄生于我国人、畜及野生动物的吸虫隶属于92科，390余属，1 000多种。与兽医有关的多为扁形动物门吸虫纲复殖目的吸虫，重要的科、属有：

1. 片形科

寄生于哺乳类动物的肝、胆管及肠道。包括片形属和姜片属。

2. 歧腔科（双腔科）

寄生于两栖类、爬虫类、鸟类及哺乳类的肝、肠及胰。包括歧腔属和阔盘属。

3. 前殖科

寄生于鸟类，较少在哺乳类。包括前殖属。

4. 并殖科

寄生于猪、牛、犬、猫及人的肺。包括并殖属。

5. 后睾科

寄生于爬虫类、鸟类及哺乳类的胆管或胆囊。包括支睾属、后睾属、对体属、次睾属及微口属。

6. 棘口科

寄生于爬虫类、鸟类或哺乳类的肠道，偶尔在胆管及子宫。包括棘口属、低颈属、棘缘属、棘隙属及真缘属。

7. 前后盘科

寄生于哺乳类的消化道。包括前后盘属、殖盘属、腹袋属及平腹属。

8. 双穴科

囊蚴寄生于鱼类和两栖类，成虫寄生于鸟类和哺乳类。包括翼形属。

9. 背孔科

寄生于鸟类的盲肠或哺乳类消化道后段。包括背孔属和槽盘属。

10. 异形科

寄生于哺乳动物和鸟类的肠道。包括异形属和后殖属。

11. 分体科

寄生于鸟类或哺乳动物的门静脉血管中。包括分体属、东毕属及毛毕属。

# 任务二　多种动物共患吸虫病

## 一、华支睾吸虫病

华支睾吸虫病，又称肝吸虫病，是由后睾科支睾属的吸虫寄生于动物和人的胆管及胆囊内所引起疾病。危害的动物有犬、猫、猪和肉食野生动物。

**[病原体]**

华支睾吸虫（图4-3-4），呈背腹扁平的叶片状，狭长，前端较尖，后端较钝，呈半透明，褐色。大小(10～25 mm)×(3～5 mm)。口吸盘略大于腹吸盘。食管短。睾丸呈树枝状，前后排列于虫体后端1/3处。从睾丸各发出一条输出管，约在虫体的中部会合为输精管，其远端膨大部形成贮精囊。卵巢边缘分叶，位于睾丸之前。受精囊发达，在睾丸和卵巢之间，呈椭圆形。卵黄腺呈滤泡状，分布于虫体两侧。子宫从卵模开始盘绕而上，开口于腹吸盘前缘的生殖腔。

虫卵呈黄褐色，形似电灯泡，大小为(27～35 μm)×(12～20 μm)，一端有卵盖，另一端有一小突起，内含毛蚴。

[生活史]

中间宿主是淡水螺,补充宿主为多种淡水鱼和虾。

成虫寄生于人或哺乳动物的胆管及胆囊中,虫卵随胆汁进入消化道,并随粪便排出体外,被螺吞食后,在螺的消化道中孵出毛蚴。毛蚴进入螺的淋巴系统,经胞蚴、雷蚴,约经 100 d 发育为成熟的尾蚴。尾蚴离开螺体游于水中,遇到补充宿主钻入其体内,在其肌肉内形成囊蚴。终末宿主吞食带有囊蚴的鱼、虾而感染。囊蚴进入终末宿主小肠,囊壁被消化,幼虫逸出,从十二指肠胆管口进入肝脏胆管,约经一个月发育为成虫。见图 4-3-5。

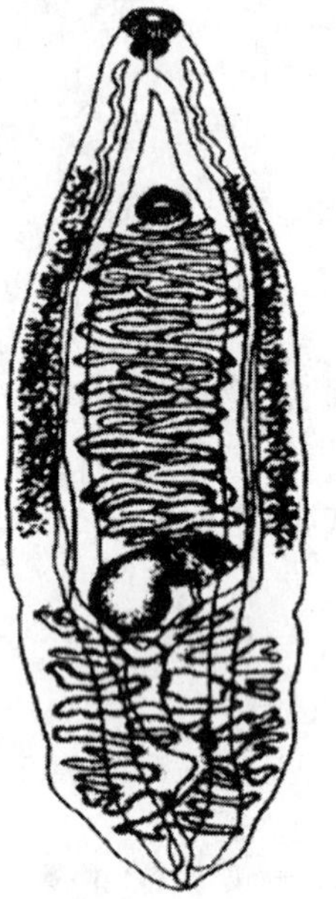

图 4-3-4 华支睾吸虫

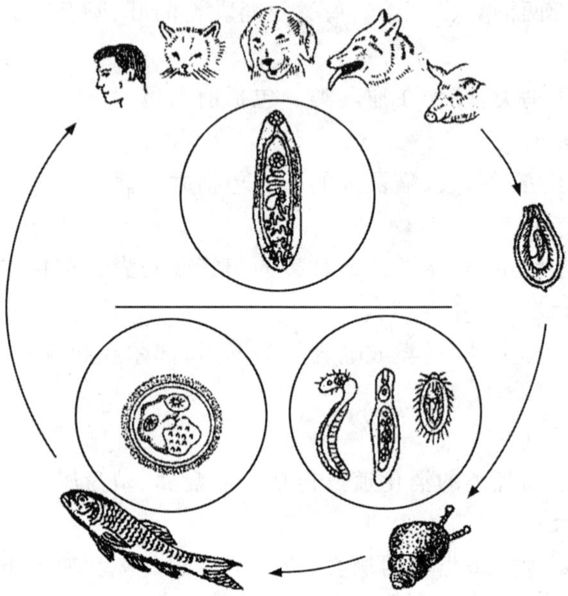

图 4-3-5 华支睾吸虫生活史

[流行病学]

1. 分布

华支睾吸虫人体感染主要分布于远东,如中国、日本、朝鲜、越南和东南亚国家。我国除青海、宁夏、西藏、甘肃和宁夏外,其余 27 个省、市、自治区均有不同程度流行。

2. 感染来源

患病和带虫的犬、猫、猪和人是主要的感染来源;其次是肉食野生动物。

3. 囊蚴抵抗力

对高温敏感,90℃时 1 s 死亡。

4. 流行因素

患病动物或人的粪便未经处理倒入鱼塘,易造成螺的感染。该寄生虫的中间宿主与补充宿主所需生态条件大致相同,常共同滋生,容易造成鱼的感染。人的感染与饮食习惯密切相关,如食生鱼片、生鱼粥、生虾、鱼火锅或烧制鱼时未煮熟等。动物感染多因食用厨房鱼、虾废弃物或吃的生鱼、虾而引起。

[症状及病变]

患病动物多为隐性感染,症状不明显。严重感染时,表现为消化不良,食欲减退,腹泻,水肿,渐进性地消瘦,贫血,轻度至重度黄疸,可视黏膜黄染,叩诊肝区有疼痛,且易并发其他疾病。

人主要表现为胃肠道不适,食欲不振,消化障碍,腹痛,门静脉瘀血,肝脏肿大,肝区隐痛,轻度浮肿,或有夜盲症。

少量寄生时无明显病变。大量寄生时可见胆囊肿大,胆管变粗,胆汁黏稠呈草绿色。肝脏结缔组织增生,表面有纤维素附着,有时肝硬化或脂肪变性。胆管和胆囊有虫体。

［诊断］

根据动物有生食淡水鱼、虾史，临床表现为消化机能障碍，肝区叩诊有痛感，结合粪便检查发现虫卵，即可作出诊断。近年来，随着酶、同位素和胶体金等新技术和方法的推广和应用，大大提高了血清学试验的灵敏度和特异性，使其诊断率大大提高。

［治疗］

吡喹酮：50～75 mg/kg 体重，一次口服；或 120 mg/kg 体重，二日疗法。

丙硫咪唑：30 mg/kg 体重，口服，一次/d，连用数日。

六氯对二甲苯(血防 846)：犬、猪 200 mg/kg 体重。

［预防］

(1)定期驱虫。流行地区的猪、犬和猫应定期检查和驱虫，及时给予治疗或淘汰。

(2)饲料卫生。流行地区禁用生的或未煮熟的鱼虾或其下脚料喂猪、犬和猫等动物。

(3)粪便处理。加强人、猪粪便的管理，禁止在鱼塘边盖厕所或猪圈，不用新鲜的人、猪粪便作为鱼饲料。

(4)灭螺。

(5)人的饮食卫生。改变不良的鱼、虾烹调和食用习惯，禁食生鱼、虾。

## 二、日本分体吸虫病

日本分体吸虫病，又称血吸虫病，由分体科分体属的日本分体吸虫寄生于哺乳动物肠系膜血管引起的疾病。可感染的动物有牛、羊、猪、马及野生动物等，人也可感染，是危害严重的人畜共患病之一，其广泛分布于我国长江流域。

［病原体］

日本分体吸虫呈线状，雌雄异体，常呈合抱状态(图 4-3-6)。腹吸盘大于口吸盘，具有粗而短的柄，位于虫体近前方。雄虫乳白色，短而粗，长 9～18 mm，宽 0.5 mm。从腹吸盘起，虫体两侧向腹面卷曲形成抱雌沟，雌虫常位于此沟内。两条肠管在虫体后 1/3 处合并为一条单管。7 个睾丸呈椭圆形，单行排列于腹吸盘背侧。雌虫细长，呈暗褐色，大小为(12～22 mm)×(0.1～0.3 mm)。卵巢呈椭圆形，位于虫体中部偏后方两肠管之间，其后端发出一条输卵管，并折向前方伸延，在卵巢前面与卵黄管合并，形成卵膜。卵膜前为管状的子宫，其内含卵 300～500 个，开口于腹吸盘后方，为雌性生殖孔。卵黄腺呈规则的分枝状，位于虫体后 1/4 处。

虫卵呈椭圆形或接近圆形，淡黄色，卵壳较薄，无卵盖，在卵壳的侧上方有一小刺，内含一毛蚴。

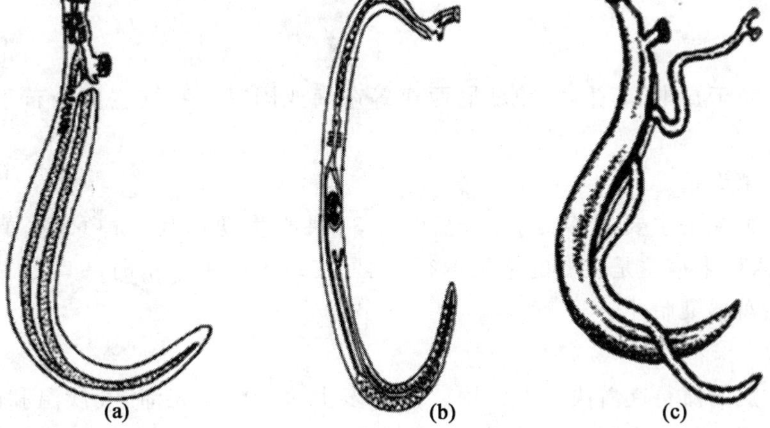


**图 4-3-6　日本分体吸虫**

(a)雄虫；(b)雌虫；(c)雌雄合抱

［生活史］

中间宿主是钉螺。成虫多寄生于肠系膜静脉，有的也见于门静脉，雌雄虫交配后，雌虫产出的虫卵，一部分随血流到达肝，一部分堆积在肠壁形成结节。虫卵在肝及肠壁发育成熟，卵内毛蚴分泌溶组织酶透过卵壳，破坏血管壁，同时借助腹壁肌肉收缩，使结节及坏死组织向肠腔内破溃，虫卵进入肠腔，随粪便排出。虫卵落入水中，在 25～30℃条件下孵出毛蚴，毛蚴钻入钉螺体内，需 6～8 周，经胞蚴、子胞蚴形成尾蚴。尾蚴自螺体逸出在水中游动，遇到终末宿主后，借助于穿刺腺分泌的溶组织酶，从皮肤侵入机体。尾蚴进入皮下组织的小静脉中，随血液循环到达肠系膜动脉，经毛细血管进入肠系膜静脉，随血流到达门静脉发育为成虫，然后移居到肠系膜静脉。从尾蚴侵入到发育为成虫需 30～50 天，成虫生存期在 3～5 年以上。见图 4-3-7。

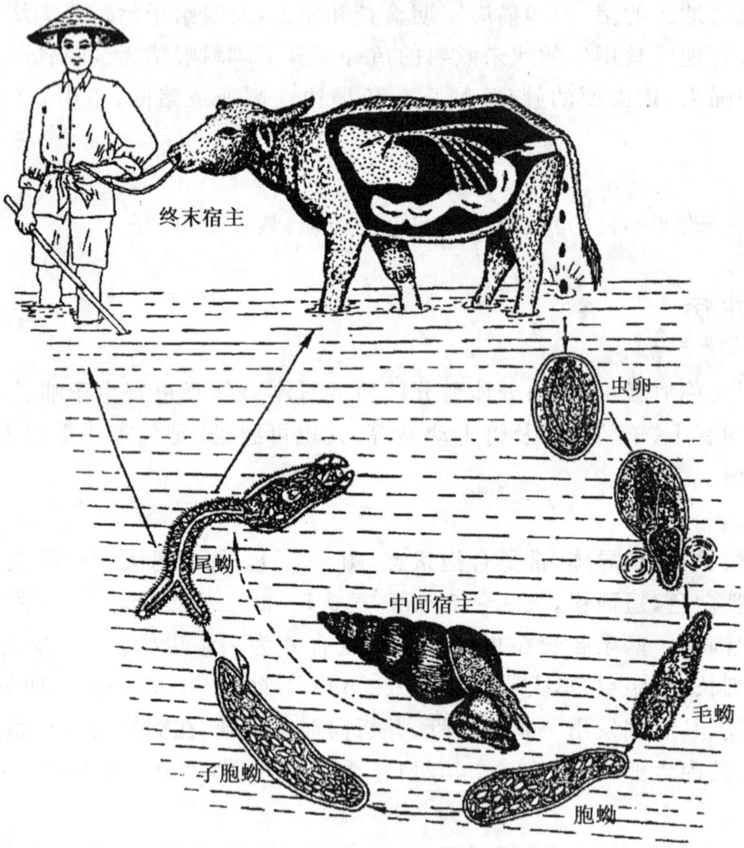


图 4-3-7　日本分体吸虫生活史

［流行病学］

1. 地理分布

日本分体吸虫分布于日本、菲律宾、印度尼西亚等东南亚国家。我国主要分布于长江流域及长江以南的 13 个省市。

2. 感染来源及感染途径

患病动物和保虫宿主是主要的感染来源，至少有 31 种野生动物及 9 种家畜（黄牛、水牛、羊、猫、猪等）。尾蚴经皮肤侵入终末宿主是主要的感染途径；也可在终末宿主饮水时从口腔黏膜侵入；妊娠后期，移行的童虫可通过胎盘感染胎儿。

3. 钉螺习性

钉螺的存在对本病的流行起着决定性作用。钉螺多生活于雨量充沛、气候温和的地区，多见于小河边、稻田、沟渠旁及沼泽地等。常于 3 月份开始出现，3～4 月份和 9～10 月份是繁殖旺季。

4. 种间差异和年龄特点

一般情况下，黄牛感染率高于水牛；且黄牛年龄越大，阳性率越高，水牛则随年龄增长而呈下降趋势。

5.流行特点

一般钉螺阳性率高的地区，人、畜的感染率也高。病人、畜的分布和当地钉螺的分布是一致的，具有地区性特点。病人、畜的分布基本上与当地水系的分布相一致。

**[症状及病变]**

发病后的症状，因动物种类、年龄及感染强度不同可分为急性型和慢性型。

急性型：多见于大量感染的犊牛。表现精神沉郁，食欲减退，体温升高，呈不规则的间歇热。腹泻，便中混有血液、黏液及脱落的黏膜。腹泻加剧者，粪便呈水样，排便失禁。渐进性消瘦、贫血，2～3个月死亡或转为慢性型。经胎盘感染的犊牛，出生后症状严重，死亡率高。

慢性型：多见于羊、猪和轻度感染的牛。表现间歇性下痢，有时便中带血。精神沉郁，食欲减退或废绝，日渐消瘦和贫血。幼畜发育不良，孕畜易流产，奶牛产奶量下降。

人感染后先出现皮炎，而后出现咳嗽，痰多，咯血，然后表现发热，下痢，腹痛，肝脾肿大，肝硬化，腹水增多，逐渐消瘦和贫血，衰竭死亡。幸存者体质虚弱，成年人丧失劳动能力。

剖检可见尸体消瘦，贫血，腹腔内有大量积液。肝脏的病变较为明显，病初肝脏肿大，后萎缩、硬化，肝脏表面或切面上有粟粒大至高粱大灰白色或灰黄色结节。结节还可见于肠壁、肠系膜、心脏等器官。大肠（尤其是直肠）壁有小坏死灶、小溃疡及瘢痕。在肠系膜血管、肠壁血管及门静脉中可发现虫体。

**[诊断]**

根据流行病学、症状及病理变化可作出初步诊断。但确诊须靠粪便检查和血清学试验。粪便检查用毛蚴孵化法，可发现毛蚴。血清学试验如环卵沉淀、IHA 、ELISA 等，可应用于普查。阳性率在95%以上，假阳性率在5%以下。

**[治疗]**

吡喹酮：是目前治疗血吸虫病的首选药物。黄牛、水牛30 mg/kg体重，山羊20 mg/kg体重，一次口服。黄牛最大剂量为10 g，休药期为28 d。

硝硫氰胺(7505)：黄牛、水牛60 mg/kg体重，一次口服。亦可配成2%混悬液，黄牛2 mg/kg体重，水牛1.5 mg/kg体重，体重限量黄牛为300 kg，水牛400 kg，一次静脉注射。

六氯对二甲苯（血防846）：新血防846片，剂量为100～200 mg/kg体重，每日口服，连用10 g为一疗程，应用于急性期病牛；20%血防846油溶液，剂量为牛40 mg/kg体重，每日注射，5 d为一疗程，半个月后可重复治疗。

**[预防]**

(1)消除感染源：在流行区，每年定期对人和易感动物进行普查，及早发现病人、病畜及带虫者，进行治疗或驱虫。

(2)加强粪便管理：管理好人、畜粪便，粪便经发酵后再作肥料。

(3)注意饮水卫生：防止人、畜用水被污染，做到安全用水；在严重流行区，用水应加入漂白粉，以确保杀死尾蚴。

(4)加强饲养管理：避免在钉螺滋生地放牧；禁止病牛调动；老龄及病情较重牛应及时淘汰。

(5)灭螺：参照肝片吸虫病。

## 任务三　反刍动物吸虫病

### 一、片形吸虫病

片形吸虫病，又称肝蛭，是由片形科片形属的吸虫寄生于多种动物和人的肝脏胆管内引起的疾病。

主要感染牛羊，其次为骆驼、鹿、猪、马等家畜及野生动物，对畜牧业危害较大。

[病原体]

片形吸虫病的病原体主要有两种。

1.肝片形吸虫

虫体呈背腹扁平的叶片状，新鲜的虫体呈棕红色，固定后为灰白色，大小为(21～41 mm)×(9～14 mm)。虫体前端呈圆锥状突起，称头锥。头锥基部变宽，形成肩部，肩部以后逐渐变窄。口吸盘位于头锥的前端，腹吸盘在肩端水平线的中央。消化系统由口、咽、食管及左右分支的肠管组成，肠管上有许多分支。生殖系统发达，雌雄同体。雄性生殖器官由睾丸、输出管、输精管、贮精囊、雄茎及雄茎囊等组成。雌性生殖器官有一个鹿角状卵巢，卵模位于紧靠睾丸前方的虫体中央。在卵模与腹吸盘之间为盘曲的子宫，其内充满褐色的虫卵。子宫与卵模相通，卵模外包有梅氏腺。卵黄腺分布于虫体两侧，由许多褐色小滤泡组成。体后端中央处有纵行的排泄管。

虫卵呈椭圆形，黄褐色，大小为(133～157 μm)×(74～91 μm)。前端较窄，有一个不明显的卵盖，后端较钝。卵壳较薄而透明，卵内充满着卵黄细胞和一个胚细胞。

2.大片形吸虫

其形态与肝片形吸虫基本相似，大小为(25～75 mm)×(5～12 mm)。与肝片形吸虫的区别在于，虫体前端无明显的头锥突起，肩部不明显，虫体的两侧比较平行，前后的宽度变化较小，虫体后端钝圆。腹吸盘较口吸盘大 1.5 倍。肠管的内侧分支较多(图 4-3-8)。

虫卵较肝片形吸虫虫卵大，长卵圆形，大小为(150～190 μm)×(75～90 μm)。

[生活史]

中间宿主为椎实螺，我国主要为小土蜗螺。终末宿主主要为牛、羊、鹿、骆驼等反刍动物。

片形吸虫的成虫寄生于终末宿主的肝脏胆管内，产出的虫卵随胆汁进入肠腔，经粪便排出体外。在适宜的温度(25～26℃)和充足的氧气、水分及光线条件下，经 11～12 d 孵出毛蚴，毛蚴在水中游动，遇到适宜的中间宿主，即钻入其体内。毛蚴在中间宿主体内经无性繁殖发育为胞蚴、雷蚴(或再经子雷蚴)和尾蚴几个发育阶段。尾蚴逸出螺体在水中游动，脱掉尾黏附于水草或浮游于水中形成囊蚴。牛羊等反刍动物吞食含有囊蚴的水或草而引起感染。

囊蚴进入消化道，在十二指肠内囊壁被消化，童虫脱囊而出。童虫经以下三条途径进入肝脏：经十二指肠胆管口进入肝脏；钻入肠壁血管，随血流进入肝脏；穿过肠壁到腹腔，后经肝包膜进入肝脏。从囊蚴发育为成虫需 3～4 个月，成虫在动物体内寿命可达 3～5 年。见图 4-3-9。

[流行病学]

1.感染来源

患病动物和带虫动物是重要的感染来源，感染来源通过粪便不断地向外界排出大量虫卵。绵羊是最重要的感染来源，每只羊每天能排 50 万～300 万虫卵。

2.繁殖力及抵抗力

片形吸虫的繁殖力较强，一条成虫每昼夜产 8 000～13 000 个虫卵，幼虫在中间宿主体内进行无性繁殖，一个毛蚴可发育为数十个甚至数百个尾蚴。

虫卵对温度和干燥较敏感，低于－5℃和高于 40℃时可引起死亡，在干燥条件下发育停止，在保持一定湿度时可维持生命力，但完全干燥条件下发育停止。对常用消毒剂抵抗力较强。

囊蚴抵抗力更强，在水中及湿草上可存活 3～5 个月，在干草上可存活 1～1.5 个月，在直射阳关及未完全干燥下经 2～4 周才能死亡，能抵抗－6～－4℃的低温。

3.地理分布

肝片形吸虫在我国分布广泛，所引起的疾病多呈地方性流行。大片吸虫主要分布于热带或亚热带地区，在我国多见于南方诸省区。

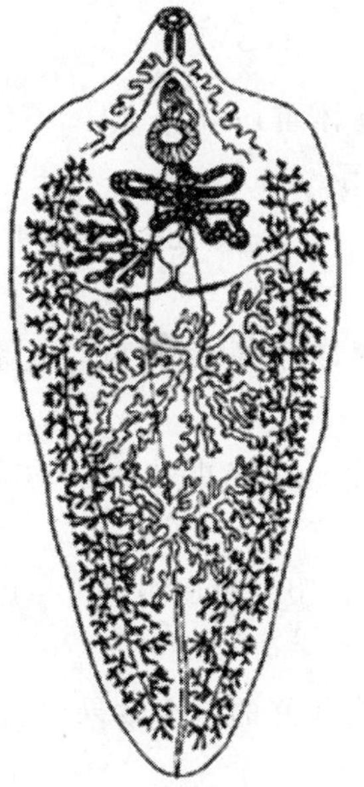

图 4-3-8　肝片形吸虫

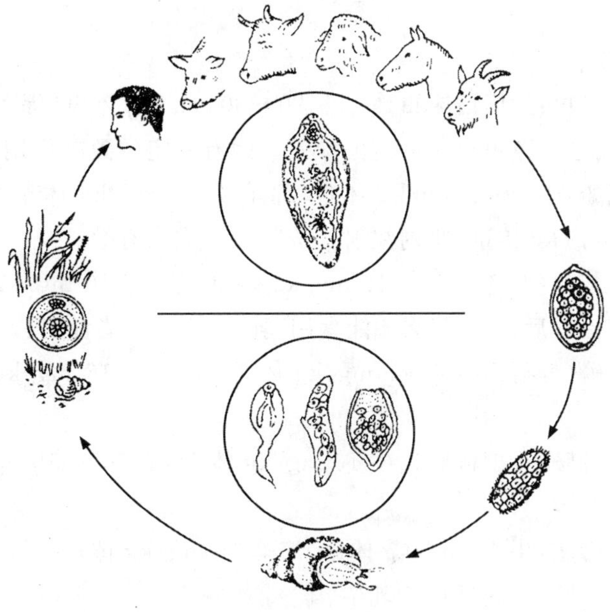

图 4-3-9　肝片形吸虫生活史

4.季节动态

动物的感染,在我国北方地区多发生于气候温暖、雨量较多的夏、秋季节。而在南方地区,由于雨水充沛、温暖季节较长,不仅在夏、秋季节,而且在冬季也可感染。感染季节决定发病季节,幼虫引起的发病多在秋末冬初,成虫引起的发病多在冬末春初。

[**症状及病变**]

轻度感染往往不呈现症状,感染数量多时(牛约 250 条成虫,羊约 50 条成虫)则表现症状,幼龄动物即使轻度感染也可能表现症状。根据病程可分为急性和慢性型。

急性型(童虫移行期):发生于绵羊和犊牛,见于秋末冬初,是由于短期内吞食大量囊蚴(2 000 个以上)所致。发病后表现体温升高,精神沉郁,食欲减退,有时腹泻,叩诊肝区半浊音扩大,敏感性增高,迅速贫血,结膜由潮红黄染转为苍白黄染。呼吸急促、浅表,脉搏加快,迅速消瘦,5～10 d 死亡,或转为慢性型。

慢性型(成虫寄生期):最常见,见于冬末初春,是由寄生在胆管内的成虫引起的。一般在吞食中等量囊蚴后 4～5 个月时发病。表现精神沉郁,渐进性消瘦,结膜苍白。绵羊下颌部及牛颈下水肿,早晨明显,运动后减轻或消失。间歇性瘤胃臌气和前胃迟缓,腹泻,或腹泻与便秘交替出现。怀孕动物易出现早产、流产、死胎或弱胎等。绵羊产毛量下降,奶牛产奶量下降。有时可拖至次年天气转暖,饲料改善后逐步恢复。

急性型病例,可见幼虫移行时引起的肠壁、肝组织及其他组织器官损伤和出血。肝脏肿大,质软,表面可见浅红色纤维素沉着及 2～5 mm 长的暗红色虫道。挤压肝脏,可从胆管内流出黏稠污黄色胆汁及幼小的成虫。

慢性病例,可见尸体消瘦,皮下及脂肪沉积处(心冠、肠系膜等)水肿,呈胶冻样。肝实质萎缩变硬,呈土黄色。胆管肥厚、扩张呈绳索样突出于肝表面。管壁硬而厚,黏膜面粗糙,挤压可流出污秽的棕绿色胆汁和虫体,用刀切断时有切软骨的感觉。

[**诊断**]

根据是否存在中间宿主等流行病学资料,结合临床症状、剖检变化及粪便检查结果进行综合性的分析。粪便检查常用反复水洗沉淀法和尼龙筛集卵法。

近年来,使用皮内变态反应、IFA、ELISA 等免疫学诊断方法,对于急性病例的早期诊断具有重要的意义。

[治疗]

丙硫咪唑：为广谱驱虫药。牛 20～30 mg/kg 体重，绵羊 10～15 mg/kg 体重，一次口服。不仅对成虫有效，而且对童虫也有一定的疗效。因有一定的致畸作用，对怀孕母畜慎用。

硝氯酚：牛 3～4 mg/kg 体重，绵羊 4～5 mg/kg 体重，一次口服。或牛 0.5～1 mg/kg 体重，绵羊 0.75～1 mg/kg 体重，肌内注射。该药只对成虫有效。

三氯苯唑(肝蛭净)：牛 12 mg/kg 体重，羊、鹿 10 mg/kg 体重，一次口服，对成虫和童虫均有杀灭作用。患畜治疗后 14 d 其肉才能食用，乳 10 d 后才能食用。

溴酚磷(蛭得净)：牛 12 mg/kg 体重，羊 12～16 mg/kg 体重，一次口服。对成虫和童虫均有杀灭作用。

碘醚柳胺(重碘柳胺)：牛 10 mg/kg 体重，羊 7.5～10 mg/kg 体重，一次口服。对成虫和 6～12 周龄的童虫都有效。

五氯柳胺：牛 10 mg/kg 体重，绵羊 15 mg/kg 体重，一次口服。对成虫有较好的杀灭效果，且在宿主体内残留时间短，故适用于乳牛、羊。

碘硝酚腈：牛 20 mg/kg 体重，羊 30 mg/kg 体重，一次口服。或牛 10 mg/kg 体重，羊 15 mg/kg 体重，皮下注射。对成虫和童虫均有较好的杀灭作用，但药物在体内的残留时间较长，患畜用药 1 个月后肉、乳才能食用。

硫双二氯酚(别丁)：牛 40～60 mg/kg 体重，绵羊 80～100 mg/kg 体重，一次口服。对片形吸虫和多种绦虫有驱除作用。本药有较强的下泻作用，对体质衰弱和患有腹泻的病畜禁用。

[预防]

(1)定期驱虫。驱虫的时间和次数可根据当地的流行情况而定。北方全年可进行两次驱虫，第一次在冬末春初(3～4 月份)，由舍饲转为轮牧之前进行，第二次在秋末冬初(11～12 月份)，由轮牧转为舍饲之前进行。南方终年放牧，每年可进行 3 次驱虫。

(2)粪便处理。将粪便进行生物热发酵处理。

(3)科学轮牧。在感染季节，应每隔 1.5～2 个月轮换一块草地放牧。

(4)肝脏处理。废弃的病畜肝脏须经高温处理。

(5)加强饲养管理。饮用井水、自来水或流动的河水，避免饮用地表的非流动水。在洼地收割的牧草，晒干后存放 2～3 个月再饲喂。在冬春季节补充精饲料。

(6)灭螺。可用农田水利建设、饲养水禽、填平无用的低洼水塘等措施，以改变螺的滋生条件。此外还可化学灭螺，如用硫酸铜、20%氯水、血防 67 等。

## 二、双腔吸虫病

双腔吸虫病，又称岐腔吸虫病，是由岐腔科岐腔属吸虫寄生于动物和人的肝脏胆管和胆囊中引起的疾病。主要感染牛、羊，还可感染马、驴、骆驼等家畜及多种野生动物，有的种类偶尔感染人。

[病原体]

1.矛形双腔吸虫

虫体呈扁平状(图 4-3-10(a))，狭长呈矛形，虫体比较薄，半透明。新鲜的虫体为棕红色，固定后为灰白色。大小为(6.7～8.3 mm)×(1.6～2.1 mm)。腹吸盘大于口吸盘，约位于虫体前 1/5 处。2 个睾丸呈圆形或边缘有缺刻，呈前后或斜列于腹吸盘后方。卵巢圆形，位于睾丸之后。卵黄腺呈细小颗粒状位于虫体中部两侧。子宫弯曲，充满虫体的后半部，内含大量虫卵。

虫卵近似卵圆形，褐色，卵壳厚，有一卵盖，大小为(34～44 μm)×(29～33 μm)，内含毛蚴。

2. 中华双腔吸虫

与矛形双腔吸虫相似，但虫体宽扁(图 4-3-10(b))，柳叶状，前端呈头锥状，腹吸盘后端起两侧呈肩样突起。其大小为(3.5～9 mm)×(2～3 mm)。两个睾丸呈圆形，边缘不整齐或稍有分叶，左右并列于腹吸盘之后。

虫卵呈椭圆形，褐色，一端有卵盖，大小为(45～51 μm)×(30～33 μm)，内含毛蚴。

[发育史]

中间宿主是陆地螺，我国主要是条纹蜗牛和枝小丽螺等；补充宿主是蚂蚁。

成虫在终末宿主肝脏胆管、胆囊内产出虫卵，随胆汁进入肠腔，经粪便排出体外。被中间宿主吞食后，在其体内孵出毛蚴，经母胞蚴、子胞蚴发育为尾蚴，在中间宿主体内的发育期为 82～150 d。成熟的尾蚴移行至呼吸腔，众多尾蚴聚集形成尾蚴群囊，外被黏性物质包裹成黏性球，从螺的呼吸腔排出，黏附于植物叶或其他物体上，被蚂蚁吞食后在其体内形成囊蚴。终末宿主吞食含有囊蚴的蚂蚁而感染，囊蚴脱囊后，由十二指肠经总胆管进入胆管及胆囊内，经 72～85 d 发育为成虫。见图 4-3-11。

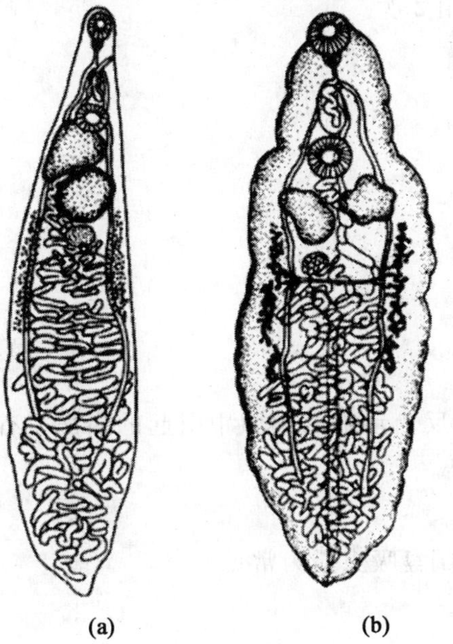

(a)　(b)

**图 4-3-10　双腔吸虫**

(a)矛形双腔吸虫；(b)中华双腔吸虫

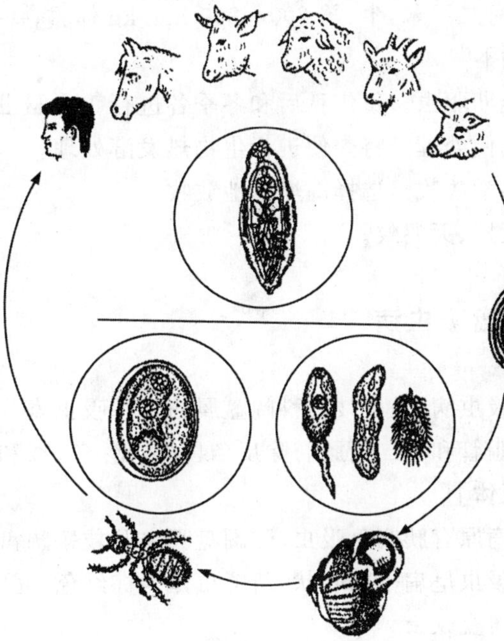

**图 4-3-11　双腔吸虫生活史**

[流行病学]

1. 感染来源

患病或带虫的终末宿主。终末宿主范围较广，已记载的约有 70 余种，除了牛、羊、骆驼等家畜外，许多野生的偶蹄动物亦可感染。

2. 抵抗力

虫卵对外界环境的抵抗力较强。在土壤和粪便中可存活数月，仍具感染性。在 18～25℃时，干燥 1 周仍能存活。虫卵能耐受－50℃的低温。虫卵对高温也有较强的耐受力，50℃24 h 仍有活力。

3. 季节动态

感染季节取决于各地的气候条件。在温暖潮湿的南方地区，蜗牛和蚂蚁可常年活动，因此，动物几乎全年都可感染；而在寒冷的北方地区，中间宿主要冬眠，动物的感染在春秋两季，但动物发病多在冬春季节。

[症状及病变]

轻度感染时，常无明显的临床症状。

严重感染时，表现为精神沉郁，食欲减退，渐进性消瘦，贫血，可视黏膜黄染，下颌水肿，腹泻，喜卧等症，最终因恶变质而死亡。

剖检可见，肝表面不平，肝小叶间质增生，胆管显露呈索状，管腔扩张，管壁增厚，黏膜有出血点或溃疡。亦可见虫体。

[诊断]

根据流行病学、症状及粪便检查发现虫卵，或死后尸体剖检在胆管内发现虫体，可作出确诊。

[治疗]

海涛林(三氯苯丙酰嗪)：牛 30～40 mg/kg 体重，羊 40～50 mg/kg 体重，配成 2%的混悬液，一次口服。

吡喹酮：牛 35～45 mg/kg 体重，羊 60～70 mg/kg 体重，一次口服。油剂腹腔注射，绵羊 50 mg/kg 体重，牛 35～45 mg/kg 体重。

丙硫咪唑：牛 10～15 mg/kg 体重，羊 30～40 mg/kg 体重，配成 5%的混悬液，一次口服。

六氯对二甲苯：牛、羊 200～300 mg/kg 体重，一次口服，连用 2 次。

[预防]

(1)定期驱虫。每年秋后和冬季各进行 1 次驱虫。

(2)粪便处理。将粪便进行生物热发酵处理。

(3)科学放牧。选择高燥草地放牧。

(4)灭螺、灭蚂蚁。

## 三、阔盘吸虫病

阔盘吸虫病，是由歧腔科阔盘属的多种吸虫寄生于牛、羊等反刍动物的胰腺中引起的疾病。有时也可寄生于胆管和十二指肠。除反刍兽外，猪、兔、猴和人也可感染。

[病原体]

主要病原有胰阔盘吸虫、腔阔盘吸虫及枝睾阔盘吸虫，以胰阔盘吸虫最为常见。

阔盘吸虫呈扁平的叶状，新鲜虫体为棕红色，固定后灰白色。

1.胰阔盘吸虫

呈长椭圆形，大小为(8～16 mm)×(5.0～5.8 mm)。口吸盘大于腹吸盘。2 个睾丸呈圆形或边缘有缺刻，并列于腹吸盘后缘两侧。卵巢分 3～6 瓣，位于睾丸之后，中线附近。寄生于牛、羊及人。见图 4-3-12(a)。

虫卵呈椭圆形，黄褐色，两侧稍不对称，有卵盖，内含毛蚴，大小为(44～48 μm)×(32～36 μm)。

2.腔阔盘吸虫

小于前者，呈短椭圆形，大小为(7～8 mm)×(3～5 mm)，前部较宽，尾突明显。口、腹吸盘大小相近。卵巢大多为圆形，少数有缺刻或分叶。寄生于牛、羊。见图 4-3-12(b)。

3.枝睾阔盘吸虫

最小，呈前尖后钝的瓜子形，腹吸盘略大于口吸盘。睾丸较大而分枝，卵巢有 5～6 个分叶。寄生于牛、羊、鹿等。见图 4-3-12(c)。

[生活史]

中间宿主均为陆地螺，主要是条纹蜗牛、枝小丽螺等，胰阔盘吸虫和腔阔盘吸虫的补充宿主为草螽，枝睾阔盘吸虫的补充宿主为针蟋。

成虫寄生于终末宿主的胰腺内，产生的虫卵随胰液进入肠道后被排出体外，被中间宿主螺吞食后，在其体内孵出毛蚴，经胞蚴、子胞蚴发育为尾蚴。包裹着尾蚴的子胞蚴经螺的呼吸孔排出体外，被补充宿主吞食，在其体内发育为囊蚴。终末宿主吞食含有囊蚴的补充宿主而感染，囊蚴在终末宿主的小肠内逸出，

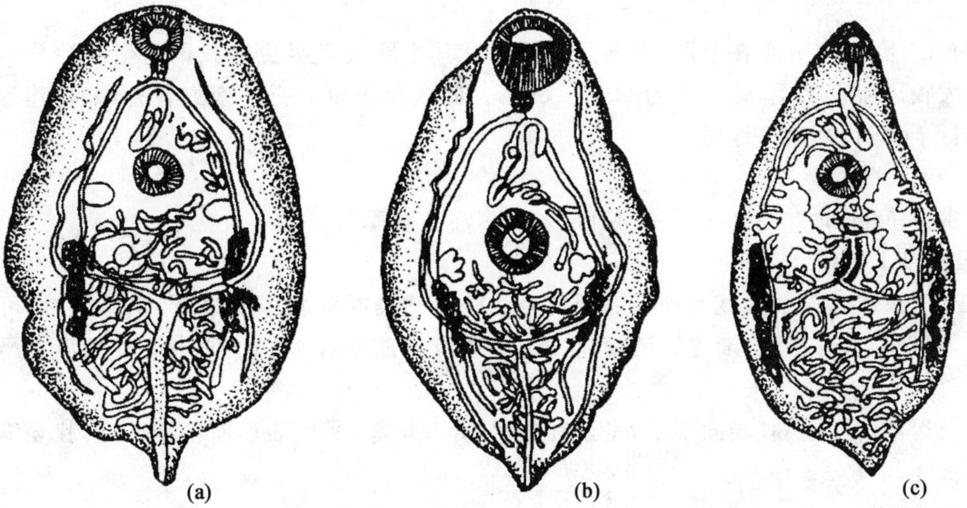


图 4-3-12　阔盘吸虫

(a)腔阔盘吸虫;(b)胰阔盘吸虫;(c)支睾阔盘吸

由胰管开口钻入,上行到胰腺发育为成虫。

阔盘吸虫发育缓慢,整个发育期为 10～16 个月。进入螺体内的虫卵发育为成熟的尾蚴并排出螺体需 5～6 个月,补充宿主体内的子胞蚴发育为囊蚴需 23～30 d,终末宿主体内的囊蚴发育为成虫需 80～100 d。见图 4-3-13。

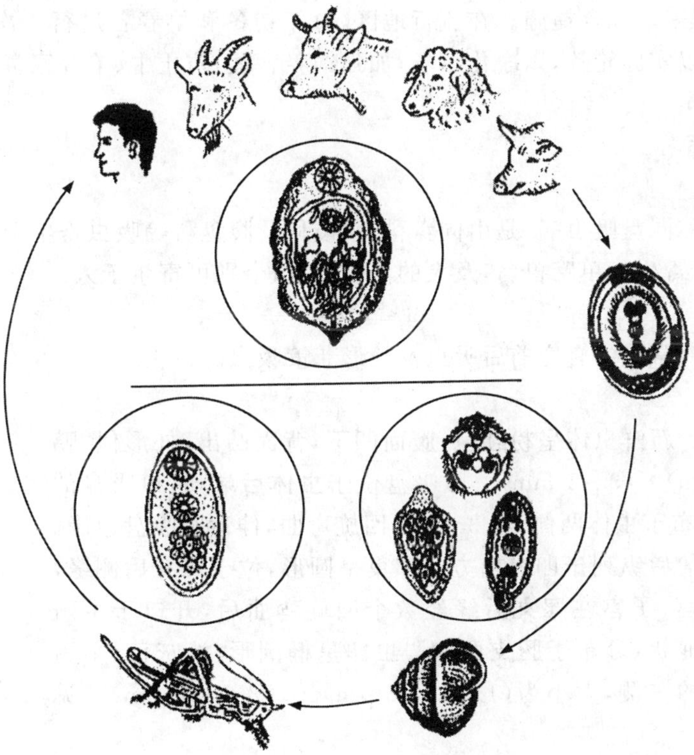

图 4-3-13　阔盘吸虫生活史

[流行病学]

1. 感染来源

患病或带虫的终末宿主。

2. 分布

本病分布广泛，主要分布在亚洲、欧洲及南美洲。其中胰阔盘吸虫在我国呈全国性分布，尤以东北、内蒙古等广大牧区流行严重，感染率为50%～80%。腔阔盘吸虫流行于南方各省，如福建等地区。枝睾阔盘吸虫流行于贵州、福建等地区。

3. 季节动态

南方可常年感染，北方主要在8～9月份，发病多在冬春季节。

[症状及病变]

症状取决于虫体感染的强度及动物的抵抗力。轻度感染时症状不明显，严重感染时，可引起动物消化机能障碍，表现为营养不良，渐进性消瘦，贫血，下颌及胸前水肿，下痢，便中混有黏液。严重病例衰竭死亡。

剖检可见尸体消瘦，胰脏表面不平，呈紫红色，胰管壁增厚，黏膜表面有小结节，胰腺萎缩硬化。胰管内含有大量虫体。

[诊断]

根据流行病学、临床症状、粪便检查虫卵及剖检发现大量的虫体进行综合性分析。

[治疗]

吡喹酮：羊60～70 mg/kg体重，牛35～45 mg/kg体重，一次口服。或30～50 mg/kg体重，用液体石蜡或植物油配成灭菌剂，腹腔注射。

六氯对二甲苯：羊400～600 mg/kg体重，牛300 mg/kg体重，配成混悬液灌服，隔天一次，连用3次。也可用植物油或液体石蜡制成3%油剂肌内注射。

[预防]

应根据当地的情况采取综合措施。在流行地区，每年初冬和早春各进行1次预防性驱虫；消灭中间宿主；有条件的地方可以实施轮牧，以净化草场；加强饲养管理，防止牛、羊等家畜感染。

## 四、前后盘吸虫病

前后盘吸虫病，又称同盘吸虫病，是由同盘科、腹袋科及腹盘科等吸虫寄生于牛羊等反刍动物的瘤胃内引起的疾病。少数可寄生于单蹄兽、猪及犬的消化系统，个别可寄生于人。

[病原体]

前后吸虫种类较多，常见的有鹿前后吸虫及长形菲策吸虫。

1. 鹿前后吸虫

属同盘科、同盘属。新鲜虫体呈粉红色，腹面凹下，背面凸出，外形似“鸭梨”。大小为(5～12 mm)×(3～5 mm)。腹吸盘位于虫体后端，是口吸盘的3～5倍。缺咽，肠管分布于虫体两侧，经3～4个回旋弯曲，伸达腹吸盘边缘。两个睾丸椭圆或分叶，前后纵列于卵巢前方。卵巢呈圆形，位于睾丸后侧缘，经输卵管通向卵膜、子宫，子宫在睾丸后缘经数个回旋弯曲后，开口于生殖孔。卵黄腺发达，呈滤泡状，分布于肠支两侧。虫卵呈椭圆形，淡灰色，半透明，卵黄颗粒偏于虫卵的一侧，大小为(114～176 μm)×(73～100 μm)。见图4-3-14。

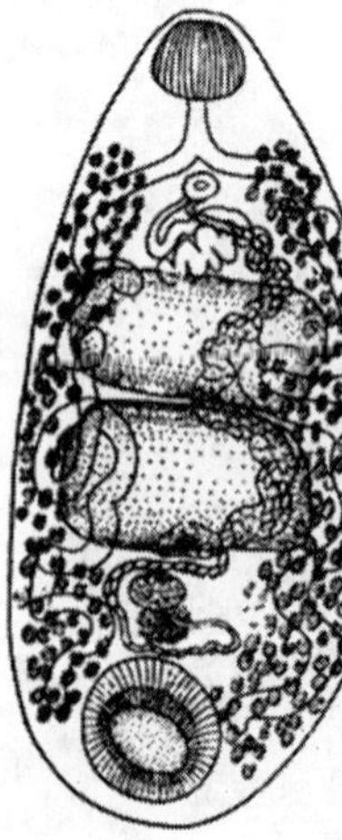

**图 4-3-14　鹿前后盘吸虫**

2. 长形菲策吸虫

属腹袋科、菲策属。呈圆柱状，深红色，大小为(12～22 mm)×(3～5 mm)。有腹袋，由口吸盘的下缘延伸到睾丸上方，腹吸盘在虫体后端，明显大于口吸盘。其虫卵与鹿同盘吸虫虫卵相似，颜色为褐色。

[生活史]

中间宿主为椎实螺和扁卷螺。其发育过程与肝片形吸虫相似。

成虫寄生于终末宿主的瘤胃，虫卵随粪便排出体外，在适宜的环境中孵出毛蚴，毛蚴在水中遇到中间宿主钻入其体内，发育为胞蚴、雷蚴和尾蚴。尾蚴离开螺体后，附着在水草上形成囊蚴。牛、羊采食含有囊蚴的水草而感染。囊蚴到达肠段后，童虫从囊内游离出来，沿黏膜表层向前移行，最后进入瘤胃，经2～4个月发育为成虫。

［症状及病变］

急性型：是由移行期的幼虫引起的，多见于夏秋季节。表现为精神沉郁，食欲减退，顽固性腹泻，粪便呈水样，具恶臭味。动物迅速消瘦，贫血，下颌水肿。肩前及腹股沟淋巴结肿大。严重病例可衰竭死亡。

慢性型：多见于冬春季节，由成虫吸取营养及毒素作用造成瘤胃乳头萎缩，硬化，影响消化机能。一般症状不明显，只表现消化不良与营养障碍。

急性病例剖检可见尸体消瘦，淋巴结肿大。童虫移行时，在小肠、皱胃及胆囊等处形成“虫道”。真胃黏膜水肿，有出血点。胆管与胆囊肿大，内含幼虫，胆汁呈淡黄色，而且稀薄。肝脏瘀血。在小肠、真胃及瘤胃内可发现大量童虫。慢性型瘤胃乳头硬化、萎缩，乳头下有大量成虫。

［诊断］

急性型根据流行病学、症状及剖检变化确诊。患病动物腹泻严重者，下痢便中混有被排出的幼小吸虫，水洗沉淀法检查。慢性型根据症状及粪便虫卵检查确诊。粪检用沉淀法，只有在发现大量同盘吸虫虫卵时才可以确诊。

［治疗］

氯硝柳胺（灭绦灵）：50 mg/kg 体重，配成混悬液灌服。对幼虫有较好的杀灭效果。

硫双二氯酚：牛 40～50 mg/kg 体重，羊 80～100 mg/kg 体重，一次口服。对成虫有较好的效果，对童虫越有 87％的驱虫率。

［预防］

参照片形吸虫病。

## 五、东毕吸虫病

东毕吸虫病，又称牛羊血吸虫病，是由分体科、东毕属的多种吸虫寄生于牛羊等反刍动物的肠系膜静脉和门静脉中引起的疾病。尾蚴侵入人的皮肤而引起皮炎，故又称稻田皮炎、游泳皮炎或尾蚴性皮炎。

［病原体］

东毕吸虫种类较多，我国报道的有四种：土耳其斯坦东毕吸虫、程氏东毕吸虫、土耳其斯坦东毕吸虫结节变种及彭氏东毕吸虫，以前两种多见。其形态与日本分体吸虫相似。

土耳其斯坦东毕吸虫 呈线状，雌雄异体，常呈雌雄合抱状态。

雄虫呈乳白色，大小为（3～9 mm）×（0.4～0.5 mm）。口、腹吸盘相距较近，腹面有抱雌沟，雌虫常在此沟内。睾丸 53～99 个，呈细小的颗粒状，呈不规则的双行排列。雌虫较雄虫纤细，呈棕色，大小为（3.9～5.7 mm）×（0.07～0.12 mm）。卵巢呈螺旋状扭曲，位于两肠管合并处之前，子宫短，在卵巢前方，通常只有一个虫卵。

虫卵呈椭圆形，灰白色，大小为（114～176 μm）×（73～100 μm），无卵盖，一端较细，另一端钝圆，两端各有一附属物，卵内含有毛蚴。

［生活史］

中间宿主为椎实螺。其发育过程、感染方式及移行途径与日本分体吸虫相似。在中间宿主体内发育期为 20～30 d，在终末宿主体内发育为成虫需 2～3 个月。

［流行病学］

1. 易感动物

主要感染牛、羊、骆驼等反刍动物；其次是马、驴等单蹄兽。成年牛羊的感染率比幼龄牛羊高。

2. 地理分布

在我国分布广泛，尤其是东北、内蒙古及西北地区流行严重，呈地方性流行。

3. 季节动态

一般在 5～10 月份感染和流行，北方地区在 6～9 月份。

［症状及病变］

急性型：是由于感染大量尾蚴所致，表现为体温升高至 40℃以上，精神沉郁，食欲减退，呼吸急促，腹泻，重症死亡。

慢性型：较为多见，表现消瘦、可视黏膜苍白，略有黄染。下颌及腹部多有不同程度的水肿，腹围膨大。长期腹泻，粪便中混有黏液，幼龄牛羊生长缓慢，怀孕牛羊容易流产。

剖检可见尸体消瘦，贫血，腹腔内有大量腹水。小肠黏膜上有出血点或坏死灶。肠系膜淋巴结水肿。肝组织出现不同程度的结缔组织化，肝脏质地变硬，肝表面凸凹不平，并且散布着大小不等的灰白色虫卵结节。肠系膜静脉和门静脉内可发现线状虫体

［诊断］

根据流行病学调查、临床症状、粪便检查（毛蚴孵化法），结合剖检变化进行综合性诊断。

［治疗］

血防 846：羊 100 mg/kg 体重，一次口服。

吡喹酮：羊 30～40 mg/kg 体重，一次口服，2 d 为一个疗程。

硝硫氰胺：羊 50 mg/kg 体重，一次口服。也可配成 2％的混悬液，静脉注射，羊 2～3 mg/kg 体重。

［预防］

(1)定期驱虫。每年春、秋两季各驱虫 1 次，既可以治疗病畜，也可消除感染源。

(2)粪便处理。将粪便进行生物热发酵处理，发酵后再做肥料。

(3)加强饲养管理。羊要饮井水或流动的河水，不要饮水田、池塘、沟渠等水。

(4)灭螺。参照片形吸虫病。

## 任务四　其他动物吸虫病

### 一、猪姜片吸虫病

姜片吸虫病是由片形科姜片属的布氏姜片吸虫寄生于猪及人的小肠内所引起的一种疾病。除猪外，人、犬及兔亦可感染。

［病原体］

布氏姜片吸虫 呈宽大肥厚，似斜切的姜片。新鲜虫体呈肉红色，固定后变为灰白色。虫体大小为(20～75 mm)×(8～20 mm)。口吸盘位于虫体前端，腹吸盘大而呈漏斗状，与口吸盘距离较近。咽小，食管短，两条肠管形成 4～6 个波浪状弯曲，伸达虫体后端。2 个睾丸分支，前后排列于虫体后部的中央。卵巢分支，位于睾丸前方偏右侧。卵黄腺呈颗粒状，分布在虫体两侧。见图 4-3-15。

虫卵呈椭圆形，淡黄色，人小为(130～150 μm)×(85～97 μm)。卵盖不明显，内含 1 个胚细胞和许多卵黄细胞。

［生活史］

中间宿主为扁卷螺，终末宿主为猪和人。

成虫寄生于终末宿主的小肠内，产出的虫卵随粪便排出体外。在 26～30℃的水中，经 2～4 周孵出毛蚴。毛蚴钻入中间宿主体内，经胞蚴、雷蚴发育为子雷蚴阶段，在中间宿主体内发育期为 25～30 d。尾蚴离开螺体，在水生植物上形成囊蚴。猪吞食水生植物或饮入含有囊蚴的水而感染，感染后经 3 个月左右发育为成虫。成虫的生存期为 12～13 个月。见图 4-3-16。

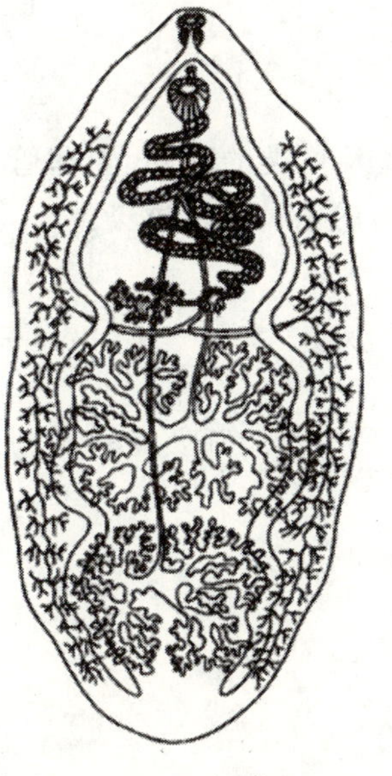

图 4-3-15　猪姜片吸虫

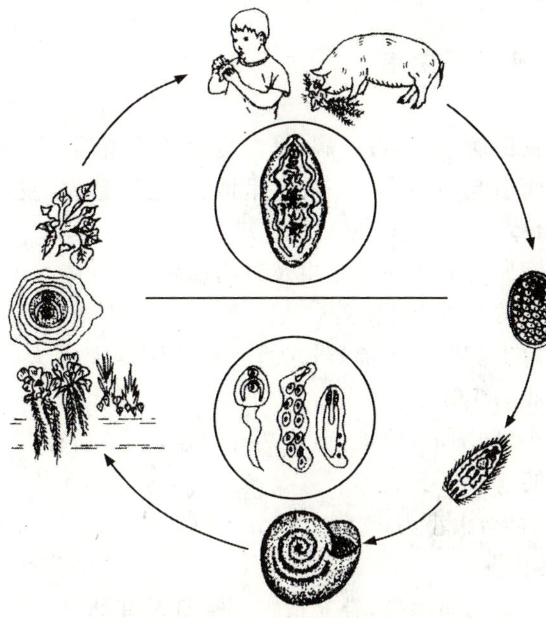

图 4-3-16　猪姜片吸虫生活史

[流行病学]

1. 地理分布

主要分布于亚洲的温带和亚热带地区，在我国主要分布于长江以南的各省市。

2. 季节动态

5～10 月份均可感染，6～9 月份为感染高峰期。发病季节多在秋季，有时延续至冬季。

3. 繁殖力及抵抗力

每条姜片形吸虫一昼夜可产 15 000～48 000 个卵。囊蚴对外界环境抵抗力较强，在 30℃温度下可生存 3 个月，在 24～28℃下生存 2 个月，在 5℃的条件下生存一年。

[症状及病变]

寄生数量不多时，患猪症状不明显，但生长发育受阻。大量虫体寄生时，表现精神沉郁，被毛粗乱无光泽，食欲减退，渐进性消瘦，腹泻、粪便稀薄，混有黏液。后期极度虚弱、贫血、水肿，尤以眼睑和腹部明显，精神委顿，最终虚脱而死。

剖检可见猪小肠黏膜有点状出血、水肿以至溃疡和脓肿，并可发现虫体。

人，特别是儿童因生食含有囊蚴的菱角、菠荠、茭白等水生植物而感染。表现消化不良，经常腹泻，逐渐消瘦、贫血和浮肿，发育受阻，智力减退，严重者死亡。

[诊断]

根据猪有采食水生植物的病史等流行病学资料，结合临床症状、剖检变化及粪便虫卵检查进行综合分析。

[治疗]

吡喹酮：30～50 mg/kg 体重，拌料一次或两次口服。

敌百虫：100 mg/kg 体重，混入精料中，早晨空腹喂服，隔日一次，两次为一疗程。

硫双二氯酚：60～100 mg/kg 体重，一次拌料喂服。

硝硫氰胺(7505)：剂量为 3～6 mg/kg 体重，一次拌料喂服。

[预防]

(1)定期驱虫。每年春、秋两季进行预防性驱虫。

(2)加强粪便管理。每天清扫猪舍粪便，经生物热发酵后用作肥料。

(3)灭螺。以干燥灭螺，或以灭螺剂杀螺。

(4)人和猪禁食水生植物。必要时应用开水烫过或去皮再吃。

## 二、鸡前殖吸虫病

前殖吸虫病，又称蛋蛭病，是由前殖科前殖属的多种吸虫寄生于家禽及鸟类的直肠、输卵管、腔上囊和泄殖腔而引起的疾病。该病常呈地方性流行，春、夏两季多发，各种年龄的家禽均能感染。

［病原体］

主要病原有卵圆前殖吸虫及透明前殖吸虫(图 4-3-17)。

1. 卵圆前殖吸虫

虫体扁平，呈梨形，前端较尖，后端钝圆。大小为(3～6 mm)×(1～2 mm)。口吸盘呈椭圆形，腹吸盘位于虫体前 1/3 处。

虫卵小，椭圆形，棕褐色，一端有卵盖，另一端有一小突起，内含胚细胞。

2. 透明前殖吸虫

呈椭圆形，大小为(5.8～9 mm)×(2～4 mm)。口吸盘近似圆形。

［生活史］

中间宿主为淡水螺，补充宿主为蜻蜓及其幼虫。

成虫在终末宿主体内产卵，卵随粪便及泄殖腔的排泄物排出体外。虫卵被中间宿主吞食，孵出毛蚴，发育为胞蚴和尾蚴。尾蚴离开螺体游于水中，遇到补充宿主后，在其肌肉内发育为囊蚴。蜻蜓以幼虫过冬或变为成虫时，囊蚴在其体内均保有活力。终末宿主因啄食含有囊蚴的蜻蜓幼虫或成虫而感染。囊蚴被家禽消化液溶解，童虫脱囊而出，经肠道进入泄殖腔，转入输卵管或腔上囊，经 1～2 周发育为成虫。见图 4-3-18。

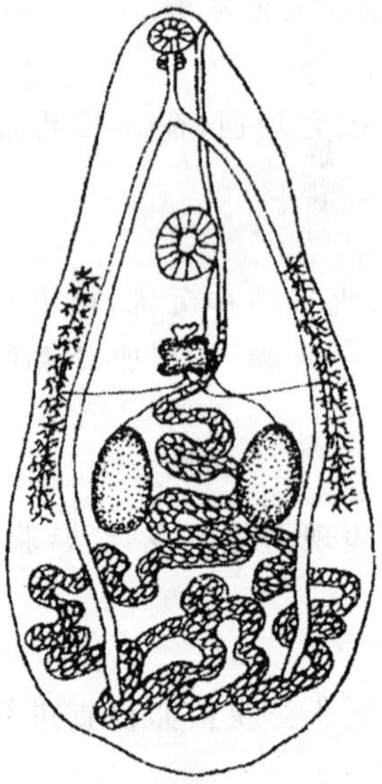

图 4-3-17　透明前殖吸虫

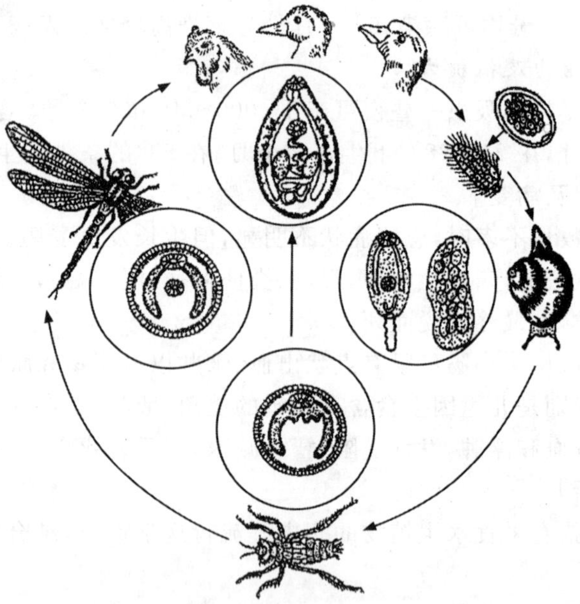

图 4-3-18　透明前殖吸虫生活史

［症状及病变］

前殖吸虫主要危害鸡，特别是产蛋鸡，鸭感染后症状不明显。

病初，表现为精神委顿，食欲减退，羽毛松乱。蛋鸡产蛋量下降，产软壳蛋、畸形蛋或软壳蛋，或排出石灰水样液体。步态不稳，呈鹅式步伐。后期体温高达 43℃，渴欲增加，泄殖腔突出，肛门潮红，腹部及肛周围羽毛脱落，最终衰竭死亡。

剖检可见输卵管发炎，黏膜增厚、充血、出血。有的可见腹膜炎，腹腔容积增大，积有多量混浊渗出液，或混有脓液、卵黄块等。输卵管和泄殖腔内可见虫体。

［诊断］

根据临床症状和病理变化，发现虫体，或用水洗沉淀法检查粪便发现虫卵，便可确诊。

［治疗］

四氯化碳：2～3 mL，加等量石蜡油混合后，嗉囊内注射，早期使用效果好。

丙硫咪唑：120 mg/kg 体重，一次口服。

六氯乙烷：每只鸡 0.2～0.3 g，混料饲喂，一次/d，连用 3 d。

［预防］

(1)定期驱虫。在流行地区有计划地进行驱虫。

(2)灭螺。

(3)加强饲养管理。不要在早晨或傍晚及雨后到池塘岸边放牧。

## 三、棘口吸虫病

棘口吸虫病，是由棘口科的多种吸虫寄生于家禽肠道中引起的疾病。有的也可寄生于哺乳动物、猪、兔、猫及人。我国长江以南各省普遍存在。

［病原体］

病原种类较多，以卷棘口吸虫危害较大。

卷棘口吸虫呈长叶状，体表有小棘。新鲜虫体呈淡红色，固定后为灰白色。大小为(7.6～13 mm)×(1.3～1.6 mm)。虫体前端有 37 枚头棘，其中各有 5 个排列在两侧，称为角棘。口吸盘小于腹吸盘。

虫卵呈椭圆形，淡黄色，有卵盖，内含胚细胞，大小为(114～126 μm)×(68～72 μm)。

［生活史］

中间宿主为各种淡水螺，如小椎实螺、折叠萝卜螺、凸旋螺等。补充宿主因种类而异，有的为螺，有的为蛙或鱼。

成虫寄生于家禽的盲肠或直肠内，产出的虫卵随粪便排出体外。在水中经 10 d 孵出毛蚴，钻入中间宿主体内，经胞蚴、雷蚴、子雷蚴发育为尾蚴，在中间宿主体内发育期为 70～80 d。尾蚴离开螺体，遇到补充宿主侵入其体内，尾部脱落形成囊蚴。终末宿主吞食含有囊蚴的补充宿主而感染，到达盲肠和直肠发育为成虫，在终末宿主体内发育期为 16～22 d。

［症状及病变］

棘口吸虫对幼禽危害严重。由于虫体的机械性刺激和毒素作用，引起家禽消化机能障碍，表现食欲废绝，下痢，贫血，消瘦，生长发育受阻，最后导致出血性肠炎，全身衰弱死亡。

剖检可见肠道有卡他性出血性炎症，也可发现虫体。

［诊断］

根据流行病学调查、临床症状及剖检变化发现虫体，结合粪便检查虫卵作出综合分析。

［治疗］

硫双二氯酚：200～300 mg/kg 体重，一次口服。

氯硝柳胺：100～200 mg/kg 体重，混饲有较好效果。

丙硫咪唑：100 mg/kg 体重，一次口服，有较好的效果。

氢溴酸槟榔素：配成 1∶5 000 的水溶液，按 5～10 mL/kg 体重，投服或嗉囊内注射，经 10～15 min 后排出虫体。

［预防］

(1)定期驱虫。在流行地区有计划地进行驱虫。

(2)灭螺。

(3)加强饲养管理。禁止用未经加工处理的贝类、鱼或蛙类等饲喂家禽。

(4)加强粪便管理。

## 四、禽后睾吸虫病

禽后睾吸虫病，是由后睾科的多种吸虫寄生于禽类的肝胆管及胆囊中引起的疾病。多呈地方性流行，对鸭、犬及猫危害较大。

［病原体］

病原主要有三种。

1. 鸭对体吸虫

多寄生于鸭的胆管内，体窄长，后端尖细。大小为(14～24 mm)×(0.88～1.12 mm)。腹吸盘较小，位于虫体前1/5～1/4处。虫卵呈卵圆形，顶端有小盖，另一端有突起。

2. 东方次睾吸虫

主要寄生于鸭、鸡和野鸡的胆管和胆囊内。呈叶状，大小为(2.4～4.7 mm)×(0.5～1.2 mm)，体表有小棘。

3. 鸭后睾吸虫

寄生于家鹅、鸭和其他野禽的胆管。虫体较长，前端与后端较细，大小为(7～33 mm)×(1.0～1.5 mm)，腹吸盘小于口吸盘。虫卵大小为(28～29 μm)×(16～18 μm)。

［生活史］

中间宿主为螺类，主要为纹沼螺，补充宿主为淡水鱼类，如麦穗鱼和爬虎鱼等。

成虫寄生于终末宿主的胆管或胆囊内，产出的虫卵随粪便排出体外，孵出的毛蚴侵入中间宿主，经无性繁殖发育为尾蚴，尾蚴离开螺体进入补充宿主发育为囊蚴。终末宿主吞食含有囊蚴的补充宿主而感染。

［症状及病变］

后睾吸虫寄生于禽的肝胆管内，从而引起肝脏功能下降。病鸭表现精神委顿，食欲减退，缩颈闭眼，在水中游走无力。随着病情发展，表现贫血，消瘦，结膜发绀，下痢，粪便呈草绿色或灰白色，严重时死亡率很高。

剖检可见鸭肝肿大，脂肪变性或坏死，常呈橙黄色，有花斑；肝脏结缔组织增生，进一步发展为肝硬化，表面形成大小不等的结节，且表面凹凸不平，质地坚硬。胆囊肿大，胆汁变质，胆管增生变粗。

［诊断］

根据流行病学、临床症状、粪便检查及剖检发现虫体进行综合分析。

［治疗］

硫双二氯酚：鸭20～30 mg/kg体重，一次为一个疗程。

丙硫咪唑：10～20 mg/kg体重，一次口服。

## 【案例分析】

病例1　主诉：去年，从外地引进300只小尾寒羊，冬季圈养，以玉米、秸秆等饲喂，夏季放牧。至今年7月中旬，有20多只羊陆续出现精神沉郁，食欲减退，消瘦，被毛粗乱。个别羊只出现腹泻，粪便呈暗褐色，并陆续有羊只死亡。曾用痢特灵、链霉素及头孢类抗生素进行治疗，未见好转。经调查，在草原的积水处和湿润的地方均发现有大量不同形态的螺。临床检查：病羊可视黏膜苍白，触压肝部有痛感，腹泻，下颌、胸前及眼睑水肿。剖检可见腹腔内有大量积液，呈棕红色。肝脏肿大、出血，有2～5 mm长暗红色虫道，内有凝血和少量幼虫。胆管肥厚，扩张呈绳索样，触之发硬，剪开数个胆管发现有数量不等、大小不一的虫体。该虫体呈棕红色，背腹扁平，大的似榆树叶，小的似刚萌发的柳叶。根据所学知识，对该病例进行恰当的分析，并描述所检出的寄生虫成虫和其虫卵的形态特征，最后为该养殖户制定出综合性的防制措施。

病例2　主诉：饲养有120多头肉牛，于2013年9月下旬，有25头犊牛陆续发病，表现顽固性腹泻，用头孢类抗生素治疗无效。临床检查：病牛精神沉郁，黏膜苍白黄染，眼窝下陷，被毛粗乱，个别病牛体温达40.3～41.2℃。下颌、胸前及眼睑水肿。顽固性腹泻，粪便呈粥样或水样，有腥臭味，初步怀疑为寄生虫感染。采集病牛粪便，进行实验室检查。镜检发现有2种形态不一的虫卵，一种较大，呈长卵圆形，黄褐色，前端较窄，后端较钝，卵盖不明显，卵壳薄而光滑。另一种较小，呈椭圆形，淡灰色，卵黄细胞不充满整个虫卵。根据所学知识，对该病例作出准确诊断，并制定有效防制措施。

病例3　主诉：某梅花鹿养殖场新引进纯种梅花鹿80头。数周后，饲养员发现部分梅花鹿表现精神沉郁，膘情欠佳，贫血，经常拉稀等症状，且公鹿产茸量较低，用伊维菌素等药物治疗后，效果不显著，十几天后重症病例死亡。临床检查：病鹿精神不振，食欲减退，体温升高，可视黏膜苍白，体质虚弱。胸垂及颌凹部皮下水肿。呈现顽固性下痢，排出糊状或水样粪便，具腥臭味。患病公鹿生茸缓慢，茸皮颜色污秽无光泽，鹿茸产量和质量大大下降。母鹿体质差，产仔弱小，或产后缺乳。通过对病死鹿尸体进行剖检，可见瘤胃内有大量粉红色的圆柱状的虫体，背面凸，腹面凹，呈典型的鸭梨形。瘤胃黏膜肿胀，瘤胃乳头萎缩。经调查发现，该养殖场在低洼草原地区，户主每天都会到渠塘里采割青草喂鹿。作为兽医，如何对该病进行诊断？并制定有效的防制措施。

病例4　主诉：饲养有760只蛋鸡，有135只鸡突然出现产软壳蛋、畸形蛋，泄殖腔突出，肛门潮红，产蛋率下降等症状。开始疑为缺钙，及时补充维生素D和钙制剂等药物到饲料中进行治疗。约20 d后，蛋鸡产蛋完全停止，出现腹部膨大、食欲减退等症，且陆续有50只鸡死亡。临床检查：病鸡精神委顿，羽毛松乱，泄殖腔及腹部羽毛脱落。产蛋量下降，产薄壳蛋、软壳蛋，易破碎。部分病鸡腹部膨大，下垂，泄殖腔突出，肛门边缘潮红，从泄殖腔排出石灰样粪便。剖检可见腹腔内有大量黄色浑浊的液体。输卵管发炎，输卵管黏膜充血、增厚并附着3～8条鲜红色虫体，外观呈梨形，米粒大小。脏器被干酪样凝集物粘在一起。根据所学知识，对该病例作出准确诊断，并提出有效的防制措施。

病例5　主诉：饲养有银狐约200只，其中有10多只出现腹泻。经调查曾用变质的鲫鱼饲喂，怀疑为肉毒梭菌中毒。治疗1周后，未见效果，且有7只死亡。临床检查：表现食欲废绝，精神萎靡，消瘦，结膜及口腔黏膜苍白，下痢。病重的6只则表现腹围膨大，有拍水音。剖检可见，消瘦，结膜苍白黄染。腹腔内有大量淡黄色腹水，混有1 mm大小的虫体。肝脏被膜下有密集的点状隆起，由小米粒至蚕豆大小不等，切开后，流出1～10 mm大小不等的虫体，前端尖后端圆。

## 【知识拓展】

### 吸虫病粪便学检查法

**一、技能要求**

熟练掌握用于虫卵检查的粪便材料的采集、保存与送检的方法；熟练掌握粪便沉淀检查和尼龙筛淘洗检查法的操作步骤；识别吸虫卵、绦虫卵、线虫卵等蠕虫虫卵，并掌握其一般特征。

**二、仪器与材料**

器材：镊子、平皿、烧杯（100 mL、1 000 mL）、天平、粪盒（或塑料袋）、玻璃棒、金属过滤筛、纱布、离心管、离心机、吸管、载玻片、盖玻片、特制铁丝圈、普通光学显微镜等。

粪检材料：牛、羊的新鲜粪便。

**三、方法步骤**

（一）粪便的采集、保存及送检

被检粪便应该是新鲜而无污染的。新鲜粪样，最好从直肠采集，大家畜按直肠检查的方法采集，猪、羊可将食指或中指伸入直肠，钩取粪便。采集自然排出的粪便，需采取粪堆和粪球上部或中间未被污染的粪便。采取的粪便按头编号，并将其装入洁净的容器内。采集用具应每采一份清洗一次，以免相互污染。采集的粪便应尽快检查，不能立即检查时，应放在冷暗处或冰箱中保存。当地不能检查而需转送寄出时，或者需长期保存时，可将粪便浸入加温至50～60℃的5%～10%的福尔马林溶液中，使粪便中的虫卵失去活性，固定其形态并防止微生物的繁殖。

(二)沉淀检查法

其原理是虫卵比水重,可自然沉于水底,便于集中检查。沉淀法适用于吸虫病和棘头虫病的诊断。可分为自然沉淀法和离心沉淀法两种。

1. 彻底洗净法　取待检粪便 5～10 g,置于烧杯中,加入 10～20 倍量的清水,搅拌均匀,经金属筛或纱布过滤于另一杯中。滤液静置 20 min 后倾去上层液体,再加水与沉淀物重新搅匀,静置,如此反复水洗沉淀多次,直至上层液体澄清为止。最后倾去上清液,吸取沉淀物滴于载玻片上,加盖玻片镜检。

2. 离心机沉淀法　取待检粪便 3 g 置于烧杯中,加入 10～15 倍清水搅拌均匀,经粪筛或纱布过滤后,置离心管中以 2 500～3 000 r/min 离心 2～3 min,弃去管内上层液体,再加水搅匀后离心。如此反复进行 2～3 次,最后倾去上清液,用吸管吸取适量沉淀物滴于载玻片上,加盖玻片镜检。

(三)尼龙筛淘洗法

该法操作迅速、简便,适用于体积较大虫卵(如片形吸虫卵)的检查。

取待检粪便 5～10 g,置于烧杯中,加入 10 倍量的清水,经金属筛滤后,将粪液用尼龙筛网再进行滤过。滤液废弃,粪渣剩至网内。然后将尼龙筛依次浸入两只盛水的器皿(桶或盆)内。并反复用光滑的圆头玻璃棒轻轻搅拌网内粪渣。直至粪渣中杂质全部洗净为止。最后用少量清水冲洗筛壁四周与玻璃棒,使粪渣集中于网底,用吸管吸取粪渣,滴于载玻片上,加盖玻片镜检。

(四)识别蠕虫卵的方法和要点

鉴别蠕虫卵主要依据虫卵的大小、形状、颜色、卵壳和内容物的典型特征来加以鉴别。在检查自然采集的粪便时,不但能发现吸虫卵,也能发现绦虫卵、线虫卵和棘头虫卵。因此,首先应了解各纲虫卵的基本特征。见图 4-3-19 至图 4-3-21。

吸虫卵:多为卵圆形。卵壳数层,多数吸虫卵一端有一卵盖,被一个不明显的沟围绕着,有的吸虫卵还有结节、小刺、丝等突出物。卵内含有卵黄细胞所围绕的卵细胞或发育成形的毛蚴。

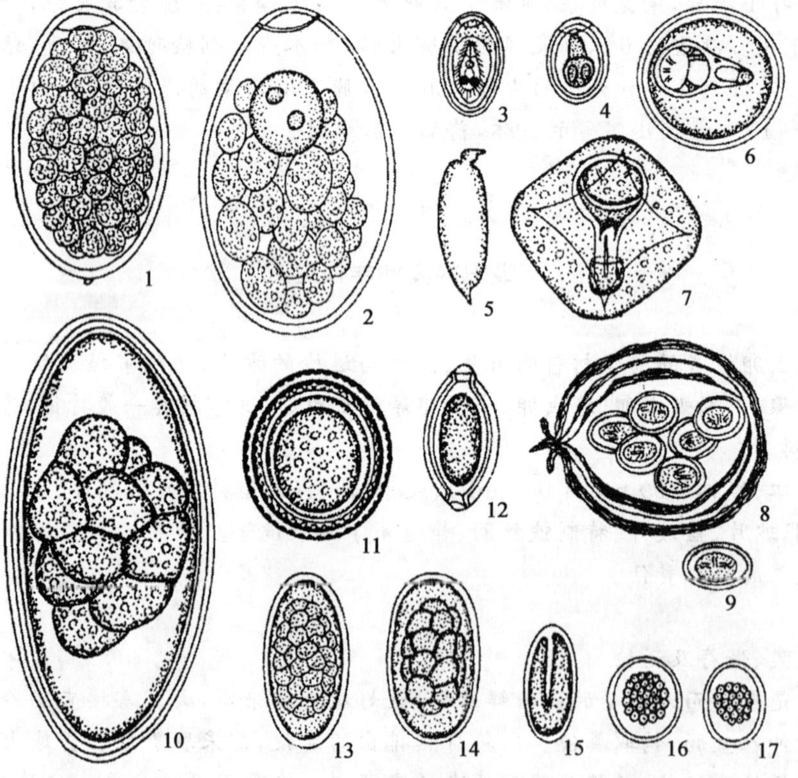


**图 4-3-19　牛、羊常见蠕虫卵**

1. 片形吸虫卵;2. 前后盘吸虫卵;3. 阔盘吸虫卵;4. 歧腔吸虫卵;5. 东毕吸虫卵;6、7. 莫尼茨绦虫卵;8. 曲子宫绦虫子宫周围器;9. 曲子宫绦虫卵;10. 钝刺细颈线虫卵;11. 牛弓首蛔虫卵;12. 毛首线虫卵;13. 捻转血矛线虫卵;14. 仰口线虫卵;15. 乳突类圆线虫卵;16、17. 牛艾美耳球虫卵囊

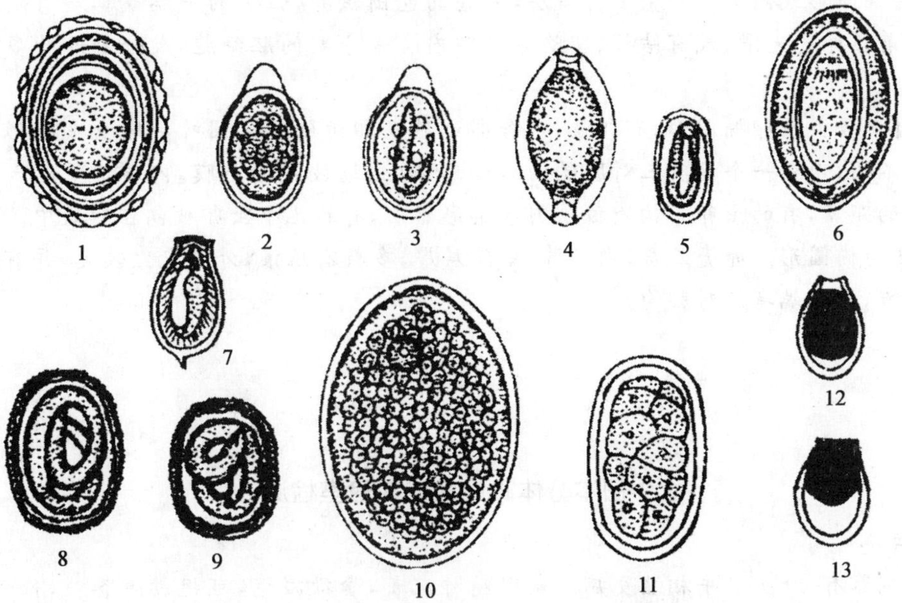


**图 4-3-20　猪常见蠕虫卵**

1. 猪蛔虫卵；2. 刚棘颚口线虫卵（新鲜虫卵）3. 刚棘颚口线虫卵（已发育的虫卵）；4. 猪毛首线虫卵；5. 六翼泡首线虫卵；6. 蛭形棘头虫卵；7. 华支睾吸虫卵；8. 野猪后圆线虫卵；9. 复阴后圆线虫卵；10. 姜片吸虫卵；11. 食管口线虫卵；12、13. 猪球虫卵囊

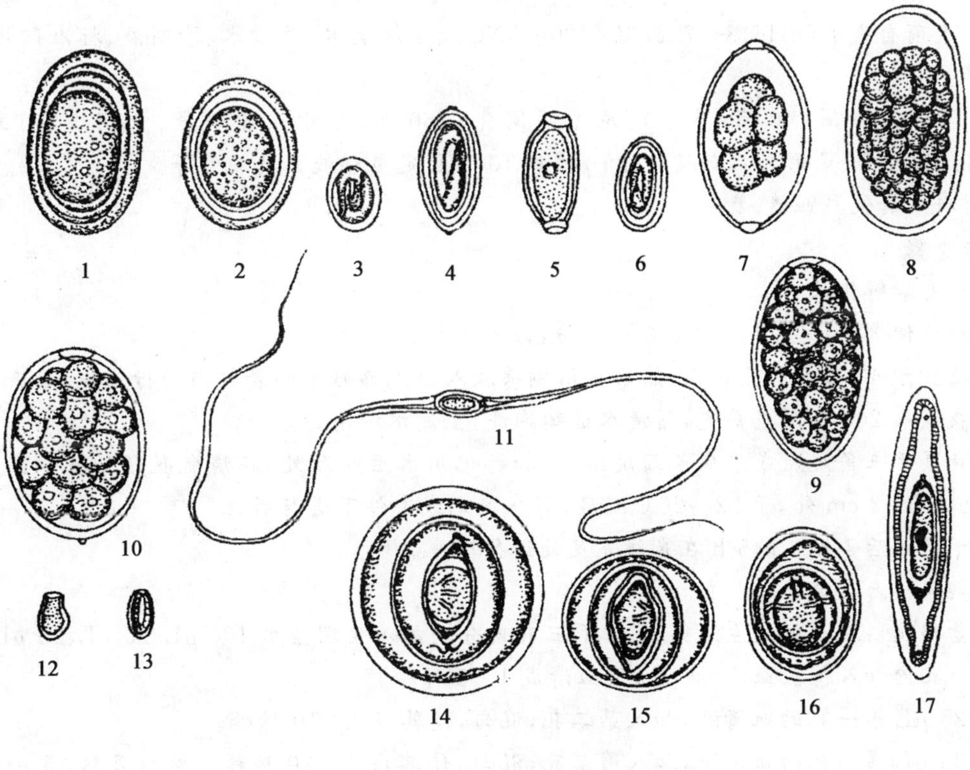


**图 4-3-21　禽常见蠕虫卵**

1. 鸡蛔虫卵；2. 鸡异刺线虫卵；3. 螺旋咽饰带线虫卵；4. 四棱线虫卵；5. 毛细线虫卵；6. 鸭束首线虫卵；7. 比翼线虫卵；8. 鹅裂口线虫卵；9. 隐叶吸虫卵；10. 卷棘口线虫卵；11. 背孔线虫卵；12. 前殖吸虫卵；13. 次睾线虫卵；14. 矛形剑带线虫卵；15. 膜壳绦虫卵；16. 有轮赖利绦虫卵；17. 鸭多型棘头虫卵

线虫卵：多为椭圆形或圆形。卵壳多为四层，完整的包围虫卵，但有的一端或二端有缺口，被另一个增长的卵膜封盖着。卵壳光滑，或有结节、凹陷等。卵内含未分割的胚细胞，或分割着的多数细胞，或为一个幼虫。

绦虫卵：假叶目绦虫虫卵椭圆形，有卵盖，内含卵细胞及卵黄细胞。圆叶目绦虫虫卵形状不一，卵壳的厚度和构造也不同，内含一个具有三对胚钩的六钩蚴，六钩蚴被覆两层膜，内层膜紧贴六钩蚴，外层膜与内层膜有一定的距离，有的虫卵六钩蚴被包围在梨形器内，有的几个虫卵被包在卵袋中。

棘头虫卵：多为椭圆形。卵壳三层，内层薄，中间层厚，多数有压痕，外层变化较大，并有蜂窝状构造。内含长圆形棘头蚴，其一端有三对胚沟。

## 【考核评价】

### 水牛日本分体吸虫病的实验室检测

**一、考核题目**

养殖户张某饲养有20头水牛相继发病。表现精神沉郁，食欲减退，可视黏膜苍白，行动迟缓。体温升高至39～40℃，呈不规则的间歇热。呼吸加快，肺泡呼吸音粗厉。起初以为是感冒，用抗生素、抗病毒和退热等药物进行治疗，均无效。且1头牛病情加重，食欲完全废绝，目光呆滞。严重腹泻，粪便呈水样，并混有黏液、血液等，具有腥臭味，最终衰竭死亡。将病死牛进行剖检，可见尸体消瘦，腹水较多，全身淋巴结肿大、出血。肝表面及切面有粟粒大灰白色或黄色结节。县兽医站工作人员采集病畜粪便及血清送至实验室进行检查，确诊为日本分体吸虫病。要求对牛群进行日本分体吸虫病检测。

（一）材料准备

1. 试剂　灭菌自来水（pH6.8～7.2，温度20～30℃）、生理盐水、蒸馏水、诊断液、标准阳性血清及标准阴性血清等。

2. 器材　粪杯、铜筛（40目/英寸）、尼龙筛网兜（260目/英寸）、塑料袋、长颈烧瓶（或三角瓶）（500 mL）脱脂棉、天平、V形微孔血凝板、25 μL和100 μL定量移液器及滴管等。

3. 待检材料　粪便与血清。

（二）方法步骤

1. 方法一：毛蚴孵化法

(1)取新鲜粪便300 g，搅拌均匀后分成3份，每份100 g。

(2)将粪便置于40目铜筛滤杯内，然后将该铜筛放入预先盛好水的粪杯内进行淘洗，后除去滤渣。

(3)将滤液倒入260目尼龙筛兜，用清水继续淘洗，至滤水澄清。

(4)将粪渣置于三角烧瓶或平底长颈烧瓶中，加孵化用水至瓶颈处，在烧瓶瓶颈处塞一团脱脂棉，再加清水至距瓶口1～2 cm处，于22～26℃温度、有一定光线条件下进行孵化。

(5)分别于孵化后1 h、3 h、5 h在光线充足处进行观察。

2. 方法二：间接血凝试验

(1)用微量移液器在血凝板左边第一、二和三孔内分别加入生理盐水100 μL、25 μL、25 μL。

(2)在第一孔内加入待检血清25 μL，使血清成1∶5稀释。

(3)吸取25 μL第一孔的血清液，加入第二孔，混匀，使其成1∶10稀释。

(4)吸取25 μL第二孔的血清液，加入第三孔，混匀，使其成1∶20稀释。然后吸取25 μL此孔血清液弃去。

(5)将标准阳性血清和阴性血清也按上述操作处理。另外，用生理盐水设空白对照。

(6)用移液器吸取血吸虫病血凝抗原，在各个样本和对照的1∶10和1∶20的稀释孔分别加入25 μL，振荡混匀，置于37℃条件下。当空白或阴性血清两孔的红细胞全部沉于孔底中央时，即可判定诊断结果。

## 二、评价标准

1. 方法一评价标准

在光线明亮处衬以黑色背景，用肉眼观察，必要时可借助于放大镜。

毛蚴为淡白色、折光性强的梭形虫体，多在距水面 4 cm 的水内呈与水面平行的方向或斜行方向作直线运动。在显微镜下观察，毛蚴呈前宽后狭的三角形，前端有一突起。见表 4-3-1。

**表 4-3-1　毛蚴与原虫鉴别要点**

| 项目 | 毛蚴 | 原生动物 |
| --- | --- | --- |
| 形态 | 大小一致，针尖大小，梭形，灰白色，折光性强 | 大小不一，形状不定，不透明，不折光 |
| 运动性质 | 呈直线运动，迅速而均匀，碰壁后才折向，但临衰老时可出现翻滚现象 | 运动缓慢，时游时停，摇摆翻滚，无一定方向 |
| 活动范围 | 离水面 1～4 cm 处；但刚孵出时，各层均可见 | 范围广，上中下层可见 |

2. 方法二评价标准

红细胞全部下沉到孔底中央，形成紧密红色圆点，周缘整齐为阴性“—”。

红细胞少量沉于孔底中央，形成一较阴性小的红色圆点，周围有少量凝集红细胞为弱阳性“+”。

红细胞约半数沉于孔底中央，形成一更小红色圆点，周围有一层淡红色凝集红细胞为阳性“++”。

红细胞均匀地分散于孔底，形成一淡红色薄层为强阳性“+++”。

## 【知识链接】

1. WS 309—2009，华支睾吸虫病诊断标准；
2. NY/T 1950—2010，片形吸虫病诊断技术规范；
3. GB/T 18640—2002，家畜日本血吸虫病诊断技术。

Project 4

# 绦虫病

**学习目标**

1. 深刻理解和熟练掌握绦虫的形态结构和生活史。
2. 掌握棘球蚴病、细颈囊尾蚴病、牛羊绦虫病、脑多头蚴病、猪囊尾蚴病及鸡绦虫病的生活史、流行病学、症状、病理变化、诊断及防治措施。
3. 熟悉绦虫的分类。
4. 了解牛囊尾蚴病、裂头蚴病、犬猫的绦虫病及兔豆状囊尾蚴病的生活史、流行病学、症状、诊断及防治措施。
5. 熟练掌握绦虫病的诊断方法。

【学习内容】

## 任务一 绦虫纲通性

### 一、形态结构

1. 外部形态

虫体呈背腹扁平的带状，多为乳白色，不同种大小差异明显，自数毫米至十米以上。整个虫体分为头节、颈节和体节。

(1)头节。位于虫体最前端，为吸附器官，细小，长或宽常仅有1～2 mm。一般分为三种类型，即吸盘型、吸槽型和吸叶型。圆叶目绦虫通常为吸盘型，其上有四个圆形吸盘(少数种类吸盘上有小钩)，有的头节顶端中央有顶突(或可回缩)，其上还有一排或数排小钩。

(2)颈节。位于头节之后，纤细，不分节，由颈节从前向后生长为体节。

(3)体节。颈节后为体节，节片数量因种类不同而差异很大。根据发育程度不同可分为3部分：靠近颈节的节片细小，其内生殖器官尚未发育成熟，称为未成熟节片(简称幼节)；幼节后的节片较大，其内两性生殖器官发育成熟，称为成熟节片(简称成节)；成节后的节片内生殖器官萎缩退化，只有充满虫卵的子宫，称为孕卵节片(简称孕节)。

2. 体壁

无体腔，体壁由皮层和肌层所组成，又称皮肌囊。囊内充满海绵状的实质，各器官均埋在其中。

3. 神经系统

头节中有中枢神经节，向后发出6条神经干，贯穿整个链体。

4. 排泄系统

始于焰细胞，由焰细胞发出的细管汇集成较大的排泄管，再与纵排泄管相连，纵排泄管与每一体节后缘的横管相通。在最后体节后缘中部有一总排泄孔通向体外。

5. 生殖系统

雌雄同体，每个成熟节片内有一组或两组雌性和雄性生殖系统。

(1)雄性生殖系统。由睾丸、输出管、输精管、雄茎囊、雄茎、雄性生殖孔等组成。有几个到几百个睾丸，每个睾丸有一条输出管，然后汇合成输精管，输精管通常盘曲延伸入雄茎囊，在雄茎囊内或外输精管可膨大形成贮精囊。输精管的末端为射精管和雄茎，雄茎从雄茎囊伸出，开口于雄性生殖孔。射精管、前列腺及雄茎大部分位于雄茎囊内。

(2)雌性生殖系统。由卵巢、输卵管、卵黄腺、梅氏腺、子宫、雌性生殖孔等组成。分叶状卵巢由输卵管通向卵模，与卵模相通的还有卵黄腺、梅氏腺、阴道和子宫。阴道其远端开口于生殖孔。

圆叶目与假叶目绦虫生殖器官的主要区别：圆叶目卵黄腺聚集为实质，假叶目卵黄腺为数量众多的滤泡；圆叶目绦虫子宫呈盲囊状，虫卵随节片脱落排出体外，假叶目绦虫子宫为开口状，成熟虫卵随时排出；圆叶目绦虫生殖孔开口于体节边缘，假叶目绦虫生殖孔及子宫开口于体节中前部腹面。见图4-4-1。

绦虫无消化系统，靠体表的微绒毛吸收营养物质。

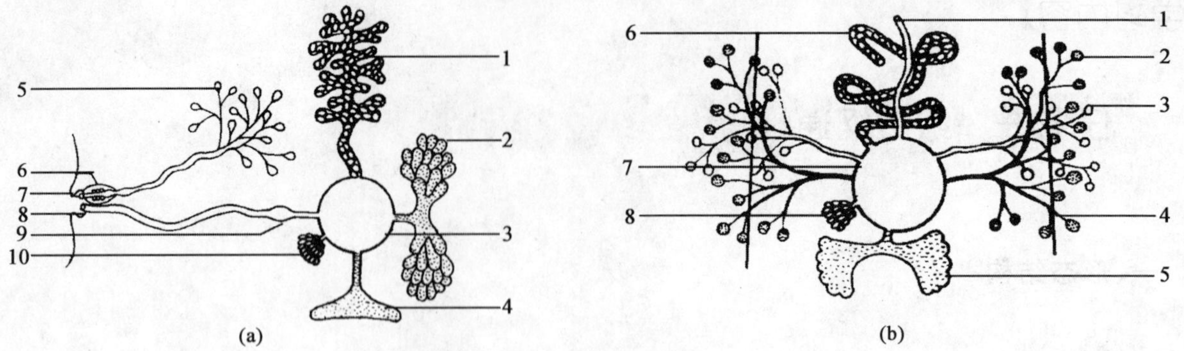


图 4-4-1 绦虫构造模式图

(a)圆叶目:1. 子宫;2. 卵巢;3. 卵膜;4. 卵黄腺;5. 睾丸;6. 雄茎囊;7. 雄性生殖孔;8. 雌性生殖孔;9. 受精囊;10. 梅氏腺

(b)假叶目:1. 生殖孔;2. 睾丸;3. 卵黄腺;4. 排泄管;5. 卵巢;6. 子宫;7. 卵膜;8. 梅氏腺

## 二、发育史

绦虫的受精方式有同体节受精、异体节受精和不同链体间的受精等。大多数绦虫发育都需要一个或两个中间宿主才能完成其整个生活史。

圆叶目绦虫寄生于终末宿主小肠内,虫卵或孕卵节片随粪便排出体外,被中间宿主吞食后,卵内六钩蚴逸出,在特定的寄生部位发育为绦虫蚴期即幼虫期(图 4-4-2)。幼虫达到感染期后被终末宿主吞食,发育成成虫。因绦虫种类不同,在中间宿主体内可发育成不同类型的中绦期幼虫。中间宿主为脊椎动物,则在其体内发育为囊尾蚴型,如囊尾蚴、多头蚴、棘球蚴等;若在节肢动物和软体动物等无脊椎动物中间宿主体内发育为似囊尾蚴。

假叶目绦虫的虫卵随终末宿主的粪便排出体外,落入水中,在适宜的条件下孵化为钩球蚴。钩球蚴被中间宿主(甲壳纲昆虫)吞食后发育为原尾蚴,含有原尾蚴的宿主被中间宿主(鱼类、蛙类及其他脊椎动物)吞食后发育为裂头蚴。当终末宿主吞食未熟的带有裂头蚴的补充宿主而感染,在其体内发育为成虫。

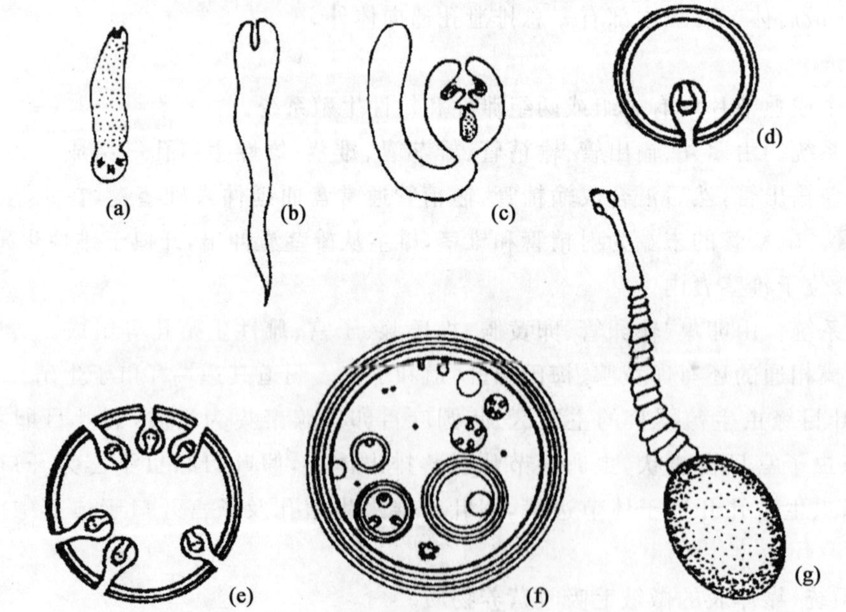


图 4-4-2 绦虫蚴构造模式图

(a)原尾蚴;(b)裂头蚴;(c)似囊尾蚴;(d)囊尾蚴;(e)多头蚴;(f)棘球蚴;(g)链尾蚴

## 三、分类

绦虫属扁形动物门绦虫纲，与人畜相关的有假叶目和圆叶目，以圆叶目多见。

**(一)圆叶目**

1.带科

幼虫为囊尾蚴、棘球蚴或多头蚴，寄生于草食动物或杂食动物和人；成虫寄生于食肉动物和人。主要包括带属、多头属、棘球属及带吻属。

2.裸头科

幼虫为似囊尾蚴，寄生于无脊椎动物(地螨)；成虫寄生于哺乳动物。包括裸头属、副裸头属、莫尼茨属、曲子宫属、无卵黄腺属。

3.戴文科

幼虫寄生于无脊椎动物；成虫一般寄生于鸟类，有的寄生于哺乳动物。主要包括赖利属和戴文属。

4.膜壳科

幼虫通常寄生于无脊椎动物，成虫寄生于无脊椎动物。个别虫种不需要中间宿主。主要包括膜壳属、伪裸头属、皱褶属、剑带属。

5.双壳科

成虫寄生于鸟类和哺乳动物。

6.中绦科

成虫寄生于鸟类和哺乳动物。

**(二)假叶目**

1.双叶槽科

成虫主要寄生于鱼类，个别寄生于鸟类、爬行类和哺乳动物。

2.头槽科

成虫寄生于鱼类肠道。

# 任务二　多种动物共患绦虫病



## 一、棘球蚴病

棘球蚴病，又称包虫病，是由带科棘球属绦虫的幼虫—棘球蚴寄生于牛、羊、猪、马、骆驼等家畜及多种野生动物和人的肝脏、肺等器官引起的疾病，是一种重要的人畜共患寄生虫病。

[病原体]

1.细粒棘球绦虫

为小型虫体，长仅2～7 mm，由头节和3～4个节片组成(图4-4-3)。顶突上有36～40个小钩。孕节的长度远大于宽度，约占虫体长度的一半。中绦期为单房型棘球蚴，为球形充满液体的囊，大小为豌豆大至小儿头大。囊壁分两层，外层为角质层，内层为生发层(胚层)，生发层向囊内长出许多原头蚴。原头蚴和生发囊从胚层上脱落于囊液中，称为“包囊砂”。虫卵大小为(32～36 μm)×(25～30 μm)，外被一层具有辐射纹的较厚的胚膜，内含六钩蚴。

2.多房棘球绦虫

成虫与细粒棘球绦虫相似，其大小为1.2～4.5 mm，顶突上有14～34个小钩。孕节内子宫呈袋状，无侧枝。中绦期为多房型棘球蚴，又称泡球蚴，大小由豌豆到核桃大，由无数囊泡聚集而成，囊内有(鼠)

或无(人及家畜)原头蚴。

[生活史]

成虫寄生在于犬、狼、狐狸等肉食兽的小肠,孕卵节片随宿主粪便排出体外。中间宿主食入被虫卵污染的饲草、饲料、饮水而感染,六钩蚴在其肠内逸出,然后钻入肠壁,随着血液循环至肝、肺等器官,经 5～6 个月发育为具有感染性的棘球蚴。终末宿主吞食含有棘球蚴的脏器而感染,在肠道中经 40～50 d 发育为成虫。成虫生存期为 5～6 个月。见图 4-4-4。

图 4-4-3　细粒棘球绦虫

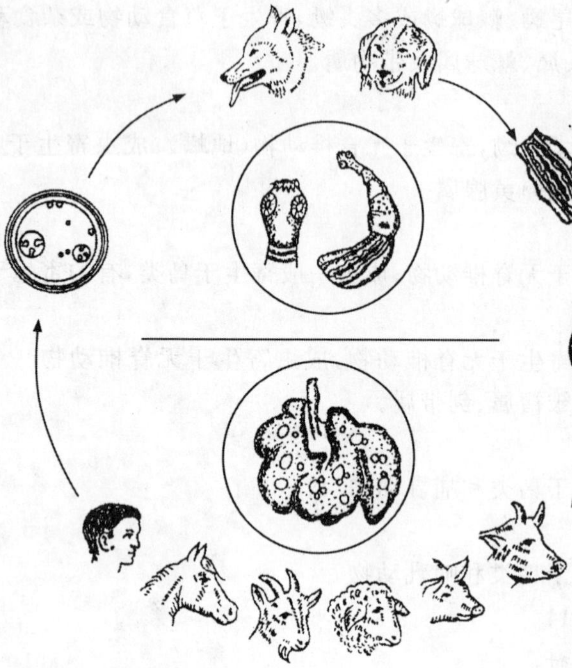

图 4-4-4　棘球绦虫生活史

[流行病学]

1. 地理分布

细粒棘球蚴呈世界性分布,尤以牧区最为多见。在我国以新疆、西藏、青海、四川西北部牧区发病率最高。

2. 感染来源

患病犬和带虫犬是主要的感染来源。在自然流行区域内野生肉食动物在疾病传播上也起着重要作用,往往与野生哺乳动物一起形成自然疫源地,人和家畜进入后即可被感染。

3. 感染原因

人常因直接接触犬和狐狸的毛皮等易被感染。此外,因吃入被虫卵污染的蔬菜、水果、饮水等而感染。牛羊等家畜因吞食被孕卵节片或虫卵污染的饲草、饮水而感染,而牧羊犬常吃到带虫的动物内脏,从而造成本虫在家畜与犬之间的循环感染。

4. 虫卵抵抗力

虫卵对外界的抵抗力较强,可以耐低温和高温,对化学物质也有较强的抵抗力,但阳光直射能使其死亡。

[症状及病变]

轻度感染症状不明显,严重感染时表现渐进性消瘦、贫血、精神不振。肝部感染时,腹部右侧膨大,继发臌气。肺部感染时,呼吸困难,咳嗽,听诊病灶部肺泡呼吸音减弱或消失,叩诊呈半浊音。棘球蚴破裂时后果严重,使家畜发生速发型超敏反应,表现呼吸困难,咳嗽,体温升高,腹泻,极度虚弱,甚至休克死亡。

人体感染棘球蚴后,常寄生于肝,称为肝包虫病。表现为贫血、消瘦、身体虚弱。寄生于其他部位,表现相应的症状。

剖检可见被侵袭的肝脏、肺脏肿大，表面凹凸不平，器官的组织萎缩，在表面和实质部有棘球蚴存在。触诊囊体有波动感（有时部分囊泡壁外露），囊泡周围的实质萎缩。切开棘球蚴囊则可见有液体流出，将液体收集沉淀后，在放大镜下可见子囊和头节。另一种棘球蚴呈结节型，切面呈无数小囊腔，腔壁为结缔组织，腔内为豆渣样碎屑，有时为空腔或充满脓汁。

［诊断］

棘球蚴病生前诊断较困难。动物和人均可采用皮内变态反应进行诊断。间接血凝试验（IHA）和酶联免疫吸附试验（ELISA）对动物和人的棘球蚴病诊断有较高检出率。动物在剖检时发现棘球蚴可以确诊。也可用X射线和超声波诊断。

［治疗］

本病应早发现早治疗，方可取得良好的效果，而手术摘除是最可靠有效的方法。对绵羊棘球蚴病可用丙硫咪唑和吡喹酮治疗。

丙硫咪唑：90 mg/kg体重，连服两次。

吡喹酮：25～30 mg/kg体重，一次/d，连服5 d。

人棘球蚴病可用外科手术治疗，亦可用丙硫咪唑和吡喹酮治疗。

［预防］

（1）定期驱虫。对家犬、牧羊犬进行定期驱虫，特别是成虫期前驱虫。常用药物有：氢溴酸槟榔碱，剂量为2 mg/kg体重。吡喹酮，剂量为5～10 mg/kg体重，疗效100%。驱虫后的犬粪应无害化处理，防止病原的扩散。

（2）防止动物感染。严禁犬在圈舍、饲料库及饮水处饲养及出入，防止饲料和饮水被犬粪污染。

（3）人员防护。常与犬接触的人员应注意清洁卫生，防止从犬的被毛等处污染虫卵而感染。

（4）严格屠宰检验制度。对患病动物器官要销毁或无害化处理后方可用作动物的饲料，严禁将患病动物脏器任意抛弃或喂犬。

## 二、细颈囊尾蚴病

细颈囊尾蚴病是由带科带属的泡状带绦虫的幼虫寄生于猪、羊、牛等家畜的肝脏、大网膜和肠系膜及其他脏器引起的疾病。成虫寄生于犬科动物的小肠。

［病原体］

细颈囊尾蚴 俗称“水铃铛”，呈乳白色，囊泡状，大小不等，由黄豆大至鸡蛋大。囊内充满透明液体，囊壁有一个乳白色且具有长颈的头节。

泡状带绦虫 呈扁平带状，体长可达5 m。头节球形，顶突上有26～46个小钩。孕节有子宫侧枝5～16对。

虫卵呈卵圆形，大小为（36～39 μm）×（31～35 μm），内含六钩蚴。

［生活史］

成虫寄生于犬、狼等肉食兽的小肠内，孕节和虫卵随粪便排出，当猪、牛、羊等中间宿主吞食虫卵污染的饲料、青草、饮水时被感染，六钩蚴在消化道内逸出，侵入肠壁血管，随血流至肝实质，并移行至肝表面，进入腹腔后附着在肠系膜或大网膜上，经3个月，发育成具有感染性的细颈囊尾蚴。终末宿主吞食含有细颈囊尾蚴的脏器被感染，经52～78 d，发育为成虫。

［症状及病变］

轻度感染症状不明显。对仔猪、羔羊和犊牛危害严重。表现虚弱，消瘦，生长发育受阻，便秘。特别严重感染的可因急性出血性肝炎和腹膜炎而引起死亡。

剖检可见肝肿大，表面有很多小结节和小出血点。有时可见到急性腹膜炎，腹水混有血液及幼小的囊尾蚴体。

［诊断］

生前诊断较困难，目前仍以结合病变和临床症状，尸体剖检发现虫体可确诊。也可用血清学方法进行诊断。注意肝脏中有细颈囊尾蚴时应与棘球蚴区别。

［治疗］

吡喹酮，丙硫咪唑对细颈囊尾蚴病有一定疗效。

［预防］

对犬定期驱虫；严禁将感染有细颈囊尾蚴的脏器喂犬等肉食兽；猪要圈养；防止犬入猪、羊舍，以免污染饲料、饮水。

## 三、裂头蚴病

裂头蚴病是由假叶目的曼氏迭宫绦虫的幼虫－裂头蚴寄生于哺乳动物及人的肌肉、皮下组织、胸腹腔等部位引起的疾病。成虫寄生于犬猫等食肉动物的小肠。

［病原体］

曼氏裂头蚴 呈乳白色，长带形，长 3～30 mm，有的可达 105 mm。头节呈指状，背、腹面各有一条纵行的吸槽。体不分节，但具有横皱褶。

曼氏迭宫绦虫 长 60～100 cm，头节细小，呈指状，其背、腹面各有一条纵行的吸槽。体节一般宽度大于长度。

虫卵呈卵圆形，两端稍尖，呈浅灰褐色，卵壳薄，有卵盖，内含卵胚细胞和卵黄细胞。其大小为(52～68 μm)×(32～43 μm)。

［生活史］

中间宿主是剑水蚤，补充宿主是蝌蚪，蛇、鸟类和猪等多种脊椎动物可作其贮藏宿主。

成虫寄生于终末宿主的小肠内，卵经子宫产出，随宿主粪便排出体外，在水中经 3～5 周发育为钩球蚴。钩球蚴被中间宿主吞食后，在其体内经 7～10 d 发育为原尾蚴。带原尾蚴的剑水蚤被补充宿主吞食后，在其体内发育为裂头蚴。终末宿主吞食了受感染的补充宿主或贮藏宿主后，裂头蚴在其小肠约经 3 周发育为成虫。人可作为曼氏迭宫绦虫的补充宿主或贮藏宿主。见图 4-4-5。

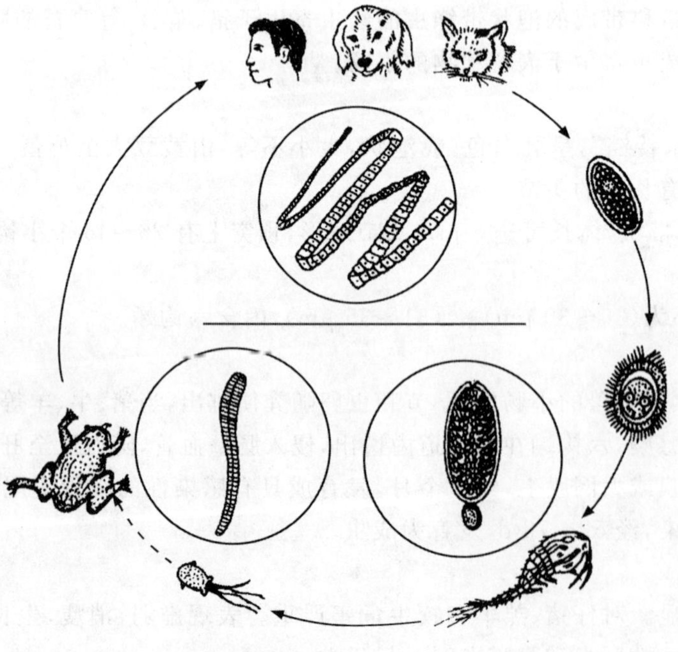

图 4-4-5　曼氏迭宫绦虫生活史

[流行病学]

1. 地理分布

多见于东亚和东南亚各国，欧洲、美洲、非洲和澳洲也有记录。我国多见于南方诸省。

2. 感染原因及途径

猪等哺乳动物多因食入含有裂头蚴的蝌蚪而感染。人作为贮藏宿主多因误食蝌蚪而感染，作为终末宿主主要是食用生的或不熟的蛇、蛙、猪肉而感染。

[症状及病变]

猪感染裂头蚴时，多在肌肉、肠系膜、网膜和其他组织。严重感染时表现营养不良、食欲不振、精神沉郁和嗜睡等。

人感染裂头蚴时，多在眼部、四肢躯体皮下和其他组织出现炎症、坏死、化脓等病理变化。

[诊断]

生前诊断可从伤口找到裂头蚴。死后诊断可见寄生部位组织渗出性出血，胶样浸润，组织萎缩，并可发现裂头蚴。犬猫生前依据粪便虫卵检查，死后根据剖检发现虫体确诊。此外，还可用皮内变态反应(IT)和间接免疫荧光抗体试验(IFA)等免疫学诊断方法。

[防治]

(1)定期驱虫。在流行区，对犬、猫应进行定期驱虫。

(2)加强卫生宣传。人勿用蛙肉敷贴伤口，不饮生水，不生食蛙、蛇及猪肉等。

(3)加强兽医肉品卫生检验工作。

(4)猪要圈养，避免猪吃到蛙。

## 任务三　反刍动物绦虫病

### 一、牛羊绦虫病

牛羊绦虫病是由裸头科莫尼茨属、曲子宫属和无卵黄腺属的绦虫寄生于牛、羊小肠内引起的疾病。鹿、骆驼和其他野生反刍动物也可感染。对羔羊和犊牛危害严重。

[病原体]

1. 莫尼茨绦虫

包括扩展莫尼茨绦虫和贝氏莫尼茨绦虫。呈乳白色，虫体长 1～6 m，宽 16 mm。头节近似球形，直径 1 mm 左右，有 4 个椭圆形吸盘，无顶突和小钩。体节宽而短，成节内有两组生殖器官，每侧一组。孕卵节片被充满虫卵的子宫占据。两种莫尼茨绦虫的区别在于扩展莫尼茨绦虫的节间腺呈泡状排列于整个节片后缘；贝氏莫尼茨绦虫的节间腺呈小点状，密集排列于节片后缘中央。扩展莫尼茨绦虫虫卵近似三角形；贝氏莫尼茨绦虫虫卵近似四边形。两种虫卵直径为 56～67 μm，卵内含六钩蚴的梨形器。见图 4-4-6。

2. 曲子宫绦虫

呈乳白色，长 2 m，宽 12 mm。头节与前者相似。成熟体节内有一组生殖器官，左右不规则的交替分布。雄茎囊外伸，使虫体外观边缘不整齐，睾丸位于纵排泄管外侧，子宫呈多弯曲的横列管状。虫卵似圆形，无梨形器，每 3～8 个虫卵由一个子宫周围器包围着。

3. 中点无卵黄腺绦虫

体长 2～3 m，最宽处仅 3 mm。节片极短，且分节不明显。成节内有一组生殖器官，左右不规则的交替分布。睾丸位于纵排泄管两侧，卵巢位于生殖孔一侧，无卵黄腺和卵模。子宫位于节片中央，各节片连成一条白线。虫卵呈椭圆形，无梨形器。

[生活史]

莫尼茨绦虫的中间宿主为地螨，曲子宫绦虫的中间宿主为啮虫目昆虫。

成虫寄生于终末宿主的小肠内，孕卵节片或虫卵随终末宿主的粪便排出体外，被地螨吞食后六钩蚴逸出，经 100～200 d 发育为似囊尾蚴。终末宿主吞食含似囊尾蚴的地螨而感染。在其小肠内似囊尾蚴经 40～50 d 发育为成虫。成虫的寿命为 2～6 个月，一般为 3 个月。见图 4-4-7。

曲子宫绦虫与无卵黄腺绦虫的发育史可能与莫尼茨绦虫相似。

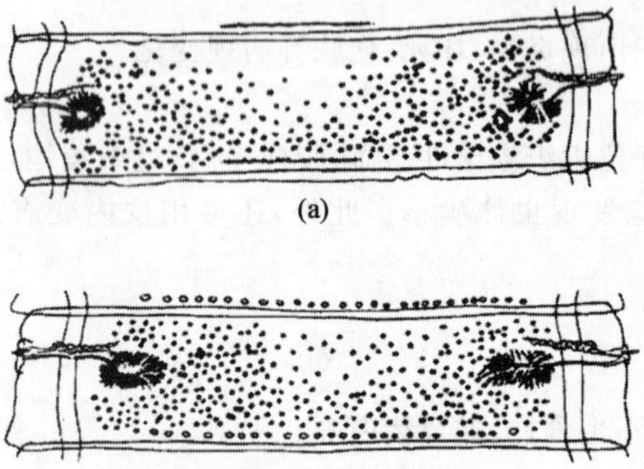


图 4-4-6　莫尼茨绦虫成熟节片

(a)贝氏莫尼茨绦虫；(b)扩展莫尼茨绦虫

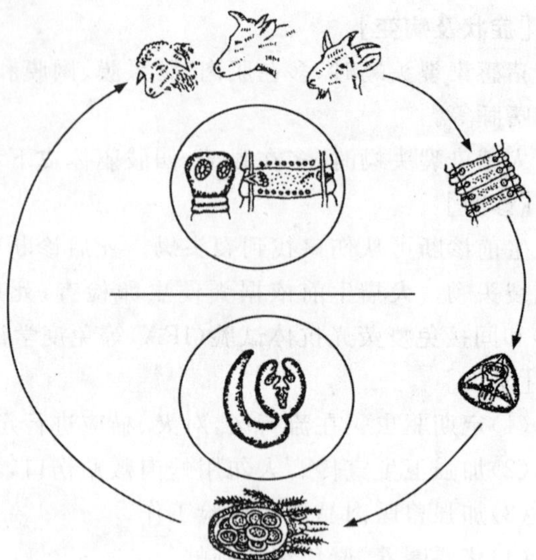

图 4-4-7　莫尼茨绦虫生活史

[流行病学]

1. 地理分布

莫尼茨绦虫和曲子宫绦虫呈全球性分布。中点无卵黄腺绦虫主要分布于高寒、干燥地区。

2. 动物易感性

莫尼茨绦虫主要危害幼龄动物，无卵黄腺绦虫对成年反刍动物的感染率高，曲子宫绦虫对成年家畜及幼畜都可感染。

3. 季节动态

莫尼茨绦虫的季节动态与地螨活动规律有关。在我国北方，多于 5 月份开始感染，6～10 月份达高峰。南方从 2～3 月份开始感染，4～5 月份达高峰。曲子宫绦虫春夏秋季都可感染，中点无卵黄腺绦虫多在秋季发生感染。

[症状及病变]

动物感染后的症状与感染强度和动物年龄相关。轻度感染或成年动物感染一般症状不明显，幼龄动物感染及成年动物严重感染时症状明显，表现为消化紊乱，经常腹痛，肠臌气和腹泻，粪便中常有脱落的绦虫节片。渐进性消瘦，贫血，精神沉郁，有时出现痉挛、反应迟钝、回旋、空嚼及口吐白沫等神经症状。

剖检可见尸体消瘦，黏膜苍白，贫血，胸腹腔渗出液增多。肠道有时可发生阻塞或扭转，肠系膜淋巴结肿大，肠黏膜出血，肠内有虫体。

[诊断]

根据流行病学调查、临床症状及粪便检查结果确诊。粪便检查用饱和盐水漂浮法发现虫卵或肉眼观察患畜粪便中有无节片排出。也可以通过诊断性驱虫和剖检发现虫体和相应的病变可确诊。

[治疗]

常用驱虫药物如下：

硫双二氯酚：羊 80～100 mg/kg 体重，牛 50 mg/kg 体重，一次口服。

氯硝柳胺：羊 75～80 mg/kg 体重，牛 60～70 mg/kg 体重，配成混悬液灌服。

丙硫咪唑：牛、羊 10～20 mg/kg 体重，配成混悬液灌服。

吡喹酮：牛、羊 10～15 mg/kg 体重，配成混悬液灌服。

甲苯咪唑：牛、羊 10～15 mg/kg 体重，配成混悬液灌服。

[预防]

本病预防的重点是预防性驱虫和减少地螨两个方面。

(1)预防性驱虫。放牧前及舍饲后 40 d 进行驱虫。最好采用成虫期前驱虫，放牧后 30 d 内进行第一次驱虫；再经 10～15 d 后进行第二次驱虫。

(2)消灭中间宿主。深耕土壤，种植牧草或农牧轮作，减少地螨。

(3)科学放牧。避免在低湿草地放牧，或雨后、清晨和黄昏放牧，以减少感染。

(4)粪便发酵。及时清除圈舍或驱虫后的粪便，堆积发酵，杀灭虫卵。

## 二、牛囊尾蚴病

牛囊尾蚴病，又称牛囊虫病，是由牛肉带绦虫的幼虫一牛囊尾蚴寄生于牛的肌肉组织引起的疾病。中间宿主是牛，终末宿主是人，羊和鹿偶有感染。

[病原体]

牛囊尾蚴 为乳白色半透明的囊泡，卵圆形，大小为(5～9 mm)×(3～6 mm)，囊内充满透明液体，内有一个乳白色头节。头节上无顶突和小钩。

牛带绦虫 又称无钩绦虫，呈乳白色，长 4～8 m，最长可达 25 m。头节略成方形，直径 1.5～2.0 mm，有四个吸盘，无顶突及小钩。每个成节均有一组生殖器官，生殖孔开口于节片侧缘。

虫卵呈圆形或近圆形，与猪肉带绦虫卵相似。

[生活史及流行病学]

基本同猪肉带绦虫。牛感染后经 3～6 个月发育为牛囊尾蚴，人感染后经 3 个月发育为成虫。成虫在人的小肠内寿命可达 25 年以上。

繁殖力及抵抗力较强。每个节片内有 5 万～10 万个虫卵，平均每日排卵可达 72 万个。虫卵在水中存活 4～5 周，液体粪便中存活 10 周，干燥牧场存活 8～10 周，潮湿牧场存活可达 20 周。

牛的感染途径，主要是吞食被虫卵污染的饲料、饮水而感染，母牛妊娠后期可通过胚胎感染胎儿。

[症状及病变]

基本同猪囊虫病，通常病牛无症状。重度感染急性期，表现体温升高，咳嗽，肌肉震颤，运动障碍，以后转为慢性经过，症状逐渐消失。人患绦虫病症状同猪肉带绦虫病，不患囊尾蚴病。

[诊断]

同猪囊尾蚴病。

[防治]

同猪囊尾蚴病。病牛治疗可用吡喹酮，剂量为 30 mg/kg 体重，连用 7 d，或 50 mg/kg 体重，连有 2～3 d。也可用芬苯哒唑，25 mg/kg 体重，连用 3 d，

## 三、脑多头蚴病

脑多头蚴，又称脑包虫病，是由带科带属的多头带绦虫的幼虫寄生于牛羊的脑和脊髓引起的疾病。因能引起明显的转圈症状，亦称“转圈病”或“回旋症”。人亦可感染。其成虫寄生于犬、狼、狐等肉食动物的小肠内。

[病原体]

脑多头蚴 为豌豆大至鸡蛋大的充满液体的囊泡，囊壁由两层膜组成，外膜为角质层，内膜为生发层，有 100～200 个头节，呈白色粟粒大结节状。

多头带绦虫 体长 40～100 cm，由 200～250 个节片组成。头节小，有 4 个吸盘，顶突上有 22～32 个小钩。孕节子宫内有 18～26 对侧枝。虫卵呈圆形，直径 30～37 μm，内含六钩蚴。

［生活史］

成虫寄生于终末宿主的小肠内，脱落的孕节随粪便排出体外，牛、羊等中间宿主吞食虫卵后，六钩蚴逸出并钻入肠壁血管，随血流到达脑和脊髓，经 2～3 个月发育为成熟的多头蚴。终末宿主吞食了含有脑多头蚴的脑、脊髓而感染，囊壁被消化，原头蚴附着在小肠壁上经 1.5～2.5 个月发育为成虫。成虫在犬体内可存活 6～8 个月。

［流行病学］

1. 地理分布

呈世界性分布，我国各地均有报道，在西北、东北及内蒙古牧区多呈地方性流行。

2. 感染来源及途径

患病或带虫的终末宿主是主要的感染来源。病犬排出的粪便污染草场、饲料和水，从而造成多头蚴病的流行。

3. 虫卵抵抗力

虫卵对外界环境的抵抗力较强，在自然界可长时间保持生命力。

［症状及病变］

六钩蚴移行到脑时，沿软脑膜的血管移行到皮质和脑的深部，引起脑膜出血，发生脑炎和脑膜炎，呈现急性型。以羔羊症状最为明显，在感染后 10～14 d 表现体温升高，脉搏、呼吸加快，反应敏感或迟钝，无目的的游走或长时间的沉郁。重症病例表现流涎、磨牙、斜视，头颈弯向一侧，作回旋、前冲或后退运动。部分患畜 5～7 d 内因急性脑膜炎死亡，多数病例症状逐渐消失，转为慢性型。

慢性病例，在感染后 4～6 个月，由于囊泡增大，压迫脑及脊髓引起的，其症状主要取决于虫体的寄生部位。寄生于大脑额区时，患羊头部低垂于胸前，向前直线奔走，碰到障碍物时，把头抵在物体上呆立不动。寄生于大脑半球时，向患侧作转圈运动，虫体越大，转圈越小，对侧视力模糊或消失。寄生于大脑后部枕骨区时，头高举，作后退运动，甚至倒地不起，颈部肌肉强直性痉挛或呈角弓反张。寄生于小脑时，静止或运动时均失去平衡，如站立时四肢常外展或内收，行走时步态蹒跚。寄生于脊髓时，表现步伐不稳，后躯麻痹无力，呈犬坐姿势，小便失禁。症状反复出现，重症病例最终因极度消瘦或因重要神经中枢受损而死亡。

急性病例剖检可见脑膜炎及脑炎，脑膜表面有六钩蚴移行时所致的虫道。慢性病例头骨变薄、松软、甚至穿孔，并伴有隆起。虫体寄生部位脑组织出现萎缩、变性、坏死等。

［诊断］

急性型诊断困难，生前可用 ELISA 和变态反应，死后剖检可见脑膜充血和出血，脑膜表面有虫道，虫道末端可发现幼小的多头蚴。

慢性病例可依据典型症状、流行病学作出初步诊断，死后剖检发现虫体可确诊。

［治疗］

当脑多头蚴寄生于头部前方表层，可施行手术摘除，在脑深部和后部寄生时则难以摘除。药物治疗可选用吡喹酮和丙硫咪唑。吡喹酮：牛、羊 35 mg/kg 体重，内服，连用 3 d，也可按 10～30 mg/kg 体重，1∶9 比例与液体蜡混合，臀部深层肌内注射。

［预防］

(1)定期驱虫。对家犬和牧羊犬定期驱虫，选用药物有：丙硫咪唑，剂量为 30 mg/kg 体重；吡喹酮，剂量为 6 mg/kg 体重；氢溴酸槟榔碱，剂量为 2 mg/kg 体重。均为一次口服。排出的犬粪和虫体均应深埋或烧毁。

(2)防止动物感染。防止犬吃到含脑包虫病牛、羊等动物的脑及脊髓。

(3)防止羊栏、牛栅、饲料及饮水等被犬粪污染。

# 任务四　猪绦虫病

## 猪囊尾蚴病

猪囊尾蚴病是由带科带属的猪肉带绦虫的幼虫——猪囊尾蚴寄生于猪的肌肉和其他器官中引起的疾病，俗称猪囊虫病。中间宿主是猪、野猪和人，犬、猫也可感染。人是其唯一的终末宿主。

[病原体]

猪囊尾蚴：为乳白色半透明的囊泡状，呈椭圆形，其大小为(6～10 mm)×5 mm。囊内充满无色透明的液体，囊壁上有一粟粒大的头节。结构与成虫头节相似，头节上有带有小钩的顶突和四个圆形吸盘。见图 4-4-8。

猪肉带绦虫：又称有钩绦虫，呈乳白色，扁平长带状，体长 2～7 m。头节呈球形，有顶突，顶突上有两排小钩，顶突下有四个圆形吸盘。链体由 700～1 000 个节片组成，未成熟节片长度小于宽度，成熟节片近似于方形，孕卵节片长度大于宽度。在每个节片内含一组生殖系统。生殖孔位于体节边缘，呈不规则的交替排列。孕节内的子宫，由主干生出 7～13 对主侧枝。见图 4-4-9。

虫卵呈圆形或椭圆形，浅褐色，大小为 38 μm，外层卵壳薄并且易脱落，胚膜较厚，具辐射状条纹，内含六钩蚴。

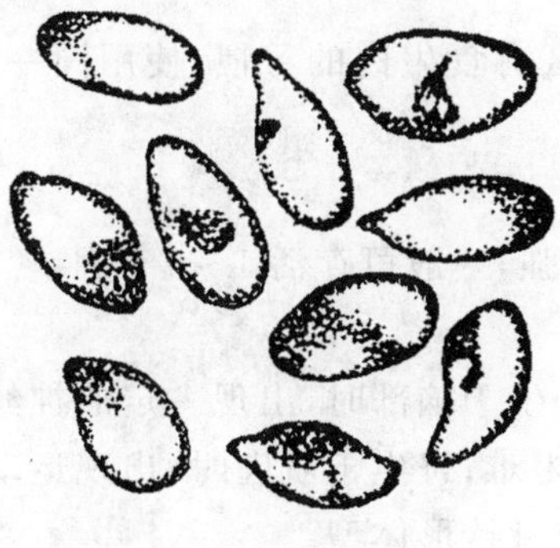

图 4-4-8　猪囊尾蚴(仿 Monnig)

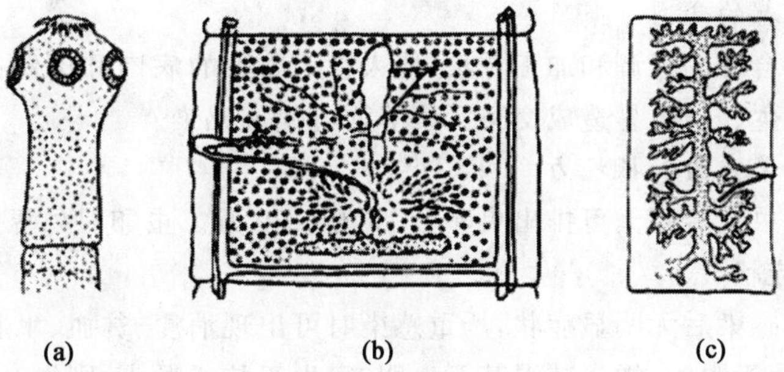


图 4-4-9　猪肉带绦虫

(a)头节；(b)成节；(c)孕节

[生活史]

人是猪带绦虫唯一的终末宿主，猪和野猪是主要的中间宿主。

成虫寄生于人的小肠中，孕节脱落后随粪便排出，当中间宿主吃入含有虫卵或孕节的人粪而感染，在小肠内六钩蚴逸出，钻入肠壁，经血液循环或淋巴循环到机体各处的肌肉组织，经 60～70 d 发育为成熟的囊尾蚴。人吃了含有囊尾蚴的肌肉后，囊尾蚴在小肠经 2～3 个月发育为成虫。人体内成虫通常寄生一条，偶尔数条，并在人体内存活 25 年之久。见图 4-4-10。

人可作为中间宿主感染猪囊尾蚴的途径有：猪肉带绦虫虫卵污染人的手、蔬菜和食物，被误食后而感染；猪肉带绦虫患者因肠道逆蠕动使节片或虫卵进入胃内，发生自身感染。

[流行病学]

1. 地理分布

猪囊尾蚴呈全球性分布，在我国东北、华北和西北地区及云南与广西部分地区多发，其余地区为散发。

2. 感染来源及途径

绦虫病患者是其主要的感染来源，孕卵节片存在于粪便中。猪的感染与人的粪便管理和猪的饲养管

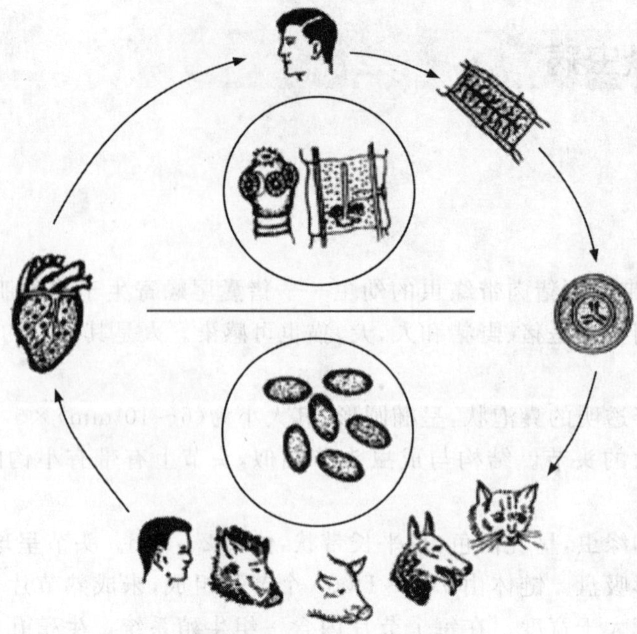

图 4-4-10　猪肉带绦虫生活史

理方式不当密切相关。

3.人的食肉习惯

不合理的烹调和加工方法，使人食入未熟的病肉和肉制品；个别地区有食生肉的习惯；使用同一刀、砧板切生、熟肉，易造成交叉污染等均可使人感染。

4.繁殖力和抵抗力

绦虫患者每天可排出虫卵数 15 万～30 万。虫卵对外界的抵抗力较强，一般可存活 1～6 个月。

[症状]

猪感染后无明显症状，严重感染时可出现消瘦、贫血、水肿、衰竭。寄生于脑部时，出现一定的神经症状；寄生于眼时，视力减退甚至失明；寄生于肺或喉头，则发音嘶哑，呼吸困难；寄生于肌肉时，出现运动障碍，跛行等。重症病猪，两肩显著外展，臀部不正常肥胖宽阔，呈狮子状或哑铃形体型。

人感染猪带绦虫，常引起消化不良、腹痛、下痢、恶心、呕吐等。猪囊尾蚴如寄生在脑内则表现为头痛、眩晕、恶心、呕吐、记忆力减退以及癫痫；寄生在肌肉组织则肌肉酸痛无力，感到胀痛；寄生于眼部导致视力减退，甚至失明。

[诊断]

猪囊尾蚴病的生前诊断较困难，对严重感染的猪，用手触摸舌部可感到有颗粒物而确诊。另外，可借助于免疫学诊断方法，如 ELISA 和 IHA 等试验可作出诊断。死后剖检，检查咬肌、深腰肌和膈肌等部位，发现囊虫可确诊。

绦虫病人可通过粪便检查发现虫卵或孕节即可做出诊断。囊虫病人可依据症状，皮下结节活组织检查，X 线、B 超、CT、核磁共振基本可确诊。

[治疗]

吡喹酮：50 mg/kg 体重，混料饲喂，连用 3 d 为一疗程。也可用 5 倍液体石蜡溶解后肌内注射，连用 2 d 为一疗程。

丙硫咪唑：20 mg/kg 体重，混料饲喂，每隔 2 d 服一次，3 d 为一疗程。也可以植物油配成 6% 的混悬液一次肌内注射。

绦虫病患者可用南瓜籽和槟榔合剂、硫双二氯酚、氯硝柳胺等治疗。囊尾蚴病人可以用吡喹酮和丙硫苯咪唑进行治疗。

［预防］

(1)普查普治绦虫病患者。定期对流行区人群普查，发现病人及时驱虫治疗，排出的粪便和虫体深埋或焚烧。

(2)加强人粪管理和猪的饲养管理。做到人有厕所，猪有圈。杜绝猪和人粪的接触机会。人粪需经无害化处理。

(3)加强肉品卫生检验。严格肉品卫生检验制度，检出的病猪肉应严格按照国家规定，进行无害化处理。

(4)改善饮食卫生习惯。不吃生肉或半熟肉，生熟饮具分开使用。

## 任务五　其他动物绦虫病

### 一、鸡绦虫病

鸡绦虫病是由戴文科戴文属和赖利属的绦虫寄生于禽类小肠内引起的疾病。赖利属绦虫寄生于鸡和火鸡的小肠中。节片戴文绦虫寄生于鸡、鸽及鹌鹑的十二指肠内。

［病原体］

1.节片戴文绦虫

虫体短小，长 0.5～3.0 mm，由 4～9 个节片组成。孕节内子宫崩解为许多卵袋，每个卵袋中有一个虫卵。虫卵直径为 28～40 μm。

2.四角赖利绦虫

体长 100～250 mm，头节较小，头节上有 4 个长圆形的吸盘，吸盘上有 8～10 列小钩，生殖孔开口于节片同侧，每个卵袋中有 6～12 个虫卵。虫卵直径为 25～50 μm。见图 4-4-11(a)。

3.棘沟赖利绦虫

体长 25 cm，吸盘圆形，其上有 8～10 列小钩，生殖孔常开口于一侧，偶有交互开口的。孕节内的子宫内形成 90～150 个卵袋，每个卵袋中有 6～12 个虫卵。虫卵直径为 25～40 μm。见图 4-4-11(b)。

4.有轮赖利绦虫

虫体较小，一般不超过 4 cm。头节大，顶突宽而肥厚，形如轮状，突出于前端，上有两列小钩，吸盘无小钩。生殖孔不规则的交替开口于节片两侧，每个卵袋内仅有一个虫卵。虫卵直径为 75～88 μm。见图 4-4-11(c)。

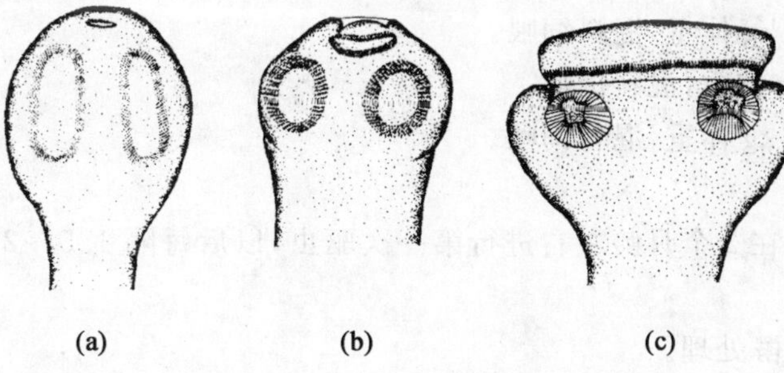


**图 4-4-11　赖利绦虫头节**

(a)四角赖利绦虫；(b)棘沟赖利绦虫；(c)有轮赖利绦虫

［生活史］

节片戴文绦虫的中间宿主是蛞蝓。四角赖利绦虫为蚂蚁和家蝇。棘沟赖利绦虫为蚂蚁。有轮赖利绦虫为金龟子、步行虫和家蝇等昆虫。

成虫寄生于禽的肠道，孕卵节片随粪便排出体外后释放虫卵。虫卵被中间宿主吞食后发育为具有感染性的似囊尾蚴，禽类因啄食含有似囊尾蚴的中间宿主而感染，在小肠内经 2～3 周发育为成虫。见图 4-4-12。

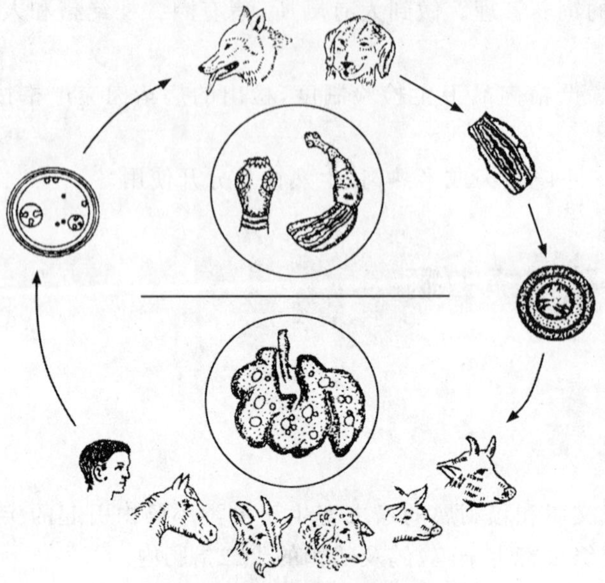

图 4-4-12 赖利绦虫生活史

[流行病学]

鸡绦虫病主要侵害幼禽，常为混合感染。本病的分布与流行季节和中间宿主有关。

[症状及病变]

轻度感染症状不明显。严重感染时，表现精神委顿，羽毛蓬乱，食欲减退，渴欲增加，行动迟缓，贫血，消瘦，粪便稀软混有黏液。有的可表现神经症状。蛋鸡产蛋量下降或停止。雏鸡生长发育迟缓或受阻，病势严重者可引起死亡。

剖检可见肠黏膜增厚，出血，黏膜上附有虫体。成虫寄生时黏膜上有针尖大褐色结节，结节中心下陷，有时可见直径 8～10 mm 溃疡，并可发现绦虫。

[诊断]

根据临床症状、流行病学、粪便检查有虫卵或孕节，剖检发现虫体即可确诊。

[治疗]

硫双二氯酚：成鸡 100～200 mg/kg 体重，混料饲喂，小鸡适当减量。

丙硫咪唑：10～20 mg/kg 体重，混料饲喂。

吡喹酮：10～20 mg/kg 体重，混料饲喂。

氯硝柳胺：50～60 mg/kg 体重，混料饲喂。

[预防]

(1)定期驱虫。雏鸡应在 2 个月龄左右进行第一次驱虫，以后每隔 1.5～2 个月驱虫一次，转舍或上笼之前必须进行驱虫。

(2)及时清理鸡粪并发酵处理。

(3)消灭中间宿主，搞好灭蝇、杀虫工作。

## 二、犬、猫绦虫病

犬、猫的绦虫病是由多种绦虫寄生于犬、猫的小肠引起的疾病。除了细粒棘球绦虫、泡状带绦虫、多头绦虫和孟氏迭宫绦虫外，还有犬复孔绦虫，线中殖孔绦虫及宽节裂头绦虫等。

［病原体］

1. 犬复孔绦虫

新鲜的虫体为淡红色，固定后为乳白色。大小为(10～50 cm)×0.3 cm，头节上有吸盘，顶突和小钩。体节外观呈黄瓜籽状。成节内有两组生殖器官，生殖孔开口于节片两侧。虫卵呈球形，直径为35～50 μm，内含六钩蚴。寄生于犬、猫小肠。幼虫似囊尾蚴寄生于犬蚤、猫蚤或犬毛虱。

2. 线中绦虫

虫体呈乳白色，大小为(30～250 cm) ×0.3 cm。头节上有4个长椭圆形吸盘，无顶突和小钩，成节似方形，每节有一组生殖器官。子宫为盲管，位于节片中央。生殖孔开口于节片背面中线上。孕节似桶状，内有子宫和一卵圆形的副子宫。虫卵为长圆形，大小为(40～60 μm)×(35～43 μm)，内含六钩蚴。寄生于犬、猫和野生肉食动物的小肠中，偶寄生于人。第一中间主为地螨，在其体内发育为似囊尾蚴。第二中间宿主为蛙、蛇、鸟类及啮齿类，在其体内发育为四槽蚴。

3. 宽节裂头绦虫

虫体长2～12 m，头节指状，有背腹吸槽。成节及孕节均似正方形。虫卵呈卵圆形，两端钝圆，淡褐色，具有卵盖，大小为(67～71 μm)×(44～51 μm)。寄生于犬、猫、人及其他哺乳动物的小肠。第一中间宿主是剑水蚤，第二中间宿主是淡水鱼类。

［生活史］

孕卵节片或虫卵随粪便排出，进入中间宿主(有的需进入第二中间)后在其体内发育为幼虫，被中间宿主吞食后在小肠发育为成虫。

［症状］

轻度感染时常症状不明显。当大量虫体寄生时，损伤宿主肠黏膜，引起炎症。

严重感染时，表现为食欲不振，消化不良，呕吐，异嗜，逐渐消瘦。虫体聚集成团可导致肠堵塞、肠扭转甚至肠破裂，引起腹痛。有的呈现剧烈兴奋(假狂犬病)，有的发生痉挛或四肢麻痹。虫体分泌的毒素引起宿主中毒。

［诊断］

根据临床症状，结合粪便虫卵检查结果加以判定。若病犬在其肛门口常夹着尚未落地的孕卵节片，或粪便中夹杂短节片，均可确诊。

［治疗］

氯硝柳胺：100 mg/kg体重，一次内服。

吡喹酮：5 mg/kg体重，一次内服。

丙硫咪唑：10～20 mg/kg体重，口服一次/d，连用3～4 d。

硫双二氯酚：200 mg/kg体重，一次内服。

氢溴酸槟榔碱：1～2 mg/kg体重，一次内服。

［预防］

(1)犬、猫定期驱虫。对犬、猫每季进行一次驱虫，粪便深埋或焚烧。

(2)消灭中间宿主。对犬、猫体表或圈舍进行杀虫。

(3)勿用屠宰家畜时的废弃物和生的或半生的鱼及其内脏喂犬、猫。

## 三、兔豆状囊尾蚴病

兔豆状囊尾蚴病是由豆带绦虫的幼虫寄生于兔的肝脏、肠系膜和腹腔引起的疾病。成虫寄生于犬科动物的小肠，偶见于猫。

［病原体］

豆状囊尾蚴：白色卵圆形囊泡状，如豌豆大小，有的呈葡萄串状，囊内含有一个白色头节。

豆状带绦虫：虫体新鲜时为白色，长可达2 cm，头节小球形，有吸盘顶突和小钩。节片边缘呈锯齿状，又称锯齿带绦虫。生殖孔不规则交替开口。

[生活史]

孕节和虫卵随终末宿主的粪便排出体外，中间宿主吞食虫卵后，六钩蚴在消化道逸出钻入肠壁，随血液循环到达肝脏和腹腔发育为豆状囊尾蚴。终末宿主犬科动物食入含有豆状囊尾蚴的内脏后，在其小肠发育为成虫。

[流行病学]

豆状囊尾蚴病呈世界性分布，在我国多个省市都有发生。本病的流行与兔的饲养方式和犬的喂养有关。

[症状及病变]

病兔表现为精神沉郁，食欲下降，眼结膜苍白，喜卧，腹围增大。大量感染时，幼虫移行至肝脏，造成肝脏损伤，可因急性肝炎死亡。慢性病例主要表现为消化紊乱，消瘦。

剖检可见肝脏严重损伤，初期肝脏肿大，表面有大量小的虫体结节，随之肝脏表面有虫体出现。而后腹腔有虫体，腹腔有血色积液，常见有严重腹膜炎，腹腔网膜、肝脏、胃肠等器官粘黏。

[诊断]

根据流行病学、临床症状及剖检发现虫体可作出确诊。

[治疗]

目前尚无有效治疗措施，可试用丙硫咪唑、甲苯咪唑、吡喹酮等药物。

[预防]

(1)定期对犬驱虫，粪便无害化处理，防止虫卵扩散。

(2)加强兔场卫生消毒，防止犬粪污染饲料和饮水。

(3)勿用病兔内脏喂犬。

## 【案例分析】

病例 1　某牧区一羊场，近期有 20 多只羊出现精神沉郁，食欲减退，渐进性消瘦，咳嗽，呼吸急促。严重病例右腹部膨大，呼吸困难，甚至死亡。当地兽医对病死的羊只进行剖检，发现肺脏和肝脏有大小不等的凸起，肝、肺的组织萎缩，甚至坏死，检查凸起，分离到乳白色、半透明的、大小不一的包囊，肉眼观察，囊内有许多沙粒状物质。经调查，该牧区大多牧民家养犬。你如何进行正确的诊断？应采取怎样的综合性防制措施？

病例 2　主诉：近期，约有 20 多头牛食欲逐渐减退，渐进性消瘦，顽固性腹泻。临床检查：病牛精神沉郁，消瘦，贫血，消化紊乱，顽固性腹泻，伴发有肠鼓气。个别犊牛出现痉挛、抽搐及空口咀嚼等神经症状。通过观察粪便中的绦虫节片，疑似至少为 2 种绦虫混合感染(教师可指定当地常见的两种绦虫)。根据病例，请作出诊断？确诊后给予治疗，如何验证治疗效果？并提出综合性的防制措施。

病例 3　主诉：饲养小尾寒羊 80 只，半舍饲半放牧，并适时给予补料。自入夏以来，每天在牧草生长旺盛的沟洼草地放牧，羊群整体生长发育及膘情较好。但进入 10 月份以来，约 20%的羊出现逐渐消瘦，食欲减退，被毛粗乱无光，贫血。有 3 只瘦小的羊拉稀，最终衰竭死亡。曾用青、链霉素及磺胺类药物治疗无效。经剖检可见，在肠系膜及腹膜等处有黄豆大至鸡蛋大小的，乳白色半透明，内含透明液的囊泡。根据所学知识，对该病例作出准确诊断，并提出有效的防制措施。

病例 4　主诉：饲养蛋鸡 12 000 羽，约 230 日龄，产蛋率达到 80%后不再上升，鸡蛋蛋壳颜色发白，蛋重变轻。个别鸡只下痢，排白色带有黏性泡沫的稀粪，用抗生素治疗 5 d 效果不佳。临床检查：病鸡精神委顿，消瘦，鸡冠、肉髯苍白，饮水增加。2 只发病严重的鸡，经检查发现粪便中有白色米粒大小的节片蠕动。剖检后发现，肝脏肿大，呈土黄色，质脆易碎。小肠黏膜呈点状出血，肠内容物混有一条 3～4 cm 长的白色虫体。根据所学知识，对该病例作出准确诊断，并提出有效的防制措施。

病例 5　在某定点屠宰场屠宰检验过程中，工作人员发现有一头猪经检其他法定部位均正常，但在检查右侧股内侧肌时，肌肉剖检面有一白色透明囊泡体，内含大量液体，内壁有一白色头节，其他部位未见有白色囊泡体。根据以上情况，请推断该病例患有何病？如何作进一步的确诊？

## 【知识拓展】

### DIP在寄生虫学中的应用

目前动物寄生虫病虫体和虫卵的检查主要采用显微镜和肉眼识辨的方法，不仅操作烦琐、识别误差随检验人员的经验和状态而异，而且缺乏客观性和精确性。然而，数字图像处理(digital image processing,DIP)为动物寄生虫病的诊断提供了有力工具。DIP是将图像信号转换成数字信号，并利用计算机对其处理的过程。主要包括图像信号采集、图像预处理、特征提取和分割图像、分析识别4个过程。该方法高度灵活，手段多样，通过从虫卵或虫体图像中获取丰富信息，从而快速、准确对虫卵或虫体识别分类。

数字图像识别在兽医寄生虫方面发展较早的是丹麦哥本哈根兽医实验室，将寄生于牛体内的五种线虫虫卵进行数字图像处理分析，建立了最早的虫卵自动识别及鉴定系统。其自动分类及鉴定识别准确率可达81.5%。之后又对该系统进行完善，平均识别准确率提高到91.2%。希腊雅典国家技术大学G. Theodoropoulos等，使用人工神经网络对家畜体内的毛圆线虫3期幼虫进行自动识别，识别准确率为91.9%。但此方法的图像分割阶段对图片要求较高且需要人工将杂质除去。国内对并殖吸虫图像进行人工处理选择7中并殖吸虫，初步实现了并殖吸虫的自动分类，准确率达89.04%。

目前DIP技术在家畜寄生虫学方面的研究应用还较少，但该技术在人体医学影像处理中相对成熟，为寄生虫领域DIP技术发展奠定了基础，以推动该技术的发展和利用。

## 【考核评价】

### 一起山羊棘球蚴病的实验室检测

**一、考核项目**

云南某自然村山羊存栏1 600只，有514只相继出现消瘦、咳嗽、气喘及拉稀等症状，并陆续死亡189只，死亡率达11.8%。临床检查表现，渐进性消瘦，营养不良，被毛粗乱，结膜苍白黄染。明显的呼吸困难，不停咳嗽。肺部叩诊呈半浊音，听诊肺泡呼吸音减弱。重症后期，食欲废绝，高热稽留，体质虚弱，消瘦，被毛几乎脱落，严重的因恶病质或窒息死亡。剖检病死羔羊3只，可见肝脏、肺脏、脾脏等部位表面凹凸不平，将其切开后有无色透明液体流出，将液体沉淀后能看到许多生发囊与原头蚴。采集患病动物血清送至实验室进行检查，确诊为棘球蚴病。要求对羊群进行棘球蚴病检测。

(一)材料准备

1.试剂　PBS、囊液、标准阳性血清、标准阴性血清及IHA诊断液。

2.器材　V形微孔血凝板、96孔聚苯乙烯微量酶标板、抗免疫球蛋白—酶结合物、25 μL和100 μL定量移液器及滴管等。

3.待检样品　动物血清。

(二)方法步骤

方法一：间接血凝试验。

(1)囊液的采集与处理。以无菌方法从含有棘球蚴育囊的包囊中抽取囊液。置离心机，3 000 r/min，离心30 min，收集上清液。用40%的聚乙二醇浓缩10倍，后用无离子水和生理盐水交替透析48 h。除盐后用紫外分光法测定蛋白质含量，分装，于−20℃保存备用。

(2)稀释血清和加样。用pH7.2的PBS稀释液将待检样品按4倍系列稀释为1∶4、1∶16、1∶64和1∶256四个滴度，每个滴度在加样孔各加1孔。阳性对照血清按4倍系列稀释为1∶4、1∶16、1∶64、1∶256、1∶1 024、1∶4 096和1∶16 384共7个孔，加至对照孔；阴性对照血清稀释同待检血清，加至对照孔。稀释液对照孔只将稀释液加1孔至对照孔。每孔加样量均为25 μL。

(3)加诊断液。各孔加IHA诊断液，加样量每孔25 μL。

(4)血凝反应。试验微量板置振荡器上振荡1～2 min，使诊断液中的血球分布均匀，从振荡器上取下，用干净的玻璃板盖住反应板，置室温(18～25℃)反应 2～3 h。

方法二：酶联免疫吸附试验。

(1)抗原包被。用包被缓冲液将抗原稀释至工作浓度(1～10 μg/mL)，每孔加 100 μL。空白对照孔加 100 μL 包被缓冲液(无抗原)，4℃过夜。

(2)洗涤。试验开始先洗涤包被的 ELISA 板，弃孔内包被液，拍干。用洗涤缓冲液洗涤 3 次，每次各孔加满洗涤缓冲液后停留 3 min，甩干。洗涤 3 次后，在吸水纸巾上拍干。

(3)封闭。每孔加封闭缓冲液 100 μL，置 37℃封闭 1 h。弃孔内封闭液，洗涤 3 次，方法同上。

(4)加待检血清。用洗涤缓冲液将待检样品和参考血清稀释至规定工作浓度(1∶100)后各加 2 孔，酶结合物对照孔和空白对照孔加稀释缓冲液各 1 孔。加样量均为 100 μL，37℃温育 1 h。弃孔内血清稀释液，洗涤 3 次，方法同上。

(5)加抗免疫球蛋白-酶结合物。检测牛、羊动物血清样品，应使用相应动物种类的抗免疫球蛋白-酶结合物。用稀释缓冲液稀释至工作浓度(1∶400～1∶1000 或者按试剂盒产品说明)，每孔加 100 μL，37℃温育 1 h。洗涤 3 次，方法同上。

(6)显色。加底物缓冲液，每孔 100 μL，37℃温育 30 min。

(7)终止反应。加入 50 μL 终止液，振荡混匀，静置 5 min 后，用酶标仪读取每孔 492 nm 波长处的光吸收值($OD_{492}$值)。

**二、评价判定**

方法一：

(1)试验成立条件。当稀释液对照孔不出现凝集，阴性对照血清不高于 1∶16 和阳性对照血清抗体效价为产品规定值(1∶1 024～1∶4 096)三项条件同时满足时，试验成立。

(2)判定。

“++++”：100%的血球在孔壁下形成呈均质膜样凝集。边缘整齐，致密。

“+++”：75%的血球在孔壁下形成呈膜样凝集，不凝集的血球在孔底中央集中成很小的圆点。

“++”：50%的血球在孔壁下部形成呈稀疏凝集，不凝集的血球在孔底中央集成较大的圆点。

“+”：25%的血球在孔底凝集，不凝集的血球在孔底中央集中成大圆点。

“-”：所有血球均不凝集，并集中于孔底中央成最大的圆点。

(3)阳性判定标准。使用 V 形板，以“++”为阳性终点。待检样品抗体滴度等于或高于阳性规定值(1∶64)时，判定为阳性；待检样品抗体滴度低于 1∶64，即第三孔(1∶64 稀释)为“+“或“—”者，判定为阴性。

方法二：

(1)计算。计算出每份待检样品两孔的平均 OD 值($P$)，再除以同板阴性对照血清两孔的平均 OD 值($N$)，则得出每份待检样品的 $P/N$ 值。

(2)结果判定。

试验成立的条件：若酶结合物对照 OD 值<0.1，阳性对照血清 OD 值在 1.0±2SD 范围，且 $P/N$ 值>2，则试验成立，结果有效。

凡待检样品的 $P/N \geqslant 2$，则判定该样品为阳性；$P/N<2$，则为阴性。

## 【知识链接】

1. GB/T 18644—2002，猪囊尾蚴病诊断技术；
2. NY/T 1466—2007，动物棘球蚴病诊断技术；
3. WS 438—2013，裂头蚴病的诊断。

Project 5

# 线虫病

**学习目标**

1. 深刻理解和掌握线虫的形态结构和生活史。
2. 掌握旋毛虫病、牛羊消化道线虫病、猪蛔虫病、鸡蛔虫病及牛羊肺线虫病的生活史、流行病学、症状、病理变化、诊断及防治措施。
3. 熟悉线虫的分类。
4. 了解犊新蛔虫病、鸡异刺线虫病及猪后圆线虫病的生活史、流行病学、症状、诊断及防治措施。
5. 熟练掌握线虫病的诊断方法。

【学习内容】

## 任务一 线虫纲通性

### 一、形态结构

1. 外部形态

虫体呈圆柱状或纺锤形，有的呈线状或毛发状。前端钝圆，后端较尖细。虫体大小不一，小的仅 1 mm 长，大的可达 1 m 以上。寄生性线虫都是雌雄异体，雄虫小，雌虫大。整个虫体一般可分为头、尾、背腹面及两侧。见图 4-5-1 和图 4-5-2。

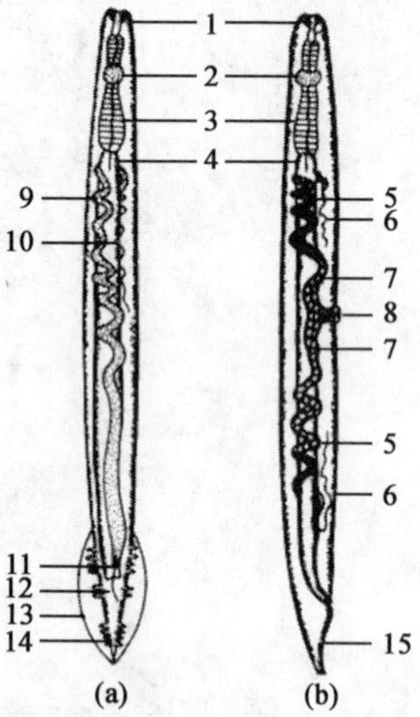

**图 4-5-1 线虫构造模式图**

(a)雄虫；(b)雌虫

1. 口腔；2. 神经节；3. 食管；4. 肠；5. 输卵管；6. 卵巢；7. 子宫；8. 生殖孔；9. 输精管；10. 睾丸；11. 泄殖腔；12. 交合刺；13. 翼膜；14. 乳突；15. 肛门

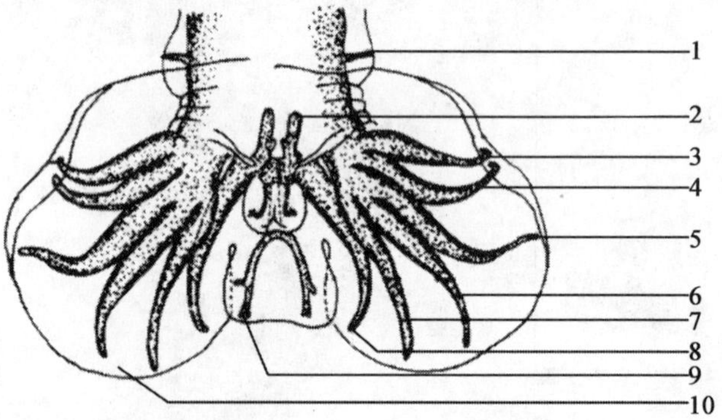

**图 4-5-2 圆形线虫雄虫尾部构造**

1. 乳前乳突；2. 交合刺；3. 前腹肋；4. 侧腹肋；5. 前腹肋；6. 中侧肋；7. 后侧肋；8. 外背肋；9. 背肋；10. 交合伞膜



2. 体壁

由角皮层、皮下层和纵肌层组成。体表为角皮，表面光滑有横纹或纵纹，有的虫体由角皮形成特殊构造，如唇、乳突、皮刺或各种翼膜等。角皮层下为皮下层和纵肌层。体壁围成假体腔，内脏位于假体腔内。

3. 消化系统

由口孔、咽部、食管、肠和肛门组成一个直管。口孔位于虫体头端，口囊的有无、大小和形状因种而异。有些线虫口囊周围有唇片，乳突或叶冠，有的线虫口囊内有齿、口切板等。食管的形状有圆柱状、棒状或漏斗状等。食管后为肠，一般呈管状，以肛门开口于尾部腹面。

4. 排泄系统

有两条排泄管，两管从后向前延伸，在虫体前部相连，排泄孔开口于食管口附近的腹面中线上。有些线虫无排泄管而只有排泄腺。

5. 神经系统

位于食管部的神经环相当于神经中枢，自此向前后伸出若干神经干，发出纵行的神经干，分布于虫体各部位。其体表许多乳突，如唇乳突，颈乳突、尾乳突或生殖乳突等，都是感觉器官。

6. 生殖系统

均为管状，各部分互相连通。雄性生殖器为单管型，由睾丸、输精管、贮精囊和射精管组成，开口于泄殖腔。此外，还有辅助生殖器官，包括交合刺、引器(导刺带)、副引器、性乳突和交合伞等。雌性生殖器官多为双管型，少数为单管型。由卵巢、输卵管、受精囊、子宫、阴道和阴门等组成。

线虫没有呼吸器官和循环系统。

## 二、发育史

线虫在宿主体内经雌雄交配后产生虫卵(卵生)或含幼虫的卵(卵胎生)、或幼虫(胎生)。其发育一般要经过 4 次蜕化，形成 5 个幼虫期。

线虫发育无需中间宿主的属土源性，又称直接发育型。需要中间宿主的属生物源性，间接发育型。

1. 直接发育型(土源性线虫)

虫卵在外界环境发育为感染性虫卵(卵内含有感染性幼虫)或从卵内孵出幼虫，幼虫经二次蜕皮发育为感染性幼虫。感染性虫卵或幼虫被终末宿主吞食后，幼虫(感染性虫卵幼虫逸出)经移行或不移行，再进行 2～3 次蜕皮发育为成虫。

2. 间接发育型(生物源性线虫)

雌虫产卵或幼虫，被中间宿主吞食后，在其体内发育成感染性幼虫。这些幼虫通过中间宿主侵袭畜禽或被畜禽吞食而感染。感染性幼虫在终末宿主体内经蜕皮后发育为成虫。线虫的中间宿主多为无脊椎动物，但旋毛虫以哺乳动物作为终末宿主和中间宿主。

## 三、线虫的分类

线虫属线形动物门，下分两个纲:无尾感器纲和尾感器纲。

**(一)尾感器纲**

1. 杆形目

类圆科(寄生于哺乳动物的肠道)，小杆科。

2. 圆形目

(1)毛圆科。主要寄生于反刍动物的消化道。包括毛圆属、奥斯特属、背带线虫属、血矛属、长刺属、马歇尔属、古柏属、细颈属、似细颈属及猪圆线虫属。

(2)圆线科。绝大多数寄生于哺乳动物的肠道。包括圆线属、夏伯特属、三齿属、盆口属及食管齿属。

(3)毛线科。寄生于哺乳动物和两栖动物的消化道。包括毛线属、盂口属、辐首属、杯环属、杯齿属、杯冠属及食管口属。

(4)网尾科。寄生于动物的呼吸道和肺部。包括网尾属。

(5)原圆科。寄生于哺乳动物的呼吸系统及循环系统。包括原圆属、囊尾属、缪勒属、刺尾属、新圆属、鹿圆属及拟马鹿圆属。

(6)钩口科。寄生于哺乳动物的消化道。包括钩口属、旷口属、仰口属、盖格属、球首属、板口属及弯口属。

3. 蛔目

(1)蛔科。寄生于哺乳动物的肠道。包括蛔属、副蛔属、弓蛔属及贝蛔属。

(2)禽蛔科。寄生于鸟类。

(3)弓首科。寄生于肉食动物的肠道。

4. 尖尾目

(1)尖尾科。寄生于哺乳动物的消化道。

(2)异刺科。寄生于两栖、爬行、鸟类和哺乳类动物的肠道。

**(二)无尾觉器纲**

1. 毛尾目

(1)毛形科。成虫寄生于哺乳动物的肠道;幼虫寄生于肌肉。包括毛形属。

(2)毛尾科。寄生于哺乳动物的肠道。包括毛尾属。

(3)毛细科。寄生于脊椎动物的消化道或尿囊中。包括毛细属和线性属。

2. 膨结目

(1)膨结科。寄生于哺乳动物的肾、腹腔、膀胱和消化道。

## 任务二　多种动物共患线虫病

### 旋毛虫病

旋毛虫病是由毛形科毛形属的旋毛虫寄生于多种动物及人体内引起的疾病。成虫寄生于小肠,称为肠旋毛虫。幼虫寄生于肌肉组织,称为肌旋毛虫。它是一种重要的人畜共患病,在公共卫生上尤为重要。

[病原体]

旋毛虫:虫体细小,前部较细,后部较粗,其食管细胞呈一串单行排列。雄虫长 1.4～1.6 mm,尾部无交合刺和交合伞,有两个耳状交配叶。雌虫长 3～4 mm,阴门位于食管中央。见图 4-5-3。

幼虫寄生于横纹肌纤维内,长为 1.15 mm,在肌肉中卷缩形成包囊,包囊呈圆形、椭圆形或梭形。包囊内有一条幼虫,偶尔两条。见图 4-5-4。

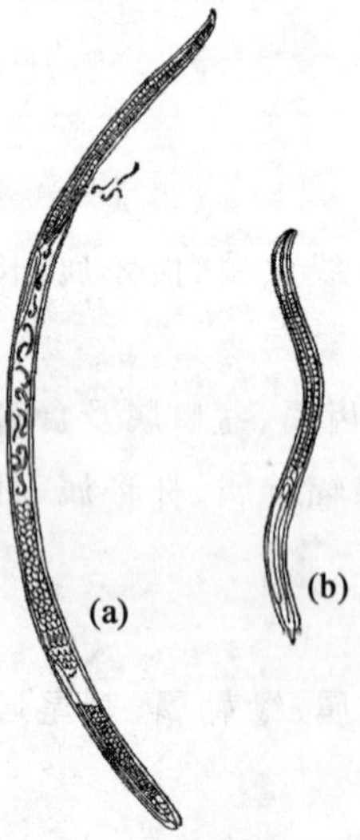


**图 4-5-3　旋毛虫成虫**

(a)雌虫;(b)雄虫

**图 4-5-4　旋毛虫幼虫**

(a)肌肉中包囊;(b)幼虫

[生活史]

旋毛虫的发育属生物源性,其终末宿主和中间宿主为同一宿主,先为终末宿主,后为中间宿主。

宿主因食入含有感染性幼虫的包囊而感染，在小肠内幼虫逸出，钻入肠黏膜经 48h 发育为成虫。雌雄虫交配，雄虫死亡，雌虫钻入肠腺或黏膜下的淋巴间隙中产出幼虫(每条雌虫可产幼虫 1 000～10 000 条)。幼虫钻入肠系膜淋巴结经胸导管进入后腔静脉，再经右心，肺进入体循环，随血流到达全身各处。只有进入横纹肌才能继续发育，经 21 d 发育为带有幼虫的包囊。约 6 个月后，包囊开始钙化，钙化后包囊内的幼虫，可仍保持感染力。其生存期可达数年至 25 年。见图 4-5-5。

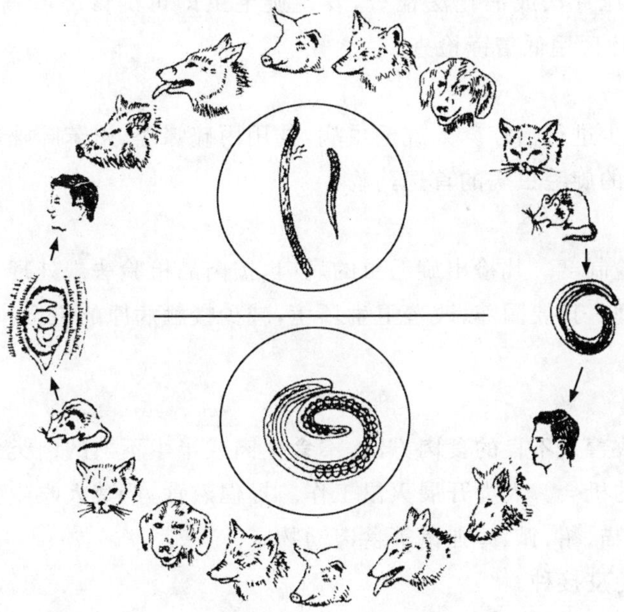

**图 4-5-5　旋毛虫生活史**

［流行病学］

1. 地理分布与易感动物

呈世界性分布。我国已在 20 多个省、市、自治区发现动物和人感染旋毛虫，尤以河南、湖北、云南等省区较为严重。旋毛虫宿主范围广泛，几乎可以感染所有的哺乳动物，包括人、猪、猫、犬等 50 余种动物。

2. 感染来源与感染途径

患旋毛虫病的哺乳动物均是重要的感染来源。猪感染旋毛虫主要是吞食感染有旋毛虫的老鼠，鼠为杂食性，且相互残食，一旦感染将会在鼠群中保持平行感染。其次，用未经处理的厨房泔水、屠宰场废水、抛弃的废肉及肉屑喂猪均有可能引起感染。犬的活动范围较广，吃到动物尸体的机会也比较多，因此犬旋毛虫的感染率要比猪大得多，部分地区犬的感染率可达 50%。

3. 人的感染

肉品卫生检验不严或肉品处理(腌、烧烤等)不当都可引起感染；个别地区有吃生肉或半生不半熟肉的习惯；切肉的刀具、砧板可能黏附有旋毛虫包囊，亦可污染食品引起人的感染。

4. 幼虫抵抗力

包囊中幼虫的抵抗力很强。在－20℃时可存活 57 d，高温 70℃时才可杀死；盐渍或烟熏时不能杀死深部的幼虫，在腐败的肉内可存活 100 d。

［症状及病变］

猪对旋毛虫有很大的耐受性。猪感染后，往往不显症状，严重感染时初期食欲不振，呕吐和腹泻等肠炎症状。随后出现肌肉疼痛，步态僵硬，呼吸、吞咽困难，有时眼睑、四肢水肿。经数日至数十日症状逐渐减轻至消失。

人的旋毛虫病有肠型和肌型两种。成虫侵入肠黏膜时，引起肠炎，严重时有带血性腹泻。病变有肠黏膜增厚，水肿，黏液增多和出血，少见溃疡。肌型症状为急性肌炎、发热和肌肉疼痛；同时出现吞咽、咀嚼、行走和呼吸困难，眼睑水肿。大部分患者不显症状；严重感染时多因呼吸肌麻痹、心肌炎、毒血症而引起死亡。

[诊断]

旋毛虫病生前诊断困难。可用免疫学方法诊断，如 ELISA、IHA 试验等。

屠宰后可取膈肌进行压片法或消化法检查，发现旋毛虫即可确诊。检查时将膈肌从不同部位剪取 24 块麦粒大小的肉粒，压片后用低倍镜检查。

[治疗]

对家畜的旋毛虫病很少进行治疗。人旋毛虫病，选用丙硫咪唑、甲苯咪唑等均有很好的疗效，其中丙硫咪唑是我国治疗人和猪的旋毛虫病的首选药物。

[预防]

(1)严格执行肉品检验制度。凡检出旋毛虫的病肉，按肉品检验法规处理。

(2)加强猪的饲养管理。猪要圈养，改善卫生环境，减少接触病原的机会。同时不用未经处理的厨房废弃物喂猪。

(3)搞好杀虫灭鼠工作。

(4)注意饮食习惯。改善人不良的食肉方法，不食生肉或半生不熟的肉类食品。在旋毛虫病流行区，一律停止放牧，减少感染的机会。大力开展灭鼠工作。提倡熟食，严禁人吃生猪肉。

(5)禁止用生肉喂犬、猫、貂、狐、海狸鼠等食肉动物。

(6)用旋毛虫病虫苗免疫接种。

## 任务三　反刍动物线虫病

### 一、犊牛新蛔虫病



犊牛新蛔虫病，又称牛弓首蛔虫病，是由弓首科新蛔属的牛新蛔虫寄生于犊牛小肠内引起的疾病。主要危害初生犊牛，以肠炎、腹泻、腹痛及腹胀为特征。

[病原体]

牛新蛔虫：又称牛弓首蛔虫，虫体粗大，淡黄色，外形与猪蛔虫相似。雄虫长 11～26 cm，尾端向腹面弯曲，交合刺一对。雌虫长 14～30 cm，尾端尖直，生殖孔开口于虫体前 1/8 处。

虫卵近圆形，卵壳厚，外层为蜂窝状结构的蛋白膜，内含一个卵细胞。

[生活史]

成虫寄生于牛的小肠内，雌虫所产虫卵随粪便排出体外，在适宜的条件下，经 2～3 周发育为感染性虫卵。感染性虫卵被牛吞食后，幼虫逸出，钻入肠壁，进入血管，经血液循环到肝、肺、肾等组织器官，并停留潜伏在组织中。待母牛怀孕到 8.5 个月左右，幼虫开始活动，通过胎盘进入胎牛体内，随血液循环经肝、肺、气管及咽部，转入胎牛小肠内发育。此外，胎牛吞食羊膜液中的幼虫也可感染。幼虫经咽部、胃，进入小肠，在小肠内发育。待犊牛出生后约 1 个月，发育为成虫。成虫在小肠内可存活 2～5 个月，以后逐渐被排出。

[流行病学]

1. 感染来源及途径

患病或带虫的犊牛是重要的感染来源，其排出的虫卵污染饲料及饮水，母牛经口食入后发生感染。

犊牛经胎盘或乳汁发生感染。

2.抵抗力

虫卵对消毒剂的抵抗力较强。在29℃时，虫卵在2%克辽林或2%来苏儿溶液中可存活约20 h。对干燥、阳光及高温敏感。

3.年龄动态

多发于5月龄以内的犊牛。

4.地理分布

以温暖的南方多见，北方少见。

[症状及病变]

被感染犊牛在出生后2周出现症状，表现精神沉郁，食欲减退，咳嗽，不愿走动。消化异常，吮乳无力，腹泻，便中带血或黏液，有特殊的臭味，腹痛，逐渐消瘦。虫体寄生多时，可引起肠阻塞，甚至导致肠破裂而死亡。

剖检可见幼虫移行时引起肝、肺、肠壁等组织的损伤，有点状出血和炎症。成虫寄生于小肠，可见小肠黏膜出血、溃疡，严重时可引起肠阻塞或肠穿孔。

[诊断]

根据流行病学，结合临床症状、剖检变化及粪便虫卵检查进行综合诊断。

[治疗]

左旋咪唑：8 mg/kg体重，一次口服。

丙硫咪唑：10～15 mg/kg体重，一次口服。

伊维菌素：0.2 mg/kg体重，一次口服或皮下注射。

[预防]

(1)定期驱虫。对15～30日龄犊牛进行驱虫，不仅可以减少虫卵对外界环境的污染，而且可及早时治愈病畜。

(2)加强饲养管理。注意牛舍清洁卫生；母牛和犊牛隔离饲养；用过的垫草及清除的粪便进行生物热发酵处理。

## 二、牛羊消化道线虫病

牛羊消化道线虫病是指寄生在牛羊等反刍动物消化道中的毛圆科、毛线科、钩口科、圆形科和毛首科等属线虫引起的疾病。这些虫体寄生于反刍动物的真胃、小肠和大肠，在自然条件下常混合感染。消化道内的线虫种类很多，但其发育史及发病后的症状、诊断、治疗和预防措施基本相同，所以归纳在一起讲述。

[病原体]

1.血矛线虫

属毛圆科血矛属，寄生于真胃。以捻转血矛线虫最为常见，头端尖细，口囊小，内有一个矛形齿。雄虫长18～22 mm，淡红色，交合伞发达，背叶不对称，等长交合刺。雌虫长26～32 mm，因白色的生殖器官与含血的红色肠管相互环绕，形成红白相间“麻花”样的外观，阴门有瓣状悬垂的阴门盖。

2.长刺线虫

属毛圆科长刺属，寄生于真胃。雄虫长23～28 mm，等长交合刺。雌虫长28～32 mm，阴门无阴门盖。

3.奥斯特他线虫

属毛圆科奥斯特他属，寄生于真胃和小肠。虫体呈棕褐色，长10～12 mm，口囊小。雄虫交合伞发达，交合刺短。雌虫阴门在虫体后部，多具阴门盖，形状不一。

4. 马歇尔线虫

属毛圆科马歇尔属，寄生于真胃。虫体与奥斯特他线虫相似，但较大些。雄虫交合伞外背肋和背肋细长，交合刺短。

5. 细颈线虫

属毛圆科细颈属，寄生于小肠。前细后粗，前端有膨大带横纹的头泡。雄虫交合伞侧叶大，交合刺细长。

6. 古柏线虫

属毛圆科古柏属，寄生于小肠，有时可见于胰腺。虫体呈红色或淡黄色，头端较粗呈圆形，有横纹。雄虫交合伞粗短。

7. 毛圆线虫

属毛圆科毛圆属，寄生于小肠，少数寄生于真胃。虫体细小，口囊不明显。雄虫交合伞侧叶大，交合刺粗短。

8. 仰口线虫

属钩口科仰口属，寄生于小肠。头部向背面弯曲，口囊大，有一对半月状的角质切板。雄虫交合伞发达，背叶不对称。雌虫阴门在虫体中部稍前。

9. 食管口线虫

属毛线科食管口属，寄生于结肠。口囊小，口缘有叶冠，有颈沟和头泡，颈沟后方有颈乳突及有或无侧翼膜。

10. 夏伯特线虫

属圆线科夏伯特属，寄生于大肠。口囊向腹面弯曲，口囊大，无齿，有两圈不发达的叶冠。

上述各种虫卵形态相似，呈无色，卵壳薄而光滑，内含 16～32 个胚细胞。其中细颈属和马歇尔属的虫卵明显大。

11. 毛首线虫

属毛首科毛首属，寄生于盲肠。虫体乳白色，前端细长，后端粗短，犹如鞭子样。雄虫后部弯曲，有一根交合刺，藏在交合刺鞘内。雌虫后端较钝圆，阴门位于粗细交界处。

虫卵呈棕黄色或褐色，卵壳厚，两端有卵塞，呈腰鼓形。

牛羊毛圆科主要属的形态见图 4-5-6。

[生活史]

为直接发育型。除毛首线虫外，其余线虫的发育基本相似。

成虫寄生于牛羊消化道，虫卵随粪便排出到外界环境，在适宜的温度(12～31℃)和湿度下，经 1～2 d 从卵内孵出第 1 期幼虫，再经 1 周左右蜕皮 2 次，变为第 3 期幼虫。但细颈线虫的幼虫在卵内进行 2 次蜕皮，第 3 期幼虫才从卵壳内钻出，其发育期长约 4 周。第 3 期幼虫活泼，在潮湿环境中可爬到草梢上，牛羊吃草后感染。幼虫到达寄生部位后经 2～3 周发育为成虫。成虫生存期约一年。见图 4-5-7。

仰口线虫的幼虫只有少数是经口感染，多数是主动从皮肤钻入感染。钻入皮肤后，进入静脉血管，随血流到达肺脏，在肺泡进行第 3 次蜕皮发育为第 4 期幼虫，再移行至支气管、气管、咽，被咽下后进入小肠，进行第 4 次蜕皮发育为第 5 期幼虫，最后发育为成虫。在体内的发育期为 4～6 周。

食管口线虫主要是经口感染，在肠道内，感染性幼虫首先钻入小肠或大肠肠壁，形成结节，进行一次蜕皮后回到肠腔，在肠腔内再进行蜕皮一次，发育成成虫。在体内的发育期为 5～6 周。

毛首线虫的虫卵随粪便排出体外，在适宜的条件下经 3～4 周发育为感染性虫卵。感染性虫卵被牛羊吞食后，幼虫在肠内逸出，吸附于肠壁，经 31～52 d 发育为成虫。

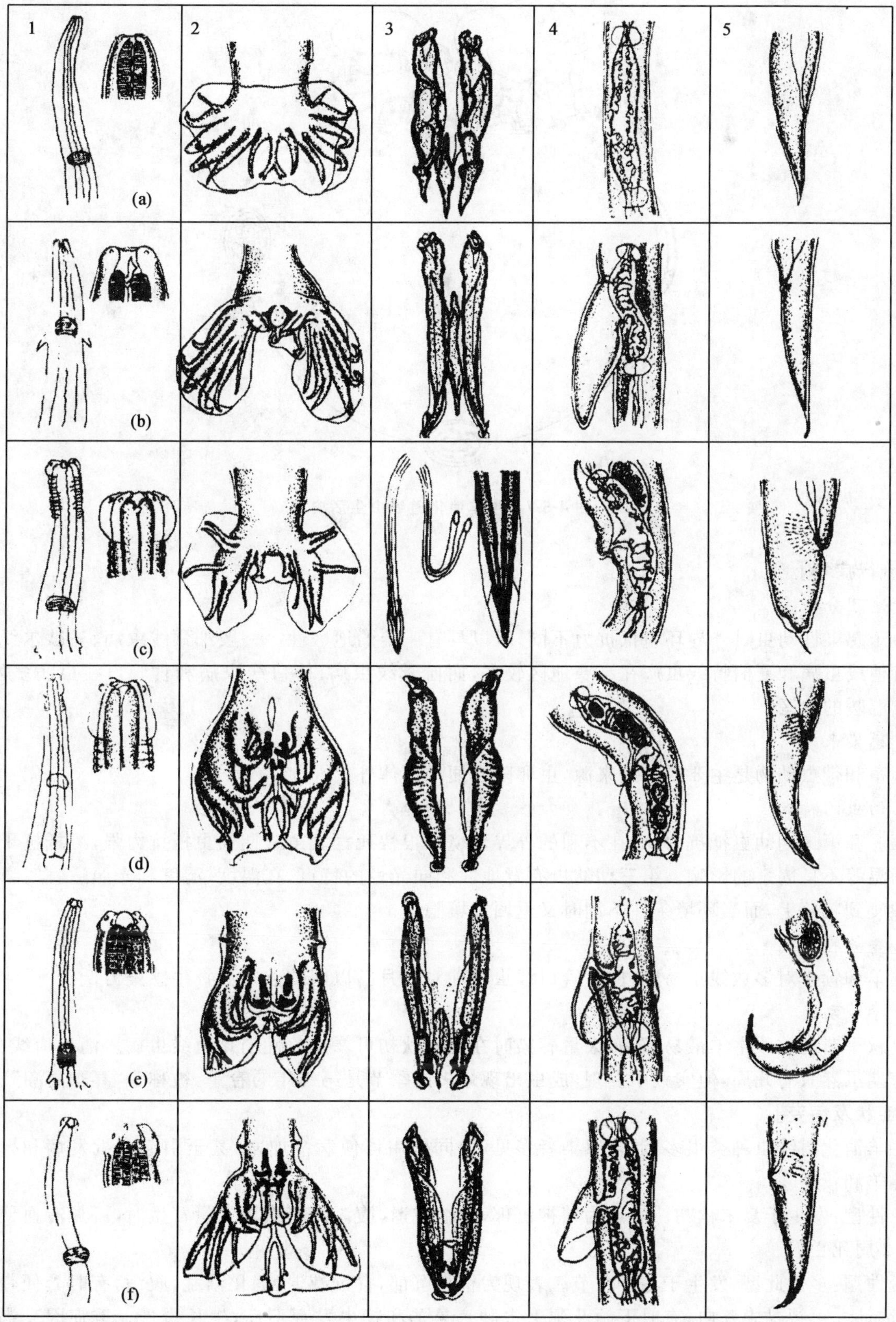


**图 4-5-6　牛羊毛圆科主要属的形态**

(a)毛圆属；(b)血矛属；(c)细颈属；(d)古柏属；(e)奥斯特他属；(f)马歇尔属

1. 头部；2. 雄虫尾部；3. 交合刺与导刺带；4. 阴门部；5. 雌虫尾部

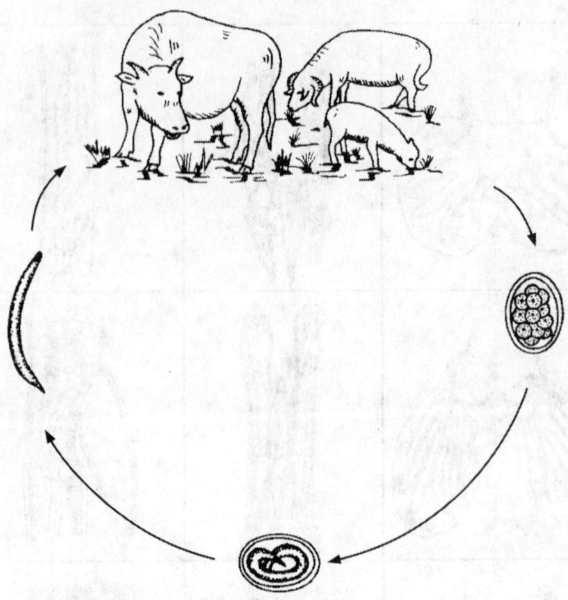

图 4-5-7　牛羊消化道线虫生活史

[流行病学]

1. 地理分布

由于感染性幼虫对外界环境抵抗力不同，所以具有一定的地区性。一般细颈线虫病、马歇尔线虫病、奥斯特他线虫病和夏伯特线虫病在高寒地区较多，而血矛线虫病、仰口线虫病和食管口线虫病多发于气候比较温暖的地区。

2. 感染来源

病畜和带虫动物是主要的感染来源，虫卵随粪便排出体外。

3. 幼虫的特点

第一和第二期幼虫抵抗力弱，在不利的外界环境中很快死亡。第三期幼虫抵抗力强，可抵抗干燥、低温和高温等不良因素的影响。第三期幼虫有背地性和向光性的特点，在温度、湿度和光照适宜时，幼虫从土壤中爬到牧草上，而当环境条件不利时又返回土壤隐藏。

4. 年龄特点

羔羊和犊牛对多数线虫易感，但食管口线虫往往对 3 月龄以内的羔羊和犊牛感染力低。

5. 季节动态

夏秋季节的放牧牛羊最易感染，大量感染时在夏末秋初可暴发急性消化道线虫病。消化道线虫的体内发育期虽然只有几周，但实践中发现，成虫出现最多的季节是第二年的春季，被称为“春季高潮”。

[症状及病变]

牛羊消化道线虫种类很多，混合感染者多见，协同作用可使病情加剧，甚至引起大批发病和死亡，尤其是羔羊和犊牛。

急性型：发生于夏末秋初。表现为精神沉郁，食欲减退，腹泻。当虫体大量寄生时，可见有血便，严重者 1～2 周死亡。

慢性型：多为此型，发生于冬春季节。表现为精神沉郁，食欲减退，消化紊乱，腹泻，有时粪便带血液、黏液、浓汁。可视黏膜苍白，有时下颌及颈下水肿。羔羊和犊牛发育不良，生长缓慢。重症因衰竭死亡，轻症在放牧后症状逐渐减轻，甚至消失。

剖检可见尸体消瘦、贫血、水肿，真胃、小肠及大肠黏膜肥厚，有卡他性炎症。心肌变性，肝实质萎缩。血矛线虫、奥斯特他线虫、马歇尔线虫寄生时，可见真胃黏膜出血；细颈和仰口线虫寄生时，可见小肠多处有出血点；夏伯特线虫寄生时，大肠黏膜有出血点；食管口线虫寄生时，肠壁有大小不等的结节，切开结节有脓汁、干酪样物或者钙化。同时还可发现大量虫体。

[诊断]

根据流行病学调查,结合临床症状、病理剖检变化及粪便检查综合确诊。粪便检查可用漂浮法,发现虫卵即可确诊。

[治疗]

左咪唑:羊 7.5 mg/kg 体重,牛 5～6 mg/kg 体重,内服或用蒸馏水溶解后皮下注射。

甲苯咪唑:羊 15 mg/kg 体重,配成混悬液内服。

丙硫苯咪唑:牛羊 15 mg/kg 体重,配成混悬液内服。

酒石酸甲噻吩嘧啶:牛羊骆驼 10 mg/kg 体重,配成混悬液内服。

噻苯唑:牛羊 30～75 mg/kg 体重,配成混悬液内服。

敌百虫:绵羊 100 mg/kg 体重,山羊 50～70 mg/kg 体重,牛 20～40 mg/kg 体重,配成混悬液内服。

伊维菌素:牛羊 200 μg/kg 体重,皮下注射或口服。

羟嘧啶:绵羊 5～10 mg/kg 体重,仅对毛首线虫有效。

[预防]

(1)定期驱虫。每年春、秋两季各进行一次预防性驱虫。北方地区可在冬末、春初进行驱虫,可以有效预防春季高潮。

(2)轮牧。在夏秋季节每隔 5～6 d 轮换一块草地,春季和秋后可适当延长更换时间。

(3)保护幼畜。羔羊和犊牛与成年牛羊严格分群放牧、分群饲养。

(4)粪便发酵处理。

## 三、猪蛔虫病

猪蛔虫病是由蛔科蛔属的猪蛔虫寄生于猪的小肠所引起的疾病。主要感染 2～6 月龄的仔猪,引起仔猪发育不良、生长受阻,严重感染时成为“僵猪”,甚至引起死亡。

[病原体]

猪蛔虫:大型虫体。外形似蚯蚓,新鲜虫体为淡红色或淡黄色,固定后为苍白色。头端有三个唇片,呈“品”字形排列,一片背唇较大,两片腹唇较小。雄虫长 12～15 cm,尾部向腹面弯曲,形似鱼钩,无交合伞,有两根等长的交合刺。雌虫长 30～35 cm,尾部尖而直,阴门开口于虫体腹中线前 1/3 处。

虫卵呈椭圆形,黄褐色,卵壳厚,有四层膜,最外层为波浪形的蛋白膜。其大小为(50～75 μm)×(40～50 μm)。受精卵为短椭圆形,内含未分裂的卵胚。未受精卵为长椭圆形,壳薄,外面蛋白膜不明显。

[生活史]

猪蛔虫属直接发育型。猪蛔虫寄生于小肠,雌虫受精后产出的虫卵随粪便排出体外,在适宜的温度(15～35℃)、湿度及充足空气的条件下,经 3～5 周发育为含有第 2 期幼虫的感染性虫卵。感染性虫卵被猪吞食后,卵内幼虫孵出,钻入肠壁血管,随血流经门静脉到达肝脏,在肝脏内进行第 2 次蜕皮,形成第 3 期幼虫。然后幼虫随血流经后腔静脉进入右心房、右心室和肺动脉,再经毛细血管进入肺泡,在肺泡内进行第 3 次蜕皮,形成第 4 期幼虫。后沿着细支气管、气管和咽喉进入口腔,咽下后经胃至小肠,再蜕皮一次,发育为成虫。从感染到发育为成虫约需 2 个月。成虫在猪体内寄生 7～10 个月后,自行随粪便排出。见图 4-5-8。

[流行病学]

1.感染来源

患病猪和带虫猪是重要的感染来源。每条雌虫每天可产虫卵 20 万～25 万个,甚至可达 140 万个。

2.抵抗力

虫卵有四层膜,对外界环境有较强的抵抗力,内膜能保护胚胎不受外界各种化学物质的侵蚀;中间两层有隔水作用,能保护内部不受干燥影响;外层有阻止紫外线透过的作用。在疏松湿润的土壤中,可生存

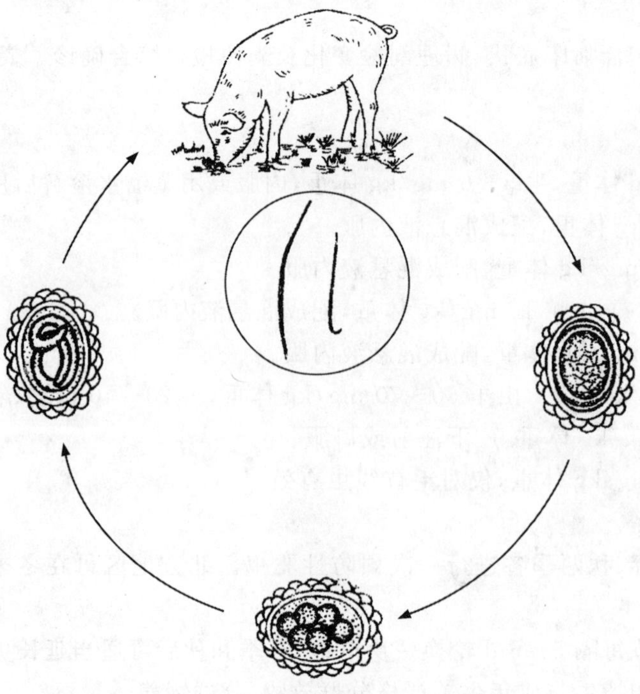

图 4-5-8 猪蛔虫生活史

1 年以上。一般用 3%～5%热碱水、5%～10%石炭酸、5%苛性钠或新鲜石灰水才能杀死虫卵。

3. 年龄动态

以 2～6 月龄的仔猪易感；成年猪多为带虫者。

4. 诱因

猪蛔虫病的发生与环境卫生和饲养管理方式有密切关系。在饲养管理不良，卫生条件差，缺乏营养，特别是饲料中维生素和矿物元素缺乏的情况下，仔猪患病较重，常引起死亡。

蚯蚓是本虫的贮藏宿主，在传播疾病上起主要作用。

[症状及病变]

幼虫移行时，造成移行经路各组织器官的损伤，尤其对肝脏和肺脏危害较重。表现体温升高，精神沉郁，食欲不振，呼吸、心跳加快，咳嗽，经 6～15 d 症状逐渐减轻，直至消失。有时因幼虫移行给病原微生物的侵入制造机会，常可并发流感、猪喘气病及猪瘟等。

成虫在小肠寄生时，若感染轻微，症状不明显，一般表现为食欲不振，消化机能障碍，磨牙，生长缓慢，发育不良，体重减轻，成为僵猪。蛔虫过多而阻塞肠道时，病猪表现疝痛，有的可能发生肠破裂而引起死亡。发生胆道阻塞时，开始拉稀，体温升高，食欲废绝，剧烈腹痛；后期体温下降，卧地不起，腹痛更加明显。严重感染病猪及肠破裂和胆道阻塞时预后不良。

幼虫期剖检可见肝组织出血、变性和坏死，在肝脏表面有 2～5 mm 的白斑。局部肺组织致密，表面有大量出血点或暗红色斑点，用贝尔曼氏法检查可发现蛔虫幼虫。成虫寄生时可见小肠黏膜卡他性炎症，并可发现虫体；肠破裂时伴发腹膜炎及腹腔出血；胆道蛔虫症死亡的猪，可见蛔虫钻入胆道，胆管阻塞。

[诊断]

根据流行病学调查，结合临床症状、剖检变化、粪便虫卵检查和诊断性驱虫进行综合判断。粪便检查可用直接涂片法或漂浮法。剖检发现虫体即可确诊。幼虫移行时出现肺炎，用抗生素治疗无效，可为诊断提供参考。

[治疗]

左咪唑：剂量为 7.5～8 mg/kg 体重，混料饲喂；也可配成 5%的溶液，皮下或肌内注射，亦可皮肤涂擦。

噻苯唑：剂量为 100～150 mg/kg 体重，混料饲喂。

敌百虫：剂量为 100～150 mg/kg 体重，最大量不得超过 7 g，混料饲喂。

甲苯咪唑：剂量为 10～20 mg/kg 体重，混料饲喂。

［预防］

(1)定期驱虫。在流行地区，猪场每年春、秋两季进行两次全面驱虫。对 2～6 月龄的仔猪，在断奶后驱虫 1～2 次，以后每隔 1.5～2 个月再进行一次预防性驱虫。

(2)粪便生物热发酵。猪的粪便和垫草清除出圈后，堆积发酵，以杀死虫卵。

(3)加强饲养管理。注意饲料及饮水卫生；圈舍要保持干燥，通风良好，阳光充足，饲养密度适宜；饲料中要保证充足的维生素和矿物质，促进生长发育。

(4)保护仔猪。仔猪早期补饲、早期断奶，断奶后严格与母猪分开隔离饲养。

(5)严格检疫。对新引进的猪要先隔离饲养，进行粪便检查，对感染猪驱虫后再合群饲养。

## 四、鸡蛔虫病

鸡蛔虫病是由禽蛔科禽蛔属的鸡蛔虫寄生于鸡小肠引起的疾病。主要寄生于鸡，火鸡、鸭及鹅，其他禽类也可感染。

［病原体］

鸡蛔虫：是鸡体内最大的线虫，虫体呈淡黄白色，头端有三片唇围绕。雄虫长 26～70 mm，尾端有尾翼和 10 对尾乳突，并有一个圆形或椭圆形的肛前吸盘，有一对近于等长的交合刺。雌虫长 65～110 mm，阴门开口于虫体中部。

虫卵呈椭圆形，灰白色，卵壳厚而光滑，其大小为(68～84 $\mu$m)×(48～58 $\mu$m)，内含卵细胞。

［生活史］

成虫寄生于小肠，雌虫产卵后随粪便排出体外，在适宜的条件下经 8～15 d 发育为感染性虫卵。鸡吞食了被感染性虫卵污染的饲料和饮水而引起感染。卵内幼虫在胃内破壳而出，侵入肠绒毛之间，10 d 后钻入肠黏膜深处，经发育 1 周后再回到肠腔发育为成虫。从感染到发育为成虫，约需 35～50 d。成虫生存期为 9～14 个月。

［流行病学］

1. 感染来源

成年带虫鸡是最主要的感染来源。1 条雌虫每天可产 10 万～20 万个虫卵，一生可产 5 000 万个虫卵。

2. 抵抗力

虫卵对外界环境有较强的抵抗力，在阴暗潮湿的环境中可长期生存，但对干燥和高温敏感，一般消毒药对虫卵无杀灭作用。

3. 年龄特点

3～4 月龄的雏鸡易感性强，1 岁以上多为带虫者。

4. 诱因

禽舍阴暗潮湿；饲养密度过大；日粮中蛋白质、维生素及矿物质缺乏等。

［症状及病变］

雏鸡表现为精神委顿，羽毛蓬乱，翅膀下垂，食欲减退，生长发育不良，行动迟缓，常呆立不动，鸡冠苍白。便秘和下痢交替进行，有时粪便中混有带血黏液。重者生长停滞，衰竭死亡。虫体寄生数量多时常引起肠阻塞，甚至肠破裂。成年鸡多为带虫者，不表现明显的症状，感染严重的，表现为下痢、贫血和产蛋量下降等。

剖检可见幼虫期肠管扩张，黏膜充血水肿，有时存在出血点，肠内黏液增多，肝脏瘀血。成虫寄生期可发现蛔虫。

[诊断]

根据流行病学调查，结合临床症状、剖检变化及粪便检查虫卵可确诊。

[治疗]

驱蛔灵：剂量为200～300 mg/kg体重，混料饲喂。或配成1%水溶液让其自饮。

噻苯唑：剂量为500 mg/kg体重，混料饲喂。

左咪唑：剂量为20 mg/kg体重，口服或混料饲喂。

丙硫咪唑：剂量为10～20 mg/kg体重，混料饲喂。

[预防]

(1)定期驱虫。在蛔虫病流行的鸡场，每年应定期驱虫2～3次。雏鸡第一次在两月龄左右，第二次在冬季。成年鸡第一次在10～11月份，第二次在春季产蛋前一个月进行。

(2)加强饲养管理。雏鸡与成年鸡分群饲养；鸡舍、饲槽、用具等经常清洗和消毒；饲喂全价饲料，特别是保证足够的维生素和蛋白质；注意鸡舍和运动场的卫生，经常清扫，粪便进行发酵处理。

## 五、鸡异刺线虫病

鸡异刺线虫病，又称盲肠虫病，是由异刺科异刺属的鸡异刺线虫寄生于禽类的盲肠引起的疾病。主要感染鸡、火鸡、鸭、鹅等禽，其他禽类也可感染。

[病原体]

鸡异刺线虫 虫体小，细线状，呈白色。头端略向背面弯曲，食管末端有食管球。雄虫长7～13 mm，末端尖细，两根交合刺不等长，泄殖腔前有一个圆形的肛前吸盘。雌虫长10～15 mm，尾细长，生殖孔位于虫体中部稍后方。

虫卵呈灰褐色，椭圆形，卵壳厚，内含一个胚细胞。大小为(65～80 μm)×(35～46 μm)。

[生活史]

鸡异刺线虫寄生于鸡的盲肠，产出的虫卵随粪便排出体外，在适宜的条件下，约经2周发育成含幼虫的感染性虫卵。家禽吞食了被感染性虫卵污染的饲料和饮水或带有感染性虫卵的蚯蚓而感染，幼虫在小肠内脱掉卵壳并移行到盲肠而发育为成虫。从感染至虫体成熟需24～30 d。成虫生存期为1年。

[症状及病变]

病鸡表现消化机能障碍，食欲不振或废绝，下痢，贫血。雏鸡发育停滞，消瘦甚至死亡。成年鸡产蛋量下降或停止。

剖检可见尸体消瘦，盲肠肿大，肠壁发炎和增厚，有时出现溃疡灶。盲肠内可查见虫体，尤以盲肠尖部虫体最多。

[诊断]

检查粪便发现虫卵，或剖检在盲肠内查到虫体均可确诊，但应注意与蛔虫卵相区别。

[防治]

参照鸡蛔虫病。

## 六、牛羊肺线虫病

牛羊肺线虫病，又称网尾线虫病，是由网尾科网尾属和原圆科原圆属及缪勒属线虫寄生于反刍动物呼吸道而引起的疾病。

[病原体]

丝状网尾线虫：寄生于绵羊、山羊、骆驼等反刍动物的支气管，有时见于气管和细支气管。虫体呈细线状，乳白色，肠管似一条黑线穿行体内。雄虫长30～80 mm，交合刺呈靴状，黄褐色，为多孔性结构。雌虫长 30～100 mm，阴门位于虫体中部附近。

虫卵呈椭圆形，灰白色，大小为(120～130 μm)×(70～90 μm)，卵内含第 1 期幼虫。

胎生网尾线虫　寄生于牛、骆驼和多种野生反刍动物的支气管和气管内。虫体呈丝状，灰白色。雄虫长 24～43 mm，交合刺黄褐色，多孔性结构。雌虫长 32～67 mm，阴门位于虫体中央部。

虫卵呈椭圆形，内含幼虫，大小为 82～88 μm×33～38 μm，卵内含第一期幼虫。

原圆属和缪勒属的线虫，寄生于绵羊、山羊的肺泡、细支气管内。虫体非常纤细，肉眼勉强可见，虫体长 12～28 mm，故称小型肺线虫。

［生活史］

网尾线虫为直接发育型。网尾线虫雌虫在支气管和气管产下含幼虫的虫卵，在动物咳嗽时，大部分虫卵随痰液进入口腔，咽下后在消化道内孵出第 1 期幼虫。第 1 期幼虫随粪便排出体外，在适宜的条件下，经过 2 次蜕皮，需 5～6 d 发育为第 3 期幼虫。第 3 期幼虫被宿主吞食后，幼虫在肠内脱鞘后钻入肠系膜淋巴结，经蜕皮变为第 4 期幼虫。随淋巴循环进入右心，然后随血流到达肺脏，通过肺泡壁到达细支气管、支气管，完成最后一次蜕皮，发育为成虫。由感染到发育为成虫需 3～4 周。见图 4-5-9。

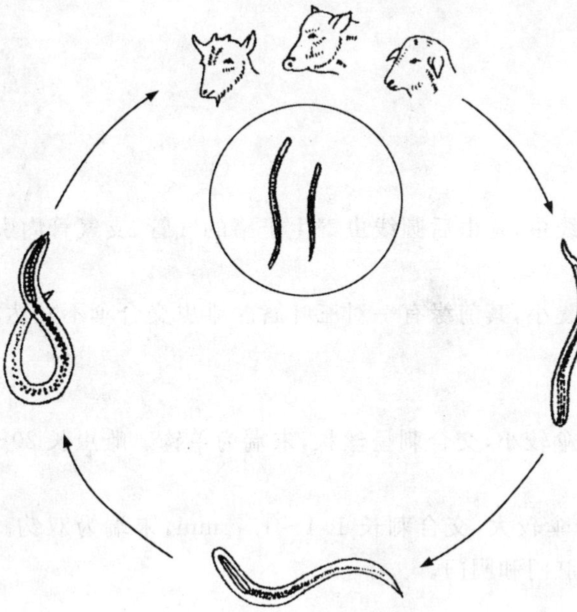

图 4-5-9　网尾线虫生活史

［流行病学］

1. 感染来源

病畜和带虫者是主要的感染来源，许多野生反刍动物在该病的流行过程中也起着重要作用。

2. 幼虫抵抗力

网尾线虫幼虫耐低温，通常在 4～5℃就可发育；感染性幼虫在－40℃下雪可越冬，在 10～14℃时可活 3 个月以上。对高温和干燥抵抗力差，在夏季牧场上生存期不足 1.5 个月。干燥和直射日光照射可迅速死亡。小型肺线虫的幼虫，对低温、干燥抵抗力较强。

3. 季节动态

由于病原体耐低温，本病在高寒地区严重，感染季节是春、秋两季。

4. 年龄特点

主要危害羔羊、犊牛等幼龄反刍动物。

［症状及病变］

感染初期，幼虫移行可引起肠黏膜血管壁和淋巴管的损伤。成虫寄生引起支气管和细支气管发炎，炎症可扩散到支气管周围组织，并引起肺组织萎缩，严重感染可阻塞支气管。病畜表现咳嗽，尤其是清晨和夜间更为明显。多为阵发性，常咳出黏液团块。常从鼻孔中排出黏液脓性分泌物，干涸后在鼻孔周围形成痂皮，常打喷嚏。呼吸困难，听诊肺泡呼吸音增强，伴有湿性啰音。病畜逐渐消瘦、贫血，有时出现水肿。体温无明显变化，若继发细菌感染时体温升高，症状加剧，甚至死亡。

剖检可见尸体消瘦，支气管黏膜浑浊、肿胀、充血，有时可见小点出血。支气管周围的肺组织有炎性变化，肺组织呈局灶性萎缩和气肿。虫体寄生部位肺表面微隆起，灰白色，触压较硬，切开可发现虫体。

[诊断]

根据流行病学调查，结合临床症状、剖检变化及粪便检查可确诊。粪便检查用贝尔曼氏幼虫分离法，可发现肺线虫的幼虫。阵咳后咳出的黏液也可作镜检，能发现虫卵和幼虫。

[治疗]

左咪唑：牛羊 8 mg/kg 体重，一次口服；或牛 4～5 mg/kg 体重，羊 5～6 mg/kg 体重，配成注射液皮下或肌内注射。

海群生（乙胺嗪）：牛 50 mg/kg 体重，羊 100～200 mg/kg 体重，一次口服。

也可用左咪唑、噻苯唑、伊维菌素等，剂量和用法见牛羊消化道线虫病。

[预防]

参照牛羊消化道线虫病。

## 七、后圆线虫病

猪后圆线虫病，又称猪肺线虫，是由后圆线虫寄生于猪的气管、支气管内引起的疾病。

[病原体]

虫体呈乳白色长丝状，口囊小，其前缘有一对三叶唇。雄虫交合伞不发达，有一对交合刺。雌虫阴道紧靠肛门，覆有阴门盖。

1. 长刺后圆线虫

雄虫长 11～25 mm，交合伞较小，交合刺呈丝状，末端为单钩。雌虫长 20～50 mm，尾端向腹面弯曲。

2. 复阴后圆线虫

雄虫长 16～18 mm，交合伞较大，交合刺长 1.4～1.7 mm，末端为双钩。雌虫长 22～35 mm，尾端直，有较大的角质膨大覆盖着肛门和阴门。

3. 萨氏后圆线虫

雄虫长 17～18 mm，交合刺长 2.1～2.4 mm，末端为单钩。雌虫长 30～45 mm，阴门盖较小。尾端稍弯向腹面。

三种虫卵相似，椭圆形，卵内含有幼虫。

[生活史]

后圆科线虫中间宿主为蚯蚓。雌虫在气管和支气管中产卵，卵随气管黏液进入口腔、消化道随粪便排至外界，在适宜的条件下，卵内幼虫逸出后被蚯蚓吞食，在蚯蚓体内发育为感染性幼虫。猪吞食感染性幼虫或含有感染性幼虫的蚯蚓而引起感染。在肠内感染性幼虫侵入肠壁或肠淋巴结中发育，之后从淋巴管随血液进入肺，最后在肺泡、支气管和气管内发育为成虫。见图 4-5-10。

[流行病学]

1. 地理分布和季节性

本病多发生于蚯蚓滋生地，呈地方流行性。一般夏秋季节流行严重，冬春季节很少流行。

2. 虫卵与幼虫抵抗力

虫卵对外界环境抵抗力强，粪便中可活 6～8 个月，但在干燥环境中很快死亡。幼虫在蚯蚓体内可长期保存其生命力，且一条蚯蚓体内可达数条幼虫。

[症状及病变]

轻度感染时症状不明显，但影响生长发育。严重感染时，表现食欲减退，阵咳，呼吸困难（特别在运动

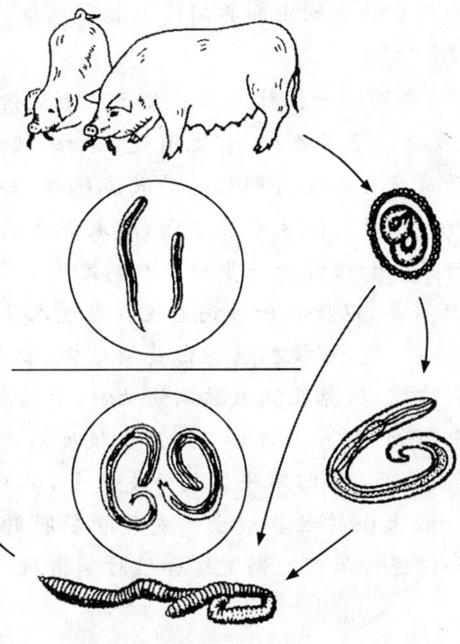

图 4-5-10　后圆线虫生活史

或食后剧烈)，肺部有啰音，贫血。病愈后生长缓慢。严重病例出现呕吐、腹泻，最后衰竭死亡。

剖检时，肺的尖叶及膈叶边缘有小叶性肺气肿，患部苍白并稍隆起。支气管增厚扩张，内有虫体和大量黏液。小支气管周围淋巴样组织增生和肌纤维状肥大。

［诊断］

根据流行病学、临床症状、剖检变化和粪便检查综合确诊。

［治疗］

可选用丙硫咪唑、苯硫咪唑或伊维菌素等药物。对出现肺炎的猪，应采用抗生素治疗，防止病情加重。

［预防］

(1)猪舍、运动场应保持干燥，防止蚯蚓滋生；舍内铺设水泥地面。

(2)流行地区，夏秋季进行定期驱虫。

(3)定期消毒，及时清理粪便。

(4)猪圈养，以防采食蚯蚓。

## 【案例分析】

病例 1　养殖户李某饲养有 300 多只小尾寒羊，冬季舍饲，夏季放牧。在春夏换季之际，部分羊表现精神沉郁，食欲减退，可视黏膜苍白，腹下及下颌水肿，消瘦，贫血，腹泻，有时便中带血，部分羊腹泻与便秘交替进行。当地兽医将衰竭死亡的成年羊进行剖检检查，在羊的真胃、结肠、小肠及盲肠等部位共检出约 200 多条小型线虫。当地兽医疑为捻转血矛线虫、食管口线虫和羊仰口线虫混合感染。通过你的鉴定，这几种线虫各自形态特点如何？如何进行治疗？制定出综合性防制措施。

病例 2　养殖户李某从集贸市场陆续买来 16 头仔猪，并与其他猪混合饲养，自配混合饲料进行饲喂。近 1 个月以来，整批猪均生长迟缓，膘情差，被毛粗乱无光泽。部分猪食欲减退，精神沉郁，体温 40.5℃，呕吐，流涎，下痢，并伴发咳嗽，最终有 3 头仔猪发生死亡。经剖检可见肝脏呈暗紫色，表面不光滑，有大小不等出血斑块。小肠内有几十条 8～27 cm 长的乳白色，外形似蚯蚓的虫体，扭转成团状，几乎要堵塞肠管。根据所学知识，对该病例作出准确诊断，并制定有效的防制措施。

病例 3　某蛋鸡场饲养有 6 000 羽蛋鸡，在平地饲养。自 6 月份以来，4 月龄鸡群中的许多鸡陆续发病。临床检查：表现精神委顿，食欲减退，羽毛松乱，鸡冠肉髯苍白，生长发育不良，腹泻，便中带血，且有鸡只陆续死亡。经剖检可知为严重的鸡蛔虫和异刺线虫混合感染。请你推荐两种驱虫药，并提出有效的防制措施。

病例4　主诉：在5月上旬，新购进一批杜×长×大三元杂交猪，每头体重约10 kg。饲养了大约2个月后，发酵床上有8头猪陆续发病。临床检查：表现消瘦，贫血，被毛粗乱无光泽。呼吸困难，腹式呼吸，阵发性咳嗽，尤其是早晚、运动及采食后更为剧烈。鼻孔流脓性、黏稠鼻液。听诊肺部有啰音。经调查，该发酵床为下挖式，约有90 cm深，没有使用水泥墙面，地表泥土与发酵床直接接触，且在该发酵床上发现大量蚯蚓。该病例初诊为何病？如何作进一步确诊？制定出综合性的防制措施。

病例5　主诉：饲养240只藏羊，以放牧和舍饲为主。自进入9月后，陆续有羊只出现咳嗽，生长发育受阻，并有零星死亡。临床检查：消瘦，可视黏膜苍白黄染咳嗽，初期为零散发生，而后波及全群，尤以驱赶时和夜间最为明显。时常打喷嚏，从鼻孔流出黏稠分泌物，干涸后在鼻孔周围形成痂皮。头、胸部及四肢发生水肿。尤以羔羊发病重，死亡率高。剖检可见尸体极度消瘦，可视黏膜及内脏苍白贫血。整个肺脏膨胀不全和肺气肿，表面呈灰白色，凸凹不平。剖开支气管，其中有多量黏液性或脓性混有血丝的团块，团块中发现有数条2～12 cm大小的丝状线虫。支气管黏膜肿胀、有小点状出血。该病例初诊为何病？如何进一步进行确诊？如何进行治疗？制定综合性防制措施。

## 【知识拓展】

### 绦虫及线虫病粪便学检查法

**一、技能要求**

熟练掌握粪便饱和盐水漂浮法和试管浮聚法检查方法；熟练掌握贝尔曼氏幼虫分离法的操作方法；识别畜禽主要绦虫卵和线虫卵，掌握其一般特征；认识牛羊肺线虫的幼虫。

**二、仪器与材料**

1.器材　镊子、平皿、烧杯（100 mL、1000 mL）、天平、粪盒（或塑料袋）、玻璃棒、金属过滤筛、纱布、离心管、平口试管、试管架、青霉素瓶、离心机、漏斗、吸管、载玻片、盖玻片、特制铁丝圈、贝尔曼氏分离器、普通光学显微镜等。

2.粪检材料　牛、羊的新鲜粪便。

**三、方法步骤**

（一）粪便肉眼检查法

该法多用于绦虫病的诊断，也可用于某些胃肠道寄生虫病的驱虫诊断，即用药物驱虫后检查随粪便排出的虫体。

为了发现大型虫体和较大的绦虫节片，先检查粪便的表面，然后将粪便仔细捣碎，认真进行观察。

为了发现较小的虫体或节片，将粪便置于较大的容器（金属桶、玻璃缸或塑料杯）中，加入5～10倍量的水（或生理盐水），彻底搅拌后静置十多分钟，然后倾去上层粪液，再重新加清水搅匀静置，如此反复数次，直至上层液体透明为止。最后倾去上层透明液，将少量沉淀物放在黑色浅盘（或衬以黑色纸或黑色的玻璃容器）中检查，必要时可用放大镜或实体显微镜检查，发现的虫体和节片用镊子、针或毛笔取出，以便进行鉴定。

（二）漂浮法

该法的原理是应用比重较虫卵大的溶液作为检查用的漂浮液，使寄生虫卵、球虫卵囊等浮于液体的表面，进行集中检查。漂浮法对于大多数寄生虫，如某些线虫卵、绦虫卵和球虫卵囊等均有很好的检出效果，而对吸虫卵和棘头虫卵检出效果较差。

1.饱和盐水漂浮法　取粪便5～10 g置于100～200 mL的烧杯中，加入少量漂浮液搅拌混匀，然后加入约20倍的漂浮液。然后将粪液用金属筛或纱布滤入另一杯中，弃去粪渣。滤液静置30～40 min，用直径0.5～1 cm的金属圈接触滤液面，然后提起后将金属圈上的液膜抖落于载玻片上，如此多次接触不同部位的液面后，加盖玻片镜检。

2. 试管浮聚法　称取 2 g 粪样置于烧杯中或塑料杯中，加入 10～20 倍漂浮液搅拌混均，然后将粪液用金属筛或纱布滤入另一杯中。将滤液加入直立的平口中试管或青霉素瓶中，直至液面凸起管口为止。静置 30 min 后，用清洁盖玻片轻轻接触液面，提起后放于载玻片上镜检。

（三）贝尔曼氏幼虫分离法

主要用于牛羊肺线虫病的诊断。该法需要特殊装置一贝尔曼氏分离器。贝尔曼氏分离器除用于粪便幼虫检查外，还可用于其他器官组织、土壤、饲料中幼虫的检查。其装置是将口径 10～15 cm 的玻璃漏斗安在木架上，漏斗中放置金属筛，漏斗下套接 10～15 cm 长的胶管，胶管用胶管夹夹住或者胶管下部再连接小的沉淀试管。

1. 检查方法　取粪便 15～20 g，放在两层纱布内，置于漏斗内的金属筛上。沿漏斗边加入 37～40 ℃温水，直至将粪便覆盖为止。静置 1～2 h 后小心打开胶管夹，将水放入离心管中，离心 1 min，然后弃去上层液，用吸管吸取沉淀物，滴于载玻片上加盖玻片镜检。如果胶管下套有小沉淀试管时，检查开始时不必用胶管夹夹住胶管，静置 1～2 h 后再夹住胶管，小心取下沉淀试管，将上层液体弃去，检查其管底沉淀物。

2. 牛羊肺线虫第一期幼虫的识别　羊丝状网尾线虫幼虫，虫体较粗大，体内有很多颗粒，颜色较深，头端有一纽扣状突起，尾端较钝；牛胎生网尾线虫幼虫，虫体较粗大，头端较钝，无纽扣突起，尾端较尖。

## 【考核评价】

### 一起屠宰猪旋毛虫病检测

**一、考核题目**

某畜禽屠宰场在交易市场购买了张某自家饲养的生猪 100 头，其中一头母猪体重 120 kg，精神状态良好，无任何临床症状。宰杀后刮毛，感官检查无明显变化。经剖检发现此猪肌纤维已坏死，肌间结缔组织大面积增生，且肌纤维内有小白点样病灶。检查人员采集此猪的膈肌脚送至实验室进行检测，确诊为猪旋毛虫病。要求对猪群进行旋毛虫病检测。

（一）材料准备

1. 试剂　50％甘油水溶液、10％稀盐酸及胃蛋白酶等。

2. 器材　生物显微镜、实体显微镜、剪刀、镊子、组织捣碎机、60 mL 三角烧瓶、天平、带胶头移液管、载玻片、盖玻片、纱布、磁力加热搅拌器及烧杯等。

3. 待检材料　肉品

（二）方法步骤

1. 方法一：压片镜检法

(1)采样。在胴体横膈膜两侧的膈肌脚各采膈肌 1 块，每块不少于 20 g。如果检验部分胴体，可在肋间肌、腰肌、咬肌等处采样。被检样品编号与胴体编号一致。

(2)肉眼检查。撕去被检样品的肌膜，将肌肉拉平，在充足的光线下，仔细观察有无旋毛虫病灶。未钙化的旋毛虫包囊呈针尖大小的乳白色或灰白色的小点，较肌肉的颜色淡。如见可疑病灶，将胴体隔离并做好记录，待镜检确定。用同样的方法检查肉样的另一面。

(3)制片。将可疑病灶剪下放在载玻片上。如无可疑病灶，则在一块肉样的不同部位剪下麦粒大小的肉样 12 块，置于载玻片上，每行 6 块。取另一片载玻片放在肉块上面，用手适度用力，将肉块压薄，以透过肉片可看清下面的字为准。用同样方法检查另一块肉样。

(4)镜检。将压片置于低倍镜下，从一端的第一块肉片起依次逐个视野检查有无旋毛虫包囊。

2. 方法二：肌肉消化法

取 100 g 肉样，搅碎或剪碎，放入 3 000 mL 烧瓶中。将 10 g 胃蛋白酶溶于 2 000 mL 蒸馏水中后，倒入烧瓶中，再加入 25％盐酸 16 mL 后，将烧瓶置于磁力搅拌器上，44～46℃，搅拌 30 min 后，将消化液用 180 μm 的滤筛滤入 2 000 mL 的分离漏斗中，静置 30 min 后，放出 40 mL 于 50 mL 量筒内，静置 10 min，吸去上清液 30 mL，再加水 30 mL，摇匀后静置 10 min，再吸去上清液 30mL。剩下的液体倒入有格线的平皿内，用低倍镜观察。

**二、评价标准**

没有形成包囊期的旋毛虫：在肌纤维之间呈直杆状或逐渐蜷曲状态，或虫体被挤于压出的肌浆中。

包囊形成期的旋毛虫：在淡蔷薇色背景上，可看到发光透明的圆形或椭圆形物，囊中央是蜷曲的虫体。成熟的包囊位于相邻肌细胞所形成的梭形肌腔内。

钙化的旋毛虫：在包囊内可见数量不等、浓淡不均的黑色钙化物，或可见到模糊不清的虫体，此时启开压玻片，向肉片稍加10%的盐酸溶液，待1～2 min后，再行观察。

机化的旋毛虫：此时压玻片启开平放桌上，滴加数滴甘油透明剂于肉片上，待肉片变得透明时，再覆盖夹压玻片，置低倍镜下观察，虫体被肉芽组织包围、变大，形成纺锤形、椭圆形或圆形的肉芽肿。被包围的虫体结构完整或破碎，乃至完全消失。

## 【知识链接】

1. NY/T 1465—2007，牛羊胃肠道线虫检查技术；

2. GB/T 18642—2002，猪旋毛虫病诊断技术。

Project 6

# 棘头虫病

**学习目标**

1. 深刻理解和掌握棘头虫的形态结构和生活史。
2. 掌握猪棘头虫病的生活史、流行病学、症状、病理变化、诊断和防治措施。
3. 熟悉棘头虫的分类。

【学习内容】

## 任务一 棘头虫通性

### 一、形态构造

1. 外部形态

棘头虫一般呈椭圆形、纺锤形或圆柱形等。大小为 1～65 cm，多数在 25 cm 左右。虫体分为细短的前体和较粗长的躯干两部分。前端有一个与身体成嵌套结构的可伸缩的吻突，其上排列有许多角质的倒钩或棘，故称棘头虫。颈部较短，无钩或棘。体表有环纹，有的种有小刺，有假分节现象。

2. 体壁

由五层固有体壁和两层肌肉组成，各层之间均由结缔组织支持和粘连着。由外及内分别为上角皮、角皮、条纹层、覆盖层及辐射层，再下为基膜和由结缔组织围绕着的环肌层和纵肌层。

3. 内部构造

包括腔隙系统、吻囊、吻腺、韧带囊、排泄器官、神经系统及生殖系统等。

棘头虫为雌雄异体。雄虫有两个前后排列的圆形或椭圆形睾丸，每个睾丸有一条输出管，两条输出管合并为一条射精管。睾丸的后方有黏液腺、黏液囊和黏液管，黏液管与射精管相连。射精管后连有可伸缩的交合伞和雄茎。雄茎位于虫体后端。雌虫的生殖器官由卵巢、子宫钟、子宫、阴道和阴门组成。卵巢在背韧带囊壁上发育，以后逐渐崩解为卵球或浮游卵巢。子宫钟呈倒置的钟形，后端的窄口与子宫相连。在子宫钟的后端有侧孔开口于背韧带囊或假体腔。子宫后接阴道；末端为阴门。

### 二、发育史

雄虫与雌虫交配后产出虫卵，虫卵经终末宿主粪便排出体外，被甲壳类动物或昆虫等中间宿主吞食，卵内棘头蚴逸出，发育为棘头体，然后发育为有感染性的棘头囊。终末宿主吞食中间宿主而感染，在其体内发育为成虫。在某些情况下，棘头虫的生活史可能有贮藏宿主，如蛙、蛇或蜥蜴等脊椎动物。

### 三、分类

棘头虫属于棘头动物门，与兽医有关的目科属如下：

1. 巨吻目

大中型虫体，成虫寄生于鸟类和哺乳动物，幼虫寄生于昆虫。

少棘科巨棘吻棘头属。

2. 棘吻目

体型小，为鸟类、鱼类、两栖类和爬虫类的寄生虫。

(1)多形科多形属。

(2)细颈科细颈属。

3. 环棘头目

躯干小或中等大小。四环科。

## 任务二　猪棘头虫病

猪棘头虫病是由少棘科巨棘吻棘头属的蛭形巨吻棘头虫寄生于猪的小肠内引起的疾病。也可寄生于野猪、犬和猫，偶见于人。我国各地普遍流行。

［病原体］

蛭形巨吻棘头虫 虫体较大，呈乳白或淡红色，长圆柱形，前部较粗，后部较细，体表有横皱纹。前端有可伸缩的吻突，其上有 5～6 列小棘。雄虫长 7～15 cm，尾部有逗点状弯曲，后端有袋形交合伞。雌虫长 20～25 cm，最长可达 50 cm，尾部钝圆。

棘头蚴的头端有 4 列小棘，前两列较大，后两列较小。

虫卵呈椭圆形，棕褐色，其大小为(90～110 μm)×(50～60 μm)。卵壳厚，有皱纹。两端尖，有塞状物，卵内含有棘头蚴。

［生活史］

中间宿主为金龟子及其他甲虫。

成虫寄生于猪小肠内，虫卵随粪便排出体外，被中间宿主吞食后，棘头蚴逸出，穿过肠壁游离在体腔内，先发育为棘头体，进一步发育为具有感染力的棘头囊。在中间宿主体内的发育期与感染季节有关，6 月以前感染需 3～4 个月，以后感染需 12～13 个月。当中间宿主发育成蛹或成虫时，其体内的棘头囊仍保持生命力及感染力。猪吞食被感染的中间宿主后，在小肠内中间宿主被消化，棘头体逸出，吻突固着在肠壁上，经 70～110 d 发育为成虫。成虫寿命为 10～23 个月。见图 4-6-1。

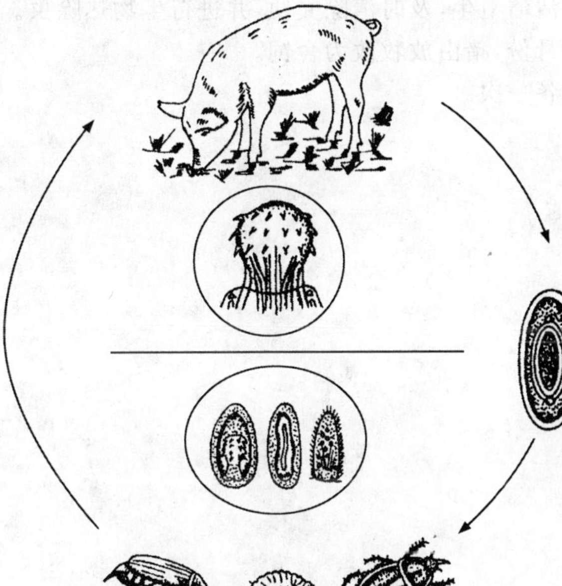

图 4-6-1　猪棘头虫生活史

［流行病学］

1. 分布

猪棘头虫病呈全球分布，多见于美国、俄罗斯、意大利等国。我国分布于辽宁、山东、河北等地。

2. 感染来源

患病和带虫的猪是主要的感染来源，虫卵随粪便排出体外。

3. 繁殖力及抵抗力

棘头虫繁殖力较强，一条雌虫每昼夜可产 25 万～68 万个虫卵。虫卵抵抗力很强，在土壤中可生存 3.5 年，在 −10～16 ℃下可生存 140 d，在干湿交替的土壤中，温度为 37～39 ℃时，虫卵可存活 1 年，可耐高温，在 70℃下才可致死。

4. 季节动态

由在中间宿主体内的发育期决定，主要感染季节北方为 9～10 月份，在南方可延续到第二年 3 月份。

5. 年龄特点

主要感染 10 月龄以上的猪，以 1～2 岁猪最为严重。

[症状及病变]

轻度感染症状不明显，严重感染时表现食欲减退，下痢，粪便带血。病猪逐渐消瘦，贫血，生长发育迟缓。肠穿孔后体温升高，食欲废绝，剧烈腹痛，后期继发腹膜炎，腹壁紧张，呻吟，肌肉震颤，迅速死亡。

剖检可见尸体消瘦，在小肠浆膜面可见无数浅黄色或黄褐色的豆粒大结节，切开后结节周围组织充血或增生，有时有浓汁，肠壁肥厚，水肿，有时可见有出血点或溃疡，并可发现棘头虫。肠穿孔时，腹膜暗红色，浑浊而粗糙。

[诊断]

根据流行病学、临床症状、剖检变化及粪便检查可确诊。剖检在小肠内有特征性的病理变化及虫体。粪便检查用沉淀法，发现大量虫卵确诊。

[治疗]

目前尚无特效的治疗药物，可用左咪唑，8～10 mg/kg 体重，内服。

[预防]

(1)搞好猪舍及运动场的清洁卫生，及时清除粪便，并进行生物热除虫。

(2)在流行区，每年 5～8 月份，猪由放牧改为舍饲。

(3)定期驱虫，每年春、秋各一次。

(4)消灭中间宿主。

Project 7

# 蜱螨与昆虫病

**学习目标**

1. 深刻理解和掌握蛛形昆虫的形态结构和生活史。
2. 掌握蜱病、螨病、牛皮蝇蛐病、羊鼻蝇蛆病及绵羊虱蝇病的生活史、流行病学、症状、病理变化、诊断及防治措施。
3. 熟悉蛛形昆虫的分类。
4. 了解马胃蝇蛆病的生活史、流行病学、症状、诊断及防治措施。

【学习内容】

## 任务一　蛛形昆虫纲通性

### 一、形态结构

1. 蛛形纲

虫体圆形或椭圆形，头、胸、腹区分不明显，相互融合。虫体分假头和躯体两部分，体表有几丁质硬化形成的板。成虫4对肢，肢分节。假头位于虫体前端，由口器和假头基组成。

2. 昆虫纲

虫体明显分为头、胸、腹三部分。头部有眼、触角1对和口器，触角在头部前端两侧，眼分单眼和复眼，口器主要有咀嚼式、刺吸式、刮舐式、舐吸式、刮吸式。胸部分前胸、中胸和后胸，每胸节的腹面均有一对足。有的昆虫在中、后胸各有一对翅，有的后翅退化为平衡棒，有的昆虫翅完全退化。腹部一般由8节组成，末端为雄性或雌性生殖器官。

### 二、发育史

蛛形纲包括卵、幼虫、若虫和成虫四个发育阶段。由卵孵出幼虫，经吸血蜕皮后发育为若虫，再经一次吸血蜕皮发育为成虫。若虫和成虫的形态和生活习性基本相似，区别在于其形体小和性器官未发育成熟。

昆虫纲的发育有完全变态和不完全变态两种类型。完全变态有卵、幼虫、蛹、成虫四个阶段，不完全变态无蛹期。

### 三、分类

蛛形纲蜱螨目包括以下4个亚目：蜱亚目（主要包括硬蜱科和软蜱科）、革螨亚目（主要为皮刺螨科）、螨亚目（主要有蠕形螨科和痒螨科）、疥螨亚目（主要有疥螨科和痒螨科）。

昆虫纲与兽医有关的如下：

(1)双翅目。长角亚目（包括蚊科、蚋科和蠓科）、短角亚目（如虻科）、换裂亚目（包括虱蝇科、狂蝇科、胃蝇科、蝇科和丽蝇科等）。

(2)虱目。虱亚目（包括血虱科、颚虱科）、食毛亚目（包括啮毛虱科、长角羽虱科和羽虱科）。

(3)蚤目。

## 任务二　多种动物共患蜱螨与昆虫病

### 一、蜱病

蜱病是由蜱寄生于动物体表所引起的一类外寄生虫病。蜱在分类上属于蛛形纲、蜱螨目、蜱亚目，主要有硬蜱科和软蜱科。

**(一)硬蜱**

硬蜱，又称壁虱、扁虱、草爬子及狗豆子等。雌雄蜱均能吸血，大多数寄生于哺乳动物体表，少数寄生于鸟类和爬虫类，个别寄生于两栖类。

［病原体］

硬蜱呈长椭圆形，红褐色，背腹扁平。头、胸、腹融合，不易分辨。虫体分假头和躯体两部分。

1. 假头

位于虫体前端，由假头基和口器组成。口器由须肢、螯肢各 1 对和 1 个口下板组成。口下板在螯肢腹侧，其腹面有排列纵行的逆齿，为吸血时穿刺和附着的器官。假头基呈矩形、六角形等多种形态。

2. 躯体

体部由盾板、眼、缘垛、足、生殖孔、气门板、肛沟、肛板组成。

盾板在虫体背面，雌蜱盾板只覆盖前 1/3，而雄蜱的盾板则覆盖整个背面。有的硬蜱盾板上侧缘有一对眼。有些硬蜱盾板后缘有方块形的缘垛，共分 11 块，中间的一块色淡而亮，称中垛。

躯体腹面有四对足，每足分六节，跗节末端有爪，第一对足的跗节上有哈氏器。

生殖孔位于腹面第二、三对足之间的中线上，肛门位于腹面后部正中。有的蜱腹面有角质的腹板，根据位置分别称为生殖前板、中板、肛板、肛侧板及侧板等。见图 4-7-1。

硬蜱中与兽医关系密切的有 6 个属，分别为牛蜱属、硬蜱属、血蜱属、璃眼蜱属、革蜱属及扇头蜱属。

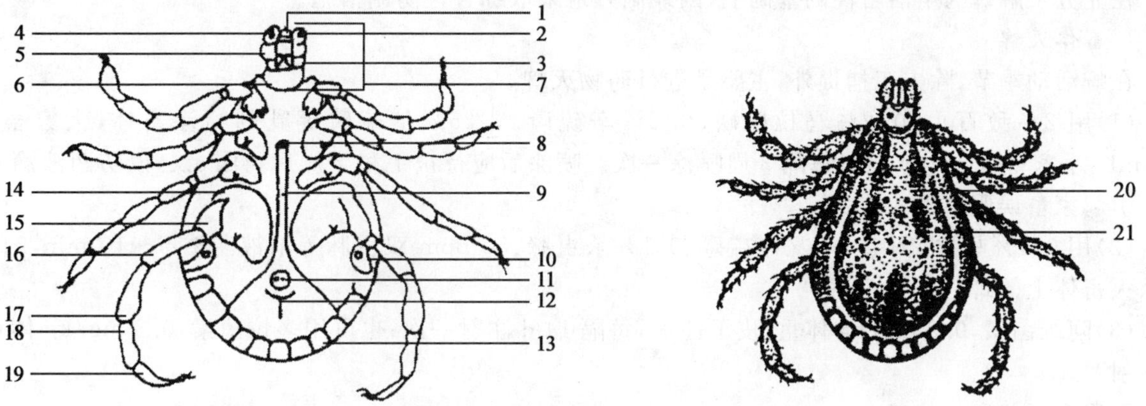


**图 4-7-1　硬蜱构造模式图(雄性)**

1. 口下板；2. 须肢第四节；3. 须肢第一节；4. 须肢第三节；5. 须肢第二节；6. 假头基；7. 假头；8. 生殖孔；9. 生殖沟；10. 气门板；11. 肛门；12. 肛沟；13. 缘垛；14. 基节；15. 转节；16. 股节；17. 颈节；18. 前跗节；19. 跗节；20. 颈沟；21. 侧沟

［生活史］

硬蜱的发育属于不完全变态，其发育过程包括卵、幼虫、若虫及成虫四个阶段。硬蜱在宿主体表交配，交配后雄蜱死亡。雌蜱饱血后落地，钻入墙壁、石下、植物茎叶下产卵，产卵达 1 000～15 000 个，产卵后死亡。虫卵呈卵圆形，黄褐色，胶着成团，经 2～4 周孵出幼虫。幼虫侵袭宿主吸血 2～7 d，落地后蜕皮为若虫。若虫再吸血后，落地后数天至数十天后再蜕皮发育成成虫。在硬蜱整个发育过程中，包括 2 次蜕皮和 3 个吸血活跃期。根据其在吸血时是否需要更换宿主，可分为以下三种类型：

一宿主蜱：在一个宿主体上完成整个发育，成虫吸饱血后落地产卵，如微小牛蜱。

二宿主蜱：整个发育在两个宿主体上完成，即幼蜱在宿主体表吸血并蜕皮为若蜱，若蜱吸饱血后落地蜕皮为成蜱后，再侵袭第 2 个宿主吸血，如某些璃眼蜱。

三宿主蜱：两次蜕皮在地面上完成，3 个吸血活跃期需更换 3 个宿主，如长角血蜱、草原革蜱等。

［生物学特性］

季节动态：硬蜱的活动通常有明显的季节性，在四季分明的地区，硬蜱大多在温暖季节(如春季)活动。硬蜱的越冬场所因种类而异，有的在栖息场所越冬，有的叮咬在宿主体表越冬。越冬的虫期亦因种类而异，有的各虫期均可越冬(如硬蜱属、血蜱属的大多数种)，有的以成虫形式越冬(如革蜱)，有的以若虫和成虫越冬(如血蜱属的一些种类)，有的则以若虫越冬(如残缘璃眼蜱)，还有的以幼虫越冬(如微小牛蜱)。

蜱的嗅觉灵敏,动物的汗臭味及呼出的二氧化碳是吸引蜱的因素。当人畜距蜱 15 m 时,蜱开始感受到,10 m 时有 50%处于活动等候,5 m 时则全部处于活动等候,而对机械性及声音刺激无大影响。

[危害]

1. 直接危害

当蜱吸血时能机械地损伤皮肤,造成寄生部位的痛痒,使动物骚动不安,摩擦甚至啃咬。在硬蜱固着处,损伤皮肤引起继发感染,继而引起皮炎和伤口蛆等。大量寄生时,由于吸食血液,可引起贫血、消瘦、发育不良,皮毛的质量低劣以及产奶量下降。某些种的雌蜱唾液腺可分泌神经毒素,造成运动性纤维传导障碍,引起急性肌肉萎缩性麻痹,称为"蜱瘫痪"。

2. 间接危害

蜱在传播寄生虫病和传染病方面起着重要作用。已知蜱是 83 种病毒、15 种细菌、32 种原虫及钩端螺旋体、鸟疫衣原体等的媒介和贮藏宿主。其中许多是重要的人畜共患病,如炭疽、布氏杆菌病、出血热、鼠疫、Q 热等。

[防制]

在充分了解蜱的生活习性的基础上,因地制宜地采取综合性防制措施。

1. 畜体灭蜱

在蜱活动季节,除人工捕捉外,主要是进行药物灭蜱。

(1)用 2%敌百虫、0.2%马拉硫磷、0.2%辛硫磷、0.25%倍硫磷等乳剂喷涂畜体,大家畜每头 500 mL,小家畜每头 200 mL,每隔 3 周喷涂一次。喷涂后应待被毛稍干燥后再喂、饮,以防药液滴入料、水中引起家畜误服中毒。

(2)用 0.1%马拉硫磷、0.05%辛硫磷、0.1%杀虫脒、50 ppm 双甲脒等溶液药浴 5~10 min,24 h 内可杀灭畜体上的蜱。

(3)阿维菌素,0.2 mg/kg 体重,皮下注射,每隔 14 d 注射一次;也可用多拉菌素,0.3 mg/kg 体重,肌内注射。

2. 圈舍灭蜱

对圈舍的墙壁、地面、饲槽等小孔和缝隙撒克辽林或杀蜱剂,堵塞后用石灰乳粉刷。也可用 1%~2%马拉硫磷、1%~2%倍硫磷乳剂对圈舍内的墙壁、门窗、地面和饲槽等作滞留喷洒。

3. 消灭自然界的蜱

结合翻耕牧地,清除杂草灌木丛,在严格监督下进行烧荒等消灭蜱的滋生地。捕杀啮齿类等野生动物对消灭硬蜱也有重要作用。

**(二)软蜱**

软蜱也是畜禽体表的一种外寄生虫,与兽医学有关的软蜱主要为锐缘蜱属和钝缘蜱属。其宿主范围广泛,常侵袭鸟类、蛇类、龟类及多种哺乳类。当虫体大量侵袭时,可使畜禽消瘦、贫血、生产性能下降,甚至死亡。

[病原体]

虫体扁平,卵圆形或长卵圆形,前窄后宽。与硬蜱的主要区别是背面无盾板,呈皮革样,上面有乳头状或颗粒状结构,或凹陷、皱褶;假头位于虫体前端腹面,从背面不易见到;须肢游离,不紧贴于螯肢和口下板间的两侧,口下板不发达;腹面无几丁质板。雌蜱与雄蜱的主要区别在生殖孔,前者呈横沟状,后者呈半月状。幼蜱与若蜱的形态和成蜱相似,但未形成生殖孔。幼蜱有 3 对足。

[生活史]

软蜱一生产卵数次,每次产卵数个至数十个。卵内孵出幼虫,蜕皮后变为若虫,若虫分 2~7 期,每期都要蜕皮,最后一期若虫蜕皮后变为成虫。软蜱多次吸血,吸血时间短,多在晚间。整个生育期约为 4~12 个月,寿命 6~7 年,并可耐受 5~7 年饥饿。

[危害]

软蜱吸血,可使宿主消瘦,生产性能下降,甚至引起死亡,例如波斯锐缘蜱大量侵袭鸡体时,使鸡消瘦，产蛋量下降，发生软蜱性麻痹，失血严重时可导致死亡。软蜱还是许多畜禽疾病的传播者，如羊泰勒虫病、鸡螺旋体病、布氏杆菌病及野兔热等。

［防制］

参见硬蜱防制。鸡舍灭蜱要注意安全，可用敌敌畏块状烟剂熏杀，用量 0.5 g/m2，熏后关门窗 1～2 h，然后通风排烟。

## 二、螨病

螨病，又名疥癣，俗称"癞"，是由寄生性螨类寄生于动物的皮肤内而引起的慢性皮肤病。以剧痒、脱毛、湿疹性皮炎及接触感染为特征。

**(一)疥螨病**

疥螨病是由疥螨科疥螨属的疥螨寄生于动物的皮肤表层内所引起的慢性皮肤病。以患部剧痒、脱毛、皮肤增厚和高度接触性传播为特征。

［病原体］

虫体呈龟形，背面隆起，腹面扁平，淡黄色，大小为 0.2～0.5 mm。口器呈蹄铁形，为咀嚼式。肢粗而短，第 3、4 对肢不突出体缘。雄虫的第 1、2、4 对肢和雌虫的第 1、2 对肢端有吸盘，其余肢有刚毛。吸盘柄长，不分节。见图 4-7-2。

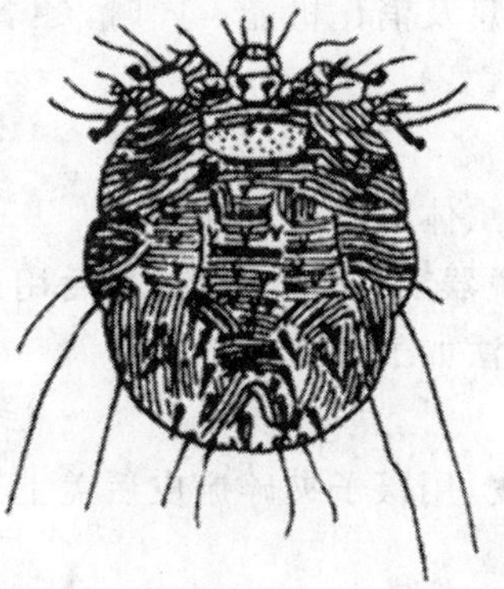

(a)

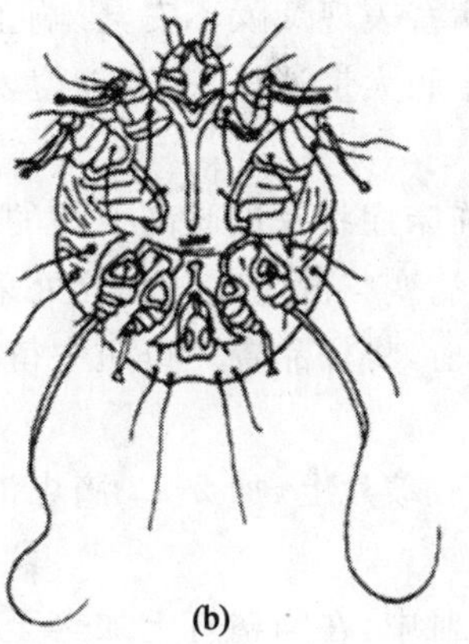

(b)

图 4-7-2　疥螨

(a)雌虫背面；(b)雄虫腹面

［生活史］

疥螨的发育属于不完全变态，其发育过程包括卵、幼虫、若虫和成虫四个阶段。

疥螨寄生于皮肤深层，以角质层组织和渗出的淋巴液为食。雌虫在隧道内产卵，一生可产 40～50 个卵。卵经 3～8 d 孵出幼虫，幼虫经 3～4 d 蜕皮为若虫，再经 3～4 d 发育为成虫。疥螨整个发育周期为 8～22 d，平均为 15 d。

［流行病学］

1. 感染来源及感染途径

患病和带虫动物是主要感染来源，健畜通过与病畜直接接触或被螨及其卵污染的厩舍、用具、垫草及工作人员等间接接触而引起感染。

2. 繁殖力及抵抗力

雌虫产卵数量虽然较少，但发育周期短，在适宜的条件下 2～3 周即可完成 1 个世代。螨在动物体表生活时，遇到不利条件可转入休眠状态，休眠期达 5～6 个月。在休眠期中对各种理化因素的抵抗力增强。离开动物体后可生存 2～3 周，并保持侵袭力。

3. 宿主特异性

各种动物都可患螨病，但引起各种动物发病的螨类是不同的。某种动物只有在被特异性螨类感染后，才可引起发病，在全群中迅速传播。

4. 季节动态

主要发生于冬季和秋末春初，由于日光照射不足，畜体毛长而密，尤其是阴雨天气，厩舍潮湿，卫生不良，畜体表面湿度较大，最适合螨的发育繁殖。而夏天家畜脱毛，皮肤常受日光照射，保持干燥，这对螨的生长繁殖不利。

**[症状及病变]**

疥螨多寄生于皮肤薄、被毛短而稀少的部位。各种动物的寄生部位有所不同，山羊发生于口周围、眼圈、鼻梁和耳根部，可蔓延至全身。绵羊在头部，也可扩大到全身。牛主要在面部、颈部、背部、尾根，严重时可扩大至全身。兔多在头部和脚爪部。

螨采食时的机械刺激及分泌毒素的刺激，使皮肤产生剧烈的痒觉和炎症。尤其当病畜进入温暖场所或运动后皮温升高时，痒觉加剧。由于皮肤乳头层的渗出作用及表皮的渗透性增强，使皮肤出现小丘疹和水泡。若继发病原菌感染，水泡变为脓疱，破溃后流出浓汁和渗出液，干涸后形成黄色痂皮。若病情继续发展，毛囊、汗腺受到损伤，使患部发生脱皮，表皮过度角化，结缔组织增生，皮肤变厚，弹性降低，形成龟裂或皱褶。脱毛不利于螨的生长发育，逐渐向四周健康部位扩散，使病变部位不断扩大，甚至蔓延全身。

由于皮肤发炎，病畜表现烦躁不安，影响正常采食、休息及消化机能。同时，冬季发生脱毛，体温大量散失，使体内蓄积的脂肪大量消耗，逐渐消瘦，甚至衰竭死亡。

**[诊断]**

根据流行病学、临床症状及皮肤刮下物的实验室检查虫体可作出诊断。

皮肤刮取物须在病变与健康皮肤交界处采集。先用锐器刮去干燥的痂皮，后用灭菌的外科刀用力刮取湿润组织至轻微出血，将样品置广口瓶中待检。检查方法如下：

1. 直接涂片法

取病料少许放于载玻片上，加 2～3 滴煤油以透明痂皮，用镊子夹碎痂皮后盖上盖玻片镜检。

2. 活虫检查法

将病料放于培养皿中，在酒精灯上加热至 37～40℃后，将培养皿放在黑布或黑纸上，在扩大镜或低倍显微镜下观察，可发现移动的虫体。

3. 沉淀法

将病料浸入盛有 5%～10%氢氧化钠溶液的试管中，经 1～2 h 使痂皮软化溶解后，用吸管吸弃上层液体，最后吸取沉淀物，滴于载玻片上加盖片镜检。

诊断时应注意与湿疹及毛癣鉴别开。湿疹没有痒感，毛癣形状规则，呈圆形或椭圆形，上覆浅灰色痂皮，易脱落，创面干燥，镜检无虫体。

**[治疗]**

3%敌百虫溶液患部涂抹。

双甲脒(特敌克)：500 mg/kg 体重，涂抹、药浴或淋浴。

溴氰菊酯(倍特)：500 mg/kg 体重，药浴或淋浴。

巴胺磷：200 mg/kg 体重，药浴。

辛硫磷：500 mg/kg 体重，药浴。

二嗪农(螨净)：250 mg/kg 体重，药浴或喷淋。

伊维菌素或阿维菌素：0.2 mg/kg 体重，皮下注射。

**[预防]**

(1)引入牛、羊时，事先要了解有无螨病。引入后应隔离观察畜群，并作螨病检查，必要时进行灭螨处理后再合群。

(2)畜舍要保持干燥，光线充足，通风良好，饲养密度要适宜。

(3)定期进行畜群检查和灭螨处理。在流行区，对放牧牛羊无论发病与否，要定期用药。

(4)在畜群中发现疑似病畜后，应尽早诊断，病畜隔离治疗，被污染的畜舍和用具用杀螨剂处理。

**(二)痒螨病**

痒螨病，又称为癞，是由痒螨科痒螨属的痒螨寄生于动物体表所引起的疾病。以剧痒和高度传染性为特征。多寄生于绵羊、牛、水牛及兔。

[病原体]

虫体呈椭圆形，大小为0.5～0.8 mm，肉眼可见。口器呈长圆锥形，刺吸式。4对肢均突出虫体边缘。雌虫的第1、2、4对肢和雄虫的第1、2、3对肢的末端有吸盘。虫体腹面后部有一对交合吸盘，尾端有2个尾突，尾突上有5根刚毛。

[生活史]

痒螨寄生于皮肤表面，以组织液及淋巴液为营养。发育过程与疥螨相似，一生约产卵40个，在适宜的条件下，整个发育期需10～12 d，条件不利时可转入5～6个月的休眠期，以增加对外界的抵抗力。

[流行病学]

与疥螨病相似。

[症状]

痒螨寄生于动物体表被毛长而稠密处。多发于绵羊、牛及兔，其他哺乳动物也可发生。

绵羊多发生于背、臀部，以后蔓延至体侧及全身。患部剧痒，皮肤出现丘疹、小水泡、脓疱、结痂、脱毛、皮肤增厚等一系列典型病变。病羊消瘦、贫血，可引起大批死亡。

牛先发生于颈部、角基底及尾根部，然后蔓延至垂肉和肩胛两侧，严重时蔓延至全身。症状与绵羊相似。

兔主要发生于外耳道，引起外耳道炎，表现耳分泌物增多，干涸结痂，耳变形下垂，剧痒，频频摇头。

[诊断]

参照疥螨病。

[治疗与预防]

参照疥螨病。

## 任务三　反刍动物昆虫病

### 一、牛皮蝇蛆病

牛皮蝇蚴病是由皮蝇科皮蝇属的牛皮蝇和纹皮蝇的幼虫寄生在牛的背部皮下组织引起疾病。该病偶尔发生于马、驴、野生动物及人。本病广泛流行于西北、内蒙古及东北地区，在黑龙江省西部地区较为严重。

[病原体]

主要是牛皮蝇和蚊皮蝇，二者形态很相似，成虫外形如蜂，全身被有绒毛，头部的绒毛呈灰黄色，头部有不大的复眼和三个单眼，触角分三节，口器退化。

1. 牛皮蝇

成蝇体长15 mm，胸部前端和后端的绒毛为淡黄色，中端为黑色，翅淡黄色透明(图4-7-3)。第一期幼虫呈黄白色，半透明，大小为0.5 mm×0.2 mm，体分11节；第二期幼虫体长3～13 mm；第三期幼虫体粗壮，长可达28 mm，棕褐色，两端钝圆，背面较平，隆起并有疣状结节，无口前沟，有两个气门板，呈漏斗状。虫卵呈长圆形，淡黄白色，大小为0.8 mm×0.3 mm。

2. 纹皮蝇

成蝇体长 13 mm，胸部除有淡黄色绒毛外，还有四条无绒毛的黑色纵纹，腹部绒毛依次为灰白色、黑色及橙黄色。第一、二期幼虫与牛皮蝇基本相似。第三期幼虫长可达 26 mm，气门板较平。虫卵与牛皮蝇的相似，但一根牛毛上黏附数个至 20 个成排的虫卵。

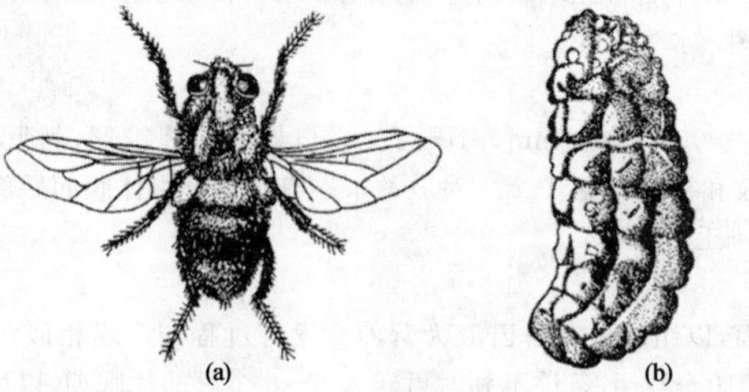

(a)　　(b)

**图 4-7-3　牛皮蝇**

(a)成虫；(b)第 3 期幼虫

[**生活史**]

两种皮蝇的生活史基本相似，属于完全变态，其发育过程包括卵、幼虫、蛹及成虫四个阶段，整个发育期约需一年。

成蝇多在夏季出现，在晴朗无风的白天进行交配、产卵，交配后雄蝇死亡，雌蝇侵袭动物产卵。牛皮蝇产卵于四肢上部、腹部及体侧的被毛上；蚊皮蝇产卵于四肢的被毛上。

虫卵经 4～7 d 孵出第一期幼虫，幼虫经皮囊钻入皮下。牛皮蝇幼虫沿外周神经外膜组织移行，到椎管硬膜脂肪组织中停留，并蜕皮变成第二期幼虫，然后从椎间孔爬出到背部皮下组织，蜕皮变为第三期幼虫；蚊皮蝇幼虫沿疏松结缔组织向胸腔和腹腔移行，在食管壁停留，蜕皮变为第二期幼虫，最后移行到背部皮下蜕皮变为第三期幼虫。整个幼虫期约 10～11 个月，其中到达椎管或食管的移行期约 2.5 个月，在椎管或食管停留期约 5 个月，在背部皮下为 2～3 个月。成熟幼虫从皮孔钻出，落地钻入土中化蛹，经 1～2 个月羽化为成蝇。见图 4-7-4。

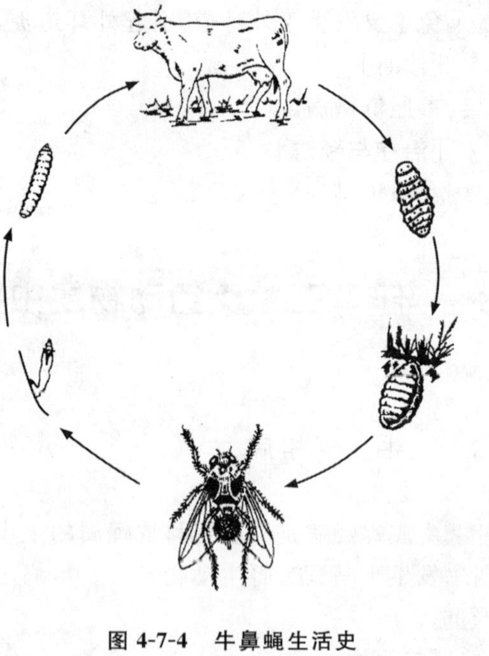

**图 4-7-4　牛鼻蝇生活史**

[**症状及病变**]

成蝇虽然不叮咬牛，但雌蝇飞翔产卵时，可引起牛只惊恐不安，喷鼻、踢蹴、狂跑、跳跃，不仅影响牛的采食和休息，而且可造成外伤或流产。幼虫钻入皮肤，引起皮肤痛痒，牛只不安。幼虫在皮下组织移行时，引起组织损伤。特别是第三期幼虫移行到背部皮下时，在寄生的局部引起血肿及皮下蜂窝织炎，皮肤稍隆起，粗糙不平，继而皮肤穿孔，病原菌侵入可引起化脓，形成瘘管，有浓液流出。幼虫钻出后皮孔愈合，形成瘢痕，严重影响皮革的质量。幼虫分泌的代谢产物及毒素，可造成机体贫血，严重的可使患畜消瘦，肉品质下降，乳牛产奶量降低。当幼虫在皮下破裂时，可引起全身性变态反应，出现流汗、乳房及阴门水肿、气喘、腹泻及口吐白沫等症状，严重者死亡。

[**诊断**]

幼虫出现于背部皮下时，易于诊断。在牛的背部皮肤上可观察并触摸到隆起，上有小孔，用力挤压，挤出虫体即可确诊。注意不要挤破虫体，以免发生变态反应。此外，流行病学资料有重要的参考依据，夏秋季节牛被毛上有虫卵，牛皮蝇卵为单个附着于被毛上，蚊皮蝇卵成排附着，可作为诊断依据。

［防治］

杀死移行期幼虫是最有效的防治方法，既可以减少幼虫的危害，又可以防止幼虫化蛹为成蝇。化学预防时间为每年的11～12月份，常用的药物有以下几种：

倍硫磷：4～7 mg/kg体重，臀部肌内注射；或用20%乳油背部浇注，剂量为200 kg以内用5 mL，400 kg以上用12 mL。

蝇毒磷：4%溶液，0.3 mL/kg体重，稀释成0.05%，背部浇注。

皮蝇硫磷：100 mg/kg体重，制成丸剂内服；或15～25 mg/kg体重，连服6～7d。

伊维菌素：0.2 mg/kg体重，皮下注射。

在早春背部出现肿瘤时，可用2%的敌百虫溶液在患部涂擦，成年牛用量不超过300 mL。也可用酒精将乐果配成50%溶液，皮下或肌内注射，成年牛4～5 mL，犊牛1～2 mL。

当幼虫成熟而且皮肤隆起处出现小孔时，可用手挤压小孔周围，将幼虫挤出，并将其杀死。但需注意务将虫体挤破，以免引起过敏反应。

## 二、羊鼻蝇蛆病

羊鼻蝇蛆病是由羊鼻蝇的幼虫寄生于羊的鼻腔及其附近的窦腔内引起疾病。主要危害绵羊，对山羊危害较轻。人的鼻、眼也有被侵袭的报道。

［病原体］

羊鼻蝇外形似蜜蜂，呈淡灰色，略带金属光泽，体长10～20 mm。头大呈黄色，两复眼小而相距较远，口器退化不能采食，翅透明。胸部灰黄色，有4条不明显的黑色纵纹，腹部有银灰色与黑绿色斑点（图4-7-5）。

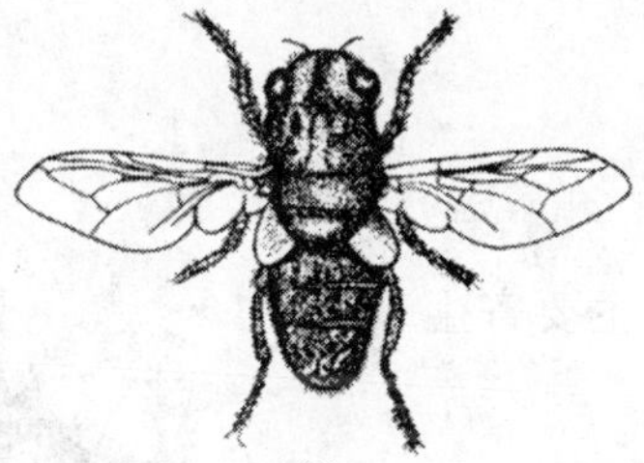

(a)

(b)

图4-7-5　羊鼻蝇

(a)成虫；(b)第三期幼虫

第三期幼虫呈棕褐色，长约30 mm，有两个黑色的口钩，腹面扁平，各节前缘有数列小刺，背面隆起，各节的背面有棕黑色横带，虫体后端齐平，有一对气孔板。

［生活史］

成蝇于每年的温暖季节出现，尤以夏季为多，成蝇不采食，雌雄蝇交配以后，雄蝇死亡。雌蝇在晴朗无风的天气中飞翔，突然冲向羊鼻，将幼虫产于羊鼻孔或鼻孔周围。一次能产幼虫30～40个，一只雌蝇一生可产幼虫600个。第一期幼虫爬入鼻腔，固着于鼻黏膜上，并向鼻腔深部移行。在鼻腔、副鼻窦及额窦内蜕化为第二期幼虫。至第二年春天，发育蜕化为第三期幼虫。成熟的第三期幼虫向鼻腔的浅部移行。当患羊打喷嚏时，将其喷落于地面，钻入土中，化蛹，蛹期1～2个月，以后羽化为成蝇，成蝇寿命为2～3周。在温暖地区每年可繁殖两代，而在寒冷地区，每年仅繁殖一代。见图4-7-6。

［症状及病变］

成蝇侵袭羊群产幼虫时，羊群骚动，惊恐不安，被侵袭的羊只频频摇头，或低头奔跑，将鼻孔抵于地面，或以鼻孔擦地，有的将头伸藏在其他羊只的腹下或腿间，严重影响羊的采食和休息，引起渐进性消瘦。

幼虫进入鼻腔后，以小钩和小刺刺激鼻黏膜，引起炎症、肿胀、出血，分泌浆液性乃至化脓性鼻汁。病羊表现不安，时而摇头，喷嚏。脓性分泌物流出，分泌物干涸后，在鼻周围结痂，造成呼吸困难，严重时可引起羊只死亡。

个别幼虫可进入颅腔，损伤脑膜而引起神经症状，表现用力摇头、运动失调、转圈运动、头弯向一侧等症状。

[诊断]

根据流行病学调查，临床症状及死后剖检，在鼻腔及附近鼻窦内发现各期幼虫进行综合性诊断。出现神经症状的病羊，要与多头蚴病、莫尼茨绦虫病相区别。

[防治]

早期的化学预防是最有效的防治措施，旨在杀死第一期幼虫，一般在10～11月份进行，可采用以下药物：

敌敌畏：室内用40%敌敌畏乳剂作绵羊气雾处理，剂量为1 mL/m$^3$，羊吸雾15 min后打开门窗。露天气雾处理时，应在温暖无风的天气进行，剂量为敌敌畏原液每只羊1 mL。

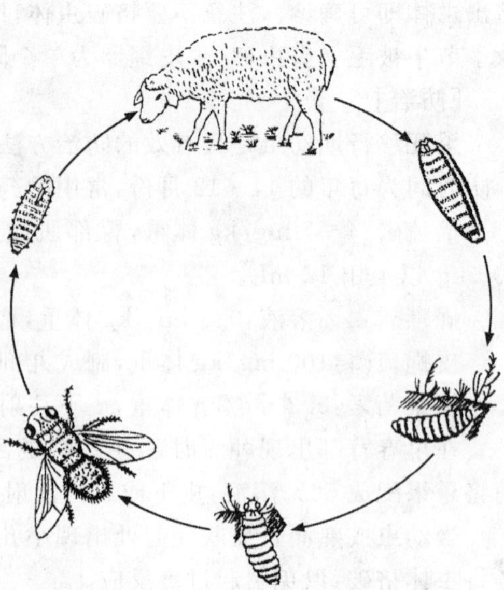

图 4-7-6　羊狂蝇生活史

敌百虫：用10%敌百虫溶液作室内气雾处理，剂量为4 g/m$^3$，吸雾时间1 h。也可将敌百虫配成0.03%的溶液，任羊饮用，连用4 d，或按75～100 mg/kg体重，一次灌服。

伊维菌素：0.2 mg/kg体重，颈部皮下注射。

在冬春季节驱杀第二、三期幼虫时，可向鼻孔喷射1%敌百虫溶液，剂量为每只羊15～20 mL。也可向鼻腔注射3%敌百虫溶液，每侧5 mL，注射部位在上眼眶之间的连线上，距中线1～1.5 cm处，注射后使羊头后仰。

## 三、绵羊虱蝇

临床兽医

绵羊虱蝇病是由绵羊虱蝇寄生于绵羊体表引起的疾病。主要寄生于绵羊，有时也可寄生于山羊。以发痒、脱毛及消瘦为特征。

[病原体]

绵羊虱蝇：体长4～6 mm，体表呈革质，遍身短毛，翅退化(图4-7-7)。头扁而短宽，与胸部紧密相连，头胸均为深褐色，口器为刺吸式。腹部宽，呈带状，灰棕色。有3对粗壮的肢，末端有锐利的双爪。蛹呈卵圆形，棕红色，长3～4 mm。

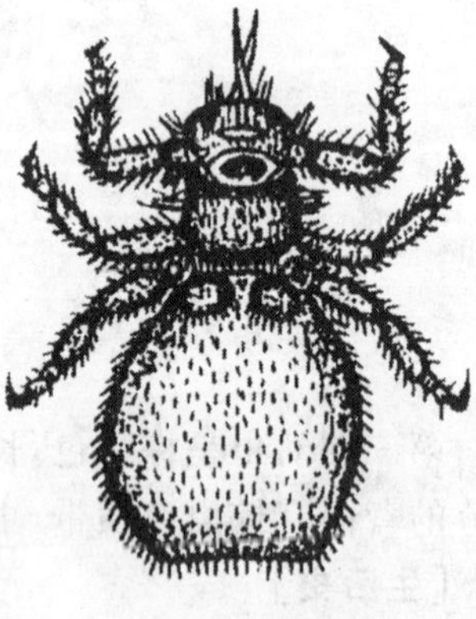

图 4-7-7　绵羊虱蝇

[生活史]

绵羊虱蝇为永久性寄生虫。雌蝇胎生，一生可产5～15个幼虫。产出的幼虫迅速化蛹，2～4周羽化为成蝇。雌蝇可生活4～5个月，每年可繁殖6～10个世代。成蝇离开羊体只能存活7 d左右。

[症状及病变]

绵羊虱蝇寄生于羊的颈、胸、腹及肩部，吸食血液和汗腺，羊表现剧痒，不安，摩擦患部，造成被毛粗乱和脱落。被严重侵袭的羔羊，体重减轻、消瘦及贫血。尤其在冬季，感染严重者易引起死亡。

[诊断]

根据典型的症状及在寄生部位发现虫体即可确诊。

[防治]

参照螨病及蜱。

## 任务四　其他动物蜱螨与昆虫病

### 马胃蝇蛆病

马胃蝇蛆病是由胃蝇科胃蝇属的幼虫寄生于马属动物胃肠道内所引起的一种慢性寄生虫病。

[病原体]

常见的马胃蝇有4种：肠胃蝇、红尾胃蝇、兽胃蝇和鼻胃蝇。马胃蝇成虫全身有绒毛，外形像蜂。翅透明或有斑纹，或不透明呈烟雾色。雌虫尾端向腹下弯曲，雄虫尾端钝圆。

[生活史]

马胃蝇的发育属完全变态。每年完成一个生活周期。成蝇交配后雄虫死亡，雌虫将卵产于马的皮毛上，产卵后死亡。各种胃蝇产卵的位置不同：肠胃蝇产于前肢、肩部皮毛上；红尾蝇产于唇边短毛上；鼻蝇产于下颌间隙和前颈部；兽胃蝇产于植物上。虫卵经1～2周发育为第一期幼虫，经啃痒或食入或虫体自动爬入口腔，在口腔经3～4周发育为二期幼虫，随后进入胃，经5周发育为第三期幼虫。第三期幼虫在胃内到第二年春季发育成熟，自动脱离胃壁，随粪便排出，落地后发育为蛹，经1～2个月羽化成蝇。

[症状及病变]

成虫产卵时，引起马狂躁不安，影响采食和休息。幼虫寄生于口腔时引起该部位水肿、炎症或溃疡。病马表现咳嗽、打喷嚏、流涎、咀嚼和吞咽困难。幼虫移行至胃或十二指肠引起黏膜水肿、发炎和溃疡，胃运动和消化机能障碍，出现慢性胃炎。表现食欲减退，消化不良，贫血、消瘦，周期性疝痛，使役能力降低。重者可出现胃穿孔或幽门堵塞，疝痛加剧。

[诊断]

雌蝇产卵季节，检查被毛上有无虫卵；夏秋季，检查口腔有无幼虫；粪便检查有无幼虫，必要时进行诊断性驱虫；剖检可在胃、十二指肠等部位发现幼虫等可以做出诊断。

[防治]

在流行地区每年秋、冬两季进行预防性驱虫，可用敌百虫30～40 mg/kg体重，配成10%～20%的水溶液，一次口服。用药后4 h内禁饮。敌敌畏，30～40 mg/kg体重，一次口服。伊维菌素0.2～0.5 mg/kg体重，皮下注射。

## 【案例分析】

病例1　主诉：贝贝（京巴犬），公犬，已有2岁。1月前，发现它不断挠痒、脱毛，就经常洗澡，并且涂抹皮炎平等药物，效果不显著，且脱毛现象愈严重，前来问诊。临床检查：口、眼、腹下及外耳周围皮肤潮红且有米粒大红疹，脱毛部位皮肤增厚。经调查，因家中整洁干净，爱犬一直吃住在阴冷潮湿的卫生间。该病例初诊为何病？如何进一步进行确诊？如何进行治疗？制定综合性防制措施。

病例2　主诉：自入夏以来，羊群在放牧时，突然表现骚动不安，互相拥挤，频频摇头、打喷嚏，低头奔跑躲闪等症状。临床检查：渐进性消瘦，贫血。不安，时而摇头，喷嚏。鼻腔流出浆液性或脓性分泌物，有时混有血丝。鼻黏膜红肿，出血。作为兽医，如何对该病例进行确诊？如何进行治疗？制定综合性防制措施。对出现神经症状的羊只，怎样与脑多头蚴病相区别？

病例3　主诉：10月初，从外地新引进一批獭兔，未经隔离观察与原兔群合群饲养。约半月左右，陆续发病，并很快蔓延至全舍。临床检查：消瘦，烦躁不安，贫血。外耳道炎，耳部皮肤增厚，有痂皮，并抖有被毛脱落现象。耳分泌物增多，干燥后形成黄色痂皮，有时塞满耳道似卷纸样。耳变形下垂，剧痒，频频摇头和用爪搔耳朵。初诊为何病？怎样确诊？如何治疗？制定综合性防制措施。

## 【知识拓展】

### 动物蠕虫学剖检技术

**一、技能要求**

熟练掌握羊体颈静脉采血的方法；熟练掌握羊体蠕虫学剖检技术；熟练掌握家禽蠕虫学剖检技术。

**二、仪器与材料**

1.器材　实体显微镜、解剖刀、剥皮刀、解剖斧、解剖锯、骨剪刀、肠剪刀、剪刀、手术刀、镊子、眼科镊子、分离针、大瓷盆、小瓷盆、成套粪桶、提水桶、黑色浅盘、手持放大镜、平皿、酒精灯、毛笔、铅笔、玻璃铅笔、标本瓶、青霉素瓶、载玻片、压片用玻璃板等。

2.试剂　生理盐水、70%酒精及盐水等。

3.实验动物　绵羊1只/组与鸡1只/组。

**三、方法步骤**

(一)羊体蠕虫学剖检技术

1.宰前检疫　在宰杀前，应检疫该羊只是否患有炭疽或布氏杆菌病。其次，检查动物体表、眼睑和创伤等，发现外寄生虫随时收集，遇有皮肤可疑病变则刮取材料备检。

2.宰杀与剥皮　放血宰杀动物。动物放血前应采血涂片，检查血液中有无寄生虫。剥皮时注意观察皮下组织，及时发现并采集病变与虫体。

3.采取脏器

(1)腹腔脏器。切开腹腔后注意观察内脏器官的位置和特殊病变，吸取腹腔液体，加生理盐水稀释后备检。腹腔脏器是在结扎食管末端和直肠后，切断食管、各部韧带、肠系膜根和直肠末端后一次采出。然后切断腹腔大血管，采出肾脏。最后收集腹腔内血液混合物备检。注意观察和收集各脏器表面的虫体，观察腹膜有无病变和虫体。盆腔脏器亦以同样方式全部取出。

(2)胸腔脏器。打开胸腔，观察脏器的自然位置和病变后，将胸腔脏器连同食管和器官全部摘出。采集胸腔的液体备检。

4.脏器检查

(1)食管。沿纵轴剪开，仔细观察黏膜和浆膜层有无美丽筒线虫及住肉孢子虫。

(2)胃。切开胃将内容物倒入大盆内，检出较大的虫体。在桶内将胃壁反复用生理盐水冲洗，之后自然沉淀。胃壁平铺于搪瓷盘内观察黏膜是否有虫体，并将黏膜表层刮下物浸入生理盐水中自然沉淀。上述两种材料沉淀若干时间后，弃上清，加入生理盐水，继续沉淀。如此反复至上清液透明为止。然后每次取一定量沉淀物置黑色浅盘内观察，取出虫体。刮下黏膜还应压片镜检。反刍动物应把前胃和皱胃分别进行处理。瘤胃注意检查胃壁。

(3)小肠。放入大盆后由一端灌入清水，使全部肠内容物随水流到桶内。桶内加多量生理盐水，按上述方法反复沉淀，检查沉淀物。用玻璃棒将肠壁翻转，在水中洗下黏液，用水反复洗涤沉淀。最后刮取黏膜表层压片镜检。肠内容物和黏液在沉淀过程中会出现上浮物，其中也含虫体，所以在换水时应注意收集后检查。羊小肠前部线虫数量较多，可单独处理。

(4)大肠。在肠系膜附着部沿纵轴剪开，倒出内容物。虫体检查同小肠处理方法。羊大肠自形成粪球处剪开肠壁，挑出其表面和肠壁上的虫体。

(5)肠系膜。肠系膜淋巴结剖开，剪成小片压薄镜检。然后将肠系膜提起迎着光线检查血管内有无虫体。最后在生理盐水中剪开肠系膜血管，冲洗内容物后加水反复沉淀检查内容物。

(6)肝脏。检查是否有细粒棘球蚴，分离胆囊，将胆汁挤入烧杯内加生理盐水，自然沉淀后检查沉淀物。胆囊黏膜刮取物压片镜检。剪开胆管后检查，然后将肝脏撕成小块，用手挤压后捞出弃去，反复水洗沉淀后检查沉淀物。

(7)胰脏。同肝。

(8)肺脏。剪开支气管、气管后检查是否有虫体。载玻片刮取黏液，加水稀释后镜检。将肺组织撕成小块同肝组织处理方法。

(9)脾和肾。检查表面后切开进行眼观检查，然后压片镜检。

(10)膀胱。与胆囊检查法相同，并以肠黏膜方法检查输尿管。

(11)生殖器官。检查内腔后刮取黏膜压片镜检。

(12)脑与脊髓。眼观检查后切成压片检查。

(13)眼。将眼睑黏膜和结膜在水中刮取表层，沉淀后检查。剖开眼球将眼房液收集平皿内镜检。

(14)鼻腔及额窦。由鼻孔后方，向后沿水平线锯开，再由两眼内眼角连接线向下垂直锯开后，检查虫体，然后在水中冲洗，沉淀后检查沉淀物。

(15)心脏及大血管。剪开后观察内膜，再将内容物水洗后沉淀后检查。心肌切成薄片压片镜检。

(16)肌肉。切开咬肌、腰肌和臀肌检查囊尾蚴；采集膈肌检查旋毛虫。

各器官内容物不能立即检查完毕，可以反复洗涤沉淀后，在沉淀物物中加福尔马林溶液保存，待详细检查。

5.登记　寄生虫病学的剖检结果，需记录在寄生虫病学剖检登记表中，对发现的虫体应按种分别计算，最后统计出寄生虫的总数、各种(属、科)寄生虫的感染率和感染强度。附寄生虫剖检记录表。

6.实训报告　将剖检结果填入寄生虫剖检记录表(表4-7-1)。

**表4-7-1　寄生虫的剖检记录表**

| | | | | | | |
|---|---|---|---|---|---|---|
| 日期 | | 编号 | | 畜种 | | |
| 品种 | | 性别 | | 年龄 | | |
| 动物来源 | | 动物死因 | | 剖检地点 | | |
| 主要病理剖检变化 | | | 寄生虫总数 | 吸虫 | | |
| | | | | 绦虫 | | |
| | | | | 线虫 | | |
| | | | | 棘头虫 | | |
| | | | | 昆虫 | | |
| | | | | 蜱螨 | | |
| | 寄生部位 | 虫名 | 数量 | 寄生部位 | 虫名 | 数量 |
| 寄生虫的种类与数量 | | | | | | |
| | | | | | | |
| 备注 | | | | | | |

剖检者：

(二)家禽蠕虫学剖检技术

1.宰杀与剥皮　以颈动脉放血的方法宰杀。在死亡或宰杀6～8 h内进行检查。拔掉羽毛后检查皮肤和羽毛，发现虫体及时采集，皮肤疑有病变刮取材料备检。剥皮时观察皮下组织有无虫体。

2.采取脏器　剥皮后去除胸骨，使脏器完全暴露，并检查气囊内有无虫体。然后分离脏器，首先分离消化系统，然后分离心脏和呼吸器官，最后摘出肾脏。器官摘出后，用生理盐水冲洗体腔，冲洗物反复水洗沉淀后检查。

3.脏器检查

(1)食管和气管。剪开后检查其黏膜表面。

(2)肌胃。沿狭小部剪开，倾去内容物，在生理盐水中剥离角质膜，检查内外剥离面，将角质膜撕成小片，压片镜检。

(3)腺胃。在小瓷盘内剪开后倾出内容物，检查黏膜面，如有紫红色斑点和肿胀时压片镜检。内容物反复水洗沉淀检查。

(4)肠管。十二指肠、小肠、盲肠和直肠分别处理。肠管剪开后，内容物和黏膜刮下物一起倾入容器中反复水洗沉淀检查。有结节的肠管，刮取黏膜压片镜检。

(5)法氏囊和输卵管。按肠管检查方法处理。

(6)肝、肾、心、肺、胰。分别处理。在生理盐水中剪碎后洗净。捞出大块组织，反复沉淀后检查沉淀物。对病变的部位压片镜检。

(7)鼻腔。切开后检查表面。用水冲洗后检查沉淀物。

(8)眼。用镊子掀起眼睑，取下眼球用水冲洗后检查沉淀物。

4.登记　参照羊体蠕虫学剖检技术。

5.实训报告　将剖检结果填入寄生虫剖检记录表(表4-7-1)。

## 【考核评价】

### 一起羊螨虫病的实验室检测

**一、考核项目**

某养殖户饲养有20只羊，相继出现烦躁不安，皮肤瘙痒，常以口啃咬或不断在围墙或墙角处蹭痒。嘴唇、口角、鼻边缘、耳根部形成大量白色痂皮，头部、四肢、胸腹下部出现干固痂皮，痂皮与皮肤交界处体表红嫩并有水疱，磨损创伤后流出液体。被毛零乱，初期少量掉毛，中后期被毛成片脱落，裸露出病变皮肤。后期食欲下降，逐渐消瘦。兽医相关人员采集病料进行实验室检测，确诊为螨病。

(一)材料制备

1.试剂　10%氢氧化钠，10%甘油水溶液等。

2.器材　光学显微镜、实体显微镜、离心机、手持放大镜、平皿、试管、试管架、手术刀、载玻片、盖玻片、镊子、移液管、纱布、昆虫分离针、手术刀等。

(二)方法步骤

1.病料的采集　用外科凸刃小刀，经酒精灯消毒，在宿主皮肤患部和健康部交界处，使刀刃和皮肤表面垂直，反复刮取表皮，直到稍微出血为止(对疥螨尤为重要)。将刮下的皮屑收集于培养皿或广口瓶中备检。

2.病原分离

浓集法：取病料适量放入试管中，加入10%氢氧化钠溶液，浸泡过夜(酒精灯加热煮沸5～10 min)，使皮屑溶解，待自然沉淀(或2 000 r/min离心5 min)，弃去上清，吸取沉淀物检查。或将病料分成若干，置于多个载玻片上，滴加50%甘油水溶液后，覆以另一载玻片搓压使病料散开，置显微镜下检查。

加热法：将病料放入平皿中，置于盛有70℃的温水中加热15 min后，移去皮屑，在黑色背景下，用肉眼观察有无黄白色针尖大小的虫体在移动，疥螨需用放大镜观察，收集虫体待检。

温热法：将盛有病料的烧杯放入盛有水的平皿内，制40～45℃的恒温箱中2～3 h后，将病料和平皿中的水加入试管中，静置5 min，弃去上层液体，取管底沉淀物镜检。

直接观察法：将病料放入平皿内，置实体显微镜下观察，并用昆虫针分离挑出，待检。

**二、评价标准**

吸取适量待检沉淀物或用昆虫针挑出的螨虫，放于载玻片中央，滴加50%的甘油水溶液，加盖玻片，显微镜下观察病原形态，并依据痒螨和疥螨的形态特征，对所分离的病原进行虫种鉴定。

## 【知识链接】

1. NY/T 1470—2007，羊螨病（痒螨/疥螨）诊断技术；
2. NY/T 1947—2010，羊外寄生虫药浴技术规范；
3. NY/T 1954—2010，蜜蜂螨病病原检查技术规范；
4. NY/T 1957—2010，畜禽寄生虫鉴定检索系统；
5. GB/T 18448.1—2001，实验动物体外寄生虫检测方法；
6. GB/T 22329—2008，牛皮蝇蛆病诊断技术；
7. GB/T 22910—2008，痒病诊断技术；
8. GB/T 27641—2011，马螨病诊断技术。

Project 8

# 原虫病

**学习目标**

1. 深刻理解和掌握原虫的形态结构和生物学特性。
2. 掌握弓形虫病、伊氏锥虫病、牛巴贝斯虫病、牛泰勒虫病及鸡球虫病的生活史、流行病学、症状、病理变化、诊断及防治措施。
3. 了解隐孢子虫病、禽组织滴虫病及鸡住白细胞虫病的生活史、流行病学、症状、诊断及防治措施。

【学习内容】

## 任务一　原虫概述

### 一、形态构造

虫体微小，大小一般为 0.5～50 μm，有些可达 200 μm 以上。虫体呈圆形、卵圆形、柳叶形或不规则等形状，其不同发育阶段有不同的形态。其基本结构包括胞膜、胞质及胞核三部分。

1. 胞膜

被覆于原虫体表，由一层或多层单位膜组成。在电镜下，单位膜分外、中、内三层。有的原虫体表还被有纤毛或鞭毛等运动器。其作用是使虫体保持一定的形态，并参与摄食、排泄、感觉和运动等生理活动。

2. 胞质

位于胞膜内，由基质和细胞器组成。基质分为内、外质，外质呈凝胶状，有些原虫的外质可衍生出伪足、鞭毛、纤毛、胞口和胞肛等参与运动、摄食和排泄的细胞器。内质呈溶胶状，内含细胞核、线粒体、内质网和高尔基体等细胞器。

顶端复合物门的原虫，除具上述构造外，在显微镜下还可以见到一些特殊构造，如极环、类锥体、棒状体、微粒体、膜下微管及微孔等。

3. 胞核

居虫体中央或偏位。由核膜、核质、核仁和染色质组成。原虫一般只有一个核，少数种类有两个或多个核。其具有生存和繁殖的作用。

### 二、生物学特性

1. 营养

原虫的营养方式有 4 种，包括：由叶绿体合成碳水化合物；虫体吞食整个其他有机体或颗粒；通过细胞膜渗透吸收或胞饮；营养分子通过扩散、易化扩散及主动转运方式，由外膜进入。

2. 生殖

原虫的生殖方式有无性和有性生殖两种。

(1) 无性生殖。包括二分裂、裂殖生殖、孢子生殖等方式。二分裂是最常见的形式，是通过纵向或横向分裂成两个新个体。裂殖生殖是核先反复分裂，形成多核的裂殖体，随后胞质围绕每一个小核，形成许多裂殖子。出芽生殖是一个小的子个体从母体旁边分出来，长大后将母细胞分裂成两个新个体。

(2) 有性生殖。包括接合和配子生殖。接合生殖是两个虫体暂时性结合在一起，互换核质后分开，形成两个独立的个体。配子生殖是在发育过程中，先形成大、小两个配子，大小配子结合为合子。

## 任务二　多种动物共患原虫病

### 一、弓形虫病

弓形虫病是由刚第弓形虫寄生于动物和人的有核细胞内引起的疾病。本病呈世界性分布，是危害严重的人畜共患病。目前已知中间宿主有 45 种哺乳动物、70 种鸟类和 5 种爬行动物，也可感染人，终末宿主是猫。

［病原体］

刚第弓形虫：目前认为只有一个种。根据其发育阶段的不同可分为五个虫型，即滋养体、包囊、裂殖体、配子体及卵囊。其中，滋养体和包囊出现在中间宿主体内，裂殖体、配子体及卵囊出现在终末宿主体内。见图 4-8-1。

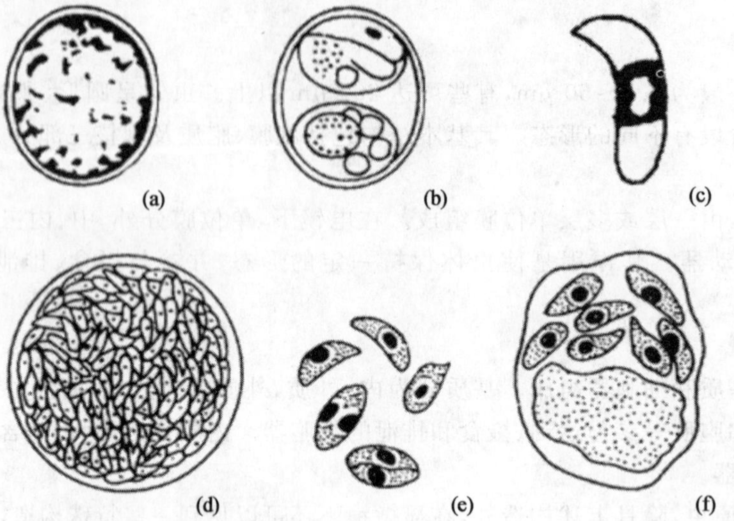


**图 4-8-1　弓形虫**

(a)未孢子化卵囊；(b)孢子化卵囊；(c)子孢子；(d)包囊；(e)速殖子；(f)假囊

滋养体（速殖子）：呈新月形、香蕉形或弓形，一端较尖，另一端钝圆，其大小为(4～7 μm)×(2～4 μm)。用姬姆萨或瑞氏染色法染色后，胞浆呈浅蓝色，有颗粒，核呈深蓝色。多见于急性病例的肝、脾、肺和淋巴结等有核细胞和腹水中。

包囊（组织囊）：呈球形，直径为 20～40 μm，囊壁厚，含有数十个外形似滋养体的缓殖子。多见于慢性病例或耐过急性期病例的脑、眼及肌肉组织中。卵囊：呈椭圆形或近似圆形，大小为 12～10 μm，有双层囊壁，无膜孔和极粒。孢子化卵囊内有 2 个孢子囊，每个孢子囊内有 4 个子孢子。多见于猫的肠细胞内或其粪便中。

［生活史］

发育过程需要两个宿主，在中间宿主及终末宿土组织细胞内进行肠外期发育；在终末宿主体内进行球虫型发育。

终末宿主吞食了孢子化卵囊、包囊或滋养体后，子孢子、缓殖子或滋养体游离出来，一部分侵入肠道以外的其他组织和器官内进行无性繁殖；另一部分侵入肠上皮细胞内进行裂殖生殖，再进行配子生殖，最后形成卵囊，卵囊随粪便排出体外。经 2～4 d 后发育为孢子化卵囊。

中间宿主吞食了孢子化卵囊、包囊或滋养体后，游离的子孢子、滋养体随着淋巴与血液循环到达全身有核细胞内，进行内出芽的无性繁殖，形成大量的速殖子，有时速殖子簇集在一个囊内，称之为假囊。当宿主产生免疫力时，虫体繁殖速度变慢，在宿主的脑和肌肉组织等处形成包囊。见图 4-8-2。

［流行病学］

1. 感染来源

患病和带虫动物均为感染来源。其中急性患病动物的肉、乳汁、脏器、血液、分泌物及排泄物中含有滋养体；慢性患病动物的肉、眼及脑中含有包囊；猫的粪便中含有卵囊。

2. 感染途径

主要通过消化道感染，猫多因吃了感染弓形虫的鼠或其他病畜的肉而感染；草食兽主要是采食被卵

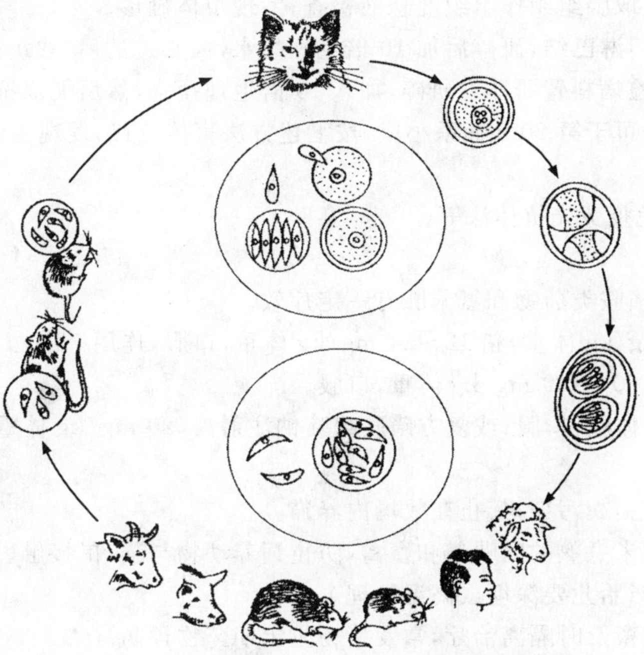

图 4-8-2　弓形虫生活史

囊污染的牧草而感染；其他家畜和人主要因食入含弓形虫的乳、肉和脏器，以及被卵囊污染的食物、饲料和饮水而感染。此外，还可通过呼吸道、皮肤、眼及胎盘而感染。

3. 易感动物

宿主范围广泛，家畜、家禽、野生动物及人均可感染。动物易感性的高低与年龄、营养状况等因素有关。

4. 季节动态

无严格的季节性，但以春、秋两季发病较多。

［症状］

动物感染弓形虫后，其临床表现取决于虫株毒力、感染数量、感染途径及宿主的抵抗力等因素。

猪：以仔猪症状明显，多呈急性发作。病初体温升高至 41～42℃，稽留热，可延续 7～10 d。精神沉郁，食欲减退或废绝，便秘或腹泻，有时便中混有血液或黏液。呼吸困难，咳嗽，有浆液性或黏液性鼻液流出。体表淋巴结肿大，皮肤有紫红色瘀血斑。后期衰竭，卧地不起，引起死亡。怀孕母猪易出现早产、流产或产出发育不全的仔猪或死胎。

绵羊：成年羊多呈隐性感染。孕羊易流产，多发生于分娩前 4～6 周。羔羊体温升高，呼吸困难，流鼻液，多有转圈运动。

牛：较少见，犊牛表现体温升高，呼吸困难，咳嗽，头部震颤等症。成年牛病初兴奋，后转为虚弱。

犬：幼犬症状明显，表现体温升高，精神沉郁，食欲减退。眼、鼻有分泌物，呼吸困难，咳嗽。成年犬多为隐性感染。

［病理变化］

猪：全身淋巴结肿大，切面多汁，有灰黄色的坏死灶及出血点；肺间质水肿，切面流出多量泡沫样液体；肝浑浊肿胀，有小出血点及大小不等的坏死灶；胸腔及腹腔积水。

犬：消化道有溃疡，淋巴结肿大，切面有坏死灶。肺有点状结节。

［诊断］

根据流行病学调查、临床症状、病理变化及实验室方法进行综合性诊断。

1. 病原学检查

脏器涂片检查：取急性病例的肺、肝、脾及淋巴结等作涂片，干燥后用姬姆萨或瑞氏染色，镜检发现虫体即可确诊。慢性病例可取脑组织作组织混悬液检查，发现虫体确诊。

集虫法：取肺脏及肺门淋巴结，研碎后加10倍生理盐水，离心过滤后，取沉渣涂片，染色镜检。

动物接种试验：将待检病料置研钵内研碎，加入10倍生理盐水，然后加双抗处理后，取0.5～1 mL腹腔接种小白鼠，若不发病，可于第20 d捕杀小鼠，按上述方法盲传三代，发现虫体即可确诊。

2. 血清学诊断

包括IHA、ELISA、免疫荧光抗体法等。

［治疗］

尚无特效疗法，应用磺胺类药物和氯苯胍有一定疗效。

氯苯胍：羊12～18 mg/kg体重，猪12～24 mg/kg体重，口服，连用7d。

磺胺－6－甲氧嘧啶：60～100 mg/kg体重，口服。

磺胺嘧啶：70 mg/kg体重，口服；或复方磺胺嘧啶钠注射液，20 mg/kg体重，肌内注射。

［预防］

(1)防止饲料、饮水被猫粪污染，禁止在牧场内养猫。

(2)消灭鼠类，禁止用未煮熟的肉喂猫和畜禽，防止饲养动物与猫、鼠接触。

(3)对病死畜禽和流产胎儿要深埋或高温处理。

(4)加强检疫，发现病畜及时隔离治疗，常发猪场应定期药物预防。

(5)加强饲养管理和环境卫生，提高畜禽的抵抗力。

## 二、伊氏锥虫病

伊氏锥虫病，又称苏拉病，是由锥虫科锥虫属的伊氏锥虫寄生于动物的血液中引起的疾病。主要感染马属动物、牛和骆驼，其他动物如犬、猪、羊、鹿等动物亦能感染。

［病原体］

伊氏锥虫：呈弯曲的柳叶状，前尖后钝圆，大小为(18～30 μm)×(2～2.5 μm)。虫体中部有一椭圆形的泡状核，后端有点状动基体和毛基体，由毛基体生出一根鞭毛，沿虫体边缘的波动膜向前延伸，并游离出体外。在压滴标本中，可以看见虫体借助动基体的活动而使虫体活泼运动。见图4-8-3。

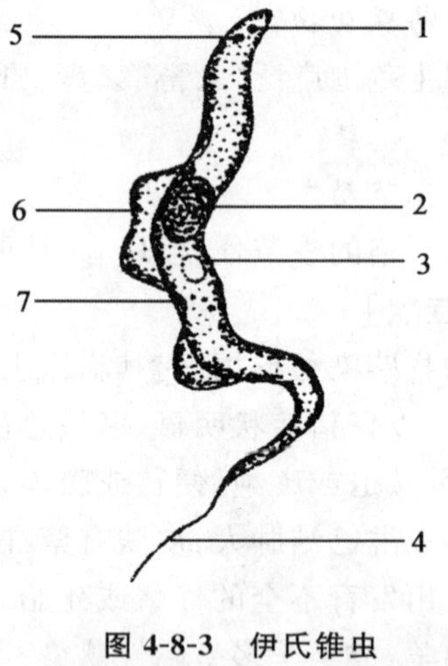


图4-8-3 伊氏锥虫

1. 动基体；2. 核；3. 空泡；4. 游离鞭毛；5. 毛基体；6. 波动膜；7. 颗粒

［生活史］

伊氏锥虫寄生在动物的血液(包括淋巴液)和造血器官中，以纵二分裂法进行繁殖。当吸血昆虫吸食家畜血液后，锥虫进入其体内并不进行任何发育，生存时间也较短暂，在叮咬其他动物时，即将虫体传入后者体内。

［流行病学］

1. 感染来源

病畜及各种带虫者是感染来源，黄牛和水牛可带虫2～3年，骆驼可达5年之久，犬、猪、某些野生动物及啮齿类动物均可作为保虫者。

2. 感染途径

主要由虻及吸血蝇类机械传播。此外，还可通过胎盘、肉食兽捕食带虫动物以及未消毒的注射用具等传播。

3. 易感动物

多种家畜、实验动物及野生动物都感染伊氏锥虫。家畜中以马、骡、驴、犬最易感，骆驼及牛易感性较弱。在实验动物中，大白鼠、小白鼠也具有较强的易感性。

4.季节动态及地理分布

流行季节和吸血昆虫的活动有关。发病季节多在5～10月份,7～9月份为高峰期。马、牛伊氏锥虫病多见于南方省区,骆驼伊氏锥虫病多见于西北、内蒙及华北地区。

**[症状]**

牛:感染后多呈慢性经过,少数为急性发病。表现体温升高至40～41.6℃,呈不规则间歇热型。可视黏膜先潮红,后苍白黄染,有出血点或出血斑。病畜渐进性消瘦,精神委顿,四肢下部、胸前及腹下浮肿,甚至表皮溃烂,流出少量淡黄色黏稠液体或结成痂皮,有的牛耳尖、尾端、角或蹄匣坏死脱落。末期后肢麻痹、卧地不起,衰竭而死。

马:感染后多呈急性经过,体温升高至40℃以上,稽留热或弛张热,数日后转为间歇热。发热期间,精神不振,食欲减退,呼吸急促,脉搏频数,间歇期以上症状缓解或消失。反复数次后,病马逐渐消瘦,被毛粗乱,眼结膜初充血,后黄染,最后苍白,在结膜、瞬膜上可见米粒大至黄豆大的出血斑,眼内常附有浆液性至脓液性分泌物。体表水肿,多见于腋下、胸前。后期精神沉郁,呈昏睡状,行走摇摆,举步艰难,尿量减少,尿色深黄黏稠。末期衰竭死亡。

**[病理变化]**

皮下水肿和胶样浸润是其主要特征,多见于胸前及腹下。尸体消瘦,血液稀薄,凝固不全,淋巴结肿大,切面呈髓样浸润。急性病例脾显著肿大,髓质呈软泥状。慢性病例脾较硬、色淡,心包膜下有出血点。肝肿大瘀血,切面呈豆蔻样。牛的第三、四胃及小肠黏膜有出血灶。

**[诊断]**

根据流行病学调查、临床症状、病理变化及实验室检查进行确诊。

1.初步诊断

在流行地区的多发季节,特别注意体温的变化,若同时出现长期瘦弱、贫血、黄疸,瞬膜上可见出血斑,体下垂部水肿,可疑为本病。

2.病原学检查

在血液中查出虫体,是最可靠的诊断依据。

(1)压滴标本检查　耳静脉或其他部位采血1滴,置载玻片上,后加等量生理盐水,混合后覆以盖玻片,镜检。若发现有活动的虫体则为阳性。

(2)涂片标本检查　制成血液涂片后,经姬姆萨或瑞氏染色,镜检。

(3)集虫法　采血5 mL,1 500 r/min,离心5 min。用吸管吸取沉淀表层,涂片、染色镜检,可提高虫体检出率。

3.动物接种试验

用可疑动物血液0.2～0.5 mL,腹腔或背部皮下接种小白鼠。接种后每隔1～2 d采血检查一次,连续一个月检查无虫体,可判定为阴性。

4.血清学检查

如IHA、ELISA及补体结合试验等。

**[治疗]**

治疗要早,药量要足,并配合对症疗法和加强护理。常用的药物有:

萘磺苯酰脲(纳加诺、拜耳205):马属动物10 mg/kg体重,极量为4 g,一个月后再注射一次;牛每头3～5 g;骆驼每头5 g,一周后再注射一次。用法:生理盐水配成10%溶液作静脉注射。用药后个别病畜有体表水肿、口炎、肛门及蹄冠糜烂,跛行及荨麻疹等副作用,可静脉注射下列药物缓解:氯化钙10 g,安钠咖5 g,葡萄糖30 g,生理盐水1 000 mL,静脉注射,连用3 d。

甲基硫酸喹嘧胺(安锥塞硫酸甲酯、抗锥灵):牛3～5 mg/kg体重、马5 mg/kg体重,以灭菌蒸馏水配成10%溶液,皮下或肌内注射,必要时2周后再注射一次。

三氮脒(贝尼尔、血虫净):牛3.5～5 mg/kg体重,马3.5 mg/kg体重,用灭菌蒸馏水配成5%溶液进行深部肌内注射,必要时5～12 d后再注射一次。

氯化氮胺菲啶盐酸盐(沙莫林):是近年来非洲家畜锥虫病常用的治疗药,按 1 mg/kg 体重,用生理盐水配成 2%溶液,深部肌内注射。

[预防]

(1)定期检查。在疫区每年在春季虻类出现之前和冬季对易感动物进行普查,发现阳性家畜应及时治疗。

(2)加强检疫。对从疫区引入的家畜,必须隔离观察 20 d,确认健康后,方可合群饲养。

(3)消灭传播媒介。对圈舍经常喷药,消灭吸血昆虫,也可用烟熏,尽量减少吸血昆虫叮咬动物的机会。

(4)药物预防。喹嘧胺的预防期最长,注射一次有 3～5 个月的预防效果;萘磺苯酰脲用药一次有 1.5～2 个月的预防效果;沙莫林预防期可达 4 个月。

# 任务三　反刍动物原虫病

## 一、梨形虫病

### (一)牛巴贝斯虫病

牛巴贝斯虫病是由巴贝斯科巴贝斯属的双芽巴贝斯虫和牛巴贝斯虫等寄生于牛的红细胞内所引起的疾病。临床上常出现血红蛋白尿,故又称红尿热。该病由蜱传播,故又称蜱热。以高热、贫血、黄疸及血红蛋白尿为特征。

[病原体]

1.双芽巴贝斯虫

为大型虫体,其大小为 2.8～6 μm,呈环状、椭圆形、变形虫体和梨子形,典型虫体是双梨子形,尖端以锐角相连。虫体大于红细胞半径,多数虫体居于红细胞中央,有两团染色质,位于虫体边缘。见图 4-8-4(a)。

2.牛巴贝斯虫

为小型虫体,其大小为 1～2.4 μm,典型虫体是双梨子形,尖端以钝角相连。虫体小于红细胞半径,多数虫体居于红细胞内缘,体内只有一团染色质,常位于虫体边缘。见图 4-8-4(b)。

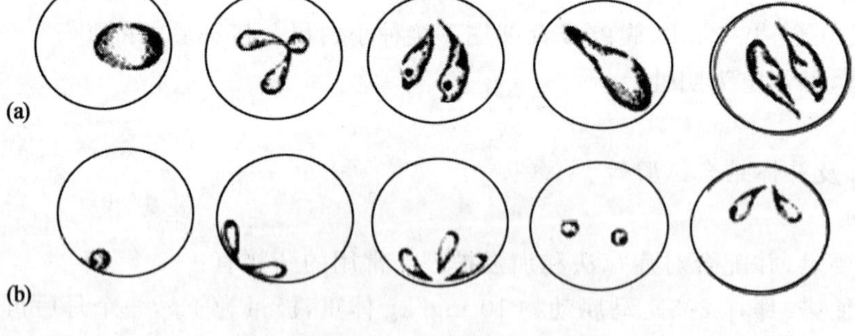


图 4-8-4　红细胞内巴贝斯虫

(a)双芽巴贝斯虫;(b)牛巴贝斯虫

[生活史]

巴贝斯虫的发育需要哺乳动物和蜱 2 个宿主。

带有子孢子的蜱吸食牛血液时,子孢子进入红细胞内引起感染,以二分裂或出芽法进行分裂生殖,产生裂殖子。当红细胞破裂后,虫体逸出,再侵入新的红细胞,反复分裂,破坏红细胞,最后形成配子体。当蜱吸食病牛或带虫牛的血液时，配子体进入蜱肠管内，大部分死亡，部分虫体发育成纺锤形的配子，大、小配子配对融合形成动合子。动合子侵入蜱的上皮细胞、血淋巴细胞、马氏管等各器官内反复进行无性分裂的孢子生殖，形成更多的动合子。动合子侵入雌蜱卵巢内，经卵传递给下一代幼蜱，先后在幼蜱的肠上皮细胞和唾液腺内进行裂殖生殖形成孢子体，反复进行孢子生殖，形成子孢子。见图 4-8-5。

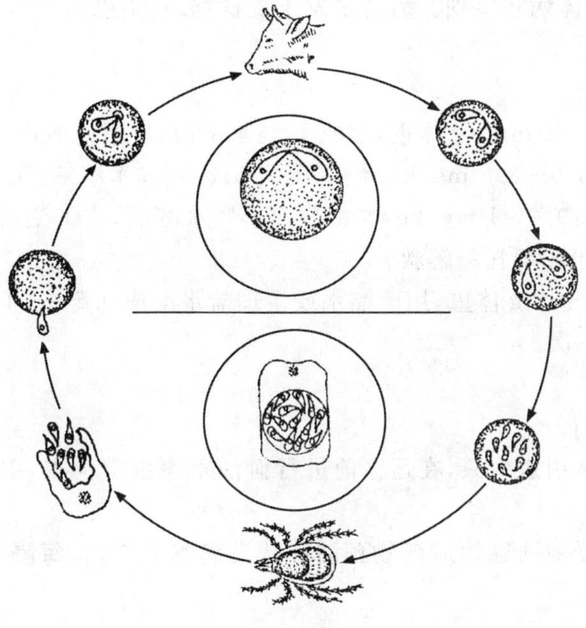

图 4-8-5　牛巴贝斯虫生活史

［流行病学］

1. 感染来源

病牛、带虫牛和带虫蜱均为感染来源。

2. 传播媒介

我国已查明微小牛蜱是双芽巴贝斯虫的传播者，以经卵传递方式，由次代若虫和成虫传播，幼虫阶段无传播能力，虫体在蜱体内可继代传递 3 个世代之久。双芽巴贝斯虫也可经胎盘感染胎儿。牛巴贝斯虫的传播者有硬蜱、扇头蜱等。我国已证实微小牛蜱可以传播牛巴贝斯虫，以经卵传递方式，由次代幼虫传播，次代若虫和成虫阶段无传播能力。

3. 年龄特点

在一般情况下，双芽巴贝斯虫病以 2 岁以下的牛发病率高，死亡率低，成年牛发病率低，死亡率高。牛巴贝斯虫病则多见于 7 月龄以内的犊牛。

4. 季节动态

本病与蜱的活动有密切关系。每年春、夏、秋季均可发病，但高峰期在 5～9 月份。

［症状及病变］

潜伏期为 10～25 d。病牛体温升高至 40～42℃，稽留热，心悸亢进，脉速，心律不齐。精神沉郁，食欲减退或废绝，反刍迟缓或停止，便秘或腹泻。乳牛泌乳减少或停止，怀孕母牛易发生流产。病情恶化时，病牛显著消瘦，黏膜发绀、黄染。胃肠蠕动迟缓，甚至停滞，排出褐色的恶臭粪便，常于发病后 2～3 d 出现血红蛋白尿。病程一般为 10 d 左右，有的发病后 2～3 d 死亡。

实验室检查，血液稀薄，红细胞数降至 100 万～200 万/mm3，血红蛋白量减少至 25％左右，血沉加快 10 余倍。红细胞大小不匀，着色浅。白细胞在病初正常或减少，以后增至正常的 3～4 倍；淋巴细胞增加 15％～25％；嗜中性粒细胞减少。

剖检可见尸体消瘦，血凝不良，可视黏膜苍白、黄染，皮下组织呈黄色胶样浸润。脾肿大 2～3 倍，髓质软化，被膜有少量出血点。肝肿大呈棕黄色，被膜有时见少量出血点，胆囊充满黏稠胆汁。膀胱有暗红色血液，膀胱壁有出血点。胃肠黏膜水肿，有出血斑。心肌苍白松弛，心内、外膜出血。

[诊断]

根据流行病学调查、临床症状、剖检变化及血液寄生虫学检查结果确诊。血液寄生虫学检查同血液涂片染色法，可发现少量圆形和变性虫体样本。亦可用ELISA、IHA及补体结合试验等免疫学方法。

在诊断上应与钩端螺旋体病相鉴别。后者多发于夏秋季，犊牛患病严重，黄疸不仅在黏膜，也出现于皮肤，并有坏死灶。

[治疗]

咪唑苯脲(咪啉卡普)：1～2 mg/kg 体重，配成10%水溶液，皮下或肌内注射。

贝尼尔(三氮脒)：黄牛 3.5～3.8 mg/kg 体重，配成5%～7%水溶液，肌内注射，一次/d，连用 3 d。

硫酸喹啉脲(阿卡普林)：0.6～1 mg/kg 体重，配成5%水溶液，皮下注射。个别牛有副作用，一般经1～4 h 副作用消失，必要时可用阿托品解救。

黄色素(锥黄素)：3～4 mg/kg 体重，用蒸馏水或生理盐水配成0.5%～1%灭菌溶液，静脉注射，必要时隔 24～48 h 再重复用药一次。

[预防]

(1)灭蜱。灭蜱措施同前。

(2)加强检疫。若从疫区引进牛只，在运输前进行血液寄生虫学检查，引进后宜隔离观察，确认健康后方能合群饲养。

(3)药物预防。疫区或受威胁区均应药物预防。从发病季节开始，每隔 15 d 用贝尼尔预防注射，也可用咪唑苯脲。

**(二)牛泰勒虫病**

牛泰勒虫病是由泰勒科泰勒属的原虫寄生于动物的红细胞及网状内皮系统细胞引起的疾病。以高热稽留、贫血、出血、体表淋巴结肿大为特征。

[病原体]

寄生于牛的泰勒虫有环形泰勒虫(图 4-8-6)和瑟氏泰勒虫两种，不同的发育阶段有不同的形态。

1.裂殖体

见于网状内皮细胞(主要是单核细胞和淋巴细胞)内，又称为石榴体或柯赫化蓝体。呈圆形、椭圆形或肾形，为多核体。有两个类型，一种是大裂殖体，内含直径 0.4～1.9 μm 的染色颗粒；另一种是小裂殖体，内含直径 0.3～0.8 μm 的染色颗粒。

2.配子体

见于红细胞内。呈环形、杆形、椭圆形、逗点形及圆点形等多形态，大小为 0.5～2.1 μm，在一个红细胞中通常有 2～3 个虫体，有时达 12 个。环形泰勒虫以环形或椭圆形虫体占多数，瑟氏泰勒虫则以杆形虫体占多数。

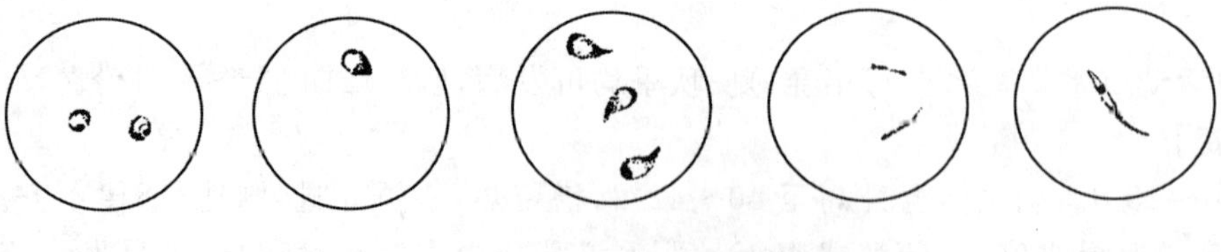

图 4-8-6　红细胞内环形泰勒虫

[生活史]

带有子孢子的蜱吸食牛血液时，将子孢子注入牛体，子孢子随血液或淋巴液进入肝、脾及淋巴结等网状内皮细胞进行裂体增殖，形成大裂殖体，崩解后产生若干大裂殖子，经数代的裂殖生殖后，大裂殖子侵入网状内皮细胞后，发育为小裂殖体，破裂后形成若干小裂殖子，小裂殖子侵入红细胞变成配子体。

当幼蜱或若蜱吸食病牛血液时，配子体随红细胞进入蜱的胃，逸出红细胞的配子体发育为大、小配子，二者结合为合子，并进一步发育为动合子，动合子移入蜱肠。在蜱蜕化为成蜱后再移入唾液腺，发育成孢子体，再分裂成子孢子，当蜱吸血时将子孢子注入牛体。

［流行病学］

1. 感染来源

病牛、带虫牛和带虫蜱均为感染来源。

2. 传播媒介

环形泰勒虫的传播媒介为残缘璃眼蜱，为二宿主蜱。瑟氏泰勒虫的传播媒介为长角血蜱、二棘血蜱和青海血蜱。

3. 季节动态

环形泰勒虫病多见于内蒙古及西北地区，主要流行于5～8月份。而瑟氏泰勒虫病以6～7月份为发病高峰期。

4. 年龄动态

在流行区，环形泰勒虫病多发于1～3岁的牛，耐过的牛具有较强的免疫力，可持续2.5～6年。

［症状及病变］

潜伏期为14～20 d，多呈急性经过。病牛体温升高至40～42℃，稽留4～10 d，少数为弛张热。病初精神沉郁，食欲减退，心跳与呼吸加快，体表淋巴结肿大、硬固、有压痛感，粪便干硬。2～5 d后，病情恶化，食欲废绝，反刍减少或停止，体表淋巴结明显肿痛，以后变软。腹泻，便中混有血液和黏液，可视黏膜苍白，有出血点或出血斑。后期，病牛迅速消瘦，肌肉震颤，卧地不起，衰竭死亡。

血检红细胞数减少至300万～200万/$mm^3$，血红蛋白降至30%～20%，血沉加快，红细胞大小不匀，出现异形红细胞。

剖检可见全身皮下、黏膜和浆膜出血。全身淋巴结肿大，切面多汁，有暗红色和灰白色结节。脾肿大，被膜有出血点，脾髓质软呈黑色泥糊状。肝肿大，呈棕黄色或棕红色，有灰白色结节和暗红色病灶。肾肿大、质软，有粟粒大暗红色病灶。真胃和十二指肠有针头至黄豆大灰白色或暗红色的结节及溃疡，溃疡中央凹陷，边缘隆起和出血。

［诊断］

根据流行病学调查、临床症状、病理变化及血液寄生虫学检查进行诊断。发病初期可作淋巴结穿刺物检查，发现石榴体确诊。中后期，耳静脉采血作血涂片发现配子体而确诊。

［治疗］

目前尚无治疗该病的特效药，在加强护理、对症治疗的同时，可选用下列药物：

磷酸伯氨喹啉(PMG)：0.75～1.5 mg/kg体重，口服，1次/d，连用3 d。对环形泰勒虫的配子体有较好的杀灭作用。

贝尼尔：7 mg/kg体重，配成7%水溶液，肌内注射，1次/d，连用3 d。

新鲜黄花青蒿：每日每牛2～3 kg，2次口服。

［预防］

(1)灭蜱。灭蜱措施同前。

(2)加强检疫。凡引进牛只必须作血液寄生虫学检查；疫区发病季节应定期检疫，发现病牛隔离治疗。

(3)药物预防。在发病季节可注射贝尼尔，3 mg/kg体重，每20 d注射一次。

(4)疫苗注射。我国已成功地研制出环形泰勒虫苗，免疫期约80 d以上，可在发病季节前20 d免疫接种。

## 二、隐孢子虫病

隐孢子虫病，是由隐孢子虫科隐孢子虫属的隐孢子虫寄生于哺乳动物、鸟类等多种动物及人的胃肠道和呼吸道上皮细胞内引起的一种人畜共患病。

[病原体]

隐孢子虫的卵囊呈球形或椭圆形，大小为 3～6 μm，卵囊壁薄而光滑，无色。孢子化卵囊内无孢子囊，内含 4 个裸露的子孢子和一个残体(图 4-8-7)。裂殖体为 8 个裂殖子组成的橘子状。我国已报道的有 4 种。

1. 小鼠隐孢子虫

寄生于哺乳动物的胃内，卵囊大小为 7.5 μm× 6.5 μm。

2. 微小隐孢子虫

寄生于哺乳动物和人的肠道。卵囊小，圆形或卵圆形，大小为 4.7 μm× 3.9 μm。

3. 贝氏隐孢子虫

寄生于禽类的法氏囊、泄殖腔和呼吸道。卵囊大小为 6.3 μm× 5.1 μm。

4. 火鸡隐孢子虫

寄生于家禽和其他鸟类的肠道、法氏囊及呼吸道。卵囊小，呈卵圆形，大小为 4.5 μm× 4.5 μm。

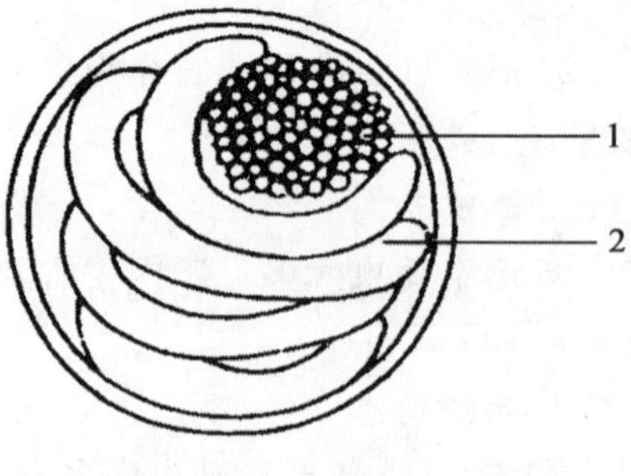


**图 4-8-7　隐孢子虫孢子化卵囊**

1. 残体；2. 子孢子体

[生活史]

动物因吞食孢子化卵囊而感染，子孢子在宿主的黏膜上皮细胞表面或由上皮细胞凹陷形成的空腔内发育为球形的滋养体。滋养体经裂殖生殖后产生 3 代内含裂殖子的裂殖体，裂殖子进一步发育为大、小配子，大小配子结合为合子，形成卵囊。孢子化卵囊随宿主粪便排出体外，经污染的饲料、饮水等，重新感染动物。

[流行病学]

1. 感染来源

患病或带虫的动物和人是主要的感染来源，感染性虫卵存在于宿主的粪便、饲料、饮水及食物等。

2. 感染途径

人和畜主要通过受污染的食物和饮水，引起消化道感染。家禽也可经呼吸道感染，也可自体感染。

3. 易感动物

隐孢子虫的宿主范围很广。除人外，还包括牛、羊、马、猪等哺乳动物和鸡、鸭、鹅等禽类。

4. 季节动态

发病高峰期为温暖多雨的季节，每年以春夏和秋初为主要季节。

[症状及病变]

家畜隐孢子虫病以犊牛、羔羊和仔猪较为严重。表现精神沉郁，厌食，贫血、消瘦，腹泻，粪便中混有大量的纤维素，有时含有血液。羊的病程为 1～2 周，死亡率可达 40%，牛的死亡率可达 16%～40%，尤以 4～30 日龄的犊牛和 3～14 日龄的羔羊死亡率最高。剖检可见犊牛组织脱水，大小肠黏膜水肿，有坏死灶，内容物混有纤维素块及黏液。羔羊真胃含凝乳块、肠管充满黄色水样分泌物，小肠黏膜充血和肠系膜淋巴结充血水肿。仔猪肠黏膜水肿，肠腔充满水样液体。

家禽隐孢子虫病以鸡、火鸡和鹌鹑的发病最严重。表现精神委顿，嗜睡，厌食，咳嗽，打喷嚏，呼吸困难和结膜炎等症状。剖检可见鼻腔、鼻窦、气管黏液分泌过多，眼球结膜水肿、充血、鼻窦肿大，肺有灰白色斑，气囊浑浊，法氏囊萎缩等。

[诊断]

根据流行病学调查、临床症状、病理变化及实验室检查进行确诊。

1. 粪便漂浮法

用饱和盐水或蔗糖溶液漂浮法收集卵囊，油镜下检查。

2. 染色法

取病料涂片，经甲醇固定后，经姬姆萨、美蓝或抗酸染色法染色后镜检，发现卵囊或裂殖体可确诊。

3. 血清学诊断

包括 ELISA、IFA 等方法。

［防治］

目前尚无特效疗法。可使用磺胺类或抗球虫药，注意对症治疗和防止继发感染。

加强饲养管理，防止饮水和饲料受污染；对圈舍及周围环境进行消毒，可用 50% 氨水、30% 过氧化氢、10% 福尔马林等；畜禽的粪便应及时进行生物热发酵处理。

# 任务四　禽原虫病

## 一、鸡球虫病

鸡球虫病，又称艾美耳球虫病，是由孢子虫纲艾美耳科艾美耳属的球虫寄生于鸡的肠上皮细胞引起的疾病。临床以出血性肠炎、雏鸡的高死亡率为特征。本病分布广泛，世界各地普遍发生。

［病原体］

全世界公认的鸡艾美耳球虫有 7 种，在我国均有发现，其形态特征如下：

1. 柔嫩艾美耳球虫

卵囊多为宽卵圆形，少数为椭圆形，大小为(19.5～26.0 μm)×(16.5～22.8 μm)，平均为 22.0 μm×26.0 μm；卵囊壁为淡黄绿色，最短孢子化时间为 18 h；主要寄生于盲肠，致病性最强。

2. 毒害艾美耳球虫

卵囊为卵圆形，大小为(13.2～22.7 μm)×(11.3～18.3 μm)，平均为 20.4 μm×17.2 μm；卵囊壁光滑、无色，最短孢子化时间为 18 h；主要寄生于小肠中 1/3 段，其致病性仅次于柔嫩艾美耳球虫。

3. 堆型艾美耳球虫

卵囊为卵圆形，大小为(17.7～20.2 μm)×(13.7～16.3 μm)，平均为 8.3 μm×14.6 μm)；卵囊壁呈淡绿色，最短孢子化时间为 17 h；主要寄生于十二指肠及空肠。

4. 布氏艾美耳球虫

卵囊为卵圆形，大小为(20.7～30.3 μm)×(18.1～24.2 μm)，平均为 24.6 μm×18.8 μm；最短孢子化时间为 18 h；主要寄生于小肠后段、盲肠近端及直肠。

5. 巨型艾美耳球虫

卵囊为卵圆形，大小为(21.75～40.5 μm)×(17.5～33.0 μm)，平均为 30.76 μm×23.9 μm；卵囊壁为浅黄色，最短孢子化时间为 30 h；主要寄生于小肠中段。

6. 和缓艾美耳球虫

卵囊近球形，大小为(11.7～18.7 μm)×(11.0～18.0 μm)，平均为 15.6 μm×14.2 μm；卵囊壁为淡黄绿色，最短孢子化时间为 15 h；主要寄生于小肠前半段。

7. 早熟艾美耳球虫

卵囊为卵圆形或椭圆形，大小为(19.8～24.7 μm)×(15.7～19.8μm)，平均为 21.3 μm×17.1 μm；卵囊壁呈淡绿色，最短孢子化时间为 12 h；主要寄生于小肠前 1/3 处。

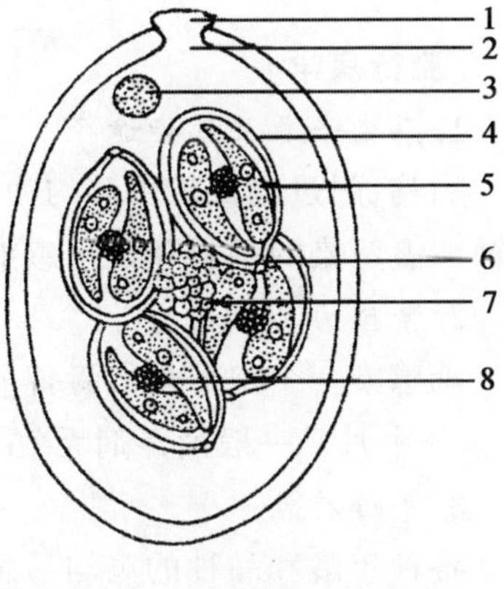


**图 4-8-8　鸡球虫孢子化卵囊**

1. 极帽；2. 微孔；3. 极粒；4. 孢子囊；5. 子孢子；6. 斯氏体；7. 卵囊残体；8. 孢子囊残体

卵囊由卵囊壁及原生质球构成。卵囊壁为二层壁(图 4-8-8)，有的卵囊内膜突出于卵膜孔外形成极帽。卵囊内可能有 1～3 个折光性强的极粒。

孢子化卵囊有 4 个橄榄形的孢子囊，孢子囊一端有栓状斯氏体，孢子囊内有 2 个子孢子。

[生活史]

整个发育过程分为 2 个阶段，3 种繁殖方式。在鸡体内进行裂殖生殖和配子生殖，在外界环境中进行孢子生殖。

卵囊随鸡的粪便排出体外，在适宜的条件下，经孢子生殖发育为孢子化卵囊，鸡吞食后感染。卵囊壁在胃肠消化液的作用下被破坏，孢子囊到达小肠后子孢子逸出，侵入肠上皮细胞，经裂殖生殖发育为裂殖体。裂殖体分裂成众多裂殖子，裂殖子破坏原寄生的肠上皮细胞，再侵入新的肠上皮细胞形成第二代裂殖体，崩解后形成众多的第二代裂殖子。第二代裂殖子又侵入新的肠上皮细胞发育为大配子母细胞或小配子母细胞。大配子母细胞进一步发育成大配子，小配子母细胞以出芽方式形成若干小配子，小配子离开上皮细胞与大配子结合成合子。合子周围合上卵囊壁变为卵囊。鸡由感染到开始排出卵囊的时间约为 7 d。见图 4-8-9。

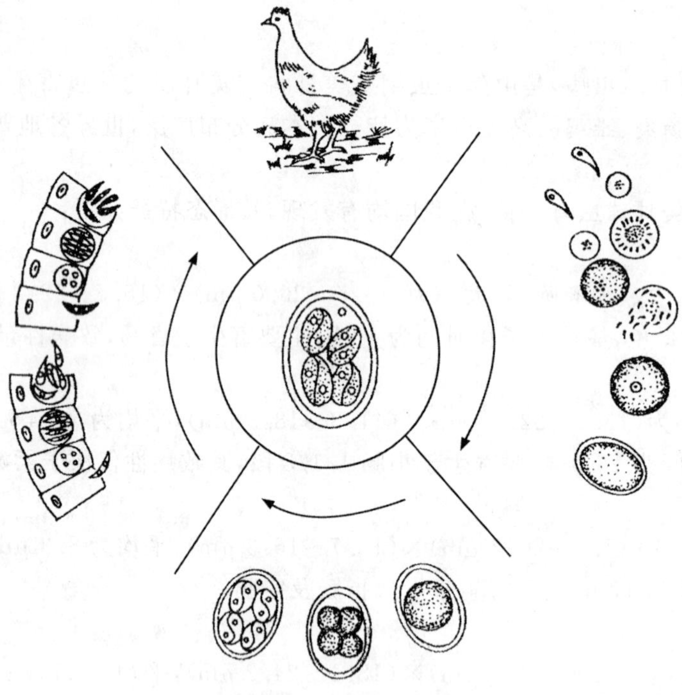

**图 4-8-9　鸡球虫发育史**

[流行病学]

1. 感染来源及感染途径

病鸡、耐过鸡及带虫鸡均为感染来源。耐过鸡长期带虫，可持续排出卵囊达 7 个月之久。鸡通过吞食被卵囊污染的饲料和饮水感染。

2. 繁殖力与抵抗力

鸡感染一个孢子化卵囊，7 d 后可排出上百万个卵囊。卵囊抵抗力较强，在阴暗潮湿的土壤中可存活 15～18 个月。一般消毒剂无效。但卵囊对高温和干燥敏感，55 ℃或冰冻的条件能很快杀死卵囊。

3. 年龄特点

各种年龄和品种的鸡均易感，但主要发生于 3～6 周龄的雏鸡，2 周龄以内的雏鸡很少发病，毒害艾美耳球虫常危害 8～18 周龄的鸡。

4. 季节动态

在北方地区，4～9 月份为流行季节，以 7～8 月份最为严重。在南方地区，一年四季均可发生。

5. 诱因

饲养管理不善及营养缺乏均可诱发本病的发生及流行，如饲养密度过大、鸡舍阴暗潮湿、维生素 A

及维生素 K 的缺乏等。

［症状］

按病程可分为急性型和慢性型。

急性型：多见于 3～6 周龄的雏鸡。表现为精神委顿，羽毛蓬松，垂头缩颈，离群呆立。食欲减退，渴欲增加，嗉囊积液。下痢，便中混有血液。迅速消瘦，鸡冠与肉髯苍白，贫血。后期共济失调，翅膀轻度瘫痪，严重者昏迷或强制痉挛，甚至死亡，死亡率高达 80%。

慢性型：多见于 2 月龄以上的鸡。表现为食欲不振，间歇性下痢，逐渐消瘦，足、翅膀发生轻瘫，产蛋量下降，肉鸡生长缓慢，死亡率低。

［病理变化］

急性型：病变主要在盲肠。严重病例，感染后第 5 d，盲肠肿大，肠腔内充满血凝块和脱落的黏膜碎片；第 6、7 天盲肠中的血凝块和脱落黏膜逐渐变硬，形成红色或红白相间的肠芯。轻症病例，无明显出血，黏膜肿胀，从浆膜面可见脑回样结构。

慢性型：小肠中部高度肿胀或气胀，有时可达正常的 2 倍以上。肠壁充血、出血和坏死，黏膜肿胀增厚，肠内容物有多量的血液、血凝块和脱落的上皮组织。

［诊断］

根据流行病学调查、临床症状、病理变化及实验室检查进行综合诊断。

通过刮取病变黏膜碎片镜检，可发现卵囊、裂殖体或裂殖子；也可用漂浮法或直接涂片法，发现卵囊即可确诊。

［治疗］

鸡场一旦暴发球虫病，应及早进行治疗，常用药物如下：

磺胺二甲基嘧啶：按 0.1%混入饮水，连用 2 d，或按 0.05%混入饮水，连用 4 d，休药期为 10 d。

氨丙啉：按 0.012%～0.024%混入饮水，连用 3 d，休药期为 5 d。

磺胺－2－甲氧嘧啶：以 0.1～0.2%比例混入饲料，或 0.05～0.1%混入饮水，连用 3～5 d。

百球清：2.5%溶液，按 0.0025%混入饮水，连用 3 d。

磺胺氯吡嗪：按 0.03%浓度混入饮水，连用 3 d，休药期为 5 d。

［预防］

1. 加强饲养管理

大、小鸡要分群饲养，合理调整饲养密度，给予全价饲料，尤其要补充维生素 A 和 K；饲料及饮水保持清洁；鸡舍要保持干燥，通风要良好，舍内粪便要及时清除，堆肥发酵，杀死卵囊；饲槽、饮水器、鸡笼等用具都要经常清洗消毒，鸡舍地面可用 20%生石灰和 30%草木灰水消毒。

2. 药物预防

抗球虫药物种类多，应根据情况选择使用。某种抗球虫药应用一段时期后，能产生耐药性。因此，通过采用轮换用药或穿梭用药的方案，可以减缓耐药性的产生，以提高药物的药效。

3. 免疫预防

目前国际上广泛使用的疫苗有四种，如美国的 Coccivac、加拿大的 Immucox、英国的 Paracox 和捷克的 Livacox。国内生产的如 Eimerivac 艾美尔牌球虫苗和鸡球虫四价弱毒苗等基因工程苗，均取得了较好的效果。

## 二、禽组织滴虫病

组织滴虫病，也称盲肠肝炎或黑头病，是由火鸡组织滴虫寄生于禽类的盲肠和肝引起的疾病。主要感染及和火鸡，其次为珠鸡和某些野禽。

［病原体］

火鸡组织滴虫，是多形性虫体，随寄生部位和发育阶段的不同，它们的形态变化很大。在肠腔中找到的虫体呈变形虫样，直径 5～16 μm，常有一根鞭毛，作钟摆样运动，虫体细胞外质透明，内质呈颗粒状，并含有吞噬细胞、淀粉颗粒等的空泡。虫体核呈泡状。在肠和肝组织中的虫体无鞭毛，初侵入者 8～17 μm，生长后可达 12～21 μm，陈旧病灶中的虫体仅 4～11 μm，存在于吞噬细胞中。见图 4-8-10。

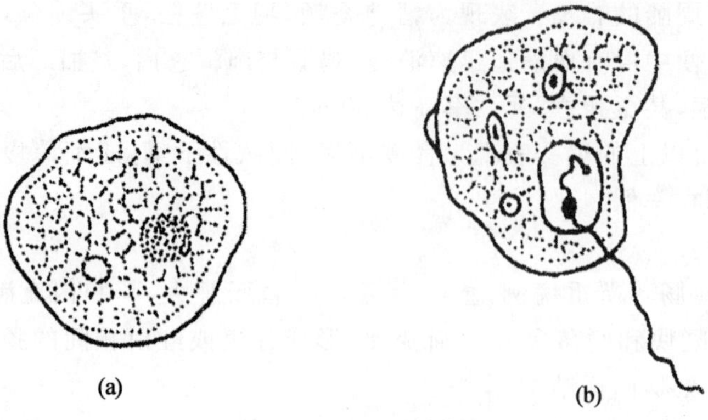


**图 4-8-10　火鸡组织滴虫**

(a)肝病灶内虫体；(b)盲肠病灶内虫体

［生活史］

以二分裂方式繁殖。寄生于盲肠内的组织滴虫，被盲肠内寄生的异刺线虫吞食，进入其卵巢内进行繁殖，并进入其卵内。因受卵壳的保护，随异刺线虫卵排到外界的虫体可存活较长时间(6 个月以上)。禽类因吞食含滴虫的异刺线虫卵而感染。

［流行病学］

1. 感染来源

患鸡或带虫鸡，病原存在于鸡异刺线虫卵中。

2. 年龄动态

以 3～12 周龄的幼火鸡和雏鸡易感性最强，死亡率也最高。

3. 贮藏宿主

蚯蚓。蚯蚓吞食土壤中的异刺线虫卵或幼虫后，组织滴虫随同虫卵或幼虫进入蚯蚓体内，鸡吃到这样的蚯蚓时，也可感染本病。

4. 诱因

饲养管理不善，如饲养密度过大、通风和光线不足、饲料中营养缺乏，特别是维生素 A，都是诱发本病流行的重要因素。

［症状及病变］

潜伏期为 15～20 d。病鸡精神委顿，羽毛松乱，翅膀下垂，闭目呆立，食欲减退。下痢，粪便淡黄色或淡绿色，有时带血。病鸡后期由于血液循环障碍，有的病鸡面部皮肤变成紫蓝色或黑色，故称“黑头病”。若不及时治疗，10 d 左右即可死亡。

病变主要悬在盲肠和肝脏，剖检可见一侧或两侧盲肠肿大，内容物干硬，横断面中央为黑色的凝血块，周围是干酪样坏死物，呈同心圆排列。肝脏肿大，表面有大小不等略为凹陷的溃疡灶。

［诊断］

根据流行病学、临床症状、病理变化及实验室检查确诊。采集病鸡新鲜盲肠内容物，加少许温生理盐水(40℃)混匀，做悬滴标本检查，可在显微镜下发现活动的虫体。

［防治］

呋喃唑酮(痢特灵)：以 0.04％混入饲料，连喂 7～10 d；预防量为 0.02％混饲。

甲硝哒唑(灭滴灵)：250 mg/kg 体重混于饲料中，连用 5 d；预防可用 200 mg/kg 体重混入饲料中，休药 5 d。

由于本病的传播依靠鸡异刺线虫，因此，定期驱除异刺线虫是防治本病的根本措施。鸡群中若发生了本病，应立即将病鸡隔离治疗。

## 三、鸡住白细胞虫病

鸡住白细胞虫病，是由住白细胞虫属的原虫寄生于鸡的白细胞和红细胞内引起的疾病。

[病原体]

1. 卡氏住白细胞虫

配子体可见于白细胞和红细胞内，呈近圆形，大配子体为 12～14 μm，小配子体为 10～12 μm，胞核浅蓝色。宿主细胞膨大呈圆形，胞核成狭带状围绕虫体一侧，或消失。见图 4-8-11(a)。

2. 沙氏住白细胞虫

配子体可见于白细胞内，呈长圆形，大配子体为 22 μm×6.5 μm，核小，胞质着色深；小配子体为 20 μm×6 μm，核较大，胞质着色浅；宿主细胞呈纺锤形，胞核呈狭长带状，围绕于虫体一侧。见图 4-8-11(b)。

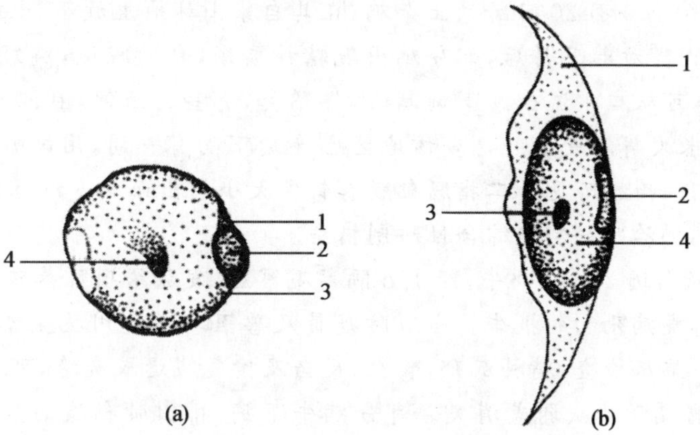


图 4-8-11 住白细胞虫

(a)卡氏住白细胞虫；(b)沙氏住白细胞虫

1. 宿主细胞质；2. 宿主细胞核；3. 配子体；4. 核

[生活史]

当吸血昆虫在病禽体上吸血时，将含有配子体的血细胞吸进胃内，虫体在其体内进行配子生殖和孢子生殖，产生许多子孢子，然后移行到唾液腺。当吸血昆虫再次到禽体上吸血时，将子孢子注入禽体内，子孢子先侵入肝细胞进行裂殖生殖，产生的裂殖子随血液或淋巴液侵入全身各种器官的组织细胞再进行裂殖生殖，经数代裂殖生殖后，裂殖子侵入白细胞，尤其是单核细胞，发育为大、小配子体。卡氏住白细胞虫在到达肝脏之前有一段在血管内皮细胞内裂殖增殖的过程，也可在红细胞内形成配子体。

[症状及病变]

自然感染的潜伏期为 6～10 d。1 月龄内的雏鸡发病严重，死亡率高。感染 12～14 d 后，突然咯血，呼吸困难而死亡。有的呈现鸡冠及肉髯苍白，食欲不振，羽毛蓬乱，伏地不动，下痢，1～2 d 内死亡或康复。中雏和成年鸡感染后，症状轻微，表现鸡冠苍白，消瘦，拉水样的白色或绿色稀粪，贫血，生长迟缓，产蛋量下降或停止。

剖检可见尸体消瘦，全身性出血，尤其是胸肌、腿肌、心肌有大小不等的出血点。肾、肺脏等内脏器官出血。胸肌、腿肌、心肌及肝、脾等器官上有灰白色或稍带黄色的、针尖大至粟粒大与周围组织有明显界限的小结节。

[诊断]

根据临床症状、剖检变化及实验室检查确诊。采集病禽血液或脏器(肝、脾、肺、肾等)涂片，经姬姆萨染色镜检，发现虫体即可确诊。或从肌肉小白点的组织压片中发现配子体或裂殖体即可确诊。

［防治］

治疗药物有痢特灵(100 mg/kg 体重)、磺胺二甲氧嘧啶(10 mg/kg 体重)、乙胺嘧啶(1 mg/kg 体重)、克球粉(25 mg/kg 体重),混入饲料投喂。

杀灭外界环境中的传播媒介(库蠓及蚋),可选用 0.1%敌百杀、0.05%辛硫磷、0.01%速灭杀丁定期喷洒,每隔 3～5 d 喷洒一次;住白细胞虫的裂殖体阶段可随鸡越冬,故在春季宜彻底淘汰病鸡。鸡场场址选择应远离水源,远离一切适应蠓及蚋生存的地方。

## 【案例分析】

案例 1　某猪场生猪存栏 280 头,其中仔猪 86 头。于 2012 年 7 月,有 45 头仔猪陆续发病,死亡 12 头,平均体重 35 kg。病猪体温达 41.5℃,精神不振,食欲减退,粪便干燥,部分出现气喘和咳嗽症状。眼结膜发炎,触摸腹股沟淋巴结肿大有热感。部分仔猪在胸腹部、四肢内侧、耳尖等部位有紫色瘀血斑。经调查该猪场卫生条件较差,饲料主要为自拌料,随地堆放,饲料旁见鼠便等脏物,猪场内放养了犬、猫。使用抗菌药物治疗症状没有改善。初诊为何病?怎么确诊和治疗?制定综合性防制措施。

案例 2　某农户购入 10 000 羽 20 日龄的土杂鸡,在其自家山林地里放养。白天放养于林地,夜晚饲养于林中的塑料大棚鸡舍内。放养 2 月后,部分鸡出现精神委顿,食欲减退,鸡冠苍白,闭目呆立。嗉囊内充满液体,倒提鸡则液体可从口中流出。下痢,拉水样稀粪,有些为血便,且泄殖腔周围羽毛被排泄物污染而粘连。部分雏鸡生长发育迟缓。经调查该地区已连续下雨有一周,用氟哌酸治疗下痢,效果不显著。将病死鸡和弱雏鸡进行剖检,可见十二指肠黏膜有针尖大小的出血点。该地区兽医人员初步诊断为鸡球虫病,你如何确诊?怎样治疗?制定综合性防制措施。

案例 3　某乡从外地新引进 260 头奶牛,经 45d 隔离观察后,发放给项目养殖户饲养。约经 1 个月左右,养殖小区奶牛场陆续有发病死亡的报告。当地防疫员及兽医人员使用抗生素等药物治疗后,病情未见好转,且有蔓延的趋势。临床检查:精神沉郁,食欲、反刍及嗳气减退或废绝,可视黏膜苍白黄染。体温达 40～42℃,稽留热。瘤胃蠕动音减弱或消失。部分病牛下痢,排出带黏液的黑褐色粪便,并出现血红蛋白尿。病牛很快消瘦,常于发病后 2～6d 死亡。剖检可见,全身淋巴结肿大,全身皮下及内脏有出血。肝脏肿大,色黄。脾脏肿大 1～3 倍,膀胱内有红色尿液。根据所学知识,初步诊断为何病?如何进行确诊?并制定综合性防制措施。

## 【知识拓展】

### 弓形虫保种方法浅析

刚地弓形虫是一种专性细胞内寄生的原虫,呈世界性分布,能引起人兽共患的弓形虫病。弓形虫是一种单细胞内寄生的原虫,只能在活的有核细胞内生长繁殖,不能在人工合成的培养基上生长。因此,如何长期保存活的弓形虫株,是一个急待解决的问题。现有的保存方法包括小鼠传代保存法、冷冻保存法、细胞培养保存法、鸡胚培养保存法等。其中以冷冻保存法和细胞培养保存法较为简便、实用,在这作一简单介绍。

**一、冷冻保存法**

1. 虫株的获取　将冻存的 RH 弓形虫速殖子(浓度 $1\times10^7$/mL)从液氮中迅速取出,置 37℃ 水浴锅迅速解冻,3～5 min 后腹腔接种昆明小鼠,0.2 mL/只,3～4 d 后,观察到昆明鼠被毛竖起、萎靡不振时,摘除眼球放血,颈椎脱臼处死昆明鼠,置 75%酒精全身消毒,用 2 mL 的灭菌生理盐水冲洗腹腔,收集腹腔液。

2. 虫株毒力的复苏　将收集到的第一代弓形虫腹腔液,连续传接种小鼠,以同样方法收集第三代弓形虫腹腔液。

3. 虫株的计数　采用血球计数板对弓形虫进行计数。计数公式:四大格内弓形虫数/4×10,即为每毫升液体中弓形虫滋养体数。

4.不同稀释浓度和冷冻温度的保存　按上述方法获取连续接种的第三代弓形虫滋养体腹腔液，计数得弓形虫滋养体数为 $6.4\times10^{6}$ 个/mL 腹腔液，依次按设计浓度稀释，分装于冻存管中，贴上标签。在不同的条件下冻存。液氮冻存时，先放在液面上预冷 3 min，随后即可沉入液氮内保存。

**二、细胞培养传代保存法**

1.MDCK(犬肾细胞)与 Vero 细胞的培养传代　将 MDCK、Vero 细胞接种于细胞培养液中，置 $CO_2$ 培养箱内进行培育，经 2～3 d 后可传代一次。传代时，倾去细胞培养瓶中的培养上清液，并用 PBS 液漂洗一次。然后加入几滴 EDTA 胰蛋白酶溶液，覆盖于细胞表面，消化数分钟后，吸出消化液，加入少许培养液，用弯头巴氏管轻轻吹打，将贴在瓶壁上的细胞洗脱并吹散。在另外培养瓶中加入新的培养液及数滴细胞悬液，使之重新贴壁，长成单层。

2.接种弓形虫滋养体　选择生长良好的培养 2 日龄细胞，调换新鲜配制的细胞生长液后，选 MDCK、Vero 细胞各 3 瓶，每瓶接种 100 μL 小鼠腹腔液，计 $1.7\times10^{5}$ 个弓形虫滋养体，接种后每日吸出少许培养液同时添加细胞生长液 2 mL，采用血球计数板对培养液进行弓形虫计数。逐日计数整个培养瓶中的虫体数。

3.弓形虫细胞培养液传代细胞培养　选择培养 8 d 的少许培养液接种新的已长成单层 MDCK、Vero 细胞，同时以小鼠腹腔液做对照，继续按接种弓形虫滋养体腹腔液的方法细胞培养并计数。

4.弓形虫细胞培养液传代小鼠试验　选择养 8 d 的少许培养液接种小鼠，同时以小鼠腹腔液做对照，观察小鼠感染状况。

## 【考核评价】

### 规模化养殖场伊氏锥虫病的实验室检测

**一、考核项目**

养殖户李某从广西新引进黑白花奶牛 500 只。近一个多月来，有多头奶牛陆续表现食欲减退，乳量减少，流产，跛行，放牧时喜欢浸水。曾用先锋霉素，青、链霉素、地塞米松、右旋糖酐铁等药物治疗，效果不显著。临床检查：体温升高至 41℃左右，持续 1～3 d 后下降，为不定型的间歇热。精神萎靡，被毛粗乱无光泽，皮肤干燥而缺乏弹性。渐进性消瘦，营养不良，贫血。泌乳量急剧下降，有些病牛甚至突然停止泌乳，常有乳房炎。体表淋巴结肿胀，下颌与腹下水肿。剖检可见，尸体消瘦，血液稀薄，凝固不全。全身淋巴结肿大，下颌与腹下水肿，切开后有微黄色液体流出。肝肿大，表面和切面有豆蔻样紫红色的瘀血斑及灰白色放射状的坏死斑。通过采集病料和血清经实验室检测，确诊为伊氏锥虫病。要求对牛群进行伊氏锥虫病检测。

(一)材料准备

1.试剂　姬姆萨氏染料、甘油、甲醇、香柏油、3.8%枸橼酸钠溶液、瑞特氏染液、磷酸盐缓冲液、生理盐水、锥虫可溶性抗原、HRP 标记的兔抗牛 IgG 抗体、标准阳性血清、标准阴性血清、0.05 mol/L PBST、显色液及终止液等。

2.器材　生物显微镜(带油镜镜头)、载玻片、盖玻片、离心机、移液管、平皿、注射针头、剪毛剪、染色缸、酒精棉、酶标板、酶标仪及微量移液器等。

3.待检材料　血液与血清。

(二)方法步骤

方法一：血液涂片检查法。

一般在动物高温时耳静脉采血制成涂片。待血涂片干燥后，滴数滴无水甲醇 2～3 min，待染。

(1)姬姆萨染色　在血涂片上滴加姬姆萨冲洗液，染色 30～60 min，缓冲液冲洗，自然干燥后镜检。

(2)瑞特氏染色　在血涂片上滴加瑞特氏染液 1～2 滴，染色 1 min 后，加等量的缓冲液与染液混染 5min。缓冲液冲洗后自然干燥镜检。

方法二：压滴标本检查法。

在载玻片上滴加一滴生理盐水，然后加等量被检血液，充分混匀后加盖玻片镜检。若发现有运动活泼虫体可确诊。适用于伊氏锥虫的检查。

方法三：虫体浓集法。

被检动物静脉采血按 4∶1 的比例与 3.8%枸橼酸钠溶液充分混合，然后以 500～700 r/min 离心沉淀 3～5 min，吸取上层液体后加入另一离心管中，补加生理盐水，以 1 500～2 000 r/min 离心 15～20 min。弃上清，取沉淀物涂片、干燥、甲醛固定后用姬姆萨染色或干燥后直接用瑞特氏染液染色镜检。

方法四：酶联免疫吸附试验(ELISA)。

(1)抗原包被。用碳酸盐包被液将锥虫抗原液稀释到 10 μg/mL，向酶标板各孔加入 200 μL，置 4℃冰箱，过夜。

(2)洗涤。弃去酶标板上的液体，加入 PBST 洗涤液，反复洗涤 3 次。

(3)加入血清。将待检血清、标准阳性血清和标准阴性血清用 PBS 液作 1∶200 倍稀释，各孔中分别加入 200 μL，每份血清同样加入 2 个孔，置 37℃温箱孵育 1.5 h。同时设立空白对照。

(4)孵育二抗。用 PBST 洗涤 3 次后，加入 HRP 标记兔抗牛 IgG 200 μL，置 37℃恒温箱，孵育 1.5 h。

(5)显色。PBST 洗涤 3 次后，加入显色液，100 μL/孔，室温显色 8 min 左右。

(6)终止。用 2M 浓硫酸终止反应，50 μL/孔。

(7)测值。在酶标仪上读取 OD450 nm 处值。

**二、评价标准**

1. 方法一评价标准　姬姆萨染色的血片中，鞭毛呈红色，核与动基体呈深红紫色，原生质呈淡天蓝色，波动膜呈粉红色。

2. 方法二评价标准　在压滴标本检查法中，若见活动的弯曲的纺锤状虫体，即为阳性。

3. 方法三评价标准　干燥固定后用姬姆萨涂色进行检查，若镜检见到弯曲的柳叶状锥虫，即为阳性。

4. 方法四评价标准

(1)计算。计算出每份待检样品两孔的平均 OD 值($P$)，再除以同板标准阴性血清两孔的平均 OD 值($N$)，则得出每份待检样品的 $P/N$ 值。

(2)结果判定。凡待检样品的 $P/N \geqslant 2$，则判定该样品为阳性；$P/N < 2$，则为阴性。

## 【知识链接】

1. GB/T 18448.5—2001，实验动物艾美耳球虫检测方法；
2. GB/T 18448.2—2001，实验动物弓形虫检测方法；
3. NY/T 1949—2010，隐孢子虫卵囊检测技术改良抗酸染色法；
4. GB/T 23239—2009，伊氏锥虫病诊断技术；
5. SN/T 2974—2011，牛巴贝斯虫病检疫技术规范。